New
Navigator
Number1

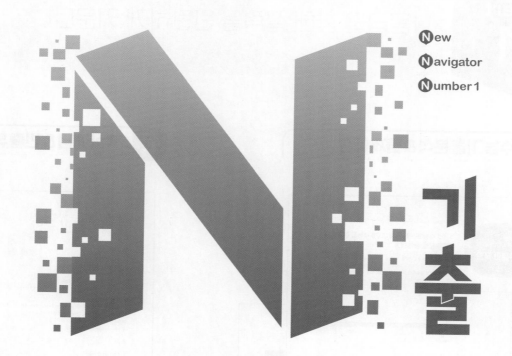

기출

수학영역 / 선택과목

미적분

3점 / 4점 집중

MiraeN 에듀

구성과 특징

Part 1

3점, 4점 배점별 기출로 수능 유형 정복!
1등급을 향해 실력을 탄탄하게 키운다!

1 수능 기출 분석 & 출제 예상

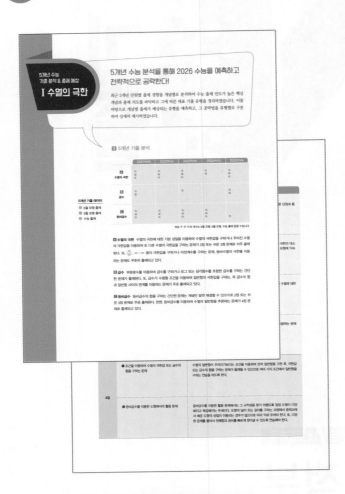

기출을 분석하고 출제 방향을 예상하라
- 최근 5개년 수능 기출 문제를 분석하여 대단원별로 기출의 출제 경향을 정리하고, 기출 학습 방법을 꼼꼼히 제시하였습니다.

2 핵심 개념 & 빈출 유형 분석

수능에 자주 출제되었던 핵심 개념을 익히자
- 최근 5개년 수능 출제 핵심 개념을 대단원별로 일목요연하게 정리하였습니다.
- 수능에서 기출이 어떻게 출제되는지를 개념별, 유형별로 분석하여 자주 출제되는 유형명과 유형을 공략하기 위한 해결 방법을 제시하였습니다.

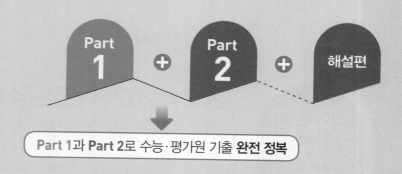

Part 1과 **Part 2**로 수능·평가원 기출 **완전 정복**

---

3 2점 기출 확인하기/3점 기출 집중하기

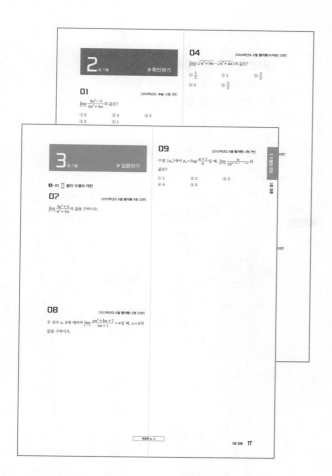

2점 문제로 기본을, 3점 문제로 실력을 키우자

: 2점 기출로 개념을 이해하고 있는지 확인하고, 3점 기출을 집중적으로 풀어 수능에 대한 감각을 익히고, 수학 실력을 키울 수 있습니다.

---

4 4점 기출 집중하기

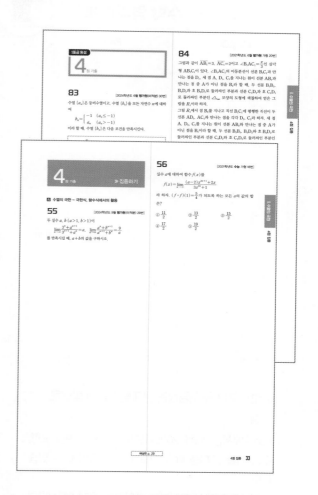

4점 기출을 집중 학습하여 실력을 완성하자

: 4점 기출을 집중적으로 풀어 수학 실력을 완성하고, 정답률이 낮은 4점 기출로 고난도 기출을 완벽하게 학습할 수 있습니다.

Part
2

2024, 2025학년도 수능, 평가원 기출 문제를
시험지로 풀고 실전 감각을 키운다!

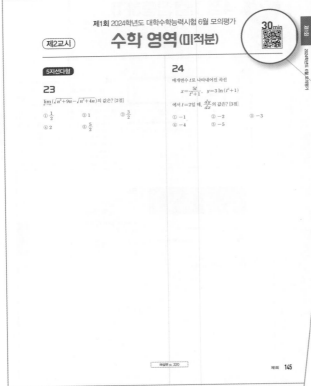

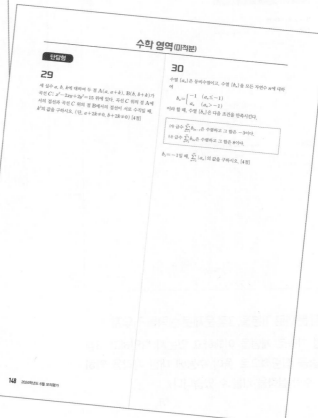

QRコード 타이머 제공
바로 실행되는 30분 타이머에 맞춰
시간 안배 연습을 할 수 있습니다.

23번~30번에 해당하는 문제를 시험지 형태로 구성

: Part 2에서는 2024, 2025학년도 6월 모평, 9월 모평, 수능 기출 문제를 학습 진도에 맞춰 풀어볼 수 있습니다.

: 실제 시험지에서 미적분에 해당하는 문제 5지선다형 23번~28번, 단답형 29번, 30번을 시험지 형태로 구성하였습니다.

해설편

해결의 흐름, 상세한 해설, 1등급 선배들의 비법까지
문제 해결 전략을 집중적으로 익힌다!

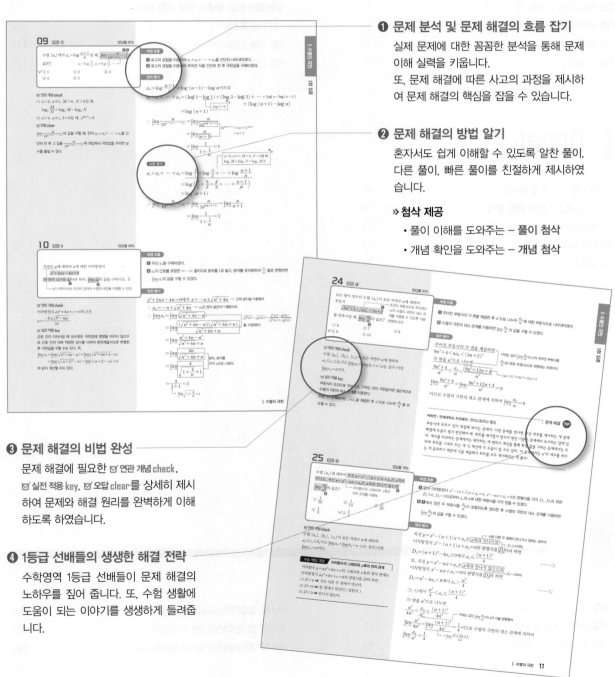

① 문제 분석 및 문제 해결의 흐름 잡기

실제 문제에 대한 꼼꼼한 분석을 통해 문제
이해 실력을 키웁니다.
또, 문제 해결에 따른 사고의 과정을 제시하
여 문제 해결의 핵심을 잡을 수 있습니다.

② 문제 해결의 방법 알기

혼자서도 쉽게 이해할 수 있도록 알찬 풀이,
다른 풀이, 빠른 풀이를 친절하게 제시하였
습니다.

≫ 첨삭 제공
  • 풀이 이해를 도와주는 - 풀이 첨삭
  • 개념 확인을 도와주는 - 개념 첨삭

③ 문제 해결의 비법 완성

문제 해결에 필요한 ☑ 연관 개념 check,
☑ 실전 적용 key, ☑ 오답 clear를 상세히 제시
하여 문제와 해결 원리를 완벽하게 이해
하도록 하였습니다.

④ 1등급 선배들의 생생한 해결 전략

수학영역 1등급 선배들이 문제 해결의
노하우를 짚어 줍니다. 또, 수험 생활에
도움이 되는 이야기를 생생하게 들려줍
니다.

이 책의 차례

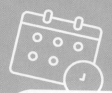

학습 계획표

373문제 **21일** 완성

학습 계획표를 활용하여 학습 계획을 세워 보세요.

처음 학습한 날짜를 쓰고 2번 복습한 후 복습 체크의 □에 ✓를 표시하세요

Part 1

Ⅰ 수열의 극한

계획	쪽수	문제수	처음 학습한 날짜	복습한 날짜 & 복습 체크				
1일차	14~19	17	월 일	월	일 □	월	일 □
2일차	20~25	20	월 일	월	일 □	월	일 □
3일차	26~32	17	월 일	월	일 □	월	일 □
4일차	33~38	14	월 일	월	일 □	월	일 □
5일차	39~45	16	월 일	월	일 □	월	일 □

Ⅱ 미분법

계획	쪽수	문제수	처음 학습한 날짜	복습한 날짜 & 복습 체크				
6일차	50~57	20	월 일	월	일 □	월	일 □
7일차	58~63	20	월 일	월	일 □	월	일 □
8일차	64~68	19	월 일	월	일 □	월	일 □
9일차	69~73	18	월 일	월	일 □	월	일 □
10일차	74~78	18	월 일	월	일 □	월	일 □
11일차	79~87	19	월 일	월	일 □	월	일 □
12일차	88~95	18	월 일	월	일 □	월	일 □
13일차	96~103	17	월 일	월	일 □	월	일 □

Ⅲ 적분법

계획	쪽수	문제수	처음 학습한 날짜	복습한 날짜 & 복습 체크				
14일차	108~114	20	월 일	월	일 □	월	일 □
15일차	115~120	18	월 일	월	일 □	월	일 □
16일차	121~128	18	월 일	월	일 □	월	일 □
17일차	129~136	18	월 일	월	일 □	월	일 □
18일차	137~144	18	월 일	월	일 □	월	일 □

Part 2

계획	쪽수	문제수	처음 학습한 날		복습 체크	
			날짜	소요 시간		
19일차	145~152	16	월 일	분 / 60분	□	□
20일차	153~160	16	월 일	분 / 60분	□	□
21일차	161~168	16	월 일	분 / 60분	□	□

N기출이 제안하는
수능 필승 전략

수능 고득점을 위해서는 수능 대비 전략을 세운 후, N기출로 수능 대비를 하면 수능 1등급을 탄탄하게 다질 수 있습니다. 지금부터 차근차근 실천해 보세요!

 전략 1 최신 경향을 파악한 후 기본기를 단단히 하자.

- 최신 수능 경향과 출제 예상을 파악한 후, 수능잡는 핵심 개념을 통해 수능에 꼭 필요한 지식을 습득하세요.
- 개념과 원리를 정확하게 이해한 후 이를 적용할 수 있는 다양한 문제를 풀어 개념을 더욱 명확히 정리하세요.

 전략 2 고빈출 유형과 부족한 유형을 파악하여 실전에서 실수하지 말자.

- 다년간의 수능, 평가원 기출 문제를 꼼꼼히 분석하여 체계적으로 구성한 Part 1의 유형별 문제를 풀어 부족한 유형을 확인하세요.
- 빈출도가 높은 유형과 실력이 부족한 유형은 반복 학습하여 실전에서 실수하지 않도록 연습하세요.

 전략 3 어려운 문제도 스스로 푸는 연습을 통해 문제 해결 능력을 높이자.

- 여러 가지 개념을 복합적으로 사용하거나 종합적인 사고 과정을 요구하는 변별력 있는 문제는 풀이를 보지 않고 끝까지 풀어 보는 연습을 통해 문제 해결 능력을 높이세요.
- 해설편에서 자세한 해설과 첨삭, 해결 흐름, 실전 적용 key, 오답 clear, 1등급 선배들의 문제 해결 TIP을 꼼꼼히 읽어 어떤 문제든 완벽하게 자신의 것으로 만드세요.

전략 4 학습 계획표와 오답 노트를 만들자.

- N기출에서 제공하는 학습 계획표와 오답 노트 PDF를 활용하세요.
- 학습 계획표에 학습 현황을 기록하고 틀린 문제는 다시는 틀리지 않도록 취약한 부분을 철저히 분석하세요.
- 맞힌 문제도 완벽하게 이해하지 못했다면 연관 개념부터 풀이법까지 다시 정리하고 여러 번 확인하세요.

Part
1

문제편

최신 수능, 평가원 기출
미적분 3점/4점

*Part 1에서는 최신 수능, 평가원 기출 문제를 꼼꼼히 분석하여 단원별, 배점별, 유형별로 제공합니다.

지금 가장 무서워하는 바로
그 일을 시작하라.
그러면 그 무서움은 곧 사라질
것이다.

− 랄프 왈도 에머슨 −

I

수열의 극한

5개년 수능 분석을 통해 2026 수능을 예측하고 전략적으로 공략한다!

최근 5개년 단원별 출제 경향을 개념별로 분석하여 수능 출제 빈도가 높은 핵심 개념과 출제 의도를 파악하고 그에 따른 대표 기출 유형을 정리하였습니다. 이를 바탕으로 개념별 출제가 예상되는 유형을 예측하고, 그 공략법을 유형별로 구분하여 상세히 제시하였습니다.

1 5개년 기출 분석

5개년 기출 데이터

- ● 6월 모평 출제
- ● 9월 모평 출제
- ● 수능 출제

	2021학년도	2022학년도	2023학년도	2024학년도	2025학년도
A 수열의 극한	● ● ●	● ● ●	● ● ●	● ●	● ● ●
B 급수	● ●		●		● ●
C 등비급수	● ● ●	● ● ●	● ● ●	● ● ●	●

위의 ● ● ●의 개수는 6월 모평, 9월 모평, 수능 출제 문항 수입니다.

A 수열의 극한 수열의 극한에 대한 기본 성질을 이용하여 수열의 극한값을 구하거나 주어진 수열의 극한값을 이용하여 또 다른 수열의 극한값을 구하는 문제가 2점 또는 쉬운 3점 문제로 자주 출제된다. 또, $\frac{\infty}{\infty}$, $\infty - \infty$ 꼴의 극한값을 구하거나 미정계수를 구하는 문제, 등비수열의 극한을 이용하는 문제도 꾸준히 출제되고 있다.

B 급수 부분분수를 이용하여 급수를 구하거나 로그 또는 삼각함수를 포함한 급수를 구하는 간단한 문제가 출제된다. 또, 급수가 수렴할 조건을 이용하여 일반항의 극한값을 구하는, 즉 급수의 합과 일반항 사이의 관계를 이용하는 문제가 주로 출제되고 있다.

C 등비급수 등비급수의 합을 구하는 간단한 문제는 개념만 알면 해결할 수 있으므로 2점 또는 쉬운 3점 문제로 주로 출제된다. 한편, 등비급수를 이용하여 수열의 일반항을 추론하는 문제가 4점 문제로 출제되고 있다.

2 출제 예상 및 전략

예상 문제	공략법
❶ 수열의 극한값을 구하는 문제	$\frac{\infty}{\infty}$ 꼴의 극한값을 구하는 문제와 등비수열의 극한에 대한 문제는 다른 단원과 통합되어 출제될 수 있으므로 충분히 연습해 둔다.
❷ 수열의 극한의 대소 관계를 이용하여 극한값을 구하는 문제	부등식이 주어지거나 주어진 조건으로부터 부등식을 구한 후, 수열의 극한의 대소 관계를 이용하여 극한값을 구하는 문제가 출제될 수 있으므로 이러한 유형에 익숙해지도록 충분히 연습해 둔다.
❸ 급수와 일반항 사이의 관계를 묻는 문제	급수가 수렴할 때, 수열의 극한값이 0이 된다는 성질을 이용하여 복잡한 수열에 대한 급수의 합을 구해야 하는 경우가 종종 있으므로 잘 기억해 둔다.
❹ 등비급수의 합을 구하는 문제	등비급수가 수렴하도록 하는 조건을 구하거나 등비급수의 합 공식을 이용하는 문제가 출제될 수 있으므로 등비급수의 계산을 충분히 연습해 둔다.
❺ 조건을 이용하여 수열의 극한값 또는 급수의 합을 구하는 문제	수열의 일반항이 주어지기보다는 조건을 이용하여 먼저 일반항을 구한 후, 극한값 또는 급수의 합을 구하는 문제가 출제될 수 있으므로 여러 가지 조건에서 일반항을 구하는 연습을 하도록 한다.
❻ 등비급수를 이용한 도형에서의 활용 문제	등비급수를 이용한 활용 문제에서는 그 규칙성을 찾기 어렵도록 점점 도형이 다양해지고 복잡해지는 추세이다. 도형의 넓이 또는 길이를 구하는 과정에서 중학교에서 배운 도형의 성질이 이용되는 경우가 많으므로 미리 익혀 두어야 한다. 또, 다양한 문제를 풀어서 첫째항과 공비를 빠르게 찾아낼 수 있도록 연습해야 한다.

(위 표에서 ❶~❹는 **3점**, ❺~❻은 **4점**에 해당한다.)

I 수열의 극한

수능잡는 핵·심·개·념 & 빈·출·유·형·분·석

A 수열의 극한

1. 수열 $\{a_n\}$의 수렴과 발산

(1) **수렴**: $\lim\limits_{n \to \infty} a_n = \alpha$ (단, α는 상수)

(2) **발산**:
- 양의 무한대로 발산 ➡ $\lim\limits_{n \to \infty} a_n = \infty$
- 음의 무한대로 발산 ➡ $\lim\limits_{n \to \infty} a_n = -\infty$
- 양의 무한대나 음의 무한대로 발산하지 않는 경우 (진동)

2. 수열의 극한에 대한 기본 성질

두 수열 $\{a_n\}$, $\{b_n\}$이 수렴하고 $\lim\limits_{n \to \infty} a_n = \alpha$, $\lim\limits_{n \to \infty} b_n = \beta$ (α, β는 실수)일 때,

(1) $\lim\limits_{n \to \infty}(a_n \pm b_n) = \lim\limits_{n \to \infty} a_n \pm \lim\limits_{n \to \infty} b_n = \alpha \pm \beta$ (복부호 동순)

(2) $\lim\limits_{n \to \infty} ca_n = c\lim\limits_{n \to \infty} a_n = c\alpha$ (단, c는 상수)

(3) $\lim\limits_{n \to \infty} a_n b_n = \lim\limits_{n \to \infty} a_n \times \lim\limits_{n \to \infty} b_n = \alpha\beta$

(4) $\lim\limits_{n \to \infty} \dfrac{a_n}{b_n} = \dfrac{\lim\limits_{n \to \infty} a_n}{\lim\limits_{n \to \infty} b_n} = \dfrac{\alpha}{\beta}$ (단, $b_n \neq 0$, $\beta \neq 0$)

3. 수열의 극한값의 계산

(1) $\dfrac{\infty}{\infty}$ 꼴인 수열의 극한: 분모의 최고차항으로 분모, 분자를 각각 나눈다.

참고 $\dfrac{\infty}{\infty}$ 꼴인 수열의 극한에서

① (분자의 차수) = (분모의 차수)이면 ➡ 극한값은 최고차항의 계수의 비이다.

② (분자의 차수) < (분모의 차수)이면 ➡ 극한값은 0이다.

③ (분자의 차수) > (분모의 차수)이면 ➡ 극한값은 없다.

(2) $\infty - \infty$ 꼴인 수열의 극한

① 근호가 있는 경우: 근호가 있는 쪽을 유리화한다.

② 다항식인 경우: 최고차항으로 묶는다.

4. 수열의 극한의 대소 관계

두 수열 $\{a_n\}$, $\{b_n\}$이 수렴하고 $\lim\limits_{n \to \infty} a_n = \alpha$, $\lim\limits_{n \to \infty} b_n = \beta$ (α, β는 실수)일 때,

(1) 모든 자연수 n에 대하여 $a_n \leq b_n$이면 $\alpha \leq \beta$

(2) 수열 $\{c_n\}$이 모든 자연수 n에 대하여 $a_n \leq c_n \leq b_n$이고 $\alpha = \beta$이면 $\lim\limits_{n \to \infty} c_n = \alpha$

5. 등비수열 $\{r^n\}$의 수렴과 발산

(1) $r > 1$일 때, $\lim\limits_{n \to \infty} r^n = \infty$ (발산)

(2) $r = 1$일 때, $\lim\limits_{n \to \infty} r^n = 1$ (수렴)

(3) $|r| < 1$일 때, $\lim\limits_{n \to \infty} r^n = 0$ (수렴)

(4) $r \leq -1$일 때, 수열 $\{r^n\}$은 발산(진동)한다.

참고 r^n을 포함한 식의 극한은 다음과 같이 r의 값의 범위를 나누어 구한다.
$|r| < 1$, $r = 1$, $r = -1$, $|r| > 1$

A-01 $\dfrac{\infty}{\infty}$ 꼴인 수열의 극한

$\dfrac{\infty}{\infty}$ 꼴인 수열의 극한은 분모의 최고차항으로 분모, 분자를 각각 나눈 후

$\lim\limits_{n \to \infty} \dfrac{1}{n} = \lim\limits_{n \to \infty} \dfrac{1}{n^2} = \cdots = 0$

임을 이용하여 극한값을 구한다.

A-02 $\infty - \infty$ 꼴인 수열의 극한

$\infty - \infty$ 꼴인 수열의 극한은 근호가 있으면 근호가 있는 쪽을 유리화하여 $\dfrac{\infty}{\infty}$ 꼴로 변형한 후 극한값을 구한다.

A-03 등비수열의 수렴 조건

(1) 등비수열 $\{r^n\}$의 수렴 조건
  ➡ $-1 < r \leq 1$

(2) 등비수열 $\{ar^{n-1}\}$의 수렴 조건
  ➡ $a = 0$ 또는 $-1 < r \leq 1$

A-04 등비수열의 극한

r^n 꼴을 포함한 $\dfrac{\infty}{\infty}$ 꼴인 수열의 극한은 밑의 절댓값이 가장 큰 거듭제곱으로 분모, 분자를 각각 나누어 극한값을 구한다.

A-05 수열의 극한의 성질을 이용한 극한값의 계산

$\lim\limits_{n \to \infty} \dfrac{ra_n + s}{pa_n + q} = \alpha$ (α는 실수, $p \neq 0$, $q \neq 0$)일 때, $\lim\limits_{n \to \infty} a_n$의 값은 $\dfrac{ra_n + s}{pa_n + q} = b_n$으로 놓고 a_n을 b_n에 대하여 나타낸 후 $\lim\limits_{n \to \infty} b_n = \alpha$임을 이용하여 구한다.

A-06 수열의 극한의 대소 관계

극한값을 구하고자 하는 수열의 꼴이 포함되도록 주어진 부등식을 변형하고 각 변의 극한값을 생각한다. 이때 수열의 극한의 대소 관계를 이용한다.

A-07 수열의 극한의 활용

점의 좌표, 선분의 길이, 도형의 넓이 등을 n에 대한 식으로 나타낸 후, 이를 구하는 극한식에 대입하여 극한값을 구한다.

14 I. 수열의 극한

B 급수

1. 급수의 수렴과 발산

급수 $\sum\limits_{n=1}^{\infty} a_n$의 부분합으로 이루어진 수열이 $\{S_n\}$일 때,

(1) $\lim\limits_{n \to \infty} S_n = S$ (S는 상수)이면 급수 $\sum\limits_{n=1}^{\infty} a_n$은 S에 수렴한다.

(2) 수열 $\{S_n\}$이 발산하면 급수 $\sum\limits_{n=1}^{\infty} a_n$은 발산한다.

참고 일반적으로 급수 $\sum\limits_{n=1}^{\infty} a_n$의 수렴과 발산은 다음과 같은 순서로 조사한다.

(i) 부분합 $S_n = \sum\limits_{k=1}^{n} a_k$를 구한다.

(ii) $\lim\limits_{n \to \infty} S_n = \lim\limits_{n \to \infty} \sum\limits_{k=1}^{n} a_k$를 조사한다.

(iii) 급수 $\sum\limits_{n=1}^{\infty} a_n$의 수렴과 발산은 (ii)의 결과와 같다.

2. 급수와 일반항 사이의 관계

(1) 급수 $\sum\limits_{n=1}^{\infty} a_n$이 수렴하면 $\lim\limits_{n \to \infty} a_n = 0$이다.

(2) $\lim\limits_{n \to \infty} a_n \neq 0$이면 급수 $\sum\limits_{n=1}^{\infty} a_n$은 발산한다.

참고 (1)의 역은 일반적으로 성립하지 않는다.

예 $\lim\limits_{n \to \infty} \dfrac{1}{n} = 0$이지만 $\sum\limits_{n=1}^{\infty} \dfrac{1}{n}$은 발산한다.

3. 급수의 성질

두 급수 $\sum\limits_{n=1}^{\infty} a_n$, $\sum\limits_{n=1}^{\infty} b_n$이 수렴하고 $\sum\limits_{n=1}^{\infty} a_n = S$, $\sum\limits_{n=1}^{\infty} b_n = T$일 때,

(1) $\sum\limits_{n=1}^{\infty} (a_n \pm b_n) = \sum\limits_{n=1}^{\infty} a_n \pm \sum\limits_{n=1}^{\infty} b_n = S \pm T$ (복부호 동순)

(2) $\sum\limits_{n=1}^{\infty} ca_n = c \sum\limits_{n=1}^{\infty} a_n = cS$ (단, c는 상수)

주의 $\sum\limits_{n=1}^{\infty} a_n b_n \neq \sum\limits_{n=1}^{\infty} a_n \times \sum\limits_{n=1}^{\infty} b_n$, $\sum\limits_{n=1}^{\infty} \dfrac{a_n}{b_n} \neq \dfrac{\sum\limits_{n=1}^{\infty} a_n}{\sum\limits_{n=1}^{\infty} b_n}$

C 등비급수

1. 등비급수의 수렴과 발산

등비급수 $\sum\limits_{n=1}^{\infty} ar^{n-1} = a + ar + ar^2 + \cdots + ar^{n-1} + \cdots$ ($a \neq 0$)은

(1) $|r| < 1$일 때, 수렴하고 그 합은 $\dfrac{a}{1-r}$이다.

(2) $|r| \geq 1$일 때, 발산한다.

참고 등비급수 $\sum\limits_{n=1}^{\infty} ar^{n-1}$에서 $a = 0$이면 각 항이 0이므로 이 급수의 합은 0이다.

주의 $r = 1$은 등비수열 $\{r^n\}$의 수렴 조건이지만 등비급수 $\sum\limits_{n=1}^{\infty} r^n$의 수렴 조건은 아니다.

2. 등비급수의 활용

닮은 도형이 한없이 반복되어 나타날 때, 도형의 선분의 길이, 넓이 등의 합은 등비급수를 이용하여 다음과 같은 순서로 구한다.
① 도형에서 일정하게 변하는 규칙을 찾는다.
② 첫째항 a와 공비 r를 구한다.
③ 등비급수의 합이 $\dfrac{a}{1-r}$임을 이용한다.

B-08 급수의 계산

(1) 문제에서 $\sum\limits_{n=1}^{\infty} a_n = S$, $\sum\limits_{n=1}^{\infty} b_n = T$가 주어지면

'두 급수 $\sum\limits_{n=1}^{\infty} a_n$, $\sum\limits_{n=1}^{\infty} b_n$이 수렴할 때,

$$\sum\limits_{n=1}^{\infty} (a_n \pm b_n)$$
$$= \sum\limits_{n=1}^{\infty} a_n \pm \sum\limits_{n=1}^{\infty} b_n \text{ (복부호 동순)},$$
$$\sum\limits_{n=1}^{\infty} ca_n = c \sum\limits_{n=1}^{\infty} a_n \text{ (단, } c \text{는 상수)}'$$

을 이용하여 급수를 계산한다.

(2) 주어진 조건을 이용하여 구한 수열의 일반항이 부분분수의 꼴일 때, 하나의 분수를 두 분수의 차의 꼴로 바꾸어 이웃하는 항끼리 서로 소거하는 규칙을 이용하여 급수를 구한다.

$$\Rightarrow \frac{1}{(k+a)(k+b)}$$
$$= \frac{1}{b-a}\left(\frac{1}{k+a} - \frac{1}{k+b}\right) \text{ (단, } a \neq b)$$

B-09 급수와 일반항 사이의 관계

수렴하는 급수가 주어지면

'급수 $\sum\limits_{n=1}^{\infty} a_n$이 수렴하면 $\lim\limits_{n \to \infty} a_n = 0$'

임을 이용하여 주어진 수열의 극한값을 구한다.

C-10 등비급수의 수렴 조건

(1) 등비급수 $\sum\limits_{n=1}^{\infty} r^n$의 수렴 조건

$\Rightarrow -1 < r < 1$

(2) 등비급수 $\sum\limits_{n=1}^{\infty} ar^{n-1}$의 수렴 조건

$\Rightarrow a = 0$ 또는 $-1 < r < 1$

C-11 등비급수의 합

등비급수 $\sum\limits_{n=1}^{\infty} ar^{n-1}$ ($a \neq 0$)에서 $-1 < r < 1$이면

그 합은 $\dfrac{a}{1-r}$임을 이용하여 구한다.

C-12 등비급수의 활용 - 길이

첫째항을 구해 보고, 이웃한 항 사이의 길이의 비율(공비)을 찾아 등비급수의 합을 계산한다.

C-13 등비급수의 활용 - 넓이

(1) 넓이가 변할 때
$\Rightarrow$ 서로 닮음인 두 도형의 닮음비가 $m:n$일 때, 넓이의 비는 $m^2 : n^2$임을 이용하여 넓이에 대한 등비급수의 공비를 구하고 등비급수의 합을 계산한다.

(2) 닮은 도형의 개수가 일정한 비율로 변할 때
$\Rightarrow$ 넓이의 비와 개수의 비를 곱하여 넓이에 대한 등비급수의 공비를 구하고 등비급수의 합을 계산한다.

01

[2019학년도 **수능** 나형 3번]

$\lim\limits_{n \to \infty} \dfrac{6n^2 - 3}{2n^2 + 5n}$의 값은?

① 5   ② 4   ③ 3
④ 2   ⑤ 1

02

[2022학년도 **수능**(미적분) 23번]

$\lim\limits_{n \to \infty} \dfrac{\dfrac{5}{n} + \dfrac{3}{n^2}}{\dfrac{1}{n} - \dfrac{2}{n^3}}$의 값은?

① 1   ② 2   ③ 3
④ 4   ⑤ 5

03

[2020학년도 6월 **평가원** 나형 2번]

$\lim\limits_{n \to \infty} \dfrac{\sqrt{9n^2 + 4n + 1}}{2n + 5}$의 값은?

① $\dfrac{1}{2}$ ② 1   ③ $\dfrac{3}{2}$
④ 2   ⑤ $\dfrac{5}{2}$

04

[2024학년도 6월 **평가원**(미적분) 23번]

$\lim\limits_{n \to \infty} (\sqrt{n^2 + 9n} - \sqrt{n^2 + 4n})$의 값은?

① $\dfrac{1}{2}$ ② 1   ③ $\dfrac{3}{2}$
④ 2   ⑤ $\dfrac{5}{2}$

05

[2022학년도 9월 **평가원**(미적분) 23번]

$\lim\limits_{n \to \infty} \dfrac{2 \times 3^{n+1} + 5}{3^n + 2^{n+1}}$의 값은?

① 2   ② 4   ③ 6
④ 8   ⑤ 10

06

[2025학년도 6월 **평가원**(미적분) 23번]

$\lim\limits_{n \to \infty} \dfrac{\left(\dfrac{1}{2}\right)^n + \left(\dfrac{1}{3}\right)^{n+1}}{\left(\dfrac{1}{2}\right)^{n+1} + \left(\dfrac{1}{3}\right)^n}$의 값은?

① 1   ② 2   ③ 3
④ 4   ⑤ 5

3 점 기출   ≫ 집중하기

A-01 $\frac{\infty}{\infty}$ 꼴인 수열의 극한

07

[2015학년도 6월 **평가원** A형 22번]

$\lim\limits_{n \to \infty} \dfrac{3n^2+5}{n^2+2n}$의 값을 구하시오.

08

[2013학년도 6월 **평가원** 나형 23번]

두 상수 a, b에 대하여 $\lim\limits_{n \to \infty} \dfrac{an^2+bn+7}{3n+1}=4$일 때, $a+b$의 값을 구하시오.

09

[2010학년도 6월 **평가원** 나형 7번]

수열 $\{a_n\}$에서 $a_n = \log\dfrac{n+1}{n}$일 때, $\lim\limits_{n \to \infty} \dfrac{n}{10^{a_1+a_2+\cdots+a_n}}$의 값은?

① 1   ② 2   ③ 3
④ 4   ⑤ 5

해설편 p. 2

A-02 $\infty - \infty$ 꼴인 수열의 극한

10

[2016학년도 9월 **평가원** B형 24번]

자연수 n에 대하여 x에 대한 이차방정식

$$x^2 + 2nx - 4n = 0$$

의 양의 실근을 a_n이라 하자. $\displaystyle\lim_{n \to \infty} a_n$의 값을 구하시오.

11

[2014학년도 9월 **평가원** A형 22번]

$\displaystyle\lim_{n \to \infty} (\sqrt{n^2 + 28n} - n)$의 값을 구하시오.

A-03 등비수열의 수렴 조건

12

[2022학년도 **예시문항**(미적분) 24번]

정수 k에 대하여 수열 $\{a_n\}$의 일반항을

$$a_n = \left(\frac{|k|}{3} - 2 \right)^n$$

이라 하자. 수열 $\{a_n\}$이 수렴하도록 하는 모든 정수 k의 개수는?

① 4   ② 8   ③ 12

④ 16   ⑤ 20

13

[2007학년도 **수능** 나형 20번]

수열 $\left\{ \left(\dfrac{2x-1}{4} \right)^n \right\}$이 수렴하기 위한 정수 x의 개수를 k라 할 때, $10k$의 값을 구하시오.

14

[2025학년도 9월 **평가원**(미적분) 25번]

등비수열 $\{a_n\}$에 대하여

$$\lim_{n \to \infty} \frac{4^n \times a_n - 1}{3 \times 2^{n+1}} = 1$$

일 때, $a_1 + a_2$의 값은?

① $\dfrac{3}{2}$　　　② $\dfrac{5}{2}$　　　③ $\dfrac{7}{2}$

④ $\dfrac{9}{2}$　　　⑤ $\dfrac{11}{2}$

15

[2023학년도 **수능**(미적분) 25번]

등비수열 $\{a_n\}$에 대하여 $\lim\limits_{n \to \infty} \dfrac{a_n + 1}{3^n + 2^{2n-1}} = 3$일 때, a_2의 값은?

① 16　　　② 18　　　③ 20

④ 22　　　⑤ 24

16

[2018학년도 9월 **평가원** 나형 4번]

$\lim\limits_{n \to \infty} \dfrac{4 \times 3^{n+1} + 1}{3^n}$의 값은?

① 8　　　② 9　　　③ 10

④ 11　　　⑤ 12

17

[2017학년도 6월 **평가원** 나형 8번]

$\lim\limits_{n \to \infty} \left(2 + \dfrac{1}{3^n}\right)\left(a + \dfrac{1}{2^n}\right) = 10$일 때, 상수 a의 값은?

① 1　　　② 2　　　③ 3

④ 4　　　⑤ 5

18

[2016학년도 **수능** B형 25번]

첫째항이 1이고 공비가 r $(r>1)$인 등비수열 $\{a_n\}$에 대하여 $S_n = \sum_{k=1}^{n} a_k$일 때, $\lim_{n\to\infty} \dfrac{a_n}{S_n} = \dfrac{3}{4}$이다. r의 값을 구하시오.

19

[2016학년도 6월 **평가원** A형 12번, B형 8번]

공비가 3인 등비수열 $\{a_n\}$의 첫째항부터 제n항까지의 합 S_n이

$$\lim_{n\to\infty} \frac{S_n}{3^n} = 5$$

를 만족시킬 때, 첫째항 a_1의 값은?

① 8　　　　　② 10　　　　　③ 12

④ 14　　　　　⑤ 16

A-05 수열의 극한의 성질을 이용한 극한값의 계산

20

[2025학년도 **수능**(미적분) 25번]

수열 $\{a_n\}$에 대하여 $\lim_{n\to\infty} \dfrac{na_n}{n^2+3} = 1$일 때, $\lim_{n\to\infty} (\sqrt{a_n^2+n} - a_n)$의 값은?

① $\dfrac{1}{3}$　　　② $\dfrac{1}{2}$　　　③ 1

④ 2　　　　　⑤ 3

21

[2023학년도 9월 **평가원**(미적분) 25번]

수열 $\{a_n\}$에 대하여 $\lim_{n\to\infty} \dfrac{a_n+2}{2} = 6$일 때, $\lim_{n\to\infty} \dfrac{na_n+1}{a_n+2n}$의 값은?

① 1　　　　　② 2　　　　　③ 3

④ 4　　　　　⑤ 5

22

[2012학년도 9월 **평가원** 나형 25번]

수열 $\{a_n\}$과 $\{b_n\}$이

$$\lim_{n\to\infty}(n+1)a_n=2, \quad \lim_{n\to\infty}(n^2+1)b_n=7$$

을 만족시킬 때, $\lim_{n\to\infty}\dfrac{(10n+1)b_n}{a_n}$의 값을 구하시오.

(단, $a_n\neq 0$)

23

[2010학년도 6월 **평가원** 나형 28번]

수열 $\{a_n\}$에 대하여 $\lim_{n\to\infty}\dfrac{5^n a_n}{3^n+1}$이 0이 아닌 상수일 때,

$\lim_{n\to\infty}\dfrac{a_n}{a_{n+1}}$의 값은?

① $\dfrac{2}{3}$ ② $\dfrac{4}{5}$ ③ $\dfrac{5}{3}$

④ $\dfrac{9}{5}$ ⑤ $\dfrac{8}{3}$

A-06 수열의 극한의 대소 관계

24

[2020학년도 9월 **평가원** 나형 10번]

모든 항이 양수인 수열 $\{a_n\}$이 모든 자연수 n에 대하여 부등식

$$\sqrt{9n^2+4}<\sqrt{na_n}<3n+2$$

를 만족시킬 때, $\lim_{n\to\infty}\dfrac{a_n}{n}$의 값은?

① 6 ② 7 ③ 8

④ 9 ⑤ 10

25

[2016학년도 **수능** A형 10번]

수열 $\{a_n\}$에 대하여 곡선 $y=x^2-(n+1)x+a_n$은 x축과 만나고, 곡선 $y=x^2-nx+a_n$은 x축과 만나지 않는다. $\lim_{n\to\infty}\dfrac{a_n}{n^2}$의 값은?

① $\dfrac{1}{20}$ ② $\dfrac{1}{10}$ ③ $\dfrac{3}{20}$

④ $\dfrac{1}{5}$ ⑤ $\dfrac{1}{4}$

해설편 p. 8

26

[2014학년도 6월 **평가원** A형 24번]

수열 $\{a_n\}$이 모든 자연수 n에 대하여 부등식
$$3n^2+2n<a_n<3n^2+3n$$
을 만족시킬 때, $\lim\limits_{n\to\infty}\dfrac{5a_n}{n^2+2n}$의 값을 구하시오.

27

[2010학년도 6월 **평가원** 나형 5번]

두 수열 $\{a_n\}$, $\{b_n\}$이 모든 자연수 n에 대하여 다음 조건을 만족시킬 때, $\lim\limits_{n\to\infty}b_n$의 값은?

(가) $20-\dfrac{1}{n}<a_n+b_n<20+\dfrac{1}{n}$
(나) $10-\dfrac{1}{n}<a_n-b_n<10+\dfrac{1}{n}$

① 3   ② 4   ③ 5
④ 6   ⑤ 7

A-07 수열의 극한의 활용

28

[2016학년도 6월 **평가원** B형 10번]

자연수 n에 대하여 직선 $y=2nx$ 위의 점 $\mathrm{P}(n,\ 2n^2)$을 지나고 이 직선과 수직인 직선이 x축과 만나는 점을 Q라 할 때, 선분 OQ의 길이를 l_n이라 하자. $\lim\limits_{n\to\infty}\dfrac{l_n}{n^3}$의 값은?

(단, O는 원점이다.)

① 1   ② 2   ③ 3
④ 4   ⑤ 5

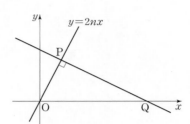

29

[2015학년도 **수능** B형 13번]

$a>3$인 상수 a에 대하여 두 곡선 $y=a^{x-1}$과 $y=3^x$이 점 P

에서 만난다. 점 P의 x좌표를 k라 할 때, $\lim\limits_{n\to\infty}\dfrac{\left(\dfrac{a}{3}\right)^{n+k}}{\left(\dfrac{a}{3}\right)^{n+1}+1}$

의 값은?

① 1 　　　② 2 　　　③ 3
④ 4 　　　⑤ 5

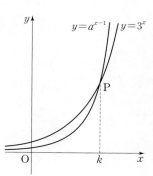

30

[2009학년도 6월 **평가원** 나형 8번]

자연수 n에 대하여 좌표평면 위의 점 $\mathrm{P}_n(n,\ 2^n)$에서 x축, y축에 내린 수선의 발을 각각 Q_n, R_n이라 하자. 원점 O와 점 $\mathrm{A}(0,\ 1)$에 대하여 사각형 $\mathrm{AOQ}_n\mathrm{P}_n$의 넓이를 S_n, 삼각형 $\mathrm{AP}_n\mathrm{R}_n$의 넓이를 T_n이라 할 때, $\lim\limits_{n\to\infty}\dfrac{T_n}{S_n}$의 값은?

① 1 　　　② $\dfrac{3}{4}$ 　　　③ $\dfrac{1}{2}$
④ $\dfrac{1}{4}$ 　　　⑤ 0

해설편 p. 12

B-08 급수의 계산

31

[2021학년도 9월 **평가원** 가형 4번]

$\displaystyle\sum_{n=1}^{\infty} \frac{2}{n(n+2)}$의 값은?

① 1
② $\dfrac{3}{2}$
③ 2

④ $\dfrac{5}{2}$
⑤ 3

32

[2016학년도 9월 **평가원** A형 9번]

등차수열 $\{a_n\}$에 대하여 $a_1=4$, $a_4-a_2=4$일 때,

$\displaystyle\sum_{n=1}^{\infty} \frac{2}{na_n}$의 값은?

① 1
② $\dfrac{3}{2}$
③ 2

④ $\dfrac{5}{2}$
⑤ 3

33

[2015학년도 **수능** A형 24번]

두 수열 $\{a_n\}$, $\{b_n\}$에 대하여

$$\sum_{n=1}^{\infty} a_n=4, \quad \sum_{n=1}^{\infty} b_n=10$$

일 때, $\displaystyle\sum_{n=1}^{\infty} (a_n+5b_n)$의 값을 구하시오.

34

[2015학년도 9월 **평가원** A형 12번]

자연수 n에 대하여 $3^n \times 5^{n+1}$의 모든 양의 약수의 개수를 a_n

이라 할 때, $\displaystyle\sum_{n=1}^{\infty} \frac{1}{a_n}$의 값은?

① $\dfrac{1}{2}$
② $\dfrac{7}{12}$
③ $\dfrac{2}{3}$

④ $\dfrac{3}{4}$
⑤ $\dfrac{5}{6}$

35

[2009학년도 6월 **평가원** 나형 9번]

자연수 n에 대하여 x에 관한 이차방정식

$$(4n^2-1)x^2-4nx+1=0$$

의 두 근이 α_n, β_n $(\alpha_n > \beta_n)$일 때, $\displaystyle\sum_{n=1}^{\infty}(\alpha_n-\beta_n)$의 값은?

① 1   ② 2   ③ 3

④ 4   ⑤ 5

B-09 급수와 일반항 사이의 관계

36

[2025학년도 6월 **평가원**(미적분) 25번]

수열 $\{a_n\}$이

$$\sum_{n=1}^{\infty}\left(a_n-\frac{3n^2-n}{2n^2+1}\right)=2$$

를 만족시킬 때, $\displaystyle\lim_{n\to\infty}(a_n^2+2a_n)$의 값은?

① $\dfrac{17}{4}$ ② $\dfrac{19}{4}$ ③ $\dfrac{21}{4}$

④ $\dfrac{23}{4}$ ⑤ $\dfrac{25}{4}$

37

[2023학년도 6월 **평가원**(미적분) 27번]

첫째항이 4인 등차수열 $\{a_n\}$에 대하여 급수

$$\sum_{n=1}^{\infty}\left(\frac{a_n}{n}-\frac{3n+7}{n+2}\right)$$

이 실수 S에 수렴할 때, S의 값은?

① $\dfrac{1}{2}$ ② 1   ③ $\dfrac{3}{2}$

④ 2   ⑤ $\dfrac{5}{2}$

해설편 p. 14

38

[2021학년도 6월 **평가원** 가형 5번]

수열 $\{a_n\}$에 대하여 $\sum\limits_{n=1}^{\infty} \dfrac{a_n}{n}=10$일 때, $\lim\limits_{n\to\infty} \dfrac{a_n+2a_n^2+3n^2}{a_n^2+n^2}$
의 값은?

① 3   ② $\dfrac{7}{2}$ ③ 4

④ $\dfrac{9}{2}$ ⑤ 5

39

[2020학년도 6월 **평가원** 나형 11번]

수열 $\{a_n\}$이 $\sum\limits_{n=1}^{\infty}(2a_n-3)=2$를 만족시킨다.

$\lim\limits_{n\to\infty} a_n = r$일 때, $\lim\limits_{n\to\infty} \dfrac{r^{n+2}-1}{r^n+1}$의 값은?

① $\dfrac{7}{4}$ ② 2   ③ $\dfrac{9}{4}$

④ $\dfrac{5}{2}$ ⑤ $\dfrac{11}{4}$

40

[2010학년도 9월 **평가원** 나형 13번]

첫째항과 공차가 같은 등차수열 $\{a_n\}$에 대하여 $S_n=\sum\limits_{k=1}^{n} a_k$라
할 때, **보기**에서 옳은 것만을 있는 대로 고른 것은?

(단, $a_1>0$)

> ┤ 보기 ├
>
> ㄱ. 수열 $\{S_n\}$이 수렴한다.
>
> ㄴ. 급수 $\sum\limits_{n=1}^{\infty} \dfrac{1}{S_n}$이 수렴한다.
>
> ㄷ. $\lim\limits_{n\to\infty}(\sqrt{S_{n+1}}-\sqrt{S_n})$이 존재한다.

① ㄴ   ② ㄷ   ③ ㄱ, ㄴ

④ ㄱ, ㄷ   ⑤ ㄴ, ㄷ

C-10 등비급수의 수렴 조건

41

[2019학년도 6월 **평가원** 나형 11번]

급수 $\displaystyle\sum_{n=1}^{\infty}\left(\dfrac{x}{5}\right)^{n}$ 이 수렴하도록 하는 모든 정수 x의 개수는?

① 1   ② 3   ③ 5

④ 7   ⑤ 9

42

[2018학년도 3월 **교육청** 나형 11번]

등비급수 $\displaystyle\sum_{n=1}^{\infty}\left(\dfrac{2x-3}{7}\right)^{n}$ 이 수렴하도록 하는 정수 x의 개수는?

① 2   ② 4   ③ 6

④ 8   ⑤ 10

C-11 등비급수의 합

43

[2024학년도 9월 **평가원**(미적분) 26번]

공차가 양수인 등차수열 $\{a_n\}$과 등비수열 $\{b_n\}$에 대하여 $a_1=b_1=1$, $a_2b_2=1$이고

$$\sum_{n=1}^{\infty}\left(\dfrac{1}{a_na_{n+1}}+b_n\right)=2$$

일 때, $\displaystyle\sum_{n=1}^{\infty}b_n$의 값은?

① $\dfrac{7}{6}$ ② $\dfrac{6}{5}$ ③ $\dfrac{5}{4}$

④ $\dfrac{4}{3}$ ⑤ $\dfrac{3}{2}$

해설편 p. 18

44

[2022학년도 **수능**(미적분) 25번]

등비수열 $\{a_n\}$에 대하여

$$\sum_{n=1}^{\infty} (a_{2n-1} - a_{2n}) = 3, \quad \sum_{n=1}^{\infty} a_n^2 = 6$$

일 때, $\sum_{n=1}^{\infty} a_n$의 값은?

① 1   ② 2   ③ 3

④ 4   ⑤ 5

45

[2021학년도 9월 **평가원** 가형 8번]

등비수열 $\{a_n\}$에 대하여 $\lim\limits_{n\to\infty} \dfrac{3^n}{a_n + 2^n} = 6$일 때, $\sum_{n=1}^{\infty} \dfrac{1}{a_n}$의

값은?

① 1   ② 2   ③ 3

④ 4   ⑤ 5

46

[2015학년도 6월 **평가원** B형 25번]

공비가 양수인 등비수열 $\{a_n\}$이

$$a_1 + a_2 = 20, \quad \sum_{n=3}^{\infty} a_n = \frac{4}{3}$$

를 만족시킬 때, a_1의 값을 구하시오.

47

[2011학년도 9월 평가원 나형 12번]

그림과 같이 반지름의 길이가 4이고 중심각의 크기가 $\frac{\pi}{4}$인 부채꼴 $A_0A_1B_1$이 있다. 점 A_1에서 선분 A_0B_1에 내린 수선의 발을 B_2라 하고, 선분 A_0A_1 위의 $\overline{A_1B_2}=\overline{A_1A_2}$인 점 A_2에 대하여 중심각의 크기가 $\frac{\pi}{4}$인 부채꼴 $A_1A_2B_2$를 그린다. 점 A_2에서 선분 A_1B_2에 내린 수선의 발을 B_3이라 하고, 선분 A_1A_2 위의 $\overline{A_2B_3}=\overline{A_2A_3}$인 점 A_3에 대하여 중심각의 크기가 $\frac{\pi}{4}$인 부채꼴 $A_2A_3B_3$을 그린다.

이와 같은 과정을 계속하여 점 A_n에서 선분 $A_{n-1}B_n$에 내린 수선의 발을 B_{n+1}이라 하고, 선분 $A_{n-1}A_n$ 위의 $\overline{A_nB_{n+1}}=\overline{A_nA_{n+1}}$인 점 A_{n+1}에 대하여 중심각의 크기가 $\frac{\pi}{4}$인 부채꼴 $A_nA_{n+1}B_{n+1}$을 그린다. 부채꼴 $A_{n-1}A_nB_n$의 호 A_nB_n의 길이를 l_n이라 할 때, $\sum\limits_{n=1}^{\infty} l_n$의 값은?

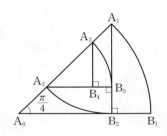

① $(4-\sqrt{2})\pi$ ② $(2+\sqrt{2})\pi$ ③ $(2+2\sqrt{2})\pi$

④ $(4+\sqrt{2})\pi$ ⑤ $(4+2\sqrt{2})\pi$

48

[2009학년도 6월 평가원 나형 14번]

그림과 같이 길이가 8인 선분 AB가 있다. 선분 AB의 삼등분점 A_1, B_1을 중심으로 하고 선분 A_1B_1을 반지름으로 하는 두 원이 서로 만나는 두 점을 각각 P_1, Q_1이라고 하자.

선분 A_1B_1의 삼등분점 A_2, B_2를 중심으로 하고 선분 A_2B_2를 반지름으로 하는 두 원이 서로 만나는 두 점을 각각 P_2, Q_2라고 하자.

선분 A_2B_2의 삼등분점 A_3, B_3을 중심으로 하고 선분 A_3B_3을 반지름으로 하는 두 원이 서로 만나는 두 점을 각각 P_3, Q_3이라고 하자.

이와 같은 과정을 계속하여 n번째 얻은 두 호 $P_nA_nQ_n$, $P_nB_nQ_n$의 길이의 합을 l_n이라 할 때, $\sum\limits_{n=1}^{\infty} l_n$의 값은?

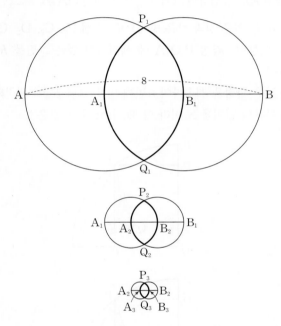

① $\frac{10}{3}\pi$ ② 4π ③ $\frac{14}{3}\pi$

④ $\frac{16}{3}\pi$ ⑤ 6π

해설편 p. 21

C-13 등비급수의 활용 – 넓이

49
[2023학년도 수능(미적분) 27번]

그림과 같이 중심이 O, 반지름의 길이가 1이고 중심각의 크기가 $\frac{\pi}{2}$인 부채꼴 OA_1B_1이 있다. 호 A_1B_1 위에 점 P_1, 선분 OA_1 위에 점 C_1, 선분 OB_1 위에 점 D_1을 사각형 $OC_1P_1D_1$이 $\overline{OC_1} : \overline{OD_1} = 3 : 4$인 직사각형이 되도록 잡는다. 부채꼴 OA_1B_1의 내부에 점 Q_1을 $\overline{P_1Q_1} = \overline{A_1Q_1}$, $\angle P_1Q_1A_1 = \frac{\pi}{2}$가 되도록 잡고, 이등변삼각형 $P_1Q_1A_1$에 색칠하여 얻은 그림을 R_1이라 하자.

그림 R_1에서 선분 OA_1 위의 점 A_2와 선분 OB_1 위의 점 B_2를 $\overline{OQ_1} = \overline{OA_2} = \overline{OB_2}$가 되도록 잡고, 중심이 O, 반지름의 길이가 $\overline{OQ_1}$, 중심각의 크기가 $\frac{\pi}{2}$인 부채꼴 OA_2B_2를 그린다.

그림 R_1을 얻은 것과 같은 방법으로 네 점 P_2, C_2, D_2, Q_2를 잡고, 이등변삼각형 $P_2Q_2A_2$에 색칠하여 얻은 그림을 R_2라 하자.

이와 같은 과정을 계속하여 n번째 얻은 그림 R_n에 색칠되어 있는 부분의 넓이를 S_n이라 할 때, $\lim\limits_{n \to \infty} S_n$의 값은?

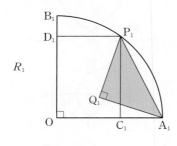

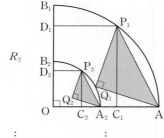

① $\frac{9}{40}$ ② $\frac{1}{4}$ ③ $\frac{11}{40}$

④ $\frac{3}{10}$ ⑤ $\frac{13}{40}$

50
[2023학년도 9월 평가원(미적분) 27번]

그림과 같이 $\overline{A_1B_1} = 4$, $\overline{A_1D_1} = 1$인 직사각형 $A_1B_1C_1D_1$에서 두 대각선의 교점을 E_1이라 하자.

$\overline{A_2D_1} = \overline{D_1E_1}$, $\angle A_2D_1E_1 = \frac{\pi}{2}$이고 선분 D_1C_1과 선분 A_2E_1이 만나도록 점 A_2를 잡고, $\overline{B_2C_1} = \overline{C_1E_1}$, $\angle B_2C_1E_1 = \frac{\pi}{2}$이고 선분 D_1C_1과 선분 B_2E_1이 만나도록 점 B_2를 잡는다. 두 삼각형 $A_2D_1E_1$, $B_2C_1E_1$을 그린 후 ⋀⋀ 모양의 도형에 색칠하여 얻은 그림을 R_1이라 하자.

그림 R_1에서 $\overline{A_2B_2} : \overline{A_2D_2} = 4 : 1$이고 선분 D_2C_2가 두 선분 A_2E_1, B_2E_1과 만나지 않도록 직사각형 $A_2B_2C_2D_2$를 그린다. 그림 R_1을 얻은 것과 같은 방법으로 세 점 E_2, A_3, B_3을 잡고 두 삼각형 $A_3D_2E_2$, $B_3C_2E_2$를 그린 후 ⋀⋀ 모양의 도형에 색칠하여 얻은 그림을 R_2라 하자.

이와 같은 과정을 계속하여 n번째 얻은 그림 R_n에 색칠되어 있는 부분의 넓이를 S_n이라 할 때 $\lim\limits_{n \to \infty} S_n$의 값은?

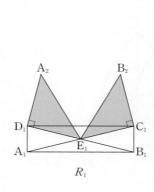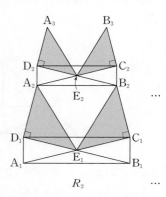

① $\frac{68}{5}$ ② $\frac{34}{3}$ ③ $\frac{68}{7}$

④ $\frac{17}{2}$ ⑤ $\frac{68}{9}$

51

[2023학년도 6월 평가원(미적분) 26번]

그림과 같이 $\overline{A_1B_1}=2$, $\overline{B_1A_2}=3$이고 $\angle A_1B_1A_2=\dfrac{\pi}{3}$인 삼각형 $A_1A_2B_1$과 이 삼각형의 외접원 O_1이 있다.

점 A_2를 지나고 직선 A_1B_1에 평행한 직선이 원 O_1과 만나는 점 중 A_2가 아닌 점을 B_2라 하자. 두 선분 A_1B_2, B_1A_2가 만나는 점을 C_1이라 할 때, 두 삼각형 $A_1A_2C_1$, $B_1C_1B_2$로 만들어진 $\gtrless$ 모양의 도형에 색칠하여 얻은 그림을 R_1이라 하자.

그림 R_1에서 점 B_2를 지나고 직선 B_1A_2에 평행한 직선이 직선 A_1A_2와 만나는 점을 A_3이라 할 때, 삼각형 $A_2A_3B_2$의 외접원을 O_2라 하자. 그림 R_1을 얻은 것과 같은 방법으로 두 점 B_3, C_2를 잡아 원 O_2에 $\gtrless$ 모양의 도형을 그리고 색칠하여 얻은 그림을 R_2라 하자.

이와 같은 과정을 계속하여 n번째 얻은 그림 R_n에 색칠되어 있는 부분의 넓이를 S_n이라 할 때, $\displaystyle\lim_{n\to\infty}S_n$의 값은?

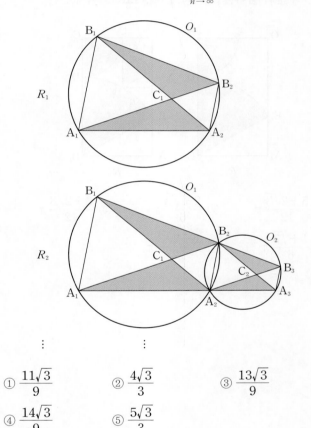

① $\dfrac{11\sqrt{3}}{9}$ ② $\dfrac{4\sqrt{3}}{3}$ ③ $\dfrac{13\sqrt{3}}{9}$

④ $\dfrac{14\sqrt{3}}{9}$ ⑤ $\dfrac{5\sqrt{3}}{3}$

52

[2022학년도 9월 평가원(미적분) 27번]

그림과 같이 $\overline{AB_1}=1$, $\overline{B_1C_1}=2$인 직사각형 $AB_1C_1D_1$이 있다. $\angle AD_1C_1$을 삼등분하는 두 직선이 선분 B_1C_1과 만나는 점 중 점 B_1에 가까운 점을 E_1, 점 C_1에 가까운 점을 F_1이라 하자. $\overline{E_1F_1}=\overline{F_1G_1}$, $\angle E_1F_1G_1=\dfrac{\pi}{2}$이고 선분 AD_1과 선분 F_1G_1이 만나도록 점 G_1을 잡아 삼각형 $E_1F_1G_1$을 그린다.

선분 E_1D_1과 선분 F_1G_1이 만나는 점을 H_1이라 할 때, 두 삼각형 $G_1E_1H_1$, $H_1F_1D_1$로 만들어진 $\nearrow$ 모양의 도형에 색칠하여 얻은 그림을 R_1이라 하자.

그림 R_1에 선분 AB_1 위의 점 B_2, 선분 E_1G_1 위의 점 C_2, 선분 AD_1 위의 점 D_2와 점 A를 꼭짓점으로 하고 $\overline{AB_2}:\overline{B_2C_2}=1:2$인 직사각형 $AB_2C_2D_2$를 그린다. 직사각형 $AB_2C_2D_2$에 그림 R_1을 얻은 것과 같은 방법으로 $\nearrow$ 모양의 도형을 그리고 색칠하여 얻은 그림을 R_2라 하자.

이와 같은 과정을 계속하여 n번째 얻은 그림 R_n에 색칠되어 있는 부분의 넓이를 S_n이라 할 때, $\displaystyle\lim_{n\to\infty}S_n$의 값은?

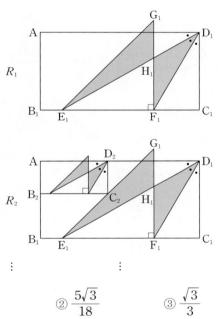

① $\dfrac{2\sqrt{3}}{9}$ ② $\dfrac{5\sqrt{3}}{18}$ ③ $\dfrac{\sqrt{3}}{3}$

④ $\dfrac{7\sqrt{3}}{18}$ ⑤ $\dfrac{4\sqrt{3}}{9}$

해설편 p. 25

53

[2022학년도 6월 평가원(미적분) 26번]

그림과 같이 중심이 O_1, 반지름의 길이가 1이고 중심각의 크기가 $\dfrac{5\pi}{12}$인 부채꼴 $O_1A_1O_2$가 있다. 호 A_1O_2 위에 점 B_1을 $\angle A_1O_1B_1 = \dfrac{\pi}{4}$가 되도록 잡고, 부채꼴 $O_1A_1B_1$에 색칠하여 얻은 그림을 R_1이라 하자.

그림 R_1에서 점 O_2를 지나고 선분 O_1A_1에 평행한 직선이 직선 O_1B_1과 만나는 점을 A_2라 하자. 중심이 O_2이고 중심각의 크기가 $\dfrac{5\pi}{12}$인 부채꼴 $O_2A_2O_3$을 부채꼴 $O_1A_1B_1$과 겹치지 않도록 그린다. 호 A_2O_3 위에 점 B_2를 $\angle A_2O_2B_2 = \dfrac{\pi}{4}$가 되도록 잡고, 부채꼴 $O_2A_2B_2$에 색칠하여 얻은 그림을 R_2라 하자.

이와 같은 과정을 계속하여 n번째 얻은 그림 R_n에 색칠되어 있는 부분의 넓이를 S_n이라 할 때, $\lim\limits_{n\to\infty} S_n$의 값은?

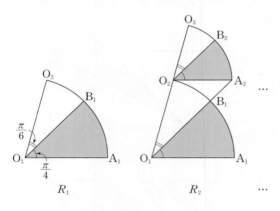

① $\dfrac{3\pi}{16}$　　　② $\dfrac{7\pi}{32}$　　　③ $\dfrac{\pi}{4}$

④ $\dfrac{9\pi}{32}$　　　⑤ $\dfrac{5\pi}{16}$

54

[2022학년도 예시문항(미적분) 26번]

그림과 같이 $\overline{OA_1} = \sqrt{3}$, $\overline{OC_1} = 1$인 직사각형 $OA_1B_1C_1$이 있다. 선분 B_1C_1 위의 $\overline{B_1D_1} = 2\overline{C_1D_1}$인 점 D_1에 대하여 중심이 B_1이고 반지름의 길이가 $\overline{B_1D_1}$인 원과 선분 OA_1의 교점을 E_1, 중심이 C_1이고 반지름의 길이가 $\overline{C_1D_1}$인 원과 선분 OC_1의 교점을 C_2라 하자. 부채꼴 $B_1D_1E_1$의 내부와 부채꼴 $C_1C_2D_1$의 내부로 이루어진 ∫ 모양의 도형에 색칠하여 얻은 그림을 R_1이라 하자.

그림 R_1에서 선분 OA_1 위의 점 A_2, 호 D_1E_1 위의 점 B_2와 점 C_2, 점 O를 꼭짓점으로 하는 직사각형 $OA_2B_2C_2$를 그리고, 그림 R_1을 얻은 것과 같은 방법으로 직사각형 $OA_2B_2C_2$에 ∫ 모양의 도형을 그리고 색칠하여 얻은 그림을 R_2라 하자.

이와 같은 과정을 계속하여 n번째 얻은 그림 R_n에 색칠되어 있는 부분의 넓이를 S_n이라 할 때, $\lim\limits_{n\to\infty} S_n$의 값은?

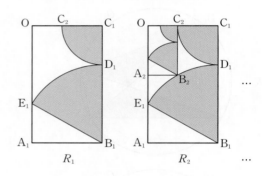

① $\dfrac{5+2\sqrt{3}}{12}\pi$　　② $\dfrac{2+\sqrt{3}}{6}\pi$　　③ $\dfrac{3+2\sqrt{3}}{12}\pi$

④ $\dfrac{1+\sqrt{3}}{6}\pi$　　⑤ $\dfrac{1+2\sqrt{3}}{12}\pi$

4점 기출

» 집중하기

A 수열의 극한 – 극한식, 함수식에서의 활용

55

[2024학년도 9월 **평가원**(미적분) 29번]

두 실수 a, b $(a>1,\ b>1)$이

$$\lim_{n \to \infty} \frac{3^n + a^{n+1}}{3^{n+1} + a^n} = a, \quad \lim_{n \to \infty} \frac{a^n + b^{n+1}}{a^{n+1} + b^n} = \frac{9}{a}$$

를 만족시킬 때, $a+b$의 값을 구하시오.

56

[2021학년도 **수능** 가형 18번]

실수 a에 대하여 함수 $f(x)$를

$$f(x) = \lim_{n \to \infty} \frac{(a-2)x^{2n+1} + 2x}{3x^{2n} + 1}$$

라 하자. $(f \circ f)(1) = \dfrac{5}{4}$가 되도록 하는 모든 a의 값의 합은?

① $\dfrac{11}{2}$ ② $\dfrac{13}{2}$ ③ $\dfrac{15}{2}$

④ $\dfrac{17}{2}$ ⑤ $\dfrac{19}{2}$

57

[2016학년도 9월 평가원 A형 27번]

양수 a와 실수 b에 대하여

$$\lim_{n \to \infty}(\sqrt{an^2+4n}-bn)=\frac{1}{5}$$

일 때, $a+b$의 값을 구하시오.

58

[2016학년도 6월 평가원 A형 14번]

함수 $f(x)$가 $f(x)=(x-3)^2$일 때, 다음 물음에 답하시오.

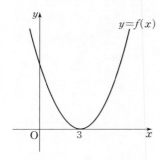

자연수 n에 대하여 방정식 $f(x)=n$의 두 근이 α, β일 때 $h(n)=|\alpha-\beta|$라 하자.

$$\lim_{n \to \infty}\sqrt{n}\{h(n+1)-h(n)\}$$

의 값은?

① $\dfrac{1}{2}$ ② 1 ③ $\dfrac{3}{2}$

④ 2 ⑤ $\dfrac{5}{2}$

59

[2015학년도 수능 A형 28번]

자연수 k에 대하여

$$a_k=\lim_{n \to \infty}\frac{\left(\dfrac{6}{k}\right)^{n+1}}{\left(\dfrac{6}{k}\right)^{n}+1}$$

이라 할 때, $\displaystyle\sum_{k=1}^{10}ka_k$의 값을 구하시오.

60

[2015학년도 9월 **평가원** B형 21번]

양수 t에 대하여 $\log t$의 정수 부분과 소수 부분을 각각 $f(t)$, $g(t)$라 하자. 자연수 n에 대하여

$$f(t)=9n\left\{g(t)-\frac{1}{3}\right\}^2-n$$

을 만족시키는 서로 다른 모든 $f(t)$의 합을 a_n이라 할 때, $\displaystyle\lim_{n\to\infty}\frac{a_n}{n^2}$의 값은?

① 4
② $\dfrac{9}{2}$
③ 5

④ $\dfrac{11}{2}$
⑤ 6

61

[2013학년도 6월 **평가원** 나형 20번]

닫힌구간 $[-2,\,5]$에서 정의된 함수 $y=f(x)$의 그래프가 그림과 같다.

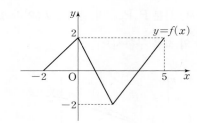

$$\lim_{n\to\infty}\frac{|nf(a)-1|-nf(a)}{2n+3}=1$$을 만족시키는 상수 a의 개수는?

① 1
② 2
③ 3

④ 4
⑤ 5

해설편 p. 33

A 수열의 극한 – 좌표평면에서의 활용

62

[2017학년도 **수능** 나형 28번]

자연수 n에 대하여 직선 $x=4^n$이 곡선 $y=\sqrt{x}$와 만나는 점을 P_n이라 하자. 선분 P_nP_{n+1}의 길이를 L_n이라 할 때, $\lim\limits_{n\to\infty}\left(\dfrac{L_{n+1}}{L_n}\right)^2$의 값을 구하시오.

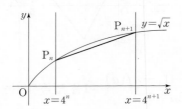

63

[2016학년도 **수능** A형 14번]

자연수 n에 대하여 좌표가 $(0,\ 2n+1)$인 점을 P라 하고, 함수 $f(x)=nx^2$의 그래프 위의 점 중 y좌표가 1이고 제1사분면에 있는 점을 Q라 하자. 다음 물음에 답하시오.

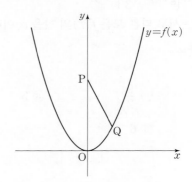

점 R$(0,\ 1)$에 대하여 삼각형 PRQ의 넓이를 S_n, 선분 PQ의 길이를 l_n이라 할 때, $\lim\limits_{n\to\infty}\dfrac{S_n^2}{l_n}$의 값은?

① $\dfrac{3}{2}$ ② $\dfrac{5}{4}$ ③ 1

④ $\dfrac{3}{4}$ ⑤ $\dfrac{1}{2}$

64

자연수 n에 대하여 점 $(3n, 4n)$을 중심으로 하고 y축에 접하는 원 O_n이 있다. 원 O_n 위를 움직이는 점과 점 $(0, -1)$ 사이의 거리의 최댓값을 a_n, 최솟값을 b_n이라 할 때, $\lim\limits_{n \to \infty} \dfrac{a_n}{b_n}$의 값을 구하시오.

65

자연수 n에 대하여 직선 $y = n$과 함수 $y = \tan x$의 그래프가 제1사분면에서 만나는 점의 x좌표를 작은 수부터 크기순으로 나열할 때, n번째 수를 a_n이라 하자. $\lim\limits_{n \to \infty} \dfrac{a_n}{n}$의 값은?

① $\dfrac{\pi}{4}$ ② $\dfrac{\pi}{2}$ ③ $\dfrac{3}{4}\pi$

④ π ⑤ $\dfrac{5}{4}\pi$

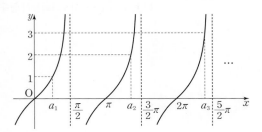

B 급수

66

수열 $\{a_n\}$의 첫째항부터 제 m항까지의 합을 S_m이라 하자.

모든 자연수 m에 대하여

$$S_m = \sum_{n=1}^{\infty} \frac{m+1}{n(n+m+1)}$$

일 때, $a_1 + a_{10} = \dfrac{q}{p}$이다. $p+q$의 값을 구하시오.

(단, p와 q는 서로소인 자연수이다.)

67

수열 $\{a_n\}$에 대하여 급수 $\sum\limits_{n=1}^{\infty} \dfrac{a_n}{n}$이 수렴할 때,

$\lim\limits_{n \to \infty} \dfrac{a_n + 9n}{n}$의 값을 구하시오.

68

수열 $\{a_n\}$에 대하여

$$\sum_{n=1}^{\infty} \left(na_n - \frac{n^2+1}{2n+1} \right) = 3$$

일 때, $\lim\limits_{n \to \infty} (a_n^2 + 2a_n + 2)$의 값은?

① $\dfrac{13}{4}$　　　② 3　　　③ $\dfrac{11}{4}$

④ $\dfrac{5}{2}$　　　⑤ $\dfrac{9}{4}$

69

[2025학년도 **수능**(미적분) 29번]

등비수열 $\{a_n\}$이

$$\sum_{n=1}^{\infty}(\,|a_n|+a_n\,)=\frac{40}{3},\quad \sum_{n=1}^{\infty}(\,|a_n|-a_n\,)=\frac{20}{3}$$

을 만족시킨다. 부등식

$$\lim_{n\to\infty}\sum_{k=1}^{2n}\left((-1)^{\frac{k(k+1)}{2}}\times a_{m+k}\right)>\frac{1}{700}$$

을 만족시키는 모든 자연수 m의 값의 합을 구하시오.

70

[2024학년도 **수능**(미적분) 29번]

첫째항과 공비가 각각 0이 아닌 두 등비수열 $\{a_n\}$, $\{b_n\}$에 대하여 두 급수 $\sum_{n=1}^{\infty}a_n$, $\sum_{n=1}^{\infty}b_n$이 각각 수렴하고

$$\sum_{n=1}^{\infty}a_nb_n=\left(\sum_{n=1}^{\infty}a_n\right)\times\left(\sum_{n=1}^{\infty}b_n\right),$$

$$3\times\sum_{n=1}^{\infty}|a_{2n}|=7\times\sum_{n=1}^{\infty}|a_{3n}|$$

이 성립한다. $\sum_{n=1}^{\infty}\dfrac{b_{2n-1}+b_{3n+1}}{b_n}=S$일 때, $120S$의 값을 구하시오.

해설편 p. 38

기 [2014학년도 6월 평가원 B형 26번]

모든 항이 양수인 수열 $\{a_n\}$이 모든 자연수 n에 대하여 다음 조건을 만족시킨다.

(가) $\log a_n$의 소수 부분과 $\log a_{n+1}$의 소수 부분은 서로 같다.

(나) $1 < \dfrac{a_n}{a_{n+1}} < 100$

$\displaystyle\sum_{n=1}^{\infty} a_n = 500$일 때, a_1의 값을 구하시오.

기2 [2013학년도 6월 평가원 가형 18번, 나형 18번]

2보다 큰 자연수 n에 대하여 $(-3)^{n-1}$의 n제곱근 중 실수인 것의 개수를 a_n이라 할 때, $\displaystyle\sum_{n=3}^{\infty} \dfrac{a_n}{2^n}$의 값은?

① $\dfrac{1}{6}$
② $\dfrac{1}{4}$
③ $\dfrac{1}{3}$

④ $\dfrac{5}{12}$
⑤ $\dfrac{1}{2}$

기3 [2011학년도 6월 평가원 나형 12번]

수열 $\{a_n\}$이

$$7a_1 + 7^2 a_2 + \cdots + 7^n a_n = 3^n - 1$$

을 만족시킬 때, $\displaystyle\sum_{n=1}^{\infty} \dfrac{a_n}{3^{n-1}}$의 값은?

① $\dfrac{1}{3}$
② $\dfrac{4}{9}$
③ $\dfrac{5}{9}$

④ $\dfrac{2}{3}$
⑤ $\dfrac{7}{9}$

C 등비급수 – 좌표평면에서의 활용

기4 [2016학년도 9월 평가원 A형 20번]

자연수 n에 대하여 직선 $y = \left(\dfrac{1}{2}\right)^{n-1}(x-1)$과 이차함수 $y = 3x(x-1)$의 그래프가 만나는 두 점을 $A(1, 0)$과 P_n이라 하자. 점 P_n에서 x축에 내린 수선의 발을 H_n이라 할 때, $\displaystyle\sum_{n=1}^{\infty} \overline{P_n H_n}$의 값은?

① $\dfrac{3}{2}$
② $\dfrac{14}{9}$
③ $\dfrac{29}{18}$

④ $\dfrac{5}{3}$
⑤ $\dfrac{31}{18}$

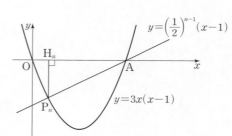

[2014학년도 6월 **평가원** A형 14번]

함수

$$f(x) = \begin{cases} x+2 & (x \le 0) \\ -\dfrac{1}{2}x & (x > 0) \end{cases}$$

의 그래프가 그림과 같다. 다음 물음에 답하시오.

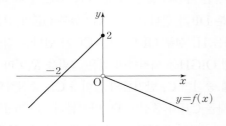

수열 $\{a_n\}$은 $a_1 = 1$이고

$$a_{n+1} = f(f(a_n)) \ (n \ge 1)$$

을 만족시킬 때, $\displaystyle \lim_{n \to \infty} a_n$의 값은?

① $\dfrac{1}{3}$ ② $\dfrac{2}{3}$ ③ 1

④ $\dfrac{4}{3}$ ⑤ $\dfrac{5}{3}$

C 등비급수 – 도형에서의 활용

[2021학년도 **수능** 가형 14번]

그림과 같이 $\overline{AB_1} = 2$, $\overline{AD_1} = 4$인 직사각형 $AB_1C_1D_1$이 있다. 선분 AD_1을 3 : 1로 내분하는 점을 E_1이라 하고, 직사각형 $AB_1C_1D_1$의 내부에 점 F_1을 $\overline{F_1E_1} = \overline{F_1C_1}$,

$\angle E_1F_1C_1 = \dfrac{\pi}{2}$가 되도록 잡고 삼각형 $E_1F_1C_1$을 그린다.

사각형 $E_1F_1C_1D_1$을 색칠하여 얻은 그림을 R_1이라 하자. 그림 R_1에서 선분 AB_1 위의 점 B_2, 선분 E_1F_1 위의 점 C_2, 선분 AE_1 위의 점 D_2와 점 A를 꼭짓점으로 하고
$\overline{AB_2} : \overline{AD_2} = 1 : 2$인 직사각형 $AB_2C_2D_2$를 그린다. 그림 R_1을 얻은 것과 같은 방법으로 직사각형 $AB_2C_2D_2$에 삼각형 $E_2F_2C_2$를 그리고 사각형 $E_2F_2C_2D_2$를 색칠하여 얻은 그림을 R_2라 하자.

이와 같은 과정을 계속하여 n번째 얻은 그림 R_n에 색칠되어 있는 부분의 넓이를 S_n이라 할 때, $\displaystyle \lim_{n \to \infty} S_n$의 값은?

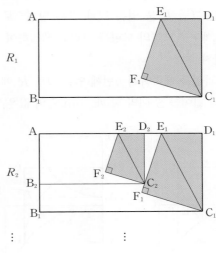

① $\dfrac{441}{103}$ ② $\dfrac{441}{109}$ ③ $\dfrac{441}{115}$

④ $\dfrac{441}{121}$ ⑤ $\dfrac{441}{127}$

해설편 p. 42

77

[2020학년도 **수능** 나형 18번]

그림과 같이 한 변의 길이가 5인 정사각형 ABCD에 중심이 A이고 중심각의 크기가 90°인 부채꼴 ABD를 그린다. 선분 AD를 3 : 2로 내분하는 점을 A_1, 점 A_1을 지나고 선분 AB에 평행한 직선이 호 BD와 만나는 점을 B_1이라 하자. 선분 A_1B_1을 한 변으로 하고 선분 DC와 만나도록 정사각형 $A_1B_1C_1D_1$을 그린 후, 중심이 D_1이고 중심각의 크기가 90°인 부채꼴 $D_1A_1C_1$을 그린다. 선분 DC가 호 A_1C_1, 선분 B_1C_1과 만나는 점을 각각 E_1, F_1이라 하고, 두 선분 DA_1, DE_1과 호 A_1E_1로 둘러싸인 부분과 두 선분 E_1F_1, F_1C_1과 호 E_1C_1로 둘러싸인 부분인 ⌐⌐ 모양의 도형에 색칠하여 얻은 그림을 R_1이라 하자.

그림 R_1에서 정사각형 $A_1B_1C_1D_1$에 중심이 A_1이고 중심각의 크기가 90°인 부채꼴 $A_1B_1D_1$을 그린다. 선분 A_1D_1을 3 : 2로 내분하는 점을 A_2, 점 A_2를 지나고 선분 A_1B_1에 평행한 직선이 호 B_1D_1과 만나는 점을 B_2라 하자. 선분 A_2B_2를 한 변으로 하고 선분 D_1C_1과 만나도록 정사각형 $A_2B_2C_2D_2$를 그린 후, 그림 R_1을 얻은 것과 같은 방법으로 정사각형 $A_2B_2C_2D_2$에 ⌐⌐ 모양의 도형을 그리고 색칠하여 얻은 그림을 R_2라 하자.

이와 같은 과정을 계속하여 n번째 얻은 그림 R_n에 색칠되어 있는 부분의 넓이를 S_n이라 할 때, $\lim\limits_{n \to \infty} S_n$의 값은?

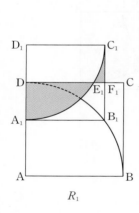 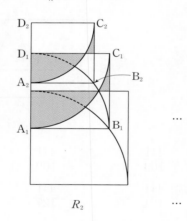

R_1　　　　　R_2　　　…

① $\dfrac{50}{3}\left(3-\sqrt{3}+\dfrac{\pi}{6}\right)$　　② $\dfrac{100}{9}\left(3-\sqrt{3}+\dfrac{\pi}{3}\right)$

③ $\dfrac{50}{3}\left(2-\sqrt{3}+\dfrac{\pi}{3}\right)$　　④ $\dfrac{100}{9}\left(3-\sqrt{3}+\dfrac{\pi}{6}\right)$

⑤ $\dfrac{100}{9}\left(2-\sqrt{3}+\dfrac{\pi}{3}\right)$

78

[2020학년도 **9월 평가원** 나형 18번]

그림과 같이 중심이 O, 반지름의 길이가 2이고 중심각의 크기가 90°인 부채꼴 OAB가 있다. 선분 OA의 중점을 C, 선분 OB의 중점을 D라 하자. 점 C를 지나고 선분 OB와 평행한 직선이 호 AB와 만나는 점을 E, 점 D를 지나고 선분 OA와 평행한 직선이 호 AB와 만나는 점을 F라 하자. 선분 CE와 선분 DF가 만나는 점을 G, 선분 OE와 선분 DG가 만나는 점을 H, 선분 OF와 선분 CG가 만나는 점을 I라 하자. 사각형 OIGH를 색칠하여 얻은 그림을 R_1이라 하자.

그림 R_1에 중심이 C, 반지름의 길이가 $\overline{CI}$, 중심각의 크기가 90°인 부채꼴 CJI와 중심이 D, 반지름의 길이가 $\overline{DH}$, 중심각의 크기가 90°인 부채꼴 DHK를 그린다. 두 부채꼴 CJI, DHK에 그림 R_1을 얻은 것과 같은 방법으로 두 개의 사각형을 그리고 색칠하여 얻은 그림을 R_2라 하자.

이와 같은 과정을 계속하여 n번째 얻은 그림 R_n에 색칠되어 있는 부분의 넓이를 S_n이라 할 때, $\lim\limits_{n \to \infty} S_n$의 값은?

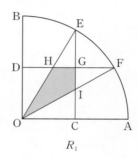 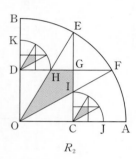

R_1　　　　　R_2

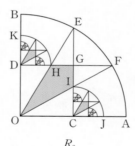

R_3　　　…

① $\dfrac{2(3-\sqrt{3})}{5}$　　② $\dfrac{7(3-\sqrt{3})}{15}$　　③ $\dfrac{8(3-\sqrt{3})}{15}$

④ $\dfrac{3(3-\sqrt{3})}{5}$　　⑤ $\dfrac{2(3-\sqrt{3})}{3}$

그림과 같이 한 변의 길이가 4인 정사각형 $A_1B_1C_1D_1$이 있다. 선분 C_1D_1의 중점을 E_1이라 하고, 직선 A_1B_1 위에 두 점 F_1, G_1을 $\overline{E_1F_1}=\overline{E_1G_1}$, $\overline{E_1F_1} : \overline{F_1G_1}=5 : 6$이 되도록 잡고 이등변삼각형 $E_1F_1G_1$을 그린다. 선분 D_1A_1과 선분 E_1F_1의 교점을 P_1, 선분 B_1C_1과 선분 G_1E_1의 교점을 Q_1이라 할 때, 네 삼각형 $E_1D_1P_1$, $P_1F_1A_1$, $Q_1B_1G_1$, $E_1Q_1C_1$로 만들어진 ⋀ 모양의 도형에 색칠하여 얻은 그림을 R_1이라 하자.

그림 R_1에 선분 F_1G_1 위의 두 점 A_2, B_2와 선분 G_1E_1 위의 점 C_2, 선분 E_1F_1 위의 점 D_2를 꼭짓점으로 하는 정사각형 $A_2B_2C_2D_2$를 그리고, 그림 R_1을 얻는 것과 같은 방법으로 정사각형 $A_2B_2C_2D_2$에 ⋀ 모양의 도형을 그리고 색칠하여 얻은 그림을 R_2라 하자.

이와 같은 과정을 계속하여 n번째 얻은 그림 R_n에 색칠되어 있는 부분의 넓이를 S_n이라 할 때, $\lim_{n\to\infty} S_n$의 값은?

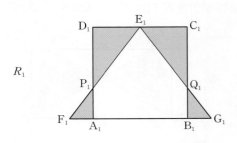

① $\dfrac{61}{6}$ ② $\dfrac{125}{12}$ ③ $\dfrac{32}{3}$

④ $\dfrac{131}{12}$ ⑤ $\dfrac{67}{6}$

그림과 같이 $\overline{OA_1}=4$, $\overline{OB_1}=4\sqrt{3}$인 직각삼각형 OA_1B_1이 있다. 중심이 O이고 반지름의 길이가 $\overline{OA_1}$인 원이 선분 OB_1과 만나는 점을 B_2라 하자. 삼각형 OA_1B_1의 내부와 부채꼴 OA_1B_2의 내부에서 공통된 부분을 제외한 ⤥ 모양의 도형에 색칠하여 얻은 그림을 R_1이라 하자.

그림 R_1에서 점 B_2를 지나고 선분 A_1B_1에 평행한 직선이 선분 OA_1과 만나는 점을 A_2, 중심이 O이고 반지름의 길이가 $\overline{OA_2}$인 원이 선분 OB_2와 만나는 점을 B_3이라 하자. 삼각형 OA_2B_2의 내부와 부채꼴 OA_2B_3의 내부에서 공통된 부분을 제외한 ⤥ 모양의 도형에 색칠하여 얻은 그림을 R_2라 하자.

이와 같은 과정을 계속하여 n번째 얻은 그림 R_n에 색칠되어 있는 부분의 넓이를 S_n이라 할 때, $\lim_{n\to\infty} S_n$의 값은?

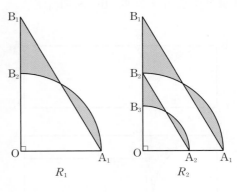

① $\dfrac{3}{2}\pi$ ② $\dfrac{5}{3}\pi$ ③ $\dfrac{11}{6}\pi$

④ 2π ⑤ $\dfrac{13}{6}\pi$

81

그림과 같이 $\overline{A_1B_1}=3$, $\overline{B_1C_1}=1$인 직사각형 $OA_1B_1C_1$이 있다. 중심이 C_1이고 반지름의 길이가 $\overline{B_1C_1}$인 원과 선분 OC_1의 교점을 D_1, 중심이 O이고 반지름의 길이가 $\overline{OD_1}$인 원과 선분 A_1B_1의 교점을 E_1이라 하자. 직사각형 $OA_1B_1C_1$에 호 B_1D_1, 호 D_1E_1, 선분 B_1E_1로 둘러싸인 ▽ 모양의 도형을 그리고 색칠하여 얻은 그림을 R_1이라 하자.

그림 R_1에 선분 OA_1 위의 점 A_2와 호 D_1E_1 위의 점 B_2, 선분 OD_1 위의 점 C_2와 점 O를 꼭짓점으로 하고 $\overline{A_2B_2}:\overline{B_2C_2}=3:1$인 직사각형 $OA_2B_2C_2$를 그리고, 그림 R_1을 얻은 것과 같은 방법으로 직사각형 $OA_2B_2C_2$에 ▽ 모양의 도형을 그리고 색칠하여 얻은 그림을 R_2라 하자.

이와 같은 과정을 계속하여 n번째 얻은 그림 R_n에 색칠되어 있는 부분의 넓이를 S_n이라 할 때, $\lim_{n\to\infty}S_n$의 값은?

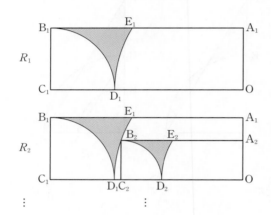

① $4-\dfrac{2\sqrt{3}}{3}-\dfrac{7}{9}\pi$ ② $5-\dfrac{5\sqrt{3}}{6}-\dfrac{35}{36}\pi$

③ $6-\sqrt{3}-\dfrac{7}{6}\pi$ ④ $7-\dfrac{7\sqrt{3}}{6}-\dfrac{49}{36}\pi$

⑤ $8-\dfrac{4\sqrt{3}}{3}-\dfrac{14}{9}\pi$

82

그림과 같이 $\overline{A_1B_1}=1$, $\overline{A_1D_1}=2$인 직사각형 $A_1B_1C_1D_1$이 있다. 선분 A_1D_1 위의 $\overline{B_1C_1}=\overline{B_1E_1}$, $\overline{C_1B_1}=\overline{C_1F_1}$인 두 점 E_1, F_1에 대하여 중심이 B_1인 부채꼴 $B_1E_1C_1$과 중심이 C_1인 부채꼴 $C_1F_1B_1$을 각각 직사각형 $A_1B_1C_1D_1$ 내부에 그리고, 선분 B_1E_1과 선분 C_1F_1의 교점을 G_1이라 하자.

두 선분 G_1F_1, G_1B_1과 호 F_1B_1로 둘러싸인 부분과 두 선분 G_1E_1, G_1C_1과 호 E_1C_1로 둘러싸인 부분인 ▷◁ 모양의 도형에 색칠하여 얻은 그림을 R_1이라 하자.

그림 R_1에서 선분 B_1G_1 위의 점 A_2, 선분 C_1G_1 위의 점 D_2와 선분 B_1C_1 위의 두 점 B_2, C_2를 꼭짓점으로 하고 $\overline{A_2B_2}:\overline{A_2D_2}=1:2$인 직사각형 $A_2B_2C_2D_2$를 그리고, 그림 R_1을 얻는 것과 같은 방법으로 직사각형 $A_2B_2C_2D_2$ 내부에 ▷◁ 모양의 도형을 그리고 색칠하여 얻은 그림을 R_2라 하자.

이와 같은 과정을 계속하여 n번째 얻은 그림 R_n에 색칠되어 있는 부분의 넓이를 S_n이라 할 때, $\lim_{n\to\infty}S_n$의 값은?

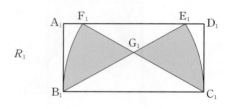
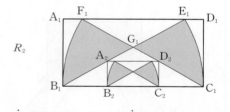

① $\dfrac{3\sqrt{3}\pi-7}{9}$ ② $\dfrac{4\sqrt{3}\pi-12}{9}$ ③ $\dfrac{3\sqrt{3}\pi-5}{9}$

④ $\dfrac{4\sqrt{3}\pi-10}{9}$ ⑤ $\dfrac{4\sqrt{3}\pi-8}{9}$

83

[2024학년도 6월 평가원(미적분) 30번]

수열 $\{a_n\}$은 등비수열이고, 수열 $\{b_n\}$을 모든 자연수 n에 대하여

$$b_n = \begin{cases} -1 & (a_n \le -1) \\ a_n & (a_n > -1) \end{cases}$$

이라 할 때, 수열 $\{b_n\}$은 다음 조건을 만족시킨다.

(가) 급수 $\displaystyle\sum_{n=1}^{\infty} b_{2n-1}$은 수렴하고 그 합은 -3이다.

(나) 급수 $\displaystyle\sum_{n=1}^{\infty} b_{2n}$은 수렴하고 그 합은 8이다.

$b_3 = -1$일 때, $\displaystyle\sum_{n=1}^{\infty} |a_n|$의 값을 구하시오.

84

[2021학년도 6월 평가원 가형 20번]

그림과 같이 $\overline{AB_1} = 3$, $\overline{AC_1} = 2$이고 $\angle B_1 A C_1 = \dfrac{\pi}{3}$인 삼각형 AB_1C_1이 있다. $\angle B_1 A C_1$의 이등분선이 선분 B_1C_1과 만나는 점을 D_1, 세 점 A, D_1, C_1을 지나는 원이 선분 AB_1과 만나는 점 중 A가 아닌 점을 B_2라 할 때, 두 선분 B_1B_2, B_1D_1과 호 B_2D_1로 둘러싸인 부분과 선분 C_1D_1과 호 C_1D_1로 둘러싸인 부분인 ⌓ 모양의 도형에 색칠하여 얻은 그림을 R_1이라 하자.

그림 R_1에서 점 B_2를 지나고 직선 B_1C_1에 평행한 직선이 두 선분 AD_1, AC_1과 만나는 점을 각각 D_2, C_2라 하자. 세 점 A, D_2, C_2를 지나는 원이 선분 AB_2와 만나는 점 중 A가 아닌 점을 B_3이라 할 때, 두 선분 B_2B_3, B_2D_2와 호 B_3D_2로 둘러싸인 부분과 선분 C_2D_2와 호 C_2D_2로 둘러싸인 부분인 ⌓ 모양의 도형에 색칠하여 얻은 그림을 R_2라 하자.

이와 같은 과정을 계속하여 n번째 얻은 그림 R_n에 색칠되어 있는 부분의 넓이를 S_n이라 할 때, $\displaystyle\lim_{n \to \infty} S_n$의 값은?

R_1
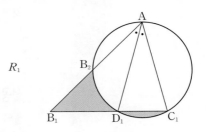

R_2
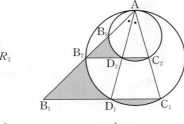

$\vdots$

① $\dfrac{27\sqrt{3}}{46}$ ② $\dfrac{15\sqrt{3}}{23}$ ③ $\dfrac{33\sqrt{3}}{46}$

④ $\dfrac{18\sqrt{3}}{23}$ ⑤ $\dfrac{39\sqrt{3}}{46}$

I. 수열의 극한

4점 집중

반복

100번 반복하는 것보다 101번 반복하는
것이 낫다.

- 탈무드

성공은 하루하루 반복해서 쏟는 작은 노력
들의 총합이다.

- 호버트 클리어

반복해서 할 때 그것은 나의 것이 된다.
우수함은 행위가 아니라 습관이다.

- 윌 듀란트

석공은 큰 돌을 깨기 위해 똑같은 자리를 백 번 정도 두드립니다. 그러나 돌은 갈라질
기미가 보이지 않습니다. 그런데 석공이 백한 번째 망치로 내리치는 순간, 돌은 갑자기
두 조각으로 갈라집니다. 마지막 한 번 더 두드렸던 반복의 힘이 결과를 만든 것입니다.
백 번보다 백한 번 반복해 봅시다.

미분법

5개년 수능 분석을 통해 2026 수능을 예측하고 전략적으로 공략한다!

최근 5개년 단원별 출제 경향을 개념별로 분석하여 수능 출제 빈도가 높은 핵심 개념과 출제 의도를 파악하고 그에 따른 대표 기출 유형을 정리하였습니다. 이를 바탕으로 개념별 출제가 예상되는 유형을 예측하고, 그 공략법을 유형별로 구분하여 상세히 제시하였습니다.

1 5개년 기출 분석

	2021학년도	2022학년도	2023학년도	2024학년도	2025학년도
D 지수함수와 로그함수의 극한과 미분	●●		● ●	● ●	●
E 삼각함수의 극한과 미분	● ●	●● ●	● ●		● ●
F 여러 가지 미분법	●● ●●● ●●	●● ●	●●	●● ●●	●● ●
G 도함수의 활용	●● ●●	●● ●	●● ●	●●●	●●● ●

5개년 기출 데이터
- ● 6월 모평 출제
- ● 9월 모평 출제
- ● 수능 출제

위의 ● ● ●의 개수는 6월 모평, 9월 모평, 수능 출제 문항 수입니다.

D 지수함수와 로그함수의 극한과 미분 지수함수와 로그함수의 극한, e의 정의를 이용한 지수함수와 로그함수의 극한, 지수함수와 로그함수의 미분 등은 단독 문제로 출제되기보다 여러 가지 식과 혼합되어 있는 함수의 극한값을 구하는 문제로 출제된다.

E 삼각함수의 극한과 미분 삼각함수의 극한에서는 삼각함수 사이의 관계, 삼각함수의 덧셈정리 등을 이용한 문제가 출제되기도 하지만, 대부분 도형에서 삼각함수의 성질을 이용하여 극한값을 구하는 문제가 4점 문제로 출제된다.

F 여러 가지 미분법 합성함수 또는 역함수, 몫의 미분법 등을 이용하는 문제가 주로 출제된다. 언제든지 간단한 3점 문제로 출제 가능하므로 미분법 공식을 정확히 외워 둔다.

G 도함수의 활용 까다로운 3점 또는 4점 문제로 매년 출제되고 있다. 지수함수와 로그함수, 삼각함수의 그래프의 접선의 성질에 대한 문제가 출제된다. 특히, 함수의 극대 또는 극소, 함수의 최대 또는 최소 등 함수의 여러 조건을 이용하여 함수를 추론하는 문제나 합답형 문제가 고난도 문제로 자주 출제된다.

예상 문제	공략법
❶ 지수함수와 로그함수의 극한과 미분에 대한 문제	간단한 지수함수와 로그함수의 극한 문제보다 다항함수, 삼각함수와 연계하여 출제되므로 극한의 정의를 정확히 이해하고 있어야 한다.
❷ 삼각함수의 공식을 적용하는 문제	삼각함수의 덧셈정리, 곱을 합 또는 차로 바꾸는 공식을 정확히 암기해야 한다. 특히, 삼각함수 사이의 관계, 삼각함수의 덧셈정리를 적절히 이용하여 두 직선이 이루는 각의 크기의 탄젠트 값을 구하는 연습을 한다.
❸ 미분계수를 구하는 문제	미분법의 공식을 정확히 암기하고 적용할 수 있도록 연습해 둔다. 이때 계산 과정에서 실수하지 않도록 주의한다.
❹ 접선에 대한 문제	여러 가지 미분법을 이용하여 접선의 기울기를 구하고, 접선의 방정식을 구하는 방법을 익혀둔다. 접선의 방정식을 구하는 방법은 수학Ⅱ에서 배웠으므로 여러 가지 함수에서의 접선의 방정식을 구할 수 있도록 연습해 둔다.
❺ 함수의 극댓값과 극솟값을 구하는 문제	도함수를 이용하여 함수의 극대 또는 극소를 판정하여 그래프의 개형까지 그리는 과정을 여러 가지 문제를 통해 반복 연습을 하여 정확히 풀 수 있도록 한다.
❻ 평면 위를 움직이는 점의 속도와 가속도를 구하는 문제	평면 위를 움직이는 점의 위치에 대한 함수가 주어졌을 때, 매개변수로 나타낸 함수의 미분법을 이용하여 속도와 가속도, 속력, 가속도의 크기를 구할 수 있도록 연습한다.
❼ 도형에서 삼각함수의 극한값을 구하는 문제	주로 원에서의 여러 가지 성질을 이용하는 문제가 출제되므로 원 위의 점의 좌표를 잡는 요령이 무엇보다 중요하다. 또, 여러 가지 도형에서 보조선을 그어 직각삼각형을 만들고, 선분의 길이를 삼각함수로 나타내는 연습을 충분히 하는 것이 좋다.
❽ 합성함수와 역함수의 미분법을 이용하는 문제	합성함수의 미분법과 역함수의 미분법은 문제를 푸는 과정에서 주로 이용되는 경우가 많으므로 그 개념을 정확하게 알고 적용하는 연습을 해야 한다. 다양한 기출 문제를 통해 합성함수와 역함수의 개념을 이해하도록 한다.
❾ 주어진 조건을 이용하여 함수를 추론하는 문제	함수의 극대 또는 극소를 이용하여 미분하기 전의 함수를 추론하는 문제는 고난도로 자주 출제되므로 극댓값 또는 극솟값을 갖는 x의 값에서의 그래프의 여러 가지 성질을 익혀둔다.

3점 (❶~❻)

4점 (❼~❾)

수능잡는 핵·심·개·념&빈·출·유·형·분·석

II 미분법

D 지수함수와 로그함수의 극한과 미분

1. 지수함수와 로그함수의 극한

(1) $a>1$일 때,

$$\lim_{x \to \infty} a^x = \infty, \ \lim_{x \to -\infty} a^x = 0, \ \lim_{x \to 0+} \log_a x = -\infty, \ \lim_{x \to \infty} \log_a x = \infty$$

(2) $0<a<1$일 때,

$$\lim_{x \to \infty} a^x = 0, \ \lim_{x \to -\infty} a^x = \infty, \ \lim_{x \to 0+} \log_a x = \infty, \ \lim_{x \to \infty} \log_a x = -\infty$$

2. 무리수 e

(1) $\lim_{x \to 0} (1+x)^{\frac{1}{x}} = e$

(2) $\lim_{x \to \infty} \left(1+\frac{1}{x}\right)^x = e$

3. 무리수 e의 정의를 이용한 극한

$a>0$, $a \neq 1$일 때,

(1) $\lim_{x \to 0} \dfrac{\ln(1+x)}{x} = 1$

(2) $\lim_{x \to 0} \dfrac{\log_a(1+x)}{x} = \dfrac{1}{\ln a}$

(3) $\lim_{x \to 0} \dfrac{e^x-1}{x} = 1$

(4) $\lim_{x \to 0} \dfrac{a^x-1}{x} = \ln a$

4. 지수함수와 로그함수의 미분

$a>0$, $a \neq 1$일 때,

(1) $y=e^x$이면 $y'=e^x$

(2) $y=a^x$이면 $y'=a^x \ln a$

(3) $y=\ln x$이면 $y'=\dfrac{1}{x}$

(4) $y=\log_a x$이면 $y'=\dfrac{1}{x \ln a}$

E 삼각함수의 극한과 미분

1. 삼각함수 $\csc \theta$, $\sec \theta$, $\cot \theta$

(1) $\csc \theta = \dfrac{1}{\sin \theta}$, $\sec \theta = \dfrac{1}{\cos \theta}$, $\cot \theta = \dfrac{1}{\tan \theta}$

(2) 삼각함수 사이의 관계

① $1+\tan^2\theta = \sec^2\theta$

② $1+\cot^2\theta = \csc^2\theta$

2. 삼각함수의 덧셈정리

(1) $\sin(\alpha \pm \beta) = \sin \alpha \cos \beta \pm \cos \alpha \sin \beta$ (복부호 동순)

(2) $\cos(\alpha \pm \beta) = \cos \alpha \cos \beta \mp \sin \alpha \sin \beta$ (복부호 동순)

(3) $\tan(\alpha \pm \beta) = \dfrac{\tan \alpha \pm \tan \beta}{1 \mp \tan \alpha \tan \beta}$ (복부호 동순)

3. 삼각함수의 극한

(1) $\lim_{x \to 0} \dfrac{\sin x}{x} = 1$

(2) $\lim_{x \to 0} \dfrac{\tan x}{x} = 1$

4. 사인함수와 코사인함수의 도함수

(1) $(\sin x)' = \cos x$

(2) $(\cos x)' = -\sin x$

D-01 지수함수와 로그함수의 극한

$\lim_{\bullet \to 0} \dfrac{e^{\bullet}-1}{\bullet} = 1$, $\lim_{\blacksquare \to 0} \dfrac{\ln(1+\blacksquare)}{\blacksquare} = 1$임을 이용할 수 있도록 주어진 식을 변형한다.

D-02 지수함수와 로그함수의 연속

$f(x) = \begin{cases} g(x) & (x \neq a) \\ k & (x=a) \end{cases}$ (k는 상수)가 $x=a$에서 연속이면 $\lim_{x \to a} g(x) = k$가 성립함을 이용한다.

D-03 지수함수와 로그함수의 미분

함수 $f(x)$의 $x=a$에서의 미분계수는 도함수 $f'(x)$에 $x=a$를 대입하여 구한다.

E-04 삼각함수 $\csc \theta$, $\sec \theta$, $\cot \theta$

$\sin \theta$, $\cos \theta$, $\tan \theta$, $\csc \theta$, $\sec \theta$, $\cot \theta$의 값 중 한 가지가 주어지면 삼각함수의 정의와 삼각함수 사이의 관계를 적절히 이용한다.

E-05 삼각함수의 덧셈정리

두 각의 합, 차에 대한 삼각함수의 값은 삼각함수의 덧셈정리와 다음 공식을 적절히 이용하여 구한다.

(1) $\sin 2\alpha = 2 \sin \alpha \cos \alpha$
(2) $\cos 2\alpha = \cos^2 \alpha - \sin^2 \alpha = 2 \cos^2 \alpha - 1$
$\qquad = 1 - 2\sin^2 \alpha$
(3) $\tan 2\alpha = \dfrac{2 \tan \alpha}{1 - \tan^2 \alpha}$

E-06 삼각함수의 덧셈정리 – 도형

두 각 α, β에 대하여 $\alpha \pm \beta$에 대한 삼각함수의 값을 구할 때는 삼각비 등을 활용하여 삼각함수의 값을 찾은 후 삼각함수의 덧셈정리를 이용한다.

E-07 삼각함수의 덧셈정리 – 방정식

각의 크기가 $\dfrac{x}{2}$, x, $2x$인 삼각함수를 포함한 방정식은 삼각함수의 덧셈정리에서 얻은 공식을 이용하여 하나의 각으로 통일한 후 해를 구한다.

E-08 삼각함수의 극한

$\lim_{\bullet \to 0} \dfrac{\sin \bullet}{\bullet} = 1$ 또는 $\lim_{\blacksquare \to 0} \dfrac{\tan \blacksquare}{\blacksquare} = 1$임을 이용할 수 있도록 주어진 식을 변형한다.

E-09 삼각함수의 미분

함수 $f(x)$가 사인함수나 코사인함수를 포함하고 있으면 삼각함수의 도함수를 이용하여 $f'(x)$를 구한 후 주어진 조건을 이용한다.

F 여러 가지 미분법

1. 함수의 몫의 미분법

(1) 함수의 몫의 미분법

미분가능한 두 함수 $f(x)$, $g(x)$ $(g(x) \neq 0)$에 대하여

① $\left\{ \dfrac{1}{g(x)} \right\}' = -\dfrac{g'(x)}{\{g(x)\}^2}$

② $\left\{ \dfrac{f(x)}{g(x)} \right\}' = \dfrac{f'(x)g(x) - f(x)g'(x)}{\{g(x)\}^2}$

(2) 삼각함수의 도함수

① $(\tan x)' = \sec^2 x$ ② $(\csc x)' = -\csc x \cot x$

③ $(\sec x)' = \sec x \tan x$ ④ $(\cot x)' = -\csc^2 x$

2. 합성함수의 미분법

(1) 합성함수의 미분법

미분가능한 두 함수 $y = f(u)$, $u = g(x)$에 대하여 합성함수 $y = f(g(x))$의 도함수는

$$\frac{dy}{dx} = \frac{dy}{du} \times \frac{du}{dx} \quad \text{또는} \quad \{f(g(x))\}' = f'(g(x))g'(x)$$

(2) 로그함수의 도함수

미분가능한 함수 $f(x)$ $(f(x) \neq 0)$에 대하여 $a > 0$, $a \neq 1$일 때,

① $y = \ln|f(x)|$이면 $y' = \dfrac{f'(x)}{f(x)}$

② $y = \log_a|f(x)|$이면 $y' = \dfrac{f'(x)}{f(x)\ln a}$

(3) 함수 $y = x^n$ (n은 실수)의 도함수

n이 실수일 때, $y = x^n$이면 $y' = nx^{n-1}$

3. 매개변수로 나타낸 함수의 미분법

매개변수로 나타낸 함수 $x = f(t)$, $y = g(t)$가 t에 대하여 미분가능하고 $f'(t) \neq 0$이면

$$\frac{dy}{dx} = \frac{\dfrac{dy}{dt}}{\dfrac{dx}{dt}} = \frac{g'(t)}{f'(t)}$$

4. 음함수의 미분법

음함수 표현 $f(x, y) = 0$에서 y를 x에 대한 함수로 보고, 각 항을 x에 대하여 미분하여 $\dfrac{dy}{dx}$를 구한다.

5. 역함수의 미분법

미분가능한 함수 $f(x)$의 역함수 $f^{-1}(x)$가 존재하고 미분가능할 때, $y = f^{-1}(x)$의 도함수는

$$\frac{dy}{dx} = \frac{1}{\dfrac{dx}{dy}} \quad \text{또는} \quad (f^{-1})'(x) = \frac{1}{f'(y)} \left(\text{단, } \frac{dx}{dy} \neq 0, \, f'(y) \neq 0 \right)$$

6. 이계도함수

함수 $f(x)$의 도함수 $f'(x)$가 미분가능할 때, $f(x)$의 이계도함수는

$$f''(x) = \lim_{\Delta x \to 0} \frac{f'(x + \Delta x) - f'(x)}{\Delta x}$$

빈·출·유·형·분·석

F-10 함수의 몫의 미분법

분수 꼴의 함수, 즉
$$y = \frac{1}{g(x)} \quad \text{또는} \quad y = \frac{f(x)}{g(x)}$$
꼴의 함수의 미분계수는 함수의 몫의 미분법을 이용하여 구한다. 한편, 미분계수의 정의로 표현된 극한이 주어지면 이를 미분계수로 나타낸 후 함수의 몫의 미분법을 이용한다.

F-11 합성함수의 미분법

합성함수 $h(x) = (f \circ g)(x)$에 대하여 $x = a$에서의 미분계수는
$$h'(a) = f'(g(a))g'(a)$$
임을 이용한다.
함수 $f(x)$가 미분가능할 때, 다음을 곧바로 적용하면 편리하다.

(1) $y = f(ax + b) \Rightarrow y' = af'(ax + b)$

(2) $y = \{f(x)\}^n \Rightarrow y' = n\{f(x)\}^{n-1}f'(x)$

F-12 매개변수로 나타낸 함수의 미분법

매개변수 t로 나타낸 함수에서 미분계수를 구할 때는 $\dfrac{dx}{dt}$, $\dfrac{dy}{dt}$를 각각 구한 후 $\dfrac{dy}{dx} = \dfrac{\dfrac{dy}{dt}}{\dfrac{dx}{dt}}$임을 이용하여 $\dfrac{dy}{dx}$를 t에 대한 식으로 나타낸다.

F-13 음함수의 미분법

곡선 $f(x, y) = 0$ 위의 점 (x_1, y_1)에서의 접선의 기울기는 다음과 같은 순서로 구한다.

(i) $f(x, y) = 0$에서 y를 x에 대한 함수로 보고, 각 항을 x에 대하여 미분하여 $\dfrac{dy}{dx}$를 구한다.

(ii) $\dfrac{dy}{dx}$에 $x = x_1$, $y = y_1$을 대입하여 접선의 기울기를 구한다.

F-14 역함수의 미분법

역함수의 미분법을 이용하면 역함수를 구하지 않고도 역함수의 미분계수를 구할 수 있다.
미분가능한 함수 $f(x)$의 역함수 $g(x)$가 존재하고 미분가능할 때, $g(b) = a$라 하면 $g'(b)$의 값은 다음을 이용하여 구한다.

$$\Rightarrow g'(b) = \frac{1}{f'(g(b))}$$
$$= \frac{1}{f'(a)} \; (\text{단, } f'(a) \neq 0)$$

G 도함수의 활용

1. 접선의 방정식
곡선 $y=f(x)$ 위의 점 $(a, f(a))$에서의 접선의 방정식은
$$y-f(a)=f'(a)(x-a)$$

2. 함수의 극대와 극소
(1) 도함수를 이용한 함수의 극대와 극소의 판정
미분가능한 함수 $f(x)$에 대하여 $f'(a)=0$일 때, $x=a$의 좌우에서 $f'(x)$의 부호가
① 양$(+)$에서 음$(-)$으로 바뀌면 $f(x)$는 $x=a$에서 극대이고, 극댓값은 $f(a)$이다.
② 음$(-)$에서 양$(+)$으로 바뀌면 $f(x)$는 $x=a$에서 극소이고, 극솟값은 $f(a)$이다.

(2) 이계도함수를 이용한 함수의 극대와 극소의 판정
이계도함수를 갖는 함수 $f(x)$에 대하여 $f'(a)=0$일 때,
① $f''(a)<0$이면 $f(x)$는 $x=a$에서 극대이고, 극댓값은 $f(a)$이다.
② $f''(a)>0$이면 $f(x)$는 $x=a$에서 극소이고, 극솟값은 $f(a)$이다.

참고 일반적으로 위의 명제의 역은 성립하지 않는다.
예 함수 $f(x)=x^4$은 $x=0$에서 극소이지만 $f''(0)=0$이다.

3. 곡선의 오목·볼록과 변곡점
(1) 곡선의 오목과 볼록
이계도함수를 갖는 함수 $f(x)$가 어떤 구간에서
① $f''(x)>0$이면 곡선 $y=f(x)$는 이 구간에서 아래로 볼록(또는 위로 오목)하다.
② $f''(x)<0$이면 곡선 $y=f(x)$는 이 구간에서 위로 볼록(또는 아래로 오목)하다.

(2) 변곡점의 판정
이계도함수를 갖는 함수 $f(x)$에서 $f''(a)=0$이고, $x=a$의 좌우에서 $f''(x)$의 부호가 바뀌면 점 $(a, f(a))$는 곡선 $y=f(x)$의 변곡점이다.

4. 방정식과 부등식에의 활용
(1) 방정식 $f(x)=g(x)$의 서로 다른 실근의 개수는 두 함수 $y=f(x)$와 $y=g(x)$의 그래프의 교점의 개수와 같다.
참고 $h(x)=f(x)-g(x)$로 놓고, 함수 $y=h(x)$의 그래프와 x축의 교점의 개수를 구한다.
(2) 어떤 구간에서 부등식 $f(x)\geq g(x)$가 성립함을 보이려면 $h(x)=f(x)-g(x)$라 하고, 그 구간에서 $h(x)\geq0$임을 보인다.

5. 평면 운동에서의 속도와 가속도
좌표평면 위를 움직이는 점 $\mathrm{P}(x, y)$의 시각 t에서의 위치가 $x=f(t)$, $y=g(t)$로 나타내어질 때, 점 P의 시각 t에서의
(1) 속도: $\left(\dfrac{dx}{dt}, \dfrac{dy}{dt}\right)$ 또는 $(f'(t), g'(t))$
(2) 속력: $\sqrt{\left(\dfrac{dx}{dt}\right)^2+\left(\dfrac{dy}{dt}\right)^2}$ 또는 $\sqrt{\{f'(t)\}^2+\{g'(t)\}^2}$
(3) 가속도: $\left(\dfrac{d^2x}{dt^2}, \dfrac{d^2y}{dt^2}\right)$ 또는 $(f''(t), g''(t))$
(4) 가속도의 크기: $\sqrt{\left(\dfrac{d^2x}{dt^2}\right)^2+\left(\dfrac{d^2y}{dt^2}\right)^2}$ 또는 $\sqrt{\{f''(t)\}^2+\{g''(t)\}^2}$

G-15 접선의 방정식
(1) 곡선의 접선의 방정식을 구할 때는 각 문항마다 어떤 조건이 주어지고 어떤 값을 찾아야 하는지에 따라 다음과 같이 풀이가 달라진다.
① 접점의 좌표 $(a, f(a))$가 주어진 경우
➡ $y-f(a)=f'(a)(x-a)$를 이용한다.
② 접선의 기울기 m이 주어진 경우
➡ 접점의 좌표를 $(a, f(a))$로 놓고 $f'(a)=m$을 만족시키는 a의 값을 찾아 ①을 이용한다.
③ 곡선 밖의 한 점이 주어진 경우
➡ 접점의 좌표를 $(a, f(a))$로 놓고 접선의 방정식을 세운 후 곡선 밖의 한 점의 좌표를 접선의 방정식에 대입한다.
(2) 두 곡선 $y=f(x)$, $y=g(x)$가 $x=a$인 점에서 공통인 접선을 가지면
① $x=a$인 점에서 두 곡선이 만난다.
➡ $f(a)=g(a)$
② $x=a$에서의 두 곡선의 접선의 기울기가 같다.
➡ $f'(a)=g'(a)$

G-16 함수의 극대와 극소
(1) 미분가능한 함수 $f(x)$가 $x=a$에서 극값 p를 가지면
➡ $f(a)=p$, $f'(a)=0$
(2) 극값을 판정하는 문제에서 $f'(a)=0$이어도 $x=a$의 좌우에서 $f'(x)$의 부호가 바뀌지 않으면 $f(a)$는 극값이 아니므로 반드시 $x=a$의 좌우에서 $f'(x)$의 부호를 조사해야 한다.

G-17 곡선의 변곡점
점 (a, b)가 곡선 $y=f(x)$의 변곡점이면
➡ $f(a)=b$, $f''(a)=0$

G-18 방정식의 실근의 개수
$f(x)=k$ (k는 상수) 꼴의 방정식이 주어지면 함수 $y=f(x)$의 그래프를 그린 후 주어진 조건을 만족시키도록 직선 $y=k$를 움직여본다.

G-19 평면 운동에서의 속도와 가속도
좌표평면 위를 움직이는 점 P의 시각 t에서의 위치 (x, y)가 주어지면 x, y를 각각 t에 대하여 미분하여 속도를 구하고, 속도를 다시 t에 대하여 미분하여 가속도를 구한다.

01
[2024학년도 9월 **평가원**(미적분) 23번]

$\lim\limits_{x \to 0} \dfrac{e^{7x}-1}{e^{2x}-1}$ 의 값은?

① $\dfrac{1}{2}$ ② $\dfrac{3}{2}$ ③ $\dfrac{5}{2}$

④ $\dfrac{7}{2}$ ⑤ $\dfrac{9}{2}$

02
[2023학년도 9월 **평가원**(미적분) 23번]

$\lim\limits_{x \to 0} \dfrac{4^x-2^x}{x}$ 의 값은?

① $\ln 2$ ② 1 ③ $2\ln 2$

④ 2 ⑤ $3\ln 2$

03
[2024학년도 **수능**(미적분) 23번]

$\lim\limits_{x \to 0} \dfrac{\ln(1+3x)}{\ln(1+5x)}$ 의 값은?

① $\dfrac{1}{5}$ ② $\dfrac{2}{5}$ ③ $\dfrac{3}{5}$

④ $\dfrac{4}{5}$ ⑤ 1

04
[2020학년도 6월 **평가원** 가형 2번]

함수 $f(x)=7+3\ln x$에 대하여 $f'(3)$의 값은?

① 1 ② 2 ③ 3

④ 4 ⑤ 5

05
[2025학년도 9월 **평가원**(미적분) 23번]

$\lim\limits_{x \to 0} \dfrac{\sin 5x}{x}$ 의 값은?

① 1 ② 2 ③ 3

④ 4 ⑤ 5

06
[2025학년도 **수능**(미적분) 23번]

$\lim\limits_{x \to 0} \dfrac{3x^2}{\sin^2 x}$ 의 값은?

① 1 ② 2 ③ 3

④ 4 ⑤ 5

해설편 p. 54

D-01 지수함수와 로그함수의 극한

07

[2025학년도 6월 **평가원**(미적분) 26번]

양수 t에 대하여 곡선 $y=e^{x^2}-1$ $(x \ge 0)$이 두 직선 $y=t$, $y=5t$와 만나는 점을 각각 A, B라 하고, 점 B에서 x축에 내린 수선의 발을 C라 하자. 삼각형 ABC의 넓이를 $S(t)$라 할 때, $\lim\limits_{t \to 0+} \dfrac{S(t)}{t\sqrt{t}}$의 값은?

① $\dfrac{5}{4}(\sqrt{5}-1)$ ② $\dfrac{5}{2}(\sqrt{5}-1)$ ③ $5(\sqrt{5}-1)$

④ $\dfrac{5}{4}(\sqrt{5}+1)$ ⑤ $\dfrac{5}{2}(\sqrt{5}+1)$

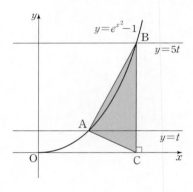

08

[2024학년도 6월 **평가원**(미적분) 25번]

$\lim\limits_{x \to 0} \dfrac{2^{ax+b}-8}{2^{bx}-1}=16$일 때, $a+b$의 값은?

(단, a와 b는 0이 아닌 상수이다.)

① 9   ② 10   ③ 11
④ 12   ⑤ 13

09

[2017학년도 6월 **평가원** 가형 4번]

$\lim\limits_{x \to 0} \dfrac{e^{5x}-1}{3x}$의 값은?

① $\dfrac{4}{3}$ ② $\dfrac{5}{3}$ ③ 2
④ $\dfrac{7}{3}$ ⑤ $\dfrac{8}{3}$

10

[2014학년도 9월 **평가원** B형 22번]

$\displaystyle\lim_{x \to 0}\frac{\ln(1+3x)+9x}{2x}$의 값을 구하시오.

12

[2014학년도 **수능** B형 12번]

이차항의 계수가 1인 이차함수 $f(x)$와 함수

$$g(x)=\begin{cases}\dfrac{1}{\ln(x+1)} & (x\neq 0)\\[2mm] 8 & (x=0)\end{cases}$$

에 대하여 함수 $f(x)g(x)$가 구간 $(-1,\ \infty)$에서 연속일 때, $f(3)$의 값은?

① 6 　　　② 9 　　　③ 12

④ 15 　　　⑤ 18

D-02 지수함수와 로그함수의 연속

11

[2021학년도 6월 **평가원** 가형 10번]

실수 전체의 집합에서 연속인 함수 $f(x)$가 모든 실수 x에 대하여

$$(e^{2x}-1)^2 f(x)=a-4\cos\frac{\pi}{2}x$$

를 만족시킬 때, $a\times f(0)$의 값은? (단, a는 상수이다.)

① $\dfrac{\pi^2}{6}$ 　　　② $\dfrac{\pi^2}{5}$ 　　　③ $\dfrac{\pi^2}{4}$

④ $\dfrac{\pi^2}{3}$ 　　　⑤ $\dfrac{\pi^2}{2}$

13

[2012학년도 9월 **평가원** 가형 9번]

함수 $f(x)$가

$$f(x)=\begin{cases}\dfrac{e^{3x}-1}{x(e^x+1)} & (x\neq 0)\\[2mm] a & (x=0)\end{cases}$$

이다. $f(x)$가 $x=0$에서 연속일 때, 상수 a의 값은?

① 1 　　　② $\dfrac{3}{2}$ 　　　③ 2

④ $\dfrac{5}{2}$ 　　　⑤ 3

해설편 p. 56

D-03 지수함수와 로그함수의 미분

14

[2020학년도 **수능** 가형 22번]

함수 $f(x) = x^3 \ln x$에 대하여 $\dfrac{f'(e)}{e^2}$의 값을 구하시오.

15

[2018학년도 6월 **평가원** 가형 5번]

함수 $f(x) = e^x(2x+1)$에 대하여 $f'(1)$의 값은?

① $8e$ ② $7e$ ③ $6e$

④ $5e$ ⑤ $4e$

16

[2017학년도 9월 **평가원** 가형 11번]

함수 $f(x) = \log_3 x$에 대하여 $\displaystyle\lim_{h \to 0} \dfrac{f(3+h) - f(3-h)}{h}$의 값은?

① $\dfrac{1}{2 \ln 3}$ ② $\dfrac{2}{3 \ln 3}$ ③ $\dfrac{5}{6 \ln 3}$

④ $\dfrac{1}{\ln 3}$ ⑤ $\dfrac{7}{6 \ln 3}$

17

[2020학년도 9월 **평가원** 가형 9번]

$\dfrac{\pi}{2}<\theta<\pi$인 θ에 대하여 $\cos\theta=-\dfrac{3}{5}$일 때, $\csc(\pi+\theta)$의 값은?

① $-\dfrac{5}{2}$ ② $-\dfrac{5}{3}$ ③ $-\dfrac{5}{4}$

④ $\dfrac{5}{4}$ ⑤ $\dfrac{5}{3}$

19

[2019학년도 **수능** 가형 23번]

$\tan\theta=5$일 때, $\sec^2\theta$의 값을 구하시오.

20

[2019학년도 6월 **평가원** 가형 23번]

$\cos\theta=\dfrac{1}{7}$일 때, $\sec^2\theta$의 값을 구하시오.

18

[2020학년도 6월 **평가원** 가형 23번]

$\cos\theta=\dfrac{1}{7}$일 때, $\csc\theta\times\tan\theta$의 값을 구하시오.

해설편 p. 59

E-05 삼각함수의 덧셈정리

21
[2022학년도 9월 **평가원**(미적분) 24번]

$2\cos\alpha = 3\sin\alpha$ 이고 $\tan(\alpha+\beta)=1$ 일 때, $\tan\beta$ 의 값은?

① $\dfrac{1}{6}$ ② $\dfrac{1}{5}$ ③ $\dfrac{1}{4}$

④ $\dfrac{1}{3}$ ⑤ $\dfrac{1}{2}$

22
[2017학년도 9월 **평가원** 가형 5번]

$\cos(\alpha+\beta)=\dfrac{5}{7}$, $\cos\alpha\cos\beta=\dfrac{4}{7}$ 일 때, $\sin\alpha\sin\beta$ 의 값은?

① $-\dfrac{1}{7}$ ② $-\dfrac{2}{7}$ ③ $-\dfrac{3}{7}$

④ $-\dfrac{4}{7}$ ⑤ $-\dfrac{5}{7}$

23
[2016학년도 6월 **평가원** B형 4번]

$\tan\theta=\dfrac{1}{7}$ 일 때, $\sin 2\theta$ 의 값은?

① $\dfrac{1}{5}$ ② $\dfrac{11}{50}$ ③ $\dfrac{6}{25}$

④ $\dfrac{13}{50}$ ⑤ $\dfrac{7}{25}$

24
[2012학년도 6월 **평가원** 가형 25번]

$\tan 2\alpha=\dfrac{5}{12}$ 일 때, $\tan\alpha=p$ 이다. $60p$ 의 값을 구하시오.

$$\left(\text{단, } 0<\alpha<\dfrac{\pi}{4}\right)$$

25

[2020학년도 **수능** 가형 10번]

$\overline{AB}=\overline{AC}$인 이등변삼각형 ABC에서 $\angle A=\alpha$, $\angle B=\beta$라 하자. $\tan(\alpha+\beta)=-\dfrac{3}{2}$일 때, $\tan\alpha$의 값은?

① $\dfrac{21}{10}$ ② $\dfrac{11}{5}$ ③ $\dfrac{23}{10}$

④ $\dfrac{12}{5}$ ⑤ $\dfrac{5}{2}$

26

[2016학년도 9월 **평가원** B형 11번]

좌표평면에서 두 직선 $x-y-1=0$, $ax-y+1=0$이 이루는 예각의 크기를 θ라 하자. $\tan\theta=\dfrac{1}{6}$일 때, 상수 a의 값은? (단, $a>1$)

① $\dfrac{11}{10}$ ② $\dfrac{6}{5}$ ③ $\dfrac{13}{10}$

④ $\dfrac{7}{5}$ ⑤ $\dfrac{3}{2}$

27

[2014학년도 6월 **평가원** B형 11번]

그림과 같이 중심이 O인 원 위에 세 점 A, B, C가 있다. $\overline{AC}=4$, $\overline{BC}=3$이고 삼각형 ABC의 넓이가 2이다. $\angle AOB=\theta$일 때, $\sin\theta$의 값은? (단, $0<\theta<\pi$)

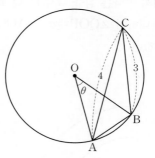

① $\dfrac{2\sqrt{2}}{9}$ ② $\dfrac{5\sqrt{2}}{18}$ ③ $\dfrac{\sqrt{2}}{3}$

④ $\dfrac{7\sqrt{2}}{18}$ ⑤ $\dfrac{4\sqrt{2}}{9}$

해설편 p. 61

28
[2011학년도 6월 **평가원** 가형(미분과 적분) 28번]

좌표평면에서 원점 O를 중심으로 하고 반지름의 길이가 각각 1, $\sqrt{2}$인 두 원 C_1, C_2가 있다. 직선 $y=\dfrac{1}{2}$이 원 C_1, C_2와 제1사분면에서 만나는 점을 각각 P, Q라고 하자.

점 $A(\sqrt{2}, 0)$에 대하여 $\angle QOP=\alpha$, $\angle AOQ=\beta$라고 할 때, $\sin(\alpha-\beta)$의 값은?

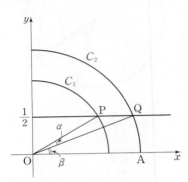

① $\dfrac{3-\sqrt{14}}{8}$ ② $\dfrac{\sqrt{7}-\sqrt{14}}{8}$ ③ $\dfrac{\sqrt{6}-\sqrt{14}}{8}$

④ $\dfrac{3-\sqrt{21}}{8}$ ⑤ $\dfrac{\sqrt{7}-\sqrt{21}}{8}$

E-07 삼각함수의 덧셈정리 – 방정식

29
[2015학년도 9월 **평가원** B형 8번]

$0 \le x \le \pi$일 때, 방정식

$$\sin x = \sin 2x$$

의 모든 해의 합은?

① π ② $\dfrac{7}{6}\pi$ ③ $\dfrac{5}{4}\pi$

④ $\dfrac{4}{3}\pi$ ⑤ $\dfrac{3}{2}\pi$

30
[2014학년도 9월 **평가원** B형 5번]

$0 \le x \le 2\pi$일 때, 방정식

$$\sin 2x - \sin x = 4\cos x - 2$$

의 모든 해의 합은?

① π ② $\dfrac{3}{2}\pi$ ③ 2π

④ $\dfrac{5}{2}\pi$ ⑤ 3π

31

[2013학년도 6월 **평가원** 가형 23번]

$0 < x < 2\pi$일 때, 방정식

$$(\cos 2x - \cos x)\sin x = 0$$

을 만족시키는 모든 해의 합은 $k\pi$이다. $10k$의 값을 구하시오.

32

[2012학년도 **수능** 가형 23번]

방정식 $3\cos 2x + 17\cos x = 0$을 만족시키는 x에 대하여 $\tan^2 x$의 값을 구하시오.

E-08 삼각함수의 극한

33

[2021학년도 **수능** 가형 24번]

그림과 같이 $\overline{AB}=2$, $\angle B = \dfrac{\pi}{2}$인 직각삼각형 ABC에서 중심이 A, 반지름의 길이가 1인 원이 두 선분 AB, AC와 만나는 점을 각각 D, E라 하자.

호 DE의 삼등분점 중 점 D에 가까운 점을 F라 하고, 직선 AF가 선분 BC와 만나는 점을 G라 하자.

$\angle BAG = \theta$라 할 때, 삼각형 ABG의 내부와 부채꼴 ADF의 외부의 공통부분의 넓이를 $f(\theta)$, 부채꼴 AFE의 넓이를 $g(\theta)$라 하자. $40 \times \lim\limits_{\theta \to 0+} \dfrac{f(\theta)}{g(\theta)}$의 값을 구하시오.

$$\left(\text{단, } 0 < \theta < \frac{\pi}{6}\right)$$

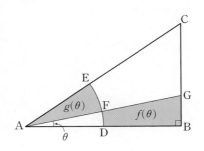

34

[2020학년도 **수능** 가형 24번]

좌표평면에서 곡선 $y=\sin x$ 위의 점 $P(t, \sin t)$ $(0<t<\pi)$ 를 중심으로 하고 x축에 접하는 원을 C라 하자. 원 C가 x축에 접하는 점을 Q, 선분 OP와 만나는 점을 R라 하자.

$\lim\limits_{t \to 0+} \dfrac{\overline{OQ}}{\overline{OR}}=a+b\sqrt{2}$일 때, $a+b$의 값을 구하시오.

(단, O는 원점이고, a, b는 정수이다.)

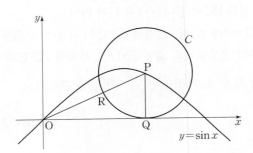

35

[2017학년도 6월 **평가원** 가형 22번]

$\lim\limits_{x \to 0} \dfrac{\sin 2x}{x \cos x}$의 값을 구하시오.

36

[2011학년도 6월 **평가원** 가형(미분과 적분) 26번]

$\lim\limits_{x \to 0} \dfrac{e^{2x^2}-1}{\tan x \sin 2x}$의 값은?

① $\dfrac{1}{4}$ ② $\dfrac{1}{2}$ ③ 1

④ 2   ⑤ 4

37

[2023학년도 4월 **교육청**(미적분) 24번]

함수 $f(x)=e^x(2\sin x+\cos x)$에 대하여 $f'(0)$의 값은?

① 3   ② 4   ③ 5

④ 6   ⑤ 7

38

[2016학년도 3월 **교육청** 가형 8번]

함수 $f(x)=\sin x+a\cos x$에 대하여 $\displaystyle\lim_{x\to\frac{\pi}{2}}\frac{f(x)-1}{x-\frac{\pi}{2}}=3$

일 때, $f\left(\dfrac{\pi}{4}\right)$의 값은? (단, a는 상수이다.)

① $-2\sqrt{2}$ ② $-\sqrt{2}$ ③ 0

④ $\sqrt{2}$ ⑤ $2\sqrt{2}$

39

[2021학년도 **수능** 가형 23번]

함수 $f(x)=\dfrac{x^2-2x-6}{x-1}$에 대하여 $f'(0)$의 값을 구하시오.

40

[2021학년도 6월 **평가원** 가형 11번]

실수 전체의 집합에서 미분가능한 함수 $f(x)$에 대하여 함수 $g(x)$를

$$g(x)=\frac{f(x)}{(e^x+1)^2}$$

라 하자. $f'(0)-f(0)=2$일 때, $g'(0)$의 값은?

① $\dfrac{1}{4}$ ② $\dfrac{3}{8}$ ③ $\dfrac{1}{2}$

④ $\dfrac{5}{8}$ ⑤ $\dfrac{3}{4}$

해설편 p. 67

41

[2020학년도 9월 **평가원** 가형 8번]

함수 $f(x) = \dfrac{\ln x}{x^2}$에 대하여 $\displaystyle\lim_{h \to 0} \dfrac{f(e+h) - f(e-2h)}{h}$의 값은?

① $-\dfrac{2}{e}$ ② $-\dfrac{3}{e^2}$ ③ $-\dfrac{1}{e}$

④ $-\dfrac{2}{e^2}$ ⑤ $-\dfrac{3}{e^3}$

42

[2018학년도 **수능** 가형 9번]

실수 전체의 집합에서 미분가능한 함수 $f(x)$에 대하여 함수 $g(x)$를

$$g(x) = \dfrac{f(x)}{e^{x-2}}$$

라 하자. $\displaystyle\lim_{x \to 2} \dfrac{f(x) - 3}{x - 2} = 5$일 때, $g'(2)$의 값은?

① 1   ② 2   ③ 3

④ 4   ⑤ 5

43

[2018학년도 6월 **평가원** 가형 9번]

함수 $f(x) = \dfrac{1}{x+3}$에 대하여 $\displaystyle\lim_{h \to 0} \dfrac{f'(a+h) - f'(a)}{h} = 2$를 만족시키는 실수 a의 값은?

① -2 ② -1 ③ 0

④ 1   ⑤ 2

44

[2025학년도 9월 **평가원**(미적분) 27번]

실수 전체의 집합에서 미분가능한 함수 $f(x)$가 모든 실수 x에 대하여

$$f(x)+f\left(\frac{1}{2}\sin x\right)=\sin x$$

를 만족시킬 때, $f'(\pi)$의 값은?

① $-\dfrac{5}{6}$　　　② $-\dfrac{2}{3}$　　　③ $-\dfrac{1}{2}$

④ $-\dfrac{1}{3}$　　　⑤ $-\dfrac{1}{6}$

45

[2022학년도 **수능**(미적분) 24번]

실수 전체의 집합에서 미분가능한 함수 $f(x)$가 모든 실수 x에 대하여

$$f(x^3+x)=e^x$$

을 만족시킬 때, $f'(2)$의 값은?

① e　　　② $\dfrac{e}{2}$　　　③ $\dfrac{e}{3}$

④ $\dfrac{e}{4}$　　　⑤ $\dfrac{e}{5}$

46

[2021학년도 9월 **평가원** 가형 23번]

함수 $f(x)=x\ln(2x-1)$에 대하여 $f'(1)$의 값을 구하시오.

47

[2020학년도 6월 **평가원** 가형 9번]

함수 $f(x)=\dfrac{2^x}{\ln 2}$과 실수 전체의 집합에서 미분가능한 함수 $g(x)$가 다음 조건을 만족시킬 때, $g(2)$의 값은?

(가) $\displaystyle\lim_{h\to 0}\dfrac{g(2+4h)-g(2)}{h}=8$

(나) 함수 $(f\circ g)(x)$의 $x=2$에서의 미분계수는 10이다.

① 1　　　② $\log_2 3$　　　③ 2

④ $\log_2 5$　　　⑤ $\log_2 6$

48

[2020학년도 6월 **평가원** 가형 12번]

함수 $f(x)=\sin(x+\alpha)+2\cos(x+\alpha)$에 대하여
$f'\left(\dfrac{\pi}{4}\right)=0$일 때, $\tan\alpha$의 값은? (단, α는 상수이다.)

① $-\dfrac{5}{6}$ 　　② $-\dfrac{2}{3}$ 　　③ $-\dfrac{1}{2}$

④ $-\dfrac{1}{3}$ 　　⑤ $-\dfrac{1}{6}$

49

[2019학년도 6월 **평가원** 가형 6번]

함수 $f(x)=\tan 2x+3\sin x$에 대하여
$\displaystyle\lim_{h\to 0}\dfrac{f(\pi+h)-f(\pi-h)}{h}$의 값은?

① -2 　　② -4 　　③ -6

④ -8 　　⑤ -10

50

[2018학년도 **수능** 가형 23번]

함수 $f(x)=\ln(x^2+1)$에 대하여 $f'(1)$의 값을 구하시오.

51

[2018학년도 9월 **평가원** 가형 23번]

함수 $f(x)=-\cos^2 x$에 대하여 $f'\left(\dfrac{\pi}{4}\right)$의 값을 구하시오.

52

[2018학년도 6월 **평가원** 가형 23번]

함수 $f(x)=\sqrt{x^3+1}$ 에 대하여 $f'(2)$ 의 값을 구하시오.

54

[2024학년도 9월 **평가원**(미적분) 24번]

매개변수 t 로 나타내어진 곡선

$$x=t+\cos 2t, \quad y=\sin^2 t$$

에서 $t=\dfrac{\pi}{4}$ 일 때, $\dfrac{dy}{dx}$ 의 값은?

① -2 ② -1 ③ 0

④ 1 ⑤ 2

F-12 매개변수로 나타낸 함수의 미분법

53

[2024학년도 **수능**(미적분) 24번]

매개변수 t $(t>0)$ 으로 나타내어진 곡선

$$x=\ln(t^3+1), \quad y=\sin \pi t$$

에서 $t=1$ 일 때, $\dfrac{dy}{dx}$ 의 값은?

① $-\dfrac{1}{3}\pi$ ② $-\dfrac{2}{3}\pi$ ③ $-\pi$

④ $-\dfrac{4}{3}\pi$ ⑤ $-\dfrac{5}{3}\pi$

55

[2024학년도 6월 **평가원**(미적분) 24번]

매개변수 t 로 나타내어진 곡선

$$x=\dfrac{5t}{t^2+1}, \quad y=3\ln(t^2+1)$$

에서 $t=2$ 일 때, $\dfrac{dy}{dx}$ 의 값은?

① -1 ② -2 ③ -3

④ -4 ⑤ -5

해설편 p. 73

56

[2022학년도 9월 **평가원**(미적분) 25번]

매개변수 t로 나타내어진 곡선

$$x = e^t - 4e^{-t}, \quad y = t + 1$$

에서 $t = \ln 2$일 때, $\dfrac{dy}{dx}$의 값은?

① 1 　　　　② $\dfrac{1}{2}$ 　　　　③ $\dfrac{1}{3}$

④ $\dfrac{1}{4}$ 　　　　⑤ $\dfrac{1}{5}$

57

[2022학년도 6월 **평가원**(미적분) 24번]

매개변수 t로 나타내어진 곡선

$$x = e^t + \cos t, \quad y = \sin t$$

에서 $t = 0$일 때, $\dfrac{dy}{dx}$의 값은?

① $\dfrac{1}{2}$ 　　　　② 1 　　　　③ $\dfrac{3}{2}$

④ 2 　　　　⑤ $\dfrac{5}{2}$

58

[2021학년도 9월 **평가원** 가형 7번]

매개변수 t $(t > 0)$으로 나타내어진 함수

$$x = \ln t + t, \quad y = -t^3 + 3t$$

에 대하여 $\dfrac{dy}{dx}$가 $t = a$에서 최댓값을 가질 때, a의 값은?

① $\dfrac{1}{6}$ 　　　　② $\dfrac{1}{5}$ 　　　　③ $\dfrac{1}{4}$

④ $\dfrac{1}{3}$ 　　　　⑤ $\dfrac{1}{2}$

F-13 음함수의 미분법

59

[2025학년도 6월 **평가원**(미적분) 24번]

곡선 $x \sin 2y + 3x = 3$ 위의 점 $\left(1, \dfrac{\pi}{2}\right)$에서의 접선의 기울기는?

① $\dfrac{1}{2}$ 　　　　② 1 　　　　③ $\dfrac{3}{2}$

④ 2 　　　　⑤ $\dfrac{5}{2}$

60

[2023학년도 6월 **평가원**(미적분) 24번]

곡선 $x^2 - y \ln x + x = e$ 위의 점 (e, e^2)에서의 접선의 기울기는?

① $e+1$ ② $e+2$ ③ $e+3$

④ $2e+1$ ⑤ $2e+2$

61

[2021학년도 6월 **평가원** 가형 25번]

곡선 $x^3 - y^3 = e^{xy}$ 위의 점 $(a, 0)$에서의 접선의 기울기가 b일 때, $a+b$의 값을 구하시오.

62

[2020학년도 **수능** 가형 5번]

곡선 $x^2 - 3xy + y^2 = x$ 위의 점 $(1, 0)$에서의 접선의 기울기는?

① $\dfrac{1}{12}$ ② $\dfrac{1}{6}$ ③ $\dfrac{1}{4}$

④ $\dfrac{1}{3}$ ⑤ $\dfrac{5}{12}$

63

[2020학년도 9월 **평가원** 가형 6번]

곡선 $\pi x = \cos y + x \sin y$ 위의 점 $\left(0, \dfrac{\pi}{2}\right)$에서의 접선의 기울기는?

① $1 - \dfrac{5}{2}\pi$ ② $1 - 2\pi$ ③ $1 - \dfrac{3}{2}\pi$

④ $1 - \pi$ ⑤ $1 - \dfrac{\pi}{2}$

해설편 p. 76

64

[2019학년도 **수능** 가형 7번]

곡선 $e^x - xe^y = y$ 위의 점 $(0, 1)$에서의 접선의 기울기는?

① $3-e$ 　　② $2-e$ 　　③ $1-e$

④ $-e$ 　　⑤ $-1-e$

65

[2019학년도 6월 **평가원** 가형 9번]

곡선 $e^x - e^y = y$ 위의 점 (a, b)에서의 접선의 기울기가 1일 때, $a+b$의 값은?

① $1+\ln(e+1)$ 　　② $2+\ln(e^2+2)$

③ $3+\ln(e^3+3)$ 　　④ $4+\ln(e^4+4)$

⑤ $5+\ln(e^5+5)$

F-14 역함수의 미분법

66

[2025학년도 **수능**(미적분) 27번]

최고차항의 계수가 1인 삼차함수 $f(x)$에 대하여 함수 $g(x)$를

$$g(x) = f(e^x) + e^x$$

이라 하자. 곡선 $y = g(x)$ 위의 점 $(0, g(0))$에서의 접선이 x축이고 함수 $g(x)$가 역함수 $h(x)$를 가질 때, $h'(8)$의 값은?

① $\dfrac{1}{36}$ 　　② $\dfrac{1}{18}$ 　　③ $\dfrac{1}{12}$

④ $\dfrac{1}{9}$ 　　⑤ $\dfrac{5}{36}$

67

[2023학년도 6월 **평가원**(미적분) 25번]

함수 $f(x)=x^3+2x+3$의 역함수를 $g(x)$라 할 때, $g'(3)$의 값은?

① 1   ② $\dfrac{1}{2}$ ③ $\dfrac{1}{3}$

④ $\dfrac{1}{4}$ ⑤ $\dfrac{1}{5}$

68

[2020학년도 9월 **평가원** 가형 24번]

정의역이 $\left\{x \,\middle|\, -\dfrac{\pi}{4}<x<\dfrac{\pi}{4}\right\}$인 함수 $f(x)=\tan 2x$의 역함수를 $g(x)$라 할 때, $100 \times g'(1)$의 값을 구하시오.

69

[2019학년도 **수능** 가형 9번]

함수 $f(x)=\dfrac{1}{1+e^{-x}}$의 역함수를 $g(x)$라 할 때, $g'(f(-1))$의 값은?

① $\dfrac{1}{(1+e)^2}$ ② $\dfrac{e}{1+e}$ ③ $\left(\dfrac{1+e}{e}\right)^2$

④ $\dfrac{e^2}{1+e}$ ⑤ $\dfrac{(1+e)^2}{e}$

70

[2019학년도 9월 **평가원** 가형 6번]

$x \geq \dfrac{1}{e}$에서 정의된 함수 $f(x)=3x \ln x$의 그래프가 점 $(e, 3e)$를 지난다. 함수 $f(x)$의 역함수를 $g(x)$라고 할 때, $\displaystyle\lim_{h \to 0}\dfrac{g(3e+h)-g(3e-h)}{h}$의 값은?

① $\dfrac{1}{3}$ ② $\dfrac{1}{2}$ ③ $\dfrac{2}{3}$

④ $\dfrac{5}{6}$ ⑤ 1

해설편 p. 79

G-15 접선의 방정식

71

[2025학년도 6월 **평가원**(미적분) 27번]

상수 $a\ (a>1)$과 실수 $t\ (t>0)$에 대하여 곡선 $y=a^x$ 위의 점 $A(t,\ a^t)$에서의 접선을 l이라 하자. 점 A를 지나고 직선 l에 수직인 직선이 x축과 만나는 점을 B, y축과 만나는 점을 C라 하자. $\dfrac{\overline{AC}}{\overline{AB}}$의 값이 $t=1$에서 최대일 때, a의 값은?

① $\sqrt{2}$ ② $\sqrt{e}$ ③ 2

④ $\sqrt{2e}$ ⑤ e

72

[2024학년도 **수능**(미적분) 27번]

실수 t에 대하여 원점을 지나고 곡선 $y=\dfrac{1}{e^x}+e^t$에 접하는 직선의 기울기를 $f(t)$라 하자. $f(a)=-e\sqrt{e}$를 만족시키는 상수 a에 대하여 $f'(a)$의 값은?

① $-\dfrac{1}{3}e\sqrt{e}$ ② $-\dfrac{1}{2}e\sqrt{e}$ ③ $-\dfrac{2}{3}e\sqrt{e}$

④ $-\dfrac{5}{6}e\sqrt{e}$ ⑤ $-e\sqrt{e}$

73

[2024학년도 6월 **평가원**(미적분) 27번]

실수 $t\ (0<t<\pi)$에 대하여 곡선 $y=\sin x$ 위의 점 $P(t,\ \sin t)$에서의 접선과 점 P를 지나고 기울기가 -1인 직선이 이루는 예각의 크기를 θ라 할 때, $\displaystyle\lim_{t\to\pi-}\dfrac{\tan\theta}{(\pi-t)^2}$의 값은?

① $\dfrac{1}{16}$ ② $\dfrac{1}{8}$ ③ $\dfrac{1}{4}$

④ $\dfrac{1}{2}$ ⑤ 1

74

[2022학년도 6월 **평가원**(미적분) 25번]

원점에서 곡선 $y=e^{|x|}$에 그은 두 접선이 이루는 예각의 크기를 θ라 할 때, $\tan\theta$의 값은?

① $\dfrac{e}{e^2+1}$ ② $\dfrac{e}{e^2-1}$ ③ $\dfrac{2e}{e^2+1}$

④ $\dfrac{2e}{e^2-1}$ ⑤ 1

75

[2022학년도 **예시문항**(미적분) 25번]

매개변수 t로 나타낸 곡선

$$x=e^t+2t, \quad y=e^{-t}+3t$$

에 대하여 $t=0$에 대응하는 점에서의 접선이 점 $(10, a)$를 지날 때, a의 값은?

① 6 ② 7 ③ 8

④ 9 ⑤ 10

76

[2020학년도 9월 **평가원** 가형 13번]

양수 k에 대하여 두 곡선 $y=ke^x+1$, $y=x^2-3x+4$가 점 P에서 만나고, 점 P에서 두 곡선에 접하는 두 직선이 서로 수직일 때, k의 값은?

① $\dfrac{1}{e}$ ② $\dfrac{1}{e^2}$ ③ $\dfrac{2}{e^2}$

④ $\dfrac{2}{e^3}$ ⑤ $\dfrac{3}{e^3}$

77

[2019학년도 9월 **평가원** 가형 11번]

곡선 $e^y\ln x=2y+1$ 위의 점 $(e, 0)$에서의 접선의 방정식을 $y=ax+b$라 할 때, ab의 값은? (단, a, b는 상수이다.)

① $-2e$ ② $-e$ ③ -1

④ $-\dfrac{2}{e}$ ⑤ $-\dfrac{1}{e}$

78

[2017학년도 6월 **평가원** 가형 11번]

곡선 $y=\ln(x-3)+1$ 위의 점 $(4, 1)$에서의 접선의 방정식이 $y=ax+b$일 때, 두 상수 a, b의 합 $a+b$의 값은?

① -2 ② -1 ③ 0

④ 1 ⑤ 2

G-16 함수의 극대와 극소

79

[2021학년도 **수능** 가형 7번]

함수 $f(x)=(x^2-2x-7)e^x$의 극댓값과 극솟값을 각각 a, b라 할 때, $a\times b$의 값은?

① -32 ② -30 ③ -28

④ -26 ⑤ -24

80

[2020학년도 9월 **평가원** 가형 11번]

함수 $f(x)=(x^2-3)e^{-x}$의 극댓값과 극솟값을 각각 a, b라 할 때, $a\times b$의 값은?

① $-12e^2$ ② $-12e$ ③ $-\dfrac{12}{e}$

④ $-\dfrac{12}{e^2}$ ⑤ $-\dfrac{12}{e^3}$

81

[2017학년도 6월 **평가원** 가형 13번]

함수 $f(x)=(x^2-8)e^{-x+1}$은 극솟값 a와 극댓값 b를 갖는다. 두 수 a, b의 곱 ab의 값은?

① -34 ② -32 ③ -30

④ -28 ⑤ -26

82

[2012학년도 6월 **평가원** 가형 8번]

함수 $f(x)=\dfrac{1}{2}x^2-a\ln x\ (a>0)$의 극솟값이 0일 때, 상수 a의 값은?

① $\dfrac{1}{e}$ ② $\dfrac{2}{e}$ ③ $\sqrt{e}$

④ e ⑤ $2e$

G-17 곡선의 변곡점

83

[2020학년도 **수능** 가형 11번]

곡선 $y=ax^2-2\sin 2x$가 변곡점을 갖도록 하는 정수 a의 개수는?

① 4 ② 5 ③ 6

④ 7 ⑤ 8

84

[2020학년도 6월 **평가원** 가형 11번]

함수 $f(x)=xe^x$에 대하여 곡선 $y=f(x)$의 변곡점의 좌표가 $(a,\ b)$일 때, 두 수 a, b의 곱 ab의 값은?

① $4e^2$ ② e ③ $\dfrac{1}{e}$

④ $\dfrac{4}{e^2}$ ⑤ $\dfrac{9}{e^3}$

85

[2011학년도 9월 **평가원** 가형(미분과 적분) 27번]

곡선 $y=\left(\ln\dfrac{1}{ax}\right)^2$의 변곡점이 직선 $y=2x$ 위에 있을 때, 양수 a의 값은?

① e ② $\dfrac{5}{4}e$ ③ $\dfrac{3}{2}e$

④ $\dfrac{7}{4}e$ ⑤ $2e$

해설편 p. 87

86

[2009학년도 9월 평가원 가형(미분과 적분) 27번]

좌표평면에서 곡선 $y=\cos^n x \left(0<x<\dfrac{\pi}{2}, n=2, 3, 4, \cdots\right)$ 의 변곡점의 y좌표를 a_n이라 할 때, $\displaystyle\lim_{n\to\infty} a_n$의 값은?

① $\dfrac{1}{e^2}$　　　　② $\dfrac{1}{e}$　　　　③ $\dfrac{1}{\sqrt{e}}$

④ $\dfrac{1}{2e}$　　　　⑤ $\dfrac{1}{\sqrt{2e}}$

G-18 방정식의 실근의 개수

87

[2024학년도 6월 평가원(미적분) 26번]

x에 대한 방정식 $x^2-5x+2\ln x=t$의 서로 다른 실근의 개수가 2가 되도록 하는 모든 실수 t의 값의 합은?

① $-\dfrac{17}{2}$　　　② $-\dfrac{33}{4}$　　　③ -8

④ $-\dfrac{31}{4}$　　　⑤ $-\dfrac{15}{2}$

88

[2022학년도 6월 평가원(미적분) 27번]

두 함수
$$f(x)=e^x, \quad g(x)=k\sin x$$
에 대하여 방정식 $f(x)=g(x)$의 서로 다른 양의 실근의 개수가 3일 때, 양수 k의 값은?

① $\sqrt{2}e^{\frac{3\pi}{2}}$　　　② $\sqrt{2}e^{\frac{7\pi}{4}}$　　　③ $\sqrt{2}e^{2\pi}$

④ $\sqrt{2}e^{\frac{9\pi}{4}}$　　　⑤ $\sqrt{2}e^{\frac{5\pi}{2}}$

G-19 평면 운동에서의 속도와 가속도

89

[2020학년도 수능 가형 9번]

좌표평면 위를 움직이는 점 P의 시각 $t\left(0<t<\dfrac{\pi}{2}\right)$에서의 위치 (x, y)가
$$x=t+\sin t\cos t, \quad y=\tan t$$
이다. $0<t<\dfrac{\pi}{2}$에서 점 P의 속력의 최솟값은?

① 1　　　　② $\sqrt{3}$　　　　③ 2

④ $2\sqrt{2}$　　　⑤ $2\sqrt{3}$

90

[2020학년도 9월 **평가원** 가형 23번]

좌표평면 위를 움직이는 점 P의 시각 t $(t>0)$에서의 위치 (x, y)가

$$x = \frac{1}{2}e^{2(t-1)} - at, \quad y = be^{t-1}$$

이다. 시각 $t=1$에서의 점 P의 속도가 $v=(-1, 2)$일 때, $a+b$의 값을 구하시오. (단, a와 b는 상수이다.)

92

[2019학년도 9월 **평가원** 가형 10번]

좌표평면 위를 움직이는 점 P의 시각 t $(t\geq 0)$에서의 위치 (x, y)가

$$x = 3t - \sin t, \quad y = 4 - \cos t$$

이다. 점 P의 속력의 최댓값을 M, 최솟값을 m이라 할 때, $M+m$의 값은?

① 3   ② 4   ③ 5
④ 6   ⑤ 7

91

[2019학년도 **수능** 가형 24번]

좌표평면 위를 움직이는 점 P의 시각 t $(t\geq 0)$에서의 위치 (x, y)가

$$x = 1 - \cos 4t, \quad y = \frac{1}{4}\sin 4t$$

이다. 점 P의 속력이 최대일 때, 점 P의 가속도의 크기를 구하시오.

93

[2017학년도 **수능** 가형 10번]

좌표평면 위를 움직이는 점 P의 시각 t $(t>0)$에서의 위치 (x, y)가

$$x = t - \frac{2}{t}, \quad y = 2t + \frac{1}{t}$$

이다. 시각 $t=1$에서 점 P의 속력은?

① $2\sqrt{2}$ ② 3   ③ $\sqrt{10}$
④ $\sqrt{11}$ ⑤ $2\sqrt{3}$

D 지수함수와 로그함수의 극한과 미분

94

[2021학년도 6월 **평가원** 가형 16번]

양수 t에 대하여 다음 조건을 만족시키는 실수 k의 값을 $f(t)$라 하자.

> 직선 $x=k$와 두 곡선 $y=e^{\frac{x}{2}}$, $y=e^{\frac{x}{2}+3t}$이 만나는 점을 각각 P, Q라 하고, 점 Q를 지나고 y축에 수직인 직선이 곡선 $y=e^{\frac{x}{2}}$과 만나는 점을 R라 할 때, $\overline{PQ}=\overline{QR}$이다.

함수 $f(t)$에 대하여 $\lim_{t \to 0+} f(t)$의 값은?

① $\ln 2$ ② $\ln 3$ ③ $\ln 4$
④ $\ln 5$ ⑤ $\ln 6$

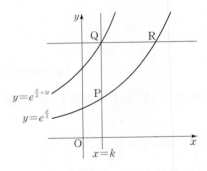

95

[2020학년도 9월 **평가원** 가형 15번]

함수 $y=e^x$의 그래프 위의 x좌표가 양수인 점 A와 함수 $y=-\ln x$의 그래프 위의 점 B가 다음 조건을 만족시킨다.

> (가) $\overline{OA}=2\overline{OB}$
> (나) $\angle AOB=90°$

직선 OA의 기울기는? (단, O는 원점이다.)

① e ② $\dfrac{3}{\ln 3}$ ③ $\dfrac{2}{\ln 2}$
④ $\dfrac{5}{\ln 5}$ ⑤ $\dfrac{e^2}{2}$

96

[2016학년도 6월 **평가원** B형 16번]

두 함수

$$f(x) = \begin{cases} ax & (x<1) \\ -3x+4 & (x \geq 1) \end{cases}, \quad g(x) = 2^x + 2^{-x}$$

에 대하여 합성함수 $(g \circ f)(x)$가 실수 전체의 집합에서 연속이 되도록 하는 모든 실수 a의 값의 곱은?

① -5 ② -4 ③ -3

④ -2 ⑤ -1

97

[2011학년도 6월 **평가원** 가형(미분과 적분) 29번]

세 양수 a, b, c에 대하여

$$\lim_{x \to \infty} x^a \ln \left(b + \frac{c}{x^2} \right) = 2$$

일 때, $a+b+c$의 값은?

① 5   ② 6   ③ 7

④ 8   ⑤ 9

98

[2010학년도 6월 **평가원** 가형(미분과 적분) 29번]

함수 $f(x)$에 대하여 **보기**에서 옳은 것만을 있는 대로 고른 것은?

┤ 보기 ├

ㄱ. $f(x)=x^2$이면 $\lim\limits_{x \to 0} \dfrac{e^{f(x)}-1}{x}=0$이다.

ㄴ. $\lim\limits_{x \to 0} \dfrac{e^x-1}{f(x)}=1$이면 $\lim\limits_{x \to 0} \dfrac{3^x-1}{f(x)}=\ln 3$이다.

ㄷ. $\lim\limits_{x \to 0} f(x)=0$이면 $\lim\limits_{x \to 0} \dfrac{e^{f(x)}-1}{x}$이 존재한다.

① ㄱ   ② ㄷ   ③ ㄱ, ㄴ

④ ㄴ, ㄷ   ⑤ ㄱ, ㄴ, ㄷ

해설편 p. 96

E 삼각함수의 극한과 미분 – 삼각함수의 덧셈정리

99

[2018학년도 **수능** 가형 14번]

그림과 같이 $\overline{AB}=5$, $\overline{AC}=2\sqrt{5}$인 삼각형 ABC의 꼭짓점 A에서 선분 BC에 내린 수선의 발을 D라 하자.
선분 AD를 3 : 1로 내분하는 점 E에 대하여 $\overline{EC}=\sqrt{5}$이다.
$\angle ABD=\alpha$, $\angle DCE=\beta$라 할 때, $\cos(\alpha-\beta)$의 값은?

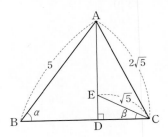

① $\dfrac{\sqrt{5}}{5}$ ② $\dfrac{\sqrt{5}}{4}$ ③ $\dfrac{3\sqrt{5}}{10}$

④ $\dfrac{7\sqrt{5}}{20}$ ⑤ $\dfrac{2\sqrt{5}}{5}$

100

[2018학년도 **9월 평가원** 가형 15번]

곡선 $y=1-x^2\,(0<x<1)$ 위의 점 P에서 y축에 내린 수선의 발을 H라 하고, 원점 O와 점 A(0, 1)에 대하여 $\angle APH=\theta_1$, $\angle HPO=\theta_2$라 하자. $\tan\theta_1=\dfrac{1}{2}$일 때, $\tan(\theta_1+\theta_2)$의 값은?

① 2   ② 4   ③ 6

④ 8   ⑤ 10

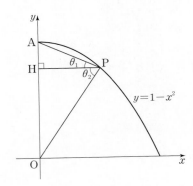

101
[2014학년도 예비시행 B형 16번]

그림과 같이 직선 $y=1$ 위의 점 P에서 원 $x^2+y^2=1$에 그은 접선이 x축과 만나는 점을 A라 하고, $\angle\text{AOP}=\theta$라 하자. $\overline{\text{OA}}=\dfrac{5}{4}$일 때, $\tan 3\theta$의 값은? $\left(\text{단, } 0<\theta<\dfrac{\pi}{4}\text{이다.}\right)$

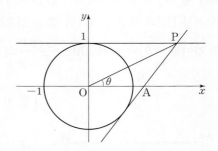

① 4   ② $\dfrac{9}{2}$ ③ 5

④ $\dfrac{11}{2}$ ⑤ 6

102
[2013학년도 9월 평가원 가형 19번]

그림과 같이 좌표평면에서 원점을 중심으로 하고 반지름의 길이가 1, 2, 4인 세 반원을 각각 O_1, O_2, O_3이라 하자.
세 점 P_1, P_2, P_3은 선분 OB 위에서 동시에 출발하여 각각 세 반원 O_1, O_2, O_3 위를 같은 속력으로 시계 반대 방향으로 움직이고 있다. $\angle\text{BOP}_3=\theta$라 하고 삼각형 ABP_1의 넓이를 S_1, 삼각형 ABP_2의 넓이를 S_2, 삼각형 ABP_3의 넓이를 S_3이라 하자. $3S_3=2(S_1+S_2)$일 때, $\cos^3\theta$의 값은? $\left(\text{단, } 0<\theta<\dfrac{\pi}{4}\right)$

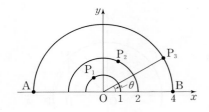

① $\dfrac{1}{2}$ ② $\dfrac{2}{3}$ ③ $\dfrac{3}{4}$

④ $\dfrac{4}{5}$ ⑤ $\dfrac{5}{6}$

II.미적분

4점 집중

E 삼각함수의 극한과 미분 – 길이에 대한 삼각함수의 극한

103

[2019학년도 9월 **평가원** 가형 19번]

자연수 n에 대하여 중심이 원점 O이고 점 $P(2^n, 0)$을 지나는 원 C가 있다. 원 C 위에 점 Q를 호 PQ의 길이가 π가 되도록 잡는다. 점 Q에서 x축에 내린 수선의 발을 H라 할 때, $\lim\limits_{n\to\infty}(\overline{OQ}\times\overline{HP})$의 값은?

① $\dfrac{\pi^2}{2}$ ② $\dfrac{3}{4}\pi^2$ ③ π^2

④ $\dfrac{5}{4}\pi^2$ ⑤ $\dfrac{3}{2}\pi^2$

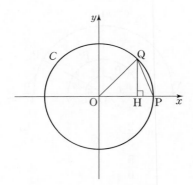

104

[2017학년도 9월 **평가원** 가형 20번]

그림과 같이 한 변의 길이가 1인 정사각형 ABCD가 있다. 변 CD 위의 점 E에 대하여 선분 DE를 지름으로 하는 원과 직선 BE가 만나는 점 중 E가 아닌 점을 F라 하자. $\angle EBC=\theta$라 할 때, 점 E를 포함하지 않는 호 DF를 이등분하는 점과 선분 DF의 중점을 지름의 양 끝 점으로 하는 원의 반지름의 길이를 $r(\theta)$라 하자. $\lim\limits_{\theta\to\frac{\pi}{4}-}\dfrac{r(\theta)}{\dfrac{\pi}{4}-\theta}$의 값은?

$$\left(\text{단, } 0<\theta<\dfrac{\pi}{4}\right)$$

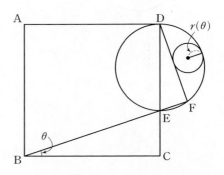

① $\dfrac{1}{7}(2-\sqrt{2})$ ② $\dfrac{1}{6}(2-\sqrt{2})$ ③ $\dfrac{1}{5}(2-\sqrt{2})$

④ $\dfrac{1}{4}(2-\sqrt{2})$ ⑤ $\dfrac{1}{3}(2-\sqrt{2})$

105

[2016학년도 6월 **평가원** B형 29번]

그림과 같이 길이가 1인 선분 AB를 지름으로 하는 반원 위에 점 C를 잡고 ∠BAC=θ라 하자. 호 BC와 두 선분 AB, AC에 동시에 접하는 원의 반지름의 길이를 $f(\theta)$라 할 때,

$$\lim_{\theta \to 0+} \frac{\tan \dfrac{\theta}{2} - f(\theta)}{\theta^2} = \alpha$$

이다. 100α의 값을 구하시오. $\left(\text{단, } 0 < \theta < \dfrac{\pi}{4}\right)$

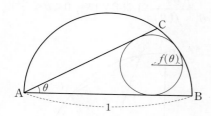

106

[2014학년도 6월 **평가원** B형 21번]

그림과 같이 반지름의 길이가 각각 1인 두 원 O, O′이 외접하고 있다. 원 O 위의 점 A에서 원 O′에 그은 두 접선의 접점을 각각 P, Q라 하자. ∠AOO′=θ라 할 때, $\displaystyle\lim_{\theta \to 0+} \frac{\overline{PQ}}{\theta}$의 값은? $\left(\text{단, } 0 < \theta < \dfrac{\pi}{2}\right)$

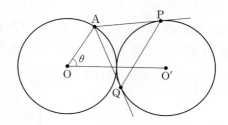

① 2   ② $\sqrt{6}$ ③ $2\sqrt{2}$

④ $\sqrt{10}$ ⑤ $2\sqrt{3}$

해설편 p. 102

E 삼각함수의 극한과 미분 – 넓이에 대한 삼각함수의 극한

107

[2023학년도 **수능**(미적분) 28번]

그림과 같이 중심이 O이고 길이가 2인 선분 AB를 지름으로 하는 반원 위에 $\angle \text{AOC} = \dfrac{\pi}{2}$인 점 C가 있다. 호 BC 위에 점 P와 호 CA 위에 점 Q를 $\overline{\text{PB}} = \overline{\text{QC}}$가 되도록 잡고, 선분 AP 위에 점 R를 $\angle \text{CQR} = \dfrac{\pi}{2}$가 되도록 잡는다.

선분 AP와 선분 CO의 교점을 S라 하자. $\angle \text{PAB} = \theta$일 때, 삼각형 POB의 넓이를 $f(\theta)$, 사각형 CQRS의 넓이를 $g(\theta)$라 하자. $\displaystyle\lim_{\theta \to 0+} \dfrac{3f(\theta) - 2g(\theta)}{\theta^2}$의 값은?

$$\left(\text{단, } 0 < \theta < \dfrac{\pi}{4} \right)$$

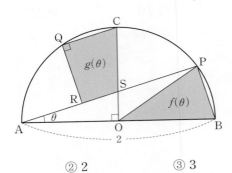

① 1   ② 2   ③ 3

④ 4   ⑤ 5

108

[2023학년도 9월 **평가원**(미적분) 28번]

그림과 같이 반지름의 길이가 1이고 중심각의 크기가 $\dfrac{\pi}{2}$인 부채꼴 OAB가 있다. 호 AB 위의 점 P에 대하여 $\overline{\text{PA}} = \overline{\text{PC}} = \overline{\text{PD}}$가 되도록 호 PB 위에 점 C와 선분 OA 위에 점 D를 잡는다. 점 D를 지나고 선분 OP와 평행한 직선이 선분 PA와 만나는 점을 E라 하자. $\angle \text{POA} = \theta$일 때, 삼각형 CDP의 넓이를 $f(\theta)$, 삼각형 EDA의 넓이를 $g(\theta)$라 하자. $\displaystyle\lim_{\theta \to 0+} \dfrac{g(\theta)}{\theta^2 \times f(\theta)}$의 값은? $\left(\text{단, } 0 < \theta < \dfrac{\pi}{4} \right)$

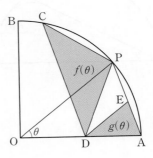

① $\dfrac{1}{8}$ ② $\dfrac{1}{4}$ ③ $\dfrac{3}{8}$

④ $\dfrac{1}{2}$ ⑤ $\dfrac{5}{8}$

109

그림과 같이 반지름의 길이가 1이고 중심각의 크기가 $\frac{\pi}{2}$인 부채꼴 OAB가 있다. 호 AB 위의 점 P에서 선분 OA에 내린 수선의 발을 H라 하고, ∠OAP를 이등분하는 직선과 세 선분 HP, OP, OB의 교점을 각각 Q, R, S라 하자. ∠APH=θ일 때, 삼각형 AQH의 넓이를 $f(\theta)$, 삼각형 PSR의 넓이를 $g(\theta)$라 하자. $\lim\limits_{\theta \to 0+} \dfrac{\theta^3 \times g(\theta)}{f(\theta)} = k$일 때, $100k$의 값을 구하시오. $\left(단, 0 < \theta < \dfrac{\pi}{4}\right)$

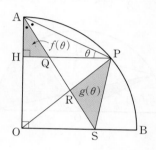

110

그림과 같이 길이가 2인 선분 AB를 지름으로 하는 반원의 호 AB 위에 점 P가 있다. 선분 AB의 중점을 O라 할 때, 점 B를 지나고 선분 AB에 수직인 직선이 직선 OP와 만나는 점을 Q라 하고, ∠OQB의 이등분선이 직선 AP와 만나는 점을 R라 하자. ∠OAP=θ일 때, 삼각형 OAP의 넓이를 $f(\theta)$, 삼각형 PQR의 넓이를 $g(\theta)$라 하자.

$\lim\limits_{\theta \to 0+} \dfrac{g(\theta)}{\theta^4 \times f(\theta)}$의 값은? $\left(단, 0 < \theta < \dfrac{\pi}{4}\right)$

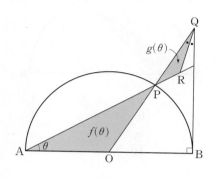

① 2
② $\dfrac{5}{2}$
③ 3

④ $\dfrac{7}{2}$
⑤ 4

해설편 p. 106

111

[2022학년도 예시문항(미적분) 28번]

그림과 같이 길이가 2인 선분 AB를 지름으로 하는 반원의 호 위에 점 P가 있고, 선분 AB 위에 점 Q가 있다.

$\angle PAB = \theta$이고 $\angle APQ = \dfrac{\theta}{3}$일 때, 삼각형 PAQ의 넓이를 $S(\theta)$, 선분 PB의 길이를 $l(\theta)$라 하자. $\displaystyle\lim_{\theta \to 0+} \dfrac{S(\theta)}{l(\theta)}$의 값은? $\left(\text{단, } 0 < \theta < \dfrac{\pi}{4}\right)$

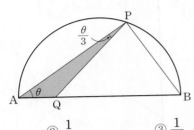

① $\dfrac{1}{12}$ ② $\dfrac{1}{6}$ ③ $\dfrac{1}{4}$

④ $\dfrac{1}{3}$ ⑤ $\dfrac{5}{12}$

112

[2021학년도 9월 평가원 가형 28번]

그림과 같이 길이가 2인 선분 AB를 지름으로 하는 반원이 있다. 선분 AB의 중점을 O라 할 때, 호 AB 위에 두 점 P, Q를 $\angle POA = \theta$, $\angle QOB = 2\theta$가 되도록 잡는다. 두 선분 PB, OQ의 교점을 R라 하고, 점 R에서 선분 PQ에 내린 수선의 발을 H라 하자. 삼각형 POR의 넓이를 $f(\theta)$, 두 선분 RQ, RB와 호 QB로 둘러싸인 부분의 넓이를 $g(\theta)$라 할 때, $\displaystyle\lim_{\theta \to 0+} \dfrac{f(\theta) + g(\theta)}{\overline{\text{RH}}} = \dfrac{q}{p}$이다. $p+q$의 값을 구하시오.

$\left(\text{단, } 0 < \theta < \dfrac{\pi}{3}\text{이고, } p\text{와 } q\text{는 서로소인 자연수이다.}\right)$

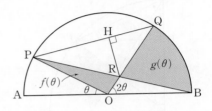

113

[2021학년도 6월 **평가원** 가형 28번]

그림과 같이 $\overline{AB}=1$, $\overline{BC}=2$인 두 선분 AB, BC에 대하여 선분 BC의 중점을 M, 점 M에서 선분 AB에 내린 수선의 발을 H라 하자. 중심이 M이고 반지름의 길이가 $\overline{MH}$인 원이 선분 AM과 만나는 점을 D, 선분 HC가 선분 DM과 만나는 점을 E라 하자. $\angle ABC=\theta$라 할 때, 삼각형 CDE의 넓이를 $f(\theta)$, 삼각형 MEH의 넓이를 $g(\theta)$라 하자.

$\lim\limits_{\theta \to 0+} \dfrac{f(\theta)-g(\theta)}{\theta^3}=a$일 때, $80a$의 값을 구하시오.

$$\left(단, 0<\theta<\frac{\pi}{2}\right)$$

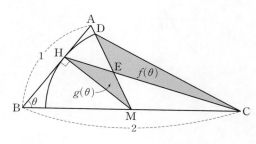

◪ 여러 가지 미분법

114

[2024학년도 9월 **평가원**(미적분) 30번]

길이가 10인 선분 AB를 지름으로 하는 원과 선분 AB 위에 $\overline{AC}=4$인 점 C가 있다. 이 원 위의 점 P를 $\angle PCB=\theta$가 되도록 잡고, 점 P를 지나고 선분 AB에 수직인 직선이 이 원과 만나는 점 중 P가 아닌 점을 Q라 하자. 삼각형 PCQ의 넓이를 $S(\theta)$라 할 때, $-7 \times S'\left(\dfrac{\pi}{4}\right)$의 값을 구하시오.

$$\left(단, 0<\theta<\frac{\pi}{2}\right)$$

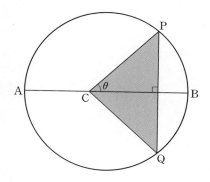

해설편 p. 111

115

[2024학년도 6월 **평가원**(미적분) 29번]

세 실수 a, b, k에 대하여 두 점 $A(a, a+k)$, $B(b, b+k)$가 곡선 C: $x^2-2xy+2y^2=15$ 위에 있다. 곡선 C 위의 점 A에서의 접선과 곡선 C 위의 점 B에서의 접선이 서로 수직일 때, k^2의 값을 구하시오. (단, $a+2k\neq0$, $b+2k\neq0$)

116

[2023학년도 9월 **평가원**(미적분) 29번]

함수 $f(x)=e^x+x$가 있다. 양수 t에 대하여 점 $(t, 0)$과 점 $(x, f(x))$ 사이의 거리가 $x=s$에서 최소일 때, 실수 $f(s)$의 값을 $g(t)$라 하자. 함수 $g(t)$의 역함수를 $h(t)$라 할 때, $h'(1)$의 값을 구하시오.

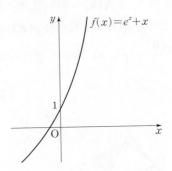

117

[2022학년도 6월 평가원(미적분) 30번]

$t>\dfrac{1}{2}\ln 2$인 실수 t에 대하여 곡선 $y=\ln\left(1+e^{2x}-e^{-2t}\right)$과 직선 $y=x+t$가 만나는 서로 다른 두 점 사이의 거리를 $f(t)$라 할 때, $f'(\ln 2)=\dfrac{q}{p}\sqrt{2}$이다. $p+q$의 값을 구하시오.

(단, p와 q는 서로소인 자연수이다.)

118

[2021학년도 수능 가형 28번]

두 상수 a, $b\,(a<b)$에 대하여 함수 $f(x)$를
$$f(x)=(x-a)(x-b)^2$$
이라 하자. 함수 $g(x)=x^3+x+1$의 역함수 $g^{-1}(x)$에 대하여 합성함수 $h(x)=(f\circ g^{-1})(x)$가 다음 조건을 만족시킬 때, $f(8)$의 값을 구하시오.

㈎ 함수 $(x-1)|h(x)|$가 실수 전체의 집합에서 미분가능하다.

㈏ $h'(3)=2$

119
[2021학년도 9월 **평가원** 가형 15번]

열린구간 $\left(-\dfrac{\pi}{2},\ \dfrac{\pi}{2}\right)$에서 정의된 함수

$$f(x)=\ln\left(\dfrac{\sec x+\tan x}{a}\right)$$

의 역함수를 $g(x)$라 하자. $\displaystyle\lim_{x\to-2}\dfrac{g(x)}{x+2}=b$일 때, 두 상수

a, b의 곱 ab의 값은? (단, $a>0$)

① $\dfrac{e^2}{4}$ ② $\dfrac{e^2}{2}$ ③ e^2

④ $2e^2$ ⑤ $4e^2$

120
[2020학년도 **수능** 가형 26번]

함수 $f(x)=(x^2+2)e^{-x}$에 대하여 함수 $g(x)$가 미분가능하고

$$g\left(\dfrac{x+8}{10}\right)=f^{-1}(x),\quad g(1)=0$$

을 만족시킬 때, $|g'(1)|$의 값을 구하시오.

121
[2020학년도 6월 **평가원** 가형 16번]

실수 전체의 집합에서 미분가능한 함수 $f(x)$에 대하여 함수 $g(x)$를

$$g(x)=\dfrac{f(x)\cos x}{e^x}$$

라 하자. $g'(\pi)=e^\pi g(\pi)$일 때, $\dfrac{f'(\pi)}{f(\pi)}$의 값은?

(단, $f(\pi)\neq0$)

① $e^{-2\pi}$ ② 1 ③ $e^{-\pi}+1$

④ $e^\pi+1$ ⑤ $e^{2\pi}$

122

[2018학년도 6월 **평가원** 가형 21번]

최고차항의 계수가 1인 사차함수 $f(x)$에 대하여
$$F(x) = \ln |f(x)|$$
라 하고, 최고차항의 계수가 1인 삼차함수 $g(x)$에 대하여
$$G(x) = \ln |g(x) \sin x|$$
라 하자.

$$\lim_{x \to 1} (x-1)F'(x) = 3, \quad \lim_{x \to 0} \frac{F'(x)}{G'(x)} = \frac{1}{4}$$

일 때, $f(3) + g(3)$의 값은?

① 57　　　　　② 55　　　　　③ 53

④ 51　　　　　⑤ 49

123

[2017학년도 9월 **평가원** 가형 26번]

함수 $f(x) = 2x + \sin x$의 역함수를 $g(x)$라 할 때, 곡선 $y = g(x)$ 위의 점 $(4\pi, 2\pi)$에서의 접선의 기울기는 $\frac{q}{p}$이다. $p+q$의 값을 구하시오. (단, p와 q는 서로소인 자연수이다.)

124

[2017학년도 6월 **평가원** 가형 15번]

두 함수 $f(x) = \sin^2 x$, $g(x) = e^x$에 대하여
$$\lim_{x \to \frac{\pi}{4}} \frac{g(f(x)) - \sqrt{e}}{x - \frac{\pi}{4}}$$의 값은?

① $\dfrac{1}{e}$　　　　　② $\dfrac{1}{\sqrt{e}}$　　　　　③ 1

④ $\sqrt{e}$　　　　　⑤ e

해설편 p. 119

125

[2016학년도 **수능** B형 21번]

$0 < t < 41$인 실수 t에 대하여 곡선 $y = x^3 + 2x^2 - 15x + 5$와 직선 $y = t$가 만나는 세 점 중에서 x좌표가 가장 큰 점의 좌표를 $(f(t),\ t)$, x좌표가 가장 작은 점의 좌표를 $(g(t),\ t)$라 하자. $h(t) = t \times \{f(t) - g(t)\}$라 할 때, $h'(5)$의 값은?

① $\dfrac{79}{12}$ ② $\dfrac{85}{12}$ ③ $\dfrac{91}{12}$

④ $\dfrac{97}{12}$ ⑤ $\dfrac{103}{12}$

⒢ 도함수의 활용 – 접선의 방정식

126

[2020학년도 6월 **평가원** 가형 21번]

함수 $f(x) = \dfrac{\ln x}{x}$와 양의 실수 t에 대하여 기울기가 t인 직선이 곡선 $y = f(x)$에 접할 때 접점의 x좌표를 $g(t)$라 하자. 원점에서 곡선 $y = f(x)$에 그은 접선의 기울기가 a일 때, 미분가능한 함수 $g(t)$에 대하여 $a \times g'(a)$의 값은?

① $-\dfrac{\sqrt{e}}{3}$ ② $-\dfrac{\sqrt{e}}{4}$ ③ $-\dfrac{\sqrt{e}}{5}$

④ $-\dfrac{\sqrt{e}}{6}$ ⑤ $-\dfrac{\sqrt{e}}{7}$

127

[2019학년도 **수능** 가형 20번]

점 $\left(-\dfrac{\pi}{2},\ 0\right)$에서 곡선 $y=\sin x\ (x>0)$에 접선을 그어 접점의 x좌표를 작은 수부터 크기순으로 모두 나열할 때, n번째 수를 a_n이라 하자. 모든 자연수 n에 대하여 **보기**에서 옳은 것만을 있는 대로 고른 것은?

┌ **보기** ├─────────────────────────────
│
│ ㄱ. $\tan a_n = a_n + \dfrac{\pi}{2}$
│
│ ㄴ. $\tan a_{n+2} - \tan a_n > 2\pi$
│
│ ㄷ. $a_{n+1} + a_{n+2} > a_n + a_{n+3}$
│
└──────────────────────────────────

① ㄱ   ② ㄱ, ㄴ   ③ ㄱ, ㄷ

④ ㄴ, ㄷ   ⑤ ㄱ, ㄴ, ㄷ

128

[2019학년도 9월 **평가원** 가형 26번]

미분가능한 함수 $f(x)$와 함수 $g(x)=\sin x$에 대하여 합성함수 $y=(g\circ f)(x)$의 그래프 위의 점 $(1,\ (g\circ f)(1))$에서의 접선이 원점을 지난다.

$$\lim_{x\to 1}\frac{f(x)-\dfrac{\pi}{6}}{x-1}=k$$

일 때, 상수 k에 대하여 $30k^2$의 값을 구하시오.

해설편 p. 124

Ⓖ 도함수의 활용 – 함수의 극대·극소와 최대·최소

129

[2025학년도 **수능**(미적분) 30번]

두 상수 a $(1 \le a \le 2)$, b에 대하여 함수

$f(x) = \sin(ax + b + \sin x)$가 다음 조건을 만족시킨다.

> (가) $f(0) = 0$, $f(2\pi) = 2\pi a + b$
> (나) $f'(0) = f'(t)$인 양수 t의 최솟값은 4π이다.

함수 $f(x)$가 $x = \alpha$에서 극대인 α의 값 중 열린구간 $(0, 4\pi)$에 속하는 모든 값의 집합을 A라 하자. 집합 A의 원소의 개수를 n, 집합 A의 원소 중 가장 작은 값을 α_1이라 하면,

$n\alpha_1 - ab = \dfrac{q}{p}\pi$이다. $p + q$의 값을 구하시오.

(단, p와 q는 서로소인 자연수이다.)

130

[2025학년도 6월 **평가원**(미적분) 28번]

함수 $f(x)$가

$$f(x) = \begin{cases} (x - a - 2)^2 e^x & (x \ge a) \\ e^{2a}(x - a) + 4e^a & (x < a) \end{cases}$$

일 때, 실수 t에 대하여 $f(x) = t$를 만족시키는 x의 최솟값을 $g(t)$라 하자.

함수 $g(t)$가 $t = 12$에서만 불연속일 때, $\dfrac{g'(f(a+2))}{g'(f(a+6))}$의 값은? (단, a는 상수이다.)

① $6e^4$ ② $9e^4$ ③ $12e^4$

④ $8e^6$ ⑤ $10e^6$

131

[2024학년도 6월 평가원(미적분) 28번]

두 상수 $a\,(a>0)$, b에 대하여 실수 전체의 집합에서 연속인 함수 $f(x)$가 다음 조건을 만족시킬 때, $a \times b$의 값은?

(가) 모든 실수 x에 대하여

$$\{f(x)\}^2 + 2f(x) = a\cos^3 \pi x \times e^{\sin^2 \pi x} + b$$

이다.

(나) $f(0) = f(2) + 1$

---

① $-\dfrac{1}{16}$ ② $-\dfrac{7}{64}$ ③ $-\dfrac{5}{32}$

④ $-\dfrac{13}{64}$ ⑤ $-\dfrac{1}{4}$

132

[2023학년도 6월 평가원(미적분) 28번]

최고차항의 계수가 $\dfrac{1}{2}$인 삼차함수 $f(x)$에 대하여 함수 $g(x)$가

$$g(x) = \begin{cases} \ln|f(x)| & (f(x) \neq 0) \\ 1 & (f(x) = 0) \end{cases}$$

이고 다음 조건을 만족시킬 때, 함수 $g(x)$의 극솟값은?

(가) 함수 $g(x)$는 $x \neq 1$인 모든 실수 x에서 연속이다.

(나) 함수 $g(x)$는 $x=2$에서 극대이고, 함수 $|g(x)|$는 $x=2$에서 극소이다.

(다) 방정식 $g(x)=0$의 서로 다른 실근의 개수는 3이다.

---

① $\ln \dfrac{13}{27}$ ② $\ln \dfrac{16}{27}$ ③ $\ln \dfrac{19}{27}$

④ $\ln \dfrac{22}{27}$ ⑤ $\ln \dfrac{25}{27}$

해설편 p. 128

133

[2022학년도 **수능**(미적분) 28번]

함수 $f(x)=6\pi(x-1)^2$에 대하여 함수 $g(x)$를

$$g(x)=3f(x)+4\cos f(x)$$

라 하자. $0<x<2$에서 함수 $g(x)$가 극소가 되는 x의 개수는?

① 6   ② 7   ③ 8

④ 9   ⑤ 10

134

[2022학년도 9월 **평가원**(미적분) 29번]

이차함수 $f(x)$에 대하여 함수 $g(x)=\{f(x)+2\}e^{f(x)}$이 다음 조건을 만족시킨다.

㈎ $f(a)=6$인 a에 대하여 $g(x)$는 $x=a$에서 최댓값을 갖는다.

㈏ $g(x)$는 $x=b$, $x=b+6$에서 최솟값을 갖는다.

방정식 $f(x)=0$의 서로 다른 두 실근을 α, β라 할 때, $(\alpha-\beta)^2$의 값을 구하시오. (단, a, b는 실수이다.)

135

[2022학년도 6월 **평가원**(미적분) 29번]

$t > 2e$인 실수 t에 대하여 함수 $f(x) = t(\ln x)^2 - x^2$이 $x = k$에서 극대일 때, 실수 k의 값을 $g(t)$라 하면 $g(t)$는 미분가능한 함수이다. $g(\alpha) = e^2$인 실수 α에 대하여 $\alpha \times \{g'(\alpha)\}^2 = \dfrac{q}{p}$일 때, $p+q$의 값을 구하시오.

(단, p와 q는 서로소인 자연수이다.)

136

[2022학년도 **예시문항**(미적분) 30번]

두 양수 a, $b\,(b<1)$에 대하여 함수 $f(x)$를

$$f(x) = \begin{cases} -x^2 + ax & (x \le 0) \\ \dfrac{\ln(x+b)}{x} & (x > 0) \end{cases}$$

이라 하자. 양수 m에 대하여 직선 $y = mx$와 함수 $y = f(x)$의 그래프가 만나는 서로 다른 점의 개수를 $g(m)$이라 할 때, 함수 $g(m)$은 다음 조건을 만족시킨다.

$\displaystyle\lim_{m \to \alpha-} g(m) - \lim_{m \to \alpha+} g(m) = 1$을 만족시키는 양수 α가 오직 하나 존재하고, 이 α에 대하여 점 $(b, f(b))$는 직선 $y = \alpha x$와 곡선 $y = f(x)$의 교점이다.

$ab^2 = \dfrac{q}{p}$일 때, $p+q$의 값을 구하시오.

(단, p와 q는 서로소인 자연수이고, $\displaystyle\lim_{x \to \infty} f(x) = 0$이다.)

해설편 p. 132

137

[2021학년도 9월 평가원 가형 30번]

다음 조건을 만족시키는 실수 a, b에 대하여 ab의 최댓값을 M, 최솟값을 m이라 하자.

모든 실수 x에 대하여 부등식
$$-e^{-x+1} \leq ax+b \leq e^{x-2}$$
이 성립한다.

$\left| M \times m^3 \right| = \dfrac{q}{p}$일 때, $p+q$의 값을 구하시오.

(단, p와 q는 서로소인 자연수이다.)

138

[2019학년도 9월 평가원 가형 20번]

열린구간 $(0,\ 2\pi)$에서 정의된 함수
$f(x) = \cos x + 2x \sin x$가 $x=\alpha$와 $x=\beta$에서 극값을 가진다. 보기에서 옳은 것만을 있는 대로 고른 것은? (단, $\alpha < \beta$)

┤ 보기 ├
ㄱ. $\tan(\alpha+\pi) = -2\alpha$
ㄴ. $g(x) = \tan x$라 할 때, $g'(\alpha+\pi) < g'(\beta)$이다.
ㄷ. $\dfrac{2(\beta-\alpha)}{\alpha+\pi-\beta} < \sec^2 \alpha$

① ㄱ   ② ㄷ   ③ ㄱ, ㄴ
④ ㄴ, ㄷ   ⑤ ㄱ, ㄴ, ㄷ

139

[2020학년도 9월 **평가원** 가형 26번]

함수 $f(x) = 3\sin kx + 4x^3$의 그래프가 오직 하나의 변곡점을 가지도록 하는 실수 k의 최댓값을 구하시오.

140

[2019학년도 6월 **평가원** 가형 26번]

좌표평면에서 점 $(2, a)$가 곡선 $y = \dfrac{2}{x^2 + b}$ $(b > 0)$의 변곡점일 때, $\dfrac{b}{a}$의 값을 구하시오. (단, a, b는 상수이다.)

해설편 p. 136

G 도함수의 활용 – 함수의 그래프의 활용

141

[2025학년도 6월 **평가원**(미적분) 29번]

함수 $f(x)=\dfrac{1}{3}x^3-x^2+\ln(1+x^2)+a$ (a는 상수)와 두 양수 b, c에 대하여 함수

$$g(x)=\begin{cases} f(x) & (x \geq b) \\ -f(x-c) & (x < b) \end{cases}$$

는 실수 전체의 집합에서 미분가능하다.

$a+b+c=p+q\ln 2$일 때, $30(p+q)$의 값을 구하시오.

(단, p, q는 유리수이고, $\ln 2$는 무리수이다.)

142

[2023학년도 6월 **평가원**(미적분) 30번]

양수 a에 대하여 함수 $f(x)$는

$$f(x)=\dfrac{x^2-ax}{e^x}$$

이다. 실수 t에 대하여 x에 대한 방정식

$$f(x)=f'(t)(x-t)+f(t)$$

의 서로 다른 실근의 개수를 $g(t)$라 하자.

$g(5)+\lim\limits_{t \to 5}g(t)=5$일 때, $\lim\limits_{t \to k-}g(t) \neq \lim\limits_{t \to k+}g(t)$를 만족시키는 모든 실수 k의 값의 합은 $\dfrac{q}{p}$이다. $p+q$의 값을 구하시오. (단, p와 q는 서로소인 자연수이다.)

143

[2014학년도 **수능** B형 30번]

이차함수 $f(x)$에 대하여 함수 $g(x)=f(x)e^{-x}$이 다음 조건을 만족시킨다.

> (가) 점 $(1, g(1))$과 점 $(4, g(4))$는 곡선 $y=g(x)$의 변곡점이다.
> (나) 점 $(0, k)$에서 곡선 $y=g(x)$에 그은 접선의 개수가 3인 k의 값의 범위는 $-1<k<0$이다.

$g(-2)\times g(4)$의 값을 구하시오.

G 도함수의 활용 − 평면 운동에서의 속도와 가속도

144

[2020학년도 6월 **평가원** 가형 15번]

좌표평면 위를 움직이는 점 P의 시각 $t\,(t>0)$에서의 위치 (x, y)가

$$x=2\sqrt{t+1}, \quad y=t-\ln(t+1)$$

이다. 점 P의 속력의 최솟값은?

① $\dfrac{\sqrt{3}}{8}$ ② $\dfrac{\sqrt{6}}{8}$ ③ $\dfrac{\sqrt{3}}{4}$

④ $\dfrac{\sqrt{6}}{4}$ ⑤ $\dfrac{\sqrt{3}}{2}$

145

[2018학년도 10월 **교육청** 가형 18번]

원점 O를 중심으로 하고 두 점 $A(1, 0)$, $B(0, 1)$을 지나는 사분원이 있다. 그림과 같이 점 P는 점 A에서 출발하여 호 AB를 따라 점 B를 향하여 매초 1의 일정한 속력으로 움직인다. 선분 OP와 선분 AB가 만나는 점을 Q라 하자. 점 P의 x좌표가 $\dfrac{4}{5}$인 순간 점 Q의 속도는 (a, b)이다. $b-a$의 값은?

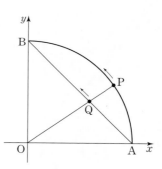

① $\dfrac{2}{49}$ ② $\dfrac{8}{49}$ ③ $\dfrac{18}{49}$

④ $\dfrac{32}{49}$ ⑤ $\dfrac{50}{49}$

해설편 p. 139

4 점 기출

146

[2025학년도 6월 **평가원**(미적분) 30번]

함수 $y=\dfrac{\sqrt{x}}{10}$의 그래프와 함수 $y=\tan x$의 그래프가 만나는 모든 점의 x좌표를 작은 수부터 크기순으로 나열할 때, n번째 수를 a_n이라 하자.

$$\frac{1}{\pi^2}\times\lim_{n\to\infty}a_n^{\ 3}\tan^2(a_{n+1}-a_n)$$

의 값을 구하시오.

147

[2023학년도 **수능**(미적분) 30번]

최고차항의 계수가 양수인 삼차함수 $f(x)$와 함수 $g(x)=e^{\sin\pi x}-1$에 대하여 실수 전체의 집합에서 정의된 합성함수 $h(x)=g(f(x))$가 다음 조건을 만족시킨다.

> (가) 함수 $h(x)$는 $x=0$에서 극댓값 0을 갖는다.
> (나) 열린구간 $(0,\ 3)$에서 방정식 $h(x)=1$의 서로 다른 실근의 개수는 7이다.

$f(3)=\dfrac{1}{2}$, $f'(3)=0$일 때, $f(2)=\dfrac{q}{p}$이다. $p+q$의 값을 구하시오. (단, p와 q는 서로소인 자연수이다.)

148

최고차항의 계수가 1인 삼차함수 $f(x)$에 대하여 실수 전체의 집합에서 정의된 함수 $g(x)=f(\sin^2 \pi x)$가 다음 조건을 만족시킨다.

> ㈎ $0<x<1$에서 함수 $g(x)$가 극대가 되는 x의 개수가 3이고, 이때 극댓값이 모두 동일하다.
>
> ㈏ 함수 $g(x)$의 최댓값은 $\dfrac{1}{2}$이고 최솟값은 0이다.

$f(2)=a+b\sqrt{2}$일 때, a^2+b^2의 값을 구하시오.

(단, a와 b는 유리수이다.)

149

양의 실수 t에 대하여 곡선 $y=t^3\ln(x-t)$가 곡선 $y=2e^{x-a}$과 오직 한 점에서 만나도록 하는 실수 a의 값을 $f(t)$라 하자. $\left\{ f'\left(\dfrac{1}{3}\right)\right\}^2$의 값을 구하시오.

승리

戰勝不復(전승불복)

應形無窮(응형무궁)

– 손자병법

전쟁에서는 같은 전략으로 또 승리하기는 어려우니, 무한히 변화하는 형세에 잘 적응해야 한다는 의미입니다.

손자는 응형무궁할 수 있는 방법으로 '물'을 예로 들었습니다. 물 흐르듯 유연하게 사방의 모든 지형지물을 품고 안으며 대응할 수 있어야 어떤 전쟁에서든 이길 수 있다는 것입니다. 사방의 모든 지형지물을 품고 안으며 대응할 수 있는 진정한 실력자가 됩시다.

적분법

5개년 수능 분석을 통해 2026 수능을 예측하고 전략적으로 공략한다!

최근 5개년 단원별 출제 경향을 개념별로 분석하여 수능 출제 빈도가 높은 핵심 개념과 출제 의도를 파악하고 그에 따른 대표 기출 유형을 정리하였습니다. 이를 바탕으로 개념별 출제가 예상되는 유형을 예측하고, 그 공략법을 유형별로 구분하여 상세히 제시하였습니다.

1 5개년 기출 분석

	2021학년도	2022학년도	2023학년도	2024학년도	2025학년도
H 여러 가지 함수의 적분법	●	●			●●
I 치환적분법과 부분적분법	●●●	●●●●	●●	●●●●	●●●
J 정적분의 활용	●●●●	●●●●	●●●●	●●	●●

5개년 기출 데이터
● 6월 모평 출제
● 9월 모평 출제
● 수능 출제

위의 ● ● ●의 개수는 6월 모평, 9월 모평, 수능 출제 문항 수입니다.

H 여러 가지 함수의 적분법 여러 가지 함수의 정적분은 간단한 계산 문제로 출제되거나 적분과 미분의 관계를 이용하여 해결하는 문제로 출제되므로 정적분의 정의를 정확히 이해하고 미분으로 표현된 식을 정적분으로 나타내어 해결할 수 있어야 한다.

I 치환적분법과 부분적분법 적분법에서 치환적분법과 부분적분법을 이용하여 정적분을 구하는 문제는 거의 매년 출제되고 있다. 또, 정적분으로 표시된 함수에서 정적분의 값이나 함수를 구하고 함수의 성질이나 함숫값 등을 묻는 문제가 출제된다. 특히, 여러 가지 조건으로 함수를 파악하고 치환적분법이나 부분적분법을 이용하여 정적분의 값을 구하는 고난도 문제가 출제된다.

J 정적분의 활용 정적분을 이용하여 급수의 합을 구하는 문제의 출제 비중이 높아지고 있다. 또, 곡선과 직선 또는 곡선으로 둘러싸인 부분의 넓이를 구하는 문제나 정적분을 이용하여 입체도형의 단면의 넓이나 입체도형의 부피를 구하는 문제가 3점 문제로 출제되고 있다.

2 출제 예상 및 전략

예상 문제	공략법
❶ 정적분의 계산 문제	지수함수와 로그함수, 삼각함수에 대한 기본적인 정적분의 계산과 적분과 미분의 관계를 이해하고 이를 적용하여 정적분의 값을 구하는 문제가 출제되므로 정적분의 정의와 정적분의 성질 등을 모두 정확히 알아 두어야 한다.
❷ 치환적분법과 부분적분법의 계산	적분 구간이나 함수의 식이 복잡하여 치환적분법 또는 부분적분법을 이용하는 문항이 자주 출제되므로 다양한 기출 문제를 통해 연습하도록 한다. 특히, 부분적분법의 경우 적분하기 쉬운 함수를 $g'(x)$로, 나머지를 $f(x)$로 놓고 문제를 푸는 연습을 해야 한다.
❸ 도형의 넓이나 입체도형의 부피를 구하는 문제	주어진 조건을 이용하여 함수의 그래프의 개형을 추론하고 정적분을 이용하여 평면도형의 넓이를 구하거나 입체도형의 부피를 구하는 문제가 출제된다. 이때 부피를 정적분으로 계산하기 위해 필요한 적분 구간, 피적분함수 등의 요소를 찾는 연습을 충분히 하도록 한다.
❹ 좌표평면 위의 점이 움직인 거리나 곡선의 길이를 구하는 문제	좌표평면 위의 점의 위치나 곡선에 대한 함수가 주어지면 각각의 공식을 적용할 수 있도록 정확히 암기해 둔다. 가능하면 속도와 거리 사이의 관계를 통한 공식의 유도 과정도 이해해 둔다.
❺ 다양한 적분법을 활용하는 문제	여러 가지 함수의 적분법이나 치환적분법, 부분적분법을 활용하는 문제는 주어진 조건으로부터 함수의 식의 꼴이나 함수의 그래프의 개형을 파악할 수 있어야 한다. 주어진 조건을 치환적분법이나 부분적분법을 적용하여 변형할 수 있는지, 정적분의 성질을 적용하여 변형할 수 있는지 파악할 수 있어야 한다. 또, 문제에서 도함수나 함수의 미분가능성, 합성함수 등의 형태의 조건이 주어지는 경우에는 미분과 적분 사이의 관계, 치환 등을 이용하여 식을 간단히 한 후 문제를 해결하도록 한다.
❻ 정적분으로 표시된 함수에서 적분과 미분의 관계를 이용하는 문제	정적분으로 표시된 함수의 최댓값 또는 최솟값, 극댓값 또는 극솟값 조건이 주어지고 미지수를 구하는 문제가 출제된다. 함수가 정적분으로 정의되면 적분과 미분의 관계를 생각하여 우선은 양변을 미분하는 것으로 해결하는 연습을 하는 것이 좋다. 또, 여러 가지 조건을 만족시키는 지에 대한 합답형 문제로도 자주 출제되므로 정적분을 이용하여 구한 함수에서 성립하는 여러 가지 성질도 찾을 수 있도록 연습해 둔다.

(왼쪽 세로 영역: 3점 / 4점)

수능잡는 핵·심·개·념 & 빈·출·유·형·분·석

III 적분법

H 여러 가지 함수의 적분법

1. 함수 $y=x^n$ (n은 실수)의 부정적분

(1) $n\neq-1$일 때, $\displaystyle\int x^n\,dx=\dfrac{1}{n+1}x^{n+1}+C$

(2) $n=-1$일 때, $\displaystyle\int \dfrac{1}{x}\,dx=\ln|x|+C$

2. 지수함수의 부정적분

(1) $\displaystyle\int e^x\,dx=e^x+C$

(2) $\displaystyle\int a^x\,dx=\dfrac{a^x}{\ln a}+C$ (단, $a>0$, $a\neq1$)

3. 삼각함수의 부정적분

(1) $\displaystyle\int \sin x\,dx=-\cos x+C$

(2) $\displaystyle\int \cos x\,dx=\sin x+C$

(3) $\displaystyle\int \sec^2 x\,dx=\tan x+C$

(4) $\displaystyle\int \csc^2 x\,dx=-\cot x+C$

(5) $\displaystyle\int \sec x\tan x\,dx=\sec x+C$

(6) $\displaystyle\int \csc x\cot x\,dx=-\csc x+C$

I 치환적분법과 부분적분법

1. 치환적분법

(1) 치환적분법

① 미분가능한 함수 $g(t)$에 대하여 $x=g(t)$로 놓으면

$$\int f(x)\,dx=\int f(g(t))g'(t)\,dt$$

② $\displaystyle\int \dfrac{f'(x)}{f(x)}\,dx=\ln|f(x)|+C$

(2) 치환적분법을 이용한 정적분

닫힌구간 $[a,\,b]$에서 연속인 함수 $f(x)$에 대하여 미분가능한 함수 $x=g(t)$의 도함수 $g'(t)$가 $a=g(\alpha)$, $b=g(\beta)$일 때, α와 β를 포함하는 구간에서 연속이면

$$\int_a^b f(x)\,dx=\int_\alpha^\beta f(g(t))g'(t)\,dt \quad \leftarrow \text{적분 구간이 변하는 것에 주의한다.}$$

2. 부분적분법

(1) 부분적분법

두 함수 $f(x)$, $g(x)$가 미분가능할 때,

적분 ┐ ┌ 그대로
$$\int f(x)g'(x)\,dx=f(x)g(x)-\int f'(x)g(x)\,dx$$
그대로 ┘ └ 미분

(2) 부분적분법을 이용한 정적분

두 함수 $f(x)$, $g(x)$가 미분가능하고 $f'(x)$, $g'(x)$가 닫힌구간 $[a,\,b]$에서 연속일 때,

$$\int_a^b f(x)g'(x)\,dx=\Big[f(x)g(x)\Big]_a^b-\int_a^b f'(x)g(x)\,dx$$

빈·출·유·형·분·석

H-01 여러 가지 함수의 정적분

(1) 적분은 미분의 역연산이므로 어떤 함수를 미분했을 때 주어진 함수가 나오는지를 생각하면 보다 쉽게 적분할 수 있다.

$$\underset{\text{미분}}{\overset{\text{부정적분}}{\int f(x)\,dx=F(x)+C}}$$

(2) 여러 가지 함수의 정적분을 계산할 때, 주어진 함수가 연속함수이면 '수학 II'에서 다룬 정적분의 정의를 이용한다.

➡ 닫힌구간 $[a,\,b]$에서 연속인 함수 $f(x)$의 한 부정적분을 $F(x)$라 하면

$$\int_a^b f(x)\,dx=\Big[F(x)\Big]_a^b=F(b)-F(a)$$

(3) 닫힌구간 $[-a,\,a]$에서 연속인 함수 $f(x)$에 대하여

① $f(x)$가 우함수, 즉 $f(-x)=f(x)$이면

➡ $\displaystyle\int_{-a}^a f(x)\,dx=2\int_0^a f(x)\,dx$

② $f(x)$가 기함수, 즉 $f(-x)=-f(x)$이면

➡ $\displaystyle\int_{-a}^a f(x)\,dx=0$

I-02 치환적분법

피적분함수의 꼴에 따라 치환적분법을 다음과 같이 적용할 수 있다.

(1) 피적분함수가 $f(ax+b)$ 꼴인 경우 (단, a, b는 상수, $a\neq0$)

$\displaystyle\int f(x)\,dx=F(x)+C$이면

➡ $\displaystyle\int f(ax+b)\,dx=\dfrac{1}{a}F(ax+b)+C$

(2) 피적분함수가 $f(g(x))g'(x)$ 꼴인 경우 $g(x)=t$로 놓으면

➡ $\displaystyle\int f(g(x))g'(x)\,dx=\int f(t)\,dt$

I-03 부분적분법

부분적분법을 이용하여 계산할 때 어떠한 함수를 도함수로 볼 것인지를 결정하는 것이 중요하다.

일반적으로 부분적분법을 이용하여 정적분 $\displaystyle\int_a^b f(x)g'(x)\,dx$를 구할 때, $g'(x)$는 적분하기 쉬운 지수함수, 삼각함수, 다항함수, 로그함수 순서로 택하고, 나머지를 $f(x)$로 택한다. 즉,

로그함수 다항함수 삼각함수 지수함수
$$f(x) \longleftarrow \ \ln x \quad x^n \quad \sin x \quad e^x \ \longrightarrow g'(x)$$

3. 정적분으로 표시된 함수

(1) a가 상수이고, $f(x)$가 연속함수일 때,

① $\dfrac{d}{dx}\displaystyle\int_a^x f(t)\,dt=f(x)$　　② $\dfrac{d}{dx}\displaystyle\int_x^{x+a} f(t)\,dt=f(x+a)-f(x)$

(2) a가 상수이고, $f(x)$가 연속함수일 때,

① $\displaystyle\lim_{x\to 0}\dfrac{1}{x}\displaystyle\int_a^{x+a} f(t)\,dt=f(a)$　　② $\displaystyle\lim_{x\to a}\dfrac{1}{x-a}\displaystyle\int_a^{x} f(t)\,dt=f(a)$

J 정적분의 활용

1. 정적분과 급수의 합 사이의 관계

함수 $f(x)$가 닫힌구간 $[a,\,b]$에서 연속일 때,

$$\int_a^b f(x)\,dx=\lim_{n\to\infty}\sum_{k=1}^{n} f(x_k)\Delta x\ \left(\text{단},\ \Delta x=\dfrac{b-a}{n},\ x_k=a+k\Delta x\right)$$

(1) $\displaystyle\lim_{n\to\infty}\sum_{k=1}^{n} f\!\left(a+\dfrac{b-a}{n}k\right)\times\dfrac{b-a}{n}=\int_a^b f(x)\,dx$

(2) $\displaystyle\lim_{n\to\infty}\sum_{k=1}^{n} f\!\left(a+\dfrac{p}{n}k\right)\times\dfrac{p}{n}=\int_a^{a+p} f(x)\,dx=\int_0^{p} f(a+x)\,dx$

2. 넓이

(1) 함수 $f(x)$가 닫힌구간 $[a,\,b]$에서 연속일 때, 곡선 $y=f(x)$와 x축 및 두 직선 $x=a$, $x=b$로 둘러싸인 도형의 넓이 S는

$$S=\int_a^b |f(x)|\,dx$$

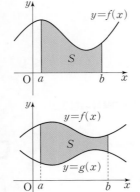

(2) 두 함수 $f(x)$, $g(x)$가 닫힌구간 $[a,\,b]$에서 연속일 때, 두 곡선 $y=f(x)$, $y=g(x)$ 및 두 직선 $x=a$, $x=b$로 둘러싸인 도형의 넓이 S는

$$S=\int_a^b |f(x)-g(x)|\,dx$$

3. 부피

닫힌구간 $[a,\,b]$에서 x좌표가 x인 점을 지나고 x축에 수직인 평면으로 자른 단면의 넓이가 $S(x)$인 입체도형의 부피 V는

$$V=\int_a^b S(x)\,dx$$

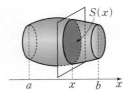

4. 속도와 거리

(1) 좌표평면 위를 움직이는 점 $\mathrm{P}(x,\,y)$의 시각 t에서의 위치가 $x=f(t)$, $y=g(t)$일 때, 시각 $t=a$에서 $t=b$까지 점 P가 움직인 거리 s는

$$s=\int_a^b \sqrt{\left(\dfrac{dx}{dt}\right)^2+\left(\dfrac{dy}{dt}\right)^2}\,dt=\int_a^b \sqrt{\{f'(t)\}^2+\{g'(t)\}^2}\,dt$$

(2) 곡선 $y=f(x)\,(a\le x\le b)$의 길이 l은

$$l=\int_a^b \sqrt{1+\{f'(x)\}^2}\,dx$$

빈·출·유·형·분·석

I-04 정적분으로 표시된 함수의 미분

(1) $\displaystyle\int_a^x f(t)\,dt=g(x)$ (a는 상수) 꼴의 등식이 주어지면 함수 $f(x)$는 다음을 이용하여 구한다.

① 양변에 $x=a$를 대입하면

➡ $\displaystyle\int_a^a f(t)\,dt=g(a)$, 즉 $g(a)=0$

② 양변을 x에 대하여 미분하면

➡ $f(x)=g'(x)$

(2) $f(x)=g(x)+\displaystyle\int_a^b f(t)\,dt$ ($a,\,b$는 상수) 꼴의 등식이 주어지면 함수 $f(x)$는 다음과 같은 순서로 구한다.

(i) $\displaystyle\int_a^b f(t)\,dt=k$ (k는 상수)로 놓는다.

(ii) (i)의 식에 $f(x)=g(x)+k$를 대입하여 k의 값을 구한다.

(iii) k의 값을 $f(x)=g(x)+k$에 대입하여 $f(x)$를 구한다.

J-05 정적분과 급수

급수를 정적분으로 나타낼 때는 다음과 같은 순서로 한다.

(i) 적분변수와 적분 구간을 정한다.

(ii) (i)을 이용하여 급수를 정적분으로 나타낸다.

J-06 곡선과 x축 사이의 넓이

곡선 $y=f(x)$와 x축 사이의 넓이를 구할 때는 $f(x)\ge 0$인 구간과 $f(x)\le 0$인 구간으로 나누어 각 부분의 넓이의 합을 구한다.

J-07 두 곡선 사이의 넓이

두 곡선 사이의 넓이를 구할 때는 두 곡선의 교점의 x좌표를 구하여 적분 구간을 정하고, 위치 관계를 파악하여 {(위쪽의 식)$-$(아래쪽의 식)}을 적분한 값을 구한다.

J-08 입체도형의 부피

밑면에 대한 도형의 방정식이 주어진 입체도형의 부피를 구할 때는 밑면을 좌표평면 위에 나타내고, 입체도형을 밑면에 수직인 평면으로 자른 단면의 넓이를 식으로 나타낸 후 주어진 조건을 만족시키는 구간에서 적분한다.

J-09 곡선의 길이

한정된 구간에서의 곡선의 길이는 그 곡선 위를 움직이는 한 점이 주어진 구간에서 움직인 거리와 같다. 즉, 곡선 $y=f(x)\,(a\le x\le b)$의 길이는 점 $\mathrm{P}(x,\,y)$의 시각 t에서의 위치가 $x=t$, $y=f(t)$일 때, 시각 $t=a$에서 $t=b$까지 점 P가 움직인 거리와 같다.

01

[2022학년도 **예시문항**(미적분) 23번]

$\displaystyle\int_{-\frac{\pi}{2}}^{\pi} \sin x\, dx$의 값은?

① -2 ② -1 ③ 0

④ 1 ⑤ 2

02

[2017학년도 4월 **교육청** 가형 3번]

$\displaystyle\int_{0}^{1} (e^x+1)\, dx$의 값은?

① $e-2$ ② $e-1$ ③ e

④ $e+1$ ⑤ $e+2$

⊞-01 여러 가지 함수의 정적분

03

[2025학년도 9월 **평가원**(미적분) 24번]

양의 실수 전체의 집합에서 정의된 미분가능한 함수 $f(x)$가 있다. 양수 t에 대하여 곡선 $y=f(x)$ 위의 점 $(t,\ f(t))$에서의 접선의 기울기는 $\dfrac{1}{t}+4e^{2t}$이다. $f(1)=2e^2+1$일 때, $f(e)$의 값은?

① $2e^{2e}-1$ ② $2e^{2e}$ ③ $2e^{2e}+1$

④ $2e^{2e}+2$ ⑤ $2e^{2e}+3$

04

[2020학년도 6월 **평가원** 가형 5번]

$\displaystyle\int_{0}^{\ln 3} e^{x+3}\, dx$의 값은?

① $\dfrac{e^3}{2}$ ② e^3 ③ $\dfrac{3}{2}e^3$

④ $2e^3$ ⑤ $\dfrac{5}{2}e^3$

05

[2016학년도 9월 **평가원** B형 22번]

$\int_1^{16} \dfrac{1}{\sqrt{x}}\,dx$의 값을 구하시오.

Ⅰ-02 치환적분법

06

[2025학년도 **수능**(미적분) 24번]

$\int_0^{10} \dfrac{x+2}{x+1}\,dx$의 값은?

① $10+\ln 5$ ② $10+\ln 7$ ③ $10+2\ln 3$
④ $10+\ln 11$ ⑤ $10+\ln 13$

07

[2024학년도 **수능**(미적분) 25번]

양의 실수 전체의 집합에서 정의되고 미분가능한 두 함수 $f(x)$, $g(x)$가 있다. $g(x)$는 $f(x)$의 역함수이고, $g'(x)$는 양의 실수 전체의 집합에서 연속이다. 모든 양수 a에 대하여

$$\int_1^a \dfrac{1}{g'(f(x))f(x)}\,dx = 2\ln a + \ln(a+1) - \ln 2$$

이고 $f(1)=8$일 때, $f(2)$의 값은?

① 36 ② 40 ③ 44
④ 48 ⑤ 52

08

[2024학년도 9월 **평가원**(미적분) 25번]

함수 $f(x)=x+\ln x$에 대하여 $\int_1^e \left(1+\dfrac{1}{x}\right)f(x)\,dx$의 값은?

① $\dfrac{e^2}{2}+\dfrac{e}{2}$ ② $\dfrac{e^2}{2}+e$ ③ $\dfrac{e^2}{2}+2e$
④ e^2+e ⑤ e^2+2e

09

[2019학년도 9월 **평가원** 가형 25번]

$\displaystyle\int_0^{\frac{\pi}{2}}(\cos x+3\cos^3 x)dx$의 값을 구하시오.

11

[2018학년도 9월 **평가원** 가형 8번]

$\displaystyle\int_1^e \frac{3(\ln x)^2}{x}dx$의 값은?

① 1 ② $\dfrac{1}{2}$ ③ $\dfrac{1}{3}$

④ $\dfrac{1}{4}$ ⑤ $\dfrac{1}{5}$

10

[2019학년도 6월 **평가원** 가형 11번]

$\displaystyle\int_1^{\sqrt{2}} x^3\sqrt{x^2-1}\, dx$의 값은?

① $\dfrac{7}{15}$ ② $\dfrac{8}{15}$ ③ $\dfrac{3}{5}$

④ $\dfrac{2}{3}$ ⑤ $\dfrac{11}{15}$

12

[2018학년도 6월 **평가원** 가형 24번]

$\displaystyle\int_2^4 2e^{2x-4}dx=k$일 때, $\ln(k+1)$의 값을 구하시오.

13

[2017학년도 9월 **평가원** 가형 6번]

$\displaystyle\int_0^3 \frac{2}{2x+1}\,dx$의 값은?

① $\ln 5$ ② $\ln 6$ ③ $\ln 7$

④ $3\ln 2$ ⑤ $2\ln 3$

15

[2015학년도 9월 **평가원** B형 4번]

$\displaystyle\int_0^1 2e^{2x}\,dx$의 값은?

① e^2-1 ② e^2+1 ③ e^2+2

④ $2e^2-1$ ⑤ $2e^2+1$

14

[2016학년도 **수능** B형 4번]

$\displaystyle\int_0^e \frac{5}{x+e}\,dx$의 값은?

① $\ln 2$ ② $2\ln 2$ ③ $3\ln 2$

④ $4\ln 2$ ⑤ $5\ln 2$

🔳-03 부분적분법

16

[2023학년도 9월 **평가원**(미적분) 24번]

$\displaystyle\int_0^\pi x\cos\left(\frac{\pi}{2}-x\right)dx$의 값은?

① $\dfrac{\pi}{2}$ ② π ③ $\dfrac{3\pi}{2}$

④ 2π ⑤ $\dfrac{5\pi}{2}$

17

[2021학년도 9월 **평가원** 가형 6번]

$\displaystyle\int_1^2 (x-1)e^{-x}\,dx$의 값은?

① $\dfrac{1}{e} - \dfrac{2}{e^2}$ 　② $\dfrac{1}{e} - \dfrac{1}{e^2}$ 　③ $\dfrac{1}{e}$

④ $\dfrac{2}{e} - \dfrac{2}{e^2}$ 　⑤ $\dfrac{2}{e} - \dfrac{1}{e^2}$

18

[2020학년도 **수능** 가형 8번]

$\displaystyle\int_e^{e^2} \dfrac{\ln x - 1}{x^2}\,dx$의 값은?

① $\dfrac{e+2}{e^2}$ 　② $\dfrac{e+1}{e^2}$ 　③ $\dfrac{1}{e}$

④ $\dfrac{e-1}{e^2}$ 　⑤ $\dfrac{e-2}{e^2}$

19

[2020학년도 6월 **평가원** 가형 10번]

$\displaystyle\int_1^e x^3 \ln x\,dx$의 값은?

① $\dfrac{3e^4}{16}$ 　② $\dfrac{3e^4+1}{16}$ 　③ $\dfrac{3e^4+2}{16}$

④ $\dfrac{3e^4+3}{16}$ 　⑤ $\dfrac{3e^4+4}{16}$

20

[2019학년도 **수능** 가형 25번]

$\displaystyle\int_0^\pi x \cos(\pi - x)\,dx$의 값을 구하시오.

21

[2017학년도 **수능** 가형 9번]

$\displaystyle\int_1^e \ln\frac{x}{e}\,dx$의 값은?

① $\dfrac{1}{e}-1$ ② $2-e$ ③ $\dfrac{1}{e}-2$

④ $1-e$ ⑤ $\dfrac{1}{2}-e$

22

[2011학년도 **수능** 가형(미분과 적분) 28번]

실수 전체의 집합에서 미분가능한 함수 $f(x)$가 있다. 모든 실수 x에 대하여 $f(2x)=2f(x)f'(x)$이고,

$$f(a)=0,\quad \int_{2a}^{4a}\frac{f(x)}{x}\,dx=k\ (a>0,\ 0<k<1)$$

일 때, $\displaystyle\int_a^{2a}\frac{\{f(x)\}^2}{x^2}\,dx$의 값을 k로 나타낸 것은?

① $\dfrac{k^2}{4}$ ② $\dfrac{k^2}{2}$ ③ k^2

④ k ⑤ $2k$

▌-04 정적분으로 표시된 함수의 미분

23

[2018학년도 6월 **평가원** 가형 12번]

양의 실수 전체의 집합에서 연속인 함수 $f(x)$가

$$\int_1^x f(t)\,dt=x^2-a\sqrt{x}\ (x>0)$$

을 만족시킬 때, $f(1)$의 값은? (단, a는 상수이다.)

① 1 ② $\dfrac{3}{2}$ ③ 2

④ $\dfrac{5}{2}$ ⑤ 3

24

[2013학년도 **수능** 가형 12번]

연속함수 $f(x)$가 $f(x)=e^{x^2}+\displaystyle\int_0^1 tf(t)\,dt$를 만족시킬 때, $\displaystyle\int_0^1 xf(x)\,dx$의 값은?

① $e-2$ ② $\dfrac{e-1}{2}$ ③ $\dfrac{e}{2}$

④ $e-1$ ⑤ $\dfrac{e+1}{2}$

해설편 p. 156

25

[2013학년도 6월 **평가원** 가형 10번]

연속함수 $f(x)$가 모든 실수 x에 대하여

$\int_0^x f(t)\,dt = e^x + ax + a$를 만족시킬 때, $f(\ln 2)$의 값은?

(단, a는 상수이다.)

① 1　　　　② 2　　　　③ e

④ 3　　　　⑤ $2e$

26

[2011학년도 9월 **평가원** 가형(미분과 적분) 28번]

실수 전체의 집합에서 연속인 함수 $f(x)$가 모든 실수 t에 대하여 $\int_0^2 xf(tx)\,dx = 4t^2$을 만족시킬 때, $f(2)$의 값은?

① 1　　　　② 2　　　　③ 3

④ 4　　　　⑤ 5

J-05 정적분과 급수

27

[2023학년도 **수능**(미적분) 24번]

$\displaystyle\lim_{n \to \infty} \frac{1}{n} \sum_{k=1}^{n} \sqrt{1 + \frac{3k}{n}}$의 값은?

① $\dfrac{4}{3}$　　　② $\dfrac{13}{9}$　　　③ $\dfrac{14}{9}$

④ $\dfrac{5}{3}$　　　⑤ $\dfrac{16}{9}$

28

[2022학년도 **수능**(미적분) 26번]

$\displaystyle\lim_{n \to \infty} \sum_{k=1}^{n} \frac{k^2 + 2kn}{k^3 + 3k^2n + n^3}$의 값은?

① $\ln 5$　　　② $\dfrac{\ln 5}{2}$　　　③ $\dfrac{\ln 5}{3}$

④ $\dfrac{\ln 5}{4}$　　　⑤ $\dfrac{\ln 5}{5}$

29

[2021학년도 **수능** 가형 11번]

$\lim\limits_{n\to\infty}\dfrac{1}{n}\sum\limits_{k=1}^{n}\sqrt{\dfrac{3n}{3n+k}}$ 의 값은?

① $4\sqrt{3}-6$ ② $\sqrt{3}-1$ ③ $5\sqrt{3}-8$

④ $2\sqrt{3}-3$ ⑤ $3\sqrt{3}-5$

30

[2015학년도 **수능** B형 9번]

함수 $f(x)=\dfrac{1}{x}$ 에 대하여 $\lim\limits_{n\to\infty}\sum\limits_{k=1}^{n}f\left(1+\dfrac{2k}{n}\right)\dfrac{2}{n}$ 의 값은?

① $\ln 2$ ② $\ln 3$ ③ $2\ln 2$

④ $\ln 5$ ⑤ $\ln 6$

31

[2015학년도 9월 **평가원** B형 13번]

그림과 같이 중심이 O, 반지름의 길이가 1이고 중심각의 크기가 $\dfrac{\pi}{2}$ 인 부채꼴 OAB가 있다. 자연수 n에 대하여 호 AB를 $2n$ 등분 한 각 분점(양 끝 점도 포함)을 차례로 $P_0(=A)$, P_1, P_2, $\cdots$, P_{2n-1}, $P_{2n}(=B)$라 하자.
다음 물음에 답하시오.

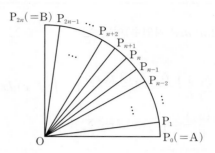

주어진 자연수 n에 대하여 $S_k\ (1\le k\le n)$을 삼각형 $OP_{n-k}P_{n+k}$의 넓이라 할 때, $\lim\limits_{n\to\infty}\dfrac{1}{n}\sum\limits_{k=1}^{n}S_k$의 값은?

① $\dfrac{1}{\pi}$ ② $\dfrac{13}{12\pi}$ ③ $\dfrac{7}{6\pi}$

④ $\dfrac{5}{4\pi}$ ⑤ $\dfrac{4}{3\pi}$

해설편 p. 160

32

[2011학년도 9월 평가원 가형 11번]

실수 전체의 집합에서 연속인 함수 $f(x)$가 있다.

2 이상인 자연수 n에 대하여 닫힌구간 $[0, 1]$을 n등분한 각 분점(양 끝 점도 포함)을 차례대로

$$0=x_0,\ x_1,\ x_2,\ \cdots,\ x_{n-1},\ x_n=1$$

이라 할 때, **보기**에서 옳은 것만을 있는 대로 고른 것은?

┤ 보기 ├

ㄱ. $n=2m$(m은 자연수)이면 $\displaystyle\sum_{k=0}^{m-1}\frac{f(x_{2k})}{m}\le\sum_{k=0}^{n-1}\frac{f(x_k)}{n}$ 이다.

ㄴ. $\displaystyle\lim_{n\to\infty}\sum_{k=1}^{n}\frac{1}{n}\left\{\frac{f(x_{k-1})+f(x_k)}{2}\right\}=\int_0^1 f(x)dx$

ㄷ. $\displaystyle\sum_{k=0}^{n-1}\frac{f(x_k)}{n}\le\int_0^1 f(x)dx\le\sum_{k=1}^{n}\frac{f(x_k)}{n}$

---

① ㄱ   ② ㄴ   ③ ㄷ

④ ㄱ, ㄴ   ⑤ ㄴ, ㄷ

J-06 곡선과 x축 사이의 넓이

33

[2022학년도 예시문항(미적분) 27번]

곡선 $y=x\ln(x^2+1)$과 x축 및 직선 $x=1$로 둘러싸인 부분의 넓이는?

① $\ln 2-\dfrac{1}{2}$ ② $\ln 2-\dfrac{1}{4}$ ③ $\ln 2-\dfrac{1}{6}$

④ $\ln 2-\dfrac{1}{8}$ ⑤ $\ln 2-\dfrac{1}{10}$

34

[2021학년도 수능 가형 8번]

곡선 $y=e^{2x}$과 x축 및 두 직선 $x=\ln\dfrac{1}{2}$, $x=\ln 2$로 둘러싸인 부분의 넓이는?

① $\dfrac{5}{3}$ ② $\dfrac{15}{8}$ ③ $\dfrac{15}{7}$

④ $\dfrac{5}{2}$ ⑤ 3

35

[2019학년도 6월 **평가원** 가형 8번]

곡선 $y=|\sin 2x|+1$과 x축 및 두 직선 $x=\dfrac{\pi}{4}$, $x=\dfrac{5\pi}{4}$로 둘러싸인 부분의 넓이는?

① $\pi+1$ ② $\pi+\dfrac{3}{2}$ ③ $\pi+2$

④ $\pi+\dfrac{5}{2}$ ⑤ $\pi+3$

36

[2017학년도 9월 **평가원** 가형 13번]

함수 $y=\cos 2x$의 그래프와 x축, y축 및 직선 $x=\dfrac{\pi}{12}$로 둘러싸인 영역의 넓이가 직선 $y=a$에 의하여 이등분될 때, 상수 a의 값은?

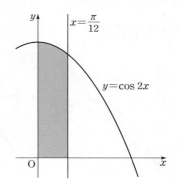

① $\dfrac{1}{2\pi}$ ② $\dfrac{1}{\pi}$ ③ $\dfrac{3}{2\pi}$

④ $\dfrac{2}{\pi}$ ⑤ $\dfrac{5}{2\pi}$

해설편 p. 164

J-07 두 곡선 사이의 넓이

37

[2019학년도 9월 평가원 가형 9번]

그림과 같이 두 곡선 $y=2^x-1$, $y=\left|\sin\dfrac{\pi}{2}x\right|$ 가 원점 O와 점 $(1, 1)$에서 만난다. 두 곡선 $y=2^x-1$, $y=\left|\sin\dfrac{\pi}{2}x\right|$ 로 둘러싸인 부분의 넓이는?

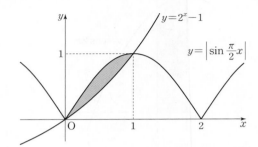

① $-\dfrac{1}{\pi}+\dfrac{1}{\ln 2}-1$　　　② $\dfrac{2}{\pi}-\dfrac{1}{\ln 2}+1$

③ $\dfrac{2}{\pi}+\dfrac{1}{2\ln 2}-1$　　　④ $\dfrac{1}{\pi}-\dfrac{1}{2\ln 2}+1$

⑤ $\dfrac{1}{\pi}+\dfrac{1}{\ln 2}-1$

38

[2018학년도 수능 가형 12번]

곡선 $y=e^{2x}$과 y축 및 직선 $y=-2x+a$로 둘러싸인 영역을 A, 곡선 $y=e^{2x}$과 두 직선 $y=-2x+a$, $x=1$로 둘러싸인 영역을 B라 하자. A의 넓이와 B의 넓이가 같을 때, 상수 a의 값은? (단, $1<a<e^2$)

① $\dfrac{e^2+1}{2}$　　　② $\dfrac{2e^2+1}{4}$　　　③ $\dfrac{e^2}{2}$

④ $\dfrac{2e^2-1}{4}$　　　⑤ $\dfrac{e^2-1}{2}$

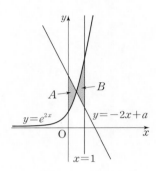

39

[2025학년도 **수능**(미적분) 26번]

그림과 같이 곡선 $y=\sqrt{\dfrac{x+1}{x(x+\ln x)}}$ 과 x축 및 두 직선 $x=1$, $x=e$로 둘러싸인 부분을 밑면으로 하는 입체도형이 있다. 이 입체도형을 x축에 수직인 평면으로 자른 단면이 모두 정사각형일 때, 이 입체도형의 부피는?

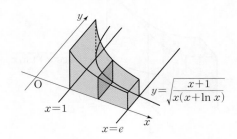

① $\ln(e+1)$　　② $\ln(e+2)$　　③ $\ln(e+3)$

④ $\ln(2e+1)$　　⑤ $\ln(2e+2)$

40

[2025학년도 9월 **평가원**(미적분) 26번]

그림과 같이 곡선 $y=2x\sqrt{x\sin x^2}\ (0\le x\le\sqrt{\pi}\,)$와 x축 및 두 직선 $x=\sqrt{\dfrac{\pi}{6}}$, $x=\sqrt{\dfrac{\pi}{2}}$로 둘러싸인 부분을 밑면으로 하는 입체도형이 있다. 이 입체도형을 x축에 수직인 평면으로 자른 단면이 모두 반원일 때, 이 입체도형의 부피는?

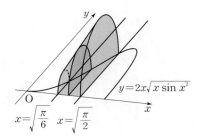

① $\dfrac{\pi^2+6\pi}{48}$　　② $\dfrac{\sqrt{2}\pi^2+6\pi}{48}$　　③ $\dfrac{\sqrt{3}\pi^2+6\pi}{48}$

④ $\dfrac{\sqrt{2}\pi^2+12\pi}{48}$　　⑤ $\dfrac{\sqrt{3}\pi^2+12\pi}{48}$

해설편 p. 167

41

[2024학년도 **수능**(미적분) 26번]

그림과 같이 곡선 $y=\sqrt{(1-2x)\cos x}\left(\dfrac{3}{4}\pi\le x\le\dfrac{5}{4}\pi\right)$와 x축 및 두 직선 $x=\dfrac{3}{4}\pi$, $x=\dfrac{5}{4}\pi$로 둘러싸인 부분을 밑면으로 하는 입체도형이 있다. 이 입체도형을 x축에 수직인 평면으로 자른 단면이 모두 정사각형일 때, 이 입체도형의 부피는?

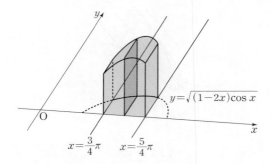

① $\sqrt{2}\pi-\sqrt{2}$　　② $\sqrt{2}\pi-1$　　③ $2\sqrt{2}\pi-\sqrt{2}$
④ $2\sqrt{2}\pi-1$　　⑤ $2\sqrt{2}\pi$

42

[2023학년도 **수능**(미적분) 26번]

그림과 같이 곡선 $y=\sqrt{\sec^2 x+\tan x}\left(0\le x\le\dfrac{\pi}{3}\right)$와 x축, y축 및 직선 $x=\dfrac{\pi}{3}$로 둘러싸인 부분을 밑면으로 하는 입체도형이 있다. 이 입체도형을 x축에 수직인 평면으로 자른 단면이 모두 정사각형일 때, 이 입체도형의 부피는?

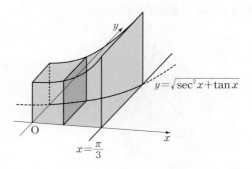

① $\dfrac{\sqrt{3}}{2}+\dfrac{\ln 2}{2}$　　② $\dfrac{\sqrt{3}}{2}+\ln 2$　　③ $\sqrt{3}+\dfrac{\ln 2}{2}$
④ $\sqrt{3}+\ln 2$　　⑤ $\sqrt{3}+2\ln 2$

43

그림과 같이 양수 k에 대하여 곡선 $y=\sqrt{\dfrac{kx}{2x^2+1}}$ 와 x축 및
두 직선 $x=1$, $x=2$로 둘러싸인 부분을 밑면으로 하고 x축
에 수직인 평면으로 자른 단면이 모두 정사각형인 입체도형
의 부피가 $2\ln 3$일 때, k의 값은?

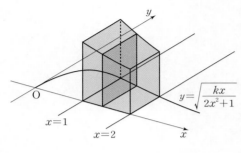

① 6   ② 7   ③ 8

④ 9   ⑤ 10

44

그림과 같이 곡선 $y=\sqrt{\dfrac{3x+1}{x^2}}\ (x>0)$과 x축 및 두 직선
$x=1$, $x=2$로 둘러싸인 부분을 밑면으로 하고 x축에 수직
인 평면으로 자른 단면이 모두 정사각형인 입체도형의 부피
는?

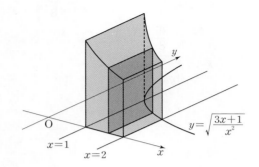

① $3\ln 2$ ② $\dfrac{1}{2}+3\ln 2$ ③ $1+3\ln 2$

④ $\dfrac{1}{2}+4\ln 2$ ⑤ $1+4\ln 2$

해설편 p. 170

J-09 곡선의 길이

45

[2024학년도 9월 **평가원**(미적분) 27번]

$x=-\ln 4$에서 $x=1$까지의 곡선 $y=\dfrac{1}{2}(\,|e^x-1|-e^{|x|}+1\,)$ 의 길이는?

① $\dfrac{23}{8}$ ② $\dfrac{13}{4}$ ③ $\dfrac{29}{8}$

④ 4 ⑤ $\dfrac{35}{8}$

46

[2022학년도 **수능**(미적분) 27번]

좌표평면 위를 움직이는 점 P의 시각 $t\ (t>0)$에서의 위치가 곡선 $y=x^2$과 직선 $y=t^2 x-\dfrac{\ln t}{8}$가 만나는 서로 다른 두 점의 중점일 때, 시각 $t=1$에서 $t=e$까지 점 P가 움직인 거리는?

① $\dfrac{e^4}{2}-\dfrac{3}{8}$ ② $\dfrac{e^4}{2}-\dfrac{5}{16}$ ③ $\dfrac{e^4}{2}-\dfrac{1}{4}$

④ $\dfrac{e^4}{2}-\dfrac{3}{16}$ ⑤ $\dfrac{e^4}{2}-\dfrac{1}{8}$

47

[2019학년도 6월 **평가원** 가형 12번]

$x=0$에서 $x=\ln 2$까지의 곡선 $y=\dfrac{1}{8}e^{2x}+\dfrac{1}{2}e^{-2x}$의 길이는?

① $\dfrac{1}{2}$ ② $\dfrac{9}{16}$ ③ $\dfrac{5}{8}$

④ $\dfrac{11}{16}$ ⑤ $\dfrac{3}{4}$

48

[2008학년도 9월 **평가원** 가형(미분과 적분) 27번]

실수 전체의 집합에서 이계도함수를 갖고
$$f(0)=0, \quad f(1)=\sqrt{3}$$
을 만족시키는 모든 함수 $f(x)$에 대하여
$$\int_0^1 \sqrt{1+\{f'(x)\}^2}\,dx$$
의 최솟값은?

① $\sqrt{2}$ ② 2 ③ $1+\sqrt{2}$

④ $\sqrt{5}$ ⑤ $1+\sqrt{3}$

H 여러 가지 함수의 적분법

49

[2025학년도 9월 평가원(미적분) 30번]

양수 k에 대하여 함수 $f(x)$를

$$f(x)=(k-|x|)e^{-x}$$

이라 하자. 실수 전체의 집합에서 미분가능하고 다음 조건을 만족시키는 모든 함수 $F(x)$에 대하여 $F(0)$의 최솟값을 $g(k)$라 하자.

모든 실수 x에 대하여 $F'(x)=f(x)$이고 $F(x)\geq f(x)$이다.

$g\left(\dfrac{1}{4}\right)+g\left(\dfrac{3}{2}\right)=pe+q$일 때, $100(p+q)$의 값을 구하시오.

(단, $\lim\limits_{x\to\infty}xe^{-x}=0$이고, p와 q는 유리수이다.)

50

[2021학년도 수능 가형 15번]

$x>0$에서 미분가능한 함수 $f(x)$에 대하여

$$f'(x)=2-\dfrac{3}{x^2}, \quad f(1)=5$$

이다. $x<0$에서 미분가능한 함수 $g(x)$가 다음 조건을 만족시킬 때, $g(-3)$의 값은?

㈎ $x<0$인 모든 실수 x에 대하여 $g'(x)=f'(-x)$이다.
㈏ $f(2)+g(-2)=9$

---

① 1   ② 2   ③ 3
④ 4   ⑤ 5

51

[2020학년도 **수능** 가형 21번]

실수 t에 대하여 곡선 $y=e^x$ 위의 점 $(t,\ e^t)$에서의 접선의 방정식을 $y=f(x)$라 할 때, 함수 $y=|f(x)+k-\ln x|$가 양의 실수 전체의 집합에서 미분가능하도록 하는 실수 k의 최솟값을 $g(t)$라 하자. 두 실수 $a,\ b\ (a<b)$에 대하여 $\int_a^b g(t)dt=m$이라 할 때, **보기**에서 옳은 것만을 있는 대로 고른 것은?

┤ 보기 ├

ㄱ. $m<0$이 되도록 하는 두 실수 $a,\ b\ (a<b)$가 존재한다.

ㄴ. 실수 c에 대하여 $g(c)=0$이면 $g(-c)=0$이다.

ㄷ. $a=\alpha$, $b=\beta\ (\alpha<\beta)$일 때 m의 값이 최소이면
$$\frac{1+g'(\beta)}{1+g'(\alpha)}<-e^2$$이다.

① ㄱ   ② ㄴ   ③ ㄱ, ㄴ

④ ㄱ, ㄷ   ⑤ ㄱ, ㄴ, ㄷ

52

[2019학년도 **수능** 가형 16번]

$x>0$에서 정의된 연속함수 $f(x)$가 모든 양수 x에 대하여

$$2f(x)+\frac{1}{x^2}f\left(\frac{1}{x}\right)=\frac{1}{x}+\frac{1}{x^2}$$

을 만족시킬 때, $\int_{\frac{1}{2}}^2 f(x)dx$의 값은?

① $\dfrac{\ln 2}{3}+\dfrac{1}{2}$ ② $\dfrac{2\ln 2}{3}+\dfrac{1}{2}$ ③ $\dfrac{\ln 2}{3}+1$

④ $\dfrac{2\ln 2}{3}+1$ ⑤ $\dfrac{2\ln 2}{3}+\dfrac{3}{2}$

53

[2019학년도 9월 **평가원** 가형 21번]

0이 아닌 세 정수 l, m, n이

$$|l|+|m|+|n| \leq 10$$

을 만족시킨다. $0 \leq x \leq \dfrac{3}{2}\pi$에서 정의된 연속함수 $f(x)$가

$f(0)=0$, $f\left(\dfrac{3}{2}\pi\right)=1$이고

$$f'(x)=\begin{cases} l\cos x & \left(0<x<\dfrac{\pi}{2}\right) \\ m\cos x & \left(\dfrac{\pi}{2}<x<\pi\right) \\ n\cos x & \left(\pi<x<\dfrac{3}{2}\pi\right) \end{cases}$$

를 만족시킬 때, $\displaystyle\int_0^{\frac{3}{2}\pi} f(x)dx$의 값이 최대가 되도록 하는 l, m, n에 대하여 $l+2m+3n$의 값은?

① 12   ② 13   ③ 14

④ 15   ⑤ 16

---

❶ 치환적분법과 부분적분법 − 치환적분법

54

[2023학년도 9월 **평가원**(미적분) 30번]

최고차항의 계수가 1인 사차함수 $f(x)$와 구간 $(0, \infty)$에서 $g(x) \geq 0$인 함수 $g(x)$가 다음 조건을 만족시킨다.

> ⑺ $x \leq -3$인 모든 실수 x에 대하여
> $f(x) \geq f(-3)$이다.
> ⑻ $x > -3$인 모든 실수 x에 대하여
> $g(x+3)\{f(x)-f(0)\}^2 = f'(x)$이다.

$\displaystyle\int_4^5 g(x)dx = \dfrac{q}{p}$일 때, $p+q$의 값을 구하시오.

(단, p와 q는 서로소인 자연수이다.)

55

[2022학년도 9월 **평가원**(미적분) 28번]

좌표평면에서 원점을 중심으로 하고 반지름의 길이가 2인 원 C와 두 점 A$(2, 0)$, B$(0, -2)$가 있다. 원 C 위에 있고 x 좌표가 음수인 점 P에 대하여 $\angle$PAB$=\theta$라 하자.

점 Q$(0, 2\cos\theta)$에서 직선 BP에 내린 수선의 발을 R라 하고, 두 점 P와 R 사이의 거리를 $f(\theta)$라 할 때, $\displaystyle\int_{\frac{\pi}{6}}^{\frac{\pi}{3}} f(\theta)d\theta$ 의 값은?

① $\dfrac{2\sqrt{3}-3}{2}$ ② $\sqrt{3}-1$ ③ $\dfrac{3\sqrt{3}-3}{2}$

④ $\dfrac{2\sqrt{3}-1}{2}$ ⑤ $\dfrac{4\sqrt{3}-3}{2}$

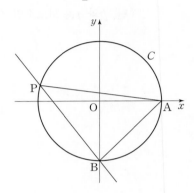

56

[2019학년도 **수능** 가형 21번]

실수 전체의 집합에서 미분가능한 함수 $f(x)$가 다음 조건을 만족시킬 때, $f(-1)$의 값은?

> (가) 모든 실수 x에 대하여
> $2\{f(x)\}^2 f'(x) = \{f(2x+1)\}^2 f'(2x+1)$이다.
> (나) $f\left(-\dfrac{1}{8}\right)=1$, $f(6)=2$

① $\dfrac{\sqrt[3]{3}}{6}$ ② $\dfrac{\sqrt[3]{3}}{3}$ ③ $\dfrac{\sqrt[3]{3}}{2}$

④ $\dfrac{2\sqrt[3]{3}}{3}$ ⑤ $\dfrac{5\sqrt[3]{3}}{6}$

57

[2018학년도 **수능** 가형 15번]

함수 $f(x)$가

$$f(x) = \int_0^x \frac{1}{1+e^{-t}} dt$$

일 때, $(f \circ f)(a) = \ln 5$를 만족시키는 실수 a의 값은?

① $\ln 11$ ② $\ln 13$ ③ $\ln 15$

④ $\ln 17$ ⑤ $\ln 19$

58

[2018학년도 9월 **평가원** 가형 21번]

수열 $\{a_n\}$이

$$a_1 = -1, \quad a_n = 2 - \frac{1}{2^{n-2}} \ (n \geq 2)$$

이다. 구간 $[-1, 2)$에서 정의된 함수 $f(x)$가 모든 자연수 n에 대하여

$$f(x) = \sin(2^n \pi x) \ (a_n \leq x \leq a_{n+1})$$

이다. $-1 < \alpha < 0$인 실수 α에 대하여 $\int_\alpha^t f(x) dx = 0$을 만족시키는 $t \ (0 < t < 2)$의 값의 개수가 103일 때, $\log_2 (1 - \cos(2\pi\alpha))$의 값은?

① -48 ② -50 ③ -52

④ -54 ⑤ -56

해설편 p. 182

59

[2017학년도 6월 **평가원** 가형 20번]

함수 $f(x) = \dfrac{5}{2} - \dfrac{10x}{x^2+4}$ 와 함수 $g(x) = \dfrac{4-|x-4|}{2}$ 의 그래프가 그림과 같다.

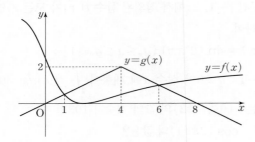

$0 \le a \le 8$ 인 a에 대하여 $\displaystyle\int_0^a f(x)\,dx + \int_a^8 g(x)\,dx$의 최솟값은?

① $14 - 5\ln 5$ ② $15 - 5\ln 10$ ③ $15 - 5\ln 5$

④ $16 - 5\ln 10$ ⑤ $16 - 5\ln 5$

60

[2014학년도 9월 **평가원** B형 30번]

두 연속함수 $f(x)$, $g(x)$가

$$g(e^x) = \begin{cases} f(x) & (0 \le x < 1) \\ g(e^{x-1}) + 5 & (1 \le x \le 2) \end{cases}$$

를 만족시키고, $\displaystyle\int_1^{e^2} g(x)\,dx = 6e^2 + 4$이다.

$\displaystyle\int_1^e f(\ln x)\,dx = ae + b$일 때, $a^2 + b^2$의 값을 구하시오.

(단, a, b는 정수이다.)

61

[2023학년도 **수능**(미적분) 29번]

세 상수 a, b, c에 대하여 함수 $f(x)=ae^{2x}+be^x+c$가 다음 조건을 만족시킨다.

> (가) $\displaystyle\lim_{x \to -\infty} \frac{f(x)+6}{e^x} = 1$
>
> (나) $f(\ln 2)=0$

함수 $f(x)$의 역함수를 $g(x)$라 할 때,

$\displaystyle\int_0^{14} g(x)\,dx = p+q\ln 2$이다. $p+q$의 값을 구하시오.

(단, p, q는 유리수이고, $\ln 2$는 무리수이다.)

62

[2022학년도 **수능**(미적분) 30번]

실수 전체의 집합에서 증가하고 미분가능한 함수 $f(x)$가 다음 조건을 만족시킨다.

> (가) $f(1)=1$, $\displaystyle\int_1^2 f(x)\,dx = \frac{5}{4}$
>
> (나) 함수 $f(x)$의 역함수를 $g(x)$라 할 때, $x \geq 1$인 모든 실수 x에 대하여 $g(2x)=2f(x)$이다.

$\displaystyle\int_1^8 xf'(x)\,dx = \frac{q}{p}$일 때, $p+q$의 값을 구하시오.

(단, p와 q는 서로소인 자연수이다.)

63

함수 $f(x) = \pi \sin 2\pi x$에 대하여 정의역이 실수 전체의 집합이고 치역이 집합 $\{0, 1\}$인 함수 $g(x)$와 자연수 n이 다음 조건을 만족시킬 때, n의 값은?

> 함수 $h(x) = f(nx)g(x)$는 실수 전체의 집합에서 연속이고
> $$\int_{-1}^{1} h(x)dx = 2, \quad \int_{-1}^{1} xh(x)dx = -\frac{1}{32}$$
> 이다.

① 8   ② 10   ③ 12
④ 14   ⑤ 16

64

두 함수 $f(x)$, $g(x)$는 실수 전체의 집합에서 도함수가 연속이고 다음 조건을 만족시킨다.

> (가) 모든 실수 x에 대하여 $f(x)g(x) = x^4 - 1$이다.
> (나) $\int_{-1}^{1} \{f(x)\}^2 g'(x)dx = 120$

$\int_{-1}^{1} x^3 f(x)dx$의 값은?

① 12   ② 15   ③ 18
④ 21   ⑤ 24

65

$\int_{2}^{6} \ln(x-1)dx$의 값은?

① $4 \ln 5 - 4$ ② $4 \ln 5 - 3$ ③ $5 \ln 5 - 4$
④ $5 \ln 5 - 3$ ⑤ $6 \ln 5 - 4$

66

[2017학년도 9월 **평가원** 가형 21번]

양의 실수 전체의 집합에서 미분가능한 두 함수 $f(x)$와 $g(x)$가 모든 양의 실수 x에 대하여 다음 조건을 만족시킨다.

(가) $\left(\dfrac{f(x)}{x}\right)' = x^2 e^{-x^2}$

(나) $g(x) = \dfrac{4}{e^4}\displaystyle\int_1^x e^{t^2} f(t)\,dt$

$f(1) = \dfrac{1}{e}$일 때, $f(2) - g(2)$의 값은?

① $\dfrac{16}{3e^4}$ ② $\dfrac{6}{e^4}$ ③ $\dfrac{20}{3e^4}$

④ $\dfrac{22}{3e^4}$ ⑤ $\dfrac{8}{e^4}$

67

[2017학년도 6월 **평가원** 가형 16번]

$\displaystyle\int_1^e x(1-\ln x)\,dx$의 값은?

① $\dfrac{1}{4}(e^2-7)$ ② $\dfrac{1}{4}(e^2-6)$ ③ $\dfrac{1}{4}(e^2-5)$

④ $\dfrac{1}{4}(e^2-4)$ ⑤ $\dfrac{1}{4}(e^2-3)$

---

❶ 치환적분법과 부분적분법 – 정적분으로 표시된 함수의 활용

68

[2025학년도 9월 **평가원**(미적분) 28번]

함수 $f(x)$는 실수 전체의 집합에서 연속인 이계도함수를 갖고, 실수 전체의 집합에서 정의된 함수 $g(x)$를

$$g(x) = f'(2x)\sin \pi x + x$$

라 하자. 함수 $g(x)$는 역함수 $g^{-1}(x)$를 갖고,

$$\int_0^1 g^{-1}(x)\,dx = 2\int_0^1 f'(2x)\sin \pi x\,dx + \frac{1}{4}$$

을 만족시킬 때, $\displaystyle\int_0^2 f(x)\cos \frac{\pi}{2}x\,dx$의 값은?

① $-\dfrac{1}{\pi}$ ② $-\dfrac{1}{2\pi}$ ③ $-\dfrac{1}{3\pi}$

④ $-\dfrac{1}{4\pi}$ ⑤ $-\dfrac{1}{5\pi}$

해설편 p. 191

69　　　　　　　　　　　　　　　　[2024학년도 **수능**(미적분) 30번]

실수 전체의 집합에서 미분가능한 함수 $f(x)$의 도함수 $f'(x)$가

$$f'(x) = |\sin x| \cos x$$

이다. 양수 a에 대하여 곡선 $y=f(x)$ 위의 점 $(a, f(a))$에서의 접선의 방정식을 $y=g(x)$라 하자. 함수

$$h(x) = \int_0^x \{f(t) - g(t)\} dt$$

가 $x=a$에서 극대 또는 극소가 되도록 하는 모든 양수 a를 작은 수부터 크기순으로 나열할 때, n번째 수를 a_n이라 하자.

$\dfrac{100}{\pi} \times (a_6 - a_2)$의 값을 구하시오.

70　　　　　　　　　　　　[2022학년도 **예시문항**(미적분) 29번]

함수 $f(x) = e^x + x - 1$과 양수 t에 대하여 함수

$$F(x) = \int_0^x \{t - f(s)\} ds$$

가 $x=\alpha$에서 최댓값을 가질 때, 실수 α의 값을 $g(t)$라 하자. 미분가능한 함수 $g(t)$에 대하여 $\displaystyle\int_{f(1)}^{f(5)} \dfrac{g(t)}{1+e^{g(t)}} dt$의 값을 구하시오.

71

[2021학년도 9월 **평가원** 가형 18번]

함수

$$f(x) = \begin{cases} 0 & (x \le 0) \\ \{\ln(1+x^4)\}^{10} & (x > 0) \end{cases}$$

에 대하여 실수 전체의 집합에서 정의된 함수 $g(x)$를

$$g(x) = \int_0^x f(t)f(1-t)dt$$

라 하자. **보기**에서 옳은 것만을 있는 대로 고른 것은?

┌ **보기** ├─────────────────────────────

ㄱ. $x \le 0$인 모든 실수 x에 대하여 $g(x) = 0$이다.

ㄴ. $g(1) = 2g\left(\dfrac{1}{2}\right)$

ㄷ. $g(a) \ge 1$인 실수 a가 존재한다.

└───────────────────────────────────

① ㄱ   ② ㄱ, ㄴ   ③ ㄱ, ㄷ

④ ㄴ, ㄷ   ⑤ ㄱ, ㄴ, ㄷ

72

[2021학년도 9월 **평가원** 가형 20번]

함수 $f(x) = \sin(\pi\sqrt{x})$에 대하여 함수

$$g(x) = \int_0^x tf(x-t)dt \ (x \ge 0)$$

이 $x = a$에서 극대인 모든 a를 작은 수부터 크기순으로 나열할 때, n번째 수를 a_n이라 하자. $k^2 < a_6 < (k+1)^2$인 자연수 k의 값은?

① 11   ② 14   ③ 17

④ 20   ⑤ 23

해설편 p. 195

73

[2020학년도 6월 평가원 가형 20번]

실수 전체의 집합에서 미분가능한 함수 $f(x)$가 모든 실수 x에 대하여 다음 조건을 만족시킨다.

(가) $f(x) > 0$

(나) $\ln f(x) + 2\displaystyle\int_0^x (x-t)f(t)\,dt = 0$

보기에서 옳은 것만을 있는 대로 고른 것은?

┤ 보기 ├

ㄱ. $x > 0$에서 함수 $f(x)$는 감소한다.

ㄴ. 함수 $f(x)$의 최댓값은 1이다.

ㄷ. 함수 $F(x)$를 $F(x) = \displaystyle\int_0^x f(t)\,dt$라 할 때,
  $f(1) + \{F(1)\}^2 = 1$이다.

① ㄱ   ② ㄱ, ㄴ   ③ ㄱ, ㄷ

④ ㄴ, ㄷ   ⑤ ㄱ, ㄴ, ㄷ

74

[2017학년도 수능 가형 20번]

함수 $f(x) = e^{-x}\displaystyle\int_0^x \sin(t^2)\,dt$에 대하여 **보기**에서 옳은 것만을 있는 대로 고른 것은?

┤ 보기 ├

ㄱ. $f(\sqrt{\pi}) > 0$

ㄴ. $f'(a) > 0$을 만족시키는 a가 열린구간 $(0, \sqrt{\pi})$에 적어도 하나 존재한다.

ㄷ. $f'(b) = 0$을 만족시키는 b가 열린구간 $(0, \sqrt{\pi})$에 적어도 하나 존재한다.

① ㄱ   ② ㄷ   ③ ㄱ, ㄴ

④ ㄴ, ㄷ   ⑤ ㄱ, ㄴ, ㄷ

75

닫힌구간 $[0, 1]$에서 증가하는 연속함수 $f(x)$가

$$\int_0^1 f(x)dx=2, \quad \int_0^1 |f(x)|dx=2\sqrt{2}$$

를 만족시킨다. 함수 $F(x)$가

$$F(x)=\int_0^x |f(t)|dt \ (0\le x\le 1)$$

일 때, $\int_0^1 f(x)F(x)dx$의 값은?

① $4-\sqrt{2}$ ② $2+\sqrt{2}$ ③ $5-\sqrt{2}$
④ $1+2\sqrt{2}$ ⑤ $2+2\sqrt{2}$

76

실수 전체의 집합에서 연속인 함수 $f(x)$가 다음 조건을 만족시킨다.

(가) $x\le b$일 때, $f(x)=a(x-b)^2+c$이다.
　　　　　　　　　　　　(단, a, b, c는 상수이다.)

(나) 모든 실수 x에 대하여 $f(x)=\int_0^x \sqrt{4-2f(t)}\,dt$이다.

$\int_0^6 f(x)dx=\dfrac{q}{p}$일 때, $p+q$의 값을 구하시오.

　　　　　　　(단, p와 q는 서로소인 자연수이다.)

❗ 정적분의 활용 – 정적분과 급수의 합 사이의 관계

77

함수 $f(x)=4x^4+4x^3$에 대하여

$$\lim_{n\to\infty}\sum_{k=1}^n \frac{1}{n+k} f\left(\frac{k}{n}\right)$$

의 값은?

① 1 ② 2 ③ 3
④ 4 ⑤ 5

78

[2017학년도 9월 **평가원** 나형 28번]

함수 $f(x) = 4x^2 + 6x + 32$에 대하여

$$\lim_{n \to \infty} \sum_{k=1}^{n} \frac{k}{n^2} f\left(\frac{k}{n}\right)$$

의 값을 구하시오.

79

[2015학년도 9월 **평가원** A형 14번]

이차함수 $y = f(x)$의 그래프는 그림과 같고, $f(0) = f(3) = 0$
이다. 다음 물음에 답하시오.

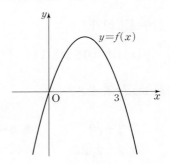

$\lim_{n \to \infty} \dfrac{1}{n} \sum_{k=1}^{n} f\left(\dfrac{k}{n}\right) = \dfrac{7}{6}$ 일 때, $f'(0)$의 값은?

① $\dfrac{5}{2}$　　　　② 3　　　　③ $\dfrac{7}{2}$

④ 4　　　　⑤ $\dfrac{9}{2}$

함수 $f(x) = 4x^2 + 6x + 32$에 대하여

80

[2025학년도 **수능**(미적분) 28번]

실수 전체의 집합에서 미분가능한 함수 $f(x)$의 도함수
$f'(x)$가

$$f'(x) = -x + e^{1-x^2}$$

이다. 양수 t에 대하여 곡선 $y=f(x)$ 위의 점 $(t, f(t))$에서
의 접선과 곡선 $y=f(x)$ 및 y축으로 둘러싸인 부분의 넓이를
$g(t)$라 하자. $g(1)+g'(1)$의 값은?

① $\dfrac{1}{2}e + \dfrac{1}{2}$ 　② $\dfrac{1}{2}e + \dfrac{2}{3}$ 　③ $\dfrac{1}{2}e + \dfrac{5}{6}$

④ $\dfrac{2}{3}e + \dfrac{1}{2}$ 　⑤ $\dfrac{2}{3}e + \dfrac{2}{3}$

81

[2020학년도 9월 **평가원** 가형 14번]

그림과 같이 양수 k에 대하여 함수 $f(x) = 2\sqrt{x}e^{kx^2}$의 그래프
와 x축 및 두 직선 $x = \dfrac{1}{\sqrt{2k}}$, $x = \dfrac{1}{\sqrt{k}}$로 둘러싸인 부분을 밑
면으로 하고 x축에 수직인 평면으로 자른 단면이 모두 정삼
각형인 입체도형의 부피가 $\sqrt{3}(e^2 - e)$일 때, k의 값은?

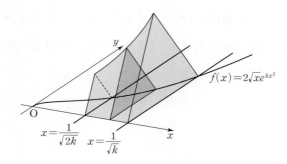

① $\dfrac{1}{12}$ 　② $\dfrac{1}{6}$ 　③ $\dfrac{1}{4}$

④ $\dfrac{1}{3}$ 　⑤ $\dfrac{1}{2}$

해설편 p. 204

82

[2018학년도 9월 평가원 가형 18번]

실수 전체의 집합에서 미분가능한 함수 $f(x)$가 $f(0)=0$이고 모든 실수 x에 대하여 $f'(x)>0$이다.

곡선 $y=f(x)$ 위의 점 $A(t, f(t))$ $(t>0)$에서 x축에 내린 수선의 발을 B라 하고, 점 A를 지나고 점 A에서의 접선과 수직인 직선이 x축과 만나는 점을 C라 하자. 모든 양수 t에 대하여 삼각형 ABC의 넓이가 $\frac{1}{2}(e^{3t}-2e^{2t}+e^{t})$일 때, 곡선 $y=f(x)$와 x축 및 직선 $x=1$로 둘러싸인 부분의 넓이는?

① $e-2$ ② e ③ $e+2$

④ $e+4$ ⑤ $e+6$

83

[2015학년도 수능 B형 28번]

양수 a에 대하여 함수 $f(x)=\int_{0}^{x}(a-t)e^{t}\,dt$의 최댓값이 32이다. 곡선 $y=3e^{x}$과 두 직선 $x=a$, $y=3$으로 둘러싸인 부분의 넓이를 구하시오.

84

[2014학년도 9월 **평가원** B형 14번]

좌표평면에서 꼭짓점의 좌표가 $O(0, 0)$, $A(2^n, 0)$, $B(2^n, 2^n)$, $C(0, 2^n)$인 정사각형 OABC와 두 곡선 $y=2^x$, $y=\log_2 x$에 대하여 다음 물음에 답하시오.

(단, n은 자연수이다.)

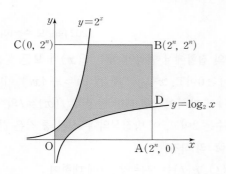

정사각형 OABC와 그 내부는 두 곡선 $y=2^x$, $y=\log_2 x$에 의하여 세 부분으로 나뉜다. $n=3$일 때 이 세 부분 중 어두운 부분의 넓이는?

① $14+\dfrac{12}{\ln 2}$ ② $16+\dfrac{14}{\ln 2}$ ③ $18+\dfrac{16}{\ln 2}$

④ $20+\dfrac{18}{\ln 2}$ ⑤ $22+\dfrac{20}{\ln 2}$

85

[2012학년도 **수능** 가형 16번]

그림에서 두 곡선 $y=e^x$, $y=xe^x$과 y축으로 둘러싸인 부분 A의 넓이를 a, 두 곡선 $y=e^x$, $y=xe^x$과 직선 $x=2$로 둘러싸인 부분 B의 넓이를 b라 할 때, $b-a$의 값은?

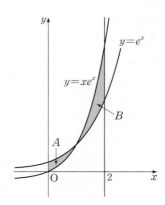

① $\dfrac{3}{2}$ ② $e-1$ ③ 2

④ $\dfrac{5}{2}$ ⑤ e

해설편 p. 206

J 정적분의 활용 – 속도와 거리

86

[2018학년도 6월 **평가원** 가형 18번]

좌표평면에서 점 P는 시각 $t=0$일 때 $(0, -1)$에서 출발하여 시각 t에서의 속도가

$$v=(2t, 2\pi \sin 2\pi t)$$

이고, 점 Q는 시각 $t=0$일 때 출발하여 시각 t에서의 위치가

$$Q(4\sin 2\pi t, |\cos 2\pi t|)$$

이다. 출발한 후 두 점 P, Q가 만나는 횟수는?

① 1   ② 2   ③ 3

④ 4   ⑤ 5

87

[2017학년도 6월 **평가원** 가형 29번]

양의 실수 전체의 집합에서 이계도함수를 갖는 함수 $f(t)$에 대하여 좌표평면 위를 움직이는 점 P의 시각 t $(t \geq 1)$에서의 위치 (x, y)가

$$\begin{cases} x=2\ln t \\ y=f(t) \end{cases}$$

이다. 점 P가 점 $(0, f(1))$로부터 움직인 거리가 s가 될 때 시각 t는 $t=\dfrac{s+\sqrt{s^2+4}}{2}$이고, $t=2$일 때 점 P의 속도는 $\left(1, \dfrac{3}{4}\right)$이다. 시각 $t=2$일 때 점 P의 가속도를 $\left(-\dfrac{1}{2}, a\right)$라 할 때, $60a$의 값을 구하시오.

4점 기출

88

[2024학년도 **수능**(미적분) 28번]

실수 전체의 집합에서 연속인 함수 $f(x)$가 모든 실수 x에 대하여 $f(x) \geq 0$이고, $x<0$일 때 $f(x)=-4xe^{4x^2}$이다.
모든 양수 t에 대하여 x에 대한 방정식 $f(x)=t$의 서로 다른 실근의 개수는 2이고, 이 방정식의 두 실근 중 작은 값을 $g(t)$, 큰 값을 $h(t)$라 하자.
두 함수 $g(t)$, $h(t)$는 모든 양수 t에 대하여

$$2g(t)+h(t)=k \ (k는 \ 상수)$$

를 만족시킨다. $\displaystyle\int_0^7 f(x)dx=e^4-1$일 때, $\dfrac{f(9)}{f(8)}$의 값은?

① $\dfrac{3}{2}e^5$ ② $\dfrac{4}{3}e^7$ ③ $\dfrac{5}{4}e^9$

④ $\dfrac{6}{5}e^{11}$ ⑤ $\dfrac{7}{6}e^{13}$

89

[2024학년도 9월 **평가원**(미적분) 28번]

실수 a $(0<a<2)$에 대하여 함수 $f(x)$를

$$f(x)=\begin{cases} 2|\sin 4x| & (x<0) \\ -\sin ax & (x\geq 0) \end{cases}$$

이라 하자. 함수

$$g(x)=\left|\int_{-a\pi}^{x} f(t)dt\right|$$

가 실수 전체의 집합에서 미분가능할 때, a의 최솟값은?

① $\dfrac{1}{2}$　　　② $\dfrac{3}{4}$　　　③ 1

④ $\dfrac{5}{4}$　　　⑤ $\dfrac{3}{2}$

90

[2022학년도 9월 **평가원**(미적분) 30번]

최고차항의 계수가 9인 삼차함수 $f(x)$가 다음 조건을 만족시킨다.

> (가) $\displaystyle\lim_{x\to 0}\dfrac{\sin(\pi\times f(x))}{x}=0$
>
> (나) $f(x)$의 극댓값과 극솟값의 곱은 5이다.

함수 $g(x)$는 $0\leq x<1$일 때 $g(x)=f(x)$이고 모든 실수 x에 대하여 $g(x+1)=g(x)$이다. $g(x)$가 실수 전체의 집합에서 연속일 때, $\displaystyle\int_{0}^{5} xg(x)dx=\dfrac{q}{p}$이다. $p+q$의 값을 구하시오. (단, p와 q는 서로소인 자연수이다.)

91

[2015학년도 9월 **평가원** B형 30번]

양의 실수 전체의 집합에서 감소하고 연속인 함수 $f(x)$가 다음 조건을 만족시킨다.

(가) 모든 양의 실수 x에 대하여 $f(x) > 0$이다.

(나) 임의의 양의 실수 t에 대하여 세 점
$$(0, 0), (t, f(t)), (t+1, f(t+1))$$
을 꼭짓점으로 하는 삼각형의 넓이가 $\dfrac{t+1}{t}$이다.

(다) $\displaystyle\int_1^2 \dfrac{f(x)}{x}\,dx = 2$

$\displaystyle\int_{\frac{7}{2}}^{\frac{11}{2}} \dfrac{f(x)}{x}\,dx = \dfrac{q}{p}$ 라 할 때, $p+q$의 값을 구하시오.

(단, p와 q는 서로소인 자연수이다.)

92

[2020학년도 9월 **평가원** 가형 30번]

실수 전체의 집합에서 미분가능한 함수 $f(x)$가 모든 실수 x에 대하여
$$f'(x^2+x+1) = \pi f(1)\sin \pi x + f(3)x + 5x^2$$
을 만족시킬 때, $f(7)$의 값을 구하시오.

해설편 p. 217

Part
2

문제편

2024, 2025학년도 수능, 평가원 기출
미적분 3점/4점

*Part 2에서는 최근 2개년 수능, 평가원 기출 문제를 시험지 형태로 제공합니다.

*각 회별 첫 페이지 상단에 제시된 목표 시간 동안 모든 문제를 풀 수 있도록 연습합니다.

성공한 사람이 아니라
가치있는 사람이 되기 위해
힘쓰라.

– 알베르트. 아인슈타인 –

수학 영역 (미적분)

5지선다형

23

$\displaystyle\lim_{n\to\infty}(\sqrt{n^2+9n}-\sqrt{n^2+4n})$의 값은? [2점]

① $\dfrac{1}{2}$ ② 1 ③ $\dfrac{3}{2}$

④ 2 ⑤ $\dfrac{5}{2}$

24

매개변수 t로 나타내어진 곡선

$$x=\frac{5t}{t^2+1}, \quad y=3\ln(t^2+1)$$

에서 $t=2$일 때, $\dfrac{dy}{dx}$의 값은? [3점]

① -1 ② -2 ③ -3

④ -4 ⑤ -5

25

$\lim_{x \to 0} \dfrac{2^{ax+b}-8}{2^{bx}-1} = 16$일 때, $a+b$의 값은?

(단, a와 b는 0이 아닌 상수이다.) [3점]

① 9 ② 10 ③ 11
④ 12 ⑤ 13

26

x에 대한 방정식 $x^2 - 5x + 2\ln x = t$의 서로 다른 실근의 개수가 2가 되도록 하는 모든 실수 t의 값의 합은? [3점]

① $-\dfrac{17}{2}$ ② $-\dfrac{33}{4}$ ③ -8
④ $-\dfrac{31}{4}$ ⑤ $-\dfrac{15}{2}$

27

실수 t $(0<t<\pi)$에 대하여 곡선 $y=\sin x$ 위의 점 $P(t, \sin t)$에서의 접선과 점 P를 지나고 기울기가 -1인 직선이 이루는 예각의 크기를 θ라 할 때, $\displaystyle\lim_{t\to\pi-}\frac{\tan\theta}{(\pi-t)^2}$의 값은? [3점]

① $\dfrac{1}{16}$ ② $\dfrac{1}{8}$ ③ $\dfrac{1}{4}$

④ $\dfrac{1}{2}$ ⑤ 1

28

두 상수 a $(a>0)$, b에 대하여 실수 전체의 집합에서 연속인 함수 $f(x)$가 다음 조건을 만족시킬 때, $a\times b$의 값은? [4점]

> (가) 모든 실수 x에 대하여
> $$\{f(x)\}^2+2f(x)=a\cos^3\pi x\times e^{\sin^2\pi x}+b$$
> 이다.
> (나) $f(0)=f(2)+1$

① $-\dfrac{1}{16}$ ② $-\dfrac{7}{64}$ ③ $-\dfrac{5}{32}$

④ $-\dfrac{13}{64}$ ⑤ $-\dfrac{1}{4}$

해설편 p. 220

29

세 실수 a, b, k에 대하여 두 점 $A(a, a+k)$, $B(b, b+k)$가 곡선 C: $x^2-2xy+2y^2=15$ 위에 있다. 곡선 C 위의 점 A에서의 접선과 곡선 C 위의 점 B에서의 접선이 서로 수직일 때, k^2의 값을 구하시오. (단, $a+2k \neq 0$, $b+2k \neq 0$) [4점]

30

수열 $\{a_n\}$은 등비수열이고, 수열 $\{b_n\}$을 모든 자연수 n에 대하여

$$b_n = \begin{cases} -1 & (a_n \leq -1) \\ a_n & (a_n > -1) \end{cases}$$

이라 할 때, 수열 $\{b_n\}$은 다음 조건을 만족시킨다.

(가) 급수 $\sum_{n=1}^{\infty} b_{2n-1}$은 수렴하고 그 합은 -3이다.

(나) 급수 $\sum_{n=1}^{\infty} b_{2n}$은 수렴하고 그 합은 8이다.

$b_3 = -1$일 때, $\sum_{n=1}^{\infty} |a_n|$의 값을 구하시오. [4점]

수학 영역(미적분)

30min

5지선다형

23

$\lim\limits_{x \to 0} \dfrac{e^{7x}-1}{e^{2x}-1}$ 의 값은? [2점]

① $\dfrac{1}{2}$ ② $\dfrac{3}{2}$ ③ $\dfrac{5}{2}$

④ $\dfrac{7}{2}$ ⑤ $\dfrac{9}{2}$

24

매개변수 t 로 나타내어진 곡선

$$x = t + \cos 2t, \quad y = \sin^2 t$$

에서 $t = \dfrac{\pi}{4}$ 일 때, $\dfrac{dy}{dx}$ 의 값은? [3점]

① -2 ② -1 ③ 0

④ 1 ⑤ 2

해설편 p. 222

25

함수 $f(x)=x+\ln x$에 대하여 $\int_1^e \left(1+\dfrac{1}{x}\right)f(x)dx$의 값은? [3점]

① $\dfrac{e^2}{2}+\dfrac{e}{2}$ ② $\dfrac{e^2}{2}+e$ ③ $\dfrac{e^2}{2}+2e$

④ e^2+e ⑤ e^2+2e

26

공차가 양수인 등차수열 $\{a_n\}$과 등비수열 $\{b_n\}$에 대하여 $a_1=b_1=1$, $a_2b_2=1$이고

$$\sum_{n=1}^{\infty}\left(\dfrac{1}{a_n a_{n+1}}+b_n\right)=2$$

일 때, $\sum_{n=1}^{\infty} b_n$의 값은? [3점]

① $\dfrac{7}{6}$ ② $\dfrac{6}{5}$ ③ $\dfrac{5}{4}$

④ $\dfrac{4}{3}$ ⑤ $\dfrac{3}{2}$

27

$x = -\ln 4$에서 $x = 1$까지의 곡선 $y = \dfrac{1}{2}(|e^x - 1| - e^{|x|} + 1)$
의 길이는? [3점]

① $\dfrac{23}{8}$ ② $\dfrac{13}{4}$ ③ $\dfrac{29}{8}$

④ 4 ⑤ $\dfrac{35}{8}$

28

실수 a $(0 < a < 2)$에 대하여 함수 $f(x)$를

$$f(x) = \begin{cases} 2|\sin 4x| & (x < 0) \\ -\sin ax & (x \ge 0) \end{cases}$$

이라 하자. 함수

$$g(x) = \left| \int_{-a\pi}^{x} f(t)\,dt \right|$$

가 실수 전체의 집합에서 미분가능할 때, a의 최솟값은? [4점]

① $\dfrac{1}{2}$ ② $\dfrac{3}{4}$ ③ 1

④ $\dfrac{5}{4}$ ⑤ $\dfrac{3}{2}$

해설편 p. 223

29

두 실수 a, b $(a>1,\ b>1)$이

$$\lim_{n\to\infty}\frac{3^n+a^{n+1}}{3^{n+1}+a^n}=a, \quad \lim_{n\to\infty}\frac{a^n+b^{n+1}}{a^{n+1}+b^n}=\frac{9}{a}$$

를 만족시킬 때, $a+b$의 값을 구하시오. [4점]

30

길이가 10인 선분 AB를 지름으로 하는 원과 선분 AB 위에 $\overline{AC}=4$인 점 C가 있다. 이 원 위의 점 P를 $\angle PCB=\theta$가 되도록 잡고, 점 P를 지나고 선분 AB에 수직인 직선이 이 원과 만나는 점 중 P가 아닌 점을 Q라 하자. 삼각형 PCQ의 넓이를 $S(\theta)$라 할 때, $-7\times S'\left(\dfrac{\pi}{4}\right)$의 값을 구하시오.

$$\left(\text{단, } 0<\theta<\frac{\pi}{2}\right) \text{[4점]}$$

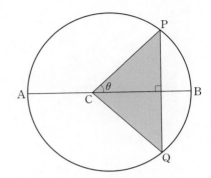

수학 영역(미적분)

30min

5지선다형

23

$\displaystyle\lim_{x\to 0}\frac{\ln(1+3x)}{\ln(1+5x)}$ 의 값은? [2점]

① $\dfrac{1}{5}$　　　② $\dfrac{2}{5}$　　　③ $\dfrac{3}{5}$

④ $\dfrac{4}{5}$　　　⑤ 1

24

매개변수 $t\ (t>0)$으로 나타내어진 곡선

$$x=\ln(t^3+1),\quad y=\sin \pi t$$

에서 $t=1$일 때, $\dfrac{dy}{dx}$의 값은? [3점]

① $-\dfrac{1}{3}\pi$　　　② $-\dfrac{2}{3}\pi$　　　③ $-\pi$

④ $-\dfrac{4}{3}\pi$　　　⑤ $-\dfrac{5}{3}\pi$

해설편 p. 225

25

양의 실수 전체의 집합에서 정의되고 미분가능한 두 함수 $f(x)$, $g(x)$가 있다. $g(x)$는 $f(x)$의 역함수이고, $g'(x)$는 양의 실수 전체의 집합에서 연속이다. 모든 양수 a에 대하여

$$\int_1^a \frac{1}{g'(f(x))f(x)}\,dx = 2\ln a + \ln(a+1) - \ln 2$$

이고 $f(1)=8$일 때, $f(2)$의 값은? [3점]

① 36   ② 40   ③ 44
④ 48   ⑤ 52

26

그림과 같이 곡선 $y=\sqrt{(1-2x)\cos x}\ \left(\dfrac{3}{4}\pi \le x \le \dfrac{5}{4}\pi\right)$와 x축 및 두 직선 $x=\dfrac{3}{4}\pi$, $x=\dfrac{5}{4}\pi$로 둘러싸인 부분을 밑면으로 하는 입체도형이 있다. 이 입체도형을 x축에 수직인 평면으로 자른 단면이 모두 정사각형일 때, 이 입체도형의 부피는?

[3점]

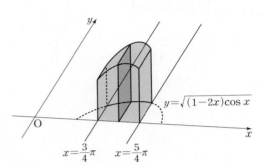

① $\sqrt{2}\pi - \sqrt{2}$ ② $\sqrt{2}\pi - 1$ ③ $2\sqrt{2}\pi - \sqrt{2}$
④ $2\sqrt{2}\pi - 1$ ⑤ $2\sqrt{2}\pi$

27

실수 t에 대하여 원점을 지나고 곡선 $y=\dfrac{1}{e^x}+e^t$에 접하는 직선의 기울기를 $f(t)$라 하자. $f(a)=-e\sqrt{e}$를 만족시키는 상수 a에 대하여 $f'(a)$의 값은? [3점]

① $-\dfrac{1}{3}e\sqrt{e}$　　② $-\dfrac{1}{2}e\sqrt{e}$　　③ $-\dfrac{2}{3}e\sqrt{e}$

④ $-\dfrac{5}{6}e\sqrt{e}$　　⑤ $-e\sqrt{e}$

28

실수 전체의 집합에서 연속인 함수 $f(x)$가 모든 실수 x에 대하여 $f(x)\geq0$이고, $x<0$일 때 $f(x)=-4xe^{4x^2}$이다.
모든 양수 t에 대하여 x에 대한 방정식 $f(x)=t$의 서로 다른 실근의 개수는 2이고, 이 방정식의 두 실근 중 작은 값을 $g(t)$, 큰 값을 $h(t)$라 하자.
두 함수 $g(t)$, $h(t)$는 모든 양수 t에 대하여
$$2g(t)+h(t)=k\ (k는\ 상수)$$
를 만족시킨다. $\displaystyle\int_0^7 f(x)dx=e^4-1$일 때, $\dfrac{f(9)}{f(8)}$의 값은? [4점]

① $\dfrac{3}{2}e^5$　　② $\dfrac{4}{3}e^7$　　③ $\dfrac{5}{4}e^9$

④ $\dfrac{6}{5}e^{11}$　　⑤ $\dfrac{7}{6}e^{13}$

해설편 p. 226

단답형

29

첫째항과 공비가 각각 0이 아닌 두 등비수열 $\{a_n\}$, $\{b_n\}$에 대하여 두 급수 $\sum\limits_{n=1}^{\infty} a_n$, $\sum\limits_{n=1}^{\infty} b_n$이 각각 수렴하고

$$\sum_{n=1}^{\infty} a_n b_n = \left(\sum_{n=1}^{\infty} a_n\right) \times \left(\sum_{n=1}^{\infty} b_n\right),$$

$$3 \times \sum_{n=1}^{\infty} |a_{2n}| = 7 \times \sum_{n=1}^{\infty} |a_{3n}|$$

이 성립한다. $\sum\limits_{n=1}^{\infty} \dfrac{b_{2n-1} + b_{3n+1}}{b_n} = S$일 때, $120S$의 값을 구하시오. [4점]

30

실수 전체의 집합에서 미분가능한 함수 $f(x)$의 도함수 $f'(x)$가

$$f'(x) = |\sin x| \cos x$$

이다. 양수 a에 대하여 곡선 $y = f(x)$ 위의 점 $(a, f(a))$에서의 접선의 방정식을 $y = g(x)$라 하자. 함수

$$h(x) = \int_0^x \{f(t) - g(t)\} dt$$

가 $x = a$에서 극대 또는 극소가 되도록 하는 모든 양수 a를 작은 수부터 크기순으로 나열할 때, n번째 수를 a_n이라 하자.

$\dfrac{100}{\pi} \times (a_6 - a_2)$의 값을 구하시오. [4점]

5지선다형

23

$$\lim_{n \to \infty} \frac{\left(\dfrac{1}{2}\right)^n + \left(\dfrac{1}{3}\right)^{n+1}}{\left(\dfrac{1}{2}\right)^{n+1} + \left(\dfrac{1}{3}\right)^n}$$ 의 값은? [2점]

① 1   ② 2   ③ 3

④ 4   ⑤ 5

24

곡선 $x \sin 2y + 3x = 3$ 위의 점 $\left(1, \dfrac{\pi}{2}\right)$ 에서의 접선의 기울기는? [3점]

① $\dfrac{1}{2}$ ② 1   ③ $\dfrac{3}{2}$

④ 2   ⑤ $\dfrac{5}{2}$

25

수열 $\{a_n\}$이

$$\sum_{n=1}^{\infty}\left(a_n-\frac{3n^2-n}{2n^2+1}\right)=2$$

를 만족시킬 때, $\lim_{n\to\infty}(a_n^2+2a_n)$의 값은? [3점]

① $\dfrac{17}{4}$ ② $\dfrac{19}{4}$ ③ $\dfrac{21}{4}$

④ $\dfrac{23}{4}$ ⑤ $\dfrac{25}{4}$

26

양수 t에 대하여 곡선 $y=e^{x^2}-1$ $(x\geq0)$이 두 직선 $y=t$, $y=5t$와 만나는 점을 각각 A, B라 하고, 점 B에서 x축에 내린 수선의 발을 C라 하자. 삼각형 ABC의 넓이를 $S(t)$라 할 때, $\lim_{t\to0+}\dfrac{S(t)}{t\sqrt{t}}$의 값은? [3점]

① $\dfrac{5}{4}(\sqrt{5}-1)$ ② $\dfrac{5}{2}(\sqrt{5}-1)$ ③ $5(\sqrt{5}-1)$

④ $\dfrac{5}{4}(\sqrt{5}+1)$ ⑤ $\dfrac{5}{2}(\sqrt{5}+1)$

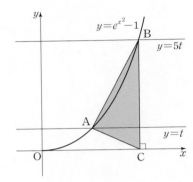

27

상수 $a\ (a>1)$과 실수 $t\ (t>0)$에 대하여 곡선 $y=a^x$ 위의 점 $\mathrm{A}(t,\ a^t)$에서의 접선을 l이라 하자. 점 A를 지나고 직선 l에 수직인 직선이 x축과 만나는 점을 B, y축과 만나는 점을 C라 하자. $\dfrac{\overline{\mathrm{AC}}}{\overline{\mathrm{AB}}}$의 값이 $t=1$에서 최대일 때, a의 값은? [3점]

① $\sqrt{2}$ ② $\sqrt{e}$ ③ 2

④ $\sqrt{2e}$ ⑤ e

28

함수 $f(x)$가
$$f(x)=\begin{cases}(x-a-2)^2 e^x & (x\ge a)\\ e^{2a}(x-a)+4e^a & (x<a)\end{cases}$$
일 때, 실수 t에 대하여 $f(x)=t$를 만족시키는 x의 최솟값을 $g(t)$라 하자.

함수 $g(t)$가 $t=12$에서만 불연속일 때, $\dfrac{g'(f(a+2))}{g'(f(a+6))}$의 값은? (단, a는 상수이다.) [4점]

① $6e^4$ ② $9e^4$ ③ $12e^4$

④ $8e^6$ ⑤ $10e^6$

단답형

29

함수 $f(x)=\dfrac{1}{3}x^3-x^2+\ln(1+x^2)+a$ (a는 상수)와 두 양수 b, c에 대하여 함수

$$g(x)=\begin{cases} f(x) & (x \geq b) \\ -f(x-c) & (x<b) \end{cases}$$

는 실수 전체의 집합에서 미분가능하다.

$a+b+c=p+q\ln 2$일 때, $30(p+q)$의 값을 구하시오.

(단, p, q는 유리수이고, $\ln 2$는 무리수이다.) [4점]

30

함수 $y=\dfrac{\sqrt{x}}{10}$의 그래프와 함수 $y=\tan x$의 그래프가 만나는 모든 점의 x좌표를 작은 수부터 크기순으로 나열할 때, n번째 수를 a_n이라 하자.

$$\frac{1}{\pi^2} \times \lim_{n \to \infty} a_n{}^3 \tan^2(a_{n+1}-a_n)$$

의 값을 구하시오. [4점]

5지선다형

23

$\lim\limits_{x \to 0} \dfrac{\sin 5x}{x}$ 의 값은? [2점]

① 1 ② 2 ③ 3

④ 4 ⑤ 5

24

양의 실수 전체의 집합에서 정의된 미분가능한 함수 $f(x)$가 있다. 양수 t에 대하여 곡선 $y=f(x)$ 위의 점 $(t,\ f(t))$에서의 접선의 기울기는 $\dfrac{1}{t}+4e^{2t}$이다. $f(1)=2e^2+1$일 때, $f(e)$의 값은? [3점]

① $2e^{2e}-1$ ② $2e^{2e}$ ③ $2e^{2e}+1$

④ $2e^{2e}+2$ ⑤ $2e^{2e}+3$

25

등비수열 $\{a_n\}$에 대하여

$$\lim_{n \to \infty} \frac{4^n \times a_n - 1}{3 \times 2^{n+1}} = 1$$

일 때, $a_1 + a_2$의 값은? [3점]

① $\dfrac{3}{2}$

② $\dfrac{5}{2}$

③ $\dfrac{7}{2}$

④ $\dfrac{9}{2}$

⑤ $\dfrac{11}{2}$

26

그림과 같이 곡선 $y = 2x\sqrt{x \sin x^2}$ $(0 \le x \le \sqrt{\pi})$와 x축 및 두 직선 $x = \sqrt{\dfrac{\pi}{6}}$, $x = \sqrt{\dfrac{\pi}{2}}$로 둘러싸인 부분을 밑면으로 하는 입체도형이 있다. 이 입체도형을 x축에 수직인 평면으로 자른 단면이 모두 반원일 때, 이 입체도형의 부피는? [3점]

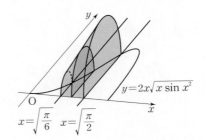

① $\dfrac{\pi^2 + 6\pi}{48}$

② $\dfrac{\sqrt{2}\pi^2 + 6\pi}{48}$

③ $\dfrac{\sqrt{3}\pi^2 + 6\pi}{48}$

④ $\dfrac{\sqrt{2}\pi^2 + 12\pi}{48}$

⑤ $\dfrac{\sqrt{3}\pi^2 + 12\pi}{48}$

27

실수 전체의 집합에서 미분가능한 함수 $f(x)$가 모든 실수 x에 대하여

$$f(x)+f\left(\frac{1}{2}\sin x\right)=\sin x$$

를 만족시킬 때, $f'(\pi)$의 값은? [3점]

① $-\frac{5}{6}$ ② $-\frac{2}{3}$ ③ $-\frac{1}{2}$

④ $-\frac{1}{3}$ ⑤ $-\frac{1}{6}$

28

함수 $f(x)$는 실수 전체의 집합에서 연속인 이계도함수를 갖고, 실수 전체의 집합에서 정의된 함수 $g(x)$를

$$g(x)=f'(2x)\sin \pi x+x$$

라 하자. 함수 $g(x)$는 역함수 $g^{-1}(x)$를 갖고,

$$\int_0^1 g^{-1}(x)dx=2\int_0^1 f'(2x)\sin \pi x\,dx+\frac{1}{4}$$

을 만족시킬 때, $\displaystyle\int_0^2 f(x)\cos \frac{\pi}{2}x\,dx$의 값은? [4점]

① $-\frac{1}{\pi}$ ② $-\frac{1}{2\pi}$ ③ $-\frac{1}{3\pi}$

④ $-\frac{1}{4\pi}$ ⑤ $-\frac{1}{5\pi}$

단답형

29

수열 $\{a_n\}$의 첫째항부터 제m항까지의 합을 S_m이라 하자.
모든 자연수 m에 대하여

$$S_m = \sum_{n=1}^{\infty} \frac{m+1}{n(n+m+1)}$$

일 때, $a_1 + a_{10} = \dfrac{q}{p}$이다. $p+q$의 값을 구하시오.

(단, p와 q는 서로소인 자연수이다.) [4점]

30

양수 k에 대하여 함수 $f(x)$를

$$f(x) = (k - |x|)e^{-x}$$

이라 하자. 실수 전체의 집합에서 미분가능하고 다음 조건을 만족시키는 모든 함수 $F(x)$에 대하여 $F(0)$의 최솟값을 $g(k)$라 하자.

모든 실수 x에 대하여 $F'(x) = f(x)$이고 $F(x) \geq f(x)$이다.

$g\left(\dfrac{1}{4}\right) + g\left(\dfrac{3}{2}\right) = pe + q$일 때, $100(p+q)$의 값을 구하시오.

(단, $\lim_{x \to \infty} xe^{-x} = 0$이고, p와 q는 유리수이다.) [4점]

5지선다형

23

$\lim\limits_{x \to 0} \dfrac{3x^2}{\sin^2 x}$의 값은? [2점]

① 1   ② 2   ③ 3
④ 4   ⑤ 5

24

$\displaystyle\int_0^{10} \dfrac{x+2}{x+1} dx$의 값은? [3점]

① $10 + \ln 5$ ② $10 + \ln 7$ ③ $10 + 2\ln 3$
④ $10 + \ln 11$ ⑤ $10 + \ln 13$

25

수열 $\{a_n\}$에 대하여 $\displaystyle\lim_{n\to\infty}\dfrac{na_n}{n^2+3}=1$일 때,

$\displaystyle\lim_{n\to\infty}\left(\sqrt{a_n^2+n}-a_n\right)$의 값은? [3점]

① $\dfrac{1}{3}$ ② $\dfrac{1}{2}$ ③ 1

④ 2 ⑤ 3

26

그림과 같이 곡선 $y=\sqrt{\dfrac{x+1}{x(x+\ln x)}}$ 과 x축 및 두 직선

$x=1$, $x=e$로 둘러싸인 부분을 밑면으로 하는 입체도형이 있다. 이 입체도형을 x축에 수직인 평면으로 자른 단면이 모두 정사각형일 때, 이 입체도형의 부피는? [3점]

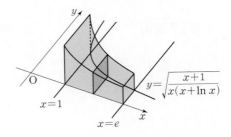

① $\ln(e+1)$ ② $\ln(e+2)$ ③ $\ln(e+3)$

④ $\ln(2e+1)$ ⑤ $\ln(2e+2)$

27

최고차항의 계수가 1인 삼차함수 $f(x)$에 대하여 함수 $g(x)$를
$$g(x) = f(e^x) + e^x$$
이라 하자. 곡선 $y = g(x)$ 위의 점 $(0, g(0))$에서의 접선이
x축이고 함수 $g(x)$가 역함수 $h(x)$를 가질 때, $h'(8)$의 값은?
[3점]

① $\dfrac{1}{36}$ ② $\dfrac{1}{18}$ ③ $\dfrac{1}{12}$

④ $\dfrac{1}{9}$ ⑤ $\dfrac{5}{36}$

28

실수 전체의 집합에서 미분가능한 함수 $f(x)$의 도함수
$f'(x)$가
$$f'(x) = -x + e^{1-x^2}$$
이다. 양수 t에 대하여 곡선 $y = f(x)$ 위의 점 $(t, f(t))$에서
의 접선과 곡선 $y = f(x)$ 및 y축으로 둘러싸인 부분의 넓이를
$g(t)$라 하자. $g(1) + g'(1)$의 값은? [4점]

① $\dfrac{1}{2}e + \dfrac{1}{2}$ ② $\dfrac{1}{2}e + \dfrac{2}{3}$ ③ $\dfrac{1}{2}e + \dfrac{5}{6}$

④ $\dfrac{2}{3}e + \dfrac{1}{2}$ ⑤ $\dfrac{2}{3}e + \dfrac{2}{3}$

해설편 p. 235

단답형

29

등비수열 $\{a_n\}$이

$$\sum_{n=1}^{\infty}(\,|a_n|+a_n\,)=\frac{40}{3},\quad \sum_{n=1}^{\infty}(\,|a_n|-a_n\,)=\frac{20}{3}$$

을 만족시킨다. 부등식

$$\lim_{n\to\infty}\sum_{k=1}^{2n}\left((-1)^{\frac{k(k+1)}{2}}\times a_{m+k}\right)>\frac{1}{700}$$

을 만족시키는 모든 자연수 m의 값의 합을 구하시오. [4점]

30

두 상수 $a\,(1\le a\le 2)$, b에 대하여 함수
$f(x)=\sin(ax+b+\sin x)$가 다음 조건을 만족시킨다.

(가) $f(0)=0$, $f(2\pi)=2\pi a+b$
(나) $f'(0)=f'(t)$인 양수 t의 최솟값은 4π이다.

함수 $f(x)$가 $x=\alpha$에서 극대인 α의 값 중 열린구간 $(0,\,4\pi)$에 속하는 모든 값의 집합을 A라 하자. 집합 A의 원소의 개수를 n, 집합 A의 원소 중 가장 작은 값을 α_1이라 하면,

$$n\alpha_1-ab=\frac{q}{p}\pi\text{이다. }p+q\text{의 값을 구하시오.}$$

(단, p와 q는 서로소인 자연수이다.) [4점]

해설편 p. 236

Part
1

해설편

I. 수열의 극한

01 정답 ③   정답률 96%

$\lim\limits_{n \to \infty} \dfrac{6n^2-3}{2n^2+5n}$ 의 값은?

$\longrightarrow \lim\limits_{n \to \infty}(2n^2+5n)=\infty, \ \lim\limits_{n \to \infty}(6n^2-3)=\infty$이야.

① 5   ② 4   ✔③ 3
④ 2   ⑤ 1

☑ 연관 개념 check

$\dfrac{\infty}{\infty}$ 꼴인 수열의 극한은 분모의 최고차항으로 분모, 분자를 각각 나눈 후 $\lim\limits_{n \to \infty} \dfrac{1}{n}=0$임을 이용하여 극한값을 구한다.

☑ 실전 적용 key

$\dfrac{\infty}{\infty}$ 꼴인 수열의 극한값은 다음과 같이 구할 수 있다.

[방법 1] 분모의 최고차항으로 분모, 분자를 각각 나눈다.
[방법 2] 분모의 최고차항의 계수와 분자의 최고차항의 계수를 비교한다.

알찬 풀이

$\dfrac{\infty}{\infty}$ 꼴이므로 분모, 분자를 각각 n^2으로 나누면
$\longrightarrow$ 분모의 최고차항이 n^2이야.

$$\lim_{n \to \infty} \frac{6n^2-3}{2n^2+5n}=\lim_{n \to \infty} \frac{6-\dfrac{3}{n^2}}{2+\dfrac{5}{n}}=\frac{6}{2}=3$$

$\longrightarrow \lim\limits_{n \to \infty}\dfrac{3}{n^2}=0, \ \lim\limits_{n \to \infty}\dfrac{5}{n}=0$이지.

빠른 풀이

(분자의 차수) = (분모의 차수)일 때는 극한값이 최고차항의 계수의 비이므로

$$\lim_{n \to \infty} \frac{6n^2-3}{2n^2+5n}=\frac{6}{2}=3$$

문제 해결 TIP

유재석 | 서울대학교 우주항공공학부 | 양서고등학교 졸업

정석적인 풀이는 알찬 풀이와 같이 $2n^2+5n$과 $6n^2-3$을 분모의 최고차항인 n^2으로 각각 나누어 푸는 것이야. 하지만 이 문제를 빨리 푸는 방법은 빠른 풀이와 같이 최고차항의 계수를 이용해서 푸는 것이야. 분자의 차수와 분모의 차수가 같을 때는 최고차항의 계수의 비를 구하면 시간을 절약하고 정확도도 높일 수 있을 거야. 다만 분자의 차수와 분모의 차수가 같지 않을 때는 이렇게 풀 수 없으니까 반드시 차수부터 확인해야 해! $\dfrac{\infty}{\infty}$ 꼴의 극한에서 분자의 차수가 분모의 차수보다 작으면 극한값은 0, 분자의 차수가 분모의 차수보다 크면 극한값은 없다는 것을 꼭 기억해 두자.

02 정답 ⑤   정답률 96%

$\lim\limits_{n \to \infty} \dfrac{\dfrac{5}{n}+\dfrac{3}{n^2}}{\dfrac{1}{n}-\dfrac{2}{n^3}}$ 의 값은?

① 1   ② 2   ③ 3
④ 4   ✔⑤ 5

$\longrightarrow$ 분모, 분자에 각각 n^3을 곱해 봐.

☑ 연관 개념 check

$\dfrac{\infty}{\infty}$ 꼴인 수열의 극한은 분모의 최고차항으로 분모, 분자를 각각 나눈 후 $\lim\limits_{n \to \infty} \dfrac{1}{n}=0$임을 이용하여 극한값을 구한다.

알찬 풀이

$$\lim_{n \to \infty} \frac{\dfrac{5}{n}+\dfrac{3}{n^2}}{\dfrac{1}{n}-\dfrac{2}{n^3}}=\lim_{n \to \infty} \frac{\left(\dfrac{5}{n}+\dfrac{3}{n^2}\right)\times n^3}{\left(\dfrac{1}{n}-\dfrac{2}{n^3}\right)\times n^3}$$

$$=\lim_{n \to \infty} \frac{5n^2+3n}{n^2-2}$$

$\longrightarrow$ 분모, 분자를 각각 n^2으로 나눴어.

$$=\lim_{n \to \infty} \frac{5+\dfrac{3}{n}}{1-\dfrac{2}{n^2}}$$

$$=\frac{5}{1}=5$$

$\longrightarrow \lim\limits_{n \to \infty}\dfrac{3}{n}=0, \ \lim\limits_{n \to \infty}\dfrac{2}{n^2}=0$이지.

생생 수험 Talk

수학 공부에서 가장 중요한 점은 문제를 많이 풀어 보는 거야! 내신을 대비하면서 기본 개념과 간단한 기본 문제들을 완벽히 익혀 놓고, 수능을 대비하면서 기출 문제를 많이 풀어 보는 거지! 그리고 문제를 풀 때, 한눈에 풀 방법이 보이지 않는다고 해서 절대 포기하면 안 돼. 고민 끝에 문제를 풀어냈을 때의 희열을 경험해 봐.

03 정답 ③   정답률 92%

$$\lim_{n\to\infty}\frac{\sqrt{9n^2+4n+1}}{2n+5}\text{의 값은?}$$

① $\frac{1}{2}$ ② 1   ✔③ $\frac{3}{2}$

④ 2   ⑤ $\frac{5}{2}$

$\to \lim_{n\to\infty}\sqrt{9n^2+4n+1}=\infty,\ \lim_{n\to\infty}(2n+5)=\infty$이야.

☑ 연관 개념 check

$\frac{\infty}{\infty}$ 꼴인 수열의 극한은 분모의 최고차항으로 분모, 분자를 각각 나눈 후 $\lim_{n\to\infty}\frac{1}{n}=0$임을 이용하여 극한값을 구한다.

알찬 풀이

$\frac{\infty}{\infty}$ 꼴이므로 분모, 분자를 각각 n으로 나누면

$\to$ 분모의 최고차항은 n이고, 이 n을 근호 안으로 넣으면 n^2이 되는 것에 주의해.

$$\lim_{n\to\infty}\frac{\sqrt{9n^2+4n+1}}{2n+5}=\lim_{n\to\infty}\frac{\sqrt{9+\frac{4}{n}+\frac{1}{n^2}}}{2+\frac{5}{n}}=\frac{3}{2}$$

빠른 풀이

$\to \lim_{n\to\infty}\frac{4}{n}=0,\ \lim_{n\to\infty}\frac{1}{n^2}=0,\ \lim_{n\to\infty}\frac{5}{n}=0$이지.

(분자의 차수)=(분모의 차수)일 때는 극한값이 최고차항의 계수의 비이므로

$$\lim_{n\to\infty}\frac{\sqrt{9n^2+4n+1}}{2n+5}=\frac{\sqrt{9}}{2}=\frac{3}{2}$$

$\to \sqrt{9n^2}=3n$이므로 분자를 n에 대한 일차식으로 생각하자.

04 정답 ⑤   정답률 92%

$$\lim_{n\to\infty}(\sqrt{n^2+9n}-\sqrt{n^2+4n})\text{의 값은?}$$

① $\frac{1}{2}$ ② 1   ③ $\frac{3}{2}$

④ 2   ✔⑤ $\frac{5}{2}$

$\to$ 분모를 1로 놓고 분자를 유리화해 봐.

☑ 연관 개념 check

$\infty-\infty$ 꼴인 수열의 극한은 근호가 있으면 근호가 있는 쪽을 유리화하여 $\frac{\infty}{\infty}$ 꼴로 변형한 후 극한값을 구한다.

알찬 풀이

$$\lim_{n\to\infty}(\sqrt{n^2+9n}-\sqrt{n^2+4n})$$

$$=\lim_{n\to\infty}\frac{(\sqrt{n^2+9n}-\sqrt{n^2+4n})(\sqrt{n^2+9n}+\sqrt{n^2+4n})}{\sqrt{n^2+9n}+\sqrt{n^2+4n}}$$

$$=\lim_{n\to\infty}\frac{(n^2+9n)-(n^2+4n)}{\sqrt{n^2+9n}+\sqrt{n^2+4n}}$$

$\to (a-b)(a+b)=a^2-b^2$을 이용했어.

$$=\lim_{n\to\infty}\frac{5n}{\sqrt{n^2+9n}+\sqrt{n^2+4n}}$$

$$=\lim_{n\to\infty}\frac{5}{\sqrt{1+\frac{9}{n}}+\sqrt{1+\frac{4}{n}}}$$

$\to$ 분모, 분자를 각각 n으로 나눴어.

$$=\frac{5}{1+1}=\frac{5}{2}$$

$\to \lim_{n\to\infty}\sqrt{1+\frac{4}{n}}=\sqrt{1}=1$

$\lim_{n\to\infty}\sqrt{1+\frac{9}{n}}=\sqrt{1}=1$

05 정답 ③   정답률 94%

$$\lim_{n\to\infty}\frac{2\times 3^{n+1}+5}{3^n+2^{n+1}}\text{의 값은?}$$

① 2   ② 4   ✔③ 6

④ 8   ⑤ 10

$\to$ 분모에서 밑의 절댓값이 가장 큰 항은 3^n이야.

☑ 실전 적용 key

r^n 꼴을 포함한 $\frac{\infty}{\infty}$ 꼴인 수열의 극한은 밑의 절댓값이 가장 큰 거듭제곱으로 분모, 분자를 각각 나누어 극한값을 구한다.

알찬 풀이

분모, 분자를 각각 3^n으로 나누면

$$\lim_{n\to\infty}\frac{2\times 3^{n+1}+5}{3^n+2^{n+1}}=\lim_{n\to\infty}\frac{6+5\times\left(\frac{1}{3}\right)^n}{1+2\times\left(\frac{2}{3}\right)^n}=6$$

$\to \lim_{n\to\infty}\left(\frac{2}{3}\right)^n=0,\ \lim_{n\to\infty}\left(\frac{1}{3}\right)^n=0$이지.

빠른 풀이

3^n에 곱해진 상수만을 비교하면

$$\lim_{n\to\infty}\frac{2\times 3^{n+1}+5}{3^n+2^{n+1}}=\lim_{n\to\infty}\frac{6\times 3^n+5}{1\cdot 3^n+2^{n+1}}=\frac{6}{1}=6$$

$\to$ 분모의 3^n에 곱해진 상수는 1이야.

I. 수열의 극한 3

06 정답 ② 정답률 94%

$$\lim_{n \to \infty} \frac{\left(\frac{1}{2}\right)^n + \left(\frac{1}{3}\right)^{n+1}}{\left(\frac{1}{2}\right)^{n+1} + \left(\frac{1}{3}\right)^n}$$의 값은?

① 1 ✔ ② 2 ③ 3
④ 4 ⑤ 5

└→ 밑의 절댓값이 가장 큰 항은 $\left(\frac{1}{2}\right)^n$이야.

☑ **실전 적용 key**

r^n 꼴을 포함한 $\frac{\infty}{\infty}$ 꼴인 수열의 극한은 밑의 절댓값이 가장 큰 거듭제곱으로 분모, 분자를 각각 나누어 극한값을 구한다.

알찬 풀이

분모, 분자를 각각 $\left(\frac{1}{2}\right)^n$으로 나누면

$$\lim_{n \to \infty} \frac{\left(\frac{1}{2}\right)^n + \left(\frac{1}{3}\right)^{n+1}}{\left(\frac{1}{2}\right)^{n+1} + \left(\frac{1}{3}\right)^n} = \lim_{n \to \infty} \frac{1 + \frac{1}{3} \times \left(\frac{2}{3}\right)^n}{\frac{1}{2} + \left(\frac{2}{3}\right)^n} = 2$$

└→ $\lim\limits_{n \to \infty} \left(\frac{2}{3}\right)^n = 0$이지.

빠른 풀이

$\left(\frac{1}{2}\right)^n$에 곱해진 상수만을 비교하면

$$\lim_{n \to \infty} \frac{\left(\frac{1}{2}\right)^n + \left(\frac{1}{3}\right)^{n+1}}{\left(\frac{1}{2}\right)^{n+1} + \left(\frac{1}{3}\right)^n} = \lim_{n \to \infty} \frac{1\left(\frac{1}{2}\right)^n + \left(\frac{1}{3}\right)^{n+1}}{\frac{1}{2}\left(\frac{1}{2}\right)^n + \left(\frac{1}{3}\right)^n} = \frac{1}{\frac{1}{2}} = 2$$

└→ 분자의 $\left(\frac{1}{2}\right)^n$에 곱해진 상수는 1이야.

---

07 정답 3 정답률 94%

$$\lim_{n \to \infty} \frac{3n^2 + 5}{n^2 + 2n}$$의 값을 구하시오. 3

1

└→ $\lim\limits_{n \to \infty} (n^2 + 2n) = \infty$, $\lim\limits_{n \to \infty} (3n^2 + 5) = \infty$이야.

☑ **연관 개념 check**

$\frac{\infty}{\infty}$ 꼴인 수열의 극한은 분모의 최고차항으로 분모, 분자를 각각 나눈 후 $\lim\limits_{n \to \infty} \frac{1}{n} = 0$임을 이용하여 극한값을 구한다.

해결 흐름

1 $\frac{\infty}{\infty}$ 꼴이니까 분모의 최고차항으로 분모, 분자를 각각 나누면 극한값을 구할 수 있겠다.

알찬 풀이

$\frac{\infty}{\infty}$ 꼴이므로 분모, 분자를 각각 n^2으로 나누면

└→ 분모의 최고차항이 n^2이야.

$$\lim_{n \to \infty} \frac{3n^2 + 5}{n^2 + 2n} = \lim_{n \to \infty} \frac{3 + \frac{5}{n^2}}{1 + \frac{2}{n}} = 3$$

└→ $\lim\limits_{n \to \infty} \frac{5}{n^2} = 0$, $\lim\limits_{n \to \infty} \frac{2}{n} = 0$이지.

다른 풀이

(분자의 차수) = (분모의 차수)일 때는 극한값이 최고차항의 계수의 비이므로

$$\lim_{n \to \infty} \frac{3n^2 + 5}{n^2 + 2n} = \frac{3}{1} = 3$$

---

08 정답 12 정답률 84%

두 상수 a, b에 대하여 $\lim\limits_{n \to \infty} \dfrac{an^2 + bn + 7}{3n + 1} = 4$일 때, $a + b$의 값을 구하시오. 12

1 **2**

└→ $\frac{\infty}{\infty}$ 꼴인데 극한값을 가지면 분모, 분자의 차수가 같아야 해.

☑ **실전 적용 key**

n에 대한 두 다항식 a_n, b_n에 대하여 $\lim\limits_{n \to \infty} a_n = \infty$, $\lim\limits_{n \to \infty} b_n = \infty$이고 $\lim\limits_{n \to \infty} \dfrac{a_n}{b_n} = \alpha$ (α는 실수)일 때,

(1) $\alpha = 0$이면 ➡ (a_n의 차수) < (b_n의 차수)

(2) $\alpha \neq 0$이면 ➡ (a_n의 차수) = (b_n의 차수)이고, 최고차항의 계수의 비가 α이다.

해결 흐름

1 $\frac{\infty}{\infty}$ 꼴이고 극한값이 존재하니까 (분자의 차수) = (분모의 차수)임을 이용하여 a의 값을 구할 수 있겠다.

2 a의 값을 대입하고 분모의 최고차항으로 분모, 분자를 각각 나누면 b의 값을 구할 수 있겠네.

알찬 풀이

┌→ $a \neq 0$이면 (분모의 차수) < (분자의 차수)가 되지.

$a \neq 0$이면 주어진 수열은 발산하므로 $a = 0$

$$\lim_{n \to \infty} \frac{bn + 7}{3n + 1} = \lim_{n \to \infty} \frac{b + \frac{7}{n}}{3 + \frac{1}{n}} = \frac{b}{3}$$

└→ $\lim\limits_{n \to \infty} \dfrac{an^2 + bn + 7}{3n + 1}$에 $a = 0$을 대입하면 $\lim\limits_{n \to \infty} \dfrac{bn + 7}{3n + 1}$이야.

즉, $\frac{b}{3} = 4$이므로 $b = 12$ ∴ $a + b = 0 + 12 = 12$

└→ $\lim\limits_{n \to \infty} \dfrac{an^2 + bn + 7}{3n + 1} = 4$이기 때문이지.

09 정답 ①　　정답률 85%

수열 $\{a_n\}$에서 $a_n=\log \dfrac{n+1}{n}$일 때, $\displaystyle\lim_{n\to\infty} \dfrac{n}{10^{a_1+a_2+\cdots+a_n}}$의
값은?

$a_1=\log \dfrac{2}{1},\ a_2=\log \dfrac{3}{2},\ \cdots$

✓ ① 1　　　② 2　　　③ 3
④ 4　　　⑤ 5

☑ 해결 흐름

1 로그의 성질을 이용하여 $a_1+a_2+\cdots+a_n$을 간단히 나타내야겠다.

2 로그의 성질을 이용하여 주어진 식을 간단히 한 후 극한값을 구해야겠네.

☑ 연관 개념 check

(1) $a>0,\ a\neq 1,\ M>0,\ N>0$일 때,

$$\log_a \frac{M}{N}=\log_a M-\log_a N$$

(2) $a>0,\ a\neq 1,\ b>0$일 때, $a^{\log_a b}=b$

☑ 오답 clear

$\displaystyle\lim_{n\to\infty} \dfrac{n}{10^{a_1+a_2+\cdots+a_n}}$의 값을 구할 때, 먼저 $a_1+a_2+\cdots+a_n$을 간

단히 한 후 그 값을 $\dfrac{n}{10^{a_1+a_2+\cdots+a_n}}$에 대입해서 극한값을 구하면 실

수를 줄일 수 있다.

알찬 풀이

$a_n=\log \dfrac{n+1}{n}=\log (n+1)-\log n$이므로

$a_1+a_2+\cdots+a_n=(\log 2-\log 1)+(\log 3-\log 2)+\cdots+\{\log n-\log (n-1)\}$
$\qquad\qquad\qquad +\{\log (n+1)-\log n\}$

（$\log 1=0$）

$\qquad\qquad\qquad =\log (n+1)$

$\therefore \displaystyle\lim_{n\to\infty} \dfrac{n}{10^{a_1+a_2+\cdots+a_n}}=\lim_{n\to\infty} \dfrac{n}{10^{\log (n+1)}}$

（$10^{\log(n+1)}=(n+1)^{\log 10}=n+1$）

$\qquad\qquad =\displaystyle\lim_{n\to\infty} \dfrac{n}{n+1}$

$\qquad\qquad =\displaystyle\lim_{n\to\infty} \dfrac{1}{1+\dfrac{1}{n}}=1$

다른 풀이

（$a>0,\ a\neq 1,\ M>0,\ N>0$일 때, $\log_a M+\log_a N=\log_a MN$）

$a_1+a_2+\cdots+a_n=\log \dfrac{2}{1}+\log \dfrac{3}{2}+\cdots+\log \dfrac{n+1}{n}$

$\qquad\qquad =\log \left(\dfrac{2}{1}\times \dfrac{3}{2}\times \dfrac{4}{3}\times \cdots \times \dfrac{n+1}{n} \right)$

$\qquad\qquad =\log (n+1)$

$\therefore \displaystyle\lim_{n\to\infty} \dfrac{n}{10^{a_1+a_2+\cdots+a_n}}=\lim_{n\to\infty} \dfrac{n}{10^{\log (n+1)}}=\lim_{n\to\infty} \dfrac{n}{n+1}$

$\qquad\qquad =\displaystyle\lim_{n\to\infty} \dfrac{1}{1+\dfrac{1}{n}}=1$

10 정답 2　　정답률 88%

자연수 n에 대하여 x에 대한 이차방정식
$$x^2+2nx-4n=0$$
의 양의 실근을 a_n이라 하자. $\displaystyle\lim_{n\to\infty} a_n$의 값을 구하시오. 2

→ n이 자연수라는 조건이 있어야 수열의 극한을 이용할 수 있어.

☑ 해결 흐름

1 우선 a_n을 구해야겠다.

2 a_n이 근호를 포함한 $\infty-\infty$ 꼴이므로 분모를 1로 놓고, 분자를 유리화하여 $\dfrac{\infty}{\infty}$ 꼴로 변형하면
$\displaystyle\lim_{n\to\infty} a_n$의 값을 구할 수 있겠다.

☑ 연관 개념 check

이차방정식 $ax^2+bx+c=0$의 근은

$$x=\dfrac{-b\pm \sqrt{b^2-4ac}}{2a}$$

☑ 실전 적용 key

근호 안이 이차식일 때 상수항은 극한값에 영향을 미치지 않으므로 근호 안의 식에 적당한 상수를 더하여 완전제곱식으로 변형한 후 극한값을 구할 수도 있다. 즉,

$\displaystyle\lim_{n\to\infty} a_n=\lim_{n\to\infty}(\sqrt{n^2+4n}-n)=\lim_{n\to\infty}(\sqrt{n^2+4n+4}-n)$
$\qquad\quad =\displaystyle\lim_{n\to\infty}\{\sqrt{(n+2)^2}-n\}=\lim_{n\to\infty}\{(n+2)-n\}=2$

와 같이 계산할 수도 있다.

알찬 풀이

$x^2+2nx-4n=0$에서 $x=-n\pm \sqrt{n^2+4n}$ → 근의 공식을 이용했어.

$\therefore a_n=-n+\sqrt{n^2+4n}$ → a_n은 양의 실근이기 때문이야.

$\therefore \displaystyle\lim_{n\to\infty} a_n=\lim_{n\to\infty}(\sqrt{n^2+4n}-n)$

（$\sqrt{f(n)}-\sqrt{g(n)}=\dfrac{f(n)-g(n)}{\sqrt{f(n)}+\sqrt{g(n)}}$ 을 이용했어.）

$\qquad =\displaystyle\lim_{n\to\infty} \dfrac{(\sqrt{n^2+4n}-n)(\sqrt{n^2+4n}+n)}{\sqrt{n^2+4n}+n}$

$\qquad =\displaystyle\lim_{n\to\infty} \dfrac{n^2+4n-n^2}{\sqrt{n^2+4n}+n}$

$\qquad =\displaystyle\lim_{n\to\infty} \dfrac{4n}{\sqrt{n^2+4n}+n}$

분모, 분자를 각각 n으로 나눴어.

$\qquad =\displaystyle\lim_{n\to\infty} \dfrac{4}{\sqrt{1+\dfrac{4}{n}}+1}$

$\qquad =\dfrac{4}{1+1}=2$

→ $\displaystyle\lim_{n\to\infty} \sqrt{1+\dfrac{4}{n}}=1$

11 정답 14 정답률 88%

$\lim\limits_{n\to\infty}(\sqrt{n^2+28n}-n)$의 값을 구하시오. 14
└→ 근호가 있고 $\infty-\infty$ 꼴이지.

해결 흐름

1 근호를 포함한 식이 $\infty-\infty$ 꼴이므로 분모를 1로 놓고, 분자를 유리화하여 $\frac{\infty}{\infty}$ 꼴로 변형해야겠네.

2 분모의 최고차항으로 분모, 분자를 각각 나누면 극한값을 구할 수 있겠다.

알찬 풀이

$\sqrt{n^2+28n}-n=\dfrac{\sqrt{n^2+28n}-n}{1}$

$\lim\limits_{n\to\infty}(\sqrt{n^2+28n}-n)=\lim\limits_{n\to\infty}\dfrac{(\sqrt{n^2+28n}-n)(\sqrt{n^2+28n}+n)}{\sqrt{n^2+28n}+n}$

$=\lim\limits_{n\to\infty}\dfrac{n^2+28n-n^2}{\sqrt{n^2+28n}+n}$ $(a-b)(a+b)=a^2-b^2$을 이용했어.

$=\lim\limits_{n\to\infty}\dfrac{28n}{\sqrt{n^2+28n}+n}=\lim\limits_{n\to\infty}\dfrac{28}{\sqrt{1+\dfrac{28}{n}}+1}$

$=\dfrac{28}{1+1}=14$ 분모, 분자를 각각 n으로 나눴어.
└→ $\lim\limits_{n\to\infty}\sqrt{1+\dfrac{28}{n}}=1$

☑ **연관 개념 check**
$\infty-\infty$ 꼴인 수열의 극한은 근호가 있으면 근호가 있는 쪽을
유리화하여 $\frac{\infty}{\infty}$ 꼴로 변형한 후 극한값을 구한다.

12 정답 ③

정수 k에 대하여 수열 $\{a_n\}$의 일반항을

$a_n=\left(\dfrac{|k|}{3}-2\right)^n$ └→ 등비수열의 일반항이야.

이라 하자. 수열 $\{a_n\}$이 수렴하도록 하는 모든 정수 k의 개
수는?

① 4   ② 8   ✔ ③ 12
④ 16   ⑤ 20

☑ **연관 개념 check**
등비수열 $\{r^n\}$이 수렴하기 위한 조건은
$-1<r\le1$

☑ **오답 clear**
첫째항과 공비가 다른 경우에는 (첫째항)$=0$일 때도 수렴함에 주
의해야 한다.

해결 흐름

1 정수 k에 대하여 $\frac{|k|}{3}-2$는 실수이니까 수열 $\{a_n\}$은 등비수열이네.

2 첫째항과 공비가 같은 등비수열의 수렴 조건은 $-1<$(공비)≤1임을 이용해야겠다.

알찬 풀이

수열 $\{a_n\}$, 즉 $\left\{\left(\dfrac{|k|}{3}-2\right)^n\right\}$은 공비가 $\dfrac{|k|}{3}-2$인 등비수열이므로 이 등비수열
이 수렴하려면 └→ 첫째항과 공비가 같아.

$-1<\dfrac{|k|}{3}-2\le1,\ 1<\dfrac{|k|}{3}\le3$

$\therefore 3<|k|\le9$ →$3<k\le9$ 또는 $-9\le k<-3$

따라서 정수 k의 값은 ±4, ±5, ±6, ±7, ±8, ±9의 12개이다.

13 정답 40 정답률 82%

수열 $\left\{\left(\dfrac{2x-1}{4}\right)^n\right\}$이 수렴하기 위한 정수 x의 개수를 k라

할 때, $10k$의 값을 구하시오. 40
└→ 등비수열이야.

☑ **연관 개념 check**
등비수열 $\{r^n\}$이 수렴하기 위한 조건은
$-1<r\le1$

☑ **오답 clear**
첫째항과 공비가 다른 경우에는 (첫째항)$=0$일 때도 수렴함에 주
의해야 한다.

해결 흐름

1 정수 x에 대하여 $\frac{2x-1}{4}$은 실수이니까 주어진 수열은 등비수열이네.

2 첫째항과 공비가 같은 등비수열의 수렴 조건은 $-1<$(공비)≤1임을 이용해야겠다.

알찬 풀이

수열 $\left\{\left(\dfrac{2x-1}{4}\right)^n\right\}$은 공비가 $\dfrac{2x-1}{4}$인 등비수열이므로 이 등비수열이 수렴하
려면 └→ 첫째항과 공비가 같아.

$-1<\dfrac{2x-1}{4}\le1,\ -4<2x-1\le4$

$-3<2x\le5$ $\therefore -\dfrac{3}{2}<x\le\dfrac{5}{2}$

따라서 정수 x는 -1, 0, 1, 2의 4개이므로 $k=4$

$\therefore 10k=10\times4=40$

14 정답 ④ 　　　　　　　　　　 정답률 89%

등비수열 $\{a_n\}$에 대하여 **1**
$$\lim_{n \to \infty} \frac{4^n \times a_n - 1}{3 \times 2^{n+1}} = 1$$
일 때, $a_1 + a_2$의 값은?

① $\dfrac{3}{2}$ 　　　② $\dfrac{5}{2}$ 　　　③ $\dfrac{7}{2}$

✓④ $\dfrac{9}{2}$ 　　　⑤ $\dfrac{11}{2}$

☑ 연관 개념 check

등비수열 $\{r^n\}$에 대하여 $-1 < r < 1$일 때,
$\lim\limits_{n \to \infty} r^n = 0$

☑ 실전 적용 key

r^n 꼴을 포함한 $\dfrac{\infty}{\infty}$ 꼴인 수열의 극한은 밑의 절댓값이 가장 큰 거듭제곱으로 분모, 분자를 각각 나누어 극한값을 구한다.

해결 흐름

1 먼저 주어진 수열의 극한값을 이용하여 등비수열 $\{a_n\}$의 일반항을 구해야겠네.

알찬 풀이

등비수열 $\{a_n\}$의 공비를 r라 하면 $a_n = a_1 r^{n-1}$이므로
$$\lim_{n \to \infty} \frac{4^n \times a_n - 1}{3 \times 2^{n+1}} = \lim_{n \to \infty} \frac{4^n \times a_1 r^{n-1} - 1}{3 \times 2^{n+1}}$$

분모, 분자를 각각 2^n으로 나눴어.
$$= \lim_{n \to \infty} \frac{\dfrac{4^n \times a_1 r^{n-1} - 1}{3 \times 2 \times 2^n}}{}$$

$\dfrac{4^n \times a_1 r^{n-1}}{2^n} = \dfrac{a_1}{r} \times \dfrac{(4r)^n}{2^n} = \dfrac{a_1}{r} \times (2r)^n$

$$= \lim_{n \to \infty} \frac{\dfrac{a_1}{r} \times (2r)^n - \left(\dfrac{1}{2}\right)^n}{6}$$

$$= \frac{1}{6} \lim_{n \to \infty} \left\{ \frac{a_1}{r} \times (2r)^n \right\} = 1$$

$$\therefore \lim_{n \to \infty} \left\{ \frac{a_1}{r} \times (2r)^n \right\} = 6$$

즉, $\dfrac{a_1}{r} = 6$, $2r = 1$이므로 $a_1 = 3$, $r = \dfrac{1}{2}$ 　　$\therefore a_1 + a_2 = 3 + 3 \times \dfrac{1}{2} = \dfrac{9}{2}$

15 정답 ⑤ 　　　　　　　　　　 정답률 88%

등비수열 $\{a_n\}$에 대하여 $\lim\limits_{n \to \infty} \dfrac{a_n + 1}{3^n + 2^{2n-1}} = 3$일 때, a_2의 값은? **1**

① 16 　　　② 18 　　　③ 20

④ 22 　　　✓⑤ 24

☑ 연관 개념 check

등비수열 $\{r^n\}$에 대하여 $-1 < r < 1$일 때,
$\lim\limits_{n \to \infty} r^n = 0$

☑ 실전 적용 key

r^n 꼴을 포함한 $\dfrac{\infty}{\infty}$ 꼴인 수열의 극한은 밑의 절댓값이 가장 큰 거듭제곱으로 분모, 분자를 각각 나누어 극한값을 구한다.

해결 흐름

1 먼저 주어진 수열의 극한값을 이용하여 등비수열 $\{a_n\}$의 일반항을 구해야겠네.

알찬 풀이

등비수열 $\{a_n\}$의 첫째항을 a, 공비를 r라 하면 $a_n = ar^{n-1}$이므로
$$\lim_{n \to \infty} \frac{a_n + 1}{3^n + 2^{2n-1}} = \lim_{n \to \infty} \frac{ar^{n-1} + 1}{3^n + 2^{2n-1}}$$

분모, 분자를 각각 4^n으로 나눴어.
$$= \lim_{n \to \infty} \frac{ar^{n-1} + 1}{3^n + \dfrac{1}{2} \times 4^n}$$

$\dfrac{ar^{n-1}}{4^n} = \dfrac{a}{r} \times \dfrac{r^n}{4^n} = \dfrac{a}{r} \times \left(\dfrac{r}{4}\right)^n$

$$= \lim_{n \to \infty} \frac{\dfrac{a}{r} \times \left(\dfrac{r}{4}\right)^n + \dfrac{1}{4^n}}{\left(\dfrac{3}{4}\right)^n + \dfrac{1}{2}}$$

$$= 2 \lim_{n \to \infty} \left\{ \frac{a}{r} \times \left(\frac{r}{4}\right)^n \right\} = 3$$

$$\therefore \lim_{n \to \infty} \left\{ \frac{a}{r} \times \left(\frac{r}{4}\right)^n \right\} = \frac{3}{2}$$

즉, $\dfrac{a}{r} = \dfrac{3}{2}$, $\dfrac{r}{4} = 1$이므로 $a = 6$, $r = 4$ 　　$\therefore a_2 = ar = 6 \times 4 = 24$

16 정답 ⑤ 　　　　　　　　　　 정답률 91%

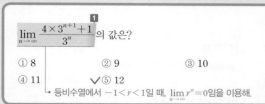

$\lim\limits_{n \to \infty} \dfrac{4 \times 3^{n+1} + 1}{3^n}$의 값은? **1**

① 8 　　　② 9 　　　③ 10

④ 11 　　　✓⑤ 12

↳ 등비수열에서 $-1 < r < 1$일 때, $\lim\limits_{n \to \infty} r^n = 0$임을 이용해.

☑ 실전 적용 key

r^n 꼴을 포함한 $\dfrac{\infty}{\infty}$ 꼴인 수열의 극한은 밑의 절댓값이 가장 큰 거듭제곱으로 분모, 분자를 각각 나누어 극한값을 구한다.

해결 흐름

1 분모, 분자에 각각 3^n, 3^{n+1}이 있으니까 3^n으로 분모, 분자를 각각 나누면 극한값을 구할 수 있겠다.

알찬 풀이

분모, 분자를 각각 3^n으로 나누면
$$\lim_{n \to \infty} \frac{4 \times 3^{n+1} + 1}{3^n} = \lim_{n \to \infty} \frac{4 \times 3 + \left(\dfrac{1}{3}\right)^n}{1} = 12$$

$\dfrac{1}{3^n} = \left(\dfrac{1}{3}\right)^n$이고 $\lim\limits_{n \to \infty} \left(\dfrac{1}{3}\right)^n = 0$이야.

17 정답 ⑤   정답률 80%

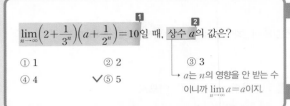

$\lim\limits_{n\to\infty}\left(2+\dfrac{1}{3^n}\right)\left(a+\dfrac{1}{2^n}\right)=10$일 때, 상수 a의 값은?

① 1   ② 2   ③ 3

④ 4   ✔ ⑤ 5

└→ a는 n의 영향을 안 받는 수
이니까 $\lim\limits_{n\to\infty}a=a$이지.

☑ 연관 개념 check

등비수열 $\{r^n\}$에 대하여 $-1<r<1$일 때,

$\lim\limits_{n\to\infty}r^n=0$

해결 흐름

1 등비수열의 극한을 이용하여 $\lim\limits_{n\to\infty}\left(2+\dfrac{1}{3^n}\right)\left(a+\dfrac{1}{2^n}\right)$의 값을 a에 대한 식으로 나타낼 수 있겠네.

2 **1**에서 구한 식의 값이 10임을 이용하여 a의 값을 구할 수 있겠다.

알찬 풀이

$\lim\limits_{n\to\infty}\dfrac{1}{3^n}=0$, $\lim\limits_{n\to\infty}\dfrac{1}{2^n}=0$이므로

$$\lim_{n\to\infty}\left(2+\overset{0}{\dfrac{1}{3^n}}\right)\lim\left(a+\overset{0}{\dfrac{1}{2^n}}\right)=2\times a$$

$\lim\limits_{n\to\infty}\left(2+\dfrac{1}{3^n}\right)\left(a+\dfrac{1}{2^n}\right)=2a$

즉, $2a=10$ $\therefore a=5$

└→ $\lim\limits_{n\to\infty}\left(2+\dfrac{1}{3^n}\right)\left(a+\dfrac{1}{2^n}\right)=10$이기 때문이야.

> ☆★
> $\lim\limits_{n\to\infty}a_n=\alpha$, $\lim\limits_{n\to\infty}b_n=\beta$ (α, β는 실수)일 때,
> $\lim\limits_{n\to\infty}a_nb_n=\lim\limits_{n\to\infty}a_n\times\lim\limits_{n\to\infty}b_n=\alpha\beta$

---

18 정답 4   정답률 89%

                  ┌→ $a_n=1\times r^{n-1}$

첫째항이 1이고 공비가 r $(r>1)$인 등비수열 $\{a_n\}$에 대하여

$S_n=\sum\limits_{k=1}^{n}a_k$일 때, $\lim\limits_{n\to\infty}\dfrac{a_n}{S_n}=\dfrac{3}{4}$이다. r의 값을 구하시오. 4

└→ S_n이 등비수열 $\{a_n\}$의 첫째항부터 제n항까지의 합임을
알 수 있어야 해.

☑ 연관 개념 check

첫째항이 a, 공비가 r인 등비수열 $\{a_n\}$의 일반항은

$a_n=ar^{n-1}$

☑ 실전 적용 key

$r>1$이므로 등비수열 $\{a_n\}$의 합 S_n은 $S_n=\dfrac{a_1(1-r^n)}{1-r}$보다

$S_n=\dfrac{a_1(r^n-1)}{r-1}$을 이용하는 것이 편리하다.

해결 흐름

1 첫째항이 1이고 공비가 r $(r>1)$인 등비수열 $\{a_n\}$의 일반항 a_n을 구해서 S_n을 구해야겠다.

2 **1**에서 구한 a_n, S_n과 $\lim\limits_{n\to\infty}\dfrac{a_n}{S_n}=\dfrac{3}{4}$임을 이용하면 공비 r를 구할 수 있겠네.

알찬 풀이

첫째항이 1, 공비가 r인 등비수열 $\{a_n\}$의 일반항 a_n은 $a_n=r^{n-1}$이므로

$$S_n=\sum_{k=1}^{n}a_k=\sum_{k=1}^{n}r^{k-1}=\dfrac{r^n-1}{r-1}$$

이때

$$\lim_{n\to\infty}\dfrac{a_n}{S_n}=\lim_{n\to\infty}\dfrac{r^{n-1}}{\dfrac{r^n-1}{r-1}}=\lim_{n\to\infty}\dfrac{r^n-r^{n-1}}{r^n-1}$$

└→ 분모, 분자를 각각 r^n으로 나눴어.

$$=\lim_{n\to\infty}\dfrac{1-\dfrac{1}{r}}{1-\dfrac{1}{r^n}}=1-\dfrac{1}{r}\ (\because r>1)$$

└→ $0<\dfrac{1}{r}<1$에서 $\lim\limits_{n\to\infty}\dfrac{1}{r^n}=\lim\limits_{n\to\infty}\left(\dfrac{1}{r}\right)^n=0$이지.

이므로 $1-\dfrac{1}{r}=\dfrac{3}{4}$에서 $\dfrac{1}{r}=\dfrac{1}{4}$ $\therefore r=4$

> ☆★
> **등비수열의 합**
> 첫째항이 a, 공비가 r $(r\neq1)$인 등비수열
> 의 첫째항부터 제n항까지의 합 S_n은
> $S_n=\dfrac{a(1-r^n)}{1-r}=\dfrac{a(r^n-1)}{r-1}$

---

19 정답 ②   정답률 A형 85%, B형 92%

공비가 3인 등비수열 $\{a_n\}$의 첫째항부터 제n항까지의 합

S_n이   └→ a_1

$$\lim_{n\to\infty}\dfrac{S_n}{3^n}=5$$

를 만족시킬 때, 첫째항 a_1의 값은?

① 8   ✔ ② 10   ③ 12

④ 14   ⑤ 16

☑ 연관 개념 check

첫째항이 a, 공비가 r $(r\neq1)$인 등비수열의 첫째항부터

제n항까지의 합 S_n은

$S_n=\dfrac{a(1-r^n)}{1-r}=\dfrac{a(r^n-1)}{r-1}$

해결 흐름

1 a_1의 값을 구하는 문제이므로 S_n을 a_1이 포함된 식으로 나타내야겠어.

2 S_n을 구했으니 주어진 극한값을 활용하여 a_1의 값을 구할 수 있겠네.

알찬 풀이

$$S_n=\dfrac{a_1(3^n-1)}{3-1}=\dfrac{a_1}{2}(3^n-1)$$이므로

└→ 등비수열의 합의 공식을 이용했어.

$$\lim_{n\to\infty}\dfrac{S_n}{3^n}=\lim_{n\to\infty}\dfrac{\dfrac{a_1}{2}(3^n-1)}{3^n}=\lim_{n\to\infty}\dfrac{a_1}{2}\left(1-\dfrac{1}{3^n}\right)$$

$$=\dfrac{a_1}{2}(1-0)=\dfrac{a_1}{2}$$

└→ $\lim\limits_{n\to\infty}\dfrac{1}{3^n}=\lim\limits_{n\to\infty}\left(\dfrac{1}{3}\right)^n=0$이지.

따라서 $\dfrac{a_1}{2}=5$에서 $a_1=10$

└→ $\lim\limits_{n\to\infty}\dfrac{S_n}{3^n}=5$이기 때문이야.

20 정답 ② 정답률 90%

수열 $\{a_n\}$에 대하여 $\lim\limits_{n\to\infty}\dfrac{na_n}{n^2+3}=1$일 때, **1**

$\lim\limits_{n\to\infty}(\sqrt{a_n^2+n}-a_n)$의 값은? **2**

① $\dfrac{1}{3}$ ✓② $\dfrac{1}{2}$ ③ 1

④ 2   ⑤ 3

→ 분모를 1로 놓고 분자를 유리화해 봐.

☑ 연관 개념 check

두 수열 $\{a_n\}$, $\{b_n\}$이 수렴하고

$\lim\limits_{n\to\infty}a_n=\alpha$, $\lim\limits_{n\to\infty}b_n=\beta$ (α, β는 실수)일 때,

(1) $\lim\limits_{n\to\infty}(a_n\pm b_n)=\lim\limits_{n\to\infty}a_n\pm\lim\limits_{n\to\infty}b_n=\alpha\pm\beta$ (복부호 동순)

(2) $\lim\limits_{n\to\infty}ca_n=c\lim\limits_{n\to\infty}a_n=c\alpha$ (단, c는 상수)

(3) $\lim\limits_{n\to\infty}a_nb_n=\lim\limits_{n\to\infty}a_n\times\lim\limits_{n\to\infty}b_n=\alpha\beta$

(4) $\lim\limits_{n\to\infty}\dfrac{a_n}{b_n}=\dfrac{\lim\limits_{n\to\infty}a_n}{\lim\limits_{n\to\infty}b_n}=\dfrac{\alpha}{\beta}$ (단, $b_n\neq0$, $\beta\neq0$)

☑ 실전 적용 key

$\lim\limits_{n\to\infty}\dfrac{ra_n+s}{pa_n+q}=\alpha$ (α는 실수, $p\neq0$, $q\neq0$)일 때, $\lim\limits_{n\to\infty}a_n$의 값은

$\dfrac{ra_n+s}{pa_n+q}=b_n$으로 놓고 a_n을 b_n에 대하여 나타낸 후 $\lim\limits_{n\to\infty}b_n=\alpha$임을 이용하여 구한다.

해결 흐름

1 a_n을 포함한 식을 b_n으로 놓고 a_n을 b_n에 대한 식으로 나타내야겠어.

2 $\lim\limits_{n\to\infty}b_n$의 값과 수열의 극한의 기본 성질을 이용하여 주어진 식의 극한값을 구할 수 있어.

알찬 풀이

$\dfrac{na_n}{n^2+3}=b_n$이라 하면 $a_n=\dfrac{b_n(n^2+3)}{n}$

이때 $\lim\limits_{n\to\infty}b_n=1$이므로 → $\lim\limits_{n\to\infty}\dfrac{na_n}{n^2+3}=1$이기 때문이야.

$\lim\limits_{n\to\infty}\dfrac{a_n}{n}=\lim\limits_{n\to\infty}\dfrac{b_n(n^2+3)}{n^2}=\lim\limits_{n\to\infty}b_n\times\lim\limits_{n\to\infty}\dfrac{n^2+3}{n^2}=1\times1=1$

$\therefore \lim\limits_{n\to\infty}(\sqrt{a_n^2+n}-a_n)=\lim\limits_{n\to\infty}\dfrac{(\sqrt{a_n^2+n}-a_n)(\sqrt{a_n^2+n}+a_n)}{\sqrt{a_n^2+n}+a_n}$

$=\lim\limits_{n\to\infty}\dfrac{a_n^2+n-a_n^2}{\sqrt{a_n^2+n}+a_n}$ $(a+b)(a-b)=a^2-b^2$을 이용했어.

$=\lim\limits_{n\to\infty}\dfrac{n}{\sqrt{a_n^2+n}+a_n}$

$=\lim\limits_{n\to\infty}\dfrac{1}{\sqrt{\left(\dfrac{a_n}{n}\right)^2+\dfrac{1}{n}}+\dfrac{a_n}{n}}$ 분모, 분자를 각각 n으로 나눴어.

$=\dfrac{1}{\sqrt{1^2+0}+1}=\dfrac{1}{2}$

21 정답 ⑤ 정답률 87%

수열 $\{a_n\}$에 대하여 $\lim\limits_{n\to\infty}\dfrac{a_n+2}{2}=6$일 때, $\lim\limits_{n\to\infty}\dfrac{na_n+1}{a_n+2n}$의 **1** **2**

값은?

① 1   ② 2   ③ 3

④ 4   ✓⑤ 5

☑ 연관 개념 check

두 수열 $\{a_n\}$, $\{b_n\}$이 수렴하고

$\lim\limits_{n\to\infty}a_n=\alpha$, $\lim\limits_{n\to\infty}b_n=\beta$ (α, β는 실수)일 때,

(1) $\lim\limits_{n\to\infty}(a_n\pm b_n)=\lim\limits_{n\to\infty}a_n\pm\lim\limits_{n\to\infty}b_n=\alpha\pm\beta$ (복부호 동순)

(2) $\lim\limits_{n\to\infty}ca_n=c\lim\limits_{n\to\infty}a_n=c\alpha$ (단, c는 상수)

(3) $\lim\limits_{n\to\infty}a_nb_n=\lim\limits_{n\to\infty}a_n\times\lim\limits_{n\to\infty}b_n=\alpha\beta$

(4) $\lim\limits_{n\to\infty}\dfrac{a_n}{b_n}=\dfrac{\lim\limits_{n\to\infty}a_n}{\lim\limits_{n\to\infty}b_n}=\dfrac{\alpha}{\beta}$ (단, $b_n\neq0$, $\beta\neq0$)

☑ 실전 적용 key

$\lim\limits_{n\to\infty}\dfrac{ra_n+s}{pa_n+q}=\alpha$ (α는 실수, $p\neq0$, $q\neq0$)일 때, $\lim\limits_{n\to\infty}a_n$의 값은

$\dfrac{ra_n+s}{pa_n+q}=b_n$으로 놓고 a_n을 b_n에 대하여 나타낸 후 $\lim\limits_{n\to\infty}b_n=\alpha$임을 이용하여 구한다.

해결 흐름

1 a_n을 포함한 식을 b_n으로 놓고 a_n을 b_n에 대한 식으로 나타내야겠어.

2 $\lim\limits_{n\to\infty}b_n$의 값과 수열의 극한의 기본 성질을 이용하여 주어진 식의 극한값을 구할 수 있어.

알찬 풀이

$\dfrac{a_n+2}{2}=b_n$이라 하면 $a_n=2b_n-2$

이때 $\lim\limits_{n\to\infty}b_n=6$이므로 → $\lim\limits_{n\to\infty}\dfrac{a_n+2}{2}=6$이기 때문이야.

$\lim\limits_{n\to\infty}\dfrac{na_n+1}{a_n+2n}=\lim\limits_{n\to\infty}\dfrac{n(2b_n-2)+1}{(2b_n-2)+2n}$

$=\lim\limits_{n\to\infty}\dfrac{2nb_n-2n+1}{2b_n+2n-2}$

$=\lim\limits_{n\to\infty}\dfrac{2b_n-2+\dfrac{1}{n}}{\dfrac{2b_n}{n}+2-\dfrac{2}{n}}$ 분모, 분자를 각각 n으로 나눴어.

$=\dfrac{\lim\limits_{n\to\infty}\left(2b_n-2+\dfrac{1}{n}\right)}{\lim\limits_{n\to\infty}\left(\dfrac{2b_n}{n}+2-\dfrac{2}{n}\right)}$

$=\dfrac{2\times6-2}{2}=5$

→ $\lim\limits_{n\to\infty}\dfrac{2b_n}{n}=\lim\limits_{n\to\infty}\dfrac{2\times6}{n}=\lim\limits_{n\to\infty}\dfrac{12}{n}=0$

22 정답 35 　　　　　　　　정답률 79%

수열 $\{a_n\}$과 $\{b_n\}$이

$$\lim_{n\to\infty}(n+1)a_n=2, \quad \lim_{n\to\infty}(n^2+1)b_n=7$$

을 만족시킬 때, $\displaystyle\lim_{n\to\infty}\frac{(10n+1)b_n}{a_n}$의 값을 구하시오. 35

(단, $a_n\neq0$)

1 a_n, b_n을 포함한 식을 각각 c_n, d_n으로 놓고 a_n, b_n을 각각 c_n, d_n에 대한 식으로 나타내야겠어.

2 $\displaystyle\lim_{n\to\infty}c_n$, $\displaystyle\lim_{n\to\infty}d_n$의 값과 수열의 극한의 기본 성질을 이용하여 주어진 식의 극한값을 구할 수 있어.

☑ 연관 개념 check

두 수열 $\{a_n\}$, $\{b_n\}$이 수렴하고
$\lim_{n\to\infty}a_n=\alpha$, $\lim_{n\to\infty}b_n=\beta$ (α, β는 실수)일 때,

(1) $\lim_{n\to\infty}(a_n\pm b_n)=\lim_{n\to\infty}a_n\pm\lim_{n\to\infty}b_n=\alpha\pm\beta$ (복부호 동순)

(2) $\lim_{n\to\infty}ca_n=c\lim_{n\to\infty}a_n=c\alpha$ (단, c는 상수)

(3) $\lim_{n\to\infty}a_nb_n=\lim_{n\to\infty}a_n\times\lim_{n\to\infty}b_n=\alpha\beta$

(4) $\lim_{n\to\infty}\dfrac{a_n}{b_n}=\dfrac{\lim_{n\to\infty}a_n}{\lim_{n\to\infty}b_n}=\dfrac{\alpha}{\beta}$ (단, $b_n\neq0$, $\beta\neq0$)

☑ 실전 적용 key

$\lim_{n\to\infty}\dfrac{ra_n+s}{pa_n+q}=\alpha$ (α는 실수, $p\neq0$, $q\neq0$)일 때, $\lim_{n\to\infty}a_n$의 값은
$\dfrac{ra_n+s}{pa_n+q}=b_n$으로 놓고 a_n을 b_n에 대하여 나타낸 후 $\lim_{n\to\infty}b_n=\alpha$임을 이용하여 구한다.

$\displaystyle\lim_{n\to\infty}(n+1)a_n=2$에서 $(n+1)a_n=c_n$이라 하면

$a_n=\dfrac{c_n}{n+1}$이고 $\displaystyle\lim_{n\to\infty}c_n=2$

또, $\displaystyle\lim_{n\to\infty}(n^2+1)b_n=7$에서 $(n^2+1)b_n=d_n$이라 하면

$b_n=\dfrac{d_n}{n^2+1}$이고 $\displaystyle\lim_{n\to\infty}d_n=7$

→ 수열 $\{c_n\}$과 $\{d_n\}$은 수렴하는 수열이니까 수열의 극한의 성질을 이용할 수 있겠네.

$$\therefore \lim_{n\to\infty}\frac{(10n+1)b_n}{a_n}=\lim_{n\to\infty}\frac{(10n+1)\times\dfrac{d_n}{n^2+1}}{\dfrac{c_n}{n+1}}$$

$$=\lim_{n\to\infty}\left(\frac{10n^2+11n+1}{n^2+1}\times\frac{d_n}{c_n}\right)$$

$$=\lim_{n\to\infty}\frac{10+\dfrac{11}{n}+\dfrac{1}{n^2}}{1+\dfrac{1}{n^2}}\times\lim_{n\to\infty}\frac{d_n}{c_n}=10\times\frac{7}{2}=35$$

→ $=\dfrac{\lim_{n\to\infty}d_n}{\lim_{n\to\infty}c_n}$

→ 문제에서 $\lim_{n\to\infty}(n+1)a_n$과 $\lim_{n\to\infty}(n^2+1)b_n$의 값이 주어졌으니까 이 조건을 이용할 수 있도록 식을 변형해야지.

$$\lim_{n\to\infty}\frac{(10n+1)b_n}{a_n}=\lim_{n\to\infty}\frac{(n^2+1)b_n}{(n+1)a_n}\times\lim_{n\to\infty}\frac{(n+1)(10n+1)}{n^2+1}$$

$$=\frac{\lim_{n\to\infty}(n^2+1)b_n}{\lim_{n\to\infty}(n+1)a_n}\times\lim_{n\to\infty}\frac{10n^2+11n+1}{n^2+1}=\frac{7}{2}\times10=35$$

23 정답 ③ 　　　　　　　　정답률 73%

수열 $\{a_n\}$에 대하여 $\displaystyle\lim_{n\to\infty}\frac{5^na_n}{3^n+1}$이 0이 아닌 상수일 때,

$\displaystyle\lim_{n\to\infty}\frac{a_n}{a_{n+1}}$의 값은?

① $\dfrac{2}{3}$　　　② $\dfrac{4}{5}$　　　✓③ $\dfrac{5}{3}$

④ $\dfrac{9}{5}$　　　⑤ $\dfrac{8}{3}$

1 $\dfrac{5^na_n}{3^n+1}=b_n$으로 놓고 a_n을 b_n에 대한 식으로, a_{n+1}을 b_{n+1}에 대한 식으로 각각 나타내야겠어.

2 $\lim_{n\to\infty}b_n=\alpha$ (α는 상수)일 때 $\lim_{n\to\infty}b_{n+1}=\alpha$임을 이용하여 극한값을 구할 수 있겠다.

☑ 연관 개념 check

등비수열 $\{r^n\}$에 대하여 $-1<r<1$일 때,
$\lim_{n\to\infty}r^n=0$

☑ 오답 clear

$\lim_{n\to\infty}a_n=\lim_{n\to\infty}a_{n+1}=k$로 놓고 $\lim_{n\to\infty}\dfrac{a_n}{a_{n+1}}=\dfrac{k}{k}=1$로 계산해서는 안된다.
보기의 선택지에 1이 없기도 하지만 문제에서 수열 $\{a_n\}$이 수렴한다는 조건이 없으므로 이와 같은 오류에 빠지지 않도록 주의한다.

→ 문제에서 $\lim_{n\to\infty}\dfrac{5^na_n}{3^n+1}$이 0이 아닌 상수라고 했기 때문이야.

$\dfrac{5^na_n}{3^n+1}=b_n$, $\lim_{n\to\infty}b_n=\alpha$ ($\alpha\neq0$인 상수)라 하면 $\lim_{n\to\infty}b_{n+1}=\alpha$

$a_n=\dfrac{3^n+1}{5^n}b_n$, $a_{n+1}=\dfrac{3^{n+1}+1}{5^{n+1}}b_{n+1}$이므로

→ $b_n=\dfrac{5^na_n}{3^n+1}$에서 $5^na_n=(3^n+1)b_n$
$\therefore a_n=\dfrac{3^n+1}{5^n}b_n$

$$\lim_{n\to\infty}\frac{a_n}{a_{n+1}}=\lim_{n\to\infty}\frac{\dfrac{3^n+1}{5^n}b_n}{\dfrac{3^{n+1}+1}{5^{n+1}}b_{n+1}}$$

→ 분모, 분자에 각각 5^{n+1}을 곱했어.

$$=\lim_{n\to\infty}\frac{5(3^n+1)b_n}{(3^{n+1}+1)b_{n+1}}$$

$$=\lim_{n\to\infty}\frac{5\left\{1+\left(\dfrac{1}{3}\right)^n\right\}b_n}{\left\{3+\left(\dfrac{1}{3}\right)^n\right\}b_{n+1}}=\frac{5\alpha}{3\alpha}=\frac{5}{3}$$

24 정답 ④   정답률 92%

모든 항이 양수인 수열 $\{a_n\}$이 모든 자연수 n에 대하여 부등식

$$\sqrt{9n^2+4}<\sqrt{na_n}<3n+2$$ ①

조건이 부등식으로 주어졌으니까 수열의 극한의 대소 관계를 이용할 수 있도록 식을 변형해 보자.

를 만족시킬 때, $\displaystyle\lim_{n\to\infty}\frac{a_n}{n}$ 의 값은? ②

① 6   ② 7   ③ 8

✓④ 9   ⑤ 10

☑ **연관 개념 check**

수열 $\{a_n\}$, $\{b_n\}$, $\{c_n\}$이 모든 자연수 n에 대하여
$a_n\le c_n\le b_n$이고 $\displaystyle\lim_{n\to\infty}a_n=\lim_{n\to\infty}b_n=a$ (a는 실수)이면
$\displaystyle\lim_{n\to\infty}c_n=a$이다.

☑ **실전 적용 key**

부등식이 조건으로 주어지고, 구하는 것이 극한값이면 일반적으로 수열의 극한의 대소 관계를 이용한다.

한편, 이 문제에서는 $\sqrt{na_n}$을 제곱한 후 n^2으로 나누면 $\dfrac{a_n}{n}$을 유도할 수 있다.

해결 흐름

1 주어진 부등식의 각 변을 제곱한 후 n^2으로 나누어 $\dfrac{a_n}{n}$에 대한 부등식으로 나타내야겠어.

2 수열의 극한의 대소 관계를 이용하면 $\displaystyle\lim_{n\to\infty}\frac{a_n}{n}$의 값을 구할 수 있겠다.

알찬 풀이

주어진 부등식의 각 변을 제곱하면

$$9n^2+4<na_n<(3n+2)^2$$

각 변을 n^2으로 나누면

→ 구하는 값이 $\displaystyle\lim_{n\to\infty}\frac{a_n}{n}$이니까 주어진 부등식을 $\dfrac{a_n}{n}$에 대한 부등식으로 변형하는 과정이야.

$$\frac{9n^2+4}{n^2}<\frac{a_n}{n}<\frac{9n^2+12n+4}{n^2}$$

→ $(3n+2)^2=9n^2+12n+4$

$$\lim_{n\to\infty}\frac{9n^2+4}{n^2}=\lim_{n\to\infty}\frac{9n^2+12n+4}{n^2}=9$$

이므로 수열의 극한의 대소 관계에 의하여 $\displaystyle\lim_{n\to\infty}\frac{a_n}{n}=9$

문제 해결 TIP

박하연 | 연세대학교 치의예과 | 현대고등학교 졸업

부등식에 루트가 있어 복잡해 보이는 문제야. 이런 문제를 만나면 우선 루트를 제거하는 게 문제 해결에 도움이 될지 판단해야 해. 루트를 제거할지 말지의 판단 기준은 문제에서 요구하는 답에 있어. 계수를 비교하는 문제에서는 제거하는 게 편하고 계산을 통해 특정 값을 구하는 문제에서는 오히려 루트를 그대로 두는 게 식 계산에 더 도움이 될 수도 있어. 이 문제에서는 n^2의 계수를 따지는 게 중요하기 때문에 식을 제곱해서 루트를 모두 제거해주는 게 좋아!

---

25 정답 ⑤   정답률 78%

수열 $\{a_n\}$에 대하여 곡선 $y=x^2-(n+1)x+a_n$은 x축과 만나고, 곡선 $y=x^2-nx+a_n$은 x축과 만나지 않는다. ①
$\displaystyle\lim_{n\to\infty}\frac{a_n}{n^2}$의 값은? ②

→ 이차함수의 그래프와 x축의 위치 관계를 이용해.

① $\dfrac{1}{20}$ ② $\dfrac{1}{10}$ ③ $\dfrac{3}{20}$

④ $\dfrac{1}{5}$ ✓⑤ $\dfrac{1}{4}$

☑ **연관 개념 check**

수열 $\{a_n\}$, $\{b_n\}$, $\{c_n\}$이 모든 자연수 n에 대하여
$a_n\le c_n\le b_n$이고 $\displaystyle\lim_{n\to\infty}a_n=\lim_{n\to\infty}b_n=a$ (a는 실수)이면
$\displaystyle\lim_{n\to\infty}c_n=a$이다.

수능 핵심 개념 이차함수의 그래프와 x축의 위치 관계

이차함수 $y=ax^2+bx+c$의 그래프와 x축의 위치 관계는 이차방정식 $ax^2+bx+c=0$의 판별식을 D라 하면
(1) $D>0$ ➡ 서로 다른 두 점에서 만난다.
(2) $D=0$ ➡ 한 점에서 만난다. (접한다.)
(3) $D<0$ ➡ 만나지 않는다.

해결 흐름

1 먼저 이차방정식 $x^2-(n+1)x+a_n=0$, $x^2-nx+a_n=0$의 판별식을 각각 D_1, D_2라 하면 $D_1\ge0$, $D_2<0$으로부터 a_n과 n에 대한 부등식을 각각 얻을 수 있겠어.

2 1에서 얻은 두 부등식을 $\dfrac{a_n}{n^2}$이 포함되도록 정리한 후 수열의 극한의 대소 관계를 이용하면 $\displaystyle\lim_{n\to\infty}\frac{a_n}{n^2}$의 값을 구할 수 있겠다.

알찬 풀이

곡선 $y=x^2-(n+1)x+a_n$은 x축과 만나므로

→ 서로 다른 두 점에서 만나거나 접하는 경우야.
→ $D_1\ge0$이야.

이차방정식 $x^2-(n+1)x+a_n=0$의 판별식을 D_1이라 하면

$$D_1=(n+1)^2-4a_n\ge0 \text{에서 } a_n\le\frac{(n+1)^2}{4}$$ ······ ㉠

또, 곡선 $y=x^2-nx+a_n$은 x축과 만나지 않으므로

→ $D_2<0$이야.

이차방정식 $x^2-nx+a_n=0$의 판별식을 D_2라 하면

$$D_2=n^2-4a_n<0 \text{에서 } a_n>\frac{n^2}{4}$$ ······ ㉡

㉠, ㉡에서 $\dfrac{n^2}{4}<a_n\le\dfrac{(n+1)^2}{4}$

각 변을 n^2으로 나누면

$$\frac{n^2}{4n^2}<\frac{a_n}{n^2}\le\frac{(n+1)^2}{4n^2}$$

→ 구하는 값이 $\displaystyle\lim_{n\to\infty}\frac{a_n}{n^2}$이니까 식을 변형했어.

$$\lim_{n\to\infty}\frac{n^2}{4n^2}=\lim_{n\to\infty}\frac{(n+1)^2}{4n^2}=\frac{1}{4}$$ 이므로 수열의 극한의 대소 관계에 의하여

$$\lim_{n\to\infty}\frac{a_n}{n^2}=\frac{1}{4}$$

→ $=\displaystyle\lim_{n\to\infty}\frac{n^2+2n+1}{4n^2}$

26 [정답] 15   정답률 85%

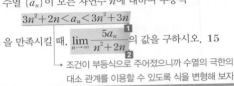

수열 $\{a_n\}$이 모든 자연수 n에 대하여 부등식

$$3n^2+2n<a_n<3n^2+3n$$

을 만족시킬 때, $\displaystyle\lim_{n\to\infty}\dfrac{5a_n}{n^2+2n}$의 값을 구하시오. **15**

→ 조건이 부등식으로 주어졌으니까 수열의 극한의
대소 관계를 이용할 수 있도록 식을 변형해 보자.

☑ **연관 개념 check**

수열 $\{a_n\}$, $\{b_n\}$, $\{c_n\}$이 모든 자연수 n에 대하여
$a_n\le c_n\le b_n$이고 $\displaystyle\lim_{n\to\infty}a_n=\lim_{n\to\infty}b_n=\alpha$ (α는 실수)이면
$\displaystyle\lim_{n\to\infty}c_n=\alpha$이다.

☑ **실전 적용 key**

부등식이 조건으로 주어지고, 구하는 것이 극한값이면 일반적으로
수열의 극한의 대소 관계를 이용한다.

$$\dfrac{5}{n^2+2n}\times(3n^2+2n)=\dfrac{15n^2+10n}{n^2+2n}\ \longleftarrow$$

해결 흐름

1 주어진 부등식의 각 변에 $\dfrac{5}{n^2+2n}$를 곱하여 $\dfrac{5a_n}{n^2+2n}$에 대한 부등식으로 나타내야겠어.

2 수열의 극한의 대소 관계를 이용하면 $\displaystyle\lim_{n\to\infty}\dfrac{5a_n}{n^2+2n}$의 값을 구할 수 있겠다.

알찬 풀이

주어진 부등식의 각 변에 $\dfrac{5}{n^2+2n}$를 곱하면 → 구하는 값이 $\displaystyle\lim_{n\to\infty}\dfrac{5a_n}{n^2+2n}$이니까 식을 변형했어.

$$\dfrac{15n^2+10n}{n^2+2n}<\dfrac{5a_n}{n^2+2n}<\dfrac{15n^2+15n}{n^2+2n}$$

→ $\dfrac{5}{n^2+2n}\times(3n^2+3n)=\dfrac{15n^2+15n}{n^2+2n}$

$$\lim_{n\to\infty}\dfrac{15n^2+10n}{n^2+2n}=\lim_{n\to\infty}\dfrac{15n^2+15n}{n^2+2n}=15$$이므로

수열의 극한의 대소 관계에 의하여 $\displaystyle\lim_{n\to\infty}\dfrac{5a_n}{n^2+2n}=15$

다른 풀이

$3n^2+2n<a_n<3n^2+3n$의 각 변을 n^2으로 나누면

$$\dfrac{3n^2+2n}{n^2}<\dfrac{a_n}{n^2}<\dfrac{3n^2+3n}{n^2}$$이고, $\displaystyle\lim_{n\to\infty}\dfrac{3n^2+2n}{n^2}=\lim_{n\to\infty}\dfrac{3n^2+3n}{n^2}=3$

이므로 수열의 극한의 대소 관계에 의하여 $\displaystyle\lim_{n\to\infty}\dfrac{a_n}{n^2}=3$

$$\therefore \lim_{n\to\infty}\dfrac{5a_n}{n^2+2n}=\lim_{n\to\infty}\dfrac{5\times\dfrac{a_n}{n^2}}{1+\dfrac{2}{n}}=5\times3=15$$

---

27 [정답] ③   정답률 86%

두 수열 $\{a_n\}$, $\{b_n\}$이 모든 자연수 n에 대하여 다음 조건을
만족시킬 때, $\displaystyle\lim_{n\to\infty}b_n$의 값은?

(가) $20-\dfrac{1}{n}<a_n+b_n<20+\dfrac{1}{n}$ **1**

(나) $10-\dfrac{1}{n}<a_n-b_n<10+\dfrac{1}{n}$

→ 양 끝의 극한값을 먼저 구해 봐.

① 3   ② 4   ✓③ 5
④ 6   ⑤ 7

☑ **연관 개념 check**

수열 $\{a_n\}$, $\{b_n\}$, $\{c_n\}$이 모든 자연수 n에 대하여
$a_n\le c_n\le b_n$이고 $\displaystyle\lim_{n\to\infty}a_n=\lim_{n\to\infty}b_n=\alpha$ (α는 실수)이면
$\displaystyle\lim_{n\to\infty}c_n=\alpha$이다.

수능 핵심 개념 / 부등식의 사칙연산

$a<x<b$, $c<y<d$일 때,
(1) $a+c<x+y<b+d$
(2) $a-d<x-y<b-c$
(3) $ac<xy<bd$
(4) $\dfrac{a}{d}<\dfrac{x}{y}<\dfrac{b}{c}$
(단, 곱셈과 나눗셈은 a, b, c, d가 양수일 때 성립한다.)

$$\left(20-\dfrac{1}{n}\right)-\left(10+\dfrac{1}{n}\right)\ \longleftarrow$$

해결 흐름

1 a_n+b_n, a_n-b_n을 각각 c_n, d_n으로 치환한 후 수열의 극한의 대소 관계를 이용하면 c_n, d_n의
극한값을 구할 수 있겠다.

2 수열의 극한의 기본 성질을 이용하여 b_n의 극한값을 구할 수 있겠다.

알찬 풀이

조건 (가), (나)에서 $a_n+b_n=c_n$, $a_n-b_n=d_n$이라 하면

$$\lim_{n\to\infty}\left(20-\dfrac{1}{n}\right)=\lim_{n\to\infty}\left(20+\dfrac{1}{n}\right)=20,$$ → $\displaystyle\lim_{n\to\infty}\dfrac{1}{n}=0$이거든.

$$\lim_{n\to\infty}\left(10-\dfrac{1}{n}\right)=\lim_{n\to\infty}\left(10+\dfrac{1}{n}\right)=10$$

이므로 수열의 극한의 대소 관계에 의하여 $\displaystyle\lim_{n\to\infty}c_n=20$, $\displaystyle\lim_{n\to\infty}d_n=10$

$c_n=a_n+b_n$, $d_n=a_n-b_n$에서 $b_n=\dfrac{c_n-d_n}{2}$이므로
→ $c_n=a_n+b_n$, $d_n=a_n-b_n$
을 변끼리 빼면 $c_n-d_n=2b_n$
$\therefore b_n=\dfrac{c_n-d_n}{2}$

$$\lim_{n\to\infty}b_n=\lim_{n\to\infty}\dfrac{c_n-d_n}{2}=\dfrac{\displaystyle\lim_{n\to\infty}c_n-\lim_{n\to\infty}d_n}{2}=\dfrac{20-10}{2}=5$$

다른 풀이

조건 (가), (나)에서 $(a_n+b_n)-(a_n-b_n)$, 즉 $2b_n$의 값의 범위를 구하면

$$10-\dfrac{2}{n}<2b_n<10+\dfrac{2}{n}$$
→ $\left(20+\dfrac{1}{n}\right)-\left(10-\dfrac{1}{n}\right)$

$$\therefore 5-\dfrac{1}{n}<b_n<5+\dfrac{1}{n}$$

이때 $\displaystyle\lim_{n\to\infty}\left(5-\dfrac{1}{n}\right)=\lim_{n\to\infty}\left(5+\dfrac{1}{n}\right)=5$이므로

수열의 극한의 대소 관계에 의하여 $\displaystyle\lim_{n\to\infty}b_n=5$

28 정답 ④ 정답률 90%

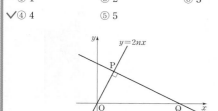

자연수 n에 대하여 직선 $y=2nx$ 위의 점 $P(n, 2n^2)$을 지나고 이 직선과 수직인 직선이 x축과 만나는 점을 Q라 할 때, 선분 OQ의 길이를 l_n이라 하자. $\lim\limits_{n \to \infty} \dfrac{l_n}{n^3}$의 값은?
(단, O는 원점이다.)

① 1　　　　② 2　　　　③ 3

✓④ 4　　　　⑤ 5

해결 흐름

1 점 $P(n, 2n^2)$을 지나고 직선 $y=2nx$와 수직인 직선의 방정식을 구하면 점 Q의 좌표를 알 수 있겠네.

2 $l_n = \overline{OQ}$이니까 점 Q의 x좌표를 이용하면 극한값을 구할 수 있겠다.

알찬 풀이

> 서로 수직인 두 직선의 기울기의 곱은 -1이다.

직선 $y=2nx$와 수직인 직선의 기울기는 $-\dfrac{1}{2n}$이므로

점 $P(n, 2n^2)$을 지나고 기울기가 $-\dfrac{1}{2n}$인 직선의 방정식은

$$y - 2n^2 = -\frac{1}{2n}(x-n)$$

> **직선의 방정식**
> 점 (x_1, y_1)을 지나고 기울기가 m인 직선의 방정식은 $y - y_1 = m(x - x_1)$

이 식에 $y=0$을 대입하면 └─ 점 Q의 x좌표를 구하기 위해서야.

$$-2n^2 = -\frac{1}{2n}(x-n), \quad x = 4n^3 + n$$

$\therefore Q(4n^3 + n, 0)$ ┌─ 점 Q는 x축 위의 점이니까 y좌표가 0이야.

따라서 $l_n = \overline{OQ} = 4n^3 + n$이므로

$$\lim_{n \to \infty} \frac{l_n}{n^3} = \lim_{n \to \infty} \frac{4n^3 + n}{n^3} = \lim_{n \to \infty}\left(4 + \frac{1}{n^2}\right) = 4 + 0 = 4$$

└→ 최고차항의 계수의 비로 극한값이 4임을 바로 구할 수도 있어.

☑ 실전 적용 key

수열의 극한의 활용 문제는 다음과 같은 순서로 해결한다.
① 점의 좌표, 선분의 길이, 도형의 넓이를 n에 대한 식으로 나타낸다.
② ①을 이용하여 구하는 극한식을 n에 대하여 나타낸다.
③ ②의 극한값을 구한다.

29 정답 ③ 정답률 88%

> 두 곡선의 교점 P의 y좌표가 같아.

$a > 3$인 상수 a에 대하여 두 곡선 $y=a^{x-1}$과 $y=3^x$이 점 P에서 만난다. 점 P의 x좌표를 k라 할 때, $\lim\limits_{n \to \infty} \dfrac{\left(\dfrac{a}{3}\right)^{n+k}}{\left(\dfrac{a}{3}\right)^{n+1}+1}$

의 값은?

① 1　　　　② 2　　✓③ 3
④ 4　　　　⑤ 5

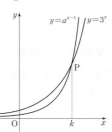

해결 흐름

1 점 P가 두 곡선 $y=a^{x-1}$, $y=3^x$의 교점임을 이용하여 식을 세워야겠다.

2 $\dfrac{a}{3} > 1$이므로 $\left(\dfrac{a}{3}\right)^{n+1}$으로 분모, 분자를 각각 나누어야겠네.

알찬 풀이

두 곡선 $y=a^{x-1}$, $y=3^x$의 교점 P의 x좌표가 k이므로

$a^{k-1} = 3^k$, $\dfrac{a^{k-1}}{3^{k-1}} = 3$ $\quad \therefore \left(\dfrac{a}{3}\right)^{k-1} = 3$

$3^k = 3 \times 3^{k-1}$

$\left(\dfrac{a}{3}\right)^{n+k} = \left(\dfrac{a}{3}\right)^{k-1} \times \left(\dfrac{a}{3}\right)^{n+1} = 3\left(\dfrac{a}{3}\right)^{n+1}$

$$\therefore \lim_{n \to \infty} \frac{\left(\dfrac{a}{3}\right)^{n+k}}{\left(\dfrac{a}{3}\right)^{n+1}+1} = \lim_{n \to \infty} \frac{3\left(\dfrac{a}{3}\right)^{n+1}}{\left(\dfrac{a}{3}\right)^{n+1}+1}$$

분모, 분자를 각각 $\left(\dfrac{a}{3}\right)^{n+1}$으로 나눴어.

$$= \lim_{n \to \infty} \frac{3}{1 + \dfrac{1}{\left(\dfrac{a}{3}\right)^{n+1}}}$$

$\lim\limits_{n \to \infty} \dfrac{1}{\left(\dfrac{a}{3}\right)^{n+1}} = \dfrac{1}{\infty} = 0$

$$= \frac{3}{1+0} = 3$$

☑ 실전 적용 key

r^n 꼴을 포함한 $\dfrac{\infty}{\infty}$ 꼴인 수열의 극한은 밑의 절댓값이 가장 큰 거듭제곱으로 분모, 분자를 각각 나누어 극한값을 구한다.

생생 수험 Talk

수능을 준비하는 동안 누구나 시험에 대해 큰 스트레스를 받을 거야. 나는 스트레스를 받을 때마다 수험 생활을 마칠 때를 상상하며 '조금만 더 하면 돼!'라고 생각했던 것 같아. 수능이 끝나고 나서 하고 싶은 목록을 적거나 나만의 이상적인 대학 생활을 상상하면 기분이 좋아지더라고. 지금 당장은 스트레스를 받고 공부하기 싫더라도, 수능이 끝나고 즐기기 위해 마음을 다잡고 공부하면 좋은 결과가 있을 거야!

30 정답 ①
정답률 63%

→ 문제 상황을 그림을 그려 확인해 봐.
자연수 n에 대하여 좌표평면 위의 점 $P_n(n, 2^n)$에서 x축, y축에 내린 수선의 발을 각각 Q_n, R_n이라 하자. 원점 O와 점 A$(0, 1)$에 대하여 사각형 AOQ_nP_n의 넓이를 S_n, 삼각형 AP_nR_n의 넓이를 T_n이라 할 때, $\lim_{n\to\infty}\dfrac{T_n}{S_n}$의 값은?

① 1   ② $\dfrac{3}{4}$ ③ $\dfrac{1}{2}$

④ $\dfrac{1}{4}$ ⑤ 0

☑ 실전 적용 key
수열의 극한의 활용 문제는 다음과 같은 순서로 해결한다.
① 점의 좌표, 선분의 길이, 도형의 넓이를 n에 대한 식으로 나타낸다.
② ①을 이용하여 구하는 극한식을 n에 대하여 나타낸다.
③ ②의 극한값을 구한다.

해결 흐름

1 사각형 AOQ_nP_n의 넓이는 사각형 $R_nOQ_nP_n$의 넓이에서 삼각형 AP_nR_n의 넓이를 뺀 것과 같으므로 T_n을 먼저 구한 후 S_n을 구해야겠어.

2 **1**에서 구한 T_n과 S_n을 이용하여 극한값을 구할 수 있겠어.

알찬 풀이

오른쪽 그림에서

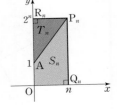

$$T_n = \frac{1}{2} \times \overline{R_nP_n} \times \overline{R_nA}$$

→ △AP_nR_n의 넓이

$$= \frac{1}{2} \times n \times (2^n - 1)$$

$$= \frac{n(2^n - 1)}{2}$$

$$S_n = (\text{사각형 } R_nOQ_nP_n \text{의 넓이}) - T_n$$

→ $\overline{OQ_n} \times \overline{P_nQ_n}$

→ □AOQ_nP_n의 넓이

$$= n \times 2^n - \frac{n(2^n - 1)}{2}$$

$$= \frac{2n \times 2^n - n \times 2^n + n}{2}$$

$$= \frac{n \times 2^n + n}{2}$$

$$= \frac{n(2^n + 1)}{2}$$

$$\therefore \lim_{n\to\infty}\frac{T_n}{S_n} = \lim_{n\to\infty}\frac{\dfrac{n(2^n - 1)}{2}}{\dfrac{n(2^n + 1)}{2}}$$

$$= \lim_{n\to\infty}\frac{2^n - 1}{2^n + 1}$$

→ 분모, 분자를 각각 2^n으로 나눴어.

$$= \lim_{n\to\infty}\frac{1 - \dfrac{1}{2^n}}{1 + \dfrac{1}{2^n}} = \frac{1}{1} = 1$$

---

31 정답 ②
정답률 88%

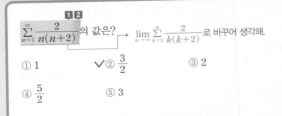

$\displaystyle\sum_{n=1}^{\infty}\frac{2}{n(n+2)}$의 값은? → $\displaystyle\lim_{n\to\infty}\sum_{k=1}^{n}\frac{2}{k(k+2)}$로 바꾸어 생각해.

① 1   ② $\dfrac{3}{2}$ ③ 2

④ $\dfrac{5}{2}$ ⑤ 3

☑ 연관 개념 check
$$\frac{1}{AB} = \frac{1}{B-A}\left(\frac{1}{A} - \frac{1}{B}\right) \text{ (단, } A \neq B\text{)}$$

☑ 실전 적용 key
수열의 합에서 분모가 두 식의 곱의 꼴로 되어 있을 때는 일반적으로 부분분수로 변형하여 간단히 나타낼 수 있는지 확인한다.

해결 흐름

1 부분합 $\displaystyle\sum_{k=1}^{n}\frac{2}{k(k+2)}$를 구할 때, 부분분수로 변형해서 생각해야겠어.

2 **1**에서 k에 1, 2, 3, $\cdots$, n을 차례대로 대입해서 간단히 하면 극한값을 구할 수 있겠어.

알찬 풀이

$$\sum_{n=1}^{\infty}\frac{2}{n(n+2)}$$

→ $\dfrac{2}{k(k+2)} = \dfrac{2}{(k+2)-k}\left(\dfrac{1}{k} - \dfrac{1}{k+2}\right)$

$$= \lim_{n\to\infty}\sum_{k=1}^{n}\frac{2}{k(k+2)}$$

→ 소거되고 남은 항은 앞의 두 괄호 식에서 $\dfrac{1}{1}$과 $\dfrac{1}{2}$이고,
뒤의 두 괄호 식에서 $-\dfrac{1}{n+1}$과 $-\dfrac{1}{n+2}$이야.

$$= \lim_{n\to\infty}\sum_{k=1}^{n}\left(\frac{1}{k} - \frac{1}{k+2}\right)$$

$$= \lim_{n\to\infty}\left\{\left(\frac{1}{1} - \frac{1}{3}\right) + \left(\frac{1}{2} - \frac{1}{4}\right) + \left(\frac{1}{3} - \frac{1}{5}\right) + \cdots + \left(\frac{1}{n-1} - \frac{1}{n+1}\right) + \left(\frac{1}{n} - \frac{1}{n+2}\right)\right\}$$

$$= \lim_{n\to\infty}\left(1 + \frac{1}{2} - \frac{1}{n+1} - \frac{1}{n+2}\right)$$

→ $\displaystyle\lim_{n\to\infty}\frac{1}{n+1}=0$, $\displaystyle\lim_{n\to\infty}\frac{1}{n+2}=0$

$$= \frac{3}{2}$$

32 정답 ① 정답률 89%

등차수열 $\{a_n\}$에 대하여 $a_1=4$, $a_4-a_2=4$일 때,
$$\sum_{n=1}^{\infty} \frac{2}{na_n}$$의 값은?
└→ **1** 여기서 공차를 구할 수 있어.

✓① 1   ② $\frac{3}{2}$ ③ 2

④ $\frac{5}{2}$ ⑤ 3

☑ 연관 개념 check

첫째항이 a, 공차가 d인 등차수열 $\{a_n\}$의 일반항은
$$a_n = a + (n-1)d$$

수능 핵심 개념   부분분수로의 변형

(1) $\dfrac{1}{k(k+a)} = \dfrac{1}{a}\left(\dfrac{1}{k} - \dfrac{1}{k+a}\right)$ (단, $a \neq 0$)

(2) $\dfrac{1}{(k+a)(k+b)} = \dfrac{1}{b-a}\left(\dfrac{1}{k+a} - \dfrac{1}{k+b}\right)$

(단, $a \neq b$)

(3) $\dfrac{1}{k(k+1)(k+2)} = \dfrac{1}{2}\left\{\dfrac{1}{k(k+1)} - \dfrac{1}{(k+1)(k+2)}\right\}$

해결 흐름

1 급수의 값을 구하기 위해 우선 주어진 조건을 이용하여 등차수열의 일반항을 구해야겠어.

2 $\dfrac{1}{k(k+a)} = \dfrac{1}{a}\left(\dfrac{1}{k} - \dfrac{1}{k+a}\right)$을 이용하여 $\sum_{n=1}^{\infty} \dfrac{2}{na_n}$의 값을 구할 수 있겠네.

알찬 풀이

등차수열 $\{a_n\}$의 공차를 d라 하면
$$a_4 - a_2 = (a_1 + 3d) - (a_1 + d) = 2d = 4$$
$$\therefore d = 2$$
이때 $a_1 = 4$이므로 등차수열 $\{a_n\}$의 일반항 a_n은
$$a_n = 4 + (n-1) \times 2 = 2n + 2$$
$$\therefore \sum_{n=1}^{\infty} \frac{2}{na_n} = \sum_{n=1}^{\infty} \frac{2}{n(2n+2)}$$
$$= \sum_{n=1}^{\infty} \frac{1}{n(n+1)}$$
$$= \lim_{n \to \infty} \sum_{k=1}^{n} \frac{1}{k(k+1)}$$
$$= \lim_{n \to \infty} \sum_{k=1}^{n} \left(\frac{1}{k} - \frac{1}{k+1}\right) \quad \text{→ 부분분수로의 변형을 이용했어.}$$
$$= \lim_{n \to \infty} \left\{\left(\frac{1}{1} - \frac{1}{2}\right) + \left(\frac{1}{2} - \frac{1}{3}\right) + \left(\frac{1}{3} - \frac{1}{4}\right) + \cdots + \left(\frac{1}{n} - \frac{1}{n+1}\right)\right\}$$
└→ 이웃하는 항끼리
서로 소거한거야.
$$= \lim_{n \to \infty} \left(1 - \frac{1}{n+1}\right)$$
$$= 1 \quad \text{└→} \lim_{n \to \infty} \frac{1}{n+1} = 0 \text{이지.}$$

기출 유형 POINT

급수 $\sum_{n=1}^{\infty} a_n$에서 a_n이 $\dfrac{1}{AB}$ $(A \neq B)$ 꼴로 주어진 경우 급수의 합은 다음과 같은 순서로 구한다.

① $a_n = \dfrac{1}{B-A}\left(\dfrac{1}{A} - \dfrac{1}{B}\right)$ 꼴로 변형한다.

② 부분합 $S_n = \sum_{k=1}^{n} a_k$를 구한다.

③ $\lim_{n \to \infty} S_n = \lim_{n \to \infty} \sum_{k=1}^{n} a_k$의 값을 구한다.

33 정답 54 정답률 91%

두 수열 $\{a_n\}$, $\{b_n\}$에 대하여
$$\sum_{n=1}^{\infty} a_n = 4, \quad \sum_{n=1}^{\infty} b_n = 10$$
일 때, $\sum_{n=1}^{\infty} (a_n + 5b_n)$의 값을 구하시오. 54
    1

☑ 연관 개념 check

두 급수 $\sum_{n=1}^{\infty} a_n$, $\sum_{n=1}^{\infty} b_n$이 수렴하고 $\sum_{n=1}^{\infty} a_n = S$, $\sum_{n=1}^{\infty} b_n = T$일 때,

(1) $\sum_{n=1}^{\infty} (a_n \pm b_n) = \sum_{n=1}^{\infty} a_n + \sum_{n=1}^{\infty} b_n = S \pm T$ (복부호 동순)

(2) $\sum_{n=1}^{\infty} ca_n = c \sum_{n=1}^{\infty} a_n = cS$ (단, c는 상수)

해결 흐름

1 두 급수가 수렴하므로 급수의 성질을 이용하여 $\sum_{n=1}^{\infty} (a_n + 5b_n)$의 값을 구할 수 있겠다.

알찬 풀이

$\sum_{n=1}^{\infty} a_n = 4$, $\sum_{n=1}^{\infty} b_n = 10$이므로   → 두 급수가 수렴하니까 급수의 성질을 이용해야겠네.

$$\sum_{n=1}^{\infty} (a_n + 5b_n) = \sum_{n=1}^{\infty} a_n + \sum_{n=1}^{\infty} 5b_n$$
$$= \sum_{n=1}^{\infty} a_n + 5 \sum_{n=1}^{\infty} b_n$$
$$= 4 + 5 \times 10 = 54$$

34 정답 ① 　　　　　　　　　　 정답률 81%

자연수 n에 대하여 $3^n \times 5^{n+1}$의 모든 양의 약수의 개수를 a_n 이라 할 때, $\displaystyle\sum_{n=1}^{\infty} \frac{1}{a_n}$의 값은?

✓① $\dfrac{1}{2}$ → $=\lim\limits_{n\to\infty}\sum\limits_{k=1}^{n}\dfrac{1}{a_k}$　② $\dfrac{7}{12}$　　③ $\dfrac{2}{3}$

④ $\dfrac{3}{4}$　　⑤ $\dfrac{5}{6}$

☑ **연관 개념 check**

자연수 $a^m \times b^n$(a, b는 서로 다른 소수, m, n은 자연수)의 양의 약수의 개수는 $(m+1)(n+1)$이다.

해결 흐름

1 먼저 양의 약수의 개수 a_n을 구해야겠다.

2 $\dfrac{1}{AB}=\dfrac{1}{B-A}\left(\dfrac{1}{A}-\dfrac{1}{B}\right)$임을 이용하여 $\displaystyle\sum_{n=1}^{\infty}\dfrac{1}{a_n}$의 값을 구할 수 있겠네.

알찬 풀이

$3^n \times 5^{n+1}$의 모든 양의 약수의 개수 a_n은

$a_n=(n+1)(n+2)$ → 3^n의 지수 n에 1을 더한 값과 5^{n+1}의 지수 $n+1$에 1을 더한 값을 곱한 값이야.

$\therefore \displaystyle\sum_{n=1}^{\infty}\frac{1}{a_n}=\sum_{n=1}^{\infty}\boxed{\frac{1}{(n+1)(n+2)}}$ $=\dfrac{1}{(n+2)-(n+1)}\left(\dfrac{1}{n+1}-\dfrac{1}{n+2}\right)$

$\displaystyle =\sum_{n=1}^{\infty}\boxed{\left(\frac{1}{n+1}-\frac{1}{n+2}\right)}$

$\displaystyle =\lim_{n\to\infty}\sum_{k=1}^{n}\left(\frac{1}{k+1}-\frac{1}{k+2}\right)$

$\displaystyle =\lim_{n\to\infty}\left\{\left(\frac{1}{2}-\frac{1}{3}\right)+\left(\frac{1}{3}-\frac{1}{4}\right)+\cdots+\left(\frac{1}{n+1}-\frac{1}{n+2}\right)\right\}$

→ 이웃하는 항끼리 서로 소거한거야.

$\displaystyle =\lim_{n\to\infty}\left(\frac{1}{2}-\frac{1}{n+2}\right)=\frac{1}{2}$

→ $\lim\limits_{n\to\infty}\dfrac{1}{n+2}=0$이지.

35 정답 ① 　　　　　　　　　　 정답률 53%

자연수 n에 대하여 x에 관한 이차방정식

$(4n^2-1)x^2-4nx+1=0$ → 인수분해할 수 있겠네.

의 두 근이 α_n, β_n ($\alpha_n > \beta_n$)일 때, $\displaystyle\sum_{n=1}^{\infty}(\alpha_n-\beta_n)$의 값은?

✓① 1　　② 2　　③ 3

④ 4　　⑤ 5

☑ **연관 개념 check**

$\displaystyle\sum_{n=1}^{\infty}a_n=\lim_{n\to\infty}\sum_{k=1}^{n}a_k=\lim_{n\to\infty}S_n$

☑ **실전 적용 key**

$\alpha_n-\beta_n$은 인수분해를 이용하여 두 근 α_n, β_n을 직접 구하거나 이차방정식의 근과 계수의 관계를 이용하여 두 근의 합 $\alpha_n+\beta_n$과 곱 $\alpha_n\beta_n$을 구한 후 곱셈 공식의 변형 $(a-b)^2=(a+b)^2-4ab$를 이용하여 구한다.

이와 같이 이차방정식의 두 근의 합, 차, 곱에 대한 문제는 두 근을 직접 구하거나 이차방정식의 근과 계수의 관계를 이용한다.

해결 흐름

1 주어진 이차방정식을 풀어 α_n, β_n을 구하면 $\displaystyle\sum_{n=1}^{\infty}(\alpha_n-\beta_n)$의 값을 구할 수 있겠다.

알찬 풀이

→ $4n^2-1=(2n)^2-1^2=(2n-1)(2n+1)$

이차방정식 $(4n^2-1)x^2-4nx+1=0$에서

$\{(2n-1)x-1\}\{(2n+1)x-1\}=0$

$\therefore x=\dfrac{1}{2n-1}$ 또는 $x=\dfrac{1}{2n+1}$

이때 $\alpha_n > \beta_n$이고 n이 자연수이므로

$\alpha_n=\dfrac{1}{2n-1}$, $\beta_n=\dfrac{1}{2n+1}$ → n이 자연수이니까 $2n-1 < 2n+1$ $\therefore \dfrac{1}{2n-1} > \dfrac{1}{2n+1}$

$\therefore \displaystyle\sum_{n=1}^{\infty}(\alpha_n-\beta_n)=\sum_{n=1}^{\infty}\left(\frac{1}{2n-1}-\frac{1}{2n+1}\right)$

$\displaystyle =\lim_{n\to\infty}\sum_{k=1}^{n}\left(\frac{1}{2k-1}-\frac{1}{2k+1}\right)$

$\displaystyle =\lim_{n\to\infty}\left\{\left(\frac{1}{1}-\frac{1}{3}\right)+\left(\frac{1}{3}-\frac{1}{5}\right)+\left(\frac{1}{5}-\frac{1}{7}\right)+\cdots\right.$

$\left.+\left(\dfrac{1}{2n-1}-\dfrac{1}{2n+1}\right)\right\}$

→ 이웃하는 항끼리 서로 소거한거야.

$\displaystyle =\lim_{n\to\infty}\left(1-\frac{1}{2n+1}\right)=1$

→ $\lim\limits_{n\to\infty}\dfrac{1}{2n+1}=0$이지.

다른 풀이

이차방정식 $(4n^2-1)x^2-4nx+1=0$에서

$\alpha_n+\beta_n=\dfrac{4n}{4n^2-1}$, $\alpha_n\beta_n=\dfrac{1}{4n^2-1}$

$\therefore \alpha_n-\beta_n=\sqrt{(\alpha_n-\beta_n)^2}=\sqrt{(\alpha_n+\beta_n)^2-4\alpha_n\beta_n}$

$=\sqrt{\left(\dfrac{4n}{4n^2-1}\right)^2-4\times\dfrac{1}{4n^2-1}}$

$=\sqrt{\left(\dfrac{2}{4n^2-1}\right)^2}=\dfrac{2}{4n^2-1}$

$=\dfrac{2}{(2n-1)(2n+1)}=\dfrac{1}{2n-1}-\dfrac{1}{2n+1}$

36 정답 ③ 정답률 91%

수열 $\{a_n\}$이

$$\sum_{n=1}^{\infty}\left(a_n-\frac{3n^2-n}{2n^2+1}\right)=2 \quad \boxed{1}$$

급수가 수렴하면 일반항의 극한값은 0이지.

를 만족시킬 때, $\displaystyle\lim_{n\to\infty}(a_n{}^2+2a_n)$의 값은?

$\boxed{2}$

① $\dfrac{17}{4}$ ② $\dfrac{19}{4}$ ✓③ $\dfrac{21}{4}$

④ $\dfrac{23}{4}$ ⑤ $\dfrac{25}{4}$

☑ **연관 개념 check**

급수 $\displaystyle\sum_{n=1}^{\infty}a_n$이 수렴하면 $\displaystyle\lim_{n\to\infty}a_n=0$이다.

☑ **실전 적용 key**

$\displaystyle\lim_{n\to\infty}(a_n{}^2+2a_n)$의 값이 존재하므로 $\displaystyle\lim_{n\to\infty}a_n$의 값이 존재한다.

따라서 $\displaystyle\lim_{n\to\infty}\left(a_n-\frac{3n^2-n}{2n^2+1}\right)=0$에서 수열의 극한의 성질을 이용하여 $\displaystyle\lim_{n\to\infty}a_n$의 값을 구할 수 있다.

즉, $\displaystyle\lim_{n\to\infty}\left(a_n-\frac{3n^2-n}{2n^2+1}\right)=\lim_{n\to\infty}a_n-\lim_{n\to\infty}\frac{3n^2-n}{2n^2+1}$

$$=\lim_{n\to\infty}a_n-\frac{3}{2}=0$$

$\therefore \displaystyle\lim_{n\to\infty}a_n=\frac{3}{2}$

해결 흐름

$\boxed{1}$ 급수와 일반항 사이의 관계를 이용하여 $\displaystyle\lim_{n\to\infty}a_n$의 값을 구할 수 있겠다.

$\boxed{2}$ $\boxed{1}$에서 구한 값을 이용하여 $\displaystyle\lim_{n\to\infty}(a_n{}^2+2a_n)$의 값을 구하면 되겠네.

알찬 풀이

급수 $\displaystyle\sum_{n=1}^{\infty}\left(a_n-\frac{3n^2-n}{2n^2+1}\right)$이 수렴하므로

$$\lim_{n\to\infty}\left(a_n-\frac{3n^2-n}{2n^2+1}\right)=0$$

$\displaystyle\lim_{n\to\infty}\left(a_n-\frac{3n^2-n}{2n^2+1}\right)=0$ 이기 때문이야.

$a_n-\dfrac{3n^2-n}{2n^2+1}=b_n$으로 놓으면 $a_n=b_n+\dfrac{3n^2-n}{2n^2+1}$이고 $\displaystyle\lim_{n\to\infty}b_n=0$

$\therefore \displaystyle\lim_{n\to\infty}a_n=\lim_{n\to\infty}\left(b_n+\frac{3n^2-n}{2n^2+1}\right)=\lim_{n\to\infty}b_n+\lim_{n\to\infty}\frac{3n^2-n}{2n^2+1}$

$$=\lim_{n\to\infty}b_n+\lim_{n\to\infty}\frac{3-\dfrac{1}{n}}{2+\dfrac{1}{n^2}}$$

$\displaystyle\lim_{n\to\infty}a_n=\alpha$, $\displaystyle\lim_{n\to\infty}b_n=\beta$ (α, β는 실수)일 때, $\displaystyle\lim_{n\to\infty}(a_n+b_n)=\lim_{n\to\infty}a_n+\lim_{n\to\infty}b_n=\alpha+\beta$

$$=0+\frac{3}{2}=\frac{3}{2}$$

$\therefore \displaystyle\lim_{n\to\infty}(a_n{}^2+2a_n)=(\lim_{n\to\infty}a_n)^2+2\lim_{n\to\infty}a_n$

$$=\left(\frac{3}{2}\right)^2+2\times\frac{3}{2}=\frac{21}{4}$$

37 정답 ③ 정답률 75%

첫째항이 4인 등차수열 $\{a_n\}$에 대하여 급수 $\boxed{1}$

$$\sum_{n=1}^{\infty}\left(\frac{a_n}{n}-\frac{3n+7}{n+2}\right)$$

급수가 수렴하면 그 극한값은 0이지.

이 실수 S에 수렴할 때, S의 값은?

$\boxed{2}\boxed{3}$

① $\dfrac{1}{2}$ ② 1 ✓③ $\dfrac{3}{2}$

④ 2 ⑤ $\dfrac{5}{2}$

☑ **연관 개념 check**

급수 $\displaystyle\sum_{n=1}^{\infty}a_n$이 수렴하면 $\displaystyle\lim_{n\to\infty}a_n=0$이다.

수능 핵심 개념 수열의 극한에 대한 기본 성질

두 수열 $\{a_n\}$, $\{b_n\}$이 수렴하고

$\displaystyle\lim_{n\to\infty}a_n=\alpha$, $\displaystyle\lim_{n\to\infty}b_n=\beta$ (α, β는 실수)일 때,

(1) $\displaystyle\lim_{n\to\infty}(a_n\pm b_n)=\lim_{n\to\infty}a_n\pm\lim_{n\to\infty}b_n=\alpha\pm\beta$ (복부호 동순)

(2) $\displaystyle\lim_{n\to\infty}ca_n=c\lim_{n\to\infty}a_n=c\alpha$ (단, c는 상수)

(3) $\displaystyle\lim_{n\to\infty}a_nb_n=\lim_{n\to\infty}a_n\times\lim_{n\to\infty}b_n=\alpha\beta$

(4) $\displaystyle\lim_{n\to\infty}\frac{a_n}{b_n}=\frac{\lim_{n\to\infty}a_n}{\lim_{n\to\infty}b_n}=\frac{\alpha}{\beta}$ (단, $b_n\neq0$, $\beta\neq0$)

해결 흐름

$\boxed{1}$ 등차수열 $\{a_n\}$의 공차를 d라 하고 일반항 a_n을 구해야겠다.

$\boxed{2}$ 급수와 일반항 사이의 관계를 이용하여 d의 값을 구하면 일반항 a_n을 구할 수 있겠다.

$\boxed{3}$ $\boxed{2}$에서 구한 일반항 a_n을 주어진 급수에 대입하여 정리한 후 S의 값을 구해야겠네.

알찬 풀이

등차수열 $\{a_n\}$의 공차를 d라 하면

$$a_n=4+(n-1)d=dn+4-d \quad \cdots\cdots\ \bigcirc$$

이때 급수 $\displaystyle\sum_{n=1}^{\infty}\left(\frac{a_n}{n}-\frac{3n+7}{n+2}\right)$이 수렴하므로

$$\lim_{n\to\infty}\left(\frac{a_n}{n}-\frac{3n+7}{n+2}\right)=0$$

$\displaystyle\lim_{n\to\infty}\left(\frac{a_n}{n}-\frac{3n+7}{n+2}\right)=\lim_{n\to\infty}\left(\frac{dn+4-d}{n}-\frac{3n+7}{n+2}\right)$

두 수열 $\left\{\dfrac{dn+4-d}{n}\right\}$와 $\left\{\dfrac{3n+7}{n+2}\right\}$이 모두 수렴하는 수열이니까 수열의 극한의 기본 성질을 이용할 수 있지.

$$=\lim_{n\to\infty}\frac{dn+4-d}{n}-\lim_{n\to\infty}\frac{3n+7}{n+2}$$

$$=\lim_{n\to\infty}\frac{d+\dfrac{4-d}{n}}{1}-\lim_{n\to\infty}\frac{3+\dfrac{7}{n}}{1+\dfrac{2}{n}}$$

← 분모, 분자를 각각 n으로 나눴어.

$$=d-3$$

즉, $d-3=0$이므로 $d=3$

$d=3$을 $\bigcirc$에 대입하여 정리하면

$$a_n=3n+1$$

$$\therefore S=\sum_{n=1}^{\infty}\left(\frac{a_n}{n}-\frac{3n+7}{n+2}\right)=\sum_{n=1}^{\infty}\left(\frac{3n+1}{n}-\frac{3n+7}{n+2}\right)$$

$$=\sum_{n=1}^{\infty}\left\{\left(3+\frac{1}{n}\right)-\left(3+\frac{1}{n+2}\right)\right\}=\sum_{n=1}^{\infty}\left(\frac{1}{n}-\frac{1}{n+2}\right)$$

$$=\lim_{n\to\infty}\sum_{k=1}^{n}\left(\frac{1}{k}-\frac{1}{k+2}\right)$$

→ 소거되고 남은 항은 앞의 두 괄호 식에서 $\frac{1}{1}$과 $\frac{1}{2}$이고, 뒤의 두 괄호 식에서 $-\frac{1}{n+1}$과 $-\frac{1}{n+2}$이야.

$$=\lim_{n\to\infty}\left\{\left(\frac{1}{1}-\frac{1}{3}\right)+\left(\frac{1}{2}-\frac{1}{4}\right)+\left(\frac{1}{3}-\frac{1}{5}\right)+\cdots\right.$$
$$\left.+\left(\frac{1}{n-1}-\frac{1}{n+1}\right)+\left(\frac{1}{n}-\frac{1}{n+2}\right)\right\}$$

$$=\lim_{n\to\infty}\left(1+\frac{1}{2}-\frac{1}{n+1}-\frac{1}{n+2}\right)=\frac{3}{2}$$

→ $\lim_{n\to\infty}\frac{1}{n+1}=0$, $\lim_{n\to\infty}\frac{1}{n+2}=0$이지.

38 정답 ①   정답률 92%

수열 $\{a_n\}$에 대하여 $\sum_{n=1}^{\infty}\frac{a_n}{n}=10$일 때, $\lim_{n\to\infty}\dfrac{a_n+2a_n^2+3n^2}{a_n^2+n^2}$ 의 값은?

→ 급수가 수렴하면 일반항의 극한값은 0이지.

✓① 3   ② $\frac{7}{2}$ ③ 4

④ $\frac{9}{2}$ ⑤ 5

☑ **연관 개념 check**

급수 $\sum_{n=1}^{\infty}a_n$이 수렴하면 $\lim_{n\to\infty}a_n=0$이다.

해결 흐름

1 급수와 일반항 사이의 관계를 이용하여 $\lim_{n\to\infty}\dfrac{a_n}{n}$의 값을 구할 수 있겠다.

2 **1**에서 구한 값을 이용하기 위해 주어진 식의 분모, 분자를 각각 n^2으로 나누면 되겠다.

알찬 풀이

급수 $\sum_{n=1}^{\infty}\dfrac{a_n}{n}$이 수렴하므로 $\lim_{n\to\infty}\dfrac{a_n}{n}=0$ → $\lim_{n\to\infty}\dfrac{a_n}{n^2}=\lim_{n\to\infty}\dfrac{a_n}{n}\times\lim_{n\to\infty}\dfrac{1}{n}=0$

$$\therefore \lim_{n\to\infty}\frac{a_n+2a_n^2+3n^2}{a_n^2+n^2}=\lim_{n\to\infty}\frac{\dfrac{a_n}{n^2}+2\left(\dfrac{a_n}{n}\right)^2+3}{\left(\dfrac{a_n}{n}\right)^2+1}$$

← 분모, 분자를 각각 n^2으로 나눴어.

$$=\frac{0+0+3}{0+1}=3$$

39 정답 ③   정답률 81%

수열 $\{a_n\}$이 $\sum_{n=1}^{\infty}(2a_n-3)=2$를 만족시킨다.

$\lim_{n\to\infty}a_n=r$일 때, $\lim_{n\to\infty}\dfrac{r^{n+2}-1}{r^n+1}$의 값은?

① $\frac{7}{4}$ ② 2   ✓③ $\frac{9}{4}$

④ $\frac{5}{2}$ ⑤ $\frac{11}{4}$

☑ **연관 개념 check**

급수 $\sum_{n=1}^{\infty}a_n$이 수렴하면 $\lim_{n\to\infty}a_n=0$이다.

☑ **실전 적용 key**

$\lim_{n\to\infty}a_n$의 값이 존재하므로 $\lim_{n\to\infty}(2a_n-3)=0$에서 수열의 극한의 성질을 이용하여 $\lim_{n\to\infty}a_n$의 값을 구할 수 있다.

즉, $\lim_{n\to\infty}(2a_n-3)=2\lim_{n\to\infty}a_n-3=0$

$\therefore \lim_{n\to\infty}a_n=\frac{3}{2}$

해결 흐름

1 급수와 일반항 사이의 관계를 이용하여 $\lim_{n\to\infty}a_n$의 값, 즉 r의 값을 구할 수 있겠다.

2 **1**에서 구한 r의 값을 주어진 식에 대입한 후, 분모, 분자를 각각 r^n으로 나누면 되겠네.

알찬 풀이

급수 $\sum_{n=1}^{\infty}(2a_n-3)$이 수렴하므로 $\lim_{n\to\infty}(2a_n-3)=0$

$2a_n-3=b_n$으로 놓으면 $a_n=\dfrac{b_n+3}{2}$이고 $\lim_{n\to\infty}b_n=0$ → $\lim_{n\to\infty}(2a_n-3)=0$이기 때문이야.

$$\therefore r=\lim_{n\to\infty}a_n=\lim_{n\to\infty}\frac{b_n+3}{2}=\lim_{n\to\infty}\frac{b_n}{2}+\lim_{n\to\infty}\frac{3}{2}=0+\frac{3}{2}=\frac{3}{2}$$

$$\therefore \lim_{n\to\infty}\frac{r^{n+2}-1}{r^n+1}=\lim_{n\to\infty}\frac{\left(\dfrac{3}{2}\right)^{n+2}-1}{\left(\dfrac{3}{2}\right)^n+1}$$

1을 $\left(\dfrac{3}{2}\right)^n$으로 나누면 $\left(\dfrac{2}{3}\right)^n$이야. 계산 실수하지 않도록 주의해야 해.

$$=\lim_{n\to\infty}\frac{\dfrac{9}{4}-\left(\dfrac{2}{3}\right)^n}{1+\left(\dfrac{2}{3}\right)^n}$$

$$=\frac{9}{4}$$

40 정답 ⑤ 정답률 58%

첫째항과 공차가 같은 등차수열 $\{a_n\}$에 대하여 $S_n=\sum\limits_{k=1}^{n}a_k$라

할 때, 보기에서 옳은 것만을 있는 대로 고른 것은?

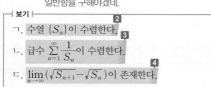 첫째항과 공차를 같은 문자로 놓고
일반항을 구해야겠네.

(단, $a_1>0$)

┌ 보기 ┐

ㄱ. 수열 $\{S_n\}$이 수렴한다. ②③

ㄴ. 급수 $\sum\limits_{n=1}^{\infty}\dfrac{1}{S_n}$이 수렴한다.

ㄷ. $\lim\limits_{n\to\infty}(\sqrt{S_{n+1}}-\sqrt{S_n})$이 존재한다. ④

① ㄴ ② ㄷ ③ ㄱ, ㄴ

④ ㄱ, ㄷ ✔⑤ ㄴ, ㄷ

☑ 연관 개념 check

첫째항이 a, 공차가 d인 등차수열 $\{a_n\}$의 일반항은
$a_n=a+(n-1)d$

☑ 실전 적용 key

수열의 극한의 전반적인 개념을 묻는 문제로 ㄱ은 S_n에 $\lim\limits_{n\to\infty}$를 취하여 참, 거짓을 판별하였고, ㄴ은 부분분수로의 변형을, ㄷ은 유리화를 이용하여 참, 거짓을 판별하였다.

특히, 보기의 참, 거짓을 판별하기 위해서는 등차수열 $\{a_n\}$의 부분합 S_n을 먼저 구해야 한다. 알찬 풀이에서는 $a_n=an$을 구한 후 자연수의 거듭제곱의 합을 이용하여 S_n을 구하였는데 이는 ㄷ의 참, 거짓을 판별하는 과정에서 일반항 a_n을 이용하기 위함이므로 등차수열의 합의 공식을 이용하여 S_n을 바로 구해도 된다.

수능 핵심 개념 자연수의 거듭제곱의 합

(1) $\sum\limits_{k=1}^{n}k=\dfrac{n(n+1)}{2}$

(2) $\sum\limits_{k=1}^{n}k^2=\dfrac{n(n+1)(2n+1)}{6}$

(3) $\sum\limits_{k=1}^{n}k^3=\left\{\dfrac{n(n+1)}{2}\right\}^2$

해결 흐름

1 등차수열의 일반항 a_n을 구하고, S_n을 n에 대한 식으로 나타내야겠어.

2 **1**에서 구한 S_n을 이용하여 수열 $\{S_n\}$의 극한을 조사하면 ㄱ의 참, 거짓을 판단할 수 있어.

3 $\dfrac{1}{AB}=\dfrac{1}{B-A}\left(\dfrac{1}{A}-\dfrac{1}{B}\right)$임을 이용하여 $\sum\limits_{n=1}^{\infty}\dfrac{1}{S_n}$의 수렴 여부를 조사할 수 있겠다.

4 **1**에서 구한 S_n을 이용하여 수열 $\{\sqrt{S_{n+1}}-\sqrt{S_n}\}$의 극한을 조사할 수 있겠네.

알찬 풀이

등차수열 $\{a_n\}$의 첫째항과 공차를 모두 a $(\underline{a>0})$라 하면 → $a_1>0$이기 때문이야.

$a_n=a+(n-1)a=an$ ...... (*)

$S_n=\sum\limits_{k=1}^{n}a_k=\sum\limits_{k=1}^{n}ak=a\sum\limits_{k=1}^{n}k=\dfrac{an(n+1)}{2}$

ㄱ. $a_1=a>0$이므로 → $\sum\limits_{k=1}^{n}ak$에서 a는 상수야.

$\lim\limits_{n\to\infty}S_n=\lim\limits_{n\to\infty}\dfrac{an(n+1)}{2}=\infty$ (거짓)

ㄴ. $\sum\limits_{n=1}^{\infty}\dfrac{1}{S_n}=\sum\limits_{n=1}^{\infty}\dfrac{2}{a}\times\dfrac{1}{n(n+1)}$ → $\lim\limits_{n\to\infty}\dfrac{n(n+1)}{2}=\infty$이기 때문이야.

$=\sum\limits_{n=1}^{\infty}\dfrac{2}{a}\left(\dfrac{1}{n}-\dfrac{1}{n+1}\right)$ → 부분분수로의 변형을 이용했어.

$=\dfrac{2}{a}\lim\limits_{n\to\infty}\sum\limits_{k=1}^{n}\left(\dfrac{1}{k}-\dfrac{1}{k+1}\right)$

$=\dfrac{2}{a}\lim\limits_{n\to\infty}\left\{\left(1-\dfrac{1}{2}\right)+\left(\dfrac{1}{2}-\dfrac{1}{3}\right)+\cdots+\left(\dfrac{1}{n}-\dfrac{1}{n+1}\right)\right\}$

$=\dfrac{2}{a}\lim\limits_{n\to\infty}\left(1-\dfrac{1}{n+1}\right)=\dfrac{2}{a}$ (참)

ㄷ. $\sqrt{S_{n+1}}-\sqrt{S_n}=\dfrac{(\sqrt{S_{n+1}}-\sqrt{S_n})(\sqrt{S_{n+1}}+\sqrt{S_n})}{\sqrt{S_{n+1}}+\sqrt{S_n}}$

$=\dfrac{S_{n+1}-S_n}{\sqrt{S_{n+1}}+\sqrt{S_n}}$ → 수열의 합과 일반항 사이의 관계야.

$=\dfrac{a_{n+1}}{\sqrt{S_{n+1}}+\sqrt{S_n}}$ → (*)에서 $a_n=an$이었으니까 $a_{n+1}=a(n+1)$이야.

$=\dfrac{a(n+1)}{\sqrt{\dfrac{a}{2}(n+1)(n+2)}+\sqrt{\dfrac{a}{2}n(n+1)}}$

이므로

$\lim\limits_{n\to\infty}(\sqrt{S_{n+1}}-\sqrt{S_n})$

$=\lim\limits_{n\to\infty}\dfrac{a(n+1)}{\sqrt{\dfrac{a}{2}(n+1)(n+2)}+\sqrt{\dfrac{a}{2}n(n+1)}}$

$=\lim\limits_{n\to\infty}\dfrac{a(n+1)}{\sqrt{\dfrac{a}{2}(n^2+3n+2)}+\sqrt{\dfrac{a}{2}(n^2+n)}}$

→ 분모, 분자를 각각 n으로 나눴어.

$=\lim\limits_{n\to\infty}\dfrac{a\left(1+\dfrac{1}{n}\right)}{\sqrt{\dfrac{a}{2}\left(1+\dfrac{3}{n}+\dfrac{2}{n^2}\right)}+\sqrt{\dfrac{a}{2}\left(1+\dfrac{1}{n}\right)}}$

$=\dfrac{a}{\sqrt{\dfrac{a}{2}}+\sqrt{\dfrac{a}{2}}}$

$=\dfrac{a}{2\sqrt{\dfrac{a}{2}}}=\sqrt{\dfrac{a}{2}}$ (참) → $=\dfrac{a}{2}\times\dfrac{1}{\sqrt{\dfrac{a}{2}}}=\left(\sqrt{\dfrac{a}{2}}\right)^2\times\dfrac{1}{\sqrt{\dfrac{a}{2}}}$

이상에서 옳은 것은 ㄴ, ㄷ이다.

41 정답 ⑤ 정답률 71%

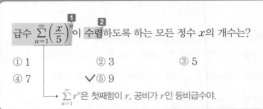

급수 $\sum\limits_{n=1}^{\infty}\left(\dfrac{x}{5}\right)^n$이 수렴하도록 하는 모든 정수 x의 개수는?

① 1 　　　 ② 3 　　　 ③ 5
④ 7 　　 ✔ ⑤ 9
$\sum\limits_{n=1}^{\infty}r^n$은 첫째항이 r, 공비가 r인 등비급수야.

☑ **연관 개념 check**
등비급수 $\sum\limits_{n=1}^{\infty}r^n$의 수렴 조건은 $-1<r<1$이다.

해결 흐름
1 $\sum\limits_{n=1}^{\infty}\left(\dfrac{x}{5}\right)^n$은 등비급수이네.
2 등비급수의 수렴 조건을 이용하면 x의 값의 범위를 구할 수 있겠다.

알찬 풀이

급수 $\sum\limits_{n=1}^{\infty}\left(\dfrac{x}{5}\right)^n$은 첫째항과 공비가 모두 $\dfrac{x}{5}$인 등비급수이므로 이 급수가 수렴하려면

$-1<\dfrac{x}{5}<1$ 　∴ $-5<x<5$
→ 첫째항과 공비가 같은 등비급수가 수렴하려면 공비의 조건만 만족시키면 돼.

따라서 정수 x는 -4, -3, -2, $\cdots$, 4의 9개이다.

---

42 정답 ③ 정답률 76%

등비급수 $\sum\limits_{n=1}^{\infty}\left(\dfrac{2x-3}{7}\right)^n$이 수렴하도록 하는 정수 x의 개수는?

① 2 　　　 ② 4 　　 ✔ ③ 6
④ 8 　　　 ⑤ 10
$\sum\limits_{n=1}^{\infty}r^n$은 첫째항이 r, 공비가 r인 등비급수야.

☑ **연관 개념 check**
등비급수 $\sum\limits_{n=1}^{\infty}r^n$의 수렴 조건은 $-1<r<1$이다.

해결 흐름
1 $\sum\limits_{n=1}^{\infty}\left(\dfrac{2x-3}{7}\right)^n$은 등비급수이네.
2 등비급수의 수렴 조건을 이용하면 x의 값의 범위를 구할 수 있겠다.

알찬 풀이

급수 $\sum\limits_{n=1}^{\infty}\left(\dfrac{2x-3}{7}\right)^n$은 첫째항과 공비가 모두 $\dfrac{2x-3}{7}$인 등비급수이므로 이 급수가 수렴하려면
→ 첫째항과 공비가 같은 등비급수가 수렴하려면 공비의 조건만 만족시키면 돼.

$-1<\dfrac{2x-3}{7}<1$, $-7<2x-3<7$

$-4<2x<10$ 　∴ $-2<x<5$

따라서 정수 x는 -1, 0, 1, 2, 3, 4의 6개이다.

---

43 정답 ⑤ 정답률 72%

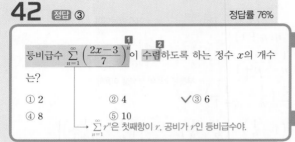

공차가 양수인 등차수열 $\{a_n\}$과 등비수열 $\{b_n\}$에 대하여
$a_1=b_1=1$, $a_2b_2=1$이고

$\sum\limits_{n=1}^{\infty}\left(\dfrac{1}{a_na_{n+1}}+b_n\right)=2$
→ $\sum\limits_{n=1}^{\infty}\dfrac{1}{a_na_{n+1}}$, $\sum\limits_{n=1}^{\infty}b_n$을 구해서 급수의 성질을 이용해.

일 때, $\sum\limits_{n=1}^{\infty}b_n$의 값은?

① $\dfrac{7}{6}$ 　　　 ② $\dfrac{6}{5}$ 　　　 ③ $\dfrac{5}{4}$
④ $\dfrac{4}{3}$ 　　 ✔ ⑤ $\dfrac{3}{2}$

☑ **연관 개념 check**
(1) 급수 $\sum\limits_{n=1}^{\infty}a_n$이 수렴하면 $\lim\limits_{n\to\infty}a_n=0$이다.
(2) 두 급수 $\sum\limits_{n=1}^{\infty}a_n$, $\sum\limits_{n=1}^{\infty}b_n$이 수렴하고 $\sum\limits_{n=1}^{\infty}a_n=S$, $\sum\limits_{n=1}^{\infty}b_n=T$일 때,
　① $\sum\limits_{n=1}^{\infty}(a_n\pm b_n)=\sum\limits_{n=1}^{\infty}a_n\pm\sum\limits_{n=1}^{\infty}b_n=S\pm T$ (복부호 동순)
　② $\sum\limits_{n=1}^{\infty}ca_n=c\sum\limits_{n=1}^{\infty}a_n=cS$ (단, c는 상수)
(3) $-1<r<1$일 때, $\sum\limits_{n=1}^{\infty}ar^{n-1}=\dfrac{a}{1-r}$

해결 흐름
1 등차수열 $\{a_n\}$의 공차를 d $(d>0)$, 등비수열 $\{b_n\}$의 공비를 r라 하고 주어진 조건을 이용하여 d와 r 사이의 관계식을 구해야겠다.
2 $\sum\limits_{n=1}^{\infty}\dfrac{1}{a_na_{n+1}}$, $\sum\limits_{n=1}^{\infty}b_n$을 d와 r에 대한 식으로 나타낼 수 있겠어.
3 1, 2에서 구한 식과 급수의 성질을 이용하여 r의 값을 구하면 $\sum\limits_{n=1}^{\infty}b_n$의 값을 구할 수 있겠네.

알찬 풀이

등차수열 $\{a_n\}$의 공차를 d $(d>0)$, 등비수열 $\{b_n\}$의 공비를 r라 하면
$a_1=b_1=1$이므로
$a_n=1+(n-1)d$, $b_n=r^{n-1}$
→ 첫째항이 a, 공비가 r인 등비수열 $\{a_n\}$의 일반항은 $a_n=ar^{n-1}$

$a_2b_2=1$에서 $(1+d)r=1$
→ 첫째항이 a, 공차가 d인 등차수열 $\{a_n\}$의 일반항은 $a_n=a+(n-1)d$

$1+d=\dfrac{1}{r}$ 　∴ $d=\dfrac{1-r}{r}$ 　　　…… ㉠

한편, 급수 $\sum\limits_{n=1}^{\infty}\left(\dfrac{1}{a_na_{n+1}}+b_n\right)$이 수렴하므로 $\lim\limits_{n\to\infty}\left(\dfrac{1}{a_na_{n+1}}+b_n\right)=0$이고

$\lim\limits_{n\to\infty}a_n=\infty$, 즉 $\lim\limits_{n\to\infty}\dfrac{1}{a_n}=0$, $\lim\limits_{n\to\infty}\dfrac{1}{a_{n+1}}=0$에서 $\lim\limits_{n\to\infty}\dfrac{1}{a_na_{n+1}}=0$이므로
→ $\lim\limits_{n\to\infty}\{1+(n-1)d\}=\infty$이기 때문이야.

부분분수로의 변형

(1) $\dfrac{1}{k(k+a)}=\dfrac{1}{a}\left(\dfrac{1}{k}-\dfrac{1}{k+a}\right)$ (단, $a\neq0$)

(2) $\dfrac{1}{(k+a)(k+b)}=\dfrac{1}{b-a}\left(\dfrac{1}{k+a}-\dfrac{1}{k+b}\right)$
(단, $a\neq b$)

(3) $\dfrac{1}{k(k+1)(k+2)}=\dfrac{1}{2}\left\{\dfrac{1}{k(k+1)}-\dfrac{1}{(k+1)(k+2)}\right\}$

$\displaystyle\lim_{n\to\infty}b_n=0$

$\therefore -1<r<1$

$\displaystyle\sum_{n=1}^{\infty}\dfrac{1}{a_na_{n+1}}=\lim_{n\to\infty}\sum_{k=1}^{n}\dfrac{1}{a_ka_{k+1}}$ → $\dfrac{1}{ab}=\dfrac{1}{b-a}\left(\dfrac{1}{a}-\dfrac{1}{b}\right)$을 이용했어.

$\displaystyle\qquad=\lim_{n\to\infty}\sum_{k=1}^{n}\dfrac{1}{d}\left(\dfrac{1}{a_k}-\dfrac{1}{a_{k+1}}\right)$ → 이웃하는 항끼리 서로 소거한거야.

$\displaystyle\qquad=\lim_{n\to\infty}\dfrac{1}{d}\left\{\left(\dfrac{1}{a_1}-\dfrac{1}{a_2}\right)+\left(\dfrac{1}{a_2}-\dfrac{1}{a_3}\right)+\cdots+\left(\dfrac{1}{a_n}-\dfrac{1}{a_{n+1}}\right)\right\}$

$\displaystyle\qquad=\lim_{n\to\infty}\dfrac{1}{d}\left(\dfrac{1}{a_1}-\dfrac{1}{a_{n+1}}\right)$ $\lim_{n\to\infty}\dfrac{1}{d}\left(\dfrac{1}{a_1}-\dfrac{1}{a_{n+1}}\right)$

$\displaystyle\qquad=\dfrac{1}{d}(1-0)$ ← $=\dfrac{1}{d}\left(\lim_{n\to\infty}1-\lim_{n\to\infty}\dfrac{1}{a_{n+1}}\right)$

$\displaystyle\qquad=\dfrac{1}{d}$ $=\dfrac{1}{d}(1-0)$

이고 $\displaystyle\sum_{n=1}^{\infty}b_n=\dfrac{1}{1-r}$이므로

$\displaystyle\sum_{n=1}^{\infty}\left(\dfrac{1}{a_na_{n+1}}+b_n\right)=\sum_{n=1}^{\infty}\dfrac{1}{a_na_{n+1}}+\sum_{n=1}^{\infty}b_n$

$\displaystyle\qquad\qquad=\dfrac{1}{d}+\dfrac{1}{1-r}=2$ …… ㉡

㉠, ㉡을 연립하여 풀면 $d=2$, $r=\dfrac{1}{3}$

$\therefore \displaystyle\sum_{n=1}^{\infty}b_n=\dfrac{1}{1-\dfrac{1}{3}}=\dfrac{3}{2}$

→㉠에서 $\dfrac{1}{d}=\dfrac{r}{1-r}$이므로 이를 ㉡에 대입하면

$\dfrac{1+r}{1-r}=2$, $1+r=2-2r$ $\therefore r=\dfrac{1}{3}$

$r=\dfrac{1}{3}$을 ㉠에 대입하면 $d=2$

---

44 정답 ②
정답률 75%

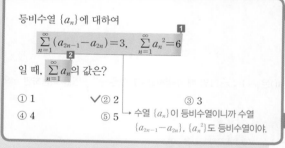

등비수열 $\{a_n\}$에 대하여

$\displaystyle\sum_{n=1}^{\infty}(a_{2n-1}-a_{2n})=3$, $\displaystyle\sum_{n=1}^{\infty}a_n{}^2=6$

일 때, $\displaystyle\sum_{n=1}^{\infty}a_n$의 값은?

① 1   ✓② 2   ③ 3

④ 4   ⑤ 5 → 수열 $\{a_n\}$이 등비수열이니까 수열 $\{a_{2n-1}-a_{2n}\}$, $\{a_n{}^2\}$도 등비수열이야.

☑ 연관 개념 check

$-1<r<1$일 때, $\displaystyle\sum_{n=1}^{\infty}ar^{n-1}=\dfrac{a}{1-r}$

☑ 실전 적용 key

일반적으로 첫째항이 a이고 공비가 r ($-1<r<1$)인 등비수열 $\{a_n\}$에 대하여 다음이 성립한다.

(1) 수열 $\{a_{2n}\}$은 첫째항이 ar, 공비가 r^2인 등비수열이므로

$\displaystyle\sum_{n=1}^{\infty}a_{2n}=\dfrac{ar}{1-r^2}$

(2) 수열 $\{a_n{}^2\}$은 첫째항이 a^2, 공비가 r^2인 등비수열이므로

$\displaystyle\sum_{n=1}^{\infty}a_n{}^2=\dfrac{a^2}{1-r^2}$

$\displaystyle\sum_{n=1}^{\infty}a_n{}^2$은 첫째항이 a^2이고, 공비가 r^2인 등비급수야. ←

해결 흐름

1 수렴하는 등비급수의 첫째항과 공비를 구하면 그 합이 $\dfrac{(첫째항)}{1-(공비)}$임을 이용하여 첫째항과 공비에 관한 식을 만들 수 있겠네.

2 **1**에서 만든 관계식을 이용하면 $\displaystyle\sum_{n=1}^{\infty}a_n$의 값을 구할 수 있겠다.

알찬 풀이

등비수열 $\{a_n\}$의 첫째항을 a, 공비를 r라 하면 $a_n=ar^{n-1}$이므로

$a_{2n-1}-a_{2n}=ar^{2n-2}-ar^{2n-1}=ar^{2n-2}(1-r)$
$\qquad\qquad\quad=a(1-r)(r^2)^{n-1}$

즉, $\displaystyle\sum_{n=1}^{\infty}(a_{2n-1}-a_{2n})=3$에서

$\displaystyle\sum_{n=1}^{\infty}(a_{2n-1}-a_{2n})=\dfrac{a(1-r)}{1-r^2}=\dfrac{a(1-r)}{(1+r)(1-r)}$

$\displaystyle\qquad\qquad=\dfrac{a}{1+r}$ → $\displaystyle\sum_{n=1}^{\infty}(a_{2n-1}-a_{2n})$은 첫째항이 $a(1-r)$이고, 공비가 r^2인 등비급수야.

이므로 $\dfrac{a}{1+r}=3$ …… ㉠

$\displaystyle\sum_{n=1}^{\infty}a_n{}^2=6$에서 $\displaystyle\sum_{n=1}^{\infty}a_n{}^2=\dfrac{a^2}{1-r^2}=\dfrac{a}{1+r}\times\dfrac{a}{1-r}=6$

㉠에 의하여 $3\times\dfrac{a}{1-r}=6$ $\therefore \dfrac{a}{1-r}=2$

$\therefore \displaystyle\sum_{n=1}^{\infty}a_n=\dfrac{a}{1-r}=2$

45 정답률 89%

등비수열 $\{a_n\}$에 대하여 $\lim\limits_{n\to\infty}\dfrac{3^n}{a_n+2^n}=6$일 때, $\sum\limits_{n=1}^{\infty}\dfrac{1}{a_n}$의 값은?

① 1　　　　② 2　　　　✔③ 3

④ 4　　　　⑤ 5

수열 $\{a_n\}$이 등비수열이니까 수열 $\left\{\dfrac{1}{a_n}\right\}$도 등비수열이야.

해결 흐름

1 먼저 주어진 수열의 극한값을 이용하여 등비수열 $\{a_n\}$의 일반항을 구해야겠네.

2 **1**로부터 수열 $\left\{\dfrac{1}{a_n}\right\}$의 일반항도 구할 수 있으니까 $\sum\limits_{n=1}^{\infty}\dfrac{1}{a_n}$의 값을 구할 수 있겠네.

☑ 연관 개념 check

$-1<r<1$일 때, $\sum\limits_{n=1}^{\infty}ar^{n-1}=\dfrac{a}{1-r}$

☑ 실전 적용 key

$\lim\limits_{n\to\infty}\dfrac{3^n}{a_n+2^n}=\lim\limits_{n\to\infty}\dfrac{3^n}{ar^{n-1}+2^n}$ ……㉠

에서 $|r|>3$이라 하고 ㉠의 분모, 분자를 r^n으로 나누면

$\lim\limits_{n\to\infty}\dfrac{3^n}{ar^{n-1}+2^n}=\lim\limits_{n\to\infty}\dfrac{\left(\dfrac{3}{r}\right)^n}{\dfrac{a}{r}+\left(\dfrac{2}{r}\right)^n}=0$이므로 ㉠의 값이 6이어

야 함에 모순이다.

따라서 $|r|\le3$이라 하고 ㉠의 분모, 분자를 각각 3^n으로 나누어 계산한다.

알찬 풀이

등비수열 $\{a_n\}$의 첫째항을 a, 공비를 r라 하면 $a_n=ar^{n-1}$이므로

$\lim\limits_{n\to\infty}\dfrac{3^n}{a_n+2^n}=\lim\limits_{n\to\infty}\dfrac{3^n}{ar^{n-1}+2^n}$

$=\lim\limits_{n\to\infty}\dfrac{1}{\dfrac{a}{r}\times\left(\dfrac{r}{3}\right)^n+\left(\dfrac{2}{3}\right)^n}$ 　분모, 분자를 각각 3^n으로 나눴어.

$=\lim\limits_{n\to\infty}\dfrac{1}{\dfrac{a}{r}\times\left(\dfrac{r}{3}\right)^n}=6$　$\dfrac{ar^{n-1}}{3^n}=\dfrac{a}{r}\times\dfrac{r^n}{3^n}=\dfrac{a}{r}\times\left(\dfrac{r}{3}\right)^n$

즉, $\dfrac{a}{r}=\dfrac{1}{6}$, $\dfrac{r}{3}=1$이므로 $a=\dfrac{1}{2}$, $r=3$

$\therefore a_n=\dfrac{1}{2}\times3^{n-1}$

$\therefore \dfrac{1}{a_n}=2\times\left(\dfrac{1}{3}\right)^{n-1}$

따라서 수열 $\left\{\dfrac{1}{a_n}\right\}$은 첫째항이 2이고 공비가 $\dfrac{1}{3}$인 등비수열이므로

$\sum\limits_{n=1}^{\infty}\dfrac{1}{a_n}=\dfrac{2}{1-\dfrac{1}{3}}=3$

---

46 정답률 83%

　$r>0$
공비가 양수인 등비수열 $\{a_n\}$이　　$\sum\limits_{n=3}^{\infty}a_n=a_3+a_4+\cdots$이니까

$a_1+a_2=20$, $\sum\limits_{n=3}^{\infty}a_n=\dfrac{4}{3}$　$\sum\limits_{n=3}^{\infty}a_n$에서는 a_3이 첫째항이야.

를 만족시킬 때, a_1의 값을 구하시오. **16**

☑ 연관 개념 check

첫째항이 a, 공비가 r인 등비수열 $\{a_n\}$의 일반항은

$a_n=ar^{n-1}$

☑ 오답 clear

등비수열 $\{ar^{n-1}\}$의 수렴 조건은 $a=0$ 또는 $-1<r\le1$이지만 등비급수 $\sum\limits_{n=1}^{\infty}ar^{n-1}$의 수렴 조건은 $a=0$ 또는 $-1<r<1$임에 주의한다.

해결 흐름

1 등비급수 $\sum\limits_{n=1}^{\infty}ar^{n-1}(a\ne0)$은 $-1<r<1$일 때 수렴하고, 그 합은 $\dfrac{a}{1-r}$임을 이용하면 a_1의 값을 구할 수 있겠네.

알찬 풀이

　$a_1=a$이니까 구하는 값은 a야.

등비수열 $\{a_n\}$의 첫째항을 a, 공비를 r라 하면

$a_1+a_2=20$에서 $a+ar=20$ ……㉠

$\sum\limits_{n=3}^{\infty}a_n=\dfrac{4}{3}$이므로 $0<r<1$이고

　$n=3$이니까 첫째항은 $a_3=ar^2$이야.

$\sum\limits_{n=3}^{\infty}a_n=\dfrac{a_3}{1-r}=\dfrac{ar^2}{1-r}$

$\therefore \dfrac{ar^2}{1-r}=\dfrac{4}{3}$ ……㉡

㉠에서 $a=\dfrac{20}{1+r}$이므로 ㉡에 대입하면 $\dfrac{20r^2}{1-r^2}=\dfrac{4}{3}$

$\boxed{64r^2=4}$, $r^2=\dfrac{1}{16}$　$a(1+r)=20$이니까 $a=\dfrac{20}{1+r}$이지.

　$60r^2=4-4r^2$에서 $64r^2=4$야.

이때 공비가 양수이므로 $r=\dfrac{1}{4}$

　$r>0$

㉠에 $r=\dfrac{1}{4}$을 대입하면 $\dfrac{5}{4}a=20$　　$\therefore a=16$

따라서 a_1의 값은 16이다.

47 정답 ② 정답률 67%

그림과 같이 반지름의 길이가 4이고 중심각의 크기가 $\frac{\pi}{4}$인 부채꼴 $A_0A_1B_1$이 있다. 점 A_1에서 선분 A_0B_1에 내린 수선의 발을 B_2라 하고, 선분 A_0A_1 위의 $\overline{A_1B_2}=\overline{A_1A_2}$인 점 A_2에 대하여 중심각의 크기가 $\frac{\pi}{4}$인 부채꼴 $A_1A_2B_2$를 그린다.
점 A_2에서 선분 A_1B_2에 내린 수선의 발을 B_3이라 하고, 선분 A_1A_2 위의 $\overline{A_2B_3}=\overline{A_2A_3}$인 점 A_3에 대하여 중심각의 크기가 $\frac{\pi}{4}$인 부채꼴 $A_2A_3B_3$을 그린다.
이와 같은 과정을 계속하여 점 A_n에서 선분 $A_{n-1}B_n$에 내린 수선의 발을 B_{n+1}이라 하고, 선분 $A_{n-1}A_n$ 위의 $\overline{A_nB_{n+1}}=\overline{A_nA_{n+1}}$인 점 A_{n+1}에 대하여 중심각의 크기가 $\frac{\pi}{4}$인 부채꼴 $A_nA_{n+1}B_{n+1}$을 그린다. 부채꼴 $A_{n-1}A_nB_n$의 호 A_nB_n의 길이를 l_n이라 할 때, $\sum_{n=1}^{\infty} l_n$의 값은?

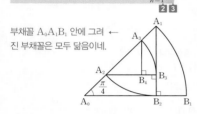

부채꼴 $A_0A_1B_1$ 안에 그려 ← 진 부채꼴은 모두 닮음이네.

① $(4-\sqrt{2})\pi$ ✓② $(2+\sqrt{2})\pi$ ③ $(2+2\sqrt{2})\pi$
④ $(4+\sqrt{2})\pi$ ⑤ $(4+2\sqrt{2})\pi$

☑ 연관 개념 check

닮은 도형이 한없이 반복되어 나타날 때, 도형의 선분의 길이, 넓이 등의 합은 등비급수를 이용하여 다음과 같은 순서로 구한다.
① 도형에서 일정하게 변하는 규칙을 찾고, 첫째항 a와 공비 r를 구한다.
② 등비급수의 합이 $\frac{a}{1-r}$임을 이용한다.

☑ 실전 적용 key

닮은 도형이 반복될 때 간단하게 첫째항과 둘째항을 비교하여 수열 $\{l_n\}$의 일반항을 구할 수 있지만, n번째 도형과 $(n+1)$번째 도형을 비교하여 수열 $\{l_n\}$의 일반항을 구할 수도 있다.

해결 흐름

1 호 A_1B_1의 길이인 l_1의 값을 구해야겠다.
2 두 부채꼴 $A_0A_1B_1$과 $A_1A_2B_2$의 닮음비를 이용하면 등비수열 $\{l_n\}$의 공비를 구할 수 있겠네.
3 **1**, **2**를 이용하여 $\sum_{n=1}^{\infty} l_n$의 값을 구할 수 있겠다.

알찬 풀이

부채꼴 $A_0A_1B_1$의 반지름인 선분 A_0A_1의 길이가 4이므로

$l_1=\widehat{A_1B_1}=4\times\frac{\pi}{4}=\pi$ → l_1은 부채꼴 $A_0A_1B_1$의 호 A_1B_1의 길이지.

부채꼴 $A_1A_2B_2$의 반지름인 선분 A_1A_2의 길이는

$\overline{A_1A_2}=\overline{A_1B_2}=\overline{A_0A_1}\sin\frac{\pi}{4}$

$=4\times\frac{\sqrt{2}}{2}=2\sqrt{2}$ → 부채꼴의 반지름의 길이야.

이때 두 부채꼴 $A_0A_1B_1$과 $A_1A_2B_2$의 닮음비는 → 두 부채꼴의 중심각의 크기가 같기 때문에 서로 닮음이야.

$\overline{A_0A_1}:\overline{A_1A_2}=4:2\sqrt{2}=1:\frac{\sqrt{2}}{2}$

따라서 수열 $\{l_n\}$은 첫째항이 π이고 공비가 $\frac{\sqrt{2}}{2}$인 등비수열이므로

$\sum_{n=1}^{\infty} l_n=\frac{\pi}{1-\frac{\sqrt{2}}{2}}=(2+\sqrt{2})\pi$
$=\frac{2\pi}{2-\sqrt{2}}=\frac{2\pi(2+\sqrt{2})}{(2-\sqrt{2})(2+\sqrt{2})}=\frac{2\pi(2+\sqrt{2})}{2}$

다른 풀이

삼각형 $A_{n-1}A_nB_{n+1}$에서 $\angle A_{n-1}=\frac{\pi}{4}$이므로

$\angle A_{n-1}A_nB_{n+1}=\frac{\pi}{4}$

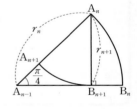

따라서 부채꼴 $A_{n-1}A_nB_n$과 부채꼴 $A_nA_{n+1}B_{n+1}$이 닮음이므로

$\overline{A_{n-1}A_n}=r_n$, $\overline{A_nB_{n+1}}=\overline{A_nA_{n+1}}=r_{n+1}$이라 하면

$\frac{r_{n+1}}{r_n}=\sin\frac{\pi}{4}=\frac{\sqrt{2}}{2}$ → 수열 $\{l_n\}$의 공비야.

$r_1=4$이므로 $l_1=4\times\frac{\pi}{4}=\pi$ → 수열 $\{l_n\}$의 첫째항이야.

따라서 수열 $\{l_n\}$의 일반항은 $l_n=\pi\times\left(\frac{\sqrt{2}}{2}\right)^{n-1}$이므로

→ 공비가 $\frac{\sqrt{2}}{2}$이고, $-1<\frac{\sqrt{2}}{2}<1$이야.

$\sum_{n=1}^{\infty} l_n=\frac{\pi}{1-\frac{\sqrt{2}}{2}}=(2+\sqrt{2})\pi$

문제 해결 TIP

이보림 | 고려대학교 생명공학과 | 미림여자고등학교 졸업

이러한 등비급수 문제는 주어진 조건에서 규칙을 빠르게 파악해서 등비수열의 첫째항과 공비를 알아내는 것이 핵심이야! 이 문제의 경우 부채꼴의 중심각의 크기가 $\frac{\pi}{4}$이고, 두 부채꼴 $A_0A_1B_1$과 $A_1A_2B_2$의 반지름의 길이가 각각 4, $2\sqrt{2}$임을 파악하면 등비수열 $\{l_n\}$의 첫째항이 $4\times\frac{\pi}{4}=\pi$, 공비가 $\frac{2\sqrt{2}}{4}=\frac{\sqrt{2}}{2}$임을 알 수 있어. 등비수열 $\{l_n\}$의 공비를 구할 때 부채꼴의 호의 길이를 구해서 공비를 구한 학생들도 있었을 거야. 등비급수 문제에서 공비를 구할 때는 비교적 길이를 쉽게 구할 수 있는 선분을 찾도록 해. 이 문제에서는 호의 길이를 구하려면 우선 반지름의 길이부터 구해야 하니까 호의 길이를 이용해서 공비를 구하는 것은 계산 과정을 늘리는 셈이야. 등비수열의 첫째항과 공비만 찾아내면 쉽게 풀 수 있는 유형이니까 차근차근 풀어 보도록 해.

48 　　　　정답률 65%

→ 두 원의 반지름의 길이는 $\frac{8}{3}$이야.

그림과 같이 길이가 8인 선분 AB가 있다. 선분 AB의 삼등 분점 A_1, B_1을 중심으로 하고 선분 A_1B_1을 반지름으로 하는 두 원이 서로 만나는 두 점을 각각 P_1, Q_1이라고 하자. 선분 A_1B_1의 삼등분점 A_2, B_2를 중심으로 하고 선분 A_2B_2를 반지름으로 하는 두 원이 서로 만나는 두 점을 각각 P_2, Q_2라고 하자.

선분 A_2B_2의 삼등분점 A_3, B_3을 중심으로 하고 선분 A_3B_3을 반지름으로 하는 두 원이 서로 만나는 두 점을 각각 P_3, Q_3이라고 하자.

이와 같은 과정을 계속하여 n번째 얻은 두 호 $P_nA_nQ_n$, $P_nB_nQ_n$의 길이의 합을 l_n이라 할 때, $\sum\limits_{n=1}^{\infty} l_n$의 값은?

1 2　　　　**3**

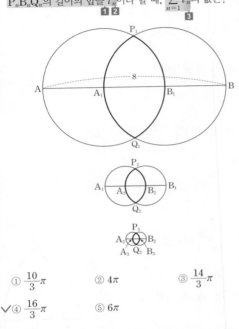

① $\frac{10}{3}\pi$　　② 4π　　③ $\frac{14}{3}\pi$

✓④ $\frac{16}{3}\pi$　　⑤ 6π

☑ **연관 개념 check**

닮은 도형이 한없이 반복되어 나타날 때, 도형의 선분의 길이, 넓이 등의 합은 등비급수를 이용하여 다음과 같은 순서로 구한다.

① 도형에서 일정하게 변하는 규칙을 찾고, 첫째항 a와 공비 r를 구한다.

② 등비급수의 합이 $\frac{a}{1-r}$임을 이용한다.

☑ **실전 적용 key**

닮은 도형이 반복될 때, 간단하게 첫째항과 둘째항을 비교하여 수열 $\{l_n\}$의 일반항을 구할 수 있지만, n번째 도형과 $(n+1)$번째 도형을 비교하여 수열 $\{l_n\}$의 일반항을 구할 수도 있다.

해결 흐름

1 두 호 $P_1A_1Q_1$과 $P_1B_1Q_1$의 길이의 합인 l_1의 값을 구해야겠다.

2 두 선분 AB와 A_1B_1의 길이의 비를 이용하여 닮음비를 구하면 등비수열 $\{l_n\}$의 공비를 구할 수 있겠다.

3 **1**, **2**를 이용하여 $\sum\limits_{n=1}^{\infty} l_n$의 값을 구할 수 있겠다.

알찬 풀이

오른쪽 그림에서 세 선분 A_1B_1, A_1P_1, B_1P_1의 길이는 모두 원의 반지름의 길이인 $\frac{8}{3}$이므로 삼각형 $A_1B_1P_1$은 정삼각형이다.

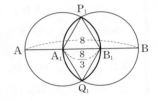

$\therefore \angle P_1B_1A_1 = \frac{\pi}{3}$

마찬가지로 삼각형 $A_1B_1Q_1$은 정삼각형이므로

$\angle Q_1B_1A_1 = \frac{\pi}{3}$　$\therefore \angle P_1B_1Q_1 = \frac{2}{3}\pi$

호 $P_1A_1Q_1$의 길이는

> **부채꼴의 호의 길이**
> 반지름의 길이가 r, 중심각의 크기가 θ인 부채꼴의 호의 길이 l은 $l = r\theta$

$\frac{8}{3} \times \frac{2}{3}\pi = \frac{16}{9}\pi$

이므로 두 호 $P_1A_1Q_1$, $P_1B_1Q_1$의 길이의 합은

$l_1 = 2 \times \frac{16}{9}\pi = \frac{32}{9}\pi$　→ l_1은 두 호 $P_1A_1Q_1$, $P_1B_1Q_1$의 길이의 합이야.

이때 첫 번째 ⬭ 모양의 도형과 두 번째 ⬭ 모양의 도형의 닮음비는

$\overline{AB} : \overline{A_1B_1} = 8 : \frac{8}{3} = 1 : \frac{1}{3}$　→ 반지름의 길이의 비가 호의 길이의 비가 되지.

따라서 수열 $\{l_n\}$은 첫째항이 $\frac{32}{9}\pi$이고 공비가 $\frac{1}{3}$인 등비수열이므로

$\sum\limits_{n=1}^{\infty} l_n = \dfrac{\frac{32}{9}\pi}{1-\frac{1}{3}} = \frac{16}{3}\pi$

다른 풀이

오른쪽 그림과 같이 n번째 얻은 도형에서 두 원의 반지름의 길이를 r_n이라 하면 두 삼각형 $A_nB_nP_n$과 $A_nB_nQ_n$은 모두 정삼각형이므로

$\angle P_nB_nA_n = \angle Q_nB_nA_n = \frac{\pi}{3}$

$\therefore \angle P_nB_nQ_n = \frac{2}{3}\pi$

두 호 $P_nA_nQ_n$과 $P_nB_nQ_n$의 길이의 합은

$l_n = 2 \times \left(r_n \times \frac{2}{3}\pi\right) = \frac{4}{3}\pi r_n$

이때 선분 $A_{n-1}B_{n-1}$의 삼등분점이 A_n, B_n이므로

$\overline{A_nB_n} = \frac{1}{3}\overline{A_{n-1}B_{n-1}}$

수열 $\{r_n\}$은 공비가 $\frac{1}{3}$인 등비수열이야. ←

즉, $r_n = \frac{1}{3}r_{n-1}$이므로 $r_n = \frac{8}{3} \times \left(\frac{1}{3}\right)^{n-1}$

$\underbrace{\qquad}$　$\underbrace{\qquad}$ → $r_1 = \overline{A_1B_1} = \frac{8}{3}$

$\therefore l_n = \frac{4}{3}\pi r_n = \frac{4}{3}\pi \times \frac{8}{3} \times \left(\frac{1}{3}\right)^{n-1}$

$= \frac{32}{9}\pi \times \left(\frac{1}{3}\right)^{n-1}$ → 수열 $\{l_n\}$은 첫째항이 $\frac{32}{9}\pi$, 공비가 $\frac{1}{3}$인 등비수열이야.

$\therefore \sum\limits_{n=1}^{\infty} l_n = \dfrac{\frac{32}{9}\pi}{1-\frac{1}{3}} = \frac{16}{3}\pi$

---

49 정답 ② 정답률 67%

그림과 같이 중심이 O, 반지름의 길이가 1이고 중심각의 크기가 $\frac{\pi}{2}$인 부채꼴 OA_1B_1이 있다. 호 A_1B_1 위에 점 P_1, 선분 OA_1 위에 점 C_1, 선분 OB_1 위에 점 D_1을 사각형 $OC_1P_1D_1$이 $\overline{OC_1}:\overline{OD_1}=3:4$인 직사각형이 되도록 잡는다. 부채꼴 OA_1B_1의 내부에 점 Q_1을 $\overline{P_1Q_1}=\overline{A_1Q_1}$, $\angle P_1Q_1A_1=\frac{\pi}{2}$가 되도록 잡고, 이등변삼각형 $P_1Q_1A_1$에 색칠하여 얻은 그림을 R_1이라 하자.

그림 R_1에서 선분 OA_1 위의 점 A_2와 선분 OB_1 위의 점 B_2를 $\overline{OQ_1}=\overline{OA_2}=\overline{OB_2}$가 되도록 잡고, 중심이 O, 반지름의 길이가 $\overline{OQ_1}$, 중심각의 크기가 $\frac{\pi}{2}$인 부채꼴 OA_2B_2를 그린다.

그림 R_1을 얻은 것과 같은 방법으로 네 점 P_2, C_2, D_2, Q_2를 잡고, 이등변삼각형 $P_2Q_2A_2$에 색칠하여 얻은 그림을 R_2라 하자.

이와 같은 과정을 계속하여 n번째 얻은 그림 R_n에 색칠되어 있는 부분의 넓이를 S_n이라 할 때, $\lim_{n\to\infty} S_n$의 값은?

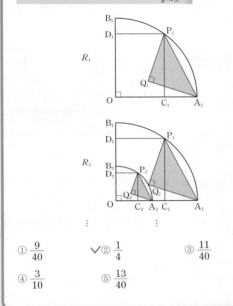

① $\frac{9}{40}$ ✓② $\frac{1}{4}$ ③ $\frac{11}{40}$

④ $\frac{3}{10}$ ⑤ $\frac{13}{40}$

☑ 연관 개념 check

닮은 도형이 한없이 반복되어 나타날 때, 도형의 선분의 길이, 넓이 등의 합은 등비급수를 이용하여 다음과 같은 순서로 구한다.

① 도형에서 일정하게 변하는 규칙을 찾고, 첫째항 a와 공비 r를 구한다.

② 등비급수의 합이 $\frac{a}{1-r}$임을 이용한다.

☑ 실전 적용 key

그림 R_n에서 반복하여 축소되는 도형이 n번 나타날 때, R_n에 색칠된 n개의 도형의 넓이의 합은 등비급수를 이용하여 구한다. 이때 첫째항은 주어진 조건을 이용하여 직접 구하고, 공비는 둘째항을 구하지 않고 닮은 도형의 닮음비를 이용하여 구한다.

해결 흐름

1 그림 R_1에 색칠되어 있는 부분의 넓이인 S_1의 값을 구해야겠다.

2 그림 R_2에서 두 부채꼴 OA_1B_1과 OA_2B_2의 닮음비를 이용하여 넓이의 비를 구하면 S_n의 공비를 구할 수 있겠다.

3 **1**, **2**를 이용하면 $\lim_{n\to\infty} S_n$의 값을 구할 수 있겠다.

알찬 풀이

오른쪽 그림과 같이 선분 OP_1을 그어 보자.

$\overline{OC_1}:\overline{OD_1}=3:4$이므로 $\overline{OC_1}=3t$, $\overline{OD_1}=4t\,(t>0)$라 하면 직각삼각형 OC_1P_1에서

$\overline{OP_1}=\sqrt{(3t)^2+(4t)^2}=5t$

$\overline{OP_1}=1$이므로 $5t=1$ $\quad\therefore t=\frac{1}{5}$

즉, $\overline{OC_1}=\frac{3}{5}$에서 $\overline{C_1A_1}=\overline{OA_1}-\overline{OC_1}=1-\frac{3}{5}=\frac{2}{5}$이고

$\overline{C_1P_1}=\overline{OD_1}=\frac{4}{5}$이므로 직각삼각형 $P_1C_1A_1$에서

$\overline{A_1P_1}=\sqrt{\left(\frac{2}{5}\right)^2+\left(\frac{4}{5}\right)^2}=\frac{2\sqrt{5}}{5}$

이때
> 직각삼각형 $P_1Q_1A_1$에서
> $\overline{P_1Q_1}:\overline{Q_1A_1}:\overline{A_1P_1}=1:1:\sqrt{2}$

$\overline{Q_1A_1}=\overline{P_1Q_1}=\frac{1}{\sqrt{2}}\overline{A_1P_1}=\frac{\sqrt{2}}{2}\times\frac{2\sqrt{5}}{5}=\frac{\sqrt{10}}{5}$

$\therefore S_1=($삼각형 $P_1Q_1A_1$의 넓이$)$
$=\frac{1}{2}\times\frac{\sqrt{10}}{5}\times\frac{\sqrt{10}}{5}=\frac{1}{5}$

오른쪽 그림과 같이 선분 A_1P_1의 중점을 M이라 하면 두 삼각형 OA_1P_1, $Q_1A_1P_1$은 모두 이등변삼각형이므로

$\overline{OM}\perp\overline{A_1P_1}$, $\overline{Q_1M}\perp\overline{A_1P_1}$

즉, 세 점 O, Q_1, M은 한 직선 위에 있다.

이때 직각삼각형 OA_1M에서

$\overline{A_1M}=\frac{1}{2}\overline{A_1P_1}=\frac{1}{2}\times\frac{2\sqrt{5}}{5}=\frac{\sqrt{5}}{5}$

이므로 $\overline{OM}=\sqrt{1^2-\left(\frac{\sqrt{5}}{5}\right)^2}=\frac{2\sqrt{5}}{5}$

또, 삼각형 Q_1A_1M은 직각이등변삼각형이므로

$\overline{Q_1M}=\overline{A_1M}=\frac{\sqrt{5}}{5}$

$\therefore \overline{OQ_1}=\overline{OM}-\overline{Q_1M}=\frac{2\sqrt{5}}{5}-\frac{\sqrt{5}}{5}=\frac{\sqrt{5}}{5}$

두 부채꼴 OA_1B_1과 OA_2B_2의 닮음비가

$\overline{OA_1}:\overline{OA_2}=\overline{OA_1}:\overline{OQ_1}=1:\frac{\sqrt{5}}{5}$

이므로 넓이의 비는

$1^2:\left(\frac{\sqrt{5}}{5}\right)^2=1:\frac{1}{5}$

> 닮음비가 $m:n$인 두 닮은 도형의 넓이의 비는 $m^2:n^2$이다.

따라서 S_n은 첫째항이 $\frac{1}{5}$이고 공비가 $\frac{1}{5}$인 등비수열의 첫째항부터 제n항까지의 합이므로

$\lim_{n\to\infty} S_n=\frac{\frac{1}{5}}{1-\frac{1}{5}}=\frac{1}{4}$

→ 삼각형 $A_2D_1E_1$은 직각이등변삼각형이야.

그림과 같이 $\overline{A_1B_1}=4$, $\overline{A_1D_1}=1$인 직사각형 $A_1B_1C_1D_1$에서 두 대각선의 교점을 E_1이라 하자.

$\overline{A_2D_1}=\overline{D_1E_1}$, $\angle A_2D_1E_1=\dfrac{\pi}{2}$이고 선분 D_1C_1과 선분 A_2E_1이 만나도록 점 A_2를 잡고, $\overline{B_2C_1}=\overline{C_1E_1}$, $\angle B_2C_1E_1=\dfrac{\pi}{2}$이고 선분 D_1C_1과 선분 B_2E_1이 만나도록 점 B_2를 잡는다. 두 삼각형 $A_2D_1E_1$, $B_2C_1E_1$을 그린 후 △△ 모양의 도형에 색칠하여 얻은 그림을 R_1이라 하자.

그림 R_1에서 $\overline{A_2B_2}:\overline{A_2D_2}=4:1$이고 선분 D_2C_2가 두 선분 A_2E_1, B_2E_1과 만나지 않도록 직사각형 $A_2B_2C_2D_2$를 그린다. 그림 R_1을 얻은 것과 같은 방법으로 세 점 E_2, A_3, B_3을 잡고 두 삼각형 $A_3D_2E_2$, $B_3C_2E_2$를 그린 후 △△ 모양의 도형에 색칠하여 얻은 그림을 R_2라 하자.

이와 같은 과정을 계속하여 n번째 얻은 그림 R_n에 색칠되어 있는 부분의 넓이를 S_n이라 할 때 $\lim\limits_{n\to\infty}S_n$의 값은?

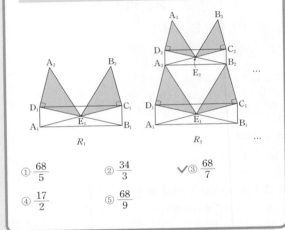

① $\dfrac{68}{5}$ ② $\dfrac{34}{3}$ ✓③ $\dfrac{68}{7}$

④ $\dfrac{17}{2}$ ⑤ $\dfrac{68}{9}$

☑ **연관 개념 check**

닮은 도형이 한없이 반복되어 나타날 때, 도형의 선분의 길이, 넓이 등의 합은 등비급수를 이용하여 다음과 같은 순서로 구한다.

① 도형에서 일정하게 변하는 규칙을 찾고, 첫째항 a와 공비 r를 구한다.

② 등비급수의 합이 $\dfrac{a}{1-r}$임을 이용한다.

☑ **실전 적용 key**

그림 R_n에서 반복하여 축소되는 도형이 n번 나타날 때, R_n에 색칠된 n개의 도형의 넓이의 합은 등비급수를 이용하여 구한다. 이때 첫째항은 주어진 조건을 이용하여 직접 구하고, 공비는 둘째항을 구하지 않고 닮은 도형의 닮음비를 이용하여 구한다.

해결 흐름

1 그림 R_1에 색칠되어 있는 부분의 넓이인 S_1의 값을 구해야겠다.

2 그림 R_2에서 두 직사각형 $A_1B_1C_1D_1$과 $A_2B_2C_2D_2$의 닮음비를 이용하여 넓이의 비를 구하면 S_n의 공비를 구할 수 있겠다.

3 **1**, **2**를 이용하면 $\lim\limits_{n\to\infty}S_n$의 값을 구할 수 있겠다.

알찬 풀이

직각삼각형 $A_1B_1D_1$에서 $\overline{A_1B_1}=4$, $\overline{A_1D_1}=1$이므로

$\overline{B_1D_1}=\sqrt{4^2+1^2}=\sqrt{17}$ → 점 E_1이 직사각형 $A_1B_1C_1D_1$의 두 대각선의 교점이므로 점 E_1은 선분 B_1D_1의 중점이야.

$\therefore \overline{D_1E_1}=\dfrac{1}{2}\overline{B_1D_1}=\dfrac{\sqrt{17}}{2}$

$\overline{A_2D_1}=\overline{D_1E_1}$, $\angle A_2D_1E_1=\dfrac{\pi}{2}$이므로 삼각형 $A_2D_1E_1$은 직각이등변삼각형이다.

$\therefore S_1=$(삼각형 $A_2D_1E_1$의 넓이)$+$(삼각형 $B_2C_1E_1$의 넓이)

$=2\times$(삼각형 $A_2D_1E_1$의 넓이) → $\triangle A_2D_1E_1\equiv\triangle B_2C_1E_1$이므로 $\triangle A_2D_1E_1=\triangle B_2C_1E_1$

$=2\times\dfrac{1}{2}\times\dfrac{\sqrt{17}}{2}\times\dfrac{\sqrt{17}}{2}$

$=\dfrac{17}{4}$

오른쪽 그림과 같이 $\angle B_1D_1C_1=\theta$라 하면

$\angle B_1E_1C_1=2\theta$이고,

$\angle A_2E_1D_1=\angle B_2E_1C_1=\dfrac{\pi}{4}$이므로

$\angle A_2E_1B_2=\pi-2\theta-2\times\dfrac{\pi}{4}=\dfrac{\pi}{2}-2\theta$

직각삼각형 $B_1D_1C_1$에서

$\sin\theta=\dfrac{1}{\sqrt{17}}$, $\cos\theta=\dfrac{4}{\sqrt{17}}$ → 직각삼각형 $A_2D_1E_1$에서 $\overline{A_2D_1}:\overline{D_1E_1}:\overline{E_1A_2}=1:1:\sqrt{2}$

$\overline{A_2E_1}=\overline{B_2E_1}=\sqrt{2}\times\dfrac{\sqrt{17}}{2}=\dfrac{\sqrt{34}}{2}$이므로 삼각형 $A_2E_1B_2$에서 코사인법칙에 의하여

$\overline{A_2B_2}^2=\left(\dfrac{\sqrt{34}}{2}\right)^2+\left(\dfrac{\sqrt{34}}{2}\right)^2-2\times\dfrac{\sqrt{34}}{2}\times\dfrac{\sqrt{34}}{2}\times\cos\left(\dfrac{\pi}{2}-2\theta\right)$

$=\dfrac{17}{2}+\dfrac{17}{2}-17\sin2\theta$

$=17-17\times2\sin\theta\cos\theta$ ←   ☆ $\sin2\theta=2\sin\theta\cos\theta$

$=17-17\times2\times\dfrac{1}{\sqrt{17}}\times\dfrac{4}{\sqrt{17}}=9$

$\therefore \overline{A_2B_2}=3$

두 직사각형 $A_1B_1C_1D_1$과 $A_2B_2C_2D_2$의 닮음비가

$\overline{A_1B_1}:\overline{A_2B_2}=4:3=1:\dfrac{3}{4}$

이므로 넓이의 비는   ☆ 닮음비가 $m:n$인 두 닮은 도형의 넓이의 비는 $m^2:n^2$이다.

$1^2:\left(\dfrac{3}{4}\right)^2=1:\dfrac{9}{16}$

따라서 S_n은 첫째항이 $\dfrac{17}{4}$이고 공비가 $\dfrac{9}{16}$인 등비수열의 첫째항부터 제n항까지의 합이므로

$\lim\limits_{n\to\infty}S_n=\dfrac{\dfrac{17}{4}}{1-\dfrac{9}{16}}=\dfrac{68}{7}$

그림과 같이 $\overline{A_1B_1}=2$, $\overline{B_1A_2}=3$이고 $\angle A_1B_1A_2=\dfrac{\pi}{3}$인 삼각형 $A_1A_2B_1$과 이 삼각형의 외접원 O_1이 있다. 점 A_2를 지나고 직선 A_1B_1에 평행한 직선이 원 O_1과 만나는 점 중 A_2가 아닌 점을 B_2라 하자. 두 선분 A_1B_2, B_1A_2가 만나는 점을 C_1이라 할 때, 두 삼각형 $A_1A_2C_1$, $B_1C_1B_2$로 만들어진 ⧓ 모양의 도형에 색칠하여 얻은 그림을 R_1이라 하자. 그림 R_1에서 점 B_2를 지나고 직선 B_1A_2에 평행한 직선이 직선 A_1A_2와 만나는 점을 A_3이라 할 때, 삼각형 $A_2A_3B_2$의 외접원을 O_2라 하자. 그림 R_1을 얻은 것과 같은 방법으로 두 점 B_3, C_2를 잡아 원 O_2에 ⧓ 모양의 도형을 그리고 색칠하여 얻은 그림을 R_2라 하자.

이와 같은 과정을 계속하여 n번째 얻은 그림 R_n에 색칠되어 있는 부분의 넓이를 S_n이라 할 때, $\displaystyle\lim_{n\to\infty}S_n$의 값은?

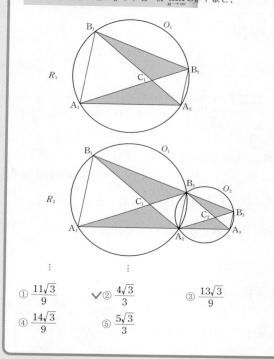

① $\dfrac{11\sqrt{3}}{9}$ ✓② $\dfrac{4\sqrt{3}}{3}$ ③ $\dfrac{13\sqrt{3}}{9}$

④ $\dfrac{14\sqrt{3}}{9}$ ⑤ $\dfrac{5\sqrt{3}}{3}$

☑ 연관 개념 check

닮은 도형이 한없이 반복되어 나타날 때, 도형의 선분의 길이, 넓이 등의 합은 등비급수를 이용하여 다음과 같은 순서로 구한다.

① 도형에서 일정하게 변하는 규칙을 찾고, 첫째항 a와 공비 r를 구한다.

② 등비급수의 합이 $\dfrac{a}{1-r}$임을 이용한다.

☑ 실전 적용 key

그림 R_n에서 반복하여 축소되는 도형이 n번 나타날 때, R_n에 색칠된 n개의 도형의 넓이의 합은 등비급수를 이용하여 구한다. 이때 첫째항은 주어진 조건을 이용하여 직접 구하고, 공비는 둘째항을 구하지 않고 닮은 도형의 닮음비를 이용하여 구한다.

해결 흐름

1 그림 R_1에 색칠되어 있는 부분의 넓이인 S_1의 값을 구해야겠다.

2 그림 R_2에서 두 삼각형 $A_1C_1B_1$과 $A_2C_2B_2$의 닮음비를 이용하여 넓이의 비를 구하면 S_n의 공비를 구할 수 있겠다.

3 **1**, **2**를 이용하면 $\displaystyle\lim_{n\to\infty}S_n$의 값을 구할 수 있겠다.

알찬 풀이

오른쪽 그림에서 호 A_1A_2에 대하여 원주각의 크기는 같으므로

$\angle A_1B_2A_2 = \angle A_1B_1A_2 = \dfrac{\pi}{3}$ → 문제에서 주어졌어.

또, $\overline{A_1B_1} /\!/ \overline{A_2B_2}$이므로

$\angle B_1A_2B_2 = \angle A_1B_1A_2 = \dfrac{\pi}{3}$ (엇각)

$\angle B_1A_1B_2 = \angle A_1B_2A_2 = \dfrac{\pi}{3}$ (엇각)

즉, 두 삼각형 $A_1C_1B_1$, $A_2C_1B_2$는 정삼각형이고, 이때

$\overline{A_1B_1}=2$, $\overline{A_2C_1}=\overline{B_1A_2}-\overline{B_1C_1}=3-2=1$

이므로 한 변의 길이는 각각 2, 1이다.

따라서 $\overline{A_1C_1}=\overline{B_1C_1}$, $\overline{B_2C_1}=\overline{A_2C_1}$, $\angle A_1C_1A_2=\angle B_1C_1B_2$ (맞꼭지각)

이므로   → $\pi-\dfrac{\pi}{3}=\dfrac{2}{3}\pi$

$\triangle A_1C_1A_2 \equiv \triangle B_1C_1B_2$ (SAS 합동)

$\therefore S_1 = ($삼각형 $A_1C_1A_2$의 넓이$) + ($삼각형 $B_1C_1B_2$의 넓이$)$

$\quad = 2\times($삼각형 $A_1C_1A_2$의 넓이$)$

$\quad = 2\left(\dfrac{1}{2}\times 2\times 1\times \sin\dfrac{2}{3}\pi\right)$ ← $\dfrac{1}{2}\times\overline{A_1C_1}\times\overline{A_2C_1}\times\sin(\angle A_1C_1A_2)$

$\quad = \sqrt{3}$

두 삼각형 $A_1C_1B_1$과 $A_2C_2B_2$의 닮음비가

$\overline{A_1B_1}:\overline{A_2B_2}=2:1=1:\dfrac{1}{2}$

이므로 넓이의 비는

$1^2:\left(\dfrac{1}{2}\right)^2=1:\dfrac{1}{4}$ ☆★ 닮음비가 $m:n$인 두 닮은 도형의 넓이의 비는 $m^2:n^2$이다.

따라서 S_n은 첫째항이 $\sqrt{3}$이고 공비가 $\dfrac{1}{4}$인 등비수열의 첫째항부터 제n항까지의 합이므로

$\displaystyle\lim_{n\to\infty}S_n = \dfrac{\sqrt{3}}{1-\dfrac{1}{4}} = \dfrac{4\sqrt{3}}{3}$

다른 풀이

삼각형 $A_1A_2B_1$의 넓이를 구하여 S_1의 값을 구할 수도 있다.

$S_1 = ($삼각형 $A_1C_1A_2$의 넓이$) + ($삼각형 $B_1C_1B_2$의 넓이$)$

$\quad = 2\times($삼각형 $A_1C_1A_2$의 넓이$)$

$\quad = 2\times\{($삼각형 $A_1A_2B_1$의 넓이$) - ($정삼각형 $A_1C_1B_1$의 넓이$)\}$

$\quad = 2\left(\dfrac{1}{2}\times 2\times 3\times \sin\dfrac{\pi}{3} - \dfrac{\sqrt{3}}{4}\times 2^2\right)$ ☆★ 정삼각형의 넓이: 한 변의 길이가 a인 정삼각형의 넓이 S는 $S=\dfrac{\sqrt{3}}{4}a^2$

$\quad = 2\left(\dfrac{3\sqrt{3}}{2} - \sqrt{3}\right)$

$\quad = 2\times\dfrac{\sqrt{3}}{2} = \sqrt{3}$

그림과 같이 $\overline{AB_1}=1$, $\overline{B_1C_1}=2$인 직사각형 $AB_1C_1D_1$이 있다. $\angle AD_1C_1$을 삼등분하는 두 직선이 선분 B_1C_1과 만나는 점 중 점 B_1에 가까운 점을 E_1, 점 C_1에 가까운 점을 F_1이라 하자. $\overline{E_1F_1}=\overline{F_1G_1}$, $\angle E_1F_1G_1=\dfrac{\pi}{2}$이고 선분 AD_1과 선분 F_1G_1이 만나도록 점 G_1을 잡아 삼각형 $E_1F_1G_1$을 그린다. 선분 E_1D_1과 선분 F_1G_1이 만나는 점을 H_1이라 할 때, 두 삼각형 $G_1E_1H_1$, $H_1F_1D_1$로 만들어진 ⟋⟍ 모양의 도형에 색칠하여 얻은 그림을 R_1이라 하자.

그림 R_1에 선분 AB_1 위의 점 B_2, 선분 E_1G_1 위의 점 C_2, 선분 AD_1 위의 점 D_2와 점 A를 꼭짓점으로 하고 $\overline{AB_2}:\overline{B_2C_2}=1:2$인 직사각형 $AB_2C_2D_2$를 그린다. 직사각형 $AB_2C_2D_2$에 그림 R_1을 얻은 것과 같은 방법으로 ⟋⟍ 모양의 도형을 그리고 색칠하여 얻은 그림을 R_2라 하자.

이와 같은 과정을 계속하여 n번째 얻은 그림 R_n에 색칠되어 있는 부분의 넓이를 S_n이라 할 때, $\lim\limits_{n\to\infty}S_n$의 값은?

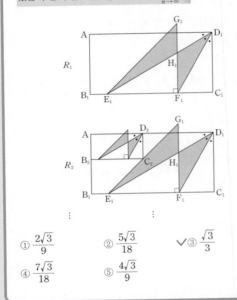

① $\dfrac{2\sqrt{3}}{9}$ ② $\dfrac{5\sqrt{3}}{18}$ ✓③ $\dfrac{\sqrt{3}}{3}$

④ $\dfrac{7\sqrt{3}}{18}$ ⑤ $\dfrac{4\sqrt{3}}{9}$

☑ **연관 개념 check**

닮은 도형이 한없이 반복되어 나타날 때, 도형의 선분의 길이, 넓이 등의 합은 등비급수를 이용하여 다음과 같은 순서로 구한다.

① 도형에서 일정하게 변하는 규칙을 찾고, 첫째항 a와 공비 r를 구한다.

② 등비급수의 합이 $\dfrac{a}{1-r}$임을 이용한다.

☑ **실전 적용 key**

그림 R_n에서 반복하여 축소되는 도형이 n번 나타날 때, R_n에 색칠된 n개의 도형의 넓이의 합은 등비급수를 이용하여 구한다. 이때 첫째항은 주어진 조건을 이용하여 직접 구하고, 공비는 둘째항을 구하지 않고 닮은 도형의 닮음비를 이용하여 구한다.

해결 흐름

1 그림 R_1에 색칠되어 있는 부분의 넓이인 S_1의 값을 구해야겠다.

2 그림 R_2에서 두 직사각형 $AB_1C_1D_1$과 $AB_2C_2D_2$의 닮음비를 이용하여 넓이의 비를 구하면 S_n의 공비를 구할 수 있겠다.

3 **1**, **2**를 이용하면 $\lim\limits_{n\to\infty}S_n$의 값을 구할 수 있겠다.

알찬 풀이

→ 직각을 삼등분한 것이므로

직각삼각형 $C_1D_1F_1$에서 $\angle C_1D_1F_1=\dfrac{\pi}{6}$, ← $\angle C_1D_1F_1=\dfrac{1}{3}\times\dfrac{\pi}{2}=\dfrac{\pi}{6}$

$\overline{C_1D_1}=1$이므로

$\overline{C_1F_1}=\overline{C_1D_1}\times\tan\dfrac{\pi}{6}=1\times\dfrac{\sqrt{3}}{3}=\dfrac{\sqrt{3}}{3}$

직각삼각형 $C_1D_1E_1$에서 $\angle C_1D_1E_1=\dfrac{\pi}{3}$이므로 ← $\angle C_1D_1E_1=2\times\dfrac{\pi}{6}=\dfrac{\pi}{3}$

$\overline{C_1E_1}=\overline{C_1D_1}\times\tan\dfrac{\pi}{3}=1\times\sqrt{3}=\sqrt{3}$

$\therefore \overline{E_1F_1}=\overline{C_1E_1}-\overline{C_1F_1}=\sqrt{3}-\dfrac{\sqrt{3}}{3}=\dfrac{2\sqrt{3}}{3}$

직각삼각형 $E_1F_1H_1$에서 $\angle H_1E_1F_1=\dfrac{\pi}{6}$이므로

$\overline{F_1H_1}=\overline{E_1F_1}\times\tan\dfrac{\pi}{6}=\dfrac{2\sqrt{3}}{3}\times\dfrac{\sqrt{3}}{3}=\dfrac{2}{3}$ ← 직각삼각형 $C_1D_1E_1$에서 $\angle C_1D_1E_1=\dfrac{\pi}{3}$이니까 $\angle H_1E_1F_1=\dfrac{\pi}{2}-\dfrac{\pi}{3}=\dfrac{\pi}{6}$

$\therefore S_1=$(삼각형 $E_1F_1G_1$의 넓이)$+$(삼각형 $E_1F_1D_1$의 넓이)

$-2\times$(삼각형 $E_1F_1H_1$의 넓이)

$=\dfrac{1}{2}\times\overline{E_1F_1}\times\overline{F_1G_1}+\dfrac{1}{2}\times\overline{E_1F_1}\times\overline{C_1D_1}-2\times\dfrac{1}{2}\times\overline{E_1F_1}\times\overline{F_1H_1}$ ← $\overline{F_1G_1}=\overline{E_1F_1}=\dfrac{2\sqrt{3}}{3}$

$=\dfrac{1}{2}\times\dfrac{2\sqrt{3}}{3}\times\dfrac{2\sqrt{3}}{3}+\dfrac{1}{2}\times\dfrac{2\sqrt{3}}{3}\times1-2\times\dfrac{1}{2}\times\dfrac{2\sqrt{3}}{3}\times\dfrac{2}{3}$

$=\dfrac{6-\sqrt{3}}{9}$

직사각형 $AB_2C_2D_2$에서 $\overline{AB_2}=k\ (k>0)$라 하면 $\overline{B_2C_2}=2k$이다.

오른쪽 그림과 같이 점 C_2에서 선분 B_1C_1에 내린 수선의 발을 I라 하면

$\overline{E_1I}=\overline{IC_2}=1-k$, $\overline{IC_1}=2-2k$이므로

$(1-k)+(2-2k)=\sqrt{3}$, $3-3k=\sqrt{3}$ ← $\overline{C_1E_1}=\overline{E_1I}+\overline{IC_1}=\sqrt{3}$

$-3k=-3+\sqrt{3}$ $\therefore k=\dfrac{3-\sqrt{3}}{3}$

두 직사각형 $AB_1C_1D_1$과 $AB_2C_2D_2$의 닮음비가

$\overline{AB_1}:\overline{AB_2}=1:k=1:\dfrac{3-\sqrt{3}}{3}$

이므로 넓이의 비는

$1^2:\left(\dfrac{3-\sqrt{3}}{3}\right)^2=1:\dfrac{4-2\sqrt{3}}{3}$

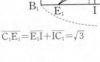
☆ 닮음비가 $m:n$인 두 닮은 도형의 넓이의 비는 $m^2:n^2$이다.

따라서 S_n은 첫째항이 $\dfrac{6-\sqrt{3}}{9}$이고 공비가 $\dfrac{4-2\sqrt{3}}{3}$인 등비수열의 첫째항부터 제n항까지의 합이므로

$\lim\limits_{n\to\infty}S_n=\dfrac{\dfrac{6-\sqrt{3}}{9}}{1-\dfrac{4-2\sqrt{3}}{3}}=\dfrac{\sqrt{3}}{3}$

← $\dfrac{\dfrac{6-\sqrt{3}}{9}}{\dfrac{2\sqrt{3}-1}{3}}=\dfrac{6-\sqrt{3}}{6\sqrt{3}-3}$

$=\dfrac{6-\sqrt{3}}{\sqrt{3}(6-\sqrt{3})}=\dfrac{1}{\sqrt{3}}$

직사각형 $AB_2C_2D_2$에서 $\overline{AB_2}=k$ $(k>0)$라 하면 $\overline{B_2C_2}=2k$이고 k의 값은 다음과 같이 구할 수도 있다.

오른쪽 그림과 같이 점 E_1에서 선분 B_2C_2에 내린 수선의 발을 T라 하면

$\overline{E_1T}=\overline{B_1B_2}=1-k$이고,

직각삼각형 C_2TE_1에서 $\angle E_1C_2T=\dfrac{\pi}{4}$이므로

$\overline{C_2T}=\overline{E_1T}=1-k$이다.

또, $\overline{B_2T}=\overline{B_1E_1}=2-\sqrt{3}$이므로

$(2-\sqrt{3})+(1-k)=2k$ $\qquad \therefore k=\dfrac{3-\sqrt{3}}{3}$

$\overline{B_2C_2}=\overline{B_2T}+\overline{C_2T}=2k$ ◀

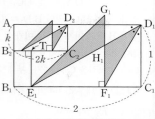

→ $\triangle G_1E_1F_1$은 직각이등변삼각형이므로
$\angle G_1E_1F_1=\dfrac{\pi}{4}$이고 $\overline{B_2C_2}/\!/\overline{B_1C_1}$이니까
$\angle G_1E_1F_1$의 엇각인 $\angle E_1C_2T$의 크기도 $\dfrac{\pi}{4}$야.

---

53 [정답] ③   정답률 80%

그림과 같이 중심이 O_1, 반지름의 길이가 1이고 중심각의 크기가 $\dfrac{5\pi}{12}$인 부채꼴 $O_1A_1O_2$가 있다. 호 A_1O_2 위에 점 B_1을 $\angle A_1O_1B_1=\dfrac{\pi}{4}$가 되도록 잡고, 부채꼴 $O_1A_1B_1$에 색칠하여 얻은 그림을 R_1이라 하자. **1**

그림 R_1에서 점 O_2를 지나고 선분 O_1A_1에 평행한 직선이 직선 O_1B_1과 만나는 점을 A_2라 하자. 중심이 O_2이고 중심각의 크기가 $\dfrac{5\pi}{12}$인 부채꼴 $O_2A_2O_3$을 부채꼴 $O_1A_1B_1$과 겹치지 않도록 그린다. 호 A_2O_3 위에 점 B_2를 $\angle A_2O_2B_2=\dfrac{\pi}{4}$가 되도록 잡고, 부채꼴 $O_2A_2B_2$에 색칠하여 얻은 그림을 R_2라 하자. **2**

이와 같은 과정을 계속하여 n번째 얻은 그림 R_n에 색칠되어 있는 부분의 넓이를 S_n이라 할 때, $\displaystyle\lim_{n\to\infty} S_n$의 값은? **3**

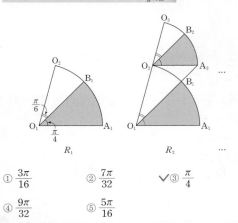

① $\dfrac{3\pi}{16}$ ② $\dfrac{7\pi}{32}$ ✔③ $\dfrac{\pi}{4}$

④ $\dfrac{9\pi}{32}$ ⑤ $\dfrac{5\pi}{16}$

☑ 연관 개념 check

닮은 도형이 한없이 반복되어 나타날 때, 도형의 선분의 길이, 넓이 등의 합은 등비급수를 이용하여 다음과 같은 순서로 구한다.

① 도형에서 일정하게 변하는 규칙을 찾고, 첫째항 a와 공비 r를 구한다.

② 등비급수의 합이 $\dfrac{a}{1-r}$임을 이용한다.

---

1 그림 R_1에 색칠되어 있는 부분의 넓이인 S_1의 값을 구해야겠다.

2 그림 R_2에서 두 부채꼴 $O_1A_1B_1$과 $O_2A_2B_2$의 닮음비를 이용하여 넓이의 비를 구하면 S_n의 공비를 구할 수 있겠다.

3 **1**, **2**를 이용하면 $\displaystyle\lim_{n\to\infty} S_n$의 값을 구할 수 있겠다.

$S_1=($부채꼴 $O_1A_1B_1$의 넓이$)$

$\quad=\dfrac{1}{2}\times 1^2 \times \dfrac{\pi}{4}=\dfrac{\pi}{8}$

> ☆ **부채꼴의 넓이**
> 반지름의 길이가 r, 중심각의 크기가 θ인 부채꼴의 넓이 S는
> $S=\dfrac{1}{2}r^2\theta$

또, $\overline{O_1A_1}/\!/\overline{O_2A_2}$이므로

$\angle O_1A_2O_2=\angle A_1O_1A_2=\dfrac{\pi}{4}$

삼각형 $O_1A_2O_2$에서 사인법칙에 의하여

$\dfrac{\overline{O_2A_2}}{\sin\dfrac{\pi}{6}}=\dfrac{\overline{O_1O_2}}{\sin\dfrac{\pi}{4}}$

> ☆ **사인법칙**
> 삼각형 ABC의 외접원의 반지름의 길이를 R라 하면
> $\dfrac{a}{\sin A}=\dfrac{b}{\sin B}=\dfrac{c}{\sin C}=2R$

$\dfrac{\overline{O_2A_2}}{\dfrac{1}{2}}=\dfrac{1}{\dfrac{\sqrt{2}}{2}}$

$\therefore \overline{O_2A_2}=\dfrac{\sqrt{2}}{2}$

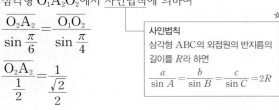

두 부채꼴 $O_1A_1B_1$과 $O_2A_2B_2$의 닮음비가

$\overline{O_1A_1}:\overline{O_2A_2}=1:\dfrac{\sqrt{2}}{2}$

이므로 넓이의 비는

$1^2 : \left(\dfrac{\sqrt{2}}{2}\right)^2=1:\dfrac{1}{2}$

> ☆ 닮음비가 $m:n$인 두 닮은 도형의 넓이의 비는 $m^2:n^2$이다.

따라서 S_n은 첫째항이 $\dfrac{\pi}{8}$이고 공비가 $\dfrac{1}{2}$인 등비수열의 첫째항부터 제n항까지의 합이므로

$\displaystyle\lim_{n\to\infty} S_n=\dfrac{\dfrac{\pi}{8}}{1-\dfrac{1}{2}}=\dfrac{\pi}{4}$

54 정답 ⑤

그림과 같이 $\overline{OA_1}=\sqrt{3}$, $\overline{OC_1}=1$인 직사각형 $OA_1B_1C_1$이 있다. 선분 B_1C_1 위의 $\overline{B_1D_1}=2\overline{C_1D_1}$인 점 D_1에 대하여 중심이 B_1이고 반지름의 길이가 $\overline{B_1D_1}$인 원과 선분 OA_1의 교점을 E_1, 중심이 C_1이고 반지름의 길이가 $\overline{C_1D_1}$인 원과 선분 OC_1의 교점을 C_2라 하자. 부채꼴 $B_1D_1E_1$의 내부와 부채꼴 $C_1C_2D_1$의 내부로 이루어진 모양의 도형에 색칠하여 얻은 그림을 R_1이라 하자.
→ $\overline{B_1D_1}:\overline{C_1D_1}=2:1$

그림 R_1에서 선분 OA_1 위의 점 A_2, 호 D_1E_1 위의 점 B_2와 점 C_2, 점 O를 꼭짓점으로 하는 직사각형 $OA_2B_2C_2$를 그리고, 그림 R_1을 얻은 것과 같은 방법으로 직사각형 $OA_2B_2C_2$에 모양의 도형을 그리고 색칠하여 얻은 그림을 R_2라 하자.

이와 같은 과정을 계속하여 n번째 얻은 그림 R_n에 색칠되어 있는 부분의 넓이를 S_n이라 할 때, $\lim\limits_{n\to\infty} S_n$의 값은?

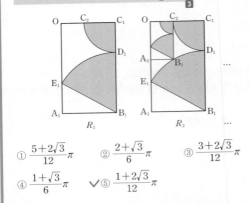

R_1 R_2

① $\dfrac{5+2\sqrt{3}}{12}\pi$ ② $\dfrac{2+\sqrt{3}}{6}\pi$ ③ $\dfrac{3+2\sqrt{3}}{12}\pi$

④ $\dfrac{1+\sqrt{3}}{6}\pi$ ✓⑤ $\dfrac{1+2\sqrt{3}}{12}\pi$

☑ 연관 개념 check

닮은 도형이 한없이 반복되어 나타날 때, 도형의 선분의 길이, 넓이 등의 합은 등비급수를 이용하여 다음과 같은 순서로 구한다.

① 도형에서 일정하게 변하는 규칙을 찾고, 첫째항 a와 공비 r를 구한다.

② 등비급수의 합이 $\dfrac{a}{1-r}$임을 이용한다.

☑ 실전 적용 key

그림 R_n에서 반복하여 축소되는 도형이 n번 나타날 때, R_n에 색칠된 n개의 도형의 넓이의 합은 등비급수를 이용하여 구한다. 이때 첫째항은 주어진 조건을 이용하여 직접 구하고, 공비는 둘째항을 구하지 않고 닮은 도형의 닮음비를 이용하여 구한다.

해결 흐름

1 그림 R_1에 색칠되어 있는 도형의 넓이인 S_1의 값을 구해야겠다.

2 그림 R_2에서 두 직사각형 $OA_1B_1C_1$과 $OA_2B_2C_2$의 닮음비를 이용하여 넓이의 비를 구하면 S_n의 공비를 구할 수 있겠다.

3 **1**, **2**를 이용하면 $\lim\limits_{n\to\infty} S_n$의 값을 구할 수 있겠다.

알찬 풀이

$\overline{B_1C_1}=\overline{OA_1}=\sqrt{3}$이고, $\overline{B_1D_1}=2\overline{C_1D_1}$에서 점 D_1은 선분 B_1C_1을 $2:1$로 내분하므로

$\overline{C_1D_1}=\sqrt{3}\times\dfrac{1}{3}=\dfrac{\sqrt{3}}{3}$,

$\overline{B_1D_1}=\sqrt{3}\times\dfrac{2}{3}=\dfrac{2\sqrt{3}}{3}$

또, 직각삼각형 $A_1B_1E_1$에서

$\overline{B_1E_1}=\overline{B_1D_1}=\dfrac{2\sqrt{3}}{3}$, $\overline{A_1B_1}=\overline{OC_1}=1$

이므로

$\cos(\angle A_1B_1E_1)=\dfrac{\overline{A_1B_1}}{\overline{B_1E_1}}=\dfrac{1}{\dfrac{2\sqrt{3}}{3}}=\dfrac{\sqrt{3}}{2}$

→ 직각삼각형 $A_1B_1E_1$에서 삼각비를 이용했어.

즉, $\angle A_1B_1E_1=\dfrac{\pi}{6}$이므로 $\angle E_1B_1D_1=\dfrac{\pi}{3}$

∴ $S_1=$(부채꼴 $C_1C_2D_1$의 넓이)+(부채꼴 $B_1D_1E_1$의 넓이)

$=\dfrac{1}{2}\times\left(\dfrac{\sqrt{3}}{3}\right)^2\times\dfrac{\pi}{2}+\dfrac{1}{2}\times\left(\dfrac{2\sqrt{3}}{3}\right)^2\times\dfrac{\pi}{3}$

$=\dfrac{\pi}{12}+\dfrac{2}{9}\pi=\dfrac{11}{36}\pi$

> **부채꼴의 넓이** ☆★
> 반지름의 길이가 r, 중심각의 크기가 θ인 부채꼴의 넓이 S는 $S=\dfrac{1}{2}r^2\theta$

∴ $\overline{OC_2}=\overline{OC_1}-\overline{C_1C_2}=\overline{OC_1}-\overline{C_1D_1}=1-\dfrac{\sqrt{3}}{3}$

두 직사각형 $OA_1B_1C_1$과 $OA_2B_2C_2$의 닮음비가

$\overline{OC_1}:\overline{OC_2}=1:1-\dfrac{\sqrt{3}}{3}$

이므로 넓이의 비는

$1^2:\left(1-\dfrac{\sqrt{3}}{3}\right)^2=1:\dfrac{4-2\sqrt{3}}{3}$

> 닮음비가 $m:n$인 두 닮은 도형의 넓이의 비는 $m^2:n^2$이다. ☆★

따라서 S_n은 첫째항이 $\dfrac{11}{36}\pi$이고 공비가 $\dfrac{4-2\sqrt{3}}{3}$인 등비수열의 첫째항부터 제n항까지의 합이므로

$\lim\limits_{n\to\infty} S_n=\dfrac{\dfrac{11}{36}\pi}{1-\dfrac{4-2\sqrt{3}}{3}}=\dfrac{1+2\sqrt{3}}{12}\pi$

$=\dfrac{\dfrac{11}{36}\pi}{\dfrac{-1+2\sqrt{3}}{3}}$

$=\dfrac{11}{12}\pi\times\dfrac{-1-2\sqrt{3}}{(-1+2\sqrt{3})(-1-2\sqrt{3})}$

$=\dfrac{11}{12}\pi\times\dfrac{1+2\sqrt{3}}{11}$

문제 해결 TIP

정성주 | 서울대학교 건축학과 | 대광고등학교 졸업

두 도형의 닮음비를 구할 때는 이 두 도형을 포함하는 또 다른 닮은 두 도형을 찾고, 이 두 도형의 닮음비를 구해 봐. 풀이에서는 색칠된 두 도형의 닮음비를 구하기 위해서 이 도형의 변을 포함한 두 직사각형 $OA_1B_1C_1$과 $OA_2B_2C_2$의 닮음비를 구해서 문제를 해결했어. 반복되는 규칙에서 첫째항과 공비만 잘 찾으면 쉽게 답을 구할 수 있으니까 틀리면 아쉽겠지? 도형을 이용한 등비급수의 활용 문제를 풀 때마다 다양한 방법으로 닮음비를 구하는 연습을 해 두는 게 좋을 거야.

두 실수 a, b $(a>1, b>1)$이

$$\lim_{n \to \infty} \frac{3^n + a^{n+1}}{3^{n+1} + a^n} = a, \quad \lim_{n \to \infty} \frac{a^n + b^{n+1}}{a^{n+1} + b^n} = \frac{9}{a}$$

를 만족시킬 때, $a+b$의 값을 구하시오. **18**

→ 등비수열 $\{r^n\}$에서 $-1<r<1$일 때,
$\lim_{n \to \infty} r^n = 0$임을 이용해.

☑ **연관 개념 check**

등비수열 $\{r^n\}$에 대하여

(1) $r>1$일 때, $\lim_{n \to \infty} r^n = \infty$(발산)

(2) $r=1$일 때, $\lim_{n \to \infty} r^n = 1$(수렴)

(3) $|r|<1$일 때, $\lim_{n \to \infty} r^n = 0$(수렴)

(4) $r \le -1$일 때, 수열 $\{r^n\}$은 발산한다.

☑ **실전 적용 key**

r^n 꼴을 포함한 $\frac{\infty}{\infty}$ 꼴인 수열의 극한은 밑의 절댓값이 가장 큰 거듭제곱으로 분모, 분자를 각각 나누어 극한값을 구한다.

해결 흐름

1 $1<a<3$, $a=3$, $a>3$인 경우로 나누어 $\lim_{n \to \infty} \frac{3^n + a^{n+1}}{3^{n+1} + a^n}$의 값을 구해야겠다.

2 $a<b$, $a=b$, $a>b$인 경우로 나누어 $\lim_{n \to \infty} \frac{a^n + b^{n+1}}{a^{n+1} + b^n}$의 값을 구하면 되겠군.

알찬 풀이

$\lim_{n \to \infty} \frac{3^n + a^{n+1}}{3^{n+1} + a^n} = a$에서

(i) $1<a<3$일 때,

$\lim_{n \to \infty} \left(\frac{a}{3}\right)^n = 0$이므로

→ $1<a<3$이므로 분모, 분자를 각각 3^n으로 나눴어.

$$\lim_{n \to \infty} \boxed{\frac{3^n + a^{n+1}}{3^{n+1} + a^n}} = \lim_{n \to \infty} \boxed{\frac{1 + a\left(\dfrac{a}{3}\right)^n}{3 + \left(\dfrac{a}{3}\right)^n}} = \frac{1 + a \times 0}{3 + 0} = \frac{1}{3} = a$$

그런데 $a>1$이므로 조건을 만족시키지 않는다.

(ii) $a=3$일 때,

$$\lim_{n \to \infty} \frac{3^n + a^{n+1}}{3^{n+1} + a^n} = \lim_{n \to \infty} \frac{3^n + 3^{n+1}}{3^{n+1} + 3^n} = 1 = a$$

그런데 $a=3$이므로 조건을 만족시키지 않는다.

(iii) $a>3$일 때,

$\lim_{n \to \infty} \left(\frac{3}{a}\right)^n = 0$이므로

→ $a>3$이므로 분모, 분자를 각각 a^n으로 나눴어.

$$\lim_{n \to \infty} \boxed{\frac{3^n + a^{n+1}}{3^{n+1} + a^n}} = \lim_{n \to \infty} \boxed{\frac{\left(\dfrac{3}{a}\right)^n + a}{3\left(\dfrac{3}{a}\right)^n + 1}} = \frac{0 + a}{3 \times 0 + 1} = a$$

이상에서 $a>3$

또, $\lim_{n \to \infty} \frac{a^n + b^{n+1}}{a^{n+1} + b^n} = \frac{9}{a}$에서

(iv) $3<a<b$일 때,

$\lim_{n \to \infty} \left(\frac{a}{b}\right)^n = 0$이므로

→ $a<b$이므로 분모, 분자를 각각 b^n으로 나눴어.

$$\lim_{n \to \infty} \boxed{\frac{a^n + b^{n+1}}{a^{n+1} + b^n}} = \lim_{n \to \infty} \boxed{\frac{\left(\dfrac{a}{b}\right)^n + b}{a\left(\dfrac{a}{b}\right)^n + 1}} = \frac{0 + b}{a \times 0 + 1} = b$$

그런데 $b > \frac{9}{a}$이므로 조건을 만족시키지 않는다.

→ $a>3$, $b>3$이므로 $b>3=\frac{9}{3}>\frac{9}{a}$

(v) $a=b$일 때,

$$\lim_{n \to \infty} \frac{a^n + b^{n+1}}{a^{n+1} + b^n} = \lim_{n \to \infty} \frac{a^n + a^{n+1}}{a^{n+1} + a^n} = 1 = \frac{9}{a}$$

$\therefore a = b = 9$

(vi) $1<b<a$일 때,

$\lim_{n \to \infty} \left(\frac{b}{a}\right)^n = 0$이므로

→ $a>b$이므로 분모, 분자를 각각 a^n으로 나눴어.

$$\lim_{n \to \infty} \boxed{\frac{a^n + b^{n+1}}{a^{n+1} + b^n}} = \lim_{n \to \infty} \boxed{\frac{1 + b\left(\dfrac{b}{a}\right)^n}{a + \left(\dfrac{b}{a}\right)^n}} = \frac{1 + b \times 0}{a + 0} = \frac{1}{a}$$

그런데 $\frac{9}{a} \ne \frac{1}{a}$이므로 조건을 만족시키지 않는다.

이상에서 $a = b = 9$이므로 $a+b = 18$

56 정답 ③　　　　　　　정답률 80%

실수 a에 대하여 함수 $f(x)$를

1 ← x의 값의 범위를 나누어 함수 $f(x)$를 구해 봐.

$$f(x)=\lim_{n\to\infty}\frac{(a-2)x^{2n+1}+2x}{3x^{2n}+1}$$

라 하자. $(f\circ f)(1)=\dfrac{5}{4}$가 되도록 하는 모든 a의 값의 합

은? **2**

① $\dfrac{11}{2}$　　　② $\dfrac{13}{2}$　　✓③ $\dfrac{15}{2}$

④ $\dfrac{17}{2}$　　　⑤ $\dfrac{19}{2}$

☑ **연관 개념 check**

등비수열 $\{r^n\}$에 대하여

(1) $r>1$일 때, $\displaystyle\lim_{n\to\infty}r^n=\infty$ (발산)

(2) $r=1$일 때, $\displaystyle\lim_{n\to\infty}r^n=1$ (수렴)

(3) $|r|<1$일 때, $\displaystyle\lim_{n\to\infty}r^n=0$ (수렴)

(4) $r\le-1$일 때, 수열 $\{r^n\}$은 발산한다.

☑ **실전 적용 key**

x^n을 포함한 수열은 x의 값의 범위에 따라 수렴 또는 발산한다. 따라서 x^n을 포함한 수열의 극한으로 정의된 함수 $f(x)$에 대한 문제는 대부분 x의 값의 범위를 $|x|>1$, $x=1$, $|x|<1$, $x=-1$인 경우로 나누어 함수 $f(x)$를 정리한 후 단계적으로 문제를 해결해야 한다. 한편, 단순히 $x=k$ (k는 상수)를 함수 $f(x)$에 대입하여 답을 구할 수 있는 경우도 있다. 이 경우에는 굳이 x의 값의 범위를 나누어 함수 $f(x)$를 구하는 과정 없이도 문제 풀이가 가능하다. 이와 같이 x^n을 포함한 수열의 극한으로 정의된 함수 $f(x)$에 대한 문제를 접했을 때는 먼저 구하는 답이 무엇인지 파악해야 문제 풀이의 시간을 절약할 수 있다.

해결 흐름

1 $|x|>1$, $x=1$, $|x|<1$, $x=-1$인 경우로 나누어 각각 $f(x)$를 구해야겠다.

2 **1**에서 $f(1)$의 값을 구한 후 $(f\circ f)(1)=\dfrac{5}{4}$가 되도록 하는 a의 값을 구하면 되겠군.

알찬 풀이

(i) $|x|>1$일 때, $\displaystyle\lim_{n\to\infty}x^{2n}=\infty$, $\displaystyle\lim_{n\to\infty}|x^{2n+1}|=\infty$

$$\therefore f(x)=\lim_{n\to\infty}\frac{(a-2)x^{2n+1}+2x}{3x^{2n}+1}$$

분모, 분자를 각각 x^{2n}으로 나눴어.

$$=\lim_{n\to\infty}\frac{(a-2)x+\dfrac{2}{x^{2n-1}}}{3+\dfrac{1}{x^{2n}}}$$

$\displaystyle\lim_{n\to\infty}\frac{2}{x^{2n-1}}=\lim_{n\to\infty}\frac{1}{x^{2n}}=0$이야.

$$=\frac{a-2}{3}x$$

(ii) $x=1$일 때, $\displaystyle\lim_{n\to\infty}x^{2n}=1$, $\displaystyle\lim_{n\to\infty}x^{2n+1}=1$

$x=1$이니까.

$$\therefore f(x)=\lim_{n\to\infty}\frac{(a-2)x^{2n+1}+\boxed{2x}}{3x^{2n}+1}=\frac{(a-2)+\boxed{2}}{3+1}=\frac{a}{4}$$

(iii) $|x|<1$일 때, $\displaystyle\lim_{n\to\infty}x^{2n}=\lim_{n\to\infty}x^{2n+1}=0$

$$\therefore f(x)=\lim_{n\to\infty}\frac{(a-2)x^{2n+1}+2x}{3x^{2n}+1}=2x$$

(iv) $x=-1$일 때, $\displaystyle\lim_{n\to\infty}x^{2n}=1$, $\displaystyle\lim_{n\to\infty}x^{2n+1}=-1$

$x=-1$이니까.

$$\therefore f(x)=\lim_{n\to\infty}\frac{(a-2)x^{2n+1}+\boxed{2x}}{3x^{2n}+1}=\frac{-(a-2)\boxed{-2}}{3+1}=-\frac{a}{4}$$

이상에서 $(f\circ f)(1)=f(f(1))=f\left(\dfrac{a}{4}\right)$이므로 $\dfrac{a}{4}$의 값의 범위에 따라

$f\left(\dfrac{a}{4}\right)=\dfrac{5}{4}$가 되도록 하는 a의 값을 구해 보면　→(ii)에서 $f(1)=\dfrac{a}{4}$임을 알았어.

(v) $\left|\dfrac{a}{4}\right|>1$, 즉 $|a|>4$일 때,

$$f\left(\frac{a}{4}\right)=\frac{a-2}{3}\times\frac{a}{4}=\frac{5}{4}$$에서

$$\frac{a^2-2a}{12}=\frac{5}{4},\ a^2-2a-15=0$$

$$(a+3)(a-5)=0\qquad\therefore a=5\ (\because |a|>4)$$

(vi) $\dfrac{a}{4}=1$, 즉 $a=4$일 때,

$f\left(\dfrac{a}{4}\right)=\dfrac{a}{4}=\dfrac{5}{4}$에서 $a=5$이므로 조건을 만족시키지 않는다.

(vii) $\left|\dfrac{a}{4}\right|<1$, 즉 $|a|<4$일 때,

$f\left(\dfrac{a}{4}\right)=2\times\dfrac{a}{4}=\dfrac{5}{4}$에서 $\dfrac{a}{2}=\dfrac{5}{4}$

$$\therefore a=\frac{5}{2}\ (\because |a|<4)$$

(viii) $\dfrac{a}{4}=-1$, 즉 $a=-4$일 때,

$f\left(\dfrac{a}{4}\right)=-\dfrac{a}{4}=\dfrac{5}{4}$에서 $a=-5$이므로 조건을 만족시키지 않는다.

이상에서 $(f\circ f)(1)=\dfrac{5}{4}$가 되도록 하는 모든 a의 값의 합은

$$5+\frac{5}{2}=\frac{15}{2}$$

양수 a와 실수 b에 대하여
$$\lim_{n \to \infty}(\sqrt{an^2+4n}-bn)=\frac{1}{5}$$
→ 분자를 유리화하여 식을 정리해 봐.
일 때, $a+b$의 값을 구하시오. **110**

☑ **연관 개념 check**

$\infty-\infty$ 꼴인 수열의 극한은 근호가 있으면 근호가 있는 쪽을 유리화하여 $\frac{\infty}{\infty}$ 꼴로 변형한 후 극한값을 구한다.

☑ **실전 적용 key**

$\lim_{n \to \infty} a_n = a$ (a는 실수)에서 a_n에 포함된 미정계수는 다음과 같은 순서로 구한다.

① 근호가 있는 쪽을 유리화하여 $\frac{\infty}{\infty}$ 꼴로 변형한다.

② ①의 극한값을 미정계수를 이용하여 나타낸 후 주어진 극한값 a와 비교한다.

수능 핵심 개념 $\frac{\infty}{\infty}$ 꼴인 수열의 극한

(1) (분자의 차수)=(분모의 차수)이면
➡ 극한값은 최고차항의 계수의 비이다.

(2) (분자의 차수)<(분모의 차수)이면
➡ 극한값은 0이다.

(3) (분자의 차수)>(분모의 차수)이면
➡ 극한값은 없다.

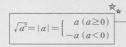
$$\sqrt{a^2}=|a|=\begin{cases} a & (a \geq 0) \\ -a & (a < 0) \end{cases}$$

해결 흐름

1 무리식의 극한값을 구하려면 분자를 유리화하여 $\frac{\infty}{\infty}$ 꼴로 변형해야겠네.

알찬 풀이

$$\lim_{n \to \infty}(\sqrt{an^2+4n}-bn)$$

분자를 유리화하기 위해 분모, 분자에 각각 $\sqrt{an^2+4n}+bn$을 곱했어.

$$=\lim_{n \to \infty}\frac{(\sqrt{an^2+4n}-bn)(\sqrt{an^2+4n}+bn)}{\sqrt{an^2+4n}+bn}$$

$$=\lim_{n \to \infty}\frac{(an^2+4n)-b^2n^2}{\sqrt{an^2+4n}+bn}$$

$$=\lim_{n \to \infty}\frac{(a-b^2)n^2+4n}{\sqrt{an^2+4n}+bn}$$

분모, 분자를 각각 n으로 나눴어.

$$=\lim_{n \to \infty}\frac{(a-b^2)n+4}{\sqrt{a+\dfrac{4}{n}}+b}$$

$$=\frac{1}{5}$$

→ $\frac{\infty}{\infty}$ 꼴의 극한값이 0이 아닌 상수이려면 분모, 분자의 차수가 같아야 해. 만약 $a-b^2 \neq 0$이면 주어진 극한은 발산하게 돼.

이므로 $a-b^2=0$ $\therefore a=b^2$ ...... ㉠

$$\lim_{n \to \infty}\frac{(a-b^2)n+4}{\sqrt{a+\dfrac{4}{n}}+b}=\frac{4}{\sqrt{a}+b}$$ ...... ㉡

㉠, ㉡에서 $\dfrac{4}{\sqrt{b^2}+b}=\dfrac{1}{5}$이므로

$$\frac{4}{|b|+b}=\frac{1}{5}$$

이때 $|b|+b \neq 0$이어야 하므로 $b>0$

→ 만약 $b \leq 0$이면 (분모)$=-b+b=0$

따라서 $\dfrac{4}{|b|+b}=\dfrac{4}{b+b}=\dfrac{4}{2b}=\dfrac{1}{5}$이므로 이 되어 모순이지.

$b=10$

$b=10$을 ㉠에 대입하면 $a=100$

$\therefore a+b=100+10=110$

문제 해결 TIP

문영록 | 고려대학교 생명공학과 | 상원고등학교 졸업

$\frac{\infty}{\infty}$ 꼴의 수열의 극한에서 미정계수를 구하는 문제는 '3점 집중'에서 풀어봤지? 이 문제의 경우는 $\infty-\infty$ 꼴의 수열의 극한에서 미계수를 구해야 하는데 근호가 있는 쪽을 유리화하여 $\frac{\infty}{\infty}$ 꼴의 극한으로 변형하기만 하면 익숙하게 풀 수 있어. 내가 말한 대로 $\infty-\infty$ 꼴을 유리화하면 $\frac{\infty}{\infty}$ 꼴인 수열의 0이 아닌 극한값이 존재해야하므로 분자와 분모의 차수가 같아야 함을 이용하면 돼. 그리고 문제에서 주어지지 않은 b의 값의 범위를 간단히 구할 수 있는데, 만약 $b \leq 0$이면 $\lim_{n \to \infty}(\sqrt{an^2+4n}-bn)=\infty$가 되어 극한값이 존재할 수 없으니까 극한값 $\frac{1}{5}$이 존재하려면 $b>0$이어야 해.

생생 수험 Talk

수학은 문제를 푸는 데만 주력하지 말고 풀기 전에 개념 부분을 꼼꼼히 학습하는 것이 중요해. 개념을 확실히 익혀두지 않으면 문제 유형이 조금만 바뀌어도 헤매기 쉽거든. 수능에서 개념 자체를 직접적으로 묻지는 않지만 모든 문제의 기본은 개념임을 잊지 말자!

58 <u>정답</u> ②   정답률 59%

함수 $f(x)$가 $f(x)=(x-3)^2$일 때, 다음 물음에 답하시오.

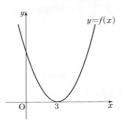

자연수 n에 대하여 방정식 <u>$f(x)=n$의 두 근이 α, β일 때</u>
<u>$h(n)=|\alpha-\beta|$</u>라 하자.
$$\lim_{n\to\infty}\sqrt{n}\{h(n+1)-h(n)\}$$
의 값은?

      <u>**1**</u> → $(x-3)^2=n$의 두 근 α, β를 구해 봐. **2**

① $\dfrac{1}{2}$ ✓② 1   ③ $\dfrac{3}{2}$

④ 2   ⑤ $\dfrac{5}{2}$

☑ 연관 개념 check

(1) 이차방정식 $(x+p)^2=q\ (q\geq0)$의 근은
     $x=-p\pm\sqrt{q}$

(2) $\infty-\infty$ 꼴인 수열의 극한은 근호가 있으면 근호가 있는
     쪽을 유리화하여 $\dfrac{\infty}{\infty}$ 꼴로 변형한 후 극한값을 구한다.

해결 흐름

1 방정식 $f(x)=n$의 두 근 α, β를 구해서 $h(n)$을 n에 대한 식으로 나타내야겠네.

2 $h(n)$에 n 대신 $n+1$을 대입해서 $h(n+1)$을 n에 대한 식으로 나타내야겠네.

알찬 풀이

방정식 $f(x)=n$, 즉 $(x-3)^2=n$에서
$$x-3=\pm\sqrt{n} \qquad \therefore \underline{x=3\pm\sqrt{n}}$$
$$\begin{aligned} h(n)&=|\alpha-\beta| \\ &=|(3+\sqrt{n})-(3-\sqrt{n})| \\ &=2\sqrt{n} \end{aligned}$$
→ 방정식 $f(x)=n$의 두 근은 $3+\sqrt{n}$, $3-\sqrt{n}$이야.

$$\begin{aligned} \therefore \lim_{n\to\infty}&\sqrt{n}\{h(n+1)-h(n)\} \\ &=\lim_{n\to\infty}\sqrt{n}(2\sqrt{n+1}-2\sqrt{n}) \\ &=\lim_{n\to\infty}2\sqrt{n}(\sqrt{n+1}-\sqrt{n}) \\ &=\lim_{n\to\infty}\frac{2\sqrt{n}(\sqrt{n+1}-\sqrt{n})(\sqrt{n+1}+\sqrt{n})}{\sqrt{n+1}+\sqrt{n}} \\ &=\lim_{n\to\infty}\frac{2\sqrt{n}(n+1-n)}{\sqrt{n+1}+\sqrt{n}} \\ &=\lim_{n\to\infty}\boxed{\frac{2\sqrt{n}}{\sqrt{n+1}+\sqrt{n}}} \\ &=\lim_{n\to\infty}\boxed{\frac{2}{\sqrt{1+\dfrac{1}{n}}+1}} \\ &=\frac{2}{1+1}=1 \end{aligned}$$

→ $\infty-\infty$ 꼴의 무리식의 극한을 구할 때는 근호가 있는 쪽을 유리화해야 해.

분모, 분자를 각각 $\sqrt{n}$으로 나눴어.

59 <u>정답</u> 33   정답률 44%

자연수 k에 대하여
     1
$$a_k=\lim_{n\to\infty}\frac{\left(\dfrac{6}{k}\right)^{n+1}}{\left(\dfrac{6}{k}\right)^n+1}$$
     2

이라 할 때, $\displaystyle\sum_{k=1}^{10}ka_k$의 값을 구하시오.   33

☑ 연관 개념 check

등비수열 $\{r^n\}$에 대하여

(1) $r>1$일 때, $\lim_{n\to\infty}r^n=\infty$(발산)

(2) $r=1$일 때, $\lim_{n\to\infty}r^n=1$(수렴)

(3) $|r|<1$일 때, $\lim_{n\to\infty}r^n=0$(수렴)

(4) $r\leq-1$일 때, 수열 $\{r^n\}$은 발산한다.

해결 흐름

1 $\dfrac{6}{k}>1$, $\dfrac{6}{k}=1$, $0<\dfrac{6}{k}<1$인 경우로 나누어 각각 a_k를 구해야겠다.

2 **1**의 k의 값의 범위에 따라 $\displaystyle\sum_{k=1}^{10}ka_k$를 나누어 계산하면 되겠군.

알찬 풀이

(ⅰ) $1\leq k<6$일 때,
$$\frac{6}{k}>1$$이므로 $\lim_{n\to\infty}\left(\frac{6}{k}\right)^n=\infty$

$$\begin{aligned} \therefore a_k&=\lim_{n\to\infty}\boxed{\frac{\left(\dfrac{6}{k}\right)^{n+1}}{\left(\dfrac{6}{k}\right)^n+1}} \\ &=\lim_{n\to\infty}\boxed{\frac{\dfrac{6}{k}}{1+\left(\dfrac{k}{6}\right)^n}} \\ &=\frac{6}{k} \end{aligned}$$

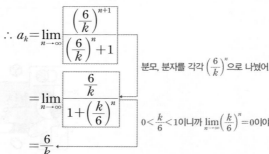

분모, 분자를 각각 $\left(\dfrac{6}{k}\right)^n$으로 나눴어.

$0<\dfrac{k}{6}<1$이니까 $\lim_{n\to\infty}\left(\dfrac{k}{6}\right)^n=0$이야.

(ii) $k=6$일 때,

$\dfrac{6}{k}=1$이므로 $\displaystyle\lim_{n\to\infty}\left(\dfrac{6}{k}\right)^n=1$

$\therefore a_k=\displaystyle\lim_{n\to\infty}\dfrac{\left(\dfrac{6}{k}\right)^{n+1}}{\left(\dfrac{6}{k}\right)^n+1}=\dfrac{1}{1+1}=\dfrac{1}{2}$

(iii) $k>6$일 때,

$0<\dfrac{6}{k}<1$이므로 $\displaystyle\lim_{n\to\infty}\left(\dfrac{6}{k}\right)^n=0$

$\therefore a_k=\displaystyle\lim_{n\to\infty}\dfrac{\left(\dfrac{6}{k}\right)^{n+1}}{\left(\dfrac{6}{k}\right)^n+1}=\dfrac{0}{0+1}=0$

(i), (ii), (iii)에서

$\displaystyle\sum_{k=1}^{10}ka_k=\sum_{k=1}^{5}ka_k+6a_6+\sum_{k=7}^{10}ka_k$ → $k>6$일 때 $a_k=0$이므로 구하는 값은 $\displaystyle\sum_{k=1}^{6}ka_k$와 같아.

$=\displaystyle\sum_{k=1}^{5}\left(k\times\dfrac{6}{k}\right)+6\times\dfrac{1}{2}+\sum_{k=7}^{10}(k\times0)$

$=\displaystyle\sum_{k=1}^{5}6+3+\sum_{k=7}^{10}0$ → k의 값의 범위에 따라 a_k의 값이 달라지는 것에 유의해!

$=6\times5+3+0\times4$

$=33$

> 상수 c에 대하여
> $\displaystyle\sum_{k=1}^{n}c=cn$

r^n을 포함한 식의 극한을 구할 때는 r의 값의 범위를 $|r|>1$, $r=1$, $r=-1$, $|r|<1$일 때로 나누어야 해. 그런데 여기서는 k가 자연수이니까 $\dfrac{6}{k}>0$이야.
따라서 $\dfrac{6}{k}=0$ 또는 $\dfrac{6}{k}<0$인 경우는 생각하지 않아도 돼.

---

60 정답 ①   정답률 33%

양수 t에 대하여 $\log t$의 정수 부분과 소수 부분을 각각 ❶ $f(t)$, $g(t)$라 하자. 자연수 n에 대하여 → $0\le g(t)<1$

$f(t)=9n\left\{g(t)-\dfrac{1}{3}\right\}^2-n$ ❷

을 만족시키는 서로 다른 모든 $f(t)$의 합을 a_n이라 할 때, → 정수임을 기억해.
$\displaystyle\lim_{n\to\infty}\dfrac{a_n}{n^2}$의 값은?

✓① 4   ② $\dfrac{9}{2}$ ③ 5

④ $\dfrac{11}{2}$ ⑤ 6

☑ 연관 개념 check

$\dfrac{\infty}{\infty}$ 꼴인 수열의 극한은 분모의 최고차항으로 분모, 분자를 각각 나눈 후 $\displaystyle\lim_{n\to\infty}\dfrac{1}{n}=0$임을 이용하여 극한값을 구한다.

☑ 실전 적용 key

$\dfrac{\infty}{\infty}$ 꼴인 수열의 극한값은 다음과 같이 구할 수 있다.
[방법 1] 분모의 최고차항으로 분모, 분자를 각각 나눈다.
[방법 2] 분모의 최고차항의 계수와 분자의 최고차항의 계수를 비교한다.

해결 흐름

❶ $\log t$의 소수 부분이 $g(t)$이니까 $0\le g(t)<1$임을 이용해서 $f(t)$의 값의 범위를 구해야겠군.
❷ $f(t)$는 정수이니까 ❶에서 구한 범위에 속하는 모든 정수를 구해서 더하면 a_n을 구할 수 있어.

알찬 풀이

$g(t)$는 $\log t$의 소수 부분이므로 $0\le g(t)<1$

$-\dfrac{1}{3}\le g(t)-\dfrac{1}{3}<\dfrac{2}{3}$ → 주어진 $f(t)$의 식을 얻을 수 있도록 이 부등식을 적절하게 변형해야 해.

$0\le\left\{g(t)-\dfrac{1}{3}\right\}^2<\dfrac{4}{9}$

$0\le 9n\left\{g(t)-\dfrac{1}{3}\right\}^2<4n$ → 부등식의 각 변을 제곱하여 $\dfrac{1}{9}\le\left\{g(t)-\dfrac{1}{3}\right\}^2<\dfrac{4}{9}$로 생각하지 않도록 주의해.

$-n\le 9n\left\{g(t)-\dfrac{1}{3}\right\}^2-n<3n$

$\therefore -n\le \boxed{f(t)}<3n$

이때 $f(t)$는 정수이므로 $f(t)$가 될 수 있는 값은
$-n, -n+1, \cdots, 0, 1, 2, \cdots, n-1, n, n+1, n+2, \cdots, 3n-1$

$\therefore a_n=(-n)+(-n+1)+\cdots+0+1+2+\cdots+(n-1)+n$
$\qquad\qquad +(n+1)+(n+2)+\cdots+(3n-1)$

$=(n+1)+(n+2)+\cdots+(3n-1)$

$=\dfrac{(2n-1)\{(n+1)+(3n-1)\}}{2}$ → 첫째항이 $n+1$, 끝항이 $3n-1$, 항수가 $2n-1$인 등차수열의 합으로 생각할 수 있어.

$=2n(2n-1)$

$\therefore \displaystyle\lim_{n\to\infty}\dfrac{a_n}{n^2}=\lim_{n\to\infty}\dfrac{2n(2n-1)}{n^2}$

$=\displaystyle\lim_{n\to\infty}\dfrac{4n^2-2n}{n^2}=4$

→ 분모, 분자를 각각 n^2으로 나누면 극한값을 구할 수 있어.

61 정답 ② 정답률 65%

닫힌구간 $[-2, 5]$에서 정의된 함수 $y=f(x)$의 그래프가 그림과 같다. → $-2 \le x \le 5$

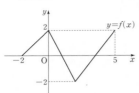

$$\lim_{n \to \infty} \frac{|nf(a)-1|-nf(a)}{2n+3}=1$$ 을 만족시키는 상수 a의 개수는?

① 1 ✔② 2 ③ 3
④ 4 ⑤ 5

☑ 연관 개념 check

$\frac{\infty}{\infty}$ 꼴인 수열의 극한은 분모의 최고차항으로 분모, 분자를 각각 나눈 후 $\lim\limits_{n\to\infty}\dfrac{1}{n}=0$임을 이용하여 극한값을 구한다.

해결 흐름

1 절댓값 기호가 있는 식이 주어졌으니까 절댓값 기호 안의 식 $nf(a)-1$의 값이 0보다 크거나 같은 경우와 0보다 작은 경우로 나누어 극한값을 계산해 봐야겠네.

알찬 풀이

(ⅰ) $nf(a)-1 \ge 0$일 때,

$$\lim_{n\to\infty}\frac{nf(a)-1-nf(a)}{2n+3}=\lim_{n\to\infty}\frac{-1}{2n+3}=0$$

그런데 $\lim\limits_{n\to\infty}\dfrac{|nf(a)-1|-nf(a)}{2n+3}=1$이므로 모순이다.

(ⅱ) $nf(a)-1 < 0$일 때,

$$\lim_{n\to\infty}\frac{-nf(a)+1-nf(a)}{2n+3}=\lim_{n\to\infty}\boxed{\frac{1-2nf(a)}{2n+3}}$$

분모, 분자를 각각 n으로 나눴어.

$$=\lim_{n\to\infty}\boxed{\frac{\dfrac{1}{n}-2f(a)}{2+\dfrac{3}{n}}}$$

$$=-f(a)$$
$$=1$$
$$\therefore f(a)=-1$$

(ⅰ), (ⅱ)에서 $f(a)=-1$ ┌→ 방정식 $f(x)=-1$의 실근이 2개 있다는 뜻이야.

주어진 그래프에서 $y=f(x)$의 그래프와 직선 $y=-1$의 교점이 2개이므로 $f(a)=-1$을 만족시키는 상수 a의 개수는 2이다.

---

62 정답 16 정답률 59%

자연수 n에 대하여 직선 $x=4^n$이 곡선 $y=\sqrt{x}$와 만나는 점을 P_n이라 하자. 선분 P_nP_{n+1}의 길이를 L_n이라 할 때, $\lim\limits_{n\to\infty}\left(\dfrac{L_{n+1}}{L_n}\right)^2$의 값을 구하시오. **16**

$P_n(4^n, \sqrt{4^n})$,
$P_{n+1}(4^{n+1}, \sqrt{4^{n+1}})$

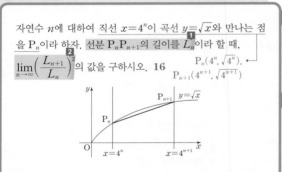

☑ 실전 적용 key

수열의 극한의 활용 문제는 다음과 같은 순서로 해결한다.
① 점의 좌표, 선분의 길이, 도형의 넓이를 n에 대한 식으로 나타낸다.
② ①을 이용하여 구하는 극한식을 n에 대하여 나타낸다.
③ ②의 극한값을 구한다.

해결 흐름

1 두 점 P_n, P_{n+1}의 좌표를 구해서 선분 P_nP_{n+1}의 길이 L_n을 구해야겠다.

2 **1**을 이용하여 $\lim\limits_{n\to\infty}\left(\dfrac{L_{n+1}}{L_n}\right)^2$의 값을 구할 수 있겠군.

알찬 풀이

두 점 P_n, P_{n+1}의 좌표를 각각 구하면
$P_n(4^n, \sqrt{4^n})$, 즉 $P_n(4^n, 2^n)$ ┌→ $\sqrt{4^n}=\sqrt{(2^n)^2}=2^n$
$P_{n+1}(4^{n+1}, \sqrt{4^{n+1}})$, 즉 $P_{n+1}(4^{n+1}, 2^{n+1})$
이므로 └→ 직선 $x=4^{n+1}$과 곡선 $y=\sqrt{x}$의 교점이야.

$$L_n=\sqrt{(4^{n+1}-4^n)^2+(2^{n+1}-2^n)^2}$$
$$=\sqrt{(3\times4^n)^2+(2^n)^2}$$
$$=\sqrt{9\times16^n+4^n}$$

> ☆ 두 점 사이의 거리
> 좌표평면 위의 두 점 $A(x_1, y_1)$, $B(x_2, y_2)$ 사이의 거리는
> $\overline{AB}=\sqrt{(x_2-x_1)^2+(y_2-y_1)^2}$

$$\therefore \lim_{n\to\infty}\left(\frac{L_{n+1}}{L_n}\right)^2=\lim_{n\to\infty}\left(\frac{\sqrt{9\times16^{n+1}+4^{n+1}}}{\sqrt{9\times16^n+4^n}}\right)^2$$

$$=\lim_{n\to\infty}\boxed{\frac{9\times16^{n+1}+4^{n+1}}{9\times16^n+4^n}}$$

$$=\lim_{n\to\infty}\boxed{\frac{9\times16+4\times\left(\dfrac{1}{4}\right)^n}{9+\left(\dfrac{1}{4}\right)^n}}$$

분모, 분자를 각각 16^n으로 나눴어.

$$=\frac{9\times16+4\times0}{9+0}=16$$

63 정답 ⑤
정답률 78%

┌→ $\mathrm{P}(0, 2n+1)$
자연수 n에 대하여 좌표가 $(0, 2n+1)$인 점을 P라 하고, 함수 $f(x)=nx^2$의 그래프 위의 점 중 y좌표가 1이고 제1사분면에 있는 점을 Q라 하자. 다음 물음에 답하시오.

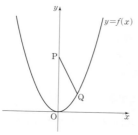

점 $\mathrm{R}(0, 1)$에 대하여 삼각형 PRQ의 넓이를 S_n[1], 선분 PQ의 길이를 l_n[2]이라 할 때, $\lim\limits_{n\to\infty}\dfrac{S_n^{\ 2}}{l_n}$의 값은?

① $\dfrac{3}{2}$ ② $\dfrac{5}{4}$ ③ 1

④ $\dfrac{3}{4}$ ✔⑤ $\dfrac{1}{2}$

두 점 P, Q의 좌표를 구해 봐.

해결 흐름

[1] 두 점 P, R가 y축 위의 점이므로 $\overline{\mathrm{PR}}$를 밑변으로 생각하면 점 Q의 x좌표가 $\triangle\mathrm{PRQ}$의 높이가 되겠군.

[2] 두 점 P, Q의 좌표를 알면 l_n을 구할 수 있겠어.

알찬 풀이

점 Q는 곡선 $y=nx^2$ 위의 점이고 y좌표가 1이므로

$1=nx^2$에서 $x=\dfrac{1}{\sqrt{n}}$ ($\because\ x>0$) ∴ $\mathrm{Q}\left(\dfrac{1}{\sqrt{n}},\ 1\right)$

이때 $\mathrm{P}(0, 2n+1)$이므로 ┌→ 점 Q는 제1사분면의 점이니까 x좌표가 양수이어야 해.

$l_n=\sqrt{\left(-\dfrac{1}{\sqrt{n}}\right)^2+(2n)^2}=\sqrt{\dfrac{1}{n}+4n^2}$

또, $S_n=\dfrac{1}{2}\times\dfrac{1}{\sqrt{n}}\times 2n=\sqrt{n}$이므로

$$\lim_{n\to\infty}\dfrac{S_n^{\ 2}}{l_n}=\lim_{n\to\infty}\dfrac{(\sqrt{n})^2}{\sqrt{\dfrac{1}{n}+4n^2}}$$

→ $\mathrm{P}(0, 2n+1)$, $\mathrm{R}(0, 1)$에서 $\overline{\mathrm{PR}}=2n$이므로 $\triangle\mathrm{PRQ}$에서 밑변을 $\overline{\mathrm{PR}}$로 생각하면 높이는 점 Q의 x좌표인 $\dfrac{1}{\sqrt{n}}$과 같아.

$$=\lim_{n\to\infty}\dfrac{1}{\sqrt{\dfrac{1}{n^3}+4}}$$

분모, 분자를 각각 n으로 나눴어.

$$=\dfrac{1}{2}$$

☑ **실전 적용 key**

수열의 극한의 활용 문제는 다음과 같은 순서로 해결한다.
① 점의 좌표, 선분의 길이, 도형의 넓이를 n에 대한 식으로 나타낸다.
② ①을 이용하여 구하는 극한식을 n에 대하여 나타낸다.
③ ②의 극한값을 구한다.

64 정답 4
정답률 59%

자연수 n에 대하여 점 $(3n, 4n)$을 중심으로 하고 y축에 접하는 원 O_n[1]이 있다. 원 O_n 위를 움직이는 점과 점 $(0, -1)$ 사이의 거리의 최댓값을 a_n, 최솟값을 b_n[2]이라 할 때, $\lim\limits_{n\to\infty}\dfrac{a_n}{b_n}$의 값을 구하시오. 4

원이 y축에 접하므로 반지름의 길이가 $3n$이지.

해결 흐름

[1] y축에 접하는 원의 반지름의 길이는 원의 중심의 x좌표의 절댓값과 같아.

[2] 원 위를 움직이는 점과 원 밖의 한 점 사이의 거리의 최댓값과 최솟값은 원의 중심과 원 밖의 한 점 사이의 거리, 원의 반지름의 길이를 이용해서 구할 수 있겠다.

알찬 풀이

자연수 n에 대하여 점 $(3n, 4n)$을 중심으로 하고 y축에 접하는 원 O_n의 반지름의 길이를 r라 하면

→ y축에 접하는 원의 반지름의 길이는 원의 중심의 x좌표의 절댓값과 같아.

$r=3n$

이므로 원 O_n의 방정식은

$(x-3n)^2+(y-4n)^2=(3n)^2$

원 O_n의 중심 $(3n, 4n)$과 점 $(0, -1)$ 사이의 거리를 d라 하면

$d=\sqrt{(3n)^2+(4n+1)^2}$
$\quad=\sqrt{25n^2+8n+1}$

두 점 사이의 거리
좌표평면 위의 두 점 $\mathrm{A}(x_1, y_1)$, $\mathrm{B}(x_2, y_2)$ 사이의 거리는 $\overline{\mathrm{AB}}=\sqrt{(x_2-x_1)^2+(y_2-y_1)^2}$

원 O_n 위를 움직이는 점과 점 $(0, -1)$ 사이의 거리의 최댓값 a_n과 최솟값 b_n은 각각

$a_n=d+r=\sqrt{25n^2+8n+1}+3n$
$b_n=d-r=\sqrt{25n^2+8n+1}-3n$

$$\therefore\ \lim_{n\to\infty}\dfrac{a_n}{b_n}=\lim_{n\to\infty}\dfrac{\sqrt{25n^2+8n+1}+3n}{\sqrt{25n^2+8n+1}-3n}$$

분모, 분자를 각각 n으로 나눴어.

$$=\lim_{n\to\infty}\dfrac{\sqrt{25+\dfrac{8}{n}+\dfrac{1}{n^2}}+3}{\sqrt{25+\dfrac{8}{n}+\dfrac{1}{n^2}}-3}=\dfrac{\sqrt{25}+3}{\sqrt{25}-3}=4$$

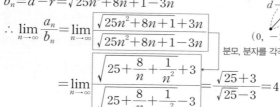

☑ **실전 적용 key**

수열의 극한의 활용 문제는 다음과 같은 순서로 해결한다.
① 점의 좌표, 선분의 길이, 도형의 넓이를 n에 대한 식으로 나타낸다.
② ①을 이용하여 구하는 극한식을 n에 대하여 나타낸다.
③ ②의 극한값을 구한다.

수능 핵심 개념 좌표축에 접하는 원의 방정식

중심의 좌표가 (a, b)인 원에 대하여
(1) x축에 접하는 원의 방정식 ➡ $(x-a)^2+(y-b)^2=b^2$
(2) y축에 접하는 원의 방정식 ➡ $(x-a)^2+(y-b)^2=a^2$
(3) x축과 y축에 동시에 접하는 원의 방정식
  ➡ $(x\pm a)^2+(y\pm a)^2=a^2$

65 정답 ④ 정답률 62%

자연수 n에 대하여 직선 $y=n$과 함수 $y=\tan x$의 그래프가 제1사분면에서 만나는 점의 x좌표를 작은 수부터 크기순으로 나열할 때, n번째 수를 a_n이라 하자. $\lim\limits_{n\to\infty}\dfrac{a_n}{n}$의 값은?

① $\dfrac{\pi}{4}$ 　② $\dfrac{\pi}{2}$ 　③ $\dfrac{3}{4}\pi$

✓④ π 　⑤ $\dfrac{5}{4}\pi$

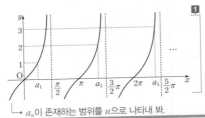

→ a_n이 존재하는 범위를 n으로 나타내 봐.

☑ 연관 개념 check

수열 $\{a_n\}$, $\{b_n\}$, $\{c_n\}$이 모든 자연수 n에 대하여 $a_n \le c_n \le b_n$이고 $\lim\limits_{n\to\infty} a_n = \lim\limits_{n\to\infty} b_n = \alpha$ (α는 실수)이면 $\lim\limits_{n\to\infty} c_n = \alpha$이다.

해결 흐름

1 주어진 그래프에서 a_1, a_2, a_3이 존재하는 범위를 살펴보고 a_n이 존재하는 범위를 구해 보자.

알찬 풀이

모든 자연수 n에 대하여

$(n-1)\pi < a_n < \dfrac{2n-1}{2}\pi$ → 주어진 그래프에서 $0<a_1<\dfrac{\pi}{2}$, $\pi<a_2<\dfrac{3}{2}\pi$, $2\pi<a_3<\dfrac{5}{2}\pi$, $\cdots$ 를 확인할 수 있어.

이므로 각 변을 n으로 나누면

$\dfrac{n-1}{n}\pi < \dfrac{a_n}{n} < \dfrac{2n-1}{2n}\pi$ ($\because$ n은 자연수)

이때 → n이 자연수이니까 부등호의 방향이 바뀌지 않아.

$\lim\limits_{n\to\infty}\dfrac{n-1}{n}\pi = \lim\limits_{n\to\infty}\left(1-\dfrac{1}{n}\right)\pi = \pi$,

$\lim\limits_{n\to\infty}\dfrac{2n-1}{2n}\pi = \lim\limits_{n\to\infty}\left(1-\dfrac{1}{2n}\right)\pi = \pi$

이므로 수열의 극한의 대소 관계에 의하여

$\lim\limits_{n\to\infty}\dfrac{a_n}{n} = \pi$

문제 해결 TIP

강유나 | 고려대학교 생명공학과 | 창덕여자고등학교 졸업

$0<a_1<\dfrac{\pi}{2}$, $\pi<a_2<\dfrac{3}{2}\pi$, $2\pi<a_3<\dfrac{5}{2}\pi$, $\cdots$이니까 귀납적으로 a_n의 범위가

$(n-1)\pi < a_n < \dfrac{2n-1}{2}\pi$임을 알 수 있지? 이 부등식의 각 변을 n으로 나누고 극한을 취하면 수열의 극한의 대소 관계에 의해서 극한값을 구할 수 있어.

---

66 정답 57 정답률 49%

수열 $\{a_n\}$의 첫째항부터 제m항까지의 합을 S_m이라 하자. 모든 자연수 m에 대하여

$S_m = \sum\limits_{n=1}^{\infty}\dfrac{m+1}{n(n+m+1)}$ → $\lim\limits_{n\to\infty}\sum\limits_{k=1}^{n}\dfrac{m+1}{k(k+m+1)}$로 바꾸어 생각해.

일 때, $a_1 + a_{10} = \dfrac{q}{p}$이다. $p+q$의 값을 구하시오. **57**

(단, p와 q는 서로소인 자연수이다.)

☑ 연관 개념 check

$\dfrac{1}{AB} = \dfrac{1}{B-A}\left(\dfrac{1}{A}-\dfrac{1}{B}\right)$ (단, $A \ne B$)

☑ 실전 적용 key

수열의 합에서 분모가 두 식의 곱의 꼴로 되어 있을 때는 일반적으로 부분분수로 변형하여 간단히 나타낼 수 있는지 확인한다.

소거되고 남은 항은 앞의 $(m+1)$개의 괄호 식에서 $(m+1)$개의 수가 나오고, 뒤의 $(m+1)$개의 괄호 식에서 $(m+1)$개의 n에 대한 식이 나오지만 $n \to \infty$이면 모두 0이야.

해결 흐름

1 부분합 $\sum\limits_{k=1}^{n}\dfrac{m+1}{k(k+m+1)}$을 구할 때, 부분분수로 변형해서 생각해야겠어.

2 **1**에서 k에 1, 2, 3, $\cdots$, n을 차례대로 대입해서 간단히 하면 극한값을 구할 수 있겠다.

3 수열의 합과 일반항 사이의 관계를 이용하면 수열의 항의 값을 구할 수 있겠네.

알찬 풀이

$S_m = \sum\limits_{n=1}^{\infty}\dfrac{m+1}{n(n+m+1)}$

$= \lim\limits_{n\to\infty}\sum\limits_{k=1}^{n}\dfrac{m+1}{k(k+m+1)}$ → $\dfrac{m+1}{k(k+m+1)} = \dfrac{m+1}{(k+m+1)-k}\left(\dfrac{1}{k}-\dfrac{1}{k+m+1}\right)$

$= \lim\limits_{n\to\infty}\sum\limits_{k=1}^{n}\left(\dfrac{1}{k}-\dfrac{1}{k+m+1}\right)$

$= \lim\limits_{n\to\infty}\left\{\left(\dfrac{1}{1}-\dfrac{1}{m+2}\right)+\left(\dfrac{1}{2}-\dfrac{1}{m+3}\right)+\cdots+\left(\dfrac{1}{n}-\dfrac{1}{n+m+1}\right)\right\}$

$= 1 + \dfrac{1}{2} + \cdots + \dfrac{1}{m+1}$

$\therefore a_1 = S_1 = 1 + \dfrac{1}{2} = \dfrac{3}{2}$

또 $a_{10} = S_{10} - S_9$이므로

$a_{10} = \left(1+\dfrac{1}{2}+\cdots+\dfrac{1}{11}\right)-\left(1+\dfrac{1}{2}+\cdots+\dfrac{1}{10}\right)$

$= \dfrac{1}{11}$

수열의 합과 일반항 사이의 관계

수열 $\{a_n\}$의 첫째항부터 제n항까지의 합을 S_n이라 할 때, $a_1 = S_1$, $a_n = S_n - S_{n-1}$ (단, $n \ge 2$)

$$\therefore a_1 + a_{10} = \frac{3}{2} + \frac{1}{11} = \frac{35}{22}$$

따라서 $p=22$, $q=35$이므로 $p+q=57$

다른 풀이

급수의 성질을 이용하여 풀 수도 있다.

$$a_1 = S_1 = \sum_{n=1}^{\infty} \frac{2}{n(n+2)} = \lim_{n \to \infty} \sum_{k=1}^{n} \left(\frac{1}{k} - \frac{1}{k+2} \right)$$

$$= \lim_{n \to \infty} \left\{ \left(\frac{1}{1} - \frac{1}{3} \right) + \left(\frac{1}{2} - \frac{1}{4} \right) + \left(\frac{1}{3} - \frac{1}{5} \right) + \cdots \right.$$

$$\left. + \left(\frac{1}{n-1} - \frac{1}{n+1} \right) + \left(\frac{1}{n} - \frac{1}{n+2} \right) \right\}$$

→ 소거되고 남은 항은 앞의 두 괄호 식에서 $\frac{1}{1}$과 $\frac{1}{2}$
이고, 뒤의 두 괄호 식에서 $-\frac{1}{n+1}$과 $-\frac{1}{n+2}$
이야.

$$= \lim_{n \to \infty} \left(1 + \frac{1}{2} - \frac{1}{n+1} - \frac{1}{n+2} \right)$$

$$= \frac{3}{2} \quad \text{→} \lim_{n \to \infty} \frac{1}{n+1} = 0, \ \lim_{n \to \infty} \frac{1}{n+2} = 0$$

$$a_{10} = S_{10} - S_9 = \sum_{n=1}^{\infty} \frac{11}{n(n+11)} - \sum_{n=1}^{\infty} \frac{10}{n(n+10)}$$

$$= \sum_{n=1}^{\infty} \left\{ \frac{11}{n(n+11)} - \frac{10}{n(n+10)} \right\} = \sum_{n=1}^{\infty} \frac{1}{n} \left(\frac{11}{n+11} - \frac{10}{n+10} \right)$$

$$= \sum_{n=1}^{\infty} \frac{1}{n} \left\{ \frac{11(n+10) - 10(n+11)}{(n+11)(n+10)} \right\} = \sum_{n=1}^{\infty} \frac{1}{(n+10)(n+11)}$$

$$= \lim_{n \to \infty} \sum_{k=1}^{n} \left(\frac{1}{k+10} - \frac{1}{k+11} \right)$$

$$= \lim_{n \to \infty} \left\{ \left(\frac{1}{11} - \frac{1}{12} \right) + \left(\frac{1}{12} - \frac{1}{13} \right) + \cdots + \left(\frac{1}{n+10} - \frac{1}{n+11} \right) \right\}$$

$$= \lim_{n \to \infty} \left(\frac{1}{11} - \frac{1}{n+11} \right) = \frac{1}{11}$$

$$\therefore a_1 + a_{10} = \frac{3}{2} + \frac{1}{11} = \frac{35}{22}$$

따라서 $p=22$, $q=35$이므로 $p+q=57$

---

67 정답 9   정답률 84%

수열 $\{a_n\}$에 대하여 급수 $\sum_{n=1}^{\infty} \dfrac{a_n}{n}$이 수렴할 때, ①
$\lim_{n \to \infty} \dfrac{a_n + 9n}{n}$의 값을 구하시오. 9   → $\lim_{n \to \infty} \dfrac{a_n}{n} = 0$이지.

☑ **연관 개념 check**

급수 $\sum_{n=1}^{\infty} a_n$이 수렴하면 $\lim_{n \to \infty} a_n = 0$이다.

수능 핵심 개념   수열의 극한에 대한 기본 성질

두 수열 $\{a_n\}$, $\{b_n\}$이 수렴하고
$\lim_{n \to \infty} a_n = \alpha$, $\lim_{n \to \infty} b_n = \beta$ (α, β는 실수)일 때,
(1) $\lim_{n \to \infty} (a_n \pm b_n) = \lim_{n \to \infty} a_n \pm \lim_{n \to \infty} b_n = \alpha \pm \beta$ (복부호 동순)
(2) $\lim_{n \to \infty} c a_n = c \lim_{n \to \infty} a_n = c\alpha$ (단, c는 상수)
(3) $\lim_{n \to \infty} a_n b_n = \lim_{n \to \infty} a_n \times \lim_{n \to \infty} b_n = \alpha\beta$
(4) $\lim_{n \to \infty} \dfrac{a_n}{b_n} = \dfrac{\lim_{n \to \infty} a_n}{\lim_{n \to \infty} b_n} = \dfrac{\alpha}{\beta}$ (단, $b_n \neq 0$, $\beta \neq 0$)

해결 흐름

① 급수가 수렴하면 일반항은 0에 수렴한다는 사실을 이용해야겠다.

알찬 풀이

급수 $\sum_{n=1}^{\infty} \dfrac{a_n}{n}$이 수렴하므로 $\lim_{n \to \infty} \dfrac{a_n}{n} = 0$

$$\therefore \lim_{n \to \infty} \frac{a_n + 9n}{n} = \lim_{n \to \infty} \left(\frac{a_n}{n} + 9 \right)$$

$$= 0 + 9 \quad \text{→} \lim_{n \to \infty} \frac{a_n}{n} \text{이 수렴하니까} \lim_{n \to \infty} \left(\frac{a_n}{n} + 9 \right) = \lim_{n \to \infty} \frac{a_n}{n} + \lim_{n \to \infty} 9 \text{이지.}$$

$$= 9$$

생생 수험 Talk

수능이나 모의고사를 대비하는 데 있어서 절대 잊어서 안 되는 것은 바로 오답 노트야! 나는 내신은 항상 1등급을 유지했는데, 고3 3월 모의고사까지 수학 모의고사는 항상 2등급이었어. 그것도 항상 70점대 점수를 받아가며 아슬아슬하게 유지하고 있었지. 그런데 오답 노트를 이용해서 정확히 한 달 만에 20점을 올렸어! 일단 모의고사를 풀고 틀린 문제를 오답 노트에 간단하게 옮겨 적은 다음, □를 3개 그리고 정확히 세 번 다시 풀어 봤어. 처음에는 풀어야 하는 양이 어마어마해서 수학에 엄청난 시간을 투자하게 됐는데, 점점 틀리는 문제 수가 적어지고 특히 같은 유형의 문제를 다시 틀리는 일이 없어졌어. 고득점을 원한다면 오답 노트의 중요성을 절대 잊어서는 안 돼! 한 달 만에 올린 내 점수는 수능 때까지 계속 유지할 수 있었어!

68 정답 ① 정답률 68%

수열 $\{a_n\}$에 대하여

$$\sum_{n=1}^{\infty}\left(na_n-\frac{n^2+1}{2n+1}\right)=3 \boxed{1} \rightarrow \lim_{n\to\infty}\left(na_n-\frac{n^2+1}{2n+1}\right)=0$$이겠네.

일 때, $\lim_{n\to\infty}(a_n^2+2a_n+2)$의 값은?

✓① $\dfrac{13}{4}$ ② 3 ③ $\dfrac{11}{4}$

④ $\dfrac{5}{2}$ ⑤ $\dfrac{9}{4}$

☑ 연관 개념 check

급수 $\sum_{n=1}^{\infty}a_n$이 수렴하면 $\lim_{n\to\infty}a_n=0$이다.

☑ 실전 적용 key

$\lim_{n\to\infty}\dfrac{ra_n+s}{pa_n+q}=\alpha$ (α는 실수, $p\neq0$, $q\neq0$)일 때, $\lim_{n\to\infty}a_n$의 값은 $\dfrac{ra_n+s}{pa_n+q}=b_n$으로 놓고 a_n을 b_n에 대하여 나타낸 후 $\lim_{n\to\infty}b_n=\alpha$임을 이용하여 구한다.

해결 흐름

1 $\sum_{n=1}^{\infty}\left(na_n-\frac{n^2+1}{2n+1}\right)=3$을 이용해서 $\lim_{n\to\infty}a_n$의 값을 구해 봐야겠다.

알찬 풀이

$\sum_{n=1}^{\infty}\left(na_n-\dfrac{n^2+1}{2n+1}\right)=3$이므로

$\lim_{n\to\infty}\left(na_n-\dfrac{n^2+1}{2n+1}\right)=0$ → 급수의 합이 3이니까 급수가 수렴하네.

이때 $b_n=na_n-\dfrac{n^2+1}{2n+1}$로 놓으면

$a_n=\dfrac{b_n}{n}+\dfrac{n^2+1}{n(2n+1)}$이고 $\lim_{n\to\infty}b_n=0$이므로

$\lim_{n\to\infty}a_n=\lim_{n\to\infty}\left\{\dfrac{b_n}{n}+\dfrac{n^2+1}{n(2n+1)}\right\}$

$=\boxed{\lim_{n\to\infty}\dfrac{b_n}{n}}+\lim_{n\to\infty}\dfrac{n^2+1}{2n^2+n}$ → $\lim_{n\to\infty}b_n=0$이니까 $\lim_{n\to\infty}\dfrac{b_n}{n}=0$이야.

$=\boxed{0}+\dfrac{1}{2}=\dfrac{1}{2}$

$\therefore \lim_{n\to\infty}(a_n^2+2a_n+2)=\lim_{n\to\infty}a_n^2+2\lim_{n\to\infty}a_n+\lim_{n\to\infty}2$

$=\left(\dfrac{1}{2}\right)^2+2\times\dfrac{1}{2}+2=\dfrac{13}{4}$

---

69 정답 25 정답률 21%

→ 수열 $\{a_n\}$이 등비수열이니까 수열 $\{|a_n|+a_n\}$, $\{|a_n|-a_n\}$도 등비수열이야.

등비수열 $\{a_n\}$이

$$\sum_{n=1}^{\infty}(|a_n|+a_n)=\frac{40}{3}, \quad \sum_{n=1}^{\infty}(|a_n|-a_n)=\frac{20}{3} \boxed{1}$$

을 만족시킨다. 부등식

$$\lim_{n\to\infty}\sum_{k=1}^{2n}\left((-1)^{\frac{k(k+1)}{2}}\times a_{m+k}\right)>\frac{1}{700} \boxed{2}$$

을 만족시키는 모든 자연수 m의 값의 합을 구하시오. 25

☑ 연관 개념 check

$-1<r<1$일 때, $\sum_{n=1}^{\infty}ar^{n-1}=\dfrac{a}{1-r}$

☑ 실전 적용 key

등비수열 $\{a_n\}$의 첫째항을 a, 공비를 r라 하자.

$a>0$, $r>0$일 때,

모든 자연수 n에 대하여 $|a_n|-a_n=0$이므로 주어진 조건을 만족시키지 않는다.

$a<0$, $r>0$일 때,

모든 자연수 n에 대하여 $|a_n|+a_n=0$이므로 주어진 조건을 만족시키지 않는다.

따라서 $a>0$, $r<0$ 또는 $a<0$, $r<0$이어야 한다.

해결 흐름

1 주어진 조건을 이용하여 등비수열 $\{a_n\}$의 첫째항과 공비를 구할 수 있겠군.
2 **1**에서 구한 등비수열 $\{a_n\}$의 일반항을 이용하여 부등식
$\lim_{n\to\infty}\sum_{k=1}^{2n}\left((-1)^{\frac{k(k+1)}{2}}\times a_{m+k}\right)>\dfrac{1}{700}$의 좌변을 간단히 나타내 봐야겠다.

알찬 풀이

등비수열 $\{a_n\}$의 첫째항을 a, 공비를 r라 하면

$a>0$, $r<0$ 또는 $a<0$, $r<0$이어야 한다.

(i) $a>0$, $r<0$일 때, → ☑실전 적용 key를 확인해 봐.

$\sum_{n=1}^{\infty}(|a_n|+a_n)=\sum_{n=1}^{\infty}2a_{2n-1}=\dfrac{2a}{1-r^2}$ $\therefore \dfrac{2a}{1-r^2}=\dfrac{40}{3}$ ……㉠

$\sum_{n=1}^{\infty}(|a_n|-a_n)=\sum_{n=1}^{\infty}(-2a_{2n})=\dfrac{-2ar}{1-r^2}$ $\therefore \dfrac{-2ar}{1-r^2}=\dfrac{20}{3}$ ……㉡

㉠, ㉡을 연립하여 풀면 $a=5$, $r=-\dfrac{1}{2}$

(ii) $a<0$, $r<0$일 때,

$\sum_{n=1}^{\infty}(|a_n|+a_n)=\sum_{n=1}^{\infty}2a_{2n}=\dfrac{2ar}{1-r^2}$ $\therefore \dfrac{2ar}{1-r^2}=\dfrac{40}{3}$ ……㉢

$\sum_{n=1}^{\infty}(|a_n|-a_n)=\sum_{n=1}^{\infty}(-2a_{2n-1})=\dfrac{-2a}{1-r^2}$ $\therefore \dfrac{-2a}{1-r^2}=\dfrac{20}{3}$ ……㉣

㉢, ㉣을 연립하여 풀면 $a=10$, $r=-2$

이때 $r^2>1$이므로 두 급수 $\sum_{n=1}^{\infty}(|a_n|+a_n)$, $\sum_{n=1}^{\infty}(|a_n|-a_n)$이 모두 수렴하지 않는다.

(i), (ii)에서 $a=5$, $r=-\dfrac{1}{2}$이므로 $a_n=5\times\left(-\dfrac{1}{2}\right)^{n-1}$

한편, 부등식 $\displaystyle\lim_{n\to\infty}\sum_{k=1}^{2n}\left((-1)^{\frac{k(k+1)}{2}}\times a_{m+k}\right)>\frac{1}{700}$ 에서

$$\lim_{n\to\infty}\sum_{k=1}^{2n}\left((-1)^{\frac{k(k+1)}{2}}\times 5\times\left(-\frac{1}{2}\right)^{m+k-1}\right)>\frac{1}{700}$$

→ $a_{m+k}=5\times\left(-\dfrac{1}{2}\right)^{m+k-1}$ 을 대입했어.

$$5\times\left(-\frac{1}{2}\right)^{m-1}\times\lim_{n\to\infty}\sum_{k=1}^{2n}\left((-1)^{\frac{k(k+1)}{2}}\times\left(-\frac{1}{2}\right)^{k}\right)>\frac{1}{700}$$

이때 $\displaystyle\lim_{n\to\infty}\sum_{k=1}^{2n}\left((-1)^{\frac{k(k+1)}{2}}\times\left(-\frac{1}{2}\right)^{k}\right)$ 에서

← -1, -1, 1, 1이 순서대로 반복해.

$$\lim_{n\to\infty}\sum_{k=1}^{2n}\left((-1)^{\frac{k(k+1)}{2}}\times\left(-\frac{1}{2}\right)^{k}\right)$$

$$=\left(\frac{1}{2}-\frac{1}{2^2}-\frac{1}{2^3}+\frac{1}{2^4}\right)+\left(\frac{1}{2^5}-\frac{1}{2^6}-\frac{1}{2^7}+\frac{1}{2^8}\right)+\cdots$$

→ 첫째항이 $\frac{1}{2}-\frac{1}{2^2}-\frac{1}{2^3}+\frac{1}{2^4}$ 이고, 공비가 $\frac{1}{2^4}=\frac{1}{16}$ 인 등비급수야.

$$=\frac{\dfrac{1}{2}-\dfrac{1}{2^2}-\dfrac{1}{2^3}+\dfrac{1}{2^4}}{1-\dfrac{1}{16}}=\frac{\dfrac{3}{16}}{\dfrac{15}{16}}=\frac{1}{5}$$

즉, $5\times\left(-\dfrac{1}{2}\right)^{m-1}\times\dfrac{1}{5}>\dfrac{1}{700}$ 이므로

$$\left(-\frac{1}{2}\right)^{m-1}>\frac{1}{700}$$

이 부등식을 만족시키는 자연수 m은 홀수이고, m이 홀수이면

$$\left(-\frac{1}{2}\right)^{m-1}=\frac{1}{2^{m-1}}$$ 이므로

$$2^{m-1}<700$$

따라서 m의 값은 1, 3, 5, 7, 9이므로 그 합은

$$1+3+5+7+9=25$$

---

70 [정답] 162 정답률 15%

첫째항과 공비가 각각 0이 아닌 두 등비수열 $\{a_n\}$, $\{b_n\}$에 대하여 두 급수 $\displaystyle\sum_{n=1}^{\infty}a_n$, $\displaystyle\sum_{n=1}^{\infty}b_n$이 각각 수렴하고

$$\sum_{n=1}^{\infty}a_nb_n=\left(\sum_{n=1}^{\infty}a_n\right)\times\left(\sum_{n=1}^{\infty}b_n\right),$$ ▣**1** → $-1<$ (공비) <1이야.

$$3\times\sum_{n=1}^{\infty}|a_{2n}|=7\times\sum_{n=1}^{\infty}|a_{3n}|$$ ▣**2**

이 성립한다. $\displaystyle\sum_{n=1}^{\infty}\frac{b_{2n-1}+b_{3n+1}}{b_n}=S$일 때, $120S$의 값을 구하시오. 162 ▣**3**

☑ 연관 개념 check

(1) 등비급수 $\displaystyle\sum_{n=1}^{\infty}r^n$의 수렴 조건은 $-1<r<1$이다.

(2) $-1<r<1$일 때, $\displaystyle\sum_{n=1}^{\infty}ar^{n-1}=\frac{a}{1-r}$

해결 흐름

▣**1** 주어진 조건을 이용하여 두 등비수열 $\{a_n\}$, $\{b_n\}$의 공비 사이의 관계를 알아봐야겠어.

▣**2** $\displaystyle\sum_{n=1}^{\infty}|a_{2n}|$, $\displaystyle\sum_{n=1}^{\infty}|a_{3n}|$에 대한 조건이 주어졌으니 수열 $\{a_n\}$의 공비를 구할 수 있겠다.

▣**3** 수열 $\{b_n\}$의 일반항을 알면 S의 값을 구할 수 있겠네.

알찬 풀이

두 등비수열 $\{a_n\}$, $\{b_n\}$의 공비를 각각 r, s라 하면

$$a_n=a_1r^{n-1}, \ b_n=b_1s^{n-1}$$

이때 두 급수 $\displaystyle\sum_{n=1}^{\infty}a_n$, $\displaystyle\sum_{n=1}^{\infty}b_n$이 각각 수렴하므로

$$-1<r<1, \ -1<s<1 \ (r\neq0, \ s\neq0)$$

$$\sum_{n=1}^{\infty}a_nb_n=\left(\sum_{n=1}^{\infty}a_n\right)\times\left(\sum_{n=1}^{\infty}b_n\right)$$ 에서

→ $\displaystyle\sum_{n=1}^{\infty}a_nb_n$은 첫째항이 a_1b_1이고, 공비가 rs인 등비급수야.

$$\frac{a_1b_1}{1-rs}=\frac{a_1}{1-r}\times\frac{b_1}{1-s}$$

$$1-rs=(1-r)(1-s) \quad \therefore r+s=2rs \quad\quad \cdots\cdots ㉠$$

또, 수열 $\{|a_{2n}|\}$은 첫째항이 $|a_2|$, 공비가 $|r|^2$인 등비수열이고, 수열 $\{|a_{3n}|\}$은 첫째항이 $|a_3|$, 공비가 $|r|^3$인 등비수열이므로

$$3\times\sum_{n=1}^{\infty}|a_{2n}|=7\times\sum_{n=1}^{\infty}|a_{3n}|$$ 에서 $$3\times\frac{|a_2|}{1-|r|^2}=7\times\frac{|a_3|}{1-|r|^3}$$

$$3\times\frac{|a_2|}{1-|r|^2}=7\times\frac{|a_2||r|}{1-|r|^3}, \ \frac{3}{1-|r|^2}=\frac{7|r|}{1-|r|^3}$$

$$3(1-|r|^3)=7|r|(1-|r|^2)$$
$$4|r|^3-7|r|+3=0$$ ← 조립제법을 이용하여 인수분해할 수 있어.
$$(|r|-1)(2|r|+3)(2|r|-1)=0$$ ←

$$
\begin{array}{r|rrrr}
1 & 4 & 0 & -7 & 3 \\
  &   & 4 & 4 & -3 \\
\hline
  & 4 & 4 & -3 & 0
\end{array}
$$

$$\therefore |r|=\frac{1}{2}\ (\because -1<r<1)$$

(i) $r=\dfrac{1}{2}$일 때,

$r=\dfrac{1}{2}$을 ㉠에 대입하면 $\dfrac{1}{2}+s=s$이므로 이를 만족시키는 s의 값은 존재하지 않는다.

(ii) $r=-\dfrac{1}{2}$일 때,

$r=-\dfrac{1}{2}$을 ㉠에 대입하면 $-\dfrac{1}{2}+s=-s,\ 2s=\dfrac{1}{2}$ $\qquad \therefore s=\dfrac{1}{4}$

(i), (ii)에서 $s=\dfrac{1}{4}$이므로 $b_n=b_1\left(\dfrac{1}{4}\right)^{n-1}$

$$\therefore \sum_{n=1}^{\infty}\frac{b_{2n-1}+b_{3n+1}}{b_n}=\sum_{n=1}^{\infty}\frac{b_1\left(\frac{1}{4}\right)^{2n-2}+b_1\left(\frac{1}{4}\right)^{3n}}{b_1\left(\frac{1}{4}\right)^{n-1}}$$ → $b_n=b_1\left(\dfrac{1}{4}\right)^{n-1}$의 n에 각각 $2n-1$, $3n+1$을 대입한 거야.

$$=\sum_{n=1}^{\infty}\left\{\left(\frac{1}{4}\right)^{n-1}+\left(\frac{1}{4}\right)^{2n+1}\right\}$$ ┐ 두 급수 $\sum\limits_{n=1}^{\infty}a_n$, $\sum\limits_{n=1}^{\infty}b_n$이 수렴하면 $\sum\limits_{n=1}^{\infty}(a_n+b_n)=\sum\limits_{n=1}^{\infty}a_n+\sum\limits_{n=1}^{\infty}b_n$ ☆

$$=\sum_{n=1}^{\infty}\left(\frac{1}{4}\right)^{n-1}+\sum_{n=1}^{\infty}\left(\frac{1}{4}\right)^{2n+1}$$

$\sum\limits_{n=1}^{\infty}\left(\dfrac{1}{4}\right)^{n-1}$은 첫째항이 1이고, ← 공비가 $\dfrac{1}{4}$인 등비급수야.

$\sum\limits_{n=1}^{\infty}\left(\dfrac{1}{4}\right)^{2n+1}$은 첫째항이 $\dfrac{1}{64}$이고, 공비가 $\dfrac{1}{16}$인 등비급수야.

$$=\frac{1}{1-\frac{1}{4}}+\frac{\frac{1}{64}}{1-\frac{1}{16}}$$

$$=\frac{4}{3}+\frac{1}{60}=\frac{27}{20}$$

따라서 $S=\dfrac{27}{20}$이므로 $120S=120\times\dfrac{27}{20}=162$

---

71 정답 450   정답률 68%

모든 항이 양수인 수열 $\{a_n\}$이 모든 자연수 n에 대하여 다음 조건을 만족시킨다. → $\log a_n$이 정의되겠네.

(가) $\log a_n$의 소수 부분과 $\log a_{n+1}$의 소수 부분은 서로 같다. → (소수 부분)=(주어진 수)-(정수 부분)

(나) $1<\dfrac{a_n}{a_{n+1}}<100$

$\sum\limits_{n=1}^{\infty}a_n=500$일 때, a_1의 값을 구하시오. **450**

☑ 연관 개념 check

(1) $\log A$의 소수 부분과 $\log B$의 소수 부분이 서로 같으면 $\log A-\log B=$(정수)

(2) $-1<r<1$일 때, $\sum\limits_{n=1}^{\infty}ar^{n-1}=\dfrac{a}{1-r}$

수능 핵심 개념   로그의 성질

$a>0,\ a\neq 1,\ M>0,\ N>0$일 때,

(1) $\log_a 1=0,\ \log_a a=1$

(2) $\log_a MN=\log_a M+\log_a N$

(3) $\log_a\dfrac{M}{N}=\log_a M-\log_a N$

(4) $\log_a M^k=k\log_a M$ (단, k는 실수)

해결 흐름

1 조건 (가), (나)를 이용해서 a_n과 a_{n+1} 사이의 관계를 알아야겠네.

2 $\sum\limits_{n=1}^{\infty}a_n=500$임을 이용해서 a_1의 값을 구해야겠군.

알찬 풀이

→ 소수 부분이 같은 두 수의 차는 정수야.

조건 (가)에서 $\log a_n$과 $\log a_{n+1}$의 소수 부분이 서로 같으므로

$\log a_n-\log a_{n+1}=k$ (k는 정수)로 놓으면

$\log\dfrac{a_n}{a_{n+1}}=k$ ┐ 로그의 정의 $a>0,\ a\neq 1,\ N>0$일 때, $a^x=N\Longleftrightarrow x=\log_a N$

$\dfrac{a_n}{a_{n+1}}=10^k$

조건 (나)에서 $1<\dfrac{a_n}{a_{n+1}}<100$이므로

$1<10^k<100$ $\qquad \therefore k=1\ (\because k$는 정수)

즉, $\dfrac{a_n}{a_{n+1}}=10$이므로 $a_{n+1}=\dfrac{1}{10}a_n$ → 수열 $\{a_n\}$은 공비가 $\dfrac{1}{10}$인 등비수열이야.

따라서 수열 $\{a_n\}$은 공비가 $\dfrac{1}{10}$인 등비수열이므로

$$\sum_{n=1}^{\infty}a_n=\frac{a_1}{1-\frac{1}{10}}=\frac{10}{9}a_1=500$$

$$\therefore a_1=500\times\frac{9}{10}=450$$

72 정답 ①   정답률 50%

> → n은 3 이상의 자연수이네.
> 2보다 큰 자연수 n에 대하여 $(-3)^{n-1}$의 n제곱근 중 실수인
> 것의 개수를 a_n이라 할 때, $\displaystyle\sum_{n=3}^{\infty}\frac{a_n}{2^n}$의 값은?
>
> ✓① $\dfrac{1}{6}$ ② $\dfrac{1}{4}$ ③ $\dfrac{1}{3}$
> ④ $\dfrac{5}{12}$ ⑤ $\dfrac{1}{2}$

☑ 연관 개념 check

$-1<r<1$일 때, $\displaystyle\sum_{n=1}^{\infty}ar^{n-1}=\dfrac{a}{1-r}$

수능 핵심 개념 | 실수의 제곱근 중 실수인 것

실수 a의 제곱근 중 실수인 것은 다음과 같다.

	$a>0$	$a=0$	$a<0$
n이 홀수	$\sqrt[n]{a}$	0	$\sqrt[n]{a}$
n이 짝수	$\sqrt[n]{a}$, $-\sqrt[n]{a}$	0	없다.

해결 흐름

1️⃣ $(-3)^{n-1}$의 n제곱근 중 실수인 것은 n이 홀수일 때와 짝수일 때 그 개수가 다르니까 경우를 나누어서 생각해 봐야겠네.

2️⃣ 1️⃣에서 구한 결과를 이용해서 $\displaystyle\sum_{n=3}^{\infty}\frac{a_n}{2^n}$의 값을 구해야겠다.

알찬 풀이

(i) $n=2k+1$ (k는 자연수)일 때, → $n-1=2k$이니까 $n-1$은 짝수야.
$(-3)^{n-1}=(-3)^{2k}=3^{2k}>0$
이므로 n이 홀수이면 $(-3)^{n-1}$의 값은 양수이다.
즉, $\sqrt[n]{(-3)^{n-1}}$ 중 실수인 것은 오직 1개이므로 $a_{2k+1}=1$

(ii) $n=2k+2$ (k는 자연수)일 때, → $n-1=2k+1$이니까 $n-1$은 홀수야.
$(-3)^{n-1}=(-3)^{2k+1}=-3^{2k+1}<0$
이므로 n이 짝수이면 $(-3)^{n-1}$의 값은 음수이다.
즉, $\sqrt[n]{(-3)^{n-1}}$ 중 실수인 것은 존재하지 않으므로 $a_{2k+2}=0$

(i), (ii)에서

$$\sum_{n=3}^{\infty}\frac{a_n}{2^n}=\frac{a_3}{2^3}+\frac{a_4}{2^4}+\frac{a_5}{2^5}+\frac{a_6}{2^6}+\frac{a_7}{2^7}+\cdots$$

→ 짝수 번째 항은 모두 0이므로 홀수 번째 항들만 남게 돼.

$$=\frac{1}{2^3}+\frac{0}{2^4}+\frac{1}{2^5}+\frac{0}{2^6}+\frac{1}{2^7}+\cdots$$

$$=\frac{1}{2^3}+\frac{1}{2^5}+\frac{1}{2^7}+\cdots$$

→ 첫째항이 $\dfrac{1}{2^3}$, 공비가 $\dfrac{1}{2^2}$인 등비급수의 합이야.

$$=\frac{\frac{1}{8}}{1-\frac{1}{4}}=\frac{1}{6}$$

73 정답 ①   정답률 56%

> 수열 $\{a_n\}$이
>
> $7a_1+7^2a_2+\cdots+7^na_n=3^n-1$ 1️⃣ 2️⃣
>
> → 이를 이용하면
> $7a_1+7^2a_2+\cdots+7^{n-1}a_{n-1}=3^{n-1}-1$
> 임을 알 수 있지.
>
> 을 만족시킬 때, $\displaystyle\sum_{n=1}^{\infty}\frac{a_n}{3^{n-1}}$의 값은? 3️⃣
>
> ✓① $\dfrac{1}{3}$ ② $\dfrac{4}{9}$ ③ $\dfrac{5}{9}$
> ④ $\dfrac{2}{3}$ ⑤ $\dfrac{7}{9}$

☑ 연관 개념 check

$-1<r<1$일 때, $\displaystyle\sum_{n=1}^{\infty}ar^{n-1}=\dfrac{a}{1-r}$

해결 흐름

1️⃣ $7a_1+7^2a_2+\cdots+7^na_n=3^n-1$을 이용해서 a_n을 구해야겠네.

2️⃣ $7a_1+7^2a_2+\cdots+7^na_n=3^n-1$에서 $7a_1+7^2a_2+\cdots+7^{n-1}a_{n-1}=3^{n-1}-1$임을 알 수 있어.

3️⃣ 2️⃣에서 구한 a_n을 이용해서 $\displaystyle\sum_{n=1}^{\infty}\frac{a_n}{3^{n-1}}$의 값을 구할 수 있겠군.

알찬 풀이

$7a_1+7^2a_2+\cdots+7^{n-1}a_{n-1}+7^na_n=3^n-1$ ……㉠
$7a_1+7^2a_2+\cdots+7^{n-1}a_{n-1}=3^{n-1}-1$ ……㉡

㉠$-$㉡을 하면 → $3\times3^{n-1}-3^{n-1}=(3-1)\times3^{n-1}=2\times3^{n-1}$
$7^na_n=3^n-3^{n-1}=2\times3^{n-1}$
$\therefore a_n=\dfrac{2\times3^{n-1}}{7^n}$ ($n\geq2$) ……㉢

㉠에서 $n=1$일 때, $7a_1=3^1-1=2$ $\therefore a_1=\dfrac{2}{7}$

이때 $a_1=\dfrac{2}{7}$은 ㉢에 $n=1$을 대입한 값과 같으므로

$a_n=\dfrac{2\times3^{n-1}}{7^n}$ ($n\geq1$)

$\therefore \displaystyle\sum_{n=1}^{\infty}\frac{a_n}{3^{n-1}}=\sum_{n=1}^{\infty}\left(\frac{1}{3^{n-1}}\times\frac{2\times3^{n-1}}{7^n}\right)$

수열 $\left\{\dfrac{a_n}{3^{n-1}}\right\}$은 첫째항이 $\dfrac{2}{7}$이고 ←
공비가 $\dfrac{1}{7}$인 등비수열이야.

$=\displaystyle\sum_{n=1}^{\infty}\frac{2}{7^n}$

$=\dfrac{\frac{2}{7}}{1-\frac{1}{7}}=\dfrac{1}{3}$

74 정답 ② 정답률 67%

자연수 n에 대하여 직선 $y=\left(\dfrac{1}{2}\right)^{n-1}(x-1)$과 이차함수 $y=3x(x-1)$의 그래프가 만나는 두 점을 $A(1,\ 0)$과 P_n이라 하자. 점 P_n에서 x축에 내린 수선의 발을 H_n이라 할 때,

$\displaystyle\sum_{n=1}^{\infty} \overline{P_nH_n}$의 값은?
$\longrightarrow$ 점 P_n의 y좌표의 절댓값과 같아.

① $\dfrac{3}{2}$　　　✓② $\dfrac{14}{9}$　　　③ $\dfrac{29}{18}$

④ $\dfrac{5}{3}$　　　⑤ $\dfrac{31}{18}$

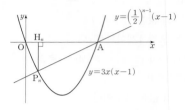

☑ 연관 개념 check

(1) 점 $(x_1,\ y_1)$에서 x축에 내린 수선의 길이는 $|y_1|$이다.

(2) $-1<r<1$일 때, $\displaystyle\sum_{n=1}^{\infty} ar^{n-1}=\dfrac{a}{1-r}$

해결 흐름

1 직선과 이차함수의 그래프의 교점의 x좌표를 구해서 점 P_n의 좌표를 구해야겠네.

2 점 P_n에서 x축에 내린 수선의 발이 H_n임을 이용해서 선분 P_nH_n의 길이를 구해야겠군.

알찬 풀이

$\longrightarrow$ 두 그래프가 점 $A(1,\ 0)$에서 만난다는 사실을 알고 있으니까 점 P_n의 x좌표는 1이 아니야.

$x\neq1$일 때, $\left(\dfrac{1}{2}\right)^{n-1}(x-1)=3x(x-1)$에서

$\left(\dfrac{1}{2}\right)^{n-1}=3x$　　$\therefore\ x=\dfrac{1}{3}\times\left(\dfrac{1}{2}\right)^{n-1}$

즉, $P_n\left(\dfrac{1}{3}\times\left(\dfrac{1}{2}\right)^{n-1},\ \left(\dfrac{1}{2}\right)^{n-1}\left\{\dfrac{1}{3}\times\left(\dfrac{1}{2}\right)^{n-1}-1\right\}\right)$이므로

$\overline{P_nH_n}=-\left(\dfrac{1}{2}\right)^{n-1}\left\{\dfrac{1}{3}\times\left(\dfrac{1}{2}\right)^{n-1}-1\right\}$
$\longrightarrow$ $y=\left(\dfrac{1}{2}\right)^{n-1}(x-1)$에 $x=\dfrac{1}{3}\times\left(\dfrac{1}{2}\right)^{n-1}$을 대입했어.

$=\left(\dfrac{1}{2}\right)^{n-1}-\dfrac{1}{3}\times\left(\dfrac{1}{4}\right)^{n-1}$
$\longrightarrow$ 문제의 그림에서 점 P_n이 제4사분면 위의 점임을 알 수 있어. 즉, 선분 P_nH_n의 길이는 점 P_n의 y좌표의 절댓값과 같아.

$\therefore\ \displaystyle\sum_{n=1}^{\infty}\overline{P_nH_n}=\sum_{n=1}^{\infty}\left\{\left(\dfrac{1}{2}\right)^{n-1}-\dfrac{1}{3}\times\left(\dfrac{1}{4}\right)^{n-1}\right\}=\sum_{n=1}^{\infty}\left(\dfrac{1}{2}\right)^{n-1}-\sum_{n=1}^{\infty}\dfrac{1}{3}\times\left(\dfrac{1}{4}\right)^{n-1}$

$=\dfrac{1}{1-\dfrac{1}{2}}-\dfrac{\dfrac{1}{3}}{1-\dfrac{1}{4}}=2-\dfrac{4}{9}=\dfrac{14}{9}$

75 정답 ④ 정답률 60%

함수

$f(x)=\begin{cases}x+2 & (x\leq0)\\ -\dfrac{1}{2}x & (x>0)\end{cases}$

의 그래프가 그림과 같다. 다음 물음에 답하시오.

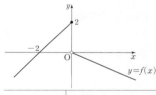

$\longrightarrow$ 함수 $f(x)$는 $x=0$에서 불연속이야.

수열 $\{a_n\}$은 $a_1=1$이고
$a_{n+1}=f(f(a_n))\ (n\geq1)$
을 만족시킬 때, $\displaystyle\lim_{n\to\infty}a_n$의 값은?

① $\dfrac{1}{3}$　　　② $\dfrac{2}{3}$　　　③ 1

✓④ $\dfrac{4}{3}$　　　⑤ $\dfrac{5}{3}$

☑ 연관 개념 check

$-1<r<1$일 때, $\displaystyle\sum_{n=1}^{\infty}ar^{n-1}=\dfrac{a}{1-r}$

해결 흐름

1 $a_{n+1}=f(f(a_n))$에 $n=1,\ 2,\ 3,\ \cdots$을 차례대로 대입하여 $a_2,\ a_3,\ a_4,\ \cdots$을 구해 봐야겠다.

2 **1**에서 a_n을 유추하고 등비수열의 극한과 등비급수의 합을 이용해서 $\displaystyle\lim_{n\to\infty}a_n$의 값을 구해야겠군.

알찬 풀이

$a_1=1$　　　$\longrightarrow f(1)=-\dfrac{1}{2}\times1=-\dfrac{1}{2}$

$a_2=f(f(a_1))=f(\underline{f(1)})=f\left(-\dfrac{1}{2}\right)=-\dfrac{1}{2}+2$

$a_3=f(f(a_2))=f\left(f\left(-\dfrac{1}{2}+2\right)\right)$

$\quad=f\left(\left(-\dfrac{1}{2}\right)^2+2\times\left(-\dfrac{1}{2}\right)\right)\ (\because\ \underline{a_2>0})$
$\longrightarrow a_2=-\dfrac{1}{2}+2=\dfrac{3}{2}>0$이지.

$\quad=\left(-\dfrac{1}{2}\right)^2+2\times\left(-\dfrac{1}{2}\right)+2\ (\because\ f(a_2)<0)$

$a_4=f(f(a_3))=f\left(f\left(\left(-\dfrac{1}{2}\right)^2+2\times\left(-\dfrac{1}{2}\right)+2\right)\right)$

$\quad=f\left(\left(-\dfrac{1}{2}\right)^3+2\times\left(-\dfrac{1}{2}\right)^2+2\times\left(-\dfrac{1}{2}\right)\right)\ (\because\ a_3>0)$

$\quad=\left(-\dfrac{1}{2}\right)^3+2\times\left(-\dfrac{1}{2}\right)^2+2\times\left(-\dfrac{1}{2}\right)+2\ (\because\ f(a_3)<0)$

$\qquad\vdots$

$\therefore\ a_n=\left(-\dfrac{1}{2}\right)^{n-1}+2\times\left(-\dfrac{1}{2}\right)^{n-2}+\cdots+2\times\left(-\dfrac{1}{2}\right)+2$

$\quad=\left(-\dfrac{1}{2}\right)^{n-1}+2\displaystyle\sum_{k=1}^{n-1}\left(-\dfrac{1}{2}\right)^{k-1}$
$\longrightarrow$ 첫째항이 2, 공비가 $-\dfrac{1}{2}$인 등비수열의 첫째항부터 제$(n-1)$항까지의 합과 같아.

$\therefore\ \displaystyle\lim_{n\to\infty}a_n=\lim_{n\to\infty}\left\{\left(-\dfrac{1}{2}\right)^{n-1}+2\sum_{k=1}^{n-1}\left(-\dfrac{1}{2}\right)^{k-1}\right\}$

$\quad=0+2\displaystyle\lim_{n\to\infty}\sum_{k=1}^{n-1}\left(-\dfrac{1}{2}\right)^{k-1}=2\times\dfrac{1}{1-\left(-\dfrac{1}{2}\right)}=\dfrac{4}{3}$
$\longrightarrow \displaystyle\lim_{n\to\infty}\sum_{k=1}^{n-1}\left(-\dfrac{1}{2}\right)^{k-1}=\sum_{n=1}^{\infty}\left(-\dfrac{1}{2}\right)^{n-1}$이지.

→ 삼각형 $E_1F_1C_1$은 직각이등변삼각형이야.

그림과 같이 $\overline{AB_1}=2$, $\overline{AD_1}=4$인 직사각형 $AB_1C_1D_1$이 있다. 선분 AD_1을 $3:1$로 내분하는 점을 E_1이라 하고, 직사각형 $AB_1C_1D_1$의 내부에 점 F_1을 $\overline{F_1E_1}=\overline{F_1C_1}$, $\angle E_1F_1C_1=\dfrac{\pi}{2}$가 되도록 잡고 삼각형 $E_1F_1C_1$을 그린다.

사각형 $E_1F_1C_1D_1$을 색칠하여 얻은 그림을 R_1이라 하자. 그림 R_1에서 선분 AB_1 위의 점 B_2, 선분 E_1F_1 위의 점 C_2, 선분 AE_1 위의 점 D_2와 점 A를 꼭짓점으로 하고 $\overline{AB_2}:\overline{AD_2}=1:2$인 직사각형 $AB_2C_2D_2$를 그린다. 그림 R_1을 얻은 것과 같은 방법으로 직사각형 $AB_2C_2D_2$에 삼각형 $E_2F_2C_2$를 그리고 사각형 $E_2F_2C_2D_2$를 색칠하여 얻은 그림을 R_2라 하자.

이와 같은 과정을 계속하여 n번째 얻은 그림 R_n에 색칠되어 있는 부분의 넓이를 S_n이라 할 때, $\lim\limits_{n\to\infty}S_n$의 값은?

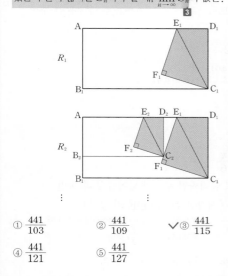

① $\dfrac{441}{103}$ ② $\dfrac{441}{109}$ ✓③ $\dfrac{441}{115}$

④ $\dfrac{441}{121}$ ⑤ $\dfrac{441}{127}$

☑ 연관 개념 check

닮은 도형이 한없이 반복되어 나타날 때, 도형의 선분의 길이, 넓이 등의 합은 등비급수를 이용하여 다음과 같은 순서로 구한다.

① 도형에서 일정하게 변하는 규칙을 찾고, 첫째항 a와 공비 r를 구한다.

② 등비급수의 합이 $\dfrac{a}{1-r}$임을 이용한다.

☑ 실전 적용 key

그림 R_n에서 반복하여 축소되는 도형이 n번 나타날 때, R_n에 색칠된 n개의 도형의 넓이의 합은 등비급수를 이용하여 구한다. 이때 첫째항은 주어진 조건을 이용하여 직접 구하고, 공비는 둘째항을 구하지 않고 닮은 도형의 닮음비를 이용하여 구한다.

해결 흐름

1 그림 R_1에 색칠되어 있는 부분의 넓이인 S_1의 값을 구해야겠다.

2 그림 R_2에서 두 직사각형 $AB_1C_1D_1$과 $AB_2C_2D_2$의 닮음비를 이용하여 넓이의 비를 구하면 S_n의 공비를 구할 수 있겠다.

3 **1**, **2**를 이용하면 $\lim\limits_{n\to\infty}S_n$의 값을 구할 수 있겠다.

알찬 풀이

→ 점 E_1은 선분 AD_1을 $3:1$로 내분하므로 $\overline{D_1E_1}=4\times\dfrac{1}{4}=1$이야.

직각삼각형 $C_1D_1E_1$에서 $\overline{C_1D_1}=\overline{A_1B_1}=2$, $\overline{D_1E_1}=1$

이므로

→ 피타고라스 정리를 이용했어.

$\overline{C_1E_1}=\sqrt{\overline{C_1D_1}^2+\overline{D_1E_1}^2}=\sqrt{2^2+1^2}=\sqrt{5}$

직각삼각형 $E_1F_1C_1$에서 $\overline{F_1E_1}=\overline{F_1C_1}$이므로

$\overline{F_1E_1}^2+\overline{F_1C_1}^2=(\sqrt{5})^2$, $2\overline{F_1E_1}^2=5$

$\therefore \overline{F_1E_1}=\overline{F_1C_1}=\sqrt{\dfrac{5}{2}}=\dfrac{\sqrt{10}}{2}$

$\therefore S_1=($삼각형 $C_1D_1E_1$의 넓이$)+($삼각형 $E_1F_1C_1$의 넓이$)$

$\quad=\dfrac{1}{2}\times 2\times 1+\dfrac{1}{2}\times\dfrac{\sqrt{10}}{2}\times\dfrac{\sqrt{10}}{2}$

$\quad=1+\dfrac{5}{4}=\dfrac{9}{4}$

오른쪽 그림과 같이 직사각형 $AB_2C_2D_2$에서

$\overline{C_2D_2}=\overline{AB_2}=x\,(x>0)$라 하면

$\overline{AB_2}:\overline{AD_2}=1:2$이므로 $\overline{AD_2}=2x$

$\overline{D_2E_1}=\overline{AE_1}-\overline{AD_2}=3-2x$

직각삼각형 $C_1D_1E_1$에서 $\angle C_1E_1D_1=\alpha$라 하면

직각삼각형 $C_2D_2E_1$에서 $\angle C_2E_1D_2=\dfrac{3}{4}\pi-\alpha$이므로

→ 직각삼각형 $E_1F_1C_1$에서 $\angle F_1E_1C_1=\dfrac{\pi}{4}$이니까 $\angle C_2E_1D_2=\pi-\dfrac{\pi}{4}-\alpha =\dfrac{3}{4}\pi-\alpha$

$\tan\alpha=\dfrac{\overline{C_1D_1}}{\overline{D_1E_1}}=\dfrac{2}{1}=2$, $\tan\left(\dfrac{3}{4}\pi-\alpha\right)=\dfrac{\overline{C_2D_2}}{\overline{D_2E_1}}=\dfrac{x}{3-2x}$

이때 삼각함수의 덧셈정리에 의하여

→ $=\tan\left(\pi-\dfrac{\pi}{4}\right)=-\tan\dfrac{\pi}{4}=-1$

$\tan\left(\dfrac{3}{4}\pi-\alpha\right)=\dfrac{\tan\dfrac{3}{4}\pi-\tan\alpha}{1+\tan\dfrac{3}{4}\pi\tan\alpha}=\dfrac{-1-2}{1-2}=3$

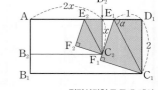

즉, $\dfrac{x}{3-2x}=3$이므로 $x=9-6x$

$\tan(x-y)=\dfrac{\tan x-\tan y}{1+\tan x\tan y}$

$7x=9$ $\therefore x=\dfrac{9}{7}$

따라서 두 직사각형 $AB_1C_1D_1$과 $AB_2C_2D_2$의 닮음비가

$\overline{C_1D_1}:\overline{C_2D_2}=2:\dfrac{9}{7}=1:\dfrac{9}{14}$

이므로 넓이의 비는

$1^2:\left(\dfrac{9}{14}\right)^2=1:\dfrac{81}{196}$

닮음비가 $m:n$인 두 닮은 도형의 넓이의 비는 $m^2:n^2$이다.

따라서 S_n은 첫째항이 $\dfrac{9}{4}$이고 공비가 $\dfrac{81}{196}$인 등비수열의 첫째항부터 제n항까지의 합이므로

$\lim\limits_{n\to\infty}S_n=\dfrac{\dfrac{9}{4}}{1-\dfrac{81}{196}}=\dfrac{441}{115}$

그림과 같이 한 변의 길이가 5인 정사각형 ABCD에 중심이 A이고 중심각의 크기가 90°인 부채꼴 ABD를 그린다. 선분 AD를 3 : 2로 내분하는 점을 A_1, 점 A_1을 지나고 선분 AB에 평행한 직선이 호 BD와 만나는 점을 B_1이라 하자. 선분 A_1B_1을 한 변으로 하고 선분 DC와 만나도록 정사각형 $A_1B_1C_1D_1$을 그린 후, 중심이 D_1이고 중심각의 크기가 90° 인 부채꼴 $D_1A_1C_1$을 그린다. 선분 DC가 호 A_1C_1, 선분 B_1C_1과 만나는 점을 각각 E_1, F_1이라 하고, 두 선분 DA_1, DE_1과 호 A_1E_1로 둘러싸인 부분과 두 선분 E_1F_1, F_1C_1과 호 E_1C_1로 둘러싸인 부분인 ⌐ 모양의 도형에 색칠하여 얻은 그림을 R_1이라 하자.

그림 R_1에서 정사각형 $A_1B_1C_1D_1$에 중심이 A_1이고 중심각의 크기가 90°인 부채꼴 $A_1B_1D_1$을 그린다. 선분 A_1D_1을 3 : 2로 내분하는 점을 A_2, 점 A_2를 지나고 선분 A_1B_1에 평행한 직선이 호 B_1D_1과 만나는 점을 B_2라 하자. 선분 A_2B_2를 한 변으로 하고 선분 D_1C_1과 만나도록 정사각형 $A_2B_2C_2D_2$를 그린 후, 그림 R_1을 얻은 것과 같은 방법으로 정사각형 $A_2B_2C_2D_2$에 ⌐ 모양의 도형을 그리고 색칠하여 얻은 그림을 R_2라 하자.

이와 같은 과정을 계속하여 n번째 얻은 그림 R_n에 색칠되어 있는 부분의 넓이를 S_n이라 할 때, $\lim\limits_{n \to \infty} S_n$의 값은?

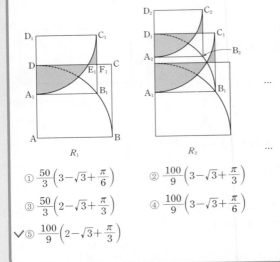

R_1 R_2 ...

① $\dfrac{50}{3}\left(3-\sqrt{3}+\dfrac{\pi}{6}\right)$ ② $\dfrac{100}{9}\left(3-\sqrt{3}+\dfrac{\pi}{3}\right)$

③ $\dfrac{50}{3}\left(2-\sqrt{3}+\dfrac{\pi}{3}\right)$ ④ $\dfrac{100}{9}\left(3-\sqrt{3}+\dfrac{\pi}{6}\right)$

✓⑤ $\dfrac{100}{9}\left(2-\sqrt{3}+\dfrac{\pi}{3}\right)$

☑ **연관 개념 check**

닮은 도형이 한없이 반복되어 나타날 때, 도형의 선분의 길이, 넓이 등의 합은 등비급수를 이용하여 다음과 같은 순서로 구한다.

① 도형에서 일정하게 변하는 규칙을 찾고, 첫째항 a와 공비 r를 구한다.

② 등비급수의 합이 $\dfrac{a}{1-r}$임을 이용한다.

☑ **실전 적용 key**

그림 R_n에서 반복하여 축소되는 도형이 n번 나타날 때, R_n에 색칠된 n개의 도형의 넓이의 합은 등비급수를 이용하여 구한다. 이때 첫째항은 주어진 조건을 이용하여 직접 구하고, 공비는 둘째항을 구하지 않고 닮은 도형의 닮음비를 이용하여 구한다.

해결 흐름

1 그림 R_1에 색칠되어 있는 부분의 넓이인 S_1의 값을 구해야겠다.

2 그림 R_2에서 두 정사각형 ABCD와 $A_1B_1C_1D_1$의 닮음비를 이용하여 넓이의 비를 구하면 S_n의 공비를 구할 수 있겠다.

3 **1**, **2**를 이용하면 $\lim\limits_{n \to \infty} S_n$의 값을 구할 수 있겠다.

알찬 풀이

오른쪽 그림과 같이 두 선분 AB_1, D_1E_1을 그어 보자.

선분 AD를 3 : 2로 내분하는 점이 A_1이므로

$\overline{AA_1}=5\times\dfrac{3}{5}=3$, $\overline{A_1D}=5\times\dfrac{2}{5}=2$

직각삼각형 AA_1B_1에서 $\overline{AB_1}=5$이므로

$\overline{A_1B_1}=\sqrt{5^2-3^2}=4$ → 피타고라스 정리를 이용했어.

사각형 $A_1B_1C_1D_1$은 정사각형이므로

$\overline{A_1D_1}=\overline{A_1B_1}=4$,

$\overline{D_1D}=\overline{A_1D_1}-\overline{A_1D}=4-2=2$

직각삼각형 D_1DE_1에서 $\overline{D_1E_1}=4$이므로 $\overline{D_1E_1}=\overline{A_1D_1}=4$

$\cos(\angle E_1D_1D)=\dfrac{\overline{D_1D}}{\overline{D_1E_1}}=\dfrac{2}{4}=\dfrac{1}{2}$

$\therefore \angle E_1D_1D=\dfrac{\pi}{3}$

$\therefore \angle C_1D_1E_1=\dfrac{\pi}{2}-\angle E_1D_1D=\dfrac{\pi}{6}$

두 선분 DA_1, DE_1과 호 A_1E_1로 둘러싸인 부분의 넓이를 T라 하면

$T=($부채꼴 $A_1D_1E_1$의 넓이$)-($직각삼각형 D_1DE_1의 넓이$)$

$=\dfrac{1}{2}\times 4^2\times\dfrac{\pi}{3}-\dfrac{1}{2}\times 2\sqrt{3}\times 2$ → 반지름의 길이가 r이고 중심각의 크기가 θ인 부채꼴의 넓이는 $\dfrac{1}{2}r^2\theta$야.

$=\dfrac{8}{3}\pi-2\sqrt{3}$ → $\overline{DE_1}=\overline{E_1D_1}\times\sin\dfrac{\pi}{3}=4\times\dfrac{\sqrt{3}}{2}=2\sqrt{3}$

두 선분 E_1F_1, F_1C_1과 호 E_1C_1로 둘러싸인 부분의 넓이를 R라 하면

$R=($직사각형 $D_1DF_1C_1$의 넓이$)-($직각삼각형 D_1DE_1의 넓이$)$
$\qquad\qquad\qquad -($부채꼴 $E_1D_1C_1$의 넓이$)$

$=4\times 2-\dfrac{1}{2}\times 2\sqrt{3}\times 2-\dfrac{1}{2}\times 4^2\times\dfrac{\pi}{6}$

$=8-2\sqrt{3}-\dfrac{4}{3}\pi$

$\therefore S_1=T+R$

$=\left(\dfrac{8}{3}\pi-2\sqrt{3}\right)+\left(8-2\sqrt{3}-\dfrac{4}{3}\pi\right)$

$=8-4\sqrt{3}+\dfrac{4}{3}\pi$

두 정사각형 ABCD와 $A_1B_1C_1D_1$의 닮음비가

$\overline{AB}:\overline{A_1B_1}=5:4=1:\dfrac{4}{5}$

이므로 넓이의 비는   ☆ 닮음비가 $m:n$인 두 닮은 도형의 넓이의 비는 $m^2:n^2$이다.

$1^2:\left(\dfrac{4}{5}\right)^2=1:\dfrac{16}{25}$

따라서 S_n은 첫째항이 $8-4\sqrt{3}+\dfrac{4}{3}\pi$이고 공비가 $\dfrac{16}{25}$인 등비수열의 첫째항부터 제n항까지의 합이므로

$\lim\limits_{n \to \infty} S_n=\dfrac{8-4\sqrt{3}+\dfrac{4}{3}\pi}{1-\dfrac{16}{25}}=\dfrac{100}{9}\left(2-\sqrt{3}+\dfrac{\pi}{3}\right)$

78 정답 ①

그림과 같이 중심이 O, 반지름의 길이가 2이고 중심각의 크기가 90°인 부채꼴 OAB가 있다. 선분 OA의 중점을 C, 선분 OB의 중점을 D라 하자. 점 C를 지나고 선분 OB와 평행한 직선이 호 AB와 만나는 점을 E, 점 D를 지나고 선분 OA와 평행한 직선이 호 AB와 만나는 점을 F라 하자. 선분 CE와 선분 DF가 만나는 점을 G, 선분 OE와 선분 DG가 만나는 점을 H, 선분 OF와 선분 CG가 만나는 점을 I라 하자. 사각형 OIGH를 색칠하여 얻은 그림을 R_1이라 하자.
그림 R_1에 중심이 C, 반지름의 길이가 $\overline{CI}$, 중심각의 크기가 90°인 부채꼴 CJI와 중심이 D, 반지름의 길이가 $\overline{DH}$, 중심각의 크기가 90°인 부채꼴 DHK를 그린다. 두 부채꼴 CJI, DHK에 그림 R_1을 얻은 것과 같은 방법으로 두 개의 사각형을 그리고 색칠하여 얻은 그림을 R_2라 하자.
이와 같은 과정을 계속하여 n번째 얻은 그림 R_n에 색칠되어 있는 부분의 넓이를 S_n이라 할 때, $\lim\limits_{n \to \infty} S_n$의 값은?

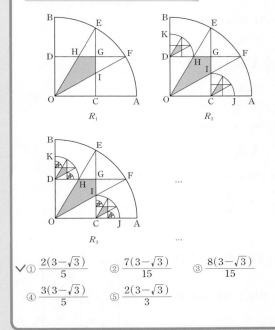

R_1

R_2

R_3

✓① $\dfrac{2(3-\sqrt{3})}{5}$ ② $\dfrac{7(3-\sqrt{3})}{15}$ ③ $\dfrac{8(3-\sqrt{3})}{15}$
④ $\dfrac{3(3-\sqrt{3})}{5}$ ⑤ $\dfrac{2(3-\sqrt{3})}{3}$

☑ 연관 개념 check
닮은 도형이 한없이 반복되어 나타날 때, 도형의 선분의 길이, 넓이 등의 합은 등비급수를 이용하여 다음과 같은 순서로 구한다.
① 도형에서 일정하게 변하는 규칙을 찾고, 첫째항 a와 공비 r를 구한다.
② 등비급수의 합이 $\dfrac{a}{1-r}$임을 이용한다.

☑ 오답 clear
닮은 도형의 개수가 일정한 비율로 증가하면 도형의 개수도 공비에 영향을 주므로 반드시 체크해야 한다. 이때 넓이의 비와 개수의 비를 각각 구해 곱하여 공비를 구하는 연습을 하도록 하자.

해결 흐름
1 그림 R_1에 색칠되어 있는 부분의 넓이인 S_1의 값을 구해야겠다.
2 그림 R_2에서 두 부채꼴 OAB와 CJI의 닮음비를 이용하여 넓이의 비를 구하고, 늘어나는 닮은 도형의 개수의 비를 구하면 S_n의 공비를 구할 수 있겠다.
3 **1**, **2**를 이용하면 $\lim\limits_{n \to \infty} S_n$의 값을 구할 수 있겠다.

알찬 풀이
직각삼각형 DOF에서 $\overline{DO}=1$, $\overline{OF}=2$이므로
$$\cos(\angle DOF) = \frac{\overline{DO}}{\overline{OF}} = \frac{1}{2}$$
$$\therefore \angle DOF = \frac{\pi}{3}$$
직각삼각형 OCI에서 $\angle COI = \frac{\pi}{2} - \angle DOF = \frac{\pi}{6}$
$$\therefore \overline{CI} = \overline{OC} \times \tan\frac{\pi}{6} = 1 \times \frac{\sqrt{3}}{3} = \frac{\sqrt{3}}{3}$$
$\therefore S_1 = ($사각형 OCGD의 넓이$) - ($삼각형 OCI의 넓이$)$
$\qquad\qquad\qquad - ($삼각형 OHD의 넓이$)$
$$= 1 \times 1 - 2 \times \left(\frac{1}{2} \times 1 \times \frac{\sqrt{3}}{3} \right)$$
→ △OCI와 △OHD는 밑변의 길이가 1, 높이가 $\frac{\sqrt{3}}{3}$인 직각삼각형이므로 넓이가 같아.
$$= 1 - \frac{\sqrt{3}}{3}$$
$$= \frac{3-\sqrt{3}}{3}$$
두 부채꼴 OAB와 CJI의 닮음비가
$$\overline{OB} : \overline{CI} = 2 : \frac{\sqrt{3}}{3} = 1 : \frac{\sqrt{3}}{6}$$
→ 반지름의 길이의 비야.
이므로 넓이의 비는
$$1^2 : \left(\frac{\sqrt{3}}{6} \right)^2 = 1 : \frac{1}{12}$$

> ☆ 닮음비가 $m : n$인 두 닮은 도형의 넓이의 비는 $m^2 : n^2$이다.

또, 그림 R_{n+1}에서 새로 그려진 사각형의 개수는 그림 R_n에서 새로 그려진 사각형의 개수의 2배이다.
→ R_2에서 새롭게 그려지는 사각형은 2개, R_3에서 새롭게 그려지는 사각형은 4개, … 이므로 시행이 반복될 때 새롭게 그려지는 사각형의 개수는 2배씩 늘어남을 알 수 있어.
따라서 S_n은 첫째항이 $\dfrac{3-\sqrt{3}}{3}$이고 공비가 $\dfrac{1}{12} \times 2 = \dfrac{1}{6}$인 등비수열의 첫째항부터 제$n$항까지의 합이므로
$$\lim_{n \to \infty} S_n = \frac{\dfrac{3-\sqrt{3}}{3}}{1 - \dfrac{1}{6}} = \frac{2(3-\sqrt{3})}{5}$$

기출 유형 POINT
등비급수의 활용
닮은 도형이 한없이 반복되어 나타나면 다음을 이용한다.
(1) 길이가 변할 때
➡ 첫째항을 구하고, 이웃한 항 사이의 길이의 비율(공비)을 찾아 등비급수의 합을 계산한다.
(2) 넓이가 변할 때
➡ 서로 닮음인 두 도형의 닮음비가 $m : n$일 때, 넓이의 비는 $m^2 : n^2$임을 이용하여 넓이에 대한 등비급수의 공비를 구하고 등비급수의 합을 계산한다.
(3) 닮은 도형의 개수가 일정한 비율로 변할 때
➡ 넓이의 비와 개수의 비를 곱하여 넓이에 대한 등비급수의 공비를 구하고 등비급수의 합을 계산한다.

그림과 같이 한 변의 길이가 4인 정사각형 $A_1B_1C_1D_1$이 있다. 선분 C_1D_1의 중점을 E_1이라 하고, 직선 A_1B_1 위에 두 점 F_1, G_1을 $\overline{E_1F_1}=\overline{E_1G_1}$, $\overline{E_1F_1}:\overline{F_1G_1}=5:6$이 되도록 잡고 이등변삼각형 $E_1F_1G_1$을 그린다. 선분 D_1A_1과 선분 E_1F_1의 교점을 P_1, 선분 B_1C_1과 선분 G_1E_1의 교점을 Q_1이라 할 때, 네 삼각형 $E_1D_1P_1$, $P_1F_1A_1$, $Q_1B_1G_1$, $E_1Q_1C_1$로 만들어진 ⌂ 모양의 도형에 색칠하여 얻은 그림을 R_1이라 하자.

그림 R_1에 선분 F_1G_1 위의 두 점 A_2, B_2와 선분 G_1E_1 위의 점 C_2, 선분 E_1F_1 위의 점 D_2를 꼭짓점으로 하는 정사각형 $A_2B_2C_2D_2$를 그리고, 그림 R_1을 얻는 것과 같은 방법으로 정사각형 $A_2B_2C_2D_2$에 ⌂ 모양의 도형을 그리고 색칠하여 얻은 그림을 R_2라 하자.

이와 같은 과정을 계속하여 n번째 얻은 그림 R_n에 색칠되어 있는 부분의 넓이를 S_n이라 할 때, $\lim\limits_{n\to\infty} S_n$의 값은?

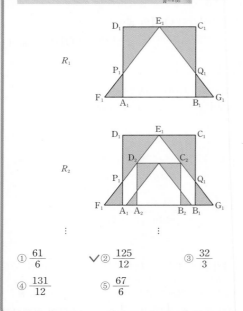

① $\dfrac{61}{6}$ ✔② $\dfrac{125}{12}$ ③ $\dfrac{32}{3}$

④ $\dfrac{131}{12}$ ⑤ $\dfrac{67}{6}$

☑ 연관 개념 check

닮은 도형이 한없이 반복되어 나타날 때, 도형의 선분의 길이, 넓이 등의 합은 등비급수를 이용하여 다음과 같은 순서로 구한다.
① 도형에서 일정하게 변하는 규칙을 찾고, 첫째항 a와 공비 r를 구한다.
② 등비급수의 합이 $\dfrac{a}{1-r}$임을 이용한다.

☑ 실전 적용 key

그림 R_n에서 반복하여 축소되는 도형이 n번 나타날 때, R_n에 색칠된 n개의 도형의 넓이의 합은 등비급수를 이용하여 구한다. 이때 첫째항은 주어진 조건을 이용하여 직접 구하고, 공비는 둘째항을 구하지 않고 닮은 도형의 닮음비를 이용하여 구한다.

1 그림 R_1에 색칠되어 있는 부분의 넓이인 S_1의 값을 구해야겠다.
2 그림 R_2에서 두 정사각형 $A_1B_1C_1D_1$과 $A_2B_2C_2D_2$의 닮음비를 이용하여 넓이의 비를 구하면 S_n의 공비를 구할 수 있겠다.
3 **1**, **2**를 이용하면 $\lim\limits_{n\to\infty} S_n$의 값을 구할 수 있겠다.

알찬 풀이

오른쪽 그림과 같이 점 E_1에서 선분 A_1B_1에 내린 수선의 발을 H라 하면

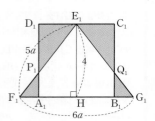

$\overline{E_1H}=\overline{D_1A_1}=4$
$\overline{E_1F_1}:\overline{F_1G_1}=5:6$이므로 $\overline{E_1F_1}=5a\ (a>0)$라 하면 $\overline{F_1G_1}=6a$
$\therefore \overline{F_1H}=\dfrac{1}{2}\overline{F_1G_1}=3a$

직각삼각형 E_1F_1H에서
$(5a)^2=(3a)^2+4^2$ ← 피타고라스 정리를 이용했어.
$16a^2=16$ $\therefore a=1\ (\because a>0)$
즉, $\overline{F_1H}=3$이고 $\overline{A_1H}=\dfrac{1}{2}\overline{A_1B_1}=\dfrac{1}{2}\times 4=2$이므로
$\overline{F_1A_1}=\overline{F_1H}-\overline{A_1H}=3-2=1$
두 삼각형 $D_1P_1E_1$과 $A_1P_1F_1$의 닮음비는
$\overline{E_1D_1}:\overline{F_1A_1}=2:1$ → $\overline{E_1D_1}=\overline{A_1H}=2$이지.
이므로 $\overline{D_1P_1}=4\times\dfrac{2}{3}=\dfrac{8}{3}$, $\overline{A_1P_1}=4\times\dfrac{1}{3}=\dfrac{4}{3}$
$S_1=2\{(\text{삼각형 } D_1P_1E_1\text{의 넓이})+(\text{삼각형 } A_1P_1F_1\text{의 넓이})\}$
$=2\times\left(\dfrac{1}{2}\times 2\times\dfrac{8}{3}+\dfrac{1}{2}\times 1\times\dfrac{4}{3}\right)$
$=\dfrac{20}{3}$ → $\triangle D_1P_1E_1\equiv\triangle C_1Q_1E_1$이고, $\triangle A_1P_1F_1\equiv\triangle B_1Q_1G_1$이야.

오른쪽 그림과 같이 $\overline{E_1H}$와 $\overline{D_2C_2}$의 교점을 H_1이라 하자.

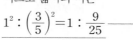

정사각형 $A_2B_2C_2D_2$의 한 변의 길이를 x라 하면
$\overline{D_2H_1}=\dfrac{x}{2}$, $\overline{E_1H_1}=4-x$
두 삼각형 E_1F_1H와 $E_1D_2H_1$은 닮음이므로
$\overline{F_1H}:\overline{D_2H_1}=\overline{E_1H}:\overline{E_1H_1}$
$3:\dfrac{x}{2}=4:4-x$, $12-3x=2x$
$5x=12$ $\therefore x=\dfrac{12}{5}$
두 정사각형 $A_1B_1C_1D_1$과 $A_2B_2C_2D_2$의 닮음비가
$4:\dfrac{12}{5}=1:\dfrac{3}{5}$
이므로 넓이의 비는
$1^2:\left(\dfrac{3}{5}\right)^2=1:\dfrac{9}{25}$ — 닮음비가 $m:n$인 두 닮은 도형의 넓이의 비는 $m^2:n^2$이다.

따라서 S_n은 첫째항이 $\dfrac{20}{3}$이고 공비가 $\dfrac{9}{25}$인 등비수열의 첫째항부터 제n항까지의 합이므로

$\lim\limits_{n\to\infty} S_n=\dfrac{\dfrac{20}{3}}{1-\dfrac{9}{25}}=\dfrac{125}{12}$

그림과 같이 $\overline{OA_1}=4$, $\overline{OB_1}=4\sqrt{3}$인 직각삼각형 OA_1B_1이 있다. 중심이 O이고 반지름의 길이가 $\overline{OA_1}$인 원이 선분 OB_1과 만나는 점을 B_2라 하자. 삼각형 OA_1B_1의 내부와 부채꼴 OA_1B_2의 내부에서 공통된 부분을 제외한 ↘ 모양의 도형에 색칠하여 얻은 그림을 R_1이라 하자.

그림 R_1에서 점 B_2를 지나고 선분 A_1B_1에 평행한 직선이 선분 OA_1과 만나는 점을 A_2, 중심이 O이고 반지름의 길이가 $\overline{OA_2}$인 원이 선분 OB_2와 만나는 점을 B_3이라 하자. 삼각형 OA_2B_2의 내부와 부채꼴 OA_2B_3의 내부에서 공통된 부분을 제외한 ↘ 모양의 도형에 색칠하여 얻은 그림을 R_2라 하자. 이와 같은 과정을 계속하여 n번째 얻은 그림 R_n에 색칠되어 있는 부분의 넓이를 S_n이라 할 때, $\lim\limits_{n\to\infty}S_n$의 값은?

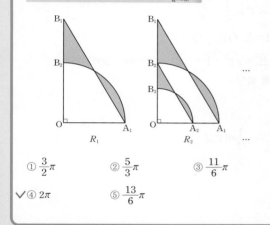

① $\dfrac{3}{2}\pi$ ② $\dfrac{5}{3}\pi$ ③ $\dfrac{11}{6}\pi$

✔④ 2π ⑤ $\dfrac{13}{6}\pi$

☑ 연관 개념 check
닮은 도형이 한없이 반복되어 나타날 때, 도형의 선분의 길이, 넓이 등의 합은 등비급수를 이용하여 다음과 같은 순서로 구한다.
① 도형에서 일정하게 변하는 규칙을 찾고, 첫째항 a와 공비 r를 구한다.
② 등비급수의 합이 $\dfrac{a}{1-r}$임을 이용한다.

☑ 실전 적용 key
그림 R_n에서 반복하여 축소되는 도형이 n번 나타날 때, R_n에 색칠된 n개의 도형의 넓이의 합은 등비급수를 이용하여 구한다. 이때 첫째항은 주어진 조건을 이용하여 직접 구하고, 공비는 둘째항을 구하지 않고 닮은 도형의 닮음비를 이용하여 구한다.

해결 흐름

1 그림 R_1에 색칠되어 있는 부분의 넓이인 S_1의 값을 구해야겠다.

2 그림 R_2에서 두 삼각형 OA_1B_1과 OA_2B_2의 닮음비를 이용하여 넓이의 비를 구하면 S_n의 공비를 구할 수 있겠다.

3 **1**, **2**를 이용하면 $\lim\limits_{n\to\infty}S_n$의 값을 구할 수 있겠다.

알찬 풀이

오른쪽 그림과 같이 호 A_1B_2와 선분 A_1B_1이 만나는 점을 C_1이라 하고 선분 OC_1을 그어 보자.

직각삼각형 OA_1B_1에서

$$\tan(\angle OA_1B_1)=\frac{\overline{OB_1}}{\overline{OA_1}}=\frac{4\sqrt{3}}{4}=\sqrt{3}$$

$$\therefore \angle OA_1B_1=\frac{\pi}{3}$$

또, 삼각형 OA_1C_1에서 → $\overline{OA_1}=\overline{OC_1}$이므로 $\angle OC_1A_1=\angle OA_1C_1=\dfrac{\pi}{3}$

$$\angle C_1OA_1=\pi-(\boxed{\angle OC_1A_1}+\angle OA_1C_1)$$
$$=\pi-\left(\frac{\pi}{3}+\frac{\pi}{3}\right)$$
$$=\frac{\pi}{3}$$

이므로 $\angle C_1OB_1=\dfrac{\pi}{2}-\angle C_1OA_1=\dfrac{\pi}{6}$ → $\triangle OA_1C_1$은 세 내각의 크기가 모두 같으니까 정삼각형이야.

$\therefore S_1=\{(부채꼴\ OA_1C_1의\ 넓이)-(삼각형\ OA_1C_1의\ 넓이)\}$
$$+\{(삼각형\ OC_1B_1의\ 넓이)-(부채꼴\ OC_1B_2의\ 넓이)\}$$
$$=\left(\frac{1}{2}\times4^2\times\frac{\pi}{3}-\frac{\sqrt{3}}{4}\times4^2\right)+\left(\frac{1}{2}\times4\sqrt{3}\times4\times\sin\frac{\pi}{6}-\frac{1}{2}\times4^2\times\frac{\pi}{6}\right)$$

→ $\dfrac{1}{2}\times\overline{OB_1}\times\overline{OC_1}\times\sin(\angle C_1OB_1)$

$$=\left(\frac{8}{3}\pi-4\sqrt{3}\right)+\left(4\sqrt{3}-\frac{4}{3}\pi\right)=\frac{4}{3}\pi$$

두 직각삼각형 OA_1B_1과 OA_2B_2의 닮음비가

$$\overline{OB_1}:\overline{OB_2}=4\sqrt{3}:4=1:\frac{\sqrt{3}}{3}$$

이므로 넓이의 비는

$$1^2:\left(\frac{\sqrt{3}}{3}\right)^2=1:\frac{1}{3}$$

☆★ 닮음비가 $m:n$인 두 닮은 도형의 넓이의 비는 $m^2:n^2$이다.

따라서 S_n은 첫째항이 $\dfrac{4}{3}\pi$이고 공비가 $\dfrac{1}{3}$인 등비수열의 첫째항부터 제n항까지의 합이므로

$$\lim_{n\to\infty}S_n=\frac{\frac{4}{3}\pi}{1-\frac{1}{3}}=2\pi$$

81 정답 ② 　　　　　　　정답률 60%

그림과 같이 $\overline{A_1B_1}=3$, $\overline{B_1C_1}=1$인 직사각형 $OA_1B_1C_1$이 있다. 중심이 C_1이고 반지름의 길이가 $\overline{B_1C_1}$인 원과 선분 OC_1의 교점을 D_1, 중심이 O이고 반지름의 길이가 $\overline{OD_1}$인 원과 선분 A_1B_1의 교점을 E_1이라 하자. 직사각형 $OA_1B_1C_1$에 호 B_1D_1, 호 D_1E_1, 선분 B_1E_1로 둘러싸인 ▽ 모양의 도형을 그리고 색칠하여 얻은 그림을 R_1이라 하자.

그림 R_1에 선분 OA_1 위의 점 A_2와 호 D_1E_1 위의 점 B_2, 선분 OD_1 위의 점 C_2와 점 O를 꼭짓점으로 하고 $\overline{A_2B_2}=3\overline{B_2C_2}$, $\overline{A_2B_2}:\overline{B_2C_2}=3:1$인 직사각형 $OA_2B_2C_2$를 그리고, 그림 R_1을 얻은 것과 같은 방법으로 직사각형 $OA_2B_2C_2$에 ▽ 모양의 도형을 그리고 색칠하여 얻은 그림을 R_2라 하자.

이와 같은 과정을 계속하여 n번째 얻은 그림 R_n에 색칠되어 있는 부분의 넓이를 S_n이라 할 때, $\lim\limits_{n\to\infty}S_n$의 값은?

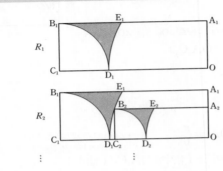

① $4-\dfrac{2\sqrt{3}}{3}-\dfrac{7}{9}\pi$ 　　✓② $5-\dfrac{5\sqrt{3}}{6}-\dfrac{35}{36}\pi$

③ $6-\sqrt{3}-\dfrac{7}{6}\pi$ 　　④ $7-\dfrac{7\sqrt{3}}{6}-\dfrac{49}{36}\pi$

⑤ $8-\dfrac{4\sqrt{3}}{3}-\dfrac{14}{9}\pi$

☑연관 개념 check

닮은 도형이 한없이 반복되어 나타날 때, 도형의 선분의 길이, 넓이 등의 합은 등비급수를 이용하여 다음과 같은 순서로 구한다.
① 도형에서 일정하게 변하는 규칙을 찾고, 첫째항 a와 공비 r를 구한다.
② 등비급수의 합이 $\dfrac{a}{1-r}$임을 이용한다.

☑실전 적용 key

그림 R_n에서 반복하여 축소되는 도형이 n번 나타날 때, R_n에 색칠된 n개의 도형의 넓이의 합은 등비급수를 이용하여 구한다. 이때 첫째항은 주어진 조건을 이용하여 직접 구하고, 공비는 둘째항을 구하지 않고 닮은 도형의 닮음비를 이용하여 구한다.

1️⃣ 그림 R_1에 색칠되어 있는 부분의 넓이인 S_1의 값을 구해야겠다.

2️⃣ 그림 R_2에서 두 직사각형 $OA_1B_1C_1$과 $OA_2B_2C_2$의 닮음비를 이용하여 넓이의 비를 구하면 S_n의 공비를 구할 수 있겠다.

3️⃣ 1️⃣, 2️⃣를 이용하면 $\lim\limits_{n\to\infty}S_n$의 값을 구할 수 있겠다.

알찬 풀이

오른쪽 그림과 같이 선분 OE_1을 그어 보자.

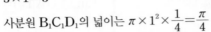

직사각형 $OA_1B_1C_1$의 넓이는
$3\times1=3$

사분원 $B_1C_1D_1$의 넓이는 $\pi\times1^2\times\dfrac{1}{4}=\dfrac{\pi}{4}$

$\overline{OD_1}=\overline{OC_1}-\overline{C_1D_1}=3-1=2$, $\overline{OE_1}=\overline{OD_1}=2$

직각삼각형 OA_1E_1에서 $\overline{A_1E_1}=\sqrt{2^2-1^2}=\sqrt{3}$ → 피타고라스 정리를 이용했어.
이므로 직각삼각형 OA_1E_1의 넓이는
$\dfrac{1}{2}\times\sqrt{3}\times1=\dfrac{\sqrt{3}}{2}$

또, $\cos(\angle A_1OE_1)=\dfrac{\overline{OA_1}}{\overline{OE_1}}=\dfrac{1}{2}$이므로

$\angle A_1OE_1=\dfrac{\pi}{3}$

$\therefore \angle E_1OD_1=\dfrac{\pi}{2}-\dfrac{\pi}{3}=\dfrac{\pi}{6}$

부채꼴 OE_1D_1의 넓이는
$\dfrac{1}{2}\times2^2\times\dfrac{\pi}{6}=\dfrac{\pi}{3}$ → 반지름의 길이가 r이고 중심각의 크기가 θ인 부채꼴의 넓이는 $\dfrac{1}{2}r^2\theta$야.

$\therefore S_1=$ (직사각형 $OA_1B_1C_1$의 넓이) $-$ (사분원 $B_1C_1D_1$의 넓이)
$\qquad\qquad -$ (직각삼각형 OA_1E_1의 넓이) $-$ (부채꼴 OE_1D_1의 넓이)

$\qquad =3-\dfrac{\pi}{4}-\dfrac{\sqrt{3}}{2}-\dfrac{\pi}{3}=3-\dfrac{\sqrt{3}}{2}-\dfrac{7}{12}\pi$

오른쪽 그림과 같이 선분 OB_2를 긋고, $\overline{B_2C_2}=k\ (k>0)$라 하면 $\overline{A_2B_2}=3\overline{B_2C_2}$이므로 $\overline{A_2B_2}=3k$

직각삼각형 OB_2C_2에서
$\overline{OB_2}=\overline{OD_1}=2$이고 $\overline{OC_2}=3k$이므로
$2^2=k^2+(3k)^2$, $10k^2=4$

$\therefore k=\dfrac{\sqrt{10}}{5}$ → 피타고라스 정리를 이용했어.

두 직사각형 $OA_1B_1C_1$과 $OA_2B_2C_2$의 닮음비가
$\overline{B_1C_1}:\overline{B_2C_2}=1:\dfrac{\sqrt{10}}{5}$

이므로 넓이의 비는
$1^2:\left(\dfrac{\sqrt{10}}{5}\right)^2=1:\dfrac{2}{5}$ 　→ 닮음비가 $m:n$인 두 닮은 도형의 넓이의 비는 $m^2:n^2$이다.

따라서 S_n은 첫째항이 $3-\dfrac{\sqrt{3}}{2}-\dfrac{7}{12}\pi$이고 공비가 $\dfrac{2}{5}$인 등비수열의 첫째항부터 제n항까지의 합이므로

$\lim\limits_{n\to\infty}S_n=\dfrac{3-\dfrac{\sqrt{3}}{2}-\dfrac{7}{12}\pi}{1-\dfrac{2}{5}}=5-\dfrac{5\sqrt{3}}{6}-\dfrac{35}{36}\pi$

82 [정답] ② 　　　　　　정답률 67%

그림과 같이 $\overline{A_1B_1}=1$, $\overline{A_1D_1}=2$인 직사각형 $A_1B_1C_1D_1$이 있다. 선분 A_1D_1 위의 $\overline{B_1C_1}=\overline{B_1E_1}$, $\overline{C_1B_1}=\overline{C_1F_1}$인 두 점 E_1, F_1에 대하여 중심이 B_1인 부채꼴 $B_1E_1C_1$과 중심이 C_1인 부채꼴 $C_1F_1B_1$을 각각 직사각형 $A_1B_1C_1D_1$ 내부에 그리고, 선분 B_1E_1과 선분 C_1F_1의 교점을 G_1이라 하자. 두 선분 G_1F_1, G_1B_1로 둘러싸인 부분과 두 선분 G_1E_1, G_1C_1과 호 E_1C_1로 둘러싸인 부분인 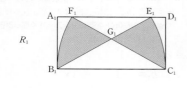 모양의 도형에 색칠하여 얻은 그림을 R_1이라 하자.
그림 R_1에서 선분 B_1G_1 위의 점 A_2, 선분 C_1G_1 위의 점 D_2와 선분 B_1C_1 위의 두 점 B_2, C_2를 꼭짓점으로 하고 $\overline{A_2B_2}:\overline{A_2D_2}=1:2$인 직사각형 $A_2B_2C_2D_2$를 그리고, 그림 R_1을 얻는 것과 같은 방법으로 직사각형 $A_2B_2C_2D_2$ 내부에 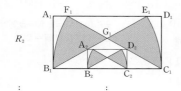 모양의 도형을 그리고 색칠하여 얻은 그림을 R_2라 하자.
이와 같은 과정을 계속하여 n번째 얻은 그림 R_n에 색칠되어 있는 부분의 넓이를 S_n이라 할 때, $\lim_{n\to\infty}S_n$의 값은?

（도형 그림: R_1, R_2 직사각형과 색칠된 영역）

① $\dfrac{3\sqrt{3}\pi-7}{9}$　✓② $\dfrac{4\sqrt{3}\pi-12}{9}$　③ $\dfrac{3\sqrt{3}\pi-5}{9}$

④ $\dfrac{4\sqrt{3}\pi-10}{9}$　⑤ $\dfrac{4\sqrt{3}\pi-8}{9}$

☑ 연관 개념 check

닮은 도형이 한없이 반복되어 나타날 때, 도형의 선분의 길이, 넓이 등의 합은 등비급수를 이용하여 다음과 같은 순서로 구한다.
① 도형에서 일정하게 변하는 규칙을 찾고, 첫째항 a와 공비 r를 구한다.
② 등비급수의 합이 $\dfrac{a}{1-r}$임을 이용한다.

☑ 실전 적용 key

그림 R_n에서 반복하여 축소되는 도형이 n번 나타날 때, R_n에 색칠된 n개의 도형의 넓이의 합은 등비급수를 이용하여 구한다. 이때 첫째항은 주어진 조건을 이용하여 직접 구하고, 공비는 둘째항을 구하지 않고 닮은 도형의 닮음비를 이용하여 구한다.

해결 흐름

1 그림 R_1에 색칠되어 있는 부분의 넓이인 S_1의 값을 구해야겠다.
2 그림 R_2에서 두 직사각형 $A_1B_1C_1D_1$과 $A_2B_2C_2D_2$의 닮음비를 이용하여 넓이의 비를 구하면 S_n의 공비를 구할 수 있겠다.
3 **1**, **2**를 이용하면 $\lim_{n\to\infty}S_n$의 값을 구할 수 있겠다.

알찬 풀이

오른쪽 그림과 같이 점 E_1에서 변 B_1C_1에 내린 수선의 발을 H라 하면
$\overline{E_1H}=\overline{A_1B_1}=1$
$\overline{B_1C_1}=\overline{A_1D_1}=2$이므로 부채꼴 $B_1E_1C_1$에서
$\overline{B_1E_1}=\overline{B_1C_1}=2$
직각삼각형 E_1B_1H에서
$\sin(\angle E_1B_1H)=\dfrac{\overline{E_1H}}{\overline{B_1E_1}}=\dfrac{1}{2}$　$\therefore\angle E_1B_1H=\dfrac{\pi}{6}$
점 G_1에서 변 B_1C_1에 내린 수선의 발을 I라 하면 직각삼각형 G_1B_1I에서
$\overline{G_1I}=\overline{B_1I}\tan\dfrac{\pi}{6}=1\times\dfrac{\sqrt{3}}{3}=\dfrac{\sqrt{3}}{3}$　→ $\triangle G_1B_1C_1$은 $\angle B_1=\angle C_1=\dfrac{\pi}{6}$인 이등변삼각형이므로 $\overline{B_1I}=\dfrac{1}{2}\overline{B_1C_1}=1$이야.
$\therefore S_1=2\{($부채꼴 $B_1E_1C_1$의 넓이$)-($삼각형 $G_1B_1C_1$의 넓이$)\}$
$=2\left(\dfrac{1}{2}\times2^2\times\dfrac{\pi}{6}-\dfrac{1}{2}\times2\times\dfrac{\sqrt{3}}{3}\right)$
$=\dfrac{2(\pi-\sqrt{3})}{3}$　→ 반지름의 길이가 r, 중심각의 크기가 θ인 부채꼴의 넓이는 $\dfrac{1}{2}r^2\theta$야.

한편, $\overline{A_2B_2}=\overline{B_2I}=a\ (0<a<1)$라 하면 직각삼각형 $A_2B_1B_2$에서
$\tan\dfrac{\pi}{6}=\dfrac{\overline{A_2B_2}}{\overline{B_1B_2}}=\dfrac{a}{1-a}=\dfrac{\sqrt{3}}{3}$
$3a=\sqrt{3}(1-a)$, $(3+\sqrt{3})a=\sqrt{3}$
$\therefore a=\dfrac{\sqrt{3}}{3+\sqrt{3}}=\dfrac{\sqrt{3}-1}{2}$
두 직사각형 $A_1B_1C_1D_1$과 $A_2B_2C_2D_2$의 닮음비가
$\overline{A_1B_1}:\overline{A_2B_2}=1:\dfrac{\sqrt{3}-1}{2}$
이므로 넓이의 비는
$1^2:\left(\dfrac{\sqrt{3}-1}{2}\right)^2=1:\dfrac{2-\sqrt{3}}{2}$　☆｜닮음비가 $m:n$인 두 닮은 도형의 넓이의 비는 $m^2:n^2$이다.

따라서 S_n은 첫째항이 $\dfrac{2(\pi-\sqrt{3})}{3}$이고 공비가 $\dfrac{2-\sqrt{3}}{2}$인 등비수열의 첫째항부터 제n항까지의 합이므로

$\lim_{n\to\infty}S_n=\dfrac{\dfrac{2(\pi-\sqrt{3})}{3}}{1-\dfrac{2-\sqrt{3}}{2}}=\dfrac{4\sqrt{3}\pi-12}{9}$

문제 해결 TIP

김홍현 | 서울대학교 전기정보공학과 | 시흥고등학교 졸업

이 문제처럼 지문이 길고 도형의 모양이 복잡하다고 해서 당황할 필요 없어. 먼저 첫 번째 도형의 넓이를 구한 다음 첫 번째 그림과 두 번째 그림을 비교해서 반복되는 도형을 찾아 닮음비를 구하면 되는 문제야. 그리고 색칠된 도형의 닮음비를 바로 구할 수 없을 때는 그 도형을 포함한 닮은 도형을 찾고, 그 닮음비를 구하면 편리해.

수열 $\{a_n\}$은 등비수열이고, 수열 $\{b_n\}$을 모든 자연수 n에 대하여

$$b_n = \begin{cases} -1 & (a_n \le -1) \\ a_n & (a_n > -1) \end{cases}$$

이라 할 때, 수열 $\{b_n\}$은 다음 조건을 만족시킨다.

(가) 급수 $\sum\limits_{n=1}^{\infty} b_{2n-1}$은 수렴하고 그 합은 -3이다.

(나) 급수 $\sum\limits_{n=1}^{\infty} b_{2n}$은 수렴하고 그 합은 8이다.

$b_3 = -1$일 때, $\sum\limits_{n=1}^{\infty} |a_n|$의 값을 구하시오. 24
→ $a_3 \le -1$이야.

☑ 연관 개념 check

$-1 < r < 1$일 때, $\sum\limits_{n=1}^{\infty} ar^{n-1} = \dfrac{a}{1-r}$

☑ 실전 적용 key

첫째항이 a이고 공비가 r $(-1 < r < 1)$인 등비수열 $\{a_n\}$에 대하여 수열 $\{a_{2n}\}$은 첫째항이 ar이고 공비가 r^2인 등비수열이므로

$\sum\limits_{n=1}^{\infty} a_{2n} = \dfrac{ar}{1-r^2}$

1 두 조건 (가), (나)와 $b_3 = -1$임을 이용하여 등비수열 $\{a_n\}$의 첫째항과 공비의 값의 범위를 구할 수 있겠다.

2 b_n을 n이 홀수인 경우와 짝수인 경우로 나누어 a_n에 대한 식으로 나타내고 등비급수의 합을 이용해서 식을 세워야겠네.

3 **2**에서 세운 식을 연립하여 수열 $\{a_n\}$의 첫째항과 공비를 구하고 이를 이용해서 $\sum\limits_{n=1}^{\infty} |a_n|$의 값을 구할 수 있겠군.

등비수열 $\{a_n\}$의 공비를 r라 하면 $a_n = a_1 r^{n-1}$

이때 $a_1 = 0$이면 $a_n = 0$이므로 $b_n = 0$이 되어 주어진 조건을 만족시키지 않는다.
→ 문제에 $b_3 = -1$이라고 주어졌어.
즉, $a_1 \ne 0$

또, 모든 자연수 n에 대하여 $b_n = -1$ 또는 $b_n = a_n$이므로 주어진 조건에서 두 급수 $\sum\limits_{n=1}^{\infty} b_{2n-1}$, $\sum\limits_{n=1}^{\infty} b_{2n}$이 수렴하려면 $-1 < r < 1$이어야 하고, $r = 0$이면 수열 $\{a_n\}$은 첫째항을 제외하고 모두 0이므로 $a_3 = b_3 = 0$이 되어 주어진 조건을 만족시키지 않는다.
→ 두 수열 $\{b_{2n-1}\}$, $\{b_{2n}\}$은 각각 수열 $\{a_{2n-1}\}$, $\{a_{2n}\}$의 일부로 이루어진 수열이므로 급수가 수렴하려면 $r^2 < 1$, 즉 $-1 < r < 1$이어야 해.

즉, $-1 < r < 0$ 또는 $0 < r < 1$

한편, $b_3 = -1$에서 $a_3 \le -1$이므로 $a_1 r^2 \le -1$

이때 $0 < r^2 < 1$이므로 $a_1 \le -1$　　∴ $b_1 = -1$　　……(*)

또, $a_1 \le -1$에서 $0 < r < 1$이면 수열 $\{a_n\}$의 모든 항은 음수가 되므로 조건 (나)를 만족시키지 않는다. 즉, $-1 < r < 0$
→ 수열 $\{b_{2n}\}$의 모든 항도 음수가 되어 급수의 합이 8이 될 수 없어.

(i) $n = 2k-1$ (k는 자연수)일 때,

$$b_{2k-1} = \begin{cases} -1 & (a_{2k-1} \le -1) \\ a_{2k-1} & (a_{2k-1} > -1) \end{cases} \text{이고}$$

$a_1 \le -1$, $-1 < r < 0$에서 $a_{2k-1} < 0$이므로 $b_{2k-1} < 0$

이때 $a_5 \le -1$이면 $b_5 = -1$이므로 $b_1 + b_3 + b_5 = -3$이고 $b_7 < 0$, $b_9 < 0$, $b_{11} < 0$, …이므로 조건 (가)를 만족시키지 않는다.
→ (*)에서 $b_1 = -1$이고, $b_3 = -1$은 문제에 주어졌어.
즉, $b_5 \ne -1$이므로 $b_5 = a_5$
→ 급수 $\sum\limits_{n=1}^{\infty} b_{2n-1}$의 합이 -3보다 작아져.

따라서 $b_{2k-1} = \begin{cases} -1 & (k \le 2) \\ a_{2k-1} & (k > 2) \end{cases}$이므로 조건 (가)에서

$$\sum_{n=1}^{\infty} b_{2n-1} = b_1 + b_3 + \sum_{n=3}^{\infty} a_{2n-1} = -1 + (-1) + \frac{a_5}{1-r^2} = -3$$
→ $\sum\limits_{n=3}^{\infty} a_{2n-1}$은 첫째항이 a_5이고, 공비가 r^2인 등비급수야.

$$\therefore \frac{a_1 r^4}{1-r^2} = -1　　……㉠$$

(ii) $n = 2k$ (k는 자연수)일 때,

$a_1 \le -1$, $-1 < r < 0$에서 $a_{2k} > 0$이므로 $b_{2k} = a_{2k}$

즉, 수열 $\{b_{2n}\}$은 첫째항이 a_2이고 공비가 r^2인 등비수열이므로 조건 (나)에서

$$\sum_{n=1}^{\infty} b_{2n} = \frac{a_2}{1-r^2} = 8　　\therefore \frac{a_1 r}{1-r^2} = 8　　……㉡$$

㉠÷㉡을 하면 $r^3 = -\dfrac{1}{8}$　　∴ $r = -\dfrac{1}{2}$

$r = -\dfrac{1}{2}$을 ㉡에 대입하면 $\dfrac{-\frac{1}{2}a_1}{1-\frac{1}{4}} = 8$

$-\dfrac{1}{2}a_1 = 6$　　∴ $a_1 = -12$

따라서 $a_n = -12 \times \left(-\dfrac{1}{2}\right)^{n-1}$이므로 $|a_n| = 12 \times \left(\dfrac{1}{2}\right)^{n-1}$

$$\therefore \sum_{n=1}^{\infty} |a_n| = \sum_{n=1}^{\infty} \left\{12 \times \left(\frac{1}{2}\right)^{n-1}\right\} = \frac{12}{1-\frac{1}{2}} = 24$$

84 정답 ① 정답률 35%

그림과 같이 $\overline{AB_1}=3$, $\overline{AC_1}=2$이고 $\angle B_1AC_1=\dfrac{\pi}{3}$인 삼각형 AB_1C_1이 있다. $\angle B_1AC_1$의 이등분선이 선분 B_1C_1과 만나는 점을 D_1, 세 점 A, D_1, C_1을 지나는 원이 선분 AB_1과 만나는 점 중 A가 아닌 점을 B_2라 할 때, 두 선분 B_1B_2, B_1D_1과 호 B_2D_1로 둘러싸인 부분과 선분 C_1D_1과 호 C_1D_1로 둘러싸인 부분인 ◁ 모양의 도형에 색칠하여 얻은 그림을 R_1이라 하자.

그림 R_1에서 점 B_2를 지나고 직선 B_1C_1에 평행한 직선이 두 선분 AD_1, AC_1과 만나는 점을 각각 D_2, C_2라 하자. 세 점 A, D_2, C_2를 지나는 원이 선분 AB_2와 만나는 점 중 A가 아닌 점을 B_3이라 할 때, 두 선분 B_2B_3, B_2D_2와 호 B_3D_2로 둘러싸인 부분과 선분 C_2D_2와 호 C_2D_2로 둘러싸인 부분인 ◁ 모양의 도형에 색칠하여 얻은 그림을 R_2라 하자.

이와 같은 과정을 계속하여 n번째 얻은 그림 R_n에 색칠되어 있는 부분의 넓이를 S_n이라 할 때, $\lim\limits_{n\to\infty} S_n$의 값은?

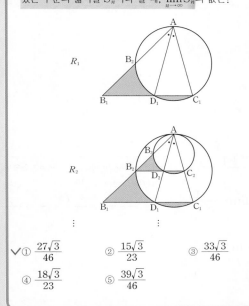

① $\dfrac{27\sqrt{3}}{46}$ ② $\dfrac{15\sqrt{3}}{23}$ ③ $\dfrac{33\sqrt{3}}{46}$

④ $\dfrac{18\sqrt{3}}{23}$ ⑤ $\dfrac{39\sqrt{3}}{46}$

☑ 연관 개념 check

닮은 도형이 한없이 반복되어 나타날 때, 도형의 선분의 길이, 넓이 등의 합은 등비급수를 이용하여 다음과 같은 순서로 구한다.

① 도형에서 일정하게 변하는 규칙을 찾고, 첫째항 a와 공비 r를 구한다.

② 등비급수의 합이 $\dfrac{a}{1-r}$임을 이용한다.

수능 핵심 개념 **코사인법칙**

오른쪽 그림과 같은 삼각형 ABC에서

(1) $a^2=b^2+c^2-2bc\cos A$

(2) $b^2=c^2+a^2-2ca\cos B$

(3) $c^2=a^2+b^2-2ab\cos C$

해결 흐름

1 그림 R_1에 색칠되어 있는 부분의 넓이인 S_1의 값을 구해야겠다.

2 그림 R_2에서 두 삼각형 AB_1C_1과 AB_2C_2의 닮음비를 이용하여 넓이의 비를 구하면 S_n의 공비를 구할 수 있겠다.

3 **1**, **2**를 이용하면 $\lim\limits_{n\to\infty} S_n$의 값을 구할 수 있겠다.

알찬 풀이

오른쪽 그림과 같이 삼각형 AD_1C_1의 외접원의 중심을 O라 하고, 네 선분 OC_1, OD_1, OB_2, B_2D_1을 그어 보자.

$\angle B_1AC_1=\dfrac{\pi}{3}$이므로

$\angle D_1AC_1=\angle B_1AD_1=\dfrac{1}{2}\angle B_1AC_1=\dfrac{\pi}{6}$

$\therefore \underline{\angle D_1OC_1=2\angle D_1AC_1=\dfrac{\pi}{3}}$,   → 한 원에서 한 호에 대한 중심각의 크기는

$\underline{\angle B_2OD_1=2\angle B_2AD_1=\dfrac{\pi}{3}}$ 그 호에 대한 원주각의 크기의 2배임을 이용했어.

따라서 두 삼각형 OD_1C_1과 OB_2D_1은 정삼각형이고 빗금친 두 활꼴의 넓이는 서로 같으므로 그림 R_1에 색칠되어 있는 부분의 넓이 S_1은 삼각형 $B_1D_1B_2$의 넓이와 같다.

삼각형 AB_1C_1에서 코사인법칙에 의하여

$$\overline{B_1C_1}^2=3^2+2^2-2\times3\times2\times\cos\dfrac{\pi}{3}=7 \quad \therefore \overline{B_1C_1}=\sqrt{7}$$

이때 $\angle B_1AC_1$의 이등분선이 선분 B_1C_1과 만나는 점이 D_1이므로

$$\overline{AB_1}:\overline{AC_1}=\overline{B_1D_1}:\overline{C_1D_1}=3:2$$

↳ 삼각형의 내각의 이등분선의 성질을 이용했어.

$$\therefore \overline{B_1D_1}=\sqrt{7}\times\dfrac{3}{5}=\dfrac{3\sqrt{7}}{5}$$

$$\overline{C_1D_1}=\sqrt{7}\times\dfrac{2}{5}=\dfrac{2\sqrt{7}}{5}$$

→ 원에 내접하는 사각형의 한 외각의 크기는 이웃하지 않는 내각의 크기와 같아. 즉, $\angle B_2D_1B_1=\angle B_2AC_1=\dfrac{\pi}{3}$야.

또, $\angle B_2D_1B_1=\dfrac{\pi}{3}$이므로   → $\overline{B_2D_1}=\overline{C_1D_1}=\dfrac{2\sqrt{7}}{5}$

$$S_1=\dfrac{1}{2}\times\dfrac{3\sqrt{7}}{5}\times\boxed{\dfrac{2\sqrt{7}}{5}}\times\sin\dfrac{\pi}{3}=\dfrac{21\sqrt{3}}{50}$$

→ 위에서 S_1은 삼각형 $B_1D_1B_2$의 넓이와 같다고 했어.

삼각형 $B_1D_1B_2$에서 코사인법칙에 의하여

$$\overline{B_1B_2}^2=\left(\dfrac{3\sqrt{7}}{5}\right)^2+\left(\dfrac{2\sqrt{7}}{5}\right)^2-2\times\dfrac{3\sqrt{7}}{5}\times\dfrac{2\sqrt{7}}{5}\times\cos\dfrac{\pi}{3}$$

$$=\dfrac{63}{25}+\dfrac{28}{25}-\dfrac{42}{25}=\dfrac{49}{25}$$

$$\therefore \overline{B_1B_2}=\dfrac{7}{5}$$

$$\therefore \overline{AB_2}=\overline{AB_1}-\overline{B_1B_2}=3-\dfrac{7}{5}=\dfrac{8}{5}$$

두 삼각형 AB_1C_1과 AB_2C_2의 닮음비가

$$\overline{AB_1}:\overline{AB_2}=3:\dfrac{8}{5}=1:\dfrac{8}{15}$$

이므로 넓이의 비는

$$1^2:\left(\dfrac{8}{15}\right)^2=1:\dfrac{64}{225}$$

→ 닮음비가 $m:n$인 두 닮은 도형의 넓이의 비는 $m^2:n^2$이다.

따라서 S_n은 첫째항이 $\dfrac{21\sqrt{3}}{50}$이고 공비가 $\dfrac{64}{225}$인 등비수열의 첫째항부터 제n항까지의 합이므로

$$\lim_{n\to\infty} S_n=\dfrac{\dfrac{21\sqrt{3}}{50}}{1-\dfrac{64}{225}}=\dfrac{27\sqrt{3}}{46}$$

01 정답 ④   정답률 96%

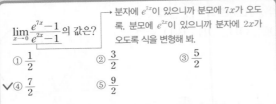

$\lim\limits_{x\to 0}\dfrac{e^{7x}-1}{e^{2x}-1}$ 의 값은?

→ 분자에 e^{7x}이 있으니까 분모에 $7x$가 오도록, 분모에 e^{2x}이 있으니까 분자에 $2x$가 오도록 식을 변형해 봐.

① $\dfrac{1}{2}$ ② $\dfrac{3}{2}$ ③ $\dfrac{5}{2}$

✓④ $\dfrac{7}{2}$ ⑤ $\dfrac{9}{2}$

☑ 연관 개념 check

$\lim\limits_{x\to 0}\dfrac{e^x-1}{x}=1$

알찬 풀이

→ 두 부분이 같도록 식을 변형한 거야.   → 두 부분이 같도록 식을 변형한 거야.

$$\lim_{x\to 0}\frac{e^{7x}-1}{e^{2x}-1}=\lim_{x\to 0}\left(\frac{e^{\boxed{7x}}-1}{\boxed{7x}}\times\frac{\boxed{2x}}{e^{2x}-1}\times\frac{7}{2}\right)$$

$$=\frac{7}{2}\lim_{x\to 0}\frac{e^{7x}-1}{7x}\times\lim_{x\to 0}\frac{2x}{e^{2x}-1}$$

$$=\frac{7}{2}\times 1\times 1=\frac{7}{2}$$

☆☆ $\lim\limits_{x\to a}f(x)=\alpha$, $\lim\limits_{x\to a}g(x)=\beta$ (α, β는 실수)이면 $\lim\limits_{x\to a}f(x)g(x)=\lim\limits_{x\to a}f(x)\times\lim\limits_{x\to a}g(x)=\alpha\beta$

02 정답 ①   정답률 87%

→ 지수함수의 극한을 이용할 수 있도록 식을 변형해 봐.

$\lim\limits_{x\to 0}\dfrac{4^x-2^x}{x}$ 의 값은?

✓① $\ln 2$ ② 1 ③ $2\ln 2$

④ 2 ⑤ $3\ln 2$

☑ 연관 개념 check

$a>0$, $a\neq 1$일 때,

$\lim\limits_{x\to 0}\dfrac{a^x-1}{x}=\ln a$

알찬 풀이

$$\lim_{x\to 0}\frac{4^x-2^x}{x}=\lim_{x\to 0}\frac{4^x-1-2^x+1}{x}$$

$$=\lim_{x\to 0}\frac{4^x-1}{x}-\lim_{x\to 0}\frac{2^x-1}{x}$$

$$=\ln 4-\ln 2$$

$$=2\ln 2-\ln 2=\ln 2$$

☆☆ $\lim\limits_{x\to a}f(x)=\alpha$, $\lim\limits_{x\to a}g(x)=\beta$ (α, β는 실수)이면 $\lim\limits_{x\to a}\{f(x)-g(x)\}=\lim\limits_{x\to a}f(x)-\lim\limits_{x\to a}g(x)$ $=\alpha-\beta$

03 정답 ③   정답률 95%

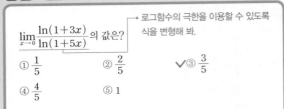

$\lim\limits_{x\to 0}\dfrac{\ln(1+3x)}{\ln(1+5x)}$ 의 값은?

→ 로그함수의 극한을 이용할 수 있도록 식을 변형해 봐.

① $\dfrac{1}{5}$ ② $\dfrac{2}{5}$ ✓③ $\dfrac{3}{5}$

④ $\dfrac{4}{5}$ ⑤ 1

☑ 연관 개념 check

$\lim\limits_{x\to 0}\dfrac{\ln(1+x)}{x}=1$

알찬 풀이

→ 두 부분이 같도록 식을 변형한 거야.   → 두 부분이 같도록 식을 변형한 거야.

$$\lim_{x\to 0}\frac{\ln(1+3x)}{\ln(1+5x)}=\lim_{x\to 0}\left\{\frac{\ln(1+\boxed{3x})}{\boxed{3x}}\times\frac{\boxed{5x}}{\ln(1+\boxed{5x})}\times\frac{3}{5}\right\}$$

$$=\frac{3}{5}\lim_{x\to 0}\frac{\ln(1+3x)}{3x}\times\lim_{x\to 0}\frac{5x}{\ln(1+5x)}$$

$$=\frac{3}{5}\times 1\times 1=\frac{3}{5}$$

─────────── ┐ 문제 해결 **TIP**

유재석 | 서울대학교 우주항공공학부 | 양서고등학교 졸업

미분법 단원의 2점 문제로는 지수함수의 극한이나 로그함수의 극한 문제가 자주 출제돼. 이 문제는 $\lim\limits_{x\to 0}\dfrac{\ln(1+x)}{x}=1$을 이용할 수 있도록 주어진 식을 변형하고 극한값을 구하면 돼. 개념만 숙지하고 있으면 쉽게 해결할 수 있는 문제지만, 너무 쉬운 문제라 방심하다 실수할 수 있으니까 조심 또 조심하도록 하자.

04 정답 ①
정답률 94%

> └→로그함수의 미분법을 이용해.
> 함수 $f(x)=7+3\ln x$에 대하여 $f'(3)$의 값은?
> ✓① 1   ② 2   ③ 3
> ④ 4   ⑤ 5

☑ 연관 개념 check

$y=\ln x$이면 $y'=\dfrac{1}{x}$

알찬 풀이

$f(x)=7+3\ln x$에서 $f'(x)=\dfrac{3}{x}$

$\therefore f'(3)=\dfrac{3}{3}=1$

└→ $f'(x)=(7)'+3(\ln x)'$
$\qquad =0+3\times\dfrac{1}{x}=\dfrac{3}{x}$

05 정답 ⑤
정답률 97%

> $\lim\limits_{x\to 0}\dfrac{\sin 5x}{x}$의 값은? → 삼각함수의 극한을 이용할 수 있도록
> 식을 변형해 봐.
> ① 1   ② 2   ③ 3
> ④ 4   ✓⑤ 5

☑ 연관 개념 check

$\lim\limits_{x\to 0}\dfrac{\sin x}{x}=1$

알찬 풀이

$\lim\limits_{x\to 0}\dfrac{\sin 5x}{x}=\lim\limits_{x\to 0}\left(\dfrac{\sin \boxed{5x}}{\boxed{5x}}\times 5\right)=1\times 5=5$

└→ 두 부분이 같도록 식을
변형한 거야.

06 정답 ③
정답률 97%

> $\lim\limits_{x\to 0}\dfrac{3x^2}{\sin^2 x}$의 값은? → 삼각함수의 극한을 이용할 수 있도록
> 식을 변형해 봐.
> ① 1   ② 2   ✓③ 3
> ④ 4   ⑤ 5

☑ 연관 개념 check

$\lim\limits_{x\to 0}\dfrac{\sin x}{x}=1$

알찬 풀이

$\lim\limits_{x\to 0}\dfrac{3x^2}{\sin^2 x}=\lim\limits_{x\to 0}\left(3\times\dfrac{x}{\sin x}\times\dfrac{x}{\sin x}\right)$

$\qquad =3\times\lim\limits_{x\to 0}\dfrac{x}{\sin x}\times\lim\limits_{x\to 0}\dfrac{x}{\sin x}$

$\qquad =3\times 1\times 1=3$

└→ $\lim\limits_{x\to 0}\dfrac{x}{\sin x}=\lim\limits_{x\to 0}\dfrac{1}{\dfrac{\sin x}{x}}$
$\qquad =\dfrac{1}{\lim\limits_{x\to 0}\dfrac{\sin x}{x}}$
$\qquad =\dfrac{1}{1}=1$

생생 수험 Talk

나는 여름방학 때 수능을 일주일 앞둔 것처럼 열심히 했어. 특히 최고 난이도 문제들을 골라서 풀었어. 어려운 문제들을 많이 풀다 보면 상대적으로 모의고사 난이도가 낮게 느껴지기 때문에 어떤 문제가 나와도 당황하지 않고 여유있게 풀 수 있어. 물론 난이도 높은 문제를 도전하기에 아직 개념이나 기본 문제에 대한 정리가 완벽하게 되지 않았다면 차근차근 정리를 끝내는 게 먼저임을 기억해!

07 정답 ②　　　정답률 76%

양수 t에 대하여 곡선 $y=e^{x^2}-1\ (x\geq0)$이 두 직선 $y=t$, $y=5t$와 만나는 점을 각각 A, B라 하고, 점 B에서 x축에 내린 수선의 발을 C라 하자. 삼각형 ABC의 넓이를 $S(t)$라 할 때, $\displaystyle\lim_{t\to0+}\frac{S(t)}{t\sqrt{t}}$의 값은?

　　　세 점 A, B, C의 좌표를 t에 대한 식으로 나타내 봐.

① $\dfrac{5}{4}(\sqrt{5}-1)$　✓② $\dfrac{5}{2}(\sqrt{5}-1)$　③ $5(\sqrt{5}-1)$

④ $\dfrac{5}{4}(\sqrt{5}+1)$　⑤ $\dfrac{5}{2}(\sqrt{5}+1)$

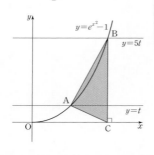

☑ 실전 적용 key

지수함수와 로그함수의 극한의 도형에서의 활용 문제는 다음과 같은 순서로 해결한다.
① 구하는 선분의 길이 또는 도형의 넓이를 식으로 나타낸다.
② 지수함수와 로그함수의 극한을 이용하여 극한값을 구한다.

수능 핵심 개념　e의 정의를 이용한 로그함수의 극한

0이 아닌 상수 a에 대하여
(1) $\displaystyle\lim_{x\to0}\frac{\ln(1+x)}{x}=1$
(2) $\displaystyle\lim_{x\to0}\frac{\ln(1+ax)}{ax}=\lim_{x\to0}\frac{ax}{\ln(1+ax)}=1$

해결 흐름

1 두 점 A, B의 y좌표가 각각 t, $5t$이므로 x좌표를 구할 수 있겠네.
2 삼각형 ABC의 높이를 구하여 넓이 $S(t)$를 구해야겠다.
3 로그함수의 극한을 이용하면 $\displaystyle\lim_{t\to0+}\frac{S(t)}{t\sqrt{t}}$의 값을 구할 수 있겠군.

알찬 풀이

점 A는 곡선 $y=e^{x^2}-1$ 위의 점이고, y좌표가 t이므로 x좌표는
$e^{x^2}-1=t$에서
$x^2=\ln(1+t)$　∴ $x=\sqrt{\ln(1+t)}$
∴ A$(\sqrt{\ln(1+t)},\ t)$　└→ $x>0$이니까 양수만 택한 거야.
점 B도 곡선 $y=e^{x^2}-1$ 위의 점이고, y좌표가 $5t$이므로 x좌표는
$e^{x^2}-1=5t$에서　　　└→ $x>0$이니까 양수만 택한 거야.
$x^2=\ln(1+5t)$　∴ $x=\sqrt{\ln(1+5t)}$
∴ B$(\sqrt{\ln(1+5t)},\ 5t)$, C$(\sqrt{\ln(1+5t)},\ 0)$
오른쪽 그림과 같이 점 A에서 선분 BC에 내린 수선의 발을 H라 하면
$\overline{\text{AH}}=\sqrt{\ln(1+5t)}-\sqrt{\ln(1+t)}$
따라서 삼각형 ABC의 넓이는
$S(t)$　　(점 B의 x좌표)$-$(점 A의 x좌표)를 이용한 거야.
$=\dfrac{1}{2}\times\overline{\text{BC}}\times\overline{\text{AH}}$
$=\dfrac{1}{2}\times5t\times\{\sqrt{\ln(1+5t)}-\sqrt{\ln(1+t)}\}$

∴ $\displaystyle\lim_{t\to0+}\frac{S(t)}{t\sqrt{t}}$
$=\displaystyle\lim_{t\to0+}\frac{\dfrac{1}{2}\times5t\times\{\sqrt{\ln(1+5t)}-\sqrt{\ln(1+t)}\}}{t\sqrt{t}}$
$=\dfrac{5}{2}\displaystyle\lim_{t\to0+}\frac{\sqrt{\ln(1+5t)}-\sqrt{\ln(1+t)}}{\sqrt{t}}$
$=\dfrac{5}{2}\displaystyle\lim_{t\to0+}\left\{\sqrt{5\times\frac{\ln(1+5t)}{5t}}-\sqrt{\frac{\ln(1+t)}{t}}\right\}$
$=\dfrac{5}{2}(\sqrt{5}-1)$

---

08 정답 ①　　　정답률 79%

1 **2**
$\displaystyle\lim_{x\to0}\frac{2^{ax+b}-8}{2^{bx}-1}=16$일 때, $a+b$의 값은?
　　　(단, a와 b는 0이 아닌 상수이다.)

✓① 9　　② 10　　③ 11
④ 12　　⑤ 13

└→ (분모)→0이니까 (분자)→0이겠네.

☑ 연관 개념 check

$a>0$, $a\neq1$일 때, $\displaystyle\lim_{x\to0}\frac{a^x-1}{x}=\ln a$

해결 흐름

1 극한값이 존재함을 이용하면 b의 값을 구할 수 있겠군.
2 b의 값을 주어진 식에 대입하고 $\displaystyle\lim_{x\to0}\frac{2^x-1}{x}=\ln2$를 이용할 수 있도록 식을 변형하면 a의 값을 구할 수 있겠다.

알찬 풀이

$\displaystyle\lim_{x\to0}\frac{2^{ax+b}-8}{2^{bx}-1}=16$에서 $x\longrightarrow0$일 때 (분모)$\longrightarrow0$이고 극한값이 존재하므로
(분자)$\longrightarrow0$이어야 한다.
　　└→ $\displaystyle\lim_{x\to0}(2^{bx}-1)=2^0-1=0$

두 함수 $f(x)$, $g(x)$에 대하여

(1) $\lim\limits_{x \to a} \dfrac{f(x)}{g(x)} = \alpha$ (α는 실수)이고 $\lim\limits_{x \to a} g(x) = 0$이면

➡ $\lim\limits_{x \to a} f(x) = 0$

(2) $\lim\limits_{x \to a} \dfrac{f(x)}{g(x)} = \alpha$ (α는 0이 아닌 실수)이고

$\lim\limits_{x \to a} f(x) = 0$이면 ➡ $\lim\limits_{x \to a} g(x) = 0$

즉, $\lim\limits_{x \to 0} (2^{ax+b} - 8) = 0$에서 $2^b - 8 = 0$

$2^b = 8$ ∴ $b = 3$

$b = 3$을 주어진 식의 좌변에 대입하면

$$\lim\limits_{x \to 0} \frac{2^{ax+b} - 8}{2^{bx} - 1} = \lim\limits_{x \to 0} \frac{2^{ax+3} - 8}{2^{3x} - 1}$$

$$= \lim\limits_{x \to 0} \frac{8(2^{ax} - 1)}{2^{3x} - 1}$$

$$= 8 \times \lim\limits_{x \to 0} \left(\boxed{\frac{2^{ax} - 1}{ax}} \times \boxed{\frac{3x}{2^{3x} - 1}} \times \frac{a}{3} \right)$$
→ 두 부분이 같도록 각각 식을 변형한 거야.

$$= 8 \times \frac{a}{3} \times \lim\limits_{x \to 0} \frac{2^{ax} - 1}{ax} \times \boxed{\lim\limits_{x \to 0} \frac{3x}{2^{3x} - 1}}$$

$$= \frac{8}{3} a \times \ln 2 \times \boxed{\frac{1}{\ln 2}}$$

$$= \frac{8}{3} a$$

$\lim\limits_{x \to 0} \dfrac{3x}{2^{3x} - 1} = \lim\limits_{x \to 0} \dfrac{1}{\frac{2^{3x} - 1}{3x}}$

즉, $\dfrac{8}{3} a = 16$이므로 $a = 6$

∴ $a + b = 6 + 3 = 9$
→ $\lim\limits_{x \to 0} \dfrac{2^{ax+b} - 8}{2^{bx} - 1} = 16$이기 때문이지.

$= \dfrac{1}{\lim\limits_{x \to 0} \dfrac{2^{3x} - 1}{3x}} = \dfrac{1}{\ln 2}$

---

09 정답 ② 　정답률 87%

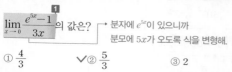

$\lim\limits_{x \to 0} \dfrac{e^{5x} - 1}{3x}$의 값은? → 분자에 e^{5x}이 있으니까 분모에 $5x$가 오도록 식을 변형해.

① $\dfrac{4}{3}$ ✔② $\dfrac{5}{3}$ ③ 2

④ $\dfrac{7}{3}$ ⑤ $\dfrac{8}{3}$

연관 개념 check

$\lim\limits_{x \to 0} \dfrac{e^x - 1}{x} = 1$

해결 흐름

1 $\lim\limits_{\bullet \to 0} \dfrac{e^{\bullet} - 1}{\bullet} = 1$을 이용할 수 있도록 주어진 식을 변형해야겠다.

알찬 풀이

$$\lim\limits_{x \to 0} \frac{e^{5x} - 1}{3x} = \lim\limits_{x \to 0} \left(\frac{e^{5x} - 1}{5x} \times \frac{5}{3} \right)$$

$$= 1 \times \frac{5}{3} = \frac{5}{3}$$
→ $5x = t$로 놓으면 $x \to 0$일 때 $t \to 0$이고

$\lim\limits_{x \to 0} \dfrac{e^{5x} - 1}{5x} = \lim\limits_{t \to 0} \dfrac{e^t - 1}{t} = 1$

빠른 풀이

$\lim\limits_{x \to 0} \dfrac{e^{ax} - 1}{bx} = \lim\limits_{x \to 0} \left(\dfrac{e^{ax} - 1}{ax} \times \dfrac{a}{b} \right) = \dfrac{a}{b}$임을 이용하면 $\lim\limits_{x \to 0} \dfrac{e^{5x} - 1}{3x} = \dfrac{5}{3}$

---

10 정답 6 　정답률 93%

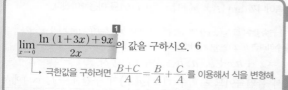

$\lim\limits_{x \to 0} \dfrac{\ln(1+3x) + 9x}{2x}$의 값을 구하시오. 6
→ 극한값을 구하려면 $\dfrac{B+C}{A} = \dfrac{B}{A} + \dfrac{C}{A}$를 이용해서 식을 변형해.

연관 개념 check

$\lim\limits_{x \to 0} \dfrac{\ln(1+x)}{x} = 1$

해결 흐름

1 $\lim\limits_{\bullet \to 0} \dfrac{\ln(1+\bullet)}{\bullet} = 1$을 이용할 수 있도록 주어진 식을 변형해야겠다.

알찬 풀이

$$\lim\limits_{x \to 0} \frac{\ln(1+3x) + 9x}{2x} = \lim\limits_{x \to 0} \left\{ \frac{\ln(1+3x)}{2x} + \frac{9x}{2x} \right\}$$

$$= \lim\limits_{x \to 0} \left\{ \frac{\ln(1 + \boxed{3x})}{\boxed{3x}} \times \frac{3}{2} \right\} + \frac{9}{2}$$

$$= 1 \times \frac{3}{2} + \frac{9}{2} = 6$$
→ 두 부분이 같도록 식을 변형한 거야.

11 정답률 79%

실수 전체의 집합에서 연속인 함수 $f(x)$가 모든 실수 x에 대하여

$$(e^{2x}-1)^2 f(x) = a - 4\cos\frac{\pi}{2}x$$

를 만족시킬 때, $a \times f(0)$의 값은? (단, a는 상수이다.)

① $\dfrac{\pi^2}{6}$ ② $\dfrac{\pi^2}{5}$ ③ $\dfrac{\pi^2}{4}$

④ $\dfrac{\pi^2}{3}$ ✓⑤ $\dfrac{\pi^2}{2}$ → $e^{2x}-1 \neq 0$일 때 양변을 $(e^{2x}-1)^2$ 으로 나눌 수 있겠네.

해결 흐름

1 주어진 식의 양변에 $x=0$을 대입하여 a의 값을 구해야겠다.
2 $x \neq 0$일 때 주어진 식의 양변을 $(e^{2x}-1)^2$으로 나누어 $f(x)$를 구할 수 있겠네.
3 함수 $f(x)$가 실수 전체의 집합에서 연속이면 $x=0$에서도 연속임을 이용하여 $f(0)$의 값을 구할 수 있겠다.

☑ 실전 적용 key

모든 실수 x에서 연속인 두 함수 $f(x)$, $g(x)$가 $(x-a)f(x)=g(x)$를 만족시키면

➡ $f(a) = \lim\limits_{x \to a} f(x) = \lim\limits_{x \to a} \dfrac{g(x)}{x-a}$

알찬 풀이

$(e^{2x}-1)^2 f(x) = a - 4\cos\dfrac{\pi}{2}x$의 양변에 $x=0$을 대입하면

$0 = a - 4$ ∴ $a = 4$

$x \neq 0$일 때, $e^{2x}-1 \neq 0$이므로

$(e^{2x}-1)^2 f(x) = 4 - 4\cos\dfrac{\pi}{2}x$에서

$$f(x) = \frac{4 - 4\cos\dfrac{\pi}{2}x}{(e^{2x}-1)^2}$$

함수 $f(x)$는 $x=0$에서 연속이므로

함수 $f(x)$가 실수 전체의 집합에서 연속이므로 $x=0$에서도 연속이야.

$$f(0) = \lim_{x \to 0} f(x) = \lim_{x \to 0} \frac{4 - 4\cos\dfrac{\pi}{2}x}{(e^{2x}-1)^2} = \lim_{x \to 0} \frac{4\left(1-\cos\dfrac{\pi}{2}x\right)}{(e^{2x}-1)^2}$$

$\lim\limits_{x \to 0} \dfrac{ax}{e^{ax}-1} = 1$임을 이용하기 위해 분모, 분자에 각각 x^2을 곱했어.

$$= \lim_{x \to 0} \frac{4\left(1-\cos\dfrac{\pi}{2}x\right)\left(1+\cos\dfrac{\pi}{2}x\right)}{(e^{2x}-1)^2\left(1+\cos\dfrac{\pi}{2}x\right)}$$

$\left(1-\cos\dfrac{\pi}{2}x\right)\left(1+\cos\dfrac{\pi}{2}x\right)$ $= 1-\cos^2\dfrac{\pi}{2}x = \sin^2\dfrac{\pi}{2}x$

$$= \lim_{x \to 0}\left\{\left(\frac{2x}{e^{2x}-1}\right)^2 \times \frac{\sin^2\dfrac{\pi}{2}x}{x^2\left(1+\cos\dfrac{\pi}{2}x\right)}\right\}$$

$$= \lim_{x \to 0}\left\{\left(\frac{2x}{e^{2x}-1}\right)^2 \times \left(\frac{\sin\dfrac{\pi}{2}x}{\dfrac{\pi}{2}x}\right)^2 \times \frac{\dfrac{\pi^2}{4}}{1+\cos\dfrac{\pi}{2}x}\right\}$$

$$= 1 \times 1 \times \frac{\pi^2}{8} = \frac{\pi^2}{8}$$

$\lim\limits_{x \to 0}\dfrac{2x}{e^{2x}-1}=1$, $\lim\limits_{x \to 0}\dfrac{\sin\dfrac{\pi}{2}x}{\dfrac{\pi}{2}x}=1$,

$$\therefore a \times f(0) = 4 \times \frac{\pi^2}{8} = \frac{\pi^2}{2}$$

$\lim\limits_{x \to 0}\left(1+\cos\dfrac{\pi}{2}x\right)=1+1=2$

---

12 정답률 64%

이차항의 계수가 1인 이차함수 $f(x)$와 함수

$$g(x) = \begin{cases} \dfrac{1}{\ln(x+1)} & (x \neq 0) \\ 8 & (x=0) \end{cases}$$

에 대하여 함수 $f(x)g(x)$가 구간 $(-1, \infty)$에서 연속일 때, $f(3)$의 값은?

① 6   ✓② 9   ③ 12

④ 15   ⑤ 18

→ 다항함수는 실수 전체의 집합에서 연속이야.

해결 흐름

1 $f(3)$의 값을 구하려면 $f(x)$를 알아야겠다.
2 $f(x)$는 이차항의 계수가 1인 이차함수이니까 $f(x)=x^2+ax+b$로 놓을 수 있겠네.
3 $f(x)g(x)$가 구간 $(-1, \infty)$에서 연속이고, $f(x)$는 연속함수이니까 $g(x)$의 불연속인 점만 조사하면 되겠다.
4 $g(x)$가 $x=0$에서 불연속이니까 $\lim\limits_{x \to 0}\{f(x)g(x)\}=f(0)g(0)$을 이용해야겠다.

☑ 연관 개념 check

$x \neq a$에서 연속인 함수 $g(x)$에 대하여 함수

$$f(x) = \begin{cases} g(x) & (x \neq a) \\ k & (x=a) \end{cases} \text{ (k는 상수)}$$

가 $x=a$에서 연속이면

➡ $\lim\limits_{x \to a} g(x) = k$

함수 $f(x)g(x)$가 $x=0$에서 연속이려면 $\lim\limits_{x \to 0} f(x)g(x)$의 값과 함숫값 $f(0)g(0)$이 각각 존재하고 그 두 값이 같아야 해.

알찬 풀이

$f(x)$가 연속함수이고 $g(x)$가 연속함수가 아닐 때 $h(x)=f(x)g(x)$가 연속함수이려면 $h(x)$는 $g(x)$가 불연속인 점에서 연속이어야 해.

이차함수 $f(x)$를 $f(x)=x^2+ax+b$ (a, b는 상수)로 놓자.

함수 $g(x)$가 $x=0$에서 불연속이므로 함수 $f(x)g(x)$가 구간 $(-1, \infty)$에서 연속이려면 $x=0$에서 연속이어야 한다.

즉, $\lim\limits_{x \to 0} f(x)g(x) = f(0)g(0)$이어야 하므로

$$\lim_{x \to 0} \frac{x^2+ax+b}{\ln(x+1)} = 8b \qquad \cdots\cdots \text{㉠}$$

⊙에서 $x \longrightarrow 0$일 때 (분모) $\longrightarrow 0$이고 극한값이 존재하므로
(분자) $\longrightarrow 0$이어야 한다.

즉, $\lim_{x \to 0}(x^2+ax+b)=0$이므로 $b=0$

$b=0$을 ⊙에 대입하면

$$\lim_{x \to 0}\frac{x^2+ax}{\ln(x+1)}=\lim_{x \to 0}\frac{x(x+a)}{\ln(x+1)}$$

$$=\lim_{x \to 0}\left\{\frac{x}{\ln(x+1)}\times(x+a)\right\}$$

$$=\lim_{x \to 0}\frac{x}{\ln(x+1)}\times\lim_{x \to 0}(x+a)$$

$$=a=0 \qquad \longrightarrow \lim_{x \to 0}\frac{1}{\frac{\ln(x+1)}{x}}=1$$

따라서 $f(x)=x^2$이므로
$f(3)=9$

13 정답 ②   정답률 88%

함수 $f(x)$가
$$f(x)=\begin{cases}\dfrac{e^{3x}-1}{x(e^x+1)} & (x\neq0) \\ a & (x=0)\end{cases}$$
이다. $f(x)$가 $x=0$에서 연속일 때, 상수 a의 값은?

① 1   ✔② $\dfrac{3}{2}$ ③ 2

④ $\dfrac{5}{2}$ ⑤ 3 $\longrightarrow x=0$에서 함숫값과 극한값이 각각
존재하고, 그 두 값이 같아야 해.

☑ 연관 개념 check

$x\neq a$에서 연속인 함수 $g(x)$에 대하여 함수
$$f(x)=\begin{cases}g(x) & (x\neq a) \\ k & (x=a) \ (k\text{는 상수})\end{cases}$$
가 $x=a$에서 연속이면
$\Rightarrow \lim_{x \to a}g(x)=k$

해결 흐름

1 함수 $f(x)$가 $x=0$에서 연속이니까 $\lim_{x \to 0}f(x)=f(0)$임을 이용하면 되겠다.

알찬 풀이

함수 $f(x)$가 $x=0$에서 연속이므로 $\lim_{x \to 0}f(x)=f(0)$이어야 한다. 즉,

$$\lim_{x \to 0}\frac{e^{3x}-1}{x(e^x+1)}=a$$

$$\lim_{x \to 0}\frac{e^{3x}-1}{x(e^x+1)}=\lim_{x \to 0}\left(\frac{e^{3x}-1}{3x}\times\frac{3}{e^x+1}\right)$$

$$=1\times\frac{3}{1+1}=\frac{3}{2} \longrightarrow \lim_{x \to 0}\frac{e^{3x}-1}{3x}\times\lim_{x \to 0}\frac{3}{e^x+1}$$이고 $\lim_{\bullet \to 0}\frac{e^\bullet-1}{\bullet}=1$임

$$\therefore a=\frac{3}{2} \longrightarrow \lim_{x \to 0}f(x)$$의 값을 a로 정하면 함숫값과 극한값이 일치하므로
함수 $f(x)$가 $x=0$에서 연속이 되지.

을 이용하면 극한값을 구할 수 있어.

다른 풀이

$(1)\ x^3+1=(x+1)(x^2-x+1)$
$(2)\ x^3-1=(x-1)(x^2+x+1)$

$$a=\lim_{x \to 0}\frac{e^{3x}-1}{x(e^x+1)}=\lim_{x \to 0}\frac{(e^x-1)(e^{2x}+e^x+1)}{x(e^x+1)}$$

$$=\lim_{x \to 0}\left(\frac{e^x-1}{x}\times\frac{e^{2x}+e^x+1}{e^x+1}\right)$$

$$=1\times\frac{1+1+1}{1+1}=\frac{3}{2}$$

14 정답 4   정답률 93%

함수 $f(x)=x^3\ln x$에 대하여 $\dfrac{f'(e)}{e^2}$의 값을 구하시오. 4
$\longrightarrow$ 함수의 곱의 미분법을 이용
하면 $f'(x)$를 구할 수 있어.

☑ 연관 개념 check

$y=\ln x$이면 $y'=\dfrac{1}{x}$

해결 흐름

1 $f'(e)$의 값은 $f'(x)$에 $x=e$를 대입하면 구할 수 있어.
2 먼저 $f'(x)$를 구해야겠다.
3 $f(x)$가 함수의 곱으로 이루어져 있으니 함수의 곱의 미분법을 이용해야겠네.

알찬 풀이

$f(x)=x^3\ln x$에서

$$f'(x)=(x^3)'\ln x+x^3(\ln x)'$$

함수의 곱의 미분법
미분가능한 두 함수 $f(x), g(x)$에 대하여
$\{f(x)g(x)\}'=f'(x)g(x)+f(x)g'(x)$

$$=3x^2\ln x+x^3\times\frac{1}{x}$$

$$=3x^2\ln x+x^2 \longrightarrow (\ln x)'=\frac{1}{x}$$임을 이용해.

$$\therefore \frac{f'(e)}{e^2}=\frac{3e^2+e^2}{e^2}=\frac{4e^2}{e^2}=4$$

15 정답 ④　　　　　　　　　정답률 90%

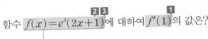

함수 $f(x)=e^x(2x+1)$에 대하여 $f'(1)$의 값은?

① $8e$　　　　② $7e$　　　　③ $6e$

✓④ $5e$　　　　⑤ $4e$

└→ 함수의 곱의 미분법을 이용하면 $f'(x)$를 구할 수 있어.

☑ 연관 개념 check

$y=e^x$이면 $y'=e^x$

해결 흐름

1 $f'(1)$의 값은 $f'(x)$에 $x=1$을 대입하면 구할 수 있어.

2 먼저 $f'(x)$를 구해야겠다.

3 $f(x)$가 함수의 곱으로 이루어져 있으니 함수의 곱의 미분법을 이용해야겠네.

알찬 풀이

$f(x)=e^x(2x+1)$에서

$f'(x)=(e^x)'(2x+1)+e^x(2x+1)'$

　　　$=e^x(2x+1)+e^x\times2$　└→ $(e^x)'=e^x$임을 이용해.

　　　$=e^x(2x+3)$

$\therefore f'(1)=5e$

> **함수의 곱의 미분법**
> 미분가능한 두 함수 $f(x)$, $g(x)$에 대하여
> $\{f(x)g(x)\}'=f'(x)g(x)+f(x)g'(x)$

---

16 정답 ②　　　　　　　　　정답률 91%

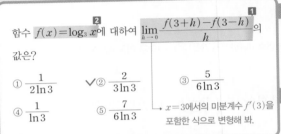

함수 $f(x)=\log_3 x$에 대하여 $\displaystyle\lim_{h\to0}\frac{f(3+h)-f(3-h)}{h}$의

값은?

① $\dfrac{1}{2\ln3}$　　✓② $\dfrac{2}{3\ln3}$　　③ $\dfrac{5}{6\ln3}$

④ $\dfrac{1}{\ln3}$　　　⑤ $\dfrac{7}{6\ln3}$

└→ $x=3$에서의 미분계수 $f'(3)$을 포함한 식으로 변형해 봐.

☑ 연관 개념 check

$y=\log_a x$이면 $y'=\dfrac{1}{x\ln a}$ (단, $x>0$, $a>0$, $a\neq1$)

수능 핵심 개념 │ 미분계수와 극한값

(1) $\displaystyle\lim_{h\to0}\frac{f(a+h)-f(a)}{h}=\lim_{x\to a}\frac{f(x)-f(a)}{x-a}=f'(a)$

(2) $\displaystyle\lim_{h\to0}\frac{f(a+ph)-f(a)}{h}=pf'(a)$

(3) $\displaystyle\lim_{h\to0}\frac{f(a+ph)-f(a+qh)}{h}=(p-q)f'(a)$

해결 흐름

1 미분계수의 정의를 이용하여 $\displaystyle\lim_{h\to0}\frac{f(3+h)-f(3-h)}{h}$를 간단히 나타내야겠네.

2 로그함수의 도함수를 이용하여 $f'(x)$를 구해야겠다.

알찬 풀이

$\displaystyle\lim_{h\to0}\frac{f(3+h)-f(3-h)}{h}$　→ 미분계수의 정의를 이용해서 미분계수를 포함한 식으로 변형해.

$\displaystyle=\lim_{h\to0}\frac{f(3+h)-f(3)-f(3-h)+f(3)}{h}$

$\displaystyle=\lim_{h\to0}\frac{f(3+h)-f(3)}{h}+\lim_{h\to0}\frac{f(3-h)-f(3)}{-h}$

└→ 두 부분이 같아야 해.

$=f'(3)+f'(3)$

$=2f'(3)$

이때 $f'(x)=\dfrac{1}{x\ln3}$이므로

$2f'(3)=\dfrac{2}{3\ln3}$

---

17 정답 ③　　　　　　　　　정답률 85%

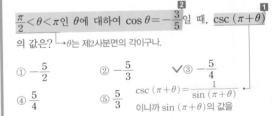

$\dfrac{\pi}{2}<\theta<\pi$인 θ에 대하여 $\cos\theta=-\dfrac{3}{5}$일 때, $\csc(\pi+\theta)$

의 값은?　└→ θ는 제2사분면의 각이구나.

① $-\dfrac{5}{2}$　　② $-\dfrac{5}{3}$　　✓③ $-\dfrac{5}{4}$

④ $\dfrac{5}{4}$　　　⑤ $\dfrac{5}{3}$　　$\csc(\pi+\theta)=\dfrac{1}{\sin(\pi+\theta)}$ 이니까 $\sin(\pi+\theta)$의 값을 구해야겠네.

☑ 연관 개념 check

$\csc\theta=\dfrac{1}{\sin\theta}$

수능 핵심 개념 │ $\pi\pm\theta$의 삼각함수의 성질

(1) $\sin(\pi\pm\theta)=\mp\sin\theta$ (복부호 동순)

(2) $\cos(\pi\pm\theta)=-\cos\theta$

(3) $\tan(\pi\pm\theta)=\pm\tan\theta$ (복부호 동순)

해결 흐름

1 $\csc(\pi+\theta)=\dfrac{1}{\sin(\pi+\theta)}$이고 $\sin(\pi+\theta)=-\sin\theta$이니까 $\sin\theta$의 값을 구해야겠네.

2 $\cos\theta=-\dfrac{3}{5}$과 삼각함수 사이의 관계를 이용하여 $\sin\theta$의 값을 구하면 되겠다.

알찬 풀이

→ θ는 제2사분면의 각이므로 $\sin\theta>0$, $\cos\theta<0$이야.

$\dfrac{\pi}{2}<\theta<\pi$이므로

→ $\sin^2\theta=1-\cos^2\theta$이고, $\sin\theta>0$이니까 $\sin\theta=\sqrt{1-\cos^2\theta}$야.

$\sin\theta=\sqrt{1-\cos^2\theta}=\sqrt{1-\left(-\dfrac{3}{5}\right)^2}$

　　　$=\sqrt{1-\dfrac{9}{25}}=\sqrt{\dfrac{16}{25}}=\dfrac{4}{5}$

$\therefore \csc(\pi+\theta)=\dfrac{1}{\sin(\pi+\theta)}=\dfrac{1}{-\sin\theta}$

　　　　　　　$=\dfrac{1}{-\dfrac{4}{5}}=-\dfrac{5}{4}$

18 정답 7   정답률 93%

$\cos\theta=\dfrac{1}{7}$일 때, $\underset{\boxed{1}}{\csc\theta\times\tan\theta}$의 값을 구하시오. 7

$\quad\hookrightarrow$ 주어진 식을 간단히 해.

해결 흐름

$\boxed{1}$ 삼각함수의 정의를 이용하여 주어진 식을 간단히 해야겠네.

알찬 풀이

$\cos\theta=\dfrac{1}{7}$이므로

$\csc\theta\times\tan\theta=\dfrac{1}{\sin\theta}\times\dfrac{\sin\theta}{\cos\theta}=\dfrac{1}{\cos\theta}=7$

☑ **연관 개념 check**

$\csc\theta=\dfrac{1}{\sin\theta}$, $\tan\theta=\dfrac{\sin\theta}{\cos\theta}$

---

19 정답 26   정답률 92%

$\underset{}{\tan\theta=5}$일 때, $\underset{\boxed{1}}{\sec^2\theta}$의 값을 구하시오. 26

$\quad\hookrightarrow$ $\tan\theta$와 $\sec\theta$ 사이의 관계를 생각해 봐.

해결 흐름

$\boxed{1}$ 삼각함수 사이의 관계를 이용하면 되겠네.

알찬 풀이

$\tan\theta=5$이므로

$\underline{\sec^2\theta=1+\tan^2\theta}=1+5^2=26$

$\quad\hookrightarrow$ $1+\tan^2\theta=1+\dfrac{\sin^2\theta}{\cos^2\theta}=\dfrac{\cos^2\theta+\sin^2\theta}{\cos^2\theta}$

$\qquad\qquad =\dfrac{1}{\cos^2\theta}=\sec^2\theta$

☑ **연관 개념 check**

$1+\tan^2\theta=\sec^2\theta$

---

20 정답 49   정답률 93%

$\cos\theta=\dfrac{1}{7}$일 때, $\underset{\boxed{1}}{\sec^2\theta}$의 값을 구하시오. 49

$\quad\hookrightarrow$ $\sec\theta$는 $\cos\theta$의 역수야.

해결 흐름

$\boxed{1}$ $\cos\theta$의 값을 이용해서 $\sec\theta$의 값을 구할 수 있겠네.

알찬 풀이

$\cos\theta=\dfrac{1}{7}$이므로 $\underline{\sec\theta=7}$

$\therefore \sec^2\theta=7^2=49$ $\quad\hookrightarrow$ $\sec\theta=\dfrac{1}{\cos\theta}=\dfrac{1}{\frac{1}{7}}=7$

☑ **연관 개념 check**

$\sec\theta=\dfrac{1}{\cos\theta}$

---

21 정답 ②   정답률 92%

$\underset{\boxed{1}}{2\cos\alpha=3\sin\alpha}$이고 $\underset{\boxed{2}}{\tan(\alpha+\beta)=1}$일 때, $\tan\beta$의 값은?

$\quad\hookrightarrow$ 삼각함수의 덧셈정리를 이용해 봐.

① $\dfrac{1}{6}$ ✔② $\dfrac{1}{5}$ ③ $\dfrac{1}{4}$

④ $\dfrac{1}{3}$ ⑤ $\dfrac{1}{2}$

해결 흐름

$\boxed{1}$ $2\cos\alpha=3\sin\alpha$에서 $\tan\alpha$의 값을 구할 수 있겠네.

$\boxed{2}$ $\tan(\alpha+\beta)=\dfrac{\tan\alpha+\tan\beta}{1-\tan\alpha\tan\beta}$를 이용하면 $\tan\beta$의 값을 구할 수 있겠다.

알찬 풀이

$2\cos\alpha=3\sin\alpha$에서 $\dfrac{\sin\alpha}{\cos\alpha}=\dfrac{2}{3}$ $\quad\therefore \tan\alpha=\dfrac{2}{3}$

이때 $\tan(\alpha+\beta)=1$이므로

$\tan(\alpha+\beta)=\dfrac{\tan\alpha+\tan\beta}{1-\tan\alpha\tan\beta}=\dfrac{\dfrac{2}{3}+\tan\beta}{1-\dfrac{2}{3}\tan\beta}$

$\qquad\qquad =\dfrac{2+3\tan\beta}{3-2\tan\beta}=1$

즉, $\underline{2+3\tan\beta=3-2\tan\beta}$이므로 $\quad\hookrightarrow$ $\dfrac{2+3\tan\beta}{3-2\tan\beta}=1$의 양변에 $3-2\tan\beta$를 곱했어.

$5\tan\beta=1$ $\quad\therefore \tan\beta=\dfrac{1}{5}$

☑ **연관 개념 check**

$\tan(\alpha+\beta)=\dfrac{\tan\alpha+\tan\beta}{1-\tan\alpha\tan\beta}$

22 정답 ①   정답률 93%

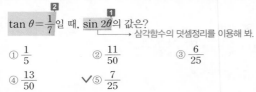

$\cos(\alpha+\beta)=\dfrac{5}{7}$, $\cos\alpha\cos\beta=\dfrac{4}{7}$일 때, sin α sin β의
값은? $\longrightarrow \cos\alpha\cos\beta-\sin\alpha\sin\beta=\dfrac{5}{7}$

✔① $-\dfrac{1}{7}$ ② $-\dfrac{2}{7}$ ③ $-\dfrac{3}{7}$

④ $-\dfrac{4}{7}$ ⑤ $-\dfrac{5}{7}$

☑ 연관 개념 check

$\cos(\alpha+\beta)=\cos\alpha\cos\beta-\sin\alpha\sin\beta$

해결 흐름

1 $\cos(\alpha+\beta)=\cos\alpha\cos\beta-\sin\alpha\sin\beta$가 성립하니까 $\cos\alpha\cos\beta=\dfrac{4}{7}$를 이용하면 sin α sin β의 값을 구할 수 있겠네.

알찬 풀이

$\cos(\alpha+\beta)=\dfrac{5}{7}$에서 ─── 삼각함수의 덧셈정리를 이용해서 좌변의 식을 변형해.

$\cos\alpha\cos\beta-\sin\alpha\sin\beta=\dfrac{5}{7}$ ◀

한편, $\cos\alpha\cos\beta=\dfrac{4}{7}$이므로 위의 식에 대입하면

$\dfrac{4}{7}-\sin\alpha\sin\beta=\dfrac{5}{7}$ ∴ $\sin\alpha\sin\beta=-\dfrac{1}{7}$

---

23 정답 ⑤   정답률 93%

$\tan\theta=\dfrac{1}{7}$일 때, sin 2θ의 값은?
$\longrightarrow$ 삼각함수의 덧셈정리를 이용해 봐.

① $\dfrac{1}{5}$ ② $\dfrac{11}{50}$ ③ $\dfrac{6}{25}$

④ $\dfrac{13}{50}$ ✔⑤ $\dfrac{7}{25}$

☑ 연관 개념 check

(1) $\sin 2\theta=2\sin\theta\cos\theta$
(2) $1+\tan^2\theta=\sec^2\theta$

해결 흐름

1 $\sin 2\theta=2\sin\theta\cos\theta$이니까 sin θ, cos θ의 값을 알아야겠네.

2 $\tan\theta=\dfrac{1}{7}$을 이용하여 sin θ, cos θ의 값을 구하면 되겠다.

알찬 풀이

$\sec^2\theta=1+\tan^2\theta=1+\left(\dfrac{1}{7}\right)^2=\dfrac{50}{49}$

즉, $\cos^2\theta=\dfrac{49}{50}$이므로 $\longrightarrow \cos\theta=\dfrac{1}{\sec\theta}$이므로 $\cos^2\theta=\dfrac{1}{\sec^2\theta}$이야.

$\sin^2\theta=1-\cos^2\theta=1-\dfrac{49}{50}=\dfrac{1}{50}$

∴ $\sin\theta=\pm\dfrac{1}{5\sqrt{2}}$, $\cos\theta=\pm\dfrac{7}{5\sqrt{2}}$ (복부호 동순)

∴ $\sin 2\theta=2\sin\theta\cos\theta$ $\longrightarrow$ tan θ>0이니까 sin θ와 cos θ의 부호는 같아.

$=2\times\left(\pm\dfrac{1}{5\sqrt{2}}\right)\times\left(\pm\dfrac{7}{5\sqrt{2}}\right)=\dfrac{7}{25}$ (복부호 동순)

---

24 정답 12   정답률 78%

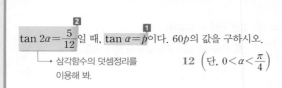

$\tan 2\alpha=\dfrac{5}{12}$일 때, tan α=p이다. 60p의 값을 구하시오.
$\longrightarrow$ 삼각함수의 덧셈정리를   12 $\left(단, 0<\alpha<\dfrac{\pi}{4}\right)$
     이용해 봐.

☑ 연관 개념 check

$\tan 2\alpha=\dfrac{2\tan\alpha}{1-\tan^2\alpha}$

해결 흐름

1 p의 값은 tan α의 값이지.

2 $\tan 2\alpha=\dfrac{2\tan\alpha}{1-\tan^2\alpha}$가 성립하니까 $\tan 2\alpha=\dfrac{5}{12}$를 이용하면 tan α의 값을 구할 수 있겠네.

알찬 풀이

$\tan 2\alpha=\dfrac{2\tan\alpha}{1-\tan^2\alpha}$이므로

$\dfrac{2\tan\alpha}{1-\tan^2\alpha}=\dfrac{5}{12}$

$24\tan\alpha=5(1-\tan^2\alpha)$ $\longrightarrow \dfrac{2\tan\alpha}{1-\tan^2\alpha}=\dfrac{5}{12}$의 양변에 $12(1-\tan^2\alpha)$를 곱했어.

$5\tan^2\alpha+24\tan\alpha-5=0$

$(\tan\alpha+5)(5\tan\alpha-1)=0$ $\longrightarrow \tan^2\alpha=(\tan\alpha)^2$이야.

∴ $\tan\alpha=\dfrac{1}{5}$ $\left(∵ 0<\alpha<\dfrac{\pi}{4}\right)$ $\longrightarrow 0<\alpha<\dfrac{\pi}{4}$이면 $0<\tan\alpha<1$이지.

따라서 $p=\dfrac{1}{5}$이므로 $60p=60\times\dfrac{1}{5}=12$

25 정답 ④   정답률 88%

$\overline{AB}=\overline{AC}$인 이등변삼각형 ABC에서 $\angle A=\alpha$, $\angle B=\beta$라 하자. $\tan(\alpha+\beta)=-\dfrac{3}{2}$일 때, $\tan\alpha$의 값은?

① $\dfrac{21}{10}$ ② $\dfrac{11}{5}$ ③ $\dfrac{23}{10}$

✓④ $\dfrac{12}{5}$ ⑤ $\dfrac{5}{2}$

→ 삼각함수의 덧셈정리를 이용해 봐.

☑ 연관 개념 check

$\tan(\alpha+\beta)=\dfrac{\tan\alpha+\tan\beta}{1-\tan\alpha\tan\beta}$

☑ 실전 적용 key

기본 도형의 성질을 활용해야 하는 문제는 도형을 그리고 주어진 조건을 모두 표시한다. 이 문제는 이등변삼각형을 그리고 주어진 각을 표시하면 꼭지각의 크기가 α, 밑각의 크기가 β이고, 삼각형의 내각의 크기의 합이 π이므로 $\alpha+2\beta=\pi$임을 알 수 있다. 이를 이용하여 $\tan\beta$의 값을 구한 후 삼각함수의 덧셈정리를 이용한다.

해결 흐름

1 이등변삼각형에서 두 밑각의 크기가 같음을 이용해서 α와 β 사이의 관계를 알아봐야겠다.

2 삼각함수의 덧셈정리를 이용하면 $\tan\alpha$의 값을 구할 수 있겠네.

알찬 풀이

$\overline{AB}=\overline{AC}$인 이등변삼각형 ABC에서 두 밑각의 크기가 같으므로

$\angle C=\angle B=\beta$

┌→ 삼각형의 세 내각의 크기의 합은 π야.

삼각형 ABC에서 $\alpha+2\beta=\pi$이므로 $\alpha+\beta=\pi-\beta$

이때 $\tan(\alpha+\beta)=-\dfrac{3}{2}$이므로

$\tan(\alpha+\beta)=\tan(\pi-\beta)=-\tan\beta=-\dfrac{3}{2}$

$\therefore \tan\beta=\dfrac{3}{2}$

$\tan(\alpha+\beta)=\dfrac{\tan\alpha+\tan\beta}{1-\tan\alpha\tan\beta}$이므로

$-\dfrac{3}{2}=\dfrac{\tan\alpha+\dfrac{3}{2}}{1-\dfrac{3}{2}\tan\alpha}$ →$\tan\beta=\dfrac{3}{2}$을 대입했어.

$-\dfrac{3}{2}+\dfrac{9}{4}\tan\alpha=\tan\alpha+\dfrac{3}{2}$ ──→ $-\dfrac{3}{2}=\dfrac{\tan\alpha+\dfrac{3}{2}}{1-\dfrac{3}{2}\tan\alpha}$의 양변에 $1-\dfrac{3}{2}\tan\alpha$를 곱했어.

$\dfrac{5}{4}\tan\alpha=3$ $\therefore \tan\alpha=\dfrac{12}{5}$

다른 풀이

$\tan\beta=\dfrac{3}{2}$이므로

$\tan\alpha=\tan(\pi-2\beta)=-\tan 2\beta$

$=-\dfrac{2\tan\beta}{1-\tan^2\beta}=-\dfrac{2\times\dfrac{3}{2}}{1-\left(\dfrac{3}{2}\right)^2}=\dfrac{12}{5}$

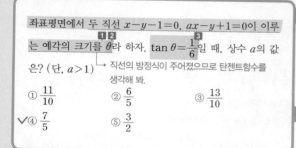

---

26 정답 ④   정답률 92%

좌표평면에서 두 직선 $x-y-1=0$, $ax-y+1=0$이 이루는 예각의 크기를 θ라 하자. $\tan\theta=\dfrac{1}{6}$일 때, 상수 a의 값은? (단, $a>1$)

→ 직선의 방정식이 주어졌으므로 탄젠트함수를 생각해 봐.

① $\dfrac{11}{10}$ ② $\dfrac{6}{5}$ ③ $\dfrac{13}{10}$

✓④ $\dfrac{7}{5}$ ⑤ $\dfrac{3}{2}$

☑ 실전 적용 key

두 직선이 이루는 각의 크기를 구하는 문제는 다음을 이용한다.

(1) 직선 $y=mx+n$이 x축의 양의 방향과 이루는 각의 크기를 θ 라 하면

$m=\tan\theta$

(2) 두 직선 l, m이 x축의 양의 방향과 이루는 각의 크기가 각각 α, β일 때, 두 직선 l, m이 이루는 예각의 크기를 θ라 하면

$\tan\theta=|\tan(\alpha-\beta)|=\left|\dfrac{\tan\alpha-\tan\beta}{1+\tan\alpha\tan\beta}\right|$

해결 흐름

1 두 직선이 x축의 양의 방향과 이루는 각의 크기를 각각 α, β라 하면 $\theta=\beta-\alpha$이지.

2 $\tan\alpha$, $\tan\beta$는 직선의 기울기와 같으니까 그 값을 알 수 있겠네.

3 $\tan\theta=\tan(\beta-\alpha)=\dfrac{1}{6}$이니까 a에 대한 식을 구할 수 있겠다.

알찬 풀이

두 직선 $x-y-1=0$, $ax-y+1=0$, 즉 $y=x-1$, $y=ax+1$이 x축의 양의 방향과 이루는 각의 크기를 각각 α, β라 하면

$\underline{\tan\alpha=1, \tan\beta=a}$ → 직선 $y=x-1$의 기울기는 1이고, 직선 $y=ax+1$의 기울기는 a야.

이때 $a>1$이므로 $\theta=\beta-\alpha$

$\therefore \tan\theta=\tan(\beta-\alpha)$

$=\dfrac{\tan\beta-\tan\alpha}{1+\tan\beta\tan\alpha}$ | $\tan\alpha=1$, $\tan\beta=a$를 대입했어.

$=\dfrac{a-1}{1+a}$

이때 $\tan\theta=\dfrac{1}{6}$이므로 $\dfrac{a-1}{1+a}=\dfrac{1}{6}$

$6a-6=a+1$, $5a=7$ $\therefore a=\dfrac{7}{5}$

27 [정답] ⑤ 정답률 84%

그림과 같이 중심이 O인 원 위에 세 점 A, B, C가 있다. $\overline{AC}=4$, $\overline{BC}=3$이고 삼각형 ABC의 넓이가 2이다. $\angle AOB=\theta$일 때, sin θ의 값은? (단, $0<\theta<\pi$)

→ $\overline{AC}$, $\overline{BC}$의 끼인 각 $\angle ACB$의 크기를 알 수 있어.

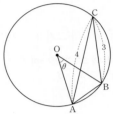

① $\dfrac{2\sqrt{2}}{9}$　　② $\dfrac{5\sqrt{2}}{18}$　　③ $\dfrac{\sqrt{2}}{3}$

④ $\dfrac{7\sqrt{2}}{18}$　　✓⑤ $\dfrac{4\sqrt{2}}{9}$

☑ 연관 개념 check

$\sin 2\alpha = 2\sin\alpha\cos\alpha$

수능 핵심 개념 | **원주각과 중심각의 크기**

한 원에서 한 호에 대한 원주각의 크기는 그 호에 대한 중심각의 크기의 $\dfrac{1}{2}$이다. 즉,

$\angle APB = \dfrac{1}{2}\angle AOB$

해결 흐름

1 $\angle ACB$는 호 AB에 대한 원주각이니까 $\angle ACB=\dfrac{\theta}{2}$이겠네.

2 삼각형 ABC의 넓이가 2이니까 sin $\dfrac{\theta}{2}$의 값을 구할 수 있겠다.

3 **2**에서 구한 sin $\dfrac{\theta}{2}$의 값을 이용하면 sin θ의 값도 구할 수 있어.

알찬 풀이

한 원에서 호 AB에 대한 원주각 $\angle ACB$의 크기는 중심각의 크기의 $\dfrac{1}{2}$이므로

$$\angle ACB = \dfrac{1}{2}\angle AOB = \dfrac{\theta}{2}$$

삼각형 ABC의 넓이가 2이므로

$$\dfrac{1}{2}\times 4 \times 3 \times \sin\dfrac{\theta}{2}=2$$

$$\therefore \sin\dfrac{\theta}{2}=\dfrac{1}{3} \quad \rightarrow \triangle ABC=\dfrac{1}{2}\times\overline{AC}\times\overline{BC}\times\sin(\angle ACB)$$임을 이용했어.

$0<\theta<\pi$에서 $0<\dfrac{\theta}{2}<\dfrac{\pi}{2}$이므로 $\cos\dfrac{\theta}{2}>0$

$$\therefore \cos\dfrac{\theta}{2}=\sqrt{1-\sin^2\dfrac{\theta}{2}}=\sqrt{1-\left(\dfrac{1}{3}\right)^2}=\dfrac{2\sqrt{2}}{3}$$

$$\therefore \sin\theta = 2\sin\dfrac{\theta}{2}\cos\dfrac{\theta}{2} \quad \rightarrow \sin^2\dfrac{\theta}{2}+\cos^2\dfrac{\theta}{2}=1$$이고, $\cos\dfrac{\theta}{2}>0$이야.

$$=2\times\dfrac{1}{3}\times\dfrac{2\sqrt{2}}{3}=\dfrac{4\sqrt{2}}{9}$$

---

28 [정답] ④ 정답률 57%

좌표평면에서 원점 O를 중심으로 하고 반지름의 길이가 각각 1, $\sqrt{2}$인 두 원 C_1, C_2가 있다. 직선 $y=\dfrac{1}{2}$이 원 C_1, C_2와 제1사분면에서 만나는 점을 각각 P, Q라고 하자. 점 A$(\sqrt{2}, 0)$에 대하여 $\angle QOP=\alpha$, $\angle AOQ=\beta$라고 할 때, $\sin(\alpha-\beta)$의 값은?

→ $\overline{OP}=1$, $\overline{OQ}=\sqrt{2}$이겠네.

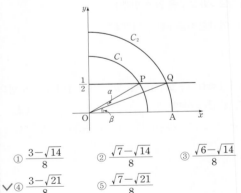

① $\dfrac{3-\sqrt{14}}{8}$　　② $\dfrac{\sqrt{7}-\sqrt{14}}{8}$　　③ $\dfrac{\sqrt{6}-\sqrt{14}}{8}$

✓④ $\dfrac{3-\sqrt{21}}{8}$　　⑤ $\dfrac{\sqrt{7}-\sqrt{21}}{8}$

☑ 연관 개념 check

$\sin(\alpha-\beta)=\sin\alpha\cos\beta-\cos\alpha\sin\beta$

해결 흐름

1 그래프에서 $\sin(\alpha+\beta)$, $\sin\beta$의 값을 구할 수 있겠네.

2 $\sin(\alpha-\beta)=\sin((\alpha+\beta)-2\beta)$이니까 삼각함수의 덧셈정리를 이용해서 계산해야겠다.

알찬 풀이

주어진 그래프에서 $\sin(\alpha+\beta)=\dfrac{1}{2}$이므로

$$\cos(\alpha+\beta)=\sqrt{1-\left(\dfrac{1}{2}\right)^2}=\sqrt{1-\dfrac{1}{4}}=\dfrac{\sqrt{3}}{2}\left(\because 0<\alpha+\beta<\dfrac{\pi}{2}\right)$$

또, $\sin\beta=\dfrac{\dfrac{1}{2}}{\sqrt{2}}=\dfrac{1}{2\sqrt{2}}=\dfrac{\sqrt{2}}{4}$이므로 → 점 Q의 y좌표야.

$\rightarrow \sin^2\beta+\cos^2\beta=1$이고 $0<\beta<\dfrac{\pi}{2}$에서 $\cos\beta>0$이야.

$$\cos\beta=\sqrt{1-\left(\dfrac{\sqrt{2}}{4}\right)^2}=\sqrt{1-\dfrac{2}{16}}=\dfrac{\sqrt{14}}{4}\left(\because 0<\beta<\dfrac{\pi}{2}\right)$$

$$\therefore \sin 2\beta = 2\sin\beta\cos\beta = 2\times\dfrac{\sqrt{2}}{4}\times\dfrac{\sqrt{14}}{4}=\dfrac{\sqrt{7}}{4}$$

$$\cos 2\beta = \cos^2\beta - \sin^2\beta = \left(\dfrac{\sqrt{14}}{4}\right)^2-\left(\dfrac{\sqrt{2}}{4}\right)^2=\dfrac{3}{4}$$

$$\therefore \sin(\alpha-\beta)=\sin((\alpha+\beta)-2\beta)$$
$$=\sin(\alpha+\beta)\cos 2\beta - \cos(\alpha+\beta)\sin 2\beta$$
$$=\dfrac{1}{2}\times\dfrac{3}{4}-\dfrac{\sqrt{3}}{2}\times\dfrac{\sqrt{7}}{4}$$
$$=\dfrac{3-\sqrt{21}}{8}$$

29 정답 ④ 정답률 92%

$0 \le x \le \pi$일 때, 방정식
→ 주어진 범위에서 $0 \le \sin x \le 1$, $-1 \le \cos x \le 1$이야.
$$\sin x = \sin 2x$$ **1**
의 모든 해의 합은?

① π　　　　② $\dfrac{7}{6}\pi$　　　　③ $\dfrac{5}{4}\pi$

✓④ $\dfrac{4}{3}\pi$　　　⑤ $\dfrac{3}{2}\pi$

☑ **연관 개념 check**

$\sin 2\alpha = 2 \sin \alpha \cos \alpha$

☑ **오답 clear**

$\sin x = 2 \sin x \cos x$에서 양변을 $\sin x$로 나누면 안된다. 양변을 $\sin x$로 나누기 위해서는 $\sin x \ne 0$이어야 하는데 $0 \le x \le \pi$일 때 $\sin x = 0$일 수도 있기 때문이다.

해결 흐름

1 $\sin 2x = 2 \sin x \cos x$로 변형하고 모든 항을 좌변으로 이항하면 인수분해할 수 있겠다.

알찬 풀이

$\sin x = \sin 2x$에서

$\sin 2x = 2 \sin x \cos x$이므로

$\underline{\sin x = 2 \sin x \cos x}$ → $\sin 2x = 2 \sin x \cos x$를 $\sin x = \sin 2x$에 대입했어.

$\sin x - 2 \sin x \cos x = 0$

$\sin x(1 - 2 \cos x) = 0$

$\therefore \sin x = 0$ 또는 $\underline{\cos x = \dfrac{1}{2}}$

이때 $0 \le x \le \pi$이므로　→ $1 - 2 \cos x = 0$에서 $\cos x = \dfrac{1}{2}$이야.

$\sin x = 0$에서 $x = 0$ 또는 $x = \pi$

$\cos x = \dfrac{1}{2}$에서 $x = \dfrac{\pi}{3}$

따라서 모든 해의 합은

$$0 + \pi + \dfrac{\pi}{3} = \dfrac{4}{3}\pi$$

---

30 정답 ③ 정답률 90%

$0 \le x \le 2\pi$일 때, 방정식
→ 주어진 범위에서 $-1 \le \sin x \le 1$, $-1 \le \cos x \le 1$이야.
$$\sin 2x - \sin x = 4 \cos x - 2$$ **1**
의 모든 해의 합은?

① π　　　　② $\dfrac{3}{2}\pi$　　　✓③ 2π

④ $\dfrac{5}{2}\pi$　　　⑤ 3π

☑ **연관 개념 check**

$\sin 2\alpha = 2 \sin \alpha \cos \alpha$

☑ **실전 적용 key**

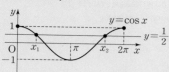

$0 \le x \le 2\pi$에서 방정식 $\cos x = \dfrac{1}{2}$의 두 해를 x_1, x_2라 하면 함수 $y = \cos x$ ($0 \le x \le 2\pi$)의 그래프와 직선 $y = \dfrac{1}{2}$의 교점의 x좌표가 x_1, x_2이므로 코사인함수의 그래프의 대칭성에 의하여

$\dfrac{x_1 + x_2}{2} = \pi$　　$\therefore x_1 + x_2 = 2\pi$

☑ **오답 clear**

$\sin x$나 $\cos x$가 포함된 방정식 문제에서 x의 값의 범위가 주어졌을 때는 $\sin x$, $\cos x$의 값의 범위를 구한 후 이 범위에 포함되지 않는 $\sin x$의 값이나 $\cos x$의 값은 반드시 제외해야 한다.

해결 흐름

1 $\sin 2x = 2 \sin x \cos x$로 변형하고 모든 항을 좌변으로 이항하면 인수분해할 수 있겠다.

알찬 풀이

$\sin 2x - \sin x = 4 \cos x - 2$에서

$2 \sin x \cos x - \sin x = 4 \cos x - 2$

$2 \sin x \cos x - \sin x - 4 \cos x + 2 = 0$

$\sin x(2 \cos x - 1) - 2(2 \cos x - 1) = 0$

$\underline{(2 \cos x - 1)(\sin x - 2) = 0}$

$\therefore \cos x = \dfrac{1}{2}$ 또는 $\sin x = 2$　→ $2 \cos x - 1 = 0$ 또는 $\sin x - 2 = 0$

이때 $-1 \le \sin x \le 1$이므로 $\cos x = \dfrac{1}{2}$

$0 \le x \le 2\pi$이므로　→ $\sin x = 2$는 제외해야 해.

$\cos x = \dfrac{1}{2}$에서 $x = \dfrac{\pi}{3}$ 또는 $x = \dfrac{5}{3}\pi$

따라서 모든 해의 합은

$$\dfrac{\pi}{3} + \dfrac{5}{3}\pi = 2\pi$$

생생 수험 Talk

수능이 굉장히 중요한 시험이지만 인생에서 가장 중요한 시험은 아니야. 그러니까 너무 큰 부담은 갖지 말고 시험에 응하길 바라. 평소에 중요한 일이 있을 때 긴장하는 편이라면 실제 시험을 보는 것처럼 시간을 재고 풀어보는 것도 좋은 방법이야. 열심히 공부하고 대비해서 편하게 시험 보러 가면 잘 볼 수 있을 거야.

31 정답 30　　정답률 78%

$0<x<2\pi$일 때, 방정식

$(\cos 2x-\cos x)\sin x=0$ **1 2**

을 만족시키는 모든 해의 합은 $k\pi$이다. $10k$의 값을 구하시오.

→ $\cos 2x=2\cos^2 x-1$임을 이용하여
$\cos x$에 대한 식으로 나타내 봐.

30

☑ 연관 개념 check

$\cos 2\alpha=\cos^2\alpha-\sin^2\alpha$
$\quad\quad=2\cos^2\alpha-1$
$\quad\quad=1-2\sin^2\alpha$

이차식의 인수분해를 이용했어. ←

해결 흐름

1 $(\cos 2x-\cos x)\sin x=0$에서 $\cos 2x-\cos x=0$ 또는 $\sin x=0$이네.

2 $\cos 2x-\cos x=0$에서 $\cos 2x=2\cos^2 x-1$을 대입하면 $\cos x$에 대한 이차방정식이 되니까 $\cos x$의 값을 구할 수 있겠다.

알찬 풀이

$(\cos 2x-\cos x)\sin x=0$에서

$\cos 2x=\cos^2 x-\sin^2 x=\cos^2 x-(1-\cos^2 x)$
$\quad\quad=2\cos^2 x-1$

이므로 $(2\cos^2 x-\cos x-1)\sin x=0$

$(2\cos x+1)(\cos x-1)\sin x=0$

→ $2\cos x+1=0$ 또는 $\cos x-1=0$ 또는 $\sin x=0$

$\therefore \cos x=-\dfrac{1}{2}$ 또는 $\cos x=1$ 또는 $\sin x=0$

이때 $0<x<2\pi$이므로 $\cos x\neq 1$

→ $\cos x=1$이면 $x=2n\pi$ (n은 정수)이니까
$0<x<2\pi$에서는 $\cos x\neq 1$이야.

$\cos x=-\dfrac{1}{2}$에서 $x=\dfrac{2}{3}\pi$ 또는 $x=\dfrac{4}{3}\pi$

$\sin x=0$에서 $x=\pi$

따라서 모든 해의 합은

$\dfrac{2}{3}\pi+\dfrac{4}{3}\pi+\pi=3\pi$

즉, $k=3$이므로 $10k=10\times 3=30$

→ k의 값은 3π가 아니라 3이야.

---

32 정답 35　　정답률 87%

방정식 $3\cos 2x+17\cos x=0$을 만족시키는 x에 대하여 **1**

$\tan^2 x$의 값을 구하시오. **35** **2**

→ $\cos 2x=2\cos^2 x-1$임을 이용하여 $\cos x$에 대한 이차방정식을 세워 봐.

☑ 연관 개념 check

$\cos 2\alpha=\cos^2\alpha-\sin^2\alpha$
$\quad\quad=2\cos^2\alpha-1$
$\quad\quad=1-2\sin^2\alpha$

☑ 오답 clear

$\sin x$나 $\cos x$가 포함된 방정식 문제에서 x의 값의 범위가 주어지지 않았을 때는 $-1\leq\sin x\leq 1$, $-1\leq\cos x\leq 1$이므로 이 범위를 만족시키지 않는 $\sin x$의 값이나 $\cos x$의 값은 반드시 제외해야 한다.

해결 흐름

1 $\cos 2x=2\cos^2 x-1$로 변형하면 인수분해할 수 있겠다.

2 $\cos x$의 값을 구하면 $1+\tan^2 x=\sec^2 x$를 이용해서 $\tan^2 x$의 값도 구할 수 있겠네.

알찬 풀이

$3\cos 2x+17\cos x=0$에서

$\cos 2x=\cos^2 x-\sin^2 x=\cos^2 x-(1-\cos^2 x)$
$\quad\quad=2\cos^2 x-1$

→ $\cos 2x=2\cos^2 x-1$을
$3\cos 2x+17\cos x=0$에 대입했어.

이므로 $3(2\cos^2 x-1)+17\cos x=0$

$6\cos^2 x+17\cos x-3=0$

→ $\cos x$에 대한 이차방정식에서 $\cos x$의 값을 구하기 위해 좌변을 인수분해했어.

$(\cos x+3)(6\cos x-1)=0$

$\therefore \cos x=-3$ 또는 $\cos x=\dfrac{1}{6}$

이때 $-1\leq\cos x\leq 1$이므로 $\cos x=\dfrac{1}{6}$

따라서 $\sec x=\dfrac{1}{\cos x}=6$이고 $1+\tan^2 x=\sec^2 x$이므로

$\tan^2 x=\sec^2 x-1=6^2-1=35$

다른 풀이

$\tan^2 x=\dfrac{\sin^2 x}{\cos^2 x}$임을 이용하여 $\tan^2 x$의 값을 구할 수도 있다.

$\cos x=\dfrac{1}{6}$이므로 $\sin^2 x=1-\cos^2 x=1-\dfrac{1}{36}=\dfrac{35}{36}$

$\therefore \tan^2 x=\dfrac{\sin^2 x}{\cos^2 x}=\dfrac{\dfrac{35}{36}}{\dfrac{1}{36}}=35$

33 정답 60   정답률 78%

그림과 같이 $\overline{\text{AB}}=2$, $\angle \text{B}=\dfrac{\pi}{2}$인 직각삼각형 ABC에서 중심이 A, 반지름의 길이가 1인 원이 두 선분 AB, AC와 만나는 점을 각각 D, E라 하자.

호 DE의 삼등분점 중 점 D에 가까운 점을 F라 하고, 직선 AF가 선분 BC와 만나는 점을 G라 하자.

$\angle \text{BAG}=\theta$라 할 때, 삼각형 ABG의 내부와 부채꼴 ADF 의 외부의 공통부분의 넓이를 $f(\theta)$[1], 부채꼴 AFE의 넓이를 [2] $g(\theta)$[3]라 하자. $40 \times \lim\limits_{\theta \to 0+} \dfrac{f(\theta)}{g(\theta)}$의 값을 구하시오. **60**

→ 한 원에서 부채꼴의 호의 길이와 중심각의 크기는 정비례하므로 호의 길이의 비를 이용하면 중심각의 크기를 구할 수 있어.

$\left(\text{단, } 0<\theta<\dfrac{\pi}{6}\right)$

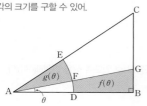

☑ **연관 개념 check**

$\lim\limits_{x \to 0} \dfrac{\tan x}{x}=1$

해결 흐름

1 직각삼각형 ABG에서 선분 BG의 길이를 θ로 나타내면 $f(\theta)$를 θ에 대한 식으로 나타낼 수 있겠네.

2 부채꼴 AFE의 중심각의 크기를 θ로 나타내면 $g(\theta)$를 θ에 대한 식으로 나타낼 수 있겠다.

3 **1**, **2**에서 구한 $f(\theta)$, $g(\theta)$를 이용하면 극한값을 구할 수 있겠다.

알찬 풀이

직각삼각형 ABG에서

$\overline{\text{BG}}=\overline{\text{AB}}\tan \theta=2\tan \theta$

┌→ 부채꼴의 넓이
반지름의 길이가 r, 중심각의 크기가 θ인 부채꼴의 넓이 S는
$S=\dfrac{1}{2}r^2\theta$

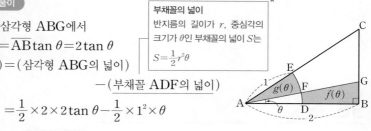

$f(\theta)=(\text{삼각형 ABG의 넓이})$
$\qquad\qquad -(\text{부채꼴 ADF의 넓이})$

$\quad =\dfrac{1}{2} \times 2 \times 2\tan \theta - \dfrac{1}{2} \times 1^2 \times \theta$

$\quad =2\tan \theta - \dfrac{\theta}{2}$

또, 부채꼴 AFE에서 $\overline{\text{AE}}=\overline{\text{AF}}=1$이고 $\angle \text{EAF}=2\theta$이므로

$g(\theta)=\dfrac{1}{2} \times 1^2 \times 2\theta=\theta$

→ 호의 길이와 중심각의 크기는 정비례하니까.

$\therefore 40 \times \lim\limits_{\theta \to 0+} \dfrac{f(\theta)}{g(\theta)}=40 \times \lim\limits_{\theta \to 0+} \dfrac{2\tan \theta - \dfrac{\theta}{2}}{\theta}$

$\qquad\qquad\qquad\quad =40 \times \lim\limits_{\theta \to 0+}\left(\dfrac{2\tan \theta}{\theta}-\dfrac{1}{2}\right)$

$\qquad\qquad\qquad\quad =40 \times \left(2-\dfrac{1}{2}\right)$

$\qquad\qquad\qquad\quad =40 \times \dfrac{3}{2}=60$

34 정답 2   정답률 80%

좌표평면에서 곡선 $y=\sin x$ 위의 점 $\text{P}(t, \sin t)$ $(0<t<\pi)$ 를 중심으로 하고 x축에 접하는 원을 C라 하자. 원 C가 x축 에 접하는 점을 Q, 선분 OP와 만나는 점을 R라 하자.

$\lim\limits_{t \to 0+} \dfrac{\overline{\text{OQ}}}{\overline{\text{OR}}}=a+b\sqrt{2}$[1]일 때, $a+b$의 값을 구하시오. **2**
[2] (단, O는 원점이고, a, b는 정수이다.)

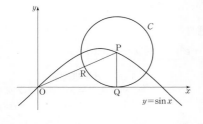

☑ **연관 개념 check**

$\lim\limits_{x \to 0} \dfrac{\sin x}{x}=1$

해결 흐름

1 점 P가 원 C의 중심이니까 점 P의 좌표를 이용하여 $\overline{\text{OQ}}$, $\overline{\text{PR}}$의 길이를 구할 수 있겠네.

2 **1**에서 구한 길이를 이용하면 $\overline{\text{OR}}$의 길이도 구할 수 있겠다.

알찬 풀이

중심이 $\text{P}(t, \sin t)$인 원 C가 점 Q에서 x축에 접하므로 $\text{Q}(t, 0)$

$\therefore \overline{\text{OQ}}=t$ ┌→ 점 P의 y좌표와 같아.

$\overline{\text{PR}}$는 원 C의 반지름이므로 $\overline{\text{PR}}=\overline{\text{PQ}}=\sin t$

즉, $\overline{\text{OP}}=\sqrt{t^2+\sin^2 t}$이므로

┌ 두 점 사이의 거리
좌표평면 위의 두 점 $\text{A}(x_1, y_1)$, $\text{B}(x_2, y_2)$ 사이의 거리는
$\overline{\text{AB}}=\sqrt{(x_2-x_1)^2+(y_2-y_1)^2}$

$\overline{\text{OR}}=\overline{\text{OP}}-\overline{\text{PR}}=\sqrt{t^2+\sin^2 t}-\sin t$

$\therefore \lim\limits_{t \to 0+} \dfrac{\overline{\text{OQ}}}{\overline{\text{OR}}}=\lim\limits_{t \to 0+} \dfrac{t}{\sqrt{t^2+\sin^2 t}-\sin t}$

$\qquad\qquad =\lim\limits_{t \to 0+} \dfrac{t(\sqrt{t^2+\sin^2 t}+\sin t)}{(\sqrt{t^2+\sin^2 t}-\sin t)(\sqrt{t^2+\sin^2 t}+\sin t)}$

$\qquad\qquad =\lim\limits_{t \to 0+} \dfrac{t(\sqrt{t^2+\sin^2 t}+\sin t)}{t^2}$

$\qquad\qquad =\lim\limits_{t \to 0+} \dfrac{\sqrt{t^2+\sin^2 t}+\sin t}{t}$

$\qquad\qquad =\lim\limits_{t \to 0+}\left\{\sqrt{1+\left(\dfrac{\sin t}{t}\right)^2}+\dfrac{\sin t}{t}\right\}$

→ $\lim\limits_{x \to 0} \dfrac{\sin x}{x}=1$임을 이용하기 위해 식을 변형했어.

$\qquad\qquad =\sqrt{1+1^2}+1=1+\sqrt{2}$

따라서 $a=1$, $b=1$이므로 $a+b=2$

35 정답 2 정답률 82%

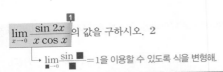

$\displaystyle\lim_{x\to 0}\frac{\sin 2x}{x\cos x}$ 의 값을 구하시오. 2

    $\displaystyle\lim_{\blacksquare\to 0}\frac{\sin\blacksquare}{\blacksquare}=1$을 이용할 수 있도록 식을 변형해.

☑ **연관 개념 check**

$\displaystyle\lim_{x\to 0}\frac{\sin x}{x}=1$

해결 흐름

1 삼각함수의 극한을 이용할 수 있도록 식을 변형해야겠다.

알찬 풀이

$$\lim_{x\to 0}\frac{\sin 2x}{x\cos x}=\lim_{x\to 0}\left(\frac{\sin 2x}{2x}\times\frac{2}{\cos x}\right)$$
$$=1\times 2=2$$

    $\cos 0=1$이니까 $\displaystyle\lim_{x\to 0}\frac{2}{\cos x}=2$이지.

---

36 정답 ③ 정답률 85%

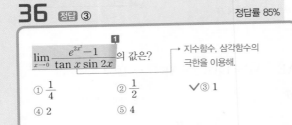

$\displaystyle\lim_{x\to 0}\frac{e^{2x^2}-1}{\tan x\sin 2x}$ 의 값은? → 지수함수, 삼각함수의 극한을 이용해.

① $\dfrac{1}{4}$ ② $\dfrac{1}{2}$ ✔③ 1

④ 2   ⑤ 4

☑ **연관 개념 check**

(1) $\displaystyle\lim_{x\to 0}\frac{e^x-1}{x}=1$

(2) $\displaystyle\lim_{x\to 0}\frac{\sin x}{x}=1,\ \lim_{x\to 0}\frac{\tan x}{x}=1$

해결 흐름

1 지수함수의 극한과 삼각함수의 극한을 이용할 수 있도록 식을 변형해야겠다.

알찬 풀이

$$\lim_{x\to 0}\frac{e^{2x^2}-1}{\tan x\sin 2x}=\lim_{x\to 0}\frac{\dfrac{e^{2x^2}-1}{x^2}}{\dfrac{\tan x\sin 2x}{x^2}}$$

→ 분모, 분자를 각각 x^2으로 나눴어.

→ 분모에 2를 곱했으니까 분자에도 2를 곱해야 해.

$$=\lim_{x\to 0}\frac{\dfrac{e^{2x^2}-1}{2x^2}\times 2}{\dfrac{\tan x}{x}\times\dfrac{\sin 2x}{2x}\times 2}=\frac{1\times 2}{1\times 1\times 2}=1$$

---

37 정답 ① 정답률 94%

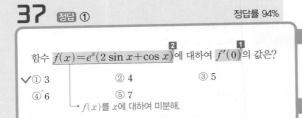

함수 $f(x)=e^x(2\sin x+\cos x)$ 에 대하여 $f'(0)$의 값은?

✔① 3   ② 4   ③ 5

④ 6   ⑤ 7

    → $f(x)$를 x에 대하여 미분해.

☑ **연관 개념 check**

$(\sin x)'=\cos x,\ (\cos x)'=-\sin x$

해결 흐름

1 $f'(0)$의 값은 $f'(x)$에 $x=0$을 대입하면 구할 수 있어.

2 지수함수, 삼각함수의 미분법을 이용하여 $f'(x)$를 구해야겠다.

알찬 풀이

$f(x)=e^x(2\sin x+\cos x)$에서

$f'(x)=e^x(2\sin x+\cos x)+e^x(2\cos x-\sin x)$

$\quad\ =e^x(\sin x+3\cos x)$

$\therefore f'(0)=1\times(0+3)=3$

    → $e^0=1$

> **함수의 곱의 미분법** ☆
> 미분가능한 두 함수 $f(x), g(x)$에 대하여
> $\{f(x)g(x)\}'=f'(x)g(x)+f(x)g'(x)$

생생 수험 Talk

여러 시험에서 지금까지 전혀 접해 보지 못한 새로운 유형의 문제가 나온 적 있지? 그럴 때 나는 풀어 본 유형과 새로운 유형을 구분 짓지 않으려고 노력했어.

이 말은 두 가지 의미로 접근할 수 있지. 첫째는 안 풀어 본 유형이 없을 정도로 모든 부분을 꼼꼼히 공부하려 노력해야 한다는 뜻이야. 둘째는 실전에 임할 때, '어, 안 풀어 본 문제잖아?'하며 당황하지 말아야 한다는 것이지. 어차피 모든 문제가 내가 공부한 개념에서 나오잖아. 새로운 유형의 문제도 지금까지 풀어 본 문제의 변주일 뿐이니까 자신감을 갖고 풀어 봐. 모든 과목에서 내가 해결할 수 있을 거라는 자신감은 조바심보다 분명 좋은 결과를 가져다 줄 거야.

38 정답 ②
정답률 83%

함수 $f(x)=\sin x+a\cos x$에 대하여 $\lim\limits_{x\to\frac{\pi}{2}}\dfrac{f(x)-1}{x-\frac{\pi}{2}}=3$

일 때, $f\left(\dfrac{\pi}{4}\right)$의 값은? (단, a는 상수이다.)
↳ 미분계수의 정의를 이용해 봐.

① $-2\sqrt{2}$ ✔② $-\sqrt{2}$ ③ 0
④ $\sqrt{2}$ ⑤ $2\sqrt{2}$

☑ 연관 개념 check
(1) 함수 $y=f(x)$의 $x=a$에서의 미분계수는
$$f'(a)=\lim_{x\to a}\frac{f(x)-f(a)}{x-a}$$
(2) $(\sin x)'=\cos x$, $(\cos x)'=-\sin x$

해결 흐름

1 미분계수의 정의를 이용하여 $\lim\limits_{x\to\frac{\pi}{2}}\dfrac{f(x)-1}{x-\frac{\pi}{2}}$을 간단히 나타내야겠다.

2 $f'(x)$를 구한 후 **1**을 이용하여 a의 값을 구하면 $f\left(\dfrac{\pi}{4}\right)$의 값을 구할 수 있겠다.

알찬 풀이

$f\left(\dfrac{\pi}{2}\right)=\sin\dfrac{\pi}{2}+a\cos\dfrac{\pi}{2}=1$이므로

$$\lim_{x\to\frac{\pi}{2}}\frac{f(x)-1}{x-\frac{\pi}{2}}=\lim_{x\to\frac{\pi}{2}}\frac{f(x)-f\left(\frac{\pi}{2}\right)}{x-\frac{\pi}{2}}$$
$$=f'\left(\frac{\pi}{2}\right)=3 \quad \text{미분계수의 정의를 이용했어.} \quad\cdots\cdots\ \bigcirc$$

$f(x)=\sin x+a\cos x$에서
$f'(x)=\cos x-a\sin x$
$f'\left(\dfrac{\pi}{2}\right)=\cos\dfrac{\pi}{2}-a\sin\dfrac{\pi}{2}$
$\qquad =-a=3\ (\because\ \bigcirc)$
$\therefore a=-3$

따라서 $f(x)=\sin x-3\cos x$이므로
$f\left(\dfrac{\pi}{4}\right)=\sin\dfrac{\pi}{4}-3\cos\dfrac{\pi}{4}$
$\qquad =\dfrac{\sqrt{2}}{2}-3\times\dfrac{\sqrt{2}}{2}=-\sqrt{2}$

39 정답 8
정답률 91%

함수 $f(x)=\dfrac{x^2-2x-6}{x-1}$에 대하여 $f'(0)$의 값을 구하시오.
↳ $f(x)$를 x에 대하여 미분해.
8

☑ 연관 개념 check
미분가능한 두 함수 $f(x)$, $g(x)$ $(g(x)\neq 0)$에 대하여
$$\left\{\frac{f(x)}{g(x)}\right\}'=\frac{f'(x)g(x)-f(x)g'(x)}{\{g(x)\}^2}$$

해결 흐름

1 $f'(0)$의 값은 $f'(x)$에 $x=0$을 대입하면 구할 수 있어.
2 함수의 몫의 미분법을 이용하여 $f'(x)$를 구해야겠다.

알찬 풀이

$f(x)=\dfrac{x^2-2x-6}{x-1}$에서

$f'(x)=\dfrac{(2x-2)(x-1)-(x^2-2x-6)}{(x-1)^2}$
$\qquad =\dfrac{(2x^2-4x+2)-(x^2-2x-6)}{(x-1)^2}$
$\qquad =\dfrac{x^2-2x+8}{(x-1)^2}$

$\therefore f'(0)=8$

문제 해결 **TIP**

김혁진 | 서울대학교 재료공학과 | 계성고등학교 졸업

미분계수를 구하는 문제에서 함수식이 분수식, 즉 $\dfrac{f(x)}{g(x)}$ 꼴이면 함수의 몫의 미분법을 이용해야 해. 이 문제의 경우 함수의 몫의 미분법 공식만 알고 있으면 바로 적용하여 도함수를 구하고 미분계수도 구할 수 있었어. 미분법에서는 미분법 공식을 모두 암기해 두는 것이 중요하니까 무조건 완벽하게 외워두는 게 좋을 거야.

40 정답 ③ 　　정답률 91%

실수 전체의 집합에서 미분가능한 함수 $f(x)$에 대하여 함수 $g(x)$를

2 → 구하려는 것이 $g'(0)$의 값이니까 주어진 함수를 미분해서 $g'(x)$를 구해 봐.

$$g(x)=\frac{f(x)}{(e^x+1)^2}$$

라 하자. $f'(0)-f(0)=2$일 때, $g'(0)$의 값은? **1**

① $\dfrac{1}{4}$　　　② $\dfrac{3}{8}$　　　✔③ $\dfrac{1}{2}$

④ $\dfrac{5}{8}$　　　⑤ $\dfrac{3}{4}$

해결 흐름

1 $g'(0)$의 값은 $g'(x)$에 $x=0$을 대입하면 구할 수 있어.

2 함수의 몫의 미분법을 이용하여 $g'(x)$를 구해야겠다.

☑ 연관 개념 check

미분가능한 두 함수 $f(x)$, $g(x)$ $(g(x)\neq0)$에 대하여
$$\left\{\frac{f(x)}{g(x)}\right\}'=\frac{f'(x)g(x)-f(x)g'(x)}{\{g(x)\}^2}$$

알찬 풀이

$g(x)=\dfrac{f(x)}{(e^x+1)^2}$에서

$g'(x)=\dfrac{f'(x)(e^x+1)^2-f(x)\{(e^x+1)^2\}'}{\{(e^x+1)^2\}^2}$

$=\dfrac{f'(x)(e^x+1)^2-f(x)\times2e^x(e^x+1)}{(e^x+1)^4}$

$=\dfrac{f'(x)(e^x+1)-2e^xf(x)}{(e^x+1)^3}$　　분모, 분자를 각각 e^x+1로 나눴어.

$\therefore g'(0)=\dfrac{f'(0)\times(e^0+1)-2e^0f(0)}{(e^0+1)^3}$

$=\dfrac{2f'(0)-2f(0)}{2^3}$

$=\dfrac{f'(0)-f(0)}{4}$　　문제에서 $f'(0)-f(0)=2$임이 주어졌어.

$=\dfrac{2}{4}=\dfrac{1}{2}$

---

41 정답 ⑤ 　　정답률 92%

함수 $f(x)=\dfrac{\ln x}{x^2}$ **2** 에 대하여 $\displaystyle\lim_{h\to0}\dfrac{f(e+h)-f(e-2h)}{h}$ **1** 의 값은?

→ 미분계수의 정의를 이용해 봐.

① $-\dfrac{2}{e}$　　　② $-\dfrac{3}{e^2}$　　　③ $-\dfrac{1}{e}$

④ $-\dfrac{2}{e^2}$　　　✔⑤ $-\dfrac{3}{e^3}$

해결 흐름

1 미분계수의 정의를 이용하여 $\displaystyle\lim_{h\to0}\dfrac{f(e+h)-f(e-2h)}{h}$ 를 간단히 나타내야겠네.

2 함수의 몫의 미분법을 이용하여 $f'(x)$를 구해야겠다.

☑ 연관 개념 check

미분가능한 두 함수 $f(x)$, $g(x)$ $(g(x)\neq0)$에 대하여
$$\left\{\frac{f(x)}{g(x)}\right\}'=\frac{f'(x)g(x)-f(x)g'(x)}{\{g(x)\}^2}$$

수능 핵심 개념　미분계수와 극한값

(1) $\displaystyle\lim_{h\to0}\dfrac{f(a+h)-f(a)}{h}=\lim_{x\to a}\dfrac{f(x)-f(a)}{x-a}=f'(a)$

(2) $\displaystyle\lim_{h\to0}\dfrac{f(a+ph)-f(a)}{h}=pf'(a)$

(3) $\displaystyle\lim_{h\to0}\dfrac{f(a+ph)-f(a+qh)}{h}=(p-q)f'(a)$

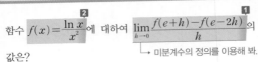
$=\dfrac{(\ln x)'\times x^2-\ln x\times(x^2)'}{(x^2)^2}$

알찬 풀이

$\displaystyle\lim_{h\to0}\dfrac{f(e+h)-f(e-2h)}{h}$

$=\displaystyle\lim_{h\to0}\dfrac{\{f(e+h)-f(e)\}-\{f(e-2h)-f(e)\}}{h}$

$=\displaystyle\lim_{h\to0}\dfrac{f(e+h)-f(e)}{h}-\lim_{h\to0}\dfrac{f(e-2h)-f(e)}{h}$

$=\displaystyle\lim_{h\to0}\dfrac{f(e+h)-f(e)}{h}+2\lim_{h\to0}\dfrac{f(e-2h)-f(e)}{-2h}$

$=f'(e)+2f'(e)$　　미분계수의 정의를 이용했어.

$=3f'(e)$

$f(x)=\dfrac{\ln x}{x^2}$에서

$f'(x)=\dfrac{\dfrac{1}{x}\times x^2-\ln x\times2x}{x^4}$

$=\dfrac{x-2x\ln x}{x^4}=\dfrac{1-2\ln x}{x^3}$

$\therefore \displaystyle\lim_{h\to0}\dfrac{f(e+h)-f(e-2h)}{h}=3f'(e)$

$\qquad\qquad\qquad→\ln e=1$

$=3\times\dfrac{1-2\ln e}{e^3}$

$=-\dfrac{3}{e^3}$

42 정답 ②

실수 전체의 집합에서 미분가능한 함수 $f(x)$에 대하여 함수 $g(x)$를

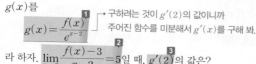

$$g(x) = \frac{f(x)}{e^{x-2}}$$

┌ 구하려는 것이 $g'(2)$의 값이니까 주어진 함수를 미분해서 $g'(x)$를 구해 봐.

라 하자. $\lim_{x \to 2} \dfrac{f(x)-3}{x-2} = 5$일 때, $g'(2)$의 값은?

① 1 　　　 ✓② 2 　　　 ③ 3
④ 4 　　　 ⑤ 5

☑ 연관 개념 check

(1) 함수 $y=f(x)$의 $x=a$에서의 미분계수는

$$f'(a) = \lim_{x \to a} \frac{f(x)-f(a)}{x-a}$$

(2) 미분가능한 두 함수 $f(x)$, $g(x)$ $(g(x) \neq 0)$에 대하여

$$\left\{ \frac{f(x)}{g(x)} \right\}' = \frac{f'(x)g(x)-f(x)g'(x)}{\{g(x)\}^2}$$

수능 핵심 개념 — 함수의 극한에 대한 성질의 응용

두 함수 $f(x)$, $g(x)$에 대하여

(1) $\lim\limits_{x \to a} \dfrac{f(x)}{g(x)} = a$ (a는 실수)이고 $\lim\limits_{x \to a} g(x) = 0$이면

➡ $\lim\limits_{x \to a} f(x) = 0$

(2) $\lim\limits_{x \to a} \dfrac{f(x)}{g(x)} = a$ (a는 0이 아닌 실수)이고

$\lim\limits_{x \to a} f(x) = 0$이면 ➡ $\lim\limits_{x \to a} g(x) = 0$

해결 흐름

1 함수의 몫의 미분법을 이용하여 $g'(x)$를 구해야겠네.

2 $\lim\limits_{x \to 2} \dfrac{f(x)-3}{x-2} = 5$에서 $f(2)$, $f'(2)$의 값을 구할 수 있겠네.

3 **1**에서 구한 식에 $x=2$를 대입하고 $f(2)$, $f'(2)$의 값을 이용하면 $g'(2)$의 값을 구할 수 있겠다.

알찬 풀이

$\lim\limits_{x \to 2} \dfrac{f(x)-3}{x-2} = 5$에서 $x \longrightarrow 2$일 때 (분모) $\longrightarrow 0$이고 극한값이 존재하므로

(분자) $\longrightarrow 0$이어야 한다.

$\lim\limits_{x \to 2} \{f(x)-3\} = 0$에서 $f(2)-3 = 0$

$\therefore f(2) = 3$

┌ $h(x) = f(x)-3$이라 하면 함수 $h(x)$는 미분가능하고 미분가능하면 연속이니까 $\lim\limits_{x \to 2} h(x) = h(2) = 0$이야. 즉, $\lim\limits_{x \to 2} \{f(x)-3\} = f(2)-3 = 0$이 성립해.

$\therefore \lim\limits_{x \to 2} \dfrac{f(x)-3}{x-2} = \lim\limits_{x \to 2} \dfrac{f(x)-f(2)}{x-2} = f'(2) = 5$

└ 미분계수의 정의를 이용했어.

한편, $g(x) = \dfrac{f(x)}{e^{x-2}}$에서

$$g'(x) = \frac{f'(x)e^{x-2}-f(x)e^{x-2}}{(e^{x-2})^2}$$

$$\therefore g'(2) = \frac{f'(2)e^{2-2}-f(2)e^{2-2}}{(e^{2-2})^2}$$

$$= \frac{5 \times e^0 - 3 \times e^0}{(e^0)^2}$$

$$= \frac{5-3}{1} = 2$$

---

43 정답 ①

함수 $f(x) = \dfrac{1}{x+3}$에 대하여 $\lim\limits_{h \to 0} \dfrac{f'(a+h)-f'(a)}{h} = 2$를 만족시키는 실수 a의 값은?

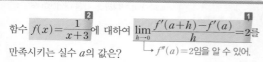

└ $f''(a) = 2$임을 알 수 있어.

✓① -2 　　　 ② -1 　　　 ③ 0
④ 1 　　　 ⑤ 2

☑ 연관 개념 check

(1) 함수 $f(x)$의 도함수 $f'(x)$가 미분가능할 때, $f(x)$의 이계도함수는

$$f''(x) = \lim_{\Delta x \to 0} \frac{f'(x+\Delta x)-f'(x)}{\Delta x}$$

(2) 미분가능한 함수 $g(x)$ $(g(x) \neq 0)$에 대하여

$$\left\{ \frac{1}{g(x)} \right\}' = -\frac{g'(x)}{\{g(x)\}^2}$$

해결 흐름

1 $\lim\limits_{h \to 0} \dfrac{f'(a+h)-f'(a)}{h}$를 간단히 나타내야겠네.

2 함수의 몫의 미분법을 이용하여 $f'(x)$, $f''(x)$를 구해야겠네.

알찬 풀이

$$\lim_{h \to 0} \frac{f'(a+h)-f'(a)}{h} = f''(a) = 2 \qquad \cdots\cdots \ \text{㉠}$$

└ $f''(a)$는 이계도함수 $f''(x)$의 $x=a$에서의 함숫값이야.

$f(x) = \dfrac{1}{x+3}$에서

$$f'(x) = -\frac{1}{(x+3)^2},$$

$$f''(x) = -\left\{ -\frac{2(x+3)}{(x+3)^4} \right\} = \frac{2}{(x+3)^3}$$

이므로 ㉠에서

$$f''(a) = \frac{2}{(a+3)^3} = 2$$

$(a+3)^3 = 1$, $a+3 = 1$

$\therefore a = -2$

└ 주어진 조건에서 a는 실수이기 때문이야.

II. 미분법

3점 집중

44 정답 ② 정답률 79%

실수 전체의 집합에서 미분가능한 함수 $f(x)$가 모든 실수 x에 대하여

$$f(x)+f\left(\frac{1}{2}\sin x\right)=\sin x$$

를 만족시킬 때, $f'(\pi)$의 값은?

→ 양변을 x에 대하여 미분한 후 x에 π를 대입해.

① $-\frac{5}{6}$ ✔② $-\frac{2}{3}$ ③ $-\frac{1}{2}$

④ $-\frac{1}{3}$ ⑤ $-\frac{1}{6}$

☑ 연관 개념 check

미분가능한 두 함수 $y=f(u)$, $u=g(x)$에 대하여 합성함수 $y=f(g(x))$의 도함수는

$$\frac{dy}{dx}=\frac{dy}{du}\times\frac{du}{dx} \text{ 또는 } \{f(g(x))\}'=f'(g(x))g'(x)$$

해결 흐름

1 $f'(\pi)$의 값을 구해야 하니까 $f(x)+f\left(\frac{1}{2}\sin x\right)=\sin x$를 미분해 봐야겠다.

2 $f\left(\frac{1}{2}\sin x\right)$를 미분할 때는 합성함수의 미분법을 이용해야겠네.

알찬 풀이

$f(x)+f\left(\frac{1}{2}\sin x\right)=\sin x$의 양변을 x에 대하여 미분하면

→ $y=f(a\sin x)$의 도함수는 $y'=f'(a\sin x)\times(a\sin x)'$이야.

$$f'(x)+f'\left(\frac{1}{2}\sin x\right)\times\frac{1}{2}\cos x=\cos x \quad \cdots\cdots \text{㉠}$$

→ $(\sin x)'=\cos x$

㉠의 양변에 $x=\pi$를 대입하면 $f'(\pi)+f'(0)\times\left(-\frac{1}{2}\right)=-1$

$$\therefore f'(\pi)-\frac{1}{2}f'(0)=-1 \quad \cdots\cdots \text{㉡}$$

→ $f'(\pi)$의 값을 구해야 하니까 $f'(0)$의 값을 먼저 구해야 해.

㉠의 양변에 $x=0$을 대입하면

$$f'(0)+f'(0)\times\frac{1}{2}=1, \ \frac{3}{2}f'(0)=1 \quad \therefore f'(0)=\frac{2}{3}$$

$f'(0)=\frac{2}{3}$를 ㉡에 대입하면 $f'(\pi)-\frac{1}{2}\times\frac{2}{3}=-1$

$$\therefore f'(\pi)=-1+\frac{1}{3}=-\frac{2}{3}$$

---

45 정답 ④ 정답률 91%

실수 전체의 집합에서 미분가능한 함수 $f(x)$가 모든 실수 x에 대하여

$$f(x^3+x)=e^x$$

→ 양변을 x에 대하여 미분한 후 $f'(2)$가 나오도록 x에 적당한 수를 대입해.

을 만족시킬 때, $f'(2)$의 값은?

① e ② $\frac{e}{2}$ ③ $\frac{e}{3}$

✔④ $\frac{e}{4}$ ⑤ $\frac{e}{5}$

☑ 연관 개념 check

미분가능한 두 함수 $y=f(u)$, $u=g(x)$에 대하여 합성함수 $y=f(g(x))$의 도함수는

$$\frac{dy}{dx}=\frac{dy}{du}\times\frac{du}{dx} \text{ 또는 } \{f(g(x))\}'=f'(g(x))g'(x)$$

해결 흐름

1 $f'(2)$의 값을 구해야 하니까 $f(x^3+x)=e^x$을 미분해 봐야겠다.

2 $f(x^3+x)$를 미분할 때는 합성함수의 미분법을 이용해야겠네.

알찬 풀이

$f(x^3+x)=e^x$의 양변을 x에 대하여 미분하면

$$f'(x^3+x)\times(x^3+x)'=e^x$$
$$f'(x^3+x)\times(3x^2+1)=e^x$$

→ $y=f(ax+b)$의 도함수는 $y'=f'(ax+b)\times(ax+b)'$이야.

위의 식의 양변에 $x=1$을 대입하면

→ $f'(2)$의 값을 구하려면 $f'(x^3+x)$에서 $x^3+x=2$이어야 하니까 $x=1$을 대입해야 해.

$$4f'(2)=e \quad \therefore f'(2)=\frac{e}{4}$$

---

46 정답 2 정답률 91%

함수 $f(x)=x\ln(2x-1)$에 대하여 $f'(1)$의 값을 구하시오. 2

→ $f(x)$를 x에 대하여 미분해.

☑ 연관 개념 check

미분가능한 함수 $f(x)$ ($f(x)\neq0$)에 대하여

$y=\ln|f(x)|$이면 $y'=\dfrac{f'(x)}{f(x)}$

해결 흐름

1 $f'(1)$의 값은 $f'(x)$에 $x=1$을 대입하면 구할 수 있어.

2 곱의 미분법과 로그함수의 도함수를 이용하여 $f'(x)$를 구해야겠다.

알찬 풀이

$f(x)=x\ln(2x-1)$에서

$$f'(x)=(x)'\ln(2x-1)+x\times\{\ln(2x-1)\}'$$
$$=\ln(2x-1)+x\times\frac{2}{2x-1}$$

→ $y=\ln(2x-1)$이면 $y'=\dfrac{(2x-1)'}{2x-1}=\dfrac{2}{2x-1}$

$$=\ln(2x-1)+\frac{2x}{2x-1}$$

$$\therefore f'(1)=\boxed{0}+2=2$$

→ $\ln(2x-1)$에 $x=1$을 대입하면 $\ln 1=0$

47 정답 ④ 정답률 91%

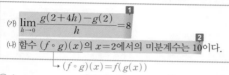

함수 $f(x)=\dfrac{2^x}{\ln 2}$ 과 실수 전체의 집합에서 미분가능한 함수 $g(x)$가 다음 조건을 만족시킬 때, $g(2)$의 값은?

→ $y=a^x$이면 $y'=a^x\times\ln a$

(가) $\displaystyle\lim_{h\to 0}\dfrac{g(2+4h)-g(2)}{h}=8$ **1**

(나) 함수 $(f\circ g)(x)$의 $x=2$에서의 미분계수는 10이다. **2**

↓ $(f\circ g)(x)=f(g(x))$

① 1　　　　　② $\log_2 3$　　　　　③ 2

✓④ $\log_2 5$　　　⑤ $\log_2 6$

☑ 연관 개념 check

(1) 함수 $y=f(x)$의 $x=a$에서의 미분계수는

$$f'(a)=\lim_{h\to 0}\frac{f(a+h)-f(a)}{h}$$

(2) 미분가능한 두 함수 $y=f(u)$, $u=g(x)$에 대하여 합성함수 $y=f(g(x))$의 도함수는

$$\frac{dy}{dx}=\frac{dy}{du}\times\frac{du}{dx} \text{ 또는 } \{f(g(x))\}'=f'(g(x))g'(x)$$

해결 흐름

1 조건 (가)에서 $g'(2)$의 값을 구할 수 있겠네.
2 조건 (나)에서 합성함수의 미분법을 이용하여 함수 $(f\circ g)(x)$를 미분해 봐야겠다.

알찬 풀이

조건 (가)에서

$$\lim_{h\to 0}\frac{g(2+4h)-g(2)}{h}=\lim_{h\to 0}\left\{\frac{g(2+4h)-g(2)}{4h}\times 4\right\}$$
$$=4g'(2)=8 \quad\text{→ 미분계수의 정의를 이용했어.}$$

이므로 $g'(2)=2$

조건 (나)에서 $y=(f\circ g)(x)=f(g(x))$라 하면

$$y'=f'(g(x))g'(x)$$

이고, $x=2$에서의 미분계수가 10이므로

$$f'(g(2))\times g'(2)=10$$
$$f'(g(2))=5 \quad\leftarrow\text{ }g'(2)=2\text{를 대입해서 계산한 거야.}$$

이때 $f(x)=\dfrac{2^x}{\ln 2}$에서 $f'(x)=2^x$이므로

→ $f'(x)=\dfrac{2^x\ln 2}{\ln 2}=2^x$

$$f'(g(2))=2^{g(2)}=5 \quad\therefore g(2)=\log_2 5$$

---

48 정답 ④ 정답률 83%

함수 $f(x)=\sin(x+\alpha)+2\cos(x+\alpha)$에 대하여 $f'\left(\dfrac{\pi}{4}\right)=0$일 때, $\tan\alpha$의 값은? (단, α는 상수이다.) **1** **2**

① $-\dfrac{5}{6}$　　　② $-\dfrac{2}{3}$　　　③ $-\dfrac{1}{2}$

✓④ $-\dfrac{1}{3}$　　　⑤ $-\dfrac{1}{6}$

$f'\left(\dfrac{\pi}{4}\right)$의 값이 주어졌으니까 주어진 함수를 미분해.

☑ 연관 개념 check

미분가능한 두 함수 $y=f(u)$, $u=g(x)$에 대하여 합성함수 $y=f(g(x))$의 도함수는

$$\frac{dy}{dx}=\frac{dy}{du}\times\frac{du}{dx} \text{ 또는 } \{f(g(x))\}'=f'(g(x))g'(x)$$

☑ 오답 clear

알찬 풀이에서 $\cos\left(\dfrac{\pi}{4}+\alpha\right)=2\sin\left(\dfrac{\pi}{4}+\alpha\right)$를 삼각함수 사이의 관계를 이용하여 $\tan\left(\dfrac{\pi}{4}+\alpha\right)=\dfrac{1}{2}$로 변형하지 않고, 바로 삼각함수의 덧셈정리를 이용했다면 오히려 더 복잡한 식을 얻었을 것이다.

이와 같이 삼각함수의 도함수와 관련된 문제에서는 삼각함수의 덧셈정리나 삼각함수 사이의 관계를 적절히 이용해야 식을 간단하게 만들 수 있으므로 삼각함수에 대한 다양한 공식이나 정리를 잘 기억해 두도록 한다.

해결 흐름

1 $f'(x)$를 구한 후 $f'\left(\dfrac{\pi}{4}\right)=0$을 이용해서 식을 세워 봐야겠다.
2 **1**에서 세운 식을 변형해서 $\tan\alpha$의 값을 구해 봐야겠다.

알찬 풀이

$f(x)=\sin(x+\alpha)+2\cos(x+\alpha)$에서
$f'(x)=\cos(x+\alpha)-2\sin(x+\alpha)$

(1) $\{\sin f(x)\}'=\cos f(x)\times f'(x)$
(2) $\{\cos f(x)\}'=-\sin f(x)\times f'(x)$ ☆★

$f'\left(\dfrac{\pi}{4}\right)=0$이므로 $\cos\left(\dfrac{\pi}{4}+\alpha\right)-2\sin\left(\dfrac{\pi}{4}+\alpha\right)=0$

$$\cos\left(\frac{\pi}{4}+\alpha\right)=2\sin\left(\frac{\pi}{4}+\alpha\right)$$

양변을 $\cos\left(\dfrac{\pi}{4}+\alpha\right)$로 나눈 후, $\dfrac{\sin\theta}{\cos\theta}=\tan\theta$임을 이용했어.

$$\tan\left(\frac{\pi}{4}+\alpha\right)=\frac{1}{2}$$

$$\frac{\tan\dfrac{\pi}{4}+\tan\alpha}{1-\tan\dfrac{\pi}{4}\tan\alpha}=\frac{1}{2}$$

$\tan(\alpha+\beta)=\dfrac{\tan\alpha+\tan\beta}{1-\tan\alpha\tan\beta}$를 이용했어.

$$\frac{1+\tan\alpha}{1-\tan\alpha}=\frac{1}{2}, \quad 2(1+\tan\alpha)=1-\tan\alpha$$

$$3\tan\alpha=-1 \quad\therefore \tan\alpha=-\frac{1}{3}$$

문제 해결 **TIP**

김철민 | 서울대학교 전기정보공학부 | 북일고등학교 졸업

문제를 차분히 살펴보면 문제 해결을 위한 조건을 얻을 수 있어. 먼저 함수 $f(x)$가 $\sin\alpha$, $\cos\alpha$를 포함하고 있으니까 $\tan\alpha=\dfrac{\sin\alpha}{\cos\alpha}$를 이용하고, $f'\left(\dfrac{\pi}{4}\right)$의 값이 주어졌으니까 $f'(x)$를 구한 후 $x=\dfrac{\pi}{4}$를 대입해서 정리해야 해. 이 두 가지를 생각할 수 있다면 문제의 반은 해결한 거야. 삼각함수 문제는 삼각함수 사이의 관계와 삼각함수의 덧셈정리를 적절하게 적용할 수 있어야 해.

49 <u>정답</u> ① 정답률 84%

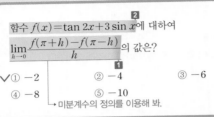

함수 $f(x)=\tan 2x+3\sin x$에 대하여

$\lim\limits_{h\to 0}\dfrac{f(\pi+h)-f(\pi-h)}{h}$ 의 값은?

✓① -2 ② -4 ③ -6

④ -8 ⑤ -10

└→ 미분계수의 정의를 이용해 봐.

☑ 실전 적용 key

$\lim\limits_{h\to 0}\dfrac{f(a+ph)-f(a+qh)}{h}=(p-q)f'(a)$임을 이용하여

$\lim\limits_{h\to 0}\dfrac{f(\pi+h)-f(\pi-h)}{h}=\{1-(-1)\}f'(\pi)=2f'(\pi)$

와 같이 변형할 수 있다. 따라서 이를 실전에서 적용하면 풀이 시간
을 절약할 수 있다.

해결 흐름

1 미분계수의 정의를 이용하여 $\lim\limits_{h\to 0}\dfrac{f(\pi+h)-f(\pi-h)}{h}$ 를 간단히 나타내야겠네.

2 삼각함수의 도함수를 이용하여 $f'(x)$를 구해야겠다.

알찬 풀이

$\lim\limits_{h\to 0}\dfrac{f(\pi+h)-f(\pi-h)}{h}$

$=\lim\limits_{h\to 0}\dfrac{f(\pi+h)-f(\pi)-\{f(\pi-h)-f(\pi)\}}{h}$

$=\lim\limits_{h\to 0}\dfrac{f(\pi+h)-f(\pi)}{h}+\lim\limits_{h\to 0}\dfrac{f(\pi-h)-f(\pi)}{-h}$

$=f'(\pi)+f'(\pi)=2f'(\pi)$ ┌→ $\boxed{\{\tan f(x)\}'=\sec^2 f(x)\times f'(x)}$ ☆

$f(x)=\boxed{\tan 2x}+3\sin x$에서 $f'(x)=\boxed{2\sec^2 2x}+3\cos x$

$\therefore \lim\limits_{h\to 0}\dfrac{f(\pi+h)-f(\pi-h)}{h}=2f'(\pi)=2(2\sec^2 2\pi+3\cos\pi)$

$\qquad\qquad\qquad\qquad\qquad =2\{2\times 1^2+3\times(-1)\}=-2$

---

50 <u>정답</u> 1 정답률 95%

함수 $f(x)=\ln(x^2+1)$에 대하여 $f'(1)$의 값을 구하시오. 1

└→ x^2+1을 한 문자로 생각하고
로그함수의 도함수를 이용해.

☑ 연관 개념 check

미분가능한 함수 $f(x)$ $(f(x)\neq 0)$에 대하여

$y=\ln|f(x)|$이면 $y'=\dfrac{f'(x)}{f(x)}$

해결 흐름

1 $f'(1)$의 값은 $f'(x)$에 $x=1$을 대입하면 구할 수 있어.

2 먼저 로그함수의 도함수를 이용하여 $f'(x)$를 구해야겠다.

알찬 풀이

$f(x)=\ln(x^2+1)$에서

$f'(x)=\dfrac{(x^2+1)'}{x^2+1}=\dfrac{2x}{x^2+1}$ → $y=\ln|f(x)|$이면 $y'=\dfrac{f'(x)}{f(x)}$ 임을 이용했어.

$\therefore f'(1)=\dfrac{2}{1+1}=1$

---

51 <u>정답</u> 1 정답률 93%

함수 $f(x)=-\cos^2 x$에 대하여 $f'\left(\dfrac{\pi}{4}\right)$의 값을 구하시오. 1

└→ $f(x)$를 x에 대하여 미분해.

☑ 연관 개념 check

미분가능한 두 함수 $y=f(u)$, $u=g(x)$에 대하여 합성함수
$y=f(g(x))$의 도함수는

$\dfrac{dy}{dx}=\dfrac{dy}{du}\times\dfrac{du}{dx}$ 또는 $\{f(g(x))\}'=f'(g(x))g'(x)$

해결 흐름

1 $f'\left(\dfrac{\pi}{4}\right)$의 값은 $f'(x)$에 $x=\dfrac{\pi}{4}$를 대입하면 구할 수 있어.

2 먼저 합성함수의 미분법과 삼각함수의 도함수를 이용하여 $f'(x)$를 구해야겠다.

알찬 풀이

$\boxed{f(x)=-\cos^2 x}$에서   ┌→ $\boxed{\begin{array}{l}\{\cos^n f(x)\}'\\=n\cos^{n-1}f(x)\times\{-\sin f(x)\}\times f'(x)\end{array}}$ ☆

$\boxed{f'(x)=-2\cos x\times(-\sin x)}$

$\qquad =2\sin x\cos x$

$\therefore f'\left(\dfrac{\pi}{4}\right)=2\sin\dfrac{\pi}{4}\cos\dfrac{\pi}{4}=2\times\dfrac{\sqrt{2}}{2}\times\dfrac{\sqrt{2}}{2}=1$

다른 풀이

$f(x)=-\cos^2 x$에서

$f'(x)=-2\cos x\times(-\sin x)$

$\qquad =2\sin x\cos x=\sin 2x$

$\therefore f'\left(\dfrac{\pi}{4}\right)=\sin\dfrac{\pi}{2}=1$

74 해설편

52 정답 2 정답률 85%

함수 $f(x)=\sqrt{x^3+1}$에 대하여 $f'(2)$의 값을 구하시오. 2

↳ $f(x)=(x^3+1)^{\frac{1}{2}}$으로 변형해서 합성함수의 미분법을 이용해.

연관 개념 check
미분가능한 두 함수 $y=f(u)$, $u=g(x)$에 대하여 합성함수 $y=f(g(x))$의 도함수는

$$\frac{dy}{dx}=\frac{dy}{du}\times\frac{du}{dx} \text{ 또는 } \{f(g(x))\}'=f'(g(x))g'(x)$$

해결 흐름

1 $f'(2)$의 값은 $f'(x)$에 $x=2$를 대입하면 구할 수 있어.

2 먼저 합성함수의 미분법을 이용하여 $f'(x)$를 구해야겠다.

알찬 풀이

$f(x)=\sqrt{x^3+1}=(x^3+1)^{\frac{1}{2}}$에서

$f'(x)=\frac{1}{2}(x^3+1)^{-\frac{1}{2}}\times(x^3+1)'=\frac{1}{2}(x^3+1)^{-\frac{1}{2}}\times 3x^2$

$\therefore f'(2)=\frac{1}{2}\times(2^3+1)^{-\frac{1}{2}}\times 3\times 2^2$

$=\frac{1}{2}\times\frac{1}{3}\times 3\times 4=2$

↳ $(2^3+1)^{-\frac{1}{2}}=9^{-\frac{1}{2}}=(3^2)^{-\frac{1}{2}}=3^{-1}=\frac{1}{3}$

53 정답 ② 정답률 92%

매개변수 t $(t>0)$으로 나타내어진 곡선

$x=\ln(t^3+1)$, $y=\sin\pi t$

에서 $t=1$일 때, $\frac{dy}{dx}$의 값은? ↳ $\frac{dx}{dt}$, $\frac{dy}{dt}$를 먼저 구해야 해.

① $-\frac{1}{3}\pi$ ✓② $-\frac{2}{3}\pi$ ③ $-\pi$

④ $-\frac{4}{3}\pi$ ⑤ $-\frac{5}{3}\pi$

연관 개념 check
매개변수로 나타낸 함수 $x=f(t)$, $y=g(t)$가 t에 대하여 미분가능하고 $f'(t)\neq 0$이면

$$\frac{dy}{dx}=\frac{\dfrac{dy}{dt}}{\dfrac{dx}{dt}}=\frac{g'(t)}{f'(t)}$$

해결 흐름

1 x, y를 각각 매개변수 t에 대하여 미분한 후 $\frac{dy}{dx}$를 t에 대한 식으로 나타내야겠다.

2 **1**에서 구한 식에 $t=1$을 대입해야겠네.

알찬 풀이

$\boxed{\{\sin f(x)\}'=\cos f(x)\times f'(x)}$ ☆★

$\dfrac{dx}{dt}=\dfrac{3t^2}{t^3+1}$, $\dfrac{dy}{dt}=\pi\cos\pi t$이므로

↳ $y=\ln|f(x)|$이면 $y'=\dfrac{f'(x)}{f(x)}$임을 이용했어.

$\dfrac{dy}{dx}=\dfrac{\dfrac{dy}{dt}}{\dfrac{dx}{dt}}=\dfrac{\pi\cos\pi t}{\dfrac{3t^2}{t^3+1}}=\dfrac{\pi(t^3+1)\cos\pi t}{3t^2}$

따라서 $t=1$일 때, ↳ $t=1$을 대입해서 $\frac{dy}{dx}$의 값을 구해.

$\dfrac{dy}{dx}=\dfrac{2\pi\cos\pi}{3}=-\dfrac{2}{3}\pi$

54 정답 ② 정답률 85%

매개변수 t로 나타내어진 곡선

$x=t+\cos 2t$, $y=\sin^2 t$

에서 $t=\frac{\pi}{4}$일 때, $\frac{dy}{dx}$의 값은?

① -2 ✓② -1 ③ 0

④ 1 ⑤ 2 ↳ $\frac{dx}{dt}$, $\frac{dy}{dt}$를 먼저 구해야 해.

연관 개념 check
매개변수로 나타낸 함수 $x=f(t)$, $y=g(t)$가 t에 대하여 미분가능하고 $f'(t)\neq 0$이면

$$\frac{dy}{dx}=\frac{\dfrac{dy}{dt}}{\dfrac{dx}{dt}}=\frac{g'(t)}{f'(t)}$$

해결 흐름

1 x, y를 각각 매개변수 t에 대하여 미분한 후 $\frac{dy}{dx}$를 t에 대한 식으로 나타내야겠다.

2 **1**에서 구한 식에 $t=\frac{\pi}{4}$를 대입해야겠네.

알찬 풀이

$\boxed{\{\cos f(x)\}'=-\sin f(x)\times f'(x)}$ ☆★

$\dfrac{dx}{dt}=1-2\sin 2t$, $\dfrac{dy}{dt}=2\sin t\cos t$이므로

$\boxed{\{\sin^n f(x)\}'=n\sin^{n-1} f(x)\times\cos f(x)\times f'(x)}$ ☆★

$\dfrac{dy}{dx}=\dfrac{\dfrac{dy}{dt}}{\dfrac{dx}{dt}}=\dfrac{2\sin t\cos t}{1-2\sin 2t}$ (단, $1-2\sin 2t\neq 0$)

따라서 $t=\frac{\pi}{4}$일 때,

$\dfrac{dy}{dx}=\dfrac{2\sin\dfrac{\pi}{4}\cos\dfrac{\pi}{4}}{1-2\sin\dfrac{\pi}{2}}=\dfrac{2\times\dfrac{\sqrt{2}}{2}\times\dfrac{\sqrt{2}}{2}}{1-2\times 1}=-1$

55 정답 ④ 정답률 84%

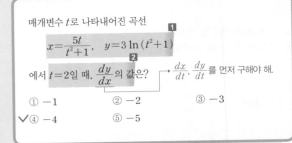

매개변수 t로 나타내어진 곡선

$$x=\frac{5t}{t^2+1}, \quad y=3\ln(t^2+1)$$

에서 $t=2$일 때, $\frac{dy}{dx}$의 값은? $\rightarrow \frac{dx}{dt}\cdot\frac{dy}{dt}$를 먼저 구해야 해.

① -1　　　② -2　　　③ -3

✓④ -4　　　⑤ -5

☑ 연관 개념 check

매개변수로 나타낸 함수 $x=f(t)$, $y=g(t)$가 t에 대하여 미분가능하고 $f'(t)\neq 0$이면

$$\frac{dy}{dx}=\frac{\dfrac{dy}{dt}}{\dfrac{dx}{dt}}=\frac{g'(t)}{f'(t)}$$

해결 흐름

1 x, y를 각각 매개변수 t에 대하여 미분한 후 $\frac{dy}{dx}$를 t에 대한 식으로 나타내야겠다.

2 **1**에서 구한 식에 $t=2$를 대입해야겠네.

알찬 풀이

함수의 몫의 미분법 ☆☆
미분가능한 두 함수 $f(x)$, $g(x)$ ($g(x)\neq 0$)에 대하여

$$\left\{\frac{f(x)}{g(x)}\right\}'=\frac{f'(x)g(x)-f(x)g'(x)}{\{g(x)\}^2}$$

$$\frac{dx}{dt}=\frac{5(t^2+1)-5t\times 2t}{(t^2+1)^2}=\frac{5(1-t^2)}{(t^2+1)^2},$$

$$\frac{dy}{dt}=3\times\frac{2t}{t^2+1}=\frac{6t}{t^2+1}$$

$y=\ln|f(x)|$이면 $y'=\dfrac{f'(x)}{f(x)}$ ☆☆

이므로

$$\frac{dy}{dx}=\frac{\dfrac{dy}{dt}}{\dfrac{dx}{dt}}=\frac{\dfrac{6t}{t^2+1}}{\dfrac{5(1-t^2)}{(t^2+1)^2}}=\boxed{\frac{6t(t^2+1)}{5(1-t^2)}}$$

$t=2$를 대입해서 $\frac{dy}{dx}$의 값을 구해.

따라서 $t=2$일 때,

$$\frac{dy}{dx}=\boxed{\frac{12\times 5}{5\times(-3)}}=-4$$

56 정답 ④ 정답률 93%

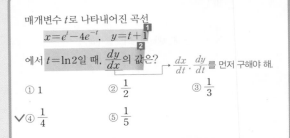

매개변수 t로 나타내어진 곡선

$$x=e^t-4e^{-t}, \quad y=t+1$$

에서 $t=\ln 2$일 때, $\frac{dy}{dx}$의 값은? $\rightarrow \frac{dx}{dt}\cdot\frac{dy}{dt}$를 먼저 구해야 해.

① 1　　　② $\frac{1}{2}$　　　③ $\frac{1}{3}$

✓④ $\frac{1}{4}$　　　⑤ $\frac{1}{5}$

☑ 연관 개념 check

매개변수로 나타낸 함수 $x=f(t)$, $y=g(t)$가 t에 대하여 미분가능하고 $f'(t)\neq 0$이면

$$\frac{dy}{dx}=\frac{\dfrac{dy}{dt}}{\dfrac{dx}{dt}}=\frac{g'(t)}{f'(t)}$$

해결 흐름

1 x, y를 각각 매개변수 t에 대하여 미분한 후 $\frac{dy}{dx}$를 t에 대한 식으로 나타내야겠다.

2 **1**에서 구한 식에 $t=\ln 2$를 대입해야겠네.

알찬 풀이

$$\frac{dx}{dt}=e^t+4e^{-t}, \frac{dy}{dt}=1$$이므로

$\{e^{f(x)}\}'=e^{f(x)}\times f'(x)$ ☆☆

$$\frac{dy}{dx}=\frac{\dfrac{dy}{dt}}{\dfrac{dx}{dt}}=\frac{1}{e^t+4e^{-t}}$$

따라서 $t=\ln 2$일 때,

$$\frac{dy}{dx}=\frac{1}{e^{\ln 2}+4\boxed{e^{-\ln 2}}}=\frac{1}{2+4\times\boxed{\dfrac{1}{2}}}=\frac{1}{4}$$

$$e^{-\ln 2}=e^{\ln\frac{1}{2}}=\frac{1}{2}$$

57 정답 ② 정답률 93%

매개변수 t로 나타내어진 곡선
$$x=e^t+\cos t, \quad y=\sin t$$ ①

에서 $t=0$일 때, $\dfrac{dy}{dx}$의 값은? ②

→ $\dfrac{dx}{dt}, \dfrac{dy}{dt}$를 먼저 구해야 해.

① $\dfrac{1}{2}$ ✔② 1   ③ $\dfrac{3}{2}$

④ 2   ⑤ $\dfrac{5}{2}$

☑ **연관 개념 check**

매개변수로 나타낸 함수 $x=f(t)$, $y=g(t)$가 t에 대하여 미분가능하고 $f'(t)\neq0$이면
$$\frac{dy}{dx}=\frac{\dfrac{dy}{dt}}{\dfrac{dx}{dt}}=\frac{g'(t)}{f'(t)}$$

해결 흐름

1 x, y를 각각 매개변수 t에 대하여 미분한 후 $\dfrac{dy}{dx}$를 t에 대한 식으로 나타내야겠다.

2 **1**에서 구한 식에 $t=0$을 대입해야겠네.

알찬 풀이

$$\frac{dx}{dt}=e^t-\sin t, \quad \frac{dy}{dt}=\cos t\text{이므로}$$

> ☆★ (1) $(\sin x)'=\cos x$
> (2) $(\cos x)'=-\sin x$

$$\frac{dy}{dx}=\frac{\dfrac{dy}{dt}}{\dfrac{dx}{dt}}=\frac{\cos t}{e^t-\sin t}$$

→ $t=0$을 대입해서 $\dfrac{dy}{dx}$의 값을 구해.

따라서 $t=0$일 때, $\dfrac{dy}{dx}=\dfrac{1}{1-0}=1$

---

58 정답 ⑤ 정답률 91%

매개변수 t $(t>0)$으로 나타내어진 함수
$$x=\ln t+t, \quad y=-t^3+3t$$

에 대하여 $\dfrac{dy}{dx}$ ① 가 $t=a$에서 최댓값을 가질 때, a의 값은? ②

→ $\dfrac{dx}{dt}, \dfrac{dy}{dt}$를 먼저 구해야 해.

① $\dfrac{1}{6}$ ② $\dfrac{1}{5}$ ③ $\dfrac{1}{4}$

④ $\dfrac{1}{3}$ ✔⑤ $\dfrac{1}{2}$

☑ **연관 개념 check**

매개변수로 나타낸 함수 $x=f(t)$, $y=g(t)$가 t에 대하여 미분가능하고 $f'(t)\neq0$이면
$$\frac{dy}{dx}=\frac{\dfrac{dy}{dt}}{\dfrac{dx}{dt}}=\frac{g'(t)}{f'(t)}$$

해결 흐름

1 x, y를 각각 매개변수 t에 대하여 미분한 후 $\dfrac{dy}{dx}$를 t에 대한 식으로 나타내야겠다.

2 **1**에서 구한 식을 변형하면 $\dfrac{dy}{dx}$가 최댓값을 갖도록 하는 t의 값을 구할 수 있겠군.

알찬 풀이

$$\frac{dx}{dt}=\frac{1}{t}+1, \quad \frac{dy}{dt}=-3t^2+3\text{이므로}$$

> ☆★ $y=\ln x$이면 $y'=\dfrac{1}{x}$

$$\frac{dy}{dx}=\frac{\dfrac{dy}{dt}}{\dfrac{dx}{dt}}=\frac{-3t^2+3}{\dfrac{1}{t}+1}=\frac{-3t^3+3t}{t+1}=\frac{-3t(t+1)(t-1)}{t+1}$$

$$=-3t(t-1)=-3t^2+3t$$

> $-3t^2+3t=-3(t^2-t)=-3\left(t^2-t+\dfrac{1}{4}-\dfrac{1}{4}\right)$

$$=-3\left(t-\frac{1}{2}\right)^2+\frac{3}{4}$$

> $=-3\left(t-\dfrac{1}{2}\right)^2+\dfrac{3}{4}$

따라서 $\dfrac{dy}{dx}$는 $t=\dfrac{1}{2}$에서 최댓값 $\dfrac{3}{4}$을 가지므로 $a=\dfrac{1}{2}$

---

59 정답 ③ 정답률 87%

곡선 $x\sin 2y+3x=3$ 위의 점 $\left(1, \dfrac{\pi}{2}\right)$에서의 접선의 기울기 ① 는?

→ 음함수의 미분법을 이용하여 $\dfrac{dy}{dx}$를 구해.

① $\dfrac{1}{2}$ ② 1   ✔③ $\dfrac{3}{2}$

④ 2   ⑤ $\dfrac{5}{2}$

☑ **연관 개념 check**

음함수 표현 $f(x, y)=0$에서 y를 x의 함수로 보고, 각 항을 x에 대하여 미분하여 $\dfrac{dy}{dx}$를 구한다.

해결 흐름

1 음함수의 미분법을 이용하여 $\dfrac{dy}{dx}$를 구한 다음 $x=1$, $y=\dfrac{\pi}{2}$를 대입해야겠다.

알찬 풀이

$x\sin 2y+3x=3$의 양변을 x에 대하여 미분하면

> 함수의 곱의 미분법
> $\{f(x)g(x)\}'=f'(x)g(x)+f(x)g'(x)$
> 를 이용했어.

$$\sin 2y+x\cos 2y\times 2\times\frac{dy}{dx}+3=0$$

$$2x\cos 2y\times\frac{dy}{dx}=-\sin 2y-3$$

$$\therefore \frac{dy}{dx}=\frac{-\sin 2y-3}{2x\cos 2y} \text{ (단, } x\cos 2y\neq0)$$

따라서 점 $\left(1, \dfrac{\pi}{2}\right)$에서의 접선의 기울기는

> → $\dfrac{dy}{dx}$에 $x=1$, $y=\dfrac{\pi}{2}$를 대입한 값이 구하는 기울기야.

$$\frac{-\sin\left(2\times\dfrac{\pi}{2}\right)-3}{2\times 1\times\cos\left(2\times\dfrac{\pi}{2}\right)}=\frac{-\sin\pi-3}{2\cos\pi}=\frac{3}{2}$$

60 정답 ① 정답률 87%

곡선 $x^2 - y \ln x + x = e$ 위의 점 (e, e^2)에서의 접선의 기울기는? 음함수의 미분법을 이용하여 $\frac{dy}{dx}$를 구해.

1

✓ ① $e+1$ ② $e+2$ ③ $e+3$

④ $2e+1$ ⑤ $2e+2$

☑ **연관 개념 check**

음함수 표현 $f(x, y) = 0$에서 y를 x의 함수로 보고, 각 항을 x에 대하여 미분하여 $\frac{dy}{dx}$를 구한다.

해결 흐름

1 음함수의 미분법을 이용하여 $\frac{dy}{dx}$를 구한 다음 $x=e$, $y=e^2$을 대입해야겠다.

알찬 풀이

$x^2 - y \ln x + x = e$의 양변을 x에 대하여 미분하면

$$2x - \frac{dy}{dx} \times \ln x - y \times \frac{1}{x} + 1 = 0$$

$$\ln x \times \frac{dy}{dx} = 2x - \frac{y}{x} + 1$$

→ $(-y \ln x)' = -\{y' \ln x + y(\ln x)'\}$
$= -\left(\frac{dy}{dx} \times \ln x + y \times \frac{1}{x} \right)$

$$\therefore \frac{dy}{dx} = \frac{2x - \frac{y}{x} + 1}{\ln x} \ (단, \ x \neq 1)$$

따라서 점 (e, e^2)에서의 접선의 기울기는

→ $\frac{dy}{dx}$에 $x=e$, $y=e^2$을 대입한 값이 구하는 기울기야.

$$\frac{2e - \frac{e^2}{e} + 1}{\ln e} = e + 1$$

61 정답 4 정답률 69%

곡선 $x^3 - y^3 = e^{xy}$ 위의 점 $(a, 0)$에서의 접선의 기울기가 b일 때, $a+b$의 값을 구하시오. 4
음함수의 미분법을 이용하여 $\frac{dy}{dx}$를 구해.

1   2

☑ **연관 개념 check**

음함수 표현 $f(x, y) = 0$에서 y를 x의 함수로 보고, 각 항을 x에 대하여 미분하여 $\frac{dy}{dx}$를 구한다.

☑ **실전 적용 key**

$x^3 - y^3 = e^{xy}$의 양변을 x에 대하여 미분할 때, e^{xy}를 x에 대하여 미분하는 것이 어렵게 느껴질 수 있다. 이때 $xy = f(x)$로 놓고 $e^{f(x)}$를 x에 대하여 미분한다고 생각하면 좀 더 쉽게 계산할 수 있다. 즉,

$(e^{xy})' = \{e^{f(x)}\}' = f'(x) \times e^{f(x)}$

$= \left(y + x \times \frac{dy}{dx} \right) e^{xy} = y e^{xy} + x e^{xy} \times \frac{dy}{dx}$

해결 흐름

1 점 $(a, 0)$이 곡선 위의 점이므로 $x^3 - y^3 = e^{xy}$에 $x=a$, $y=0$을 대입하면 a의 값을 구할 수 있어.

2 음함수의 미분법을 이용하여 $\frac{dy}{dx}$를 구한 다음 $x=a$, $y=0$을 대입해야겠다.

알찬 풀이

점 $(a, 0)$이 곡선 $x^3 - y^3 = e^{xy}$ 위의 점이므로

$a^3 = 1$, $(a-1)(a^2+a+1) = 0$ $\therefore a = 1 \ (\because a는 실수)$

$x^3 - y^3 = e^{xy}$의 양변을 x에 대하여 미분하면

$$3x^2 - 3y^2 \times \frac{dy}{dx} = \left(y + x \times \frac{dy}{dx} \right) e^{xy}$$

→ $(e^{xy})' = (xy)' \times e^{xy} = \left(y + x \times \frac{dy}{dx} \right) e^{xy}$

$$3x^2 - 3y^2 \times \frac{dy}{dx} = y e^{xy} + x e^{xy} \times \frac{dy}{dx}$$

$$\therefore \frac{dy}{dx} = \frac{3x^2 - y e^{xy}}{x e^{xy} + 3y^2} \ (단, \ x e^{xy} + 3y^2 \neq 0)$$

→ $\frac{dy}{dx}$에 $x=1$, $y=0$을 대입한 값이 구하는 기울기야.

따라서 점 $(1, 0)$에서의 접선의 기울기는 $\frac{3 \times 1 - 0 \times e^0}{1 \times e^0 + 3 \times 0} = 3$이므로

$b = 3$ $\therefore a + b = 1 + 3 = 4$

62 정답 ④ 정답률 96%

곡선 $x^2 - 3xy + y^2 = x$ 위의 점 $(1, 0)$에서의 접선의 기울기는? 음함수의 미분법을 이용하여 $\frac{dy}{dx}$를 구해.

1

① $\frac{1}{12}$ ② $\frac{1}{6}$ ③ $\frac{1}{4}$

✓ ④ $\frac{1}{3}$ ⑤ $\frac{5}{12}$

☑ **연관 개념 check**

음함수 표현 $f(x, y) = 0$에서 y를 x의 함수로 보고, 각 항을 x에 대하여 미분하여 $\frac{dy}{dx}$를 구한다.

해결 흐름

1 음함수의 미분법을 이용하여 $\frac{dy}{dx}$를 구한 다음 $x=1$, $y=0$을 대입해야겠다.

알찬 풀이

$x^2 - 3xy + y^2 = x$의 양변을 x에 대하여 미분하면

$$2x - 3y - 3x \times \frac{dy}{dx} + 2y \times \frac{dy}{dx} = 1$$

$$(3x - 2y) \frac{dy}{dx} = 2x - 3y - 1$$

→ $(-3xy)' = -3(xy)' = -3(x'y + xy') = -3\left(y + x \times \frac{dy}{dx} \right)$

$$\therefore \frac{dy}{dx} = \frac{2x - 3y - 1}{3x - 2y} \ (단, \ 3x - 2y \neq 0)$$

→ $\frac{dy}{dx}$에 $x=1$, $y=0$을 대입한 값이 구하는 기울기야.

따라서 점 $(1, 0)$에서의 접선의 기울기는 $\frac{2 \times 1 - 3 \times 0 - 1}{3 \times 1 - 2 \times 0} = \frac{1}{3}$

63

정답 ④ 정답률 95%

> 곡선 $\pi x = \cos y + x \sin y$ 위의 점 $\left(0, \dfrac{\pi}{2}\right)$에서의 접선의 기울기는?
> **①**
> 음함수의 미분법을 이용하여 $\dfrac{dy}{dx}$를 구해.
>
> ① $1 - \dfrac{5}{2}\pi$　　② $1 - 2\pi$　　③ $1 - \dfrac{3}{2}\pi$
>
> ✓④ $1 - \pi$　　⑤ $1 - \dfrac{\pi}{2}$

☑ **연관 개념 check**
음함수 표현 $f(x, y) = 0$에서 y를 x의 함수로 보고, 각 항을 x에 대하여 미분하여 $\dfrac{dy}{dx}$를 구한다.

해결 흐름

1 음함수의 미분법을 이용하여 $\dfrac{dy}{dx}$를 구한 다음 $x=0$, $y=\dfrac{\pi}{2}$를 대입해야겠다.

알찬 풀이

$\pi x = \boxed{\cos y + x \sin y}$의 양변을 x에 대하여 미분하면

$\pi = -\sin y \times \dfrac{dy}{dx} + \boxed{\sin y + x \cos y \times \dfrac{dy}{dx}}$

함수의 곱의 미분법 $\{f(x)g(x)\}' = f'(x)g(x) + f(x)g'(x)$ 를 이용했어.

$\therefore \dfrac{dy}{dx} = \dfrac{\sin y - \pi}{\sin y - x \cos y}$ (단, $\sin y - x \cos y \neq 0$)

따라서 점 $\left(0, \dfrac{\pi}{2}\right)$에서의 접선의 기울기는

$\dfrac{\sin \dfrac{\pi}{2} - \pi}{\sin \dfrac{\pi}{2} - 0 \times \cos \dfrac{\pi}{2}} = 1 - \pi$

$\dfrac{dy}{dx}$에 $x=0$, $y=\dfrac{\pi}{2}$를 대입한 값이 구하는 기울기야.

기출 유형 POINT

음함수의 미분법
(1) 음함수의 미분법은 y를 x에 대한 식으로 나타내기 어려울 때 이용하면 편리하다.
(2) 음함수의 미분법에서 다음을 기억하면 $\dfrac{dy}{dx}$를 쉽게 구할 수 있다.

$$\dfrac{d}{dx} x^n = nx^{n-1}, \quad \dfrac{d}{dx} y^n = ny^{n-1} \dfrac{dy}{dx}$$

같은 변수　　　　　다른 변수

64

정답 ③ 정답률 96%

> 곡선 $e^x - xe^y = y$ 위의 점 $(0, 1)$에서의 접선의 기울기는? **1**
>
> ① $3 - e$　　② $2 - e$　　✓③ $1 - e$
>
> ④ $-e$　　⑤ $-1 - e$
>
> 음함수의 미분법을 이용하여 $\dfrac{dy}{dx}$를 구해.

☑ **연관 개념 check**
음함수 표현 $f(x, y) = 0$에서 y를 x의 함수로 보고, 각 항을 x에 대하여 미분하여 $\dfrac{dy}{dx}$를 구한다.

☑ **실전 적용 key**
곡선 $f(x, y) = 0$ 위의 점 (x_1, y_1)에서의 접선의 기울기는 다음과 같은 순서로 구한다.
① $f(x, y) = 0$에서 y를 x에 대한 함수로 보고, 각 항을 x에 대하여 미분하여 $\dfrac{dy}{dx}$를 구한다.
② $\dfrac{dy}{dx}$에 $x = x_1$, $y = y_1$을 대입하여 접선의 기울기를 구한다.

☑ **오답 clear**
음함수의 미분법에서 x에 대한 항은 그냥 미분하고, y에 대한 항은 y에 대하여 미분한 다음 $\dfrac{dy}{dx}$를 곱해 주면 된다. 즉,
$$\dfrac{d}{dx} e^x = e^x, \quad \dfrac{d}{dx} e^y = e^y \times \dfrac{dy}{dx}$$

해결 흐름

1 음함수의 미분법을 이용하여 $\dfrac{dy}{dx}$를 구한 다음 $x=0$, $y=1$을 대입해야겠다.

알찬 풀이

$e^x - xe^y = y$의 양변을 x에 대하여 미분하면

$e^x - e^y - xe^y \times \dfrac{dy}{dx} = \dfrac{dy}{dx}$

$-(xe^y)' = -\{x'e^y + x(e^y)'\} = -\left(e^y + xe^y \times \dfrac{dy}{dx}\right)$

$(1 + xe^y)\dfrac{dy}{dx} = e^x - e^y$

$\therefore \dfrac{dy}{dx} = \dfrac{e^x - e^y}{1 + xe^y}$ (단, $1 + xe^y \neq 0$)

따라서 점 $(0, 1)$에서의 접선의 기울기는

$\dfrac{e^0 - e^1}{1 + 0 \times e^1} = 1 - e$

$\dfrac{dy}{dx}$에 $x=0$, $y=1$을 대입한 값이 구하는 기울기야.

문제 해결 TIP

김건희 | 서울대학교 화학생명공학부 | 세화고등학교 졸업

음함수의 미분법을 이용하여 접선의 기울기를 구하는 문제를 풀 때 시간을 절약하는 방법을 알려줄게. 주어진 식의 양변을 x에 대하여 미분한 후 곧바로 접점의 x좌표, y좌표를 대입하면 $\dfrac{dy}{dx}$를 구하지 않고도 조금 더 빨리 접선의 기울기를 구할 수 있어.

알찬 풀이에서 주어진 식의 양변을 x에 대하여 미분하여 구한 식 $e^x - e^y - xe^y \times \dfrac{dy}{dx} = \dfrac{dy}{dx}$에 $x=0$, $y=1$을 바로 대입해도 $\dfrac{dy}{dx} = 1 - e$임을 알 수 있지? 이와 같이 접선의 기울기를 구하면 계산 과정이 조금 더 간단해지기 때문에 계산 실수도 줄이고 시간도 절약할 수 있어.

65 정답 ① 　　　　　　　정답률 85%

음함수의 미분법을 이용하여 $\dfrac{dy}{dx}$ 를 구해. **1**
곡선 $e^x-e^y=y$ 위의 점 $(a,\,b)$에서의 접선의 기울기가 1일 **2**
때, $a+b$의 값은? **3**

✓① $1+\ln{(e+1)}$　　　② $2+\ln{(e^2+2)}$

③ $3+\ln{(e^3+3)}$　　　④ $4+\ln{(e^4+4)}$

⑤ $5+\ln{(e^5+5)}$

☑ 연관 개념 check

음함수 표현 $f(x,\,y)=0$에서 y를 x의 함수로 보고, 각 항을 x에 대하여 미분하여 $\dfrac{dy}{dx}$를 구한다.

☑ 실전 적용 key

곡선 $f(x,\,y)=0$ 위의 점 $(x_1,\,y_1)$에서의 접선의 기울기는 다음과 같은 순서로 구한다.

① $f(x,\,y)=0$에서 y를 x에 대한 함수로 보고, 각 항을 x에 대하여 미분하여 $\dfrac{dy}{dx}$를 구한다.

② $\dfrac{dy}{dx}$에 $x=x_1,\,y=y_1$을 대입하여 접선의 기울기를 구한다.

▶ 해결 흐름

1 음함수의 미분법을 이용하여 $\dfrac{dy}{dx}$를 구한 다음 $x=a,\,y=b$를 대입한 값이 1이겠네.

2 점 $(a,\,b)$가 곡선 위의 점이니까 $e^x-e^y=y$에 $x=a,\,y=b$를 대입하면 돼.

3 **1**, **2**에서 구한 a, b 사이의 관계식을 이용하면 a, b의 값을 구할 수 있어.

▶ 알찬 풀이

$e^x-e^y=y$의 양변을 x에 대하여 미분하면

$e^x-e^y\times\dfrac{dy}{dx}=\dfrac{dy}{dx}$ 　　$\boxed{y=e^x$이면 $y'=e^x}$ ☆

$(e^y+1)\dfrac{dy}{dx}=e^x$ 　　$\therefore \dfrac{dy}{dx}=\dfrac{e^x}{e^y+1}$

이때 점 $(a,\,b)$에서의 접선의 기울기가 1이므로

$\dfrac{e^a}{e^b+1}=1$ 　　$\llcorner\ \dfrac{dy}{dx}$에 $x=a,\,y=b$를 대입한 값이 1이야.

$e^a=e^b+1$ 　　$\therefore e^a-e^b=1$ 　　……㉠

한편, 점 $(a,\,b)$가 곡선 $e^x-e^y=y$ 위의 점이므로

$e^a-e^b=b$ 　　……㉡

㉡을 ㉠에 대입하면 $b=1$

$b=1$을 ㉠에 대입하면 $e^a-e=1$

$e^a=e+1$ ─── 양변에 ln을 취하면 a의 값을 구할 수 있어.

$\therefore a=\ln{(e+1)}$

$\therefore a+b=1+\ln{(e+1)}$

---

66 정답 ① 　　　　　　　정답률 48%

최고차항의 계수가 1인 삼차함수 $f(x)$에 대하여 함수 $g(x)$를

$g(x)=f(e^x)+e^x$

이라 하자. 곡선 $y=g(x)$ 위의 점 $(0,\,g(0))$에서의 접선이 **1** **2**
x축이고 함수 $g(x)$가 역함수 $h(x)$를 가질 때, $h'(8)$의 값은?

✓① $\dfrac{1}{36}$　　　② $\dfrac{1}{18}$　　　③ $\dfrac{1}{12}$

④ $\dfrac{1}{9}$　　　⑤ $\dfrac{5}{36}$

$\llcorner$ $g(x)$와 $h(x)$가 역함수 관계이면 역함수의 미분법을 떠올려.

☑ 실전 적용 key

미분가능한 함수 $f(x)$의 역함수 $g(x)$가 존재하고 미분가능할 때, $g(b)=a$라 하면

➡ $g'(b)=\dfrac{1}{f'(g(b))}=\dfrac{1}{f'(a)}$ (단, $f'(a)\neq0$)

함수 $g(x)$는 역함수를 가지므로 일대일 대응이야. 즉, 함수 $g(x)$는 모든 실수 x에 대하여 증가함수이거나 감소함수야.

▶ 해결 흐름

1 곡선 $y=g(x)$ 위의 점 $(0,\,g(0))$에서의 접선이 x축이므로 $g(0)=0$, $g'(0)=0$임을 이용해야겠다.

2 역함수의 미분법을 이용하면 $h'(8)$의 값을 구할 수 있겠네.

▶ 알찬 풀이

$\boxed{\begin{array}{l}\textbf{합성함수의 미분법} \\ \text{미분가능한 두 함수 } y=f(u),\,u=g(x)\text{에 대하여} \\ \text{합성함수 } y=f(g(x))\text{의 도함수는 } y'=f'(g(x))g'(x)\end{array}}$ ☆

$g(x)=f(e^x)+e^x$에서

$g'(x)=f'(e^x)\times e^x+e^x=e^x\{f'(e^x)+1\}$

곡선 $y=g(x)$ 위의 점 $(0,\,g(0))$에서의 접선이 x축, 즉 $y=0$이므로

$g(0)=0$에서 $f(1)+1=0$ 　　$\therefore f(1)=-1$ ─ 기울기가 0이고 원점을 　……㉠

$g'(0)=0$에서 $f'(1)+1=0$ 　　$\therefore f'(1)=-1$ ─ 지나는 직선이야. ……㉡

한편, 함수 $g(x)$가 역함수를 가지므로 모든 실수 x에 대하여 $g'(x)\geq0$ 또는 $g'(x)\leq0$이어야 한다.

$g'(x)=e^x\{f'(e^x)+1\}$에서 모든 실수 x에 대하여 $e^x>0$이고 $f(x)$의 최고차항의 계수가 양수이므로 　　$\boxed{\begin{array}{l}f(x)\text{의 최고차항의 계수가 양수이면} \\ f'(x)\text{의 최고차항의 계수도 양수야.}\end{array}}$

$f'(e^x)+1\geq0$ 　　$\therefore f'(e^x)\geq-1$

이때 $f'(x)$는 최고차항의 계수가 3인 이차함수이고, ㉡에서 $f'(1)=-1$이므로

$f'(x)=3(x-1)^2-1 \rightarrow f'(e^x)\geq-1,\,f'(1)=-1$을 모두 만족시키려면

이차함수 $f'(x)$의 꼭짓점의 좌표가 $(1,\,-1)$이어야 해.

$\therefore f(x)=\displaystyle\int\{3(x-1)^2-1\}dx$ ☆

$=(x-1)^3-x+C$ (단, C는 적분상수) 　　$\boxed{\begin{array}{l}n\neq-1\text{일 때,} \\ \displaystyle\int x^n dx=\dfrac{1}{n+1}x^{n+1}+C \\ \text{(단, }C\text{는 적분상수)}\end{array}}$

㉠에서 $f(1)=-1$이므로

$-1+C=-1$ $\therefore C=0$

$\therefore f(x)=(x-1)^3-x$

$g(x)=f(e^x)+e^x=(e^x-1)^3-e^x+e^x=(e^x-1)^3$에서

$g'(x)=3(e^x-1)^2\times e^x=3e^x(e^x-1)^2$

함수 $g(x)$의 역함수가 $h(x)$이므로 역함수의 미분법에 의하여

$$h'(8)=\frac{1}{g'(h(8))}$$

$h(8)=a$라 하면 $g(a)=8$이므로

$g(a)=(e^a-1)^3=8$, $e^a-1=2$ → 함수 $g(x)$의 역함수 $h(x)$에 대하여 $g(a)=b \iff h(b)=a$야.

$e^a=3$ $\therefore a=\ln 3$

$\therefore h(8)=\ln 3$

$$\therefore h'(8)=\frac{1}{g'(h(8))}=\frac{1}{g'(\ln 3)}$$

$$=\frac{1}{3e^{\ln 3}(e^{\ln 3}-1)^2}=\frac{1}{3\times 3\times(3-1)^2}=\frac{1}{36}$$

67 정답 ②   정답률 84%

함수 $f(x)=x^3+2x+3$의 역함수를 $g(x)$라 할 때, $g'(3)$ [1][2]
의 값은? → $f(x)$와 $g(x)$가 역함수 관계이면 역함수의 미분법을 떠올려.

① 1   ✓② $\dfrac{1}{2}$ ③ $\dfrac{1}{3}$

④ $\dfrac{1}{4}$ ⑤ $\dfrac{1}{5}$

해결 흐름

[1] 역함수의 미분법을 이용하여 $g'(f(a))$의 값을 구할 수 있겠네.
[2] $f(a)=3$을 만족시키는 a의 값을 구해야겠다.

☑ 실전 적용 key

미분가능한 함수 $f(x)$의 역함수 $g(x)$가 존재하고 미분가능할 때, $g(b)=a$라 하면

➡ $g'(b)=\dfrac{1}{f'(g(b))}=\dfrac{1}{f'(a)}$ (단, $f'(a)\neq 0$)

알찬 풀이

함수 $f(x)$의 역함수가 $g(x)$이므로 역함수의 미분법에 의하여

$$g'(3)=\frac{1}{f'(g(3))} \qquad \cdots\cdots \text{㉠}$$

$g(3)=a$라 하면 $f(a)=3$이므로

$f(a)=a^3+2a+3=3$ → 함수 $f(x)$의 역함수 $g(x)$에 대하여 $f(a)=b \iff g(b)=a$야.

$a(a^2+2)=0$ $\therefore a=0$

$\therefore g(3)=0$

이때 $f(x)=x^3+2x+3$에서 $f'(x)=3x^2+2$이므로 ㉠에서

$$g'(3)=\frac{1}{f'(g(3))}=\frac{1}{f'(0)}=\frac{1}{2}$$

68 정답 25   정답률 80%

정의역이 $\left\{x\left|-\dfrac{\pi}{4}<x<\dfrac{\pi}{4}\right.\right\}$인 함수 $f(x)=\tan 2x$의 역함
수를 $g(x)$라 할 때, $100\times g'(1)$의 값을 구하시오.   25 [1][2]
→ $f(x)$와 $g(x)$가 역함수 관계이면 역함수의 미분법을 떠올려.

해결 흐름

[1] 역함수의 미분법을 이용하여 $g'(f(a))$의 값을 구할 수 있겠네.
[2] $f(a)=1$을 만족시키는 a의 값을 구해야겠다.

☑ 실전 적용 key

미분가능한 함수 $f(x)$의 역함수 $g(x)$가 존재하고 미분가능할 때, $g(b)=a$라 하면

➡ $g'(b)=\dfrac{1}{f'(g(b))}=\dfrac{1}{f'(a)}$ (단, $f'(a)\neq 0$)

알찬 풀이

함수 $f(x)$의 역함수가 $g(x)$이므로 $g'(1)=\dfrac{1}{f'(g(1))}$ $\cdots\cdots$ ㉠

$g(1)=a$라 하면 $f(a)=1$이므로

$f(a)=\tan 2a=1$ → 함수 $f(x)$의 역함수 $g(x)$에 대하여 $f(a)=b \iff g(b)=a$야.

즉, $2a=\dfrac{\pi}{4}$이므로 $a=\dfrac{\pi}{8}$ $\therefore g(1)=\dfrac{\pi}{8}$

이때 $f(x) = \boxed{\tan 2x}$에서

$f'(x) = \boxed{2\sec^2 2x}$ ← $\{\tan f(x)\}' = \sec^2 f(x) \times f'(x)$ ☆

이므로 ㉠에서

$$g'(1) = \frac{1}{f'(g(1))} = \frac{1}{f'\left(\frac{\pi}{8}\right)} = \frac{1}{2\boxed{\sec^2 \frac{\pi}{4}}} = \frac{1}{2 \times 2} = \frac{1}{4}$$

$\downarrow \sec^2 \frac{\pi}{4} = \frac{1}{\cos^2 \frac{\pi}{4}} = \frac{1}{\left(\frac{\sqrt{2}}{2}\right)^2} = 2$

$$\therefore 100 \times g'(1) = 100 \times \frac{1}{4} = 25$$

69 [정답] ⑤   정답률 93%

함수 $f(x) = \dfrac{1}{1+e^{-x}}$ ② 의 역함수를 $g(x)$라 할 때,

$g'(f(-1))$ ① 의 값은?

→ 함수 $f(x)$의 역함수를 직접 구하기는 어려우니까 역함수의 미분법을 이용해.

① $\dfrac{1}{(1+e)^2}$ ② $\dfrac{e}{1+e}$ ③ $\left(\dfrac{1+e}{e}\right)^2$

④ $\dfrac{e^2}{1+e}$ ✓⑤ $\dfrac{(1+e)^2}{e}$

해결 흐름

1 역함수의 미분법을 이용하여 $g'(f(-1))$의 값을 구할 수 있겠네.

2 함수의 몫의 미분법을 이용하여 $f'(x)$를 구할 수 있겠네.

알찬 풀이

함수 $f(x)$의 역함수가 $g(x)$이므로 역함수의 미분법에 의하여

$$g'(f(-1)) = \frac{1}{f'(-1)}$$

$f(x) = \dfrac{1}{1+e^{-x}}$에서

$$f'(x) = \frac{0 - 1 \times (-e^{-x})}{(1+e^{-x})^2} = \frac{e^{-x}}{(1+e^{-x})^2}$$

이므로 $f'(-1) = \dfrac{e}{(1+e)^2}$

$$\therefore g'(f(-1)) = \frac{1}{f'(-1)} = \frac{(1+e)^2}{e}$$

☑ 실전 적용 key

미분가능한 함수 $f(x)$의 역함수 $g(x)$가 존재하고 미분가능할 때, $g(b) = a$라 하면

➡ $g'(b) = \dfrac{1}{f'(g(b))} = \dfrac{1}{f'(a)}$ (단, $f'(a) \neq 0$)

> **함수의 몫의 미분법** ☆
> 미분가능한 두 함수 $f(x)$, $g(x)$ $(g(x) \neq 0)$에 대하여
> $$\left\{\frac{f(x)}{g(x)}\right\}' = \frac{f'(x)g(x) - f(x)g'(x)}{\{g(x)\}^2}$$

70 [정답] ①   정답률 92%

→ $f(e) = 3e$에서 $g(3e) = e$

$x \geq \dfrac{1}{e}$에서 정의된 함수 $f(x) = 3x \ln x$의 그래프가

점 $(e, 3e)$ ② 를 지난다. 함수 $f(x)$의 역함수를 $g(x)$라고 할

때, $\displaystyle\lim_{h \to 0} \dfrac{g(3e+h) - g(3e-h)}{h}$ ① 의 값은?

✓① $\dfrac{1}{3}$ ② $\dfrac{1}{2}$ ③ $\dfrac{2}{3}$

④ $\dfrac{5}{6}$ ⑤ 1

→ 미분계수의 정의를 이용해 봐.

해결 흐름

1 역함수의 미분계수를 구하는 문제이니까 역함수의 미분법을 이용하면 되겠네.

2 함수 $y = f(x)$의 그래프가 지나는 점의 좌표를 이용하여 역함수의 미분계수를 구해야겠네.

알찬 풀이

함수 $f(x)$의 역함수가 $g(x)$이고, $f(e) = 3e$이므로 $g(3e) = e$

→ 함수 $f(x)$의 역함수 $g(x)$에 대하여
$f(a) = b \iff g(b) = a$

또, $f(x) = 3x \ln x$에서

$$f'(x) = 3\ln x + 3x \times \frac{1}{x} = 3\ln x + 3$$

이므로 $f'(e) = 3\ln e + 3 = 6$

> **함수의 곱의 미분법** ☆
> 미분가능한 두 함수 $f(x)$, $g(x)$에 대하여
> $$\{f(x)g(x)\}' = f'(x)g(x) + f(x)g'(x)$$

이때 역함수의 미분법에 의하여

$$g'(3e) = \frac{1}{f'(g(3e))} = \frac{1}{f'(e)} = \frac{1}{6}$$

$$\therefore \lim_{h \to 0} \frac{g(3e+h) - g(3e-h)}{h}$$

$$= \lim_{h \to 0} \frac{g(3e+h) - g(3e) - \{g(3e-h) - g(3e)\}}{h}$$

$$= \lim_{h \to 0} \frac{g(3e+h) - g(3e)}{h} + \lim_{h \to 0} \frac{g(3e-h) - g(3e)}{-h}$$

$$= g'(3e) + g'(3e) = 2g'(3e) = 2 \times \frac{1}{6} = \frac{1}{3}$$

☑ 실전 적용 key

미분가능한 함수 $f(x)$의 역함수 $g(x)$가 존재하고 미분가능할 때, $g(b) = a$라 하면

➡ $g'(b) = \dfrac{1}{f'(g(b))} = \dfrac{1}{f'(a)}$ (단, $f'(a) \neq 0$)

[수능 핵심 개념] 미분계수와 극한값

(1) $\displaystyle\lim_{h \to 0} \dfrac{f(a+h) - f(a)}{h} = \lim_{x \to a} \dfrac{f(x) - f(a)}{x-a} = f'(a)$

(2) $\displaystyle\lim_{h \to 0} \dfrac{f(a+ph) - f(a)}{h} = pf'(a)$

(3) $\displaystyle\lim_{h \to 0} \dfrac{f(a+ph) - f(a+qh)}{h} = (p-q)f'(a)$

71 정답 ②　　　　　　　　　　　　　　정답률 39%

상수 a $(a>1)$과 실수 t $(t>0)$에 대하여 곡선 $y=a^x$ 위의 점 $A(t, a^t)$에서의 접선을 l이라 하자. 점 A를 지나고 직선 l에 수직인 직선이 x축과 만나는 점을 B, y축과 만나는 점을 C라 하자. $\dfrac{\overline{AC}}{\overline{AB}}$의 값이 $t=1$에서 최대일 때, a의 값은?

① $\sqrt{2}$　　　　✔② $\sqrt{e}$　　　　③ 2
④ $\sqrt{2e}$　　　　⑤ e

└→ 두 직선이 수직이면 두 직선의 기울기의 곱은 -1임을 이용해.

☑ 연관 개념 check

미분가능한 함수 $f(x)$에 대하여 $f'(a)=0$일 때, $x=a$의 좌우에서 $f'(x)$의 부호가
(1) 양$(+)$에서 음$(-)$으로 바뀌면 $f(x)$는 $x=a$에서 극대이고, 극댓값은 $f(a)$이다.
(2) 음$(-)$에서 양$(+)$으로 바뀌면 $f(x)$는 $x=a$에서 극소이고, 극솟값은 $f(a)$이다.

$\overline{AC}$, $\overline{AB}$의 길이를 직접 구하여 $\dfrac{\overline{AC}}{\overline{AB}}$의 값을 구할 수도 있지만 복잡하므로 닮음비를 이용한 거야. →

$\overline{HB}=\overline{OB}-\overline{OH}=(t+a^{2t}\ln a)-t=a^{2t}\ln a$ ←

$f'(t)$는 다음과 같이 함수의 몫의 미분법을 이용하여 구할 수도 있어. →
$f'(t)=\dfrac{a^{2t}\ln a-ta^{2t}\times 2(\ln a)^2}{(a^{2t}\ln a)^2}$
$\qquad=\dfrac{a^{2t}\ln a(1-2t\ln a)}{(a^{2t}\ln a)^2}$

해결 흐름

1 곡선 $y=a^x$ 위의 점 A에서의 접선 l의 기울기를 구하여 점 A를 지나고 직선 l과 수직인 직선의 방정식을 구해야겠네.

2 닮음비를 이용하여 $\dfrac{\overline{AC}}{\overline{AB}}$의 값을 t, a에 대한 식으로 나타내야겠군.

3 $t=1$에서 최대이므로 **2**에서 구한 식을 $f(t)$로 놓고, $f'(t)=0$을 만족시키는 t의 값을 구하여 a의 값을 구하면 되겠다.

알찬 풀이

$y=a^x$에서 $y'=a^x\ln a$

따라서 점 $A(t, a^t)$에서의 접선 l의 기울기는 $a^t\ln a$이므로 점 A를 지나고 직선 l에 수직인 직선의 방정식은

→ 직선 l에 수직인 직선의 기울기는 $-\dfrac{1}{a^t\ln a}$이야.

$y-a^t=-\dfrac{1}{a^t\ln a}(x-t)$

이 식에 $y=0$을 대입하면

→ 점 B는 x축과 만나는 점이므로 y좌표는 0이야.

$-a^t=-\dfrac{1}{a^t\ln a}(x-t)$

$\therefore x=t+a^{2t}\ln a$

$\therefore B(t+a^{2t}\ln a, 0)$

오른쪽 그림과 같이 점 A에서 x축에 내린 수선의 발을 H라 하면 원점 O에 대하여

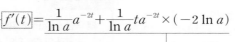

$\dfrac{\overline{AC}}{\overline{AB}}=\dfrac{\overline{OH}}{\overline{HB}}=\dfrac{t}{a^{2t}\ln a}$

$f(t)=\dfrac{t}{a^{2t}\ln a}=\dfrac{1}{\ln a}ta^{-2t}$이라 하면

$f'(t)=\dfrac{1}{\ln a}a^{-2t}+\dfrac{1}{\ln a}ta^{-2t}\times(-2\ln a)$

$\qquad=\dfrac{1}{\ln a}a^{-2t}(1-2t\ln a)$

> **함수의 곱의 미분법** ☆
> 미분가능한 두 함수 $f(x)$, $g(x)$에 대하여
> $\{f(x)g(x)\}'=f'(x)g(x)+f(x)g'(x)$

$f'(t)=0$에서 $1-2t\ln a=0$

$\therefore t=\dfrac{1}{2\ln a}$

이때 $t=\dfrac{1}{2\ln a}$의 좌우에서 $f'(t)$의 부호는 양에서 음으로 바뀌므로 함수

$f(t)$는 $t=\dfrac{1}{2\ln a}$에서 극대이고 최댓값을 갖는다.

따라서 함수 $f(t)$는 $t=1$에서 최댓값을 가지므로

$\dfrac{1}{2\ln a}=1$, $\ln a=\dfrac{1}{2}$

$\therefore a=\sqrt{e}$

72 정답 ①　　　　　　　　　　　　　　정답률 64%

실수 t에 대하여 원점을 지나고 곡선 $y=\dfrac{1}{e^x}+e^t$에 접하는 직선의 기울기를 $f(t)$라 하자. $f(a)=-e\sqrt{e}$를 만족시키는 상수 a에 대하여 $f'(a)$의 값은?

✔① $-\dfrac{1}{3}e\sqrt{e}$　　② $-\dfrac{1}{2}e\sqrt{e}$　　③ $-\dfrac{2}{3}e\sqrt{e}$
④ $-\dfrac{5}{6}e\sqrt{e}$　　⑤ $-e\sqrt{e}$

└→ 접점의 좌표를 $\left(s, \dfrac{1}{e^s}+e^t\right)$으로 놓고 접선의 방정식을 구해 봐.

해결 흐름

1 먼저 원점에서 곡선에 그은 접선의 방정식을 구하고, 그 기울기인 $f(t)$를 구해 봐야지.

2 $f'(t)$를 구한 다음 $f(a)=-e\sqrt{e}$임을 이용해서 $f'(a)$의 값을 구하면 되겠다.

알찬 풀이

$y=\dfrac{1}{e^x}+e^t=e^{-x}+e^t$이므로

$y'=-e^{-x}$

→ x에 대해 미분할 때, e^t은 상수야.

곡선 $y=f(x)$ 밖의 한 점 $(x_1,\ y_1)$에서 곡선에 그은 접선의 방정식

➡ 접점의 좌표를 $(t,\ f(t))$로 놓고 $y-f(t)=f'(t)(x-t)$에 점 $(x_1,\ y_1)$의 좌표를 대입하여 t의 값을 구한 후, $y-f(t)=f'(t)(x-t)$에 대입한다.

원점에서 곡선 $y=\dfrac{1}{e^x}+e^t$, 즉 $y=e^{-x}+e^t$에 그은 접선의 접점의 좌표를 $(s,\ e^{-s}+e^t)$이라 하면 접선의 기울기는 $-e^{-s}$이므로 접선의 방정식은

$y=-e^{-s}(x-s)+e^{-s}+e^t$ $\;\rightarrow f(t)=-e^{-s}$

이 접선이 원점을 지나므로 → 위의 식에 $x=0,\ y=0$을 대입해.

$0=-e^{-s}(0-s)+e^{-s}+e^t$

$se^{-s}+e^{-s}+e^t=0$ $\therefore e^t=-(s+1)e^{-s}$ $\cdots\cdots$ ㉠

㉠의 양변을 s에 대하여 미분하면

$e^t\dfrac{dt}{ds}=-e^{-s}-(s+1)\times(-e^{-s})$

$\therefore e^t\dfrac{dt}{ds}=se^{-s}$ $\cdots\cdots$ ㉡

함수의 곱의 미분법: 미분가능한 두 함수 $f(x),\ g(x)$에 대하여 $\{f(x)g(x)\}'=f'(x)g(x)+f(x)g'(x)$

$\{e^{f(x)}\}'=e^{f(x)}\times f'(x)$

또, $f(t)=-e^{-s}$이므로 양변을 s에 대하여 미분하면

$f'(t)\dfrac{dt}{ds}=e^{-s}$ $\cdots\cdots$ ㉢

㉡, ㉢에서 $\dfrac{e^t}{f'(t)}=s$ $\therefore f'(t)=\dfrac{e^t}{s}$

한편, $f(a)=-e^{-s}=-e\sqrt{e}=-e^{\frac{3}{2}}$에서 $s=-\dfrac{3}{2}$이므로 $\rightarrow f(t)=-e^{-s}$이고, 문제에서

㉠에 $t=a,\ s=-\dfrac{3}{2}$을 대입하면 $e^a=\dfrac{1}{2}e^{\frac{3}{2}}$ $f(a)=-e\sqrt{e}$라고 주어졌어.

$\therefore f'(a)=\dfrac{e^a}{-\dfrac{3}{2}}=\dfrac{\dfrac{1}{2}e^{\frac{3}{2}}}{-\dfrac{3}{2}}=-\dfrac{1}{3}e^{\frac{3}{2}}=-\dfrac{1}{3}e\sqrt{e}$

---

73 정답 ③　　정답률 67%

실수 $t\ (0<t<\pi)$에 대하여 곡선 $y=\sin x$ 위의 점 $P(t,\ \sin t)$에서의 접선과 점 P를 지나고 기울기가 -1인 직선이 이루는 예각의 크기를 θ라 할 때, $\displaystyle\lim_{t\to\pi^-}\dfrac{\tan\theta}{(\pi-t)^2}$의 값은?

① $\dfrac{1}{16}$　② $\dfrac{1}{8}$　✓③ $\dfrac{1}{4}$

④ $\dfrac{1}{2}$　⑤ 1

미분을 이용하여 접선의 기울기를 t에 대한 식으로 나타내 봐.

(1) $\displaystyle\lim_{x\to 0}\dfrac{\sin x}{x}=1$

(2) $(\sin x)'=\cos x,\ (\cos x)'=-\sin x$

두 직선이 이루는 각의 크기를 구하는 문제는 다음을 이용한다.

(1) 직선 $y=mx+n$이 x축의 양의 방향과 이루는 각의 크기를 θ라 하면

$m=\tan\theta$

(2) 두 직선 $l,\ m$이 x축의 양의 방향과 이루는 각의 크기가 각각 $\alpha,\ \beta$일 때, 두 직선 $l,\ m$이 이루는 예각의 크기를 θ라 하면

$\tan\theta=|\tan(\alpha-\beta)|=\left|\dfrac{\tan\alpha-\tan\beta}{1+\tan\alpha\tan\beta}\right|$

알찬 풀이에서 $\tan\theta$를 구할 때, θ가 예각이므로 $\tan\theta$의 값은 양수이다. 따라서 $\tan\theta=|\tan(\alpha-\beta)|$임에 주의한다.

해결 흐름

1 곡선 $y=\sin x$ 위의 점 P에서의 접선과 점 P를 지나고 기울기가 -1인 직선이 x축의 양의 방향과 이루는 각의 크기를 각각 $\alpha,\ \beta$로 놓고 $\tan\alpha,\ \tan\beta$를 구해야겠어.

2 $\theta=|\alpha-\beta|$이니까 삼각함수의 덧셈정리를 이용하여 $\tan\theta$를 구하면 되겠네.

3 2에서 구한 $\tan\theta$를 $\displaystyle\lim_{t\to\pi^-}\dfrac{\tan\theta}{(\pi-t)^2}$에 대입하여 극한값을 구해야겠다.

알찬 풀이

$y=\sin x$에서 $y'=\cos x$이므로 곡선 $y=\sin x$ 위의 점 $P(t,\ \sin t)$에서의 접선의 기울기는 $\cos t$이다.

즉, 이 접선이 x축의 양의 방향과 이루는 각의 크기를 α라 하면

$\tan\alpha=\cos t$

또, 점 P를 지나고 기울기가 -1인 직선이 x축의 양의 방향과 이루는 각의 크기를 β라 하면

$\tan\beta=-1$

따라서 두 직선이 이루는 예각의 크기 θ는 $\theta=|\alpha-\beta|$이므로

$\tan\theta=|\tan(\alpha-\beta)|=\left|\dfrac{\tan\alpha-\tan\beta}{1+\tan\alpha\tan\beta}\right|$

$=\left|\dfrac{\cos t-(-1)}{1+\cos t\times(-1)}\right|=\left|\dfrac{\cos t+1}{1-\cos t}\right|$

이때 $0<t<\pi$에서 $\cos t+1>0,\ 1-\cos t>0$이므로

$\tan\theta=\dfrac{\cos t+1}{1-\cos t}$ → $0<t<\pi$에서 $-1<\cos t<1$이므로 $0<\cos t+1<2,\ 0<1-\cos t<2$

이것을 주어진 식에 대입하면

$\displaystyle\lim_{t\to\pi^-}\dfrac{\tan\theta}{(\pi-t)^2}=\lim_{t\to\pi^-}\dfrac{\dfrac{\cos t+1}{1-\cos t}}{(\pi-t)^2}=\lim_{t\to\pi^-}\dfrac{\cos t+1}{(\pi-t)^2(1-\cos t)}$

이때 $\pi-t=x$라 하면 $t \longrightarrow \pi-$일 때 $x \longrightarrow 0+$이고,

$\cos t=\cos(\pi-x)=-\cos x$이므로

$$\lim_{t \to \pi-} \frac{\tan\theta}{(\pi-t)^2} = \lim_{t \to \pi-} \frac{\cos t+1}{(\pi-t)^2(1-\cos t)} \text{ \small 분모와 분자에 } 1+\cos x\text{를 곱했어.}$$

$$= \lim_{x \to 0+} \frac{-\cos x+1}{x^2(1+\cos x)} = \lim_{x \to 0+} \frac{1-\cos^2 x}{x^2(1+\cos x)^2}$$

$$= \lim_{x \to 0+} \frac{\sin^2 x}{x^2(1+\cos x)^2} = \lim_{x \to 0+} \left\{ \frac{\sin^2 x}{x^2} \times \frac{1}{(1+\cos x)^2} \right\}$$

$$= \lim_{x \to 0+} \frac{\sin^2 x}{x^2} \times \lim_{x \to 0+} \frac{1}{(1+\cos x)^2} = 1^2 \times \frac{1}{2^2} = \frac{1}{4}$$

74 [정답] ④ · 정답률 78%

> ┌→ 두 접선의 기울기를 구해서 탄젠트함수로 나타내 봐.
> 원점에서 곡선 $y=e^{|x|}$에 그은 두 접선이 이루는 예각의 크기를 θ라 할 때, $\tan\theta$의 값은?
> **1 2**　　　　　**3**
> ① $\dfrac{e}{e^2+1}$　　② $\dfrac{e}{e^2-1}$　　③ $\dfrac{2e}{e^2+1}$
> ✓④ $\dfrac{2e}{e^2-1}$　　⑤ 1

해결 흐름

1 두 접선이 x축의 양의 방향과 이루는 각의 크기를 α, β $(\alpha<\beta)$라 하면 $\theta=\beta-\alpha$이겠다.
2 $\tan\alpha$, $\tan\beta$는 접선의 기울기와 같으니까 접선의 기울기를 구해야겠어.
3 삼각함수의 덧셈정리를 이용하면 $\tan\theta$의 값을 구할 수 있겠다.

☑ 실전 적용 key

두 직선이 이루는 각의 크기를 구하는 문제는 다음을 이용한다.
(1) 직선 $y=mx+n$이 x축의 양의 방향과 이루는 각의 크기를 θ
라 하면
$m=\tan\theta$
(2) 두 직선 l, m이 x축의 양의 방향과 이루는 각의 크기가 각각 α,
β일 때, 두 직선 l, m이 이루는 예각의 크기를 θ라 하면
$$\tan\theta = |\tan(\alpha-\beta)| = \left| \frac{\tan\alpha-\tan\beta}{1+\tan\alpha\tan\beta} \right|$$

> 곡선 $y=e^{|x|}$이 y축에 대하여 대칭이고,
> 원점도 y축 위의 점이기 때문에 두 접선
> 도 y축에 대하여 대칭이야.

알찬 풀이

┌→ 곡선 $y=e^{|x|}$은 곡선 $y=e^x$의 $x \geq 0$인 부분을 그대로 두고,
│ 이 부분을 y축에 대하여 대칭이동해서 $x<0$인 부분을 그려.
곡선 $y=e^{|x|}$은 y축에 대하여 대칭이다.

$x \geq 0$일 때 접점의 좌표를 (t, e^t)이라 하면
$y'=e^x$이므로 접선의 방정식은
$y-e^t=e^t(x-t)$
이 접선이 원점을 지나므로
$-e^t=e^t \times (-t)$　　∴ $t=1$
따라서 곡선 $y=e^{|x|}$의 $x \geq 0$인 부분에서의 접선의 기울기는 e이고, $x<0$인 부분에서의 접선의 기울기는 $-e$이다.
이때 곡선 $y=e^{|x|}$의 두 접선이 x축의 양의 방향과 이루는 각의 크기를 각각 α, β $(\alpha<\beta)$라 하면 $\tan\alpha=e$, $\tan\beta=-e$
두 접선이 이루는 예각의 크기가 θ이므로 $\theta=\beta-\alpha$
$$\therefore \tan\theta = \tan(\beta-\alpha) = \frac{\tan\beta-\tan\alpha}{1+\tan\beta\tan\alpha} = \frac{-e-e}{1+(-e) \times e} = \frac{2e}{e^2-1}$$

75 [정답] ②

> 매개변수 t로 나타낸 곡선
> $$x=e^t+2t, \quad y=e^{-t}+3t$$
> **1**
> 에 대하여 $t=0$에 대응하는 점에서의 접선이 점 $(10, a)$를
> 지날 때, a의 값은? ┌→ 기울기와 접점의 좌표를 구해야겠네.
> **2**
> ① 6　　　　✓② 7　　　　③ 8
> ④ 9　　　　⑤ 10

해결 흐름

1 매개변수로 나타낸 함수의 미분법을 이용하여 접선의 방정식을 구해야겠다.
2 **1**에서 구한 접선의 방정식에 $x=10$, $y=a$를 대입하여 a의 값을 구하면 되겠다.

☑ 연관 개념 check

매개변수로 나타낸 함수 $x=f(t)$, $y=g(t)$가 t에 대하여 미분가능하고 $f'(t) \neq 0$이면
$$\frac{dy}{dx} = \frac{\dfrac{dy}{dt}}{\dfrac{dx}{dt}} = \frac{g'(t)}{f'(t)}$$

☑ 실전 적용 key

매개변수로 나타낸 곡선 $x=f(t)$, $y=g(t)$에서 두 함수 $f(t)$, $g(t)$가 t에 대하여 미분가능하고 $f'(t) \neq 0$일 때, $t=a$에 대응하는 점에서의 접선의 방정식은
$$y-g(a) = \frac{g'(a)}{f'(a)}\{x-f(a)\}$$

알찬 풀이

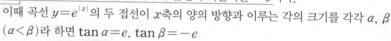

$$\frac{dx}{dt} = e^t+2, \quad \frac{dy}{dt} = -e^{-t}+3 \text{이므로} \quad \frac{dy}{dx} = \frac{\dfrac{dy}{dt}}{\dfrac{dx}{dt}} = \frac{-e^{-t}+3}{e^t+2}$$

따라서 $t=0$에 대응하는 점에서의 접선의 기울기는

$$\frac{-e^0+3}{e^0+2} = \frac{2}{3} \text{ ┌→ } t=0\text{일 때 } \dfrac{dy}{dx}\text{의 값이야.}$$

이고, $t=0$일 때 $x=1$, $y=1$이므로 점 $(1, 1)$에서의 접선의 방정식은
└→ $x=e^t+2t$, $y=e^{-t}+3t$에 $t=0$을 대입하여 구하면 돼.

$$y-1 = \frac{2}{3}(x-1) \qquad \therefore y = \frac{2}{3}x + \frac{1}{3}$$

이 직선이 점 $(10, a)$를 지나므로 ┌→ 점 $(1, 1)$을 지나고 기울기가 $\frac{2}{3}$인
　　　　　　　　　　　　　　　　　　　　직선의 방정식이야.
$$a = \frac{20}{3} + \frac{1}{3} = 7$$

76 정답 ①

양수 k에 대하여 두 곡선 $y=ke^x+1$, $y=x^2-3x+4$가 점 P에서 만나고, 점 P에서 두 곡선에 접하는 두 직선이 서로 수직일 때, k의 값은? → 점 P에서의 두 접선의 기울기의 곱이 -1임을 이용해.

✓① $\dfrac{1}{e}$ ② $\dfrac{1}{e^2}$ ③ $\dfrac{2}{e^2}$

④ $\dfrac{2}{e^3}$ ⑤ $\dfrac{3}{e^3}$

☑ 실전 적용 key

두 곡선 $y=f(x)$, $y=g(x)$가
(1) $x=t$인 점에서 만나면
→ $f(t)=g(t)$
(2) $x=t$인 점에서의 접선이 서로 수직이면
→ $f'(t)\times g'(t)=-1$

조립제법을 이용하여 인수분해할 수 있어.

$$\begin{array}{r|rrrr} 1 & 2 & -9 & 15 & -8 \\ & & 2 & -7 & 8 \\ \hline & 2 & -7 & 8 & 0 \end{array}$$

해결 흐름

① 두 곡선이 점 P에서 만나므로 점 P의 x좌표에 대한 식을 세워야겠다.
② 두 접선이 서로 수직이므로 기울기의 곱이 -1임을 이용해서 식을 세워야겠다.
③ ①, ②에서 세운 두 식을 연립하여 점 P의 x좌표를 구해야겠다.

알찬 풀이

두 곡선 $y=ke^x+1$, $y=x^2-3x+4$가 점 P에서 만나므로
점 P의 x좌표를 a라 하면
$ke^a+1=a^2-3a+4$
$\therefore ke^a=a^2-3a+3$ ...... ㉠
$y=ke^x+1$에서 $y'=ke^x$
$y=x^2-3x+4$에서 $y'=2x-3$
두 곡선 위의 $x=a$인 점 P에서의 두 접선이 서로 수직이므로
$ke^a\times(2a-3)=-1$ ...... ㉡
→ $x=a$인 점에서의 두 접선의 기울기는 각각 ke^a, $2a-3$이고, 두 접선의 기울기의 곱은 -1이야.
㉠을 ㉡에 대입하면
$(a^2-3a+3)(2a-3)=-1$
$2a^3-9a^2+15a-8=0$
$(a-1)(2a^2-7a+8)=0$
$\therefore a=1$ 또는 $2a^2-7a+8=0$
따라서 $a=1$을 ㉠에 대입하면
$ke=1$ $\therefore k=\dfrac{1}{e}$

→ a에 대한 이차방정식 $2a^2-7a+8=0$의 판별식을 D라 하면
$D=(-7)^2-4\times2\times8<0$
이므로 실수 a는 1뿐이야.

77 정답 ⑤

곡선 $e^y\ln x=2y+1$ 위의 점 $(e, 0)$에서의 접선의 방정식을 $y=ax+b$라 할 때, ab의 값은? (단, a, b는 상수이다.)

① $-2e$ ② $-e$ ③ -1

④ $-\dfrac{2}{e}$ ✓⑤ $-\dfrac{1}{e}$

접선의 기울기는 음함수의 미분법을 이용하여 $\dfrac{dy}{dx}$를 구해.

☑ 연관 개념 check

곡선 $y=f(x)$ 위의 점 $(a, f(a))$에서의 접선의 방정식은 다음과 같은 순서로 구한다.
① 접선의 기울기 $f'(a)$를 구한다.
② $y-f(a)=f'(a)(x-a)$를 이용하여 접선의 방정식을 구한다.

수능 핵심 개념 | 음함수의 미분법

음함수 표현 $f(x, y)=0$에서 y를 x의 함수로 보고, 각 항을 x에 대하여 미분하여 $\dfrac{dy}{dx}$를 구한다.

해결 흐름

① 접점의 좌표가 주어졌으니 접선의 방정식을 구하는 공식을 이용하면 되겠다.
② 점 $(e, 0)$에서의 접선의 기울기는 음함수의 미분법을 이용하여 $\dfrac{dy}{dx}$를 구한 다음 $x=e$, $y=0$을 대입하면 돼.

알찬 풀이

$e^y\ln x=2y+1$의 양변을 x에 대하여 미분하면
$e^y\times\dfrac{dy}{dx}\times\ln x+e^y\times\dfrac{1}{x}=2\dfrac{dy}{dx}$

$(e^y\ln x-2)\dfrac{dy}{dx}=-\dfrac{e^y}{x}$

$\therefore \dfrac{dy}{dx}=-\dfrac{e^y}{x(e^y\ln x-2)}$ (단, $e^y\ln x-2\neq0$)

(1) $y=e^x$이면 $y'=e^x$
(2) $y=\ln x$이면 $y'=\dfrac{1}{x}$

이때 점 $(e, 0)$에서의 접선의 기울기는
$-\dfrac{e^0}{e(e^0\ln e-2)}=-\dfrac{1}{e(1\times1-2)}=\dfrac{1}{e}$

→ $\dfrac{dy}{dx}$에 $x=e$, $y=0$을 대입한 값이 기울기야.

이므로 접선의 방정식은
$y-0=\dfrac{1}{e}(x-e)$

→ 점 $(e, 0)$을 지나고 기울기가 $\dfrac{1}{e}$인 직선의 방정식이야.

$\therefore y=\dfrac{1}{e}x-1$

따라서 $a=\dfrac{1}{e}$, $b=-1$이므로
$ab=\dfrac{1}{e}\times(-1)=-\dfrac{1}{e}$

78 정답 ①

정답률 87%

↱ 접선의 기울기는 함수 $y=\ln(x-3)+1$의 $x=4$에서의 미분계수야.

곡선 $y=\ln(x-3)+1$ 위의 점 $(4, 1)$에서의 접선의 방정식이 $y=ax+b$일 때, 두 상수 a, b의 합 $a+b$의 값은? **1**

✓① -2 ② -1 ③ 0
④ 1 ⑤ 2

☑ 연관 개념 check

곡선 $y=f(x)$ 위의 점 $(a, f(a))$에서의 접선의 방정식은 다음과 같은 순서로 구한다.
① 접선의 기울기 $f'(a)$를 구한다.
② $y-f(a)=f'(a)(x-a)$를 이용하여 접선의 방정식을 구한다.

해결 흐름

1 접점의 좌표가 주어졌으니 접선의 방정식을 구하는 공식을 이용하면 되겠다.

알찬 풀이

↱ 상수항을 미분하면 0이지.

$f(x)=\ln(x-3)\boxed{+1}$로 놓으면
$f'(x)=\dfrac{1}{x-3}$ ← $y=\ln|f(x)|$이면 $y'=\dfrac{f'(x)}{f(x)}$임을 이용했어.

이때 점 $(4, 1)$에서의 접선의 기울기는

$f'(4)=\dfrac{1}{4-3}=1$ → $f'(x)=\dfrac{1}{x-3}$에 $x=4$를 대입했어.

이므로 접선의 방정식은

$y-1=1\times(x-4)$ → 점 $(4, 1)$을 지나고 기울기가 1인 직선의 방정식이야.

$\therefore y=x-3$

따라서 $a=1$, $b=-3$이므로

$a+b=1+(-3)=-2$

79 정답 ①

정답률 95%

함수 $f(x)=(x^2-2x-7)e^x$의 극댓값과 극솟값을 각각 a, b라 할 때, $a\times b$의 값은? **1**

✓① -32 ② -30 ③ -28
④ -26 ⑤ -24

↱ $f'(c)=0$일 때, $x=c$의 좌우에서 $f'(x)$의 부호를 조사하면 극대와 극소를 알 수 있어.

☑ 연관 개념 check

미분가능한 함수 $f(x)$에 대하여 $f'(a)=0$일 때, $x=a$의 좌우에서 $f'(x)$의 부호가
(1) 양$(+)$에서 음$(-)$으로 바뀌면 $f(x)$는 $x=a$에서 극대이고, 극댓값은 $f(a)$이다.
(2) 음$(-)$에서 양$(+)$으로 바뀌면 $f(x)$는 $x=a$에서 극소이고, 극솟값은 $f(a)$이다.

☑ 오답 clear

이 문제에서는 구하는 값이 극댓값과 극솟값의 곱이므로 극댓값과 극솟값을 서로 반대로 구해서 오답을 구할 가능성은 매우 낮다. 그런데 극댓값이나 극솟값을 정확히 구해야 해결 가능한 문제도 있으므로 평소에 극댓값과 극솟값을 정확히 구분하여 구하도록 한다.

$f(-3)=\{(-3)^2-2\times(-3)-7\}e^{-3}=8e^{-3}$

해결 흐름

1 함수 $f(x)$의 극댓값과 극솟값을 구해야 하니까 $f'(x)=0$이 되는 x의 값을 구해서 $f(x)$의 증가와 감소를 표로 나타내 봐야겠다.

알찬 풀이

┌─ 함수의 곱의 미분법 ☆☆
│ 미분가능한 두 함수 $f(x)$, $g(x)$에 대하여
│ $\{f(x)g(x)\}'=f'(x)g(x)+f(x)g'(x)$

$f(x)=(x^2-2x-7)e^x$에서
$f'(x)=(2x-2)e^x+(x^2-2x-7)e^x$
$\quad=(x^2-9)e^x$
$\quad=(x+3)(x-3)e^x$

$f'(x)=0$에서 $x=-3$ 또는 $x=3$ → $e^x>0$이니까 $f'(x)=0$의 근은 $(x+3)(x-3)=0$의 근이야.

함수 $f(x)$의 증가와 감소를 표로 나타내면 다음과 같다.

x	$\cdots$	-3	$\cdots$	3	$\cdots$
$f'(x)$	$+$	0	$-$	0	$+$
$f(x)$	↗	극대	↘	극소	↗

따라서 함수 $f(x)$의 극댓값 a와 극솟값 b는
$a=f(-3)=8e^{-3}$
$b=f(3)=-4e^3$ → $f(3)=(3^2-2\times3-7)e^3=-4e^3$
$\therefore a\times b=8e^{-3}\times(-4e^3)=-32$

→ $f'(-3)=0$이고 $x=-3$의 좌우에서 $f'(x)$의 부호가 양에서 음으로 바뀌므로 $f(x)$는 $x=-3$에서 극대야. 또, $f'(3)=0$이고 $x=3$의 좌우에서 $f'(x)$의 부호가 음에서 양으로 바뀌므로 $f(x)$는 $x=3$에서 극소야.

생생 수험 Talk

수학은 내신과 수능이 서로 다른 내용을 다루는 게 아니기 때문에 내신과 수능 공부를 동시에 한다고 생각하는 것이 좋을 것 같아. 내신은 시험 범위가 정해져 있으니까 내신 시험 기간일 때는 그 부분을 중점적으로 공부하긴 했지만, 그것도 한편으론 수능 대비니까 나는 딱히 다르게 공부하진 않았고 (수능)＝(내신)이라는 생각으로 공부했었어.

80 정답 ④ 　　　　　　　　　　　　　　　 정답률 92%

함수 $f(x)=(x^2-3)e^{-x}$의 극댓값과 극솟값을 각각 a, b라 할 때, $a \times b$의 값은?

① $-12e^2$　　　② $-12e$　　　③ $-\dfrac{12}{e}$

✓④ $-\dfrac{12}{e^2}$　　⑤ $-\dfrac{12}{e^3}$

→ $f'(c)=0$일 때, $x=c$의 좌우에서 $f'(x)$의 부호를 조사하면 극대와 극소를 알 수 있어.

☑ **연관 개념 check**

미분가능한 함수 $f(x)$에 대하여 $f'(a)=0$일 때, $x=a$의 좌우에서 $f'(x)$의 부호가

(1) 양($+$)에서 음($-$)으로 바뀌면 $f(x)$는 $x=a$에서 극대이고, 극댓값은 $f(a)$이다.

(2) 음($-$)에서 양($+$)으로 바뀌면 $f(x)$는 $x=a$에서 극소이고, 극솟값은 $f(a)$이다.

해결 흐름

1 함수 $f(x)$의 극댓값과 극솟값을 구해야 하니까 $f'(x)=0$이 되는 x의 값을 구해서 $f(x)$의 증가와 감소를 표로 나타내 봐야겠다.

알찬 풀이

$f(x)=(x^2-3)e^{-x}$에서

$f'(x)=2x \times e^{-x}+(x^2-3) \times (-e^{-x})$

$= -(x^2-2x-3)e^{-x}$

$= -(x+1)(x-3)e^{-x}$

$f'(x)=0$에서 $x=-1$ 또는 $x=3$ → $e^{-x}>0$이니까 $f'(x)=0$의 근은 $(x+1)(x-3)=0$의 근이야.

함수의 곱의 미분법
미분가능한 두 함수 $f(x)$, $g(x)$에 대하여
$\{f(x)g(x)\}'=f'(x)g(x)+f(x)g'(x)$

함수 $f(x)$의 증가와 감소를 표로 나타내면 다음과 같다.

x	$\cdots$	-1	$\cdots$	3	$\cdots$
$f'(x)$	$-$	0	$+$	0	$-$
$f(x)$	↘	극소	↗	극대	↘

따라서 함수 $f(x)$의 극댓값 a와 극솟값 b는

$a=f(3)=6e^{-3}$ → $f(3)=(3^2-3)e^{-3}=6e^{-3}$

$b=f(-1)=-2e$ → $f(-1)=\{(-1)^2-3\}e^{-(-1)}=-2e$

$\therefore a \times b=6e^{-3} \times (-2e)$

$\qquad = -12e^{-2}=-\dfrac{12}{e^2}$

→ $f'(-1)=0$이고 $x=-1$의 좌우에서 $f'(x)$의 부호가 음에서 양으로 바뀌므로 $f(x)$는 $x=-1$에서 극소야. 또, $f'(3)=0$이고 $x=3$의 좌우에서 $f'(x)$의 부호가 양에서 음으로 바뀌므로 $f(x)$는 $x=3$에서 극대야.

---

81 정답 ② 　　　　　　　　　　　　　　　 정답률 84%

함수 $f(x)=(x^2-8)e^{-x+1}$은 극솟값 a와 극댓값 b를 갖는다. 두 수 a, b의 곱 ab의 값은?

① -34　　　✓② -32　　　③ -30

④ -28　　　⑤ -26

→ $f'(c)=0$일 때 $x=c$의 좌우에서 $f'(x)$의 부호를 조사하면 극대와 극소를 알 수 있어.

☑ **연관 개념 check**

미분가능한 함수 $f(x)$에 대하여 $f'(a)=0$일 때, $x=a$의 좌우에서 $f'(x)$의 부호가

(1) 양($+$)에서 음($-$)으로 바뀌면 $f(x)$는 $x=a$에서 극대이고, 극댓값은 $f(a)$이다.

(2) 음($-$)에서 양($+$)으로 바뀌면 $f(x)$는 $x=a$에서 극소이고, 극솟값은 $f(a)$이다.

해결 흐름

1 함수 $f(x)$의 극댓값과 극솟값을 구해야 하니까 $f'(x)=0$이 되는 x의 값을 구해서 함수 $f(x)$의 증가와 감소를 표로 나타내 봐야겠다.

알찬 풀이

$f(x)=(x^2-8)e^{-x+1}$에서

$f'(x)=2xe^{-x+1}-(x^2-8)e^{-x+1}$

$=(-x^2+2x+8)e^{-x+1}$

$=-(x+2)(x-4)e^{-x+1}$

$f'(x)=0$에서 $x=-2$ 또는 $x=4$ → $e^{-x+1}>0$이니까 $(x+2)(x-4)=0$이야.

함수의 곱의 미분법
미분가능한 두 함수 $f(x)$, $g(x)$에 대하여
$\{f(x)g(x)\}'=f'(x)g(x)+f(x)g'(x)$

함수 $f(x)$의 증가와 감소를 표로 나타내면 다음과 같다.

x	$\cdots$	-2	$\cdots$	4	$\cdots$
$f'(x)$	$-$	0	$+$	0	$-$
$f(x)$	↘	극소	↗	극대	↘

따라서 함수 $f(x)$의 극솟값 a는

$a=f(-2)=-4e^3$ → $f(-2)=\{(-2)^2-8\}e^{-(-2)+1}=-4e^3$

함수 $f(x)$의 극댓값 b는

$b=f(4)=8e^{-3}$ → $f(4)=(4^2-8)e^{-4+1}=8e^{-3}$

$\therefore ab=(-4e^3) \times 8e^{-3}=-32$

→ $f'(-2)=0$이고 $x=-2$의 좌우에서 $f'(x)$의 부호가 음에서 양으로 바뀌므로 $f(x)$는 $x=-2$에서 극소야. 또, $f'(4)=0$이고 $x=4$의 좌우에서 $f'(x)$의 부호가 양에서 음으로 바뀌므로 $f(x)$는 $x=4$에서 극대야.

82 정답 ④　　　정답률 75%

함수 $f(x)=\dfrac{1}{2}x^2-a\ln x\ (a>0)$의 극솟값이 0일 때, 상수 a의 값은?
→ $f'(c)=0$일 때 $x=c$의 좌우에서 $f'(x)$의 부호가 음에서 양으로 바뀌면 $x=c$에서 극솟값을 가져.

① $\dfrac{1}{e}$　　　② $\dfrac{2}{e}$　　　③ $\sqrt{e}$

✓④ e　　　⑤ $2e$

☑ 연관 개념 check

미분가능한 함수 $f(x)$에 대하여 $f'(a)=0$일 때, $x=a$의 좌우에서 $f'(x)$의 부호가

(1) 양($+$)에서 음($-$)으로 바뀌면 $f(x)$는 $x=a$에서 극대이고, 극댓값은 $f(a)$이다.

(2) 음($-$)에서 양($+$)으로 바뀌면 $f(x)$는 $x=a$에서 극소이고, 극솟값은 $f(a)$이다.

수능 핵심 개념 극대·극소를 이용한 미정계수의 결정

미분가능한 함수 $f(x)$가 $x=a$에서 극값 p를 가지면
$$f(a)=p,\ f'(a)=0$$
이므로 극값이 주어지면 두 개의 등식을 세울 수 있다.

해결 흐름

1 $f(x)$의 극솟값이 주어졌으니까 극소가 되는 점의 x좌표를 찾으면 되겠다.

2 $f'(x)=0$이 되는 x의 값을 구해 봐야겠네.

알찬 풀이

→ 로그의 진수의 조건에 의하여 $x>0$이므로 함수 $f(x)$의 정의역은 $\{x|x>0\}$이야.

$f(x)=\dfrac{1}{2}x^2-a\ln x\ (a>0)$에서

$f'(x)=x-\dfrac{a}{x}$　→ $(\ln x)'=\dfrac{1}{x}$임을 이용했어.

$\quad=\dfrac{x^2-a}{x}$

$f'(x)=0$에서 $x^2-a=0,\ x^2=a$

$\therefore x=\sqrt{a}\ (\because x>0)$

이때 함수 $f(x)$의 증가와 감소를 표로 나타내면 다음과 같다.

x	(0)	$\cdots$	$\sqrt{a}$	$\cdots$
$f'(x)$		$-$	0	$+$
$f(x)$		$\searrow$	극소	$\nearrow$

→ $f'(x)<0$이면 $f(x)$는 감소하고, $f'(x)>0$이면 $f(x)$는 증가하지.

→ $f'(\sqrt{a})=0$이고 $x=\sqrt{a}$의 좌우에서 $f'(x)$의 부호가 음에서 양으로 바뀌므로 함수 $f(x)$는 $x=\sqrt{a}$에서 극소야.

따라서 함수 $f(x)$는 $x=\sqrt{a}$에서

극솟값 $f(\sqrt{a})=\dfrac{1}{2}a-a\ln\sqrt{a}$를 가지므로

$\dfrac{a}{2}-a\ln\sqrt{a}=0$　→ $a\ln\sqrt{a}=a\ln a^{\frac{1}{2}}=\dfrac{a}{2}\ln a$

$\dfrac{a}{2}-\dfrac{a}{2}\ln a=0$

$\dfrac{a}{2}(1-\ln a)=0$

그런데 $a>0$이므로 $1-\ln a=0$

$\ln a=1$　　$\therefore a=e$

83 정답 ④　　　정답률 75%

곡선 $y=ax^2-2\sin 2x$가 변곡점을 갖도록 하는 정수 a의 개수는?
→ 이계도함수를 이용해 봐.

① 4　　　② 5　　　③ 6

✓④ 7　　　⑤ 8

☑ 연관 개념 check

이계도함수를 갖는 함수 $f(x)$에서 $f''(a)=0$이고, $x=a$의 좌우에서 $f''(x)$의 부호가 바뀌면 점 $(a, f(a))$는 곡선 $y=f(x)$의 변곡점이다.

해결 흐름

1 변곡점에 대한 문제이니까 y''을 구해 봐야겠다.

2 $y''=0$이 되는 x의 값의 좌우에서 y''의 부호가 바뀌도록 하는 정수 a의 값을 찾아야겠다.

알찬 풀이

$y=ax^2-2\sin 2x$에서

$y'=2ax-2\cos 2x\times(2x)'$　→ $y=\sin f(x)$이면 $y'=\cos f(x)\times f'(x)$임을 이용했어.

$\quad=2ax-4\cos 2x$

$y''=2a+4\sin 2x\times(2x)'$

$\quad=2a+8\sin 2x$

$y''=0$에서 $\sin 2x=-\dfrac{a}{4}$

이때 방정식 $\sin 2x=-\dfrac{a}{4}$가 실근을 가져야 하므로

→ 주어진 곡선이 변곡점을 가지려면 $y''=0$을 만족시키는 실근이 존재해야 해.

$-1\le-\dfrac{a}{4}\le 1$　　$\therefore -4\le a\le 4$
→ $-1\le\sin 2x\le 1$이기 때문이야.

그런데 $a=-4$일 때 $y''=-8+8\sin 2x$에서 $y''\le 0$이고,

$a=4$일 때 $y''=8+8\sin 2x$에서 $y''\ge 0$이므로
→ y''의 부호가 바뀌지 않으므로 변곡점이 존재하지 않아.

$a\ne-4,\ a\ne 4$

따라서 $-4<a<4$이므로 주어진 곡선이 변곡점을 갖도록 하는 정수 a는

$-3, -2, -1, 0, 1, 2, 3$의 7개이다.

84 정답 ④   정답률 90%

함수 $f(x)=xe^x$에 대하여 **곡선 $y=f(x)$의 변곡점의 좌표가 (a, b)일 때**, 두 수 a, b의 곱 ab의 값은?

① $4e^2$ ② e ③ $\dfrac{1}{e}$

✓④ $\dfrac{4}{e^2}$ ⑤ $\dfrac{9}{e^3}$ 이계도함수를 이용하여 변곡점의 좌표를 구해 봐.

☑ **연관 개념 check**

이계도함수를 갖는 함수 $f(x)$에서 $f''(a)=0$이고, $x=a$의 좌우에서 $f''(x)$의 부호가 바뀌면 점 $(a, f(a))$는 곡선 $y=f(x)$의 변곡점이다.

$y=e^x$, $y=x+2$가 증가함수이므로 두 함수의 곱 $y=(x+2)e^x$도 증가하는 함수야.

해결 흐름

1 $f''(x)=0$이 되는 x의 값과 그 점의 좌우에서 $f''(x)$의 부호를 확인해 봐야겠다.

2 곱의 미분법을 이용하여 $f'(x)$, $f''(x)$를 구해야겠네.

알찬 풀이

$f(x)=xe^x$에서

$f'(x)=e^x+xe^x=(x+1)e^x$

> **함수의 곱의 미분법**
> 미분가능한 두 함수 $f(x), g(x)$에 대하여
> $\{f(x)g(x)\}'=f'(x)g(x)+f(x)g'(x)$

$f''(x)=e^x+(x+1)e^x=(x+2)e^x$

$f''(x)=0$에서 $x=-2$ → $e^x>0$이니까 $x+2=0$이야.

이때 $f''(x)$는 증가하는 함수이므로

$x<-2$일 때 $f''(x)<0$이고 $x>-2$일 때 $f''(x)>0$이다.

따라서 변곡점의 좌표는 $\left(-2, -\dfrac{2}{e^2}\right)$이므로

 → $x=-2$일 때, $f(-2)=-2e^{-2}=-\dfrac{2}{e^2}$이야.

$a=-2$, $b=-\dfrac{2}{e^2}$

$\therefore ab=(-2)\times\left(-\dfrac{2}{e^2}\right)=\dfrac{4}{e^2}$

문제 해결 **TIP**

김도진 | 중앙대학교 의예과 | 양서고등학교 졸업

이 문제는 변곡점의 좌표를 구하는 문제야. 변곡점의 경우 $f''(x)$의 부호가 바뀌는 점을 찾으면 돼. 그런데 생각해 보면 곡선의 변곡점이 존재하니까 구하라고 했겠지? 또, $f''(x)=0$을 만족시키는 x의 값이 -2뿐이니까 곡선 $y=f(x)$의 x좌표가 -2인 점이 이 곡선의 변곡점이야. 따라서 변곡점을 판정하는 과정을 생략해도 돼. 그리고 눈치챘는지 모르겠지만 $f(x)=xe^x$을 미분할 때 $f(x)=xe^x$, $f'(x)=(x+1)e^x$, $f''(x)=(x+2)e^x$으로 다항함수의 상수항이 1씩 증가해. 함수의 곱의 미분법을 이용하면 그렇게 어렵지는 않지만 이건 외워 둬도 좋을 것 같아.

---

85 정답 ⑤   정답률 50%

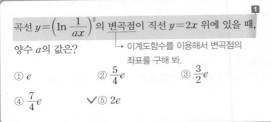

곡선 $y=\left(\ln\dfrac{1}{ax}\right)^2$의 **변곡점이 직선 $y=2x$ 위에 있을 때**, 양수 a의 값은?

→ 이계도함수를 이용해서 변곡점의 좌표를 구해 봐.

① e ② $\dfrac{5}{4}e$ ③ $\dfrac{3}{2}e$

④ $\dfrac{7}{4}e$ ✓⑤ $2e$

☑ **연관 개념 check**

이계도함수를 갖는 함수 $f(x)$에서 $f''(a)=0$이고, $x=a$의 좌우에서 $f''(x)$의 부호가 바뀌면 점 $(a, f(a))$는 곡선 $y=f(x)$의 변곡점이다.

☑ **실전 적용 key**

문제에서 주어진 곡선의 변곡점이 존재함을 알 수 있고 $y''=0$을 만족시키는 x의 값이 $x=\dfrac{e}{a}$뿐이므로 이 x의 값이 변곡점의 x좌표이다. 따라서 실전에서는 $x=\dfrac{e}{a}$의 좌우에서 y''의 부호가 바뀌는지는 확인하지 않아도 된다.

$y=\left(\ln\dfrac{1}{ax}\right)^2$에서 $x\neq0$이니까 $x^2>0$이야.

해결 흐름

1 곡선 $y=\left(\ln\dfrac{1}{ax}\right)^2$의 변곡점을 구해서 $y=2x$에 대입하면 되겠다.

알찬 풀이

$\ln\dfrac{1}{ax}=\ln(ax)^{-1}=-\ln ax$

$y=\left(\ln\dfrac{1}{ax}\right)^2=(-\ln ax)^2=(\ln ax)^2$에서

$y'=2(\ln ax)\times(\ln ax)'$ → $y=\{f(x)\}^2$이면 $y'=2f(x)f'(x)$임을 이용했어.

$\quad=2\ln ax\times\dfrac{a}{ax}=\dfrac{2\ln ax}{x}$

$y''=\dfrac{\left(2\times\dfrac{a}{ax}\right)\times x-(2\ln ax)\times1}{x^2}$

$\quad=\dfrac{2(1-\ln ax)}{x^2}$

> **함수의 몫의 미분법**
> 미분가능한 두 함수
> $f(x), g(x)$ $(g(x)\neq0)$에 대하여
> $\left\{\dfrac{f(x)}{g(x)}\right\}'=\dfrac{f'(x)g(x)-f(x)g'(x)}{\{g(x)\}^2}$

$y''=0$에서 $2(1-\ln ax)=0$

$\ln ax=1$, $ax=e$ $\therefore x=\dfrac{e}{a}$

이때 $x^2>0$이고 함수 $y=1-\ln ax$는 감소하는 함수이므로

$x<\dfrac{e}{a}$일 때 $y''>0$이고, $x>\dfrac{e}{a}$일 때 $y''<0$이다.

따라서 변곡점의 좌표는 $\left(\dfrac{e}{a}, 1\right)$이고, 이 점이 직선 $y=2x$ 위에 있으므로

→ $x=\dfrac{e}{a}$일 때, $y=\left(\ln\dfrac{1}{a\times\frac{e}{a}}\right)^2=\left(\ln\dfrac{1}{e}\right)^2=(-1)^2=1$이야.

$1=\dfrac{2e}{a}$ $\therefore a=2e$

86 정답 ③ 정답률 45%

좌표평면에서 곡선 $y=\cos^n x\left(0<x<\dfrac{\pi}{2},\ n=2,\ 3,\ 4,\ \cdots\right)$ 의 변곡점의 y좌표를 a_n이라 할 때, $\lim\limits_{n\to\infty}a_n$의 값은?

① $\dfrac{1}{e^2}$ ② $\dfrac{1}{e}$ ✔③ $\dfrac{1}{\sqrt{e}}$

④ $\dfrac{1}{2e}$ ⑤ $\dfrac{1}{\sqrt{2e}}$

→ 먼저 y'부터 구해 봐.

해결 흐름

1 $\lim\limits_{n\to\infty}a_n$의 값을 구하려면 먼저 a_n을 알아야겠네.

2 a_n은 변곡점의 y좌표이니까 변곡점의 좌표를 구해야겠네.

3 $y=\cos^n x$에서 y''을 구해야겠다.

☑ 연관 개념 check

이계도함수를 갖는 함수 $f(x)$에서 $f''(a)=0$이고, $x=a$의 좌우에서 $f''(x)$의 부호가 바뀌면 점 $(a,\ f(a))$는 곡선 $y=f(x)$의 변곡점이다.

수능 핵심 개념 무리수 e의 정의

(1) $\lim\limits_{x\to 0}(1+x)^{\frac{1}{x}}=e$

(2) $\lim\limits_{x\to\infty}\left(1+\dfrac{1}{x}\right)^{x}=e$

알찬 풀이

$y=\cos^n x$에서 → $(\cos x)'=-\sin x$

$y'=n\cos^{n-1}x\times(-\sin x)=-n\cos^{n-1}x\times\sin x$ → $y=\{f(x)\}^n$(n은 정수)이면 $y'=n\{f(x)\}^{n-1}f'(x)$임을 이용했어.

$y''=-n(n-1)\cos^{n-2}x\times(-\sin x)\times\sin x-n\cos^{n-1}x\times\cos x$

$\quad=n(n-1)\cos^{n-2}x\times\sin^2 x-n\cos^n x$

$\quad=n\cos^{n-2}x\{(n-1)\sin^2 x-\cos^2 x\}$

$\quad=n\cos^{n-2}x\{(n-1)\sin^2 x-(1-\sin^2 x)\}$ → $\sin^2 x+\cos^2 x=1$에서 $\cos^2 x=1-\sin^2 x$야.

$\quad=n\cos^{n-2}x(n\sin^2 x-1)$

$0<x<\dfrac{\pi}{2}$에서 $\cos x\neq 0$이므로 → $0<x<\dfrac{\pi}{2}$에서 $0<\cos x<1$이야.

$y''=0$에서 $n\sin^2 x-1=0$ $\therefore \sin^2 x=\dfrac{1}{n}$

이때 변곡점의 y좌표가 a_n이므로

$a_n=\cos^n x=(\cos^2 x)^{\frac{n}{2}}=(1-\sin^2 x)^{\frac{n}{2}}=\left(1-\dfrac{1}{n}\right)^{\frac{n}{2}}$

$\therefore \lim\limits_{n\to\infty}a_n=\lim\limits_{n\to\infty}\left(1-\dfrac{1}{n}\right)^{\frac{n}{2}}=\lim\limits_{n\to\infty}\left\{\left(1+\dfrac{1}{-n}\right)^{-n}\right\}^{-\frac{1}{2}}$ → $\lim\limits_{x\to\infty}\left(1+\dfrac{1}{x}\right)^{x}=e$임을 이용해.

$\qquad\qquad =e^{-\frac{1}{2}}=\dfrac{1}{\sqrt{e}}$

87 정답 ② 정답률 75%

x에 대한 방정식 $x^2-5x+2\ln x=t$의 서로 다른 실근의 개수가 2가 되도록 하는 모든 실수 t의 값의 합은?

① $-\dfrac{17}{2}$ ✔② $-\dfrac{33}{4}$ ③ -8

④ $-\dfrac{31}{4}$ ⑤ $-\dfrac{15}{2}$

→ 곡선 $y=x^2-5x+2\ln x$와 직선 $y=t$의 교점이 2개야.

해결 흐름

1 주어진 방정식의 서로 다른 실근의 개수가 2가 되려면 함수 $y=x^2-5x+2\ln x$의 그래프와 직선 $y=t$가 서로 다른 두 점에서 만나야겠네.

2 함수 $y=x^2-5x+2\ln x$의 그래프를 그려서 1의 조건을 만족시키는 경우를 생각해 봐야겠다.

☑ 연관 개념 check

방정식 $f(x)=g(x)$의 서로 다른 실근의 개수는 두 함수 $y=f(x)$와 $y=g(x)$의 그래프의 교점의 개수와 같다.

수능 핵심 개념 함수의 그래프 그리기

함수 $y=f(x)$의 그래프의 개형을 그릴 때는 다음을 고려한다.

(1) 함수의 정의역과 치역

(2) 대칭성과 주기

(3) 좌표축과의 교점

(4) 함수의 증가와 감소, 극대와 극소

(5) 곡선의 오목과 볼록, 변곡점

(6) $\lim\limits_{x\to\infty}f(x)$, $\lim\limits_{x\to-\infty}f(x)$, 점근선

알찬 풀이

방정식 $x^2-5x+2\ln x=t$에서

$f(x)=x^2-5x+2\ln x$라 하면 → 로그의 진수의 조건에 의하여 $x>0$이므로 함수 $f(x)$의 정의역은 $\{x|x>0\}$이야.

$f'(x)=2x-5+2\times\dfrac{1}{x}$ ☆ → $y=\ln x$이면 $y'=\dfrac{1}{x}$

$\quad=\dfrac{2x^2-5x+2}{x}$

$\quad=\dfrac{(2x-1)(x-2)}{x}$

$f'(x)=0$에서 $x=\dfrac{1}{2}$ 또는 $x=2$ → $x>0$이니까 $f'(x)=0$의 근은 $(2x-1)(x-2)=0$의 근이야.

함수 $f(x)$의 증가와 감소를 표로 나타내면 다음과 같다.

x	(0)	$\cdots$	$\dfrac{1}{2}$	$\cdots$	2	$\cdots$
$f'(x)$		$+$	0	$-$	0	$+$
$f(x)$		↗	$-\dfrac{9}{4}-2\ln 2$	↘	$-6+2\ln 2$	↗

또, $\lim_{x \to \infty} f(x) = \infty$, $\lim_{x \to 0+} f(x) = -\infty$이므로 함수 $y = f(x)$의 그래프는 오른쪽 그림과 같다.

이때 방정식 $x^2 - 5x + 2 \ln x = t$의 서로 다른 실근의 개수가 2가 되려면 함수 $y = f(x)$의 그래프와 직선 $y = t$가 서로 다른 두 점에서 만나야 하므로

$t = -\dfrac{9}{4} - 2 \ln 2$ 또는 $t = -6 + 2 \ln 2$

따라서 모든 실수 t의 값의 합은

$$\left(-\dfrac{9}{4} - 2 \ln 2 \right) + (-6 + 2 \ln 2) = -\dfrac{33}{4}$$

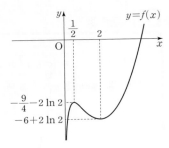

함수 $f(x)$가 극값을 갖는 점에서 곡선 $y=f(x)$와 ← 직선 $y=t$가 접하고 서로 다른 두 점에서 만나.

문제 해결 **TIP**

박하연 | 연세대학교 치의예과 | 현대고등학교 졸업

방정식 문제가 주어지면 방정식을 $f(x) = k$ (k는 상수) 꼴로 놓고 함수 $y = f(x)$의 그래프를 그린 후 조건을 만족시키도록 직선 $y = k$를 움직여 보면 돼. 조건을 만족시키는 k의 값을 구하려면 그래프를 실수 없이 정확하게 그려야 하니까 그래프 그리는 연습이 중요하지. 다양한 형태의 함수를 미분하고 그래프를 그려 보는 연습을 충분히 한다면 그래프를 그려야 하는 고난도 문제도 어렵지 않게 풀 수 있을 거야.

---

88 정답 ④   정답률 71%

두 함수 → 주어진 식을 이용해서 $f(x) = g(x)$를 $h(x) = $(상수) 꼴로 변형해 봐.

$f(x) = e^x$, $g(x) = k \sin x$

에 대하여 방정식 $f(x) = g(x)$의 서로 다른 양의 실근의 개수가 3일 때, 양수 k의 값은?

① $\sqrt{2} e^{\frac{3\pi}{2}}$ ② $\sqrt{2} e^{\frac{7\pi}{4}}$ ③ $\sqrt{2} e^{2\pi}$

✓④ $\sqrt{2} e^{\frac{9\pi}{4}}$ ⑤ $\sqrt{2} e^{\frac{5\pi}{2}}$

☑ **연관 개념 check**

방정식 $f(x) = g(x)$의 서로 다른 실근의 개수는 두 함수 $y = f(x)$, $y = g(x)$의 그래프의 교점의 개수와 같다.

해결 흐름

1 주어진 방정식 $f(x) = g(x)$를 변형하여 $h(x) = $(상수) 꼴로 나타내야겠네.

2 함수 $y = h(x)$의 그래프를 그려서 **1**의 조건을 만족시키는 경우를 생각해 봐야겠다.

알찬 풀이

방정식 $f(x) = g(x)$에서 $e^x = k \sin x$

$$\dfrac{\sin x}{e^x} = \dfrac{1}{k}$$

위의 방정식이 서로 다른 3개의 양의 실근을 가지려면 함수 $y = \dfrac{\sin x}{e^x}$의 그래프와 직선 $y = \dfrac{1}{k}$이 $x > 0$일 때 서로 다른 세 점에서 만나야 한다.

$h(x) = \dfrac{\sin x}{e^x}$라 하면

$$h'(x) = \dfrac{e^x \cos x - e^x \sin x}{e^{2x}} = \dfrac{\cos x - \sin x}{e^x}$$

$h'(x) = 0$에서 $\cos x - \sin x = 0$

$\cos x = \sin x$

$\therefore x = \dfrac{\pi}{4} + n\pi$ (단, $n \geq 0$) → $x > 0$이기 때문이야.

> **함수의 몫의 미분법**
> 미분가능한 두 함수 $f(x)$, $g(x)$ ($g(x) \neq 0$)에 대하여
> $$\left\{ \dfrac{f(x)}{g(x)} \right\}' = \dfrac{f'(x)g(x) - f(x)g'(x)}{\{g(x)\}^2}$$

$x > 0$에서 함수 $h(x)$의 증가와 감소를 표로 나타내면 다음과 같다.

x	(0)	$\cdots$	$\dfrac{\pi}{4}$	$\cdots$	$\dfrac{5}{4}\pi$	$\cdots$	$\dfrac{9}{4}\pi$	$\cdots$
$h'(x)$		$+$	0	$-$	0	$+$	0	$-$
$h(x)$		↗	$\dfrac{1}{\sqrt{2}e^{\frac{\pi}{4}}}$	↘	$-\dfrac{1}{\sqrt{2}e^{\frac{5}{4}\pi}}$	↗	$\dfrac{1}{\sqrt{2}e^{\frac{9}{4}\pi}}$	↘

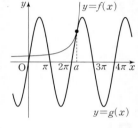

함수 $y=h(x)$의 그래프와 직선 $y=\dfrac{1}{k}$이 서로 다른 세 점에서 만나려면 위의 그림과 같이 $x=\dfrac{9}{4}\pi$에서 곡선 $y=h(x)$와 직선 $y=\dfrac{1}{k}$이 접해야 하므로

$$\dfrac{1}{k}=\dfrac{1}{\sqrt{2}e^{\frac{9}{4}\pi}} \qquad \therefore k=\sqrt{2}e^{\frac{9}{4}\pi}$$

다른 풀이

방정식 $f(x)=g(x)$의 서로 다른 양의 실근의 개수가 3이려면 두 함수 $y=f(x)$와 $y=g(x)$의 그래프는 오른쪽 그림과 같이 접해야 한다.

> 방정식 $f(x)=g(x)$의 서로 다른 실근의 개수는 두 함수 $y=f(x)$와 $y=g(x)$의 그래프의 교점의 개수와 같으므로 두 함수의 그래프는 $x>0$에서 세 점에서 만나야 해.

두 곡선의 접점의 x좌표를 $a\,(2\pi<a<3\pi)$라 하면

$f(a)=g(a)$에서 $e^{a}=k\sin a$ $\cdots\cdots$ ㉠

$f'(a)=g'(a)$에서 $e^{a}=k\cos a$ $\cdots\cdots$ ㉡

㉠, ㉡에서 $k\sin a=k\cos a$

$\sin a=\cos a\,(\because k>0)$ $\qquad \therefore a=\dfrac{9}{4}\pi\,(\because 2\pi<a<3\pi)$

$a=\dfrac{9}{4}\pi$를 ㉠에 대입하면

$e^{\frac{9}{4}\pi}=k\sin\dfrac{9}{4}\pi,\ e^{\frac{9}{4}\pi}=\dfrac{\sqrt{2}}{2}k$ $\qquad \therefore k=\sqrt{2}e^{\frac{9}{4}\pi}$

---

89 정답 ③ 정답률 76%

좌표평면 위를 움직이는 점 P의 시각 $t\left(0<t<\dfrac{\pi}{2}\right)$에서의 위치 $(x,\,y)$가

$$x=t+\sin t\cos t,\quad y=\tan t$$

이다. $0<t<\dfrac{\pi}{2}$에서 **1** 점 P의 속력의 최솟값은? **2**

① 1   ② $\sqrt{3}$ ✔③ 2

④ $2\sqrt{2}$ ⑤ $2\sqrt{3}$ → 속도가 v이면 속력은 $|v|$야.

☑ 연관 개념 check

좌표평면 위를 움직이는 점 $P(x,\,y)$의 시각 t에서의 위치가 $x=f(t),\,y=g(t)$로 나타내어질 때, 점 P의 시각 t에서의

(1) 속도: $\left(\dfrac{dx}{dt},\,\dfrac{dy}{dt}\right)$ 또는 $(f'(t),\,g'(t))$

(2) 속력: $\sqrt{\left(\dfrac{dx}{dt}\right)^{2}+\left(\dfrac{dy}{dt}\right)^{2}}$ 또는 $\sqrt{\{f'(t)\}^{2}+\{g'(t)\}^{2}}$

해결 흐름

1 $\dfrac{dx}{dt},\,\dfrac{dy}{dt}$ 를 구한 후 시각 t에서의 점 P의 속력을 구해야겠다.

2 주어진 시각 t의 범위에서 속력의 최솟값을 구해야겠다.

알찬 풀이

> $\sin^{2}t+\cos^{2}t=1$임을 이용했어.

$$\dfrac{dx}{dt}=1+\cos^{2}t-\sin^{2}t=2\cos^{2}t,\quad \dfrac{dy}{dt}=\sec^{2}t$$

이므로 시각 t에서의 점 P의 속도는 $(2\cos^{2}t,\,\sec^{2}t)$이다.

즉, 점 P의 속력은 → 속도의 크기가 속력이야.

> **산술평균과 기하평균의 관계**
> $a>0,\,b>0$일 때, $\dfrac{a+b}{2}\geq\sqrt{ab}$
> (단, 등호는 $a=b$일 때 성립)

$$\sqrt{4\cos^{4}t+\sec^{4}t}=\sqrt{4\cos^{4}t+\dfrac{1}{\cos^{4}t}}$$

이때 $\cos^{4}t>0$이므로 산술평균과 기하평균의 관계에 의하여

$$4\cos^{4}t+\dfrac{1}{\cos^{4}t}\geq 2\sqrt{4\cos^{4}t\times\dfrac{1}{\cos^{4}t}}$$
$$=4\left(\text{단, 등호는 }4\cos^{4}t=\dfrac{1}{\cos^{4}t}\text{일 때 성립}\right)$$

따라서 점 P의 속력의 최솟값은 $\sqrt{4}=2$

90 정답 4   정답률 82%

좌표평면 위를 움직이는 점 P의 시각 t $(t>0)$에서의 위치
(x, y)가 → 주어진 식을 이용해서 시각 t에서의 속도를 구해 봐.

$$x=\frac{1}{2}e^{2(t-1)}-at, \quad y=be^{t-1}$$

이다. 시각 $t=1$에서의 점 P의 속도가 $v=(-1, 2)$일 때, **1** **2**
$a+b$의 값을 구하시오. (단, a와 b는 상수이다.) 4

☑ **연관 개념 check**

좌표평면 위를 움직이는 점 P(x, y)의 시각 t에서의 위치가
$x=f(t)$, $y=g(t)$로 나타내어질 때, 점 P의 시각 t에서의
속도는

$$\left(\frac{dx}{dt}, \frac{dy}{dt}\right) \text{ 또는 } (f'(t), g'(t))$$

해결 흐름

1 $\frac{dx}{dt}$, $\frac{dy}{dt}$ 를 구하여 시각 $t=1$에서의 점 P의 속도를 구해야겠다.

2 **1**에서 구한 속도와 $v=(-1, 2)$가 일치하므로 a, b의 값을 구할 수 있겠다.

알찬 풀이

$$\frac{dx}{dt}=e^{2(t-1)}-a, \quad \frac{dy}{dt}=be^{t-1} \boxed{\{e^{f(x)}\}'=e^{f(x)}\times f'(x)}$$

이므로 시각 $t=1$에서의 점 P의 속도는

$$v=(1-a, b)$$

따라서 $1-a=-1$, $b=2$이므로 $a=2$, $b=2$

$\therefore a+b=2+2=4$

→ $\frac{dx}{dt}=e^{2(t-1)}-a$, $\frac{dy}{dt}=be^{t-1}$에 $t=1$을 대입하면

$\frac{dx}{dt}=e^0-a=1-a$, $\frac{dy}{dt}=b\times e^0=b$

---

91 정답 4   정답률 78%

좌표평면 위를 움직이는 점 P의 시각 t $(t\geq0)$에서의 위치
(x, y)가 → 주어진 식을 이용해서 시각 t에서
의 속력과 가속도를 구해 봐.

$$x=1-\cos 4t, \quad y=\frac{1}{4}\sin 4t$$

이다. 점 P의 속력이 최대일 때, 점 P의 가속도의 크기를 구 **2**
하시오. 4   **1**

☑ **연관 개념 check**

좌표평면 위를 움직이는 점 P(x, y)의 시각 t에서의 위치가
$x=f(t)$, $y=g(t)$로 나타내어질 때, 점 P의 시각 t에서의

(1) 속도: $\left(\frac{dx}{dt}, \frac{dy}{dt}\right)$ 또는 $(f'(t), g'(t))$

(2) 속력: $\sqrt{\left(\frac{dx}{dt}\right)^2+\left(\frac{dy}{dt}\right)^2}$ 또는 $\sqrt{\{f'(t)\}^2+\{g'(t)\}^2}$

(3) 가속도: $\left(\frac{d^2x}{dt^2}, \frac{d^2y}{dt^2}\right)$ 또는 $(f''(t), g''(t))$

(4) 가속도의 크기: $\sqrt{\left(\frac{d^2x}{dt^2}\right)^2+\left(\frac{d^2y}{dt^2}\right)^2}$

또는 $\sqrt{\{f''(t)\}^2+\{g''(t)\}^2}$

해결 흐름

1 $\frac{dx}{dt}$, $\frac{dy}{dt}$ 를 구한 후 점 P의 속력을 구하고, 점 P의 속력이 최대가 될 때를 찾아야겠어.

2 $\frac{d^2x}{dt^2}$, $\frac{d^2y}{dt^2}$ 를 구한 후 점 P의 가속도의 크기를 구하면 되겠다.

알찬 풀이

$$\frac{dx}{dt}=4\sin 4t, \quad \frac{dy}{dt}=\cos 4t \boxed{\begin{array}{l}(1) \{\sin f(x)\}'=\cos f(x)\times f'(x)\\(2) \{\cos f(x)\}'=-\sin f(x)\times f'(x)\end{array}}$$

이므로 시각 t에서의 점 P의 속력은

$$\sqrt{(4\sin 4t)^2+\cos^2 4t}$$
$$=\sqrt{16\sin^2 4t+(1-\sin^2 4t)} \quad \substack{\sin^2 4t+\cos^2 4t=1\text{에서}\\\cos^2 4t=1-\sin^2 4t\text{야.}}$$
$$=\sqrt{15\sin^2 4t+1}$$

이때 $-1\leq\sin 4t\leq1$에서 $0\leq\sin^2 4t\leq1$이므로 점 P의 속력이 최대가 되려면

$\sin^2 4t=1$이어야 한다.   → 점 P의 속력이 최대가 되려면 $\sin^2 4t$의 값이 최대가 되어야 하고, 이때 $\sin^2 4t=1$이야.

또, $\frac{d^2x}{dt^2}=16\cos 4t$, $\frac{d^2y}{dt^2}=-4\sin 4t$이므로

시각 t에서의 점 P의 가속도의 크기는

$$\sqrt{(16\cos 4t)^2+(-4\sin 4t)^2}=\sqrt{256\cos^2 4t+16\sin^2 4t}$$

따라서 $\sin^2 4t=1$일 때, $\cos^2 4t=0$이므로
점 P의 가속도의 크기는

$$\sqrt{256\times0+16\times1}=\sqrt{16}=4$$

→ $\sin^2 4t=1$일 때, 점 P의 속력이 최대가 되므로
$\sin^2 4t+\cos^2 4t=1$에서
$1+\cos^2 4t=1$, 즉 $\cos^2 4t=0$이야.

다른 풀이

시각 t에서의 점 P의 가속도의 크기는

$$\sqrt{(16\cos 4t)^2+(-4\sin 4t)^2}=\sqrt{256\cos^2 4t+16\sin^2 4t}$$
$$=\sqrt{256(1-\sin^2 4t)+16\sin^2 4t}$$
$$=\sqrt{256-240\sin^2 4t}$$

따라서 $\sin^2 4t=1$일 때, 점 P의 가속도의 크기는

$$\sqrt{256-240\times1}=\sqrt{16}=4$$

92 정답 ④
정답률 90%

좌표평면 위를 움직이는 점 P의 시각 t $(t \geq 0)$에서의 위치 (x, y)가
$$x = 3t - \sin t, \quad y = 4 - \cos t$$
이다. 점 P의 속력의 최댓값을 M, 최솟값을 m이라 할 때, $M + m$의 값은? → 속도가 v이면 속력은 $|v|$야.

① 3   ② 4   ③ 5
✓④ 6   ⑤ 7

☑ 연관 개념 check

좌표평면 위를 움직이는 점 P(x, y)의 시각 t에서의 위치가 $x = f(t)$, $y = g(t)$로 나타내어질 때, 점 P의 시각 t에서의

(1) 속도: $\left(\dfrac{dx}{dt}, \dfrac{dy}{dt} \right)$ 또는 $(f'(t), g'(t))$

(2) 속력: $\sqrt{\left(\dfrac{dx}{dt} \right)^2 + \left(\dfrac{dy}{dt} \right)^2}$ 또는 $\sqrt{\{f'(t)\}^2 + \{g'(t)\}^2}$

해결 흐름

1 $\dfrac{dx}{dt}$, $\dfrac{dy}{dt}$ 를 구한 후 시각 t에서의 점 P의 속력을 구해야겠다.

2 시각 t가 주어지지 않은 상태에서 속력의 최댓값과 최솟값을 구하려면 $\sin t$ 또는 $\cos t$의 값의 범위를 생각해 봐야겠네.

알찬 풀이

$$\dfrac{dx}{dt} = 3 - \cos t, \quad \dfrac{dy}{dt} = \sin t$$

(1) $(\sin x)' = \cos x$
(2) $(\cos x)' = -\sin x$

이므로 시각 t에서의 점 P의 속도는 $(3 - \cos t, \sin t)$이다.

따라서 점 P의 속력은 → 속도의 크기가 속력이야.

$$\sqrt{(3 - \cos t)^2 + \sin^2 t} = \sqrt{9 - 6\cos t + \cos^2 t + \sin^2 t}$$
$$= \sqrt{9 - 6\cos t + 1}$$
$$= \sqrt{10 - 6\cos t}$$

이때 $-1 \leq \cos t \leq 1$이므로
속력의 최댓값 M은 $\cos t = -1$일 때
$$M = \sqrt{10 - 6 \times (-1)} = \sqrt{16} = 4$$
속력의 최솟값 m은 $\cos t = 1$일 때
$$m = \sqrt{10 - 6 \times 1} = \sqrt{4} = 2$$
$$\therefore M + m = 4 + 2 = 6$$

93 정답 ③
정답률 93%

좌표평면 위를 움직이는 점 P의 시각 t $(t > 0)$에서의 위치 (x, y)가
→ 위치 (x, y)의 속도는 $\left(\dfrac{dx}{dt}, \dfrac{dy}{dt} \right)$이지.
$$x = t - \dfrac{2}{t}, \quad y = 2t + \dfrac{1}{t}$$
이다. 시각 $t = 1$에서 점 P의 속력은?
→ 속도가 v이면 속력은 $|v|$야.

① $2\sqrt{2}$ ② 3   ✓③ $\sqrt{10}$
④ $\sqrt{11}$ ⑤ $2\sqrt{3}$

☑ 연관 개념 check

좌표평면 위를 움직이는 점 P(x, y)의 시각 t에서의 위치가 $x = f(t)$, $y = g(t)$로 나타내어질 때, 점 P의 시각 t에서의

(1) 속도: $\left(\dfrac{dx}{dt}, \dfrac{dy}{dt} \right)$ 또는 $(f'(t), g'(t))$

(2) 속력: $\sqrt{\left(\dfrac{dx}{dt} \right)^2 + \left(\dfrac{dy}{dt} \right)^2}$ 또는 $\sqrt{\{f'(t)\}^2 + \{g'(t)\}^2}$

해결 흐름

1 $\dfrac{dx}{dt}$, $\dfrac{dy}{dt}$ 를 구한 후 시각 $t = 1$에서 점 P의 속력을 구해야겠다.

알찬 풀이

$$\dfrac{dx}{dt} = 1 + \dfrac{2}{t^2}, \quad \dfrac{dy}{dt} = 2 - \dfrac{1}{t^2}$$

n이 실수일 때, $y = x^n$이면 $y' = nx^{n-1}$

이므로 시각 $t = 1$에서 점 P의 속도는 $(3, 1)$이다.
따라서 구하는 속력은
$$\sqrt{3^2 + 1^2} = \sqrt{10}$$ → 속도의 크기가 속력이야.

생생 수험 Talk

수험 생활 동안 제일 중요한 건 스트레스 자체를 받지 않는 거야! 나는 워낙 사소한 부분에 스트레스를 안 받으려고 노력한 편이라 큰 슬럼프를 겪었던 적은 없었던 것 같아. 어차피 해야 할 공부라고 생각하고 재미를 붙이면 크게 스트레스를 받지 않을 수 있는데, 사람이라면 그래도 어쩔 수 없이 스트레스를 받을 때가 있을 거야. 그럴 때 자신을 너무 괴롭히지 말고 조금 놓아 주는 것도 좋아. 나는 친구들이랑 가끔 맛있는 점심이나 과자를 먹기도 하고, 놀면서 스트레스를 풀었어. 슈퍼문이 뜬다고 했던 날, 자율학습 시간에 아무도 없는 교실에 내려와서 저녁 내내 달 구경했던 게 생각이 나네. 이렇게 일상에서 소소한 재미를 찾으면서 스트레스를 푸는 게 제일 좋은 것 같아.

94 정답 ③

양수 t에 대하여 다음 조건을 만족시키는 실수 k의 값을 $f(t)$라 하자.

> 직선 $x=k$와 두 곡선 $y=e^{\frac{x}{2}}$, $y=e^{\frac{x}{2}+3t}$이 만나는 점을 각각 P, Q라 하고, 점 Q를 지나고 y축에 수직인 직선이 곡선 $y=e^{\frac{x}{2}}$과 만나는 점을 R라 할 때, $\overline{PQ}=\overline{QR}$이다. ①

↳ 세 점 P, Q, R의 좌표를 k, t에 대한 대한 식으로 나타내 봐.

함수 $f(t)$에 대하여 $\lim\limits_{t\to 0+}f(t)$의 값은? ②

① ln 2 　　② ln 3 　　✓③ ln 4
④ ln 5 　　⑤ ln 6

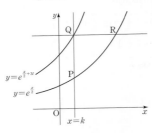

☑ 실전 적용 key

지수함수와 로그함수의 극한의 도형에서의 활용 문제는 다음과 같은 순서로 해결한다.
① 구하는 선분의 길이 또는 도형의 넓이를 식으로 나타낸다.
② 지수함수와 로그함수의 극한을 이용하여 극한값을 구한다.

수능 핵심 개념 | e의 정의를 이용한 지수함수와 로그함수의 극한

0이 아닌 상수 a에 대하여

(1) $\lim\limits_{x\to 0}\dfrac{\ln(1+x)}{x}=1$

$\lim\limits_{x\to 0}\dfrac{\ln(1+ax)}{ax}=\lim\limits_{x\to 0}\dfrac{ax}{\ln(1+ax)}=1$

(2) $\lim\limits_{x\to 0}\dfrac{e^x-1}{x}=1$

$\lim\limits_{x\to 0}\dfrac{e^{ax}-1}{ax}=\lim\limits_{x\to 0}\dfrac{ax}{e^{ax}-1}=1$

해결 흐름

1 두 선분 PQ, QR의 길이를 각각 k, t에 대한 식으로 나타낸 후 $\overline{PQ}=\overline{QR}$임을 이용해서 $f(t)$를 구해야겠다.

2 지수함수의 극한을 이용하면 $\lim\limits_{t\to 0+}f(t)$의 값을 구할 수 있겠군.

알찬 풀이

점 P는 곡선 $y=e^{\frac{x}{2}}$과 직선 $x=k$의 교점이므로

$P(k, e^{\frac{k}{2}})$

점 Q는 곡선 $y=e^{\frac{x}{2}+3t}$과 직선 $x=k$의 교점이므로

$Q(k, e^{\frac{k}{2}+3t})$

$\therefore \overline{PQ}=e^{\frac{k}{2}+3t}-e^{\frac{k}{2}}$ ↳ 두 점 Q, R가 x축에 평행한 직선 위의 점이니까 두 점의 y좌표가 같아.

이때 점 R의 y좌표가 $e^{\frac{k}{2}+3t}$이고, 점 R는 곡선 $y=e^{\frac{x}{2}}$ 위의 점이므로

$e^{\frac{k}{2}+3t}=e^{\frac{x}{2}}$에서 $\dfrac{k}{2}+3t=\dfrac{x}{2}$ $\therefore x=k+6t$

↳ 밑이 e로 같으니까 지수끼리 같으면 돼.

$\therefore R(k+6t, e^{\frac{k}{2}+3t})$

$\therefore \overline{QR}=(k+6t)-k=6t$

$\overline{PQ}=\overline{QR}$에서 $e^{\frac{k}{2}+3t}-e^{\frac{k}{2}}=6t$

$e^{\frac{k}{2}}(e^{3t}-1)=6t$ $\therefore e^{\frac{k}{2}}=\dfrac{6t}{e^{3t}-1}$

양변에 자연로그를 취하면

$\dfrac{k}{2}=\ln\dfrac{6t}{e^{3t}-1}$ $\therefore k=2\ln\dfrac{6t}{e^{3t}-1}$

따라서 $f(t)=2\ln\dfrac{6t}{e^{3t}-1}$이므로

$\lim\limits_{t\to 0+}f(t)=\lim\limits_{t\to 0+}2\ln\dfrac{6t}{e^{3t}-1}$

> ☆ $f(x)>0$이고, $\lim\limits_{x\to a}f(x)$가 존재하면 $\lim\limits_{x\to a}\ln f(x)=\ln\left\{\lim\limits_{x\to a}f(x)\right\}$

$=2\ln\left(\lim\limits_{t\to 0+}\dfrac{6t}{e^{3t}-1}\right)$ ↳ $\lim\limits_{t\to 0}\dfrac{e^{3t}-1}{3t}=1$을 이용할 수 있도록

$=2\ln\left(\lim\limits_{t\to 0+}\dfrac{2}{\dfrac{e^{3t}-1}{3t}}\right)$ ↳ 분모, 분자를 각각 $3t$로 나눴어.

$=2\ln 2=\ln 4$

다른 풀이

두 점 P, Q의 y좌표가 $e^{\frac{k}{2}}$, $e^{\frac{k}{2}+3t}$이므로

$\overline{PQ}=e^{\frac{k}{2}+3t}-e^{\frac{k}{2}}$

이때 함수 $y=e^{\frac{x}{2}+3t}=e^{\frac{1}{2}(x+6t)}$의 그래프는 함수 $y=e^{\frac{x}{2}}$의 그래프를 x축의 음의 방향으로 $6t$만큼 평행이동한 것이므로

$\overline{QR}=6t$

$\overline{PQ}=\overline{QR}$에서 $e^{\frac{k}{2}+3t}-e^{\frac{k}{2}}=6t$

$e^{\frac{k}{2}}(e^{3t}-1)=6t$ $\therefore e^{\frac{k}{2}}=\dfrac{6t}{e^{3t}-1}$

$\therefore \lim\limits_{t\to 0+}e^{\frac{k}{2}}=\lim\limits_{t\to 0+}\dfrac{6t}{e^{3t}-1}=\lim\limits_{t\to 0+}\dfrac{2}{\dfrac{e^{3t}-1}{3t}}=\dfrac{2}{1}=2$

즉, $t\longrightarrow 0+$일 때 $e^{\frac{k}{2}}\longrightarrow 2$이므로 $k\longrightarrow\ln 4$

$\therefore \lim\limits_{t\to 0+}f(t)=\lim\limits_{t\to 0+}k=\ln 4$

↳ $e^{\frac{k}{2}}\longrightarrow 2$에서 $\dfrac{k}{2}\longrightarrow\ln 2$이니까 $k\longrightarrow\ln 4$야.

95 정답 ③ 정답률 62%

☑ 연관 개념 check

지수함수 $y=e^x$과 로그함수 $y=\ln x$는 서로 역함수 관계에 있으므로 두 함수의 그래프는 직선 $y=x$에 대하여 대칭이다.

☑ 실전 적용 key

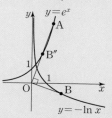

함수 $y=e^x$의 그래프는 함수 $y=-\ln x$의 그래프를 원점을 중심으로 시계 반대 방향으로 90°만큼 회전시킨 모양이다. 조건 (나)에서 $\angle AOB=90°$이므로 점 B를 원점을 중심으로 시계 반대 방향으로 90°만큼 회전시킨 점을 B″이라 하면 점 B″은 곡선 $y=e^x$ 위에 있고 세 점 O, A, B″은 한 직선 위에 있다.

수능 핵심 개념 · 점의 대칭이동

점 (a, b)를
(1) x축에 대하여 대칭이동한 점의 좌표는 $(a, -b)$
(2) y축에 대하여 대칭이동한 점의 좌표는 $(-a, b)$
(3) 원점에 대하여 대칭이동한 점의 좌표는 $(-a, -b)$
(4) 직선 $y=x$에 대하여 대칭이동한 점의 좌표는 (b, a)

해결 흐름

1️⃣ 점 B를 대칭이동시켜서 함수 $y=e^x$의 그래프 위에 놓을 수 있겠다.
2️⃣ 1️⃣에서 점 B를 대칭이동시킨 점을 B″이라 하면 $\overline{OA}=2\overline{OB''}$도 성립하겠다.
3️⃣ 두 직선 OA, OB가 수직이므로 두 직선의 기울기에 대한 식을 세울 수 있겠네.
4️⃣ 2️⃣, 3️⃣을 이용해서 점 A의 좌표를 구해 봐야겠다.

알찬 풀이

점 A는 함수 $y=e^x$의 그래프 위의 점이므로 A(a, e^a) $(a>0)$, 점 B는 함수 $y=-\ln x$의 그래프 위의 점이므로 B$(b, -\ln b)$ $(b>0)$라 하자.

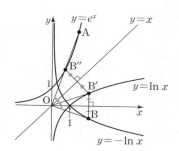

함수 $y=-\ln x$의 그래프를 x축에 대하여 대칭이동시키면 함수 $y=\ln x$의 그래프와 일치하고, 이를 다시 직선 $y=x$에 대하여 대칭이동시키면 함수 $y=e^x$의 그래프와 일치한다.

즉, 점 B$(b, -\ln b)$를 x축에 대하여 대칭이동시킨 점을 B′, 점 B′을 직선 $y=x$에 대하여 대칭이동시킨 점을 B″이라 하면 B′$(b, \ln b)$이므로 B″$(\ln b, b)$

한편, 두 직선 OA, OB의 기울기는 각각 $\dfrac{e^a}{a}$, $-\dfrac{\ln b}{b}$이고, 조건 (나)에 의하여 두 직선 OA, OB의 기울기의 곱이 -1이므로

$$\dfrac{e^a}{a}\times\left(-\dfrac{\ln b}{b}\right)=-1 \quad \therefore \dfrac{e^a}{a}=\dfrac{b}{\ln b} \quad\quad \cdots\cdots ㉠$$

→ 수직인 두 직선의 기울기의 곱은 -1이다.

이때 직선 OB″의 기울기가 $\dfrac{b}{\ln b}$이므로 ㉠에 의하여 직선 OA의 기울기와 OB″의 기울기가 같다. 즉, 세 점 O, A, B″은 한 직선 위에 있다.

또, $\overline{OB}=\overline{OB''}$이므로 조건 (가)에 의하여 $\overline{OA}=2\overline{OB''}$이다.

즉, 점 B″은 선분 OA의 중점이므로

$$B''\left(\dfrac{a}{2}, \dfrac{e^a}{2}\right)$$

또, 점 B″이 함수 $y=e^x$의 그래프 위의 점이고 점 B″의 x좌표가 $\dfrac{a}{2}$이므로 점 B″의 y좌표는 $e^{\frac{a}{2}}$이다.

즉, $\dfrac{e^a}{2}=e^{\frac{a}{2}}$이므로 $e^a=2e^{\frac{a}{2}}$

양변에 자연로그를 취하면

$$a=\ln 2+\dfrac{a}{2} \quad\quad \therefore a=2\ln 2$$

따라서 직선 OA의 기울기는

$$\dfrac{e^a}{a}=\dfrac{\boxed{e^{2\ln 2}}}{2\ln 2}=\dfrac{4}{2\ln 2}=\dfrac{2}{\ln 2}$$

$e^{2\ln 2}=e^{\ln 4}=4^{\ln e}=4$ ←

생생 수험 Talk

나는 수험생일 때도 친구들과의 관계는 똑같았어. 수험생이라고 친구들과의 관계를 끊고 혼자 공부에 매진하는 것은 좋은 생각이 아닌 거 같거든. 길게 보았을 때 수능은 인생에서 겪어야 하는 하나의 경험일 뿐인데 수능 때문에 친구들과 서먹해 지는 것은 안 좋다고 봐. 오히려 친구들과 힘든 수험 생활을 같이 하면서 어려움을 나누고 공부를 하면 더욱더 좋은 효과를 본다고 생각해. 친구들을 경쟁자라고 생각하지 말고 동반자라고 생각하면서 서로서로 도우면 좋은 결과가 나올 거야.

96 정답 ⑤　　정답률 81%

두 함수 $y=2^x$, $y=2^{-x}$은 모두 실수 전체의 집합에서 연속이므로
두 함수두 함수의 합인 $g(x)$도 실수 전체의 집합에서 연속이야.

$$f(x)=\begin{cases} ax & (x<1) \\ -3x+4 & (x\geq 1), \end{cases} \quad g(x)=2^x+2^{-x}$$

에 대하여 합성함수 $(g\circ f)(x)$가 실수 전체의 집합에서 연속이 되도록 하는 모든 실수 a의 값의 곱은?

① -5　　　② -4　　　③ -3
④ -2　　　✓⑤ -1

☑ 연관 개념 check

$x<a$인 모든 실수 x에서 연속인 함수 $g(x)$와 $x\geq a$인 모든 실수 x에서 연속인 함수 $h(x)$에 대하여 함수

$$f(x)=\begin{cases} g(x) & (x<a) \\ h(x) & (x\geq a) \end{cases}$$

가 모든 실수 x에서 연속이면

$$\Rightarrow \lim_{x\to a-} g(x)=\lim_{x\to a+} h(x)$$

☑ 실전 적용 key

함수 $f(x)$는 $x<1$일 때와 $x\geq 1$일 때 식이 다르므로 $x=1$에서 연속인지 불연속인지 알 수 없지만 함수 $g(x)$는 실수 전체의 집합에서 연속임을 알 수 있다. 따라서 합성함수 $(g\circ f)(x)$가 실수 전체의 집합에서 연속이 되려면 함수 $f(x)$의 식이 달라지는 $x=1$에서 연속이 되어야 한다.

해결 흐름

1 합성함수가 실수 전체의 집합에서 연속이 되려면 $x=1$에서 연속이어야 하겠군.

2 $x<1$일 때와 $x\geq 1$일 때, 함수 $f(x)$의 식이 다르니까 함수 $(g\circ f)(x)$의 $x=1$에서의 우극한과 좌극한을 각각 구해 봐야겠어.

알찬 풀이

함수 $g(x)$는 실수 전체의 집합에서 연속이므로 $(g\circ f)(x)$가 실수 전체의 집합에서 연속이 되려면 $x=1$에서 연속이어야 한다. 즉,

$$\lim_{x\to 1+} g(f(x))=\lim_{x\to 1-} g(f(x))=g(f(1))$$
→ $\lim_{x\to 1} (g\circ f)(x)$의 값과 함숫값 $(g\circ f)(1)$이 각각 존재하고, 그 값이 같아야 해.

(i) $\lim_{x\to 1+} (g\circ f)(x)=\lim_{x\to 1+} g(f(x))$
→ $x\to 1+$이면 $x>1$이므로 $f(x)=-3x+4$야.
$$=\lim_{t\to 1-} g(t)=2^1+2^{-1}=\frac{5}{2}$$

(ii) $\lim_{x\to 1-} (g\circ f)(x)=\lim_{x\to 1-} g(f(x))$
→ $x\to 1-$이면 $x<1$이므로 $f(x)=ax$야.

$a\geq 0$일 때, $\lim_{x\to 1-} g(f(x))=\lim_{t\to a-} g(t)=2^a+2^{-a}$

$a<0$일 때, $\lim_{x\to 1-} g(f(x))=\lim_{t\to a+} g(t)=2^a+2^{-a}$

$$\therefore \lim_{x\to 1-}(g\circ f)(x)=2^a+2^{-a}$$

(iii) $(g\circ f)(1)=g(1)=2^1+2^{-1}=\frac{5}{2}$
→ $x=1$에서 함수 $(g\circ f)(x)$의 함숫값이야.

(i), (ii), (iii)에서 $2^a+2^{-a}=\frac{5}{2}$

$2^a=s\ (s>0)$로 놓으면 $s+\dfrac{1}{s}=\dfrac{5}{2}$, $2s^2-5s+2=0$

$(2s-1)(s-2)=0$　　$\therefore s=\dfrac{1}{2}$ 또는 $s=2$

$2^a=\dfrac{1}{2}$에서 $a=-1$, $2^a=2$에서 $a=1$이므로 모든 실수 a의 값의 곱은

$-1\times 1=-1$

---

97 정답 ①　　정답률 68%

세 양수 a, b, c에 대하여

$$\lim_{x\to\infty} x^a \ln\left(b+\frac{c}{x^2}\right)=2$$
→ 치환을 이용해서 극한값을 구해 봐.

일 때, $a+b+c$의 값은?

✓① 5　　　② 6　　　③ 7
④ 8　　　⑤ 9

☑ 연관 개념 check

$$\lim_{x\to 0} \frac{\ln(1+x)}{x}=1$$

☑ 실전 적용 key

일반적으로 $\lim\limits_{x\to 0}\dfrac{\ln(1+mx)}{nx}=\dfrac{m}{n}$이 성립하므로

$\lim\limits_{t\to 0}\dfrac{\ln(b+ct^2)}{t^a}=2$에서 $a=2$, $b=1$, $c=2$이다.

해결 흐름

1 $\lim\limits_{x\to 0}\dfrac{\ln(1+x)}{x}=1$을 이용할 수 있도록 $\dfrac{1}{x}=t$로 치환하여 계산하면 되겠어.

알찬 풀이

$\dfrac{1}{x}=t$로 치환하면 $x\longrightarrow \infty$일 때, $t\longrightarrow 0$이므로

(주어진 식)$=\lim\limits_{t\to 0}\dfrac{\ln(b+ct^2)}{t^a}=2$

→ $\lim\limits_{x\to a}\dfrac{f(x)}{g(x)}=\alpha$ (α는 실수)이고 $\lim\limits_{x\to a} g(x)=0$이면 $\lim\limits_{x\to a} f(x)=0$ ……㉠

㉠에서 극한값이 존재하고 $t\longrightarrow 0$일 때, (분모)$\longrightarrow 0$이므로 (분자)$\longrightarrow 0$이다.

즉, $\lim\limits_{t\to 0}\ln(b+ct^2)=\ln b=0$이므로 $b=1$

$$\lim_{t\to 0}\frac{\ln(1+ct^2)}{t^a}=\lim_{t\to 0}\left\{\frac{\ln(1+ct^2)}{ct^2}\times\frac{ct^2}{t^a}\right\}$$
→ 같은 모양으로 맞춰야 극한값을 구할 수 있어.

$$=\lim_{t\to 0}\frac{\ln(1+ct^2)}{ct^2}\times\lim_{t\to 0}\frac{ct^2}{t^a}$$
→ $\lim\limits_{x\to 0}\dfrac{\ln(1+x)}{x}=1$이니까 $\lim\limits_{t\to 0}\dfrac{\ln(1+ct^2)}{ct^2}=1$이야.

$$=\lim_{t\to 0}\frac{ct^2}{t^a}=2$$
→ 0이 아닌 극한값이 존재하므로 분모와 분자의 차수가 같아.

$\therefore a=2$, $c=2$

$\therefore a+b+c=2+1+2=5$

98 정답 ③   정답률 38%

함수 $f(x)$에 대하여 **보기**에서 옳은 것만을 있는 대로 고른 것은? $\lim\limits_{x \to 0}\dfrac{e^x-1}{x}=1$을 이용할 수 있도록 식을 변형해. ←

┌ **보기** ─────────────────
ㄱ. $f(x)=x^2$이면 $\lim\limits_{x \to 0}\dfrac{e^{f(x)}-1}{x}=0$이다. **1**

ㄴ. $\lim\limits_{x \to 0}\dfrac{e^x-1}{f(x)}=1$이면 $\lim\limits_{x \to 0}\dfrac{3^x-1}{f(x)}=\ln 3$이다. **2**

ㄷ. $\lim\limits_{x \to 0}f(x)=0$이면 $\lim\limits_{x \to 0}\dfrac{e^{f(x)}-1}{x}$이 존재한다. **3**
└────────────────────

① ㄱ   ② ㄷ   ✔③ ㄱ, ㄴ
④ ㄴ, ㄷ   ⑤ ㄱ, ㄴ, ㄷ

☑ 연관 개념 check

(1) $\lim\limits_{x \to 0}\dfrac{e^x-1}{x}=1$

(2) $\lim\limits_{x \to 0}\dfrac{a^x-1}{x}=\ln a$ (단, $a>0$, $a \neq 1$)

해결 흐름

1 ㄱ에서 $e^{f(x)}$의 $f(x)$에 x^2을 대입해서 극한값을 구해 봐야지.

2 ㄴ에서 $\lim\limits_{x \to 0}\dfrac{e^x-1}{f(x)}=1$을 이용할 수 있도록 식을 변형해야겠어.

3 ㄷ에서 극한값이 존재하지 않는 경우도 있는지 반례를 찾아봐야지.

알찬 풀이

ㄱ. $f(x)=x^2$이면   → 같은 모양으로 맞춰야 극한값을 구할 수 있어.

$$\lim_{x \to 0}\frac{e^{f(x)}-1}{x}=\lim_{x \to 0}\left(\frac{e^{x^2}-1}{x^2}\times x\right)=1\times 0=0 \ (참)$$

$$\lim_{x \to 0}\left(\frac{e^{x^2}-1}{x^2}\times x\right)=\lim_{x \to 0}\frac{e^{x^2}-1}{x^2}\times \lim_{x \to 0}x$$
$$=1\times 0=0$$

ㄴ. $\lim\limits_{x \to 0}\dfrac{e^x-1}{f(x)}=1$이면

$$\lim_{x \to 0}\frac{3^x-1}{f(x)}=\lim_{x \to 0}\left\{\frac{e^x-1}{f(x)}\times\frac{3^x-1}{x}\times\frac{x}{e^x-1}\right\}$$
$$=1\times \ln 3\times 1=\ln 3 \ (참)$$

ㄷ. [반례] $f(x)=\sqrt{|x|}$일 때, $\lim\limits_{x \to 0}f(x)=0$이지만

$$\lim_{x \to 0+}\frac{e^{f(x)}-1}{x}=\lim_{x \to 0+}\left(\frac{e^{\sqrt{|x|}}-1}{\sqrt{x}}\times\frac{1}{\sqrt{x}}\right)$$이 존재하지 않으므로

$$\lim_{x \to 0}\frac{e^{f(x)}-1}{x}$$도 존재하지 않는다. (거짓)

$\lim\limits_{x \to 0+}\dfrac{e^{\sqrt{|x|}}-1}{\sqrt{x}}=1$이지만 $\lim\limits_{x \to 0+}\dfrac{1}{\sqrt{x}}$은 발산해.

이상에서 옳은 것은 ㄱ, ㄴ이다.

---

99 정답 ⑤   정답률 87%

그림과 같이 $\overline{AB}=5$, $\overline{AC}=2\sqrt{5}$인 삼각형 ABC의 꼭짓점 A에서 선분 BC에 내린 수선의 발을 D라 하자. 선분 AD를 3 : 1로 내분하는 점 E에 대하여 $\overline{EC}=\sqrt{5}$이다. $\angle ABD=\alpha$, $\angle DCE=\beta$라 할 때, $\cos(\alpha-\beta)$의 값은?

삼각형 CDE에서 밑변의 길이와 높이를 각각 a, b로 놓고 필요한 선분의 길이를 구해 봐.

① $\dfrac{\sqrt{5}}{5}$ ② $\dfrac{\sqrt{5}}{4}$ ③ $\dfrac{3\sqrt{5}}{10}$

④ $\dfrac{7\sqrt{5}}{20}$ ✔⑤ $\dfrac{2\sqrt{5}}{5}$

☑ 연관 개념 check

$\cos(\alpha-\beta)=\cos\alpha\cos\beta+\sin\alpha\sin\beta$

해결 흐름

1 주어진 그림에서 $\cos\alpha$, $\cos\beta$, $\sin\alpha$, $\sin\beta$의 값을 구해서 삼각함수의 덧셈정리를 이용해야 하겠네.

2 피타고라스 정리와 길이의 비를 이용하면 두 삼각형 CDE, CDA에서 $\cos\alpha$, $\cos\beta$, $\sin\alpha$, $\sin\beta$의 값을 구하는 데 필요한 선분의 길이를 구할 수 있겠다.

알찬 풀이

오른쪽 그림과 같이 $\overline{CD}=a$, $\overline{DE}=b$ ($a>0$, $b>0$) 라 하면

$\overline{AE}:\overline{ED}=3:1$이므로 $\overline{AE}=3b$

∴ $\overline{AD}=\overline{AE}+\overline{ED}=3b+b=4b$

직각삼각형 CDE에서 $a^2+b^2=5$ …… ㉠

직각삼각형 CDA에서 $a^2+(4b)^2=(2\sqrt{5})^2$

∴ $a^2+16b^2=20$ …… ㉡

㉠, ㉡을 연립하여 풀면 $a=2$, $b=1$ (∵ $a>0$, $b>0$)

또, 직각삼각형 ADB에서 $\overline{BD}=\sqrt{\overline{AB}^2-\overline{AD}^2}=\sqrt{5^2-4^2}=3$

$\sin\alpha=\dfrac{\overline{AD}}{\overline{AB}}=\dfrac{4}{5}$, $\cos\alpha=\dfrac{\overline{BD}}{\overline{AB}}=\dfrac{3}{5}$

$\sin\beta=\dfrac{\overline{ED}}{\overline{EC}}=\dfrac{1}{\sqrt{5}}=\dfrac{\sqrt{5}}{5}$, $\cos\beta=\dfrac{\overline{DC}}{\overline{EC}}=\dfrac{2}{\sqrt{5}}=\dfrac{2\sqrt{5}}{5}$

∴ $\cos(\alpha-\beta)=\cos\alpha\cos\beta+\sin\alpha\sin\beta$

$=\dfrac{3}{5}\times\dfrac{2\sqrt{5}}{5}+\dfrac{4}{5}\times\dfrac{\sqrt{5}}{5}=\dfrac{6\sqrt{5}}{25}+\dfrac{4\sqrt{5}}{25}$

$=\dfrac{10\sqrt{5}}{25}=\dfrac{2\sqrt{5}}{5}$

100 정답 ④ 　　　정답률 82%

곡선 $y=1-x^2$ $(0<x<1)$ 위의 점 P에서 y축에 내린 수선의 발을 H라 하고, 원점 O와 점 A$(0, 1)$에 대하여 $\angle APH=\theta_1$, $\angle HPO=\theta_2$라 하자. $\tan \theta_1=\dfrac{1}{2}$일 때, $\tan(\theta_1+\theta_2)$의 값은?

① 2 　　　　② 4 　　　　③ 6

✓④ 8 　　　⑤ 10

→ 점 P의 x좌표를 t로 놓고 $\tan \theta_1=\dfrac{1}{2}$임을 이용해서 점 P의 좌표를 구해 봐.

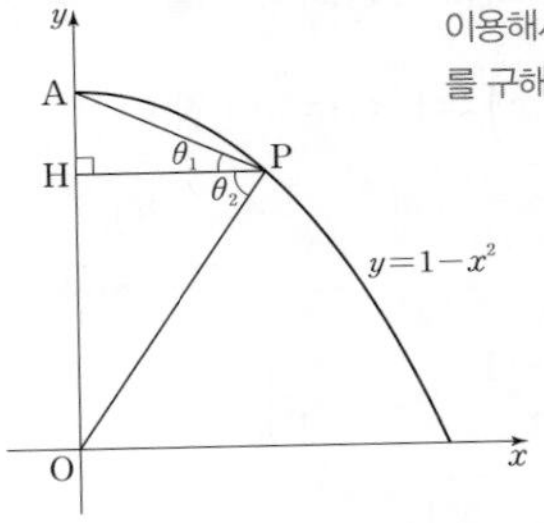

해결 흐름

1 $\tan(\theta_1+\theta_2)$의 값을 구하려면 삼각함수의 덧셈정리를 이용하면 되겠구나.

2 직각삼각형 AHP에서 $\tan \theta_1=\dfrac{1}{2}$임을 이용하면 점 P의 좌표를 구할 수 있어.

3 직각삼각형 PHO에서 $\tan \theta_2$의 값을 구할 수 있어.

알찬 풀이

점 P가 곡선 $y=1-x^2$ 위에 있으므로 점 P의 좌표를 $(t, 1-t^2)$ $(0<t<1)$이라 하자.

직각삼각형 AHP에서 $\tan \theta_1=\dfrac{1}{2}$이므로

$\tan \theta_1=\dfrac{\overline{AH}}{\overline{HP}}=\dfrac{\overline{AO}-\overline{HO}}{\overline{HP}}$ → 점 P의 y좌표와 점 H의 y좌표가 같음을 이용해.

$\qquad =\dfrac{1-(1-t^2)}{t}=t=\dfrac{1}{2}$ 　　　　 …… ㉠

$\therefore \mathrm{P}\left(\dfrac{1}{2}, \dfrac{3}{4}\right)$ → 점 P의 x좌표는 $\dfrac{1}{2}$이고, y좌표는 $1-\left(\dfrac{1}{2}\right)^2=1-\dfrac{1}{4}=\dfrac{3}{4}$이야.

직각삼각형 PHO에서

$\tan \theta_2=\dfrac{\overline{HO}}{\overline{PH}}=\dfrac{\dfrac{3}{4}}{\dfrac{1}{2}}=\dfrac{3}{2}$
$\qquad$ → 점 P의 y좌표와 같아.
$\qquad$ → 점 P의 x좌표와 같아.
　　　　 …… ㉡

㉠, ㉡에서

$\tan(\theta_1+\theta_2)=\dfrac{\tan \theta_1+\tan \theta_2}{1-\tan \theta_1 \tan \theta_2}$

$\qquad\qquad =\dfrac{\dfrac{1}{2}+\dfrac{3}{2}}{1-\dfrac{1}{2}\times\dfrac{3}{2}}=\dfrac{2}{\dfrac{1}{4}}=8$

☑ **연관 개념 check**

$\tan(\alpha+\beta)=\dfrac{\tan \alpha+\tan \beta}{1-\tan \alpha \tan \beta}$

---

101 정답 ④ 　　　정답률 46%

그림과 같이 직선 $y=1$ 위의 점 P에서 원 $x^2+y^2=1$에 그은 접선이 x축과 만나는 점을 A라 하고, $\angle AOP=\theta$라 하자. $\overline{OA}=\dfrac{5}{4}$일 때, $\tan 3\theta$의 값은? (단, $0<\theta<\dfrac{\pi}{4}$이다.)

→ 탄젠트의 값을 구하려면 보조선을 그어서 직각삼각형을 만들어 봐.

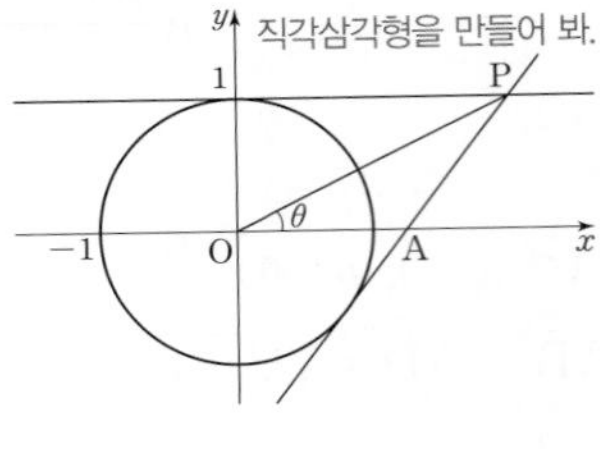

① 4 　　　　② $\dfrac{9}{2}$ 　　　　③ 5

✓④ $\dfrac{11}{2}$ 　　　⑤ 6

해결 흐름

1 $3\theta=\theta+2\theta$이니까 삼각함수의 덧셈정리를 이용하면 되겠구나. 그럼 $\tan \theta$, $\tan 2\theta$의 값을 알아야겠네.

2 점 P에서 x축에 수선의 발을 내려 직각삼각형을 만들고, 직선 PA와 원의 접점과 점 O를 연결해서 직각삼각형을 만들어 보자.

알찬 풀이

오른쪽 그림과 같이 직선 PA와 원 $x^2+y^2=1$의 접점을 Q, 점 P에서 x축에 내린 수선의 발을 R라 하자.

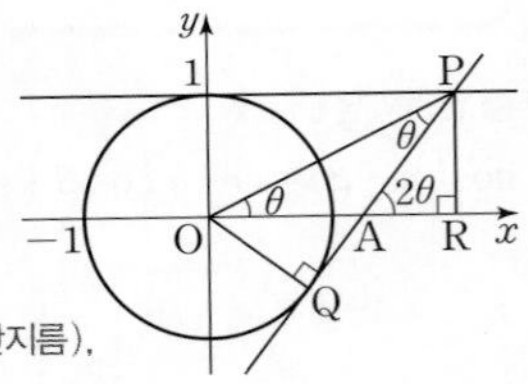

이때 $\triangle PAR \equiv \triangle OAQ$ (ASA 합동)이므로

$\overline{PA}=\overline{OA}=\dfrac{5}{4}$ → $\angle PRA=\angle OQA=90°$, $\overline{PR}=\overline{OQ}$ (원의 반지름), $\angle PAR=\angle OAQ$ (맞꼭지각)

즉, 삼각형 PAO는 이등변삼각형이다.

따라서 $\angle APO=\angle AOP=\theta$이므로 삼각형 PAR에서

$\angle PAR=\theta+\theta=2\theta$

한편, 직각삼각형 AOQ에서 피타고라스 정리에 의하여

$\overline{AQ}^2=\overline{OA}^2-\overline{OQ}^2=\left(\dfrac{5}{4}\right)^2-1^2=\dfrac{9}{16}$

→ 선분 OQ는 원의 반지름이니까 $\overline{OQ}=1$이야.

따라서 $\overline{AQ}=\dfrac{3}{4}$이므로 $\overline{AR}=\overline{AQ}=\dfrac{3}{4}$

직각삼각형 POR에서

$$\overline{OR}=\overline{OA}+\overline{AR}=\dfrac{5}{4}+\dfrac{3}{4}=2$$

이므로

$$\tan\theta=\dfrac{\overline{PR}}{\overline{OR}}=\dfrac{1}{2} \qquad\qquad \cdots\cdots\ \text{㉠}$$

또, 직각삼각형 PAR에서

$$\tan 2\theta=\dfrac{\overline{PR}}{\overline{AR}}=\dfrac{1}{\dfrac{3}{4}}=\dfrac{4}{3} \qquad\qquad \cdots\cdots\ \text{㉡}$$

㉠, ㉡에서

$$\tan 3\theta=\tan(\theta+2\theta)$$
$$=\dfrac{\tan\theta+\tan 2\theta}{1-\tan\theta\tan 2\theta}$$
$$=\dfrac{\dfrac{1}{2}+\dfrac{4}{3}}{1-\dfrac{1}{2}\times\dfrac{4}{3}}=\dfrac{11}{2}$$

$$\tan 2\theta=\dfrac{2\tan\theta}{1-\tan^2\theta}=\dfrac{2\times\dfrac{1}{2}}{1-\left(\dfrac{1}{2}\right)^2}=\dfrac{1}{\dfrac{3}{4}}=\dfrac{4}{3}$$

와 같이 구할 수도 있어.

---

102 정답 ③ 정답률 71%

그림과 같이 좌표평면에서 원점을 중심으로 하고 반지름의 길이가 1, 2, 4인 세 반원을 각각 O_1, O_2, O_3이라 하자. 세 점 P_1, P_2, P_3은 선분 OB 위에서 동시에 출발하여 각각 세 반원 O_1, O_2, O_3 위를 같은 속력으로 시계 반대 방향으로 움직이고 있다. $\angle BOP_3=\theta$라 하고 삼각형 ABP_1의 넓이를 S_1, 삼각형 ABP_2의 넓이를 S_2, 삼각형 ABP_3의 넓이를 S_3이라 하자. $3S_3=2(S_1+S_2)$일 때, $\cos^3\theta$의 값은?

세 점 P_1, P_2, P_3의 속력이 같으니까 움직인 거리도 같아. 이를 이용하여 θ_1, θ_2, θ 사이의 관계를 알아봐. $\left(\text{단, } 0<\theta<\dfrac{\pi}{4}\right)$

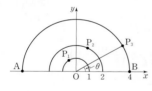

① $\dfrac{1}{2}$　　② $\dfrac{2}{3}$　　✓③ $\dfrac{3}{4}$

④ $\dfrac{4}{5}$　　⑤ $\dfrac{5}{6}$

☑ 연관 개념 check

(1) $\sin 2\alpha=2\sin\alpha\cos\alpha$

(2) $\cos 2\alpha=\cos^2\alpha-\sin^2\alpha$
$=2\cos^2\alpha-1=1-2\sin^2\alpha$

$0<\theta<\dfrac{\pi}{4}$이면 $0<\sin\theta<\dfrac{\sqrt{2}}{2}$이기 때문이야.

해결 흐름

1 세 삼각형은 밑변의 길이가 모두 8이니까 높이만 알면 넓이를 구할 수 있어.

2 $\angle BOP_1=\theta_1$, $\angle BOP_2=\theta_2$라 하면 세 삼각형의 높이는 각각 $\overline{OP_1}\sin\theta_1$, $\overline{OP_2}\sin\theta_2$, $\overline{OP_3}\sin\theta$가 되겠네.

알찬 풀이

$\angle BOP_1=\theta_1$, $\angle BOP_2=\theta_2$라 하고, 세 점 P_1, P_2, P_3이 움직인 거리를 각각 l_1, l_2, l_3이라 하면 $l_n\ (n=1, 2, 3)$은 부채꼴의 호의 길이이므로

$$l_1=1\times\theta_1=\theta_1$$
$$l_2=2\times\theta_2=2\theta_2$$
$$l_3=4\times\theta=4\theta$$

> **부채꼴의 호의 길이** ☆
> 반지름의 길이가 r, 중심각의 크기가 θ인 부채꼴의 호의 길이 l은 $l=r\theta$

이고, 세 점의 속력은 같으므로 $l_1=l_2=l_3$이다.

즉, $\theta_1=2\theta_2=4\theta$이므로

$$\theta_1=4\theta,\ \theta_2=2\theta$$

이때

$$S_1=\dfrac{1}{2}\times 8\times\sin\theta_1=\dfrac{1}{2}\times 8\times\sin 4\theta=4\sin 4\theta$$

$$S_2=\dfrac{1}{2}\times 8\times 2\sin\theta_2=\dfrac{1}{2}\times 8\times 2\sin 2\theta=8\sin 2\theta$$

$$S_3=\dfrac{1}{2}\times 8\times 4\sin\theta=16\sin\theta$$

이므로 $3S_3=2(S_1+S_2)$에서

$$48\sin\theta=2(4\sin 4\theta+8\sin 2\theta)$$
$$6\sin\theta=\sin 4\theta+2\sin 2\theta$$

> $48\sin\theta=8\sin 4\theta+16\sin 2\theta$이니까 양변을 8로 나눌 수 있어.

$$=2\sin 2\theta\cos 2\theta+4\sin\theta\cos\theta$$
$$=4\sin\theta\cos\theta\cos 2\theta+4\sin\theta\cos\theta$$

$0<\theta<\dfrac{\pi}{4}$에서 $\sin\theta\neq 0$이므로 양변을 $2\sin\theta$로 나누면

$$3=2\cos\theta\cos 2\theta+2\cos\theta$$
$$=2\cos\theta(2\cos^2\theta-1)+2\cos\theta=4\cos^3\theta$$

$$\therefore\ \cos^3\theta=\dfrac{3}{4}$$

103 정답 ①   정답률 75%

자연수 n에 대하여 중심이 원점 O이고 점 P$(2^n, 0)$을 지나는 원 C가 있다. 원 C 위에 점 Q를 호 PQ의 길이가 π가 되도록 잡는다. 점 Q에서 x축에 내린 수선의 발을 H라 할 때, $\lim\limits_{n\to\infty}(\overline{OQ}\times\overline{HP})$의 값은?

↳ 호 PQ에 대한 중심각의 크기를 알아낼 수 있어.

✓① $\dfrac{\pi^2}{2}$ ② $\dfrac{3}{4}\pi^2$ ③ π^2

④ $\dfrac{5}{4}\pi^2$ ⑤ $\dfrac{3}{2}\pi^2$

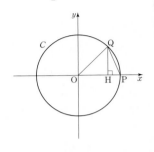

☑ 연관 개념 check

(1) $\lim\limits_{x\to0}\cos x=1$

(2) $\lim\limits_{x\to0}\dfrac{\sin x}{x}=1$

☑ 실전 적용 key

삼각함수의 극한에서 $x\longrightarrow0$이고 분모 또는 분자에 $1-\cos ax$ (a는 상수) 꼴을 포함한 경우에는 분모, 분자에 $1+\cos ax$ 꼴을 각각 곱한 후 $1-\cos^2 ax=\sin^2 ax$임을 이용한다.

$\dfrac{\pi}{2^n}=t$로 치환하지 않고 다음과 같이 계산할 수도 있어.

$\lim\limits_{n\to\infty}(\overline{OQ}\times\overline{HP})$

$=\lim\limits_{n\to\infty}\left\{(2^n)^2\times\left(1-\cos\dfrac{\pi}{2^n}\right)\right\}$

$=\lim\limits_{n\to\infty}\dfrac{(2^n)^2\times\left(1-\cos\dfrac{\pi}{2^n}\right)\left(1+\cos\dfrac{\pi}{2^n}\right)}{1+\cos\dfrac{\pi}{2^n}}$

$=\lim\limits_{n\to\infty}\dfrac{(2^n)^2\times\sin^2\dfrac{\pi}{2^n}}{1+\cos\dfrac{\pi}{2^n}}$

$=\lim\limits_{n\to\infty}\dfrac{\dfrac{\sin^2\dfrac{\pi}{2^n}}{\left(\dfrac{\pi}{2^n}\right)^2}\times\pi^2}{1+\cos\dfrac{\pi}{2^n}}=\dfrac{\pi^2}{2}$

해결 흐름

1 점 P의 x좌표를 이용해서 선분 OQ의 길이를 n에 대한 식으로 나타낼 수 있겠다.

2 ∠QOP의 크기를 n에 대한 식으로 나타낸 후 선분 HP의 길이를 n에 대한 식으로 나타내야지.

3 **1**, **2**에서 $\overline{OQ}$, $\overline{HP}$를 구했으니까 극한값을 구할 수 있겠어.

알찬 풀이

원 C의 반지름의 길이가 2^n이므로

$\overline{OQ}=\overline{OP}=2^n$ ↳ 점 P의 x좌표가 반지름의 길이야.

부채꼴 OPQ에서 ∠QOP$=\theta$라 하면 $\overline{OP}=2^n$, $\overparen{PQ}=\pi$이므로

$2^n\times\theta=\pi$ ∴ $\theta=\dfrac{\pi}{2^n}$

> **부채꼴의 호의 길이**
> 반지름의 길이가 r, 중심각의 크기가 θ인 부채꼴의 호의 길이 l은 $l=r\theta$

따라서 직각삼각형 QOH에서

$\overline{OH}=\overline{OQ}\cos\theta=2^n\times\cos\dfrac{\pi}{2^n}$

이므로

$\overline{HP}=\overline{OP}-\overline{OH}$

$\quad=2^n-2^n\times\cos\dfrac{\pi}{2^n}$

$\quad=2^n\left(1-\cos\dfrac{\pi}{2^n}\right)$

$\therefore \lim\limits_{n\to\infty}(\overline{OQ}\times\overline{HP})=\lim\limits_{n\to\infty}\left\{2^n\times2^n\left(1-\cos\dfrac{\pi}{2^n}\right)\right\}$

이때 $\dfrac{\pi}{2^n}=t$라 하면 $2^n=\dfrac{\pi}{t}$이고, $n\longrightarrow\infty$일 때 $t\longrightarrow0+$이므로

$\lim\limits_{n\to\infty}(\overline{OQ}\times\overline{HP})=\lim\limits_{n\to\infty}\left\{(2^n)^2\times\left(1-\cos\dfrac{\pi}{2^n}\right)\right\}$

$=\lim\limits_{t\to0+}\left\{\left(\dfrac{\pi}{t}\right)^2\times(1-\cos t)\right\}$

$=\lim\limits_{t\to0+}\dfrac{\pi^2(1-\cos t)(1+\cos t)}{t^2(1+\cos t)}$ — 분모, 분자에 $1+\cos t$를 각각 곱해서 $1-\cos^2 t=\sin^2 t$임을 이용한 거야.

$=\lim\limits_{t\to0+}\dfrac{\pi^2\sin^2 t}{t^2(1+\cos t)}$

$=\lim\limits_{t\to0+}\left\{\dfrac{\pi^2}{1+\cos t}\times\left(\dfrac{\sin t}{t}\right)^2\right\}$

$=\dfrac{\pi^2}{2}\times1^2$

$=\dfrac{\pi^2}{2}$

| 문제 해결 **TIP**

박하연 | 연세대학교 치의예과 | 현대고등학교 졸업

도형이나 그래프에서 선분의 길이에 관한 극한값 문제를 풀 때는 우선 구하는 선분을 포함한 직각삼각형을 찾고, 이 선분의 길이를 삼각함수를 포함하여 나타낼 수 있어야 해. 위의 문제에서는 직각삼각형이 눈에 보이기도 했고, 길이를 구하는 과정이 그렇게 까다롭지 않았어. 오히려 극한값을 구하는 과정이 복잡했지. 또, 삼각함수의 극한값을 구하는 문제는 수렴할 수 있는 꼴로 변형하는 것이 중요하니까 다음을 기억하고 문제를 해결할 수 있도록 해.

첫째, $\lim\limits_{x\to0}\dfrac{\sin ax}{ax}=1$, $\lim\limits_{x\to0}\dfrac{\tan ax}{ax}=1$ 꼴이 포함되도록 식을 변형하기.

둘째, 복잡한 형태는 한 문자로 치환하여 극한값 구하기.

셋째, 분모 또는 분자에 $1-\cos ax$ 꼴을 포함한 경우에는 분모, 분자에 $1+\cos ax$ 꼴을 각각 곱한 후 $1-\cos^2 ax=\sin^2 ax$임을 이용하기.

무엇보다 충분한 연습을 통해 수렴할 수 있는 꼴로 변형하는 법을 익혀 계산에서 틀리지 않도록 해야 해.

104 정답 ④　　　　　　　　　　　　정답률 83%

그림과 같이 한 변의 길이가 1인 정사각형 ABCD가 있다. ┌─→ $\overline{BC}=\overline{CD}=1$이야.
변 CD 위의 점 E에 대하여 선분 DE를 지름으로 하는 원과 직선 BE가 만나는 점 중 E가 아닌 점을 F라 하자. ∠EBC=θ라 할 때, 점 E를 포함하지 않는 호 DF를 이등분하는 점과 선분 DF의 중점을 지름의 양 끝 점으로 하는 원의 반지름의 길이를 $r(\theta)$라 하자. $\displaystyle\lim_{\theta \to \frac{\pi}{4}-} \dfrac{r(\theta)}{\frac{\pi}{4}-\theta}$의 값은?

$$\left(\text{단, } 0 < \theta < \frac{\pi}{4}\right)$$

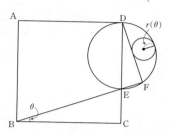

① $\dfrac{1}{7}(2-\sqrt{2})$　　② $\dfrac{1}{6}(2-\sqrt{2})$　　③ $\dfrac{1}{5}(2-\sqrt{2})$

✓④ $\dfrac{1}{4}(2-\sqrt{2})$　　⑤ $\dfrac{1}{3}(2-\sqrt{2})$

☑ **연관 개념 check**

(1) $\tan(\alpha-\beta)=\dfrac{\tan \alpha - \tan \beta}{1+\tan \alpha \tan \beta}$

(2) $\displaystyle\lim_{x \to 0}\dfrac{\tan x}{x}=1$

☑ **실전 적용 key**

미분계수의 정의를 이용하여 극한값을 구할 수 있는 경우도 있다.

$\displaystyle\lim_{\theta \to \frac{\pi}{4}-}\dfrac{r(\theta)}{\frac{\pi}{4}-\theta}=-\dfrac{1}{4}\lim_{\theta \to \frac{\pi}{4}-}\dfrac{(1-\tan \theta)(1-\sin \theta)}{\theta - \frac{\pi}{4}}$에서

$f(\theta)=(1-\tan \theta)(1-\sin \theta)$라 하면 $f\left(\dfrac{\pi}{4}\right)=0$이고

$f'(\theta)=-\sec^2 \theta (1-\sin \theta)+(1-\tan \theta)\times(-\cos \theta)$

이므로

$\displaystyle\lim_{\theta \to \frac{\pi}{4}-}\dfrac{r(\theta)}{\frac{\pi}{4}-\theta}=-\dfrac{1}{4}\lim_{\theta \to \frac{\pi}{4}-}\dfrac{(1-\tan \theta)(1-\sin \theta)}{\theta - \frac{\pi}{4}}$

$=-\dfrac{1}{4}\displaystyle\lim_{\theta \to \frac{\pi}{4}-}\dfrac{f(\theta)-f\left(\dfrac{\pi}{4}\right)}{\theta - \frac{\pi}{4}}$

$=-\dfrac{1}{4}f'\left(\dfrac{\pi}{4}\right)$

$=-\dfrac{1}{4}\times\left\{-2\times\left(1-\dfrac{\sqrt{2}}{2}\right)\right\}$

$=-\dfrac{1}{4}\times(-2+\sqrt{2})$

$=\dfrac{1}{4}(2-\sqrt{2})$

---

1 주어진 조건을 이용해서 $r(\theta)$에 대한 식을 세워 봐야겠네.

2 큰 원의 중심을 M, 선분 DF의 중점을 N으로 놓으면 작은 원의 지름의 길이는 큰 원의 반지름의 길이에서 선분 MN의 길이를 뺀 것과 같겠네.

알찬 풀이

직각삼각형 EBC에서 $\overline{EC}=\tan \theta$이므로
$\overline{DE}=1-\tan \theta$ ┌─→ $\tan \theta = \dfrac{\overline{EC}}{\overline{BC}}$인데 $\overline{BC}=1$이니까 $\overline{EC}=\tan \theta$가 되겠네.

한편, $\angle DFE = \dfrac{\pi}{2}$이고 $\angle DEF = \angle BEC = \dfrac{\pi}{2}-\theta$이므로
$\angle EDF = \theta$ ┌─→ 선분 DE가 원의 지름이니까 원주각의 크기는 $\dfrac{\pi}{2}$야.

선분 DE를 지름으로 하는 원의 중심을 M, 선분 DF의 중점을 N, 점 E를 포함하지 않는 호 DF를 이등분하는 점을 P라 하면 $\overline{MN} \perp \overline{DF}$이고, 세 점 M, N, P는 한 직선 위에 있다. 이때

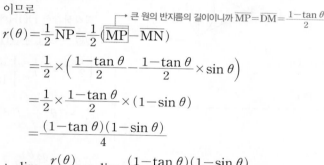

$\overline{DM}=\dfrac{1}{2}\overline{DE}=\dfrac{1-\tan \theta}{2}$

이고, 직각삼각형 DMN에서

$\overline{MN}=\overline{DM}\sin \theta = \dfrac{1-\tan \theta}{2}\times \sin \theta$

이므로
┌─→ 큰 원의 반지름의 길이이니까 $\overline{MP}=\overline{DM}=\dfrac{1-\tan \theta}{2}$

$r(\theta)=\dfrac{1}{2}\overline{NP}=\dfrac{1}{2}(\overline{MP}-\overline{MN})$

$=\dfrac{1}{2}\times\left(\dfrac{1-\tan \theta}{2}-\dfrac{1-\tan \theta}{2}\times \sin \theta\right)$

$=\dfrac{1}{2}\times\dfrac{1-\tan \theta}{2}\times(1-\sin \theta)$

$=\dfrac{(1-\tan \theta)(1-\sin \theta)}{4}$

$\therefore \displaystyle\lim_{\theta \to \frac{\pi}{4}-}\dfrac{r(\theta)}{\frac{\pi}{4}-\theta}=\lim_{\theta \to \frac{\pi}{4}-}\dfrac{(1-\tan \theta)(1-\sin \theta)}{4\left(\dfrac{\pi}{4}-\theta\right)}$

$=\displaystyle\lim_{\theta \to \frac{\pi}{4}-}\left(\dfrac{1-\tan \theta}{\frac{\pi}{4}-\theta}\times\dfrac{1-\sin \theta}{4}\right)$　　……㉠

$\displaystyle\lim_{\theta \to \frac{\pi}{4}-}\dfrac{1-\tan \theta}{\frac{\pi}{4}-\theta}$에서 $\dfrac{\pi}{4}-\theta = t$라 하면 $\theta \longrightarrow \dfrac{\pi}{4}-$일 때 $t \longrightarrow 0+$이므로

$\displaystyle\lim_{\theta \to \frac{\pi}{4}-}\dfrac{1-\tan \theta}{\frac{\pi}{4}-\theta}=\lim_{t \to 0+}\dfrac{1-\boxed{\tan\left(\dfrac{\pi}{4}-t\right)}}{t}$ ─→ $\tan\left(\dfrac{\pi}{4}-t\right)=\dfrac{\tan \frac{\pi}{4}-\tan t}{1+\tan \frac{\pi}{4}\tan t}$
$=\dfrac{1-\tan t}{1+\tan t}$

$=\displaystyle\lim_{t \to 0+}\dfrac{1-\dfrac{1-\tan t}{1+\tan t}}{t}=\lim_{t \to 0+}\dfrac{2\tan t}{t(1+\tan t)}$

$=\displaystyle\lim_{t \to 0+}\left(\dfrac{\tan t}{t}\times\dfrac{2}{1+\tan t}\right)$

$=1\times 2 = 2$　　……㉡

㉠, ㉡에 의하여

$\displaystyle\lim_{\theta \to \frac{\pi}{4}-}\dfrac{r(\theta)}{\frac{\pi}{4}-\theta}=\lim_{\theta \to \frac{\pi}{4}-}\left(\dfrac{1-\tan \theta}{\frac{\pi}{4}-\theta}\times\dfrac{1-\sin \theta}{4}\right)$

$=2\times\dfrac{1-\dfrac{\sqrt{2}}{2}}{4}=\dfrac{1}{4}(2-\sqrt{2})$

정답률 43%

그림과 같이 길이가 1인 선분 AB를 지름으로 하는 반원 위에 점 C를 잡고 $\angle BAC = \theta$라 하자. 호 BC와 두 선분 AB, AC에 동시에 접하는 원의 반지름의 길이를 $f(\theta)$라 할 때, ➡ $f(\theta) > 0$이야.

$$\lim_{\theta \to 0+} \frac{\tan \frac{\theta}{2} - f(\theta)}{\theta^2} = \alpha$$

이다. 100α의 값을 구하시오. (단, $0 < \theta < \frac{\pi}{4}$) 25

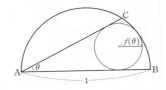

☑ 연관 개념 check

$$\lim_{x \to 0} \frac{\tan x}{x} = 1$$

수능 핵심 개념 | 원의 접선의 성질

오른쪽 그림과 같이 원 O 밖의 한 점 P에서 원에 그은 두 접선의 접점을 각각 A, B라 할 때,

(1) $\overline{PA} = \overline{PB}$
(2) $\overline{PA} \perp \overline{OA}$, $\overline{PB} \perp \overline{OB}$
(3) $\overline{PO} \perp \overline{AB}$
(4) $\angle APO = \angle BPO$

$\overline{OD} =$ (반원의 반지름의 길이) $-$ (작은 원의 반지름의 길이)
　　　 $= \frac{1}{2} - f(\theta)$

$f(\theta)$는 원의 반지름의 길이이니까 양수야.

해결 흐름

1 주어진 조건을 이용해서 선분의 길이를 $f(\theta)$에 대한 식으로 나타내 봐야겠네.

2 $\frac{\theta}{2}$를 이용할 수 있도록 적당한 보조선을 그으면 $f(\theta)$를 $\tan \frac{\theta}{2}$에 대한 식으로 정리할 수 있겠다.

알찬 풀이

오른쪽 그림과 같이 호 BC와 두 선분 AB, AC에 동시에 접하는 원의 중심을 D, 점 D에서 선분 AB에 내린 수선의 발을 H, 선분 AB의 중점을 O라 하자. ➡ $\overline{DH} = f(\theta)$

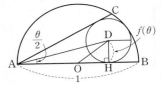

$\angle DAH = \frac{\theta}{2}$이므로 직각삼각형 DAH에서

$$\tan \frac{\theta}{2} = \frac{f(\theta)}{\overline{AH}} \qquad \therefore \overline{AH} = \frac{f(\theta)}{\tan \frac{\theta}{2}}$$

이때 $\overline{AH} = \overline{AO} + \overline{OH}$이고, $\overline{AO} = \frac{1}{2}\overline{AB} = \frac{1}{2}$이므로

$$\overline{OH} = \overline{AH} - \overline{AO} = \frac{f(\theta)}{\tan \frac{\theta}{2}} - \frac{1}{2}$$
➡ $\overline{AO}$는 반원의 반지름의 길이야.

또, $\overline{OD} = \frac{1}{2} - f(\theta)$이므로

직각삼각형 DOH에서
$$\overline{OD}^2 = \overline{OH}^2 + \overline{DH}^2$$ ➡ 피타고라스 정리를 이용했어.

$$\left\{ \frac{1}{2} - f(\theta) \right\}^2 = \left\{ \frac{f(\theta)}{\tan \frac{\theta}{2}} - \frac{1}{2} \right\}^2 + \{f(\theta)\}^2$$

$$\frac{1}{4} - f(\theta) + \{f(\theta)\}^2 = \frac{\{f(\theta)\}^2}{\tan^2 \frac{\theta}{2}} - \frac{f(\theta)}{\tan \frac{\theta}{2}} + \frac{1}{4} + \{f(\theta)\}^2$$

$$f(\theta) = \frac{f(\theta)}{\tan \frac{\theta}{2}} - \frac{\{f(\theta)\}^2}{\tan^2 \frac{\theta}{2}}$$

위의 식의 양변에 $\tan^2 \frac{\theta}{2}$를 곱하면

$$f(\theta)\tan^2 \frac{\theta}{2} = f(\theta)\tan \frac{\theta}{2} - \{f(\theta)\}^2$$

$f(\theta) > 0$이므로 위의 식의 양변을 $f(\theta)$로 나누면

$$\tan^2 \frac{\theta}{2} = \tan \frac{\theta}{2} - f(\theta)$$

$$\therefore f(\theta) = \tan \frac{\theta}{2} - \tan^2 \frac{\theta}{2}$$

$$\therefore \lim_{\theta \to 0+} \frac{\tan \frac{\theta}{2} - f(\theta)}{\theta^2} = \lim_{\theta \to 0+} \frac{\tan \frac{\theta}{2} - \left(\tan \frac{\theta}{2} - \tan^2 \frac{\theta}{2} \right)}{\theta^2}$$

$$= \lim_{\theta \to 0+} \frac{\tan^2 \frac{\theta}{2}}{\theta^2}$$

$$= \lim_{\theta \to 0+} \left\{ \left(\frac{\tan \frac{\theta}{2}}{\frac{\theta}{2}} \right)^2 \times \frac{1}{4} \right\}$$

$$= 1^2 \times \frac{1}{4} = \frac{1}{4}$$

따라서 $\alpha = \frac{1}{4}$이므로 $100\alpha = 100 \times \frac{1}{4} = 25$

106 정답 ③　　　정답률 52%

그림과 같이 반지름의 길이가 각각 1인 두 원 O, O′이 외접하고 있다. 원 O 위의 점 A에서 원 O′에 그은 두 접선의 접점을 각각 P, Q라 하자. ∠AOO′=θ라 할 때, $\lim\limits_{\theta\to0+}\dfrac{\overline{PQ}}{\theta}$의 값은? (단, $0<\theta<\dfrac{\pi}{2}$이고 원의 중심에서 접선에 내린 수선의 발까지의 거리가 원의 반지름의 길이와 같아. 즉, $\overline{O'P}=\overline{O'Q}=1$이야.)

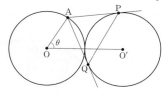

① 2　　　② $\sqrt{6}$　　　✓③ $2\sqrt{2}$
④ $\sqrt{10}$　　　⑤ $2\sqrt{3}$

☑ 연관 개념 check

(1) $\lim\limits_{x\to0}\cos x=1$

(2) $\lim\limits_{x\to0}\dfrac{\sin x}{x}=1$

☑ 실전 적용 key

삼각함수의 극한에서 $x\longrightarrow0$이고 분모 또는 분자에 $1-\cos ax$ (a는 상수) 꼴을 포함한 경우에는 분모, 분자에 $1+\cos ax$ 꼴을 각각 곱한 후 $1-\cos^2 ax=\sin^2 ax$임을 이용한다.

수능 핵심 개념　원의 접선의 성질

오른쪽 그림과 같이 원 O 밖의 한 점 P에서 원에 그은 두 접선의 접점을 각각 A, B라 할 때,

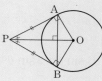

(1) $\overline{PA}=\overline{PB}$
(2) $\overline{PA}\perp\overline{OA}$, $\overline{PB}\perp\overline{OB}$
(3) $\overline{PO}\perp\overline{AB}$
(4) $\angle APO=\angle BPO$

해결 흐름

❶ 선분 PQ의 길이를 삼각함수를 이용해서 나타내어야겠네.

❷ 점 A에서 선분 OO′에 수선의 발을 내리고, 선분 O′P를 그어서 직각삼각형을 만들고, 여러 가지 선분의 길이를 삼각함수를 이용해서 나타내어 보자.

알찬 풀이

오른쪽 그림과 같이 점 A에서 선분 OO′에 내린 수선의 발을 H라 하자.

직각삼각형 AOH에서
$\overline{OH}=\cos\theta$, $\overline{AH}=\sin\theta$

또, $\overline{OO'}=2$이므로
$\overline{O'H}=\overline{OO'}-\overline{OH}$
$\quad=2-\cos\theta$

직각삼각형 AHO′에서
$\overline{AO'}=\sqrt{\overline{AH}^2+\overline{O'H}^2}$
$\quad=\sqrt{\sin^2\theta+(2-\cos\theta)^2}$
$\quad=\sqrt{\sin^2\theta+4-4\cos\theta+\cos^2\theta}$
$\quad=\sqrt{5-4\cos\theta}$　→ $\sin^2\theta+\cos^2\theta=1$

이때 $\overline{PO'}\perp\overline{AP}$이므로
직각삼각형 APO′에서
$\overline{AP}=\sqrt{\overline{AO'}^2-\overline{PO'}^2}$
$\quad=\sqrt{(\sqrt{5-4\cos\theta})^2-1^2}$
$\quad=\sqrt{4-4\cos\theta}$　→ $(\sqrt{a})^2=a$이니까 $(\sqrt{5-4\cos\theta})^2=5-4\cos\theta$야.
$\quad=2\sqrt{1-\cos\theta}$

한편, 선분 AO′이 선분 PQ를 수직이등분하므로 두 선분 PQ와 AO′의 교점을 R라 하면 삼각형 PAO′의 넓이는
$\dfrac{1}{2}\times\overline{AO'}\times\overline{PR}=\dfrac{1}{2}\times\overline{AP}\times\overline{PO'}$
$\dfrac{1}{2}\times\sqrt{5-4\cos\theta}\times\overline{PR}=\dfrac{1}{2}\times2\sqrt{1-\cos\theta}\times1$
$\therefore \overline{PR}=\dfrac{2\sqrt{1-\cos\theta}}{\sqrt{5-4\cos\theta}}$

$\overline{PQ}=2\overline{PR}$이므로
$\overline{PQ}=\dfrac{4\sqrt{1-\cos\theta}}{\sqrt{5-4\cos\theta}}$

$\therefore \lim\limits_{\theta\to0+}\dfrac{\overline{PQ}}{\theta}=\lim\limits_{\theta\to0+}\dfrac{4\sqrt{1-\cos\theta}}{\theta\sqrt{5-4\cos\theta}}$
$\quad=\lim\limits_{\theta\to0+}\left(\dfrac{4}{\sqrt{5-4\cos\theta}}\times\sqrt{\dfrac{1-\cos\theta}{\theta^2}}\right)$
$\quad=\lim\limits_{\theta\to0+}\dfrac{4}{\sqrt{5-4\cos\theta}}\times\lim\limits_{\theta\to0+}\sqrt{\dfrac{(1-\cos\theta)(1+\cos\theta)}{\theta^2(1+\cos\theta)}}$
$\quad=4\times\lim\limits_{\theta\to0+}\sqrt{\left(\dfrac{\sin\theta}{\theta}\right)^2\times\dfrac{1}{1+\cos\theta}}$
$\quad=4\times\sqrt{1^2\times\dfrac{1}{2}}$　　$1-\cos^2\theta=\sin^2\theta$임을 이용한 거야.
$\quad=4\times\dfrac{\sqrt{2}}{2}$
$\quad=2\sqrt{2}$

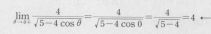

$\lim\limits_{\theta\to0+}\dfrac{4}{\sqrt{5-4\cos\theta}}=\dfrac{4}{\sqrt{5-4\cos0}}=\dfrac{4}{\sqrt{5-4}}=4$

그림과 같이 중심이 O이고 길이가 2인 선분 AB를 지름으로 하는 반원 위에 $\angle AOC = \dfrac{\pi}{2}$인 점 C가 있다. 호 BC 위에 점 P와 호 CA 위에 점 Q를 $\overline{PB} = \overline{QC}$가 되도록 잡고, 선분 AP 위에 점 R를 $\angle CQR = \dfrac{\pi}{2}$가 되도록 잡는다.

선분 AP와 선분 CO의 교점을 S라 하자. $\angle PAB = \theta$일 때, 삼각형 POB의 넓이를 $f(\theta)$, 사각형 CQRS의 넓이를 $g(\theta)$라 하자. $\displaystyle\lim_{\theta \to 0+} \dfrac{3f(\theta) - 2g(\theta)}{\theta^2}$의 값은?

$$\left(\text{단, } 0 < \theta < \frac{\pi}{4}\right)$$

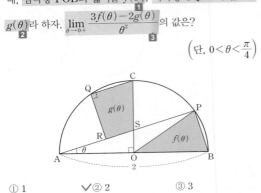

① 1 ✔② 2 ③ 3
④ 4 ⑤ 5

☑ **연관 개념 check**

(1) $\displaystyle\lim_{x \to 0} \cos x = 1$

(2) $\displaystyle\lim_{x \to 0} \frac{\sin x}{x} = 1$, $\displaystyle\lim_{x \to 0} \frac{\tan x}{x} = 1$

수능 핵심 개념 직각삼각형의 변의 길이

$\angle C = 90°$인 직각삼각형 ABC에서

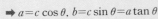

$\sin \theta = \dfrac{b}{c}$, $\cos \theta = \dfrac{a}{c}$, $\tan \theta = \dfrac{b}{a}$

➡ $a = c \cos \theta$, $b = c \sin \theta = a \tan \theta$

해결 흐름

1 삼각형 POB는 $\overline{OP} = \overline{OB} = 1$인 이등변삼각형이니까 $\angle POB$의 크기를 θ로 나타내면 $f(\theta)$를 θ에 대한 식으로 나타낼 수 있겠다.

2 점 S에서 $\overline{CQ}$에 적당한 보조선을 그으면 $g(\theta)$를 θ에 대한 식으로 나타낼 수 있겠어.

3 **1**, **2**에서 구한 $f(\theta)$, $g(\theta)$를 이용하면 극한값을 구할 수 있겠다.

알찬 풀이

→ 중심각의 크기는 원주각의 크기의 2배야.

원주각과 중심각의 관계에 의하여
$\angle PAB = \theta$이므로 $\angle POB = 2\theta$

$$\therefore f(\theta) = \frac{1}{2} \times \overline{OP} \times \overline{OB} \times \sin 2\theta$$
$$= \frac{1}{2} \times 1 \times 1 \times 2 \sin \theta \cos \theta$$
$$= \sin \theta \cos \theta$$

점 S에서 선분 CQ에 내린 수선의 발을 H라 하자.
직각삼각형 SAO에서

$\overline{SO} = \overline{AO} \tan \theta = 1 \times \tan \theta = \tan \theta$

이므로 $\overline{CS} = \overline{OC} - \overline{SO} = 1 - \tan \theta$

또, $\overline{PB} = \overline{QC}$이므로 $\angle QOC = \angle POB = 2\theta$ → 현의 길이가 같으면 중심각의 크기는 같아.

이때 삼각형 OCQ는 이등변삼각형이므로

$$\angle SCH = \frac{1}{2}(\pi - 2\theta) = \frac{\pi}{2} - \theta \qquad \therefore \angle CSH = \theta$$

→ 삼각형에서 한 외각의 크기는 그와 이웃하지 않는 두 내각의 크기의 합과 같아.

이때 삼각형 SAO에서 $\angle CSA = \dfrac{\pi}{2} + \theta$이므로 $\angle HSR = \dfrac{\pi}{2}$

$$\therefore \angle QRS = \frac{\pi}{2}$$

→ $\angle CQR = \angle QRS = \dfrac{\pi}{2}$이므로 $\overline{QC} / \!/ \overline{RS}$야.

따라서 사각형 CQRS는 사다리꼴이다.

직각삼각형 PAB에서 $\overline{PB} = \overline{AB} \sin \theta = 2 \sin \theta$이므로
$\overline{QC} = \overline{PB} = 2 \sin \theta$

직각삼각형 CHS에서 $\overline{HS} = \overline{CS} \cos \theta = (1 - \tan \theta) \cos \theta$

또, $\overline{CH} = \overline{CS} \sin \theta = (1 - \tan \theta) \sin \theta$이므로

$$\overline{RS} = \overline{QH} = \overline{QC} - \overline{CH} = 2 \sin \theta - (1 - \tan \theta) \sin \theta$$
$$= 2 \sin \theta - \sin \theta + \sin \theta \tan \theta = \sin \theta + \sin \theta \tan \theta$$

$$\therefore g(\theta) = \frac{1}{2} \times (\overline{QC} + \overline{RS}) \times \overline{HS}$$
$$= \frac{1}{2} \times (2 \sin \theta + \sin \theta + \sin \theta \tan \theta) \times (1 - \tan \theta) \cos \theta$$
$$= \frac{1}{2}(3 \sin \theta + \sin \theta \tan \theta)(1 - \tan \theta) \cos \theta$$

$$\therefore 3f(\theta) - 2g(\theta)$$
$$= 3 \sin \theta \cos \theta - 2 \times \frac{1}{2}(3 \sin \theta + \sin \theta \tan \theta)(1 - \tan \theta) \cos \theta$$
$$= 3 \sin \theta \cos \theta - \sin \theta \cos \theta (3 + \tan \theta)(1 - \tan \theta)$$
$$= 3 \sin \theta \cos \theta - \sin \theta \cos \theta (3 - 2 \tan \theta - \tan^2 \theta)$$
$$= \sin \theta \cos \theta \tan \theta (\tan \theta + 2)$$

$$\therefore \lim_{\theta \to 0+} \frac{3f(\theta) - 2g(\theta)}{\theta^2}$$
$$= \lim_{\theta \to 0+} \frac{\sin \theta \cos \theta \tan \theta (\tan \theta + 2)}{\theta^2}$$
$$= \lim_{\theta \to 0+} \frac{\sin \theta}{\theta} \times \lim_{\theta \to 0+} \frac{\tan \theta}{\theta} \times \lim_{\theta \to 0+} \cos \theta (\tan \theta + 2)$$
$$= 1 \times 1 \times 1 \times (0 + 2) = 2$$

삼각형의 넓이
삼각형 ABC에서 두 변의 길이 a, b와 그 끼인각 $\angle C$의 크기를 알 때, 삼각형의 넓이 S는
$$S = \frac{1}{2}ab \sin C$$

두 삼각형 CDP, PDA는 이등변삼각형임을 알 수 있어.

그림과 같이 반지름의 길이가 1이고 중심각의 크기가 $\frac{\pi}{2}$인 부채꼴 OAB가 있다. 호 AB 위의 점 P에 대하여 $\overline{PA}=\overline{PC}=\overline{PD}$가 되도록 호 PB 위에 점 C와 선분 OA 위에 점 D를 잡는다. 점 D를 지나고 선분 OP와 평행한 직선이 선분 PA와 만나는 점을 E라 하자. $\angle POA=\theta$일 때, 삼각형 CDP의 넓이를 $f(\theta)$, 삼각형 EDA의 넓이를 $g(\theta)$라 하자. $\displaystyle\lim_{\theta\to 0+}\frac{g(\theta)}{\theta^2\times f(\theta)}$의 값은? $\left(\text{단, } 0<\theta<\frac{\pi}{4}\right)$

→ $\overline{PO}\,/\!/\,\overline{ED}$이므로 $\angle EDA=\theta$야.

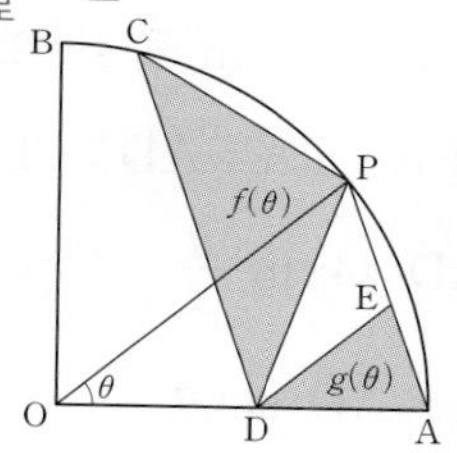

① $\frac{1}{8}$ ② $\frac{1}{4}$ ③ $\frac{3}{8}$

✓④ $\frac{1}{2}$ ⑤ $\frac{5}{8}$

☑ **연관 개념 check**

(1) $\displaystyle\lim_{x\to 0}\cos x=1$

(2) $\displaystyle\lim_{x\to 0}\frac{\sin x}{x}=1$

☑ **실전 적용 key**

삼각함수의 극한에서 $x\longrightarrow 0$이고 분모 또는 분자에 $1-\cos ax$ (a는 상수)를 포함한 경우에는 분모, 분자에 $1+\cos ax$를 각각 곱한 후 $1-\cos^2 ax=\sin^2 ax$임을 이용한다.

수능 핵심 개념 $\pi\pm\theta$의 삼각함수

(1) $\sin(\pi\pm\theta)=\mp\sin\theta$ (복부호 동순)

(2) $\cos(\pi\pm\theta)=-\cos\theta$

(3) $\tan(\pi\pm\theta)=\pm\tan\theta$ (복부호 동순)

해결 흐름

1 삼각형 OPA에서 코사인법칙을 이용하여 $\overline{PA}^2$을 θ에 대한 식으로 나타내고, $\angle CPD$의 크기를 구한 후 $\overline{PA}=\overline{PC}=\overline{PD}$임을 이용하여 $f(\theta)$를 구할 수 있겠네.

2 삼각형 PDA에서 코사인법칙을 이용하여 $\overline{AD}^2$을 θ에 대한 식으로 나타내면 $g(\theta)$를 구할 수 있겠네.

3 삼각함수의 극한을 이용하면 극한값을 구할 수 있겠다.

알찬 풀이

오른쪽 그림의 삼각형 OPA에서 코사인법칙에 의하여

> 삼각형 ABC에서 $a^2=b^2+c^2-2bc\cos A$

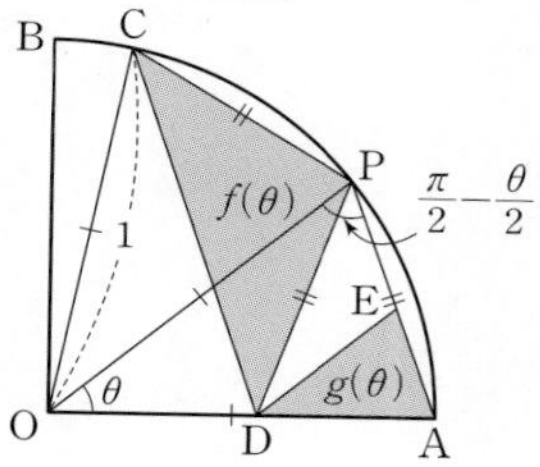

$\overline{PA}^2=1^2+1^2-2\times 1\times 1\times\cos\theta=2-2\cos\theta$

삼각형 OPA가 이등변삼각형이므로

$\angle OPA=\angle OAP=\frac{1}{2}\times(\pi-\theta)=\frac{\pi}{2}-\frac{\theta}{2}$

$\overline{PA}=\overline{PD}$이므로 삼각형 PDA는 이등변삼각형이다.

$\therefore \angle DPA=\pi-2\angle OAP=\pi-2\times\left(\frac{\pi}{2}-\frac{\theta}{2}\right)=\theta$

$\overline{OA}=\overline{OP}=\overline{OC}$, $\overline{PA}=\overline{PC}$이므로 $\triangle OPC\equiv\triangle OPA$ (SSS 합동)

$\therefore \angle OPC=\angle OPA=\frac{\pi}{2}-\frac{\theta}{2}$

따라서 $\angle CPA=\pi-\theta$이므로

$\angle CPD=\angle CPA-\angle DPA$ $\angle CPA=2\angle OPC=2\times\left(\frac{\pi}{2}-\frac{\theta}{2}\right)=\pi-\theta$

$\qquad\quad =(\pi-\theta)-\theta=\pi-2\theta$

$\therefore f(\theta)=\frac{1}{2}\times\overline{PC}\times\overline{PD}\times\sin(\angle CPD)$

> 삼각형의 넓이
> 삼각형 ABC에서 두 변의 길이 a, b와 그 끼인각 $\angle C$의 크기를 알 때, 삼각형의 넓이 S는 $S=\frac{1}{2}ab\sin C$

$\qquad\quad =\frac{1}{2}\times\overline{PA}\times\overline{PA}\times\sin(\pi-2\theta)$

$\qquad\quad =\frac{1}{2}\times(2-2\cos\theta)\times\sin 2\theta$

$\qquad\quad =\frac{1}{2}\times(2-2\cos\theta)\times 2\sin\theta\cos\theta$

$\qquad\quad =2(1-\cos\theta)\sin\theta\cos\theta$

한편, 삼각형 PDA에서 코사인법칙에 의하여

$\overline{AD}^2=\overline{PA}^2+\overline{PD}^2-2\times\overline{PA}\times\overline{PD}\times\cos\theta$

$\qquad =\overline{PA}^2+\overline{PA}^2-2\times\overline{PA}\times\overline{PA}\times\cos\theta$

$\qquad =2\overline{PA}^2(1-\cos\theta)=2(2-2\cos\theta)(1-\cos\theta)=4(1-\cos\theta)^2$

$\therefore g(\theta)=\frac{1}{2}\times\overline{AD}\times\overline{DE}\times\sin\theta$

> $\triangle EDA\backsim\triangle POA$ (AA 닮음)이므로 삼각형 EDA도 이등변삼각형이야.

$\qquad\quad =\frac{1}{2}\times\overline{AD}^2\sin\theta=\frac{1}{2}\times 4(1-\cos\theta)^2\sin\theta$

$\qquad\quad =2(1-\cos\theta)^2\sin\theta$

$\therefore \displaystyle\lim_{\theta\to 0+}\frac{g(\theta)}{\theta^2\times f(\theta)}=\lim_{\theta\to 0+}\frac{2(1-\cos\theta)^2\sin\theta}{\theta^2\times 2(1-\cos\theta)\sin\theta\cos\theta}$

$\qquad\qquad\qquad\quad =\lim_{\theta\to 0+}\frac{1-\cos\theta}{\theta^2\cos\theta}$

$\qquad\qquad\qquad\quad =\lim_{\theta\to 0+}\frac{(1-\cos\theta)(1+\cos\theta)}{\theta^2\cos\theta(1+\cos\theta)}$ 분모, 분자에 $1+\cos\theta$를 각각 곱하여 $1-\cos^2\theta=\sin^2\theta$임을 이용했어.

$\qquad\qquad\qquad\quad =\lim_{\theta\to 0+}\frac{\sin^2\theta}{\theta^2\cos\theta(1+\cos\theta)}$

$\qquad\qquad\qquad\quad =\lim_{\theta\to 0+}\left\{\left(\frac{\sin\theta}{\theta}\right)^2\times\frac{1}{\cos\theta(1+\cos\theta)}\right\}$

$\qquad\qquad\qquad\quad =1^2\times\frac{1}{2}=\frac{1}{2}$

다른 풀이

선분 PA의 중점을 M이라 하면 $\angle AOM = \dfrac{\theta}{2}$이므로

직각삼각형 AOM에서 $\overline{AM} = \sin\dfrac{\theta}{2}$

$\therefore \overline{PD} = \overline{PA} = 2\overline{AM} = 2\sin\dfrac{\theta}{2}$

$\therefore f(\theta) = \dfrac{1}{2} \times \overline{PC} \times \overline{PD} \times \sin(\angle CPD)$

$\qquad = \dfrac{1}{2} \times \overline{PD} \times \overline{PD} \times \sin(\pi - 2\theta)$

$\qquad = \dfrac{1}{2} \times 2\sin\dfrac{\theta}{2} \times 2\sin\dfrac{\theta}{2} \times \sin 2\theta = 2\sin^2\dfrac{\theta}{2}\sin 2\theta$

두 삼각형 OPA와 PAD는 닮음이므로 $\overline{PA} : \overline{OA} = \overline{AD} : \overline{PD}$에서

$2\sin\dfrac{\theta}{2} : 1 = \overline{AD} : 2\sin\dfrac{\theta}{2}$ $\qquad \therefore \overline{AD} = 4\sin^2\dfrac{\theta}{2}$

$\therefore g(\theta) = \dfrac{1}{2} \times \overline{AD} \times \overline{DE} \times \sin\theta = \dfrac{1}{2} \times \overline{AD}^2 \sin\theta$

$\qquad = \dfrac{1}{2} \times \left(4\sin^2\dfrac{\theta}{2}\right)^2 \times \sin\theta = 8\sin^4\dfrac{\theta}{2}\sin\theta$

$\therefore \displaystyle\lim_{\theta \to 0+} \dfrac{g(\theta)}{\theta^2 \times f(\theta)} = \lim_{\theta \to 0+} \dfrac{8\sin^4\dfrac{\theta}{2}\sin\theta}{\theta^2 \times 2\sin^2\dfrac{\theta}{2}\sin 2\theta} = \lim_{\theta \to 0+} \dfrac{4\sin^2\dfrac{\theta}{2}\sin\theta}{\theta^2 \sin 2\theta}$

$\qquad\qquad = \dfrac{1}{2}\lim_{\theta \to 0+}\left\{\left(\dfrac{\sin\dfrac{\theta}{2}}{\dfrac{\theta}{2}}\right)^2 \times \dfrac{\sin\theta}{\theta} \times \dfrac{2\theta}{\sin 2\theta}\right\}$

$\qquad\qquad = \dfrac{1}{2} \times 1^2 \times 1 \times 1 = \dfrac{1}{2}$

---

109 정답 50   정답률 18%

그림과 같이 반지름의 길이가 1이고 중심각의 크기가 $\dfrac{\pi}{2}$인 부채꼴 OAB가 있다. 호 AB 위의 점 P에서 선분 OA에 내린 수선의 발을 H라 하고, ∠OAP를 이등분하는 직선과 세 선분 HP, OP, OB의 교점을 각각 Q, R, S라 하자. ∠APH=θ일 때, 삼각형 AQH의 넓이를 $f(\theta)$, 삼각형 PSR의 넓이를 $g(\theta)$라 하자. $\displaystyle\lim_{\theta \to 0+} \dfrac{\theta^3 \times g(\theta)}{f(\theta)} = k$일 때, 100k의 값을 구하시오. $\left(\text{단, } 0 < \theta < \dfrac{\pi}{4}\right)$ 50

> 각의 이등분선의 성질을 이용할 수 있겠네.

해결 흐름

1 직각삼각형 AQH에서 $\overline{AH}$, $\overline{HQ}$의 길이를 θ로 나타내면 $f(\theta)$를 θ에 대한 식으로 나타낼 수 있겠다.

2 삼각형 OSP의 넓이에서 삼각형 OSR의 넓이를 빼면 $g(\theta)$를 θ에 대한 식으로 나타낼 수 있겠네.

3 **1**, **2**에서 구한 $f(\theta)$, $g(\theta)$를 이용하면 극한값을 구할 수 있겠다.

알찬 풀이

직각삼각형 AHP에서 ∠APH=θ이므로

$\angle HAP = \dfrac{\pi}{2} - \theta$

$\therefore \angle HAQ = \dfrac{1}{2}\angle HAP = \dfrac{1}{2}\left(\dfrac{\pi}{2} - \theta\right)$

$\qquad\quad = \dfrac{\pi}{4} - \dfrac{\theta}{2}$

한편, 삼각형 OPA는 $\overline{OA} = \overline{OP} = 1$인 이등변삼각형이므로

$\angle AOP = \pi - 2\angle OAP$ → 이등변삼각형의 두 밑각의 크기는 같으므로
$\qquad\quad = \pi - 2\left(\dfrac{\pi}{2} - \theta\right)$ $\angle OAP = \angle OPA$
$\qquad\quad = 2\theta$

✓ 연관 개념 check

$\displaystyle\lim_{x \to 0} \dfrac{\sin x}{x} = 1$

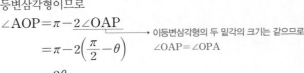

☑ 실전 적용 key

삼각함수의 극한에서 $x \longrightarrow 0$이고 분모 또는 분자에 $1-\cos ax$ (a는 상수)를 포함한 경우에는 분모, 분자에 $1+\cos ax$를 각각 곱한 후 $1-\cos^2 ax = \sin^2 ax$임을 이용한다.

수능 핵심 개념 직각삼각형의 변의 길이

$\angle C = 90°$인 직각삼각형 ABC에서

$\sin \theta = \dfrac{b}{c}$, $\cos \theta = \dfrac{a}{c}$, $\tan \theta = \dfrac{b}{a}$

➡ $a = c \cos \theta$, $b = c \sin \theta = a \tan \theta$

삼각형의 넓이 ☆★

삼각형 ABC에서 두 변의 길이 a, b와 그 끼인각 $\angle C$의 크기를 알 때, 삼각형의 넓이 S는
$S = \dfrac{1}{2}ab \sin C$

$\displaystyle\lim_{x \to 0} \dfrac{\sin x}{x} = 1$임을 이용하기 위해 분모, 분자에 $(1+\cos 2\theta)^2$을 각각 곱해서 $(1-\cos 2\theta)^2$을 변형했어. 즉,

$(1-\cos 2\theta)^2 = \dfrac{(1-\cos 2\theta)^2(1+\cos 2\theta)^2}{(1+\cos 2\theta)^2}$

$= \dfrac{(1-\cos^2 2\theta)^2}{(1+\cos 2\theta)^2} = \dfrac{(\sin^2 2\theta)^2}{(1+\cos 2\theta)^2}$

$= \dfrac{\sin^4 2\theta}{(1+\cos 2\theta)^2}$

$\displaystyle\lim_{\theta \to 0+} \tan\left(\dfrac{\pi}{4} - \dfrac{\theta}{2}\right) = \tan\dfrac{\pi}{4} = 1$

이때 직각삼각형 OPH에서 $\overline{OH} = \overline{OP}\cos 2\theta = \cos 2\theta$이므로 ($\to \overline{OP} = 1$)

$\overline{AH} = 1 - \overline{OH} = 1 - \cos 2\theta$

또, 직각삼각형 AQH에서

$\overline{HQ} = \overline{AH}\tan\left(\dfrac{\pi}{4} - \dfrac{\theta}{2}\right) = (1-\cos 2\theta)\tan\left(\dfrac{\pi}{4} - \dfrac{\theta}{2}\right)$

따라서 직각삼각형 AQH의 넓이는

$f(\theta) = \dfrac{1}{2} \times \overline{AH} \times \overline{HQ}$

$= \dfrac{1}{2} \times (1-\cos 2\theta) \times (1-\cos 2\theta)\tan\left(\dfrac{\pi}{4} - \dfrac{\theta}{2}\right)$

$= \dfrac{1}{2}(1-\cos 2\theta)^2 \tan\left(\dfrac{\pi}{4} - \dfrac{\theta}{2}\right)$

직각삼각형 OPH에서

$\overline{HP} = \overline{OP}\sin 2\theta = \sin 2\theta$

또, 직각삼각형 AHP에서

$\overline{AP} = \dfrac{\overline{HP}}{\cos \theta} = \dfrac{\sin 2\theta}{\cos \theta} = \dfrac{2\sin\theta\cos\theta}{\cos\theta} = 2\sin\theta$

이때 삼각형 OPA에서 $\angle A$의 이등분선이 선분 OP와 만나는 점이 R이므로

$\overline{AO} : \overline{AP} = \overline{OR} : \overline{RP}$, $1 : 2\sin\theta = \overline{OR} : (1-\overline{OR})$

$2\sin\theta\,\overline{OR} = 1 - \overline{OR}$, $\overline{OR}(1+2\sin\theta) = 1$

$\therefore \overline{OR} = \dfrac{1}{1+2\sin\theta}$

또, 직각삼각형 AOS에서

$\overline{OS} = \overline{OA}\tan\left(\dfrac{\pi}{4} - \dfrac{\theta}{2}\right) = \tan\left(\dfrac{\pi}{4} - \dfrac{\theta}{2}\right)$

따라서 삼각형 PSR의 넓이는

$g(\theta) = (삼각형 OSP의 넓이) - (삼각형 OSR의 넓이)$

$= \dfrac{1}{2} \times \overline{OS} \times \overline{OP} \times \sin\left(\dfrac{\pi}{2} - 2\theta\right) - \dfrac{1}{2} \times \overline{OS} \times \overline{OR} \times \sin\left(\dfrac{\pi}{2} - 2\theta\right)$

$= \dfrac{1}{2} \times \overline{OS} \times \sin\left(\dfrac{\pi}{2} - 2\theta\right) \times (\overline{OP} - \overline{OR})$

$= \dfrac{1}{2} \times \tan\left(\dfrac{\pi}{4} - \dfrac{\theta}{2}\right) \times \sin\left(\dfrac{\pi}{2} - 2\theta\right) \times \left(1 - \dfrac{1}{1+2\sin\theta}\right)$

$= \dfrac{1}{2}\tan\left(\dfrac{\pi}{4} - \dfrac{\theta}{2}\right)\cos 2\theta \times \dfrac{2\sin\theta}{1+2\sin\theta}$

$= \tan\left(\dfrac{\pi}{4} - \dfrac{\theta}{2}\right)\cos 2\theta \times \dfrac{\sin\theta}{1+2\sin\theta}$

$\therefore \displaystyle\lim_{\theta \to 0+} \dfrac{\theta^3 \times g(\theta)}{f(\theta)}$

$= \displaystyle\lim_{\theta \to 0+} \dfrac{\theta^3 \times \tan\left(\dfrac{\pi}{4} - \dfrac{\theta}{2}\right)\cos 2\theta \times \dfrac{\sin\theta}{1+2\sin\theta}}{\dfrac{1}{2}(1-\cos 2\theta)^2 \tan\left(\dfrac{\pi}{4} - \dfrac{\theta}{2}\right)}$

$= 2\displaystyle\lim_{\theta \to 0+} \dfrac{\theta^3 \times \tan\left(\dfrac{\pi}{4} - \dfrac{\theta}{2}\right)\cos 2\theta \times \dfrac{\sin\theta}{1+2\sin\theta}}{\boxed{\dfrac{\sin^4 2\theta}{(1+\cos 2\theta)^2}} \times \tan\left(\dfrac{\pi}{4} - \dfrac{\theta}{2}\right)}$

$= 2\displaystyle\lim_{\theta \to 0+} \left\{ \dfrac{\cos 2\theta(1+\cos 2\theta)^2 \tan\left(\dfrac{\pi}{4} - \dfrac{\theta}{2}\right)}{(1+2\sin\theta)\tan\left(\dfrac{\pi}{4} - \dfrac{\theta}{2}\right)} \times \dfrac{\sin\theta}{\theta} \times \left(\dfrac{2\theta}{\sin 2\theta}\right)^4 \times \dfrac{1}{16} \right\}$

$= 2 \times \left(4 \times 1 \times 1^4 \times \dfrac{1}{16}\right) = \dfrac{1}{2}$

따라서 $k = \dfrac{1}{2}$이므로 $100k = 100 \times \dfrac{1}{2} = 50$

$\rightarrow \overline{OA}=\overline{OB}=\overline{OP}=1$

그림과 같이 길이가 2인 선분 AB를 지름으로 하는 반원의 호 AB 위에 점 P가 있다. 선분 AB의 중점을 O라 할 때, 점 B를 지나고 선분 AB에 수직인 직선이 직선 OP와 만나는 점을 Q라 하고, ∠OQB의 이등분선이 직선 AP와 만나는 점을 R라 하자. ∠OAP=θ일 때, 삼각형 OAP의 넓이를 $f(\theta)$, 삼각형 PQR의 넓이를 $g(\theta)$라 하자. $\lim_{\theta \to 0+}\dfrac{g(\theta)}{\theta^4 \times f(\theta)}$의 값은? $\left(\text{단, }0<\theta<\dfrac{\pi}{4}\right)$

$\rightarrow \angle OPA=\angle QPR$

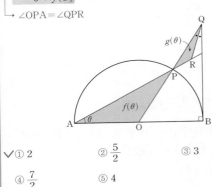

① 2 ② $\dfrac{5}{2}$ ③ 3

④ $\dfrac{7}{2}$ ⑤ 4

☑ 연관 개념 check

(1) $\lim_{x \to 0} \sin x=0$, $\lim_{x \to 0} \cos x=1$

(2) $\lim_{x \to 0} \dfrac{\sin x}{x}=1$

☑ 실전 적용 key

삼각함수의 극한에서 $x \longrightarrow 0$이고 분모 또는 분자에 $1-\cos ax$ (a는 상수) 꼴을 포함한 경우에는 분모, 분자에 $1+\cos ax$ 꼴을 각각 곱한 후 $1-\cos^2 ax=\sin^2 ax$임을 이용한다.

수능 핵심 개념 삼각형의 내심

삼각형의 세 내각의 이등분선은 한 점(내심)에서 만나고, 내심에서 삼각형의 세 변에 이르는 거리는 같다.

---

1 삼각형 OAP는 두 변의 길이가 1인 이등변삼각형이니까 ∠AOP의 크기를 θ로 나타내면 $f(\theta)$를 θ에 대한 식으로 나타낼 수 있겠다.

2 점 P에서 $\overline{AB}$, $\overline{BQ}$에 적당한 보조선을 그은 후 삼각형 PQR의 밑변의 길이와 높이를 θ로 나타내면 $g(\theta)$를 θ에 대한 식으로 나타낼 수 있겠어.

3 **1**, **2**에서 구한 $f(\theta)$, $g(\theta)$를 이용하면 극한값을 구할 수 있겠다.

삼각형 OAP에서 ∠OPA=∠OAP=θ이므로 ∠AOP=π−2θ

$$\therefore f(\theta)=\frac{1}{2}\times\overline{OA}\times\overline{OP}\times\sin(\angle AOP)$$

> 삼각형의 넓이
> 삼각형 ABC에서 두 변의 길이 a, b와 그 끼인각 ∠C의 크기를 알 때, 삼각형의 넓이 S는 $S=\dfrac{1}{2}ab\sin C$

$$=\frac{1}{2}\times1\times1\times\sin(\pi-2\theta)=\frac{\sin 2\theta}{2}$$

점 P에서 두 선분 AB, BQ에 내린 수선의 발을 각각 S, T라 하면 ($\rightarrow \sin(\pi-2\theta)=\sin 2\theta$야.)

$$\angle QPT=\angle POS=\angle OAP+\angle OPA=2\theta$$

이때 ∠QPR=∠OPA=θ이므로

$$\angle RPT=\angle QPT-\angle QPR=\theta$$

즉, 점 R는 삼각형 PQT의 내심이다.

삼각형 OPS에서 $\overline{OS}=\cos 2\theta$, $\overline{PS}=\sin 2\theta$이고, 삼각형 OQB에서 $\overline{QB}=\tan 2\theta$이므로

> 점 R는 삼각형 PQT의 두 내각의 이등분선의 교점이므로 이 삼각형의 내심이야.

$$\overline{PT}=\overline{OB}-\overline{OS}=1-\cos 2\theta$$

$$\overline{QT}=\overline{QB}-\overline{PS}=\tan 2\theta-\sin 2\theta=\tan 2\theta(1-\cos 2\theta)$$

삼각형 PQT에서 $\overline{PQ}=\dfrac{1-\cos 2\theta}{\cos 2\theta}$ $\rightarrow \cos 2\theta=\dfrac{\overline{PT}}{\overline{PQ}}$에서 $\overline{PQ}=\dfrac{\overline{PT}}{\cos 2\theta}$

따라서 삼각형 PQT의 내접원의 반지름의 길이를 r라 하면 삼각형 PQT의 넓이는

$$\frac{1}{2}\times\overline{PT}\times\overline{QT}=\frac{1}{2}\times r\times(\overline{PQ}+\overline{QT}+\overline{PT})$$

> 삼각형의 넓이
> 삼각형 ABC의 내접원의 반지름의 길이를 r라 할 때, 삼각형의 넓이 S는 $S=\dfrac{1}{2}r(\overline{AB}+\overline{BC}+\overline{CA})$

$$\frac{1}{2}\times(1-\cos 2\theta)\times\tan 2\theta(1-\cos 2\theta)$$

$$=\frac{1}{2}\times r\times\left\{\frac{1-\cos 2\theta}{\cos 2\theta}+\tan 2\theta(1-\cos 2\theta)+(1-\cos 2\theta)\right\}$$

$$\therefore r=\frac{\sin 2\theta(1-\cos 2\theta)}{1+\sin 2\theta+\cos 2\theta}$$

$$\therefore g(\theta)=\frac{1}{2}\times\overline{PQ}\times r=\frac{1}{2}\times\frac{1-\cos 2\theta}{\cos 2\theta}\times\frac{\sin 2\theta(1-\cos 2\theta)}{1+\sin 2\theta+\cos 2\theta}$$

$$=\frac{\sin 2\theta(1-\cos 2\theta)^2}{2\cos 2\theta(1+\sin 2\theta+\cos 2\theta)}$$

$$\therefore \lim_{\theta \to 0+}\frac{g(\theta)}{\theta^4 \times f(\theta)}$$

$$=\lim_{\theta \to 0+}\frac{\dfrac{\sin 2\theta(1-\cos 2\theta)^2}{2\cos 2\theta(1+\sin 2\theta+\cos 2\theta)}}{\theta^4 \times \dfrac{\sin 2\theta}{2}}$$

$$=\lim_{\theta \to 0+}\frac{(1-\cos 2\theta)^2}{\theta^4 \cos 2\theta(1+\sin 2\theta+\cos 2\theta)}$$

> 분모, 분자에 각각 $(1+\cos 2\theta)^2$을 곱했어.
> $(1-\cos 2\theta)^2(1+\cos 2\theta)^2$
> $=\{(1-\cos 2\theta)(1+\cos 2\theta)\}^2$
> $=(1-\cos^2 2\theta)^2=(\sin^2 2\theta)^2=\sin^4 2\theta$

$$=\lim_{\theta \to 0+}\frac{\sin^4 2\theta}{\theta^4 \cos 2\theta(1+\sin 2\theta+\cos 2\theta)(1+\cos 2\theta)^2}$$

$$=16\lim_{\theta \to 0+}\left\{\left(\frac{\sin 2\theta}{2\theta}\right)^4\times\frac{1}{\cos 2\theta(1+\sin 2\theta+\cos 2\theta)(1+\cos 2\theta)^2}\right\}$$

$$=16\times1^4\times\frac{1}{1\times2\times2^2}=2$$

그림과 같이 길이가 2인 선분 AB를 지름으로 하는 반원의 호 위에 점 P가 있고, 선분 AB 위에 점 Q가 있다.

$\angle PAB = \theta$이고 $\angle APQ = \dfrac{\theta}{3}$일 때, 삼각형 PAQ의 넓이를 $S(\theta)$, 선분 PB의 길이를 $l(\theta)$라 하자. $\displaystyle\lim_{\theta \to 0+} \dfrac{S(\theta)}{l(\theta)}$의 값

은? $\left(\text{단, } 0 < \theta < \dfrac{\pi}{4}\right)$

→ 삼각형 ABP는 직각삼각형이므로 변의 길이를 θ를 포함한 식으로 나타낼 수 있어.

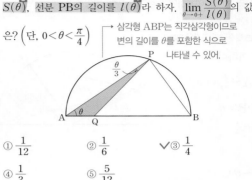

① $\dfrac{1}{12}$ 　　② $\dfrac{1}{6}$ 　　✓③ $\dfrac{1}{4}$

④ $\dfrac{1}{3}$ 　　⑤ $\dfrac{5}{12}$

☑ **연관 개념 check**

(1) $\displaystyle\lim_{x \to 0} \cos x = 1$

(2) $\displaystyle\lim_{x \to 0} \dfrac{\sin x}{x} = 1$

수능 핵심 개념　사인법칙

삼각형 ABC의 외접원의 반지름의 길이를 R라 하면

$$\dfrac{a}{\sin A} = \dfrac{b}{\sin B} = \dfrac{c}{\sin C} = 2R$$

삼각형의 넓이　☆

삼각형 ABC에서 두 변의 길이 a, b와 그 끼인각 $\angle C$의 크기를 알 때, 삼각형의 넓이 S는

$S = \dfrac{1}{2}ab \sin C$

$$\lim_{x \to 0} \dfrac{\sin ax}{\sin bx} = \lim_{x \to 0} \left(\dfrac{\sin ax}{ax} \times \dfrac{bx}{\sin bx} \times \dfrac{a}{b} \right) = \dfrac{a}{b}$$

임을 이용하여 $\displaystyle\lim_{\theta \to 0+} \dfrac{\cos^2 \theta \sin \dfrac{\theta}{3}}{\sin \dfrac{4}{3}\theta} = \dfrac{1 \times \dfrac{1}{3}}{\dfrac{4}{3}} = \dfrac{1}{4}$과

같이 간단히 답을 구할 수도 있어.

---

1 삼각형 ABP가 직각삼각형이니까 두 선분 PA, PB의 길이를 θ를 포함한 식으로 나타낼 수 있겠군.

2 사인법칙을 이용하여 선분 AQ의 길이를 θ에 대한 식으로 나타내면 $S(\theta)$도 구할 수 있겠어.

3 삼각함수의 극한을 이용하면 극한값을 구할 수 있겠다.

알찬 풀이

점 P는 선분 AB를 지름으로 하는 반원 위의 점이므로

$\angle APB = \dfrac{\pi}{2}$ → 지름에 대한 원주각의 크기는 $\dfrac{\pi}{2}$이기 때문이야.

직각삼각형 ABP에서

$\overline{PA} = \overline{AB} \cos \theta = 2 \cos \theta$

$\overline{PB} = \overline{AB} \sin \theta = 2 \sin \theta$

$\therefore l(\theta) = 2 \sin \theta$

또, 삼각형 PAQ에서

$\angle AQP = \pi - \left(\theta + \dfrac{\theta}{3} \right) = \pi - \dfrac{4}{3}\theta$

이므로 사인법칙에 의하여

$$\dfrac{\overline{PA}}{\sin\left(\pi - \dfrac{4}{3}\theta\right)} = \dfrac{\overline{AQ}}{\sin\dfrac{\theta}{3}}$$

$$\therefore \overline{AQ} = \dfrac{\overline{PA} \sin \dfrac{\theta}{3}}{\sin\left(\pi - \dfrac{4}{3}\theta\right)}$$

$$= \dfrac{2 \cos \theta \sin \dfrac{\theta}{3}}{\sin \dfrac{4}{3}\theta}$$

→ $\sin(\pi - \theta) = \sin\theta$임을 이용했어.

$$\therefore S(\theta) = \dfrac{1}{2} \times \overline{PA} \times \overline{AQ} \times \sin\theta$$

$$= \dfrac{1}{2} \times 2\cos\theta \times \dfrac{2\cos\theta\sin\dfrac{\theta}{3}}{\sin\dfrac{4}{3}\theta} \times \sin\theta$$

$$= \dfrac{2\cos^2\theta\sin\dfrac{\theta}{3}\sin\theta}{\sin\dfrac{4}{3}\theta}$$

$$\therefore \lim_{\theta\to 0+}\dfrac{S(\theta)}{l(\theta)} = \lim_{\theta\to 0+}\dfrac{\dfrac{2\cos^2\theta\sin\dfrac{\theta}{3}\sin\theta}{\sin\dfrac{4}{3}\theta}}{2\sin\theta}$$

$$= \lim_{\theta\to 0+}\dfrac{\cos^2\theta\sin\dfrac{\theta}{3}}{\sin\dfrac{4}{3}\theta}$$

$$= \dfrac{1}{4}\lim_{\theta\to 0+}\left(\cos^2\theta \times \dfrac{\sin\dfrac{\theta}{3}}{\dfrac{\theta}{3}} \times \dfrac{\dfrac{4}{3}\theta}{\sin\dfrac{4}{3}\theta}\right)$$

$$= \dfrac{1}{4} \times 1^2 \times 1 \times 1$$

$$= \dfrac{1}{4}$$

그림과 같이 길이가 2인 선분 AB를 지름으로 하는 반원이 있다. 선분 AB의 중점을 O라 할 때, 호 AB 위에 두 점 P, Q를 $\angle POA = \theta$, $\angle QOB = 2\theta$가 되도록 잡는다. 두 선분 PB, OQ의 교점을 R라 하고, 점 R에서 선분 PQ에 내린 수선의 발을 H라 하자. 삼각형 POR의 넓이를 $f(\theta)$, 두 선분 RQ, RB와 호 QB로 둘러싸인 부분의 넓이를 $g(\theta)$라 할 때, $\displaystyle\lim_{\theta \to 0+} \dfrac{f(\theta) + g(\theta)}{\overline{RH}} = \dfrac{q}{p}$이다. $p + q$의 값을 구하시오.

23 (단, $0 < \theta < \dfrac{\pi}{3}$이고, p와 q는 서로소인 자연수이다.)

> 삼각형의 넓이, 부채꼴의 넓이를 구하는 공식을 이용하자.

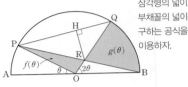

☑ 연관 개념 check

(1) $\displaystyle\lim_{x \to 0} \cos x = 1$

(2) $\displaystyle\lim_{x \to 0} \dfrac{\sin x}{x} = 1$

☑ 실전 적용 key

삼각함수의 극한의 활용 문제에서 두 도형의 넓이 $f(\theta)$, $g(\theta)$의 합을 구할 때, $f(\theta)$, $g(\theta)$를 직접 구하기 어려운 경우가 있다. 이러한 경우에는 이 두 도형을 포함하는 또 다른 두 도형의 넓이와 공통된 부분의 넓이를 이용하여 $f(\theta) + g(\theta)$를 θ에 대한 식으로 나타낸 후 해결해야 한다.

수능 핵심 개념 / 사인법칙

삼각형 ABC의 외접원의 반지름의 길이를 R라 하면

$$\dfrac{a}{\sin A} = \dfrac{b}{\sin B} = \dfrac{c}{\sin C} = 2R$$

해결 흐름

1 $f(\theta) + g(\theta)$는 삼각형 POB의 넓이와 부채꼴 QOB의 넓이의 합에서 삼각형 ROB의 넓이를 두 번 빼서 구해야겠다.

2 직각삼각형 PHR에서 선분 PR의 길이를 구하면 선분 RH의 길이도 구할 수 있겠네.

3 **1**, **2**에서 구한 $f(\theta) + g(\theta)$와 $\overline{RH}$를 이용하면 극한값을 구할 수 있겠다.

알찬 풀이

→ 중심각의 크기는 원주각의 크기의 2배야.

원주각과 중심각의 관계에 의하여

$\angle POA = \theta$이므로 $\angle PBA = \dfrac{\theta}{2}$이고,

$\angle QOB = 2\theta$이므로 $\angle QPB = \theta$

이때 $\angle POB = \pi - \theta$이므로

삼각형 POB의 넓이는

$\dfrac{1}{2} \times \overline{OP} \times \overline{OB} \times \sin(\pi - \theta)$

$= \dfrac{1}{2} \times 1 \times 1 \times \sin\theta$

$= \dfrac{1}{2}\sin\theta$ …… ㉠

> **삼각형의 넓이** ☆★
> 삼각형 ABC에서 두 변의 길이가 a, b와 그 끼인각 $\angle C$의 크기를 알 때, 삼각형의 넓이 S는
> $S = \dfrac{1}{2}ab\sin C$

부채꼴 QOB의 넓이는

$\dfrac{1}{2} \times 1^2 \times 2\theta = \theta$ …… ㉡

삼각형 ROB에서

$\angle BRO = \pi - \left(2\theta + \dfrac{\theta}{2}\right) = \pi - \dfrac{5}{2}\theta$

> **부채꼴의 넓이** ☆★
> 반지름의 길이가 r, 중심각의 크기가 θ인 부채꼴의 넓이 S는
> $S = \dfrac{1}{2}r^2\theta$

이므로 사인법칙에 의하여

$\dfrac{\overline{OB}}{\sin\left(\pi - \dfrac{5}{2}\theta\right)} = \dfrac{\overline{RB}}{\sin 2\theta}, \ \dfrac{1}{\sin \dfrac{5}{2}\theta} = \dfrac{\overline{RB}}{\sin 2\theta}$

$\therefore \overline{RB} = \dfrac{\sin 2\theta}{\sin \dfrac{5}{2}\theta}$

삼각형 ROB의 넓이는

$\dfrac{1}{2} \times \overline{OB} \times \overline{RB} \times \sin\dfrac{\theta}{2} = \dfrac{1}{2} \times 1 \times \dfrac{\sin 2\theta}{\sin \dfrac{5}{2}\theta} \times \sin\dfrac{\theta}{2}$

$\qquad\qquad\qquad\qquad = \dfrac{\sin 2\theta}{2\sin \dfrac{5}{2}\theta} \times \sin\dfrac{\theta}{2}$ …… ㉢

$\therefore f(\theta) + g(\theta)$

$= \underset{㉠}{(\text{삼각형 POB의 넓이})} + \underset{㉡}{(\text{부채꼴 QOB의 넓이})} - 2 \times \underset{㉢}{(\text{삼각형 ROB의 넓이})}$

$= \dfrac{1}{2}\sin\theta + \theta - 2 \times \dfrac{\sin 2\theta}{2\sin\dfrac{5}{2}\theta} \times \sin\dfrac{\theta}{2}$

$= \dfrac{1}{2}\sin\theta + \theta - \dfrac{\sin 2\theta}{\sin\dfrac{5}{2}\theta} \times \sin\dfrac{\theta}{2}$

→ 지름에 대한 원주각의 크기는 $\dfrac{\pi}{2}$이기 때문이야.

직각삼각형 APB에서 $\overline{PB} = 2\cos\dfrac{\theta}{2}$이므로 직각삼각형 PHR에서

$\overline{PB} = \overline{AB}\cos\dfrac{\theta}{2}$에서 $\overline{AB} = 2$이니까 $\overline{PB} = 2\cos\dfrac{\theta}{2}$야.

$\overline{PR} = \overline{PB} - \overline{RB} = 2\cos\dfrac{\theta}{2} - \dfrac{\sin 2\theta}{\sin\dfrac{5}{2}\theta}$

$\therefore \overline{RH} = \overline{PR}\sin\theta = \left(2\cos\dfrac{\theta}{2} - \dfrac{\sin 2\theta}{\sin\dfrac{5}{2}\theta}\right) \times \sin\theta$

$$\lim_{\theta \to 0+}\frac{\sin 2\theta}{\sin \frac{5}{2}\theta}=\lim_{\theta \to 0+}\frac{\dfrac{\sin 2\theta}{2\theta}\times 2}{\dfrac{\sin \frac{5}{2}\theta}{\frac{5}{2}\theta}\times \frac{5}{2}}=\frac{1\times 2}{1\times \frac{5}{2}}=\frac{4}{5}$$

이때 $\lim\limits_{x \to 0}\dfrac{\sin ax}{\sin bx}=\lim\limits_{x \to 0}\left(\dfrac{\sin ax}{ax}\times\dfrac{bx}{\sin bx}\times\dfrac{a}{b}\right)=\dfrac{a}{b}$

임을 이용하여 $\lim\limits_{\theta \to 0+}\dfrac{\sin 2\theta}{\sin \frac{5}{2}\theta}=\dfrac{2}{\frac{5}{2}}=\dfrac{4}{5}$와 같이 간단히

답을 구할 수도 있어.

$$\therefore \lim_{\theta \to 0+}\frac{f(\theta)+g(\theta)}{\overline{\mathrm{RH}}}=\lim_{\theta \to 0+}\frac{\dfrac{1}{2}\sin\theta+\theta-\dfrac{\sin 2\theta}{\sin \frac{5}{2}\theta}\times \sin\dfrac{\theta}{2}}{\left(2\cos\dfrac{\theta}{2}-\dfrac{\sin 2\theta}{\sin\frac{5}{2}\theta}\right)\times \sin\theta}$$

$$=\lim_{\theta \to 0+}\frac{\dfrac{1}{2}\times\dfrac{\sin\theta}{\theta}+1-\boxed{\dfrac{\sin 2\theta}{\sin\frac{5}{2}\theta}}\times \dfrac{\sin\frac{\theta}{2}}{\frac{\theta}{2}}\times\dfrac{1}{2}}{\left(2\cos\dfrac{\theta}{2}-\dfrac{\sin 2\theta}{\sin\frac{5}{2}\theta}\right)\times \dfrac{\sin\theta}{\theta}}$$

$$=\frac{\dfrac{1}{2}\times 1+1-\dfrac{4}{5}\times 1\times\dfrac{1}{2}}{\left(2-\dfrac{4}{5}\right)\times 1}$$

$$=\frac{\dfrac{11}{10}}{\dfrac{6}{5}}=\frac{11}{12}$$

따라서 $p=12$, $q=11$이므로 $p+q=12+11=23$

다른 풀이

삼각형의 닮음을 이용하여 선분 $\overline{\mathrm{RH}}$의 길이를 구할 수도 있다.

점 O에서 선분 PQ에 내린 수선의 발을 $\mathrm{H'}$이라 하면 이등변삼각형 POQ에서

$\overline{\mathrm{OH'}}=\overline{\mathrm{OP}}\times\cos(\angle\mathrm{POH'})$

$=\overline{\mathrm{OP}}\times\cos\left(\dfrac{\pi-3\theta}{2}\right)$

$=1\times\cos\left(\dfrac{\pi}{2}-\dfrac{3}{2}\theta\right)$ $\angle\mathrm{POH'}=\dfrac{1}{2}\angle\mathrm{POQ}$

$=\dfrac{\pi-3\theta}{2}$

$=\sin\dfrac{3}{2}\theta$

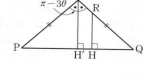

두 삼각형 $\mathrm{OQH'}$, RQH는 서로 닮음이므로

$\overline{\mathrm{OH'}}:\overline{\mathrm{RH}}=\overline{\mathrm{OQ}}:\overline{\mathrm{RQ}}$

즉, $\sin\dfrac{3}{2}\theta:\overline{\mathrm{RH}}=1:(1-\overline{\mathrm{OR}})$에서

삼각형 ROB에서 사인법칙에 의하여

$\dfrac{\overline{\mathrm{OR}}}{\sin\frac{\theta}{2}}=\dfrac{\overline{\mathrm{OB}}}{\sin\left(\pi-\frac{5}{2}\theta\right)}$

즉, $\dfrac{\overline{\mathrm{OR}}}{\sin\frac{\theta}{2}}=\dfrac{1}{\sin\frac{5}{2}\theta}$이니까

$\overline{\mathrm{OR}}=\dfrac{\sin\frac{\theta}{2}}{\sin\frac{5}{2}\theta}$야.

$$\overline{\mathrm{RH}}=\sin\dfrac{3}{2}\theta\times\left(1-\dfrac{\sin\frac{\theta}{2}}{\sin\frac{5}{2}\theta}\right)$$

$$\therefore \lim_{\theta \to 0+}\frac{f(\theta)+g(\theta)}{\overline{\mathrm{RH}}}=\lim_{\theta \to 0+}\frac{\dfrac{1}{2}\sin\theta+\theta-\dfrac{\sin 2\theta}{\sin\frac{5}{2}\theta}\times \sin\dfrac{\theta}{2}}{\sin\dfrac{3}{2}\theta\times\left(1-\dfrac{\sin\frac{\theta}{2}}{\sin\frac{5}{2}\theta}\right)}$$

$$=\lim_{\theta \to 0+}\frac{\dfrac{1}{2}\times\dfrac{\sin\theta}{\theta}+1-\dfrac{\sin 2\theta}{\sin\frac{5}{2}\theta}\times\dfrac{\sin\frac{\theta}{2}}{\frac{\theta}{2}}\times\dfrac{1}{2}}{\dfrac{\sin\frac{3}{2}\theta}{\frac{3}{2}\theta}\times\dfrac{3}{2}\times\left(1-\dfrac{\sin\frac{\theta}{2}}{\sin\frac{5}{2}\theta}\right)}$$

$$=\frac{\dfrac{1}{2}\times 1+1-\dfrac{4}{5}\times 1\times\dfrac{1}{2}}{1\times\dfrac{3}{2}\times\left(1-\dfrac{1}{5}\right)}=\frac{\dfrac{11}{10}}{\dfrac{6}{5}}=\frac{11}{12}$$

그림과 같이 $\overline{AB}=1$, $\overline{BC}=2$인 두 선분 AB, BC에 대하여 선분 BC의 중점을 M, 점 M에서 선분 AB에 내린 수선의 발을 H라 하자. 중심이 M이고 반지름의 길이가 $\overline{MH}$인 원이 선분 AM과 만나는 점을 D, 선분 HC가 선분 DM과 만나는 점을 E라 하자. $\angle ABC=\theta$라 할 때, 삼각형 CDE의 넓이를 $f(\theta)$, 삼각형 MEH의 넓이를 $g(\theta)$라 하자.

$\displaystyle\lim_{\theta\to 0+}\dfrac{f(\theta)-g(\theta)}{\theta^3}=a$일 때, $80a$의 값을 구하시오. 15

$\left(\text{단, } 0<\theta<\dfrac{\pi}{2}\right)$

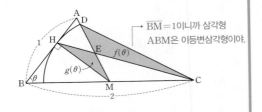

→ $\overline{BM}=1$이니까 삼각형 ABM은 이등변삼각형이야.

☑ **연관 개념 check**

(1) $\displaystyle\lim_{x\to 0}\cos x=1$

(2) $\displaystyle\lim_{x\to 0}\dfrac{\sin x}{x}=1$

☑ **실전 적용 key**

삼각함수의 극한의 활용 문제에서 두 도형의 넓이 $f(\theta)$, $g(\theta)$의 차를 구할 때, $f(\theta)$, $g(\theta)$를 직접 구하기 어려운 경우가 있다. 이러한 경우에는 이 두 도형을 포함하는 또 다른 두 도형의 넓이의 차를 이용하여 $f(\theta)-g(\theta)$를 θ에 대한 식으로 나타낸 후 해결해야 한다.

수능 핵심 개념 $\dfrac{\pi}{2}\pm\theta$의 삼각함수

(1) $\sin\left(\dfrac{\pi}{2}\pm\theta\right)=\cos\theta$

(2) $\cos\left(\dfrac{\pi}{2}\pm\theta\right)=\mp\sin\theta$ (복부호 동순)

(3) $\tan\left(\dfrac{\pi}{2}\pm\theta\right)=\mp\cot\theta$ (복부호 동순)

$1-\cos^2\theta=\sin^2\theta$임을 이용하기 위해 ◀ 분자를 변형했어.

해결 흐름

1 $f(\theta)-g(\theta)$는 삼각형 DMC의 넓이에서 삼각형 HMC의 넓이를 빼서 구해야겠어.

2 **1**에서 구한 $f(\theta)-g(\theta)$를 이용하면 극한값을 구할 수 있겠네.

알찬 풀이 → $\dfrac{1}{2}\overline{BC}=\dfrac{1}{2}\times 2=1$

$\overline{BM}=\overline{CM}=1$이고, $\angle CMD=\pi-\boxed{\dfrac{\pi-\theta}{2}}=\dfrac{\pi}{2}+\dfrac{\theta}{2}$,

$\overline{DM}=\overline{HM}=\overline{BM}\sin\theta=\sin\theta$

→ 삼각형 ABM은 $\overline{BA}=\overline{BM}=1$인 이등변삼각형이니까 $\angle BMA=\dfrac{\pi-\theta}{2}$야.

$\therefore \triangle DMC=\dfrac{1}{2}\times\overline{CM}\times\overline{DM}\times\sin(\angle CMD)$

$\qquad =\dfrac{1}{2}\times 1\times\sin\theta\times\sin\left(\dfrac{\pi}{2}+\dfrac{\theta}{2}\right)=\dfrac{1}{2}\sin\theta\cos\dfrac{\theta}{2}$

$\triangle HMC=\dfrac{1}{2}\times\overline{HM}\times\overline{CM}\times\sin(\angle CMH)$

$\qquad =\dfrac{1}{2}\times\sin\theta\times 1\times\sin\left(\dfrac{\pi}{2}+\theta\right)=\dfrac{1}{2}\sin\theta\cos\theta$

$\therefore f(\theta)-g(\theta)=\triangle DMC-\triangle HMC$

→ $f(\theta)-g(\theta)=(\triangle DMC-\triangle EMC)-(\triangle HMC-\triangle EMC)$ $=\triangle DMC-\triangle HMC$

$\qquad =\dfrac{1}{2}\sin\theta\cos\dfrac{\theta}{2}-\dfrac{1}{2}\sin\theta\cos\theta$

$\qquad =\dfrac{1}{2}\sin\theta\left(\cos\dfrac{\theta}{2}-\cos\theta\right)$

$\therefore \displaystyle\lim_{\theta\to 0+}\dfrac{f(\theta)-g(\theta)}{\theta^3}$

$=\displaystyle\lim_{\theta\to 0+}\dfrac{\dfrac{1}{2}\sin\theta\left(\cos\dfrac{\theta}{2}-\cos\theta\right)}{\theta^3}$

$=\displaystyle\lim_{\theta\to 0+}\dfrac{\sin\theta\left(\cos\dfrac{\theta}{2}-\cos\theta\right)\left(\cos\dfrac{\theta}{2}+\cos\theta\right)}{2\theta^3\left(\cos\dfrac{\theta}{2}+\cos\theta\right)}$

$=\displaystyle\lim_{\theta\to 0+}\dfrac{\sin\theta\left(\cos^2\dfrac{\theta}{2}-\cos^2\theta\right)}{2\theta^3\left(\cos\dfrac{\theta}{2}+\cos\theta\right)}$

$=\displaystyle\lim_{\theta\to 0+}\dfrac{\sin\theta\left\{\left(\cos^2\dfrac{\theta}{2}-1\right)+\left(1-\cos^2\theta\right)\right\}}{2\theta^3\left(\cos\dfrac{\theta}{2}+\cos\theta\right)}$

→ $-\sin^2\dfrac{\theta}{2}$ → $\sin^2\theta$

$=\displaystyle\lim_{\theta\to 0+}\dfrac{\sin^3\theta}{2\theta^3\left(\cos\dfrac{\theta}{2}+\cos\theta\right)}-\lim_{\theta\to 0+}\dfrac{\sin\theta\sin^2\dfrac{\theta}{2}}{2\theta^3\left(\cos\dfrac{\theta}{2}+\cos\theta\right)}$

$=\dfrac{1}{2}\displaystyle\lim_{\theta\to 0+}\left\{\left(\dfrac{\sin\theta}{\theta}\right)^3\times\dfrac{1}{\cos\dfrac{\theta}{2}+\cos\theta}\right\}$

$\qquad -\dfrac{1}{2}\displaystyle\lim_{\theta\to 0+}\left\{\dfrac{\sin\theta}{\theta}\times\left(\dfrac{\sin\dfrac{\theta}{2}}{\dfrac{\theta}{2}}\right)^2\times\dfrac{1}{4}\times\dfrac{1}{\cos\dfrac{\theta}{2}+\cos\theta}\right\}$

$=\dfrac{1}{2}\times 1^3\times\dfrac{1}{1+1}-\dfrac{1}{2}\times 1\times 1^2\times\dfrac{1}{4}\times\dfrac{1}{1+1}$

$=\dfrac{1}{4}-\dfrac{1}{16}=\dfrac{3}{16}$

따라서 $a=\dfrac{3}{16}$이므로

$80a=80\times\dfrac{3}{16}=15$

길이가 10인 선분 AB를 지름으로 하는 원과 선분 AB 위에 $\overline{AC}=4$인 점 C가 있다. 이 원 위의 점 P를 $\angle PCB = \theta$가 되도록 잡고, 점 P를 지나고 선분 AB에 수직인 직선이 이 원과 만나는 점 중 P가 아닌 점을 Q라 하자. 삼각형 PCQ의 넓이를 $S(\theta)$라 할 때, $-7 \times S'\left(\dfrac{\pi}{4}\right)$의 값을 구하시오. 32

$$\left(\text{단, } 0 < \theta < \frac{\pi}{2}\right)$$

원의 중심을 잡고, ←
반지름의 길이를 이
용하여 $\overline{CP}$의 길이
를 나타내 봐.

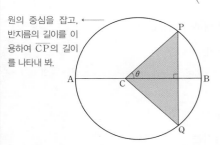

☑ 연관 개념 check

(1) 음함수 표현 $f(x, y)=0$에서 y를 x의 함수로 보고, 각 항을 x에 대하여 미분하여 $\dfrac{dy}{dx}$를 구한다.

(2) $(\sin x)'=\cos x$, $(\cos x)'=-\sin x$

수능 핵심 개념   코사인법칙

오른쪽 그림과 같은 삼각형 ABC에서
(1) $a^2=b^2+c^2-2bc\cos A$
(2) $b^2=c^2+a^2-2ca\cos B$
(3) $c^2=a^2+b^2-2ab\cos C$

$\sin\theta=\dfrac{y}{r}$, $\cos\theta=\dfrac{x}{r}$이니까
$x=r\cos\theta$, $y=r\sin\theta$
임을 이용해서 구했어.

함수의 곱의 미분법
미분가능한 두 함수 $f(x)$, $g(x)$에 대하여
$\{f(x)g(x)\}'=f'(x)g(x)+f(x)g'(x)$

해결 흐름

1 $\overline{CP}=x$로 놓고, 주어진 도형에서 코사인법칙을 이용하여 θ, x에 대한 관계식을 세워야겠다.

2 **1**에서 구한 관계식을 이용하여 $\theta=\dfrac{\pi}{4}$일 때 x, $\dfrac{dx}{d\theta}$의 값을 구해야겠네.

3 **2**에서 구한 $\dfrac{dx}{d\theta}$를 이용하여 $S'(\theta)$를 구하고, $\theta=\dfrac{\pi}{4}$를 대입하면 주어진 값을 구할 수 있겠군.

알찬 풀이

선분 AB를 지름으로 하는 원의 중심을 O, 선분 PQ의 중점을 M이라 하면
$\overline{OP}=5$, → $\dfrac{1}{2}\times(\text{지름의 길이})=\dfrac{1}{2}\times10=5$로 구했어.
$\overline{OC}=\overline{AO}-\overline{AC}=5-4=1$

삼각형 PCO에서 코사인법칙에 의하여
$$\overline{OP}^2=\overline{CP}^2+\overline{OC}^2-2\times\overline{CP}\times\overline{OC}\times\cos\theta$$
$\overline{CP}=x$라 하면
$$5^2=x^2+1^2-2\times x\times1\times\cos\theta$$
$$\therefore x^2-2x\cos\theta-24=0 \qquad\qquad \cdots\cdots\ \text{㉠}$$

㉠의 양변을 θ에 대하여 미분하면
$$2x\frac{dx}{d\theta}-2\frac{dx}{d\theta}\cos\theta+2x\sin\theta=0$$
$$-(2x\cos\theta)'=-2(x\cos\theta)'=-2\left(\frac{dx}{d\theta}\cos\theta-x\sin\theta\right)$$
$$(x-\cos\theta)\frac{dx}{d\theta}=-x\sin\theta$$
$$\therefore \frac{dx}{d\theta}=\frac{x\sin\theta}{\cos\theta-x}$$

㉠에 $\theta=\dfrac{\pi}{4}$를 대입하면
$$x^2-\sqrt{2}x-24=0$$
$$\therefore x=-3\sqrt{2} \text{ 또는 } x=4\sqrt{2}$$

이차방정식의 근의 공식을 이용하면
$$x=\frac{\sqrt{2}\pm\sqrt{2-4\times1\times(-24)}}{2}=\frac{\sqrt{2}\pm7\sqrt{2}}{2}$$
이므로 $x=-3\sqrt{2}$ 또는 $x=4\sqrt{2}$

이때 $x>0$이므로 $x=4\sqrt{2}$

따라서 $\theta=\dfrac{\pi}{4}$일 때, $\dfrac{dx}{d\theta}$의 값은
$$\frac{dx}{d\theta}=\frac{4\sqrt{2}\sin\dfrac{\pi}{4}}{\cos\dfrac{\pi}{4}-4\sqrt{2}}=\frac{4\sqrt{2}\times\dfrac{\sqrt{2}}{2}}{\dfrac{\sqrt{2}}{2}-4\sqrt{2}}=\frac{4}{-\dfrac{7\sqrt{2}}{2}}=-\frac{4\sqrt{2}}{7}$$

한편, 삼각형 PCQ의 넓이 $S(\theta)$는
$$S(\theta)=\frac{1}{2}\times\overline{PQ}\times\overline{CM}$$
→ $S(\theta)=\dfrac{1}{2}\times\overline{CP}^2\times\sin2\theta$를 이용할 수도 있어.
$$=\frac{1}{2}\times(2\times x\sin\theta)\times x\cos\theta$$
$$=x^2\sin\theta\cos\theta$$

위의 식의 양변을 θ에 대하여 미분하면
$$S'(\theta)=2x\frac{dx}{d\theta}\times\sin\theta\cos\theta+x^2\cos^2\theta-x^2\sin^2\theta$$
→ 함수의 곱의 미분법은 세 개 이상의 함수의 곱에서도 성립해.

위의 식에 $\theta=\dfrac{\pi}{4}$, $x=4\sqrt{2}$, $\dfrac{dx}{d\theta}=-\dfrac{4\sqrt{2}}{7}$를 대입하면
$$S'\left(\frac{\pi}{4}\right)=2\times4\sqrt{2}\times\left(-\frac{4\sqrt{2}}{7}\right)\times\sin\frac{\pi}{4}\times\cos\frac{\pi}{4}$$
$$+(4\sqrt{2})^2\times\cos^2\frac{\pi}{4}-(4\sqrt{2})^2\times\sin^2\frac{\pi}{4}$$
$$=-\frac{64}{7}\times\frac{\sqrt{2}}{2}\times\frac{\sqrt{2}}{2}+32\times\frac{1}{2}-32\times\frac{1}{2}=-\frac{32}{7}$$
$$\therefore -7\times S'\left(\frac{\pi}{4}\right)=-7\times\left(-\frac{32}{7}\right)=32$$

115 정답률 22%

세 실수 a, b, k에 대하여 두 점 A$(a, a+k)$, B$(b, b+k)$가 곡선 C: $x^2-2xy+2y^2=15$ 위에 있다. 곡선 C 위의 점 A에서의 접선과 곡선 C 위의 점 B에서의 접선이 서로 수직일 때, k^2의 값을 구하시오. (단, $a+2k\neq0$, $b+2k\neq0$) **5**

→ 음함수의 미분법을 이용하여 $\dfrac{dy}{dx}$를 구하고 두 접선의 기울기의 곱이 -1임을 이용해.

☑ 연관 개념 check
음함수 표현 $f(x, y)=0$에서 y를 x의 함수로 보고, 각 항을 x에 대하여 미분하여 $\dfrac{dy}{dx}$를 구한다.

☑ 실전 적용 key
곡선 $f(x, y)=0$ 위의 점 (x_1, y_1)에서의 접선의 기울기는 다음과 같은 순서로 구한다.
① $f(x, y)=0$에서 y를 x에 대한 함수로 보고, 각 항을 x에 대하여 미분하여 $\dfrac{dy}{dx}$를 구한다.
② $\dfrac{dy}{dx}$에 $x=x_1$, $y=y_1$을 대입하여 접선의 기울기를 구한다.

해결 흐름
1 곡선 C 위의 두 점 A, B에서의 접선이 서로 수직이니까 두 접선의 기울기의 곱이 -1임을 이용하여 식을 세워야겠다.

2 두 점 A, B가 곡선 C 위의 점이니까 $x^2-2xy+2y^2=15$에 두 점 A, B의 좌표를 각각 대입하여 식을 세워야겠네.

3 **1**, **2**에서 구한 a, b, k의 관계식을 이용하면 k^2의 값을 구할 수 있겠어.

알찬 풀이
$x^2-2xy+2y^2=15$의 양변을 x에 대하여 미분하면
$$2x-2y-2x\times\frac{dy}{dx}+4y\times\frac{dy}{dx}=0$$
→ $(-2xy)'=-2(xy)'=-2(x'y+xy')=-2\left(y+x\times\dfrac{dy}{dx}\right)$
$$(2x-4y)\frac{dy}{dx}=2x-2y$$
$$\therefore \frac{dy}{dx}=\frac{x-y}{x-2y} \ (단, x\neq2y)$$
점 A$(a, a+k)$에서의 접선의 기울기는
$$\frac{a-(a+k)}{a-2(a+k)}=\frac{k}{a+2k}$$
→ $\dfrac{dy}{dx}$에 $x=a$, $y=a+k$를 대입한 값이 구하는 기울기야.
점 B$(b, b+k)$에서의 접선의 기울기는
$$\frac{b-(b+k)}{b-2(b+k)}=\frac{k}{b+2k}$$
→ $\dfrac{dy}{dx}$에 $x=b$, $y=b+k$를 대입한 값이 구하는 기울기야.
두 점 A, B에서의 접선이 서로 수직이므로
$$\frac{k}{a+2k}\times\frac{k}{b+2k}=-1$$
→ 두 접선의 기울기의 곱은 -1이야.
$$\therefore 5k^2+2(a+b)k+ab=0 \qquad\qquad \cdots\cdots ㉠$$
이때 두 점 A$(a, a+k)$, B$(b, b+k)$가 곡선 $x^2-2xy+2y^2=15$, 즉 $(x-y)^2+y^2=15$ 위의 점이므로
$$k^2+(a+k)^2=15 \qquad\qquad \cdots\cdots ㉡$$
$$k^2+(b+k)^2=15 \qquad\qquad \cdots\cdots ㉢$$
㉡, ㉢에서
$$(a+k)^2=(b+k)^2$$
$$a^2+2ak+k^2=b^2+2bk+k^2, \ a^2-b^2+2ak-2bk=0$$
$$(a+b)(a-b)+2k(a-b)=0, \ (a-b)(a+b+2k)=0$$
$$\therefore a=b \ 또는 \ a+b=-2k$$
이때 $a\neq b$이므로
$$a+b=-2k \qquad\qquad \cdots\cdots ㉣$$
→ 두 점 A, B에서의 접선이 서로 수직이므로 두 접선은 일치하지 않아. 따라서 두 점 A, B의 x좌표는 같을 수 없어.
㉣을 ㉠에 대입하면
$$5k^2-4k^2+ab=0 \quad \therefore k^2=-ab \qquad\qquad \cdots\cdots ㉤$$
㉡에서 $2k^2+2ak+a^2=15$
㉣, ㉤을 위의 식에 대입하면
$$2(-ab)+a(-a-b)+a^2=15$$
$$-3ab=15 \quad \therefore ab=-5$$
$$\therefore k^2=-ab=-(-5)=5$$

문제 해결 **TIP**

이시현 | 서울대학교 미학과 | 명덕외국어고등학교 졸업

음함수가 주어지면 y를 x의 함수로 보고 주어진 함수의 양변을 x에 대하여 미분하면 돼. x에 대한 항은 그대로 미분하고 y를 포함하는 항은 합성함수의 미분법을 이용하여 정리한 후 좌변에 $\dfrac{dy}{dx}$를 남기고 나머지 항을 이항하여 정리하면 어렵지 않게 도함수를 구할 수 있을 거야.

116 　　　　정답률 21%

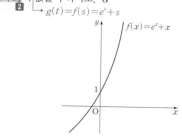

함수 $f(x)=e^x+x$가 있다. 양수 t에 대하여 점 $(t, 0)$과 점 **1** $(x, f(x))$ 사이의 거리가 $x=s$에서 최소일 때, 실수 $f(s)$의 값을 $g(t)$라 하자. 함수 $g(t)$의 역함수를 $h(t)$라 할 때, $h'(1)$의 값을 구하시오. **3**
2 └→ $g(t)=f(s)=e^s+s$

☑ 연관 개념 check
미분가능한 함수 $f(x)$의 역함수가 $g(x)$이고 $g(b)=a$이면
$$g'(b)=\frac{1}{f'(g(b))}=\frac{1}{f'(a)} \ (\text{단}, f'(a)\neq 0)$$

☑ 오답 clear
t와 s에 대한 두 관계식
$$t=(e^s+1)(e^s+s)+s, \ g(t)=e^s+s$$
를 이용해서 $g'(t)$를 구하는 것이 핵심이다.
이때 $\dfrac{dt}{ds}$를 빠뜨리지 않도록 주의한다.

해결 흐름

1 두 점 $(t, 0), (x, f(x))$ 사이의 거리가 $x=s$에서 최소임을 이용하여 s와 t 사이의 관계식을 구해 봐야겠다.

2 함수 $g(t)$와 함수 $h(t)$가 역함수 관계이니까 역함수의 미분법을 이용해서 $h'(1)$의 값을 구할 때 필요한 값을 찾아봐야겠어.

알찬 풀이

점 $(t, 0)$과 곡선 $y=f(x)$ 위의 점 $(x, f(x))$ 사이의 거리가 최소이려면 점 $(x, f(x))$에서의 접선과 두 점 $(t, 0), (x, f(x))$를 지나는 직선이 서로 수직이어야 한다.

이때 $x=s$이므로
$$\underbrace{f'(s)}\times\underbrace{\frac{f(s)}{s-t}}=-1$$
→ 점 $(s, f(s))$에서의 접선의 기울기야.
→ 두 점 $(t, 0), (s, f(s))$를 지나는 직선의 기울기야.

$$(e^s+1)\times\frac{e^s+s}{s-t}=-1$$
→ $f(x)=e^x+x$이니까 $f'(x)=e^x+1$

$$(e^s+1)(e^s+s)=t-s$$
$$\therefore t=(e^s+1)(e^s+s)+s \quad\quad\cdots\cdots ㉠$$

또, $f(s)$의 값이 $g(t)$이므로 $g(t)=f(s)=e^s+s \quad\quad\cdots\cdots ㉡$

함수 $g(t)$의 역함수가 $h(t)$이므로
$$h(1)=a \text{ 라 하면 } g(a)=1$$

$t=a$일 때, $s=b$라 하면 ㉡에서 $g(a)=f(b)=e^b+b$이므로
$$e^b+b=1 \quad\quad \therefore b=0$$
└→ 그래프에서 $e^b+b=1$을 만족시키는 b가 0임을 확인할 수 있어.

㉠에서
$$a=(e^b+1)(e^b+b)+b=(e^0+1)(e^0+0)+0=2\times 1+0=2$$

㉠의 양변을 s에 대하여 미분하면
$$\frac{dt}{ds}=e^s(e^s+s)+(e^s+1)^2+1$$

이므로 $t=2$, $s=0$일 때,
$$\frac{dt}{ds}=e^0(e^0+0)+(e^0+1)^2+1=1+4+1=6$$

또, ㉡의 양변을 s에 대하여 미분하면
$$g'(t)\times\frac{dt}{ds}=e^s+1$$

이므로 $t=2$, $s=0$일 때,
$$g'(2)\times 6=e^0+1, \ 6g'(2)=2 \quad\quad \therefore g'(2)=\frac{1}{3}$$

$$\therefore h'(1)=\frac{1}{g'(h(1))}=\frac{1}{g'(2)}=3$$

생생 수험 Talk

수능 과목 중에 기출 문제 분석이 가장 필요한 과목이 수학이라고 생각해. 단순히 기출 문제를 풀고 채점하고 해설을 확인하는 기계적인 과정만 반복하면 이 주옥같은 문제들을 10 %도 활용하지 못하는 거야. 기출 문제를 분석할 때는 문제에 교과서의 어떤 개념이 적용되었는지를 파악하는 것이 핵심이야. 맞힌 문제도 어떤 개념을 써서 풀었는지, 개념을 정확히 알고 있는지를 항상 점검해야 하고, 틀렸거나 애매한 문제는 내가 그 문제에 적용된 개념을 정확히 모르고 있다는 것이니 그 다음에는 뭘 해야 하는지 알겠지? 기출 문제를 분석하다 보면 출제자가 우리에게 기막힌 아이디어를 요구하는 것은 아니라는 것을 알 수 있을 거야!

117 정답 11

두 점 사이의 거리 공식을 이용할 수 있겠네. ←

$t>\dfrac{1}{2}\ln 2$인 실수 t에 대하여 **곡선 $y=\ln(1+e^{2x}-e^{-2t})$과 직선 $y=x+t$가 만나는 서로 다른 두 점 사이의 거리를 $f(t)$** 라 할 때, $f'(\ln 2)=\dfrac{q}{p}\sqrt{2}$이다. $p+q$의 값을 구하시오.

11 (단, p와 q는 서로소인 자연수이다.)

☑ 연관 개념 check

미분가능한 함수 $f(x)$ $(f(x)\neq 0)$에 대하여

$y=\ln|f(x)|$이면 $y'=\dfrac{f'(x)}{f(x)}$

☑ 오답 clear

$k^2-e^t\times k+1-e^{-2t}=0$에서 이차방정식의 근의 공식을 이용하여 k의 값을 구할 때 근호 안의 식을 간단히 정리하지 않고

$e^{\alpha}=\dfrac{e^t-\sqrt{e^{2t}-4+4e^{-2t}}}{2}$, $e^{\beta}=\dfrac{e^t+\sqrt{e^{2t}-4+4e^{-2t}}}{2}$

임을 이용하여 $f(t)$의 식을 구할 수도 있다.

하지만 $f(t)$의 식이 복잡하여 도함수 $f'(t)$를 구하는 과정도 복잡해지므로 근호 안의 식을 간단히 정리하는 것이 좋다.

두 점 사이의 거리 ☆

좌표평면 위의 두 점 $A(x_1, y_1)$, $B(x_2, y_2)$ 사이의 거리는 $\overline{AB}=\sqrt{(x_2-x_1)^2+(y_2-y_1)^2}$

(*)에서 $\dfrac{e^t+\sqrt{e^{2t}-4+4e^{-2t}}}{2}>\dfrac{e^t-\sqrt{e^{2t}-4+4e^{-2t}}}{2}$
이므로 $e^t-e^{-t}>e^{-t}$

해결 흐름

1 곡선 $y=\ln(1+e^{2x}-e^{-2t})$과 직선 $y=x+t$가 만나는 두 점의 x좌표를 α, β로 놓고 $f(t)$를 α, β에 대한 식으로 나타내 봐야겠다.

2 방정식 $\ln(1+e^{2x}-e^{-2t})=x+t$의 두 근이 α, β임을 이용할 수 있겠네.

3 **1**, **2**를 이용하여 $f(t)$를 t에 대한 식으로 나타내면 미분하여 $f'(\ln 2)$를 구할 수 있겠다.

알찬 풀이

곡선 $y=\ln(1+e^{2x}-e^{-2t})$과 직선 $y=x+t$가 만나는 서로 다른 두 점을 $P(\alpha, \alpha+t)$, $Q(\beta, \beta+t)$ $(\alpha<\beta)$로 놓으면

$$f(t)=\sqrt{(\beta-\alpha)^2+\{(\beta+t)-(\alpha+t)\}^2}=\sqrt{2}(\beta-\alpha) \quad \cdots\cdots \text{㉠}$$

이고 α, β는 방정식 $\ln(1+e^{2x}-e^{-2t})=x+t$의 서로 다른 두 실근이다.

$\ln(1+e^{2x}-e^{-2t})=x+t$에서

$1+e^{2x}-e^{-2t}=e^{x+t}$

$e^{2x}-e^t\times e^x+1-e^{-2t}=0$

> **방정식의 실근** ☆
> 방정식 $f(x)=g(x)$의 서로 다른 실근은 두 함수 $f(x)$와 $g(x)$의 그래프의 교점의 x좌표와 같다.

이때 $e^x=k$ $(k>0)$로 놓으면 $k^2-e^t\times k+1-e^{-2t}=0$

$$k=\dfrac{e^t\pm\sqrt{(-e^t)^2-4(1-e^{-2t})}}{2}=\dfrac{e^t\pm\sqrt{e^{2t}-4+4e^{-2t}}}{2} \quad \cdots\cdots (*)$$

$$=\dfrac{e^t\pm\sqrt{(e^t-2e^{-t})^2}}{2}=\dfrac{e^t\pm(e^t-2e^{-t})}{2}$$

$\therefore k=e^t-e^{-t}$ 또는 $k=e^{-t}$

이때 $e^t-e^{-t}>e^{-t}$이므로 $e^{\alpha}=e^{-t}$, $e^{\beta}=e^t-e^{-t}$

$\therefore \alpha=-t$, $\beta=\ln(e^t-e^{-t})$ $\quad\cdots\cdots$ ㉡

㉡을 ㉠에 대입하면

$$f(t)=\sqrt{2}\{\ln(e^t-e^{-t})-(-t)\}$$
$$=\sqrt{2}\{\ln(e^t-e^{-t})+\ln e^t\}=\sqrt{2}\ln(e^{2t}-1)$$

$$f'(t)=\sqrt{2}\times\dfrac{2e^{2t}}{e^{2t}-1}=\dfrac{2\sqrt{2}e^{2t}}{e^{2t}-1}$$

$$\therefore f'(\ln 2)=\dfrac{2\sqrt{2}e^{2\ln 2}}{e^{2\ln 2}-1}=\dfrac{2\sqrt{2}\times 4}{4-1}=\dfrac{8}{3}\sqrt{2}$$

따라서 $p=3$, $q=8$이므로 $p+q=3+8=11$

---

118 정답 72

두 상수 a, b $(a<b)$에 대하여 함수 $f(x)$를
$$f(x)=(x-a)(x-b)^2$$
이라 하자. 함수 $g(x)=x^3+x+1$의 역함수 $g^{-1}(x)$에 대하여 **합성함수 $h(x)=(f\circ g^{-1})(x)$**가 다음 조건을 만족시킬 때, $f(8)$의 값을 구하시오. **72**

> (가) **함수 $(x-1)|h(x)|$가 실수 전체의 집합에서 미분가능하다.** → $h(x)$를 대입해 봐.
> (나) $h'(3)=2$

☑ 연관 개념 check

(1) 미분가능한 두 함수 $y=f(u)$, $u=g(x)$에 대하여 합성함수 $y=f(g(x))$의 도함수는

$\dfrac{dy}{dx}=\dfrac{dy}{du}\times\dfrac{du}{dx}$ 또는 $\{f(g(x))\}'=f'(g(x))g'(x)$

(2) 미분가능한 함수 $f(x)$의 역함수가 $g(x)$이고 $g(b)=a$이면

$g'(b)=\dfrac{1}{f'(g(b))}=\dfrac{1}{f'(a)}$ (단, $f'(a)\neq 0$)

해결 흐름

1 함수 $(x-1)|h(x)|$가 실수 전체의 집합에서 미분가능하도록 하는 조건을 알아봐야겠다.

2 합성함수의 미분법, 역함수의 미분법 등을 이용하여 함수 $f(x)$를 구해야겠다.

알찬 풀이

$g^{-1}(x)=k(x)$로 놓으면

$h(x)=(f\circ k)(x)$ ─ 함수 $f(x)$의 x에 $k(x)$를 대입했어.
$=f(k(x))$ ←
$=(k(x)-a)(k(x)-b)^2$

조건 (가)에서 함수 $(x-1)|h(x)|=(x-1)|(k(x)-a)(k(x)-b)^2|$이 실수 전체의 집합에서 미분가능하므로 $k(1)-a=0$이다.

즉, $k(1)=a$이므로 $g(a)=1$ → $k(1)=a$, 즉 $g^{-1}(1)=a$이니까 $g(a)=1$이야.
$a^3+a+1=1$에서 $a^3+a=0$

$a(a^2+1)=0$ $\quad \therefore a=0$ $(\because a^2+1>0)$ $\quad\cdots\cdots$ ㉠

$h(x)=f(k(x))$에서 $h'(x)=f'(k(x))k'(x)$ → 합성함수의 미분법을 이용했어.

이고, 조건 (나)에서 $h'(3)=2$이므로

$h'(3)=f'(k(3))k'(3)=2$ $\quad\cdots\cdots$ ㉡

함수 $g(x)$는 실수 전체의 집합에서 증가하면서 일대일대응이므로 그 역함수 $g^{-1}(x)$도 실수 전체의 집합에서 증가하면서 일대일대응이다. 따라서 함수 $h(x)=(f \circ g^{-1})(x)=f(g^{-1}(x))$에 대하여 함수 $y=h(x)$의 그래프의 개형은 함수 $y=f(x)$의 그래프의 개형과 유사하므로 $|f(x)|$가 미분 불가능한 $x=a$에 대하여 $g^{-1}(p)=a$라 하면 함수 $|h(x)|=|f(g^{-1}(x))|$는 $x=p$에서 미분 불가능함을 알 수 있다. 그런데 조건 (가)에 의하여 함수 $(x-1)|h(x)|$가 실수 전체의 집합에서 미분가능하므로 함수 $|h(x)|=|f(g^{-1}(x))|$가 미분 불가능한 $x=p$에서도 함수 $(x-1)|h(x)|$가 미분가능해야 한다. 따라서 $x-1=0$에서 $p=1$이므로 $g^{-1}(1)=a$임을 알 수 있다.

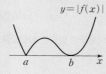

$$g(x)=x^3+x+1 \text{에서 } g(1)=3 \text{이므로 } k(3)=1$$

이고 $g'(x)=3x^2+1$이므로 역함수의 미분법에 의하여

> $g(1)=3$이니까 $g^{-1}(3)=1$, 즉 $k(3)=1$이야.

$$k'(3)=\frac{1}{g'(1)}=\frac{1}{4}$$

ⓛ에서

$$h'(3)=f'(k(3))k'(3)=f'(1)\times\frac{1}{4}=2$$

$$\therefore f'(1)=8$$

$f(x)=(x-a)(x-b)^2$에서

$$f'(x)=(x-b)^2+2(x-a)(x-b)$$
$$=(x-b)(3x-2a-b)$$

> 함수의 곱의 미분법
> 미분가능한 두 함수 $f(x)$, $g(x)$에 대하여
> $\{f(x)g(x)\}'=f'(x)g(x)+f(x)g'(x)$

$$\therefore f'(x)=(x-b)(3x-b) \ (\because \text{ⓞ})$$

이때 $f'(1)=8$이므로 $f'(1)=(1-b)(3-b)=8$

$b^2-4b-5=0$, $(b+1)(b-5)=0$

$$\therefore b=5 \ (\because a<b)$$

따라서 $f(x)=x(x-5)^2$이므로

$$f(8)=8\times(8-5)^2=8\times9=72$$

---

119 정답 ③   정답률 86%

열린구간 $\left(-\frac{\pi}{2}, \frac{\pi}{2}\right)$에서 정의된 함수

$$f(x)=\ln\left(\frac{\sec x+\tan x}{a}\right)$$

의 역함수를 $g(x)$라 하자. $\lim\limits_{x\to-2}\dfrac{g(x)}{x+2}=b$일 때, 두 상수 a, b의 곱 ab의 값은? (단, $a>0$)

① $\dfrac{e^2}{4}$ ② $\dfrac{e^2}{2}$ ✓③ e^2

④ $2e^2$ ⑤ $4e^2$

> $f(x)$와 $g(x)$가 역함수 관계이면 역함수의 미분법을 떠올려.

미분가능한 함수 $f(x)$ $(f(x)\neq0)$에 대하여

$y=\ln|f(x)|$이면 $y'=\dfrac{f'(x)}{f(x)}$

미분가능한 함수 $f(x)$의 역함수가 $g(x)$이고 $g(b)=a$이면

$g'(b)=\dfrac{1}{f'(g(b))}=\dfrac{1}{f'(a)}$ (단, $f'(a)\neq0$)

수능 핵심 개념 삼각함수의 도함수

(1) $y=\sin x$이면 $y'=\cos x$

(2) $y=\cos x$이면 $y'=-\sin x$

(3) $y=\tan x$이면 $y'=\sec^2 x$

(4) $y=\csc x$이면 $y'=-\csc x \cot x$

(5) $y=\sec x$이면 $y'=\sec x \tan x$

(6) $y=\cot x$이면 $y'=-\csc^2 x$

해결 흐름

1 $\lim\limits_{x\to-2}\dfrac{g(x)}{x+2}=b$에서 $g(-2)$의 값을 구할 수 있겠다.

2 함수 $f(x)$의 도함수를 구한 후 역함수의 미분법을 이용하여 $g'(-2)$의 값을 구해 봐야겠어.

알찬 풀이

$\lim\limits_{x\to-2}\dfrac{g(x)}{x+2}=b$에서 극한값이 존재하고 $x\to-2$일 때, (분모) $\to0$이므로 (분자) $\to0$이어야 한다.

> $\lim\limits_{x\to a}\dfrac{f(x)}{g(x)}=a$ (a는 실수)이고 $\lim\limits_{x\to a}g(x)=0$이면 $\lim\limits_{x\to a}f(x)=0$

즉, $\lim\limits_{x\to-2}g(x)=g(-2)=0$이므로

$$b=\lim_{x\to-2}\frac{g(x)}{x+2}=\lim_{x\to-2}\frac{g(x)-g(-2)}{x-(-2)}=g'(-2)$$

이때 $g(x)$는 $f(x)$의 역함수이므로

$$f(0)=-2$$

> $f(a)=b \Longleftrightarrow f^{-1}(b)=a$임을 이용했어.

$f(x)=\ln\left(\dfrac{\sec x+\tan x}{a}\right)$에 $x=0$을 대입하면

$f(0)=\ln\dfrac{1}{a}=-2$이므로 $\dfrac{1}{a}=e^{-2}$ $\therefore a=e^2$

$f(x)=\ln(\sec x+\tan x)-\ln a$에서

$$f'(x)=\frac{\sec x \tan x+\sec^2 x}{\sec x+\tan x}$$
$$=\frac{\sec x(\tan x+\sec x)}{\sec x+\tan x}$$
$$=\sec x$$

이므로

> 역함수의 미분법을 이용했어.

$$b=g'(-2)=\frac{1}{f'(g(-2))}=\frac{1}{f'(0)}=\frac{1}{\sec 0}=1$$

> $\cos 0=1$

$$\therefore ab=e^2\times1=e^2$$

120 정답 5 정답률 77%

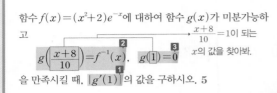

함수 $f(x)=(x^2+2)e^{-x}$에 대하여 함수 $g(x)$가 미분가능하고
$$g\left(\frac{x+8}{10}\right)=f^{-1}(x), \quad g(1)=0$$
을 만족시킬 때, $|g'(1)|$의 값을 구하시오. 5

해결 흐름

1 $g'(1)$의 값을 구하면 $|g'(1)|$의 값을 알 수 있겠다.

2 합성함수의 미분법을 이용해서 $g\left(\frac{x+8}{10}\right)=f^{-1}(x)$의 양변을 미분해야겠네.

3 $g(1)=0$과 역함수의 미분법을 이용하면 필요한 함숫값을 구할 수 있겠다.

☑ **실전 적용 key**

미분가능한 함수 $f(x)$의 역함수가 $g(x)$이고 $g(b)=a$이면
$$g'(b)=\frac{1}{f'(g(b))}=\frac{1}{f'(a)} \text{ (단, } f'(a)\neq 0)$$

합성함수의 미분법
미분가능한 두 함수 $y=f(u)$, $u=g(x)$에 대하여 합성함수 $y=f(g(x))$의 도함수는 $y'=f'(g(x))g'(x)$

알찬 풀이

$g\left(\frac{x+8}{10}\right)=f^{-1}(x)$의 양변을 x에 대하여 미분하면
$$g'\left(\frac{x+8}{10}\right)\times\frac{1}{10}=(f^{-1})'(x) \qquad \cdots\cdots \text{㉠}$$

$g(1)=0$이므로 $g\left(\frac{x+8}{10}\right)=f^{-1}(x)$에서

$\frac{x+8}{10}=1$로 놓으면 $x+8=10$ $\quad \therefore x=2$

즉, $f^{-1}(2)=g(1)=0$이므로

㉠의 양변에 $x=2$를 대입하면   → 역함수의 미분법을 이용했어.
$$g'(1)\times\frac{1}{10}=(f^{-1})'(2)=\frac{1}{f'(f^{-1}(2))}=\frac{1}{f'(0)}$$

이때 $f(x)=(x^2+2)e^{-x}$에서 $f'(x)=(-x^2+2x-2)e^{-x}$이므로
$f'(0)=-2$
$\quad\to f'(x)=(x^2+2)'\times e^{-x}+(x^2+2)\times (e^{-x})'$
$\quad =2x\times e^{-x}-(x^2+2)\times e^{-x}$
$\quad =(-x^2+2x-2)e^{-x}$

따라서 $g'(1)\times\frac{1}{10}=\frac{1}{f'(0)}=-\frac{1}{2}$이므로

$$|g'(1)|=\left|10\times\left(-\frac{1}{2}\right)\right|=5$$

---

121 정답 ④ 정답률 82%

실수 전체의 집합에서 미분가능한 함수 $f(x)$에 대하여 함수 $g(x)$를
→ $g(x)$도 실수 전체의 집합에서 미분가능해.
$$g(x)=\frac{f(x)\cos x}{e^x}$$
라 하자. $g'(\pi)=e^\pi g(\pi)$일 때, $\frac{f'(\pi)}{f(\pi)}$의 값은?
(단, $f(\pi)\neq 0$)

① $e^{-2\pi}$ ② 1 ③ $e^{-\pi}+1$
✓④ $e^\pi+1$ ⑤ $e^{2\pi}$

해결 흐름

1 $g(\pi)$와 $g'(\pi)$를 각각 구하여 $g'(\pi)=e^\pi g(\pi)$에 대입하면 $f(\pi)$와 $f'(\pi)$ 사이의 관계를 알 수 있겠다.

2 $g(x)=\frac{f(x)\cos x}{e^x}$에서 함수의 몫의 미분법을 이용하면 $g'(x)$를 구할 수 있겠네.

☑ **연관 개념 check**

미분가능한 두 함수 $f(x)$, $g(x)$ $(g(x)\neq 0)$에 대하여
$$\left\{\frac{f(x)}{g(x)}\right\}'=\frac{f'(x)g(x)-f(x)g'(x)}{\{g(x)\}^2}$$

알찬 풀이

$g(x)=\frac{f(x)\cos x}{e^x}$에서
→ $(\cos x)'=-\sin x$
$$g'(x)=\frac{\{f'(x)\cos x+f(x)(-\sin x)\}e^x-f(x)\cos x\times e^x}{e^{2x}}$$
$$=\frac{f'(x)\cos x-f(x)\sin x-f(x)\cos x}{e^x}$$

이므로
$$g'(\pi)=\frac{-f'(\pi)+f(\pi)}{e^\pi} \qquad \to \sin\pi=0, \cos\pi=-1로 계산한 거야. \qquad \cdots\cdots\text{㉠}$$

또, $e^\pi g(\pi)=e^\pi\times\frac{-f(\pi)}{e^\pi}=-f(\pi)$ $\qquad \cdots\cdots\text{㉡}$

이때 $g'(\pi)=e^\pi g(\pi)$이므로 ㉠, ㉡에 의하여
$$\frac{-f'(\pi)+f(\pi)}{e^\pi}=-f(\pi)$$
$$f(\pi)(e^\pi+1)=f'(\pi) \qquad \therefore \frac{f'(\pi)}{f(\pi)}=e^\pi+1$$

최고차항의 계수가 1인 사차함수 $f(x)$에 대하여

$F(x) = \ln|f(x)| \rightarrow F'(x) = \dfrac{f'(x)}{f(x)}$ 야.

라 하고, 최고차항의 계수가 1인 삼차함수 $g(x)$에 대하여

$G(x) = \ln|g(x)\sin x| \rightarrow G'(x) = \dfrac{\{g(x)\sin x\}'}{g(x)\sin x}$ 이야.

라 하자.

$\lim\limits_{x \to 1}(x-1)F'(x) = 3$, **1** $\lim\limits_{x \to 0}\dfrac{F'(x)}{G'(x)} = \dfrac{1}{4}$ **2**

일 때, $f(3) + g(3)$ **3** 의 값은?

① 57   ② 55   ③ 53

✓④ 51   ⑤ 49

☑ **연관 개념 check**

미분가능한 함수 $f(x)$ ($f(x) \neq 0$)에 대하여

$y = \ln|f(x)|$ 이면 $y' = \dfrac{f'(x)}{f(x)}$

☑ **실전 적용 key**

다항식 $f(x)$를 $(x-a)^2$으로 나누었을 때의 몫을 $Q(x)$, 나머지를 $R(x)$라 하면

$f(x) = (x-a)^2 Q(x) + R(x)$,

$f'(x) = 2(x-a)Q(x) + (x-a)^2 Q'(x) + R'(x)$

따라서 $f(a) = R(a)$, $f'(a) = R'(a)$가 성립한다.

특히, 나누어떨어질 때는 $R(x) = 0$이므로 $f(a) = 0$, $f'(a) = 0$이 성립한다.

즉, 다항식 $f(x)$가 $(x-a)^2$을 인수로 가지면 $f(a) = 0$,

$f'(a) = 0$이다.

$$\lim_{x \to 1}\frac{(x-1)(2x+a)}{x^2+ax+b} = \frac{0 \times (2+a)}{1+a+b} = 0 \longleftarrow$$

1 $\lim\limits_{x \to 1}(x-1)F'(x) = 3$을 만족시키는 최고차항의 계수가 1인 사차함수 $f(x)$의 식을 세워 봐야겠어.

2 $\lim\limits_{x \to 0}\dfrac{F'(x)}{G'(x)} = \dfrac{1}{4}$을 만족시키는 최고차항의 계수가 1인 삼차함수 $g(x)$의 식도 세울 수 있겠네.

3 **1**, **2** 에서 구한 두 함수 $f(x)$, $g(x)$에 대하여 $f(3) + g(3)$의 값을 구할 수 있겠다.

$F(x) = \ln|f(x)|$ 에서 $F'(x) = \dfrac{f'(x)}{f(x)}$

$\lim\limits_{x \to 1}(x-1)F'(x) = 3$ 에서 $\lim\limits_{x \to 1}\dfrac{(x-1)f'(x)}{f(x)} = 3$ ...... ㉠

㉠에서 0이 아닌 극한값이 존재하고 $x \longrightarrow 1$일 때, (분자) $\longrightarrow 0$이므로

(분모) $\longrightarrow 0$이어야 한다. 즉,

$\lim\limits_{x \to 1}f(x) = f(1) = 0$

또, $f'(x)$는 미분가능하므로 ㉠에서 $\underbrace{\quad\quad}_{\rightarrow\ f(x)가\ 다항함수이기\ 때문이야.}$

$\lim\limits_{x \to 1}\dfrac{f'(x)}{\dfrac{f(x)-f(1)}{x-1}} = 3$

이때 $f'(1) \neq 0$이면 위의 식의 좌변은 $\dfrac{f'(1)}{f'(1)} = 1$이므로 등식을 만족시키지 않는다.

$\therefore f'(1) = 0$

즉, $f(1) = 0$, $f'(1) = 0$이므로 $f(x)$는 $(x-1)^2$을 인수로 가져야 한다.

(i) $f(x) = (x-1)^2(x^2+ax+b)$ $(a+b \neq -1)$ 꼴인 경우

     $\lim\limits_{x \to 1}\dfrac{(x-1)f'(x)}{f(x)}$ $\underbrace{\quad\quad}_{\rightarrow\ a+b=-1이면\ f(x)는}$ $(x-1)^3$을 인수로 갖게 돼.

     $= \lim\limits_{x \to 1}\dfrac{(x-1)\{2(x-1)(x^2+ax+b)+(x-1)^2(2x+a)\}}{(x-1)^2(x^2+ax+b)}$

     $= \lim\limits_{x \to 1}\dfrac{2(x^2+ax+b)+(x-1)(2x+a)}{x^2+ax+b}$

     $= \lim\limits_{x \to 1}\left\{2 + \dfrac{(x-1)(2x+a)}{x^2+ax+b}\right\} = 2$

     이것은 ㉠에 모순이다.

(ii) $f(x) = (x-1)^3(x+a)$ $(a \neq -1)$ 꼴인 경우

     $\lim\limits_{x \to 1}\dfrac{(x-1)f'(x)}{f(x)}$ $\underbrace{\quad\quad}_{\rightarrow\ a=-1이면\ f(x)는\ (x-1)^4을}$ 인수로 갖게 돼.

     $= \lim\limits_{x \to 1}\dfrac{(x-1)\{3(x-1)^2(x+a)+(x-1)^3\}}{(x-1)^3(x+a)}$

     $= \lim\limits_{x \to 1}\dfrac{3(x+a)+(x-1)}{x+a}$

     $= \lim\limits_{x \to 1}\left(3 + \dfrac{x-1}{x+a}\right) = 3$

     이것은 ㉠을 만족시킨다.

(iii) $f(x) = (x-1)^4$인 경우

     $\lim\limits_{x \to 1}\dfrac{(x-1)f'(x)}{f(x)} = \lim\limits_{x \to 1}\dfrac{(x-1) \times 4(x-1)^3}{(x-1)^4} = 4$

     이것은 ㉠에 모순이다.

(i), (ii), (iii)에서

$f(x) = (x-1)^3(x+a)$ $(a \neq -1)$ ...... (*)

두 함수 $f(x)$, $g(x)$에 대하여

(1) $\lim\limits_{x \to a} \dfrac{f(x)}{g(x)} = a$ (a는 실수)이고 $\lim\limits_{x \to a} g(x) = 0$이면

$\Rightarrow \lim\limits_{x \to a} f(x) = 0$

(2) $\lim\limits_{x \to a} \dfrac{f(x)}{g(x)} = a$ (a는 0이 아닌 실수)이고

$\lim\limits_{x \to a} f(x) = 0$이면 $\Rightarrow \lim\limits_{x \to a} g(x) = 0$

☆☆

미분가능한 함수 $f(x)$ ($f(x) \neq 0$)에 대하여
$y = \ln |f(x)|$이면 $y' = \dfrac{f'(x)}{f(x)}$

한편,

$F'(x) = \dfrac{f'(x)}{f(x)}$

$= \dfrac{3(x-1)^2(x+a) + (x-1)^3}{(x-1)^3(x+a)}$

$= \dfrac{3(x+a) + (x-1)}{(x-1)(x+a)}$

또, $G(x) = \ln |g(x) \sin x|$에서

$G'(x) = \dfrac{g'(x) \sin x + g(x) \cos x}{g(x) \sin x}$ 이므로

$\lim\limits_{x \to 0} \dfrac{F'(x)}{G'(x)} = \lim\limits_{x \to 0} \dfrac{\dfrac{3(x+a)+(x-1)}{(x-1)(x+a)}}{\dfrac{g'(x)\sin x + g(x)\cos x}{g(x)\sin x}}$

$= \lim\limits_{x \to 0} \dfrac{\{3(x+a)+(x-1)\}\,g(x)\sin x}{(x-1)(x+a)\{g'(x)\sin x + g(x)\cos x\}}$

$= \lim\limits_{x \to 0} \dfrac{(4x+3a-1)\,g(x)\sin x}{(x-1)(x+a)\{g'(x)\sin x + g(x)\cos x\}}$

$= \dfrac{1}{4}$ ...... ㉡

㉡에서 0이 아닌 극한값이 존재하고 $x \longrightarrow 0$일 때, (분자) $\longrightarrow 0$이므로

(분모) $\longrightarrow 0$이어야 한다.

즉, $\lim\limits_{x \to 0} \sin x = 0$이니까 $\lim\limits_{x \to 0} \{(4x+3a-1)g(x)\sin x\} = 0$이야.

$\lim\limits_{x \to 0} [(x-1)(x+a)\{g'(x)\sin x + g(x)\cos x\}] = 0$

이므로

$(-1) \times a \times \{g'(0)\sin 0 + g(0)\cos 0\} = 0$

$ag(0) = 0$

$\therefore a = 0$ 또는 $g(0) = 0$

$a = 0$일 때, ㉡에서 $\longrightarrow$ $mn = 0$이면 $m = 0$ 또는 $n = 0$임을 이용했어.

$\lim\limits_{x \to 0} \dfrac{(4x-1)\,g(x)\sin x}{x(x-1)\{g'(x)\sin x + g(x)\cos x\}}$

$= \lim\limits_{x \to 0} \left\{ \dfrac{g(x)}{g'(x)\sin x + g(x)\cos x} \times \dfrac{4x-1}{x-1} \times \dfrac{\sin x}{x} \right\}$

$= \dfrac{1}{4}$

이고 $\lim\limits_{x \to 0} \dfrac{4x-1}{x-1} = 1$, $\lim\limits_{x \to 0} \dfrac{\sin x}{x} = 1$이므로

$\lim\limits_{x \to 0} \dfrac{g(x)}{g'(x)\sin x + g(x)\cos x} = \dfrac{1}{4}$ ...... ㉢

이때 $g(0) \neq 0$이면 ㉢의 좌변은 $\dfrac{g(0)}{g(0)} = 1$이므로 ㉢을 만족시키지 않는다.

$\therefore g(0) = 0$

즉, $g(x)$는 x를 인수로 가져야 한다.

(iv) $g(x) = x(x^2 + cx + d)$ ($d \neq 0$) 꼴인 경우
$\longrightarrow d = 0$이면 $g(x)$는 x^2을 인수로 갖게 돼.

$\lim\limits_{x \to 0} \dfrac{g(x)}{g'(x)\sin x + g(x)\cos x}$

$= \lim\limits_{x \to 0} \dfrac{x(x^2+cx+d)}{(3x^2+2cx+d)\sin x + x(x^2+cx+d)\cos x}$

$= \lim\limits_{x \to 0} \dfrac{x^2+cx+d}{(3x^2+2cx+d) \times \dfrac{\sin x}{x} + (x^2+cx+d)\cos x}$

$= \dfrac{d}{d+d} = \dfrac{1}{2}$

이것은 ㉢에 모순이다.

$a \neq 0$이라 하면 ㉡에서

$\lim\limits_{x \to 0} \dfrac{F'(x)}{G'(x)}$

$= \lim\limits_{x \to 0} \dfrac{(4x+3a-1)\,g(x)\sin x}{(x-1)(x+a)\{g'(x)\sin x + g(x)\cos x\}}$

$= \lim\limits_{x \to 0} \left\{ \dfrac{g(x)}{g'(x)\sin x + g(x)\cos x} \times \dfrac{4x+3a-1}{x-1} \times \dfrac{\sin x}{x} \times \dfrac{x}{x+a} \right\}$

이때 $\lim\limits_{x \to 0} \dfrac{x}{x+a} = 0$이니까 $\lim\limits_{x \to 0} \dfrac{F'(x)}{G'(x)}$의 값은 $\dfrac{1}{4}$이 될 수 없어.

즉, 주어진 조건에 모순이니까 $a = 0$이어야 해.

(v) $g(x)=x^2(x+c)$ $(c\neq 0)$ 꼴인 경우

$\qquad$ → $c=0$이면 $g(x)=x^3$이야.

$$\lim_{x\to 0}\frac{g(x)}{g'(x)\sin x+g(x)\cos x}$$

$$=\lim_{x\to 0}\frac{x^2(x+c)}{(3x^2+2cx)\sin x+x^2(x+c)\cos x}$$

$$=\lim_{x\to 0}\frac{x+c}{(3x+2c)\times\dfrac{\sin x}{x}+(x+c)\cos x}$$

$$=\frac{c}{2c+c}=\frac{1}{3}$$

이것은 ㉢에 모순이다.

(vi) $g(x)=x^3$인 경우

$$\lim_{x\to 0}\frac{g(x)}{g'(x)\sin x+g(x)\cos x}$$

$$=\lim_{x\to 0}\frac{x^3}{3x^2\times\sin x+x^3\cos x}$$

$$=\lim_{x\to 0}\frac{1}{3\times\dfrac{\sin x}{x}+\cos x}$$

$$=\frac{1}{3+1}=\frac{1}{4}$$

이것은 ㉢을 만족시킨다.

(iv), (v), (vi)에서 $g(x)=x^3$

따라서 $f(x)=x(x-1)^3$, $g(x)=x^3$이므로

$\qquad$ └──→ (*)에 $a=0$을 대입해서 구했어.

$f(3)+g(3)=24+27=51$

---

123 정답 4 정답률 86%

함수 $f(x)=2x+\sin x$의 역함수를 $g(x)$[2]라 할 때, 곡선 $y=g(x)$ 위의 점 $(4\pi,\ 2\pi)$에서의 접선의 기울기는 $\dfrac{q}{p}$이다.[1]

$\qquad$ └→ $g'(4\pi)$의 값을 구해야 해.

$p+q$의 값을 구하시오. (단, p와 q는 서로소인 자연수이다.) 4

☑ 실전 적용 key

미분가능한 함수 $f(x)$의 역함수가 $g(x)$이고 $g(b)=a$이면

$g'(b)=\dfrac{1}{f'(g(b))}=\dfrac{1}{f'(a)}$ (단, $f'(a)\neq 0$)

해결 흐름

1 접선의 기울기는 미분계수와 같으니까 곡선 $y=g(x)$ 위의 점 $(4\pi,\ 2\pi)$에서의 접선의 기울기는 $g'(4\pi)$이겠네.

2 함수 $f(x)$와 함수 $g(x)$가 역함수 관계이니까 역함수의 미분법을 이용해야겠다.

알찬 풀이

곡선 $y=g(x)$ 위의 점 $(4\pi,\ 2\pi)$에서의 접선의 기울기는 $g'(4\pi)$이므로 역함수의 미분법에 의하여

$$g'(4\pi)=\frac{1}{f'(g(4\pi))}=\frac{1}{f'(2\pi)}$$

함수 $y=f(x)$의 $x=a$에서의 미분계수 $f'(a)$는 곡선 $y=f(x)$ 위의 점 $(a,\ f(a))$에서의 접선의 기울기와 같다.

$f(x)=2x+\sin x$에서

$f'(x)=2+\cos x$이므로

$f'(2\pi)=2+\cos 2\pi=2+1=3$

└→ 점 $(4\pi,\ 2\pi)$가 곡선 $y=g(x)$ 위에 있으니까 $g(4\pi)=2\pi$야.

따라서 $g'(4\pi)=\dfrac{1}{f'(2\pi)}=\dfrac{1}{3}$이므로

$p=3$, $q=1$

$\therefore p+q=3+1=4$

문제 해결 TIP

김홍현 | 서울대학교 전기정보공학과 | 시흥고등학교 졸업

일반적으로 미분가능한 함수 $y=f(x)$의 역함수 $y=f^{-1}(x)$가 존재하고 미분가능할 때, 역함수의 미분에 관한 문제는 역함수의 미분법을 이용하면 돼. 물론 역함수의 식을 간단히 찾을 수 있는 경우에는 역함수를 직접 구하여 미분할 수도 있긴 해. 하지만 실전에서는 대부분 역함수의 미분법을 이용하는 게 편리한 경우가 많으니 직접 역함수를 구하려고 시도하기보다는 역함수의 미분법을 이용하는 편이 좋을 거야.

124 정답 ④ 정답률 81%

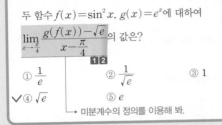

두 함수 $f(x)=\sin^2 x$, $g(x)=e^x$에 대하여

$\lim\limits_{x \to \frac{\pi}{4}} \dfrac{g(f(x))-\sqrt{e}}{x-\dfrac{\pi}{4}}$ 의 값은?

① $\dfrac{1}{e}$ ② $\dfrac{1}{\sqrt{e}}$ ③ 1

✓④ $\sqrt{e}$ ⑤ e

→ 미분계수의 정의를 이용해 봐.

☑ 연관 개념 check

미분가능한 두 함수 $y=f(u)$, $u=g(x)$에 대하여 합성함수 $y=f(g(x))$의 도함수는

$\dfrac{dy}{dx}=\dfrac{dy}{du}\times\dfrac{du}{dx}$ 또는 $\{f(g(x))\}'=f'(g(x))g'(x)$

☑ 실전 적용 key

$\lim\limits_{h\to 0}\dfrac{f(a+h)-f(a)}{h}$, $\lim\limits_{x\to a}\dfrac{f(x)-f(a)}{x-a}$ 꼴의 극한값은 미분계수의 정의를 이용하여 구할 수 있다.

해결 흐름

1 $g(f(x))$를 새로운 함수로 놓고, 주어진 극한을 미분계수의 정의를 이용할 수 있도록 변형하자.

2 합성함수의 미분법을 이용해서 미분계수를 구해야겠군.

알찬 풀이

$$\sin^2\frac{\pi}{4}=\left(\frac{\sqrt{2}}{2}\right)^2=\frac{1}{2}$$

$h(x)=g(f(x))$라 하면 $h\left(\dfrac{\pi}{4}\right)=g\left(f\left(\dfrac{\pi}{4}\right)\right)=g\left(\dfrac{1}{2}\right)=e^{\frac{1}{2}}=\sqrt{e}$

이므로

$$\lim_{x\to\frac{\pi}{4}}\frac{g(f(x))-\sqrt{e}}{x-\dfrac{\pi}{4}}=\lim_{x\to\frac{\pi}{4}}\frac{h(x)-h\left(\dfrac{\pi}{4}\right)}{x-\dfrac{\pi}{4}}=h'\left(\dfrac{\pi}{4}\right)$$

$\boxed{\lim\limits_{x\to a}\dfrac{f(x)-f(a)}{x-a}=f'(a)}$

이때 $h'(x)=g'(f(x))f'(x)$이고, $f'(x)=2\sin x\cos x$, $g'(x)=e^x$이므로

$f'(x)=(\sin^2 x)'$
$\quad\quad =2\sin x\times(\sin x)'$
$\quad\quad =2\sin x\cos x$

$h'\left(\dfrac{\pi}{4}\right)=g'\left(f\left(\dfrac{\pi}{4}\right)\right)f'\left(\dfrac{\pi}{4}\right)=g'\left(\dfrac{1}{2}\right)f'\left(\dfrac{\pi}{4}\right)$

$\quad\quad =e^{\frac{1}{2}}\times 2\times\sin\dfrac{\pi}{4}\times\cos\dfrac{\pi}{4}$

$\quad\quad =\sqrt{e}\times 2\times\dfrac{\sqrt{2}}{2}\times\dfrac{\sqrt{2}}{2}=\sqrt{e}$

---

125 정답 ④ 정답률 45%

$0<t<41$인 실수 t에 대하여 곡선 $y=x^3+2x^2-15x+5$와 직선 $y=t$가 만나는 세 점 중에서 x좌표가 가장 큰 점의 좌표를 $(f(t), t)$, x좌표가 가장 작은 점의 좌표를 $(g(t), t)$라 하자. $h(t)=t\times\{f(t)-g(t)\}$라 할 때, $h'(5)$의 값은?

① $\dfrac{79}{12}$ ② $\dfrac{85}{12}$ ③ $\dfrac{91}{12}$

✓④ $\dfrac{97}{12}$ ⑤ $\dfrac{103}{12}$

→ $h(t)$를 미분해서 $h'(5)$의 값을 구하기 위해 필요한 값을 구해 봐.

☑ 연관 개념 check

(1) 두 함수 $f(x)$, $g(x)$가 미분가능할 때,

$\{f(x)g(x)\}'=f'(x)g(x)+f(x)g'(x)$

(2) 미분가능한 두 함수 $y=f(u)$, $u=g(x)$에 대하여 합성함수 $y=f(g(x))$의 도함수는

$\dfrac{dy}{dx}=\dfrac{dy}{du}\times\dfrac{du}{dx}$ 또는 $\{f(g(x))\}'=f'(g(x))g'(x)$

해결 흐름

1 $h'(5)$의 값은 $h'(t)$에 $t=5$를 대입하면 구할 수 있겠네.

2 $h(t)=t\times\{f(t)-g(t)\}$에서 함수의 곱의 미분법을 이용하면 $h'(t)$를 구할 수 있겠다.

3 $t=5$일 때만 생각하면 되니까 곡선 $y=x^3+2x^2-15x+5$와 직선 $y=5$가 만나는 점의 x좌표를 생각하면 되겠구나.

알찬 풀이

$h(t)=t\times\{f(t)-g(t)\}$에서 ── 함수의 곱의 미분법을 이용했어.

$h'(t)=\{f(t)-g(t)\}+t\{f'(t)-g'(t)\}$

$\therefore h'(5)=\{f(5)-g(5)\}+5\{f'(5)-g'(5)\}$ ⋯⋯ ㉠

곡선 $y=x^3+2x^2-15x+5$와 직선 $y=5$의 교점의 x좌표는

$x^3+2x^2-15x+5=5$에서 $x^3+2x^2-15x=0$

$x(x+5)(x-3)=0$ $\therefore x=-5$ 또는 $x=0$ 또는 $x=3$

$\therefore f(5)=3$, $g(5)=-5$

→ $t=5$일 때 가장 큰 x의 값은 3, 가장 작은 x의 값은 -5이기 때문이야.

$k(x)=x^3+2x^2-15x+5$라 하면

$x=f(t)$일 때, $y=t$이므로 $k(f(t))=t$ ── 합성함수의 미분법을 이용했어.

위의 식의 양변을 t에 대하여 미분하면 $k'(f(t))f'(t)=1$

$\therefore f'(t)=\dfrac{1}{k'(f(t))}$

또, $x=g(t)$일 때, $y=t$이므로 $k(g(t))=t$

위의 식의 양변을 t에 대하여 미분하면

$k'(g(t))g'(t)=1$ $\therefore g'(t)=\dfrac{1}{k'(g(t))}$

이때 $k'(x)=3x^2+4x-15$이고, $f(5)=3$, $g(5)=-5$이므로

$f'(5)=\dfrac{1}{k'(f(5))}=\dfrac{1}{k'(3)}=\dfrac{1}{27+12-15}=\dfrac{1}{24}$

$g'(5)=\dfrac{1}{k'(g(5))}=\dfrac{1}{k'(-5)}=\dfrac{1}{75-20-15}=\dfrac{1}{40}$

㉠에서

$h'(5)=\{3-(-5)\}+5\left(\dfrac{1}{24}-\dfrac{1}{40}\right)=8+\dfrac{1}{12}=\dfrac{97}{12}$

↳ $f(5)-g(5)$ ↳ $f'(5)-g'(5)$

126 정답 ②

정답률 45%

$f'(g(t))=t$

함수 $f(x)=\dfrac{\ln x}{x}$와 양의 실수 t에 대하여 기울기가 t인 직선이 곡선 $y=f(x)$에 접할 때 접점의 x좌표를 $g(t)$라 하자. 원점에서 곡선 $y=f(x)$에 그은 접선의 기울기가 a일 때, 미분가능한 함수 $g(t)$에 대하여 $a \times g'(a)$의 값은?

① $-\dfrac{\sqrt{e}}{3}$ ✓② $-\dfrac{\sqrt{e}}{4}$ ③ $-\dfrac{\sqrt{e}}{5}$

④ $-\dfrac{\sqrt{e}}{6}$ ⑤ $-\dfrac{\sqrt{e}}{7}$

☑ 연관 개념 check

곡선 $y=f(x)$ 밖의 한 점 (x_1, y_1)이 주어진 경우 접선의 방정식은 다음과 같은 순서로 구한다.

① 접점의 좌표를 $(a, f(a))$로 놓는다.

② 접선의 방정식 $y-f(a)=f'(a)(x-a)$를 구한다.

③ ②에서 구한 접선의 방정식에 점 (x_1, y_1)을 대입한다.

☑ 실전 적용 key

미분법 문제에서 $\dfrac{\ln x}{x}$, $\dfrac{\ln x}{x^2}$의 도함수를 이용하는 문제는 자주 다루어지므로 $\left(\dfrac{\ln x}{x}\right)'=\dfrac{1-\ln x}{x^2}$, $\left(\dfrac{\ln x}{x^2}\right)'=\dfrac{1-2\ln x}{x^3}$는 외워두면 편리하다.

한편, 함수의 몫의 미분법이 떠오르지 않을 때는 다음과 같이 함수의 곱의 미분법을 이용하여 $\dfrac{\ln x}{x}$의 도함수를 구할 수도 있다. 즉,

$f(x)=\dfrac{\ln x}{x}$라 하면 $xf(x)=\ln x$

위의 식의 양변을 x에 대하여 미분하면

$f(x)+xf'(x)=\dfrac{1}{x} \cdot \dfrac{\ln x}{x}+xf'(x)=\dfrac{1}{x}$

$xf'(x)=\dfrac{1-\ln x}{x}$ $\therefore f'(x)=\dfrac{1-\ln x}{x^2}$

$y=\ln|f(x)|$이면 $y'=\dfrac{f'(x)}{f(x)}$ 임을 이용했어. ⟶

해결 흐름

1 문제의 조건에서 $f'(g(t))=t$임을 알 수 있으니까 $f'(x)$를 이용해서 $g(t)$에 대한 새로운 식을 구해 봐야겠다.

2 **1**에서 얻은 식을 미분하면 $g'(a)$의 값을 구할 수 있겠네.

3 접선의 방정식을 세우면 이 접선이 원점을 지남을 이용해서 접선의 기울기 a의 값을 구할 수 있겠다.

알찬 풀이

함수의 몫의 미분법 ☆☆

미분가능한 두 함수 $f(x), g(x)$ ($g(x) \neq 0$)에 대하여

$\left\{\dfrac{f(x)}{g(x)}\right\}' = \dfrac{f'(x)g(x)-f(x)g'(x)}{\{g(x)\}^2}$

$f(x)=\dfrac{\ln x}{x}$에서

$f'(x)=\dfrac{\dfrac{1}{x} \times x - \ln x \times 1}{x^2} = \dfrac{1-\ln x}{x^2}$ ...... ㉠

원점에서 곡선 $y=f(x)$에 그은 접선의 접점의 x좌표를 k ($k>0$)라 하면

점 $\left(k, \dfrac{\ln k}{k}\right)$에서의 접선의 방정식은

$y-\dfrac{\ln k}{k}=\dfrac{1-\ln k}{k^2}(x-k)$

이 직선이 원점을 지나므로

$0-\dfrac{\ln k}{k}=\dfrac{1-\ln k}{k^2}(0-k)$

$-\dfrac{\ln k}{k}=\dfrac{\ln k-1}{k}$, $2\ln k=1$

$\ln k=\dfrac{1}{2}$ $\therefore k=\sqrt{e}$ ...... ㉡

기울기가 t인 직선이 곡선 $y=f(x)$에 접할 때 접점의 x좌표가 $g(t)$이므로

$f'(g(t))=t$ (*) ...... ㉢

㉠, ㉢에 의하여

$f'(g(t))=\dfrac{1-\ln g(t)}{\{g(t)\}^2}=t$

$\therefore 1-\ln g(t)=t\{g(t)\}^2$

양변을 t에 대하여 미분하면

$-\dfrac{g'(t)}{g(t)}=\{g(t)\}^2+2tg(t)g'(t)$

이므로 $t=a$를 대입하면

$-\dfrac{g'(a)}{g(a)}=\{g(a)\}^2+2ag(a)g'(a)$ ...... ㉣

㉡에 의하여 원점에서 곡선 $y=f(x)$에 그은 접선의 기울기가 a일 때의 접점의 x좌표가 $\sqrt{e}$이므로

$g(a)=\sqrt{e}$

이때 ⟶ (*)에 의하여 성립해.

$a=f'(\sqrt{e})=\dfrac{1-\ln \sqrt{e}}{(\sqrt{e})^2}=\dfrac{\dfrac{1}{2}}{e}=\dfrac{1}{2e}$

이므로 ㉣에 $g(a)=\sqrt{e}$, $a=\dfrac{1}{2e}$을 대입하면

$-\dfrac{g'(a)}{\sqrt{e}}=e+2 \times \dfrac{1}{2e} \times \sqrt{e} \times g'(a)$

$-g'(a)=e\sqrt{e}+g'(a)$

$\therefore g'(a)=-\dfrac{e\sqrt{e}}{2}$

$\therefore a \times g'(a)=\dfrac{1}{2e} \times \left(-\dfrac{e\sqrt{e}}{2}\right)=-\dfrac{\sqrt{e}}{4}$

127 　　　　　　　　　정답률 62%

점 $\left(-\dfrac{\pi}{2},\,0\right)$에서 곡선 $y=\sin x\ (x>0)$에 접선을 그어 접점의 x좌표를 작은 수부터 크기순으로 모두 나열할 때, n번째 수를 a_n이라 하자. 모든 자연수 n에 대하여 보기에서 옳은 것만을 있는 대로 고른 것은?

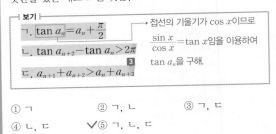

┌─ 보기 ─────────────────────
ㄱ. $\tan a_n=a_n+\dfrac{\pi}{2}$　　→ 접선의 기울기가 $\cos x$이므로

ㄴ. $\tan a_{n+2}-\tan a_n>2\pi$　　$\dfrac{\sin x}{\cos x}=\tan x$임을 이용하여

ㄷ. $a_{n+1}+a_{n+2}>a_n+a_{n+3}$　　$\tan a_n$을 구해.
└────────────────────────────

① ㄱ　　　　② ㄱ, ㄴ　　　　③ ㄱ, ㄷ

④ ㄴ, ㄷ　　✔⑤ ㄱ, ㄴ, ㄷ

☑ 연관 개념 check

$(\sin x)'=\cos x$, $(\cos x)'=-\sin x$

☑ 실전 적용 key

먼저 곡선 $y=\sin x$의 $x=a_n$에서의 접선의 기울기가 $\cos a_n$임을 알고 $\dfrac{\sin x}{\cos x}=\tan x$임을 이용하여 $\tan a_n$을 구해 ㄱ이 참임을 보이는 것이 문제 해결의 핵심이다. 또한, ㄱ이 참임을 이용하여 곡선 $y=\tan x$와 직선 $y=x+\dfrac{\pi}{2}$를 그리고 교점의 x좌표의 크기를 비교하면 보기에서 주어진 a_n, a_{n+1}, a_{n+2}, a_{n+3} 사이의 관계식의 참, 거짓을 판별할 수 있다.

┌─ 방정식의 실근 ─────────
방정식 $f(x)=g(x)$의 서로 다른 실근은 두 함수 $y=f(x)$와 $y=g(x)$의 그래프의 교점의 x좌표와 같다.
└──────────────────────

해결 흐름

1️⃣ 먼저 곡선 $y=\sin x$ 위의 점 $(a_n,\,\sin a_n)$에서의 접선의 기울기를 구해야겠네.

2️⃣ 이 접선은 두 점 $\left(-\dfrac{\pi}{2},\,0\right)$, $(a_n,\,\sin a_n)$을 지나므로 접선의 기울기를 이용하여 $\tan a_n$을 구할 수 있겠다.

3️⃣ 곡선 $y=\tan x$, 직선 $y=x+\dfrac{\pi}{2}$를 그려서 ㄴ에서 $\tan a_{n+2}$, $\tan a_n$의 대소 비교를, ㄷ에서 $a_{n+1}+a_{n+2}$, a_n+a_{n+3}의 대소 비교를 하면 되겠다.

알찬 풀이

ㄱ. $y=\sin x$에서 $y'=\cos x$이므로 곡선 $y=\sin x$ 위의 점 $(a_n,\,\sin a_n)$에서의 접선의 기울기는 $y'=\cos a_n$ ⋯⋯ ㉠

두 점 $\left(-\dfrac{\pi}{2},\,0\right)$, $(a_n,\,\sin a_n)$을 지나는 직선의 기울기는

$\dfrac{\sin a_n-0}{a_n-\left(-\dfrac{\pi}{2}\right)}=\dfrac{\sin a_n}{a_n+\dfrac{\pi}{2}}$　→ 두 점 $(x_1,\,y_1)$, $(x_2,\,y_2)$를 지나는 직선의 기울기는 $\dfrac{y_2-y_1}{x_2-x_1}\ (x_1\neq x_2)$임을 이용했어.　⋯⋯ ㉡

㉠$=$㉡이어야 하므로 $\cos a_n=\dfrac{\sin a_n}{a_n+\dfrac{\pi}{2}}$

$\dfrac{\sin a_n}{\cos a_n}=a_n+\dfrac{\pi}{2}$　　$\therefore \tan a_n=a_n+\dfrac{\pi}{2}$ (참)　⋯⋯ ㉢

ㄴ. ㄱ에서 $\tan a_n=a_n+\dfrac{\pi}{2}$이므로 a_1, a_2, $\cdots$, a_n은 곡선 $y=\tan x$와 직선 $y=x+\dfrac{\pi}{2}$의 교점의 x좌표를 작은 수부터 크기순으로 나열한 것이다.

따라서 곡선 $y=\tan x$와 직선 $y=x+\dfrac{\pi}{2}$를 그려 교점의 x좌표 a_n, a_{n+1}, a_{n+2}, a_{n+3}을 나타내면 다음 그림과 같다.

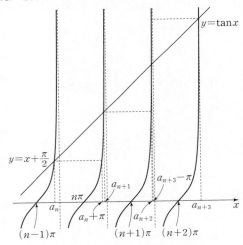

곡선 $y=\tan x$는 주기가 π이므로 위의 그림에서 모든 자연수 n에 대하여

$a_{n+1}>a_n+\pi$　　$\therefore a_{n+1}-a_n>\pi$　⋯⋯ ㉣

$\therefore \tan a_{n+2}-\tan a_n=\left(a_{n+2}+\dfrac{\pi}{2}\right)-\left(a_n+\dfrac{\pi}{2}\right)(\because ㉢)$

$=a_{n+2}-a_n$

$=(a_{n+2}-a_{n+1})+(a_{n+1}-a_n)(\because ㉣)$

$>\pi+\pi=2\pi$ (참)

　곡선 $y=\tan x$는 원점 대칭이고 주기가 일정하지만 곡선 $y=\tan x$와 직선 $y=x+\dfrac{\pi}{2}$의 교점의 x좌표가 a_n이니까 자연수 k의 값이 커질수록 $|a_{n+k}-a_{n+(k-1)}|$의 값은 작아져.

ㄷ. a_n은 곡선 $y=\tan x$와 직선 $y=x+\dfrac{\pi}{2}$의 교점의 x좌표이므로 ㄴ의 그림에서

$a_{n+1}-a_n>a_{n+3}-a_{n+2}$　　$\therefore a_{n+1}+a_{n+2}>a_n+a_{n+3}$ (참)

이상에서 ㄱ, ㄴ, ㄷ 모두 옳다.

미분가능한 함수 $f(x)$와 함수 $g(x)=\sin x$에 대하여 합성함수 $y=(g \circ f)(x)$의 그래프 위의 점 $(1,\ (g \circ f)(1))$에서의 접선이 원점을 지난다.
→ 접선의 방정식을 구할 수 있네.

$$\lim_{x \to 1} \frac{f(x)-\dfrac{\pi}{6}}{x-1}=k$$

일 때, 상수 k에 대하여 $30k^2$의 값을 구하시오. 10

해결 흐름

1 k의 값을 구하려면 좌변을 정리해 봐야겠네.

2 합성함수의 미분법을 이용해서 접선의 방정식을 구할 수 있으니까 이 접선이 원점을 지남을 이용해 봐야겠다.

☑ **연관 개념 check**

곡선 $y=f(x)$ 위의 점 $(a,\ f(a))$에서의 접선의 방정식은 다음과 같은 순서로 구한다.
① 접선의 기울기 $f'(a)$를 구한다.
② $y-f(a)=f'(a)(x-a)$를 이용하여 접선의 방정식을 구한다.

☑ **실전 적용 key**

$\displaystyle\lim_{h \to 0}\frac{f(a+h)-f(a)}{h}$, $\displaystyle\lim_{x \to a}\frac{f(x)-f(a)}{x-a}$ 꼴의 극한값은 미분계수의 정의를 이용하여 구할 수 있다.

합성함수의 미분법 ☆

미분가능한 두 함수 $y=f(u)$, $u=g(x)$에 대하여 합성함수 $y=f(g(x))$의 도함수는 $y'=f'(g(x))g'(x)$

알찬 풀이

$\displaystyle\lim_{x \to 1}\frac{f(x)-\dfrac{\pi}{6}}{x-1}=k$에서 극한값이 존재하고 $x \longrightarrow 1$일 때, (분모) $\longrightarrow 0$이므로 (분자) $\longrightarrow 0$이다.

> $\displaystyle\lim_{x \to a}\frac{f(x)}{g(x)}=\alpha$ (α는 실수)이고 $\displaystyle\lim_{x \to a}g(x)=0$이면 $\displaystyle\lim_{x \to a}f(x)=0$ ☆

즉, $\displaystyle\lim_{x \to 1}\left\{f(x)-\frac{\pi}{6}\right\}=0$에서

$f(1)-\dfrac{\pi}{6}=0$
→ $f(x)$가 미분가능한 함수이니까 $\displaystyle\lim_{x \to 1}f(x)=f(1)$이야.

$\therefore f(1)=\dfrac{\pi}{6}$

$\therefore \displaystyle\lim_{x \to 1}\frac{f(x)-\dfrac{\pi}{6}}{x-1}=\lim_{x \to 1}\frac{f(x)-f(1)}{x-1}$

$\qquad =f'(1)=k$

한편, $h(x)=(g \circ f)(x)=g(f(x))$라 하면

$h(1)=g(f(1))=g\left(\dfrac{\pi}{6}\right)=\sin\dfrac{\pi}{6}=\dfrac{1}{2}$ ── 접점의 y좌표야.

이고, $h'(x)=g'(f(x))f'(x)$이므로

$h'(1)=g'(f(1))f'(1)$

$\quad =g'\left(\dfrac{\pi}{6}\right) \times k$
→ $g(x)=\sin x$이니까 $g'(x)=\cos x$야.

$\quad =\cos\dfrac{\pi}{6} \times k$

$\quad =\dfrac{\sqrt{3}}{2}k$

이때 함수 $y=h(x)$의 그래프 위의 점 $\left(1,\ \dfrac{1}{2}\right)$에서의 접선의 방정식은

$y-\dfrac{1}{2}=\dfrac{\sqrt{3}}{2}k(x-1)$

이 접선이 원점을 지나므로

$0-\dfrac{1}{2}=\dfrac{\sqrt{3}}{2}k(0-1)$

$-\dfrac{1}{2}=-\dfrac{\sqrt{3}}{2}k$

$\therefore k=\dfrac{1}{\sqrt{3}}$

$\therefore 30k^2=30 \times \left(\dfrac{1}{\sqrt{3}}\right)^2=10$

생생 수험 Talk

모의고사에 출제되는 모든 문제는 교육과정의 내용을 바탕으로 만들게 되어 있어. 그렇기 때문에 새로운 유형의 문제를 접했을 때는 문제에 주어져 있는 정보들을 내가 알고 있는 개념과 잘 연결시키는 능력이 중요해. 이 능력은 어느 날 얻어지는 능력은 아니야. 평소에도 문제를 풀면서 주어진 정보를 가지고 어떻게 다음 풀 방법으로 넘어갈 수 있을지 생각을 떠올리는 연습을 하는 게 좋아. 기출 문제 중 정답률이 낮았던 문제로 연습하면 도움이 될 거야.

두 상수 a $(1 \le a \le 2)$, b에 대하여 함수

$f(x) = \sin(ax+b+\sin x)$가 다음 조건을 만족시킨다.

↳ 합성함수와 삼각함수의 미분법을 이용해.

(가) $f(0) = 0$, $f(2\pi) = 2\pi a + b$

(나) $f'(0) = f'(t)$인 양수 t의 최솟값은 4π이다.

함수 $f(x)$가 $x=\alpha$에서 극대인 α의 값 중 열린구간 $(0, 4\pi)$에 속하는 모든 값의 집합을 A라 하자. 집합 A의 원소의 개수를 n, 집합 A의 원소 중 가장 작은 값을 α_1이라 하면,

$na_1 - ab = \dfrac{q}{p}\pi$이다. $p+q$의 값을 구하시오. **17**

(단, p와 q는 서로소인 자연수이다.)

↳ $f'(\alpha) = 0$일 때 $x=\alpha$의 좌우에서 $f'(x)$의 부호가 양에서 음으로 바뀌면 $x=\alpha$에서 극댓값을 가져.

☑ **연관 개념 check**

미분가능한 함수 $f(x)$에 대하여 $f'(a)=0$일 때, $x=a$의 좌우에서 $f'(x)$의 부호가

(1) 양에서 음으로 바뀌면 $f(x)$는 $x=a$에서 극대이고, 극댓값은 $f(a)$이다.

(2) 음에서 양으로 바뀌면 $f(x)$는 $x=a$에서 극소이고, 극솟값은 $f(a)$이다.

$$\{\sin f(x)\}' = \cos f(x) \times f'(x) \quad \text{★★}$$

해결 흐름

1 $f(0)=0$, $f(2\pi)=2\pi a+b$임을 이용하여 a, b 사이의 관계식을 구할 수 있겠네.

2 합성함수와 삼각함수의 미분법을 이용하여 $f'(x)$를 구한 후, 조건 (나)를 만족시키는 a, b의 값을 찾아야겠다.

3 함수의 그래프의 개형을 생각하여 함수 $f(x)$가 극대가 되는 x의 값과 개수를 구해야겠군.

알찬 풀이

조건 (가)에서 $f(0)=0$이므로

$\sin b = 0$ $\therefore b = k\pi$ (단, k는 정수) ······ ㉠

또, $f(2\pi) = 2\pi a + b$이므로

$\sin(2\pi a + b) = 2\pi a + b$, $\underline{2\pi a + b = 0}$ → $\sin x = x$를 만족시키는 실수 x의 값은 0이야.

$\therefore b = -2\pi a$ ······ ㉡

㉠, ㉡에서 $-2\pi a = k\pi$ $\therefore a = -\dfrac{k}{2}$ (단, k는 정수)

이때 $1 \le a \le 2$이므로 → $-4 \le k \le -2$이고 k는 정수이므로 $k=-4$ 또는 $k=-3$ 또는 $k=-2$야.

$a=1$ 또는 $a=\dfrac{3}{2}$ 또는 $a=2$

$f(x) = \sin(ax - 2\pi a + \sin x)$에서

$f'(x) = \cos(ax - 2\pi a + \sin x) \times (a + \cos x)$

$\therefore f'(0) = (a+1)\cos 2\pi a$, $f'(4\pi) = (a+1)\cos 2\pi a$

이때 $a=1$ 또는 $a=2$이면 $f'(0) = a+1$, $f'(2\pi) = a+1$이므로 조건 (나)를 만족시키지 않는다.

$\therefore a = \dfrac{3}{2}$, $\underline{b = -3\pi}$ → ㉡에서 $b = -2\pi \times \dfrac{3}{2} = -3\pi$

즉, $f(x) = \sin\left(\dfrac{3}{2}x - 3\pi + \sin x\right)$에서

$f'(x) = \cos\left(\dfrac{3}{2}x - 3\pi + \sin x\right) \times \left(\dfrac{3}{2} + \cos x\right)$

$f'(x) = 0$에서 $\dfrac{3}{2} + \cos x > 0$이므로

$\cos\left(\dfrac{3}{2}x - 3\pi + \sin x\right) = 0$

이때 $g(x) = \dfrac{3}{2}x - 3\pi + \sin x$라 하면 모든 실수 x에 대하여 $g'(x) > 0$이므로 함수 $g(x)$는 증가함수이고

$g'(x) = \dfrac{3}{2} + \cos x > 0$ ←

$g(0) = -3\pi$, $g(4\pi) = 3\pi$

따라서 함수 $y = \cos(g(x))$의 그래프의 개형은 다음 그림과 같다.

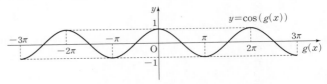

즉, $g(x) = -\dfrac{3}{2}\pi$, $\dfrac{\pi}{2}$, $\dfrac{5}{2}\pi$일 때, 함수 $f(x)$가 극대이므로 $n=3$

또, $\dfrac{3}{2}x - 3\pi + \sin x = -\dfrac{3}{2}\pi$에서 $x = \pi$이므로 $\alpha_1 = \pi$

$\therefore na_1 - ab = 3 \times \pi - \dfrac{3}{2} \times (-3\pi) = \dfrac{15}{2}\pi$

따라서 $p=2$, $q=15$이므로 $p+q = 17$

함수 $f(x)$가

$$f(x)=\begin{cases}(x-a-2)^2e^x & (x\geq a)\\ e^{2a}(x-a)+4e^a & (x<a)\end{cases}$$ **1**

일 때, 실수 t에 대하여 $f(x)=t$를 만족시키는 x의 최솟값을 $g(t)$라 하자. **2**

함수 $g(t)$가 $t=12$에서만 불연속일 때, $\dfrac{g'(f(a+2))}{g'(f(a+6))}$의 값 **3**

은? (단, a는 상수이다.)

① $6e^4$ 　　② $9e^4$ 　　③ $12e^4$

✓④ $8e^6$ 　　⑤ $10e^6$

→ t의 값을 변화시키면서 불연속인 점을 찾아봐.

☑ **연관 개념 check**

미분가능한 함수 $f(x)$의 역함수가 $g(x)$이고 $g(b)=a$이면

$g'(b)=\dfrac{1}{f'(g(b))}=\dfrac{1}{f'(a)}$ (단, $f'(a)\neq 0$)

해결 흐름

1 도함수를 이용하여 구간이 나누어진 함수 $y=f(x)$의 그래프의 개형을 그려 봐야겠어.

2 함수 $y=f(x)$의 그래프에서 t의 값을 변화시키면서 조건을 만족시키는 함수 $g(t)$를 찾아야겠군.

3 역함수의 미분법을 이용하여 $g'(f(a+2))$, $g'(f(a+6))$의 값을 구하면 되겠다.

알찬 풀이

$f_1(x)=(x-a-2)^2e^x$, $f_2(x)=e^{2a}(x-a)+4e^a$이라 하면

$f_1'(x)=2(x-a-2)e^x+(x-a-2)^2e^x$

$\qquad\quad =(x-a)(x-a-2)e^x$

→ $y=f_2(x)$는 기울기가 e^{2a}이고, 점 $(a, 4e^a)$을 지나는 직선이야.

$f_2'(x)=e^{2a}$

> **함수의 곱의 미분법** ☆★
> 미분가능한 두 함수 $f(x)$, $g(x)$에 대하여
> $\{f(x)g(x)\}'=f'(x)g(x)+f(x)g'(x)$

$f_1'(x)=0$에서 $x=a$ 또는 $x=a+2$

$x\geq a$에서 함수 $f_1(x)$의 증가와 감소를 표로 나타내면 다음과 같다.

x	a	$\cdots$	$a+2$	$\cdots$
$f_1'(x)$	0	$-$	0	$+$
$f_1(x)$	$4e^a$	↘	0	↗

따라서 함수 $f_1(x)$는 $x=a$에서 극댓값 $4e^a$, $x=a+2$에서 극솟값 0을 가지므로 함수 $y=f(x)$의 그래프는 다음 그림과 같다.

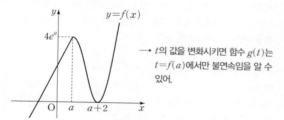

→ t의 값을 변화시키면 함수 $g(t)$는 $t=f(a)$에서만 불연속임을 알 수 있어.

이때 실수 t에 대하여 $f(x)=t$를 만족시키는 x의 최솟값이 $g(t)$이므로

$t\leq 4e^a$일 때, $f_2(g(t))=t$ 　　…… ㉠

$t>4e^a$일 때, $f_1(g(t))=t$ 　　…… ㉡

> $g(t)$는 $y=t$와 함수 $y=f(x)$의 그래프의 교점의 가장 작은 x좌표이므로 $f(g(t))=t$가 성립해.

즉, 함수 $g(t)$는 $t=4e^a$에서 불연속이므로

$4e^a=12$ ∴ $e^a=3$

한편, $f(a+2)=0<12$이고 ㉠의 양변을 미분하면

$f_2'(g(t))g'(t)=1$에서 $g'(t)=\dfrac{1}{f_2'(g(t))}$이므로

$g'(f(a+2))=\dfrac{1}{f_2'(a+2)}=\dfrac{1}{e^{2a}}=\dfrac{1}{9}$ $(\because e^a=3)$

→ $f_2'(x)=e^{2a}$은 상수함수이므로 $f_2'(a+2)=e^{2a}$

또, $f(a+6)=16e^{a+6}=48e^6>12$이고 ㉡의 양변을 미분하면

$f_1'(g(t))g'(t)=1$에서 $g'(t)=\dfrac{1}{f_1'(g(t))}$이므로

$g'(f(a+6))=\dfrac{1}{f_1'(a+6)}=\dfrac{1}{24e^{a+6}}=\dfrac{1}{72e^6}$ $(\because e^a=3)$

→ $f_1'(x)=(x-a)(x-a-2)e^x$이므로 x에 $a+6$을 대입한 거야.
∴ $f_1'(a+6)=6\times 4\times e^{a+6}=24e^{a+6}$

∴ $\dfrac{g'(f(a+2))}{g'(f(a+6))}=\dfrac{\dfrac{1}{9}}{\dfrac{1}{72e^6}}$

$\qquad\qquad\qquad =8e^6$

> **합성함수의 미분법** ☆★
> 미분가능한 두 함수 $y=f(u)$, $u=g(x)$에 대하여 합성함수 $y=f(g(x))$의 도함수는 $y'=f'(g(x))g'(x)$

II. 미분법

4점 집중

131 정답률 26%

두 상수 a ($a>0$), b에 대하여 실수 전체의 집합에서 연속인 함수 $f(x)$가 다음 조건을 만족시킬 때, $a \times b$의 값은?

> (가) 모든 실수 x에 대하여 **2 3**
> $$\{f(x)\}^2 + 2f(x) = a\cos^3 \pi x \times e^{\sin^2 \pi x} + b$$
> 이다. **1**
> └→ $x=0$, $x=2$를 각각 대입해 봐.
> (나) $f(0) = f(2) + 1$

① $-\dfrac{1}{16}$ ✔② $-\dfrac{7}{64}$ ③ $-\dfrac{5}{32}$

④ $-\dfrac{13}{64}$ ⑤ $-\dfrac{1}{4}$

☑ 연관 개념 check

미분가능한 함수 $f(x)$에 대하여 $f'(a)=0$일 때, $x=a$의 좌우에서 $f'(x)$의 부호가

(1) 양(+)에서 음(−)으로 바뀌면 $f(x)$는 $x=a$에서 극대 이고, 극댓값은 $f(a)$이다.

(2) 음(−)에서 양(+)으로 바뀌면 $f(x)$는 $x=a$에서 극소 이고, 극솟값은 $f(a)$이다.

☑ 실전 적용 key

도함수의 식이 여러 개의 식의 곱으로 주어진 경우 부호가 바뀌는 식만 찾아 이 식의 값이 0이 되는 x의 값에서 도함수의 부호가 어떻게 바뀌는지만 확인하면 된다.

알찬 풀이에서

$g'(x) = a\pi \cos^2 \pi x \times \sin \pi x \times e^{\sin^2 \pi x} \times (-3 + 2\cos^2 \pi x)$

이고 $a>0$, $\cos^2 \pi x \geq 0$, $e^{\sin^2 \pi x}>0$, $-3+2\cos^2 \pi x<0$이므로 $\sin \pi x=0$이 되는 x의 값에서 도함수의 부호가 어떻게 바뀌는지 확인하면 극값을 갖는 x의 값을 구할 수 있다.

사잇값의 정리 ☆★
함수 $f(x)$가 닫힌구간 $[a, b]$에서 연속이고 $f(a) \neq f(b)$이면 $f(a)$와 $f(b)$ 사이의 임의의 값 k에 대하여 $f(c)=k$인 c가 열린 구간 (a, b)에 적어도 하나 존재한다.

합성함수의 미분법 ☆★
미분가능한 두 함수 $y=f(u)$, $u=g(x)$에 대하여 합성함수 $y=f(g(x))$의 도함수는 $y'=f'(g(x))g'(x)$

$x=\frac{1}{2}$에서 $\cos^2 \pi x=0$이지만 $x=\frac{1}{2}$, $x=\frac{3}{2}$의 좌우에서 $\cos^2 \pi x$의 부호가 바뀌지 않으므로 $x=1$에서의 극대와 극소만 조사하면 돼.

---

1 조건 (가)의 식에 $x=0$, $x=2$를 각각 대입하여 식을 세우고 조건 (나)의 식을 대입해 봐야겠다.

2 조건 (가)의 좌변의 식을 $g(x)$로 놓고 변형하면 $g(x)$의 최솟값을 구할 수 있겠군.

3 조건 (가)의 우변의 식을 미분하여 $g(x)$가 극값을 갖는 x의 값을 찾고 **1**, **2**에서 구한 값과 식을 이용하여 a, b의 값을 구할 수 있겠네.

조건 (가)의 식의 양변에 $x=0$, $x=2$를 각각 대입하면

$\{f(0)\}^2 + 2f(0) = a+b$ →$\cos 0=1$, $\sin 0=0$, $e^0=1$이기 때문이야. ……㉠

$\{f(2)\}^2 + 2f(2) = a+b$ →$\cos 2\pi=1$, $\sin 2\pi=0$, $e^0=1$이기 때문이야. ……㉡

㉠, ㉡에서 $\{f(0)\}^2 + 2f(0) = \{f(2)\}^2 + 2f(2)$

$\{f(0)\}^2 - \{f(2)\}^2 + 2f(0) - 2f(2) = 0$

$\{f(0) - f(2)\}\{f(0) + f(2) + 2\} = 0$

$\therefore f(0) = f(2)$ 또는 $f(0) + f(2) + 2 = 0$

이때 $f(0)=f(2)$이면 조건 (나)를 만족시키지 않으므로 └→$f(0)-f(2)=0 \neq 1$이기 때문이야.

$f(0) + f(2) + 2 = 0$

조건 (나)에서 $f(0)=f(2)+1$을 위의 식에 대입하면

$\{f(2)+1\} + f(2) + 2 = 0$

$2f(2) = -3$ $\therefore f(2) = -\dfrac{3}{2}$, $f(0) = -\dfrac{1}{2}$

└→$f(0)=f(2)+1=-\frac{3}{2}+1=-\frac{1}{2}$

$f(0) = -\dfrac{1}{2}$을 ㉠에 대입하면

$\left(-\dfrac{1}{2}\right)^2 + 2 \times \left(-\dfrac{1}{2}\right) = a+b$ $\therefore a+b = -\dfrac{3}{4}$ ……㉢

조건 (가)의 좌변의 식을 $g(x)$라 하면

$g(x) = \{f(x)\}^2 + 2f(x) = \{f(x)+1\}^2 - 1$

이므로 함수 $g(x)$는 $f(x)=-1$을 만족시키는 x의 값에서 최솟값 -1을 갖는다. (*)

이때 $f(0) = -\dfrac{1}{2} > -1$, $f(2) = -\dfrac{3}{2} < -1$이고 함수 $f(x)$는 실수 전체의 집합에서 연속이므로 사잇값의 정리에 의하여 $f(x)=-1$을 만족시키는 x가 열린 구간 $(0, 2)$에 적어도 하나 존재한다.

└→ 이를 (*)에 적용하면 함수 $f(x)$의 최솟값이 -1임을 알 수 있어.

한편, $g(x) = a\cos^3 \pi x \times e^{\sin^2 \pi x} + b$이므로

$g'(x) = 3a\cos^2 \pi x \times (-\pi \sin \pi x) \times e^{\sin^2 \pi x}$
$\qquad\qquad + a\cos^3 \pi x \times e^{\sin^2 \pi x} \times 2\sin \pi x \times \pi \cos \pi x$
$\qquad = a\pi \cos^2 \pi x \times \sin \pi x \times e^{\sin^2 \pi x} \times (-3 + 2\cos^2 \pi x)$

열린구간 $(0, 2)$에서 $\cos^2 \pi x \geq 0$, $e^{\sin^2 \pi x} > 0$, $-3+2\cos^2 \pi x < 0$이므로

$g'(x)=0$에서 $\cos^2 \pi x=0$ 또는 $\sin \pi x=0$

$\therefore x = \dfrac{1}{2}$ 또는 $x=1$ 또는 $x=\dfrac{3}{2}$

이때 $\sin \pi x$의 부호가 $x=1$의 좌우에서 양에서 음으로 바뀌므로 $g'(x)$의 부호는 $x=1$의 좌우에서 음에서 양으로 바뀐다. 즉, $g(x)$는 $x=1$에서 극솟값을 갖는다.

㉠, ㉡에서 $g(0)=a+b$, $g(2)=a+b$이고 $a>0$이므로 구간 $[0, 2]$에서 함수 $g(x)$의 최솟값은 $g(1) = -a+b$이다. →조건 (가)의 식의 우변에 $x=1$을 대입한 거야.

$\therefore -a+b = -1$ →(*)에서 $g(x)$의 최솟값이 -1이라고 했기 때문이야. ……㉣

㉢, ㉣을 연립하여 풀면

$a = \dfrac{1}{8}$, $b = -\dfrac{7}{8}$ $\therefore a \times b = \dfrac{1}{8} \times \left(-\dfrac{7}{8}\right) = -\dfrac{7}{64}$

최고차항의 계수가 $\frac{1}{2}$인 삼차함수 $f(x)$에 대하여

함수 $g(x)$가 → 최고차항의 계수가 양수인 삼차함수의 그래프의 개형을 생각해 봐.

$$g(x)=\begin{cases} \ln|f(x)| & (f(x)\neq 0) \\ 1 & (f(x)=0) \end{cases}$$ → $g(x)$는 $f(x)=0$ 에서 불연속이네.

이고 다음 조건을 만족시킬 때, 함수 $g(x)$의 극솟값은? ④

(가) 함수 $g(x)$는 $x\neq 1$인 모든 실수 x에서 연속이다. ①

(나) 함수 $g(x)$는 $x=2$에서 극대이고, ② → $g'(2)=0$
함수 $|g(x)|$는 $x=2$에서 극소이다. ③

(다) 방정식 $g(x)=0$의 서로 다른 실근의 개수는 3이다.

① $\ln\frac{13}{27}$ ② $\ln\frac{16}{27}$ ③ $\ln\frac{19}{27}$

④ $\ln\frac{22}{27}$ ✔⑤ $\ln\frac{25}{27}$

☑ **연관 개념 check**

방정식 $f(x)=g(x)$의 서로 다른 실근의 개수는 두 함수 $f(x)$와 $g(x)$의 그래프의 교점의 개수와 같다.

수능 핵심 개념   **함수의 극대와 극소의 판정**

미분가능한 함수 $f(x)$에 대하여 $f'(a)=0$일 때, $x=a$의 좌우에서 $f'(x)$의 부호가

(1) 양에서 음으로 바뀌면 $f(x)$는 $x=a$에서 극대이고, 극댓값은 $f(a)$이다.

(2) 음에서 양으로 바뀌면 $f(x)$는 $x=a$에서 극소이고, 극솟값은 $f(a)$이다.

☑ **실전 적용 key**

함수 $y=g(x)$의 그래프의 개형을 그리지 않고 $y=|f(x)|$의 그래프의 개형을 파악하여 문제를 해결할 수도 있다.

함수 $y=f(x)$의 그래프는 $x=1$인 점에서만 x축과 만나고 $x=2$에서 극값을 가지므로 오른쪽 그림과 같이 $x=\alpha$에서 극댓값, $x=\beta$에서 극솟값을 갖는다고 하면 $\alpha=2$ 또는 $\beta=2$이다.

$x>1$일 때 $f(x)>0$ 이므로

$g'(x)=\dfrac{f'(x)}{f(x)}$ $(f(x)\neq 0)$에서 $g'(x)$의 부호의 변화는 $f'(x)$의 부호의 변화와 동일하다.

따라서 조건 (나)에서 함수 $g(x)$가 $x=2$에서 극대이므로 함수 $f(x)$도 $x=2$에서 극대이다.

또, 함수 $|g(x)|$가 $x=2$에서 극소이려면 함수 $g(x)$의 극댓값이 0 또는 음수이어야 한다.

즉, $g(2)=\ln|f(2)|\leq 0$에서 $|f(2)|\leq 1$

이때 조건 (다)에서

$g(x)=0\Leftrightarrow \ln|f(x)|=0\Leftrightarrow |f(x)|=1$

이므로 방정식 $|f(x)|=1$이 서로 다른 세 실근을 가지도록 오른쪽 그림과 같이 함수 $y=|f(x)|$의 그래프의 개형과 직선 $y=1$을 그린 후, 식을 세울 수 있다.

(i)에서 함수 $y=g(x)$의 그래프의 개형을 보면 알 수 있어.

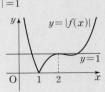

1 조건 (가)를 이용하면 곡선 $y=f(x)$가 x축과 만나는 점을 구할 수 있겠다.

2 조건 (나)에서 $g'(2)=0$임을 이용하면 $f'(2)$의 값을 구할 수 있겠다.

3 조건 (다)에서 로그의 정의를 이용하여 방정식 $g(x)=0$을 $f(x)$에 대한 식으로 바꿀 수 있겠다.

4 각 조건들을 이용하여 두 함수 $y=f(x)$와 $y=g(x)$의 그래프의 개형을 찾아 함수 $g(x)$의 극솟값을 구하면 되겠다.

알찬 풀이

함수 $g(x)$는 $f(x)=0$인 점에서 불연속이므로 조건 (가)에서 $x=1$일 때만 $f(x)=0$이다.

→ 함수 $g(x)$는 $x=1$에서만 불연속이야.

$\therefore f(1)=0$ ······ ㉠

조건 (나)에서 $g'(2)=0$이므로

| 미분가능한 함수 $f(x)(f(x)\neq 0)$에 대하여 $y=\ln|f(x)|$이면 $y'=\dfrac{f'(x)}{f(x)}$ |

$g'(2)=\dfrac{f'(2)}{f(2)}=0$ $\therefore f'(2)=0$ ······ ㉡

즉, 함수 $f(x)$는 $x=2$에서 극값을 갖는다.

한편, 조건 (다)에서

$g(x)=0\Leftrightarrow \ln|f(x)|=0\Leftrightarrow |f(x)|=1\Leftrightarrow f(x)=-1$ 또는 $f(x)=1$

이므로 방정식 $g(x)=0$이 서로 다른 세 실근을 갖고, 함수 $f(x)$가 ㉠, ㉡을 만족시키려면 두 함수 $y=f(x)$와 $y=g(x)$의 그래프의 개형은 다음과 같아야 한다.

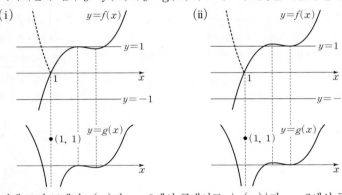

이때 조건 (나)에서 $g(x)$가 $x=2$에서 극대이고, $|g(x)|$가 $x=2$에서 극소이려면 두 함수 $y=f(x)$와 $y=g(x)$의 그래프의 개형은 (i)과 같아야 한다.

$f(x)-1=\frac{1}{2}(x-2)^2(x-k)$ (k는 상수)라 하면

→ $y=f(x)$의 그래프와 직선 $y=1$은 $x=2$에서 접하고, $x>2$인 점 k에서 만난다고 생각하여 식을 세운 거야.

$f(x)=\frac{1}{2}(x-2)^2(x-k)+1$

㉠에서 $f(1)=0$이므로

$f(1)=\frac{1}{2}(1-2)^2(1-k)+1=0$ $\therefore k=3$

즉, $f(x)=\frac{1}{2}(x-2)^2(x-3)+1$이므로

$f'(x)=\frac{1}{2}\times 2(x-2)(x-3)+\frac{1}{2}(x-2)^2$

$\quad\quad =\frac{1}{2}(x-2)\{2(x-3)+(x-2)\}$

$\quad\quad =\frac{1}{2}(x-2)(3x-8)$

| **함수의 곱의 미분법** 미분가능한 두 함수 $f(x),g(x)$에 대하여 $\{f(x)g(x)\}'=f'(x)g(x)+f(x)g'(x)$ |

$f'(x)=0$에서 $x=2$ 또는 $x=\frac{8}{3}$

따라서 함수 $g(x)$는 $x=\frac{8}{3}$에서 극소이므로 극솟값은

$g\left(\frac{8}{3}\right)=\ln\left|f\left(\frac{8}{3}\right)\right|=\ln\left|\frac{1}{2}\times\left(\frac{2}{3}\right)^2\times\left(-\frac{1}{3}\right)+1\right|=\ln\frac{25}{27}$

133 정답 ②

함수 $f(x)=6\pi(x-1)^2$에 대하여 함수 $g(x)$를

$$g(x)=3f(x)+4\cos f(x)$$

라 하자. $0<x<2$에서 함수 $g(x)$가 극소가 되는 x의 개수는?

① 6 　　　✔ ② 7 　　　③ 8

④ 9 　　　⑤ 10

↳ 미분 후 $f(x)=6\pi(x-1)^2$을 직접 대입하기 보다는 $f(x)=t$로 치환해서 접근해 봐.

해결 흐름

1 함수 $g(x)$가 극소가 되는 x를 파악해야 하니까 $g'(x)=0$을 만족시키는 x의 값을 구해 봐야겠네.

2 합성함수의 미분법을 이용하여 $g'(x)$를 구한 후, $g'(x)=0$을 만족시키는 x의 개수를 찾으면 되겠다.

3 **2**에서 찾은 x 중에서 극소가 되는 것을 파악해 봐야겠어.

☑ 연관 개념 check

미분가능한 함수 $f(x)$에 대하여 $f'(a)=0$일 때, $x=a$의 좌우에서 $f'(x)$의 부호가

(1) 양 $(+)$에서 음 $(-)$으로 바뀌면 $f(x)$는 $x=a$에서 극대이고, 극댓값은 $f(a)$이다.

(2) 음 $(-)$에서 양 $(+)$으로 바뀌면 $f(x)$는 $x=a$에서 극소이고, 극솟값은 $f(a)$이다.

☑ 실전 적용 key

일반적으로 합성함수가 주어졌을 때는 그 그래프를 그리기 어려운 경우가 많다. 이 경우 주어진 합성함수의 일부분을 적당한 문자로 치환하여 함수식을 간단히 한 후, 그래프의 개형을 그려 문제를 해결할 수 있다.

이때 치환한 문자에 대한 값의 범위가 변하는 것에 주의해야 한다. 예를 들어 '알찬 풀이'의 (ii)에서 $0<x<2$인 x에 대하여 $3-4\sin f(x)=0$에서 $f(x)=t$로 놓았을 때, t의 값의 범위는 $0\le t<6\pi$이다.

알찬 풀이

$g(x)=3f(x)+4\cos f(x)$에서

$g'(x)=3f'(x)-4f'(x)\sin f(x)$ ── $\{\cos f(x)\}'=-\sin f(x)\times f'(x)$

$\qquad =f'(x)\{3-4\sin f(x)\}$

$g'(x)=0$에서

$f'(x)=0$ 또는 $3-4\sin f(x)=0$

(i) $f'(x)=0$에서 $12\pi(x-1)=0$

$\quad \therefore x=1$

$\quad x=1$의 좌우에서 $f'(x)$의 부호는 음에서 양으로 바뀌고

$\quad 3-4\sin f(x)>0$이므로 $x=1$의 좌우에서 $g'(x)$의 부호는 음에서 양으로 바뀐다.

$\quad$ 따라서 함수 $g(x)$는 $x=1$에서 극소이다.

(ii) $3-4\sin f(x)=0$에서 $f(x)=t$로 놓으면

$\quad 3-4\sin t=0$

$\quad$ 이때 $0<x<2$에서 t의 값의 범위는 $0\le t<6\pi$이므로 함수 $y=3-4\sin t$의 그래프를 그리고, t축과의 교점의 t좌표를 작은 수부터 크기순으로 t_1, t_2, t_3, t_4, t_5, t_6이라 하면 [그림 1]과 같다.

$t=6\pi(x-1)^2$의 그래프를 생각해 봐. ←

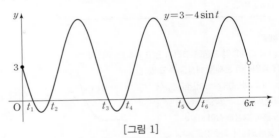

[그림 1]

$0<x<2$에서 함수 $y=f(x)$의 그래프와 직선 $y=t_k\,(k=1,\,2,\,\cdots,\,6)$를 그리고, 교점의 x좌표를 작은 수부터 크기순으로 x_1, x_2, $\cdots$, x_{12}라 하면 [그림 2]와 같다.

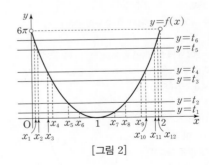

[그림 2]

즉, $3-4\sin f(x)=0$을 만족시키는 x가 x_1, x_2, $\cdots$, x_{12}이므로 이 중에서 함수 $g(x)$가 극소가 되는 것을 찾는다.

① $1<x<2$일 때,

$\quad f'(x)=12\pi(x-1)>0$이므로 $x=x_k\,(k=7,\,8,\,\cdots,\,12)$의 좌우에서 $3-4\sin f(x)$의 부호가 음에서 양으로 바뀌는 x를 찾는다.

$g'(x)=f'(x)\{3-4\sin f(x)\}$의 부호가 ← 음에서 양으로 바뀌는 x를 찾아야 해.

[그림 1]에서 $t=t_2$, t_4, t_6의 각각의 좌우에서 $3-4\sin t$의 부호가 음에서 양으로 바뀌고, [그림 2]에서 $f(x)=t_2$, $f(x)=t_4$, $f(x)=t_6$을 만족시키는 x는 각각 x_8, x_{10}, x_{12}이다.

즉, $x=x_8$, x_{10}, x_{12}의 각각의 좌우에서 $g'(x)$의 부호가 음에서 양으로 바뀌므로 함수 $g(x)$는 $x=x_8$, x_{10}, x_{12}에서 극소이다.

따라서 $1<x<2$에서 함수 $g(x)$가 극소가 되는 x의 개수는 3이다.

② $0<x<1$일 때,

모든 실수 x에 대하여 $f(1-x)=f(1+x)$가 성립하므로

$$g(1-x)=3f(1-x)+4\cos f(1-x)$$
$$=3f(1+x)+4\cos f(1+x)$$
$$=g(1+x)$$

즉, 함수 $y=g(x)$의 그래프는 직선 $x=1$에 대하여 대칭이다.

> 함수 $y=f(x)$의 그래프는 직선 $x=1$에 대하여 대칭이기 때문에 $f(1-x)=f(1+x)$가 성립해.

따라서 ①과 같이 $0<x<1$에서 함수 $g(x)$가 극소가 되는 x의 개수는 3이다.

> → $x=x_1$, x_3, x_5에서 극소야.

(ⅰ), (ⅱ)에서 함수 $g(x)$가 극소가 되는 x의 개수는

$$1+3+3=7$$

---

134 [정답] 24   정답률 28%

이차함수 $f(x)$에 대하여 함수 $g(x)=\{f(x)+2\}e^{f(x)}$이 다음 조건을 만족시킨다.

(가) $f(a)=6$인 a에 대하여 $g(x)$는 $x=a$에서 최댓값을 갖는다.

(나) $g(x)$는 $x=b$, $x=b+6$에서 최솟값을 갖는다. **1**

방정식 $f(x)=0$의 서로 다른 두 실근을 α, β라 할 때, **3** $(\alpha-\beta)^2$의 값을 구하시오. (단, a, b는 실수이다.) 24

> 함수 $g(x)$의 극값이 최댓값 또는 최솟값이야.

☑ 연관 개념 check

함수 $f(x)$가 $x=a$에서 미분가능하고 $x=a$에서 극값 p를 가지면 $f'(a)=0$, $f(a)=p$이다.

> $f'(x)=0$을 만족시키는 x의 값이 1개이므로 이 x의 값에서 $g(x)$는 극대이면서 최대야. 즉, a가 $f'(x)=0$의 실근이야.

> $f'(a)=0$이므로 이차함수 $y=f(x)$의 그래프는 직선 $x=a$에 대하여 대칭이고, $f(a)=6$이므로 $f(x)=-(x-a)^2+6$으로 놓을 수 있어.

해결 흐름

1 $g'(x)=0$을 만족시키는 x의 값이 a, b, $b+6$이겠네.

2 함수 $g(x)$가 최댓값 또는 최솟값을 갖는 x의 값을 조사하려면 $g'(x)$를 구해야겠다.

3 **1**, **2**를 이용해서 이차함수 $f(x)$의 식을 추론하고 $(\alpha-\beta)^2$의 값을 구해야겠네.

알찬 풀이

> **함수의 곱의 미분법** ☆★
> 미분가능한 두 함수 $f(x)$, $g(x)$에 대하여
> $\{f(x)g(x)\}'=f'(x)g(x)+f(x)g'(x)$

$g(x)=\{f(x)+2\}e^{f(x)}$에서

$g'(x)=f'(x)e^{f(x)}+\{f(x)+2\}f'(x)e^{f(x)}$
$\quad\quad=f'(x)\{f(x)+3\}e^{f(x)}$

$g'(x)=0$에서

$f'(x)=0$ 또는 $f(x)+3=0$ ($\because e^{f(x)}>0$)

$f(x)$가 이차함수이므로 조건 (가), (나)에 의하여

$f'(a)=0$, $f(a)=6$ ...... ㉠

$f(b)+3=0$, $f(b+6)+3=0$

> $f(x)+3=0$을 만족시키는 x의 값이 2개이므로 이 x의 값에서 $g(x)$는 극소이면서 최소야. 즉, b, $b+6$이 $f(x)+3=0$의 두 실근이야.

이때 이차함수 $f(x)$의 최고차항의 계수를 p ($p\neq0$)라 하면

$f(x)+3=p(x-b)(x-b-6)$

$\therefore f(x)=p(x-b)(x-b-6)-3$ ...... ㉡

$f'(x)=p(x-b-6)+p(x-b)=2p(x-b-3)$ ...... ㉢

㉢에 $x=a$를 대입하면

$f'(a)=2p(a-b-3)=0$ ($\because$ ㉠)

$\therefore a-b=3$ ($\because p\neq0$)   ...... ㉣

또, ㉡에 $x=a$를 대입하면

$f(a)=p(a-b)(a-b-6)-3=6$ ($\because$ ㉠)

$p\times3\times(-3)-3=6$ ($\because$ ㉣)

$\therefore p=-1$

따라서 ㉠에 의하여 $f(x)=-(x-a)^2+6$으로 놓을 수 있으므로

방정식 $f(x)=0$, 즉 $x^2-2ax+a^2-6=0$에서

$x=a\pm\sqrt{(-a)^2-(a^2-6)}=a\pm\sqrt{6}$

따라서 방정식 $f(x)=0$의 서로 다른 두 실근 α, β는
$\alpha=a+\sqrt{6}$, $\beta=a-\sqrt{6}$ 또는 $\alpha=a-\sqrt{6}$, $\beta=a+\sqrt{6}$
$\therefore (\alpha-\beta)^2=24$

김건희 | 서울대학교 화학생명공학부 | 세화고등학교 졸업

다항함수의 그래프의 개형과 그래프의 성질을 기억해 두면 좋아.

위 문제에서도 이차함수의 그래프의 성질을 이용하면 a, b의 관계식을 간단히 구할 수 있어.

문제 풀이 과정에서 $f'(a)=0$에 의하여 이차함수 $y=f(x)$의 그래프는 직선 $x=a$에 대하여 대칭임을 알 수 있어. 또, $f(b)+3=0$, $f(b+6)+3=0$에 의하여 이차함수 $y=f(x)+3$의 그래프와 x축의 두 교점의 x좌표가 $x=b$, $x=b+6$임을 알 수 있지.

한편, 이차함수 $y=f(x)+3$의 그래프는 이차함수 $y=f(x)$의 그래프를 y축의 방향으로 3만큼 평행이동한 것이니까 이차함수 $y=f(x)+3$의 그래프도 직선 $x=a$에 대하여 대칭임을 알 수 있어.

따라서 $a=\dfrac{b+(b+6)}{2}$이 성립하니까 $a=b+3$, 즉 $a-b=3$임을 간단히 구할 수 있는 거야.

어때? 복잡한 풀이 과정 대신 이차함수의 그래프의 대칭성을 이용하니까 훨씬 간단하지?

---

135 정답 17   정답률 34%

$t>2e$인 실수 t에 대하여 함수 $f(x)=t(\ln x)^2-x^2$이 $x=k$에서 극대일 때, 실수 k의 값을 $g(t)$라 하면 $g(t)$는 미분가능한 함수이다. $g(\alpha)=e^2$인 실수 α에 대하여 $\alpha\times\{g'(\alpha)\}^2=\dfrac{q}{p}$일 때, $p+q$의 값을 구하시오. **17**

(단, p와 q는 서로소인 자연수이다.)

↳ $g(t)$가 포함된 식을 t에 대하여 미분할 수 있겠어.

☑ 연관 개념 check

(1) 함수 $f(x)$가 $x=a$에서 미분가능하고 $x=a$에서 극값 p를 가지면 $f'(a)=0$, $f(a)=p$이다.

(2) 미분가능한 두 함수 $y=f(u)$, $u=g(x)$에 대하여 합성함수 $y=f(g(x))$의 도함수는
$$\frac{dy}{dx}=\frac{dy}{du}\times\frac{du}{dx} \text{ 또는 } \{f(g(x))\}'=f'(g(x))g'(x)$$

(3) 미분가능한 함수 $f(x)$ ($f(x)\neq0$)에 대하여
$$y=\ln|f(x)|\text{이면 }y'=\frac{f'(x)}{f(x)}$$

해결 흐름

1 함수 $f(x)$가 $x=k$에서 극대이면 $f'(k)=0$이므로 $f'(x)$를 구해 $x=k$를 대입해 봐야겠다.

2 **1**에서 구한 식에 k 대신 $g(t)$를 대입하여 정리해 봐야지.

3 **2**에서 정리한 식에 $t=\alpha$를 대입하고 $g(\alpha)=e^2$을 이용하면 α와 $g'(\alpha)$의 값을 구할 수 있겠어.

알찬 풀이

$f(x)=t(\ln x)^2-x^2$에서
$$f'(x)=\frac{2t\ln x}{x}-2x=\frac{2t\ln x-2x^2}{x}$$
$f(x)$는 $x=k$에서 극대이므로 $f'(k)=0$
$2t\ln k-2k^2=0$
$\therefore t\ln k=k^2$
이때 $k=g(t)$이므로
$$t\ln g(t)=\{g(t)\}^2 \quad\quad\quad\quad \cdots\cdots \text{㉠}$$

㉠에 $t=\alpha$를 대입하면 ┐ 문제에서 $g(\alpha)=e^2$이 주어졌기 때문에 ㉠에
$\alpha\ln g(\alpha)=\{g(\alpha)\}^2$ ┘ $t=\alpha$를 대입하면 α의 값을 구할 수 있어.
$\alpha\ln e^2=(e^2)^2$ ($\because g(\alpha)=e^2$)
$2\alpha=e^4 \quad \therefore \alpha=\dfrac{e^4}{2}$

㉠의 양변을 t에 대하여 미분하면

좌변은 함수의 곱의 미분법, 로그함수의 도함수.→
우변은 합성함수의 미분법을 이용했어.

$$\ln g(t)+t\times\frac{g'(t)}{g(t)}=2g(t)\times g'(t)$$

위의 식에 $t=\alpha$를 대입하면

$$\ln g(\alpha)+\alpha\times\frac{g'(\alpha)}{g(\alpha)}=2g(\alpha)\times g'(\alpha)$$

$$\ln e^2+\frac{e^4}{2}\times\frac{g'(\alpha)}{e^2}=2e^2\times g'(\alpha)$$

$$\frac{3}{2}e^2\times g'(\alpha)=2 \quad\quad \therefore g'(\alpha)=\frac{4}{3e^2}$$

$$\therefore \alpha\times\{g'(\alpha)\}^2=\frac{e^4}{2}\times\frac{16}{9e^4}=\frac{8}{9}$$

따라서 $p=9$, $q=8$이므로 $p+q=9+8=17$

두 양수 a, b $(b<1)$에 대하여 함수 $f(x)$를

$$f(x)=\begin{cases} -x^2+ax & (x\leq 0) \\ \dfrac{\ln(x+b)}{x} & (x>0) \end{cases}$$

→ $y=f(x)$의 그래프를 그려 봐.

이라 하자. 양수 m에 대하여 직선 $y=mx$와 함수 $y=f(x)$의 그래프가 만나는 서로 다른 점의 개수를 $g(m)$이라 할 때, 함수 $g(m)$은 다음 조건을 만족시킨다.

$\lim\limits_{m\to a-}g(m)-\lim\limits_{m\to a+}g(m)=1$을 만족시키는 양수 a가 오직 하나 존재하고, 이 a에 대하여 점 $(b, f(b))$는 직선 $y=ax$와 곡선 $y=f(x)$의 교점이다.

$ab^2=\dfrac{q}{p}$일 때, $p+q$의 값을 구하시오. 5

(단, p와 q는 서로소인 자연수이고, $\lim\limits_{x\to\infty}f(x)=0$이다.)

☑ 연관 개념 check

(1) 미분가능한 두 함수 $f(x)$, $g(x)$ $(g(x)\neq 0)$에 대하여

$\left\{\dfrac{f(x)}{g(x)}\right\}'=\dfrac{f'(x)g(x)-f(x)g'(x)}{\{g(x)\}^2}$

(2) 두 곡선 $y=f(x)$, $y=g(x)$가 $x=t$인 점에서 공통인 접선을 가지면

  (i) $x=t$인 점에서 두 곡선이 만난다.

  ➡ $f(t)=g(t)$

  (ii) $x=t$에서의 두 곡선의 접선의 기울기가 같다.

  ➡ $f'(t)=g'(t)$

☑ 실전 적용 key

조건을 만족시키는 그래프의 형태를 추론할 때, 알찬 풀이에서와 같이 접점이나 접선, 극값을 갖는 점 등 그래프에서 특수한 경우를 먼저 확인해 보도록 한다.

$m<k$일 때, $g(m)=3$

$m=k$일 때, $g(m)=2$

$m>k$일 때, $g(m)=2$

$x=0$에서 $f(x)=-x^2+ax$이므로 $f'(x)=-2x+a$

1 함수 $y=f(x)$의 그래프에서 $x>0$인 부분은 도함수를 이용하여 그려야겠어.

2 함수 $y=f(x)$의 그래프에서 m의 값을 변화시키면서 조건을 만족시킬 때의 직선 $y=mx$를 찾아야겠군.

$x>0$에서 $f(x)=\dfrac{\ln(x+b)}{x}$ $(0<b<1)$이므로

$f'(x)=\dfrac{\dfrac{x}{x+b}-\ln(x+b)}{x^2}$ ...... ㉠

$f'(x)=0$에서 $\dfrac{x}{x+b}=\ln(x+b)$

$x>0$에서 두 함수 $y=\dfrac{x}{x+b}=1-\dfrac{b}{x+b}$와 $y=\ln(x+b)$의 그래프는 오른쪽 그림과 같다.

두 함수 $y=\dfrac{x}{x+b}$와 $y=\ln(x+b)$의 그래프의 교점의 x좌표를 c라 하면 $f'(c)=0$이고 $x=c$의 좌우에서 $f'(x)$의 부호가 양에서 음으로 바뀌므로 함수 $f(x)$는 $x=c$에서 극댓값을 갖는다. 또, $\lim\limits_{x\to 0+}f(x)=-\infty$이므로 함수 $y=f(x)$의 그래프는 오른쪽 그림과 같다.

함수 $y=f(x)$의 그래프의 $x\leq 0$인 부분과 $x>0$인 부분에 동시에 접하는 직선을 $y=kx$ $(k>0)$라 하면

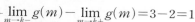

$\lim\limits_{m\to k-}g(m)-\lim\limits_{m\to k+}g(m)=3-2=1$

그런데 조건에서 $\lim\limits_{m\to a-}g(m)-\lim\limits_{m\to a+}g(m)=1$을 만족시키는 양수 a가 오직 하나 존재하므로

$k=a$

즉, 직선 $y=ax$는 곡선 $y=f(x)$의 접선이다.

이때 곡선 $y=f(x)$의 원점에서의 접선의 기울기는

$f'(0)=-2\times 0+a=a$ ∴ $a=a$

→ 직선 $y=ax$가 원점을 지나는 직선이니까 곡선 $y=f(x)$ 위의 점 $(0, 0)$에서 접해.

또, 조건에서 점 $(b, f(b))$는 직선 $y=ax$와 곡선 $y=f(x)$의 교점이므로

$ab=\dfrac{\ln 2b}{b}$ ∴ $ab^2=\ln 2b$ ...... ㉡

곡선 $y=f(x)$ 위의 점 $(b, f(b))$에서의 접선의 기울기가 a이므로

$a=f'(b)$

→ 점 $(b, f(b))$는 직선 $y=ax$와 곡선 $y=f(x)$의 교점이면서 접점이기도 해.

㉠에서 $a=\dfrac{\dfrac{1}{2}-\ln 2b}{b^2}$

∴ $ab^2=\dfrac{1}{2}-\ln 2b$ ...... ㉢

㉡+㉢을 하면

$2ab^2=\dfrac{1}{2}$ ∴ $ab^2=\dfrac{1}{4}$

따라서 $p=4$, $q=1$이므로

$p+q=5$

다음 조건을 만족시키는 실수 a, b에 대하여 ab의 최댓값을 M, 최솟값을 m이라 하자.

> 모든 실수 x에 대하여 부등식 $-e^{-x+1} \leq ax+b \leq e^{x-2}$ 이 성립한다.
> → 두 곡선 $y=-e^{-x+1}$, $y=e^{x-2}$과 직선 $y=ax+b$ 의 위치 관계를 생각해 봐.

$|M \times m^3| = \dfrac{q}{p}$ 일 때, $p+q$의 값을 구하시오. **43**

(단, p와 q는 서로소인 자연수이다.)

☑ **연관 개념 check**

곡선 $y=f(x)$ 위의 점 $(a, f(a))$에서의 접선의 방정식은 다음과 같은 순서로 구한다.
① 접선의 기울기 $f'(a)$를 구한다.
② $y-f(a)=f'(a)(x-a)$를 이용하여 접선의 방정식을 구한다.

☑ **실전 적용 key**

주어진 부등식은 모든 실수 x에서 직선 $y=ax+b$가 두 곡선 $y=e^{x-2}$, $y=-e^{-x+1}$ 사이에 있음을 의미하므로 곡선과 접선을 직접 그려보면서 ab의 값이 최대가 되는 경우와 최소가 되는 경우를 살펴보도록 한다.

곡선 $y=e^{x-2}$은 곡선 $y=e^x$을 x축의 방향으로 2만큼 평행이동한 것이고, 곡선 $y=-e^{-x+1}=-e^{-(x-1)}$은 곡선 $y=e^x$을 원점에 대하여 대칭이동한 후 x축의 방향으로 1만큼 평행이동한 것이다.

즉, 두 곡선 $y=e^{x-2}$, $y=-e^{-x+1}$은 곡선 $y=e^x$을 평행이동하거나 대칭이동하여 그릴 수 있다. 이처럼 곡선과 접선의 위치 관계를 파악하여 문제를 해결해야 하는 경우 평행이동이나 대칭이동을 이용하여 그래프를 그린 후 위치 관계부터 파악해 보도록 한다.

$$f'(t)=(1-t)' \times e^{2t-4}+(1-t) \times (e^{2t-4})'$$
$$=-1 \times e^{2t-4}+(1-t) \times 2e^{2t-4}$$
$$=(1-2t)e^{2t-4}$$

---

1 직선 $y=ax+b$는 두 곡선 $y=e^{x-2}$, $y=-e^{-x+1}$ 사이에 있겠다.

2 두 곡선의 접선을 이용하여 ab의 값이 최대, 최소인 경우를 각각 알아봐야겠다.

알찬 풀이

모든 실수 x에 대하여 부등식 $-e^{-x+1} \leq ax+b \leq e^{x-2}$이 성립하려면 직선 $y=ax+b$가 두 곡선 $y=e^{x-2}$, $y=-e^{-x+1}$ 사이에 있어야 하므로 $a \geq 0$이어야 한다.

(ⅰ) ab의 값이 최대인 경우

$b>0$이면서 a의 값이 최대일 때 ab의 값이 최대이므로 직선 $y=ax+b$가 곡선 $y=e^{x-2}$에 접하는 경우이다.

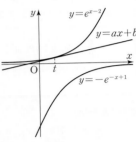

곡선 $y=e^{x-2}$ 위의 점 (t, e^{t-2})에서의 접선의 방정식은

$$y=e^{t-2}(x-t)+e^{t-2}$$
$$\therefore y=e^{t-2}x+(1-t)e^{t-2}$$
$$\therefore a=e^{t-2}, b=(1-t)e^{t-2}$$

$ab=f(t)$라 하면 $f(t)=(1-t)e^{2t-4}$

$$f'(t)=-e^{2t-4}+(2-2t)e^{2t-4}=(1-2t)e^{2t-4}$$

$f'(t)=0$에서 $t=\dfrac{1}{2}$ $(\because e^{2t-4}>0)$

따라서 함수 $f(t)$는 $t=\dfrac{1}{2}$일 때 극대이면서 최대이므로 ab의 최댓값은

$$M=f\left(\dfrac{1}{2}\right)=\dfrac{1}{2}e^{-3}$$

→ $f'\left(\dfrac{1}{2}\right)=0$이고 $t=\dfrac{1}{2}$의 좌우에서 $f'(t)$의 부호가 양에서 음으로 바뀌므로 함수 $f(t)$는 $t=\dfrac{1}{2}$에서 극댓값을 가져.

(ⅱ) ab의 값이 최소인 경우 → 이 조건으로부터 b의 위치는 결정돼.

$b<0$이면서 a의 값이 최대일 때 ab의 값이 최소이므로 직선 $y=ax+b$가 두 곡선에 동시에 접하는 경우이다.

곡선 $y=e^{x-2}$ 위의 점 (t, e^{t-2})에서의 접선의 방정식은

$$y=e^{t-2}x+(1-t)e^{t-2} \qquad \cdots\cdots ㉠$$

또, 곡선 $y=-e^{-x+1}$ 위의 점 $(s, -e^{-s+1})$에서의 접선의 방정식은

$$y=e^{-s+1}(x-s)-e^{-s+1}$$
$$\therefore y=e^{-s+1}x+(-s-1)e^{-s+1} \qquad \cdots\cdots ㉡$$

이때 두 직선 ㉠, ㉡이 일치해야 하므로

← 두 직선의 기울기가 같음을 이용했어.

$e^{t-2}=e^{-s+1}$에서 $t-2=-s+1$ $\therefore s=-t+3$

← 두 직선의 y절편이 같음을 이용했어.

또, $(1-t)e^{t-2}=(-s-1)e^{-s+1}$에서 $(1-t)e^{t-2}=(t-4)e^{t-2}$

$1-t=t-4$ $\therefore t=\dfrac{5}{2}$

이것을 ㉠에 대입하면 $y=e^{\frac{1}{2}}x-\dfrac{3}{2}e^{\frac{1}{2}}$

따라서 $a=e^{\frac{1}{2}}$, $b=-\dfrac{3}{2}e^{\frac{1}{2}}$이므로 ab의 최솟값은

$$m=e^{\frac{1}{2}} \times \left(-\dfrac{3}{2}e^{\frac{1}{2}}\right)=-\dfrac{3}{2}e$$

(ⅰ), (ⅱ)에서 $|M \times m^3| = \left| \dfrac{1}{2}e^{-3} \times \left(-\dfrac{3}{2}e\right)^3 \right| = \dfrac{27}{16}$

따라서 $p=16$, $q=27$이므로

$p+q=16+27=43$

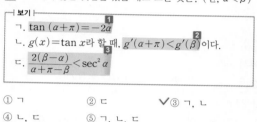

열린구간 $(0, 2\pi)$에서 정의된 함수 $\to$ $f'(\alpha)=0$, $f'(\beta)=0$이겠네.
$f(x)=\cos x+2x \sin x$가 $x=\alpha$와 $x=\beta$에서 극값을 가진다. 보기에서 옳은 것만을 있는 대로 고른 것은? (단, $\alpha<\beta$)

┤ 보기 ├
ㄱ. $\tan(\alpha+\pi)=-2\alpha$
ㄴ. $g(x)=\tan x$라 할 때, $g'(\alpha+\pi)<g'(\beta)$이다.
ㄷ. $\dfrac{2(\beta-\alpha)}{\alpha+\pi-\beta}<\sec^2\alpha$

① ㄱ   ② ㄷ   ✔③ ㄱ, ㄴ
④ ㄴ, ㄷ   ⑤ ㄱ, ㄴ, ㄷ

☑ **연관 개념 check**
함수 $f(x)$가 $x=a$에서 미분가능하고 $x=a$에서 극값 p를 가지면 $f'(a)=0$, $f(a)=p$이다.

☑ **실전 적용 key**
합답형 문제의 경우에는 주어진 보기에서 힌트를 얻어서 문제를 해결해야 한다. 이 문제는 미분계수가 접선의 기울기를 의미한다는 것과 ㄷ의 좌변이 두 점을 지나는 직선의 기울기를 의미한다는 것을 파악하고, 탄젠트함수의 그래프를 이용하는 것이 문제 해결의 핵심이다.

그렇다면 탄젠트함수의 그래프를 이용해야 한다는 것은 어떻게 알 수 있을까? ㄱ, ㄴ에서 탄젠트함수가 주어졌고, ㄷ에서 $(\tan x)'=\sec^2 x$임을 기억한다면 이 문제가 탄젠트함수와 연관이 있다는 것을 파악할 수 있다.

또, $f'(x)=0$에서 $\tan x=-2x$라는 관계식을 얻을 수 있는데 문제에서 함수 $f(x)$가 $x=\alpha$, $x=\beta$에서 극값을 갖는다고 하였으므로 α, β는 두 함수 $y=\tan x$와 $y=-2x$의 그래프의 교점의 x좌표와 같다는 것을 생각할 수 있다.

이와 같이 합답형 문제는 주어진 조건들을 차례대로 해석하면서 해결해야 한다는 것을 기억하자.

해결 흐름

1 탄젠트함수의 성질을 이용해서 $\tan(\alpha+\pi)$를 변형해 봐야겠다.
2 미분계수의 기하적 의미를 이용해서 주어진 부등식의 의미를 파악해야겠어.
3 그래프를 이용해서 좌변, 우변의 식의 의미를 각각 파악해 봐야겠어.

알찬 풀이

$f(x)=\cos x+2x \sin x$에서
$f'(x)=-\sin x+2\sin x+2x\cos x$ ☆★
     $=\sin x+2x\cos x$
> (1) $(\sin x)'=\cos x$
> (2) $(\cos x)'=-\sin x$

ㄱ. 함수 $f(x)$가 $x=\alpha$에서 극값을 가지므로 $f'(\alpha)=0$
   즉, $\sin\alpha+2\alpha\cos\alpha=0$이므로
$$\frac{\sin\alpha}{\cos\alpha}=-2\alpha \qquad \therefore \tan\alpha=-2\alpha$$
$$\therefore \tan(\alpha+\pi)=\tan\alpha=-2\alpha \text{ (참)}$$

ㄴ. $f'(x)=0$에서 $\sin x+2x\cos x=0$이므로
$$\frac{\sin x}{\cos x}=-2x \qquad \therefore \tan x=-2x$$
     └→ 함수 $f(x)$가 $x=\alpha$, $x=\beta$에서 극값을 갖기 때문이지.
이때 $f'(\alpha)=0$, $f'(\beta)=0$이므로 열린구간 $(0, 2\pi)$에서 함수 $y=\tan x$의 그래프와 직선 $y=-2x$가 만나는 점의 x좌표는 α, β이다.
오른쪽 그림에서   └→ $f'(x)=0$을 만족시키는 x의 값이야.
$$\tan\beta<\tan\alpha=\tan(\alpha+\pi)$$이므로
$\beta<\alpha+\pi$ └→ y좌표를 보면 돼.

$g'(\alpha+\pi)$는 곡선 $y=g(x)$ 위의 점 $(\alpha+\pi, g(\alpha+\pi))$에서의 접선 (i)의 기울기와 같고, $g'(\beta)$는 곡선 $y=g(x)$ 위의 점 $(\beta, g(\beta))$에서의 접선 (ii)의 기울기와 같으므로 $g'(\alpha+\pi)<g'(\beta)$ (참)

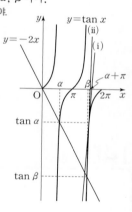

ㄷ. 함수 $f(x)$가 $x=\beta$에서 극값을 가지므로
$f'(\beta)=0$
   즉, $\sin\beta+2\beta\cos\beta=0$이므로
$$\frac{\sin\beta}{\cos\beta}=-2\beta \qquad \therefore \tan\beta=-2\beta$$

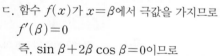

$$\frac{2(\beta-\alpha)}{\alpha+\pi-\beta}=\frac{-2\alpha-(-2\beta)}{(\alpha+\pi)-\beta}$$
ㄱ에서 확인했어. ←
$$=\frac{\tan(\alpha+\pi)-\tan\beta}{(\alpha+\pi)-\beta}$$

이므로 $\dfrac{2(\beta-\alpha)}{\alpha+\pi-\beta}$는
    └→ 그림에서 (iii)이야.
두 점 $(\alpha+\pi, \tan(\alpha+\pi))$, $(\beta, \tan\beta)$를 지나는 직선의 기울기와 같다.
또, $\sec^2\alpha=(\tan\alpha)'=\{\tan(\alpha+\pi)\}'$이므로 ㄴ과 같이 $g(x)=\tan x$라 하면 $\sec^2\alpha$는 $g'(\alpha+\pi)$이므로 곡선 $y=g(x)$ 위의 점 $(\alpha+\pi, g(\alpha+\pi))$에서의 접선의 기울기와 같다.
     └→ 그림에서 (iv)야.
따라서 오른쪽 그림에서
$$\frac{2(\beta-\alpha)}{\alpha+\pi-\beta}>\sec^2\alpha \text{ (거짓)}$$

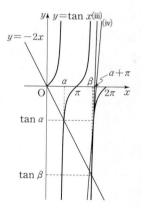

직선 (iii)의 기울기가 직선 (iv)의 기울기보다 더 크기 때문이야. ←
이상에서 옳은 것은 ㄱ, ㄴ이다.

139 정답 2   정답률 65%

함수 $f(x)=3\sin kx+4x^3$의 그래프가 오직 하나의 변곡점을 가지도록 하는 실수 k의 최댓값을 구하시오. 2
　　　　　　　🔟🔢
　　　　　　　이계도함수를 이용해야겠네.

해결 흐름

🔟 변곡점을 알려면 이계도함수를 먼저 구해야겠네.

🔢 🔟에서 구한 이계도함수와 주어진 곡선의 변곡점이 오직 하나임을 이용하여 실수 k의 최댓값을 구해 봐야겠다.

알찬 풀이

☑ **연관 개념 check**

이계도함수를 갖는 함수 $f(x)$에서 $f''(a)=0$이고, $x=a$의 좌우에서 $f''(x)$의 부호가 바뀌면 점 $(a,\ f(a))$는 곡선 $y=f(x)$의 변곡점이다.

$f(x)=3\sin kx+4x^3$에서

$f'(x)=3k\cos kx+12x^2$

$f''(x)=-3k^2\sin kx+24x$

> (1) $\{\sin f(x)\}'=\cos f(x)\times f'(x)$
> (2) $\{\cos f(x)\}'=-\sin f(x)\times f'(x)$ ☆★

함수 $y=f(x)$의 그래프가 오직 하나의 변곡점을 가지려면 $f''(x)=0$이 오직 하나의 실근을 갖고 그 실근의 좌우에서 $f''(x)$의 부호가 바뀌어야 한다.

$f''(x)=0$에서 $-3k^2\sin kx+24x=0$

$\therefore 3k^2\sin kx=24x$

$g(x)=3k^2\sin kx$라 하면 오른쪽 그림과 같이 곡선 $y=g(x)$는 원점에 대하여 대칭이고, 곡선 $y=g(x)$와 직선 $y=24x$가 원점에서만 만나야 하므로 곡선 $y=g(x)$ 위의 점 $(0,\ 0)$에서의 접선의 기울기가 24 이하이어야 한다. └→ $g'(0)$

접선의 기울기가 24보다 크면 곡선 $y=g(x)$와 직선 $y=24x$는 서로 다른 세 점에서 만나게 돼. ←

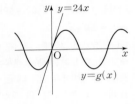

$g'(x)=3k^3\cos kx$이므로

$g'(0)=3k^3\leq 24$ $\therefore k\leq 2$ →$3k^3-24=3(k-2)(k^2+2k+4)\leq 0$에서 $k^2+2k+4=(k+1)^2+3>0$이기 때문이야.

따라서 실수 k의 최댓값은 2이다.

---

140 정답 96   정답률 63%

좌표평면에서 점 $(2,\ a)$가 곡선 $y=\dfrac{2}{x^2+b}\ (b>0)$의 변곡점 🔟🔢

일 때, $\dfrac{b}{a}$의 값을 구하시오. (단, $a,\ b$는 상수이다.) 96
　　　　　　　이계도함수를 이용해야겠네. ←

해결 흐름

🔟 변곡점을 알려면 이계도함수를 먼저 구해야겠네.

🔢 🔟에서 구한 이계도함수와 점 $(2,\ a)$가 주어진 곡선의 변곡점임을 이용해서 a, b의 값을 각각 구해 봐야겠다.

알찬 풀이

☑ **연관 개념 check**

이계도함수를 갖는 함수 $f(x)$에서 $f''(a)=0$이고, $x=a$의 좌우에서 $f''(x)$의 부호가 바뀌면 점 $(a,\ f(a))$는 곡선 $y=f(x)$의 변곡점이다.

☑ **실전 적용 key**

점 (x_1, y_1)이 곡선 $y=f(x)$의 변곡점이면

(1) 점 (x_1, y_1)이 곡선 $y=f(x)$의 변곡점이므로
　➡ $f''(x_1)=0$

(2) 점 (x_1, y_1)이 곡선 $y=f(x)$ 위의 점이므로
　➡ $f(x_1)=y_1$

$f(x)=\dfrac{2}{x^2+b}\ (b>0)$라 하면

$f'(x)=\dfrac{(2)'(x^2+b)-2(x^2+b)'}{(x^2+b)^2}$

> **함수의 몫의 미분법** ☆★
> 미분가능한 두 함수 $f(x), g(x)\ (g(x)\neq 0)$에 대하여
> $\left\{\dfrac{f(x)}{g(x)}\right\}'=\dfrac{f'(x)g(x)-f(x)g'(x)}{\{g(x)\}^2}$

$=\dfrac{-2\times 2x}{(x^2+b)^2}$

$=\dfrac{-4x}{(x^2+b)^2}$

$f''(x)=\dfrac{(-4x)'(x^2+b)^2-(-4x)\{(x^2+b)^2\}'}{(x^2+b)^4}$

$=\dfrac{-4(x^2+b)^2+4x\{2(x^2+b)\times 2x\}}{(x^2+b)^4}$

$=\dfrac{12x^2-4b}{(x^2+b)^3}$

> 분자를 정리하면
> $-4(x^2+b)^2+16x^2(x^2+b)$
> $=(x^2+b)(-4x^2-4b+16x^2)$
> $=(x^2+b)(12x^2-4b)$

이때 점 $(2,\ a)$가 곡선 $y=f(x)$의 변곡점이므로

$f(2)=a$에서 $\dfrac{2}{2^2+b}=a$ $\therefore a=\dfrac{2}{4+b}$ ······ ㉠

점 $(2, a)$가 곡선 $y=f(x)$의 변곡점이니까.

$f''(2)=0$에서 $\dfrac{12\times 2^2-4b}{(2^2+b)^3}=0$

$12\times 2^2-4b=0$, $-4b=-48$ $\quad\therefore b=12$

$b=12$를 ㉠에 대입하면

$a=\dfrac{2}{4+12}=\dfrac{1}{8}$ $\quad\therefore \dfrac{b}{a}=\dfrac{12}{\dfrac{1}{8}}=96$

---

141 [정답] 55 　　정답률 16%

함수 $f(x)=\dfrac{1}{3}x^3-x^2+\ln(1+x^2)+a$ (a는 상수)와 두 양수 b, c에 대하여 함수

$g(x)=\begin{cases} f(x) & (x\geq b) \\ -f(x-c) & (x<b) \end{cases}$

는 실수 전체의 집합에서 미분가능하다.

$a+b+c=p+q\ln 2$일 때, $30(p+q)$의 값을 구하시오. **55**

(단, p, q는 유리수이고, $\ln 2$는 무리수이다.)

☑ 연관 개념 check

미분가능한 함수 $f(x)$ $(f(x)\neq 0)$에 대하여

$y=\ln|f(x)|$이면 $y'=\dfrac{f'(x)}{f(x)}$

[수능 핵심 개념] 구간이 나누어진 함수의 미분가능

미분가능한 두 함수 $h_1(x)$, $h_2(x)$에 대하여 함수

$H(x)=\begin{cases} h_1(x) & (x\geq a) \\ h_2(x) & (x<a) \end{cases}$

가 $x=a$에서 미분가능하면

(i) 함수 $H(x)$가 $x=a$에서 연속이다.

➡ $\lim\limits_{x\to a-}h_2(x)=h_1(a)$

(ii) $x=a$에서 함수 $H(x)$가 미분가능하다.

➡ $\lim\limits_{x\to a+}h_1'(x)=\lim\limits_{x\to a-}h_2'(x)$

해결 흐름

1 함수 $f(x)$의 도함수를 구하여 그래프의 개형을 알아봐야겠네.

2 함수 $g(x)$가 실수 전체의 집합에서 미분가능하면 $x=b$에서도 미분가능하니까 함수 $g(x)$가 $x=b$에서 연속이고, $x=b$에서 미분계수가 존재함을 이용하면 되겠다.

알찬 풀이

$f(x)=\dfrac{1}{3}x^3-x^2+\ln(1+x^2)+a$에서

$f'(x)=x^2-2x+\dfrac{2x}{1+x^2}=\dfrac{x^4-2x^3+x^2}{1+x^2}$

$\qquad =\dfrac{x^2(x-1)^2}{1+x^2}\geq 0$

→ $x^2\geq 0$, $(x-1)^2\geq 0$, $1+x^2>0$이므로 $f'(x)\geq 0$

이므로 함수 $f(x)$는 실수 전체의 집합에서 증가한다.

한편, $g(x)=\begin{cases} f(x) & (x\geq b) \\ -f(x-c) & (x<b) \end{cases}$ 가 실수 전체의 집합에서 미분가능하므로

$x=b$에서 미분가능하다.

함수 $g(x)$가 $x=b$에서 연속이어야 하므로

$f(b)=-f(b-c)$ ⋯⋯ ㉠

또, 함수 $g(x)$가 $x=b$에서 미분가능해야 하므로

$f'(b)=-f'(b-c)$ ⋯⋯ ㉡

이때 모든 실수 x에 대하여 $f'(x)\geq 0$이므로 ㉡을 만족시키려면

$f'(b)=f'(b-c)=0$이어야 한다.

$f'(x)=0$에서 $x=0$ 또는 $x=1$이고, b, c는 양수이므로

$b-c=0$, $b=1$

→ $b\neq b-c$이고, $f'(x)\geq 0$이므로 $f'(b)=-f'(b-c)$를 만족시키는 경우는 $f'(b)=f'(b-c)=0$뿐이야.

$\therefore b=c=1$

$b=c=1$을 ㉠에 대입하면 $f(1)=-f(0)$

이때 $f(1)=\dfrac{1}{3}-1+\ln 2+a=a+\ln 2-\dfrac{2}{3}$, $f(0)=a$이므로

$a+\ln 2-\dfrac{2}{3}=-a$, $2a=\dfrac{2}{3}-\ln 2$

$\therefore a=\dfrac{1}{3}-\dfrac{1}{2}\ln 2$

$\therefore a+b+c=\left(\dfrac{1}{3}-\dfrac{1}{2}\ln 2\right)+1+1=\dfrac{7}{3}-\dfrac{1}{2}\ln 2$

따라서 $p=\dfrac{7}{3}$, $q=-\dfrac{1}{2}$이므로

$30(p+q)=30\times\left(\dfrac{7}{3}-\dfrac{1}{2}\right)=55$

양수 a에 대하여 함수 $f(x)$는

$$f(x)=\frac{x^2-ax}{e^x}$$

이다. 실수 t에 대하여 x에 대한 방정식

$$f(x)=f'(t)(x-t)+f(t)$$

의 서로 다른 실근의 개수를 $g(t)$라 하자.

$g(5)+\lim\limits_{t\to 5}g(t)=5$일 때, $\lim\limits_{t\to k-}g(t)\neq\lim\limits_{t\to k+}g(t)$를 만족

시키는 모든 실수 k의 값의 합은 $\dfrac{q}{p}$이다. $p+q$의 값을 구하

시오. (단, p와 q는 서로소인 자연수이다.) **16**

> 곡선 $y=f(x)$와 이 곡선 위의
> 점 $(t, f(t))$에서의 접선
> $y=f'(t)(x-t)+f(t)$의
> 교점의 x좌표를 구하는 식이네.

☑ **연관 개념 check**

이계도함수를 갖는 함수 $f(x)$에서 $f''(a)=0$이고, $x=a$의
좌우에서 $f''(x)$의 부호가 바뀌면 점 $(a, f(a))$는 곡선
$y=f(x)$의 변곡점이다.

☑ **실전 적용 key**

함수 $g(t)$가 $t=a$에서 연속이면 $g(a)=\lim\limits_{t\to a}g(t)$이므로
$g(a)+\lim\limits_{t\to a}g(t)$의 값은 짝수이어야 한다. 그런데
$g(5)+\lim\limits_{t\to 5}g(t)=5$이므로 함수 $g(t)$는 $t=5$에서 불연속임을 알
수 있다.

수능 핵심 개념   **함수의 그래프 그리기**

함수 $y=f(x)$의 그래프의 개형을 그릴 때는 다음을 고려
한다.
(1) 함수의 정의역과 치역
(2) 대칭성과 주기
(3) 좌표축과의 교점
(4) 함수의 증가와 감소, 극대와 극소
(5) 곡선의 오목과 볼록, 변곡점
(6) $\lim\limits_{x\to\infty}f(x)$, $\lim\limits_{x\to-\infty}f(x)$, 점근선

> 방정식 $f(x)=g(x)$의 서로 다른 실근의
> 개수는 두 함수 $y=f(x)$와 $y=g(x)$의
> 그래프의 교점의 개수와 같다.

해결 흐름

1 $f'(x)$, $f''(x)$를 이용하여 함수 $y=f(x)$의 그래프의 개형을 그려 봐야겠다.

2 함수 $y=f(x)$의 그래프 위의 점 $(t, f(t))$에서의 접선을 그려 교점의 개수를 구해야겠네.

3 $y=g(t)$의 그래프를 그린 후, 주어진 조건을 만족하는 a의 값을 구하면 되겠네.

알찬 풀이

$f(x)=\dfrac{x^2-ax}{e^x}$에서

$$f'(x)=\frac{(2x-a)e^x-(x^2-ax)e^x}{e^{2x}}$$

$$=\frac{-x^2+(a+2)x-a}{e^x}$$

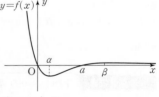

> **함수의 몫의 미분법**
> 미분가능한 두 함수 $f(x)$, $g(x)$ $(g(x)\neq 0)$
> 에 대하여
> $\left\{\dfrac{f(x)}{g(x)}\right\}'=\dfrac{f'(x)g(x)-f(x)g'(x)}{\{g(x)\}^2}$

$f'(x)=0$에서 $x^2-(a+2)x+a=0$ ...... ㉠

이 이차방정식의 판별식을 D_1이라 하면

$D_1=(a+2)^2-4a=a^2+4>0$ → (두 근의 합)$=a+2>0$, (두 근의 곱)$=a>0$
                                    이므로 두 근은 모두 양수야.

이고, $a>0$이므로 이차방정식 ㉠은 서로 다른 두 양의 실근을 갖는다.

이 두 양의 실근을 α, β $(0<\alpha<\beta)$라 하고, 함수 $f(x)$의 증가와 감소를 표로 나
타내면 다음과 같다.

x	$\cdots$	α	$\cdots$	β	$\cdots$
$f'(x)$	$-$	0	$+$	0	$-$
$f(x)$	↘	극소	↗	극대	↘

이때 $f(0)=0$, $f(a)=0$이고,

$\lim\limits_{x\to-\infty}f(x)=\infty$, $\lim\limits_{x\to\infty}f(x)=0$이므로 함수

$y=f(x)$의 그래프의 개형은 오른쪽 그림과
같다.

> $f(x)=\dfrac{x^2-ax}{e^x}$에 $x=0$, $x=a$를 각각 대입한 거야.

또,

$$f''(x)=\frac{\{-2x+(a+2)\}e^x-\{-x^2+(a+2)x-a\}e^x}{e^{2x}}$$

$$=\frac{x^2-(a+4)x+2a+2}{e^x}$$

$f''(x)=0$에서 $x^2-(a+4)x+2a+2=0$ ...... ㉡

이 이차방정식의 판별식을 D_2라 하면

$D_2=(a+4)^2-4(2a+2)=a^2+8>0$ → $f''(x)=0$은 서로 다른 두 실근을 가져.

따라서 함수 $f(x)$가 변곡점을 갖는 x의 값의 개수는 2이므로 이 두 점의 x좌표
를 t_1, t_2 $(t_1<t_2)$라 하자.

한편, x에 대한 방정식 $f(x)=f'(t)(x-t)+f(t)$의 서로 다른 실근의 개수는
함수 $y=f(x)$의 그래프와 함수 $y=f(x)$의 그래프 위의 점 $(t, f(t))$에서의 접
선의 교점의 개수와 같다.

따라서 $y=f(x)$의 그래프와 $y=g(t)$의 그래프는 다음 그림과 같다.

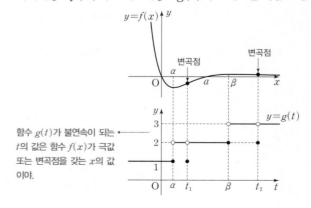

> 함수 $g(t)$가 불연속이 되는
> t의 값은 함수 $f(x)$가 극값
> 또는 변곡점을 갖는 x의 값
> 이야.

$g(5)+\lim\limits_{t\to 5}g(t)=5$이려면 $g(5)=2$, $\lim\limits_{t\to 5}g(t)=3$이어야 하므로 $t_2=5$이다.

즉, $x=5$를 ⓒ에 대입하면 $5^2-(a+4)\times 5+2a+2=0$

$-3a+7=0$ $\qquad\therefore a=\dfrac{7}{3}$

또, $\lim\limits_{t\to k-}g(t)\neq\lim\limits_{t\to k+}g(t)$를 만족시키는 k의 값은 α, β, 즉 이차방정식 ⑤의 두 양의 실근이다.

따라서 모든 실수 k의 값의 합은 <u>이차방정식의 근과 계수의 관계</u>에 의하여 $a+2$ 이다.

즉, $a+2=\dfrac{7}{3}+2=\dfrac{13}{3}$이므로 $p=3$, $q=13$

$\therefore p+q=3+13=16$

> **이차방정식의 근과 계수의 관계** ☆
> 이차방정식 $ax^2+bx+c=0$에서
> (1) (두 근의 합) $=-\dfrac{b}{a}$
> (2) (두 근의 곱) $=\dfrac{c}{a}$

---

143 정답 72 정답률 15%

> <u>이차함수 $f(x)$</u>에 대하여 함수 $g(x)=f(x)e^{-x}$이 다음 조건 을 만족시킨다. → $f(x)=ax^2+bx+c$로 놓고 두 조건을 만족시키는 $g(x)$를 구해 봐.
> (가) 점 $(1, g(1))$과 점 $(4, g(4))$는 곡선 $y=g(x)$의 변 곡점이다.
> (나) 점 $(0, k)$에서 곡선 $y=g(x)$에 그은 접선의 개수가 3인 k의 값의 범위는 $-1<k<0$이다.
>
> $g(-2)\times g(4)$의 값을 구하시오. 72

☑ 연관 개념 check
이계도함수를 갖는 함수 $f(x)$에서 $f''(a)=0$이고, $x=a$의 좌우에서 $f''(x)$의 부호가 바뀌면 점 $(a, f(a))$는 곡선 $y=f(x)$의 변곡점이다.

☑ 실전 적용 key
함수를 해석하는 유형은 미분을 통해 함수의 특징을 파악하기도 하지만, 함수식이 직접 주어지지 않은 경우에는 일단 조건을 만족 시키는 가장 간단한 함수의 그래프의 개형을 그려 보고, 함수의 그 래프에 영향을 주는 요소들을 떠올리면서 그 그래프를 정교하게 그려야 한다. 또한, 함수가 주어진 문제를 풀 때 함수의 특징을 떠 올리는 습관을 가져야 한다. 함수의 특징으로는 기함수·우함수인 지, 함수가 어디에서 연속이고 미분가능한지 등이 있다.

수능 핵심 개념 함수의 그래프 그리기
함수 $y=f(x)$의 그래프의 개형을 그릴 때는 다음을 고려 한다.
(1) 함수의 정의역과 치역
(2) 대칭성과 주기
(3) 좌표축과의 교점
(4) 함수의 증가와 감소, 극대와 극소
(5) 곡선의 오목과 볼록, 변곡점
(6) $\lim\limits_{x\to\infty}f(x)$, $\lim\limits_{x\to-\infty}f(x)$, 점근선

해결 흐름

1 조건 (가)에서 $g''(1)=0$, $g''(4)=0$이네.

2 $f(x)$가 이차함수이니까 $f(x)=ax^2+bx+c$로 놓고, $g(x)$에 대입해서 $g'(x)$, $g''(x)$를 각 각 구해 봐야겠다.

3 조건 (나)에서 곡선 $y=g(x)$ 위의 점 $(t, g(t))$에서의 접선이 점 $(0, k)$를 지난다고 생각해 보 면 접선의 개수가 3이라는 것은 접점의 개수가 3인 것으로 생각할 수 있어.

알찬 풀이

조건 (가)에서 두 점 $(1, g(1))$, $(4, g(4))$가 곡선 $y=g(x)$의 변곡점이므로
$g''(1)=g''(4)=0$ $\qquad\qquad$ ……ⓒ
$f(x)$는 이차함수이므로 $f(x)=ax^2+bx+c\ (a\neq 0,\ a,\ b,\ c$는 상수$)$라 하면
$f'(x)=2ax+b$, $f''(x)=2a$ → $f''(x)$는 상수함수야.
$g(x)=f(x)e^{-x}$에서

> **함수의 곱의 미분법** ☆
> 미분가능한 두 함수 $f(x)$, $g(x)$에 대하여
> $\{f(x)g(x)\}'=f'(x)g(x)+f(x)g'(x)$

$g'(x)=f'(x)e^{-x}-f(x)e^{-x}$
$\qquad =\{f'(x)-f(x)\}e^{-x}$
$g''(x)=\{f''(x)-f'(x)\}e^{-x}-\{f'(x)-f(x)\}e^{-x}$
$\qquad =\{f''(x)-2f'(x)+f(x)\}e^{-x}$
$\qquad =\{2a-2(2ax+b)+ax^2+bx+c\}e^{-x}$
$\qquad =\{ax^2+(b-4a)x+2a-2b+c\}e^{-x}$

이때 $e^{-x}>0$이므로 $g''(x)=0$에서
$ax^2+(b-4a)x+2a-2b+c=0$
이고, ⓒ에서 위의 이차방정식의 두 근이 1, 4이므로 근과 계수의 관계에 의하여

$(두 근의 합)=-\dfrac{b-4a}{a}=1+4=5$

> **이차방정식의 근과 계수의 관계** ☆
> 이차방정식 $ax^2+bx+c=0$에서
> (1) (두 근의 합) $=-\dfrac{b}{a}$
> (2) (두 근의 곱) $=\dfrac{c}{a}$

$b-4a=-5a$ $\qquad\therefore b=-a$

$(두 근의 곱)=\dfrac{2a-2b+c}{a}=1\times 4=4$

$2a-2b+c=4a$
위의 식에 $b=-a$를 대입하면
$2a+2a+c=4a$ $\qquad\therefore c=0$
따라서 $f(x)=ax^2-ax$이므로
$g(x)=(ax^2-ax)e^{-x}$ $\qquad\qquad$ ……ⓒ
— $g(x)=f(x)e^{-x}$에 $f(x)=ax^2-ax$를 대입했어.
$\therefore g'(x)=(2ax-a)e^{-x}-(ax^2-ax)e^{-x}=(-ax^2+3ax-a)e^{-x}$
곡선 $y=g(x)$ 위의 점 $(t, g(t))$에서의 접선의 방정식은
$y-g(t)=g'(t)(x-t)$
$\therefore y=(-at^2+3at-a)e^{-t}(x-t)+(at^2-at)e^{-t}$

이 접선이 점 $(0, k)$를 지나므로 → 앞의 접선의 방정식에 $x=0$, $y=k$를 대입해.

$$k=-t(-at^2+3at-a)e^{-t}+(at^2-at)e^{-t}$$
$$=ae^{-t}(t^3-3t^2+t)+ae^{-t}(t^2-t)$$
$$=ae^{-t}(t^3-2t^2)$$

조건 (나)에서 $-1<k<0$일 때, 점 $(0, k)$에서 곡선 $y=g(x)$에 그은 접선의 개수가 3이므로 t에 대한 방정식

$$ae^{-t}(t^3-2t^2)=k \qquad\qquad\qquad \cdots\cdots \ㄷ$$

가 $-1<k<0$에서 서로 다른 세 실근을 가져야 한다.

$h(t)=ae^{-t}(t^3-2t^2)$이라 하면

$$h'(t)=-ae^{-t}(t^3-2t^2)+ae^{-t}(3t^2-4t)$$
$$=-ae^{-t}(t^3-2t^2-3t^2+4t)$$
$$=-ae^{-t}(\underline{t^3-5t^2+4t}) \quad \rightarrow \ \substack{t^3-5t^2+4t=t(t^2-5t+4) \\ =t(t-1)(t-4)}$$
$$=-at(t-1)(t-4)e^{-t}$$

이때 $e^{-t}>0$이므로 $h'(t)=0$에서

$t=0$ 또는 $t=1$ 또는 $t=4$

(ⅰ) $a<0$일 때,

함수 $h(t)$의 증가와 감소를 표로 나타내면 다음과 같다.

t	$\cdots$	0	$\cdots$	1	$\cdots$	4	$\cdots$
$h'(t)$	$-$	0	$+$	0	$-$	0	$+$
$h(t)$	$\searrow$	0 (극소)	$\nearrow$	$-\dfrac{a}{e}$ (극대)	$\searrow$	$\dfrac{32a}{e^4}$ (극소)	$\nearrow$

또, $\displaystyle\lim_{t\to-\infty}h(t)=\infty$, $\displaystyle\lim_{t\to\infty}h(t)=0$이므로 함수 $y=h(t)$의 그래프는 다음 그림과 같다. → 함수 $y=h(t)$의 그래프의 점근선은 $y=0$이야.

a의 값의 범위에 따라 그래프의 개형이 달라지므로 a가 음수인 경우와 양수인 경우로 나누어 생각해야 해.

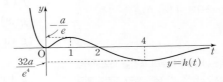

그런데 $y=h(t)$의 그래프와 직선 $y=k$ $(-1<k<0)$의 교점의 개수가 2 이하이므로 방정식 ㄷ은 2개 이하의 실근을 갖는다. → 교점이 3개이려면 $0<k<-\dfrac{a}{e}$이어야 해.

따라서 조건을 만족시키지 않는다.

(ⅱ) $a>0$일 때,

함수 $y=h(t)$의 그래프는 $a<0$일 때의 $y=h(t)$의 그래프를 t축에 대하여 대칭이동한 것이므로 다음 그림과 같다.

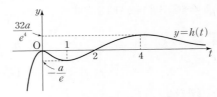

이때 $y=h(t)$의 그래프와 직선 $y=k$ $(-1<k<0)$의 교점의 개수가 3이어야 하므로

$$h(1)=-1$$
$$ae^{-1}\times(-1)=-1 \qquad \therefore a=e$$

$h(t)=ae^{-t}(t^3-2t^2)$에 $t=1$을 대입했어.

(ⅰ), (ⅱ)에서

$$g(x)=(ex^2-ex)e^{-x} \ \longrightarrow \ g(x)=(ax^2-ax)e^{-x}\text{에 } a=e\text{를 대입한 거야.}$$
$$=(x^2-x)e^{1-x} \ (\because \ ㄴ)$$
$$\therefore g(-2)\times g(4)=6e^3\times12e^{-3}=72$$

144 정답 ⑤ 정답률 80%

좌표평면 위를 움직이는 점 P의 시각 $t\ (t>0)$에서의 위치 $(x,\ y)$가

$$x=2\sqrt{t+1},\quad y=t-\ln (t+1)$$

이다. 점 P의 속력의 최솟값은?

→ 위치를 미분하면 속도니까 먼저 속도를 구해 봐.

① $\dfrac{\sqrt{3}}{8}$ ② $\dfrac{\sqrt{6}}{8}$ ③ $\dfrac{\sqrt{3}}{4}$

④ $\dfrac{\sqrt{6}}{4}$ ✓⑤ $\dfrac{\sqrt{3}}{2}$

해결 흐름

1 $\dfrac{dx}{dt}$, $\dfrac{dy}{dt}$ 를 구한 후 시각 t에서의 점 P의 속력을 구해야겠다.

2 주어진 시각 t의 범위에서 점 P의 속력의 최솟값을 구해야겠다.

알찬 풀이

$$\frac{dx}{dt}=\frac{2}{2\sqrt{t+1}}=\frac{1}{\sqrt{t+1}},\quad \frac{dy}{dt}=1-\frac{1}{t+1}$$

> 미분가능한 함수 $f(x)\ (f(x)\neq 0)$에 대하여 $y=\ln |f(x)|$이면 $y'=\dfrac{f'(x)}{f(x)}$ ☆★

이므로 시각 t에서의 점 P의 속도는 $\left(\dfrac{1}{\sqrt{t+1}},\ 1-\dfrac{1}{t+1}\right)$이다.

즉, 점 P의 속력은

$$\sqrt{\left(\frac{1}{\sqrt{t+1}}\right)^2+\left(1-\frac{1}{t+1}\right)^2}=\sqrt{\frac{1}{(t+1)^2}-\frac{1}{t+1}+1}$$

$\dfrac{1}{t+1}=s$로 놓으면 $0<s<1$이고, 점 P의 속력은

$$\sqrt{s^2-s+1}=\sqrt{\left(s-\frac{1}{2}\right)^2+\frac{3}{4}}$$

→ $t>0$에서 $s=\dfrac{1}{t+1}$의 그래프는 오른쪽 그림과 같으므로 $0<s<1$

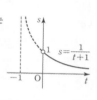

이므로 $s=\dfrac{1}{2}$일 때 최솟값 $\dfrac{\sqrt{3}}{2}$을 갖는다.

따라서 점 P의 속력의 최솟값은 $\dfrac{\sqrt{3}}{2}$이다. → $\sqrt{\dfrac{3}{4}}=\dfrac{\sqrt{3}}{2}$

☑ **연관 개념 check**

좌표평면 위를 움직이는 점 $P(x,\ y)$의 시각 t에서의 위치가 $x=f(t)$, $y=g(t)$로 나타내어질 때, 점 P의 시각 t에서의

(1) 속도: $\left(\dfrac{dx}{dt},\ \dfrac{dy}{dt}\right)$ 또는 $(f'(t),\ g'(t))$

(2) 속력: $\sqrt{\left(\dfrac{dx}{dt}\right)^2+\left(\dfrac{dy}{dt}\right)^2}$ 또는 $\sqrt{\{f'(t)\}^2+\{g'(t)\}^2}$

→ 근호 안의 식이 s에 대한 이차식이므로 $(s-p)^2+q$ 꼴로 변형해서 최솟값을 구해야 해.

---

145 정답 ⑤ 정답률 62%

원점 O를 중심으로 하고 두 점 A$(1,\ 0)$, B$(0,\ 1)$을 지나는 사분원이 있다. 그림과 같이 점 P는 점 A에서 출발하여 호 AB를 따라 점 B를 향하여 매초 1의 일정한 속력으로 움직인다. 선분 OP와 선분 AB가 만나는 점을 Q라 하자. 점 P의 x좌표가 $\dfrac{4}{5}$인 순간 점 Q의 속도는 $(a,\ b)$이다. $b-a$의 값은?

→ $\overarc{\text{AP}}=1\times(\text{시간})$

→ 점 Q는 직선 OP와 선분 AB의 교점이야.

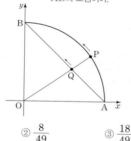

① $\dfrac{2}{49}$ ② $\dfrac{8}{49}$ ③ $\dfrac{18}{49}$

④ $\dfrac{32}{49}$ ✓⑤ $\dfrac{50}{49}$

해결 흐름

1 점 P의 속력을 이용하면 점 Q의 좌표를 구할 수 있겠어.

2 점 P의 x좌표가 $\dfrac{4}{5}$인 순간의 시각을 이용해서 a, b의 값을 각각 구해야겠군.

알찬 풀이

→ (호의 길이)$=$(반지름의 길이)$\times$(중심각의 크기)이고 반지름의 길이가 1이니까 (중심각의 크기)$=$(호의 길이)

시각 t에서 $\overarc{\text{AP}}=t$이므로 $\angle\text{AOP}=t$

따라서 직선 OP의 방정식은 $y=(\tan t)x$이고, 직선 AB의 방정식은 $y=-x+1$이므로

> 직선 OP와 x축의 양의 방향이 이루는 각의 크기가 θ이면 직선 OP의 기울기는 $\tan\theta$ ☆★

점 Q의 x좌표는 $(\tan t)x=-x+1$에서 $x=\dfrac{1}{\tan t+1}$

$\therefore \text{Q}\left(\dfrac{1}{\tan t+1},\ \dfrac{\tan t}{\tan t+1}\right)$ → $x=\dfrac{1}{\tan t+1}$을 $y=(\tan t)x$에 대입한 거야.

$x=\dfrac{1}{\tan t+1}$, $y=\dfrac{\tan t}{\tan t+1}$에서

→ $\dfrac{\sec^2 t\times(\tan t+1)-\tan t\times\sec^2 t}{(\tan t+1)^2}$

$$\frac{dx}{dt}=-\frac{\sec^2 t}{(\tan t+1)^2},\quad \frac{dy}{dt}=\frac{\sec^2 t}{(\tan t+1)^2}$$

이므로 점 Q의 속도는 $\left(-\dfrac{\sec^2 t}{(\tan t+1)^2},\ \dfrac{\sec^2 t}{(\tan t+1)^2}\right)$이다.

한편, 점 P의 x좌표가 $\dfrac{4}{5}$인 순간의 시각을 t_1이라 하면

$$\cos t_1=\frac{4}{5}$$이므로 $\sin t_1=\sqrt{1-\cos^2 t_1}=\sqrt{1-\left(\frac{4}{5}\right)^2}=\frac{3}{5}\ (\because \sin t_1>0)$

$$\therefore \sec t_1=\frac{1}{\cos t_1}=\frac{5}{4},\quad \tan t_1=\frac{\sin t_1}{\cos t_1}=\frac{\frac{3}{5}}{\frac{4}{5}}=\frac{3}{4}$$

→ 시각 t_1에서의 점 Q의 속도는 $\left(-\dfrac{\sec^2 t_1}{(\tan t_1+1)^2},\ \dfrac{\sec^2 t_1}{(\tan t_1+1)^2}\right)$ 즉, $\left(-\dfrac{25}{49},\ \dfrac{25}{49}\right)$야.

따라서 $\dfrac{\sec^2 t_1}{(\tan t_1+1)^2}=\dfrac{\left(\frac{5}{4}\right)^2}{\left(\frac{3}{4}+1\right)^2}=\dfrac{25}{49}$이므로 $a=-\dfrac{25}{49}$, $b=\dfrac{25}{49}$

$$\therefore b-a=\frac{25}{49}-\left(-\frac{25}{49}\right)=\frac{50}{49}$$

☑ **연관 개념 check**

(1) 좌표평면 위를 움직이는 점 $P(x,\ y)$의 시각 t에서의 위치가 $x=f(t)$, $y=g(t)$로 나타내어질 때, 점 P의 시각 t에서의 속도는

$\left(\dfrac{dx}{dt},\ \dfrac{dy}{dt}\right)$ 또는 $(f'(t),\ g'(t))$

(2) 두 함수 $f(x)$, $g(x)\ (g(x)\neq 0)$가 미분가능할 때,

(i) $y=\dfrac{1}{g(x)}$이면 $y'=-\dfrac{g'(x)}{\{g(x)\}^2}$

(ii) $y=\dfrac{f(x)}{g(x)}$이면 $y'=\dfrac{f'(x)g(x)-f(x)g'(x)}{\{g(x)\}^2}$

146 정답 25   정답률 6%

함수 $y=\dfrac{\sqrt{x}}{10}$ 의 그래프와 함수 $y=\tan x$의 그래프가 만나는 <u>모든 점의 x좌표를 작은 수부터</u> 크기순으로 나열할 때, n번째 수를 a_n이라 하자.

→ 두 식을 연립하여 x좌표를 구하는 식을 구해.

$$\dfrac{1}{\pi^2}\times \lim_{n\to\infty} a_n{}^3 \tan^2(a_{n+1}-a_n)$$

의 값을 구하시오. **25**

→ 탄젠트함수의 덧셈정리를 이용하여 정리해.

1 두 함수의 그래프의 교점의 x좌표가 a_n이니까 그래프를 그려 봐야겠다.

2 탄젠트함수의 덧셈정리를 이용하여 $\tan^2(a_{n+1}-a_n)$을 구해야겠군.

3 **1**의 그래프에서 a_n의 값과 곡선 $y=\tan x$의 접선선의 관계를 이용하여 $\lim_{n\to\infty}(a_{n+1}-a_n)$, $\lim_{n\to\infty}\dfrac{a_{n+1}}{a_n}$의 값을 구하면 되겠네.

알찬 풀이

두 함수 $y=\dfrac{\sqrt{x}}{10}$, $y=\tan x$의 그래프는 다음 그림과 같다.

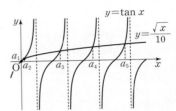

이때 a_n은 두 곡선 $y=\dfrac{\sqrt{x}}{10}$, $y=\tan x$의 교점의 x좌표이므로

$$\tan a_n=\dfrac{\sqrt{a_n}}{10} \quad\longrightarrow\quad \dfrac{\sqrt{x}}{10}=\tan x \text{에서 } x\text{에 } a_n\text{을 대입한 거야.}$$

삼각함수의 덧셈정리에 의하여

$$\tan(a_{n+1}-a_n)=\dfrac{\tan a_{n+1}-\tan a_n}{1+\tan a_{n+1}\tan a_n}$$

$$=\dfrac{\dfrac{\sqrt{a_{n+1}}}{10}-\dfrac{\sqrt{a_n}}{10}}{1+\dfrac{\sqrt{a_{n+1}}}{10}\times\dfrac{\sqrt{a_n}}{10}}$$

$$=\dfrac{\dfrac{\sqrt{a_{n+1}}-\sqrt{a_n}}{10}}{\dfrac{100+\sqrt{a_{n+1}a_n}}{100}}$$

$$=\dfrac{10(\sqrt{a_{n+1}}-\sqrt{a_n})}{100+\sqrt{a_{n+1}a_n}}$$

$$\therefore \tan^2(a_{n+1}-a_n)=100\times\left(\dfrac{\sqrt{a_{n+1}}-\sqrt{a_n}}{100+\sqrt{a_{n+1}a_n}}\right)^2$$

한편, 곡선 $y=\tan x$의 점근선의 방정식은 $x=\dfrac{2n-1}{2}\pi$ (n은 정수)이고

$n\to\infty$일 때 $\dfrac{\sqrt{a_n}}{10}\to\infty$이므로 위의 그래프에서

$$\lim_{n\to\infty}\left(a_n-\dfrac{2n-3}{2}\pi\right)=0$$

→ 그래프에서 a_n의 값은 $y=\tan x$의 그래프의 점근선 $x=\dfrac{2n-1}{2}\pi$에 점점 가까워지므로 $n\to\infty$이면 0으로 수렴해.

이때 $b_n=a_n-\dfrac{2n-3}{2}\pi$로 놓으면

$a_n=b_n+\dfrac{2n-3}{2}\pi$이고 $\lim_{n\to\infty}b_n=0$이므로

$$\lim_{n\to\infty}(a_{n+1}-a_n)$$

$$=\lim_{n\to\infty}\left(b_{n+1}+\dfrac{2n-1}{2}\pi-b_n-\dfrac{2n-3}{2}\pi\right)$$

$$=\lim_{n\to\infty}(b_{n+1}-b_n+\pi)$$

$$=0-0+\pi$$
→ $\lim_{n\to\infty}b_n=0$이므로 $\lim_{n\to\infty}b_{n+1}=0$이야.

$$=\pi$$

연관 개념 check

$$\tan(\alpha-\beta)=\dfrac{\tan\alpha-\tan\beta}{1+\tan\alpha\tan\beta}$$

실전 적용 key

$\lim_{n\to\infty}(a_{n+1}-a_n)$, $\lim_{n\to\infty}\dfrac{a_{n+1}}{a_n}$의 값은 다음 방법으로 구할 수도 있다.

(1) $\lim_{n\to\infty}a_n=\infty$이고, $\lim_{n\to\infty}a_n{}^3\tan^2(a_{n+1}-a_n)$이 수렴하므로

$\lim_{n\to\infty}\tan(a_{n+1}-a_n)=0$이어야 한다.

$$\therefore \lim_{n\to\infty}(a_{n+1}-a_n)=\pi \left(\because 0<a_{n+1}-a_n<\dfrac{3}{2}\pi\right)$$

(2) 모든 자연수 n에 대하여

$$(n-1)\pi<a_n<(n-1)\pi+\dfrac{\pi}{2}$$

$$n\pi<a_{n+1}<n\pi+\dfrac{\pi}{2}$$

이므로

$$\dfrac{\pi}{2}<a_{n+1}-a_n<\dfrac{3\pi}{2}$$

$$\therefore \dfrac{\pi}{2}\times\dfrac{1}{a_n}<\dfrac{a_{n+1}}{a_n}-1<\dfrac{3\pi}{2}\times\dfrac{1}{a_n}$$

이때 $\lim_{n\to\infty}a_n=\infty$이므로 극한의 대소 관계에 의하여

$$\lim_{n\to\infty}\left(\dfrac{a_{n+1}}{a_n}-1\right)=0$$

$$\therefore \lim_{n\to\infty}\dfrac{a_{n+1}}{a_n}=1$$

$$\lim_{n \to \infty} \frac{a_{n+1}}{a_n} = \lim_{n \to \infty} \frac{b_{n+1} + \dfrac{2n-1}{2}\pi}{b_n + \dfrac{2n-3}{2}\pi}$$

$$= \lim_{n \to \infty} \frac{\dfrac{b_{n+1}}{n} + \dfrac{2n-1}{2n}\pi}{\dfrac{b_n}{n} + \dfrac{2n-3}{2n}\pi}$$

$$= \lim_{n \to \infty} \frac{\dfrac{b_{n+1}}{n} + \left(1 - \dfrac{1}{2n}\right)\pi}{\dfrac{b_n}{n} + \left(1 - \dfrac{3}{2n}\right)\pi}$$

$\displaystyle\lim_{n\to\infty} b_n = \lim_{n\to\infty} b_{n+1} = 0$이므로

$$= \frac{0+\pi}{0+\pi}$$

$\displaystyle\lim_{n\to\infty} \frac{b_n}{n} = \lim_{n\to\infty} \frac{b_{n+1}}{n} = 0$이야.

$$= 1$$

$$\therefore \frac{1}{\pi^2} \lim_{n\to\infty} a_n^{\ 3} \tan^2(a_{n+1} - a_n)$$

$$= \frac{1}{\pi^2} \lim_{n\to\infty} \left\{ 100 \times a_n^{\ 3} \times \left(\frac{\sqrt{a_{n+1}} - \sqrt{a_n}}{100 + \sqrt{a_{n+1} a_n}} \right)^2 \right\}$$

식을 간단히 하기 위해 $a_n^{\ 3} = (a_n\sqrt{a_n})^2$으로 변형했어.

$$= \frac{1}{\pi^2} \lim_{n\to\infty} \left[100 \times \left\{ \frac{a_n \sqrt{a_n}(\sqrt{a_{n+1}} - \sqrt{a_n})}{100 + \sqrt{a_{n+1} a_n}} \right\}^2 \right]$$

$$= \frac{100}{\pi^2} \lim_{n\to\infty} \left\{ \frac{a_n \sqrt{a_n}(a_{n+1} - a_n)}{(100 + \sqrt{a_{n+1} a_n})(\sqrt{a_{n+1}} + \sqrt{a_n})} \right\}^2$$

분자를 유리화하기 위해 분모와 분자에 $\sqrt{a_{n+1}} + \sqrt{a_n}$을 곱했어.

$$= \frac{100}{\pi^2} \lim_{n\to\infty} \left[\left\{ \frac{1}{\left(\dfrac{100}{a_n} + \sqrt{\dfrac{a_{n+1}}{a_n}}\right)\left(\sqrt{\dfrac{a_{n+1}}{a_n}} + 1\right)} \right\}^2 \times (a_{n+1} - a_n)^2 \right]$$

$$= \frac{100}{\pi^2} \times \left\{ \frac{1}{(0+1) \times (1+1)} \right\}^2 \times \pi^2$$

분자의 $a_n\sqrt{a_n}$을 분모의 $100 + \sqrt{a_{n+1}a_n}$은 a_n으로 나누고, $\sqrt{a_{n+1}} + \sqrt{a_n}$은 $\sqrt{a_n}$으로 나누었어.

$$= \frac{100}{\pi^2} \times \frac{1}{4} \times \pi^2$$

$\displaystyle\lim_{n\to\infty} a_n = \infty$이므로 $\displaystyle\lim_{n\to\infty} \frac{100}{a_n} = 0$이야.

$$= 25$$

다른 풀이

미분을 이용하여 풀 수도 있다.

$$\tan(a_{n+1} - a_n) = \frac{\tan a_{n+1} - \tan a_n}{1 + \tan a_{n+1} \tan a_n}$$

$$= \frac{\dfrac{\sqrt{a_{n+1}}}{10} - \dfrac{\sqrt{a_n}}{10}}{1 + \dfrac{\sqrt{a_{n+1}}}{10} \times \dfrac{\sqrt{a_n}}{10}} \qquad \cdots\cdots \ \ominus$$

함수 $f(x) = \dfrac{\sqrt{x}}{10}$의 그래프는 위로 볼록이므로 모든 자연수 n에 대하여

$$f'(a_{n+1}) < \frac{f(a_{n+1}) - f(a_n)}{a_{n+1} - a_n} < f'(a_n)$$

이 성립한다. 즉,

$$\frac{1}{20\sqrt{a_{n+1}}} < \frac{\dfrac{\sqrt{a_{n+1}}}{10} - \dfrac{\sqrt{a_n}}{10}}{a_{n+1} - a_n} < \frac{1}{20\sqrt{a_n}}$$

$f'(x) = \dfrac{1}{10} \times (\sqrt{x})' = \dfrac{1}{20\sqrt{x}}$의 x에 a_{n+1}, a_n을 각각 대입했어.

$$\therefore \frac{a_{n+1} - a_n}{20\sqrt{a_{n+1}}} < \frac{\sqrt{a_{n+1}}}{10} - \frac{\sqrt{a_n}}{10} < \frac{a_{n+1} - a_n}{20\sqrt{a_n}}$$

$\ominus$에서

$$\frac{a_{n+1} - a_n}{20\sqrt{a_{n+1}}\left(1 + \dfrac{\sqrt{a_n a_{n+1}}}{100}\right)} < \tan(a_{n+1} - a_n) < \frac{a_{n+1} - a_n}{20\sqrt{a_n}\left(1 + \dfrac{\sqrt{a_n a_{n+1}}}{100}\right)}$$

$a_n{}^3 \tan^2(a_{n+1}-a_n)=b_n$으로 놓으면

$$\frac{a_n{}^3 \times (a_{n+1}-a_n)^2}{400a_{n+1}\left(1+\dfrac{\sqrt{a_n a_{n+1}}}{100}\right)^2} < b_n < \frac{a_n{}^3 \times (a_{n+1}-a_n)^2}{400a_n\left(1+\dfrac{\sqrt{a_n a_{n+1}}}{100}\right)^2}$$

$a_n{}^3$으로 분모와 분자를 나누었어.

$$\frac{(a_{n+1}-a_n)^2}{400 \times \dfrac{a_{n+1}}{a_n}\left(\dfrac{1}{a_n}+\dfrac{1}{100}\sqrt{\dfrac{a_{n+1}}{a_n}}\right)^2} < b_n < \frac{(a_{n+1}-a_n)^2}{400 \times \left(\dfrac{1}{a_n}+\dfrac{1}{100}\sqrt{\dfrac{a_{n+1}}{a_n}}\right)^2}$$

이때 $\lim_{n\to\infty} a_n=\infty$, $\lim_{n\to\infty}(a_{n+1}-a_n)=\pi$, $\lim_{n\to\infty}\dfrac{a_{n+1}}{a_n}=1$이므로

$$\frac{\pi^2}{400\times 1\times\left(0+\dfrac{1}{100}\right)^2} \le \lim_{n\to\infty} b_n \le \frac{\pi^2}{400\times\left(0+\dfrac{1}{100}\right)^2}$$

따라서 $\dfrac{\pi^2}{400\times 1\times\left(0+\dfrac{1}{100}\right)^2}=\dfrac{\pi^2}{400\times\left(0+\dfrac{1}{100}\right)^2}=25\pi^2$이므로 수열의 극

한의 대소 관계에 의하여

$$\lim_{n\to\infty} b_n=25\pi^2$$

$$\therefore \frac{1}{\pi^2}\lim_{n\to\infty} b_n=25$$

147 정답 31　　　정답률 10%

최고차항의 계수가 양수인 삼차함수 $f(x)$와 **2**
함수 $g(x)=e^{\sin\pi x}-1$에 대하여 실수 전체의 집합에서 정의된
합성함수 $h(x)=g(f(x))$가 다음 조건을 만족시킨다.

> (가) 함수 $h(x)$는 $x=0$에서 극댓값 0을 갖는다. **1**
> (나) 열린구간 $(0, 3)$에서 방정식 $h(x)=1$의 서로 다른 실 **3**
> 　　근의 개수는 7이다.

$f(3)=\dfrac{1}{2}$, $f'(3)=0$일 때, $f(2)=\dfrac{q}{p}$이다. $p+q$의 값을 **2**
구하시오. (단, p와 q는 서로소인 자연수이다.) 31

☑ 연관 개념 check

함수 $f(x)$가 $x=a$에서 미분가능하고 $x=a$에서 극값 p를
가지면 $f'(a)=0$, $f(a)=p$이다.

수능 핵심 개념　함수의 극대와 극소의 판정

미분가능한 함수 $f(x)$에 대하여 $f'(a)=0$일 때, $x=a$의
좌우에서 $f'(x)$의 부호가
(1) 양에서 음으로 바뀌면 $f(x)$는 $x=a$에서 극대이고, 극
　댓값은 $f(a)$이다.
(2) 음에서 양으로 바뀌면 $f(x)$는 $x=a$에서 극소이고, 극
　솟값은 $f(a)$이다.

해결 흐름

1 조건 (가)에서 $h'(0)=0$, $h(0)=0$이네.

2 **1**에서 구한 조건과 $f(3)=\dfrac{1}{2}$, $f'(3)=0$임을 이용하여 삼차함수 $f(x)$의 그래프의 개형을 그려 봐야겠다.

3 열린구간 $(0, 3)$에서 방정식 $h(x)=1$의 실근의 개수가 7이 되도록 그래프를 그려 봐야겠다.

알찬 풀이

$h(x)=g(f(x))=e^{\sin\pi f(x)}-1$이므로
$h'(x)=e^{\sin\pi f(x)}\times\cos\pi f(x)\times\pi f'(x)$ 　　　…… ㉠ ☆★

조건 (가)에서 $h'(0)=0$, $h(0)=0$
즉, $h(0)=e^{\sin\pi f(0)}-1=0$에서
$\sin\pi f(0)=0$, $\pi f(0)=n\pi$ (n은 정수)
$\therefore f(0)=n$ (n은 정수)

> **합성함수의 미분법**
> 미분가능한 두 함수 $y=f(u)$, $u=g(x)$에 대하여 합성함수 $y=f(g(x))$의 도함수는
> $y'=f'(g(x))g'(x)$

또, $h'(0)=e^{\sin\pi f(0)}\times\cos\pi f(0)\times\pi f'(0)=0$에서 $\pi f'(0)=0$
$\therefore f'(0)=0$ 　　　…… ㉡

$e^{\sin\pi f(0)}=1$, $\cos\pi f(0)=1$ 또는 $\cos\pi f(0)=-1$
이기 때문이야.

이때 $f(3)=\dfrac{1}{2}$, $f'(3)=0$이므로

$f(x)=(x-3)^2(ax+b)+\dfrac{1}{2}$ (a, b는 상수, $a>0$)

$\therefore f'(x)=2(x-3)(ax+b)+a(x-3)^2=(x-3)(3ax+2b-3a)$

㉡에서 $f'(0)=0$이므로 $f'(0)=-3(2b-3a)=0$, $2b=3a$, $b=\dfrac{3}{2}a$

$\therefore f(x)=a(x-3)^2\left(x+\dfrac{3}{2}\right)+\dfrac{1}{2}$ ($a>0$) 　　　…… ㉢

즉, 함수 $f(x)$의 그래프의 개형은 오른쪽 그림과 같다.
$h'(x)$의 부호는 $x=0$의 좌우에서 양에서 음으로 바
뀌고, $f'(x)$의 부호는 $x=0$의 좌우에서 양에서 음으
로 바뀌므로 ㉠에서 $x=0$의 좌우에서 $\cos\pi f(x)>0$
이다.
$\therefore f(0)=n$ (n은 짝수)

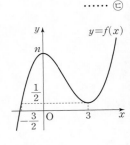

$h(x)=1$에서 $e^{\sin \pi f(x)}-1=1$, $e^{\sin \pi f(x)}=2$ $\quad \therefore \sin \pi f(x)=\ln 2$

즉, 조건 ㈏에 의하여 방정식 $\sin \pi f(x)=\ln 2$는 열린구간 $(0, 3)$에서 서로 다른 7개의 실근을 가져야 한다.

이때 $\pi f(x)=t$라 하면 방정식 $\sin t=\ln 2$는 $\pi f(3)<t<\pi f(0)$,

즉 $\dfrac{\pi}{2}<t<n\pi$ (n은 짝수)에서 서로 다른 7개의 실근을 가져야 한다.

→ $\ln 1<\ln 2<\ln e$이니까 $0<\ln 2<1$이지.

두 함수 $y=\sin t$, $y=\ln 2$의 그래프는 다음 그림과 같으므로 $n=7$ 또는 $n=8$이어야 하는데, n은 짝수이므로 $n=8$이다.

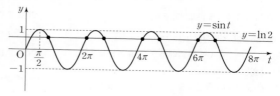

즉, $f(0)=8$이므로 ㉢에서 $f(0)=a\times(-3)^2\times\dfrac{3}{2}+\dfrac{1}{2}=8$

$\dfrac{27}{2}a+\dfrac{1}{2}=8$, $\dfrac{27}{2}a=\dfrac{15}{2}$ $\quad \therefore a=\dfrac{5}{9}$

즉, $f(x)=\dfrac{5}{9}(x-3)^2\left(x+\dfrac{3}{2}\right)+\dfrac{1}{2}$이므로 $f(2)=\dfrac{5}{9}\times\dfrac{7}{2}+\dfrac{1}{2}=\dfrac{22}{9}$

따라서 $p=9$, $q=22$이므로 $p+q=9+22=31$

---

148 정답 29 정답률 11%

→ 최고차항의 계수가 양수인 삼차함수의 그래프의 개형을 생각해 봐.
최고차항의 계수가 1인 삼차함수 $f(x)$에 대하여 실수 전체의 집합에서 정의된 함수 $g(x)=f(\sin^2 \pi x)$가 다음 조건을 만족시킨다.

㈎ $0<x<1$에서 함수 $g(x)$가 극대가 되는 x의 개수가 3 **①** 이고, 이때 극댓값이 모두 동일하다.

㈏ 함수 $g(x)$의 최댓값은 $\dfrac{1}{2}$ **②** 이고 최솟값은 0 **③** 이다.

$f(2)=a+b\sqrt{2}$일 때, a^2+b^2의 값을 구하시오. **29**
(단, a와 b는 유리수이다.)

☑ **연관 개념 check**
함수 $f(x)$가 $x=a$에서 미분가능하고 $x=a$에서 극값 p를 가지면 $f'(a)=0$, $f(a)=p$이다.

해결 흐름

① 함수 $g(x)$가 극대가 되는 x의 개수를 이용해서 함수 $f'(\sin^2 \pi x)$가 가져야 할 조건을 파악해야겠네.

② 함수 $g(x)$의 최댓값이 $\dfrac{1}{2}$임을 이용하여 함수 $f(x)$의 식을 세워야겠어.

③ 함수 $g(x)$의 최솟값이 0임을 이용하여 함수 $f(x)$의 식을 완성해야겠다.

알찬 풀이

모든 실수 x에 대하여 $0\le \sin^2 \pi x\le 1$이므로 실수 전체의 집합에서 함수 $g(x)$의 최댓값, 최솟값은 $0\le x\le 1$에서 함수 $f(x)$의 최댓값, 최솟값과 같다.

$g(x)=f(\sin^2 \pi x)$에서

$g'(x)=f'(\sin^2 \pi x)\times(\sin^2 \pi x)'$
$\quad\quad =f'(\sin^2 \pi x)\times 2\sin \pi x\times \cos \pi x\times \pi$
$\quad\quad =2\pi f'(\sin^2 \pi x)\sin \pi x\cos \pi x$ $\quad\quad\quad \cdots\cdots$ ㉠

> ★★
> **합성함수의 미분법**
> 미분가능한 두 함수 $y=f(u)$, $u=g(x)$에 대하여 합성함수 $y=f(g(x))$의 도함수는 $y'=f'(g(x))g'(x)$

$g'(x)=0$에서
$f'(\sin^2 \pi x)=0$ 또는 $\underline{\sin \pi x=0}$ 또는 $\cos \pi x=0$

→ $0<x<1$에서 $\sin \pi x>0$이야.

$0<x<1$에서 $g'(x)=0$의 실근 x는

$\cos \pi x=0$에서 $x=\dfrac{1}{2}$과 $f'(\sin \pi x)=0$의 실근 x이다.

조건 ㈎에 의하여 $0<x<1$에서 함수 $g(x)$가 극대가 되는 x의 개수가 3이려면 극값을 갖는 x의 개수는 최소 5이어야 하므로 방정식 $f'(\sin^2 \pi x)=0$의 실근의 개수는 최소 4이어야 한다.

최고차항의 계수가 1인 삼차함수 $f(x)$에 대하여 $f'(x)$는 이차함수이므로 $0<x<1$에서 이차방정식 $f'(x)=0$이 서로 다른 두 실근을 가져야만 방정식 $f'(\sin^2 \pi x)=0$의 실근의 개수는 4가 될 수 있다.

$f'(x)=3(x-\alpha)(x-\beta)(0<\alpha<\beta<1)$로 놓으면 → 삼차함수 $f(x)$의 최고차항의 계수가 1이므로 $f'(x)$는 최고차항의 계수가 3이야.

$f'(\sin^2 \pi x)=3(\sin^2 \pi x-\alpha)(\sin^2 \pi x-\beta)$

$f'(\sin^2 \pi x)=0$에서

$\sin^2 \pi x=\alpha$ 또는 $\sin^2 \pi x=\beta$

☑ 실전 적용 key

함수 $g(x)$는 연속함수이고 극대가 되는 점의 개수는 3이므로 극소가 되는 점의 개수는 다음과 같이 2 또는 3 또는 4이다.

따라서 $0<x<1$에서 함수 $g(x)$가 극값을 갖는 점의 개수, 즉 $g'(x)=0$의 실근의 개수가 최소 5이므로 $f'(\sin^2 \pi x)=0$의 실근은 $x=\dfrac{1}{2}$을 제외하고 최소 4개 존재해야 한다.

삼차함수 $f(x)$에 대하여 이차방정식 $f'(x)=0$이 중근을 갖거나 서로 다른 두 허근을 갖는 경우 $0<x<1$에서 $f'(\sin^2 \pi x)$의 부호의 변화가 생기지 않는다.

만약 이차방정식 $f'(x)=0$이 중근 α를 갖는다고 하면 $f'(\sin^2 \pi x)=0$에서 $\sin^2 \pi x=\alpha$이고, 오른쪽 그림에서 극값을 가지는 x가 t_1, $\dfrac{1}{2}$, t_2의 3개이므로 $g(x)$가 극대가 되는 x의 개수는 2 이하

이다. 따라서 문제의 조건 '$0<x<1$에서 함수 $g(x)$가 극대가 되는 x의 개수가 3'을 만족시키려면 $0<x<1$에서 $f'(x)=0$이 서로 다른 두 실근을 가져야 한다.

오른쪽 그림과 같이 함수 $y=\sin^2 \pi x$의 그래프와 직선 $y=\alpha$의 교점의 x좌표를 x_1, x_4, 함수 $y=\sin^2 \pi x$의 그래프와 직선 $y=\beta$의 교점의 x좌표를 x_2, x_3이라 하고 $f'(\sin^2 \pi x)=0$이 되는 x를 기준으로 구간을 나누어 ㉠에서 $g'(x)=2\pi f'(\sin^2 \pi x) \sin \pi x \cos \pi x$의 부호를 조사해 보자.

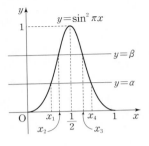

$0<x<x_1$에서
$\cos \pi x>0$, $(\sin^2 \pi x-\alpha)(\sin^2 \pi x-\beta)>0$이므로 $g'(x)>0$
$x_1<x<x_2$에서
$\cos \pi x>0$, $(\sin^2 \pi x-\alpha)(\sin^2 \pi x-\beta)<0$이므로 $g'(x)<0$
$x_2<x<\dfrac{1}{2}$에서
$\cos \pi x>0$, $(\sin^2 \pi x-\alpha)(\sin^2 \pi x-\beta)>0$이므로 $g'(x)>0$
$\dfrac{1}{2}<x<x_3$에서
$\cos \pi x<0$, $(\sin^2 \pi x-\alpha)(\sin^2 \pi x-\beta)>0$이므로 $g'(x)<0$
$x_3<x<x_4$에서
$\cos \pi x<0$, $(\sin^2 \pi x-\alpha)(\sin^2 \pi x-\beta)<0$이므로 $g'(x)>0$
$x_4<x<1$에서
$\cos \pi x<0$, $(\sin^2 \pi x-\alpha)(\sin^2 \pi x-\beta)>0$이므로 $g'(x)<0$

따라서 함수 $g(x)$는 $x=x_1$, $\dfrac{1}{2}$, x_4에서 극대이고, $x=x_2$, x_3에서 극소이다.

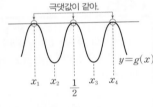

조건 ㈎에 의하여 $0<x<1$에서 함수 $g(x)$의 극댓값이 모두 동일하므로

$g(x_1)=f(\sin^2 \pi x_1)=f(\alpha)$
$g(x_4)=f(\sin^2 \pi x_4)=f(\alpha)$

$g(x_1)=g\left(\dfrac{1}{2}\right)=g(x_4)$이고

$g\left(\dfrac{1}{2}\right)=f\left(\sin^2 \dfrac{\pi}{2}\right)=f(1)=\dfrac{1}{2}$이므로
↳ 함수 $g(x)$의 최댓값이 $\dfrac{1}{2}$이야.

$f(\alpha)=f(1)=\dfrac{1}{2}$

또, $f'(\alpha)=0$이므로 $f(x)-\dfrac{1}{2}$은 $x-\alpha$, $x-1$을 인수로 가져.

$f(x)-\dfrac{1}{2}=(x-\alpha)^2(x-1)$이니까.

$f(x)=(x-\alpha)^2(x-1)+\dfrac{1}{2}$
$f'(x)=2(x-\alpha)(x-1)+(x-\alpha)^2=(x-\alpha)\{3x-(\alpha+2)\}$
$\qquad =3(x-\alpha)\left(x-\dfrac{\alpha+2}{3}\right)$

이때 $f'(x)=3(x-\alpha)(x-\beta)$이므로 $\beta=\dfrac{\alpha+2}{3}$

한편, 조건 ㈏에서 함수 $g(x)=f(\sin^2 \pi x)$의 최솟값은 0이므로 다음과 같이 경우를 나누어 보자.

함수 $g(x)$의 극솟값이 최솟값인 경우야. 즉, $f(\sin^2 \pi x_2)=0$ 또는 $f(\sin^2 \pi x_3)=0$이므로 $f(\beta)=0$

(i) $f(\beta)=0$이고 $f(0)\geq 0$일 때,

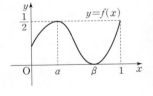

$f(\beta)=f\left(\dfrac{\alpha+2}{3}\right)=0$에서

$\left(\dfrac{\alpha+2}{3}-\alpha\right)^2\left(\dfrac{\alpha+2}{3}-1\right)+\dfrac{1}{2}=0$

$\left(\dfrac{\alpha+2}{3}-\alpha\right)^2\left(\dfrac{\alpha+2}{3}-1\right)+\dfrac{1}{2}=0$
$\left(\dfrac{2-2\alpha}{3}\right)^2\times\dfrac{\alpha-1}{3}=-\dfrac{1}{2}$
$\left\{\dfrac{2(\alpha-1)}{3}\right\}^2\times\dfrac{\alpha-1}{3}=-\dfrac{1}{2}$
$\dfrac{4}{9}(\alpha-1)^2\times\dfrac{\alpha-1}{3}=-\dfrac{1}{2}$
$\dfrac{4}{27}(\alpha-1)^3=-\dfrac{1}{2}$

$\dfrac{4}{27}(\alpha-1)^3=-\dfrac{1}{2}$, $(\alpha-1)^3=-\dfrac{27}{8}$

$\alpha-1=-\dfrac{3}{2}$ $\qquad \therefore \alpha=-\dfrac{1}{2}$

그런데 $0<\alpha<1$이므로 조건을 만족시키지 않는다.

함수 $g(x)$의 극솟값이 최솟값이 아닌 경우야.
즉, $f(\sin^2\pi x_2)>0, f(\sin^2\pi x_3)>0$이므로 $f(\beta)>0$

(ii) $f(\beta)>0$이고 $f(0)=0$일 때,
$f(0)=0$에서
$$(0-a)^2(0-1)+\frac{1}{2}=0$$
$$-a^2+\frac{1}{2}=0,\ a^2=\frac{1}{2}$$
$$\therefore a=\frac{\sqrt{2}}{2}\ (\because\ 0<a<1)$$
(i), (ii)에서 $f(x)=\left(x-\frac{\sqrt{2}}{2}\right)^2(x-1)+\frac{1}{2}$이므로
$$f(2)=\left(2-\frac{\sqrt{2}}{2}\right)^2(2-1)+\frac{1}{2}=\left(\frac{9}{2}-2\sqrt{2}\right)+\frac{1}{2}=5-2\sqrt{2}$$
따라서 $a=5,\ b=-2$이므로 $a^2+b^2=25+4=29$

---

149 정답 64　　　　　정답률 7%

양의 실수 t에 대하여 곡선 $y=t^3\ln(x-t)$가 곡선 $y=2e^{x-a}$ 과 오직 한 점에서 만나도록 하는 실수 a의 값을 $f(t)$라 하자. $\left\{f'\!\left(\frac{1}{3}\right)\right\}^2$의 값을 구하시오. **64**
└─ 두 함수의 그래프의 개형을 생각해 봐.

☑연관 개념 check
두 곡선 $y=f(x),\ y=g(x)$가 $x=t$인 점에서 공통인 접선을 가지면
(1) $x=t$인 점에서 두 곡선이 만난다.
　➡ $f(t)=g(t)$
(2) $x=t$에서의 두 곡선의 접선의 기울기가 같다.
　➡ $f'(t)=g'(t)$

☑실전 적용 key
지수함수와 로그함수의 그래프가 오직 한 점에서 만나는 경우는 두 그래프가 접하는 경우이다. 즉, 두 곡선이 $x=p$인 점에서 접하면 $x=p$인 점에서 두 곡선이 만나므로 y좌표가 같고, $x=p$인 점에서의 두 곡선의 접선의 기울기가 같다.
이와 같이 두 곡선이 한 점에서 접하는 경우는 자주 다루어지므로 관련 개념을 잘 기억하도록 한다.

해결 흐름
1 주어진 로그함수와 지수함수의 그래프가 오직 한 점에서 만나려면 두 함수의 그래프는 접해야겠네.
2 **1**에 의하여 두 함수의 그래프는 접점에서 공통인 접선을 가지므로 이를 이용하면 t에 대한 관계식을 세울 수 있겠다.

알찬 풀이
$g(x)=t^3\ln(x-t),\ h(x)=2e^{x-a}$이라 하자.
두 곡선 $y=g(x),\ y=h(x)$가 오직 한 점에서 만나려면 두 곡선이 접해야 하므로 두 곡선의 접점의 x좌표를
$$x_0\ (x_0>t)$$
이라 하면
$x=x_0$에서 두 곡선이 만나니까 함숫값이 같아.
$g(x_0)=h(x_0)$에서
$$t^3\ln(x_0-t)=2e^{x_0-a} \qquad\qquad \cdots\cdots\ \text{㉠}$$
또, $g'(x)=\dfrac{t^3}{x-t},\ h'(x)=2e^{x-a}$이므로
$g'(x_0)=h'(x_0)$에서
$$\frac{t^3}{x_0-t}=2e^{x_0-a} \qquad\qquad \cdots\cdots\ \text{㉡}$$
$x=x_0$에서 두 곡선의 접선의 기울기가 같으니까 미분계수가 같아.
㉠, ㉡에서 $t^3\ln(x_0-t)=\dfrac{t^3}{x_0-t}$
$$\therefore\ \ln(x_0-t)=\frac{1}{x_0-t}\ (\because t>0)$$
이때 $\ln x=\dfrac{1}{x}$의 해는 유일하므로 $\ln(x_0-t)=\dfrac{1}{x_0-t}$의 해는 유일하다.
$x_0-t=k\ (k$는 상수$)$로 놓으면 ㉠에서
$$t^3\ln k=2e^{k+t-a}$$
$a=f(t)$이므로
$$t^3\ln k=2e^{k+t-f(t)} \qquad\qquad \cdots\cdots\ \text{㉢}$$
위의 식의 양변을 t에 대하여 미분하면
$$3t^2\ln k=2e^{k+t-f(t)}\{1-f'(t)\} \qquad\qquad \cdots\cdots\ \text{㉣}$$
㉢, ㉣에서
$$3t^2\ln k=t^3\ln k\{1-f'(t)\}$$
$$\therefore\ f'(t)=1-\frac{3}{t}\qquad \therefore\ \left\{f'\!\left(\frac{1}{3}\right)\right\}^2=(-8)^2=64$$
$f'\!\left(\frac{1}{3}\right)=1-\dfrac{3}{\frac{1}{3}}=1-9=-8$

III. 적분법

01 정답 ④

$\displaystyle\int_{-\frac{\pi}{2}}^{\pi} \sin x\, dx$의 값은?
└→ 삼각함수의 부정적분을 이용해.

① -2 ② -1 ③ 0

✓④ 1 ⑤ 2

☑ 연관 개념 check

$\displaystyle\int \sin x\, dx = -\cos x + C$ (단, C는 적분상수)

알찬 풀이

$$\int_{-\frac{\pi}{2}}^{\pi} \sin x\, dx = \Big[-\cos x \Big]_{-\frac{\pi}{2}}^{\pi}$$
$$= -\cos \pi - \left\{ -\boxed{\cos \left(-\frac{\pi}{2} \right)} \right\}$$
$$= -\cos \pi + \boxed{\cos \frac{\pi}{2}} \quad \overset{\longrightarrow}{\underset{\text{이용했어.}}{\cos(-x) = \cos x \text{임을}}}$$
$$= -(-1) + 0 = 1$$

02 정답 ③   정답률 91%

$\displaystyle\int_0^1 (e^x + 1)\, dx$의 값은?
└→ 지수함수의 부정적분을 이용해.

① $e-2$ ② $e-1$ ✓③ e

④ $e+1$ ⑤ $e+2$

☑ 연관 개념 check

$\displaystyle\int e^x dx = e^x + C$ (단, C는 적분상수)

알찬 풀이

$$\int_0^1 (e^x + 1)\, dx = \Big[e^x + x \Big]_0^1$$
$$= (e+1) - 1$$
$$= e \quad \overset{\longrightarrow}{e^0 + 0 = 1 + 0 = 1 \text{이야.}}$$

03 정답 ④   정답률 91%

양의 실수 전체의 집합에서 정의된 미분가능한 함수 $f(x)$가 있다. 양수 t에 대하여 곡선 $y=f(x)$ 위의 점 $(t, f(t))$에서의 접선의 기울기는 $\dfrac{1}{t} + 4e^{2t}$이다. $f(1)=2e^2+1$일 때, $f(e)$의 값은?
└→ $f'(t)$

① $2e^{2e}-1$ ② $2e^{2e}$ ③ $2e^{2e}+1$

✓④ $2e^{2e}+2$ ⑤ $2e^{2e}+3$

☑ 연관 개념 check

(1) $\displaystyle\int \frac{1}{x} dx = \ln x + C$ (단, C는 적분상수)

(2) $\displaystyle\int e^{ax} dx = \frac{1}{a} e^{ax} + C$ (단, C는 적분상수)

해결 흐름

1 곡선 $y=f(x)$ 위의 점에서의 접선의 기울기가 주어져 있으므로
$f(x) = \displaystyle\int f'(x) dx$를 이용하면 함수 $f(x)$를 구할 수 있겠네.

2 $f(1)=2e^2+1$임을 이용하여 $f(e)$의 값을 구할 수 있겠군.

알찬 풀이

곡선 $y=f(x)$ 위의 점 $(t, f(t))$에서의 접선의 기울기가 $\dfrac{1}{t} + 4e^{2t}$이므로

$$f'(t) = \frac{1}{t} + 4e^{2t}$$

$$\therefore \underline{f'(x) = \frac{1}{x} + 4e^{2x}} \quad \overset{\longrightarrow}{\text{함수 } f(x) \text{를 구하기 위해 변수를 } x \text{로 바꿨어.}}$$

$$\therefore f(x) = \int f'(x) dx$$

$$= \int \left(\frac{1}{x} + 4e^{2x} \right) dx$$

$$= \ln x + 2e^{2x} + C \text{ (단, } C\text{는 적분상수)}$$

이때 $f(1)=2e^2+1$이므로 $\overset{\longrightarrow}{\displaystyle\int 4e^{2x} dx = 4 \int e^{2x} dx}$

$2e^2 + C = 2e^2 + 1$ $\therefore C = 1$ $= 4 \times \dfrac{1}{2} \times e^{2x} + C$

따라서 $f(x) = \ln x + 2e^{2x} + 1$이므로 $= 2e^{2x} + C$

$$f(e) = 1 + 2e^{2e} + 1 = 2e^{2e} + 2$$

04 정답 ④ 정답률 92%

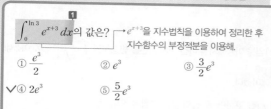

$\int_0^{\ln 3} e^{x+3}\,dx$의 값은? → e^{x+3}을 지수법칙을 이용하여 정리한 후 지수함수의 부정적분을 이용해.

① $\dfrac{e^3}{2}$ ② e^3 ③ $\dfrac{3}{2}e^3$

✓④ $2e^3$ ⑤ $\dfrac{5}{2}e^3$

☑ **연관 개념 check**

$\int e^x\,dx=e^x+C$ (단, C는 적분상수)

해결 흐름

1 지수함수의 부정적분을 이용하여 정적분의 값을 구하면 되겠네.

알찬 풀이

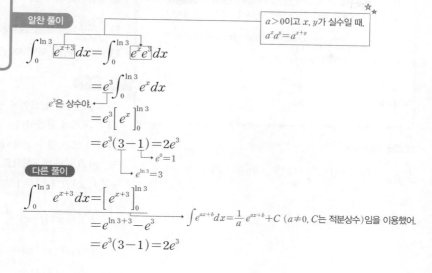

☆ $a>0$이고 $x,\ y$가 실수일 때, $a^x a^y=a^{x+y}$

$\displaystyle\int_0^{\ln 3} e^{x+3}\,dx=\int_0^{\ln 3} e^x e^3\,dx$

$=e^3\displaystyle\int_0^{\ln 3} e^x\,dx$ ← e^3은 상수야.

$=e^3\Big[e^x\Big]_0^{\ln 3}$

$=e^3(3-1)=2e^3$
→ $e^0=1$
→ $e^{\ln 3}=3$

다른 풀이

$\displaystyle\int_0^{\ln 3} e^{x+3}\,dx=\Big[e^{x+3}\Big]_0^{\ln 3}$

$=e^{\ln 3+3}-e^3$ → $\displaystyle\int e^{ax+b}\,dx=\frac{1}{a}e^{ax+b}+C$ ($a\neq 0$, C는 적분상수)임을 이용했어.

$=e^3(3-1)=2e^3$

05 정답 6 정답률 92%

$\int_1^{16} \dfrac{1}{\sqrt{x}}\,dx$의 값을 구하시오.   6

→ $\dfrac{1}{\sqrt{x}}=x^{-\frac{1}{2}}$으로 변형하여 정적분을 계산해.

☑ **연관 개념 check**

$n\neq -1$일 때, $\displaystyle\int x^n\,dx=\frac{1}{n+1}x^{n+1}+C$ (단, C는 적분상수)

해결 흐름

1 함수 $y=x^n$ (n은 실수)의 부정적분을 이용하여 정적분의 값을 구하면 되겠네.

알찬 풀이 $\dfrac{1}{\sqrt{x}}=\dfrac{1}{x^{\frac{1}{2}}}=x^{-\frac{1}{2}}$

$\displaystyle\int_1^{16}\frac{1}{\sqrt{x}}\,dx=\int_1^{16}x^{-\frac{1}{2}}\,dx$

$=\Big[2x^{\frac{1}{2}}\Big]_1^{16}=\Big[2\sqrt{x}\Big]_1^{16}$

$=8-2=6$
→ $=2\sqrt{16}-2\sqrt{1}$

06 정답 ④ 정답률 92%

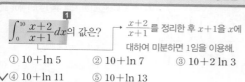

$\int_0^{10} \dfrac{x+2}{x+1}\,dx$의 값은? → $\dfrac{x+2}{x+1}$를 정리한 후 $x+1$을 x에 대하여 미분하면 1임을 이용해.

① $10+\ln 5$ ② $10+\ln 7$ ③ $10+2\ln 3$

✓④ $10+\ln 11$ ⑤ $10+\ln 13$

☑ **연관 개념 check**

$\displaystyle\int \frac{f'(x)}{f(x)}\,dx=\ln|f(x)|+C$ (단, C는 적분상수)

해결 흐름

1 $(x+1)'=1$이므로 $\dfrac{f'(x)}{f(x)}$의 부정적분을 이용해야겠다.

알찬 풀이

$\displaystyle\int_0^{10}\frac{x+2}{x+1}\,dx=\int_0^{10}\frac{(x+1)+1}{x+1}\,dx$

$=\displaystyle\int_0^{10}\Big(1+\frac{1}{x+1}\Big)\,dx$

$=\displaystyle\int_0^{10}\Big\{1+\frac{(x+1)'}{x+1}\Big\}\,dx$ → 분모의 식을 미분하니까 분자의 식이야.

$=\Big[x+\ln|x+1|\Big]_0^{10}$

$=10+\ln 11-\ln 1$

$=10+\ln 11$ → $\ln 1=0$

07 정답 ④ 정답률 83%

☑ **연관 개념 check**

$\int \dfrac{f'(x)}{f(x)}\,dx = \ln|f(x)| + C$ (단, C는 적분상수)

해결 흐름

1 함수 $f(x)$의 역함수가 $g(x)$임을 이용해서 주어진 식의 좌변을 변형하면 $\int_1^a \dfrac{f'(x)}{f(x)}\,dx$이겠네.

2 $\dfrac{f'(x)}{f(x)}$의 부정적분을 이용해야겠다.

3 $f(1)=8$임을 이용하여 $f(x)$를 구하면 $f(2)$의 값을 구할 수 있겠군.

알찬 풀이

함수 $g(x)$의 정의역이 양의 실수 전체의 집합이므로 역함수 $f(x)$의 치역은 양의 실수 전체의 집합이다.

따라서 모든 양수 x에 대하여 $f(x)>0$　　　　　　　……… ㉠

또, $g(f(x))=x$이므로 양변을 x에 대하여 미분하면

$$g'(f(x))f'(x)=1$$

> **합성함수의 미분법**
> 미분가능한 두 함수 $y=f(u)$, $u=g(x)$에 대하여 합성함수 $y=f(g(x))$의 도함수는
> $y'=f'(g(x))g'(x)$

$$\int_1^a \frac{1}{g'(f(x))f(x)}\,dx = \int_1^a \frac{f'(x)}{f(x)}\,dx$$

$g'(f(x))f'(x)=1$에서
$\dfrac{1}{g'(f(x))}=f'(x)$야.

$$= \Big[\ln f(x)\Big]_1^a \quad (\because ㉠)$$
$$= \ln f(a) - \ln f(1)$$
$$= \ln f(a) - \ln \boxed{8} \quad → f(1)=8로 \text{ 문제에 주어졌어.}$$
$$= \ln f(a) - 3\ln 2$$

즉, $\ln f(a) - 3\ln 2 = 2\ln a + \ln(a+1) - \ln 2$이므로

$$\ln f(a) = 2\ln a + \ln(a+1) + 2\ln 2$$
$$= \ln a^2 + \ln(a+1) + \ln 4$$
$$= \ln 4a^2(a+1)$$

> $a>0$, $a\neq 1$, $M>0$, $N>0$일 때,
> $\log_a M + \log_a N = \log_a MN$

따라서 $f(a) = 4a^2(a+1)$이므로

$$f(2) = 4 \times 2^2 \times (2+1) = 48$$

---

08 정답 ② 정답률 80%

☑ **연관 개념 check**

닫힌구간 $[a,\,b]$에서 연속인 함수 $f(x)$에 대하여 미분가능한 함수 $x=g(t)$의 도함수 $g'(t)$가 $a=g(\alpha)$, $b=g(\beta)$일 때, α와 β를 포함하는 구간에서 연속이면

$$\int_a^b f(x)\,dx = \int_\alpha^\beta f(g(t))g'(t)\,dt$$

해결 흐름

1 치환적분법을 이용하여 식을 간단히 한 후 정적분의 값을 구하면 되겠네.

알찬 풀이

$f(x) = x + \ln x = t$로 놓으면 $1+\dfrac{1}{x} = \dfrac{dt}{dx}$이고 $\quad → \left(1+\dfrac{1}{x}\right)dx = dt$

$x=1$일 때 $t=1$, $x=e$일 때 $t=e+1$이므로 $\quad → t$로 치환했으니까 적분 구간도 바꿔야 해.

$$\int_1^e \left(1+\frac{1}{x}\right)f(x)\,dx = \int_1^{e+1} t\,dt = \left[\frac{1}{2}t^2\right]_1^{e+1}$$
$$= \frac{1}{2}(e+1)^2 - \frac{1}{2}\times 1^2 = \frac{e^2}{2}+e$$

> $n\neq -1$일 때,
> $\int x^n dx = \dfrac{1}{n+1}x^{n+1}+C$
> (단, C는 적분상수)

다른 풀이

$f(x)=x+\ln x$에서 $f'(x)=1+\dfrac{1}{x}$이므로

$$\int_1^e \left(1+\frac{1}{x}\right)f(x)\,dx = \int_1^e f'(x)f(x)\,dx$$

> $\left[\dfrac{1}{2}\{f(x)\}^2\right]' = \dfrac{1}{2}\times 2f(x)\times f'(x)$
> $= f'(x)f(x)$

$$= \left[\frac{1}{2}\{f(x)\}^2\right]_1^e$$
$$= \frac{1}{2}\{f(e)\}^2 - \frac{1}{2}\{f(1)\}^2 = \frac{1}{2}(e+1)^2 - \frac{1}{2}(1+0)^2$$
$$= \frac{e^2}{2}+e$$

09 정답 3   정답률 74%

$$\int_0^{\frac{\pi}{2}}(\cos x+3\underset{\textbf{1}}{\underline{\cos^3 x}})dx$$ 의 값을 구하시오. 3

└→ $\cos^3 x=\cos x\cos^2 x=\cos x(1-\sin^2 x)$ 로 변형해 봐.

☑ 연관 개념 check

닫힌구간 $[a, b]$에서 연속인 함수 $f(x)$에 대하여 미분가능한 함수 $x=g(t)$의 도함수 $g'(t)$가 $a=g(\alpha)$, $b=g(\beta)$일 때, α와 β를 포함하는 구간에서 연속이면

$$\int_a^b f(x)dx=\int_\alpha^\beta f(g(t))g'(t)dt$$

☑ 실전 적용 key

피적분함수가 $f(\sin x)\cos x$ 꼴이면 $\sin x=t$로 치환하여

$$\int f(\sin x)\cos x\,dx=\int f(\sin x)(\sin x)'dx=\int f(t)\,dt$$

임을 이용한다.

또, 피적분함수가 $f(\cos x)\sin x$ 꼴이면 $\cos x=t$로 치환하여

$$\int f(\cos x)\sin x\,dx=\int f(\cos x)(\cos x)'\times(-1)\,dx$$
$$=\int\{-f(t)\}dt$$

임을 이용한다.

해결 흐름

1 $\cos^3 x=\cos x\cos^2 x$로 생각하여 피적분함수가 $\sin x$와 $\cos x$를 포함하도록 식을 변형한 후 치환적분법을 이용해야겠다.

알찬 풀이

$$\int_0^{\frac{\pi}{2}}(\cos x+3\cos^3 x)dx=\int_0^{\frac{\pi}{2}}\cos x(1+3\cos^2 x)dx$$
$$=\int_0^{\frac{\pi}{2}}\cos x\{1+3(1-\sin^2 x)\}dx$$
$$\qquad\qquad\qquad\underset{\quad\cos^2 x=1-\sin^2 x}{\longmapsto}$$
$$=\int_0^{\frac{\pi}{2}}\cos x(4-3\sin^2 x)dx$$

이때 $\sin x=t$로 놓으면 $\cos x=\dfrac{dt}{dx}$이고 $\longrightarrow \cos x\,dx=dt$

$x=0$일 때 $t=0$, $x=\dfrac{\pi}{2}$일 때 $t=1$이므로 $\quad\longrightarrow$ $\sin x=t$이니까 $x=0$일 때 $t=\sin 0=0$, $x=\dfrac{\pi}{2}$일 때 $t=\sin\dfrac{\pi}{2}=1$이야.

$$(주어진\ 식)=\int_0^{\frac{\pi}{2}}\cos x(4-3\sin^2 x)dx$$
$$=\int_0^{\frac{\pi}{2}}(4-3\sin^2 x)\cos x\,dx=\int_0^1(4-3t^2)dt$$
$$=\Big[4t-t^3\Big]_0^1=3-0=3$$

10 정답 ②   정답률 79%

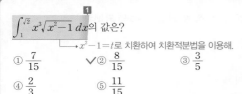

$$\int_1^{\sqrt{2}}x^3\sqrt{x^2-1}\,dx$$ 의 값은?

└→ $x^2-1=t$로 치환하여 치환적분법을 이용해.

① $\dfrac{7}{15}$ ✓② $\dfrac{8}{15}$ ③ $\dfrac{3}{5}$

④ $\dfrac{2}{3}$ ⑤ $\dfrac{11}{15}$

☑ 연관 개념 check

닫힌구간 $[a, b]$에서 연속인 함수 $f(x)$에 대하여 미분가능한 함수 $x=g(t)$의 도함수 $g'(t)$가 $a=g(\alpha)$, $b=g(\beta)$일 때, α와 β를 포함하는 구간에서 연속이면

$$\int_a^b f(x)dx=\int_\alpha^\beta f(g(t))g'(t)dt$$

☑ 실전 적용 key

정적분의 계산에서 $\int\sqrt{f(x)}f'(x)dx$ 또는 $\int\dfrac{f'(x)}{\sqrt{f(x)}}dx$ 꼴은 일반적으로 $\sqrt{f(x)}=t$로 치환하기보다는 $f(x)=t$로 치환하는 것이 편리하다.

해결 흐름

1 치환적분법을 이용하여 식을 간단히 한 후 정적분의 값을 구하면 되겠네.

알찬 풀이

$x^2-1=t$로 놓으면 $2x=\dfrac{dt}{dx}$이고

$x=1$일 때 $t=0$, $x=\sqrt{2}$일 때 $t=1$이므로

$$\int_1^{\sqrt{2}}x^3\sqrt{x^2-1}\,dx=\int_1^{\sqrt{2}}\frac{1}{2}x^2\sqrt{x^2-1}\times 2x\,dx$$

$\longrightarrow$ $x^2-1=t$에서 $x^2=t+1$이고,
$2x=\dfrac{dt}{dx}$에서 $2x\,dx=dt$

$$=\int_0^1\frac{1}{2}(t+1)\sqrt{t}\,dt$$
$$=\frac{1}{2}\int_0^1\Big(t^{\frac{3}{2}}+t^{\frac{1}{2}}\Big)dt$$
$$=\frac{1}{2}\Big[\frac{2}{5}t^{\frac{5}{2}}+\frac{2}{3}t^{\frac{3}{2}}\Big]_0^1$$
$$=\frac{1}{2}\Big(\frac{2}{5}+\frac{2}{3}\Big)=\frac{8}{15}$$

☆★ $n\neq -1$일 때,
$\int x^n dx=\dfrac{1}{n+1}x^{n+1}+C$
(단, C는 적분상수)

다른 풀이

$\sqrt{x^2-1}=t$로 놓으면 $\dfrac{x}{\sqrt{x^2-1}}=\dfrac{dt}{dx}$이고

$x=1$일 때 $t=0$, $x=\sqrt{2}$일 때 $t=1$이므로

$$\int_1^{\sqrt{2}}x^3\sqrt{x^2-1}\,dx=\int_0^1(t^2+1)t^2dt$$

$\longrightarrow \int_1^{\sqrt{2}}x^3\sqrt{x^2-1}\,dx=\int_1^{\sqrt{2}}x^2(x^2-1)\times\dfrac{x}{\sqrt{x^2-1}}dx$

$$=\int_0^1(t^4+t^2)dt \qquad\qquad =\int_0^1(t^2+1)t^2dt$$
$$=\Big[\frac{1}{5}t^5+\frac{1}{3}t^3\Big]_0^1=\frac{1}{5}+\frac{1}{3}=\frac{8}{15}$$

11   정답률 93%

$\int_1^e \dfrac{3(\ln x)^2}{x} dx$ 의 값은?

→ $\ln x=t$ 로 치환하여 치환적분법을 이용해.

✓① 1   ② $\dfrac{1}{2}$ ③ $\dfrac{1}{3}$

④ $\dfrac{1}{4}$ ⑤ $\dfrac{1}{5}$

☑ 연관 개념 check

닫힌구간 $[a, b]$에서 연속인 함수 $f(x)$에 대하여 미분가능한 함수 $x=g(t)$의 도함수 $g'(t)$가 $a=g(\alpha)$, $b=g(\beta)$일 때, α와 β를 포함하는 구간에서 연속이면

$$\int_a^b f(x)dx=\int_\alpha^\beta f(g(t))g'(t)dt$$

☆☆

합성함수의 미분법

미분가능한 두 함수 $y=f(u)$, $u=g(x)$에 대하여 합성함수 $y=f(g(x))$의 도함수는
$y'=f'(g(x))g'(x)$

해결 흐름

1 치환적분법을 이용하여 식을 간단히 한 후 정적분의 값을 구하면 되겠네.

알찬 풀이

$\ln x=t$로 놓으면 $\dfrac{1}{x}=\dfrac{dt}{dx}$이고 → $\dfrac{1}{x}dx=dt$

$x=1$일 때 $t=0$, $x=e$일 때 $t=1$이므로 → t로 치환했으니까 적분 구간도 바꿔야 해.

$$\int_1^e \dfrac{3(\ln x)^2}{x}dx=\int_1^e 3(\ln x)^2\times\dfrac{1}{x}dx$$
$$=\int_0^1 3t^2 dt=\Big[t^3\Big]_0^1=1$$

다른 풀이

$\dfrac{d}{dx}(\ln x)^3=3(\ln x)^2\times\dfrac{1}{x}=\dfrac{3(\ln x)^2}{x}$

이므로

$$\int_1^e \dfrac{3(\ln x)^2}{x}dx=\int_1^e \left\{\dfrac{d}{dx}(\ln x)^3\right\}dx$$
→ $\int\left\{\dfrac{d}{dx}f(x)\right\}dx=f(x)+C$ (C는 적분상수)
$$=\Big[(\ln x)^3\Big]_1^e$$ ← 임을 이용했어.
$$=(\ln e)^3-(\ln 1)^3=1-0=1$$

12   정답률 86%

$\int_2^4 2e^{2x-4}dx=k$일 때, $\ln(k+1)$의 값을 구하시오. 4

→ 치환적분법을 이용해서 k의 값을 구해.

☑ 연관 개념 check

닫힌구간 $[a, b]$에서 연속인 함수 $f(x)$에 대하여 미분가능한 함수 $x=g(t)$의 도함수 $g'(t)$가 $a=g(\alpha)$, $b=g(\beta)$일 때, α와 β를 포함하는 구간에서 연속이면

$$\int_a^b f(x)dx=\int_\alpha^\beta f(g(t))g'(t)dt$$

수능 핵심 개념 치환적분법을 이용한 여러 가지 공식
(단, $a\neq 0$, C는 적분상수)

(1) $\int(ax+b)^n dx=\dfrac{1}{a(n+1)}(ax+b)^{n+1}+C$
(단, $n\neq -1$)

(2) $\int\dfrac{1}{ax+b}dx=\dfrac{1}{a}\ln|ax+b|+C$

(3) $\int e^{ax+b}dx=\dfrac{1}{a}e^{ax+b}+C$

(4) $\int p^{ax+b}dx=\dfrac{1}{a\ln p}p^{ax+b}+C$ (단, $p>0$, $p\neq 1$)

(5) $\int\sin(ax+b)dx=-\dfrac{1}{a}\cos(ax+b)+C$

(6) $\int\cos(ax+b)dx=\dfrac{1}{a}\sin(ax+b)+C$

해결 흐름

1 치환적분법을 이용하여 식을 간단히 한 후 정적분의 값을 구하면 되겠네.

알찬 풀이

$2x-4=t$로 놓으면 $2=\dfrac{dt}{dx}$이고 → $2dx=dt$

$x=2$일 때 $t=0$, $x=4$일 때 $t=4$이므로 → $2x-4=t$이니까 $x=2$일 때 $t=2\times 2-4=0$, $x=4$일 때 $t=2\times 4-4=4$야.

$$\int_2^4 2e^{2x-4}dx=\int_0^4 e^t dt=\Big[e^t\Big]_0^4=e^4-1$$
→ $e^0=1$이야.

따라서 $k=e^4-1$이므로 $\ln(k+1)=\ln e^4=4$
→ $\ln e^4=4\ln e=4$

빠른 풀이

$$\int_2^4 2e^{2x-4}dx=2\int_2^4 e^{2x-4}dx=2\left[\dfrac{1}{2}e^{2x-4}\right]_2^4$$
$$=\Big[e^{2x-4}\Big]_2^4=e^4-1$$
→ $\int e^{ax+b}dx=\dfrac{1}{a}e^{ax+b}+C$ ($a\neq 0$, C는 적분상수) 임을 이용했어.

따라서 $k=e^4-1$이므로 $\ln(k+1)=\ln e^4=4$

─────────────────────

문제 해결 TIP

배지민 | 서울대학교 건축학과 | 화성고등학교 졸업

정적분의 값을 구하는 유형에서 치환적분법을 이용하는 문제는 적당한 변수로 치환하고, 적분변수에 따라 적분 구간도 구해야 해. 그런데 이 과정에서 적분 구간을 새로 구하지 않고 계산해서 틀리는 경우가 많더라고. 그래서 빠른 풀이처럼 $\int e^{ax+b}dx=\dfrac{1}{a}e^{ax+b}+C$ ($a\neq 0$, C는 적분상수)임을 이용해서 간단히 답을 구하는 것도 좋아.

치환적분법을 이용하는 문제는 자주 출제되니까 치환적분법을 이용한 공식은 몇 가지 암기해 두면 좋겠지?

13 정답 ③   정답률 90%

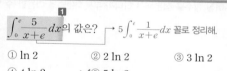

$\displaystyle\int_0^3 \frac{2}{2x+1}\,dx$의 값은? → $2x+1$을 x에 대하여 미분하면 2임을 이용해.

① $\ln 5$ ② $\ln 6$ ✓③ $\ln 7$
④ $3\ln 2$ ⑤ $2\ln 3$

☑ 연관 개념 check

$\displaystyle\int \frac{f'(x)}{f(x)}\,dx = \ln|f(x)| + C$ (단, C는 적분상수)

해결 흐름

1️⃣ $(2x+1)' = 2$이므로 $\dfrac{f'(x)}{f(x)}$의 부정적분을 이용해야겠다.

알찬 풀이

$$\int_0^3 \frac{2}{2x+1}\,dx = \int_0^3 \frac{(2x+1)'}{2x+1}\,dx$$

→ 분모의 식을 미분하니까 분자의 식이야.

$$= \Big[\ln|2x+1|\Big]_0^3$$
$$= \ln 7 - \ln 1 = \ln 7$$

→ $\ln 1 = 0$

다른 풀이

$2x+1=t$로 놓으면 $2 = \dfrac{dt}{dx}$이고 → $2\,dx = dt$

$x=0$일 때 $t=1$, $x=3$일 때 $t=7$이므로

$$\int_0^3 \frac{2}{2x+1}\,dx = \int_1^7 \frac{1}{t}\,dt$$

→ $2x+1=t$이니까 $x=0$일 때 $t=2\times 0+1=1$, $x=3$일 때 $t=2\times 3+1=7$이야.

$$= \Big[\ln|t|\Big]_1^7$$
$$= \ln 7 - \ln 1 = \ln 7$$

14 정답 ⑤   정답률 96%

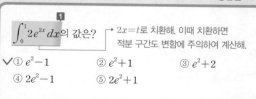

$\displaystyle\int_0^e \frac{5}{x+e}\,dx$의 값은? → $5\displaystyle\int_0^e \frac{1}{x+e}\,dx$ 꼴로 정리해.

① $\ln 2$ ② $2\ln 2$ ③ $3\ln 2$
④ $4\ln 2$ ✓⑤ $5\ln 2$

☑ 연관 개념 check

$\displaystyle\int \frac{f'(x)}{f(x)}\,dx = \ln|f(x)| + C$ (단, C는 적분상수)

해결 흐름

1️⃣ $(x+e)' = 1$이므로 $\dfrac{f'(x)}{f(x)}$의 부정적분을 이용해야겠다.

알찬 풀이

→ $\displaystyle\int cf(x)\,dx = c\int f(x)\,dx$ (c는 상수)임을 이용했어.

$$\int_0^e \frac{5}{x+e}\,dx = 5\int_0^e \frac{\boxed{1}}{x+e}\,dx \quad ^{(x+e)'=1}$$
$$= 5\Big[\ln|x+e|\Big]_0^e$$
$$= 5(\ln 2e - \ln e) = 5\ln 2$$

→ $\ln e = 1$
→ $\ln 2e = \ln 2 + \ln e = \ln 2 + 1$

15 정답 ①   정답률 95%

$\displaystyle\int_0^1 2e^{2x}\,dx$의 값은? → $2x=t$로 치환해. 이때 치환하면 적분 구간도 변함에 주의하여 계산해.

✓① e^2-1 ② e^2+1 ③ e^2+2
④ $2e^2-1$ ⑤ $2e^2+1$

☑ 연관 개념 check

닫힌구간 $[a, b]$에서 연속인 함수 $f(x)$에 대하여 미분가능한 함수 $x=g(t)$의 도함수 $g'(t)$가 $a=g(\alpha)$, $b=g(\beta)$일 때, α와 β를 포함하는 구간에서 연속이면

$$\int_a^b f(x)\,dx = \int_\alpha^\beta f(g(t))g'(t)\,dt$$

해결 흐름

1️⃣ $(2x)' = 2$이니까 치환적분법을 이용해야겠다.

알찬 풀이

$2x=t$로 놓으면 $2 = \dfrac{dt}{dx}$이고 → $2\,dx = dt$

$x=0$일 때 $t=0$, $x=1$일 때 $t=2$이므로

$$\int_0^1 2e^{2x}\,dx = \int_0^2 e^t\,dt = \Big[e^t\Big]_0^2 = e^2 - 1$$

→ $2x=t$이니까 $x=0$일 때 $t=2\times 0=0$, $x=1$일 때 $t=2\times 1=2$야.
→ $e^0=1$이야.

빠른 풀이

$$\int_0^1 2e^{2x}\,dx = 2\int_0^1 e^{2x}\,dx = 2\Big[\frac{1}{2}e^{2x}\Big]_0^1$$
$$= \Big[e^{2x}\Big]_0^1 = e^2 - 1$$

→ $\displaystyle\int e^{ax+b}\,dx = \frac{1}{a}e^{ax+b} + C$ ($a\neq 0$, C는 적분상수)임을 이용했어.

16 정답 ②

$\int_0^\pi x \cos\left(\dfrac{\pi}{2}-x\right)dx$의 값은?

→ $\cos\left(\dfrac{\pi}{2}-x\right)$를 변형한 후 부분적분법을 이용해 봐.

① $\dfrac{\pi}{2}$　　✔② π　　③ $\dfrac{3\pi}{2}$

④ 2π　　⑤ $\dfrac{5\pi}{2}$

해결 흐름

1 먼저 삼각함수의 성질을 이용하여 $\cos\left(\dfrac{\pi}{2}-x\right)$를 변형해야겠다.

2 다항함수와 삼각함수의 곱으로 이루어진 함수를 적분해야 하니까 부분적분법을 이용해야겠다.

알찬 풀이

$\cos\left(\dfrac{\pi}{2}-x\right)=\sin x$야.

$\int_0^\pi x\cos\left(\dfrac{\pi}{2}-x\right)dx=\int_0^\pi x\,\boxed{\sin x}\,dx$

$f(x)=x,\ g'(x)=\sin x$로 놓으면

$f'(x)=1,\ g(x)=-\cos x$이므로

$\int_0^\pi \underset{f(x)g'(x)}{x\sin x}\,dx=\left[\underset{f(x)g(x)}{-x\cos x}\right]_0^\pi-\int_0^\pi \underset{f'(x)g(x)}{(-\cos x)}\,dx$

$=\pi-\left[-\sin x\right]_0^\pi=\pi$

☆ $\int\cos x\,dx=\sin x+C$ (단, C는 적분상수)

☑ 연관 개념 check

두 함수 $f(x)$, $g(x)$가 미분가능하고 $f'(x)$, $g'(x)$가 닫힌 구간 $[a,\,b]$에서 연속일 때,

$\int_a^b f(x)g'(x)dx=\left[f(x)g(x)\right]_a^b-\int_a^b f'(x)g(x)dx$

수능 핵심 개념 / $\dfrac{\pi}{2}\pm\theta$의 삼각함수의 성질

(1) $\sin\left(\dfrac{\pi}{2}\pm\theta\right)=\cos\theta$

(2) $\cos\left(\dfrac{\pi}{2}\pm\theta\right)=\mp\sin\theta$ (복부호 동순)

(3) $\tan\left(\dfrac{\pi}{2}\pm\theta\right)=\mp\cot\theta$ (복부호 동순)

---

17 정답 ①

$\int_1^2 (x-1)e^{-x}dx$의 값은?

→ 부분적분법을 이용해.

✔① $\dfrac{1}{e}-\dfrac{2}{e^2}$　　② $\dfrac{1}{e}-\dfrac{1}{e^2}$　　③ $\dfrac{1}{e}$

④ $\dfrac{2}{e}-\dfrac{2}{e^2}$　　⑤ $\dfrac{2}{e}-\dfrac{1}{e^2}$

해결 흐름

1 다항함수와 지수함수의 곱으로 이루어진 함수를 적분해야 하니까 부분적분법을 이용할 수 있겠다.

알찬 풀이

$f(x)=x-1,\ g'(x)=e^{-x}$으로 놓으면

$f'(x)=1,\ g(x)=-e^{-x}$이므로

$\int_1^2 \underset{f(x)g'(x)}{(x-1)e^{-x}}\,dx=\left[\underset{f(x)g(x)}{(x-1)\times(-e^{-x})}\right]_1^2-\int_1^2 \underset{f'(x)g(x)}{(-e^{-x})}\,dx$

$=-e^{-2}+\int_1^2 e^{-x}dx$

$=-e^{-2}+\left[-e^{-x}\right]_1^2$

$=-e^{-2}+(-e^{-2}+e^{-1})$

$=\dfrac{1}{e}-\dfrac{2}{e^2}$

☑ 연관 개념 check

두 함수 $f(x)$, $g(x)$가 미분가능하고 $f'(x)$, $g'(x)$가 닫힌 구간 $[a,\,b]$에서 연속일 때,

$\int_a^b f(x)g'(x)dx=\left[f(x)g(x)\right]_a^b-\int_a^b f'(x)g(x)dx$

☑ 실전 적용 key

두 함수의 곱의 형태로 나타내어진 식의 정적분에서 부분적분법을 적용할 때는 일반적으로 적분할 함수와 미분할 함수를 다음과 같이 택한다.

(1) (다항함수)×(지수함수) 꼴의 적분
　➡ 지수함수를 적분할 함수로, 다항함수를 미분할 함수로 택한다.

(2) (다항함수)×(삼각함수) 꼴의 적분
　➡ 삼각함수를 적분할 함수로, 다항함수를 미분할 함수로 택한다.

(3) (다항함수)×(로그함수) 꼴의 적분
　➡ 다항함수를 적분할 함수로, 로그함수를 미분할 함수로 택한다.

다른 풀이

$\int_1^2 (x-1)e^{-x}dx=\int_1^2 xe^{-x}dx-\int_1^2 e^{-x}dx$

이때 $f(x)=x,\ g'(x)=e^{-x}$으로 놓으면

$f'(x)=1,\ g(x)=-e^{-x}$이므로

$\int_1^2 (x-1)e^{-x}dx=\int_1^2 \underset{f(x)g'(x)}{xe^{-x}}\,dx-\int_1^2 e^{-x}dx$

$=\left\{\left[\underset{f(x)g(x)}{x\times(-e^{-x})}\right]_1^2-\int_1^2 \underset{f'(x)g(x)}{(-e^{-x})}\,dx\right\}-\int_1^2 e^{-x}dx$

$=\left[-xe^{-x}\right]_1^2$

$=-2e^{-2}-(-e^{-1})$

$=\dfrac{1}{e}-\dfrac{2}{e^2}$

18 정답 ⑤ 정답률 84%

$\displaystyle\int_e^{e^2} \frac{\ln x - 1}{x^2}\,dx$의 값은? → 부분적분법을 이용해.

① $\dfrac{e+2}{e^2}$ ② $\dfrac{e+1}{e^2}$ ③ $\dfrac{1}{e}$

④ $\dfrac{e-1}{e^2}$ ✓⑤ $\dfrac{e-2}{e^2}$

☑ 연관 개념 check

두 함수 $f(x)$, $g(x)$가 미분가능하고 $f'(x)$, $g'(x)$가 닫힌 구간 $[a, b]$에서 연속일 때,

$$\int_a^b f(x)g'(x)dx = \Big[f(x)g(x)\Big]_a^b - \int_a^b f'(x)g(x)dx$$

해결 흐름

1 유리함수와 로그함수의 곱으로 이루어진 함수를 적분해야 하니까 부분적분법을 이용할 수 있겠다.

알찬 풀이

$f(x) = \ln x - 1,\ g'(x) = \dfrac{1}{x^2}$로 놓으면

$f'(x) = \dfrac{1}{x},\ g(x) = -\dfrac{1}{x}$이므로

$$\int_e^{e^2} \underbrace{\frac{\ln x - 1}{x^2}}_{f(x)g'(x)}\,dx$$

$$= \Big[\underbrace{(\ln x - 1) \times \Big(-\frac{1}{x}\Big)}_{f(x)g(x)}\Big]_e^{e^2} - \int_e^{e^2} \underbrace{\frac{1}{x} \times \Big(-\frac{1}{x}\Big)}_{f'(x)g(x)}\,dx$$

ln e=1임을 이용했어. ←

$$= \left[-\frac{1}{e^2}(\ln e^2 - 1) - \Big\{-\frac{1}{e}(\ln e - 1)\Big\} \right] - \int_e^{e^2}\Big(-\frac{1}{x^2}\Big)dx$$

$$= -\frac{1}{e^2} - \Big[\frac{1}{x}\Big]_e^{e^2}$$

$$= -\frac{1}{e^2} - \Big(\frac{1}{e^2} - \frac{1}{e}\Big)$$

$$= \frac{e-2}{e^2}$$

---

19 정답 ② 정답률 87%

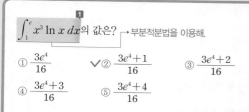

$\displaystyle\int_1^e x^3 \ln x\,dx$의 값은? → 부분적분법을 이용해.

① $\dfrac{3e^4}{16}$ ✓② $\dfrac{3e^4+1}{16}$ ③ $\dfrac{3e^4+2}{16}$

④ $\dfrac{3e^4+3}{16}$ ⑤ $\dfrac{3e^4+4}{16}$

☑ 연관 개념 check

두 함수 $f(x)$, $g(x)$가 미분가능하고 $f'(x)$, $g'(x)$가 닫힌 구간 $[a, b]$에서 연속일 때,

$$\int_a^b f(x)g'(x)dx = \Big[f(x)g(x)\Big]_a^b - \int_a^b f'(x)g(x)dx$$

해결 흐름

1 다항함수와 로그함수의 곱으로 이루어진 함수를 적분해야 하니까 부분적분법을 이용할 수 있겠다.

알찬 풀이

$f(x) = \ln x,\ g'(x) = x^3$으로 놓으면

$f'(x) = \dfrac{1}{x},\ g(x) = \dfrac{1}{4}x^4$이므로

$$\int_1^e \underbrace{x^3}_{g'(x)} \underbrace{\ln x}_{f(x)}\,dx = \Big[\underbrace{\frac{1}{4}x^4 \times \ln x}_{g(x)f(x)}\Big]_1^e - \underbrace{\int_1^e \frac{1}{4}x^4 \times \frac{1}{x}\,dx}_{g(x)f'(x)}$$

$\int_1^e \dfrac{1}{4}x^4 \times \dfrac{1}{x}dx = \int_1^e \dfrac{1}{4}x^3 dx$

$= \Big[\dfrac{1}{16}x^4\Big]_1^e$

$$= \frac{1}{4}e^4 - \Big[\frac{1}{16}x^4\Big]_1^e$$

$$= \frac{1}{4}e^4 - \Big(\frac{1}{16}e^4 - \frac{1}{16}\Big)$$

$$= \frac{3e^4+1}{16}$$

| 문제 해결 **TIP**

김철민 | 서울대학교 전기정보공학부 | 북일고등학교 졸업

문제를 보자마자 '부분적분이다!'라는 생각이 들었을 거야. 부분적분이 어려운 이유는 무엇을 적분하고 미분해야할지 헷갈려서야. $\int_a^b f(x)g'(x)dx$를 구할 때, '로다삼지' 순서로 먼저 나오는 함수를 $f(x)$, 나중에 나오는 함수를 $g'(x)$로 놓으면 편리할 거야. 위의 문제에서는 로그함수인 $\ln x$를 $f(x)$, 다항함수인 x^3을 $g'(x)$로 놓았어. 부분적분법 문제를 만났을 때는 '로다삼지'를 기억하고 문제에 접근해 봐!

20 정답 2 정답률 87%

1 2

$\int_0^\pi x \cos(\pi-x)dx$의 값을 구하시오. 2

└→ $\cos(\pi-x)$를 변형한 후 부분적분법을 이용해 봐.

☑ 연관 개념 check

두 함수 $f(x)$, $g(x)$가 미분가능하고 $f'(x)$, $g'(x)$가 닫힌 구간 $[a, b]$에서 연속일 때,

$$\int_a^b f(x)g'(x)dx = \left[f(x)g(x)\right]_a^b - \int_a^b f'(x)g(x)dx$$

수능 핵심 개념 $\pi \pm \theta$의 삼각함수의 성질

(1) $\sin(\pi \pm \theta) = \mp \sin\theta$ (복부호 동순)

(2) $\cos(\pi \pm \theta) = -\cos\theta$

(3) $\tan(\pi \pm \theta) = \pm \tan\theta$ (복부호 동순)

해결 흐름

1 먼저 삼각함수의 성질을 이용하여 $\cos(\pi-x)$를 변형해야겠다.

2 다항함수와 삼각함수의 곱으로 이루어진 함수를 적분해야 하니까 부분적분법을 이용해야겠다.

알찬 풀이

$$\int_0^\pi x \cos(\pi-x)dx = \int_0^\pi x(-\cos x)dx = -\int_0^\pi x \cos x \, dx$$

└→ $\cos(\pi-x)=-\cos x$야.

이때 $\int_0^\pi x \cos x \, dx$에서

$f(x)=x$, $g'(x)=\cos x$로 놓으면

$f'(x)=1$, $g(x)=\sin x$이므로

☆ $\int \sin x \, dx = -\cos x + C$ (단, C는 적분상수)

$$\int_0^\pi \underset{f(x)g'(x)}{\underbrace{x \cos x}} \, dx = \left[\underset{f(x)g(x)}{\underbrace{x \sin x}}\right]_0^\pi - \int_0^\pi \underset{f'(x)g(x)}{\underbrace{\sin x}} \, dx$$

$$= 0 + \left[\cos x\right]_0^\pi$$

$$= -1 - 1 = -2$$

$$\therefore \int_0^\pi x \cos(\pi-x)dx = -\int_0^\pi x \cos x \, dx$$

$$= -1 \times (-2) = 2$$

---

21 정답 ② 정답률 91%

1 2

$\int_1^e \ln\dfrac{x}{e} \, dx$의 값은? → $\ln\dfrac{x}{e}$를 변형한 후 부분적분법을 이용해 봐.

① $\dfrac{1}{e}-1$ ✔② $2-e$ ③ $\dfrac{1}{e}-2$

④ $1-e$ ⑤ $\dfrac{1}{2}-e$

☑ 연관 개념 check

두 함수 $f(x)$, $g(x)$가 미분가능하고 $f'(x)$, $g'(x)$가 닫힌 구간 $[a, b]$에서 연속일 때,

$$\int_a^b f(x)g'(x)dx = \left[f(x)g(x)\right]_a^b - \int_a^b f'(x)g(x)dx$$

☑ 실전 적용 key

$\ln x$의 정적분의 계산은 자주 이용되므로

$\int_a^b \ln x \, dx = \left[x \ln x\right]_a^b - \int_a^b 1 \, dx$는 외워두는 것이 좋다.

한편, $\int_a^b \ln x \, dx = \left[x \ln x - x\right]_a^b$와 같이 계산해도 그 결과가 동일하므로 이를 적절히 이용하면 시간을 절약하고 계산 실수를 줄일 수 있다.

해결 흐름

1 먼저 로그의 성질을 이용해서 $\ln\dfrac{x}{e}$를 변형해야겠다.

2 $\int_1^e \ln x \, dx$는 부분적분법을 이용하면 구할 수 있겠구나.

알찬 풀이

$$\int_1^e \ln\frac{x}{e} \, dx = \int_1^e (\ln x - 1)dx$$

→ $\ln\dfrac{M}{N} = \ln M - \ln N$ $(M>0, N>0)$을 이용해서 식을 변형했어.

$$= \int_1^e \ln x \, dx - \int_1^e 1 \, dx$$

이때 $f(x)=\ln x$, $g'(x)=1$로 놓으면

$f'(x)=\dfrac{1}{x}$, $g(x)=x$이므로

$$\int_1^e \underset{f(x)g'(x)}{\underbrace{\ln x}} \, dx = \left[\underset{f(x)g(x)}{\underbrace{\ln x \times x}}\right]_1^e - \boxed{\int_1^e \underset{f'(x)g(x)}{\underbrace{\frac{1}{x} \times x}} \, dx}$$

$\int_1^e \dfrac{1}{x} \times x \, dx = \int_1^e 1 \, dx = \left[x\right]_1^e$

$$= e - \boxed{\left[x\right]_1^e}$$

$\ln e \times e = 1 \times e = e$

$$= e - (e-1) = 1$$

$$\therefore \int_1^e \ln\frac{x}{e} \, dx = \int_1^e \ln x \, dx - \int_1^e 1 \, dx$$

$$= 1 - \left[x\right]_1^e = 1 - (e-1)$$

$$= 2 - e$$

22 정답 ④ 정답률 17%

실수 전체의 집합에서 미분가능한 함수 $f(x)$가 있다. 모든
실수 x에 대하여 $f(2x)=2f(x)f'(x)$이고,
$$f(a)=0,\quad \int_{2a}^{4a}\frac{f(x)}{x}dx=k\ (a>0,\ 0<k<1)$$
일 때, $\displaystyle\int_{a}^{2a}\frac{\{f(x)\}^2}{x^2}dx$의 값을 k로 나타낸 것은?

① $\dfrac{k^2}{4}$ ② $\dfrac{k^2}{2}$ ③ k^2

✔④ k ⑤ $2k$

→ 주어진 조건을 이용할 수 있도록 부분적분법을 이용하여 변형해 봐.

☑ **연관 개념 check**

두 함수 $f(x)$, $g(x)$가 미분가능하고 $f'(x)$, $g'(x)$가 닫힌
구간 $[a,\,b]$에서 연속일 때,
$$\int_{a}^{b}f(x)g'(x)dx=\Big[f(x)g(x)\Big]_{a}^{b}-\int_{a}^{b}f'(x)g(x)dx$$

☑ **실전 적용 key**

피적분함수가 두 함수의 곱의 꼴로 되어 있고 치환적분법을 이용
할 수 없을 때, 적분하기 쉬운 함수를 $g'(x)$, 나머지 함수를 $f(x)$로
놓고 부분적분법을 이용하여 정적분의 값을 구한다.

해결 흐름

1 $\displaystyle\int_{2a}^{4a}\frac{f(x)}{x}dx=k$를 이용할 수 있도록 $\displaystyle\int_{a}^{2a}\frac{\{f(x)\}^2}{x^2}dx$를 변형해 봐야겠군.

2 $(\{f(x)\}^2)'=2f(x)f'(x)$에서 $(\{f(x)\}^2)'=f(2x)$가 성립하니까 $\{f(x)\}^2$은 $f(2x)$의 한 부정적분이겠네.

3 그럼 부분적분법을 이용하여 $\displaystyle\int_{a}^{2a}\frac{\{f(x)\}^2}{x^2}dx$를 변형할 수 있겠다.

알찬 풀이

$f(a)=0$이므로 $f(2x)=2f(x)f'(x)$에 $x=a$를 대입하면
$$f(2a)=2f(a)f'(a)=0$$
$u(x)=\{f(x)\}^2,\ v'(x)=\dfrac{1}{x^2}$로 놓으면
$$u'(x)=2f(x)f'(x)=f(2x),\ v(x)=-\frac{1}{x}$$이므로
$$\int_{a}^{2a}\frac{\{f(x)\}^2}{x^2}dx=\int_{a}^{2a}\{f(x)\}^2\times\frac{1}{x^2}dx$$
$$=\Big[\{f(x)\}^2\times\Big(-\frac{1}{x}\Big)\Big]_{a}^{2a}-\int_{a}^{2a}\Big\{f(2x)\times\Big(-\frac{1}{x}\Big)\Big\}dx$$
$$=-\frac{\{f(2a)\}^2}{2a}+\frac{\{f(a)\}^2}{a}+\int_{a}^{2a}\frac{f(2x)}{x}dx$$
$$=\int_{a}^{2a}\frac{f(2x)}{x}dx$$
→ $f(a)=0,\ f(2a)=0$이니까 $-\dfrac{\{f(2a)\}^2}{2a}+\dfrac{\{f(a)\}^2}{a}=0$이지.

이때 $2x=t$로 놓으면 $2=\dfrac{dt}{dx}$이고 → $2dx=dt$
$x=a$일 때 $t=2a$, $x=2a$일 때 $t=4a$이므로
$$\int_{a}^{2a}\frac{\{f(x)\}^2}{x^2}dx=\int_{a}^{2a}\frac{f(2x)}{x}dx=\int_{a}^{2a}\frac{f(2x)}{2x}\times 2\,dx$$
$$=\int_{2a}^{4a}\frac{f(t)}{t}dt=k$$

23 정답 ② 정답률 87%

양의 실수 전체의 집합에서 연속인 함수 $f(x)$가
$$\int_{1}^{x}f(t)\,dt=x^2-a\sqrt{x}\ (x>0)\quad \to\quad \int_{1}^{1}f(t)dt=0\text{이야.}$$
을 만족시킬 때, $f(1)$의 값은? (단, a는 상수이다.)

① 1 ✔② $\dfrac{3}{2}$ ③ 2

④ $\dfrac{5}{2}$ ⑤ 3

☑ **실전 적용 key**

$\displaystyle\int_{a}^{x}f(t)dt=g(x)$ (a는 상수) 꼴의 등식이 주어지면 함수 $f(x)$
는 다음을 이용하여 구한다.

(1) 양변에 $x=a$를 대입하면 ➡ $\displaystyle\int_{a}^{a}f(t)dt=g(a)$, 즉 $g(a)=0$

(2) 양변을 x에 대하여 미분하면 ➡ $f(x)=g'(x)$

$$\frac{d}{dx}\int_{a}^{x}f(t)dt=f(x)\ \text{(단, }a\text{는 상수)}$$

해결 흐름

1 $f(1)$의 값을 구하려면 함수 $f(x)$의 식을 알아야겠다.

2 $\displaystyle\int_{1}^{x}f(t)dt=x^2-a\sqrt{x}\ (x>0)$의 양변에 $x=1$을 대입하면 a의 값을 구할 수 있겠네.

3 $\displaystyle\int_{1}^{x}f(t)dt=x^2-a\sqrt{x}$의 양변을 x에 대하여 미분하면 $f(x)$를 구할 수 있겠다.

알찬 풀이

$\displaystyle\int_{1}^{x}f(t)dt=x^2-a\sqrt{x}\ (x>0)$의 양변에 $x=1$을 대입하면
$$\int_{1}^{1}f(t)dt=1^2-a$$
→ $\displaystyle\int_{1}^{1}f(t)dt=0$을 이용하기 위해서야.
$$0=1-a\quad \therefore\ a=1$$
$\displaystyle\int_{1}^{x}f(t)dt=x^2-\sqrt{x}$의 양변을 x에 대하여 미분하면
$$f(x)=2x-\frac{1}{2\sqrt{x}}$$
→ $(\sqrt{x})'=(x^{\frac{1}{2}})'=\frac{1}{2}x^{\frac{1}{2}-1}=\frac{1}{2}x^{-\frac{1}{2}}=\frac{1}{2\sqrt{x}}$이야.
$$\therefore\ f(1)=2-\frac{1}{2}=\frac{3}{2}$$

24 정답 ④ 정답률 75%

연속함수 $f(x)$가 $f(x)=e^x+\int_0^1 tf(t)\,dt$를 만족시킬 때,

$\int_0^1 xf(x)\,dx$의 값은?

→ 적분 구간이 상수이므로 k로 놓고 문제를 해결해 봐.

① $e-2$ ② $\dfrac{e-1}{2}$ ③ $\dfrac{e}{2}$

✓④ $e-1$ ⑤ $\dfrac{e+1}{2}$

해결 흐름

1 $\int_0^1 tf(t)\,dt$의 적분 구간이 상수이므로 $\int_0^1 tf(t)\,dt=k$ (k는 상수)로 놓고 $f(x)$를 x, k에 대한 식으로 나타내 봐야겠다.

2 **1**의 $f(x)$를 $\int_0^1 tf(t)\,dt=k$에 대입하면 k의 값을 구할 수 있겠네.

알찬 풀이

$$\int_0^1 tf(t)\,dt=k\ (k\text{는 상수}) \qquad \cdots\cdots \ \text{㉠}$$

로 놓으면 $f(x)=e^x+k$

이것을 ㉠에 대입하면 → $f(x)=e^x+\int_0^1 tf(t)\,dt=e^x+k$

$\int_0^1 t(e^t+k)\,dt=k$, $\int_0^1 te^t\,dt+k\int_0^1 t\,dt=k$

$\int_0^1 te^t\,dt+k\left[\dfrac{1}{2}t^2\right]_0^1=k$, $\int_0^1 te^t\,dt+\dfrac{1}{2}k=k$

$\therefore \int_0^1 te^t\,dt=\dfrac{1}{2}k$ → $\left[\dfrac{1}{2}t^2\right]_0^1=\dfrac{1}{2}-0=\dfrac{1}{2}$ $\qquad\cdots\cdots\ \text{㉡}$

$\int_0^1 te^{t^2}\,dt$에서 $t^2=s$로 놓으면 $2t=\dfrac{ds}{dt}$이고 → $2t\,dt=ds$

$t=0$일 때 $s=0$, $t=1$일 때 $s=1$이므로

$\begin{aligned}\int_0^1 te^{t^2}\,dt&=\int_0^1 \dfrac{1}{2}e^{t^2}\times 2t\,dt\\&=\int_0^1 \dfrac{1}{2}e^s\,ds\\&=\dfrac{1}{2}\Big[e^s\Big]_0^1=\dfrac{1}{2}(e-1)\end{aligned}$

㉡에서 $\dfrac{1}{2}(e-1)=\dfrac{1}{2}k$이므로 $k=e-1$

$\therefore \int_0^1 xf(x)\,dx=\int_0^1 tf(t)\,dt$

← 적분변수만 다를 뿐 의미는 같아. $=k=e-1\ (\because \text{㉠})$

✓ 실전 적용 key

$f(x)=g(x)+\int_a^b f(t)\,dt$ (a, b는 상수) 꼴의 등식이 주어지면 함수 $f(x)$는 다음과 같은 순서로 구한다.

① $\int_a^b f(t)\,dt=k$ (k는 상수)로 놓는다.
② ①의 식에 $f(x)=g(x)+k$를 대입하여 k의 값을 구한다.
③ k의 값을 $f(x)=g(x)+k$에 대입하여 $f(x)$를 구한다.

---

25 정답 ① 정답률 87%

연속함수 $f(x)$가 모든 실수 x에 대하여

$\int_0^x f(t)\,dt=e^x+ax+a$를 만족시킬 때, $f(\ln 2)$의 값은?

→ $\int_0^0 f(t)\,dt=0$이야. (단, a는 상수이다.)

✓① 1 ② 2 ③ e
④ 3 ⑤ $2e$

해결 흐름

1 $f(\ln 2)$의 값을 구하려면 함수 $f(x)$의 식을 알아야겠다.

2 $\int_0^x f(t)\,dt=e^x+ax+a$의 양변에 $x=0$을 대입하면 a의 값을 구할 수 있겠네.

3 $\int_0^x f(t)\,dt=e^x+ax+a$의 양변을 x에 대하여 미분하면 $f(x)$를 구할 수 있겠다.

알찬 풀이

→ $\int_0^0 f(t)\,dt=0$을 이용하기 위해서야.

$\int_0^x f(t)\,dt=e^x+ax+a$의 양변에 $x=0$을 대입하면

$\int_0^0 f(t)\,dt=e^0+a$

$0=1+a$ $\therefore a=-1$

$\int_0^x f(t)\,dt=e^x-x-1$의 양변을 x에 대하여 미분하면

$f(x)=e^x-1$

$\therefore f(\ln 2)=e^{\ln 2}-1=2-1=1$

$e^{\ln 2}=2^{\ln e}=2^1=2$

✓ 실전 적용 key

$\int_a^x f(t)\,dt=g(x)$ (a는 상수) 꼴의 등식이 주어지면 함수 $f(x)$는 다음을 이용하여 구한다.

(1) 양변에 $x=a$를 대입하면 ➡ $\int_a^a f(t)\,dt=g(a)$, 즉 $g(a)=0$

(2) 양변을 x에 대하여 미분하면 ➡ $f(x)=g'(x)$

☆ $\dfrac{d}{dx}\int_a^x f(t)\,dt=f(x)$ (단, a는 상수)

26 정답 ④　　　　　　　　　　　　　정답률 54%

실수 전체의 집합에서 연속인 함수 $f(x)$가 모든 실수 t에 대하여 $\int_0^2 xf(tx)\,dx = 4t^2$을 만족시킬 때, $f(2)$의 값은?

① 1　　　　② 2　　　　③ 3

✓④ 4　　　　⑤ 5

→ $tx = k$로 치환하여 치환적분법을 이용해.

☑ **오답 clear**

$\int_0^{2t} kf(k)\,dk = 4t^4$의 양변을 t에 대하여 미분할 때 $2tf(2t) = 16t^3$과 같이 계산하지 않도록 주의하자.

$\int_0^{2t} kf(k)\,dk = 4t^4$에서 $kf(k) = g(k)$로 놓고 $g(k)$의 한 부정적분을 $G(k)$라 하면

$$\frac{d}{dt}\int_0^{2t} kf(k)\,dk = \frac{d}{dt}\int_0^{2t} g(k)\,dk = \frac{d}{dt}\{G(2t) - G(0)\}$$
$$= G'(2t) \times (2t)' = 2g(2t) = 4tf(2t)$$

해결 흐름

1 치환적분법을 이용하여 주어진 등식을 정리해 봐야겠다.
2 **1**에서 구한 식의 양변을 t에 대하여 미분하면 함수의 식을 파악할 수 있겠네.

알찬 풀이

$tx = k$로 놓으면 $t = \dfrac{dk}{dx}$이고

$x = 0$일 때 $k = 0$, $x = 2$일 때 $k = 2t$이므로

$$\int_0^2 xf(tx)\,dx = \int_0^{2t} \frac{1}{t} xf(tx) \times t\,dx$$

→ $k = tx$이기 때문이야.
$tx = k$에서 $x = \dfrac{k}{t}$이고,

$$= \int_0^{2t} \frac{k}{t^2} f(k)\,dk$$

$t = \dfrac{dk}{dx}$에서 $t\,dx = dk$

$$= \frac{1}{t^2} \int_0^{2t} kf(k)\,dk = 4t^2$$

$$\therefore \int_0^{2t} kf(k)\,dk = 4t^4$$

양변을 t에 대하여 미분하면

$2tf(2t) \times (2t)' = 16t^3$　　$\therefore f(2t) = 4t^2$

위의 식의 양변에 $t = 1$을 대입하면 $f(2) = 4$

---

27 정답 ③　　　　　　　　　　　　　정답률 78%

$$\lim_{n \to \infty} \frac{1}{n} \sum_{k=1}^{n} \sqrt{1 + \frac{3k}{n}}$$의 값은?

→ 정적분을 이용할 수 있도록 식을 변형해 봐.

① $\dfrac{4}{3}$　　　　② $\dfrac{13}{9}$　　　　✓③ $\dfrac{14}{9}$

④ $\dfrac{5}{3}$　　　　⑤ $\dfrac{16}{9}$

☑ **연관 개념 check**

a, k, p가 상수이고, $f(x)$가 연속함수일 때,

$$\lim_{n \to \infty} \sum_{k=1}^{n} f\left(a + \frac{p}{n}k\right) \times \frac{p}{n} = \int_a^{a+p} f(x)\,dx$$
$$= \int_0^p f(a+x)\,dx$$

☑ **실전 적용 key**

급수를 정적분으로 나타낼 때는 다음과 같은 순서로 한다.
① 적분변수를 정한다.
② 적분 구간을 정한다.
③ 정적분으로 나타낸다.

이때 적분변수를 무엇으로 정하느냐에 따라 여러 가지 정적분으로 나타낼 수 있으나 정적분의 값은 모두 같다. 따라서 급수와 정적분의 각 요소 사이의 관계를 아래와 같이 이해하는 것이 도움이 된다.

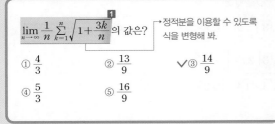

$$\lim_{n \to \infty} \sum_{k=1}^{n} f\left(a + \frac{pk}{n}\right) \times \frac{p}{n} \implies \int_a^{a+p} f(x)\,dx$$

해결 흐름

1 정적분을 이용하여 급수의 합을 구하면 되겠네.

알찬 풀이

$$\lim_{n \to \infty} \frac{1}{n} \sum_{k=1}^{n} \sqrt{1 + \frac{3k}{n}} = \frac{1}{3} \lim_{n \to \infty} \sum_{k=1}^{n} \sqrt{1 + \frac{3k}{n}} \times \frac{3}{n}$$

$$= \frac{1}{3} \int_1^4 \sqrt{x}\,dx$$

→ $1 + \dfrac{3k}{n} = x$라 하면 $\dfrac{3}{n} \to dx$이고 적분 구간은 $[1, 4]$야.

$$= \frac{1}{3} \int_1^4 x^{\frac{1}{2}}\,dx$$

$$= \frac{1}{3} \left[\frac{2}{3} x^{\frac{3}{2}} \right]_1^4$$

$n \neq -1$일 때,
$\int x^n\,dx = \dfrac{1}{n+1} x^{n+1} + C$
(단, C는 적분상수)

$$= \frac{2}{9} \times (8 - 1) = \frac{14}{9}$$

문제 해결 TIP

배지민 | 서울대학교 건축학과 | 화성고등학교 졸업

이 문제는 급수를 정적분으로 나타내어 값을 구하는 유형이야. 이 유형은 함수 $f(x)$가 주어지는 경우와 함수 $f(x)$가 주어지지 않는 경우로 구분할 수 있어. 최근에는 함수 $f(x)$가 주어지지 않는 형태가 주로 출제되고 있어.

이와 같은 형태를 해결하려면 우선 급수의 식을 $\dfrac{k}{n}$를 포함하도록 적절히 변형하고, $\dfrac{k}{n}$를 x로 놓고 적분 가능한 함수의 식을 얻어야 해. 물론 식에 따라 꼭 $\dfrac{k}{n}$를 x로 놓아야 하는 건 아니야. 되도록 적분 과정이 간단한 형태가 되도록 변형하는 게 좋아.

28 정답 ③   정답률 80%

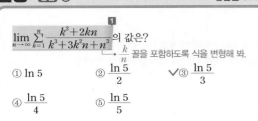

$$\lim_{n\to\infty}\sum_{k=1}^{n}\frac{k^2+2kn}{k^3+3k^2n+n^3}$$ 의 값은?

$\dfrac{k}{n}$ 꼴을 포함하도록 식을 변형해 봐.

① $\ln 5$ ② $\dfrac{\ln 5}{2}$ ✓③ $\dfrac{\ln 5}{3}$

④ $\dfrac{\ln 5}{4}$ ⑤ $\dfrac{\ln 5}{5}$

☑ **연관 개념 check**

a, k, p가 상수이고, $f(x)$가 연속함수일 때,

$$\lim_{n\to\infty}\sum_{k=1}^{n}f\left(a+\frac{p}{n}k\right)\times\frac{p}{n}=\int_{a}^{a+p}f(x)\,dx$$
$$=\int_{0}^{p}f(a+x)\,dx$$

해결 흐름

1 정적분을 이용하여 급수의 합을 구하면 되겠네.

알찬 풀이

$$\lim_{n\to\infty}\sum_{k=1}^{n}\frac{k^2+2kn}{k^3+3k^2n+n^3}=\lim_{n\to\infty}\sum_{k=1}^{n}\frac{\left(\dfrac{k}{n}\right)^2+\dfrac{2k}{n}}{\left(\dfrac{k}{n}\right)^3+3\left(\dfrac{k}{n}\right)^2+1}\times\frac{1}{n}$$

← 분모, 분자를 각각 n^3으로 나누어 식을 변형했어.

$$=\int_{0}^{1}\frac{x^2+2x}{x^3+3x^2+1}\,dx$$
$$=\frac{1}{3}\int_{0}^{1}\frac{(x^3+3x^2+1)'}{x^3+3x^2+1}\,dx$$
$$=\frac{1}{3}\Big[\ln|x^3+3x^2+1|\Big]_{0}^{1}=\frac{\ln 5}{3}$$

---

29 정답 ①   정답률 79%

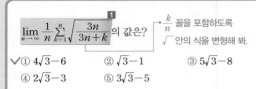

$$\lim_{n\to\infty}\frac{1}{n}\sum_{k=1}^{n}\sqrt{\frac{3n}{3n+k}}$$ 의 값은?

$\dfrac{k}{n}$ 꼴을 포함하도록 $\sqrt{}$ 안의 식을 변형해 봐.

✓① $4\sqrt{3}-6$ ② $\sqrt{3}-1$ ③ $5\sqrt{3}-8$

④ $2\sqrt{3}-3$ ⑤ $3\sqrt{3}-5$

☑ **연관 개념 check**

a, k, p가 상수이고, $f(x)$가 연속함수일 때,

$$\lim_{n\to\infty}\sum_{k=1}^{n}f\left(a+\frac{p}{n}k\right)\times\frac{p}{n}=\int_{a}^{a+p}f(x)\,dx$$
$$=\int_{0}^{p}f(a+x)\,dx$$

해결 흐름

1 정적분을 이용하여 급수의 합을 구하면 되겠네.

알찬 풀이

$$\lim_{n\to\infty}\frac{1}{n}\sum_{k=1}^{n}\sqrt{\frac{3n}{3n+k}}=\lim_{n\to\infty}\sum_{k=1}^{n}\sqrt{\frac{3}{3+\dfrac{k}{n}}}\times\frac{1}{n}$$

← $\sqrt{}$ 안의 식의 분모, 분자를 각각 n으로 나눴어.

$$=\lim_{n\to\infty}\sum_{k=1}^{n}\frac{\sqrt{3}}{\sqrt{3+\dfrac{k}{n}}}\times\frac{1}{n}$$

→ $3+\dfrac{k}{n}=x$라 하면 $\dfrac{1}{n}\to dx$이고 적분 구간은 $[3, 4]$야.

$$=\sqrt{3}\int_{3}^{4}\frac{1}{\sqrt{x}}\,dx$$
$$=\sqrt{3}\int_{3}^{4}x^{-\frac{1}{2}}\,dx$$
$$=\sqrt{3}\left[2x^{\frac{1}{2}}\right]_{3}^{4}$$
$$=\sqrt{3}\times(4-2\sqrt{3})=4\sqrt{3}-6$$

☆☆ $n\neq-1$일 때,
$$\int x^n\,dx=\frac{1}{n+1}x^{n+1}+C$$
(단, C는 적분상수)

---

30 정답 ②   정답률 87%

함수 $f(x)=\dfrac{1}{x}$에 대하여 $$\lim_{n\to\infty}\sum_{k=1}^{n}f\left(1+\frac{2k}{n}\right)\frac{2}{n}$$ 의 값은?

① $\ln 2$ ✓② $\ln 3$ ③ $2\ln 2$

④ $\ln 5$ ⑤ $\ln 6$

$1+\dfrac{2k}{n}=x$라 하고 주어진 급수를 정적분으로 바꿔 봐.

☑ **연관 개념 check**

a, k, p가 상수이고, $f(x)$가 연속함수일 때,

$$\lim_{n\to\infty}\sum_{k=1}^{n}f\left(a+\frac{p}{n}k\right)\times\frac{p}{n}=\int_{a}^{a+p}f(x)\,dx$$
$$=\int_{0}^{p}f(a+x)\,dx$$

해결 흐름

1 정적분을 이용하여 급수의 합을 구하면 되겠네.

알찬 풀이

→ $1+\dfrac{2k}{n}=x$라 하면 $\dfrac{2}{n}\to dx$이고 적분 구간은 $[1, 3]$이야.

$$\lim_{n\to\infty}\sum_{k=1}^{n}f\left(1+\frac{2k}{n}\right)\frac{2}{n}=\int_{1}^{3}f(x)\,dx$$
$$=\int_{1}^{3}\frac{1}{x}\,dx$$

→ $\int\dfrac{1}{x}\,dx=\ln|x|+C$ (C는 적분상수) 임을 이용했어.

$$=\Big[\ln x\Big]_{1}^{3}=\ln 3$$

→ $\Big[\ln x\Big]_{1}^{3}=\ln 3-\ln 1=\ln 3-0=\ln 3$

다른 풀이

$$\lim_{n\to\infty}\sum_{k=1}^{n}f\left(1+\frac{2k}{n}\right)\frac{2}{n}=\int_{0}^{2}f(1+x)\,dx$$

$\dfrac{2k}{n}=x$라 하면 $\dfrac{2}{n}\to dx$이고 적분 구간은 $[0, 2]$야.

$$=\int_{0}^{2}\frac{1}{1+x}\,dx$$
$$=\Big[\ln(1+x)\Big]_{0}^{2}=\ln 3$$

→ $\Big[\ln(1+x)\Big]_{0}^{2}=\ln 3-\ln 1=\ln 3-0=\ln 3$

31 　　　　정답률 74%

그림과 같이 중심이 O, 반지름의 길이가 1이고 중심각의 크기가 $\dfrac{\pi}{2}$인 부채꼴 OAB가 있다. 자연수 n에 대하여 호 AB 를 $2n$ 등분 한 각 분점(양 끝 점도 포함)을 차례로 $P_0(=A)$, P_1, P_2, $\cdots$, P_{2n-1}, $P_{2n}(=B)$라 하자.
다음 물음에 답하시오.

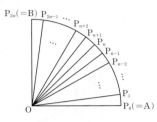

주어진 자연수 n에 대하여 $S_k(1 \le k \le n)$을 삼각형 $OP_{n-k}P_{n+k}$의 넓이라 할 때, $\displaystyle\lim_{n\to\infty}\dfrac{1}{n}\sum_{k=1}^{n}S_k$의 값은?

✓ ① $\dfrac{1}{\pi}$　　　② $\dfrac{13}{12\pi}$　　　③ $\dfrac{7}{6\pi}$

④ $\dfrac{5}{4\pi}$　　　⑤ $\dfrac{4}{3\pi}$

→ S_k를 구하고 주어진 급수를 정적분으로 바꿔 봐.

☑ 연관 개념 check

a, k, p가 상수이고, $f(x)$가 연속함수일 때,

$$\lim_{n\to\infty}\sum_{k=1}^{n}f\left(a+\dfrac{p}{n}k\right)\times\dfrac{p}{n}=\int_{a}^{a+p}f(x)\,dx$$
$$=\int_{0}^{p}f(a+x)\,dx$$

☑ 실전 적용 key

급수를 정적분으로 바꿀 때, 무엇을 x로 놓느냐에 따라 피적분함수의 식과 적분 구간이 결정된다.

알찬 풀이에서는 $\dfrac{\pi k}{2n}$를 x로 놓았으므로 피적분함수는 $\sin x$, 적분 구간은 $\left[0, \dfrac{\pi}{2}\right]$이다.

한편, 다른 풀이에서는 $\dfrac{k}{n}$를 x로 놓았으므로 적분 구간은 $[0, 1]$로 간단하지만 피적분함수가 $\sin \dfrac{\pi}{2}x$가 된다.

두 경우 모두 계산 결과는 $\dfrac{1}{\pi}$로 같지만 다른 풀이의 경우 정적분의 값을 구하는 과정이 알찬 풀이에 비해 복잡하다. 이와 같이 급수를 정적분으로 나타낼 때 여러 가지 방법을 이용할 수 있지만 되도록 알찬 풀이와 같이 함수식이 간단해지도록 치환하여 계산하는 것이 편리하다.

해결 흐름

1️⃣ $\angle P_{m-1}OP_m = \theta$ $(m=1, 2, 3, \cdots, 2n)$라 하면 θ를 이용하여 $\angle P_{n-k}OP_{n+k}$의 크기를 나타낼 수 있겠다.

2️⃣ 삼각형 $OP_{n-k}P_{n+k}$에서 두 변 OP_{n-k}, OP_{n+k}의 길이와 $\angle P_{n-k}OP_{n+k}$의 크기를 이용하면 S_k를 나타낼 수 있겠군.

3️⃣ 정적분을 이용하여 급수의 합을 구하면 되겠네.

알찬 풀이

$\angle P_{m-1}OP_m = \theta$ $(m=1, 2, 3, \cdots, 2n)$라 하면 θ는 중심각 $\dfrac{\pi}{2}$를 $2n$ 등분 한 것 중의 하나이므로 $\theta = \dfrac{\pi}{2} \times \dfrac{1}{2n} = \dfrac{\pi}{4n}$

$\angle P_{n-k}OP_{n+k} = 2k\theta = 2k \times \dfrac{\pi}{4n} = \dfrac{\pi k}{2n}$

$\left[\begin{array}{l} \triangle OP_{n-k}P_{n+k} \\ = \dfrac{1}{2} \times \overline{OP_{n-k}} \times \overline{OP_{n+k}} \times \sin(\angle P_{n-k}OP_{n+k}) \end{array}\right.$

$\therefore S_k = \triangle OP_{n-k}P_{n+k} = \dfrac{1}{2} \times 1^2 \times \sin \dfrac{\pi k}{2n} = \dfrac{1}{2}\sin\dfrac{\pi k}{2n}$

$\therefore \displaystyle\lim_{n\to\infty}\dfrac{1}{n}\sum_{k=1}^{n}S_k = \lim_{n\to\infty}\dfrac{1}{n}\sum_{k=1}^{n}\dfrac{1}{2}\sin\dfrac{\pi k}{2n}$

$= \dfrac{1}{\pi}\displaystyle\lim_{n\to\infty}\sum_{k=1}^{n}\sin\dfrac{\pi k}{2n}\times\dfrac{\pi}{2n}$　→ $\dfrac{\pi k}{2n}=x$라 하면 $\dfrac{\pi}{2n} \to dx$ 이고 적분 구간은 $\left[0, \dfrac{\pi}{2}\right]$야.

$= \dfrac{1}{\pi}\displaystyle\int_{0}^{\frac{\pi}{2}}\sin x\,dx$

$= \dfrac{1}{\pi}\Big[-\cos x\Big]_{0}^{\frac{\pi}{2}} = \dfrac{1}{\pi}\left(-\cos\dfrac{\pi}{2}+\cos 0\right)$

→ $\cos 0 = 1$

→ $\cos\dfrac{\pi}{2} = 0$

$= \dfrac{1}{\pi}$

다른 풀이

$\triangle P_{n-k}OP_{n+k}$에서 $\overline{OP_{n-k}} = \overline{OP_{n+k}} = 1$이고

$\angle P_{n-k}OP_{n+k} = \dfrac{\pi k}{2n}$　→ $\triangle P_{n-k}OP_{n+k}$는 이등변삼각형이야.

이때 점 O에서 선분 $P_{n-k}P_{n+k}$에 내린 수선의 발을 H라 하면 $\overline{HP_{n-k}} = \overline{HP_{n+k}}$이고 $\triangle OHP_{n+k}$는 $\angle OHP_{n+k} = 90°$인 직각삼각형이므로

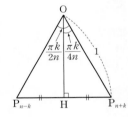

$\overline{HP_{n+k}} = \sin\dfrac{\pi k}{4n}$, $\overline{OH} = \cos\dfrac{\pi k}{4n}$

$\therefore S_k = \dfrac{1}{2}\times 2\overline{HP_{n+k}}\times\overline{OH}$

$\overline{HP_{n+k}} = \overline{OP_{n+k}}\sin\dfrac{\pi k}{4n}$, $\overline{OH} = \overline{OP_{n+k}}\cos\dfrac{\pi k}{4n}$이고 $\overline{OP_{n+k}}=1$이니까 $\overline{HP_{n+k}}=\sin\dfrac{\pi k}{4n}$, $\overline{OH}=\cos\dfrac{\pi k}{4n}$야.

$= \dfrac{1}{2}\times 2\sin\dfrac{\pi k}{4n}\times\cos\dfrac{\pi k}{4n}$

$= \sin\dfrac{\pi k}{4n}\cos\dfrac{\pi k}{4n}$

$= \dfrac{1}{2}\sin\dfrac{\pi k}{2n}$

$\therefore \displaystyle\lim_{n\to\infty}\dfrac{1}{n}\sum_{k=1}^{n}S_k = \lim_{n\to\infty}\dfrac{1}{n}\sum_{k=1}^{n}\dfrac{1}{2}\sin\dfrac{\pi k}{2n}$

$= \dfrac{1}{2}\displaystyle\lim_{n\to\infty}\sum_{k=1}^{n}\sin\dfrac{\pi k}{2n}\times\dfrac{1}{n}$　→ $\dfrac{k}{n}=x$라 하면 $\dfrac{1}{n} \to dx$ 이고 적분 구간은 $[0, 1]$이야.

$= \dfrac{1}{2}\displaystyle\int_{0}^{1}\sin\dfrac{\pi}{2}x\,dx$

$= \dfrac{1}{2}\left[-\dfrac{2}{\pi}\cos\dfrac{\pi}{2}x\right]_{0}^{1}$

$= \dfrac{1}{2}\left(-\dfrac{2}{\pi}\cos\dfrac{\pi}{2}+\dfrac{2}{\pi}\cos 0\right)$

$= \dfrac{1}{2}\left(0+\dfrac{2}{\pi}\right) = \dfrac{1}{\pi}$

┌→ 연속함수이니까 적분가능하겠네.
실수 전체의 집합에서 연속인 함수 $f(x)$가 있다.
2 이상인 자연수 n에 대하여 닫힌구간 $[0, 1]$을 n등분한 각
분점(양 끝 점도 포함)을 차례대로 └→ 구간의 길이는 1이네.

$$0=x_0,\ x_1,\ x_2,\ \cdots,\ x_{n-1},\ x_n=1$$

이라 할 때, **보기**에서 옳은 것만을 있는 대로 고른 것은?

┌ **보기** ┐
ㄱ. $n=2m$(m은 자연수)이면 $\displaystyle\sum_{k=0}^{m-1}\frac{f(x_{2k})}{m}\le\sum_{k=0}^{n-1}\frac{f(x_k)}{n}$
　　이다.
ㄴ. $\displaystyle\lim_{n\to\infty}\sum_{k=1}^{n}\frac{1}{n}\left\{\frac{f(x_{k-1})+f(x_k)}{2}\right\}=\int_0^1 f(x)dx$
ㄷ. $\displaystyle\sum_{k=0}^{n-1}\frac{f(x_k)}{n}\le\int_0^1 f(x)dx\le\sum_{k=1}^{n}\frac{f(x_k)}{n}$

① ㄱ　　　　✔② ㄴ　　　　③ ㄷ
④ ㄱ, ㄴ　　　　⑤ ㄴ, ㄷ

☑ **연관 개념 check**

a, k, p가 상수이고, $f(x)$가 연속함수일 때,

$$\lim_{n\to\infty}\sum_{k=1}^{n}f\left(a+\frac{p}{n}k\right)\times\frac{p}{n}=\int_a^{a+p}f(x)\,dx$$
$$=\int_0^p f(a+x)\,dx$$

☑ **실전 적용 key**

ㄱ, ㄷ과 같이 정적분과 급수에 대한 부등식은 증가함수 또는 감소
함수 중 어느 한 경우에만 참이 되는 경우가 많다.
따라서 반례를 찾을 때는 증가함수와 감소함수를 모두 생각해야
한다.

해결 흐름

1 ㄱ은 부등식의 좌변과 우변을 도형의 넓이로 생각하여 그림으로 나타내 봐야겠다.

2 ㄴ은 좌변의 급수를 정적분으로 나타내 봐야겠다.

3 ㄷ은 부등식의 각 변을 도형의 넓이로 생각하고 $\int_0^1 f(x)dx$와 비교해 보면 되겠다.

알찬 풀이

ㄱ. [반례]

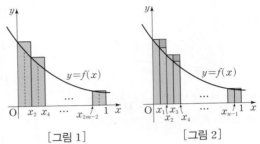

[그림 1]　　　　　　　[그림 2]

$x_{2k+2}-x_{2k}=\dfrac{2}{2m}=\dfrac{1}{m}$이므로 $\displaystyle\sum_{k=0}^{m-1}\frac{f(x_{2k})}{m}$는 [그림 1]의 직사각형들의 넓

이의 합을 나타낸다.

이때 $x_{k+1}-x_k=\dfrac{1}{n}$이므로 $\displaystyle\sum_{k=0}^{n-1}\frac{f(x_k)}{n}$는 [그림 2]의 직사각형들의 넓이의

합을 나타낸다.

따라서 $\displaystyle\sum_{k=0}^{m-1}\frac{f(x_{2k})}{m}>\sum_{k=0}^{n-1}\frac{f(x_k)}{n}$이다. (거짓)
　　　　　　└→ [그림 1]의 직사각형의 넓이가
　　　　　　　　[그림 2]의 직사각형의 넓이보다 ■만큼 더 커.

ㄴ. $x_k=\dfrac{k}{n}$이므로

$$\lim_{n\to\infty}\sum_{k=1}^{n}\frac{1}{n}\left\{\frac{f(x_{k-1})+f(x_k)}{2}\right\}$$
$$=\frac{1}{2}\left\{\lim_{n\to\infty}\sum_{k=1}^{n}\frac{f(x_{k-1})}{n}+\lim_{n\to\infty}\sum_{k=1}^{n}\frac{f(x_k)}{n}\right\}$$
$$=\frac{1}{2}\left\{\lim_{n\to\infty}\sum_{k=1}^{n}f(\boxed{x_{k-1}})\times\frac{1}{n}+\lim_{n\to\infty}\sum_{k=1}^{n}f(\boxed{x_k})\times\frac{1}{n}\right\}$$
$$=\frac{1}{2}\left\{\lim_{n\to\infty}\boxed{\sum_{k=1}^{n}}f\left(\boxed{\frac{k-1}{n}}\right)\times\frac{1}{n}+\lim_{n\to\infty}\sum_{k=1}^{n}f\left(\boxed{\frac{k}{n}}\right)\times\frac{1}{n}\right\}$$
$$=\frac{1}{2}\left\{\lim_{n\to\infty}\boxed{\sum_{k=0}^{n-1}}f\left(\boxed{\frac{k}{n}}\right)\times\frac{1}{n}+\lim_{n\to\infty}\sum_{k=1}^{n}f\left(\frac{k}{n}\right)\times\frac{1}{n}\right\}$$
$$=\frac{1}{2}\left\{\int_0^1 f(x)dx+\int_0^1 f(x)dx\right\}$$
$$=\int_0^1 f(x)dx\ (참)$$

ㄷ. [반례] ㄱ의 [그림 2]에서 $\int_0^1 f(x)dx$는 곡선 $y=f(x)$와 x축 및 두 직선

$x=0$, $x=1$로 둘러싸인 부분의 넓이이고, $\displaystyle\sum_{k=0}^{n-1}\frac{f(x_k)}{n}$는 직사각형들의 넓이

의 합을 나타내므로

$$\sum_{k=0}^{n-1}\frac{f(x_k)}{n}>\int_0^1 f(x)dx \quad\to\ 부등식의 한 쪽만 성립하지 않아도 틀린 보기가 돼.$$

즉, 함수 $f(x)$가 증가함수일 때는 주어진 부등식이 성립하지만 감소함수일 때
는 성립하지 않는다. (거짓)

이상에서 옳은 것은 ㄴ뿐이다.

33 정답 ①

☑ **연관 개념 check**

함수 $f(x)$가 닫힌구간 $[a, b]$에서 연속일 때, 곡선 $y=f(x)$와 x축 및 두 직선 $x=a$, $x=b$로 둘러싸인 도형의 넓이 S는

$$S=\int_a^b |f(x)| dx$$

☑ **실전 적용 key**

정적분을 활용하여 도형의 넓이를 구할 때는 우선 함수의 그래프의 개형부터 파악해야 한다. 이때 함수의 그래프가 원점을 지나는지, 함수의 그래프가 어느 점을 기준으로 x축보다 위에 그려지는지, 아래에 그려지는지, x축 또는 y축과 만나는 점이 무엇인지, 주어진 구간의 양 끝 값에서의 함숫값이 무엇인지 등을 파악하여 함수의 그래프의 개형을 유추할 수도 있다.

부분적분법

두 함수 $f(x)$, $g(x)$가 미분가능하고 $f'(x)$, $g'(x)$가 닫힌구간 $[a, b]$에서 연속일 때,

$$\int_a^b f(x)g'(x) dx$$
$$=\Big[f(x)g(x)\Big]_a^b - \int_a^b f'(x)g(x) dx$$

해결 흐름

1 곡선 $y=x \ln (x^2+1)$의 개형을 그려 봐야겠네.

2 정적분을 이용하여 곡선과 x축 및 직선 $x=1$로 둘러싸인 부분의 넓이를 구하면 되겠다.

알찬 풀이

$f(x)=x \ln (x^2+1)$로 놓으면

$$f'(x)=\ln (x^2+1) + x \times \frac{2x}{x^2+1} = \ln (x^2+1) + \frac{2x^2}{x^2+1}$$

$f'(x)=0$에서 $x=0$

함수 $f(x)$의 증가와 감소를 표로 나타내면 다음과 같다.

x	$\cdots$	0	$\cdots$
$f'(x)$	$+$	0	$+$
$f(x)$	↗	0	↗

함수 $y=f(x)$의 그래프의 개형은 오른쪽 그림과 같으므로 구하는 넓이를 S라 하면

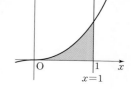

$$S=\int_0^1 x \ln (x^2+1) dx$$

$x^2+1=t$로 놓으면 $2x=\dfrac{dt}{dx}$이고, └→ $2x\,dx=dt$

$x=0$일 때 $t=1$, $x=1$일 때 $t=2$이므로

$$\int_0^1 x \ln (x^2+1) dx = \int_0^1 \frac{1}{2} \ln (x^2+1) \times 2x \, dx$$

→ $x^2+1=t$이니까
$x=0$일 때 $t=0^2+1=1$,
$x=1$일 때 $t=1^2+1=2$야.

$$=\frac{1}{2}\int_1^2 \ln t \, dt$$

이때 $u(t)=\ln t$, $v'(t)=1$로 놓으면

$u'(t)=\dfrac{1}{t}$, $v(t)=t$이므로

$$\underset{u(t)v'(t)}{\int_1^2 \ln t \, dt} = \overset{u(t)v(t)}{\Big[\ln t \times t\Big]_1^2} - \overset{u'(t)v(t)}{\int_1^2 \frac{1}{t} \times t \, dt}$$

$$=2 \ln 2 - \Big[t\Big]_1^2$$

$$=2 \ln 2 - (2-1)$$

$$=2 \ln 2 - 1$$

$$\therefore S=\int_0^1 x \ln (x^2+1) dx$$

$$=\frac{1}{2}\int_1^2 \ln t \, dt$$

$$=\frac{1}{2}(2 \ln 2 - 1)$$

$$=\ln 2 - \frac{1}{2}$$

문제 해결 **TIP**

김철민 | 서울대학교 전기정보공학부 | 북일고등학교 졸업

이 문제는 정적분을 활용하여 곡선과 직선으로 둘러싸인 도형의 넓이를 구할 수 있는지를 묻고 있어. 정적분을 활용하여 도형의 넓이를 구하는 유형은 대부분 그래프가 주어지거나 $y=e^x$, $y=\ln x$, $y=\sin x$, $y=\cos x$ 등과 같이 그 그래프의 개형을 쉽게 파악할 수 있는 경우가 많아.

그런데 이 문제의 경우 주어진 함수의 그래프의 개형을 바로 파악하기 어려웠을거야. 또, 치환적분법과 부분적분법을 모두 이용해야만 해결할 수 있는 비교적 까다로운 문제였어.

이러한 유형의 문제를 해결하기 위해서는 평소 도함수를 이용하여 함수의 그래프를 개형을 그리고, 이를 바탕으로 구하는 도형의 넓이를 정적분으로 나타낸 뒤 여러 가지 적분법을 활용하여 정적분의 값을 계산하는 능력을 기를 필요가 있어.

34 정답 ② 정답률 93%

곡선 $y=e^{2x}$과 x축 및 두 직선 $x=\ln\frac{1}{2}$, $x=\ln 2$로 둘러
싸인 부분의 넓이는? ⟶ 적분 구간은 $\left[\ln\frac{1}{2}, \ln 2\right]$이네.

① $\frac{5}{3}$ ✓② $\frac{15}{8}$ ③ $\frac{15}{7}$

④ $\frac{5}{2}$ ⑤ 3

☑ 연관 개념 check

함수 $f(x)$가 닫힌구간 $[a, b]$에서 연속일 때, 곡선 $y=f(x)$
와 x축 및 두 직선 $x=a$, $x=b$로 둘러싸인 도형의 넓이 S는

$S=\int_a^b |f(x)| dx$

$\int e^{ax+b} dx=\frac{1}{a}e^{ax+b}+C$ (C는 적분상수)를 이용해. ◀

해결 흐름

1 정적분을 이용하여 곡선과 x축 및 두 직선 $x=\ln\frac{1}{2}$, $x=\ln 2$로 둘러싸인 부분의 넓이를 구하면 되겠다.

알찬 풀이

곡선 $y=e^{2x}$과 x축 및 두 직선 $x=\ln\frac{1}{2}$, $x=\ln 2$로 둘러싸인 부분의 넓이는

$$\int_{\ln\frac{1}{2}}^{\ln 2} e^{2x} dx=\left[\frac{1}{2}e^{2x}\right]_{\ln\frac{1}{2}}^{\ln 2}$$
$$=\frac{1}{2}(e^{2\ln 2}-e^{2\ln\frac{1}{2}}) \quad e^{2\ln 2}=e^{\ln 4}=4^{\ln e}=4,$$
$$=\frac{1}{2}\left(4-\frac{1}{4}\right) \quad e^{2\ln\frac{1}{2}}=e^{\ln\frac{1}{4}}=\left(\frac{1}{4}\right)^{\ln e}=\frac{1}{4}$$
$$=\frac{1}{2}\times\frac{15}{4}=\frac{15}{8}$$

35 정답 ③ 정답률 75%

곡선 $y=|\sin 2x|+1$과 x축 및 두 직선 $x=\frac{\pi}{4}$, $x=\frac{5\pi}{4}$로
둘러싸인 부분의 넓이는?

① $\pi+1$ ② $\pi+\frac{3}{2}$ ✓③ $\pi+2$

④ $\pi+\frac{5}{2}$ ⑤ $\pi+3$
⟶ 함수 $y=\sin 2x$의 치역은 $\{y|-1\le y\le 1\}$
이고 주기는 $\frac{2\pi}{|2|}=\pi$임을 이용해 봐.

☑ 연관 개념 check

함수 $f(x)$가 닫힌구간 $[a, b]$에서 연속일 때, 곡선 $y=f(x)$
와 x축 및 두 직선 $x=a$, $x=b$로 둘러싸인 도형의 넓이 S는

$S=\int_a^b |f(x)| dx$

수능 핵심 개념 | 절댓값 기호를 포함한 함수의 그래프

함수 $y=|f(x)|$의 그래프는 함수 $y=f(x)$의 그래프를
그린 후 $y\ge 0$인 부분은 그대로 두고, $y<0$인 부분을 x축
에 대하여 대칭이동한다.

해결 흐름

1 곡선 $y=|\sin 2x|+1$의 개형을 그려 봐야겠네.

2 정적분을 이용하여 곡선과 x축 및 두 직선 $x=\frac{\pi}{4}$, $x=\frac{5\pi}{4}$로 둘러싸인 부분의 넓이를 구하면
되겠다.

알찬 풀이

곡선 $y=|\sin 2x|+1$과 x축 및 두 직선
$x=\frac{\pi}{4}$, $x=\frac{5\pi}{4}$로 둘러싸인 부분의 넓이는

$$\int_{\frac{\pi}{4}}^{\frac{5\pi}{4}}(|\sin 2x|+1)dx$$
$$=4\int_{\frac{\pi}{4}}^{\frac{\pi}{2}}(|\sin 2x|+1)dx$$
$$\qquad \frac{\pi}{4}\le x\le\frac{\pi}{2}에서 \sin 2x\ge 0이므로$$
$$=4\int_{\frac{\pi}{4}}^{\frac{\pi}{2}}(\sin 2x+1)dx \quad 절댓값을 없앨 수 있어.$$
$$=4\left[-\frac{1}{2}\cos 2x+x\right]_{\frac{\pi}{4}}^{\frac{\pi}{2}}$$
$$=4\left\{\left(\frac{1}{2}+\frac{\pi}{2}\right)-\frac{\pi}{4}\right\}$$
$$=\pi+2$$

$\int \sin ax\, dx=-\frac{1}{a}\cos ax+C$
(단, $a\ne 0$, C는 적분상수)

⟶ (㉠의 넓이)=(㉡의 넓이)
= (㉢의 넓이)
= (㉣의 넓이)

36 정답 ③

정답률 88%

함수 $y=\cos 2x$의 그래프와 x축, y축 및 직선 $x=\frac{\pi}{12}$로 둘러싸인 영역의 넓이[1]가 직선 $y=a$에 의하여 이등분[2]될 때, 상수 a의 값은?

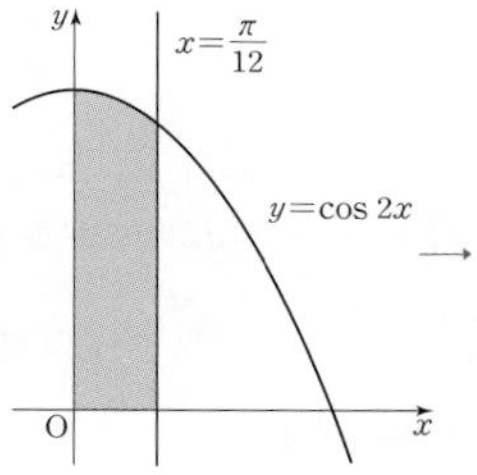

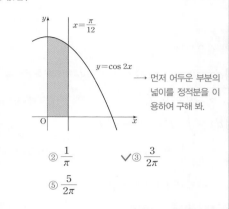

→ 먼저 어두운 부분의 넓이를 정적분을 이용하여 구해 봐.

① $\frac{1}{2\pi}$ ② $\frac{1}{\pi}$ ✓③ $\frac{3}{2\pi}$ ④ $\frac{2}{\pi}$ ⑤ $\frac{5}{2\pi}$

연관 개념 check

함수 $f(x)$가 닫힌구간 $[a, b]$에서 연속일 때, 곡선 $y=f(x)$와 x축 및 두 직선 $x=a$, $x=b$로 둘러싸인 도형의 넓이 S는

$S=\int_a^b |f(x)|dx$

해결 흐름

1 함수 $y=\cos 2x$의 그래프와 x축, y축 및 직선 $x=\frac{\pi}{12}$로 둘러싸인 영역의 넓이를 구해 봐야겠다.

2 직선 $y=a$가 1의 넓이를 이등분함을 이용하면 상수 a의 값을 구할 수 있겠네.

알찬 풀이

함수 $y=\cos 2x$의 그래프와 x축, y축 및 직선 $x=\frac{\pi}{12}$로 둘러싸인 영역의 넓이는

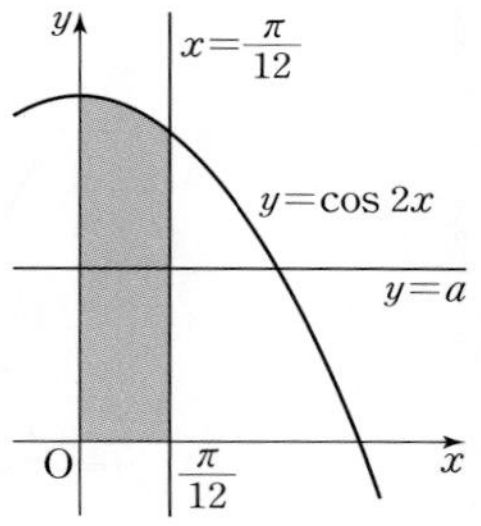

$$\int_0^{\frac{\pi}{12}} \cos 2x\,dx=\left[\frac{1}{2}\sin 2x\right]_0^{\frac{\pi}{12}}=\frac{1}{2}\sin\frac{\pi}{6}=\frac{1}{4}$$

→ $\sin\frac{\pi}{6}=\frac{1}{2}$

이 넓이가 직선 $y=a$에 의하여 이등분되므로

$$\int_0^{\frac{\pi}{12}} a\,dx=\frac{1}{4}\times\frac{1}{2},\ \left[ax\right]_0^{\frac{\pi}{12}}=\frac{1}{8}$$

→ 직선 $y=a$와 x축, y축 및 직선 $x=\frac{\pi}{12}$로 둘러싸인 영역은 밑변의 길이가 $\frac{\pi}{12}$, 높이가 a인 직사각형이므로 그 넓이를 $\frac{\pi}{12}a$와 같이 바로 구할 수도 있어.

$$\frac{\pi}{12}a=\frac{1}{8}$$

$$\therefore a=\frac{3}{2\pi}$$

37 정답 ②

정답률 89%

그림과 같이 두 곡선 $y=2^x-1$, $y=\left|\sin\frac{\pi}{2}x\right|$가 원점 O와 점 $(1, 1)$에서 만난다.[1] 두 곡선 $y=2^x-1$, $y=\left|\sin\frac{\pi}{2}x\right|$로 둘러싸인 부분의 넓이는?[2]

→ 두 곡선과 두 직선 $x=0$, $x=1$ 사이의 넓이야.

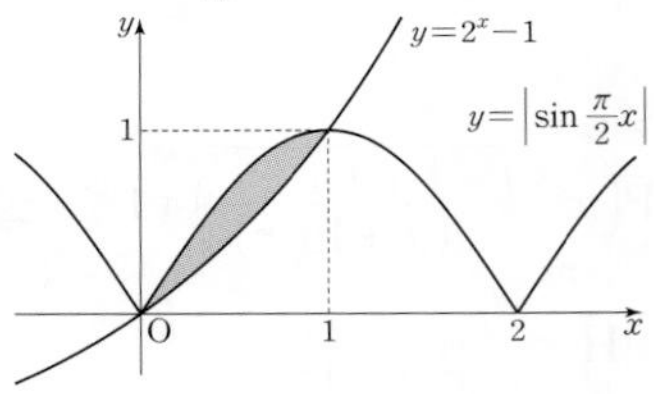

① $-\frac{1}{\pi}+\frac{1}{\ln 2}-1$ ✓② $\frac{2}{\pi}-\frac{1}{\ln 2}+1$ ③ $\frac{2}{\pi}+\frac{1}{2\ln 2}-1$ ④ $\frac{1}{\pi}-\frac{1}{2\ln 2}+1$ ⑤ $\frac{1}{\pi}+\frac{1}{\ln 2}-1$

연관 개념 check

두 함수 $f(x)$, $g(x)$가 닫힌구간 $[a, b]$에서 연속일 때, 두 곡선 $y=f(x)$, $y=g(x)$ 및 두 직선 $x=a$, $x=b$로 둘러싸인 도형의 넓이 S는

$S=\int_a^b |f(x)-g(x)|dx$

해결 흐름

1 두 곡선의 교점의 x좌표가 0, 1이니까 $[0, 1]$을 적분 구간으로 정해야겠다.

2 두 곡선의 위치 관계를 파악한 후, 정적분을 이용해서 두 곡선으로 둘러싸인 부분의 넓이를 구하면 되겠다.

알찬 풀이

두 곡선 $y=2^x-1$, $y=\left|\sin\frac{\pi}{2}x\right|$로 둘러싸인 부분의 넓이는

$$\int_0^1\left\{\left|\sin\frac{\pi}{2}x\right|-(2^x-1)\right\}dx=\int_0^1\left\{\sin\frac{\pi}{2}x-(2^x-1)\right\}dx$$

→ $0\le x\le 1$에서 $\sin\frac{\pi}{2}x\ge 0$이므로 절댓값을 없앨 수 있어.

$$=\int_0^1\left(\sin\frac{\pi}{2}x-2^x+1\right)dx$$

$$=\left[-\frac{2}{\pi}\cos\frac{\pi}{2}x-\frac{2^x}{\ln 2}+x\right]_0^1$$

$$=\left(-\frac{2}{\ln 2}+1\right)-\left(-\frac{2}{\pi}-\frac{1}{\ln 2}\right)$$

$$=\frac{2}{\pi}-\frac{1}{\ln 2}+1$$

(1) $\int\sin ax\,dx=-\frac{1}{a}\cos ax+C$ (단, $a\neq 0$, C는 적분상수)

(2) $\int a^x dx=\frac{a^x}{\ln a}+C$ (단, $a>0$, $a\neq 1$, C는 적분상수)

38 정답 ① 정답률 88%

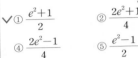

곡선 $y=e^{2x}$과 y축 및 직선 $y=-2x+a$로 둘러싸인 영역을 A, 곡선 $y=e^{2x}$과 두 직선 $y=-2x+a$, $x=1$로 둘러싸인 영역을 B라 하자. <u>A의 넓이와 B의 넓이가 같을 때</u>, 상수 a의 값은? (단, $1<a<e^2$)
└→ 넓이가 같음을 이용해서 정적분에 대한 식을 세워 봐.

✓① $\dfrac{e^2+1}{2}$ ② $\dfrac{2e^2+1}{4}$ ③ $\dfrac{e^2}{2}$

④ $\dfrac{2e^2-1}{4}$ ⑤ $\dfrac{e^2-1}{2}$

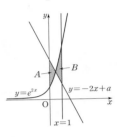

☑ 연관 개념 check

오른쪽 그림과 같이 두 곡선 $y=f(x)$, $y=g(x)$로 둘러싸인 두 도형의 넓이를 각각 S_1, S_2라 할 때, $S_1=S_2$이면

$$\int_a^b \{f(x)-g(x)\}dx=0$$

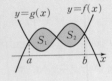

해결 흐름

1 A의 넓이와 B의 넓이가 같으니까 $\int_0^1 \{(곡선의 식)-(직선의 식)\}dx=0$이겠네.

2 **1**에서 세운 정적분의 식을 계산하면 상수 a의 값을 구할 수 있겠다.

알찬 풀이

A의 넓이와 B의 넓이가 같으므로

$$\int_0^1 \{e^{2x}-(-2x+a)\}dx=0$$ → $\int_0^1\{(-2x+a)-e^{2x}\}dx=0$으로 풀어도 돼.

이어야 한다.   ┌→ $\int e^{ax+b}\,dx=\dfrac{1}{a}e^{ax+b}+C$ (C는 적분상수)를 이용해.

$$\int_0^1\{e^{2x}-(-2x+a)\}dx=\int_0^1(e^{2x}+2x-a)dx$$

상수항을 적분할 때, x를 빠뜨리지 않도록 주의해.

$$=\left[\frac{1}{2}e^{2x}+x^2-ax\right]_0^1$$

$$=\frac{1}{2}e^2+1-a-\frac{1}{2}$$

$$=\frac{1}{2}e^2-a+\frac{1}{2}$$

따라서 $\dfrac{1}{2}e^2-a+\dfrac{1}{2}=0$이므로

$$a=\frac{e^2+1}{2}$$

39 정답 ① 정답률 82%

그림과 같이 곡선 $y=\sqrt{\dfrac{x+1}{x(x+\ln x)}}$과 x축 및 두 직선 $x=1$, $x=e$로 둘러싸인 부분을 밑면으로 하는 입체도형이 있다. 이 입체도형을 <u>x축에 수직인 평면으로 자른 단면이 모두 정사각형</u>일 때, 이 입체도형의 부피는?

→ 입체도형의 부피는 단면인 정사각형의 넓이를 적분하여 구할 수 있어.

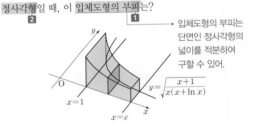

✓① $\ln(e+1)$ ② $\ln(e+2)$ ③ $\ln(e+3)$

④ $\ln(2e+1)$ ⑤ $\ln(2e+2)$

☑ 연관 개념 check

 닫힌구간 $[a, b]$에서 x좌표가 x인 점을 지나고 x축에 수직인 평면으로 자른 단면의 넓이가 $S(x)$인 입체도형의 부피 V는

$$V=\int_a^b S(x)dx$$

$1\leq x\leq e$이므로 적분 구간이 $[1, e]$야.

해결 흐름

1 입체도형의 부피는 단면의 넓이를 정적분한 값과 같으니까 단면의 넓이를 구해야겠네.

2 입체도형을 x축에 수직인 평면으로 자른 단면이 정사각형이니까 정사각형의 한 변의 길이, 즉 곡선 $y=\sqrt{\dfrac{x+1}{x(x+\ln x)}}$에서 x축에 그은 수선의 길이를 알면 단면의 넓이를 구할 수 있겠다.

알찬 풀이

곡선 $y=\sqrt{\dfrac{x+1}{x(x+\ln x)}}$ 위의 점 $\text{P}\left(x, \sqrt{\dfrac{x+1}{x(x+\ln x)}}\right)$ ($1\leq x\leq e$)에서

x축에 내린 수선의 발을 H라 하면 $\overline{\text{PH}}=\sqrt{\dfrac{x+1}{x(x+\ln x)}}$

이때 점 P를 지나고 x축에 수직인 평면으로 자른 단면은 정사각형이고 한 변의 길이가 $\overline{\text{PH}}$이다.   ┌→ 한 변의 길이가 $\sqrt{\dfrac{x+1}{x(x+\ln x)}}$인 정사각형의 넓이이지.

단면의 넓이를 $S(x)$라 하면

$$S(x)=\overline{\text{PH}}^2=\left(\sqrt{\frac{x+1}{x(x+\ln x)}}\right)^2=\frac{x+1}{x(x+\ln x)}$$

따라서 구하는 부피는

$$\int_1^e S(x)dx=\int_1^e \frac{x+1}{x(x+\ln x)}dx$$

이때 $x+\ln x=t$로 놓으면 $1+\dfrac{1}{x}=\dfrac{dt}{dx}$이고 → $\left(1+\dfrac{1}{x}\right)dx=dt$

$x=1$일 때 $t=1$, $x=e$일 때 $t=e+1$이므로

→ t로 치환했으니까 적분 구간도 바꿔야 해.

$$\int_1^e \frac{x+1}{x(x+\ln x)}dx = \int_1^e \left(\frac{1}{x+\ln x} \times \frac{x+1}{x}\right)dx$$
$$= \int_1^e \frac{1}{x+\ln x}\left(1+\frac{1}{x}\right)dx$$
$$= \int_1^{e+1} \frac{1}{t}dt = \left[\ln|t|\right]_1^{e+1}$$
$$= \ln(e+1) - \underline{\ln 1}$$
$$= \ln(e+1) \qquad \llcorner \ln 1 = 0$$

40 정답 ③   정답률 82%

그림과 같이 곡선 $y=2x\sqrt{x\sin x^2}\,(0\le x\le \sqrt{\pi})$ 와 x축 및 두 직선 $x=\sqrt{\dfrac{\pi}{6}}$, $x=\sqrt{\dfrac{\pi}{2}}$로 둘러싸인 부분을 밑면으로 하는 입체도형이 있다. 이 입체도형을 x축에 수직인 평면으로 자른 단면이 모두 반원일 때, 이 입체도형의 부피는?

1 입체도형의 부피는 단면인 반원의 넓이를 적분하여 구할 수 있어.

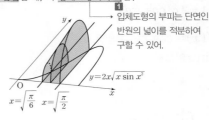

$x=\sqrt{\dfrac{\pi}{6}}$ $x=\sqrt{\dfrac{\pi}{2}}$

① $\dfrac{\pi^2+6\pi}{48}$ ② $\dfrac{\sqrt{2}\pi^2+6\pi}{48}$ ✓③ $\dfrac{\sqrt{3}\pi^2+6\pi}{48}$

④ $\dfrac{\sqrt{2}\pi^2+12\pi}{48}$ ⑤ $\dfrac{\sqrt{3}\pi^2+12\pi}{48}$

☑ 연관 개념 check

닫힌구간 $[a,\ b]$에서 x좌표가 x인 점을 지나고 x축에 수직인 평면으로 자른 단면의 넓이가 $S(x)$인 입체도형의 부피 V는

$$V=\int_a^b S(x)dx$$

1 입체도형의 부피는 단면의 넓이를 정적분한 값과 같으니까 단면의 넓이를 구해야겠네.

2 입체도형을 x축에 수직인 평면으로 자른 단면이 반원이니까 반원의 반지름의 길이, 즉 곡선 $y=2x\sqrt{x\sin x^3}$에서 x축에 그은 수선의 길이를 알면 단면의 넓이를 구할 수 있겠네.

알찬 풀이

곡선 $y=2x\sqrt{x\sin x^2}$ 위의 점 $\mathrm{P}\left(x,\ 2x\sqrt{x\sin x^2}\right)\left(\sqrt{\dfrac{\pi}{6}}\le x\le \sqrt{\dfrac{\pi}{2}}\right)$에서 x축에 내린 수선의 발을 H라 하면 $\overline{\mathrm{PH}}=2x\sqrt{x\sin x^2}$

이때 점 P를 지나고 x축에 수직인 평면으로 자른 단면은 반원이고 반지름의 길이가 $\dfrac{1}{2}\overline{\mathrm{PH}}$이다.

단면의 넓이를 $S(x)$라 하면 ⟶ 반지름의 길이가 $\dfrac{1}{2}\times 2x\sqrt{x\sin x^3}$인 반원의 넓이지.

$$S(x)=\frac{1}{2}\pi \times \left(\frac{1}{2}\overline{\mathrm{PH}}\right)^2$$
$$=\frac{1}{2}\pi \times \left(\frac{1}{2}\times 2x\sqrt{x\sin x^2}\right)^2$$
$$=\frac{\pi}{2}x^3\sin x^2$$

따라서 구하는 부피는

$$\int_{\sqrt{\frac{\pi}{6}}}^{\sqrt{\frac{\pi}{2}}} S(x)dx=\int_{\sqrt{\frac{\pi}{6}}}^{\sqrt{\frac{\pi}{2}}} \frac{\pi}{2}x^3\sin x^2 dx$$

⟶ $\sqrt{\dfrac{\pi}{6}}\le x\le \sqrt{\dfrac{\pi}{2}}$이므로 적분 구간이 $\left[\sqrt{\dfrac{\pi}{6}},\ \sqrt{\dfrac{\pi}{2}}\right]$야.

$$=\frac{\pi}{2}\int_{\sqrt{\frac{\pi}{6}}}^{\sqrt{\frac{\pi}{2}}} x^3\sin x^2 dx$$

이때 $x^2=t$로 놓으면 $2x=\dfrac{dt}{dx}$이고

$x=\sqrt{\dfrac{\pi}{6}}$일 때 $t=\dfrac{\pi}{6}$, $x=\sqrt{\dfrac{\pi}{2}}$일 때 $t=\dfrac{\pi}{2}$이므로

⟶ $\dfrac{\pi}{2}\int_{\sqrt{\frac{\pi}{6}}}^{\sqrt{\frac{\pi}{2}}}(x^2\sin x^2 \times x)dx$로 바꾸면 치환하기 쉬워.

$$\boxed{\frac{\pi}{2}\int_{\sqrt{\frac{\pi}{6}}}^{\sqrt{\frac{\pi}{2}}} x^3\sin x^2 dx}=\frac{\pi}{2}\int_{\frac{\pi}{6}}^{\frac{\pi}{2}} t\sin t \times \frac{1}{2}dt$$

$$=\frac{\pi}{4}\int_{\frac{\pi}{6}}^{\frac{\pi}{2}} t\sin t\, dt$$

이때 $u(t)=t$, $v'(t)=\sin t$로 놓으면 ⟶ 다항함수와 삼각함수의 곱으로 이루어진 함수를 적분해야 하니까 부분적분법을 이용해야 해.

$u'(t)=1$, $v(t)=-\cos t$이므로

$$\frac{\pi}{4}\int_{\frac{\pi}{6}}^{\frac{\pi}{2}} \underset{u(t)v'(t)}{t\sin t}\, dt=\frac{\pi}{4}\times \left\{\left[\underset{u(t)v(t)}{-t\cos t}\right]_{\frac{\pi}{6}}^{\frac{\pi}{2}} - \int_{\frac{\pi}{6}}^{\frac{\pi}{2}} \underset{u'(t)v(t)}{(-\cos t)}\, dt\right\}$$

$$=\frac{\pi}{4}\times \left(\frac{\pi}{6}\times \frac{\sqrt{3}}{2}+\left[\sin t\right]_{\frac{\pi}{6}}^{\frac{\pi}{2}}\right)$$

$$=\frac{\pi}{4}\times \left\{\frac{\sqrt{3}}{12}\pi + \left(1-\frac{1}{2}\right)\right\}=\frac{\sqrt{3}\pi^2+6\pi}{48}$$

41 정답 ③ 정답률 78%

그림과 같이 곡선 $y=\sqrt{(1-2x)\cos x}\left(\dfrac{3}{4}\pi\leq x\leq\dfrac{5}{4}\pi\right)$와

x축 및 두 직선 $x=\dfrac{3}{4}\pi$, $x=\dfrac{5}{4}\pi$로 둘러싸인 부분을 밑면으로 하는 입체도형이 있다. 이 입체도형을 x축에 수직인 평면으로 자른 단면이 모두 정사각형일 때, 이 입체도형의 부피는?

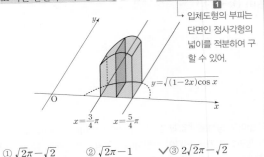

> 입체도형의 부피는 단면인 정사각형의 넓이를 적분하여 구할 수 있어.

① $\sqrt{2}\pi-\sqrt{2}$ ② $\sqrt{2}\pi-1$ ✔③ $2\sqrt{2}\pi-\sqrt{2}$

④ $2\sqrt{2}\pi-1$ ⑤ $2\sqrt{2}\pi$

☑ 연관 개념 check

닫힌구간 $[a, b]$에서 x좌표가 x인 점을 지나고 x축에 수직인 평면으로 자른 단면의 넓이가 $S(x)$인 입체도형의 부피 V는

$$V=\int_a^b S(x)dx$$

해결 흐름

1 입체도형의 부피는 단면의 넓이를 정적분한 값과 같으니까 단면의 넓이를 구해야겠네.

2 입체도형을 x축에 수직인 평면으로 자른 단면이 정사각형이니까 정사각형의 한 변의 길이, 즉 곡선 $y=\sqrt{(1-2x)\cos x}$에서 x축에 그은 수선의 길이를 알면 단면의 넓이를 구할 수 있겠다.

알찬 풀이

곡선 $y=\sqrt{(1-2x)\cos x}$ 위의 점 $\mathrm{P}\left(x,\ \sqrt{(1-2x)\cos x}\right)\left(\dfrac{3}{4}\pi\leq x\leq\dfrac{5}{4}\pi\right)$

에서 x축에 내린 수선의 발을 H라 하면 $\overline{\mathrm{PH}}=\sqrt{(1-2x)\cos x}$

이때 점 P를 지나고 x축에 수직인 평면으로 자른 단면은 정사각형이고 한 변의 길이가 $\overline{\mathrm{PH}}$이다. → 한 변의 길이가 $\sqrt{(1-2x)\cos x}$인 정사각형의 넓이이지.

단면의 넓이를 $S(x)$라 하면

$$S(x)=\overline{\mathrm{PH}}^2=(\sqrt{(1-2x)\cos x})^2=(1-2x)\cos x$$

따라서 구하는 부피는 → $\dfrac{3}{4}\pi\leq x\leq\dfrac{5}{4}\pi$이므로 적분 구간이 $\left[\dfrac{3}{4}\pi,\ \dfrac{5}{4}\pi\right]$야.

$$\int_{\frac{3}{4}\pi}^{\frac{5}{4}\pi} S(x)dx=\int_{\frac{3}{4}\pi}^{\frac{5}{4}\pi} (1-2x)\cos x\,dx$$

이때 $f(x)=1-2x$, $g'(x)=\cos x$로 놓으면

$f'(x)=-2$, $g(x)=\sin x$이므로

$$\int_{\frac{3}{4}\pi}^{\frac{5}{4}\pi} \underset{f(x)g'(x)}{(1-2x)\cos x}\,dx$$

$$=\left[\underset{f(x)g(x)}{(1-2x)\sin x}\right]_{\frac{3}{4}\pi}^{\frac{5}{4}\pi}-\int_{\frac{3}{4}\pi}^{\frac{5}{4}\pi} \underset{f'(x)g(x)}{(-2\sin x)}dx$$

$$=\left\{\left(1-\frac{5}{2}\pi\right)\times\left(-\frac{\sqrt{2}}{2}\right)-\left(1-\frac{3}{2}\pi\right)\times\frac{\sqrt{2}}{2}\right\}-\left[2\cos x\right]_{\frac{3}{4}\pi}^{\frac{5}{4}\pi}$$

$$=(-\sqrt{2}+2\sqrt{2}\pi)-\{-\sqrt{2}-(-\sqrt{2})\}=2\sqrt{2}\pi-\sqrt{2}$$

42 정답 ④ 정답률 72%

그림과 같이 곡선 $y=\sqrt{\sec^2 x+\tan x}\left(0\leq x\leq\dfrac{\pi}{3}\right)$와 x축, y축 및 직선 $x=\dfrac{\pi}{3}$로 둘러싸인 부분을 밑면으로 하는 입체도형이 있다. 이 입체도형을 x축에 수직인 평면으로 자른 단면이 모두 정사각형일 때, 이 입체도형의 부피는?

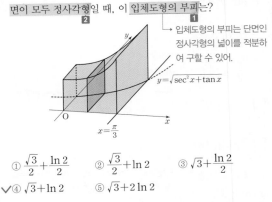

> 입체도형의 부피는 단면인 정사각형의 넓이를 적분하여 구할 수 있어.

① $\dfrac{\sqrt{3}}{2}+\dfrac{\ln 2}{2}$ ② $\dfrac{\sqrt{3}}{2}+\ln 2$ ③ $\sqrt{3}+\dfrac{\ln 2}{2}$

✔④ $\sqrt{3}+\ln 2$ ⑤ $\sqrt{3}+2\ln 2$

☑ 연관 개념 check

닫힌구간 $[a, b]$에서 x좌표가 x인 점을 지나고 x축에 수직인 평면으로 자른 단면의 넓이가 $S(x)$인 입체도형의 부피 V는

$$V=\int_a^b S(x)dx$$

해결 흐름

1 입체도형의 부피는 단면의 넓이를 정적분한 값과 같으니까 단면의 넓이를 구해야겠네.

2 입체도형을 x축에 수직인 평면으로 자른 단면이 정사각형이니까 정사각형의 한 변의 길이, 즉 곡선 $y=\sqrt{\sec^2 x+\tan x}$에서 x축에 그은 수선의 길이를 알면 단면의 넓이를 구할 수 있겠다.

알찬 풀이

곡선 $y=\sqrt{\sec^2 x+\tan x}$ 위의 점 $\mathrm{P}\left(x,\ \sqrt{\sec^2 x+\tan x}\right)\left(0\leq x\leq\dfrac{\pi}{3}\right)$에서

x축에 내린 수선의 발을 H라 하면 $\overline{\mathrm{PH}}=\sqrt{\sec^2 x+\tan x}$

이때 점 P를 지나고 x축에 수직인 평면으로 자른 단면은 정사각형이고 한 변의 길이가 $\overline{\mathrm{PH}}$이다. → 한 변의 길이가 $\sqrt{\sec^2 x+\tan x}$인 정사각형의 넓이이지.

단면의 넓이를 $S(x)$라 하면

$$S(x)=\overline{\mathrm{PH}}^2=(\sqrt{\sec^2 x+\tan x})^2=\sec^2 x+\tan x$$

따라서 구하는 부피는

$$\int_0^{\frac{\pi}{3}} S(x)dx=\int_0^{\frac{\pi}{3}} (\sec^2 x+\tan x)dx$$

$0\leq x\leq\dfrac{\pi}{3}$이므로 $=\int_0^{\frac{\pi}{3}} \left(\sec^2 x+\dfrac{\sin x}{\cos x}\right)dx$ [$(\cos x)'=-\sin x$]☆

적분 구간이 $\left[0, \dfrac{\pi}{3}\right]$야. $=\int_0^{\frac{\pi}{3}} \left\{\sec^2 x-\dfrac{(\cos x)'}{\cos x}\right\}dx=\left[\tan x-\ln|\cos x|\right]_0^{\frac{\pi}{3}}$

$$=\tan\frac{\pi}{3}-\ln\cos\frac{\pi}{3}=\sqrt{3}+\ln 2$$

43 정답 ③　　　　　　　　　　　정답률 83%

그림과 같이 양수 k에 대하여 곡선 $y=\sqrt{\dfrac{kx}{2x^2+1}}$ 와 x축 및 두 직선 $x=1$, $x=2$로 둘러싸인 부분을 밑면으로 하고 x축에 수직인 평면으로 자른 단면이 모두 정사각형인 입체도형의 부피가 $2\ln 3$일 때, k의 값은?　→ 입체도형의 부피는 단면인 정사각형의 넓이를 적분하여 구할 수 있어.

① 6　　　　② 7　　　✓③ 8
④ 9　　　　⑤ 10

☑ 연관 개념 check

닫힌구간 $[a, b]$에서 x좌표가 x인 점을 지나고 x축에 수직인 평면으로 자른 단면의 넓이가 $S(x)$인 입체도형의 부피 V는

$$V=\int_a^b S(x)\,dx$$

☑ 실전 적용 key

피적분함수의 분모가 이차식, 분자가 일차식일 때는 $\dfrac{kf'(x)}{f(x)}$ 꼴로 변형할 수 있으면

$$\int_a^b \frac{kf'(x)}{f(x)}\,dx=k\Big[\ln|f(x)|\Big]_a^b$$

임을 이용하여 계산하는 것이 간편하다.

해결 흐름

1 입체도형의 부피는 단면의 넓이를 정적분한 값과 같으니까 단면의 넓이를 구해야겠네.

2 입체도형을 x축에 수직인 평면으로 자른 단면이 정사각형이니까 정사각형의 한 변의 길이, 즉 곡선 $y=\sqrt{\dfrac{kx}{2x^2+1}}$ 에서 x축에 그은 수선의 길이를 알면 단면의 넓이를 구할 수 있겠다.

알찬 풀이

곡선 $y=\sqrt{\dfrac{kx}{2x^2+1}}$ 위의 점 $P\left(x, \sqrt{\dfrac{kx}{2x^2+1}}\right)$ $(1\le x\le 2)$에서 x축에 내린 수선의 발을 H라 하면 $\overline{PH}=\sqrt{\dfrac{kx}{2x^2+1}}$

이때 점 P를 지나고 x축에 수직인 평면으로 자른 단면은 정사각형이고 한 변의 길이가 $\overline{PH}$이다.

단면의 넓이를 $S(x)$라 하면　→ 한 변의 길이가 $\sqrt{\dfrac{kx}{2x^2+1}}$인 정사각형의 넓이이지.

$$S(x)=\overline{PH}^2=\left(\sqrt{\dfrac{kx}{2x^2+1}}\right)^2=\dfrac{kx}{2x^2+1}$$

따라서 입체도형의 부피는

$$\int_1^2 S(x)\,dx=\int_1^2 \dfrac{kx}{2x^2+1}\,dx$$

$1\le x\le 2$이므로 적분 구간이 $[1, 2]$야.

$$=\int_1^2 \left(\frac{k}{4}\times\frac{4x}{2x^2+1}\right)dx$$

$$=\frac{k}{4}\int_1^2 \frac{(2x^2+1)'}{2x^2+1}\,dx$$

$$=\frac{k}{4}\Big[\ln|2x^2+1|\Big]_1^2$$

$$=\frac{k}{4}(\ln 9-\ln 3)$$

$$=\frac{k}{4}(2\ln 3-\ln 3)=\frac{k}{4}\ln 3$$

즉, $\dfrac{k}{4}\ln 3=2\ln 3$이므로 $\dfrac{k}{4}=2$

$$\therefore k=8$$

다른 풀이

입체도형의 부피의 식을 세우고, 정적분을 할 때 치환적분법을 이용할 수도 있다.

$\displaystyle\int_1^2 S(x)\,dx=\int_1^2 \dfrac{kx}{2x^2+1}\,dx$에서 $2x^2+1=t$로 놓으면 $4x=\dfrac{dt}{dx}$이고 $x=1$일 때 $t=3$, $x=2$일 때 $t=9$이므로

$$\int_1^2 S(x)\,dx=\int_1^2 \frac{kx}{2x^2+1}\,dx$$

$$=\frac{k}{4}\int_1^2 \left(\frac{1}{2x^2+1}\times 4x\right)dx$$

$$=\frac{k}{4}\int_3^9 \frac{1}{t}\,dt$$

$$=\frac{k}{4}\Big[\ln|t|\Big]_3^9$$

$$=\frac{k}{4}(\ln 9-\ln 3)$$

$$=\frac{k}{4}(2\ln 3-\ln 3)$$

$$=\frac{k}{4}\ln 3$$

44 정답 ②　정답률 83%

그림과 같이 곡선 $y=\sqrt{\dfrac{3x+1}{x^2}}$ $(x>0)$과 x축 및 두 직선

$x=1$, $x=2$로 둘러싸인 부분을 밑면으로 하고 x축에 수직
인 평면으로 자른 단면이 모두 정사각형인 입체도형의 부피
는?

└→ 입체도형의 부피는 단면인
정사각형의 넓이를 적분하
여 구할 수 있어.

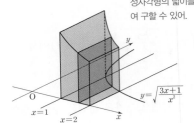

① $3\ln 2$　　✔② $\dfrac{1}{2}+3\ln 2$　　③ $1+3\ln 2$

④ $\dfrac{1}{2}+4\ln 2$　　⑤ $1+4\ln 2$

☑ 연관 개념 check

닫힌구간 $[a,\ b]$에서 x좌표가 x인 점을 지나고 x축에 수직
인 평면으로 자른 단면의 넓이가 $S(x)$인 입체도형의 부피 V는

$V=\displaystyle\int_a^b S(x)dx$

$1\le x\le 2$이므로 적분 구간이 $[1,\ 2]$야. ←

해결 흐름

1️⃣ 입체도형의 부피는 단면의 넓이를 정적분한 값과 같으니까 단면의 넓이를 구해야겠네.

2️⃣ 입체도형을 x축에 수직인 평면으로 자른 단면이 정사각형이니까 정사각형의 한 변의 길이, 즉
곡선 $y=\sqrt{\dfrac{3x+1}{x^2}}$에서 x축에 그은 수선의 길이를 알면 단면의 넓이를 구할 수 있겠다.

알찬 풀이

곡선 $y=\sqrt{\dfrac{3x+1}{x^2}}$ $(x>0)$ 위의 점 $\mathrm{P}\left(x,\ \sqrt{\dfrac{3x+1}{x^2}}\right)$ $(1\le x\le 2)$에서 x축에
내린 수선의 발을 H라 하면

$\overline{\mathrm{PH}}=\sqrt{\dfrac{3x+1}{x^2}}$

이때 점 P를 지나고 x축에 수직인 평면으로 자른 단면은 정사각형이고 한 변의
길이가 $\overline{\mathrm{PH}}$이다.

단면의 넓이를 $S(x)$라 하면　→ 한 변의 길이가 $\sqrt{\dfrac{3x+1}{x^2}}$인 정사각형의 넓이이지.

$S(x)=\overline{\mathrm{PH}}^2=\left(\sqrt{\dfrac{3x+1}{x^2}}\right)^2=\dfrac{3x+1}{x^2}$

따라서 구하는 부피는

$$\begin{aligned}
\int_1^2 S(x)dx &=\int_1^2 \dfrac{3x+1}{x^2}dx \\
&=\int_1^2\left(\dfrac{3}{x}+\dfrac{1}{x^2}\right)dx \\
&=\left[3\ln|x|-\dfrac{1}{x}\right]_1^2 \\
&=\left(3\ln 2-\dfrac{1}{2}\right)-(3\ln 1-1) \\
&=\dfrac{1}{2}+3\ln 2
\end{aligned}$$

---

45 정답 ①　정답률 51%

→ 적분 구간이겠네.

$x=-\ln 4$에서 $x=1$까지의 곡선 $y=\dfrac{1}{2}(\,|e^x-1|-e^{|x|}+1)$
의 길이는?

✔① $\dfrac{23}{8}$　　② $\dfrac{13}{4}$　　③ $\dfrac{29}{8}$

④ 4　　⑤ $\dfrac{35}{8}$

절댓값이 포함되어 있으므로 구간
을 나누어 함수식을 구해 봐.

☑ 연관 개념 check

곡선 $y=f(x)$ $(a\le x\le b)$의 길이는

$\displaystyle\int_a^b\sqrt{1+\{f'(x)\}^2}\,dx$

해결 흐름

1️⃣ $\dfrac{dy}{dx}$를 구한 후 곡선의 길이를 구하는 공식을 이용하면 되겠다.

알찬 풀이

$x<0$일 때,

$y=\dfrac{1}{2}(\,|e^x-1|-e^{|x|}+1)=\dfrac{1}{2}(1-e^x-e^{-x}+1)=-\dfrac{e^x+e^{-x}}{2}+1$

이므로　$x<0$일 때 $|e^x-1|=1-e^x,\ e^{|x|}=e^{-x}$

$\dfrac{dy}{dx}=-\dfrac{e^x-e^{-x}}{2}$ $(x<0)$

$x\ge 0$일 때,

$y=\dfrac{1}{2}(\,|e^x-1|-e^{|x|}+1)=\dfrac{1}{2}(e^x-1-e^x+1)=0$

이므로　$x\ge 0$일 때 $|e^x-1|=e^x-1,\ e^{|x|}=e^x$

$\dfrac{dy}{dx}=0$ $(x>0)$

따라서 구하는 곡선의 길이는

$$\int_{-\ln 4}^{1} \sqrt{1+\left(\frac{dy}{dx}\right)^2}\,dx = \int_{-\ln 4}^{0} \sqrt{1+\left(-\frac{e^x-e^{-x}}{2}\right)^2}\,dx + \int_{0}^{1} \sqrt{1+0^2}\,dx$$

$$\int_{-\ln 4}^{0} \sqrt{\frac{e^{2x}+e^{-2x}+2}{4}}\,dx \quad = \int_{-\ln 4}^{0} \sqrt{\left(\frac{e^x+e^{-x}}{2}\right)^2}\,dx + \int_{0}^{1} 1\,dx$$

$$= \int_{-\ln 4}^{0} \frac{e^x+e^{-x}}{2}\,dx + \int_{0}^{1} 1\,dx$$

$$= \left[\frac{e^x-e^{-x}}{2}\right]_{-\ln 4}^{0} + \left[x\right]_{0}^{1} \quad \rightarrow e^{-\ln 4}=e^{\ln 4^{-1}}=e^{\ln \frac{1}{4}}=\frac{1}{4}$$

$$= \left(\frac{e^0-e^0}{2} - \frac{e^{-\ln 4}-e^{\ln 4}}{2}\right) + (1-0)$$

$$= \left(0 - \frac{\frac{1}{4}-4}{2}\right) + 1 \quad \boxed{a>0,\,a\neq1,\,b>0\text{일 때},\ a^{\log_a b}=b} \,\bigstar\!\bigstar$$

$$= \frac{15}{8}+1 = \frac{23}{8}$$

46 정답 ① 　　　　　　　　　　　　　정답률 54%

좌표평면 위를 움직이는 점 P의 시각 $t\,(t>0)$에서의 위치가 곡선 $y=x^2$과 직선 $y=t^2x-\dfrac{\ln t}{8}$가 만나는 서로 다른 두 점의 중점일 때, 시각 $t=1$에서 $t=e$까지 점 P가 움직인 거리는?

　❶
❷　　　→ 적분 구간이겠네.

✓① $\dfrac{e^4}{2}-\dfrac{3}{8}$ 　　② $\dfrac{e^4}{2}-\dfrac{5}{16}$ 　　③ $\dfrac{e^4}{2}-\dfrac{1}{4}$

④ $\dfrac{e^4}{2}-\dfrac{3}{16}$ 　　⑤ $\dfrac{e^4}{2}-\dfrac{1}{8}$

☑연관 개념 check

좌표평면 위를 움직이는 점 $P(x,\,y)$의 시각 t에서의 위치가 $x=f(t)$, $y=g(t)$일 때, 시각 $t=a$에서 $t=b$까지 점 P가 움직인 거리 s는

$$s = \int_{a}^{b} \sqrt{\left(\frac{dx}{dt}\right)^2+\left(\frac{dy}{dt}\right)^2}\,dt$$
$$= \int_{a}^{b} \sqrt{\{f'(t)\}^2+\{g'(t)\}^2}\,dt$$

　　　　　　　　　　　　　　　　　☆★

이차방정식의 근과 계수의 관계
이차방정식 $ax^2+bx+c=0$에서
(1) (두 근의 합) $= -\dfrac{b}{a}$
(2) (두 근의 곱) $= \dfrac{c}{a}$

해결 흐름

❶ 곡선 $y=x^2$과 직선 $y=t^2x-\dfrac{\ln t}{8}$의 두 교점의 x좌표를 각각 α, β라 하고 중점의 좌표를 α, β로 나타내 봐야겠어.

❷ ❶에서의 중점의 좌표를 이차방정식의 근과 계수의 관계를 이용하여 t에 대한 식으로 나타내면 시각 $t=1$에서 $t=e$까지 점 P가 움직인 거리를 구할 수 있겠다.

알찬 풀이

곡선 $y=x^2$과 직선 $y=t^2x-\dfrac{\ln t}{8}$가 만나는 서로 다른 두 점의 x좌표를 각각 α, β라 하면 두 점의 좌표는 $(\alpha,\,\alpha^2)$, $(\beta,\,\beta^2)$이므로 중점의 좌표는 $\left(\dfrac{\alpha+\beta}{2},\,\dfrac{\alpha^2+\beta^2}{2}\right)$이다.

방정식 $x^2=t^2x-\dfrac{\ln t}{8}$, 즉 $x^2-t^2x+\dfrac{\ln t}{8}=0$의 두 근이 α, β이므로 이차방정식의 근과 계수의 관계에 의하여 $\alpha+\beta=t^2$, $\alpha\beta=\dfrac{\ln t}{8}$이고 $\dfrac{\alpha+\beta}{2}=\dfrac{1}{2}t^2$,

$$\frac{\alpha^2+\beta^2}{2} = \frac{(\alpha+\beta)^2-2\alpha\beta}{2} = \frac{t^4-2\times\frac{\ln t}{8}}{2} = \frac{1}{2}t^4-\frac{\ln t}{8}$$

이므로 점 P의 시각 t에서의 위치는

$$x=\frac{1}{2}t^2,\ y=\frac{1}{2}t^4-\boxed{\frac{\ln t}{8}} \quad \rightarrow y=\ln x\text{이면 } y'=\frac{1}{x}\text{이지.}$$

이때 $\dfrac{dx}{dt}=t$, $\dfrac{dy}{dt}=2t^3-\boxed{\dfrac{1}{8t}}$이므로 시각 $t=1$에서 $t=e$까지 점 P가 움직인 거리는

$$\int_{1}^{e} \sqrt{\left(\frac{dx}{dt}\right)^2+\left(\frac{dy}{dt}\right)^2}\,dt = \int_{1}^{e} \sqrt{t^2+\left(2t^3-\frac{1}{8t}\right)^2}\,dt$$

$$= \int_{1}^{e} \sqrt{4t^6+\frac{1}{2}t^2+\frac{1}{64t^2}}\,dt$$

$\displaystyle\int \frac{1}{x}dx=\ln|x|+C$ 임을 이용했어.

$$= \int_{1}^{e} \sqrt{\left(2t^3+\frac{1}{8t}\right)^2}\,dt = \int_{1}^{e} \left(2t^3+\frac{1}{8t}\right)dt$$

$$= \left[\frac{1}{2}t^4+\frac{1}{8}\ln|t|\right]_{1}^{e} = \frac{e^4}{2}+\frac{1}{8}-\frac{1}{2} = \frac{e^4}{2}-\frac{3}{8}$$

47 정답 ⑤   정답률 74%

$x=0$에서 $x=\ln 2$까지의 곡선 $y=\dfrac{1}{8}e^{2x}+\dfrac{1}{2}e^{-2x}$의 길이는?
└─→ 적분 구간이겠네.

① $\dfrac{1}{2}$　　　　② $\dfrac{9}{16}$　　　　③ $\dfrac{5}{8}$

④ $\dfrac{11}{16}$　　✓ ⑤ $\dfrac{3}{4}$

☑ 연관 개념 check

곡선 $y=f(x)$ $(a\le x\le b)$의 길이는

$$\int_a^b\sqrt{1+\{f'(x)\}^2}\,dx$$

수능 핵심 개념　곡선의 길이

(1) 좌표평면 위를 움직이는 점 $P(x,\,y)$의 시각 t에서의 위치 $x=f(t),\,y=g(t)$가 주어진 경우
점 P가 시각 $t=a$에서 $t=b$까지 그리는 곡선의 길이 l은

$$l=\int_a^b\sqrt{\left(\dfrac{dx}{dt}\right)^2+\left(\dfrac{dy}{dt}\right)^2}\,dt$$

임을 이용한다.

(2) 곡선 $y=f(x)$가 주어진 경우
곡선 $y=f(x)$의 $x=a$에서 $x=b$까지의 길이 l은

$$l=\int_a^b\sqrt{1+\{f'(x)\}^2}\,dx$$

임을 이용한다.

해결 흐름

1 $\dfrac{dy}{dx}$를 구한 후 곡선의 길이를 구하는 공식을 이용하면 되겠다.

알찬 풀이

$y=\dfrac{1}{8}e^{2x}+\dfrac{1}{2}e^{-2x}$의 양변을 x에 대하여 미분하면

> $\{e^{f(x)}\}'=e^{f(x)}f'(x)$

$$\dfrac{dy}{dx}=\dfrac{1}{8}e^{2x}\times2+\dfrac{1}{2}e^{-2x}\times(-2)$$

$$=\dfrac{1}{4}e^{2x}-e^{-2x}$$

따라서 구하는 곡선의 길이는

$$\int_0^{\ln 2}\sqrt{1+\left(\dfrac{dy}{dx}\right)^2}\,dx=\int_0^{\ln 2}\sqrt{1+\left(\dfrac{1}{4}e^{2x}-e^{-2x}\right)^2}\,dx$$

> $\displaystyle\int_0^{\ln 2}\sqrt{\dfrac{1}{16}e^{4x}+\dfrac{1}{2}+e^{-4x}}\,dx$

$$=\int_0^{\ln 2}\sqrt{\left(\dfrac{1}{4}e^{2x}+e^{-2x}\right)^2}\,dx$$

$$=\int_0^{\ln 2}\left(\dfrac{1}{4}e^{2x}+e^{-2x}\right)dx$$

$$=\left[\dfrac{1}{8}e^{2x}-\dfrac{1}{2}e^{-2x}\right]_0^{\ln 2}$$

$$=\left(\dfrac{1}{8}e^{2\ln 2}-\dfrac{1}{2}e^{-2\ln 2}\right)-\left(\dfrac{1}{8}-\dfrac{1}{2}\right)$$

> $e^{2\times0}=e^{-2\times0}=1$이지.

$$=\left(\dfrac{1}{8}e^{\ln 4}-\dfrac{1}{2}e^{\ln\frac{1}{4}}\right)-\left(-\dfrac{3}{8}\right)$$

> $a>0,\,a\ne1,\,b>0$일 때, $a^{\log_a b}=b$

$$=\left(\dfrac{1}{8}\times4-\dfrac{1}{2}\times\dfrac{1}{4}\right)+\dfrac{3}{8}$$

$$=\left(\dfrac{1}{2}-\dfrac{1}{8}\right)+\dfrac{3}{8}=\dfrac{3}{4}$$

---

48 정답 ②   정답률 77%

실수 전체의 집합에서 이계도함수를 갖고

$$f(0)=0,\quad f(1)=\sqrt{3}$$

을 만족시키는 모든 함수 $f(x)$에 대하여

$$\int_0^1\sqrt{1+\{f'(x)\}^2}\,dx$$

의 최솟값은?
└─→ 곡선 $y=f(x)$의 $x=0$에서
　　　$x=1$까지의 길이야.

① $\sqrt{2}$　　　　✓ ② 2　　　　③ $1+\sqrt{2}$

④ $\sqrt{5}$　　　　⑤ $1+\sqrt{3}$

☑ 연관 개념 check

곡선 $y=f(x)$ $(a\le x\le b)$의 길이는

$$\int_a^b\sqrt{1+\{f'(x)\}^2}\,dx$$

> **두 점 사이의 거리**
> 좌표평면 위의 두 점 $A(x_1,\,y_1),\,B(x_2,\,y_2)$
> 사이의 거리는
> $\overline{AB}=\sqrt{(x_2-x_1)^2+(y_2-y_1)^2}$

해결 흐름

1 $\displaystyle\int_0^1\sqrt{1+\{f'(x)\}^2}\,dx$는 $x=0$에서 $x=1$까지의 곡선 $y=f(x)$의 길이네.

2 주어진 조건을 만족하는 함수 $y=f(x)$의 그래프를 그려서 곡선의 길이가 최소가 되는 경우를 생각해 봐야겠네.

알찬 풀이

$\displaystyle\int_0^1\sqrt{1+\{f'(x)\}^2}\,dx$는 $0\le x\le 1$에서 곡선 $y=f(x)$의 길이이다.

이때 $f(0)=0,\,f(1)=\sqrt{3}$을 만족시키는 곡선 $y=f(x)$는 오른쪽 그림과 같이 두 점 $(0,\,0),\,(1,\,\sqrt{3})$을 지나는 직선일 때 그 길이가 최소가 된다.

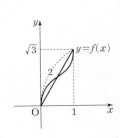

따라서 구하는 최솟값은

$$\sqrt{1^2+(\sqrt{3})^2}=2$$

49 [정답] 25

정답률 16%

양수 k에 대하여 함수 $f(x)$를
$$f(x)=(k-|x|)e^{-x}$$
이라 하자. 실수 전체의 집합에서 미분가능하고 다음 조건을 만족시키는 모든 함수 $F(x)$에 대하여 $F(0)$의 최솟값을 $g(k)$라 하자.

$F'(x)=f(x)$이므로 $f(x)$의 부정적분을 구해야 해.

모든 실수 x에 대하여 $F'(x)=f(x)$이고 $F(x) \geq f(x)$
이다.

$F(x)-f(x) \geq 0$

$g\left(\dfrac{1}{4}\right)+g\left(\dfrac{3}{2}\right)=pe+q$일 때, $100(p+q)$의 값을 구하시오.

25 (단, $\displaystyle\lim_{x\to\infty} xe^{-x}=0$이고, p와 q는 유리수이다.)

☑ 연관 개념 check

두 함수 $f(x)$, $g(x)$가 미분가능하고 $f'(x)$, $g'(x)$가 닫힌 구간 $[a, b]$에서 연속일 때,
$$\int_a^b f(x)g'(x)dx=\Big[f(x)g(x)\Big]_a^b-\int_a^b f'(x)g(x)dx$$

함수의 곱의 미분법
미분가능한 두 함수 $f(x)$, $g(x)$에 대하여
$$\{f(x)g(x)\}'=f'(x)g(x)+f(x)g'(x)$$

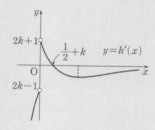

[해결 흐름]

1. 조건에서 $F'(x)=f(x)$이므로 절댓값과 지수함수 e^x을 포함한 함수의 부정적분을 구해야겠네.

2. 부등식 $F(x) \geq f(x)$를 $F(x)-f(x) \geq 0$ 꼴로 나타내고 최솟값이 0 이상이 되는 경우를 생각해야겠네.

3. k의 값에 따라 함수의 그래프의 개형을 생각하여 최솟값 $g(k)$를 찾아야겠다.

[알찬 풀이]

$$f(x)=(k-|x|)e^{-x}=\begin{cases}(k-x)e^{-x} & (x \geq 0) \\ (k+x)e^{-x} & (x<0)\end{cases}$$

절댓값이 있으므로 $x \geq 0$일 때와 $x<0$일 때로 나눠야 해.

모든 실수 x에 대하여 $F'(x)=f(x)$이므로 한 부정적분 $F(x)$를 구하면

$$F(x)=\begin{cases}\displaystyle\int (k-x)e^{-x}dx & (x \geq 0) \\ \displaystyle\int (k+x)e^{-x}dx & (x<0)\end{cases}$$

부분적분법을 이용했어.
$u(x)=k-x$, $v'(x)=e^{-x}$이라 하면
$u'(x)=-1$, $v(x)=-e^{-x}$이므로
$\displaystyle\int (k-x)e^{-x}dx=-(k-x)e^{-x}-\int e^{-x}dx$
$=(x-k+1)e^{-x}+C_1$

$$=\begin{cases}(x-k+1)e^{-x}+C_1 & (x \geq 0) \\ (-x-k-1)e^{-x}+C_2 & (x<0)\end{cases}$$ (단, C_1, C_2는 적분상수)

이때 함수 $F(x)$가 모든 실수 x에 대하여 미분가능하므로 $x=0$에서 함수 $F(x)$는 연속이다.

즉, $\displaystyle\lim_{x\to 0+}F(x)=\lim_{x\to 0-}F(x)$에서

$-k+1+C_1=-k-1+C_2$ $\therefore C_2=C_1+2$

$\therefore F(x)=\begin{cases}(x-k+1)e^{-x}+C_1 & (x \geq 0) \\ (-x-k-1)e^{-x}+C_1+2 & (x<0)\end{cases}$

$\therefore F(0)=-k+1+C_1$ ...... ㉠

함수 $h(x)=F(x)-f(x)$라 하면

$h(x)=\begin{cases}(2x-2k+1)e^{-x}+C_1 & (x \geq 0) \\ (-2x-2k-1)e^{-x}+C_1+2 & (x<0)\end{cases}$

$h'(x)=\begin{cases}(-2x+2k+1)e^{-x} & (x>0) \\ (2x+2k-1)e^{-x} & (x<0)\end{cases}$

이므로 $h'(x)=0$에서

$x>0$일 때, $x=\dfrac{2k+1}{2}$

$x<0$일 때, $x=\dfrac{1-2k}{2}$

(ⅰ) $\dfrac{1-2k}{2} \geq 0$, 즉 $0<k \leq \dfrac{1}{2}$일 때,

$x<0$에서 $h'(x)<0$이므로 함수 $h(x)$의 증가와 감소를 표로 나타내면 다음과 같다.

x	$\cdots$	0	$\cdots$	$\dfrac{2k+1}{2}$	$\cdots$
$h'(x)$	$-$		$+$	0	$-$
$h(x)$	$\searrow$		$\nearrow$		$\searrow$

따라서 함수 $h(x)$는 $x=0$에서 극소이고 극솟값은

$h(0)=-2k+1+C_1 \geq C_1$ ($\because 1-2k \geq 0$)

$\displaystyle\lim_{x\to\infty}h(x)=\lim_{x\to\infty}\{(2x-2k+1)e^{-x}+C_1\}=C_1$이므로 함수 $h(x)$의 최솟값은 C_1이다.

$\displaystyle\lim_{x\to\infty}(2x-2k+1)e^{-x}=\lim_{x\to\infty}\dfrac{2x-2k+1}{e^x}=0$
이므로 점근선의 방정식은 $y=C_1$이야.

III. 적분법

4장 적분

III. 적분법 **175**

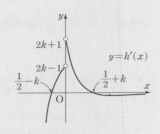

이때 $h(x) \geq 0$이려면 $C_1 \geq 0$이어야 하므로

㉠에서

$$F(0) = -k+1+C_1 \geq -k+1$$

따라서 $F(0)$의 최솟값은 $-k+1$이다.

(ii) $\dfrac{1-2k}{2} < 0$, 즉 $k > \dfrac{1}{2}$일 때,

함수 $h(x)$의 증가와 감소를 표로 나타내면 다음과 같다.

x	$\cdots$	$\dfrac{1-2k}{2}$	$\cdots$	$\dfrac{2k+1}{2}$	$\cdots$
$h'(x)$	$-$	0	$+$	0	$-$
$h(x)$	$\searrow$		$\nearrow$		$\searrow$

따라서 함수 $h(x)$는 $x = \dfrac{1-2k}{2}$에서 극소이고 극솟값은

$$h\left(\dfrac{1-2k}{2}\right) = \left\{-2 \times \left(\dfrac{1-2k}{2}\right) - 2k - 1\right\} e^{-\left(\frac{1-2k}{2}\right)} + C_1 + 2$$

$$= -2e^{-\frac{1-2k}{2}} + C_1 + 2 \qquad \begin{matrix} \to \dfrac{1-2k}{2} < 0\text{이므로 } x < 0\text{일 때의} \\ \quad h(x)\text{에 대입했어.} \end{matrix}$$

그런데 $(e^{-1})^{\frac{1-2k}{2}} > (e^{-1})^0 = 1$이므로

$$-2e^{-\frac{1-2k}{2}} + C_1 + 2 \leq C_1$$

또 $\displaystyle\lim_{x\to\infty} h(x) = C_1$이므로 함수 $h(x)$의 최솟값은

$$-2e^{-\frac{1-2k}{2}} + C_1 + 2 \text{이다.}$$

이때 $h(x) \geq 0$이려면

$$-2e^{-\frac{1-2k}{2}} + C_1 + 2 \geq 0 \qquad \therefore C_1 \geq 2e^{-\frac{1-2k}{2}} - 2$$

㉠에서 $F(0) = -k+1+C_1 \geq -k + 2e^{-\frac{1-2k}{2}} - 1$

따라서 $F(0)$의 최솟값은 $-k + 2e^{-\frac{1-2k}{2}} - 1$이다.

(i), (ii)에서

$$g(k) = \begin{cases} -k+1 & \left(0 < k \leq \dfrac{1}{2}\right) \\ -k + 2e^{-\frac{1-2k}{2}} - 1 & \left(k > \dfrac{1}{2}\right) \end{cases}$$

$$\therefore g\left(\dfrac{1}{4}\right) + g\left(\dfrac{3}{2}\right) = \left(-\dfrac{1}{4} + 1\right) + \left(-\dfrac{3}{2} + 2e - 1\right)$$

$$= 2e - \dfrac{7}{4}$$

따라서 $p = 2$, $q = -\dfrac{7}{4}$이므로

$$100(p+q) = 100 \times \left(2 - \dfrac{7}{4}\right) = 25$$

50

정답 ②   정답률 77%

$x>0$에서 미분가능한 함수 $f(x)$에 대하여

$$f'(x)=2-\frac{3}{x^2}, \quad f(1)=5$$

이다. $x<0$에서 미분가능한 함수 $g(x)$가 다음 조건을 만족
시킬 때, $g(-3)$의 값은?   → 주어진 조건들을 이용해서 $g(x)$를 구해 봐.

   (가) $x<0$인 모든 실수 x에 대하여 $g'(x)=f'(-x)$이다.
   (나) $f(2)+g(-2)=9$

① 1   ✔② 2   ③ 3
④ 4   ⑤ 5

☑ 연관 개념 check

$n\neq -1$일 때, $\displaystyle\int x^n dx=\frac{1}{n+1}x^{n+1}+C$ (단, C는 적분상수)

☑ 실전 적용 key

도함수 $f'(x)$의 식과 $f(x)$에 대한 함숫값이 조건으로 주어진 경
우에는 부정적분을 이용하여 함수 $f(x)$의 식을 구할 수 있다. 그런
데 정적분과 달리 부정적분의 경우 적분상수에 영향을 받으므로
반드시 적분상수를 미지수로 놓고 주어진 함숫값을 이용하여 적분
상수부터 구해야 한다.

또, 이와 같은 문제에서 도함수가 $\frac{1}{x^2}$로 주어지는 경우가 종종 있으므

로 이것을 부정적분하면 $\displaystyle\int \frac{1}{x^2}dx=-\frac{1}{x}+C$ (C는 적분상수)임을

외워두는 편이 좋다.

해결 흐름

1️⃣ $f'(x)$의 식과 $f(x)$에 대한 함숫값이 주어졌으니 적분하면 함수 $f(x)$를 구할 수 있겠네.
2️⃣ $f'(x)$의 식에 x 대신 $-x$를 대입해 $g'(x)$를 찾아야겠네.
3️⃣ 1️⃣, 2️⃣에서 구한 두 함수 $f(x)$, $g'(x)$와 조건 (나)의 $g(-2)$의 값을 이용하면 함수 $g(x)$도 구할 수 있겠다.

알찬 풀이

함수 $f'(x)=2-\frac{3}{x^2}$을 적분하면

$$f(x)=2x+\frac{3}{x}+C \ (C\text{는 적분상수})$$

이때 $f(1)=5$이므로   → 문제에 주어졌어.

$2+3+C=5 \quad \therefore C=0$

$\therefore f(x)=2x+\frac{3}{x} \ (x>0)$

조건 (가)에서 $x<0$인 모든 실수 x에 대하여

$g'(x)=f'(-x)$이므로   → $x<0$일 때 $-x>0$이니까 문제에서

$g'(x)=2-\frac{3}{(-x)^2}=2-\frac{3}{x^2}$ 주어진 $f'(x)$의 식을 이용할 수 있어.

함수 $g'(x)=2-\frac{3}{x^2}$을 적분하면

$g(x)=2x+\frac{3}{x}+\boxed{C_1}$ (C_1은 적분상수)

   → 두 함수 $f(x), g(x)$는 서로 다른

조건 (나)에서   함수이니까 적분상수를 C_1로 정했어.

$$f(2)+g(-2)=\left(4+\frac{3}{2}\right)+\left(-4-\frac{3}{2}+C_1\right)=9$$

$\therefore C_1=9$

따라서 $g(x)=2x+\frac{3}{x}+9$이므로

$$g(-3)=-6-1+9=2$$

51

정답 ⑤   정답률 46%

   → 접선의 방정식을 구할 수 있네.

실수 t에 대하여 곡선 $y=e^x$ 위의 점 (t, e^t)에서의 접선의
방정식을 $y=f(x)$라 할 때, 함수 $y=|f(x)+k-\ln x|$가
양의 실수 전체의 집합에서 미분가능하도록 하는 실수 k의
최솟값을 $g(t)$라 하자. 두 실수 $a, b \ (a<b)$에 대하여

$\displaystyle\int_a^b g(t)dt=m$이라 할 때, **보기**에서 옳은 것만을 있는 대로

고른 것은?   절댓값을 포함하고 있으니까 이 함수의 그래프가
   x축과 접하거나 x축보다 위쪽에 있어야겠네.

┌ 보기 ───────────────────────
│ ㄱ. $m<0$이 되도록 하는 두 실수 $a, b \ (a<b)$가 존재한다.
│ ㄴ. 실수 c에 대하여 $g(c)=0$이면 $g(-c)=0$이다.
│ ㄷ. $a=\alpha, b=\beta \ (\alpha<\beta)$일 때 m의 값이 최소이면
│ $\dfrac{1+g'(\beta)}{1+g'(\alpha)}<-e^2$이다.
└────────────────────────────

① ㄱ   ② ㄴ   ③ ㄱ, ㄴ
④ ㄱ, ㄷ   ✔⑤ ㄱ, ㄴ, ㄷ

해결 흐름

1️⃣ 곡선 $y=e^x$ 위의 점 (t, e^t)에서의 접선의 방정식 $y=f(x)$를 구해 봐야겠네.
2️⃣ 함수 $y=|f(x)+k-\ln x|$가 양의 실수 전체의 집합에서 미분가능한 경우를 생각해 봐야겠다.
3️⃣ 2️⃣의 경우를 만족시키는 실수 k의 최솟값이 $g(t)$이니까 함수 $g(t)$의 그래프를 그려 봐야겠다.

알찬 풀이

곡선 $y=e^x$ 위의 점 (t, e^t)에서의 접선의 방정식은

$y=e^t(x-t)+e^t \quad \therefore f(x)=e^t(x-t)+e^t$

함수 $y=|f(x)+k-\ln x|$에서 $h(x)=f(x)+k-\ln x$라 하자.

함수 $y=|h(x)|$가 양의 실수 전체의 집합에서 미분가능하려면 $x>0$에서 함수

$y=h(x)$의 그래프가 x축과 접하거나 x축보다 위쪽에 있어야 하므로 함수 $h(x)$

의 최솟값이 0보다 크거나 같아야 한다.   → 함수 $y=h(x)$의 그래프가

$h(x)=f(x)+k-\ln x=e^t(x-t)+e^t+k-\ln x$에서 x축과 두 점에서 만나면 함수
   $y=|h(x)|$의 그래프는 x축

$h'(x)=e^t-\frac{1}{x}$ 과 만나는 점에서 뾰족점이
   생겨서 이 점에서 미분가능하
   지 않아.

$h'(x)=0$에서 $e^t=\frac{1}{x} \quad \therefore x=\frac{1}{e^t}=e^{-t}$

☑ 실전 적용 key

미분가능성을 활용하는 문제는 주로 미분법에서 출제되지만, 종종 미분법과 적분법을 통합한 형태로도 출제된다. 이때 함수가 정의된 범위에서 미분가능하도록 하는 조건이나 미분가능하지 않도록 하는 조건을 구하고, 이를 이용하여 새로운 함수를 정의해야하는 복잡한 문제가 주로 출제된다. 이러한 문제를 해결하기 위해서는 우선 함수의 그래프의 개형을 그릴 수 있어야 하고, 미분가능성에 대한 개념을 명확히 알고 있어야 한다. 특히, 함수의 그래프에서 미분가능한 점을 찾을 수 있어야 하므로 함수 $f(x)$가 $x=a$에서 미분가능하지 않은 다음 두 가지 경우를 잘 기억하도록 한다.

(i) $x=a$에서 불연속인 경우

(ii) $x=a$에서 함수 $y=f(x)$의 그래프가 꺾인 경우

수능 핵심 개념 | 함수 $y=f(x)$의 그래프의 개형 그리기

함수 $y=f(x)$의 그래프의 개형을 그릴 때는 다음을 고려한다.

(1) 함수의 정의역과 치역

(2) 대칭성과 주기

(3) 좌표축과의 교점

(4) 함수의 증가와 감소, 극대와 극소

(5) 곡선의 오목과 볼록, 변곡점

(6) $\lim_{x\to\infty} f(x)$, $\lim_{x\to-\infty} f(x)$, 점근선

함수 $h(x)$의 증가와 감소를 표로 나타내면 다음과 같다.

x	(0)	$\cdots$	e^{-t}	$\cdots$
$h'(x)$		$-$	0	$+$
$h(x)$		↘	극소	↗

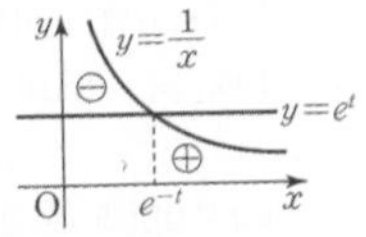

곡선 $y=\frac{1}{x}$과 직선 $y=e^t$은 그림과 같으므로 $x<e^{-t}$에서 $h'(x)<0$, $x>e^{-t}$에서 $h'(x)>0$임을 알 수 있어.

따라서 함수 $h(x)$는 $x=e^{-t}$에서 극소이면서 최소이다.

$h(e^{-t})=e^t(e^{-t}-t)+e^t+k-\ln e^{-t}\geq 0$ → $h(x)$의 최솟값이 0보다 크거나 같아야 해.

$1-te^t+e^t+k+t\geq 0$

$k\geq(t-1)e^t-(t+1)$

$\therefore g(t)=(t-1)e^t-(t+1)$ → 실수 k의 최솟값이야.

ㄱ. $g(t)=(t-1)e^t-(t+1)$에서

$g'(t)=e^t+(t-1)e^t-1=te^t-1$

$g''(t)=e^t+te^t=(t+1)e^t$

$g''(t)=0$에서 $t=-1$ ($\because e^t>0$)

t	$\cdots$	-1	$\cdots$
$g''(t)$	$-$	0	$+$
$g'(t)$	↘	극소	↗

$g'(-1)=-\frac{1}{e}-1<0$, $\lim_{t\to\infty}g'(t)=\infty$,

$\lim_{t\to-\infty}g'(t)=-1$이므로 함수 $y=g'(t)$의 그래프의 개형은 오른쪽 그림과 같다.

함수의 극한값을 조사하면 그래프의 점근선을 확인할 수 있어.

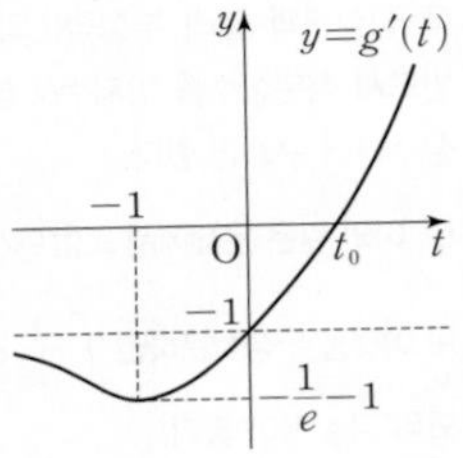

$g'(t)=0$이 되는 t의 값을 t_0 $(t_0>0)$이라 하면

$g'(t_0)=t_0e^{t_0}-1=0$ $\quad\therefore t_0e^{t_0}=1$

$g(t_0)=(t_0-1)e^{t_0}-(t_0+1)$

$=1-e^{t_0}-t_0-1$ ← $t_0e^{t_0}=1$을 대입했어.

$=-e^{t_0}-t_0$

함수 $y=g(t)$의 증가와 감소를 표로 나타내면 다음과 같다.

t	$\cdots$	t_0	$\cdots$
$g'(t)$	$-$	0	$+$
$g(t)$	↘	극소	↗

$g(t_0)=-e^{t_0}-t_0<0$이고 $\lim_{t\to\infty}g(t)=\infty$,

$e^{t_0}>0$, $t_0>0$이므로 $g(t_0)<0$이야.

$\lim_{t\to-\infty}g(t)=\infty$이므로 함수 $y=g(t)$의 그래프의 개형은 오른쪽 그림과 같다.

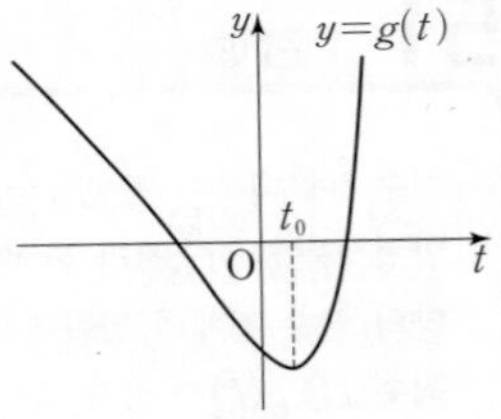

오른쪽 그림에서 $g(t)<0$인 구간이 존재하므로

$m=\int_a^b g(t)dt<0$

을 만족시키는 두 실수 a, b가 존재한다. (참)

ㄴ. $g(t)=(t-1)e^t-(t+1)$에서 $g(c)=0$이면

$(c-1)e^c-(c+1)=0$ $\quad\cdots\cdots$ ㉠

㉠의 양변에 e^{-c}을 곱하면

$(c-1)-(c+1)e^{-c}=0$

$\therefore g(-c)=(-c-1)e^{-c}-(-c+1)$

$=(c-1)-(c+1)e^{-c}=0$ ($\because$ ㉠) (참)

ㄷ. m의 값이 최소이려면 $g(\alpha)=g(\beta)=0$이어야 하고 ㄴ에 의하여 $\alpha=-\beta$이므로

m의 값이 최소가 되려면 두 실수 α, β는 함수 $y=g(t)$의 그래프가 t축과 만나는 두 점의 t의 좌표이어야 해.

$$\frac{1+g'(\beta)}{1+g'(\alpha)}=\frac{1+g'(\beta)}{1+g'(-\beta)}=\frac{1+(\beta e^{\beta}-1)}{1+(-\beta e^{-\beta}-1)}=\frac{\beta e^{\beta}}{-\beta e^{-\beta}}=-e^{2\beta}$$

이때 $g(1)=-2<0$이므로 $\beta>1$

$\dfrac{1+g'(\beta)}{1+g'(\alpha)}=-e^{2\beta}<-e^2$ (참)

↳ $\beta>1$이므로 $e^{2\beta}>e^2$에서 $-e^{2\beta}<-e^2$

이상에서 ㄱ, ㄴ, ㄷ 모두 옳다.

52 정답 ②   정답률 75%

$x>0$에서 정의된 연속함수 $f(x)$가 모든 양수 x에 대하여

$2f(x)+\dfrac{1}{x^2}f\Big(\dfrac{1}{x}\Big)=\dfrac{1}{x}+\dfrac{1}{x^2}$ **1** → x 대신 $\dfrac{1}{x}$을 대입하면 $f(x)$,

을 만족시킬 때, $\displaystyle\int_{\frac{1}{2}}^{2}f(x)dx$의 값은?   **2** $f\Big(\dfrac{1}{x}\Big)$에 대한 또 다른 식을 구할 수 있어.

① $\dfrac{\ln 2}{3}+\dfrac{1}{2}$ ✔② $\dfrac{2\ln 2}{3}+\dfrac{1}{2}$ ③ $\dfrac{\ln 2}{3}+1$

④ $\dfrac{2\ln 2}{3}+1$ ⑤ $\dfrac{2\ln 2}{3}+\dfrac{3}{2}$

☑ 연관 개념 check

(1) $n\ne-1$일 때, $\displaystyle\int x^n dx=\dfrac{1}{n+1}x^{n+1}+C$

(단, C는 적분상수)

(2) $\displaystyle\int\dfrac{1}{x}dx=\ln|x|+C$ (단, C는 적분상수)

해결 흐름

1 $f(x)$에 대한 정적분 값을 구해야 하니까 주어진 식에 x 대신 $\dfrac{1}{x}$을 대입해 $f(x)$의 식을 찾아내야겠다.

2 **1**에서 구한 함수 $f(x)$를 이용하여 $\displaystyle\int_{\frac{1}{2}}^{2}f(x)dx$의 값을 구하면 돼.

알찬 풀이

$2f(x)+\dfrac{1}{x^2}f\Big(\dfrac{1}{x}\Big)=\dfrac{1}{x}+\dfrac{1}{x^2}$ ...... ㉠

㉠에 x 대신 $\dfrac{1}{x}$을 대입하면

$2f\Big(\dfrac{1}{x}\Big)+x^2 f(x)=x+x^2$

위의 식의 양변을 $2x^2$으로 나누면 → $f\Big(\dfrac{1}{x}\Big)$이 있는 항을 소거하기 위해서야.

$\dfrac{1}{x^2}f\Big(\dfrac{1}{x}\Big)+\dfrac{1}{2}f(x)=\dfrac{1}{2x}+\dfrac{1}{2}$ ...... ㉡

㉠－㉡을 하면 $\dfrac{3}{2}f(x)=\dfrac{1}{2x}+\dfrac{1}{x^2}-\dfrac{1}{2}$

$\therefore f(x)=\dfrac{1}{3x}+\dfrac{2}{3x^2}-\dfrac{1}{3}$

$\therefore \displaystyle\int_{\frac{1}{2}}^{2}f(x)dx=\int_{\frac{1}{2}}^{2}\Big(\dfrac{1}{3x}+\dfrac{2}{3x^2}-\dfrac{1}{3}\Big)dx$

$=\Big[\dfrac{1}{3}\ln|x|-\dfrac{2}{3x}-\dfrac{1}{3}x\Big]_{\frac{1}{2}}^{2}$

$=\Big(\dfrac{1}{3}\ln 2-1\Big)-\Big(\dfrac{1}{3}\ln\dfrac{1}{2}-\dfrac{3}{2}\Big)$

$=\dfrac{2\ln 2}{3}+\dfrac{1}{2}$

↳ $\dfrac{1}{3}\ln 2-1-\dfrac{1}{3}\ln\dfrac{1}{2}+\dfrac{3}{2}=\dfrac{1}{3}\ln 2+\dfrac{1}{3}\ln 2+\dfrac{1}{2}$
$=\dfrac{2}{3}\ln 2+\dfrac{1}{2}$

53 정답 ⑤   정답률 22%

0이 아닌 세 정수 l, m, n이
$|l|+|m|+|n|\le 10$

을 만족시킨다. $0\le x\le\dfrac{3}{2}\pi$에서 정의된 연속함수 $f(x)$가

$f(0)=0$, $f\Big(\dfrac{3}{2}\pi\Big)=1$이고   → $x=\dfrac{\pi}{2}$, $x=\pi$에서도 연속이겠네.

$f'(x)=\begin{cases} l\cos x & \Big(0<x<\dfrac{\pi}{2}\Big) \\ m\cos x & \Big(\dfrac{\pi}{2}<x<\pi\Big) \\ n\cos x & \Big(\pi<x<\dfrac{3}{2}\pi\Big) \end{cases}$ **1**

를 만족시킬 때, $\displaystyle\int_{0}^{\frac{3}{2}\pi}f(x)dx$의 값이 최대가 되도록 하는 l, m, n에 대하여 $l+2m+3n$의 값은?   **2**

① 12   ② 13   ③ 14

④ 15   ✔⑤ 16

해결 흐름

1 $f'(x)$가 주어졌으니까 적분하면 $f(x)$를 구할 수 있겠네.

2 $\displaystyle\int_{0}^{\frac{3}{2}\pi}f(x)dx$의 값을 l, m, n을 이용해서 나타내야겠다.

3 **2**에서 얻은 식에 l, m, n의 조건을 이용해 봐야겠다.

알찬 풀이

$f'(x)$를 적분하면

$f(x)=\begin{cases} l\sin x+C_1 & \Big(0\le x\le\dfrac{\pi}{2}\Big) \\ m\sin x+C_2 & \Big(\dfrac{\pi}{2}\le x\le\pi\Big) \\ n\sin x+C_3 & \Big(\pi\le x\le\dfrac{3}{2}\pi\Big) \end{cases}$ (C_1, C_2, C_3은 적분상수)

$f(0)=0$이므로 $C_1=0$

☑ 연관 개념 **check**

(1) $\int \sin x\,dx = -\cos x + C$ (단, C는 적분상수)

(2) $\int \cos x\,dx = \sin x + C$ (단, C는 적분상수)

(3) 함수 $f(x)$가 임의의 세 실수 a, b, c를 포함하는 닫힌구간에서 연속일 때,

$$\int_a^c f(x)dx + \int_c^b f(x)dx = \int_a^b f(x)dx$$

☑ 실전 적용 **key**

미지수가 3개인 방정식이나 부등식을 풀 때, 3개의 미지수로 나타내어진 조건식을 1개 또는 2개의 미지수를 이용하여 나타내는 과정이 필요하다. 이 문제는 각 구간의 분점 $x=\frac{\pi}{2}$, $x=\pi$에서 함수 $f(x)$가 연속임을 이용하여 l을 m, n에 대한 식으로 나타낸 후 문제를 풀어 나갔다.

수능 핵심 개념 　구간에 따라 다르게 정의된 함수의 연속

함수 $f(x)=\begin{cases} g(x) & (x \le a) \\ h(x) & (x > a) \end{cases}$ 가 모든 실수 x에 대하여 연속이면

➡ $\lim\limits_{x \to a-} g(x) = \lim\limits_{x \to a+} h(x) = f(a)$

$f(x)$의 식이 구간별로 다르게 정의되어 있으니까 ←
적분도 구간별로 나누어서 해야 해.

π를 3.14로 계산해 보면 가장 큰 값은 ←
$4\pi+3$임을 알 수 있어.

180 해설편

$f\left(\frac{3}{2}\pi\right)=1$이므로 $-n+C_3=1$　∴ $C_3=n+1$

함수 $f(x)$가 $x=\pi$에서 연속이므로 → $f(x)$가 연속함수이니까.

$\lim\limits_{x \to \pi-} f(x) = \lim\limits_{x \to \pi+} f(x) = f(\pi)$에서

$C_2=C_3$　∴ $C_2=n+1$ → $\lim\limits_{x \to \pi-}(m\sin x + C_2) = \lim\limits_{x \to \pi+}(n\sin x + C_3)$

또, 함수 $f(x)$가 $x=\frac{\pi}{2}$에서도 연속이므로

$\lim\limits_{x \to \frac{\pi}{2}-} f(x) = \lim\limits_{x \to \frac{\pi}{2}+} f(x) = f\left(\frac{\pi}{2}\right)$에서

$l+C_1 = m+C_2$ → $\lim\limits_{x \to \frac{\pi}{2}-}(l\sin x + C_1) = \lim\limits_{x \to \frac{\pi}{2}+}(m\sin x + C_2)$

∴ $l=m+n+1$　　　$\cdots\cdots$ ㉠

∴ $f(x)=\begin{cases} l\sin x & \left(0 \le x \le \frac{\pi}{2}\right) \\ m\sin x + n+1 & \left(\frac{\pi}{2} \le x \le \pi\right) \\ n\sin x + n+1 & \left(\pi \le x \le \frac{3}{2}\pi\right) \end{cases}$

$\int_0^{\frac{3}{2}\pi} f(x)dx = \int_0^{\frac{\pi}{2}} f(x)dx + \int_{\frac{\pi}{2}}^{\pi} f(x)dx + \int_{\pi}^{\frac{3}{2}\pi} f(x)dx$

$= \int_0^{\frac{\pi}{2}} l\sin x\,dx + \int_{\frac{\pi}{2}}^{\pi}(m\sin x + n+1)dx$

$\qquad + \int_{\pi}^{\frac{3}{2}\pi}(n\sin x + n+1)dx$

$= \left[-l\cos x\right]_0^{\frac{\pi}{2}} + \left[-m\cos x + (n+1)x\right]_{\frac{\pi}{2}}^{\pi}$

$\qquad + \left[-n\cos x + (n+1)x\right]_{\pi}^{\frac{3}{2}\pi}$

$= l + \left\{m + (n+1)\frac{\pi}{2}\right\} + \left\{(n+1)\frac{\pi}{2} - n\right\}$

$= l + m + (\pi-1)n + \pi$

$= (m+n+1) + m + (\pi-1)n + \pi$ (∵ ㉠)

$= 2m + n\pi + \pi + 1$ （*）

이 값이 최대이려면 $m > 0$, $n > 0$이어야 하므로

$|l| + |m| + |n| \le 10$에서

$|m+n+1| + |m| + |n| \le 10$ (∵ ㉠)

$(m+n+1) + m + n \le 10$

$2m + 2n + 1 \le 10$ → $m > 0$, $n > 0$이니까.

$2m + 2n \le 9$　∴ $m+n \le \frac{9}{2}$

이때 m, n은 양의 정수이므로 → m, n은 양의 정수이니까 （*）의 값이 최대이려면 $m+n=4$이어야 해.

(i) $m=1$, $n=3$일 때,

$\int_0^{\frac{3}{2}\pi} f(x)dx = 2 \times 1 + 3\pi + \pi + 1 = 4\pi + 3$
→ （*）에 $m=1$, $n=3$을 대입했어.

(ii) $m=2$, $n=2$일 때,

$\int_0^{\frac{3}{2}\pi} f(x)dx = 2 \times 2 + 2\pi + \pi + 1 = 3\pi + 5$
→ （*）에 $m=2$, $n=2$를 대입했어.

(iii) $m=3$, $n=1$일 때,

$\int_0^{\frac{3}{2}\pi} f(x)dx = 2 \times 3 + \pi + \pi + 1 = 2\pi + 7$
→ （*）에 $m=3$, $n=1$을 대입했어.

(i), (ii), (iii)에서 $\int_0^{\frac{3}{2}\pi} f(x)dx$의 값이 최대인 경우는

$m=1$, $n=3$일 때이므로

$l = 1+3+1 = 5$ (∵ ㉠)

∴ $l + 2m + 3n = 5 + 2 \times 1 + 3 \times 3 = 16$

최고차항의 계수가 1인 사차함수 $f(x)$와 구간 $(0, \infty)$에서 $g(x) \geq 0$인 함수 $g(x)$가 다음 조건을 만족시킨다.

└→ $f'(x)$는 최고차항의 계수가 4인 삼차함수야.

(가) $x \leq -3$인 모든 실수 x에 대하여 $f(x) \geq f(-3)$이다.

(나) $x > -3$인 모든 실수 x에 대하여 $g(x+3)\{f(x)-f(0)\}^2 = f'(x)$이다.

$\int_4^5 g(x)dx = \dfrac{q}{p}$일 때, $p+q$의 값을 구하시오. **283**

(단, p와 q는 서로소인 자연수이다.)

☑ **연관 개념 check**

닫힌구간 $[a, b]$에서 연속인 함수 $f(x)$에 대하여 미분가능한 함수 $x=g(t)$의 도함수 $g'(t)$가 $a=g(\alpha)$, $b=g(\beta)$일 때, α와 β를 포함한 구간에서 연속이면

$$\int_a^b f(x)dx = \int_\alpha^\beta f(g(t))g'(t)dt$$

수능 핵심 개념 함수의 증가와 감소

함수 $f(x)$가 어떤 열린구간에서 미분가능하고 이 구간에 속하는 모든 x에 대하여
(1) $f'(x) > 0$이면 $f(x)$는 이 구간에서 증가한다.
(2) $f'(x) < 0$이면 $f(x)$는 이 구간에서 감소한다.

해결 흐름

1 조건 (가), (나)에서 $x=-3$을 기준으로 함수 $f(x)$의 증가와 감소를 파악해 봐야겠다.

2 조건 (나)에 주어진 식의 양변에 $x=0$을 대입하면 $f'(0)$의 값을 구할 수 있겠다.

3 **1**, **2**를 이용하여 함수 $y=f(x)$의 그래프의 개형을 파악한 후 $f'(x)$의 식을 세워야겠다.

4 **3**에서 구한 식을 대입해서 정적분의 값을 구하면 되겠네.

알찬 풀이

구간 $(0, \infty)$에서 $g(x) \geq 0$이므로 $x > -3$일 때 $g(x+3) \geq 0$이다.

따라서 조건 (나)에서 $x > -3$일 때 $f'(x) \geq 0$이다.

또, 조건 (가)에서 $x \leq -3$일 때 $f(x) \geq f(-3)$이므로 함수 $f(x)$는 $x=-3$에서 극소이면서 최소이다.

조건 (나)의 등식의 양변에 $x=0$을 대입하면

$$g(3)\{f(0)-f(0)\}^2 = f'(0)$$

$$\therefore f'(0) = 0$$

최고차항의 계수가 1인 사차함수 $f(x)$가 $x=-3$에서 극소이면서 최소이고, $f'(0)=0$이므로 $x=0$에서 변곡점을 갖는다. 즉, 함수 $y=f(x)$의 그래프의 개형은 다음 그림과 같다.

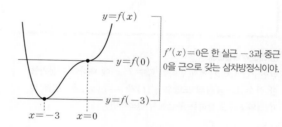

$f'(x)=0$은 한 실근 -3과 중근 0을 근으로 갖는 삼차방정식이야.

따라서

$$f'(x) = 4x^2(x+3) = 4x^3 + 12x^2$$

이므로

└→ $f(x)$는 최고차항의 계수가 1인 사차함수임을 이용했어.

$$f(x) = \int f'(x)dx$$
$$= \int (4x^3 + 12x^2)dx$$
$$= x^4 + 4x^3 + C \ (C는 적분상수)$$

$\int_a^{a+p} g(x)dx = \int_0^p g(x+a)dx$
가 성립함을 이용하여 피적분함수를 $g(x+3)$으로, 적분 구간을 $[1, 2]$로 변형하여 나타냈어.

$$\therefore \int_4^5 g(x)dx = \int_1^2 g(x+3)dx$$
$$= \int_1^2 \frac{f'(x)}{\{f(x)-f(0)\}^2}dx$$

└→ 조건 (나)의 등식을 이용했어.

$f(x)-f(0) = t$로 놓으면 $f'(x) = \dfrac{dt}{dx}$이고

$x=1$일 때 $t = f(1)-f(0) = (5+C)-C = 5$,
$x=2$일 때 $t = f(2)-f(0) = (48+C)-C = 48$

이므로

$$\int_1^2 \frac{f'(x)}{\{f(x)-f(0)\}^2}dx = \int_5^{48} \frac{1}{t^2}dt$$

$n \neq 1$일 때,
$\int x^n dx = \dfrac{1}{n+1}x^{n+1}+C$ (단, C는 적분상수)

$$= \left[-\frac{1}{t}\right]_5^{48}$$
$$= -\frac{1}{48} - \left(-\frac{1}{5}\right)$$
$$= \frac{43}{240}$$

따라서 $p=240$, $q=43$이므로
$p+q = 240 + 43 = 283$

55

좌표평면에서 원점을 중심으로 하고 반지름의 길이가 2인 원 C와 두 점 $A(2, 0)$, $B(0, -2)$가 있다. 원 C 위에 있고 x좌표가 음수인 점 P에 대하여 $\angle PAB = \theta$라 하자. **1 2** 점 $Q(0, 2\cos\theta)$에서 직선 BP에 내린 수선의 발을 R라 하 **3** 고, 두 점 P와 R 사이의 거리를 $f(\theta)$라 할 때, $\int_{\frac{\pi}{6}}^{\frac{\pi}{3}} f(\theta)d\theta$

의 값은?

✓① $\dfrac{2\sqrt{3}-3}{2}$　② $\sqrt{3}-1$　③ $\dfrac{3\sqrt{3}-3}{2}$

④ $\dfrac{2\sqrt{3}-1}{2}$　⑤ $\dfrac{4\sqrt{3}-3}{2}$

→ $\overline{OQ}=2\cos\theta$

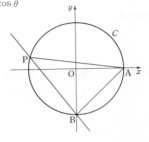

☑ 연관 개념 check

닫힌구간 $[a, b]$에서 연속인 함수 $f(x)$에 대하여 미분가능한 함수 $x=g(t)$의 도함수 $g'(t)$가 $a=g(\alpha)$, $b=g(\beta)$일 때, α와 β를 포함하는 구간에서 연속이면

$$\int_a^b f(x)dx = \int_\alpha^\beta f(g(t))g'(t)dt$$

☑ 실전 적용 key

피적분함수가 $f(\sin x)\cos x$ 꼴이면 $\sin x=t$로 치환하여

$$\int f(\sin x)\cos x\,dx = \int f(\sin x)(\sin x)'\,dx = \int f(t)\,dt$$

임을 이용한다.

또, 피적분함수가 $f(\cos x)\sin x$ 꼴이면 $\cos x=t$로 치환하여

$$\int f(\cos x)\sin x\,dx = \int f(\cos x)(\cos x)'\times(-1)\,dx$$
$$= \int \{-f(t)\}\,dt$$

임을 이용한다.

수능 핵심 개념 / 사인법칙

삼각형 ABC의 외접원의 반지름의 길이를 R라 하면

$$\frac{a}{\sin A} = \frac{b}{\sin B} = \frac{c}{\sin C} = 2R$$

해결 흐름

1 직각삼각형 QRB에서 $\overline{QB}$의 길이와 $\angle QBR$의 크기를 이용해서 $\overline{BR}$의 길이를 구해 봐야겠다.

2 삼각형 APB에서 사인법칙을 이용해서 $\overline{BP}$의 길이를 구해 봐야겠다.

3 $f(\theta)=\overline{BP}-\overline{BR}$이므로 $\int_{\frac{\pi}{6}}^{\frac{\pi}{3}} f(\theta)d\theta$의 값을 구할 수 있겠네.

알찬 풀이

$A'(0, 2)$라 하면 $\angle PA'B = \angle PAB = \theta$

또, $\angle A'PB = \dfrac{\pi}{2}$이므로

→ 한 원에서 같은 길이의 호에 대한 원주각의 크기는 같으므로 호 PB에 대한 두 원주각의 크기가 같아.

$\angle QBR = \dfrac{\pi}{2} - \theta$이다.

$\overline{QB} = 2 + 2\cos\theta = 2(1+\cos\theta)$이므로

→ $\overline{QB}=\overline{OB}+\overline{OQ}$

$\overline{BR} = \overline{QB} \times \cos\left(\dfrac{\pi}{2}-\theta\right) = 2(1+\cos\theta)\sin\theta$

삼각형 APB의 외접원의 반지름의 길이가 2이므로 사인법칙에 의하여

$$\frac{\overline{BP}}{\sin\theta} = 2\times 2 \qquad \therefore \overline{BP} = 4\sin\theta$$

$$f(\theta) = \overline{BP} - \overline{BR}$$
$$= 4\sin\theta - 2(1+\cos\theta)\sin\theta$$
$$= 2\sin\theta - 2\cos\theta\sin\theta$$

이므로

$$\int_{\frac{\pi}{6}}^{\frac{\pi}{3}} f(\theta)d\theta = \int_{\frac{\pi}{6}}^{\frac{\pi}{3}} (2\sin\theta - 2\cos\theta\sin\theta)d\theta$$
$$= \int_{\frac{\pi}{6}}^{\frac{\pi}{3}} (2 - 2\cos\theta)\sin\theta\,d\theta$$

이때 $\cos\theta = t$로 놓으면 $-\sin\theta = \dfrac{dt}{d\theta}$이고

→ $\sin\theta\,d\theta = (-1)dt$

$\theta = \dfrac{\pi}{6}$일 때 $t = \dfrac{\sqrt{3}}{2}$, $\theta = \dfrac{\pi}{3}$일 때 $t = \dfrac{1}{2}$이므로

$$\int_{\frac{\pi}{6}}^{\frac{\pi}{3}} (2-2\cos\theta)\sin\theta\,d\theta = \int_{\frac{\sqrt{3}}{2}}^{\frac{1}{2}} (2-2t)\times(-1)dt$$
$$= \int_{\frac{1}{2}}^{\frac{\sqrt{3}}{2}} (2-2t)dt$$
$$= \left[2t - t^2\right]_{\frac{1}{2}}^{\frac{\sqrt{3}}{2}}$$
$$= \left(\sqrt{3} - \frac{3}{4}\right) - \left(1 - \frac{1}{4}\right) = \frac{2\sqrt{3}-3}{2}$$

다른 풀이

$$\int_{\frac{\pi}{6}}^{\frac{\pi}{3}} f(\theta)d\theta = \int_{\frac{\pi}{6}}^{\frac{\pi}{3}} (2\sin\theta - 2\cos\theta\sin\theta)d\theta$$
$$= \int_{\frac{\pi}{6}}^{\frac{\pi}{3}} (2\sin\theta - \sin 2\theta)d\theta$$

$\int \sin ax\,dx = -\dfrac{1}{a}\cos ax + C$ (단, $a \ne 0$, C는 적분상수)

$$= \left[-2\cos\theta + \frac{1}{2}\cos 2\theta\right]_{\frac{\pi}{6}}^{\frac{\pi}{3}}$$
$$= \left(-2\cos\frac{\pi}{3} + \frac{1}{2}\cos\frac{2}{3}\pi\right) - \left(-2\cos\frac{\pi}{6} + \frac{1}{2}\cos\frac{\pi}{3}\right)$$
$$= \left(-1 - \frac{1}{4}\right) - \left(-\sqrt{3} + \frac{1}{4}\right)$$
$$= \frac{2\sqrt{3}-3}{2}$$

56 정답 ④   정답률 43%

실수 전체의 집합에서 미분가능한 함수 $f(x)$가 다음 조건을 만족시킬 때, $f(-1)$의 값은?

(가) 모든 실수 x에 대하여
$2\{f(x)\}^2 f'(x) = \{f(2x+1)\}^2 f'(2x+1)$이다. **1 2**
3

(나) $f\left(-\dfrac{1}{8}\right)=1$, $f(6)=2$

① $\dfrac{\sqrt[3]{3}}{6}$ ② $\dfrac{\sqrt[3]{3}}{3}$ ③ $\dfrac{\sqrt[3]{3}}{2}$

✓④ $\dfrac{2\sqrt[3]{3}}{3}$ ⑤ $\dfrac{5\sqrt[3]{3}}{6}$

☑ **연관 개념 check**

미분가능한 함수 $g(t)$에 대하여 $x=g(t)$로 놓으면

$\displaystyle\int f(x)dx=\int f(g(t))g'(t)dt$

☑ **실전 적용 key**

피적분함수의 꼴에 따라 치환적분법을 다음과 같이 적용한다.

(1) $\displaystyle\int \{f(x)\}^n f'(x)dx$ 꼴은 $f(x)=t$로 치환하면

➡ $\displaystyle\int \{f(x)\}^n f'(x)dx=\int t^n dt$

(2) $\displaystyle\int \sqrt{f(x)} f'(x)dx$ 꼴은 $f(x)=t$로 치환하면

➡ $\displaystyle\int \sqrt{f(x)} f'(x)dx=\int \sqrt{t}\,dt$

(3) $\displaystyle\int f(e^x)e^x dx$ 꼴은 $e^x=t$로 치환하면

➡ $\displaystyle\int f(e^x)e^x dx=\int f(t)dt$

(4) $\displaystyle\int f(\ln x)\times\frac{1}{x}dx$ 꼴은 $\ln x=t$로 치환하면

➡ $\displaystyle\int f(\ln x)\times\frac{1}{x}dx=\int f(t)dt$

(5) $\displaystyle\int f(\sin x)\times\cos x\,dx$ 꼴은 $\sin x=t$로 치환하면

➡ $\displaystyle\int f(\sin x)\times\cos x\,dx=\int f(t)dt$

$4\{f(x)\}^3=\{f(2x+1)\}^3+C$로 놓고 $x=-1$, $x=-\dfrac{1}{8}$, $x=\dfrac{3}{4}$, $x=\dfrac{5}{2}$를 대입하여 계산하면 $C=\dfrac{8}{3}$이 나와. 이때 계산 과정은 다르지만 $f(-1)$의 값은 알찬 풀이와 같은 값이 나와.

해결 흐름

1 식의 꼴이 $\{f(x)\}^n$을 미분한 것 같으니까 양변을 적분해 봐야겠다.

2 좌변과 우변을 적분할 때는 $f(x)$, $f(2x+1)$을 각각 한 문자로 치환해야겠네.

3 주어진 함숫값을 이용할 수 있도록 관계식에 여러 값을 대입해 봐야겠어.

알찬 풀이

조건 (가)에서   → 등식의 양변을 적분했어.

$$\int 2\{f(x)\}^2 f'(x)dx=\int \{f(2x+1)\}^2 f'(2x+1)dx$$

$\displaystyle\int 2\{f(x)\}^2 f'(x)dx$에서 $f(x)=t$로 놓으면 $f'(x)=\dfrac{dt}{dx}$이므로

$\displaystyle\int 2\{f(x)\}^2 \boxed{f'(x)dx}=\int 2t^2 \boxed{dt}=\frac{2}{3}t^3+C_1$

$f'(x)=\dfrac{dt}{dx}$에서 $f'(x)dx=dt$야. ← $=\dfrac{2}{3}\{f(x)\}^3+C_1$ (C_1은 적분상수)

$\displaystyle\int \{f(2x+1)\}^2 f'(2x+1)dx$에서 $f(2x+1)=s$로 놓으면

$2f'(2x+1)=\dfrac{ds}{dx}$이므로 $2f'(2x+1)=\dfrac{ds}{dx}$에서 $f'(2x+1)dx=\dfrac{1}{2}ds$야.

$\displaystyle\int \{f(2x+1)\}^2 \boxed{f'(2x+1)dx}=\int s^2\times\boxed{\frac{1}{2}ds}=\frac{1}{6}s^3+C_2$

$=\dfrac{1}{6}\{f(2x+1)\}^3+C_2$ (C_2는 적분상수)

즉, $\dfrac{2}{3}\{f(x)\}^3+C_1=\dfrac{1}{6}\{f(2x+1)\}^3+C_2$이므로

$4\{f(x)\}^3+6C_1=\{f(2x+1)\}^3+6C_2$

$\therefore \{f(2x+1)\}^3=4\{f(x)\}^3+C$ $(C=6C_1-6C_2)$ ······ ㉠

→ 계산하기 편하게 적분상수를 한 문자로 놓았어.

㉠에 $x=-1$을 대입하면

$\{f(-1)\}^3=4\{f(-1)\}^3+C$

$-3\{f(-1)\}^3=C$ $\therefore \{f(-1)\}^3=-\dfrac{1}{3}C$ ······ ㉡

C의 값만 알면 $f(-1)$의 값을 구할 수 있네.

㉠에 $x=-\dfrac{1}{8}$을 대입하면 → 주어진 함숫값을 이용하기 위해서야.

$\left\{f\left(\dfrac{3}{4}\right)\right\}^3=4\left\{f\left(-\dfrac{1}{8}\right)\right\}^3+C$

$=4\times 1^3+C$ ($\because$ 조건 (나))

$=4+C$

㉠에 $x=\dfrac{3}{4}$을 대입하면

$\left\{f\left(\dfrac{5}{2}\right)\right\}^3=4\left\{f\left(\dfrac{3}{4}\right)\right\}^3+C=4(4+C)+C=16+5C$

㉠에 $x=\dfrac{5}{2}$를 대입하면

$\{f(6)\}^3=4\left\{f\left(\dfrac{5}{2}\right)\right\}^3+C$

$2^3=4(16+5C)+C$ ($\because$ 조건 (나))

$8=64+21C$ $\therefore C=-\dfrac{8}{3}$

$C=-\dfrac{8}{3}$을 ㉡에 대입하면

$\{f(-1)\}^3=-\dfrac{1}{3}\times\left(-\dfrac{8}{3}\right)=\dfrac{8}{9}$

$\therefore f(-1)=\sqrt[3]{\dfrac{8}{9}}=\dfrac{2\sqrt[3]{3}}{3}$

57 정답 ④   정답률 80%

함수 $f(x)$가

→ 치환적분법을 이용할 수 있도록 $\dfrac{1}{1+e^{-t}}$을 변형해 봐.

$$f(x)=\int_0^x \frac{1}{1+e^{-t}}dt \quad \boxed{2}$$

일 때, $(f \circ f)(a)=\ln 5$를 만족시키는 실수 a의 값은? $\boxed{1}$

① $\ln 11$ ② $\ln 13$ ③ $\ln 15$

✓④ $\ln 17$ ⑤ $\ln 19$

☑ **연관 개념 check**

(1) 닫힌구간 $[a,\,b]$에서 연속인 함수 $f(x)$에 대하여 미분가능한 함수 $x=g(t)$의 도함수 $g'(t)$가 $a=g(\alpha),\,b=g(\beta)$일 때, α와 β를 포함한 구간에서 연속이면

$$\int_a^b f(x)\,dx = \int_\alpha^\beta f(g(t))g'(t)\,dt$$

(2) $\displaystyle\int \frac{1}{x}dx = \ln|x|+C$ (단, C는 적분상수)

해결 흐름

$\boxed{1}$ $(f \circ f)(a)=\ln 5$를 만족시키는 실수 a의 값을 구하려면 함수 $f(x)$의 식을 간단히 해야겠네.

$\boxed{2}$ 치환적분법을 이용하면 함수 $f(x)$를 구할 수 있겠다.

알찬 풀이

→ 주어진 $f(x)$에서 $\dfrac{1}{1+e^{-t}}=\dfrac{1}{1+\frac{1}{e^t}}=\dfrac{e^t}{e^t+1}$이야.

$f(x)=\displaystyle\int_0^x \frac{e^t}{e^t+1}dt$이므로 $e^t+1=s$로 놓으면 $e^t=\dfrac{ds}{dt}$이고

→ $e^t dt = ds$야.

$t=0$일 때 $s=2$, $t=x$일 때 $s=e^x+1$이므로

$$\int_0^x \frac{e^t}{e^t+1}dt = \int_2^{e^x+1}\frac{1}{s}ds = \Big[\ln|s|\Big]_2^{e^x+1}$$

$$=\ln(e^x+1)-\ln 2 = \ln\frac{e^x+1}{2}$$

$$\therefore f(x)=\ln\frac{e^x+1}{2}$$

이때 $(f \circ f)(a)=\ln 5$에서 $f(a)=k$라 하면 $f(k)=\ln 5$이므로

$$\ln\frac{e^k+1}{2}=\ln 5,\ \frac{e^k+1}{2}=5$$

→ $(f \circ f)(a)$의 값을 바로 구하면 복잡하니까 치환을 이용해.

$$e^k=9 \quad \therefore k=\ln 9$$

따라서 $f(a)=k$에서 $\ln\dfrac{e^a+1}{2}=\ln 9$

$$\frac{e^a+1}{2}=9,\ e^a=17 \quad \therefore a=\ln 17$$

---

58 정답 ②   정답률 42%

수열 $\{a_n\}$이

$$a_1=-1, \quad a_n=2-\frac{1}{2^{n-2}}\ (n\geq 2)$$

이다. 구간 $[-1,\,2)$에서 정의된 함수 $f(x)$가 모든 자연수 n에 대하여

$$f(x)=\sin(2^n \pi x)\ (a_n \leq x \leq a_{n+1}) \quad \boxed{3}$$

이다. $-1<\alpha<0$인 실수 α에 대하여 $\displaystyle\int_\alpha^t f(x)dx=0$을 만족시키는 $t\ (0<t<2)$의 값의 개수가 103일 때, $\boxed{1}\boxed{2}$

$\log_2(1-\cos(2\pi\alpha))$의 값은?

① -48 ✓② -50 ③ -52

④ -54 ⑤ -56

☑ **연관 개념 check**

(1) 함수 $f(x)$가 임의의 세 실수 $a,\,b,\,c$를 포함하는 닫힌구간에서 연속일 때,

$$\int_a^c f(x)dx + \int_c^b f(x)dx = \int_a^b f(x)dx$$

(2) $\displaystyle\int \sin(ax+b)dx = -\frac{1}{a}\cos(ax+b)+C$

(단, C는 적분상수)

함수 $f(x)$는 각 구간에서의 주기가 →

$$\frac{2\pi}{2\pi}=1,\ \frac{2\pi}{4\pi}=\frac{1}{2},\ \frac{2\pi}{8\pi}=\frac{1}{4},\ \cdots$$

해결 흐름

$\boxed{1}$ $\displaystyle\int_\alpha^t f(x)dx=0$을 $\displaystyle\int_\alpha^0 f(x)dx+\int_0^t f(x)dx=0$으로 변형할 수 있겠네.

$\boxed{2}$ 두 함수 $y=\displaystyle\int_0^t f(x)dx$와 $y=-\displaystyle\int_\alpha^0 f(x)dx$의 그래프의 교점의 개수가 103이 되어야겠네.

$\boxed{3}$ 함수 $y=f(x)$의 그래프의 개형을 먼저 그려 보고 $\boxed{2}$를 만족시키는 경우를 생각해 봐야겠어.

알찬 풀이

$\displaystyle\int_\alpha^t f(x)dx=0$에서 $-1<\alpha<0$이고 $0<t<2$이므로

$$\int_\alpha^0 f(x)dx + \int_0^t f(x)dx = 0$$

$$\int_0^t f(x)dx = -\int_\alpha^0 f(x)dx \qquad \cdots\cdots \text{㉠}$$

↳ t에 대한 함수   ↳ 상수

㉠을 만족시키는 t의 값의 개수가 103이므로 함수 $y=\displaystyle\int_0^t f(x)dx$의 그래프와 직선 $y=-\displaystyle\int_\alpha^0 f(x)dx$의 교점의 개수가 103이다.

한편, $a_1=-1,\ a_n=2-\dfrac{1}{2^{n-2}}\ (n\geq 2)$에서

$$a_2=2-1=1,\ a_3=2-\frac{1}{2}=\frac{3}{2},\ a_4=2-\left(\frac{1}{2}\right)^2=\frac{7}{4},\ \cdots$$

따라서 $f(x)=\sin(2^n\pi x)\ (a_n\leq x\leq a_{n+1})$는

$n=1$일 때, $f(x)=\sin(2\pi x)\ (\underset{a_1}{-1}\leq x\leq \underset{a_2}{1})$

$n=2$일 때, $f(x)=\sin(4\pi x)\ \left(\underset{a_2}{1}\leq x\leq \underset{a_3}{\frac{3}{2}}\right)$

$n=3$일 때, $f(x)=\sin(8\pi x)\ \left(\underset{a_3}{\frac{3}{2}}\leq x\leq \underset{a_4}{\frac{7}{4}}\right)$

$\vdots$

이므로 함수 $y=f(x)$의 그래프의 개형은 오른쪽 그림과 같다.

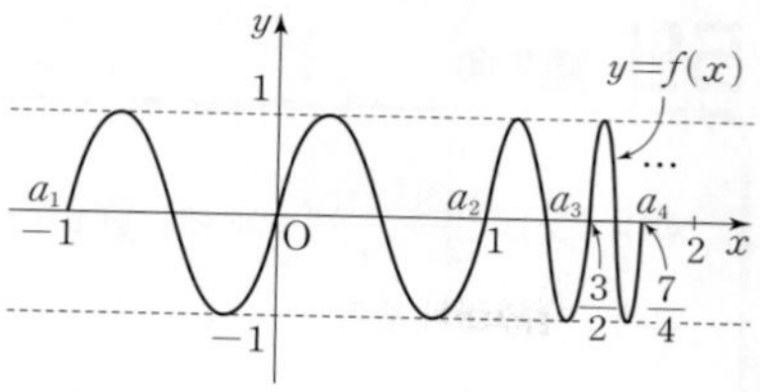

이때 $g(t)=\displaystyle\int_0^t f(x)dx$라 하면

$$g(a_n)=\int_0^{a_n}f(x)dx=0$$

또, $g'(t)=f(t)$이므로 함수 $y=g(t)$의 그래프는

$$t=\frac{a_2}{2},\ t=\frac{a_2+a_3}{2},\ t=\frac{a_3+a_4}{2},\ \cdots$$

에서 극댓값을 갖고, 극댓값의 절댓값은 점점 감소한다.

따라서 함수 $y=g(t)$의 그래프의 개형은 오른쪽 그림과 같다.

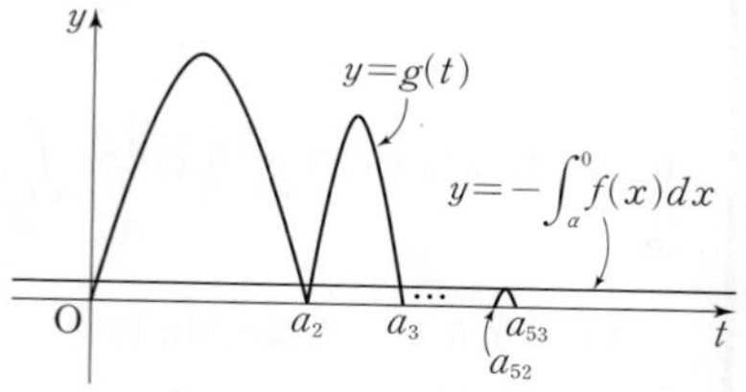

이때 함수 $y=g(t)$의 그래프와 직선

$y=-\displaystyle\int_a^0 f(x)dx$의 교점의 개수가

103이려면 구간 $(a_{52},\ a_{53})$에서 함수

$y=g(t)$의 그래프와 직선 $y=-\displaystyle\int_a^0 f(x)dx$가 접해야 한다.

즉, 구간 $(a_{52},\ a_{53})$에서 함수 $g(t)$의 극댓값이 $-\displaystyle\int_a^0 f(x)dx$의 값과 같아야 하므로 두 점 $(0,\ 0)$, $(a_2,\ 0)$을 잇는 선분의 중점의 x좌표를 b_1, 두 점 $(a_n,\ 0)$, $(a_{n+1},\ 0)$ $(n\geq2)$을 잇는 선분의 중점의 x좌표를 b_n이라 하면

$$g(b_{52})=-\int_a^0 f(x)dx$$

$$\begin{aligned}g(b_1)&=\int_0^{b_1}f(x)dx=\int_0^{\frac{1}{2}}\sin(2\pi x)dx\\&=\left[-\frac{1}{2\pi}\cos(2\pi x)\right]_0^{\frac{1}{2}}=-\frac{1}{2\pi}\{(-1)-1\}=\frac{1}{\pi}\end{aligned}$$

$$\begin{aligned}g(b_2)&=\int_0^{b_2}f(x)dx\\&=\int_0^{a_2}f(x)dx+\int_{a_2}^{b_2}f(x)dx\\&=\int_{a_2}^{b_2}f(x)dx=\int_1^{\frac{5}{4}}\sin(2^2\pi x)dx\\&=\left[-\frac{1}{2^2\pi}\cos(2^2\pi x)\right]_1^{\frac{5}{4}}=-\frac{1}{2^2\pi}\{(-1)-1\}=\frac{1}{2\pi}\end{aligned}$$

이와 같은 방법으로 하면

$$g(b_{52})=\int_0^{b_{52}}f(x)dx=\frac{1}{2^{51}\pi}\qquad\cdots\cdots\ \text{ⓛ}$$

한편,

$$\begin{aligned}-\int_a^0 f(x)dx&=-\int_a^0\sin(2\pi x)dx\\&=-\left[-\frac{1}{2\pi}\cos(2\pi x)\right]_a^0\\&=\frac{1}{2\pi}\{1-\cos(2\pi\alpha)\}\qquad\cdots\cdots\ \text{ⓒ}\end{aligned}$$

이고, ⓛ, ⓒ에서

$$\frac{1}{2\pi}\{1-\cos(2\pi\alpha)\}=\frac{1}{2^{51}\pi}$$

$$1-\cos(2\pi\alpha)=\frac{1}{2^{50}}$$

$$\begin{aligned}\therefore\ \log_2(1-\cos(2\pi\alpha))&=\log_2\frac{1}{2^{50}}\\&=\log_2 2^{-50}\\&=-50\end{aligned}$$

(왼쪽 주석)

함수 $y=f(x)$의 그래프에서 삼각함수의 그래프의 대칭성에 의하여 각 구간마다 x축의 위쪽 부분과 아래쪽 부분의 넓이가 서로 같아지기 때문이지.

구간 $(0,\ a_2)$에서 교점의 개수가 2, 구간 $(a_2,\ a_3)$에서 교점의 개수가 2, $\cdots$이니까 교점의 개수가 103이 되려면 구간 $(a_{52},\ a_{53})$에서 접해야 해.

$a_2=2-1=1$이므로 $b_1=\frac{1}{2}$이야.

구간 $(0,\ a_2)$에서 $g(t)$의 극댓값이야.

구간 $(a_2,\ a_3)$에서 $g(t)$의 극댓값이야.

$\int_0^{a_2}f(x)dx=0$이지.

$\cos\left(2\pi\times\frac{1}{2}\right)-\cos(2\pi\times0)$
$=\cos\pi-\cos0$
$=(-1)-1=-2$

$\cos\left(2^2\pi\times\frac{5}{4}\right)-\cos(2^2\pi\times1)$
$=\cos5\pi-\cos4\pi$
$=(-1)-1=-2$

구간 $(a_{52},\ a_{53})$에서 $g(t)$의 극댓값이야.

$-1<\alpha<0$이므로 $f(x)=\sin2\pi x$

(*)에서 $g(b_{52})=-\displaystyle\int_a^0 f(x)dx$이니까 ⓛ$=$ⓒ이어야 해.

함수 $f(x)=\dfrac{5}{2}-\dfrac{10x}{x^2+4}$와 함수 $g(x)=\dfrac{4-|x-4|}{2}$의 그래프가 그림과 같다.

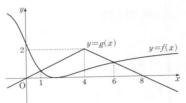

$0\le a\le 8$인 a에 대하여 $\displaystyle\int_0^a f(x)dx+\int_a^8 g(x)dx$의 최솟값 **1 2**
은?
└ $h(a)$로 놓고 생각해 봐.

① $14-5\ln 5$ ② $15-5\ln 10$ ③ $15-5\ln 5$
✓④ $16-5\ln 10$ ⑤ $16-5\ln 5$

☑ 연관 개념 check

(1) a가 상수이고, $f(x)$가 연속함수일 때,
$$\dfrac{d}{dx}\int_a^x f(t)dt=f(x)$$

(2) 함수 $f(x)$가 임의의 세 실수 a, b, c를 포함하는 닫힌구간에서 연속일 때,
$$\int_a^c f(x)dx+\int_c^b f(x)dx=\int_a^b f(x)dx$$

(3) $\displaystyle\int \dfrac{f'(x)}{f(x)}dx=\ln|f(x)|+C$ (단, C는 적분상수)

☑ 오답 clear

$h(a)=\displaystyle\int_0^a f(x)dx+\int_a^8 g(x)dx$에서 $h'(a)$를 구할 때

$h'(a)=f(a)+g(a)$로 구하지 않도록 부호에 유의하여 계산한다.

함수 $g(x)$의 한 부정적분을 $G(x)$라 하면
$$\dfrac{d}{da}\int_a^8 g(x)dx=\dfrac{d}{da}\{G(8)-G(a)\}$$
$$=-G'(a)=-g(a)$$

이므로 $h'(a)=f(a)-g(a)$이다.

---

1 $\displaystyle\int_0^a f(x)dx+\int_a^8 g(x)dx$는 a에 대한 식이고, 이 식의 최솟값을 구하는 문제네.

2 $h(a)=\displaystyle\int_0^a f(x)dx+\int_a^8 g(x)dx$라 하고 함수 $h'(a)$를 이용하여 $h(a)$의 최솟값을 구해야 겠다.

$h(a)=\displaystyle\int_0^a f(x)dx+\underbrace{\int_a^8 g(x)dx}$로 놓자.

→ 구하려는 값은 $h(a)$의 최솟값이야.

위의 식의 양변을 a에 대하여 미분하면

$h'(a)=f(a)-g(a)$

$h'(a)=0$에서 $f(a)=g(a)$이므로 주어진 그림에서

$a=1$ 또는 $a=6$ ← 주어진 그래프에서 두 그래프의 교점의 x좌표를 찾으면 돼.

$0\le a\le 8$에서 함수 $h(a)$의 증가와 감소를 표로 나타내면 다음과 같다.

a	0	⋯	1	⋯	6	⋯	8
$h'(a)$		+	0	−	0	+	
$h(a)$		↗	극대	↘	극소	↗	

따라서 $h(0)$의 값과 $h(6)$의 값 중 작은 값이 $h(a)$의 최솟값이다.

$g(x)=\begin{cases} 4-\dfrac{x}{2} & (x\ge 4) \\[2mm] \dfrac{x}{2} & (x\le 4) \end{cases}$ 이므로

$h(0)=\displaystyle\underbrace{\int_0^0 f(x)dx}+\int_0^8 g(x)dx$

→ $\displaystyle\int_a^a f(x)dx=0$임을 이용해.

$\quad=\displaystyle\int_0^8 g(x)dx$

$\quad=\displaystyle\int_0^4 g(x)dx+\int_4^8 g(x)dx$

$\quad=\displaystyle\int_0^4 \dfrac{x}{2}dx+\int_4^8 \left(4-\dfrac{x}{2}\right)dx$

$\quad=\left[\dfrac{x^2}{4}\right]_0^4+\left[4x-\dfrac{x^2}{4}\right]_4^8=4+4=8$

$h(6)=\displaystyle\int_0^6 f(x)dx+\int_6^8 g(x)dx$

$\quad=\displaystyle\int_0^6 \left(\dfrac{5}{2}-\dfrac{10x}{x^2+4}\right)dx+\int_6^8\left(4-\dfrac{x}{2}\right)dx$

$\quad=\displaystyle\int_0^6 \left\{\dfrac{5}{2}-5\times\dfrac{(x^2+4)'}{x^2+4}\right\}dx+\int_6^8\left(4-\dfrac{x}{2}\right)dx$

$\quad=\left[\dfrac{5}{2}x-5\ln|x^2+4|\right]_0^6+\left[4x-\dfrac{x^2}{4}\right]_6^8$

$\quad=(15\boxed{-5\ln 40+5\ln 4})+(16-15)$

$5\ln 4-5\ln 40=5\ln\dfrac{4}{40}=5\ln\dfrac{1}{10}$ ←

$\quad=\left(15+\boxed{5\ln\dfrac{1}{10}}\right)+1$

$\quad=16-5\ln 10$

$h(0)-h(6)=8-(16-5\ln 10)$

$\qquad\qquad=-8+5\ln 10$

이때 $e^2<10<e^3$에서 $2<\ln 10<3$

$\therefore 10<5\ln 10<15$

즉, $-8+5\ln 10>0$이므로 $h(0)>h(6)$

따라서 함수 $h(a)$의 최솟값은

$h(6)=16-5\ln 10$

다른 풀이

$h(0)$과 $h(6)$의 값을 다음과 같이 구할 수도 있다.

$$h(0)=\int_0^0 f(x)dx+\int_0^8 g(x)dx$$

$$=\int_0^8 g(x)dx \quad \left(\int_a^a f(x)dx=0\text{임을 이용해.}\right)$$

$$=\frac{1}{2}\times 8\times 2=8$$

주어진 그림에서 밑변의 길이가 8, 높이가 2인 삼각형의 넓이와 값이 같아.

$$h(6)=\int_0^6 f(x)dx+\int_6^8 g(x)dx$$

$$=\int_0^6\left(\frac{5}{2}-\frac{10x}{x^2+4}\right)dx+\frac{1}{2}\times 2\times 1\ (\because g(6)=1)$$

$$=\left(15+5\ln\frac{1}{10}\right)+1=16-5\ln 10$$

주어진 그림에서 밑변의 길이가 2, 높이가 $g(6)=1$인 삼각형의 넓이와 값이 같아.

60 정답 17   정답률 33%

두 연속함수 $f(x)$, $g(x)$가

$$g(e^x)=\begin{cases} f(x) & (0\le x<1) \\ g(e^{x-1})+5 & (1\le x\le 2)\end{cases}$$

를 만족시키고, $\int_1^{e^2} g(x)dx=6e^2+4$이다.

$\int_1^e f(\ln x)dx=ae+b$일 때, a^2+b^2의 값을 구하시오. **17**

$f(\ln x)$는 $f(x)$에 x 대신 $\ln x$를 대입한 거야.

(단, a, b는 정수이다.)

✓ 연관 개념 check

닫힌구간 $[a, b]$에서 연속인 함수 $f(x)$에 대하여 미분가능한 함수 $x=g(t)$의 도함수 $g'(t)$가 $a=g(\alpha)$, $b=g(\beta)$일 때, α와 β를 포함한 구간에서 연속이면

$$\int_a^b f(x)dx=\int_\alpha^\beta f(g(t))g'(t)dt$$

✓ 실전 적용 key

함수 $f(x)=\begin{cases} g(x) & (x\ge k) \\ h(x) & (x\le k)\end{cases}$가 닫힌구간 $[a, b]$에서 연속이고, $a<k<b$이면

➡ $\int_a^b f(x)dx=\int_a^k h(x)dx+\int_k^b g(x)dx$

해결 흐름

1 $g(x)$에 대한 정적분의 값이 주어졌으니까 함수 $g(x)$의 식을 알아야겠다.
2 함수 $g(e^x)$에서 e^x을 t로 놓고 $g(x)$를 구해 봐야겠다.

알찬 풀이

$g(e^x)=\begin{cases} f(x) & (0\le x<1) \\ g(e^{x-1})+5 & (1\le x\le 2)\end{cases}$에서

$e^x=t$로 놓으면 $x=\ln t$이므로 ($e^x=t$의 양변에 자연로그를 취하면 $x=\ln t$야.)

$$g(t)=\begin{cases} f(\ln t) & (1\le t<e) \\ g\left(\dfrac{t}{e}\right)+5 & (e\le t\le e^2)\end{cases}$$

$0\le x<1$에서 $e^0\le e^x<e^1$ $\therefore 1\le t<e$
$1\le x\le 2$에서 $e^1\le e^x\le e^2$ $\therefore e\le t\le e^2$

$$\therefore \int_1^{e^2} g(x)dx=\int_1^e f(\ln x)dx+\int_e^{e^2}\left\{g\left(\frac{x}{e}\right)+5\right\}dx$$

$$=6e^2+4 \qquad\qquad \cdots\cdots \text{㉠}$$

이때 $\dfrac{x}{e}=k$로 놓으면 $\dfrac{1}{e}=\dfrac{dk}{dx}$이고

$x=e$일 때 $k=1$, $x=e^2$일 때 $k=e$이므로 ($\frac{1}{e}=\frac{dk}{dx}$에서 $dx=e\,dk$야.)

$$\int_e^{e^2}\left\{g\left(\frac{x}{e}\right)+5\right\}dx=\int_1^e \{g(k)+5\}\times e\,dk$$

$$=e\int_1^e g(k)dk+5e\int_1^e 1\,dk$$

$$=e\int_1^e g(k)dk+5e\Big[k\Big]_1^e$$

$$=e\int_1^e f(\ln k)dk+5e(e-1)$$

$$=e\int_1^e f(\ln k)dk+5e^2-5e \qquad\qquad \cdots\cdots \text{㉡}$$

㉡을 ㉠에 대입하면

$$\int_1^e f(\ln x)dx+e\int_1^e f(\ln k)dk+5e^2-5e=6e^2+4$$

$$(1+e)\int_1^e f(\ln x)dx=e^2+5e+4$$

문자만 다를 뿐 정적분의 값은 같으니까 k를 x로 바꾸어 정리했어.

$$(1+e)\int_1^e f(\ln x)dx=(e+1)(e+4)$$

$$\therefore \int_1^e f(\ln x)dx=e+4$$

따라서 $a=1$, $b=4$이므로 $a^2+b^2=1^2+4^2=17$

세 상수 a, b, c에 대하여 함수 $f(x)=ae^{2x}+be^x+c$가 다음 조건을 만족시킨다.

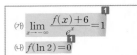

(가) $\displaystyle\lim_{x\to-\infty}\frac{f(x)+6}{e^x}=1$

(나) $f(\ln 2)=0$

함수 $f(x)$의 역함수를 $g(x)$라 할 때, $\displaystyle\int_0^{14}g(x)\,dx=p+q\ln 2$이다. $p+q$의 값을 구하시오.   26

(단, p, q는 유리수이고, $\ln 2$는 무리수이다.)

☑ **연관 개념 check**

(1) 닫힌구간 $[a,\,b]$에서 연속인 함수 $f(x)$에 대하여 미분가능한 함수 $x=g(t)$의 도함수 $g'(t)$가 $a=g(\alpha)$, $b=g(\beta)$일 때, α와 β를 포함한 구간에서 연속이면
$$\int_a^b f(x)\,dx=\int_\alpha^\beta f(g(t))g'(t)\,dt$$

(2) 두 함수 $f(x)$, $g(x)$가 미분가능하고 $f'(x)$, $g'(x)$가 닫힌구간 $[a,\,b]$에서 연속일 때,
$$\int_a^b f(x)g'(x)\,dx=\Big[f(x)g(x)\Big]_a^b-\int_a^b f'(x)g(x)\,dx$$

역함수의 미분법 ☆★
미분가능한 함수 $f(x)$의 역함수 $g(x)$가 존재하고 미분가능할 때, $g(b)=a$라 하면
$$g'(b)=\frac{1}{f'(g(b))}=\frac{1}{f'(a)}\ (\text{단},\,f'(a)\neq 0)$$

$g(x)dx=s\dfrac{1}{g'(x)}\,ds=sf'(s)\,ds$이야. ◄

해결 흐름

1 조건 (가), (나)를 이용해서 함수 $f(x)$의 미정계수를 구해 봐야겠다.

2 함수 $f(x)$의 역함수가 $g(x)$임을 이용해서 $g(x)=s$로 치환한 다음 적분값을 구해야겠다.

알찬 풀이

조건 (가)에서
$$\lim_{x\to-\infty}\frac{f(x)+6}{e^x}=\lim_{x\to-\infty}\frac{ae^{2x}+be^x+c+6}{e^x}=1$$

위의 식에서 $e^x=t$로 치환하면
$$\lim_{x\to-\infty}\frac{ae^{2x}+be^x+c+6}{e^x}=\lim_{t\to 0+}\frac{at^2+bt+c+6}{t}$$
$$=\lim_{t\to 0+}\Big(at+b+\frac{c+6}{t}\Big)=1$$

이므로
$$b=1,\ c=-6$$

또, 조건 (나)에서
$$f(\ln 2)=ae^{2\ln 2}+e^{\ln 2}-6$$
$$=4a+2-6$$
$$=4a-4=0$$

이므로
$$a=1$$
$$\therefore\ f(x)=e^{2x}+e^x-6$$

$f(x)=14$에서
$$e^{2x}+e^x-6=14$$
$$e^{2x}+e^x-20=0,\ (e^x-4)(e^x+5)=0$$

이때 $e^x>0$이므로
$$e^x=4,\ x=\ln 4$$
$$\therefore\ f(\ln 4)=14$$

함수 $f(x)$의 역함수가 $g(x)$이므로 ── $f(\ln 2)=0$, $f(\ln 4)=14$이기 때문이야.
$$g(0)=\ln 2,\ g(14)=\ln 4 \quad\blacktriangleleft$$

$\displaystyle\int_0^{14}g(x)\,dx$에서 $g(x)=s$로 놓으면 $g'(x)=\dfrac{ds}{dx}$이고
$$g'(x)=\frac{1}{f'(g(x))}=\frac{1}{f'(s)}$$

또, $x=0$일 때 $s=g(0)=\ln 2$, $x=14$일 때 $s=g(14)=\ln 4$이므로
$$\int_0^{14}g(x)\,dx=\int_{\ln 2}^{\ln 4}sf'(s)\,ds$$

         부분적분법을 이용했어.
$$=\Big[sf(s)\Big]_{\ln 2}^{\ln 4}-\int_{\ln 2}^{\ln 4}f(s)\,ds$$

$$=\ln 4\,f(\ln 4)-\ln 2\,f(\ln 2)-\int_{\ln 2}^{\ln 4}f(s)\,ds$$

$f(\ln 4)=14$, $f(\ln 2)=0$이야.
$$=28\ln 2-\int_{\ln 2}^{\ln 4}(e^{2s}+e^s-6)\,ds$$

$$=28\ln 2-\Big[\frac{1}{2}e^{2s}+e^s-6s\Big]_{\ln 2}^{\ln 4}$$

$$=28\ln 2$$
$$-\Big\{\Big(\frac{1}{2}e^{2\ln 4}+e^{\ln 4}-6\ln 4\Big)-\Big(\frac{1}{2}e^{2\ln 2}+e^{\ln 2}-6\ln 2\Big)\Big\}$$

$$=28\ln 2-\{(12-12\ln 2)-(4-6\ln 2)\}$$

$$=-8+34\ln 2$$

따라서 $p=-8$, $q=34$이므로 $p+q=-8+34=26$

실수 전체의 집합에서 증가하고 미분가능한 함수 $f(x)$가 다음 조건을 만족시킨다.

> (가) $f(1)=1$, $\displaystyle\int_1^2 f(x)dx=\dfrac{5}{4}$
>
> (나) 함수 $f(x)$의 역함수를 $g(x)$라 할 때, $x\geq1$인 모든 실수 x에 대하여 $g(2x)=2f(x)$이다.   **2 3**

1

$\displaystyle\int_1^8 xf'(x)dx=\dfrac{q}{p}$일 때, $p+q$의 값을 구하시오. **143**

→ 부분적분법을 이용해야겠네.

           (단, p와 q는 서로소인 자연수이다.)

☑ 연관 개념 check

(1) 두 함수 $f(x)$, $g(x)$가 미분가능하고 $f'(x)$, $g'(x)$가 닫힌구간 $[a, b]$에서 연속일 때,

$$\int_a^b f(x)g'(x)dx=\Big[f(x)g(x)\Big]_a^b-\int_a^b f'(x)g(x)dx$$

(2) 닫힌구간 $[a, b]$에서 연속인 함수 $f(x)$에 대하여 미분가능한 함수 $x=g(t)$의 도함수 $g'(t)$가 $a=g(\alpha)$, $b=g(\beta)$일 때, α와 β를 포함한 구간에서 연속이면

$$\int_a^b f(x)dx=\int_\alpha^\beta f(g(t))g'(t)dt$$

☑ 실전 적용 key

함수 $f(x)$와 그 역함수 $g(x)$의 정적분에 관한 문제이므로 두 함수의 그래프의 개형을 이용하여 해결할 수도 있다.

이때 각 조건 및 함수와 그 역함수가 직선 $y=x$에 대하여 서로 대칭임을 이용하여 다음과 같이 그래프의 개형을 개괄적으로 파악할 수 있다.

(i) 함수 $f(x)$가 모든 실수 x에서 증가하고, $\displaystyle\int_1^2 f(x)dx=\dfrac{5}{4}$임을 이용하여 $1\leq x\leq2$에서 함수 $y=f(x)$의 그래프의 개형을 [①] 그린 후, 다시 $1\leq x\leq2$에서의 함수 $y=f(x)$의 그래프의 개형과 $g(2x)=2f(x)$임을 이용하여 $2\leq x\leq4$에서 함수 $y=g(x)$의 그래프의 개형을 그린다. 마찬가지로 $4\leq x\leq8$에서 [②] 함수 $y=f(x)$의 그래프의 개형을 그린다. [③]

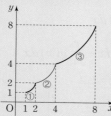

(ii) 함수와 그 역함수가 직선 $y=x$에 대하여 서로 대칭임을 이용하여 각 구간에서 함수 $y=f(x)$, $y=g(x)$의 그래프의 개형을 그린다.

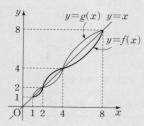

해결 흐름

1 부분적분법을 이용해서 $\displaystyle\int_1^8 xf'(x)dx$를 변형해 봐야겠어.

2 $f(1)=1$과 조건 (나)를 이용해서 $f(2)$, $f(4)$, $f(8)$의 값을 구할 수 있겠다.

3 조건 (가), (나)를 이용해서 구간별로 두 함수 $y=f(x)$, $y=g(x)$의 그래프의 개형을 그려봐야겠다.

알찬 풀이

$$\int_1^8 xf'(x)dx=\Big[xf(x)\Big]_1^8-\int_1^8 f(x)dx \to \text{부분적분법을 이용했어.}$$

$$=8f(8)-f(1)-\int_1^8 f(x)dx \quad\quad \cdots\cdots \text{㉠}$$

조건 (나)에 의하여

$g(2)=2f(1)=2\times1=2$이므로 $f(2)=2$ → 두 함수 $f(x)$와 $g(x)$가 서로 역함수 관계이니까 $g(2)=2$에서 $f(2)=2$야.

$g(4)=2f(2)=2\times2=4$이므로 $f(4)=4$

$g(8)=2f(4)=2\times4=8$이므로 $f(8)=8$

$g(2x)=2f(x)$이므로 $\displaystyle\int_1^2 f(x)dx=\dfrac{5}{4}$에서

$$\int_1^2 f(x)dx=\int_1^2 \dfrac{1}{2}g(2x)dx=\dfrac{1}{2}\boxed{\int_1^2 g(2x)dx}$$

$$=\dfrac{1}{2}\boxed{\int_2^4 g(t)\times\dfrac{1}{2}dt} \quad \substack{2x=t\text{로 놓으면 }2=\frac{dt}{dx}\text{이고}\\ x=1\text{일 때 }t=2, x=2\text{일 때 }t=4\text{야.}}$$

$$=\dfrac{1}{4}\int_2^4 g(t)dt=\dfrac{1}{4}\int_2^4 g(x)dx$$

즉, $\dfrac{1}{4}\displaystyle\int_2^4 g(x)dx=\dfrac{5}{4}$이므로 $\displaystyle\int_2^4 g(x)dx=5$ → $\dfrac{1}{2}\times(2+4)\times2=6$이야.

이때 직선 $y=x$와 x축 및 두 직선 $x=2$, $x=4$로 둘러싸인 도형의 넓이는 6이고 $\displaystyle\int_2^4 g(x)dx=5<6$이므로 $2\leq x\leq4$에서 두 함수 $y=f(x)$, $y=g(x)$의 그래프의 개형은 다음 그림과 같다.

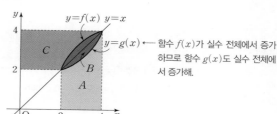

← 함수 $f(x)$가 실수 전체에서 증가하므로 함수 $g(x)$도 실수 전체에서 증가해.

$$\therefore \int_2^4 f(x)dx=(A\text{의 넓이})+(B\text{의 넓이})$$

$$=4\times4-2\times2-\boxed{(C\text{의 넓이})} \quad \substack{\text{함수와 그 역함수의 그래프의 대칭성에}\\ \text{의하여 }(A\text{의 넓이})=(C\text{의 넓이})\text{야.}}$$

$$=12-\boxed{(A\text{의 넓이})}$$

$$=12-\int_2^4 g(x)dx$$

$$=12-5=7$$

또, $\displaystyle\int_2^4 f(x)dx=7$에서

$$\int_2^4 f(x)dx=\int_2^4 \dfrac{1}{2}g(2x)dx=\dfrac{1}{2}\boxed{\int_2^4 g(2x)dx}$$

$$=\dfrac{1}{2}\boxed{\int_4^8 g(t)\times\dfrac{1}{2}dt} \quad \substack{2x=t\text{로 놓으면 }2=\frac{dt}{dx}\text{이고}\\ x=2\text{일 때 }t=4, x=4\text{일 때 }t=8\text{이야.}}$$

$$=\dfrac{1}{4}\int_4^8 g(t)dt=\dfrac{1}{4}\int_4^8 g(x)dx$$

즉, $\dfrac{1}{4}\displaystyle\int_4^8 g(x)dx=7$이므로 $\displaystyle\int_4^8 g(x)dx=28$

이때 직선 $y=x$와 x축 및 두 직선 $x=4$, $x=8$로 둘러싸인 도형의 넓이는 24이고 $\displaystyle\int_4^8 g(x)\,dx=28>24$이므로 $4\le x\le8$에서 두 함수 $y=f(x)$, $y=g(x)$의 그래프의 개형은 다음 그림과 같다.

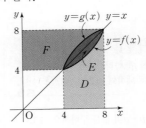

$$\therefore \int_4^8 f(x)\,dx=(D\text{의 넓이})$$
$$=8\times8-4\times4-\{(E\text{의 넓이})+\boxed{(F\text{의 넓이})}\}$$
$$=48-\{(E\text{의 넓이})+\boxed{(D\text{의 넓이})}\}$$

함수와 그 역함수의 그래프의 대칭성에 의하여 (F의 넓이)=(D의 넓이)야.

$$=48-\int_4^8 g(x)\,dx$$
$$=48-28=20$$

$$\therefore \int_1^8 f(x)\,dx=\int_1^2 f(x)\,dx+\int_2^4 f(x)\,dx+\int_4^8 f(x)\,dx$$
$$=\frac{5}{4}+7+20=\frac{113}{4}$$

따라서 ㉠에서

$$\int_1^8 xf'(x)\,dx=8f(8)-f(1)-\int_1^8 f(x)\,dx$$
$$=8\times8-1-\frac{113}{4}=\frac{139}{4}$$

즉, $p=4$, $q=139$이므로 $p+q=4+139=143$

다른 풀이

$\displaystyle\int_1^8 xf'(x)\,dx$를 치환적분법을 이용하여 변형한 후 그 값을 구할 수도 있다.

함수 $f(x)$와 그 역함수 $g(x)$에 대하여 $g(f(x))=x$가 성립하므로

$$\int_1^8 xf'(x)\,dx=\boxed{\int_1^8 g(f(x))f'(x)\,dx}$$

$$=\boxed{\int_{f(1)}^{f(8)} g(t)\,dt}=\int_1^8 g(x)\,dx$$
$$=\int_1^2 g(x)\,dx+\int_2^4 g(x)\,dx+\int_4^8 g(x)\,dx \qquad \cdots\cdots ㉠$$

이때 직선 $y=x$와 x축 및 두 직선 $x=1$, $x=2$로 둘러싸인 도형의 넓이는 $\dfrac{3}{2}$이고

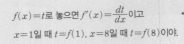

$\displaystyle\int_1^2 f(x)\,dx=\dfrac{5}{4}<\dfrac{3}{2}$이므로 $1\le x\le2$에서 두 함수 $y=f(x)$, $y=g(x)$의 그래프의 개형은 오른쪽 그림과 같다.

$$\therefore \int_1^2 g(x)\,dx=2\times2-1\times1-\int_1^2 f(x)\,dx=3-\frac{5}{4}=\frac{7}{4}$$

㉠에서

알찬 풀이에서 확인해 봐.

$$\int_1^8 xf'(x)\,dx=\int_1^2 g(x)\,dx+\int_2^4 g(x)\,dx+\int_4^8 g(x)\,dx$$
$$=\frac{7}{4}+5+28=\frac{139}{4}$$

63 정답 ⑤ 정답률 38%

함수 $f(x)=\pi \sin 2\pi x$에 대하여 정의역이 실수 전체의 집합이고 치역이 집합 $\{0, 1\}$인 함수 $g(x)$와 자연수 n이 다음 조건을 만족시킬 때, n의 값은? $\longrightarrow$ $g(x)=0$ 또는 $g(x)=1$이야.

함수 $h(x)=f(nx)g(x)$는 실수 전체의 집합에서 연속이고
$$\int_{-1}^{1} h(x)dx=2, \quad \int_{-1}^{1} xh(x)dx=-\frac{1}{32}$$
이다.

① 8   ② 10   ③ 12
④ 14   ✓⑤ 16

☑ **연관 개념 check**

(1) $\displaystyle\int \sin(ax+b)dx=-\frac{1}{a}\cos(ax+b)+C$
(단, C는 적분상수)

(2) 두 함수 $f(x)$, $g(x)$가 미분가능하고 $f'(x)$, $g'(x)$가 닫힌구간 $[a, b]$에서 연속일 때,
$$\int_a^b f(x)g'(x)dx=\Big[f(x)g(x)\Big]_a^b-\int_a^b f'(x)g(x)dx$$

$y=h(x)=f(nx)g(x)$의 그래프에서← $f(nx)\geq0$인 부분과 x축으로 둘러싸인 모든 넓이의 합이 2이므로 $f(nx)<0$인 부분과 x축으로 둘러싸인 모든 넓이의 합이 0이어야 해. 즉, $f(nx)<0$인 부분에서 $h(x)=0$이어야 하니까
$$g(x)=\begin{cases}1 & (f(nx)\geq0)\\0 & (f(nx)<0)\end{cases} \text{이야.}$$

$k(x)=xf(nx)$라 하면
$k(-x)=-xf(-nx)$
$\qquad =-\pi x\sin\{2n\pi(-x)\}$
$\qquad =\pi x\sin 2n\pi x=xf(nx)$
$\qquad =k(x)$

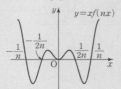

해결 흐름

1 함수 $y=f(nx)$의 그래프와 $\displaystyle\int_{-1}^{1} h(x)dx=2$임을 이용하여 함수 $h(x)$를 구해야겠다.

2 함수 $y=xh(x)$의 그래프의 성질과 $\displaystyle\int_{-1}^{1} xh(x)dx=-\frac{1}{32}$임을 이용하여 자연수 n의 값을 구해야겠다.

알찬 풀이

함수 $h(x)=f(nx)g(x)$는 실수 전체의 집합에서 연속이고 함수 $g(x)$의 치역이 $\{0, 1\}$이므로 함수 $h(x)$는
$$h(x)=\begin{cases}f(nx) & (g(x)=1)\\0 & (g(x)=0)\end{cases}$$

$\longrightarrow$ 주기는 $\frac{2\pi}{2n\pi}=\frac{1}{n}$, 치역은 $\{y \mid -\pi\leq y\leq\pi\}$

또, 함수 $f(nx)=\pi \sin 2n\pi x$는 주기가 $\frac{1}{n}$인 주기함수이므로 함수 $y=f(nx)$의 그래프의 개형은 오른쪽 그림과 같다. 이때

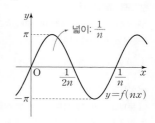

$\displaystyle\int_0^{\frac{1}{2n}} f(nx)dx=\int_0^{\frac{1}{2n}} \pi \sin 2n\pi x\,dx$
$\qquad\qquad =\Big[-\frac{1}{2n}\cos 2n\pi x\Big]_0^{\frac{1}{2n}}$
$\qquad\qquad =\frac{1}{2n}-\Big(-\frac{1}{2n}\Big)=\frac{1}{n}$

이므로 닫힌구간 $[-1, 1]$에서 함수 $y=f(nx)$의 그래프의 $y\geq0$인 부분과 x축으로 둘러싸인 부분의 넓이의 합은 $\longrightarrow$ 주기가 $\frac{1}{n}$이므로 모두 $2n$개야.
$$\frac{1}{n}\times 2n=2$$

따라서 $\displaystyle\int_{-1}^{1} h(x)dx=2$를 만족시키려면 함수 $h(x)$는
$$h(x)=\begin{cases}f(nx) & (f(nx)\geq0)\\0 & (f(nx)<0)\end{cases}$$
이어야 하므로 함수 $y=xh(x)$의 그래프의 개형은 오른쪽 그림과 같다.

이때 함수 $y=xf(nx)$의 그래프는 y축에 대하여 대칭이므로 함수 $y=xh(x)$의 그래프에서 $x\geq0$인 부분은 그대로 두고 $x<0$인 부분을 y축에 대하여 대칭이동한 그래프는 함수 $y=xf(nx)$ $(x\geq0)$의 그래프와 일치한다.

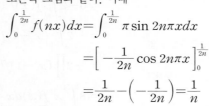

두 부분의 넓이가 같아.

$\displaystyle\int_{-1}^{1} xh(x)dx=\int_0^{1} xf(nx)dx$
$\qquad\qquad\qquad =\int_0^{1} \pi x\sin 2n\pi x\,dx$

이때 $u(x)=\pi x$, $v'(x)=\sin 2n\pi x$로 놓으면
$u'(x)=\pi$, $v(x)=-\frac{1}{2n\pi}\cos 2n\pi x$이므로

$\displaystyle\int_0^{1} \underset{u(x)v'(x)}{\pi x\sin 2n\pi x}dx=\Big[\underset{u(x)v(x)}{-\frac{x}{2n}\cos 2n\pi x}\Big]_0^1-\int_0^1 \underset{u'(x)v(x)}{\Big(-\frac{1}{2n}\cos 2n\pi x\Big)}dx$
$\qquad\qquad\qquad\qquad\qquad =-\frac{1}{2n}+\frac{1}{2n}\times\Big[\frac{1}{2n\pi}\sin 2n\pi x\Big]_0^1$
$\qquad\qquad\qquad\qquad\qquad =-\frac{1}{2n}$

따라서 $\displaystyle\int_{-1}^{1} xh(x)dx=-\frac{1}{32}$에서 $-\frac{1}{2n}=-\frac{1}{32}$이므로
$2n=32$ $\therefore n=16$

Ⅲ. 적분법

4점 집중

64 정답 ②   정답률 73%

두 함수 $f(x)$, $g(x)$는 실수 전체의 집합에서 도함수가 연속이고 다음 조건을 만족시킨다.

(개) 모든 실수 x에 대하여 $f(x)g(x)=x^4-1$이다.
(내) $\displaystyle\int_{-1}^{1}\{f(x)\}^2 g'(x)dx=120$ → 부분적분법을 이용해야겠네.

$\displaystyle\int_{-1}^{1}x^3 f(x)dx$의 값은?

① 12   ✔② 15   ③ 18
④ 21   ⑤ 24

☑ 연관 개념 check
두 함수 $f(x)$, $g(x)$가 미분가능하고 $f'(x)$, $g'(x)$가 닫힌 구간 $[a, b]$에서 연속일 때,

$$\int_a^b f(x)g'(x)dx=\Big[f(x)g(x)\Big]_a^b-\int_a^b f'(x)g(x)dx$$

☑ 실전 적용 key
이 문제와 같이 부분적분법을 한 번 적용하여 적분값을 구할 수 없는 경우 부분적분법을 다시 한 번 적용하여 적분값을 구할 수 있는지 살펴봐야 한다. 또한, 부분적분법 문제는 어떤 함수를 적분하고 어떤 함수를 미분할지를 잘 선택해야 한다.

해결 흐름

1 부분적분법을 이용하여 조건 (내)의 식을 변형한 후 조건 (개)의 식을 대입해 봐야겠다.

2 **1**의 식에서 $\displaystyle\int_{-1}^{1}x^3 f(x)dx$의 값을 구할 수 있겠네.

알찬 풀이

$\displaystyle\int_{-1}^{1}\{f(x)\}^2 g'(x)dx$에서

$u(x)=\{f(x)\}^2$, $v'(x)=g'(x)$로 놓으면

$u'(x)=2f(x)f'(x)$, $v(x)=g(x)$이므로

$\displaystyle\int_{-1}^{1}\{f(x)\}^2 g'(x)dx$

$\displaystyle=\Big[\{f(x)\}^2 g(x)\Big]_{-1}^{1}-2\int_{-1}^{1}f(x)f'(x)g(x)dx$

$\displaystyle=\{f(1)\}^2 g(1)-\{f(-1)\}^2 g(-1)-2\int_{-1}^{1}f(x)f'(x)g(x)dx$

→ 조건 (개)에서 $f(x)g(x)=x^4-1$이므로
$f(1)g(1)=0$, $f(-1)g(-1)=0$
∴ $\{f(1)\}^2 g(1)-\{f(-1)\}^2 g(-1)=0-0=0$

$\displaystyle=0-2\int_{-1}^{1}f(x)f'(x)g(x)dx$

$\displaystyle=-2\int_{-1}^{1}(x^4-1)f'(x)dx$

$\displaystyle=-2\left\{\Big[(x^4-1)f(x)\Big]_{-1}^{1}-\int_{-1}^{1}4x^3 f(x)dx\right\}$

$\displaystyle=8\int_{-1}^{1}x^3 f(x)dx=120$

$\displaystyle\therefore\int_{-1}^{1}x^3 f(x)dx=15$

---

65 정답 ③   정답률 84%

$\displaystyle\int_{2}^{6}\ln(x-1)dx$의 값은?

① $4\ln 5-4$ ② $4\ln 5-3$ ✔③ $5\ln 5-4$
④ $5\ln 5-3$ ⑤ $6\ln 5-4$

☑ 연관 개념 check
두 함수 $f(x)$, $g(x)$가 미분가능하고 $f'(x)$, $g'(x)$가 닫힌 구간 $[a, b]$에서 연속일 때,

$$\int_a^b f(x)g'(x)dx=\Big[f(x)g(x)\Big]_a^b-\int_a^b f'(x)g(x)dx$$

☑ 실전 적용 key
$\ln x$의 정적분의 계산은 자주 이용되므로

$$\int_a^b \ln x\,dx=\Big[x\ln x\Big]_a^b-\int_a^b 1\,dx$$

는 외워두는 것이 좋다.

한편, $\displaystyle\int_a^b \ln x\,dx=\Big[x\ln x-x\Big]_a^b$와 같이 계산해도 그 결과가 동일하므로 이를 적절히 이용하여 시간을 절약하고 계산 실수를 줄이도록 한다.

해결 흐름

1 $\ln(x-1)=\ln(x-1)\times 1$로 생각하여 부분적분법을 이용하면 되겠다.

알찬 풀이

$f(x)=\ln(x-1)$, $g'(x)=1$로 놓으면

$f'(x)=\dfrac{1}{x-1}$, $g(x)=x$이므로

$\displaystyle\int_{2}^{6}\underset{f(x)g'(x)}{\ln(x-1)}dx=\Big[\underset{f(x)g(x)}{\ln(x-1)\times x}\Big]_{2}^{6}-\boxed{\int_{2}^{6}\underset{f'(x)g(x)}{\dfrac{x}{x-1}}dx}$

$\dfrac{x}{x-1}=\dfrac{x-1+1}{x-1}=1+\dfrac{1}{x-1}$

$\displaystyle=6\ln 5-\boxed{\int_{2}^{6}\left(1+\dfrac{1}{x-1}\right)dx}$

$\displaystyle=6\ln 5-\int_{2}^{6}1\,dx-\int_{2}^{6}\dfrac{1}{x-1}dx$

$\displaystyle=6\ln 5-\Big[x\Big]_{2}^{6}-\Big[\ln|x-1|\Big]_{2}^{6}$

$=6\ln 5-4-\ln 5$

$=5\ln 5-4$

빠른 풀이

$x-1=t$로 놓으면 $\dfrac{dx}{dt}=1$이고

$x=2$일 때 $t=1$, $x=6$일 때 $t=5$이므로

$\displaystyle\int_{2}^{6}\ln(x-1)dx=\int_{1}^{5}\ln t\,dt=\Big[t\ln t-t\Big]_{1}^{5}$

$=(5\ln 5-5)-(-1)$

$=5\ln 5-4$

66 정답 ③   정답률 39%

양의 실수 전체의 집합에서 미분가능한 두 함수 $f(x)$와 $g(x)$가 모든 양의 실수 x에 대하여 다음 조건을 만족시킨다.

(가) $\left(\dfrac{f(x)}{x}\right)' = x^2 e^{-x^2}$

(나) $g(x) = \dfrac{4}{e^4} \int_1^x e^{t^2} f(t) dt$ **1** $\dfrac{f(t)}{t}$ 를 포함하도록 식을 변형해 봐.

$f(1) = \dfrac{1}{e}$ 일 때, $f(2) - g(2)$ 의 값은?   **2**

$\longrightarrow f(1) = \dfrac{1}{e}$ 에서 $ef(1) = 1$

① $\dfrac{16}{3e^4}$ ② $\dfrac{6}{e^4}$ ✓③ $\dfrac{20}{3e^4}$

④ $\dfrac{22}{3e^4}$ ⑤ $\dfrac{8}{e^4}$

☑ 연관 개념 check

두 함수 $f(x)$, $g(x)$가 미분가능하고 $f'(x)$, $g'(x)$가 닫힌 구간 $[a, b]$에서 연속일 때,

$$\int_a^b f(x)g'(x)dx = \Big[f(x)g(x) \Big]_a^b - \int_a^b f'(x)g(x)dx$$

☑ 실전 적용 key

피적분함수가 두 함수의 곱의 꼴로 되어 있고 치환적분법을 이용할 수 없을 때, 적분하기 쉬운 함수를 $g'(x)$, 나머지 함수를 $f(x)$로 놓고 부분적분법을 이용하여 정적분의 값을 구한다.

해결 흐름

1 조건 (나)의 식을 부분적분법과 조건 (가)를 이용하여 변형해야겠다.

2 **1**에서 변형한 식에 $x=2$를 대입하면 $g(2)$의 값을 구할 수 있겠네.

알찬 풀이

조건 (가)에서 $\left(\dfrac{f(x)}{x}\right)' = x^2 e^{-x^2}$ 이고 $f(1) = \dfrac{1}{e}$ 이므로 조건 (나)에서

$g(x) = \dfrac{4}{e^4} \int_1^x \boxed{e^{t^2} f(t)} dt$ 부분적분법을 이용하기 위해서 식을 변형했어.

$= \dfrac{2}{e^4} \int_1^x \left\{ \boxed{\dfrac{f(t)}{t}} \times 2t e^{t^2} \right\} dt$ $u(t) = \dfrac{f(t)}{t}$, $v'(t) = (e^{t^2})'$ 이라 하면

$= \dfrac{2}{e^4} \int_1^x \left\{ \dfrac{f(t)}{t} \times (e^{t^2})' \right\} dt$ $u'(t) = \left(\dfrac{f(t)}{t}\right)'$, $v(t) = e^{t^2}$

$= \dfrac{2}{e^4} \left[\boxed{ \left[\dfrac{f(t)}{t} \times e^{t^2} \right]_1^x - \int_1^x \left\{ \left(\dfrac{f(t)}{t} \right)' \times e^{t^2} \right\} dt } \right]$

$= \dfrac{2}{e^4} \left\{ \dfrac{f(x)}{x} \times e^{x^2} - ef(1) - \int_1^x (t^2 e^{-t^2} \times e^{t^2}) dt \right\}$

$= \dfrac{2}{e^4} \left\{ \dfrac{f(x)}{x} \times e^{x^2} - 1 - \int_1^x t^2 dt \right\}$ $t^2 e^{-t^2} \times e^{t^2}$ 에서 $e^{-t^2} \times e^{t^2} = 1$

$= \dfrac{2}{e^4} \left\{ \dfrac{f(x)}{x} \times e^{x^2} - 1 - \left[\dfrac{1}{3} t^3 \right]_1^x \right\}$ 이니까 $t^2 e^{-t^2} \times e^{t^2} = t^2$이야.

$= \dfrac{2}{e^4} \left\{ \dfrac{f(x)}{x} \times e^{x^2} - 1 - \dfrac{1}{3}(x^3 - 1) \right\}$

위의 식에 $x=2$를 대입하면

$g(2) = \dfrac{2}{e^4} \left\{ \dfrac{f(2)}{2} \times e^4 - 1 - \dfrac{7}{3} \right\} = f(2) - \dfrac{20}{3e^4}$

$\therefore f(2) - g(2) = \dfrac{20}{3e^4}$

---

67 정답 ⑤   정답률 77%

1 $\displaystyle\int_1^e x(1 - \ln x)dx$ 의 값은?

$\longrightarrow$ (다항함수)$\times$(로그함수)네.

① $\dfrac{1}{4}(e^2 - 7)$ ② $\dfrac{1}{4}(e^2 - 6)$ ③ $\dfrac{1}{4}(e^2 - 5)$

④ $\dfrac{1}{4}(e^2 - 4)$ ✓⑤ $\dfrac{1}{4}(e^2 - 3)$

☑ 연관 개념 check

두 함수 $f(x)$, $g(x)$가 미분가능하고 $f'(x)$, $g'(x)$가 닫힌 구간 $[a, b]$에서 연속일 때,

$$\int_a^b f(x)g'(x)dx = \Big[f(x)g(x) \Big]_a^b - \int_a^b f'(x)g(x)dx$$

해결 흐름

1 다항함수와 로그함수의 곱으로 이루어진 함수를 적분해야 하니까 부분적분법을 이용할 수 있겠다.

알찬 풀이

$f(x) = 1 - \ln x$, $g'(x) = x$로 놓으면

$f'(x) = -\dfrac{1}{x}$, $g(x) = \dfrac{1}{2}x^2$ 이므로

$\displaystyle\int_1^e \underset{g'(x)}{x}(\underset{f(x)}{1 - \ln x})dx = \left[(\underset{f(x)}{1 - \ln x}) \times \underset{g(x)}{\dfrac{1}{2}x^2} \right]_1^e - \int_1^e \left\{ \left(\underset{f'(x)}{-\dfrac{1}{x}} \right) \times \underset{g(x)}{\dfrac{1}{2}x^2} \right\} dx$

$= -\dfrac{1}{2} + \int_1^e \dfrac{1}{2} x dx$

$= -\dfrac{1}{2} + \left[\dfrac{1}{4}x^2 \right]_1^e$

$= -\dfrac{1}{2} + \left(\dfrac{1}{4}e^2 - \dfrac{1}{4} \right)$

$= \dfrac{1}{4}(e^2 - 3)$

68 정답 ③   정답률 55%

함수 $f(x)$는 실수 전체의 집합에서 연속인 이계도함수를 갖고,
실수 전체의 집합에서 정의된 함수 $g(x)$를

$$g(x)=f'(2x)\sin \pi x+x$$

라 하자. 함수 $g(x)$는 역함수 $g^{-1}(x)$를 갖고, **1 2**

$$\int_0^1 g^{-1}(x)dx=2\int_0^1 f'(2x)\sin \pi x\,dx+\frac{1}{4}$$ **3**

을 만족시킬 때, $\int_0^2 f(x)\cos \frac{\pi}{2}x\,dx$의 값은?

① $-\dfrac{1}{\pi}$ ② $-\dfrac{1}{2\pi}$ ✔③ $-\dfrac{1}{3\pi}$

④ $-\dfrac{1}{4\pi}$ ⑤ $-\dfrac{1}{5\pi}$

→ 함수와 그 역함수의 정적분에 대한 문제이므로
그래프의 개형을 생각해 봐.

☑ **연관 개념 check**

(1) 닫힌구간 $[a,\ b]$에서 연속인 함수 $f(x)$에 대하여 미분가
능한 함수 $x=g(t)$의 도함수 $g'(t)$가 $a=g(\alpha)$, $b=g(\beta)$
일 때, α와 β를 포함한 구간에서 연속이면

$$\int_a^b f(x)dx=\int_\alpha^\beta f(g(t))g'(t)dt$$

(2) 두 함수 $f(x)$, $g(x)$가 미분가능하고 $f'(x)$, $g'(x)$가 닫
힌구간 $[a,\ b]$에서 연속일 때,

$$\int_a^b f(x)g'(x)dx=\Big[f(x)g(x)\Big]_a^b-\int_a^b f'(x)g(x)dx$$

해결 흐름

1 함수 $g(x)$와 $\int_0^1 g^{-1}(x)dx$가 주어졌으므로 함수와 역함수의 정적분 사이의 관계를 알아봐야
겠네.

2 **1**에 주어진 식을 대입하면 $\int_0^1 f'(2x)\sin \pi x\,dx$의 값을 구할 수 있겠네.

3 치환적분법과 부분적분법을 이용해서 $\int_0^2 f(x)\cos \frac{\pi}{2}x\,dx$를 변형하면 되겠다.

알찬 풀이

$g(x)=f'(2x)\sin \pi x+x$에서
$g(0)=0+0=0$
$g(1)=0+1=1$
이므로

$$\int_0^1 g(x)dx+\int_0^1 g^{-1}(x)dx=1 \qquad\cdots\cdots\ \ominus$$

$g(x)=f'(2x)\sin \pi x+x$, $\int_0^1 g^{-1}(x)dx=2\int_0^1 f'(2x)\sin \pi x\,dx+\frac{1}{4}$을

$\ominus$에 대입하면

$$\int_0^1 \{f'(2x)\sin \pi x+x\}dx+2\int_0^1 f'(2x)\sin \pi x\,dx+\frac{1}{4}=1$$

$$3\int_0^1 f'(2x)\sin \pi x\,dx+\int_0^1 x\,dx=\frac{3}{4}$$

$$3\int_0^1 f'(2x)\sin \pi x\,dx+\Big[\frac{1}{2}x^2\Big]_0^1=\frac{3}{4}$$

$$3\int_0^1 f'(2x)\sin \pi x\,dx=\frac{1}{4} \quad\therefore \int_0^1 f'(2x)\sin \pi x\,dx=\frac{1}{12} \qquad\cdots\cdots\ \ominus$$

한편, $\int_0^2 f(x)\cos \frac{\pi}{2}x\,dx$에서

$x=2t$로 놓으면 $\dfrac{dx}{dt}=2$이고

$x=0$일 때 $t=0$, $x=2$일 때 $t=1$이므로

$$\int_0^2 f(x)\cos \frac{\pi}{2}x\,dx=2\int_0^1 f(2t)\cos \pi t\,dt \qquad\cdots\cdots\ \ominus$$

이때 $\int_0^1 f(2t)\cos \pi t\,dt$에서

$u(t)=f(2t)$, $v'(t)=\cos \pi t$로 놓으면

$u'(t)=2f'(2t)$, $v(t)=\dfrac{1}{\pi}\sin \pi t$이므로

→ 합성함수의 미분법을
이용했어.

$$\int_0^1 \underset{u(t)\,v'(t)}{f(2t)\cos \pi t}\,dt=\Big[\frac{1}{\pi}f(2t)\sin \pi t\Big]_0^1-\int_0^1 \underset{u'(t)\qquad\ v(t)}{\frac{2}{\pi}f'(2t)\sin \pi t}\,dt$$

$$=0-\frac{2}{\pi}\int_0^1 f'(2t)\sin \pi t\,dt$$

$$=-\frac{2}{\pi}\int_0^1 f'(2t)\sin \pi t\,dt$$

$$=-\frac{2}{\pi}\times\frac{1}{12}\ (\because \ominus)$$

$$=-\frac{1}{6\pi}$$

$\int_0^1 f(2t)\cos \pi\,dt=-\dfrac{1}{6\pi}$을 $\ominus$에 대입하면

$$\int_0^2 f(x)\cos \frac{\pi}{2}x\,dx=2\times\Big(-\frac{1}{6\pi}\Big)=-\frac{1}{3\pi}$$

실수 전체의 집합에서 미분가능한 함수 $f(x)$의 도함수 $f'(x)$가

$$f'(x) = |\sin x| \cos x$$

이다. 양수 a에 대하여 곡선 $y=f(x)$ 위의 점 $(a, f(a))$에서의 접선의 방정식을 $y=g(x)$라 하자. 함수

$$h(x) = \int_0^x \{f(t) - g(t)\} dt$$

가 $x=a$에서 극대 또는 극소가 되도록 하는 모든 양수 a를 작은 수부터 크기순으로 나열할 때, n번째 수를 a_n이라 하자.
→ $h'(a)=0$이어야 해.

$\dfrac{100}{\pi} \times (a_6 - a_2)$의 값을 구하시오. **125**

☑ 연관 개념 check

a가 상수이고, $f(x)$가 연속함수일 때,

$$\frac{d}{dx}\int_a^x f(t)dt = f(x)$$

수능 핵심 개념   극값과 변곡점

(1) 미분가능한 함수 $f(x)$가 $x=a$에서 극값을 가지려면 $f'(a)=0$이고 $x=a$의 좌우에서 $f'(x)$의 부호가 바뀌어야 한다.

(2) 이계도함수를 갖는 함수 $f(x)$에 대하여 $x=a$의 좌우에서 $f''(x)$의 부호가 바뀌는 점 $(a, f(a))$가 곡선 $y=f(x)$의 변곡점이다.

☑ 실전 적용 key

이 문제에서는 함수 $h(x)$가 $x=a$에서 극대 또는 극소가 되려면 곡선 $y=f(x)$가 $x=a$에서 변곡점을 가져야 한다는 것을 아는 것이 핵심이다.

함수 $h(x)$가 $x=a$에서 극대 또는 극소가 되려면 $h'(a)=0$이어야 하는데,

$h'(x) = f(x) - g(x) = $ (곡선 $f(x)$의 식) $-$ (접선의 식)

이므로 [그림 1]과 같이 곡선 $y=f(x)$가 $x=a$에서 변곡점을 갖지 않으면 $h'(a)=f(a)-g(a)=0$이지만 $x=a$의 좌우에서 $h'(x)=f(x)-g(x)$의 부호가 바뀌지 않는다. [그림 2]와 같이 곡선 $y=f(x)$가 $x=a$에서 변곡점을 가지면 $h'(a)=f(a)-g(a)=0$이고 $x=a$의 좌우에서 $h'(x)=f(x)-g(x)$의 부호가 바뀜을 알 수 있다.

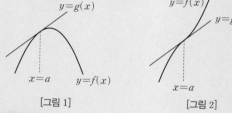

[그림 1]   [그림 2]

☑ 오답 clear

곡선 $y=f(x)$는 $f'(x)$가 극값을 가질 때 변곡점을 갖는다. 따라서 변곡점을 갖는 x의 값을 구할 때 $x=\pi$, $x=2\pi$, $\cdots$를 빠뜨리지 않도록 주의해야 한다.

해결 흐름

1 먼저 $y=f'(x)$의 그래프를 그려 봐야지.

2 함수 $h(x)$가 $x=a$에서 극대 또는 극소가 되기 위한 조건을 생각해 봐야겠다.

3 **1**에서 그린 그래프를 이용하여 양수 a의 값을 나열해 봐야겠구나.

알찬 풀이

$$f'(x) = |\sin x| \cos x$$

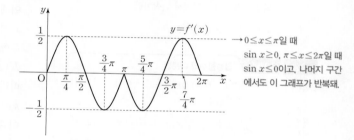

$0 \le x \le 2\pi$에서 함수 $y=f'(x)$의 그래프는 다음 그림과 같다.

→ $0 \le x \le \pi$일 때 $\sin x \ge 0$, $\pi \le x \le 2\pi$일 때 $\sin x \le 0$이고, 나머지 구간에서도 이 그래프가 반복돼.

한편, $h(x) = \int_0^x \{f(t) - g(t)\} dt$의 양변을 x에 대하여 미분하면

$$h'(x) = f(x) - g(x)$$

이때 함수 $h(x)$가 $x=a$에서 극대 또는 극소가 되려면 $h'(a)=0$이고 $x=a$의 좌우에서 $h'(x)$의 부호가 바뀌어야 한다.

그런데 곡선 $y=f(x)$ 위의 점 $(a, f(a))$에서의 접선의 방정식이 $y=g(x)$이므로 $h'(a)=f(a)-g(a)=0$을 만족시키면서 $x=a$의 좌우에서 $h'(x)=f(x)-g(x)$의 부호가 바뀌려면 곡선 $y=f(x)$가 $x=a$에서 변곡점을 가져야 한다. → ☑실전 적용 key를 확인해 봐.

따라서 위의 그림에서 곡선 $y=f(x)$는 $x>0$일 때 $x=\dfrac{\pi}{4}$, $\dfrac{3}{4}\pi$, π, $\dfrac{5}{4}\pi$, $\dfrac{7}{4}\pi$, 2π, $\cdots$에서 변곡점을 가짐을 알 수 있으므로

$a_2 = \dfrac{3}{4}\pi$, $a_6 = 2\pi$

→ $f'(x)$의 부호가 바뀔 때, 즉 $y=f'(x)$의 그래프에서 접선의 기울기의 부호가 바뀔 때 변곡점을 가져.

$$\therefore \frac{100}{\pi} \times (a_6 - a_2) = \frac{100}{\pi} \times \left(2\pi - \frac{3}{4}\pi\right)$$
$$= \frac{100}{\pi} \times \frac{5}{4}\pi = 125$$

생생 수험 Talk

수능 과목 중에 기출 문제 분석이 가장 필요한 과목이 수학이라고 생각해. 단순히 기출 문제를 풀고 채점하고 해설을 확인하는 기계적인 과정만 반복하면 이 주옥같은 문제들을 10 %도 활용하지 못하는 거야.

기출 문제를 분석할 때는 문제에 교과서의 어떤 개념이 적용되었는지를 파악하는 것이 핵심이야. 맞힌 문제도 어떤 개념을 써서 풀었는지, 개념을 정확히 알고 있는지를 항상 점검해야 하고, 틀렸거나 애매한 문제는 내가 그 문제에 적용된 개념을 정확히 모르고 있다는 것이니 그 다음에는 뭘 해야 하는지 알겠지? 기출 문제를 분석하다 보면 출제자가 우리에게 기막힌 아이디어를 요구하는 것은 아니라는 것을 알 수 있을 거야!

$\rightarrow f'(x)=e^x+1>0$이므로 $f(x)$는 증가함수야.

함수 $f(x)=e^x+x-1$과 양수 t에 대하여 함수

$$F(x)=\int_0^x \{t-f(s)\}ds \rightarrow F'(x)=t-f(x)$$

가 $x=\alpha$에서 최댓값을 가질 때, 실수 α의 값을 $g(t)$라 하자.

미분가능한 함수 $g(t)$에 대하여 $\displaystyle\int_{f(1)}^{f(5)} \frac{g(t)}{1+e^{g(t)}}dt$의 값을 구하시오. 12

☑ 연관 개념 check

(1) a가 상수이고, $f(x)$가 연속함수일 때,

$$\frac{d}{dx}\int_a^x f(t)dt=f(x)$$

(2) 닫힌구간 $[a, b]$에서 연속인 함수 $f(x)$에 대하여 미분가
능한 함수 $x=g(t)$의 도함수 $g'(t)$가 $a=g(\alpha)$, $b=g(\beta)$
일 때, α와 β를 포함한 구간에서 연속이면

$$\int_a^b f(x)dx=\int_\alpha^\beta f(g(t))g'(t)dt$$

미분가능한 두 함수 $y=f(u)$, $u=g(x)$에 대하여 합성함
수 $y=f(g(x))$의 도함수는

$$\frac{dy}{dx}=\frac{dy}{du}\times\frac{du}{dx}$$ 또는 $\{f(g(x))\}'=f'(g(x))g'(x)$

x에 대한 적분 구간으로 바꾼 거야.
$f^{-1}(t)=g(t)=x$에서
$t=f(1)$이면 $x=f^{-1}(f(1))=1$,
$t=f(5)$이면 $x=f^{-1}(f(5))=5$

---

1 주어진 등식의 양변을 x에 대하여 미분해서 $f(x)$와 $F'(x)$ 사이의 관계식을 구할 수 있겠다.

2 **1**에서 나온 식과 $F(x)$가 $x=\alpha$에서 최댓값을 가짐을 이용하여 α와 t에 대한 관계식을 구해 봐야겠네.

3 치환적분법을 이용할 수 있도록 구하는 식을 변형해야겠다.

$F(x)=\displaystyle\int_0^x \{t-f(s)\}ds$의 양변을 x에 대하여 미분하면

$F'(x)=t-f(x)$

$F'(x)=0$에서

$t-f(x)=0$ $\therefore t=f(x)$ $\rightarrow f'(x)=e^x+1>0$

$f(x)=e^x+x-1$은 모든 실수 x에서 증가하는 함수

이므로 함수 $y=f(x)$의 그래프는 오른쪽 그림과 같다.

이때 함수 $y=f(x)$의 그래프와 직선 $y=t$ $(t>0)$의

교점의 x좌표를 k라 하면 $F'(k)=0$이고 $x=k$의 좌

우에서 $F'(x)$의 부호가 양에서 음으로 바뀌므로

$F(x)$는 $x=k$에서 극대이다.

따라서 함수 $F(x)$는 $x=k$에서 극대이면서 최대이므로

$k=\alpha$ $\therefore f(\alpha)=t$

이때 실수 α의 값이 $g(t)$이므로

$f(g(t))=t$ $\qquad$ …… ㉠

$\therefore f^{-1}(t)=g(t)$

$\displaystyle\int_{f(1)}^{f(5)} \frac{g(t)}{1+e^{g(t)}}dt$에서 $g(t)=x$로 놓으면 $g'(t)=\dfrac{dx}{dt}$이고

$t=f(1)$일 때 $x=1$, $t=f(5)$일 때 $x=5$

또, ㉠의 양변을 t에 대하여 미분하면

$f'(g(t))g'(t)=1$이므로 $f'(x)g'(t)=1$ $\rightarrow g(t)$ 대신 x를 대입한 거야.

$\therefore f'(x)=\dfrac{1}{g'(t)}$

$\therefore \displaystyle\int_{f(1)}^{f(5)} \frac{g(t)}{1+e^{g(t)}}dt=\int_1^5 \frac{x}{1+e^x}\times f'(x)\,dx$ $\rightarrow g'(t)=\dfrac{dx}{dt}$에서

$\qquad =\displaystyle\int_1^5 \frac{x}{1+e^x}\times(e^x+1)\,dx$ $dt=\dfrac{1}{g'(t)}dx=f'(x)dx$

$\qquad =\displaystyle\int_1^5 x\,dx$

$\qquad =\left[\dfrac{1}{2}x^2\right]_1^5$

$\qquad =\dfrac{25}{2}-\dfrac{1}{2}=12$

수능 시험 당일에는 모든 과목마다 온 힘을 다하기 때문에 쉬는 시
간에 공부를 하면 오히려 더 역효과가 날 지도 몰라. 쉬는 시간은 그
다음 시험에서 써야할 힘을 비축할 시간이기 때문에 쉬는 게 좋아.
수능 때 친구와 같은 교실을 쓸 수도 있는데, 답을 맞춰봤다가 틀린
문제라도 발견하면 그 생각에 다음 과목 시험을 망칠 수도 있어.
나는 각 시험 사이에는 무조건 엎드려서 명상을 했고 초콜릿을 먹으
면서 당을 보충했어. 또, 점심시간에는 밥을 든든히 먹고, 밥을 먹은 후 낮잠을 자는 것도 추
천해. 남은 시험을 치를 수 있는 힘을 비축하는 거야.

함수

$$f(x)=\begin{cases} 0 & (x\le 0) \\ \{\ln(1+x^4)\}^{10} & (x>0) \end{cases}$$

→ $x>0$일 때
$f(x)>0$이야.

에 대하여 실수 전체의 집합에서 정의된 함수 $g(x)$를

$$g(x)=\int_0^x f(t)f(1-t)dt$$

라 하자. **보기**에서 옳은 것만을 있는 대로 고른 것은?

┌ 보기 ┐
ㄱ. $x\le 0$인 모든 실수 x에 대하여 $g(x)=0$이다. **1**
ㄴ. $g(1)=2g\left(\dfrac{1}{2}\right)$ **2**
ㄷ. $g(a)\ge 1$인 실수 a가 존재한다. **3**

① ㄱ　　　　✔② ㄱ, ㄴ　　　　③ ㄱ, ㄷ
④ ㄴ, ㄷ　　　　⑤ ㄱ, ㄴ, ㄷ

☑ **연관 개념 check**
(1) a가 상수이고, $f(x)$가 연속함수일 때,

$$\frac{d}{dx}\int_a^x f(t)dt=f(x)$$

(2) 닫힌구간 $[a, b]$에서 연속인 함수 $f(x)$에 대하여 미분가능한 함수 $x=g(t)$의 도함수 $g'(t)$가 $a=g(\alpha)$, $b=g(\beta)$일 때, α와 β를 포함한 구간에서 연속이면

$$\int_a^b f(x)dx=\int_\alpha^\beta f(g(t))g'(t)dt$$

수능 핵심 개념 함수의 증가와 감소

함수 $f(x)$가 어떤 열린구간에서 미분가능하고 이 구간에 속하는 모든 x에 대하여
(1) $f'(x)>0$이면 $f(x)$는 이 구간에서 증가한다.
(2) $f'(x)<0$이면 $f(x)$는 이 구간에서 감소한다.

해결 흐름

1 ㄱ은 $x\le 0$에서 $f(x)=0$임을 이용하면 되겠네.

2 ㄴ은 주어진 $g(x)$의 식에 $x=1$, $x=\dfrac{1}{2}$을 각각 대입해 봐야겠다.

3 ㄷ은 함수 $g(x)$의 최댓값과 1의 대소를 비교하면 되겠네.

알찬 풀이

ㄱ. $x\le 0$인 모든 실수 x에 대하여 $f(x)=0$이므로

$$g(x)=\int_0^x \underbrace{f(t)}f(1-t)\,dt$$
→ $t\le 0$이면 $f(t)=0$이니까
$$=\int_0^x 0\,dt=0 \text{ (참)} \quad f(t)f(1-t)=0\times f(1-t)=0\text{이야.}$$

ㄴ. $g\left(\dfrac{1}{2}\right)=\int_0^{\frac{1}{2}} f(t)f(1-t)dt$에서

$1-t=s$로 놓으면 $-1=\dfrac{ds}{dt}$이고

$t=0$일 때 $s=1$, $t=\dfrac{1}{2}$일 때 $s=\dfrac{1}{2}$이므로

$$g\left(\frac{1}{2}\right)=\int_1^{\frac{1}{2}} f(1-s)f(s)\times(-1)ds$$
$\int_a^b f(x)\,dx=-\int_b^a f(x)\,dx$를 이용했어.
$$=-\int_{\frac{1}{2}}^1 f(1-s)f(s)\times(-1)ds$$
$$=\int_{\frac{1}{2}}^1 f(s)f(1-s)ds$$
$$=\int_{\frac{1}{2}}^1 f(t)f(1-t)dt$$

$$\therefore g(1)=\int_0^1 f(t)f(1-t)dt$$
$\int_a^c f(x)\,dx+\int_c^b f(x)\,dx$
$=\int_a^b f(x)\,dx$
$$=\int_0^{\frac{1}{2}} f(t)f(1-t)dt+\int_{\frac{1}{2}}^1 f(t)f(1-t)dt$$
를 이용했어.
$$=g\left(\frac{1}{2}\right)+g\left(\frac{1}{2}\right)=2g\left(\frac{1}{2}\right) \text{ (참)}$$

ㄷ. (i) $x\le 0$일 때, $g(x)=0$ ($\because$ ㄱ)
(ii) $0<x<1$일 때,
$g'(x)=f(x)f(1-x)>0$이므로 $0\le x\le 1$에서 함수 $g(x)$는 증가한다.
→ $0<x<1$이면 $0<1-x<1$이므로
$f(x)>0$, $f(1-x)>0$이야.
(iii) $x\ge 1$일 때,

$$g(x)=\int_0^x f(t)f(1-t)dt$$
→ $t\ge 1$이면 $1-t\le 0$에서 $f(1-t)=0$이니까
$f(t)f(1-t)=f(t)\times 0=0$이야.
$$=\int_0^1 f(t)f(1-t)dt+\int_1^x f(t)f(1-t)dt$$
$$=g(1)+0=g(1)$$

(i), (ii), (iii)에서 모든 실수 x에 대하여 $g(x)\le g(1)$

이때 $x>0$에서 $f'(x)=10\{\ln(1+x^4)\}^9\times\dfrac{4x^3}{1+x^4}>0$이므로 $x\ge 0$에서

함수 $f(x)$는 증가한다.
$0\le x\le 1$일 때,
$f(x)<f(1)=\underline{(\ln 2)^{10}<1,}$ → $0<\ln 2<1$이므로 $0<(\ln 2)^{10}<1$이야.
$f(1-x)<f(1)=(\ln 2)^{10}<1$

이므로 $g(1)=\int_0^1 f(t)f(1-t)\,dt<\int_0^1 1\,dt=1$
→ $\int_0^1 1\,dt=\Big[t\Big]_0^1=1$

따라서 모든 실수 x에 대하여 $g(x)\le g(1)<1$이므로 $g(a)\ge 1$인 실수 a는 존재하지 않는다. (거짓)
이상에서 옳은 것은 ㄱ, ㄴ이다.

$0\le x\le 1$에서 $0<f(x)<1$, $0<f(1-x)<1$
이므로 $0<f(x)f(1-x)<1$이야.
따라서 $\int_0^1 f(t)f(1-t)dt<\int_0^1 1\,dt$가 성립해.

함수 $f(x)=\sin(\pi\sqrt{x})$에 대하여 함수

$$g(x)=\int_0^x tf(x-t)dt \ (x\geq0)$$

이 $x=a$에서 극대인 모든 a를 작은 수부터 크기순으로 나열할 때, n번째 수를 a_n이라 하자. $k^2<a_6<(k+1)^2$인 자연수 k의 값은?

✓① 11 ② 14 ③ 17
④ 20 ⑤ 23

해결 흐름

1 우변을 정리한 후 양변을 x에 대하여 미분하여 $g'(x)$, $g''(x)$를 구해 봐야겠다.

2 함수 $y=f(x)$의 그래프를 이용해서 두 함수 $y=g''(x)$와 $y=g'(x)$의 그래프의 개형을 그려 봐야겠어.

3 함수 $y=g'(x)$의 그래프에서 $g'(x)$의 값이 양에서 음으로 바뀌는 x의 값들을 찾아보면 a_6의 값의 범위를 구할 수 있겠네.

☑ **연관 개념 check**

(1) a가 상수이고, $f(x)$가 연속함수일 때,
$$\frac{d}{dx}\int_a^x f(t)dt=f(x)$$

(2) 닫힌구간 $[a, b]$에서 연속인 함수 $f(x)$에 대하여 미분가능한 함수 $x=g(t)$의 도함수 $g'(t)$가 $a=g(\alpha)$, $b=g(\beta)$일 때, α와 β를 포함한 구간에서 연속이면
$$\int_a^b f(x)dx=\int_\alpha^\beta f(g(t))g'(t)dt$$

☑ **실전 적용 key**

함수의 극대와 극소를 판정할 때 상황에 따라 도함수나 이계도함수를 적절히 이용한다. 이 문제에서는 함수 $g(x)$의 이계도함수 $g''(x)$를 통해 함수 $y=g'(x)$의 그래프의 개형을 그린 후 극댓값을 가지는 x의 값의 범위를 찾았다. 즉, 함수 $y=g'(x)$의 그래프의 개형을 파악할 수 있어야 문제를 해결할 수 있었다.

한편, 알찬 풀이에서는 함수 $g'(x)$의 증가와 감소를 나타낸 표를 이용하여 $y=g'(x)$의 그래프의 개형을 파악하였는데, 다음과 같이 정적분의 성질을 이용하면 함수 $y=g''(x)$의 그래프로부터 함수 $y=g'(x)$의 그래프의 개형을 직관적으로 파악할 수도 있다.

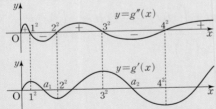

이처럼 도함수의 그래프로부터 함수의 그래프의 개형을 유추하여 문제를 해결하는 경우 정적분과 도형의 넓이의 관계를 이용할 수 있다.

알찬 풀이

$g(x)=\int_0^x tf(x-t)dt$에서 $x-t=s$로 놓으면 $-1=\dfrac{ds}{dt}$이고

$t=0$일 때 $s=x$, $t=x$일 때 $s=0$이므로

$$g(x)=\int_0^x tf(x-t)dt$$
$$=\int_x^0 (x-s)f(s)\times(-1)ds \quad \longleftarrow \int_a^b f(x)\,dx=-\int_b^a f(x)\,dx를\ 이용했어.$$
$$=\int_0^x (x-s)f(s)ds$$
$$=x\int_0^x f(s)ds-\int_0^x sf(s)ds$$

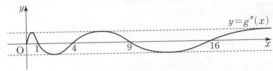

함수의 곱의 미분법
미분가능한 두 함수 $f(x)$, $g(x)$에 대하여
$\{f(x)g(x)\}'=f'(x)g(x)+f(x)g'(x)$

이므로

$$g'(x)=\int_0^x f(s)ds+xf(x)-xf(x)=\int_0^x f(s)ds$$
$$g''(x)=f(x)$$

이때 $f(x)=\sin(\pi\sqrt{x})$이므로 함수 $y=g''(x)$의 그래프는 다음 그림과 같다.

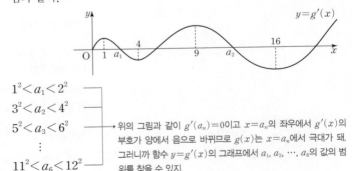

$x\geq0$일 때, 함수 $g'(x)$의 증가와 감소를 표로 나타내면 다음과 같다.

x	0	$\cdots$	1	$\cdots$	4	$\cdots$	9	$\cdots$	16	$\cdots$
$g''(x)$	0	$+$	0	$-$	0	$+$	0	$-$	0	$+$
$g'(x)$		↗	극대	↘	극소	↗	극대	↘	극소	↗

이때 함수 $y=g''(x)$의 그래프에서

$$g'(1)=\int_0^1 g''(s)ds>0, \quad g'(4)=\int_0^4 g''(s)ds<0,$$
$$g'(9)=\int_0^9 g''(s)ds>0, \quad g'(16)=\int_0^{16} g''(s)ds<0, \cdots$$

이므로 함수 $g'(x)$의 모든 극댓값은 양수이고, 모든 극솟값은 음수이다.

또, $g'(0)=\int_0^0 f(s)ds=0$이므로 함수 $y=g'(x)$의 그래프의 개형은 다음 그림과 같다.

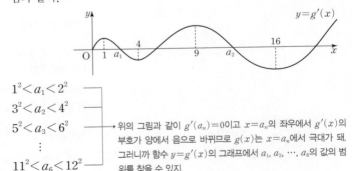

$$1^2<a_1<2^2$$
$$3^2<a_2<4^2$$
$$5^2<a_3<6^2$$
$$\vdots$$
$$11^2<a_6<12^2$$
$$\therefore k=11$$

→ 위의 그림과 같이 $g'(a_n)=0$이고 $x=a_n$의 좌우에서 $g'(x)$의 부호가 양에서 음으로 바뀌므로 $g(x)$는 $x=a_n$에서 극대가 돼. 그러니까 함수 $y=g'(x)$의 그래프에서 $a_1, a_2, \cdots, a_6$의 값의 범위를 찾을 수 있지.

73 정답 ⑤

정답률 59%

실수 전체의 집합에서 미분가능한 함수 $f(x)$가 모든 실수 x에 대하여 다음 조건을 만족시킨다.

> (가) $f(x)>0$
>
> (나) $\ln f(x)+2\int_0^x (x-t)f(t)dt=0$
>
> → 양변을 x에 대하여 미분해서 $f'(x)$부터 구해 봐.

보기에서 옳은 것만을 있는 대로 고른 것은?

┌ 보기 ────────────────────
│ ㄱ. $x>0$에서 함수 $f(x)$는 감소한다. **1**
│ ㄴ. 함수 $f(x)$의 최댓값은 1이다. **2**
│ ㄷ. 함수 $F(x)$를 $F(x)=\int_0^x f(t)dt$라 할 때,
│ $f(1)+\{F(1)\}^2=1$이다. **3**
└──────────────────────────

① ㄱ   ② ㄱ, ㄴ   ③ ㄱ, ㄷ
④ ㄴ, ㄷ   ✔⑤ ㄱ, ㄴ, ㄷ

☑ 연관 개념 check

(1) 미분가능한 함수 $f(x)$ $(f(x)\neq0)$에 대하여

$$y=\ln|f(x)|\text{이면 }y'=\frac{f'(x)}{f(x)}$$

(2) a가 상수이고, $f(x)$가 연속함수일 때,

$$\frac{d}{dx}\int_a^x f(t)dt=f(x)$$

수능 핵심 개념 | 함수의 증가와 감소

함수 $f(x)$가 어떤 열린구간에서 미분가능하고 이 구간에 속하는 모든 x에 대하여

(1) $f'(x)>0$이면 $f(x)$는 이 구간에서 증가한다.
(2) $f'(x)<0$이면 $f(x)$는 이 구간에서 감소한다.

$$\frac{d}{dx}\{F(x)\}^2=2F(x)F'(x)=2f(x)F(x)\leftarrow$$

$$F(x)=\int_0^x f(t)dt\text{의 양변에 }x=0\text{을 대입하면}\leftarrow$$

$$F(0)=\int_0^0 f(t)dt=0$$

해결 흐름

1 ㄱ은 $x>0$에서 $f'(x)$의 부호를 확인하면 되겠다.

2 ㄴ은 함수 $f(x)$의 증가와 감소를 조사한 후 함수 $f(x)$가 최댓값을 갖는 x의 값을 구해 봐야겠네.

3 ㄷ은 조건 (나)의 양변을 x에 대하여 미분한 결과와 $F'(x)=f(x)$임을 이용해야겠다.

알찬 풀이

조건 (나)에서 → 정적분의 성질을 이용했어.

$$\ln f(x)+2x\int_0^x f(t)dt-2\int_0^x tf(t)dt=0 \quad\cdots\cdots\ ㉠$$

㉠에 $x=0$을 대입하면 → $\int_a^a f(x)dx=0$임을 이용하기 위함이야.

$$\ln f(0)=0 \quad\therefore f(0)=1 \quad\cdots\cdots\ ㉡$$

㉠의 양변을 x에 대하여 미분하면

$$\frac{f'(x)}{f(x)}+2\int_0^x f(t)dt+2xf(x)-2xf(x)=0$$

$$\frac{f'(x)}{f(x)}+2\int_0^x f(t)dt=0$$

$$f'(x)=-2f(x)\int_0^x f(t)dt \quad\cdots\cdots\ ㉢$$

ㄱ. 조건 (가)에서 $f(x)>0$이고 $x>0$이면 $\int_0^x f(t)dt>0$이므로

㉢에 의하여 $f'(x)<0$

따라서 $x>0$에서 함수 $f(x)$는 감소한다. (참)

ㄴ. ㉢의 양변에 $x=0$을 대입하면 $f'(0)=0$

조건 (가)에서 $f(x)>0$이고 $x<0$이면 $\int_0^x f(t)dt<0$이므로

㉢에 의하여 $f'(x)>0$

따라서 $x<0$에서 함수 $f(x)$는 증가한다.

$x>0$에서 감소하고 $x<0$에서 증가하므로 $f(x)$는 $x=0$에서 최댓값 1을 가진다. $(\because ㉡)$ (참) → $x=0$에서 극대이면서 최대야.

ㄷ. $F(x)=\int_0^x f(t)dt$에서 $F'(x)=f(x)$

㉢에서 $f'(x)=-2f(x)F(x)$

$$f'(x)+2f(x)F(x)=0$$

이것을 적분하면

$$f(x)+\{F(x)\}^2=C \ (C\text{는 적분상수})$$

이때 $f(0)=1$, $F(0)=0$이므로 $C=1$

따라서 $f(x)+\{F(x)\}^2=1$이므로

$$f(1)+\{F(1)\}^2=1 \text{ (참)}$$

이상에서 ㄱ, ㄴ, ㄷ 모두 옳다.

───────────────────── | 문제 해결 **TIP**

김건희 | 서울대학교 화학생명공학부 | 세화고등학교 졸업

이 문제는 조건 (가)와 (나)를 이용해서 함수 $f(x)$의 성질을 파악하여 해결하는 문제야. 이러한 문제를 풀 때는 조건에서 얻을 수 있는 정보를 최대한 뽑아내는 것이 중요해. 먼저 식에서 뽑아낼 정보를 찾기 위해서는 보기의 ㄱ, ㄴ, ㄷ을 참고해야 해. 보기를 보면 조건으로부터 함수의 증가와 감소, 최댓값, $F(x)$와 $f(x)$ 사이의 관계를 파악해야 함을 알 수 있어. 증가와 감소, 최댓값을 구하려면 $f'(x)$가 필요하므로 조건 (나) 식의 양변을 x에 대하여 미분하고, $x>0$인 경우와 $x<0$인 경우로 나누어 생각해 보면 쉽게 확인할 수 있을 거야.

74 정답 ⑤   정답률 72%

함수 $f(x)=e^{-x}\displaystyle\int_0^x \sin(t^2)dt$에 대하여 **보기**에서 옳은 것만을 있는 대로 고른 것은?

┤ 보기 ├
ㄱ. $f(\sqrt{\pi})>0$ **1**
ㄴ. $f'(a)>0$을 만족시키는 a가 열린구간 $(0,\sqrt{\pi})$에 적어도 하나 존재한다. **2**
ㄷ. $f'(b)=0$을 만족시키는 b가 열린구간 $(0,\sqrt{\pi})$에 적어도 하나 존재한다. **3**
→ 사잇값의 정리를 이용해서 실근의 존재 여부를 확인해.

① ㄱ   ② ㄷ   ③ ㄱ, ㄴ
④ ㄴ, ㄷ   ✓⑤ ㄱ, ㄴ, ㄷ

☑ 연관 개념 check
(1) a가 상수이고, $f(x)$가 연속함수일 때,
$$\frac{d}{dx}\int_a^x f(t)dt=f(x)$$
(2) 함수 $f(x)$가 닫힌구간 $[a, b]$에서 연속이고 $f(a)\neq f(b)$이면 $f(a)$와 $f(b)$ 사이의 임의의 값 k에 대하여 $f(c)=k$인 c가 열린구간 (a, b)에 적어도 하나 존재한다.
(3) 함수 $f(x)$가 닫힌구간 $[a, b]$에서 연속이고 열린구간 (a, b)에서 미분가능할 때, $\dfrac{f(b)-f(a)}{b-a}=f'(c)$인 c가 열린구간 (a, b)에 적어도 하나 존재한다.

수능 핵심 개념 사잇값의 정리의 활용
함수 $f(x)$가 닫힌구간 $[a, b]$에서 연속이고 $f(a)f(b)<0$이면 $f(c)=0$인 c가 열린구간 (a, b)에서 적어도 하나 존재한다.

해결 흐름

1 ㄱ은 $f(x)$에 $x=\sqrt{\pi}$를 대입해서 $f(\sqrt{\pi})$의 값의 부호를 확인해 봐야겠네.

2 ㄴ은 평균값 정리를 이용하면 열린구간 $(0,\sqrt{\pi})$에서 조건을 만족시키는 a가 존재하는지 알 수 있어.

3 ㄷ에서 $f'(x)=0$을 만족시키는 x의 값을 찾으려면 먼저 주어진 함수를 미분해서 $f'(x)$를 구해야겠다.

알찬 풀이

ㄱ. $0<x<\sqrt{\pi}$에서
$e^{-x}>0$이고 $\sin(x^2)>0$이므로 → $\sin(x^2)>0$이니까 $\displaystyle\int_0^{\sqrt{\pi}}\sin(t^2)dt>0$이겠지.
$$f(\sqrt{\pi})=e^{-\sqrt{\pi}}\int_0^{\sqrt{\pi}}\sin(t^2)dt>0 \text{ (참)}$$

ㄴ. 함수 $f(x)$가 닫힌구간 $[0,\sqrt{\pi}]$에서 연속이고, 열린구간 $(0,\sqrt{\pi})$에서 미분가능하므로 평균값 정리에 의하여
$$f'(a)=\frac{f(\sqrt{\pi})-f(0)}{\sqrt{\pi}-0} \qquad\cdots\cdots\ \bigcirc$$
을 만족시키는 a가 열린구간 $(0,\sqrt{\pi})$에 적어도 하나 존재한다.

이때 ㄱ에서 $f(\sqrt{\pi})>0$이고, $f(0)=e^0\displaystyle\int_0^0\sin(t^2)dt=0$이므로

$\bigcirc$에서
$$f'(a)=\frac{f(\sqrt{\pi})}{\sqrt{\pi}}>0$$
따라서 $f'(a)>0$을 만족시키는 a가 열린구간 $(0,\sqrt{\pi})$에 적어도 하나 존재한다. (참)

ㄷ. $f(x)=e^{-x}\displaystyle\int_0^x\sin(t^2)dt$에서
양변을 x에 대하여 미분하면

> ☆☆ 함수의 곱의 미분법
> 미분가능한 두 함수 $f(x), g(x)$에 대하여 $\{f(x)g(x)\}'=f'(x)g(x)+f(x)g'(x)$

$$f'(x)=-e^{-x}\int_0^x\sin(t^2)dt+e^{-x}\sin(x^2)$$

ㄴ을 만족시키는 $a\,(0<a<\sqrt{\pi})$에 대하여 함수 $f(x)$가 닫힌구간 $[a,\sqrt{\pi}]$에서 연속이고 $f'(a)>0$ ($\because$ ㄴ)

$$f'(\sqrt{\pi})=-e^{-\sqrt{\pi}}\int_0^{\sqrt{\pi}}\sin(t^2)dt+e^{-\sqrt{\pi}}\sin\{(\sqrt{\pi})^2\}$$
$$=-f(\sqrt{\pi})+e^{-\sqrt{\pi}}\sin\pi$$
$$=-f(\sqrt{\pi})<0\ (\because\ \text{ㄱ})$$
→ $\sin\pi=0$이니까 $e^{-\sqrt{\pi}}\sin\pi=0$이야.

즉, $f'(a)f'(\sqrt{\pi})<0$이므로 사잇값의 정리에 의하여 $f'(b)=0$을 만족시키는 b가 열린구간 $(a,\sqrt{\pi})$에 적어도 하나 존재한다.
이때 $0<a<\sqrt{\pi}$이므로 $f'(b)=0$을 만족시키는 b가 열린구간 $(0,\sqrt{\pi})$에 적어도 하나 존재한다. (참)

이상에서 ㄱ, ㄴ, ㄷ 모두 옳다.

문제 해결 **TIP**

배지민 | 서울대학교 건축학과 | 화성고등학교 졸업

합답형 문제에서는 앞의 보기에서 푼 내용이 뒤의 보기 풀이에서 사용되는 경우가 많기 때문에 순서대로 푸는 것을 추천해. 이 문제에서도 ㄱ의 내용이 ㄴ, ㄷ의 풀이에서 사용되고, ㄴ의 내용이 ㄷ의 풀이에서 사용되는 걸 알 수 있지?
또, 이 문제는 정적분을 계산하여 함숫값을 구하는 것이 아니라 대입과 미분을 이용해서 풀어야 하는 문제였어. 정적분으로 정의된 함수가 주어진 문제의 경우 처음부터 문제 풀이의 방향을 잘 설정하는 것이 중요해. 정적분을 계산하는 문제가 아닌 경우 시간만 소비하고 답을 구할 수 없기 때문이야.

75 정답률 45%

┌→ 닫힌구간 $[0, 1]$에서 $f(x)<0$인 부분이 존재해.

닫힌구간 $[0, 1]$에서 증가하는 연속함수 $f(x)$가

$$\int_0^1 f(x)dx=2, \quad \int_0^1 |f(x)|dx=2\sqrt{2}$$

를 만족시킨다. 함수 $F(x)$가

$$F(x)=\int_0^x |f(t)|dt \ (0\le x\le 1)$$

일 때, $\int_0^1 f(x)F(x)dx$의 값은?

① $4-\sqrt{2}$ ② $2+\sqrt{2}$ ③ $5-\sqrt{2}$

✓④ $1+2\sqrt{2}$ ⑤ $2+2\sqrt{2}$

☑ 연관 개념 check

(1) a가 상수이고, $f(x)$가 연속함수일 때,

$$\frac{d}{dx}\int_a^x f(t)dt=f(x)$$

(2) 닫힌구간 $[a, b]$에서 연속인 함수 $f(x)$에 대하여 미분가능한 함수 $x=g(t)$의 도함수 $g'(t)$가 $a=g(\alpha)$, $b=g(\beta)$일 때, α와 β를 포함한 구간에서 연속이면

$$\int_a^b f(x)\,dx=\int_\alpha^\beta f(g(t))g'(t)\,dt$$

수능 핵심 개념 | 정적분과 넓이

오른쪽 그림과 같이 $f(x)\ge 0$인 구간과 $f(x)\le 0$인 구간의 곡선 $y=f(x)$와 x축으로 둘러싸인 도형의 넓이를 각각 S_1, S_2라 하면

$$\int_a^b f(x)dx=S_1-S_2$$

$x=0$일 때, $F(0)=\int_0^0 |f(t)|dt=0$ ←

$x=k$일 때, $F(k)=\int_0^k |f(t)|dt=S_1$

$\qquad\qquad\qquad\qquad =\sqrt{2}-1$

해결 흐름

1 절댓값 기호가 있는 함수의 정적분이 주어져 있으므로 절댓값 기호 안의 식의 값이 0이 되는 x의 값을 먼저 찾아야겠네.

2 x의 값에 따라 함수 $F(x)$가 다르게 정의되니까 **1**에서 구한 x의 값을 기준으로 범위를 나누어 $F(x)$를 간단히 해야겠어.

3 곱으로 주어진 함수 $f(x)F(x)$의 정적분의 값을 구해야 하니까 $f(x)$와 $F(x)$는 어떤 관계가 있는지 알아봐야겠다.

알찬 풀이

┌→ $\int_0^1 f(x)dx=2<\int_0^1 |f(x)|dx=2\sqrt{2}$야.

함수 $f(x)$에 대하여 $\int_0^1 f(x)dx<\int_0^1 |f(x)|dx$가 성립하므로 닫힌구간 $[0, 1]$에서 $f(x)<0$인 부분이 존재하고, 이 구간에서 함수 $f(x)$는 증가하므로 함수 $y=f(x)$의 그래프의 개형을 오른쪽 그림과 같이 그릴 수 있다.

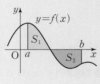

이때 함수 $y=f(x)$의 그래프가 닫힌구간 $[0, 1]$에서 x축과 만나는 점의 x좌표를 k라 하고, 곡선 $y=f(x)$와 x축, y축으로 둘러싸인 부분의 넓이를 S_1, 곡선 $y=f(x)$와 x축 및 직선 $x=1$로 둘러싸인 부분의 넓이를 S_2라 하자.

$\int_0^1 f(x)dx=2$에서 $-S_1+S_2=2$ $\qquad\cdots\cdots$ ㉠

$\int_0^1 |f(x)|dx=2\sqrt{2}$에서 $S_1+S_2=2\sqrt{2}$ $\qquad\cdots\cdots$ ㉡

㉠, ㉡을 연립하여 풀면 $S_1=\sqrt{2}-1$, $S_2=\sqrt{2}+1$

한편, $\int_0^1 f(x)F(x)dx=\int_0^k f(x)F(x)dx+\int_k^1 f(x)F(x)dx$에서

(i) $0\le x\le k$일 때, ┌→ $\int_a^b f(x)dx=\int_a^c f(x)dx+\int_c^b f(x)dx$임을 이용했어.

$$F(x)=\int_0^x |f(t)|dt=\int_0^x \{-f(t)\}dt$$

이므로 양변을 x에 대하여 미분하면 ┌→ $0\le x\le k$일 때 $f(x)\le 0$

$$F'(x)=-f(x) \qquad\cdots\cdots$$ ㉢

$\int_0^k f(x)F(x)dx$에서 $F(x)=s$로 놓으면 $F'(x)=\dfrac{ds}{dx}$이고

$x=0$일 때 $s=F(0)=0$, $x=k$일 때 $s=F(k)=\sqrt{2}-1$이므로

$$\int_0^k f(x)F(x)dx=\int_0^k \{-F'(x)F(x)\}dx \ (\because ㉢)$$

$$=\int_0^k \{-F(x)\}\times F'(x)dx$$

$$=\int_0^{\sqrt{2}-1} (-s)ds$$

$$=\left[-\frac{1}{2}s^2\right]_0^{\sqrt{2}-1}$$

$$=-\frac{1}{2}(\sqrt{2}-1)^2=\frac{-3+2\sqrt{2}}{2}$$

(ii) $k\le x\le 1$일 때,

$$F(x)=\boxed{\int_0^x |f(t)|dt} \qquad\qquad \substack{0\le x\le k일\ 때\ f(x)\le 0 \\ k\le x\le 1일\ 때\ f(x)\ge 0}$$

$$=\boxed{\int_0^k \{-f(t)\}dt+\int_k^x f(t)dt}$$

$$=S_1+\int_k^x f(t)dt$$

$$=(\sqrt{2}-1)+\int_k^x f(t)dt$$

이므로 양변을 x에 대하여 미분하면

$$F'(x)=f(x) \quad\quad\quad \cdots\cdots ㉣$$

$\displaystyle\int_k^1 f(x)F(x)dx$에서 $F(x)=s$로 놓으면 $F'(x)=\dfrac{ds}{dx}$이고

$x=k$일 때 $s=F(k)=\sqrt{2}-1$, $x=1$일 때 $s=F(1)=2\sqrt{2}$이므로

$$\int_k^1 f(x)F(x)dx=\int_k^1 F'(x)F(x)dx \; (\because ㉣)$$

$$=\int_{\sqrt{2}-1}^{2\sqrt{2}} s\,ds$$

$$=\left[\frac{1}{2}s^2\right]_{\sqrt{2}-1}^{2\sqrt{2}} \quad\quad \frac{1}{2}\times(2\sqrt{2})^2-\frac{1}{2}\times(\sqrt{2}-1)^2$$

$$=4-\frac{1}{2}(\sqrt{2}-1)^2 \quad\quad \begin{aligned}&=\frac{1}{2}\times 8-\frac{1}{2}(\sqrt{2}-1)^2\\&=4-\frac{1}{2}(\sqrt{2}-1)^2\end{aligned}$$

$$=\frac{5+2\sqrt{2}}{2}$$

(ⅰ), (ⅱ)에서

$$\int_0^1 f(x)F(x)dx=\int_0^k f(x)F(x)dx+\int_k^1 f(x)F(x)dx$$

$$=\frac{-3+2\sqrt{2}}{2}+\frac{5+2\sqrt{2}}{2}$$

$$=1+2\sqrt{2}$$

$x=k$일 때, $F(k)=\displaystyle\int_0^k |f(t)|dt=(\sqrt{2}-1)+\int_k^k f(t)dt=\sqrt{2}-1$

$x=1$일 때, $F(1)=\displaystyle\int_0^1 |f(t)|dt=S_1+S_2=2\sqrt{2}$

---

76 정답 35   정답률 11%

실수 전체의 집합에서 연속인 함수 $f(x)$가 다음 조건을 만족시킨다.

(가) $x\le b$일 때, $f(x)=a(x-b)^2+c$이다.
(단, a, b, c는 상수이다.)

(나) 모든 실수 x에 대하여 $f(x)=\displaystyle\int_0^x \sqrt{4-2f(t)}\,dt$이다.

$\downarrow f'(x)=\sqrt{4-2f(x)}$

$\displaystyle\int_0^6 f(x)dx=\dfrac{q}{p}$일 때, $p+q$의 값을 구하시오. 35

(단, p와 q는 서로소인 자연수이다.)

☑ 연관 개념 check

a가 상수이고, $f(x)$가 연속함수일 때,

$$\frac{d}{dx}\int_a^x f(t)\,dt=f(x)$$

수능 핵심 개념 | 함수가 증가 또는 감소하기 위한 조건

함수 $f(x)$가 어떤 구간에서 미분가능하고, 이 구간에서
(1) 증가하려면 ➡ 이 구간에서 $f'(x)\ge 0$
(2) 감소하려면 ➡ 이 구간에서 $f'(x)\le 0$

해결 흐름

1 조건 (나)에서 적분과 미분의 관계를 이용하면 $f'(x)$와 $f(x)$ 사이의 관계식을 구할 수 있어.

2 $x\le b$일 때, 함수 $f(x)$의 식이 주어졌으니까 대입해서 $f(x)$를 완성해야겠다.

알찬 풀이

$$f(x)=\int_0^x \sqrt{4-2f(t)}\,dt \quad\quad\quad \cdots\cdots ㉠$$

㉠에 $x=0$을 대입하면 $f(0)=0$

㉠의 양변을 x에 대하여 미분하면

$$f'(x)=\sqrt{4-2f(x)} \quad\quad \begin{aligned}&f'(x)=\sqrt{4-2f(x)}\ge 0\text{이고},\\&4-2f(x)\ge 0\text{에서 }f(x)\le 2\text{야.}\end{aligned}$$

$$\{f'(x)\}^2=4-2f(x) \;(\text{단, }f'(x)\ge 0,\; f(x)\le 2) \quad\quad \cdots\cdots ㉡$$

$f(x)=a(x-b)^2+c$, $f'(x)=2a(x-b)$를 ㉡에 대입하면

$$\{2a(x-b)\}^2=4-2\{a(x-b)^2+c\}$$

$$4a^2(x-b)^2=4-2a(x-b)^2-2c$$

$$\therefore (4a^2+2a)(x-b)^2+2c-4=0$$

위의 식이 $x\le b$인 모든 실수에 대한 항등식이므로

$$4a^2+2a=0,\; 2c-4=0$$

$4a^2+2a=0$에서 $2a(2a+1)=0$

$$\therefore a=-\frac{1}{2} \text{ 또는 } a=0$$

$2c-4=0$에서 $c=2$

그런데 $a=0$이면 $f(x)=c$이고 $f(0)=0$이므로 $c=0$

이것은 $c=2$에 모순이므로 $a=-\dfrac{1}{2}$

$$\therefore f(x)=-\frac{1}{2}(x-b)^2+2 \;(x\le b) \quad\quad\quad \cdots\cdots ㉢$$

㉢에 $x=0$을 대입하면

$$f(0)=-\frac{1}{2}b^2+2=0$$

$\downarrow$ 위에서 $f(0)=0$을 구했어.

$$\frac{1}{2}b^2=2,\ b^2=4 \qquad \therefore b=\pm 2$$

ⓒ에서 $f(b)=2$이고 $f(0)=0$이므로 $b<0$이면 $\underline{f(x)}$는 감소하는 함수가 된다.
그런데 ⓑ에서 $f'(x)\geq 0$에 모순이므로 $b\geq 0$ ┌─→ 감소하는 함수이므로
$$\therefore f(x)=-\frac{1}{2}(x-2)^2+2\ (x\leq 2)$$

한편, 함수 $f(x)$는 실수 전체의 집합에서 연속이고 ⓑ에서 $f'(x)\geq 0$, $f(x)\leq 2$
이어야 하므로
$$f(x)=2\ (x>2)$$

$$\therefore f(x)=\begin{cases} -\dfrac{1}{2}(x-2)^2+2 & (x\leq 2) \\ 2 & (x>2) \end{cases}$$

함수 $f(x)$는 2보다 큰 값을
가질 수 없으니까
$x>2$일 때 $f(x)=2$야.

$\displaystyle\int_a^b f(x)dx=\int_a^c f(x)dx+\int_c^b f(x)dx$ ◀
임을 이용했어.

$$\therefore \int_0^6 f(x)dx=\int_0^2 f(x)dx+\int_2^6 f(x)dx$$

$$=\int_0^2 \left\{-\frac{1}{2}(x-2)^2+2\right\}dx+\int_2^6 2\,dx$$

$$=\int_0^2 \left(-\frac{1}{2}x^2+2x\right)dx+\int_2^6 2\,dx$$

$$=\left[-\frac{1}{6}x^3+x^2\right]_0^2+\left[2x\right]_2^6=\frac{8}{3}+8=\frac{32}{3}$$

따라서 $p=3$, $q=32$이므로 $p+q=3+32=35$

77 정답 ①   정답률 38%

함수 $f(x)=4x^4+4x^3$에 대하여
$$\lim_{n\to\infty}\sum_{k=1}^n \frac{1}{n+k}f\left(\frac{k}{n}\right)$$
의 값은? ┌─→ $\dfrac{k}{n}=x$라 하고 주어진 급수를 정적분으로 바꿔 봐.

✓① 1   ② 2   ③ 3
④ 4   ⑤ 5

☑ 연관 개념 check
a, k, p가 상수이고, $f(x)$가 연속함수일 때,
$$\lim_{n\to\infty}\sum_{k=1}^n f\left(a+\frac{p}{n}k\right)\times\frac{p}{n}=\int_a^{a+p}f(x)dx$$
$$=\int_0^p f(a+x)dx$$

☑ 실전 적용 key
급수를 정적분으로 나타낼 때는 다음과 같은 순서로 한다.
① 적분변수를 정한다.
② 적분 구간을 정한다.
③ 정적분으로 나타낸다.
이때 적분변수를 무엇으로 정하느냐에 따라 여러 가지 정적분으로
나타낼 수 있으나 정적분의 값은 모두 같다. 따라서 급수와 정적분
의 각 요소 사이의 관계를 아래와 같이 이해하는 것이 도움이 된다.

$$\lim_{n\to\infty}\sum_{k=1}^n f\left(a+\frac{pk}{n}\right)\times\frac{p}{n} \Longrightarrow \int_a^{a+p}f(x)dx$$

해결 흐름
1 정적분을 이용하여 급수의 합을 구하면 되겠네.

알찬 풀이

$$\lim_{n\to\infty}\sum_{k=1}^n \frac{1}{n+k}f\left(\frac{k}{n}\right)=\lim_{n\to\infty}\sum_{k=1}^n \frac{1}{\frac{n+k}{n}}f\left(\frac{k}{n}\right)\times\frac{1}{n}$$

$$=\lim_{n\to\infty}\sum_{k=1}^n \frac{1}{1+\frac{k}{n}}f\left(\frac{k}{n}\right)\times\frac{1}{n}$$

$$=\int_0^1 \frac{1}{1+x}f(x)dx$$ ┌─→ $\dfrac{k}{n}=x$라 하면 $\dfrac{1}{n}\to dx$이고
적분 구간은 $[0,1]$이야.

$$=\int_0^1 \frac{4x^4+4x^3}{1+x}dx$$

$$=\int_0^1 \frac{4x^3(x+1)}{1+x}dx$$

$$=\int_0^1 4x^3 dx$$

$$=\left[x^4\right]_0^1=1-0=1$$

─────────────────── 문제 해결 **TIP**

김건희 | 서울대학교 화학생명공학부 | 세화고등학교 졸업

이 문제는 정적분과 급수의 합 사이의 관계를 물어보는 유형이야. 중요한 내용이니까 꼭 기억하고
있어야 해. 이와 같은 유형은 문제에 따라 무엇을 x로 놓는지 달라지는데, 이 문제는 $\dfrac{k}{n}$를 x로 놓
았어. 일단 무엇을 x로 놓을 지 정하면 복잡한 급수를 정적분과 연결시킬 수 있어. 또, dx로 놓을
$\dfrac{1}{n}$이 들어가야 하는 것도 꼭 기억해야 해. 적분 구간을 구하는 것이 은근히 헷갈릴 수 있으니 기
본 공식은 외워서 문제 옆에 써놓고 풀이를 시작하는 것도 괜찮은 방법이야.

Ⅲ. 적분법

4점 집중

78 정답 19 정답률 49%

함수 $f(x)=4x^2+6x+32$에 대하여

$$\lim_{n\to\infty}\sum_{k=1}^{n}\frac{k}{n^2}f\left(\frac{k}{n}\right)$$

의 값을 구하시오. **19**

해결 흐름

1 정적분을 이용하여 급수의 합을 구하면 되겠네.

☑ 연관 개념 check

a, k, p가 상수이고, $f(x)$가 연속함수일 때,

$$\lim_{n\to\infty}\sum_{k=1}^{n}f\left(a+\frac{p}{n}k\right)\times\frac{p}{n}=\int_{a}^{a+p}f(x)dx$$
$$=\int_{0}^{p}f(a+x)dx$$

알찬 풀이

$$\lim_{n\to\infty}\sum_{k=1}^{n}\frac{k}{n^2}f\left(\frac{k}{n}\right)=\lim_{n\to\infty}\sum_{k=1}^{n}\frac{k}{n}f\left(\frac{k}{n}\right)\times\frac{1}{n}$$

$\frac{k}{n}=x$라 하면 $\frac{1}{n}\to dx$이고 적분 구간은 $[0, 1]$이야.

$$=\int_{0}^{1}xf(x)dx$$
$$=\int_{0}^{1}x(4x^2+6x+32)dx$$
$$=\int_{0}^{1}(4x^3+6x^2+32x)dx$$
$$=\left[x^4+2x^3+16x^2\right]_{0}^{1}$$
$$=1+2+16=19$$

---

79 정답 ② 정답률 78%

이차함수 $y=f(x)$의 그래프는 그림과 같고, $f(0)=f(3)=0$이다. 다음 물음에 답하시오.

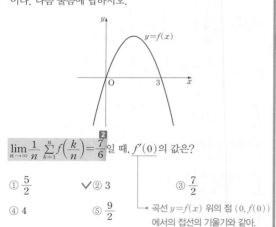

$\lim_{n\to\infty}\dfrac{1}{n}\displaystyle\sum_{k=1}^{n}f\left(\dfrac{k}{n}\right)=\dfrac{7}{6}$일 때, $f'(0)$의 값은?

① $\dfrac{5}{2}$　　　✔② 3　　　③ $\dfrac{7}{2}$

④ 4　　　⑤ $\dfrac{9}{2}$　→ 곡선 $y=f(x)$ 위의 점 $(0, f(0))$에서의 접선의 기울기와 같아.

해결 흐름

1 그래프를 이용해서 이차함수 $f(x)$의 식을 구해야겠다.
2 정적분을 이용하여 급수의 합을 구하면 되겠네.

알찬 풀이

이차함수 $f(x)$에 대하여 $f(0)=f(3)=0$이므로

$f(x)=ax(x-3)=ax^2-3ax \ (a<0)$라 하자.

→ 이차함수 $y=f(x)$의 그래프가 위로 볼록하므로 $a<0$이어야 해.

$$\lim_{n\to\infty}\frac{1}{n}\sum_{k=1}^{n}f\left(\frac{k}{n}\right)=\lim_{n\to\infty}\sum_{k=1}^{n}f\left(\frac{k}{n}\right)\times\frac{1}{n}$$

→ $\frac{k}{n}=x$라 하면 $\frac{1}{n}\to dx$이고 적분 구간은 $[0, 1]$이야.

$$=\int_{0}^{1}f(x)dx$$
$$=\int_{0}^{1}(ax^2-3ax)dx=\left[\frac{a}{3}x^3-\frac{3}{2}ax^2\right]_{0}^{1}$$
$$=\frac{a}{3}-\frac{3}{2}a=-\frac{7}{6}a$$

즉, $-\dfrac{7}{6}a=\dfrac{7}{6}$이므로 $a=-1$

따라서 $f(x)=-x^2+3x$이므로

$f'(x)=-2x+3$ 　　∴ $f'(0)=3$

☑ 연관 개념 check

a, k, p가 상수이고, $f(x)$가 연속함수일 때,

$$\lim_{n\to\infty}\sum_{k=1}^{n}f\left(a+\frac{p}{n}k\right)\times\frac{p}{n}=\int_{a}^{a+p}f(x)dx=\int_{0}^{p}f(a+x)dx$$

생생 수험 Talk

나는 수학만큼은 내신이랑 수능을 따로 두고 공부하지 않았어. 개념을 공부한 후에는 학교에서 주는 문제, 시중 문제집, 기출 문제까지 풀 수 있는 한 최대한 많은 문제를 풀었지. 그리고 수능이 다가와서는 기출 문제 분석에 좀 더 비중을 뒀던 것 같아. 수학은 문제를 많이 풀어 봐서 다양한 사고를 할 수 있게 만드는 것이 중요하니까 틈틈이 문제를 풀어 보는 습관을 갖길 바라.

실수 전체의 집합에서 미분가능한 함수 $f(x)$의 도함수 $f'(x)$가

$f'(x)=-x+e^{1-x^2}$ **1**

이다. 양수 t에 대하여 곡선 $y=f(x)$ 위의 점 $(t, f(t))$에서의 접선과 곡선 $y=f(x)$ 및 y축으로 둘러싸인 부분의 넓이를 $g(t)$라 하자. $g(1)+g'(1)$의 값은?

3

→ 접선의 방정식은 $y=f'(t)(x-t)+f(t)$야.

→ 직선 $x=0$이야.

① $\frac{1}{2}e+\frac{1}{2}$ ✓ ② $\frac{1}{2}e+\frac{2}{3}$ ③ $\frac{1}{2}e+\frac{5}{6}$

④ $\frac{2}{3}e+\frac{1}{2}$ ⑤ $\frac{2}{3}e+\frac{2}{3}$

☑ **연관 개념 check**

(1) 두 함수 $f(x)$, $g(x)$가 닫힌구간 $[a, b]$에서 연속일 때, 두 곡선 $y=f(x)$, $y=g(x)$ 및 두 직선 $x=a$, $x=b$로 둘러싸인 도형의 넓이 S는

$$S=\int_a^b |f(x)-g(x)|dx$$

(2) 두 함수 $f(x)$, $g(x)$가 미분가능하고 $f'(x)$, $g'(x)$가 닫힌구간 $[a, b]$에서 연속일 때,

$$\int_a^b f(x)g'(x)dx=\Big[f(x)g(x)\Big]_a^b-\int_a^b f'(x)g(x)dx$$

☑ **실전 적용 key**

부분적분법을 한 번 적용하여 적분값을 구할 수 없는 경우 부분적분법을 다시 한 번 적용하여 적분값을 구할 수 있는지 확인해야 한다. 또한 부분적분법 문제는 어떤 함수를 적분하고 어떤 함수를 미분할지를 잘 선택해야 한다. (다항함수)×(지수함수) 꼴의 적분에서 부분적분법을 적용할 때는 지수함수를 적분할 함수로, 다항함수를 미분할 함수로 택한다.

☑ **오답 clear**

도함수 $f'(x)$를 적분하여 함수 $f(x)$를 구하기 어려울 때 부분적분법을 이용하면 쉽게 계산할 수 있는 경우가 있다. 이 문제의 경우 $\int f(x)dx$보다 $\int_0^t xf'(x)dx$가 계산하기 편리하므로 부분적분법을 이용한다.

$$\int_0^t f(x)dx=\Big[xf(x)\Big]_0^t-\int_0^t xf'(x)dx$$

해결 흐름

1 $f''(x)$를 이용하여 곡선 $y=f(x)$의 개형을 생각해야겠군.

2 접선과 곡선 $y=f(x)$의 위치 관계를 파악하면 넓이를 구할 수 있겠다.

3 정적분을 이용해서 $g(t)$를 구하면 되겠다.

알찬 풀이

$f'(x)=-x+e^{1-x^2}$에서 $\{e^{f(x)}\}'=e^{f(x)} \times f'(x)$ ☆★

$f''(x)=-1\underline{-2xe^{1-x^2}}$

$x>0$일 때, $e^{1-x^2}>0$이므로 $f''(x)<0$

즉, $x>0$에서 곡선 $y=f(x)$는 위로 볼록이다.

이때 곡선 $y=f(x)$ 위의 점 $(t, f(t))$에서의 접선의 방정식은

$y=f'(t)(x-t)+f(t)$

이 접선과 곡선 $y=f(x)$의 위치 관계는 오른쪽 그림과 같다.

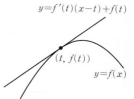

$y=f'(t)(x-t)+f(t)$

$(t, f(t))$

$y=f(x)$

$$\therefore g(t)=\int_0^t \{f'(t)(x-t)+f(t)-f(x)\}dx$$

$$=\Big[\frac{f'(t)}{2}x^2-tf'(t)x+f(t)x\Big]_0^t-\underline{\int_0^t f(x)dx}$$

$g(x)=x$로 놓고 부분적분법을 이용했어.

$$=-\frac{1}{2}t^2f'(t)+tf(t)-\Big(\Big[xf(x)\Big]_0^t-\int_0^t xf'(x)dx\Big)$$

$$=-\frac{1}{2}t^2f'(t)+tf(t)-tf(t)+\int_0^t xf'(x)dx$$

$f'(x)=-x+e^{1-x^2}$을 대입했어.

$$=-\frac{1}{2}t^2(-t+e^{1-t^2})+\int_0^t (-x^2+xe^{1-x^2})dx$$

$$=\frac{1}{2}t^3-\frac{1}{2}t^2e^{1-t^2}+\Big[-\frac{1}{3}x^3-\frac{1}{2}e^{1-x^2}\Big]_0^t$$

$$=\frac{1}{2}t^3-\frac{1}{2}t^2e^{1-t^2}-\frac{1}{3}t^3-\frac{1}{2}e^{1-t^2}+\frac{1}{2}e$$

$$=\frac{1}{6}t^3-\frac{1}{2}(t^2+1)e^{1-t^2}+\frac{1}{2}e$$

함수의 곱의 미분법 ☆★
미분가능한 두 함수 $f(x)$, $g(x)$에 대하여 $\{f(x)g(x)\}'=f'(x)g(x)+f(x)g'(x)$

위의 식의 양변을 t에 대하여 미분하면

$$g'(t)=\frac{1}{2}t^2-\frac{1}{2}\times 2t\times e^{1-t^2}-\frac{1}{2}(t^2+1)e^{1-t^2}\times(-2t)$$

$$=\frac{1}{2}t^2+t^3e^{1-t^2}$$

$$\therefore g(1)+g'(1)=\Big(-\frac{5}{6}+\frac{1}{2}e\Big)+\frac{3}{2}$$

$$=\frac{1}{2}e+\frac{2}{3}$$

생생 수험 Talk

내신은 교과서와 부교재에 나오는 문제들의 풀이 방법을 확실히 이해하고 비슷한 유형의 풀이도 연습해 두는 게 좋아. 수능은 기출 문제가 가장 중요한 요소로 작용해.
그 해의 평가원의 출제 방향을 보면 어느 정도 수능의 난이도나 출제 경향을 예측할 수 있어.

Ⅲ. 적분법

4점 집중

81 정답 ③   정답률 46%

그림과 같이 양수 k에 대하여 함수 $f(x)=2\sqrt{x}e^{kx^2}$의 그래프와 x축 및 두 직선 $x=\dfrac{1}{\sqrt{2k}}$, $x=\dfrac{1}{\sqrt{k}}$로 둘러싸인 부분을 밑면으로 하고 x축에 수직인 평면으로 자른 단면이 모두 정삼각형인 입체도형의 부피가 $\sqrt{3}(e^2-e)$일 때, k의 값은? 🚩🚩

$\qquad \int_{\frac{1}{\sqrt{2k}}}^{\frac{1}{\sqrt{k}}}$ (정삼각형의 넓이)dx
$\qquad =\sqrt{3}(e^2-e)$

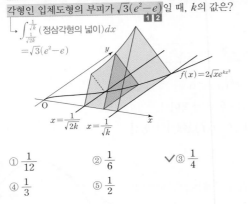

① $\dfrac{1}{12}$ ② $\dfrac{1}{6}$ ✔③ $\dfrac{1}{4}$

④ $\dfrac{1}{3}$ ⑤ $\dfrac{1}{2}$

☑ 연관 개념 check

(1) 닫힌구간 $[a,\ b]$에서 x좌표가 x인 점을 지나고 x축에 수직인 평면으로 자른 단면의 넓이가 $S(x)$인 입체도형의 부피 V는

$$V=\int_a^b S(x)dx$$

(2) 닫힌구간 $[a,\ b]$에서 연속인 함수 $f(x)$에 대하여 미분가능한 함수 $x=g(t)$의 도함수 $g'(t)$가 $a=g(\alpha)$, $b=g(\beta)$일 때, α와 β를 포함한 구간에서 연속이면

$$\int_a^b f(x)\,dx=\int_\alpha^\beta f(g(t))g'(t)\,dt$$

해결 흐름

🚩 입체도형의 부피를 구하기 위해서 x축에 수직인 평면으로 자른 단면의 넓이를 구해야겠어.

🚩 입체도형의 단면이 정삼각형이므로 정삼각형의 한 변의 길이를 알면 되겠어.

알찬 풀이

곡선 $y=f(x)$ 위의 임의의 점

$$P\left(x,\ 2\sqrt{x}e^{kx^2}\right)\ \left(\dfrac{1}{\sqrt{2k}}\leq x\leq\dfrac{1}{\sqrt{k}}\right)$$

에서 x축에 내린 수선의 발을 H라 하면

$$\overline{PH}=2\sqrt{x}e^{kx^2}$$

x축에 수직인 평면으로 자른 단면의 넓이를 $S(x)$라 하면

$$S(x)=\dfrac{\sqrt{3}}{4}\times(2\sqrt{x}e^{kx^2})^2=\sqrt{3}xe^{2kx^2}$$

> 한 변의 길이가 a인 정삼각형의 넓이가 $\dfrac{\sqrt{3}}{4}a^2$임을 이용했어.

따라서 구하는 입체도형의 부피는

$$\int_{\frac{1}{\sqrt{2k}}}^{\frac{1}{\sqrt{k}}}S(x)dx=\sqrt{3}\int_{\frac{1}{\sqrt{2k}}}^{\frac{1}{\sqrt{k}}}xe^{2kx^2}dx$$

이때 $x^2=t$로 놓으면 $2x=\dfrac{dt}{dx}$이고

$x=\dfrac{1}{\sqrt{2k}}$일 때 $t=\dfrac{1}{2k}$, $x=\dfrac{1}{\sqrt{k}}$일 때 $t=\dfrac{1}{k}$이므로

$$\sqrt{3}\int_{\frac{1}{\sqrt{2k}}}^{\frac{1}{\sqrt{k}}}xe^{2kx^2}dx=\sqrt{3}\int_{\frac{1}{2k}}^{\frac{1}{k}}e^{2kt}\times\dfrac{1}{2}dt$$

> $2x=\dfrac{dt}{dx}$에서 $xdx=\dfrac{1}{2}dt$

$$=\dfrac{\sqrt{3}}{2}\left[\dfrac{1}{2k}e^{2kt}\right]_{\frac{1}{2k}}^{\frac{1}{k}}$$

$$=\dfrac{\sqrt{3}}{4k}(e^2-e)$$

따라서 $\dfrac{\sqrt{3}}{4k}(e^2-e)=\sqrt{3}(e^2-e)$에서

$$4k=1 \qquad \therefore k=\dfrac{1}{4}$$

---

82 정답 ①   정답률 77%

실수 전체의 집합에서 미분가능한 함수 $f(x)$가 $f(0)=0$이고 모든 실수 x에 대하여 $f'(x)>0$이다. → 함수 $f(x)$는 모든 실수 x에서 증가해. 곡선 $y=f(x)$ 위의 점 $A(t,\ f(t))\ (t>0)$에서 x축에 내린 수선의 발을 B라 하고, 점 A를 지나고 점 A에서의 접선과 수직인 직선이 x축과 만나는 점을 C라 하자. 모든 양수 t에 대하여 삼각형 ABC의 넓이가 $\dfrac{1}{2}(e^{3t}-2e^{2t}+e^t)$일 때, 곡선 $y=f(x)$와 x축 및 직선 $x=1$로 둘러싸인 부분의 넓이는?

✔① $e-2$ ② e ③ $e+2$

④ $e+4$ ⑤ $e+6$

☑ 연관 개념 check

함수 $f(x)$가 닫힌구간 $[a,\ b]$에서 연속일 때, 곡선 $y=f(x)$와 x축 및 두 직선 $x=a$, $x=b$로 둘러싸인 도형의 넓이 S는

$$S=\int_a^b |f(x)|dx$$

해결 흐름

🚩 함수 $f(x)$의 식을 알면 구하는 넓이는 정적분을 이용해서 구할 수 있어.

🚩 삼각형 ABC의 넓이를 이용하려면 $\overline{AB}$, $\overline{BC}$의 길이를 알아야겠군.

🚩 점 A에서의 접선과 수직인 직선의 방정식을 구하고 $\overline{AB}$와 $\overline{BC}$를 $f(t)$와 $f'(t)$에 대한 식으로 나타내야겠어.

알찬 풀이

점 $A(t,\ f(t))\ (t>0)$를 지나고 점 A에서의 접선과 수직인 직선의 방정식은

$$y-f(t)=-\dfrac{1}{f'(t)}(x-t)$$

> 점 A에서의 접선의 기울기가 $f'(t)$이므로 접선과 수직인 직선의 기울기는 $-\dfrac{1}{f'(t)}$이야.

위의 식에 $y=0$을 대입하면

$$-f(t)=-\dfrac{1}{f'(t)}(x-t),\ x=f(t)f'(t)+t$$

$$\therefore C(f(t)f'(t)+t,\ 0)$$

이때 $B(t,\ 0)$이므로

$$\overline{AB}=f(t),\ \overline{BC}=f(t)f'(t)$$

> $f'(x)>0$이므로 $f(x)$는 모든 실수 x에서 증가하고 $f(0)=0$이므로 $x>0$일 때 $f(x)>0$이야. 즉, $\overline{BC}=|f(t)f'(t)|=f(t)f'(t)$야.

직각삼각형 ABC의 넓이는
$$\frac{1}{2} \times \overline{AB} \times \overline{BC} = \frac{1}{2} \times f(t) \times f(t)f'(t)$$
$$= \frac{1}{2} \{f(t)\}^2 f'(t)$$

즉, $\frac{1}{2} \{f(t)\}^2 f'(t) = \frac{1}{2}(e^{3t} - 2e^{2t} + e^t)$이므로

$$\{f(t)\}^2 f'(t) = e^{3t} - 2e^{2t} + e^t$$

이것을 적분하면

$f(t) = s$로 놓으면 $f'(t) = \frac{ds}{dt}$이므로

$$\int \{f(t)\}^2 f'(t)dt = \int s^2 ds$$
$$= \frac{1}{3}s^3 + C_1$$
$$= \frac{1}{3}\{f(t)\}^3 + C_1$$

☆★ $\int e^{ax+b} dx = \frac{1}{a}e^{ax+b} + C$ (단, $a \neq 0$, C는 적분상수)

$$\int \{f(t)\}^2 f'(t)dt = \int (e^{3t} - 2e^{2t} + e^t)dt$$
$$\frac{1}{3}\{f(t)\}^3 = \frac{1}{3}e^{3t} - e^{2t} + e^t + C \ (C\text{는 적분상수})$$

위의 식의 양변에 $t=0$을 대입하면

$$\frac{1}{3}\{f(0)\}^3 = \frac{1}{3} + C$$
$$0 = \frac{1}{3} + C \ (\because f(0) = 0)$$
$$\therefore C = -\frac{1}{3}$$
$$\frac{1}{3}\{f(t)\}^3 = \frac{1}{3}e^{3t} - e^{2t} + e^t - \frac{1}{3}$$

☆★ $a^3 - 3a^2b + 3ab^2 - b^3 = (a-b)^3$

$$= \frac{1}{3}(e^{3t} - 3e^{2t} + 3e^t - 1)$$
$$= \frac{1}{3}(e^t - 1)^3$$

이므로 $f(t) = e^t - 1$
따라서 구하는 넓이는
$$\int_0^1 (e^x - 1)dx = \left[e^x - x \right]_0^1$$
$$= (e-1) - 1$$
$$= e - 2$$

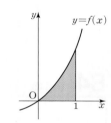

83 정답 96   정답률 66%

양수 a에 대하여 함수 $f(x) = \int_0^x (a-t)e^t dt$의 최댓값이 32 ❷ 이다. 곡선 $y = 3e^x$과 두 직선 $x = a$, $y = 3$으로 둘러싸인 부분의 넓이를 구하시오. ❶   96

해결 흐름

❶ 곡선으로 둘러싸인 부분의 넓이는 정적분을 이용해서 구할 수 있겠다.
❷ 먼저 함수 $f(x)$의 최댓값이 32임을 이용해서 a의 값을 구해 보자.

☑ 연관 개념 check

(1) a가 상수이고, $f(x)$가 연속함수일 때,
$$\frac{d}{dx} \int_a^x f(t)dt = f(x)$$

(2) 두 함수 $f(x)$, $g(x)$가 미분가능하고 $f'(x)$, $g'(x)$가 닫힌구간 $[a, b]$에서 연속일 때,
$$\int_a^b f(x)g'(x)dx = \left[f(x)g(x) \right]_a^b - \int_a^b f'(x)g(x)dx$$

(3) 두 함수 $f(x)$, $g(x)$가 닫힌구간 $[a, b]$에서 연속일 때, 두 곡선 $y = f(x)$, $y = g(x)$ 및 두 직선 $x = a$, $x = b$로 둘러싸인 도형의 넓이 S는
$$S = \int_a^b |f(x) - g(x)|dx$$

알찬 풀이

$f(x) = \int_0^x (a-t)e^t dt$의 양변을 x에 대하여 미분하면
$$f'(x) = (a-x)e^x$$
$f'(x) = 0$에서 $x = a$ ($\because e^x > 0$)
함수 $f(x)$의 증가와 감소를 표로 나타내면 다음과 같다.

x	$\cdots$	a	$\cdots$
$f'(x)$	$+$	0	$-$
$f(x)$	↗	극대	↘

따라서 함수 $f(x)$는 $x = a$에서 극대이면서 최대이다.
즉, $f(x)$는 $x = a$에서 최댓값 32를 가지므로

$x < a$이면 $a - x > 0$이므로 $f'(x) > 0$
$x > a$이면 $a - x < 0$이므로 $f'(x) < 0$

$$f(a) = \int_0^a (a-t)e^t dt = 32$$

이때 $u(t)=a-t$, $v'(t)=e^t$으로 놓으면
$u'(t)=-1$, $v(t)=e^t$이므로

$$\int_0^a (a-t)e^t\,dt=\Big[(a-t)e^t\Big]_0^a-\int_0^a(-e^t)\,dt$$
$$=-a+\Big[e^t\Big]_0^a$$
$$=e^a-a-1$$
$$=32$$

한편, 곡선 $y=3e^x$과 직선 $y=3$이 만나는 점의 x좌표는
$3e^x=3$에서 $e^x=1$ ∴ $x=0$

곡선 $y=3e^x$과 두 직선 $x=a$, $y=3$으로 둘러싸인 부분은 오른쪽 그림의 어두운 부분과 같으므로 구하는 넓이는

$$\int_0^a (3e^x-3)\,dx=\Big[3e^x-3x\Big]_0^a$$
$$=(3e^a-3a)-(3-0)$$
$$=3(\underline{e^a-a-1})$$
$$=3\times 32$$
$$=96$$

곡선 $y=3e^x$과 두 직선 $x=0$, $x=a$ 및 y축으로 둘러싸인 부분의 넓이에서 가로의 길이가 a, 세로의 길이가 3인 직사각형의 넓이를 빼서 계산할 수도 있어.

→ 앞에서 구한 값을 그대로 대입하면 돼.

---

84 <u>정답</u> ② 　　　　　　　　　　　정답률 87%

좌표평면에서 꼭짓점의 좌표가 $O(0, 0)$, $A(2^n, 0)$, $B(2^n, 2^n)$, $C(0, 2^n)$인 정사각형 OABC와 두 곡선 $y=2^x$, $y=\log_2 x$에 대하여 다음 물음에 답하시오.
(단, n은 자연수이다.)

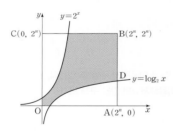

정사각형 OABC와 그 내부는 두 곡선 $y=2^x$, $y=\log_2 x$에 의하여 세 부분으로 나뉜다. $n=3$일 때 이 세 부분 중 어두운 부분의 넓이는?

→ 두 곡선은 직선 $y=x$에 대하여 대칭이야.

① $14+\dfrac{12}{\ln 2}$　✔② $16+\dfrac{14}{\ln 2}$　③ $18+\dfrac{16}{\ln 2}$

④ $20+\dfrac{18}{\ln 2}$　⑤ $22+\dfrac{20}{\ln 2}$

☑ 연관 개념 check

함수 $f(x)$가 닫힌구간 $[a, b]$에서 연속일 때, 곡선 $y=f(x)$와 x축 및 두 직선 $x=a$, $x=b$로 둘러싸인 도형의 넓이 S는
$S=\displaystyle\int_a^b |f(x)|\,dx$

해결 흐름

1 어두운 부분의 넓이는 한 변의 길이가 2^n인 정사각형의 넓이에서 칠해지지 않은 두 부분의 넓이를 빼면 되겠네.

2 칠해지지 않은 부분의 넓이는 곡선 $y=\log_2 x$를 정적분해서 구할 수 있겠다.

알찬 풀이

→ 두 함수 $y=2^x$과 $y=\log_2 x$는 서로 역함수 관계야.

$n=3$일 때, $A(8, 0)$, $B(8, 8)$, $C(0, 8)$이고, 곡선 $y=2^x$과 곡선 $y=\log_2 x$는 직선 $y=x$에 대하여 대칭이므로 오른쪽 그림과 같이 정사각형 OABC의 내부에서 칠해지지 않은 부분의 넓이는 서로 같다.

이 두 부분의 넓이를 각각 S라 하면

$$S=\int_1^8 \log_2 x\,dx$$
$$=\frac{1}{\ln 2}\int_1^8 \ln x\,dx$$
$$=\frac{1}{\ln 2}\Big[x\ln x-x\Big]_1^8$$
$$=\frac{1}{\ln 2}\times(8\ln 8-7)$$
$$=24-\frac{7}{\ln 2}$$

$\log_2 x=\dfrac{\ln x}{\ln 2}$를 이용해.

$\displaystyle\int \ln x\,dx=x\ln x-x+C$를 이용해.

→ $8\ln 8=8\ln 2^3=24\ln 2$

따라서 어두운 부분의 넓이는

$$8\times 8-2S=64-2\Big(24-\frac{7}{\ln 2}\Big)=16+\frac{14}{\ln 2}$$

→ 정사각형 OABC의 넓이야.

┌→ 먼저 두 곡선의 교점의 x좌표를 구해 봐.

그림에서 두 곡선 $y=e^x$, $y=xe^x$과 y축으로 둘러싸인 부분 A의 넓이를 a, 두 곡선 $y=e^x$, $y=xe^x$과 직선 $x=2$로 둘러싸인 부분 B의 넓이를 b라 할 때, $b-a$의 값은? **1** **2**

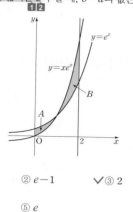

① $\dfrac{3}{2}$ ② $e-1$ ✔③ 2

④ $\dfrac{5}{2}$ ⑤ e

☑ 연관 개념 check

(1) 두 함수 $f(x)$, $g(x)$가 닫힌구간 $[a, b]$에서 연속일 때, 두 곡선 $y=f(x)$, $y=g(x)$ 및 두 직선 $x=a$, $x=b$로 둘러싸인 도형의 넓이 S는

$$S=\int_a^b |f(x)-g(x)|dx$$

(2) 두 함수 $f(x)$, $g(x)$가 미분가능하고 $f'(x)$, $g'(x)$가 닫힌구간 $[a, b]$에서 연속일 때,

$$\int_a^b f(x)g'(x)dx=\Big[f(x)g(x)\Big]_a^b-\int_a^b f'(x)g(x)dx$$

해결 흐름

1 정적분을 이용해서 두 부분 A, B의 넓이를 각각 구할 수 있겠다.

2 두 곡선의 교점의 x좌표가 정적분의 위끝 또는 아래끝이 되니까 먼저 교점의 x좌표부터 구해야겠네.

알찬 풀이

두 곡선 $y=e^x$, $y=xe^x$의 교점의 x좌표는

$e^x=xe^x$에서

$(x-1)e^x=0$ ∴ $x=1$ $(\because e^x>0)$

$a=\displaystyle\int_0^1 (e^x-xe^x)dx$

       └→ 주어진 그림에서 $0\leq x\leq 1$일 때 $e^x\geq xe^x$임을 알 수 있어.

$\quad =\displaystyle\int_0^1 (1-x)e^x dx$

이때 $f(x)=1-x$, $g(x)=e^x$으로 놓으면

$f'(x)=-1$, $g(x)=e^x$이므로

$$\int_0^1 (1-x)e^x dx=\Big[(1-x)e^x\Big]_0^1-\int_0^1(-e^x)dx$$

$$=(0-1)+\Big[e^x\Big]_0^1$$

$$=-1+(e-1)$$

$$=e-2$$

∴ $a=e-2$

$b=\displaystyle\int_1^2 (xe^x-e^x)dx$

     └→ 주어진 그림에서 $1\leq x\leq 2$일 때 $xe^x\geq e^x$임을 알 수 있어.

$\quad =\displaystyle\int_1^2 (x-1)e^x dx$

이때 $u(x)=x-1$, $v'(x)=e^x$으로 놓으면

$u'(x)=1$, $v(x)=e^x$이므로

$$\int_1^2 (x-1)e^x dx=\Big[(x-1)e^x\Big]_1^2-\int_1^2 e^x dx$$

$$=(e^2-0)-\Big[e^x\Big]_1^2$$

$$=e^2-(e^2-e)$$

$$=e$$

∴ $b=e$

∴ $b-a=e-(e-2)=2$

생생 수험 Talk

문제의 난이도가 높아질수록 문제에서 준 조건으로 문제 풀이를 해나가는 것이 중요하고, 그 조건들을 적절한 순서를 가지고 잘 활용하는 것이 중요해!

이런 문제 풀이를 할 때, 어떻게 풀어야 하는지 한번에 보이지 않는다면 일단 문제를 풀고 나서 답을 구한 후에 스스로 또는 해설을 보면서 문제 풀이의 순서를 정립하는 것이 좋아. 순서를 정해서 문제를 푸는 방법은 고난이도 문제 풀이뿐만 아니라 수시 수리 논술에도 도움이 되니까 여러모로 해볼 만한 방법일 거야.

86 정답률 56%

좌표평면에서 점 P는 시각 $t=0$일 때 $(0, -1)$에서 출발하여 시각 t에서의 속도가
$$v=(2t, 2\pi \sin 2\pi t)$$ ⓵
이고, 점 Q는 시각 $t=0$일 때 출발하여 시각 t에서의 위치가
$$Q(4 \sin 2\pi t, |\cos 2\pi t|)$$
이다. 출발한 후 두 점 P, Q가 만나는 횟수는? ⓶

① 1 　　✓② 2 　　③ 3
④ 4 　　⑤ 5

> 점 P는 속도가, 점 Q는 위치가 주어졌음에 유의해.

☑ 연관 개념 check

수직선 위를 움직이는 점 P의 시각 t에서의 속도가 $v(t)$, 시각 $t=a$에서의 위치가 x_0일 때, 시각 t에서의 점 P의 위치 x는
$$x=x_0+\int_a^t v(t)dt$$

☑ 실전 적용 key

위치를 미분하면 속도가 되고, 속도를 미분하면 가속도가 된다. 이때 적분은 미분의 역연산이므로 가속도를 적분하면 속도가 되고, 속도를 적분하면 위치가 된다.

위치 $\xrightarrow[적분]{미분}$ 속도 $\xrightarrow[적분]{미분}$ 가속도

속도에 대한 문제는 위의 관계를 이용하여 해결해야 하며, 주어진 조건이 무엇인지에 따라 적분해야 하는지 또는 미분해야 하는지를 파악하는 것이 중요하다.

수능 핵심 개념 | 방정식의 실근의 개수

방정식 $f(x)=g(x)$의 실근의 개수는 두 함수 $y=f(x)$, $y=g(x)$의 그래프의 교점의 개수와 같다.

해결 흐름

① 점 P의 시각 t에서의 속도를 이용하여 시각 t에서의 위치를 구해야겠어.

② 두 점 P, Q가 만나는 횟수는 두 점의 x좌표와 y좌표를 각각 연립한 방정식의 근의 개수와 같겠네.

알찬 풀이

$t=0$일 때 $(0, -1)$에서 출발하는 점 P의 시각 t에서의 위치를 (x, y)라 하면
$$x=0+\int_0^t 2t\,dt=\left[t^2\right]_0^t=t^2,$$
$$y=-1+\int_0^t 2\pi \sin 2\pi t\,dt$$
$$=-1+\left[-\cos 2\pi t\right]_0^t=-\cos 2\pi t$$
즉, 점 P의 시각 t에서의 위치는
$$P(t^2, -\cos 2\pi t)$$
두 점 P, Q가 만나는 횟수는 연립방정식
$$\begin{cases} t^2=4 \sin 2\pi t \\ -\cos 2\pi t=|\cos 2\pi t| \end{cases}$$
→ 두 점 P, Q의 x좌표와 y좌표가 각각 같아야 해.
의 실근의 개수와 같다.
방정식 $t^2=4 \sin 2\pi t$의 실근의 개수는 두 곡선
$$y=t^2, \quad y=4 \sin 2\pi t$$
→ 주기는 $\frac{2\pi}{2\pi}=1$, 치역은 $\{y|-4\leq y\leq 4\}$
의 교점의 개수이다.

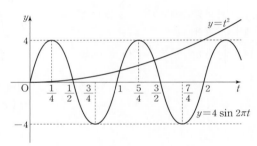

이때 방정식 $-\cos 2\pi t=|\cos 2\pi t|$에서 $\cos 2\pi t\leq 0$이므로
$$\frac{1}{4}\leq t\leq \frac{3}{4} \text{ 또는 } \frac{5}{4}\leq t\leq \frac{7}{4} \text{ 또는 } \cdots \quad \cdots\cdots ㉠$$
㉠의 범위에서 두 곡선이 만나는 점의 개수는 2이다.
따라서 두 점 P, Q가 만나는 횟수는 2이다.

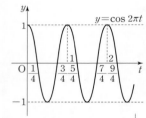

주기는 $\frac{2\pi}{2\pi}=1$, 치역은 $\{y|-1\leq y\leq 1\}$

생생 수험 Talk

고3 상반기까지는 국영수 중심으로 준비를 했었던 것 같아. 나는 개인적으로 부족했었던 국어 과목에 투자를 했어. 하지만 너무 국어 과목에만 치중하지는 않았고 꾸준히 다른 과목도 준비했었어. 어느 과목에만 너무 중점을 두면 다른 과목에 소홀할 수 있으니 모든 과목은 균형있게 공부할 수 있도록 잘 계획해야 해. 수능은 모든 과목을 잘 봐야하잖아. 그러고 나서 고3 여름방학에는 내가 겨울방학 때 공부하고 그나마 소홀히 했던 탐구 영역에 시간을 좀 더 투자했어. 국영수는 모의고사로 꾸준히 감을 유지하면서 탐구 영역의 개념들을 정리했지. 탐구 영역은 특별히 시간을 내서 공부하는 것보다 방학 때 공부해 두는 것이 중요하다고 생각해. 나에게 부족한 과목을 파악해서 전략적으로 공부 계획을 세우는 것은 분명히 큰 도움이 될거야.

양의 실수 전체의 집합에서 이계도함수를 갖는 함수 $f(t)$에 대하여 좌표평면 위를 움직이는 점 P의 시각 t ($t \geq 1$)에서의 위치 (x, y)가

$$\begin{cases} x = 2\ln t \\ y = f(t) \end{cases}$$ → 주어진 식을 이용해서 시각 t에서의 속도와 가속도를 구해 봐.

이다. 점 P가 점 $(0, f(1))$로부터 움직인 거리가 s가 될 때 ❶

시각 t는 $t = \dfrac{s + \sqrt{s^2 + 4}}{2}$이고, $t = 2$일 때 점 P의 속도는

$\left(1, \dfrac{3}{4}\right)$ ❷ 이다. 시각 $t = 2$일 때 점 P의 가속도를 $\left(-\dfrac{1}{2}, a\right)$ ❸ 라

할 때, $60a$의 값을 구하시오. **15**

☑ **연관 개념 check**

좌표평면 위를 움직이는 점 $\mathrm{P}(x, y)$의 시각 t에서의 위치가 $x = f(t)$, $y = g(t)$일 때, 시각 $t = a$에서 $t = b$까지 점 P가 움직인 거리 s는

$$s = \int_a^b \sqrt{\left(\dfrac{dx}{dt}\right)^2 + \left(\dfrac{dy}{dt}\right)^2}\, dt$$
$$= \int_a^b \sqrt{\{f'(t)\}^2 + \{g'(t)\}^2}\, dt$$

수능 핵심 개념 | 평면 운동에서의 속도와 가속도

좌표평면 위를 움직이는 점 $\mathrm{P}(x, y)$의 시각 t에서의 위치가 $x = f(t)$, $y = g(t)$로 나타내어질 때, 점 P의 시각 t에서의

(1) 속도: $\left(\dfrac{dx}{dt}, \dfrac{dy}{dt}\right)$ 또는 $(f'(t), g'(t))$

(2) 가속도: $\left(\dfrac{d^2x}{dt^2}, \dfrac{d^2y}{dt^2}\right)$ 또는 $(f''(t), g''(t))$

해결 흐름

❶ $\dfrac{dx}{dt}$, $\dfrac{dy}{dt}$를 구하면 점 P의 시각 t에서의 속도를 구하면 움직인 거리 s를 구할 수 있겠다.

❷ 주어진 식을 변형하고 ❶에서 구한 식을 이용하면 $f'(t)$, $f''(t)$를 구할 수 있겠네.

❸ $t = 2$일 때 점 P의 가속도를 이용하면 a의 값을 구할 수 있겠다.

알찬 풀이

$x = 2\ln t$, $y = f(t)$에서

$\dfrac{dx}{dt} = \dfrac{2}{t}$, $\dfrac{dy}{dt} = f'(t)$ → $y = \ln x$이면 $y' = \dfrac{1}{x}$ ☆★

점 P의 시각 t에서의 속도는 $\left(\dfrac{2}{t}, f'(t)\right)$

점 P의 시각 t에서의 가속도는 $\left(-\dfrac{2}{t^2}, f''(t)\right)$

이때 $s = \displaystyle\int_{\boxed{1}}^t \sqrt{\left(\dfrac{2}{t}\right)^2 + \{f'(t)\}^2}\, dt$ → 점 P가 점 $(0, f(1))$로부터 움직이니까 점 P가 움직이기 시작하는 시각은 $t = 1$이야.   ⋯⋯ ㉠

또, $t = \dfrac{s + \sqrt{s^2 + 4}}{2}$에서 $2t = s + \sqrt{s^2 + 4}$

$2t - s = \sqrt{s^2 + 4}$ → 양변을 제곱하면 $4t^2 - 4st + s^2 = s^2 + 4$, $4t^2 - 4st = 4$ ∴ $t^2 - st - 1 = 0$

위의 식의 양변을 제곱하여 정리하면

$t^2 - st - 1 = 0$ ∴ $s = \dfrac{t^2 - 1}{t}$ ⋯⋯ ㉡

㉠, ㉡에서

$\displaystyle\int_1^t \sqrt{\left(\dfrac{2}{t}\right)^2 + \{f'(t)\}^2}\, dt = \boxed{\dfrac{t^2 - 1}{t}}$ 함수의 몫의 미분법을 이용해 봐.

위의 식의 양변을 t에 대하여 미분하면 $\left(\dfrac{t^2-1}{t}\right)' = \dfrac{(t^2-1)' \times t - (t^2-1) \times (t)'}{t^2}$

$\sqrt{\dfrac{4}{t^2} + \{f'(t)\}^2} = \boxed{\dfrac{t^2 + 1}{t^2}}$ $= \dfrac{2t^2 - t^2 + 1}{t^2} = \dfrac{t^2+1}{t^2}$

위의 식의 양변을 제곱하여 정리하면

$\{f'(t)\}^2 = \dfrac{(t^2 - 1)^2}{t^4}$ ∴ $f'(t) = \pm\dfrac{t^2 - 1}{t^2}$

그런데 $t = 2$일 때 점 P의 속도가 $\left(1, \dfrac{3}{4}\right)$이므로

$f'(t) = \dfrac{t^2 - 1}{t^2} = 1 - \dfrac{1}{t^2}$

∴ $f''(t) = \dfrac{2}{t^3}$ → $f'(t) = 1 - \dfrac{1}{t^2} = 1 - t^{-2}$이므로 $f''(t) = 2t^{-3} = \dfrac{2}{t^3}$야.

또, $t = 2$일 때 점 P의 가속도가 $\left(-\dfrac{1}{2}, a\right)$이므로

$a = f''(2) = \dfrac{2}{8} = \dfrac{1}{4}$

∴ $60a = 60 \times \dfrac{1}{4} = 15$

실수 전체의 집합에서 연속인 함수 $f(x)$가 모든 실수 x에 대하여 $f(x) \geq 0$이고, $x < 0$일 때 $f(x) = -4xe^{4x^2}$이다. 모든 양수 t에 대하여 x에 대한 방정식 $f(x) = t$의 서로 다른 실근의 개수는 2이고, 이 방정식의 두 실근 중 작은 값을 $g(t)$, 큰 값을 $h(t)$라 하자.

→ $y = f(x)$의 그래프와 직선 $y = t$의 교점의 x좌표야.

두 함수 $g(t)$, $h(t)$는 모든 양수 t에 대하여

$$2g(t) + h(t) = k \ (k\text{는 상수})$$

를 만족시킨다. $\displaystyle\int_0^7 f(x)dx = e^4 - 1$일 때, $\dfrac{f(9)}{f(8)}$의 값은?

① $\dfrac{3}{2}e^5$ ✔② $\dfrac{4}{3}e^7$ ③ $\dfrac{5}{4}e^9$

④ $\dfrac{6}{5}e^{11}$ ⑤ $\dfrac{7}{6}e^{13}$

☑ 연관 개념 check

(1) 닫힌구간 $[a, b]$에서 연속인 함수 $f(x)$에 대하여 미분가능한 함수 $x = g(t)$의 도함수 $g'(t)$가 $a = g(\alpha)$, $b = g(\beta)$일 때, α와 β를 포함한 구간에서 연속이면

$$\int_a^b f(x)dx = \int_\alpha^\beta f(g(t))g'(t)dt$$

(2) 방정식 $f(x) = g(x)$의 서로 다른 실근의 개수는 두 함수 $y = f(x)$, $y = g(x)$의 그래프의 교점의 개수와 같다.

☑ 실전 적용 key

$2g(t) + h(t) = k$ (k는 상수), 즉 $h(t) = k - 2g(t)$이므로 $x \geq 0$일 때의 함수 $y = f(x)$의 그래프는 $x < 0$일 때의 함수 $y = f(x)$의 그래프를 가로로 2배 확대하여 y축에 대하여 대칭이동한 후, x축의 방향으로 k만큼 평행이동한 그래프임을 알 수 있다. 이때 함수 $f(x)$는 실수 전체의 집합에서 연속이고 모든 실수 x에 대하여 $f(x) \geq 0$이므로 $0 \leq x \leq k$에서 $f(x) = 0$이다.

해결 흐름

1 먼저 $x < 0$일 때 함수 $y = f(x)$의 그래프의 개형을 알아봐야지.

2 함수 $y = f(x)$의 그래프와 직선 $y = t$ ($t > 0$)는 항상 두 점에서 만나겠구나.

3 주어진 조건을 이용해서 $g(t)$와 $h(t)$ 사이의 관계를 알 수 있겠네.

4 $f(8)$, $f(9)$의 값을 구하기 위해서 $\displaystyle\int_0^7 f(x)dx = e^4 - 1$임을 이용하여 $x \geq 0$일 때의 함수 $f(x)$를 구해야겠다.

알찬 풀이

$x < 0$일 때 $f(x) = -4xe^{4x^2}$에서

$$f'(x) = -4(1 \times e^{4x^2} + x \times 8xe^{4x^2})$$
$$= -4(1 + 8x^2)e^{4x^2} < 0$$

☆ $\{e^{f(x)}\}' = e^{f(x)} \times f'(x)$

이므로 함수 $f(x)$는 $x < 0$에서 감소한다.

또, 모든 양수 t에 대하여 x에 대한 방정식 $f(x) = t$의 서로 다른 실근의 개수가 2이므로 함수 $f(x)$는 $x \geq 0$에서 증가한다.

이때 방정식 $f(x) = t$의 두 실근 중 작은 값이 $g(t)$, 큰 값이 $h(t)$이므로 $g(t) < 0$, $h(t) > 0$이다.

→ $y = f(x)$의 그래프와 직선 $y = t$의 두 교점의 x좌표가 $g(t)$, $h(t)$라는 뜻이야.

실수 전체의 집합에서 연속인 함수 $f(x)$가 모든 실수 x에 대하여 $f(x) \geq 0$이고, 모든 양수 t에 대하여

$$2g(t) + h(t) = k \ (k\text{는 상수})$$

즉, $h(t) = k - 2g(t)$가 성립하므로 함수 $y = f(x)$의 그래프의 개형은 오른쪽 그림과 같다.

→ ☑ 실전 적용 key를 확인해 봐.

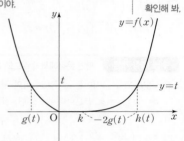

한편, $2g(t) + h(t) = k$에서 $g(t) = \dfrac{k - h(t)}{2}$이고 $f(g(t)) = f(h(t))$이므로

→ $f(g(t)) = f(h(t)) = t$이기 때문이야.

$$f\left(\frac{k - h(t)}{2}\right) = f(h(t))$$

$h(t) = x \ (x > k)$로 놓으면

→ $h(t)$는 k보다 크고 양수인 x좌표이므로 $h(t) = x$로 놓으면 $x \geq k$일 때의 함수 $f(x)$를 구할 수 있어.

$$f(x) = f\left(\frac{k - x}{2}\right) \ (x > k) \quad \cdots\cdots\ \text{㉠}$$

이때 $f\left(\dfrac{k - x}{2}\right)$에서 $\dfrac{k - x}{2} < 0$이므로 $f(x) = -4xe^{4x^2}$의 x에 $\dfrac{k - x}{2}$를 대입하면

→ $\dfrac{k - x}{2} = g(t) < 0$이야.

$$f\left(\frac{k - x}{2}\right) = -4 \times \frac{k - x}{2}e^{4\left(\frac{k-x}{2}\right)^2} = 2(x - k)e^{(x-k)^2} \quad \cdots\cdots\ \text{㉡}$$

㉠, ㉡에서 $x > k$일 때 $f(x) = 2(x - k)e^{(x-k)^2}$

$\displaystyle\int_0^7 f(x)dx = e^4 - 1$에서

$$\int_0^7 f(x)dx = \int_k^7 f(x)dx$$

→ $0 \leq x \leq k$일 때 $f(x) = 0$이기 때문이야.

$$= \int_k^7 2(x - k)e^{(x-k)^2}dx$$

$$= \left[e^{(x-k)^2}\right]_k^7$$

→ $\displaystyle\int e^{f(x)}f'(x)dx = e^{f(x)} + C$ (C는 적분상수) 를 이용했어.

$$= e^{(7-k)^2} - 1$$

이므로 $e^{(7-k)^2} - 1 = e^4 - 1$, $(7 - k)^2 = 4$

$7 - k = -2$ 또는 $7 - k = 2$ $\quad \therefore k = 5$ ($\because k < 7$)

→ $k \geq 7$이면 $\displaystyle\int_0^7 f(x)dx = \int_0^7 0\,dx = 0$이므로 문제의 조건을 만족시키지 않아.

따라서 $x > 5$일 때, $f(x) = 2(x - 5)e^{(x-5)^2}$이므로

$$\frac{f(9)}{f(8)} = \frac{8e^{16}}{6e^9} = \frac{4}{3}e^7$$

89 정답 ②   정답률 20%

해결 흐름

실수 a $(0<a<2)$에 대하여 함수 $f(x)$를

$$f(x)=\begin{cases} 2|\sin 4x| & (x<0) \\ -\sin ax & (x\geq 0) \end{cases}$$

이라 하자. 함수 **①**

$$g(x)=\left|\int_{-a\pi}^{x} f(t)dt\right|$$
① ②   **③**

가 실수 전체의 집합에서 미분가능할 때, a의 최솟값은?

① $\dfrac{1}{2}$ ✓ ② $\dfrac{3}{4}$ ┐$F(x)=\int_{-a\pi}^{x}\overset{③}{f(t)}dt$로 놓고 $g(x)$를

④ $\dfrac{5}{4}$ ⑤ $\dfrac{3}{2}$ $F(x)$에 대한 식으로 표현한 다음 미분해 봐.

해결 흐름

1 함수 $y=f(x)$의 그래프를 그린 후 $F(x)=\int_{-a\pi}^{x} f(t)dt$로 놓고 함수 $g(x)=|F(x)|$가 실수 전체의 집합에서 미분가능할 조건을 구해야겠다.

2 $x<0$, $x\geq 0$일 때로 나누어 **1**에서 구한 조건을 만족시키는 경우를 생각해야겠네.

3 **2**에서 구한 조건을 이용하여 a의 최솟값을 구해 봐야지.

☑ **연관 개념 check**

a가 상수이고, $f(x)$가 연속함수일 때,

$$\frac{d}{dx}\int_{a}^{x} f(t)dt=f(x)$$

☑ **실전 적용 key**

미분가능한 함수 $f(x)$에 대하여 함수 $|f(x)|$의 미분가능성은 $f(x)=0$을 만족시키는 x의 값에서 미분가능성을 조사하면 된다. $f(a)=0$일 때, $f'(a)=0$이면 $|f(x)|$는 $x=a$에서 미분가능하고, $f'(a)\neq 0$이면 $|f(x)|$는 $x=a$에서 미분가능하지 않다.

알찬 풀이

함수 $y=f(x)$의 그래프는 다음 그림과 같다.

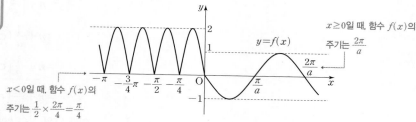

$x\geq 0$일 때, 함수 $f(x)$의 주기는 $\dfrac{2\pi}{a}$

$x<0$일 때, 함수 $f(x)$의 주기는 $\dfrac{1}{2}\times\dfrac{2\pi}{4}=\dfrac{\pi}{4}$

$g(x)=\left|\int_{-a\pi}^{x} f(t)dt\right|$에서 $F(x)=\int_{-a\pi}^{x} f(t)dt$라 하자.

$F(x)=\int_{-a\pi}^{x} f(t)dt$의 양변을 x에 대하여 미분하면 $F'(x)=f(x)$

$g(x)=|F(x)|=\begin{cases} -F(x) & (F(x)<0) \\ F(x) & (F(x)\geq 0) \end{cases}$ 이므로

$g'(x)=\begin{cases} -f(x) & (F(x)<0) \\ f(x) & (F(x)>0) \end{cases}$

따라서 함수 $g(x)=|F(x)|$가 실수 전체의 집합에서 미분가능하려면 $F(k)=0$인 실수 k가 존재하지 않거나 $F(k)=0$인 모든 실수 k에 대하여 $F'(k)=f(k)=0$이어야 한다.

(i) $x<0$일 때, ┗→ ☑ **실전 적용 key**를 확인해 봐.

$-a\pi<0$, $f(x)\geq 0$이므로   ┌→ $\int_{-a\pi}^{-a\pi} f(t)dt=0$이기 때문이야.

$F(k)=\int_{-a\pi}^{k} f(t)dt=0$인 음의 실수 k의 값은 $-a\pi$뿐이다.

$f(k)=f(-a\pi)=2|\sin(-4a\pi)|=0$이어야 하므로

$-4a\pi=-n\pi$ (단, n은 자연수) ┗→ $-a\pi<0$이므로 $f(x)=2|\sin 4x|$에 대입했어.

$\therefore a=\dfrac{n}{4}$ $\cdots\cdots$ ㉠

즉, $a=\dfrac{n}{4}$이면 $x<0$에서 함수 $g(x)$는 미분가능하다.

(ii) $x\geq 0$일 때,

양의 실수 x에 대하여

$F(x)=\int_{-a\pi}^{x} f(t)dt$

$=\int_{-\frac{n}{4}\pi}^{0} f(t)dt+\int_{0}^{x} f(t)dt$ $\cdots\cdots$ ㉡

이때 ┗→ ㉠에서 $a=\dfrac{n}{4}$이므로 $-a\pi=-\dfrac{n}{4}\pi$야.

$\int_{-\frac{\pi}{4}}^{0} f(t)dt=\int_{-\frac{\pi}{4}}^{0}(-2\sin 4t)dt$ ┐

$=\left[\dfrac{1}{2}\cos 4t\right]_{-\frac{\pi}{4}}^{0}$ ←┐ $\boxed{\int \sin ax\,dx=-\dfrac{1}{a}\cos ax+C \\ \text{(단, } a\neq 0, C\text{는 적분상수)}}$ ☆

$=\dfrac{1}{2}\cos 0-\dfrac{1}{2}\cos(-\pi)$

$=\dfrac{1}{2}-\left(-\dfrac{1}{2}\right)=1$

Ⅲ. 적분법

4강 적분

이고, $x < 0$일 때 $f\left(x - \dfrac{\pi}{4}\right) = f(x)$이므로

$$\int_{-\frac{n}{4}\pi}^{0} f(t)\,dt = n\int_{-\frac{\pi}{4}}^{0} f(t)\,dt$$

→ $x < 0$일 때 함수의 $f(x)$의 주기가 $\dfrac{\pi}{4}$이기 때문이야.

$$= n \times 1$$
$$= n$$

이것을 ㉡에 대입하면

$$F(x) = \int_{-\frac{n}{4}\pi}^{0} f(t)\,dt + \int_{0}^{x} f(t)\,dt$$

$$= n + \int_{0}^{x} (-\sin at)\,dt$$

$$= n + \left[\dfrac{1}{a}\cos at \right]_{0}^{x}$$

$$= n + \dfrac{1}{a}(\cos ax - \cos 0)$$

$$= n + \dfrac{1}{a}(\cos ax - 1)$$

$$= n + \dfrac{4}{n}\left(\cos \dfrac{n}{4}x - 1\right)$$ ← $a = \dfrac{n}{4}$을 대입했어.

이때 양의 실수 k에 대하여 $F(k) = 0$이라 하면

$n + \dfrac{4}{n}\left(\cos \dfrac{n}{4}k - 1\right) = 0$에서

$\dfrac{4}{n}\cos \dfrac{n}{4}k = \dfrac{4}{n} - n$

$\therefore \cos \dfrac{n}{4}k = 1 - \dfrac{n^2}{4}$

$f(k) = 0$이어야 하므로 $-\sin ak = 0$에서

← $k > 0$이므로 $f(x) = -\sin ax$에 대입했어.

$-\sin \dfrac{n}{4}k = 0$

← $a = \dfrac{n}{4}$을 대입했어.

$\therefore \sin \dfrac{n}{4}k = 0$

그런데 $\sin^2 \dfrac{n}{4}k + \cos^2 \dfrac{n}{4}k = 1$이므로

$0 + \left(1 - \dfrac{n^2}{4}\right)^2 = 1$에서

$1 - \dfrac{n^2}{4} = \pm 1$

$1 - \dfrac{n^2}{4} = 1$이면 $n^2 = 0$, $1 - \dfrac{n^2}{4} = -1$이면 $n^2 = 8$이므로 이를 만족시키는 자연수 n의 값은 존재하지 않는다.

즉, $F(k) = 0$일 때, $F'(k) = f(k) = 0$을 만족시키는 양의 실수 k가 존재하지 않으므로 함수 $g(x)$가 $x \geq 0$에서 미분가능하려면 모든 양의 실수 x에 대하여 $F(x) > 0$이어야 한다.

$n + \dfrac{4}{n}\left(\cos \dfrac{n}{4}x - 1\right) > 0$에서

← $\dfrac{4}{n} > 0$이므로 양변을 $\dfrac{4}{n}$로 나누어도 부등호의 방향이 바뀌지 않아.

$\dfrac{4}{n}\cos \dfrac{n}{4}x > \dfrac{4}{n} - n$

$\cos \dfrac{n}{4}x > 1 - \dfrac{n^2}{4}$

$-1 > 1 - \dfrac{n^2}{4}$

$\therefore n^2 > 8$ ┌→ 제곱하여 8보다 큰 최소의 자연수를 구했어.

따라서 자연수 n의 최솟값은 3이다.

(ⅰ), (ⅱ)에서 ㉠에 의하여 $a = \dfrac{n}{4}$이므로 a의 최솟값은 $\dfrac{3}{4}$이다.

최고차항의 계수가 9인 삼차함수 $f(x)$ **1** 가 다음 조건을 만족
시킨다.

> (가) $\lim\limits_{x \to 0} \dfrac{\sin(\pi \times f(x))}{x} = 0$ **2**
>
> (나) $f(x)$의 극댓값과 극솟값의 곱은 5이다. **3**

함수 $g(x)$는 $0 \le x < 1$일 때 $g(x) = f(x)$이고 모든 실수 x
에 대하여 $g(x+1) = g(x)$이다. $g(x)$가 실수 전체의 집합
에서 연속일 때, $\displaystyle\int_0^5 xg(x)dx = \dfrac{q}{p}$이다. $p+q$의 값을 구하 **4**
시오. (단, p와 q는 서로소인 자연수이다.) 115

☑ 연관 개념 check

함수 $f(x)$가 임의의 세 실수 a, b, c를 포함하는 닫힌구간에
서 연속일 때,

$$\int_a^c f(x)dx + \int_c^b f(x)dx = \int_a^b f(x)dx$$

☑ 오답 clear

함수 $g(x)$는 주기가 1인 주기함수이므로 주기함수의 정적분의 성
질을 다음과 같이 나타낼 수 있다.

$$\int_0^5 g(x)dx = \int_0^1 g(x)dx + \int_1^2 g(x)dx + \int_2^3 g(x)dx$$
$$+ \int_3^4 g(x)dx + \int_4^5 g(x)dx$$
$$= 5\int_0^1 g(x)dx$$

하지만 문제에서 주어진 $\displaystyle\int_0^5 xg(x)dx$의 함수 $xg(x)$는 주기함수
인지 아닌지 알 수 없으므로 주기함수의 정적분의 성질을 적용할
수 없다.

만약 함수 $xg(x)$가 주기함수라고 생각하여 주기함수의 정적분의
성질을 이용하면 다음과 같은 잘못된 결과를 얻을 수 있다.

$$\int_0^5 xg(x)dx = 5\int_0^1 xg(x)dx = 5\int_0^1 xf(x)dx$$
$$= 5\int_0^1 x(9x^3 - 9x^2 + 3)dx$$
$$= 5\int_0^1 (9x^4 - 9x^3 + 3x)dx$$
$$= 5\left[\frac{9}{5}x^5 - \frac{9}{4}x^4 + \frac{3}{2}x^2\right]_0^1 = \frac{21}{4}$$

해결 흐름

1 삼차함수 $f(x)$의 최고차항의 계수가 주어졌으므로 나머지 항의 계수를 알아야겠네.

2 조건 (가)에서 극한값이 존재할 조건을 이용하고, 미분계수의 정의를 이용하여 식을 변형하면 삼
차함수 $f(x)$에 대한 새로운 조건을 알아낼 수 있겠네.

3 **2** 에서 구한 조건과 함수 $g(x)$가 연속일 조건, 조건 (나)를 이용하면 함수 $f(x)$를 구할 수 있겠네.

4 함수 $g(x)$는 주기가 1인 주기함수이므로 적분 구간을 나누어 $\displaystyle\int_0^5 xg(x)dx$의 값을 구해야겠네.

알찬 풀이

조건 (가)에서 극한값이 존재하고 $x \longrightarrow 0$일 때, (분모) $\longrightarrow 0$이므로
(분자) $\longrightarrow 0$이다.

즉, $\lim\limits_{x \to 0} \sin(\pi \times f(x)) = 0$이므로 $\sin(\pi \times f(0)) = 0$

∴ $f(0) = n$ (단, n은 정수) ◁──── $\sin x = 0$이면 $x = n\pi$ (n은 정수)야.

삼차함수 $f(x)$의 최고차항의 계수가 9이므로

$$f(x) = 9x^3 + ax^2 + bx + n \ (a, b는 \ 상수, \ n은 \ 정수)$$

으로 놓을 수 있다.

$h(x) = \sin(\pi \times f(x))$라 하면

$$h'(x) = \pi f'(x) \times \cos(\pi \times f(x)) \quad\quad\quad \cdots\cdots \ \boxdot$$

조건 (가)에서

$$\lim\limits_{x \to 0} \frac{\sin(\pi \times f(x))}{x} = \lim\limits_{x \to 0} \frac{h(x) - \boxed{h(0)}}{x} = h'(0) = 0 \quad \cdots\cdots \ \boxdot$$

    $h(0) = \sin(\pi \times f(0))$
    $= \sin n\pi = 0$

$x = 0$을 $\boxdot$에 대입하면 $h'(0) = \pi f'(0) \cos n\pi$

이때 $\boxdot$에서 $h'(0) = 0$이므로 $\pi f'(0) \cos n\pi = 0$

∴ $f'(0) = 0$ ($\because \cos n\pi \ne 0$) $\quad\quad\quad\quad\quad \cdots\cdots \ \boxdot$

$x = 0$을 $f'(x) = 27x^2 + 2ax + b$에 대입하면

$f'(0) = b = 0$ ($\because \boxdot$)

따라서 $f(x) = 9x^3 + ax^2 + n$ (a는 상수, n은 정수)이다.

한편, 함수 $g(x)$가 실수 전체의 집합에서 연속이므로

$$\lim\limits_{x \to 1-} g(x) = \lim\limits_{x \to 1+} g(x)$$ → 경계가 되는 $x = 1$에서도 연속이어야 해.

이어야 한다.

함수 $g(x)$는 $0 \le x < 1$일 때 $g(x) = f(x)$이고 모든 실수 x에 대하여
$g(x+1) = g(x)$이므로 $\lim\limits_{x \to 1+} g(x) = \lim\limits_{x \to 0+} g(x)$

이때

$$\lim\limits_{x \to 1-} g(x) = \lim\limits_{x \to 1-} f(x) = 9 + a + n$$

   → $f(x)$는 다항함수이므로

$$\lim\limits_{x \to 1+} g(x) = \lim\limits_{x \to 0+} g(x) = \lim\limits_{x \to 0+} f(x) = n$$

   $\lim\limits_{x \to 1-} f(x) = f(1)$, $\lim\limits_{x \to 0+} f(x) = f(0)$이야.

이므로 $9 + a + n = n$ ∴ $a = -9$

∴ $f(x) = 9x^3 - 9x^2 + n$ (단, n은 정수)

$$f'(x) = 27x^2 - 18x = 27x\left(x - \frac{2}{3}\right)$$

$f'(x) = 0$에서 $x = 0$ 또는 $x = \dfrac{2}{3}$

함수 $f(x)$의 증가와 감소를 표로 나타내면 다음과 같다.

x	$\cdots$	0	$\cdots$	$\dfrac{2}{3}$	$\cdots$
$f'(x)$	$+$	0	$-$	0	$+$
$f(x)$	↗	n (극대)	↘	$n - \dfrac{4}{3}$ (극소)	↗

함수 $f(x)$는 $x = 0$에서 극댓값 n, $x = \dfrac{2}{3}$에서 극솟값 $n - \dfrac{4}{3}$를 가지므로

조건 (내)에 의하여 $n \times \left(n - \dfrac{4}{3}\right) = 5$

$3n^2 - 4n - 15 = 0$, $(3n+5)(n-3) = 0$ $\qquad \therefore n = 3$ ($\because n$은 정수)

따라서 $f(x) = 9x^3 - 9x^2 + 3$이므로

정적분의 성질을 이용해서 변형했어.

$\displaystyle\int_0^5 xg(x)dx$

$\rightarrow 0 \le x < 1$에서 $g(x) = f(x)$야.

$\displaystyle\int_a^{a+p} g(x)dx = \int_0^p g(x+a)dx$

가 성립함을 이용하여 적분 구간을 $[0, 1]$로 변형하여 나타냈어.

모든 실수 x에 대하여
$g(x+1) = g(x)$이므로
$g(x+4) = g(x+3) = g(x+2)$
$\qquad = g(x+1) = g(x)$

$= \displaystyle\int_0^1 xg(x)dx + \int_1^2 xg(x)dx + \int_2^3 xg(x)dx + \int_3^4 xg(x)dx + \int_4^5 xg(x)dx$

$= \displaystyle\int_0^1 xf(x)dx + \int_0^1 (x+1)g(x+1)dx + \int_0^1 (x+2)g(x+2)dx$
$\qquad\qquad + \displaystyle\int_0^1 (x+3)g(x+3)dx + \int_0^1 (x+4)g(x+4)dx$

$= \displaystyle\int_0^1 xf(x)dx + \int_0^1 (x+1)g(x)dx + \int_0^1 (x+2)g(x)dx$
$\qquad\qquad + \displaystyle\int_0^1 (x+3)g(x)dx + \int_0^1 (x+4)g(x)dx$

$= \displaystyle\int_0^1 xf(x)dx + \int_0^1 (x+1)f(x)dx + \int_0^1 (x+2)f(x)dx$
$\qquad\qquad + \displaystyle\int_0^1 (x+3)f(x)dx + \int_0^1 (x+4)f(x)dx$

$= \displaystyle\int_0^1 (5x+10)f(x)dx = 5\int_0^1 xf(x)dx + 10\int_0^1 f(x)dx$

$= 5\displaystyle\int_0^1 (9x^4 - 9x^3 + 3x)dx + 10\int_0^1 (9x^3 - 9x^2 + 3)dx$

$= 5\left[\dfrac{9}{5}x^5 - \dfrac{9}{4}x^4 + \dfrac{3}{2}x^2\right]_0^1 + 10\left[\dfrac{9}{4}x^4 - 3x^3 + 3x\right]_0^1$

$= 5 \times \left(\dfrac{9}{5} - \dfrac{9}{4} + \dfrac{3}{2}\right) + 10 \times \left(\dfrac{9}{4} - 3 + 3\right)$

$= \dfrac{21}{4} + \dfrac{45}{2} = \dfrac{111}{4}$

즉, $p = 4$, $q = 111$이므로 $p + q = 4 + 111 = 115$

빠른 풀이

함수 $g(x)$가 실수 전체의 집합에서 연속이므로 정수 m에 대하여

$\displaystyle\int_m^{m+1} xg(x)dx = \int_0^1 (x+m)g(x+m)dx$

$\qquad\qquad = \displaystyle\int_0^1 (x+m)g(x)dx = \int_0^1 (x+m)f(x)dx$

$\qquad\qquad = \displaystyle\int_0^1 xf(x)dx + m\int_0^1 f(x)dx$

$\qquad\qquad = \displaystyle\int_0^1 (9x^4 - 9x^3 + 3x)dx + m\int_0^1 (9x^3 - 9x^2 + 3)dx$

$\qquad\qquad = \left[\dfrac{9}{5}x^5 - \dfrac{9}{4}x^4 + \dfrac{3}{2}x^2\right]_0^1 + m\left[\dfrac{9}{4}x^4 - 3x^3 + 3x\right]_0^1$

$\qquad\qquad = \dfrac{21}{20} + \dfrac{9}{4}m$

임을 이용해서 $\displaystyle\int_0^5 xg(x)dx$의 값을 구할 수도 있다.

$\displaystyle\int_0^5 xg(x)dx = \int_0^1 xg(x)dx + \int_1^2 xg(x)dx + \int_2^3 xg(x)dx$
$\qquad\qquad + \displaystyle\int_3^4 xg(x)dx + \int_4^5 xg(x)dx$

$= \left(\dfrac{21}{20} + \dfrac{9}{4} \times 0\right) + \left(\dfrac{21}{20} + \dfrac{9}{4} \times 1\right) + \left(\dfrac{21}{20} + \dfrac{9}{4} \times 2\right)$
$\qquad + \left(\dfrac{21}{20} + \dfrac{9}{4} \times 3\right) + \left(\dfrac{21}{20} + \dfrac{9}{4} \times 4\right)$

$= \dfrac{111}{4}$

문제 해결 TIP

조성욱 | 연세대학교 치의예과 | 서라벌고등학교 졸업

미적분 30번 문제답게 함수의 극한, 함수의 연속성, 극대와 극소, 정적분의 성질 등을 알고 있어야 답을 구할 수 있었어. 비슷한 난이도의 문제를 풀어봤던 경험이 있다면 개념을 적용하여 차근차근 해결할 수 있었겠지만 '오답 clear'에서의 내용과 같이 자칫 알고 있는 것을 잘못 적용하면 오답을 구할 수도 있었을 거야. 따라서 무엇보다 개념을 확실히 알고, 평소에 다양한 문제 풀이 경험을 쌓는 게 좋아.

양의 실수 전체의 집합에서 감소하고 연속인 함수 $f(x)$가 다음 조건을 만족시킨다. → 두 양수 x_1, x_2에 대하여
$$x_1 < x_2 이면 f(x_1) > f(x_2)$$

(가) 모든 양의 실수 x에 대하여 $f(x) > 0$이다.
(나) 임의의 양의 실수 t에 대하여 세 점
$$(0, 0), (t, f(t)), (t+1, f(t+1))$$
을 꼭짓점으로 하는 삼각형의 넓이가 $\dfrac{t+1}{t}$이다. **1**
(다) $\displaystyle\int_1^2 \dfrac{f(x)}{x} dx = 2$

$\displaystyle\int_{\frac{7}{2}}^{\frac{11}{2}} \dfrac{f(x)}{x} dx = \dfrac{q}{p}$ **2** 라 할 때, $p+q$의 값을 구하시오. **127**

(단, p와 q는 서로소인 자연수이다.)

☑ **연관 개념 check**

함수 $f(x)$가 임의의 세 실수 a, b, c를 포함하는 닫힌구간에서 연속일 때,
$$\int_a^c f(x)dx + \int_c^b f(x)dx = \int_a^b f(x)dx$$

☑ **실전 적용 key**

이 문제는 삼각형의 넓이에 대한 식을 세운 후 함수 $f(x)$에 대한 규칙을 발견해야 한다. 이와 같이 정적분 문제에서 수열의 점화식 형태를 이용하는 문제가 종종 출제된다. 규칙을 발견하고 그 규칙을 이용하여 주어진 값을 구해야 하는데 구하는 값을 직관적으로 이해하기 힘든 경우가 많으므로 주어진 조건을 적절하게 활용하는 것이 중요하다.

한편, 세 꼭짓점 (x_1, y_1), (x_2, y_2), (x_3, y_3)이 주어진 경우 삼각형의 넓이는 $\dfrac{1}{2}|(x_1-x_2)y_3 + (x_2-x_3)y_1 + (x_3-x_1)y_2|$임을 이용하여 구할 수도 있다.

수능 핵심 개념 **부정적분의 정의**

$F(x)$는 $f(x)$의 한 부정적분이다.
$\iff F'(x) = f(x)$
$\iff$ 함수 $F(x)$의 도함수가 $f(x)$이다.
$\iff \displaystyle\int f(x)dx = F(x) + C$ (단, C는 적분상수)

$G(x+1) - G(x) = \dfrac{2}{x}$임을 알고 있으므로 정적분의 성질을 이용하여 적분 구간의 간격이 1이 되도록 나누어 적분한 식으로 나타내.

$G(t+1) - G(t) = \dfrac{2}{t}$에
$t = \dfrac{7}{2}$을 대입하면 $G\left(\dfrac{9}{2}\right) - G\left(\dfrac{7}{2}\right) = \dfrac{4}{7}$,
$t = \dfrac{9}{2}$를 대입하면 $G\left(\dfrac{11}{2}\right) - G\left(\dfrac{9}{2}\right) = \dfrac{4}{9}$

해결 흐름

1 삼각형의 세 꼭짓점의 좌표를 이용해서 삼각형의 넓이를 구하는 식을 세워 봐야겠다.
2 **1**에서 구한 식을 $\dfrac{f(x)}{x}$를 포함하도록 변형하여 정적분의 값을 구해 봐야겠다.

알찬 풀이

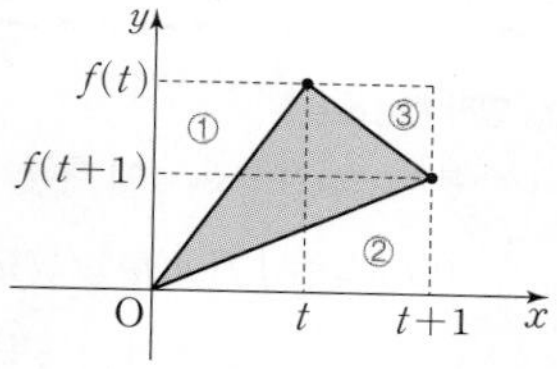

오른쪽 그림에서 세 점
$(0, 0), (t, f(t)), (t+1, f(t+1))$
을 꼭짓점으로 하는 삼각형의 넓이는 큰 직사각형의 넓이에서 색칠한 부분을 제외한 세 삼각형의 넓이를 뺀 것과 같고, 이 넓이가 $\dfrac{t+1}{t}$이므로
→ 큰 직사각형의 넓이

→ $x>0$에서 함수 $f(x)$가 감소하니까 $f(t) > f(t+1)$이야.

$$\underbrace{(t+1)f(t)}_{} - \underbrace{\dfrac{1}{2}tf(t)}_{①} - \underbrace{\dfrac{1}{2}(t+1)f(t+1)}_{②} - \underbrace{\dfrac{1}{2}\{f(t)-f(t+1)\}}_{③} = \dfrac{t+1}{t}$$

$$\dfrac{1}{2}\{(t+1)f(t) - tf(t+1)\} = \dfrac{t+1}{t}$$

위의 식의 양변에 $\dfrac{2}{t(t+1)}$를 곱하면

$$\dfrac{f(t)}{t} - \dfrac{f(t+1)}{t+1} = \dfrac{2}{t^2}$$

$$\therefore \dfrac{f(t+1)}{t+1} - \dfrac{f(t)}{t} = -\dfrac{2}{t^2}$$

$g(t) = \dfrac{f(t)}{t}$라 하면 $g(t+1) - g(t) = -\dfrac{2}{t^2}$

$g(t)$의 한 부정적분을 $G(t)$라 하면

$n \ne 1$일 때,
$\displaystyle\int x^n dx = \dfrac{1}{n+1}x^{n+1} + C$ (단, C는 적분상수) ☆

$$\int\{g(t+1) - g(t)\}dt = \int\left(-\dfrac{2}{t^2}\right)dt$$

$$G(t+1) - G(t) = \dfrac{2}{t} + C \text{ (C는 적분상수)} \quad \cdots\cdots ㉠$$

이때 조건 (다)에서

$$\int_1^2 \dfrac{f(x)}{x} dx = \int_1^2 g(x)dx = G(2) - G(1) = 2 \quad \cdots\cdots ㉡$$

㉠에 $t=1$을 대입하면

$$G(2) - G(1) = 2 + C \quad \cdots\cdots ㉢$$

㉡, ㉢에서 $2 + C = 2$ $\therefore C = 0$

㉠에 $C=0$을 대입하면

$$G(t+1) - G(t) = \dfrac{2}{t}$$

$$\therefore \int_{\frac{7}{2}}^{\frac{11}{2}} \dfrac{f(x)}{x} dx$$

$$= \int_{\frac{7}{2}}^{\frac{11}{2}} g(x)dx$$

$$= \int_{\frac{7}{2}}^{\frac{9}{2}} g(x)dx + \int_{\frac{9}{2}}^{\frac{11}{2}} g(x)dx$$

$$= \left\{G\left(\dfrac{9}{2}\right) - G\left(\dfrac{7}{2}\right)\right\} + \left\{G\left(\dfrac{11}{2}\right) - G\left(\dfrac{9}{2}\right)\right\}$$

$$= \dfrac{4}{7} + \dfrac{4}{9}$$

$$= \dfrac{64}{63}$$

따라서 $p = 63$, $q = 64$이므로
$p + q = 63 + 64 = 127$

실수 전체의 집합에서 미분가능한 함수 $f(x)$가 모든 실수 x에 대하여

$$f'(x^2+x+1)=\pi f(1)\sin \pi x+f(3)x+5x^2$$ **1 2**

을 만족시킬 때, $f(7)$의 값을 구하시오. **93**

→ $f'(x^2+x+1)$을 적분하려면
x^2+x+1을 미분한 식이 필요하겠네.

☑ **연관 개념 check**

(1) 미분가능한 함수 $g(t)$에 대하여 $x=g(t)$로 놓으면
$$\int f(x)dx=\int f(g(t))g'(t)dt$$

(2) 두 함수 $f(x)$, $g(x)$가 미분가능할 때,
$$\int f(x)g'(x)dx=f(x)g(x)-\int f'(x)g(x)dx$$

1 주어진 식의 양변에 $(x^2+x+1)'$을 곱한 후 양변을 적분해 봐야겠다.

2 **1**의 식의 x에 적당한 값을 대입하여 $f(1)$, $f(3)$의 값을 구해 봐야겠다.

알찬 풀이

$$f'(x^2+x+1)=\pi f(1)\sin \pi x+f(3)x+5x^2$$

의 양변에 $(x^2+x+1)'=2x+1$을 곱하고, $f(1)=a$, $f(3)=b$로 놓으면

$(2x+1)f'(x^2+x+1)$
$=a\pi(2x+1)\sin \pi x+bx(2x+1)+5x^2(2x+1)$
$=a\pi(2x+1)\sin \pi x+b(2x^2+x)+10x^3+5x^2$

좌변을 적분하면

$$\int (x^2+x+1)'f'(x^2+x+1)dx=f(x^2+x+1)+C_1 \ (C_1\text{은 적분상수})$$

우변을 적분하면

$$a\pi \int (2x+1)\sin \pi x\, dx+\int \{b(2x^2+x)+10x^3+5x^2\}dx$$
$$=a\pi \int (2x+1)\sin \pi x\, dx+b\left(\frac{2}{3}x^3+\frac{1}{2}x^2\right)+\frac{5}{2}x^4+\frac{5}{3}x^3+C_2$$
$$(C_2\text{는 적분상수})$$

이때 $\int (2x+1)\sin \pi x\, dx$에서 $u(x)=2x+1$, $v'(x)=\sin \pi x$로 놓으면

$u'(x)=2$, $v(x)=-\frac{1}{\pi}\cos \pi x$이므로

$$\int (2x+1)\sin \pi x\, dx$$
$$=(2x+1)\left(-\frac{1}{\pi}\cos \pi x\right)-2\int \left(-\frac{1}{\pi}\cos \pi x\right)dx$$
$$=-\frac{2x+1}{\pi}\cos \pi x+\frac{2}{\pi^2}\sin \pi x+C_3 \ (C_3\text{은 적분상수})$$

$\therefore f(x^2+x+1)$
$$=-a(2x+1)\cos \pi x+\frac{2a}{\pi}\sin \pi x$$
$$+b\left(\frac{2}{3}x^3+\frac{1}{2}x^2\right)+\frac{5}{2}x^4+\frac{5}{3}x^3+C \ (C\text{는 적분상수}) \ \cdots\cdots \ \ominus$$

$x^2+x+1=1$에서 $x(x+1)=0$이므로
$x=0$ 또는 $x=-1$을 대입하면 $f(1)$의
값을 구할 수 있어.

$\ominus$의 양변에 $\boxed{x=0}$을 대입하면 $f(1)=-a+C$

이때 $f(1)=a$이므로 $-a+C=a$ $\therefore C=2a$

$\ominus$의 양변에 $\boxed{x=-1}$을 대입하면 $f(1)=-a-\frac{1}{6}b+\frac{5}{6}+C$

이때 $f(1)=a$이고, $C=2a$이므로

$a=-a-\frac{1}{6}b+\frac{5}{6}+2a$ $\therefore b=5$

$x^2+x+1=3$에서 $(x+2)(x-1)=0$
이므로 $x=-2$ 또는 $x=1$을 대입하면
$f(3)$의 값을 구할 수 있어.

$\ominus$의 양변에 $\boxed{x=1}$을 대입하면 $f(3)=3a+\frac{7}{6}b+\frac{25}{6}+C$

이때 $f(3)=b=5$이고, $C=2a$이므로

$5=3a+\frac{35}{6}+\frac{25}{6}+2a$, $5a=-5$

$\therefore a=-1$, $C=-2$

$\therefore f(x^2+x+1)$
$$=(2x+1)\cos \pi x-\frac{2}{\pi}\sin \pi x+5\left(\frac{2}{3}x^3+\frac{1}{2}x^2\right)+\frac{5}{2}x^4+\frac{5}{3}x^3-2$$

$x^2+x+1=7$에서 $(x+3)(x-2)=0$
이므로 $x=-3$ 또는 $x=2$를 대입하면
$f(7)$의 값을 구할 수 있어.

따라서 위의 식의 양변에 $\boxed{x=2}$를 대입하면

$$f(7)=5+5\times\left(\frac{16}{3}+2\right)+40+\frac{40}{3}-2=93$$

Part

2

해설편

23 수능 유형 › ∞−∞ 꼴인 수열의 극한 　　정답률 92%　　정답 ⑤

$$\lim_{n \to \infty}(\sqrt{n^2+9n}-\sqrt{n^2+4n})$$
$$=\lim_{n \to \infty}\frac{(\sqrt{n^2+9n}-\sqrt{n^2+4n})(\sqrt{n^2+9n}+\sqrt{n^2+4n})}{\sqrt{n^2+9n}+\sqrt{n^2+4n}}$$
$$=\lim_{n \to \infty}\frac{(n^2+9n)-(n^2+4n)}{\sqrt{n^2+9n}+\sqrt{n^2+4n}}$$
$$=\lim_{n \to \infty}\frac{5n}{\sqrt{n^2+9n}+\sqrt{n^2+4n}}$$
$$=\lim_{n \to \infty}\frac{5}{\sqrt{1+\dfrac{9}{n}}+\sqrt{1+\dfrac{4}{n}}}$$
$$=\frac{5}{1+1}=\frac{5}{2}$$

24 수능 유형 › 매개변수로 나타낸 함수의 미분법 　　정답률 84%　　정답 ④

$$\frac{dx}{dt}=\frac{5(t^2+1)-5t \times 2t}{(t^2+1)^2}=\frac{5(1-t^2)}{(t^2+1)^2},$$
$$\frac{dy}{dt}=3 \times \frac{2t}{t^2+1}=\frac{6t}{t^2+1}$$
이므로
$$\frac{dy}{dx}=\frac{\dfrac{dy}{dt}}{\dfrac{dx}{dt}}=\frac{\dfrac{6t}{t^2+1}}{\dfrac{5(1-t^2)}{(t^2+1)^2}}=\frac{6t(t^2+1)}{5(1-t^2)}$$
따라서 $t=2$일 때,
$$\frac{dy}{dx}=\frac{12 \times 5}{5 \times (-3)}=-4$$

25 수능 유형 › 지수함수와 로그함수의 극한 　　정답률 79%　　정답 ①

$\lim\limits_{x \to 0}\dfrac{2^{ax+b}-8}{2^{bx}-1}=16$에서 $x \longrightarrow 0$일 때 (분모) $\longrightarrow 0$이고 극한값
이 존재하므로 (분자) $\longrightarrow 0$이어야 한다.
즉, $\lim\limits_{x \to 0}(2^{ax+b}-8)=0$에서 $2^b-8=0$
$2^b=8$ 　　∴ $b=3$

$b=3$을 주어진 식의 좌변에 대입하면
$$\lim_{x \to 0}\frac{2^{ax+b}-8}{2^{bx}-1}=\lim_{x \to 0}\frac{2^{ax+3}-8}{2^{3x}-1}$$
$$=\lim_{x \to 0}\frac{8(2^{ax}-1)}{2^{3x}-1}$$
$$=8 \times \lim_{x \to 0}\left(\frac{2^{ax}-1}{ax} \times \frac{3x}{2^{3x}-1} \times \frac{a}{3}\right)$$
$$=8 \times \frac{a}{3} \times \lim_{x \to 0}\frac{2^{ax}-1}{ax} \times \lim_{x \to 0}\frac{3x}{2^{3x}-1}$$
$$=\frac{8}{3}a \times \ln 2 \times \frac{1}{\ln 2}$$
$$=\frac{8}{3}a$$

즉, $\dfrac{8}{3}a=16$이므로 $a=6$
∴ $a+b=6+3=9$

26 수능 유형 › 방정식과 부등식에의 활용 　　정답률 75%　　정답 ②

방정식 $x^2-5x+2\ln x=t$에서 $f(x)=x^2-5x+2\ln x$라 하면
$$f'(x)=2x-5+2 \times \frac{1}{x}=\frac{2x^2-5x+2}{x}$$
$$=\frac{(2x-1)(x-2)}{x}$$
$f'(x)=0$에서 $x=\dfrac{1}{2}$ 또는 $x=2$
함수 $f(x)$의 증가와 감소를 표로 나타내면 다음과 같다.

x	(0)	⋯	$\dfrac{1}{2}$	⋯	2	⋯
$f'(x)$		$+$	0	$-$	0	$+$
$f(x)$		↗	$-\dfrac{9}{4}-2\ln 2$	↘	$-6+2\ln 2$	↗

또, $\lim\limits_{x \to \infty}f(x)=\infty$,
$\lim\limits_{x \to 0+}f(x)=-\infty$이므로 함수
$y=f(x)$의 그래프는 오른쪽 그
림과 같다. 이때 방정식
$x^2-5x+2\ln x=t$의 서로 다
른 실근의 개수가 2가 되려면 함
수 $y=f(x)$의 그래프와 직선
$y=t$가 서로 다른 두 점에서 만나야 하므로
$t=-\dfrac{9}{4}-2\ln 2$ 또는 $t=-6+2\ln 2$
따라서 모든 실수 t의 값의 합은
$$\left(-\frac{9}{4}-2\ln 2\right)+(-6+2\ln 2)=-\frac{33}{4}$$

27 수능 유형 › 접선의 방정식 　　정답률 67%　　정답 ③

$y=\sin x$에서 $y'=\cos x$이므로 곡선 $y=\sin x$ 위의 점
$\text{P}(t, \sin t)$에서의 접선의 기울기는 $\cos t$이다.

즉, 이 접선이 x축의 양의 방향과 이루는 각의 크기를 α라 하면

$\tan \alpha = \cos t$

또, 점 P를 지나고 기울기가 -1인 직선이 x축의 양의 방향과 이루는 각의 크기를 β라 하면

$\tan \beta = -1$

따라서 두 직선이 이루는 예각의 크기 θ는 $\theta = |\alpha - \beta|$이므로

$$\tan \theta = |\tan(\alpha - \beta)| = \left| \frac{\tan \alpha - \tan \beta}{1 + \tan \alpha \tan \beta} \right|$$

$$= \left| \frac{\cos t - (-1)}{1 + \cos t \times (-1)} \right|$$

$$= \left| \frac{\cos t + 1}{1 - \cos t} \right|$$

이때 $0 < t < \pi$에서 $\cos t + 1 > 0$, $1 - \cos t > 0$이므로

$$\tan \theta = \frac{\cos t + 1}{1 - \cos t}$$

이것을 주어진 식에 대입하면

$$\lim_{t \to \pi-} \frac{\tan \theta}{(\pi - t)^2} = \lim_{t \to \pi-} \frac{\dfrac{\cos t + 1}{1 - \cos t}}{(\pi - t)^2}$$

$$= \lim_{t \to \pi-} \frac{\cos t + 1}{(\pi - t)^2 (1 - \cos t)}$$

이때 $\pi - t = x$라 하면 $t \longrightarrow \pi -$일 때 $x \longrightarrow 0+$이고,
$\cos t = \cos(\pi - x) = -\cos x$이므로

$$\lim_{t \to \pi-} \frac{\tan \theta}{(\pi - t)^2} = \lim_{t \to \pi-} \frac{\cos t + 1}{(\pi - t)^2 (1 - \cos t)}$$

$$= \lim_{x \to 0+} \frac{-\cos x + 1}{x^2 (1 + \cos x)}$$

$$= \lim_{x \to 0+} \frac{1 - \cos^2 x}{x^2 (1 + \cos x)^2}$$

$$= \lim_{x \to 0+} \frac{\sin^2 x}{x^2 (1 + \cos x)^2}$$

$$= \lim_{x \to 0+} \left\{ \frac{\sin^2 x}{x^2} \times \frac{1}{(1 + \cos x)^2} \right\}$$

$$= \lim_{x \to 0+} \frac{\sin^2 x}{x^2} \times \lim_{x \to 0+} \frac{1}{(1 + \cos x)^2}$$

$$= 1^2 \times \frac{1}{2^2} = \frac{1}{4}$$

☑ 실전 적용 key
두 직선이 이루는 각의 크기를 구하는 문제는 다음을 이용한다.
(1) 직선 $y = mx + n$이 x축의 양의 방향과 이루는 각의 크기를 θ라 하면
$m = \tan \theta$
(2) 두 직선 l, m이 x축의 양의 방향과 이루는 각의 크기가 각각 α, β일 때, 두 직선 l, m이 이루는 예각의 크기를 θ라 하면
$$\tan \theta = |\tan(\alpha - \beta)| = \left| \frac{\tan \alpha - \tan \beta}{1 + \tan \alpha \tan \beta} \right|$$

28 수능 유형 ▶ 도함수의 활용−함수의 극대·극소와 최대·최소   정답률 26%   정답 ②

조건 ㈎의 식의 양변에 $x = 0$, $x = 2$를 각각 대입하면

$\{f(0)\}^2 + 2f(0) = a + b$ …… ㉠

$\{f(2)\}^2 + 2f(2) = a + b$ …… ㉡

㉠, ㉡에서

$\{f(0)\}^2 + 2f(0) = \{f(2)\}^2 + 2f(2)$

$\{f(0)\}^2 - \{f(2)\}^2 + 2f(0) - 2f(2) = 0$

$\{f(0) - f(2)\}\{f(0) + f(2) + 2\} = 0$

$\therefore f(0) = f(2)$ 또는 $f(0) + f(2) + 2 = 0$

이때 $f(0) = f(2)$이면 조건 ㈏를 만족시키지 않으므로

$f(0) + f(2) + 2 = 0$

조건 ㈏에서 $f(0) = f(2) + 1$을 위의 식에 대입하면

$\{f(2) + 1\} + f(2) + 2 = 0$

$2f(2) = -3$ $\therefore f(2) = -\dfrac{3}{2}$, $f(0) = -\dfrac{1}{2}$

$f(0) = -\dfrac{1}{2}$을 ㉠에 대입하면

$\left(-\dfrac{1}{2}\right)^2 + 2 \times \left(-\dfrac{1}{2}\right) = a + b$

$\therefore a + b = -\dfrac{3}{4}$ …… ㉢

조건 ㈎의 좌변의 식을 $g(x)$라 하면

$g(x) = \{f(x)\}^2 + 2f(x) = \{f(x) + 1\}^2 - 1$

이므로 함수 $g(x)$는 $f(x) = -1$을 만족시키는 x의 값에서 최솟값 -1을 갖는다.

이때 $f(0) = -\dfrac{1}{2} > -1$, $f(2) = -\dfrac{3}{2} < -1$이고 함수 $f(x)$는 실수 전체의 집합에서 연속이므로 사잇값의 정리에 의하여 $f(x) = -1$을 만족시키는 x가 열린구간 $(0, 2)$에 적어도 하나 존재한다. 또,

$g(x) = a\cos^3 \pi x \times e^{\sin^2 \pi x} + b$

이므로

$$g'(x) = 3a\cos^2 \pi x \times (-\pi \sin \pi x) \times e^{\sin^2 \pi x}$$
$$+ a\cos^3 \pi x \times e^{\sin^2 \pi x} \times 2\sin \pi x \times \pi \cos \pi x$$
$$= a\pi \cos^2 \pi x \times \sin \pi x \times e^{\sin^2 \pi x} \times (-3 + 2\cos^2 \pi x)$$

열린구간 $(0, 2)$에서 $\cos^2 \pi x \geq 0$, $e^{\sin^2 \pi x} > 0$, $-3 + 2\cos^2 \pi x < 0$

이므로 $g'(x) = 0$에서 $\cos^2 \pi x = 0$ 또는 $\sin \pi x = 0$

$\therefore x = \dfrac{1}{2}$ 또는 $x = 1$ 또는 $x = \dfrac{3}{2}$

이때 $\sin \pi x$의 부호가 $x = 1$의 좌우에서 양에서 음으로 바뀌므로 $g'(x)$의 부호는 $x = 1$의 좌우에서 음에서 양으로 바뀐다. 즉, $g(x)$는 $x = 1$에서 극솟값을 갖는다.

㉠, ㉡에서 $g(0) = a + b$, $g(2) = a + b$이고 $a > 0$이므로 닫힌구간 $[0, 2]$에서 함수 $g(x)$의 최솟값은 $g(1) = -a + b$이다.

$\therefore -a + b = -1$ …… ㉣

㉢, ㉣을 연립하여 풀면

$a = \dfrac{1}{8}$, $b = -\dfrac{7}{8}$

$\therefore a \times b = \dfrac{1}{8} \times \left(-\dfrac{7}{8}\right) = -\dfrac{7}{64}$

☑ 실전 적용 key
도함수의 식이 여러 개의 식의 곱으로 주어진 경우 부호가 바뀌는 식만 찾아 이 식의 값이 0이 되는 x의 값에서 도함수의 부호가 어떻게 바뀌는지만 확인하면 된다.

$g'(x) = a\pi \cos^2 \pi x \times \sin \pi x \times e^{\sin^2 \pi x} \times (-3 + 2\cos^2 \pi x)$

이고 $a > 0$, $\cos^2 \pi x \geq 0$, $e^{\sin^2 \pi x} > 0$, $-3 + 2\cos^2 \pi x < 0$이므로

$\sin \pi x = 0$이 되는 x의 값에서 도함수의 부호가 어떻게 바뀌는지 확인하면 극값을 갖는 x의 값을 구할 수 있다.

$x^2-2xy+2y^2=15$의 양변을 x에 대하여 미분하면

$2x-2y-2x\times\dfrac{dy}{dx}+4y\times\dfrac{dy}{dx}=0$

$(2x-4y)\dfrac{dy}{dx}=2x-2y$

$\therefore \dfrac{dy}{dx}=\dfrac{x-y}{x-2y}$ (단, $x\neq2y$)

점 A$(a,a+k)$에서의 접선의 기울기는

$\dfrac{a-(a+k)}{a-2(a+k)}=\dfrac{k}{a+2k}$

점 B$(b,b+k)$에서의 접선의 기울기는

$\dfrac{b-(b+k)}{b-2(b+k)}=\dfrac{k}{b+2k}$

두 점 A, B에서의 접선이 서로 수직이므로

$\dfrac{k}{a+2k}\times\dfrac{k}{b+2k}=-1$

$\therefore 5k^2+2(a+b)k+ab=0$ ...... ㉠

이때 두 점 A$(a,a+k)$, B$(b,b+k)$가 곡선
$x^2-2xy+2y^2=15$, 즉 $(x-y)^2+y^2=15$ 위의 점이므로

$k^2+(a+k)^2=15$ ...... ㉡

$k^2+(b+k)^2=15$ ...... ㉢

㉡, ㉢에서

$(a+k)^2=(b+k)^2$

$a^2+2ak+k^2=b^2+2bk+k^2,\ a^2-b^2+2ak-2bk=0$

$(a+b)(a-b)+2k(a-b)=0,\ (a-b)(a+b+2k)=0$

$\therefore a=b$ 또는 $a+b=-2k$

이때 $a\neq b$이므로 $a+b=-2k$ ...... ㉣

㉣을 ㉠에 대입하면

$5k^2-4k^2+ab=0$ $\therefore k^2=-ab$ ...... ㉤

㉡에서 $2k^2+2ak+a^2=15$

㉣, ㉤을 위의 식에 대입하면

$2(-ab)+a(-a-b)+a^2=15$

$-3ab=15$ $\therefore ab=-5$

$\therefore k^2=-ab=-(-5)=5$

☑ **실전 적용 key**

곡선 $f(x,y)=0$ 위의 점 (x_1,y_1)에서의 접선의 기울기는 다음과 같은 순서로 구한다.

① $f(x,y)=0$에서 y를 x에 대한 함수로 보고, 각 항을 x에 대하여 미분하여 $\dfrac{dy}{dx}$를 구한다.

② $\dfrac{dy}{dx}$에 $x=x_1,\ y=y_1$을 대입하여 접선의 기울기를 구한다.

등비수열 $\{a_n\}$의 공비를 r라 하면 $a_n=a_1r^{n-1}$

이때 $a_1=0$이면 $a_n=0$이므로 $b_n=0$이 되어 주어진 조건을 만족시키지 않는다. 즉, $a_1\neq0$

또, 모든 자연수 n에 대하여 $b_n=-1$ 또는 $b_n=a_n$이므로 주어진 조건에서 두 급수 $\displaystyle\sum_{n=1}^{\infty}b_{2n-1}$, $\displaystyle\sum_{n=1}^{\infty}b_{2n}$이 수렴하려면 $-1<r<1$이어야 하고, $r=0$이면 수열 $\{a_n\}$은 첫째항을 제외하고 모두 0이므로 $a_3=b_3=0$이 되어 주어진 조건을 만족시키지 않는다.

즉, $-1<r<0$ 또는 $0<r<1$

한편, $b_3=-1$에서 $a_3\leq-1$이므로 $a_1r^2\leq-1$

이때 $0<r^2<1$이므로 $a_1\leq-1$

$\therefore b_1=-1$

또, $a_1\leq-1$에서 $0<r<1$이면 수열 $\{a_n\}$의 모든 항은 음수가 되므로 조건 (나)를 만족시키지 않는다. 즉, $-1<r<0$

(i) $n=2k-1$ (k는 자연수)일 때,

$b_{2k-1}=\begin{cases}-1 & (a_{2k-1}\leq-1)\\ a_{2k-1} & (a_{2k-1}>-1)\end{cases}$이고

$a_1\leq-1$, $-1<r<0$에서 $a_{2k-1}<0$이므로 $b_{2k-1}<0$

이때 $a_5\leq-1$이면 $b_5=-1$이므로 $b_1+b_3+b_5=-3$이고 $b_7<0$, $b_9<0$, $b_{11}<0$, $\cdots$이므로 조건 (가)를 만족시키지 않는다.

즉, $b_5\neq-1$이므로 $b_5=a_5$

따라서 $b_{2k-1}=\begin{cases}-1 & (k\leq2)\\ a_{2k-1} & (k>2)\end{cases}$이므로 조건 (가)에서

$\displaystyle\sum_{n=1}^{\infty}b_{2n-1}=b_1+b_3+\sum_{n=3}^{\infty}a_{2n-1}$

$\qquad\qquad\quad=-1+(-1)+\dfrac{a_5}{1-r^2}=-3$

$\therefore \dfrac{a_1r^4}{1-r^2}=-1$ ...... ㉠

(ii) $n=2k$ (k는 자연수)일 때,

$a_1\leq-1$, $-1<r<0$에서 $a_{2k}>0$이므로 $b_{2k}=a_{2k}$

즉, 수열 $\{b_{2n}\}$은 첫째항이 a_2이고 공비가 r^2인 등비수열이므로 조건 (나)에서

$\displaystyle\sum_{n=1}^{\infty}b_{2n}=\dfrac{a_2}{1-r^2}=8$ $\therefore \dfrac{a_1r}{1-r^2}=8$ ...... ㉡

㉠÷㉡을 하면 $r^3=-\dfrac{1}{8}$ $\therefore r=-\dfrac{1}{2}$

$r=-\dfrac{1}{2}$을 ㉡에 대입하면

$\dfrac{-\dfrac{1}{2}a_1}{1-\dfrac{1}{4}}=8$, $-\dfrac{1}{2}a_1=6$ $\therefore a_1=-12$

따라서 $a_n=-12\times\left(-\dfrac{1}{2}\right)^{n-1}$이므로 $|a_n|=12\times\left(\dfrac{1}{2}\right)^{n-1}$

$\therefore \displaystyle\sum_{n=1}^{\infty}|a_n|=\sum_{n=1}^{\infty}\left\{12\times\left(\dfrac{1}{2}\right)^{n-1}\right\}=\dfrac{12}{1-\dfrac{1}{2}}=24$

☑ **실전 적용 key**

첫째항이 a이고 공비가 r $(-1<r<1)$인 등비수열 $\{a_n\}$에 대하여 수열 $\{a_{2n}\}$은 첫째항이 ar이고 공비가 r^2인 등비수열이므로

$\displaystyle\sum_{n=1}^{\infty}a_{2n}=\dfrac{ar}{1-r^2}$

제2회

다른 풀이

$f(x)=x+\ln x$에서 $f'(x)=1+\dfrac{1}{x}$이므로

$$\int_1^e \left(1+\frac{1}{x}\right)f(x)\,dx=\int_1^e f'(x)f(x)\,dx$$
$$=\left[\frac{1}{2}\{f(x)\}^2\right]_1^e$$
$$=\frac{1}{2}\{f(e)\}^2-\frac{1}{2}\{f(1)\}^2$$
$$=\frac{1}{2}(e+1)^2-\frac{1}{2}(1+0)^2$$
$$=\frac{e^2}{2}+e$$

---

23 수능 유형 › 지수함수와 로그함수의 극한　정답률 96%　정답 ④

$$\lim_{x\to 0}\frac{e^{7x}-1}{e^{2x}-1}=\lim_{x\to 0}\left(\frac{e^{7x}-1}{7x}\times\frac{2x}{e^{2x}-1}\times\frac{7}{2}\right)$$
$$=\frac{7}{2}\lim_{x\to 0}\frac{e^{7x}-1}{7x}\times\lim_{x\to 0}\frac{2x}{e^{2x}-1}$$
$$=\frac{7}{2}\times 1\times 1$$
$$=\frac{7}{2}$$

---

24 수능 유형 › 매개변수로 나타낸 함수의 미분법　정답률 85%　정답 ②

$\dfrac{dx}{dt}=1-2\sin 2t$, $\dfrac{dy}{dt}=2\sin t\cos t$이므로

$$\frac{dy}{dx}=\frac{\dfrac{dy}{dt}}{\dfrac{dx}{dt}}=\frac{2\sin t\cos t}{1-2\sin 2t}\ (\text{단, }1-2\sin 2t\neq 0)$$

따라서 $t=\dfrac{\pi}{4}$일 때,

$$\frac{dy}{dx}=\frac{2\sin\dfrac{\pi}{4}\cos\dfrac{\pi}{4}}{1-2\sin\dfrac{\pi}{2}}$$
$$=\frac{2\times\dfrac{\sqrt{2}}{2}\times\dfrac{\sqrt{2}}{2}}{1-2\times 1}$$
$$=-1$$

---

25 수능 유형 › 치환적분법　정답률 80%　정답 ②

$f(x)=x+\ln x=t$로 놓으면 $1+\dfrac{1}{x}=\dfrac{dt}{dx}$이고

$x=1$일 때 $t=1$, $x=e$일 때 $t=e+1$이므로

$$\int_1^e \left(1+\frac{1}{x}\right)f(x)\,dx=\int_1^{e+1} t\,dt$$
$$=\left[\frac{1}{2}t^2\right]_1^{e+1}$$
$$=\frac{1}{2}(e+1)^2-\frac{1}{2}\times 1^2$$
$$=\frac{e^2}{2}+e$$

---

26 수능 유형 › 등비급수의 합　정답률 72%　정답 ⑤

등차수열 $\{a_n\}$의 공차를 d $(d>0)$, 등비수열 $\{b_n\}$의 공비를 r라 하면 $a_1=b_1=1$이므로

$a_n=1+(n-1)d$, $b_n=r^{n-1}$

$a_2b_2=1$에서 $(1+d)r=1$

$$1+d=\frac{1}{r}\qquad\therefore d=\frac{1-r}{r}\qquad\cdots\cdots\ \text{㉠}$$

한편, 급수 $\displaystyle\sum_{n=1}^{\infty}\left(\frac{1}{a_na_{n+1}}+b_n\right)$이 수렴하므로

$$\lim_{n\to\infty}\left(\frac{1}{a_na_{n+1}}+b_n\right)=0\text{이고 }\lim_{n\to\infty}a_n=\infty$$

즉, $\displaystyle\lim_{n\to\infty}\frac{1}{a_n}=0$, $\displaystyle\lim_{n\to\infty}\frac{1}{a_{n+1}}=0$에서

$\displaystyle\lim_{n\to\infty}\frac{1}{a_na_{n+1}}=0$이므로 $\displaystyle\lim_{n\to\infty}b_n=0$

$$\therefore -1<r<1$$

$$\sum_{n=1}^{\infty}\frac{1}{a_na_{n+1}}$$
$$=\lim_{n\to\infty}\sum_{k=1}^{n}\frac{1}{a_ka_{k+1}}$$
$$=\lim_{n\to\infty}\sum_{k=1}^{n}\frac{1}{d}\left(\frac{1}{a_k}-\frac{1}{a_{k+1}}\right)$$
$$=\lim_{n\to\infty}\frac{1}{d}\left\{\left(\frac{1}{a_1}-\frac{1}{a_2}\right)+\left(\frac{1}{a_2}-\frac{1}{a_3}\right)+\cdots+\left(\frac{1}{a_n}-\frac{1}{a_{n+1}}\right)\right\}$$
$$=\lim_{n\to\infty}\frac{1}{d}\left(\frac{1}{a_1}-\frac{1}{a_{n+1}}\right)$$
$$=\frac{1}{d}(1-0)=\frac{1}{d}$$

이고 $\displaystyle\sum_{n=1}^{\infty}b_n=\frac{1}{1-r}$이므로

$$\sum_{n=1}^{\infty}\left(\frac{1}{a_na_{n+1}}+b_n\right)=\sum_{n=1}^{\infty}\frac{1}{a_na_{n+1}}+\sum_{n=1}^{\infty}b_n$$
$$=\frac{1}{d}+\frac{1}{1-r}=2\qquad\cdots\cdots\ \text{㉡}$$

㉠, ㉡을 연립하여 풀면 $d=2$, $r=\dfrac{1}{3}$

$$\therefore \sum_{n=1}^{\infty}b_n=\frac{1}{1-\dfrac{1}{3}}=\frac{3}{2}$$

$x<0$일 때

$$y=\frac{1}{2}(|e^x-1|-e^{|x|}+1)=\frac{1}{2}(1-e^x-e^{-x}+1)$$

$$=-\frac{e^x+e^{-x}}{2}+1$$

이므로

$$\frac{dy}{dx}=-\frac{e^x-e^{-x}}{2} \ (x<0)$$

$x\geq0$일 때

$$y=\frac{1}{2}(|e^x-1|-e^{|x|}+1)=\frac{1}{2}(e^x-1-e^x+1)=0$$

이므로

$$\frac{dy}{dx}=0 \ (x>0)$$

따라서 구하는 곡선의 길이는

$$\int_{-\ln 4}^{1}\sqrt{1+\left(\frac{dy}{dx}\right)^2}\,dx$$

$$=\int_{-\ln 4}^{0}\sqrt{1+\left(-\frac{e^x-e^{-x}}{2}\right)^2}\,dx+\int_{0}^{1}\sqrt{1+0^2}\,dx$$

$$=\int_{-\ln 4}^{0}\sqrt{\left(\frac{e^x+e^{-x}}{2}\right)^2}\,dx+\int_{0}^{1}1\,dx$$

$$=\int_{-\ln 4}^{0}\frac{e^x+e^{-x}}{2}\,dx+\int_{0}^{1}1\,dx$$

$$=\left[\frac{e^x-e^{-x}}{2}\right]_{-\ln 4}^{0}+\left[x\right]_{0}^{1}$$

$$=\left(\frac{e^0-e^0}{2}-\frac{e^{-\ln 4}-e^{\ln 4}}{2}\right)+(1-0)$$

$$=\left(0-\frac{\frac{1}{4}-4}{2}\right)+1=\frac{15}{8}+1=\frac{23}{8}$$

함수 $y=f(x)$의 그래프는 다음 그림과 같다.

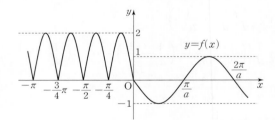

$g(x)=\left|\int_{-a\pi}^{x}f(t)dt\right|$에서 $F(x)=\int_{-a\pi}^{x}f(t)dt$라 하자.

$F(x)=\int_{-a\pi}^{x}f(t)dt$의 양변을 x에 대하여 미분하면

$$F'(x)=f(x)$$

$$g(x)=|F(x)|=\begin{cases} -F(x) & (F(x)<0) \\ F(x) & (F(x)\geq0) \end{cases}$$

이므로

$$g'(x)=\begin{cases} -f(x) & (F(x)<0) \\ f(x) & (F(x)>0) \end{cases}$$

따라서 함수 $g(x)=|F(x)|$가 실수 전체의 집합에서 미분가능하려면 $F(k)=0$인 실수 k가 존재하지 않거나 $F(k)=0$인 모든 실수 k에 대하여 $F'(k)=f(k)=0$이어야 한다.

(i) $x<0$일 때,

$-a\pi<0$, $f(x)\geq0$이므로

$F(k)=\int_{-a\pi}^{k}f(t)dt=0$인 음의 실수 k의 값은 $-a\pi$뿐이다.

$$f(k)=f(-a\pi)$$
$$=2|\sin(-4a\pi)|=0$$

이어야 하므로

$$-4a\pi=-n\pi \ (단, n은 자연수)$$

$$\therefore a=\frac{n}{4} \qquad\qquad \cdots\cdots\ ㉠$$

즉, $a=\frac{n}{4}$이면 $x<0$에서 함수 $g(x)$는 미분가능하다.

(ii) $x\geq0$일 때,

양의 실수 x에 대하여

$$F(x)=\int_{-a\pi}^{x}f(t)dt$$

$$=\int_{-\frac{n}{4}\pi}^{0}f(t)dt+\int_{0}^{x}f(t)dt \qquad \cdots\cdots\ ㉡$$

이때

$$\int_{-\frac{\pi}{4}}^{0}f(t)dt=\int_{-\frac{\pi}{4}}^{0}(-2\sin 4t)dt$$

$$=\left[\frac{1}{2}\cos 4t\right]_{-\frac{\pi}{4}}^{0}$$

$$=\frac{1}{2}\cos 0-\frac{1}{2}\cos(-\pi)$$

$$=\frac{1}{2}-\left(-\frac{1}{2}\right)=1$$

이고, $x<0$일 때 $f\left(x-\frac{\pi}{4}\right)=f(x)$이므로

$$\int_{-\frac{n}{4}\pi}^{0}f(t)dt=n\int_{-\frac{\pi}{4}}^{0}f(t)dt$$

$$=n\times1=n$$

이것을 ㉡에 대입하면

$$F(x)=\int_{-\frac{n}{4}\pi}^{0}f(t)dt+\int_{0}^{x}f(t)dt$$

$$=n+\int_{0}^{x}(-\sin at)dt$$

$$=n+\left[\frac{1}{a}\cos at\right]_{0}^{x}$$

$$=n+\frac{1}{a}(\cos ax-\cos 0)$$

$$=n+\frac{1}{a}(\cos ax-1)$$

$$=n+\frac{4}{n}\left(\cos\frac{n}{4}x-1\right)$$

이때 양의 실수 k에 대하여 $F(k)=0$이라 하면

$$n+\frac{4}{n}\left(\cos\frac{n}{4}k-1\right)=0에서$$

$$\frac{4}{n}\cos\frac{n}{4}k=\frac{4}{n}-n$$

$$\therefore \cos\frac{n}{4}k=1-\frac{n^2}{4} \qquad\qquad \cdots\cdots\ ㉢$$

$f(k)=0$이어야 하므로 $-\sin ak=0$에서

$$-\sin\frac{n}{4}k=0 \qquad \therefore \sin\frac{n}{4}k=0$$

그런데 $\sin^2\frac{n}{4}k+\cos^2\frac{n}{4}k=1$이므로

$0+\left(1-\dfrac{n^2}{4}\right)^2=1$에서

$1-\dfrac{n^2}{4}=\pm1$

$1-\dfrac{n^2}{4}=1$이면 $n^2=0$, $1-\dfrac{n^2}{4}=-1$이면 $n^2=8$이므로 이를 만족시키는 자연수 n의 값은 존재하지 않는다.

즉, $F(k)=0$일 때, $F'(k)=f(k)=0$을 만족시키는 양의 실수 k가 존재하지 않으므로 함수 $g(x)$가 $x\ge0$에서 미분가능하려면 모든 양의 실수 x에 대하여 $F(x)>0$이어야 한다.

$n+\dfrac{4}{n}\left(\cos\dfrac{n}{4}x-1\right)>0$에서

$\dfrac{4}{n}\cos\dfrac{n}{4}x>\dfrac{4}{n}-n$

$\cos\dfrac{n}{4}x>1-\dfrac{n^2}{4}$

$-1>1-\dfrac{n^2}{4}$

$\therefore n^2>8$

따라서 자연수 n의 최솟값은 3이다.

(ⅰ), (ⅱ)에서 ㉠에 의하여 $a=\dfrac{n}{4}$이므로 a의 최솟값은 $\dfrac{3}{4}$이다.

☑ 실전 적용 key ─────────

미분가능한 함수 $f(x)$에 대하여 함수 $|f(x)|$의 미분가능성은 $f(x)=0$을 만족시키는 x의 값에서 미분가능성을 조사하면 된다.
$f(a)=0$일 때, $f'(a)=0$이면 $|f(x)|$는 $x=a$에서 미분가능하고, $f'(a)\ne0$이면 $|f(x)|$는 $x=a$에서 미분가능하지 않다.

---

29 수능 유형 › 수열의 극한 – 극한식, 함수식에서의 활용   정답률 62%   정답 18

$\displaystyle\lim_{n\to\infty}\dfrac{3^n+a^{n+1}}{3^{n+1}+a^n}=a$에서

(ⅰ) $1<a<3$일 때,

$\displaystyle\lim_{n\to\infty}\left(\dfrac{a}{3}\right)^n=0$이므로

$\displaystyle\lim_{n\to\infty}\dfrac{3^n+a^{n+1}}{3^{n+1}+a^n}=\lim_{n\to\infty}\dfrac{1+a\left(\dfrac{a}{3}\right)^n}{3+\left(\dfrac{a}{3}\right)^n}$

$\qquad\qquad\qquad\quad=\dfrac{1+a\times0}{3+0}$

$\qquad\qquad\qquad\quad=\dfrac{1}{3}=a$

그런데 $a>1$이므로 조건을 만족시키지 않는다.

(ⅱ) $a=3$일 때,

$\displaystyle\lim_{n\to\infty}\dfrac{3^n+a^{n+1}}{3^{n+1}+a^n}=\lim_{n\to\infty}\dfrac{3^n+3^{n+1}}{3^{n+1}+3^n}$

$\qquad\qquad\qquad\quad=1=a$

그런데 $a=3$이므로 조건을 만족시키지 않는다.

(ⅲ) $a>3$일 때,

$\displaystyle\lim_{n\to\infty}\left(\dfrac{3}{a}\right)^n=0$이므로

$\displaystyle\lim_{n\to\infty}\dfrac{3^n+a^{n+1}}{3^{n+1}+a^n}=\lim_{n\to\infty}\dfrac{\left(\dfrac{3}{a}\right)^n+a}{3\left(\dfrac{3}{a}\right)^n+1}$

$\qquad\qquad\qquad\quad=\dfrac{0+a}{3\times0+1}=a$

이상에서 $a>3$

또, $\displaystyle\lim_{n\to\infty}\dfrac{a^n+b^{n+1}}{a^{n+1}+b^n}=\dfrac{9}{a}$에서

(ⅳ) $3<a<b$일 때,

$\displaystyle\lim_{n\to\infty}\left(\dfrac{a}{b}\right)^n=0$이므로

$\displaystyle\lim_{n\to\infty}\dfrac{a^n+b^{n+1}}{a^{n+1}+b^n}=\lim_{n\to\infty}\dfrac{\left(\dfrac{a}{b}\right)^n+b}{a\left(\dfrac{a}{b}\right)^n+1}$

$\qquad\qquad\qquad\quad=\dfrac{0+b}{a\times0+1}=b$

그런데 $b>\dfrac{9}{a}$이므로 조건을 만족시키지 않는다.

(ⅴ) $a=b$일 때,

$\displaystyle\lim_{n\to\infty}\dfrac{a^n+b^{n+1}}{a^{n+1}+b^n}=\lim_{n\to\infty}\dfrac{a^n+a^{n+1}}{a^{n+1}+a^n}=1=\dfrac{9}{a}$

$\therefore a=b=9$

(ⅵ) $1<b<a$일 때,

$\displaystyle\lim_{n\to\infty}\left(\dfrac{b}{a}\right)^n=0$이므로

$\displaystyle\lim_{n\to\infty}\dfrac{a^n+b^{n+1}}{a^{n+1}+b^n}=\lim_{n\to\infty}\dfrac{1+b\left(\dfrac{b}{a}\right)^n}{a+\left(\dfrac{b}{a}\right)^n}$

$\qquad\qquad\qquad\quad=\dfrac{1+b\times0}{a+0}=\dfrac{1}{a}$

그런데 $\dfrac{9}{a}\ne\dfrac{1}{a}$이므로 조건을 만족시키지 않는다.

이상에서 $a=b=9$이므로 $a+b=18$

☑ 실전 적용 key ─────────

r^n 꼴을 포함한 $\dfrac{\infty}{\infty}$ 꼴인 수열의 극한은 밑의 절댓값이 가장 큰 거듭제곱으로 분모, 분자를 각각 나누어 극한값을 구한다.

---

30 수능 유형 › 여러 가지 미분법   정답률 15%   정답 32

선분 AB를 지름으로 하는 원의 중심을 O, 선분 PQ의 중점을 M이라 하면

$\overline{OP}=5$,

$\overline{OC}=\overline{AO}-\overline{AC}=5-4=1$

삼각형 PCO에서 코사인법칙에 의하여

$\overline{OP}^2=\overline{CP}^2+\overline{OC}^2-2\times\overline{CP}\times\overline{OC}\times\cos\theta$

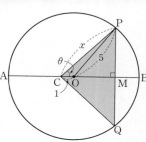

$\overline{CP}=x$라 하면

$5^2=x^2+1^2-2\times x\times 1\times\cos\theta$

$\therefore\ x^2-2x\cos\theta-24=0$ $\qquad\cdots\cdots$ ㉠

㉠의 양변을 θ에 대하여 미분하면

$2x\dfrac{dx}{d\theta}-2\dfrac{dx}{d\theta}\cos\theta+2x\sin\theta=0$

$(x-\cos\theta)\dfrac{dx}{d\theta}=-x\sin\theta$

$\therefore\ \dfrac{dx}{d\theta}=\dfrac{x\sin\theta}{\cos\theta-x}$

㉠에 $\theta=\dfrac{\pi}{4}$를 대입하면

$x^2-\sqrt{2}x-24=0$

$\therefore\ x=-3\sqrt{2}$ 또는 $x=4\sqrt{2}$

이때 $x>0$이므로 $x=4\sqrt{2}$

따라서 $\theta=\dfrac{\pi}{4}$일 때, $\dfrac{dx}{d\theta}$의 값은

$\dfrac{dx}{d\theta}=\dfrac{4\sqrt{2}\sin\dfrac{\pi}{4}}{\cos\dfrac{\pi}{4}-4\sqrt{2}}=\dfrac{4\sqrt{2}\times\dfrac{\sqrt{2}}{2}}{\dfrac{\sqrt{2}}{2}-4\sqrt{2}}$

$=\dfrac{4}{-\dfrac{7\sqrt{2}}{2}}=-\dfrac{4\sqrt{2}}{7}$

한편, 삼각형 PCQ의 넓이 $S(\theta)$는

$S(\theta)=\dfrac{1}{2}\times\overline{PQ}\times\overline{CM}$

$=\dfrac{1}{2}\times(2\times x\sin\theta)\times x\cos\theta$

$=x^2\sin\theta\cos\theta$

위의 식의 양변을 θ에 대하여 미분하면

$S'(\theta)=2x\dfrac{dx}{d\theta}\times\sin\theta\cos\theta+x^2\cos^2\theta-x^2\sin^2\theta$

위의 식에 $\theta=\dfrac{\pi}{4}$, $x=4\sqrt{2}$, $\dfrac{dx}{d\theta}=-\dfrac{4\sqrt{2}}{7}$를 대입하면

$S'\left(\dfrac{\pi}{4}\right)=2\times4\sqrt{2}\times\left(-\dfrac{4\sqrt{2}}{7}\right)\times\sin\dfrac{\pi}{4}\times\cos\dfrac{\pi}{4}$

$\qquad\qquad+(4\sqrt{2})^2\times\cos^2\dfrac{\pi}{4}-(4\sqrt{2})^2\times\sin^2\dfrac{\pi}{4}$

$=-\dfrac{64}{7}\times\dfrac{\sqrt{2}}{2}\times\dfrac{\sqrt{2}}{2}+32\times\dfrac{1}{2}-32\times\dfrac{1}{2}$

$=-\dfrac{32}{7}$

$\therefore\ -7\times S'\left(\dfrac{\pi}{4}\right)=-7\times\left(-\dfrac{32}{7}\right)=32$

제3회

5지선다형

23 ③ 24 ② 25 ④ 26 ③ 27 ① 28 ②

단답형

29 162 30 125

23 수능 유형 › 지수함수와 로그함수의 극한 　정답률 95%　정답 ③

$\displaystyle\lim_{x\to0}\dfrac{\ln(1+3x)}{\ln(1+5x)}=\lim_{x\to0}\left\{\dfrac{\ln(1+3x)}{3x}\times\dfrac{5x}{\ln(1+5x)}\times\dfrac{3}{5}\right\}$

$\qquad=\dfrac{3}{5}\lim_{x\to0}\dfrac{\ln(1+3x)}{3x}\times\lim_{x\to0}\dfrac{5x}{\ln(1+5x)}$

$\qquad=\dfrac{3}{5}\times1\times1=\dfrac{3}{5}$

24 수능 유형 › 매개변수로 나타낸 함수의 미분법 　정답률 92%　정답 ②

$\dfrac{dx}{dt}=\dfrac{3t^2}{t^3+1}$, $\dfrac{dy}{dt}=\pi\cos\pi t$이므로

$\dfrac{dy}{dx}=\dfrac{\dfrac{dy}{dt}}{\dfrac{dx}{dt}}=\dfrac{\pi\cos\pi t}{\dfrac{3t^2}{t^3+1}}=\dfrac{\pi(t^3+1)\cos\pi t}{3t^2}$

따라서 $t=1$일 때,

$\dfrac{dy}{dx}=\dfrac{2\pi\cos\pi}{3}=-\dfrac{2}{3}\pi$

25 수능 유형 › 치환적분법 　정답률 83%　정답 ④

함수 $g(x)$의 정의역이 양의 실수 전체의 집합이므로 역함수 $f(x)$의 치역은 양의 실수 전체의 집합이다.

따라서 모든 양수 x에 대하여 $f(x)>0$ $\qquad\cdots\cdots$ ㉠

또, $g(f(x))=x$이므로 양변을 x에 대하여 미분하면

$g'(f(x))f'(x)=1$

$\displaystyle\int_1^a\dfrac{1}{g'(f(x))f(x)}dx=\int_1^a\dfrac{f'(x)}{f(x)}dx$

$\qquad=\Big[\ln f(x)\Big]_1^a\ (\because\ ㉠)$

$\qquad=\ln f(a)-\ln f(1)$

$\qquad=\ln f(a)-\ln 8$

$\qquad=\ln f(a)-3\ln 2$

즉, $\ln f(a)-3\ln 2=2\ln a+\ln(a+1)-\ln 2$이므로

$\ln f(a)=2\ln a+\ln(a+1)+2\ln 2$

$\qquad=\ln a^2+\ln(a+1)+\ln 4$

$\qquad=\ln 4a^2(a+1)$

따라서 $f(a)=4a^2(a+1)$이므로

$f(2)=4\times2^2\times(2+1)=48$

26 수능 유형 › 입체도형의 부피

정답률 78% 정답 ③

곡선 $y=\sqrt{(1-2x)\cos x}$ 위의 점

$P\left(x, \sqrt{(1-2x)\cos x}\right)\left(\dfrac{3}{4}\pi \leq x \leq \dfrac{5}{4}\pi\right)$에서 x축에 내린 수선

의 발을 H라 하면

$\overline{\mathrm{PH}}=\sqrt{(1-2x)\cos x}$

이때 점 P를 지나고 x축에 수직인 평면으로 자른 단면은 정사각형

이고 한 변의 길이가 $\overline{\mathrm{PH}}$이다.

단면의 넓이를 $S(x)$라 하면

$S(x)=\overline{\mathrm{PH}}^2=\left(\sqrt{(1-2x)\cos x}\right)^2=(1-2x)\cos x$

따라서 구하는 부피는

$\displaystyle \int_{\frac{3}{4}\pi}^{\frac{5}{4}\pi} S(x)dx=\int_{\frac{3}{4}\pi}^{\frac{5}{4}\pi}(1-2x)\cos x\,dx$

이때 $f(x)=1-2x$, $g'(x)=\cos x$로 놓으면

$f'(x)=-2$, $g(x)=\sin x$이므로

$\displaystyle \int_{\frac{3}{4}\pi}^{\frac{5}{4}\pi}(1-2x)\cos x\,dx$

$=\left[(1-2x)\sin x\right]_{\frac{3}{4}\pi}^{\frac{5}{4}\pi}-\int_{\frac{3}{4}\pi}^{\frac{5}{4}\pi}(-2\sin x)dx$

$=\left\{\left(1-\dfrac{5}{2}\pi\right)\times\left(-\dfrac{\sqrt{2}}{2}\right)-\left(1-\dfrac{3}{2}\pi\right)\times\dfrac{\sqrt{2}}{2}\right\}-\left[2\cos x\right]_{\frac{3}{4}\pi}^{\frac{5}{4}\pi}$

$=(-\sqrt{2}+2\sqrt{2}\pi)-\{-\sqrt{2}-(-\sqrt{2})\}$

$=2\sqrt{2}\pi-\sqrt{2}$

27 수능 유형 › 접선의 방정식

정답률 64% 정답 ①

$y=\dfrac{1}{e^x}+e^t=e^{-x}+e^t$이므로

$y'=-e^{-x}$

원점에서 곡선 $y=\dfrac{1}{e^x}+e^t$, 즉 $y=e^{-x}+e^t$에 그은 접선의 접점의

좌표를 $(s, e^{-s}+e^t)$이라 하면 접선의 기울기는 $-e^{-s}$이므로 접선

의 방정식은

$y=-e^{-s}(x-s)+e^{-s}+e^t$

이 접선이 원점을 지나므로

$0=-e^{-s}(0-s)+e^{-s}+e^t$

$se^{-s}+e^{-s}+e^t=0$

$\therefore e^t=-(s+1)e^{-s}$ ...... ㉠

㉠의 양변을 s에 대하여 미분하면

$e^t\dfrac{dt}{ds}=-e^{-s}-(s+1)\times(-e^{-s})$

$\therefore e^t\dfrac{dt}{ds}=se^{-s}$ ...... ㉡

또, $f(t)=-e^{-s}$이므로 양변을 s에 대하여 미분하면

$f'(t)\dfrac{dt}{ds}=e^{-s}$ ...... ㉢

㉡, ㉢에서

$\dfrac{e^t}{f'(t)}=s$ $\therefore f'(t)=\dfrac{e^t}{s}$

한편, $f(a)=-e^{-s}=-e\sqrt{e}=-e^{\frac{3}{2}}$에서 $s=-\dfrac{3}{2}$이므로

㉠에 $t=a$, $s=-\dfrac{3}{2}$을 대입하면

$e^a=\dfrac{1}{2}e^{\frac{3}{2}}$

$\therefore f'(a)=\dfrac{e^a}{-\dfrac{3}{2}}=\dfrac{\dfrac{1}{2}e^{\frac{3}{2}}}{-\dfrac{3}{2}}=-\dfrac{1}{3}e^{\frac{3}{2}}=-\dfrac{1}{3}e\sqrt{e}$

28 수능 유형 › 치환적분법과 부분적분법 – 치환적분법

정답률 14% 정답 ②

$x<0$일 때 $f(x)=-4xe^{4x^2}$에서

$f'(x)=-4(1\times e^{4x^2}+x\times 8xe^{4x^2})$

$\quad\quad=-4(1+8x^2)e^{4x^2}<0$

이므로 함수 $f(x)$는 $x<0$에서 감소한다.

또, 모든 양수 t에 대하여 x에 대한 방정식 $f(x)=t$의 서로 다른

실근의 개수가 2이므로 함수 $f(x)$는 $x\geq 0$에서 증가한다.

이때 방정식 $f(x)=t$의 두 실근 중 작은 값이 $g(t)$, 큰 값이 $h(t)$

이므로 $g(t)<0$, $h(t)>0$이다.

실수 전체의 집합에서 연속인

함수 $f(x)$가 모든 실수 x에

대하여 $f(x)\geq 0$이고, 모든

양수 t에 대하여

$2g(t)+h(t)=k$ (k는 상수)

즉, $h(t)=k-2g(t)$가 성

립하므로 함수 $y=f(x)$의

그래프의 개형은 오른쪽 그림

과 같다.

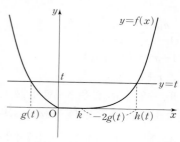

한편, $2g(t)+h(t)=k$에서 $g(t)=\dfrac{k-h(t)}{2}$이고

$f(g(t))=f(h(t))$이므로

$f\left(\dfrac{k-h(t)}{2}\right)=f(h(t))$

$h(t)=x\,(x>k)$로 놓으면

$f(x)=f\left(\dfrac{k-x}{2}\right)(x>k)$ ...... ㉠

이때 $f\left(\dfrac{k-x}{2}\right)$에서 $\dfrac{k-x}{2}<0$이므로

$f(x)=-4xe^{4x^2}$의 x에 $\dfrac{k-x}{2}$를 대입하면

$f\left(\dfrac{k-x}{2}\right)=-4\times\dfrac{k-x}{2}e^{4\left(\frac{k-x}{2}\right)^2}=2(x-k)e^{(x-k)^2}$ ...... ㉡

㉠, ㉡에서 $x>k$일 때

$f(x)=2(x-k)e^{(x-k)^2}$

$\displaystyle \int_0^7 f(x)dx=e^4-1$에서

$$\int_0^7 f(x)dx = \int_k^7 f(x)dx$$
$$= \int_k^7 2(x-k)e^{(x-k)^2}dx$$
$$= \left[e^{(x-k)^2}\right]_k^7 = e^{(7-k)^2} - 1$$

이므로 $e^{(7-k)^2} - 1 = e^4 - 1$, $(7-k)^2 = 4$

$7 - k = -2$ 또는 $7 - k = 2$ $\therefore k = 5$ $(\because k < 7)$

따라서 $x > 5$일 때, $f(x) = 2(x-5)e^{(x-5)^2}$이므로

$$\frac{f(9)}{f(8)} = \frac{8e^{16}}{6e^9} = \frac{4}{3}e^7$$

☑ 실전 적용 key

$2g(t) + h(t) = k$ (k는 상수), 즉 $h(t) = k - 2g(t)$이므로 $x \geq 0$에서의 함수 $y = f(x)$의 그래프는 $x < 0$일 때의 함수 $y = f(x)$의 그래프를 가로로 2배 확대하여 y축에 대하여 대칭이동한 후, x축의 방향으로 k만큼 평행이동한 그래프임을 알 수 있다. 이때 함수 $f(x)$는 실수 전체의 집합에서 연속이고 모든 실수 x에 대하여 $f(x) \geq 0$이므로 $0 \leq x \leq k$에서 $f(x) = 0$이다.

29 수능 유형 › 등비급수   정답 162

두 등비수열 $\{a_n\}$, $\{b_n\}$의 공비를 각각 r, s라 하면
$$a_n = a_1 r^{n-1}, \quad b_n = b_1 s^{n-1}$$

이때 두 급수 $\sum\limits_{n=1}^{\infty} a_n$, $\sum\limits_{n=1}^{\infty} b_n$이 각각 수렴하므로

$-1 < r < 1$, $-1 < s < 1$ $(r \neq 0, s \neq 0)$

$\sum\limits_{n=1}^{\infty} a_n b_n = \left(\sum\limits_{n=1}^{\infty} a_n\right) \times \left(\sum\limits_{n=1}^{\infty} b_n\right)$에서

$$\frac{a_1 b_1}{1 - rs} = \frac{a_1}{1-r} \times \frac{b_1}{1-s}$$

$$1 - rs = (1-r)(1-s)$$

$$\therefore r + s = 2rs \qquad \cdots\cdots \ \bigcirc$$

또, 수열 $\{|a_{2n}|\}$은 첫째항이 $|a_2|$, 공비가 $|r|^2$인 등비수열이고, 수열 $\{|a_{3n}|\}$은 첫째항이 $|a_3|$, 공비가 $|r|^3$인 등비수열이므로

$3 \times \sum\limits_{n=1}^{\infty} |a_{2n}| = 7 \times \sum\limits_{n=1}^{\infty} |a_{3n}|$에서 $3 \times \dfrac{|a_2|}{1-|r|^2} = 7 \times \dfrac{|a_3|}{1-|r|^3}$

$$3 \times \frac{|a_2|}{1-|r|^2} = 7 \times \frac{|a_2||r|}{1-|r|^3}, \quad \frac{3}{1-|r|^2} = \frac{7|r|}{1-|r|^3}$$

$$3(1-|r|^3) = 7|r|(1-|r|^2)$$

$$4|r|^3 - 7|r| + 3 = 0$$

$$(|r|-1)(2|r|+3)(2|r|-1) = 0$$

$$\therefore |r| = \frac{1}{2} \ (\because -1 < r < 1)$$

(i) $r = \dfrac{1}{2}$일 때,

$r = \dfrac{1}{2}$을 $\bigcirc$에 대입하면 $\dfrac{1}{2} + s = s$이므로 이를 만족시키는 s의 값은 존재하지 않는다.

(ii) $r = -\dfrac{1}{2}$일 때,

$r = -\dfrac{1}{2}$을 $\bigcirc$에 대입하면

$$-\frac{1}{2} + s = -s, \ 2s = \frac{1}{2} \qquad \therefore s = \frac{1}{4}$$

(i), (ii)에서 $s = \dfrac{1}{4}$이므로 $b_n = b_1\left(\dfrac{1}{4}\right)^{n-1}$

$$\therefore \sum_{n=1}^{\infty} \frac{b_{2n-1} + b_{3n+1}}{b_n} = \sum_{n=1}^{\infty} \frac{b_1\left(\frac{1}{4}\right)^{2n-2} + b_1\left(\frac{1}{4}\right)^{3n}}{b_1\left(\frac{1}{4}\right)^{n-1}}$$

$$= \sum_{n=1}^{\infty} \left\{\left(\frac{1}{4}\right)^{n-1} + \left(\frac{1}{4}\right)^{2n+1}\right\}$$

$$= \sum_{n=1}^{\infty} \left(\frac{1}{4}\right)^{n-1} + \sum_{n=1}^{\infty} \left(\frac{1}{4}\right)^{2n+1}$$

$$= \frac{1}{1-\frac{1}{4}} + \frac{\frac{1}{64}}{1-\frac{1}{16}}$$

$$= \frac{4}{3} + \frac{1}{60} = \frac{27}{20}$$

따라서 $S = \dfrac{27}{20}$이므로 $120S = 120 \times \dfrac{27}{20} = 162$

30 수능 유형 › 치환적분법과 부분적분법 – 정적분으로 표시된 함수의 활용   정답 125

$$f'(x) = |\sin x|\cos x$$
$$= \begin{cases} \sin x \cos x & (\sin x \geq 0) \\ -\sin x \cos x & (\sin x < 0) \end{cases}$$
$$= \begin{cases} \dfrac{1}{2}\sin 2x & (\sin x \geq 0) \\ -\dfrac{1}{2}\sin 2x & (\sin x < 0) \end{cases}$$

$0 \leq x \leq 2\pi$에서 함수 $y = f'(x)$의 그래프는 다음 그림과 같다.

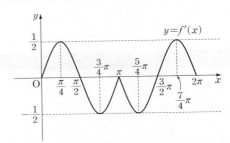

한편, $h(x) = \int_0^x \{f(t) - g(t)\}dt$의 양변을 x에 대하여 미분하면
$$h'(x) = f(x) - g(x)$$

이때 함수 $h(x)$가 $x = a$에서 극대 또는 극소가 되려면 $h'(a) = 0$이고 $x = a$의 좌우에서 $h'(x)$의 부호가 바뀌어야 한다.

그런데 곡선 $y = f(x)$ 위의 점 $(a, f(a))$에서의 접선의 방정식이 $y = g(x)$이므로 $h'(a) = f(a) - g(a) = 0$을 만족시키면서 $x = a$의 좌우에서 $h'(x) = f(x) - g(x)$의 부호가 바뀌려면 곡선 $y = f(x)$가 $x = a$에서 변곡점을 가져야 한다.

따라서 위의 그림에서 곡선 $y = f(x)$는 $x > 0$일 때

$x = \dfrac{\pi}{4}, \dfrac{3}{4}\pi, \pi, \dfrac{5}{4}\pi, \dfrac{7}{4}\pi, 2\pi, \cdots$에서 변곡점을 가짐을 알 수 있으므로

$$a_2 = \frac{3}{4}\pi, \ a_6 = 2\pi$$

$$\therefore \frac{100}{\pi} \times (a_6 - a_2) = \frac{100}{\pi} \times \left(2\pi - \frac{3}{4}\pi\right)$$
$$= \frac{100}{\pi} \times \frac{5}{4}\pi = 125$$

이 문제에서는 함수 $h(x)$가 $x=a$에서 극대 또는 극소가 되려면 곡선 $y=f(x)$가 $x=a$에서 변곡점을 가져야 한다는 것을 아는 것이 핵심이다.

함수 $h(x)$가 $x=a$에서 극대 또는 극소가 되려면 $h'(a)=0$이어야 하는데,

$h'(x)=f(x)-g(x)=$ (곡선 $f(x)$의 식)$-$(접선의 식)

이므로 [그림 1]과 같이 곡선 $y=f(x)$가 $x=a$에서 변곡점을 갖지 않으면 $h'(a)=f(a)-g(a)=0$이지만 $x=a$의 좌우에서 $h'(x)=f(x)-g(x)$의 부호가 바뀌지 않는다. [그림 2]와 같이 곡선 $y=f(x)$가 $x=a$에서 변곡점을 가지면 $h'(a)=f(a)-g(a)=0$이고 $x=a$의 좌우에서 $h'(x)=f(x)-g(x)$의 부호가 바뀜을 알 수 있다.

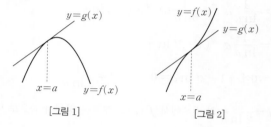

[그림 1]   [그림 2]

제4회

5지선다형

23 ②   24 ③   25 ③   26 ②   27 ②   28 ④

단답형

29 55   30 25

23 수능 유형 › 등비수열의 극한
정답률 94%   정답 ②

분모, 분자를 각각 $\left(\dfrac{1}{2}\right)^n$으로 나누면

$$\lim_{n\to\infty}\frac{\left(\dfrac{1}{2}\right)^n+\left(\dfrac{1}{3}\right)^{n+1}}{\left(\dfrac{1}{2}\right)^{n+1}+\left(\dfrac{1}{3}\right)^n}=\lim_{n\to\infty}\frac{1+\dfrac{1}{3}\times\left(\dfrac{2}{3}\right)^n}{\dfrac{1}{2}+\left(\dfrac{2}{3}\right)^n}=2$$

r^n 꼴을 포함한 $\dfrac{\infty}{\infty}$ 꼴인 수열의 극한은 밑의 절댓값이 가장 큰 거듭제곱으로 분모, 분자를 각각 나누어 극한값을 구한다.

24 수능 유형 › 음함수의 미분법
정답률 87%   정답 ③

$x\sin 2y+3x=3$의 양변을 x에 대하여 미분하면

$\sin 2y+x\cos 2y\times 2\times\dfrac{dy}{dx}+3=0$

$2x\cos 2y\times\dfrac{dy}{dx}=-\sin 2y-3$

$\therefore\dfrac{dy}{dx}=\dfrac{-\sin 2y-3}{2x\cos 2y}$ (단, $x\cos 2y\neq 0$)

따라서 점 $\left(1,\dfrac{\pi}{2}\right)$에서의 접선의 기울기는

$$\frac{-\sin\left(2\times\dfrac{\pi}{2}\right)-3}{2\times 1\times\cos\left(2\times\dfrac{\pi}{2}\right)}=\frac{-\sin\pi-3}{2\cos\pi}=\frac{3}{2}$$

25 수능 유형 › 급수와 일반항 사이의 관계
정답률 91%   정답 ③

급수 $\displaystyle\sum_{n=1}^{\infty}\left(a_n-\dfrac{3n^2-n}{2n^2+1}\right)$이 수렴하므로

$\lim\limits_{n\to\infty}\left(a_n-\dfrac{3n^2-n}{2n^2+1}\right)=0$

$a_n-\dfrac{3n^2-n}{2n^2+1}=b_n$으로 놓으면 $a_n=b_n+\dfrac{3n^2-n}{2n^2+1}$이고 $\lim\limits_{n\to\infty}b_n=0$

$\therefore \lim\limits_{n\to\infty}a_n=\lim\limits_{n\to\infty}\left(b_n+\dfrac{3n^2-n}{2n^2+1}\right)$

$\quad=\lim\limits_{n\to\infty}b_n+\lim\limits_{n\to\infty}\dfrac{3n^2-n}{2n^2+1}$

$\quad=\lim\limits_{n\to\infty}b_n+\lim\limits_{n\to\infty}\dfrac{3-\dfrac{1}{n}}{2+\dfrac{1}{n^2}}$

$\quad=0+\dfrac{3}{2}=\dfrac{3}{2}$

$\therefore\lim\limits_{n\to\infty}(a_n{}^2+2a_n)=(\lim\limits_{n\to\infty}a_n)^2+2\lim\limits_{n\to\infty}a_n$

$\quad=\left(\dfrac{3}{2}\right)^2+2\times\dfrac{3}{2}$

$\quad=\dfrac{21}{4}$

$\lim\limits_{n\to\infty}(a_n{}^2+2a_n)$의 값이 존재하므로 $\lim\limits_{n\to\infty}a_n$의 값이 존재한다.

따라서 $\lim\limits_{n\to\infty}\left(a_n-\dfrac{3n^2-n}{2n^2+1}\right)=0$에서 수열의 극한의 성질을 이용하여 $\lim\limits_{n\to\infty}a_n$의 값을 구할 수 있다.

즉, $\lim\limits_{n\to\infty}\left(a_n-\dfrac{3n^2-n}{2n^2+1}\right)=\lim\limits_{n\to\infty}a_n-\lim\limits_{n\to\infty}\dfrac{3n^2-n}{2n^2+1}$

$\quad=\lim\limits_{n\to\infty}a_n-\dfrac{3}{2}=0$

$\therefore\lim\limits_{n\to\infty}a_n=\dfrac{3}{2}$

26 수능 유형 › 지수함수와 로그함수의 극한
정답률 76%   정답 ②

점 A는 곡선 $y=e^{x^2}-1$ 위의 점이고, y좌표가 t이므로 x좌표는 $e^{x^2}-1=t$에서

$x^2=\ln(1+t)$ $\therefore x=\sqrt{\ln(1+t)}$

$\therefore$ A$(\sqrt{\ln(1+t)},\ t)$

점 B도 곡선 $y=e^{x^2}-1$ 위의 점이고, y좌표가 $5t$이므로 x좌표는 $e^{x^2}-1=5t$에서

$x^2=\ln(1+5t)$ $\therefore x=\sqrt{\ln(1+5t)}$

$\therefore \mathrm{B}(\sqrt{\ln(1+5t)},\ 5t),\ \mathrm{C}(\sqrt{\ln(1+5t)},\ 0)$

오른쪽 그림과 같이 점 A에서 선분 BC에 내린 수선의 발을 H라 하면

$\overline{\mathrm{AH}}$
$=\sqrt{\ln(1+5t)}-\sqrt{\ln(1+t)}$

따라서 삼각형 ABC의 넓이는
$S(t)$
$=\dfrac{1}{2}\times\overline{\mathrm{BC}}\times\overline{\mathrm{AH}}$
$=\dfrac{1}{2}\times 5t\times\{\sqrt{\ln(1+5t)}-\sqrt{\ln(1+t)}\}$

$\therefore \displaystyle\lim_{t\to 0+}\dfrac{S(t)}{t\sqrt{t}}$

$=\displaystyle\lim_{t\to 0+}\dfrac{\dfrac{1}{2}\times 5t\times\{\sqrt{\ln(1+5t)}-\sqrt{\ln(1+t)}\}}{t\sqrt{t}}$

$=\dfrac{5}{2}\displaystyle\lim_{t\to 0+}\dfrac{\sqrt{\ln(1+5t)}-\sqrt{\ln(1+t)}}{\sqrt{t}}$

$=\dfrac{5}{2}\displaystyle\lim_{t\to 0+}\left\{\sqrt{5\times\dfrac{\ln(1+5t)}{5t}}-\sqrt{\dfrac{\ln(1+t)}{t}}\right\}$

$=\dfrac{5}{2}(\sqrt{5}-1)$

☑ 실전 적용 key
지수함수와 로그함수의 극한의 도형에서의 활용 문제는 다음과 같은 순서로 해결한다.
① 구하는 선분의 길이 또는 도형의 넓이를 식으로 나타낸다.
② 지수함수와 로그함수의 극한을 이용하여 극한값을 구한다.

27 수능 유형 › 접선의 방정식   정답 ②

$y=a^x$에서 $y'=a^x\ln a$

따라서 점 $\mathrm{A}(t,\ a^t)$에서의 접선 l의 기울기는 $a^t\ln a$이므로 점 A를 지나고 직선 l에 수직인 직선의 방정식은

$y-a^t=-\dfrac{1}{a^t\ln a}(x-t)$

이 식에 $y=0$을 대입하면

$-a^t=-\dfrac{1}{a^t\ln a}(x-t)$

$\therefore x=t+a^{2t}\ln a$

$\therefore \mathrm{B}(t+a^{2t}\ln a,\ 0)$

오른쪽 그림과 같이 점 A에서 x축에 내린 수선의 발을 H라 하면 원점 O에 대하여

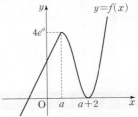

$\dfrac{\overline{\mathrm{AC}}}{\overline{\mathrm{AB}}}=\dfrac{\overline{\mathrm{OH}}}{\overline{\mathrm{HB}}}=\dfrac{t}{a^{2t}\ln a}$

$f(t)=\dfrac{t}{a^{2t}\ln a}=\dfrac{1}{\ln a}ta^{-2t}$이라 하면

$f'(t)=\dfrac{1}{\ln a}a^{-2t}+\dfrac{1}{\ln a}ta^{-2t}\times(-2\ln a)$

$\qquad=\dfrac{1}{\ln a}a^{-2t}(1-2t\ln a)$

$f'(t)=0$에서 $1-2t\ln a=0$ $\therefore t=\dfrac{1}{2\ln a}$

이때 $t=\dfrac{1}{2\ln a}$의 좌우에서 $f'(t)$의 부호는 양에서 음으로 바뀌므로 함수 $f(t)$는 $t=\dfrac{1}{2\ln a}$에서 극대이고 최댓값을 갖는다.

따라서 함수 $f(t)$는 $t=1$에서 최댓값을 가지므로

$\dfrac{1}{2\ln a}=1,\ \ln a=\dfrac{1}{2}$ $\therefore a=\sqrt{e}$

28 수능 유형 › 도함수의 활용－함수의 극대·극소와 최대·최소   정답 ④

$f_1(x)=(x-a-2)^2e^x,\ f_2(x)=e^{2a}(x-a)+4e^a$이라 하면

$f_1'(x)=2(x-a-2)e^x+(x-a-2)^2e^x$
$\qquad=(x-a)(x-a-2)e^x$

$f_2'(x)=e^{2a}$

$f_1'(x)=0$에서 $x=a$ 또는 $x=a+2$

$x\geq a$에서 함수 $f_1(x)$의 증가와 감소를 표로 나타내면 다음과 같다.

x	a	$\cdots$	$a+2$	$\cdots$
$f_1'(x)$	0	$-$	0	$+$
$f_1(x)$	$4e^a$	↘	0	↗

따라서 함수 $f_1(x)$는 $x=a$에서 극댓값 $4e^a$, $x=a+2$에서 극솟값 0을 가지므로 함수 $y=f(x)$의 그래프는 다음 그림과 같다.

이때 실수 t에 대하여 $f(x)=t$를 만족시키는 x의 최솟값이 $g(t)$이므로

$t\leq 4e^a$일 때, $f_2(g(t))=t$ $\cdots\cdots$ ㉠

$t>4e^a$일 때, $f_1(g(t))=t$ $\cdots\cdots$ ㉡

즉, 함수 $g(t)$는 $t=4e^a$에서 불연속이므로

$4e^a=12$ $\therefore e^a=3$

한편, $f(a+2)=0<12$이고 ㉠의 양변을 미분하면

$f_2{}'(g(t))g'(t)=1$에서 $g'(t)=\dfrac{1}{f_2{}'(g(t))}$이므로

$g'(f(a+2))=\dfrac{1}{f_2{}'(a+2)}=\dfrac{1}{e^{2a}}=\dfrac{1}{9}\ (\because e^a=3)$

또, $f(a+6)=16e^{a+6}=48e^6>12$이고 ㉡의 양변을 미분하면

$f_1{}'(g(t))g'(t)=1$에서 $g'(t)=\dfrac{1}{f_1{}'(g(t))}$이므로

$g'(f(a+6))=\dfrac{1}{f_1{}'(a+6)}=\dfrac{1}{24e^{a+6}}=\dfrac{1}{72e^6}\ (\because e^a=3)$

$\therefore \dfrac{g'(f(a+2))}{g'(f(a+6))}=\dfrac{\dfrac{1}{9}}{\dfrac{1}{72e^6}}=8e^6$

---

29 수능 유형 › 도함수의 활용 – 함수의 그래프의 활용 정답률 16% 정답 55

$f(x)=\dfrac{1}{3}x^3-x^2+\ln(1+x^2)+a$에서

$f'(x)=x^2-2x+\dfrac{2x}{1+x^2}=\dfrac{x^4-2x^3+x^2}{1+x^2}$

$=\dfrac{x^2(x-1)^2}{1+x^2}\geq 0$

이므로 함수 $f(x)$는 실수 전체의 집합에서 증가한다.

한편, $g(x)=\begin{cases} f(x) & (x\geq b) \\ -f(x-c) & (x<b) \end{cases}$가 실수 전체의 집합에서 미

분가능하므로 $x=b$에서 미분가능하다.

함수 $g(x)$가 $x=b$에서 연속이어야 하므로

$f(b)=-f(b-c)$ ...... ㉠

또, 함수 $g(x)$가 $x=b$에서 미분가능해야 하므로

$f'(b)=-f'(b-c)$ ...... ㉡

이때 모든 실수 x에 대하여 $f'(x)\geq 0$이므로 ㉡을 만족시키려면

$f'(b)=f'(b-c)=0$이어야 한다.

$f'(x)=0$에서 $x=0$ 또는 $x=1$이고, b, c는 양수이므로

$b-c=0$, $b=1$

$\therefore b=c=1$

$b=c=1$을 ㉠에 대입하면 $f(1)=-f(0)$

이때 $f(1)=\dfrac{1}{3}-1+\ln 2+a=a+\ln 2-\dfrac{2}{3}$, $f(0)=a$이므로

$a+\ln 2-\dfrac{2}{3}=-a$, $2a=\dfrac{2}{3}-\ln 2$

$\therefore a=\dfrac{1}{3}-\dfrac{1}{2}\ln 2$

$\therefore a+b+c=\left(\dfrac{1}{3}-\dfrac{1}{2}\ln 2\right)+1+1=\dfrac{7}{3}-\dfrac{1}{2}\ln 2$

따라서 $p=\dfrac{7}{3}$, $q=-\dfrac{1}{2}$이므로

$30(p+q)=30\times\left(\dfrac{7}{3}-\dfrac{1}{2}\right)=55$

---

30 수능 유형 › 삼각함수의 극한과 미분 – 삼각함수의 덧셈정리 정답률 6% 정답 25

두 함수 $y=\dfrac{\sqrt{x}}{10}$, $y=\tan x$의 그래프는 다음 그림과 같다.

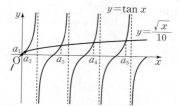

이때 a_n은 두 곡선 $y=\dfrac{\sqrt{x}}{10}$, $y=\tan x$의 교점의 x좌표이므로

$\tan a_n=\dfrac{\sqrt{a_n}}{10}$

삼각함수의 덧셈정리에 의하여

$\tan(a_{n+1}-a_n)=\dfrac{\tan a_{n+1}-\tan a_n}{1+\tan a_{n+1}\tan a_n}$

$\phantom{\tan(a_{n+1}-a_n)}=\dfrac{\dfrac{\sqrt{a_{n+1}}}{10}-\dfrac{\sqrt{a_n}}{10}}{1+\dfrac{\sqrt{a_{n+1}}}{10}\times\dfrac{\sqrt{a_n}}{10}}$

$\phantom{\tan(a_{n+1}-a_n)}=\dfrac{\dfrac{\sqrt{a_{n+1}}-\sqrt{a_n}}{10}}{\dfrac{100+\sqrt{a_{n+1}a_n}}{100}}$

$\phantom{\tan(a_{n+1}-a_n)}=\dfrac{10(\sqrt{a_{n+1}}-\sqrt{a_n})}{100+\sqrt{a_{n+1}a_n}}$

$\therefore \tan^2(a_{n+1}-a_n)=100\times\left(\dfrac{\sqrt{a_{n+1}}-\sqrt{a_n}}{100+\sqrt{a_{n+1}a_n}}\right)^2$

한편, 곡선 $y=\tan x$의 점근선의 방정식은 $x=\dfrac{2n-1}{2}\pi$

(n은 정수)이고 $n\to\infty$일 때 $\dfrac{\sqrt{a_n}}{10}\to\infty$이므로 위의 그래프에서

$\displaystyle\lim_{n\to\infty}\left(a_n-\dfrac{2n-3}{2}\pi\right)=0$

이때 $b_n=a_n-\dfrac{2n-3}{2}\pi$로 놓으면 $a_n=b_n+\dfrac{2n-3}{2}\pi$이고

$\displaystyle\lim_{n\to\infty}b_n=0$이므로

$\displaystyle\lim_{n\to\infty}(a_{n+1}-a_n)$

$\displaystyle =\lim_{n\to\infty}\left(b_{n+1}+\dfrac{2n-1}{2}\pi-b_n-\dfrac{2n-3}{2}\pi\right)$

$\displaystyle =\lim_{n\to\infty}(b_{n+1}-b_n+\pi)=0-0+\pi=\pi$

$\displaystyle\lim_{n\to\infty}\dfrac{a_{n+1}}{a_n}=\lim_{n\to\infty}\dfrac{b_{n+1}+\dfrac{2n-1}{2}\pi}{b_n+\dfrac{2n-3}{2}\pi}$

$\displaystyle =\lim_{n\to\infty}\dfrac{\dfrac{b_{n+1}}{n}+\dfrac{2n-1}{2n}\pi}{\dfrac{b_n}{n}+\dfrac{2n-3}{2n}\pi}$

$\displaystyle =\lim_{n\to\infty}\dfrac{\dfrac{b_{n+1}}{n}+\left(1-\dfrac{1}{2n}\right)\pi}{\dfrac{b_n}{n}+\left(1-\dfrac{3}{2n}\right)\pi}=\dfrac{0+\pi}{0+\pi}=1$

$$\therefore \frac{1}{\pi^2}\lim_{n\to\infty}a_n^{\ 3}\tan^2(a_{n+1}-a_n)$$

$$=\frac{1}{\pi^2}\lim_{n\to\infty}\left\{100\times a_n^{\ 3}\times\left(\frac{\sqrt{a_{n+1}}-\sqrt{a_n}}{100+\sqrt{a_{n+1}a_n}}\right)^2\right\}$$

$$=\frac{1}{\pi^2}\lim_{n\to\infty}\left[100\times\left\{\frac{a_n\sqrt{a_n}(\sqrt{a_{n+1}}-\sqrt{a_n})}{100+\sqrt{a_{n+1}a_n}}\right\}^2\right]$$

$$=\frac{100}{\pi^2}\lim_{n\to\infty}\left\{\frac{a_n\sqrt{a_n}(a_{n+1}-a_n)}{(100+\sqrt{a_{n+1}a_n})(\sqrt{a_{n+1}}+\sqrt{a_n})}\right\}^2$$

$$=\frac{100}{\pi^2}\lim_{n\to\infty}\left[\left\{\frac{1}{\left(\dfrac{100}{a_n}+\sqrt{\dfrac{a_{n+1}}{a_n}}\right)\left(\sqrt{\dfrac{a_{n+1}}{a_n}}+1\right)}\right\}^2\right.$$
$$\left.\times(a_{n+1}-a_n)^2\right]$$

$$=\frac{100}{\pi^2}\times\left\{\frac{1}{(0+1)\times(1+1)}\right\}^2\times\pi^2$$

$$=\frac{100}{\pi^2}\times\frac{1}{4}\times\pi^2=25$$

☑ 실전 적용 key

$\lim_{n\to\infty}(a_{n+1}-a_n)$, $\lim_{n\to\infty}\dfrac{a_{n+1}}{a_n}$의 값은 다음 방법으로 구할 수도 있다.

(1) $\lim_{n\to\infty}a_n=\infty$이고, $\lim_{n\to\infty}a_n^{\ 3}\tan^2(a_{n+1}-a_n)$이 수렴하므로

$\lim_{n\to\infty}\tan(a_{n+1}-a_n)=0$이어야 한다.

$\therefore \lim_{n\to\infty}(a_{n+1}-a_n)=\pi\ \left(\because 0<a_{n+1}-a_n<\dfrac{3}{2}\pi\right)$

(2) 모든 자연수 n에 대하여

$(n-1)\pi<a_n<(n-1)\pi+\dfrac{\pi}{2}$

$n\pi<a_{n+1}<n\pi+\dfrac{\pi}{2}$

이므로

$\dfrac{\pi}{2}<a_{n+1}-a_n<\dfrac{3\pi}{2}$

$\therefore \dfrac{\pi}{2}\times\dfrac{1}{a_n}<\dfrac{a_{n+1}}{a_n}-1<\dfrac{3\pi}{2}\times\dfrac{1}{a_n}$

이때 $\lim_{n\to\infty}a_n=\infty$이므로 극한의 대소 관계에 의하여

$\lim_{n\to\infty}\left(\dfrac{a_{n+1}}{a_n}-1\right)=0$

$\therefore \lim_{n\to\infty}\dfrac{a_{n+1}}{a_n}=1$

제5회

5지선다형

23 ⑤　　24 ④　　25 ④　　26 ③　　27 ②　　28 ③

단답형

29 57　　30 25

23 수능 유형 › 삼각함수의 극한　　정답 ⑤

$$\lim_{x\to0}\frac{\sin 5x}{x}=\lim_{x\to0}\left(\frac{\sin 5x}{5x}\times5\right)=1\times5=5$$

정답률 91%

24 수능 유형 › 여러 가지 함수의 정적분　　정답 ④

곡선 $y=f(x)$ 위의 점 $(t,\ f(t))$에서의 접선의 기울기가

$\dfrac{1}{t}+4e^{2t}$이므로

$f'(t)=\dfrac{1}{t}+4e^{2t}$　　$\therefore f'(x)=\dfrac{1}{x}+4e^{2x}$

$\therefore f(x)=\displaystyle\int f'(x)dx=\int\left(\dfrac{1}{x}+4e^{2x}\right)dx$

$\qquad\quad=\ln x+2e^{2x}+C$ (단, C는 적분상수)

이때 $f(1)=2e^2+1$이므로

$2e^2+C=2e^2+1$　　$\therefore C=1$

따라서 $f(x)=\ln x+2e^{2x}+1$이므로

$f(e)=1+2e^{2e}+1=2e^{2e}+2$

정답률 89%

25 수능 유형 › 등비수열의 극한　　정답 ④

등비수열 $\{a_n\}$의 공비를 r라 하면 $a_n=a_1r^{n-1}$이므로

$$\lim_{n\to\infty}\frac{4^n\times a_n-1}{3\times2^{n+1}}=\lim_{n\to\infty}\frac{4^n\times a_1r^{n-1}-1}{3\times2^{n+1}}$$

$$=\lim_{n\to\infty}\frac{4^n\times a_1r^{n-1}-1}{3\times2\times2^n}$$

$$=\lim_{n\to\infty}\frac{\dfrac{a_1}{r}\times(2r)^n-\left(\dfrac{1}{2}\right)^n}{6}$$

$$=\frac{1}{6}\lim_{n\to\infty}\left\{\frac{a_1}{r}\times(2r)^n\right\}=1$$

$\therefore \lim_{n\to\infty}\left\{\dfrac{a_1}{r}\times(2r)^n\right\}=6$

즉, $\dfrac{a_1}{r}=6$, $2r=1$이므로 $a_1=3$, $r=\dfrac{1}{2}$

$\therefore a_1+a_2=3+3\times\dfrac{1}{2}=\dfrac{9}{2}$

☑ 실전 적용 key
------

r^n 꼴을 포함한 $\dfrac{\infty}{\infty}$ 꼴인 수열의 극한은 밑의 절댓값이 가장 큰 거듭제곱으로 분모, 분자를 각각 나누어 극한값을 구한다.

정답률 82%

26 수능 유형 › 입체도형의 부피　　정답 ③

곡선 $y=2x\sqrt{x\sin x^2}$ 위의 점

$\mathrm{P}\left(x,\ 2x\sqrt{x\sin x^2}\right)\left(\sqrt{\dfrac{\pi}{6}}\le x\le\sqrt{\dfrac{\pi}{2}}\right)$에서 x축에 내린 수선의

발을 H라 하면

$\overline{\mathrm{PH}}=2x\sqrt{x\sin x^2}$

이때 점 P를 지나고 x축에 수직인 평면으로 자른 단면은 반원이고

반지름의 길이가 $\dfrac{1}{2}\overline{\mathrm{PH}}$이다.

단면의 넓이를 $S(x)$라 하면

$$S(x) = \frac{1}{2}\pi \times \left(\frac{1}{2}\overline{PH}\right)^2$$

$$= \frac{1}{2}\pi \times \left(\frac{1}{2} \times 2x\sqrt{x \sin x^2}\right)^2$$

$$= \frac{\pi}{2}x^3 \sin x^2$$

따라서 구하는 부피는

$$\int_{\sqrt{\frac{\pi}{6}}}^{\sqrt{\frac{\pi}{2}}} S(x)dx = \int_{\sqrt{\frac{\pi}{6}}}^{\sqrt{\frac{\pi}{2}}} \frac{\pi}{2}x^3 \sin x^2 \, dx$$

$$= \frac{\pi}{2}\int_{\sqrt{\frac{\pi}{6}}}^{\sqrt{\frac{\pi}{2}}} x^3 \sin x^2 \, dx$$

이때 $x^2 = t$로 놓으면 $2x = \dfrac{dt}{dx}$이고

$x = \sqrt{\dfrac{\pi}{6}}$일 때 $t = \dfrac{\pi}{6}$, $x = \sqrt{\dfrac{\pi}{2}}$일 때 $t = \dfrac{\pi}{2}$이므로

$$\frac{\pi}{2}\int_{\sqrt{\frac{\pi}{6}}}^{\sqrt{\frac{\pi}{2}}} x^3 \sin x^2 \, dx = \frac{\pi}{2}\int_{\frac{\pi}{6}}^{\frac{\pi}{2}} t \sin t \times \frac{1}{2} dt$$

$$= \frac{\pi}{4}\int_{\frac{\pi}{6}}^{\frac{\pi}{2}} t \sin t \, dt$$

이때 $u(t) = t$, $v'(t) = \sin t$로 놓으면

$u'(t) = 1$, $v(t) = -\cos t$이므로

$$\frac{\pi}{4}\int_{\frac{\pi}{6}}^{\frac{\pi}{2}} t \sin t \, dt = \frac{\pi}{4} \times \left\{ \left[-t \cos t \right]_{\frac{\pi}{6}}^{\frac{\pi}{2}} - \int_{\frac{\pi}{6}}^{\frac{\pi}{2}} (-\cos t) \, dt \right\}$$

$$= \frac{\pi}{4} \times \left(\frac{\pi}{6} \times \frac{\sqrt{3}}{2} + \left[\sin t \right]_{\frac{\pi}{6}}^{\frac{\pi}{2}} \right)$$

$$= \frac{\pi}{4} \times \left\{ \frac{\sqrt{3}}{12}\pi + \left(1 - \frac{1}{2} \right) \right\}$$

$$= \frac{\sqrt{3}\pi^2 + 6\pi}{48}$$

---

27 수능 유형 › 합성함수의 미분법   정답률 79%   정답 ②

$f(x) + f\left(\dfrac{1}{2}\sin x\right) = \sin x$의 양변을 x에 대하여 미분하면

$$f'(x) + f'\left(\frac{1}{2}\sin x\right) \times \frac{1}{2}\cos x = \cos x \qquad \cdots\cdots \text{㉠}$$

㉠의 양변에 $x = \pi$를 대입하면

$$f'(\pi) + f'(0) \times \left(-\frac{1}{2}\right) = -1$$

$$\therefore f'(\pi) - \frac{1}{2}f'(0) = -1 \qquad \cdots\cdots \text{㉡}$$

㉠의 양변에 $x = 0$을 대입하면

$$f'(0) + f'(0) \times \frac{1}{2} = 1$$

$$\frac{3}{2}f'(0) = 1 \qquad \therefore f'(0) = \frac{2}{3}$$

$f'(0) = \dfrac{2}{3}$를 ㉡에 대입하면

$$f'(\pi) - \frac{1}{2} \times \frac{2}{3} = -1$$

$$\therefore f'(\pi) = -1 + \frac{1}{3} = -\frac{2}{3}$$

---

28 수능 유형 › 치환적분법과 부분적분법 – 정적분으로 표시된 함수의 활용   정답률 55%   정답 ③

$g(x) = f'(2x)\sin \pi x + x$에서

$g(0) = 0 + 0 = 0$

$g(1) = 0 + 1 = 1$

이므로

$$\int_0^1 g(x)dx + \int_0^1 g^{-1}(x)dx = 1 \qquad \cdots\cdots \text{㉠}$$

$g(x) = f'(2x)\sin \pi x + x$,

$$\int_0^1 g^{-1}(x)dx = 2\int_0^1 f'(2x)\sin \pi x \, dx + \frac{1}{4}$$

을 ㉠에 대입하면

$$\int_0^1 \{f'(2x)\sin \pi x + x\}dx + 2\int_0^1 f'(2x)\sin \pi x \, dx + \frac{1}{4} = 1$$

$$3\int_0^1 f'(2x)\sin \pi x \, dx + \int_0^1 x \, dx = \frac{3}{4}$$

$$3\int_0^1 f'(2x)\sin \pi x \, dx + \left[\frac{1}{2}x^2\right]_0^1 = \frac{3}{4}$$

$$3\int_0^1 f'(2x)\sin \pi x \, dx = \frac{1}{4}$$

$$\therefore \int_0^1 f'(2x)\sin \pi x \, dx = \frac{1}{12} \qquad \cdots\cdots \text{㉡}$$

한편, $\displaystyle\int_0^2 f(x)\cos \dfrac{\pi}{2}x \, dx$에서

$x = 2t$로 놓으면 $\dfrac{dx}{dt} = 2$이고

$x = 0$일 때 $t = 0$, $x = 2$일 때 $t = 1$이므로

$$\int_0^2 f(x)\cos \frac{\pi}{2}x \, dx = 2\int_0^1 f(2t)\cos \pi t \, dt \qquad \cdots\cdots \text{㉢}$$

이때 $\displaystyle\int_0^1 f(2t)\cos \pi t \, dt$에서

$u(t) = f(2t)$, $v'(t) = \cos \pi t$로 놓으면

$u'(t) = 2f'(2t)$, $v(t) = \dfrac{1}{\pi}\sin \pi t$이므로

$$\int_0^1 f(2t)\cos \pi t \, dt$$

$$= \left[\frac{1}{\pi}f(2t)\sin \pi t\right]_0^1 - \int_0^1 \frac{2}{\pi}f'(2t)\sin \pi t \, dt$$

$$= 0 - \frac{2}{\pi}\int_0^1 f'(2t)\sin \pi t \, dt$$

$$= -\frac{2}{\pi}\int_0^1 f'(2t)\sin \pi t \, dt$$

$$= -\frac{2}{\pi} \times \frac{1}{12} \; (\because \text{㉡})$$

$$= -\frac{1}{6\pi}$$

$\displaystyle\int_0^1 f(2t)\cos \pi \, dt = -\dfrac{1}{6\pi}$을 ㉢에 대입하면

$$\int_0^2 f(x)\cos \frac{\pi}{2}x \, dx = 2 \times \left(-\frac{1}{6\pi}\right)$$

$$= -\frac{1}{3\pi}$$

$$S_m = \sum_{n=1}^{\infty} \frac{m+1}{n(n+m+1)}$$

$$= \lim_{n \to \infty} \sum_{k=1}^{n} \frac{m+1}{k(k+m+1)}$$

$$= \lim_{n \to \infty} \sum_{k=1}^{n} \left(\frac{1}{k} - \frac{1}{k+m+1} \right)$$

$$= \lim_{n \to \infty} \left\{ \left(\frac{1}{1} - \frac{1}{m+2} \right) + \left(\frac{1}{2} - \frac{1}{m+3} \right) + \cdots \right.$$
$$\left. + \left(\frac{1}{n} - \frac{1}{n+m+1} \right) \right\}$$

$$= 1 + \frac{1}{2} + \cdots + \frac{1}{m+1}$$

$$\therefore a_1 = S_1 = 1 + \frac{1}{2} = \frac{3}{2}$$

또 $a_{10} = S_{10} - S_9$이므로

$$a_{10} = \left(1 + \frac{1}{2} + \cdots + \frac{1}{11} \right) - \left(1 + \frac{1}{2} + \cdots + \frac{1}{10} \right)$$

$$= \frac{1}{11}$$

$$\therefore a_1 + a_{10} = \frac{3}{2} + \frac{1}{11} = \frac{35}{22}$$

따라서 $p = 22$, $q = 35$이므로 $p + q = 57$

☑ 실전 적용 **key**

수열의 합에서 분모가 두 식의 곱의 꼴로 되어 있을 때는 일반적으로 부분분수로 변형하여 간단히 나타낼 수 있는지 확인한다.

$$f(x) = (k - |x|)e^{-x} = \begin{cases} (k-x)e^{-x} & (x \geq 0) \\ (k+x)e^{-x} & (x < 0) \end{cases}$$

모든 실수 x에 대하여 $F'(x) = f(x)$이므로 한 부정적분 $F(x)$를 구하면

$$F(x) = \begin{cases} \int (k-x)e^{-x} dx & (x \geq 0) \\ \int (k+x)e^{-x} dx & (x < 0) \end{cases}$$

$$= \begin{cases} (x-k+1)e^{-x} + C_1 & (x \geq 0) \\ (-x-k-1)e^{-x} + C_2 & (x < 0) \end{cases}$$

(단, C_1, C_2는 적분상수)

이때 함수 $F(x)$가 모든 실수 x에 대하여 미분가능하므로 $x=0$에서 함수 $F(x)$는 연속이다.

즉, $\lim_{x \to 0+} F(x) = \lim_{x \to 0-} F(x)$에서

$$-k+1+C_1 = -k-1+C_2 \quad \therefore C_2 = C_1 + 2$$

$$\therefore F(x) = \begin{cases} (x-k+1)e^{-x} + C_1 & (x \geq 0) \\ (-x-k-1)e^{-x} + C_1 + 2 & (x < 0) \end{cases}$$

$$\therefore F(0) = -k+1+C_1 \quad \cdots\cdots \text{㉠}$$

함수 $h(x) = F(x) - f(x)$라 하면

$$h(x) = \begin{cases} (2x-2k+1)e^{-x} + C_1 & (x \geq 0) \\ (-2x-2k-1)e^{-x} + C_1 + 2 & (x < 0) \end{cases}$$

$$h'(x) = \begin{cases} (-2x+2k+1)e^{-x} & (x > 0) \\ (2x+2k-1)e^{-x} & (x < 0) \end{cases}$$

이므로 $h'(x) = 0$에서

$x > 0$일 때, $x = \dfrac{2k+1}{2}$

$x < 0$일 때, $x = \dfrac{1-2k}{2}$

(i) $\dfrac{1-2k}{2} \geq 0$, 즉 $0 < k \leq \dfrac{1}{2}$일 때,

$x < 0$에서 $h'(x) < 0$이므로 함수 $h(x)$의 증가와 감소를 표로 나타내면 다음과 같다.

x	$\cdots$	0	$\cdots$	$\dfrac{2k+1}{2}$	$\cdots$
$h'(x)$	$-$		$+$	0	$-$
$h(x)$	$\searrow$		$\nearrow$		$\searrow$

따라서 함수 $h(x)$는 $x=0$에서 극소이고 극솟값은

$$h(0) = -2k+1+C_1 \geq C_1 \;(\because 1-2k \geq 0)$$

$\lim_{x \to \infty} h(x) = \lim_{x \to \infty} \{(2x-2k+1)e^{-x} + C_1\} = C_1$이므로 함수 $h(x)$의 최솟값은 C_1이다.

이때 $h(x) \geq 0$이려면 $C_1 \geq 0$이어야 하므로

㉠에서

$$F(0) = -k+1+C_1 \geq -k+1$$

따라서 $F(0)$의 최솟값은 $-k+1$이다.

(ii) $\dfrac{1-2k}{2} < 0$, 즉 $k > \dfrac{1}{2}$일 때,

함수 $h(x)$의 증가와 감소를 표로 나타내면 다음과 같다.

x	$\cdots$	$\dfrac{1-2k}{2}$	$\cdots$	$\dfrac{2k+1}{2}$	$\cdots$
$h'(x)$	$-$	0	$+$	0	$-$
$h(x)$	$\searrow$		$\nearrow$		$\searrow$

따라서 함수 $h(x)$는 $x = \dfrac{1-2k}{2}$에서 극소이고 극솟값은

$$h\left(\frac{1-2k}{2} \right) = \left\{ -2 \times \left(\frac{1-2k}{2} \right) - 2k - 1 \right\} e^{-\left(\frac{1-2k}{2} \right)} + C_1 + 2$$

$$= -2e^{-\frac{1-2k}{2}} + C_1 + 2$$

그런데 $(e^{-1})^{\frac{1-2k}{2}} > (e^{-1})^0 = 1$이므로

$$-2e^{-\frac{1-2k}{2}} + C_1 + 2 \leq C_1$$

또 $\lim_{x \to \infty} h(x) = C_1$이므로 함수 $h(x)$의 최솟값은

$$-2e^{-\frac{1-2k}{2}} + C_1 + 2$$이다.

이때 $h(x) \geq 0$이려면

$$-2e^{-\frac{1-2k}{2}} + C_1 + 2 \geq 0 \quad \therefore C_1 \geq 2e^{-\frac{1-2k}{2}} - 2$$

㉠에서

$$F(0) = -k+1+C_1 \geq -k+2e^{-\frac{1-2k}{2}} - 1$$

따라서 $F(0)$의 최솟값은 $-k+2e^{-\frac{1-2k}{2}} - 1$이다.

(i), (ii)에서

$$g(k)=\begin{cases} -k+1 & \left(0<k\leq\dfrac{1}{2}\right) \\[2mm] -k+2e^{-\frac{1-2k}{2}}-1 & \left(k>\dfrac{1}{2}\right) \end{cases}$$

$$\therefore g\left(\frac{1}{4}\right)+g\left(\frac{3}{2}\right)=\left(-\frac{1}{4}+1\right)+\left(-\frac{3}{2}+2e-1\right)$$
$$=2e-\frac{7}{4}$$

따라서 $p=2$, $q=-\dfrac{7}{4}$이므로

$$100(p+q)=100\times\left(2-\frac{7}{4}\right)=25$$

제6회

5지선다형

| 23 ③ | 24 ④ | 25 ② | 26 ① | 27 ① | 28 ② |

단답형

| 29 25 | 30 17 |

---

23 수능 유형 › 삼각함수의 극한　　정답률 97%　　정답 ③

$$\lim_{x\to 0}\frac{3x^2}{\sin^2 x}=\lim_{x\to 0}\left(3\times\frac{x}{\sin x}\times\frac{x}{\sin x}\right)$$
$$=3\times\lim_{x\to 0}\frac{x}{\sin x}\times\lim_{x\to 0}\frac{x}{\sin x}$$
$$=3\times 1\times 1=3$$

---

24 수능 유형 › 치환적분법　　정답률 92%　　정답 ④

$$\int_0^{10}\frac{x+2}{x+1}dx=\int_0^{10}\frac{(x+1)+1}{x+1}dx$$
$$=\int_0^{10}\left(1+\frac{1}{x+1}\right)dx$$
$$=\int_0^{10}\left\{1+\frac{(x+1)'}{x+1}\right\}dx$$
$$=\Big[x+\ln|x+1|\Big]_0^{10}$$
$$=10+\ln 11-\ln 1$$
$$=10+\ln 11$$

---

25 수능 유형 › 수열의 극한의 성질을 이용한 극한값의 계산　　정답률 90%　　정답 ②

$$\frac{na_n}{n^2+3}=b_n$$이라 하면 $a_n=\dfrac{b_n(n^2+3)}{n}$

이때 $\lim\limits_{n\to\infty}b_n=1$이므로

$$\lim_{n\to\infty}\frac{a_n}{n}=\lim_{n\to\infty}\frac{b_n(n^2+3)}{n^2}=\lim_{n\to\infty}b_n\times\lim_{n\to\infty}\frac{n^2+3}{n^2}=1\times 1=1$$

$$\therefore \lim_{n\to\infty}(\sqrt{a_n^2+n}-a_n)=\lim_{n\to\infty}\frac{(\sqrt{a_n^2+n}-a_n)(\sqrt{a_n^2+n}+a_n)}{\sqrt{a_n^2+n}+a_n}$$
$$=\lim_{n\to\infty}\frac{a_n^2+n-a_n^2}{\sqrt{a_n^2+n}+a_n}$$
$$=\lim_{n\to\infty}\frac{n}{\sqrt{a_n^2+n}+a_n}$$
$$=\lim_{n\to\infty}\frac{1}{\sqrt{\left(\dfrac{a_n}{n}\right)^2+\dfrac{1}{n}}+\dfrac{a_n}{n}}$$
$$=\frac{1}{\sqrt{1^2+0}+1}=\frac{1}{2}$$

☑ 실전 적용 key

$\lim\limits_{n\to\infty}\dfrac{ra_n+s}{pa_n+q}=\alpha$ (α는 실수, $p\neq 0$, $q\neq 0$)일 때, $\lim\limits_{n\to\infty}a_n$의 값은 $\dfrac{ra_n+s}{pa_n+q}=b_n$으로 놓고 a_n을 b_n에 대하여 나타낸 후 $\lim\limits_{n\to\infty}b_n=\alpha$임을 이용하여 구한다.

---

26 수능 유형 › 입체도형의 부피　　정답률 82%　　정답 ①

곡선 $y=\sqrt{\dfrac{x+1}{x(x+\ln x)}}$ 위의 점 $\mathrm{P}\left(x,\sqrt{\dfrac{x+1}{x(x+\ln x)}}\right)$

$(1\leq x\leq e)$에서 x축에 내린 수선의 발을 H라 하면

$$\overline{\mathrm{PH}}=\sqrt{\frac{x+1}{x(x+\ln x)}}$$

이때 점 P를 지나고 x축에 수직인 평면으로 자른 단면은 정사각형이고 한 변의 길이가 $\overline{\mathrm{PH}}$이다.

단면의 넓이를 $S(x)$라 하면

$$S(x)=\overline{\mathrm{PH}}^2=\left(\sqrt{\frac{x+1}{x(x+\ln x)}}\right)^2=\frac{x+1}{x(x+\ln x)}$$

따라서 구하는 부피는

$$\int_1^e S(x)dx=\int_1^e\frac{x+1}{x(x+\ln x)}dx$$

이때 $x+\ln x=t$로 놓으면 $1+\dfrac{1}{x}=\dfrac{dt}{dx}$이고

$x=1$일 때 $t=1$, $x=e$일 때 $t=e+1$이므로

$$\int_1^e\frac{x+1}{x(x+\ln x)}dx=\int_1^e\left(\frac{1}{x+\ln x}\times\frac{x+1}{x}\right)dx$$
$$=\int_1^e\frac{1}{x+\ln x}\left(1+\frac{1}{x}\right)dx$$
$$=\int_1^{e+1}\frac{1}{t}dt$$
$$=\Big[\ln|t|\Big]_1^{e+1}$$
$$=\ln(e+1)-\ln 1=\ln(e+1)$$

27 수능 유형 › 역함수의 미분법　　　정답 ①

$g(x)=f(e^x)+e^x$에서

$g'(x)=f'(e^x)\times e^x+e^x=e^x\{f'(e^x)+1\}$

곡선 $y=g(x)$ 위의 점 $(0,\ g(0))$에서의 접선이 x축, 즉 $y=0$이므로

$g(0)=0$에서

$f(1)+1=0$　　$\therefore f(1)=-1$　　　　　…… ㉠

$g'(0)=0$에서

$f'(1)+1=0$　　$\therefore f'(1)=-1$　　　　　…… ㉡

한편, 함수 $g(x)$가 역함수를 가지므로 모든 실수 x에 대하여 $g'(x)\geq0$ 또는 $g'(x)\leq0$이어야 한다.

$g'(x)=e^x\{f'(e^x)+1\}$에서 모든 실수 x에 대하여 $e^x>0$이고 $f'(x)$의 최고차항의 계수가 양수이므로

$f'(e^x)+1\geq0$　　$\therefore f'(e^x)\geq-1$

이때 $f'(x)$는 최고차항의 계수가 3인 이차함수이고, ㉡에서 $f'(1)=-1$이므로

$f'(x)=3(x-1)^2-1$

$\therefore f(x)=\int\{3(x-1)^2-1\}dx$

$=(x-1)^3-x+C$ (단, C는 적분상수)

㉠에서 $f(1)=-1$이므로

$-1+C=-1$　　$\therefore C=0$

$\therefore f(x)=(x-1)^3-x$

$g(x)=f(e^x)+e^x=(e^x-1)^3-e^x+e^x=(e^x-1)^3$에서

$g'(x)=3(e^x-1)^2\times e^x=3e^x(e^x-1)^2$

함수 $g(x)$의 역함수가 $h(x)$이므로 역함수의 미분법에 의하여

$h'(8)=\dfrac{1}{g'(h(8))}$

$h(8)=a$라 하면 $g(a)=8$이므로

$g(a)=(e^a-1)^3=8,\ e^a-1=2$

$e^a=3$　　$\therefore a=\ln 3$

$\therefore h(8)=\ln 3$

$\therefore h'(8)=\dfrac{1}{g'(h(8))}$

$=\dfrac{1}{g'(\ln 3)}$

$=\dfrac{1}{3e^{\ln 3}(e^{\ln 3}-1)^2}$

$=\dfrac{1}{3\times 3\times(3-1)^2}$

$=\dfrac{1}{36}$

28 수능 유형 › 정적분의 활용 – 넓이와 부피　　　정답 ②

$f'(x)=-x+e^{1-x^2}$에서

$f''(x)=-1-2xe^{1-x^2}$

$x>0$일 때, $e^{1-x^2}>0$이므로 $f''(x)<0$

즉, $x>0$에서 곡선 $y=f(x)$는 위로 볼록이다.

이때 곡선 $y=f(x)$ 위의 점 $(t,\ f(t))$에서의 접선의 방정식은

$y=f'(t)(x-t)+f(t)$

이 접선과 곡선 $y=f(x)$의 위치 관계는 오른쪽 그림과 같다.

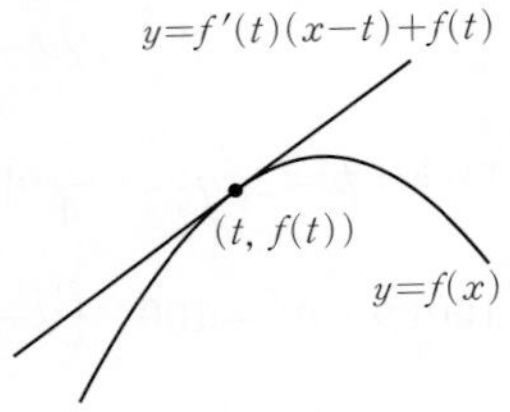

$\therefore g(t)=\displaystyle\int_0^t\{f'(t)(x-t)+f(t)-f(x)\}dx$

$=\left[\dfrac{f'(t)}{2}x^2-tf'(t)x+f(t)x\right]_0^t-\int_0^t f(x)dx$

$=-\dfrac{1}{2}t^2 f'(t)+tf(t)-\left(\left[xf(x)\right]_0^t-\int_0^t xf'(x)dx\right)$

$=-\dfrac{1}{2}t^2 f'(t)+tf(t)-tf(t)+\int_0^t xf'(x)dx$

$=-\dfrac{1}{2}t^2(-t+e^{1-t^2})+\int_0^t(-x^2+xe^{1-x^2})dx$

$=\dfrac{1}{2}t^3-\dfrac{1}{2}t^2 e^{1-t^2}+\left[-\dfrac{1}{3}x^3-\dfrac{1}{2}e^{1-x^2}\right]_0^t$

$=\dfrac{1}{2}t^3-\dfrac{1}{2}t^2 e^{1-t^2}-\dfrac{1}{3}t^3-\dfrac{1}{2}e^{1-t^2}+\dfrac{1}{2}e$

$=\dfrac{1}{6}t^3-\dfrac{1}{2}(t^2+1)e^{1-t^2}+\dfrac{1}{2}e$

위의 식의 양변을 t에 대하여 미분하면

$g'(t)=\dfrac{1}{2}t^2-\dfrac{1}{2}\times 2t\times e^{1-t^2}-\dfrac{1}{2}(t^2+1)e^{1-t^2}\times(-2t)$

$=\dfrac{1}{2}t^2+t^3 e^{1-t^2}$

$\therefore g(1)+g'(1)=\left(-\dfrac{5}{6}+\dfrac{1}{2}e\right)+\dfrac{3}{2}$

$=\dfrac{1}{2}e+\dfrac{2}{3}$

☑실전 적용 key

부분적분법을 한 번 적용하여 적분값을 구할 수 없는 경우 부분적분법을 다시 한 번 적용하여 적분값을 구할 수 있는지 확인해야 한다.

또한 부분적분법 문제는 어떤 함수를 적분하고 어떤 함수를 미분할지를 잘 선택해야 한다. (다항함수)×(지수함수) 꼴의 적분에서 부분적분법을 적용할 때는 지수함수를 적분할 함수로, 다항함수를 미분할 함수로 택한다.

29 수능 유형 › 등비급수　　　정답 25

등비수열 $\{a_n\}$의 첫째항을 a, 공비를 r라 하면

$a>0,\ r<0$ 또는 $a<0,\ r<0$이어야 한다.

(ⅰ) $a>0$, $r<0$일 때,

$$\sum_{n=1}^{\infty}(|a_n|+a_n)=\sum_{n=1}^{\infty}2a_{2n-1}=\frac{2a}{1-r^2}$$

$$\therefore \frac{2a}{1-r^2}=\frac{40}{3} \qquad\qquad \cdots\cdots ㉠$$

$$\sum_{n=1}^{\infty}(|a_n|-a_n)=\sum_{n=1}^{\infty}(-2a_{2n})=\frac{-2ar}{1-r^2}$$

$$\therefore \frac{-2ar}{1-r^2}=\frac{20}{3} \qquad\qquad \cdots\cdots ㉡$$

㉠, ㉡을 연립하여 풀면

$$a=5, \ r=-\frac{1}{2}$$

(ⅱ) $a<0$, $r<0$일 때,

$$\sum_{n=1}^{\infty}(|a_n|+a_n)=\sum_{n=1}^{\infty}2a_{2n}=\frac{2ar}{1-r^2}$$

$$\therefore \frac{2ar}{1-r^2}=\frac{40}{3} \qquad\qquad \cdots\cdots ㉢$$

$$\sum_{n=1}^{\infty}(|a_n|-a_n)=\sum_{n=1}^{\infty}(-2a_{2n-1})=\frac{-2a}{1-r^2}$$

$$\therefore \frac{-2a}{1-r^2}=\frac{20}{3} \qquad\qquad \cdots\cdots ㉣$$

㉢, ㉣을 연립하여 풀면

$$a=10, \ r=-2$$

이때 $r^2>1$이므로 두 급수 $\sum_{n=1}^{\infty}(|a_n|+a_n)$, $\sum_{n=1}^{\infty}(|a_n|-a_n)$이 모두 수렴하지 않는다.

(ⅰ), (ⅱ)에서 $a=5$, $r=-\frac{1}{2}$이므로

$$a_n=5\times\left(-\frac{1}{2}\right)^{n-1}$$

한편, 부등식 $\displaystyle\lim_{n\to\infty}\sum_{k=1}^{2n}\left((-1)^{\frac{k(k+1)}{2}}\times a_{m+k}\right)>\frac{1}{700}$에서

$$\lim_{n\to\infty}\sum_{k=1}^{2n}\left((-1)^{\frac{k(k+1)}{2}}\times 5\times\left(-\frac{1}{2}\right)^{m+k-1}\right)>\frac{1}{700}$$

$$5\times\left(-\frac{1}{2}\right)^{m-1}\times\lim_{n\to\infty}\sum_{k=1}^{2n}\left((-1)^{\frac{k(k+1)}{2}}\times\left(-\frac{1}{2}\right)^{k}\right)>\frac{1}{700}$$

이때 $\displaystyle\lim_{n\to\infty}\sum_{k=1}^{2n}\left((-1)^{\frac{k(k+1)}{2}}\times\left(-\frac{1}{2}\right)^{k}\right)$에서

$$\lim_{n\to\infty}\sum_{k=1}^{2n}\left((-1)^{\frac{k(k+1)}{2}}\times\left(-\frac{1}{2}\right)^{k}\right)$$

$$=\left(\frac{1}{2}-\frac{1}{2^2}-\frac{1}{2^3}+\frac{1}{2^4}\right)+\left(\frac{1}{2^5}-\frac{1}{2^6}-\frac{1}{2^7}+\frac{1}{2^8}\right)+\cdots$$

$$=\frac{\dfrac{1}{2}-\dfrac{1}{2^2}-\dfrac{1}{2^3}+\dfrac{1}{2^4}}{1-\dfrac{1}{16}}$$

$$=\frac{\dfrac{3}{16}}{\dfrac{15}{16}}=\frac{1}{5}$$

즉, $5\times\left(-\dfrac{1}{2}\right)^{m-1}\times\dfrac{1}{5}>\dfrac{1}{700}$이므로

$$\left(-\frac{1}{2}\right)^{m-1}>\frac{1}{700}$$

이 부등식을 만족시키는 자연수 m은 홀수이고, m이 홀수이면

$\left(-\dfrac{1}{2}\right)^{m-1}=\dfrac{1}{2^{m-1}}$이므로

$$2^{m-1}<700$$

따라서 m의 값은 1, 3, 5, 7, 9이므로 그 합은

$$1+3+5+7+9=25$$

☑ 실전 적용 key

등비수열 $\{a_n\}$의 첫째항을 a, 공비를 r라 하자.

$a>0$, $r>0$일 때,

모든 자연수 n에 대하여 $|a_n|-a_n=0$이므로 주어진 조건을 만족시키지 않는다.

$a<0$, $r>0$일 때,

모든 자연수 n에 대하여 $|a_n|+a_n=0$이므로 주어진 조건을 만족시키지 않는다.

따라서 $a>0$, $r<0$ 또는 $a<0$, $r<0$이어야 한다.

---

30 수능 유형 › 도함수의 활용－함수의 극대·극소와 최대·최소   정답 **17**   정답률 18%

조건 ㈎에서 $f(0)=0$이므로

$$\sin b=0 \qquad \therefore b=k\pi \ (단, k는 정수) \qquad \cdots\cdots ㉠$$

또, $f(2\pi)=2\pi a+b$이므로

$$\sin(2\pi a+b)=2\pi a+b, \ 2\pi a+b=0$$

$$\therefore b=-2\pi a \qquad\qquad \cdots\cdots ㉡$$

㉠, ㉡에서

$$-2\pi a=k\pi \qquad \therefore a=-\frac{k}{2} \ (단, k는 정수)$$

이때 $1\le a\le 2$이므로

$$a=1 \ 또는 \ a=\frac{3}{2} \ 또는 \ a=2$$

$f(x)=\sin(ax-2\pi a+\sin x)$에서

$$f'(x)=\cos(ax-2\pi a+\sin x)\times(a+\cos x)$$

$$\therefore f'(0)=(a+1)\cos 2\pi a, \ f'(4\pi)=(a+1)\cos 2\pi a$$

이때 $a=1$ 또는 $a=2$이면 $f'(0)=a+1$, $f'(2\pi)=a+1$이므로 조건 ㈏를 만족시키지 않는다.

$$\therefore a=\frac{3}{2}, \ b=-3\pi$$

즉, $f(x)=\sin\left(\dfrac{3}{2}x-3\pi+\sin x\right)$에서

$$f'(x)=\cos\left(\frac{3}{2}x-3\pi+\sin x\right)\times\left(\frac{3}{2}+\cos x\right)$$

$f'(x)=0$에서 $\dfrac{3}{2}+\cos x>0$이므로

$$\cos\left(\frac{3}{2}x-3\pi+\sin x\right)=0$$

이때 $g(x) = \dfrac{3}{2}x - 3\pi + \sin x$라 하면 모든 실수 x에 대하여

$g'(x) > 0$이므로 함수 $g(x)$는 증가함수이고

$g(0) = -3\pi$, $g(4\pi) = 3\pi$

따라서 함수 $y = \cos(g(x))$의 그래프의 개형은 다음 그림과 같다.

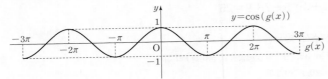

즉, $g(x) = -\dfrac{3}{2}\pi$, $\dfrac{\pi}{2}$, $\dfrac{5}{2}\pi$일 때, 함수 $f(x)$가 극대이므로 $n = 3$

또, $\dfrac{3}{2}x - 3\pi + \sin x = -\dfrac{3}{2}\pi$에서 $x = \pi$이므로 $a_1 = \pi$

$\therefore na_1 - ab = 3 \times \pi - \dfrac{3}{2} \times (-3\pi) = \dfrac{15}{2}\pi$

따라서 $p = 2$, $q = 15$이므로 $p + q = 17$

Memo

Memo

수능의 답을 찾는 **우수 문항 기출 모의고사**

N기출 **수능기출 모의고사**

- 최신 5개년 우수 기출 문항 반영!
- 신수능의 경향과 특징을 꿰뚫는 문항 분석!
- 신수능에 최적화된 체제로 문항 구성!
  (모의고사 22회 수록, 공통과목 22문항, 선택과목 8문항)

공통과목 집중 수능기출 모의고사 **22회**

수학영역 공통과목
수학 I + 수학 II

- 최신 5개년(수능+모평+학평+예시문항) 기출 문제 반영
- Part 1 과목별(4회)+Part 2 공통과목(18회) 집중 훈련
- 수능 체제에 맞춰 공통과목(회별 22문항) 구성

Mirae N 에듀

**신수능 출제 경향을
100% 반영한 모의고사로
등급 상승! 실전 완성!**

수학영역 공통과목 수학 I + 수학 II,
선택과목 확률과 통계,
선택과목 미적분

구성보기

공통과목 수학 I + 수학 II

고등 도서 안내

문학 입문서

손쉬운
작품 이해에서 문제 해결까지
손쉬운 비법을 담은 문학 입문서

현대 문학, 고전 문학

비주얼 개념서

룩 LOOK
이미지 연상으로 필수 개념을 쉽게 익히는
비주얼 개념서

국어　문법
영어　분석독해

사회·과학 필수 기본서

개념 학습과 유형 학습으로 내신과 수능을 잡는
필수 기본서

[2022 개정]
사회　통합사회1, 통합사회2*, 한국사1, 한국사2*
과학　통합과학1, 통합과학2, 물리학*, 화학*, 생명과학*,
　　　지구과학*

*2025년 상반기 출간 예정

[2015 개정]
사회　한국지리, 사회·문화, 생활과 윤리, 윤리와 사상
과학　물리학Ⅰ, 화학Ⅰ, 생명과학Ⅰ, 지구과학Ⅰ

수학 개념 기본서

수학중심
개념과 유형을 한 번에 잡는 강력한
개념 기본서

수학Ⅰ, 수학Ⅱ, 확률과 통계, 미적분, 기하

수학 문제 기본서

유형중심
체계적인 유형별 학습으로 실전에서 강력한
문제 기본서

수학Ⅰ, 수학Ⅱ, 확률과 통계, 미적분

기출 분석 문제집

완벽한 기출 문제 분석으로 시험에 대비하는 1등급 문제집

1등급 만들기

[2022 개정]
수학　공통수학1, 공통수학2, 대수, 확률과 통계*, 미적분Ⅰ*
사회　통합사회1, 통합사회2*, 한국사1, 한국사2*,
　　　세계시민과 지리, 사회와 문화, 세계사, 현대사회와 윤리
과학　통합과학1, 통합과학2

*2025년 상반기 출간 예정

[2015 개정]
국어　문학, 독서
수학　수학Ⅰ, 수학Ⅱ, 확률과 통계, 미적분, 기하
사회　한국지리, 세계지리, 생활과 윤리, 윤리와 사상,
　　　사회·문화, 정치와 법, 경제, 세계사, 동아시아사
과학　물리학Ⅰ, 화학Ⅰ, 생명과학Ⅰ, 지구과학Ⅰ,
　　　물리학Ⅱ, 화학Ⅱ, 생명과학Ⅱ, 지구과학Ⅱ

실력 상승 문제집

파사쥬

대표 유형과 실전 문제로 내신과 수능을
동시에 대비하는 실력 상승 실전서

국어 국어, 문학, 독서
영어 기본영어, 유형구문, 유형독해, 20회 듣기모의고사,
25회 듣기 기본 모의고사
수학 수학Ⅰ, 수학Ⅱ, 확률과 통계, 미적분

수능 완성 문제집

수능 주도권

핵심 전략으로 수능의 기선을 제압하는
수능 완성 실전서

국어영역 문학, 독서, 언어와 매체, 화법과 작문
영어영역 독해편, 듣기편
수학영역 수학Ⅰ, 수학Ⅱ, 확률과 통계, 미적분

수능 기출 문제집

N기출

수능N 기출이 답이다!

국어영역 공통과목_문학,
공통과목_독서,
선택과목_화법과 작문,
선택과목_언어와 매체
영어영역 고난도 독해 LEVEL 1,
고난도 독해 LEVEL 2,
고난도 독해 LEVEL 3
수학영역 공통과목_수학Ⅰ+수학Ⅱ 3점 집중,
공통과목_수학Ⅰ+수학Ⅱ 4점 집중,
선택과목_확률과 통계 3점/4점 집중,
선택과목_미적분 3점/4점 집중,
선택과목_기하 3점/4점 집중

N기출 모의고사

수능의 답을 찾는 우수 문항 기출 모의고사

수학영역 공통과목_수학Ⅰ+수학Ⅱ
선택과목_확률과 통계,
선택과목_미적분

미래엔 교과서 연계 도서

미래엔 교과서 자습서

교과서 예습 복습과 학교 시험 대비까지
한 권으로 완성하는 자율학습서

[2022 개정]
국어 공통국어1, 공통국어2*
영어 공통영어1, 공통영어2
수학 공통수학1, 공통수학2,
기본수학1, 기본수학2
사회 통합사회1, 통합사회2*, 한국사1, 한국사2*
과학 통합과학1, 통합과학2
제2외국어 중국어, 일본어
한문 한문

*2025년 상반기 출간 예정

[2015 개정]
국어 문학, 독서, 언어와 매체, 화법과 작문,
실용 국어
수학 수학Ⅰ, 수학Ⅱ, 확률과 통계,
미적분, 기하
한문 한문Ⅰ

미래엔 교과서 평가 문제집

학교 시험에서 자신 있게
1등급의 문을 여는 실전 유형서

[2022 개정]
국어 공통국어1, 공통국어2*
사회 통합사회1, 통합사회2*, 한국사1, 한국사2*
과학 통합과학1, 통합과학2

*2025년 상반기 출간 예정

[2015 개정]
국어 문학, 독서, 언어와 매체